책 구입 시 드리는 혜택

1. 전 과목 이론 동영상 강의 평생 제공
2. 최근 기출문제 동영상 강의 평생 제공
3. 우수회원 인증 후 2006년 ~ 2008년 3개년 추가 기출문제(해설 포함) 제공

2023
개정 15 판

평생 무료

평생 무료 동영상과 함께하는  Daum

위험물기능사 필기

정진홍 저

전 과목 이론 및 최근 기출문제 동영상 강의 평생 제공 / 전 과목 이론 상세 해설
최근 8개년 기출문제 수록 및 완벽 해설 / 빠른 합격을 위한 상세한 이론 구성
문제 해설을 이해하기 쉽도록 자세히 설명 / 저자 1대1 질의응답 카페 운영

무료 동영상 강의

YouTube 정진홍

Daum 정진홍위험물세상 http://cafe.daum.net/dangerouspass

www.sejinbooks.kr

머리말

인류문명의 발전으로 우리의 삶은 풍요롭고 안락한 생활을 할 수 있게 되었으나 경제발전의 속도보다 안전관리에 대한 피해의 증가속도는 빠르게 진행되고 있습니다.

따라서 그 어느 때 보다도 위험물의 안전관리와 화재예방 및 화재진압에 대한 체계적이고 전문적인 지식을 갖춘 위험물에 관한 전문 인력의 필요성이 크게 대두되고 있는 현실입니다.

따라서 저자는 금호석유화학(주) 여천공장 및 (주)오씨아이다스(동양화학 계열사) 인천공장에서 오랫동안 위험물에 대한 생산관리 및 안전관리업무 실무경력과 한국산업인력관리공단의 출제기준을 토대로 위험물에 대한 전문 인력이 되기 위한 위험물기능사 및 위험물산업기사, 위험물기능장 등 각종 위험물 및 소방분야의 자격시험에 응시하고자 하는 많은 수험생들을 위하여 본서를 집필하게 되었습니다.

이 책의 특징은

1. 오랜 실무 경험과 학원 강의 경력을 기본으로 하여 집필하였으며
2. 모든 과목에 대한 핵심 요약정리를 통하여 학습시간을 단축할 수 있으며
3. 최근 과년도문제를 총정리하여 초보자 입장에서 상세한 해설을 하였으며
4. 한국 산업인력공단의 출제기준을 토대로 최근 출제경향을 완전 분석할 수 있습니다.

부족한 부분은 신속히 수정 · 보완하여 위험물분야 수험서로서 최고가 되도록 열심히 노력할 것을 약속드리며 이 수험서가 출간하기까지 애써주신 세진북스 편집부 직원과 홍세진 사장님께 감사드리며 수험생 여러분의 합격을 진심으로 기원합니다.

저자 정 진 홍(119sbsb@hanmail.net)드림

출제기준

1. 필기

직무분야	화학	중직무분야	위험물	자격종목	위험물기능사	적용기간	2020.1.1 ~ 2024.12.31

• 직무내용 : 위험물을 저장 · 취급 · 제조하는 제조소등에서 위험물을 안전하게 저장 · 취급 · 제조하고 일반 작업자를 지시 감독하며, 각 설비에 대한 점검과 재해 발생시 응급조치 등의 안전관리 업무를 수행하는 직무이다.

필기검정방법	객관식	문제수	60	시험시간	1시간

필기 과목명	출제 문제수	주요항목	세부항목	세세항목
화재예방과 소화방법, 위험물의 화학적 성질 및 취급	60	1. 화재 예방 및 소화 방법	1. 화학의 이해	1. 물질의 상태 및 성질 2. 화학의 기초법칙 3. 유기, 무기화합물의 특성
			2. 화재 및 소화	1. 연소이론 2. 소화이론 3. 폭발의 종류 및 특성 4. 화재의 분류 및 특성
			3. 화재 예방 및 소화 방법	1. 위험물의 화재 예방 2. 위험물의 화재 발생 시 조치 방법
		2. 소화약제 및 소화기	1. 소화약제	1. 소화약제의 종류 2. 소화약제별 소화원리 및 효과
			2. 소화기	1. 소화기의 종류 및 특성 2. 소화기별 원리 및 사용법
		3. 소방시설의 설치 및 운영	1. 소화설비의 설치 및 운영	1. 소화설비의 종류 및 특성 2. 소화설비 설치 기준 3. 위험물별 소화설비의 적응성 4. 소화설비 사용법
			2. 경보 및 피난설비의 설치기준	1. 경보설비 종류 및 특징 2. 경보설비 설치 기준 3. 피난설비의 설치기준
		4. 위험물의 종류 및 성질	1. 제1류 위험물	1. 제1류 위험물의 종류 2. 제1류 위험물의 성질 3. 제1류 위험물의 위험성 4. 제1류 위험물의 화재 예방 및 진압 대책
			2. 제2류 위험물	1. 제2류 위험물의 종류 2. 제2류 위험물의 성질 3. 제2류 위험물의 위험성 4. 제2류 위험물의 화재 예방 및 진압 대책
			3. 제3류 위험물	1. 제3류 위험물의 종류 2. 제3류 위험물의 성질 3. 제3류 위험물의 위험성 4. 제3류 위험물의 화재 예방 및 진압 대책
			4. 제4류 위험물	1. 제4류 위험물의 종류 2. 제4류 위험물의 성질 3. 제4류 위험물의 위험성 4. 제4류 위험물의 화재 예방 및 진압 대책
			5. 제5류 위험물	1. 제5류 위험물의 종류 2. 제5류 위험물의 성질 3. 제5류 위험물의 위험성 4. 제5류 위험물의 화재 예방 및 진압 대책
			6. 제6류 위험물	1. 제6류 위험물의 종류 2. 제6류 위험물의 성질 3. 제6류 위험물의 위험성 4. 제6류 위험물의 화재예방 및 진압 대책

필기 과목명	출제 문제수	주요항목	세부항목	세세항목
		5. 위험물안전관리 기준	1. 위험물 저장 · 취급 · 운반 · 운송기준	1. 위험물의 저장기준 2. 위험물의 취급기준 3. 위험물의 운반기준 4. 위험물의 운송기준
		6. 기술기준	1. 제조소등의 위치구조설비기준	1. 제조소의 위치구조설비 기준 2. 옥내저장소의 위치구조 설비 기준 3. 옥외탱크저장소의 위치 구조설비 기준 4. 옥내탱크저장소의 위치 구조설비 기준 5. 지하탱크저장소의 위치 구조설비 기준 6. 간이탱크저장소의 위치 구조설비 기준 7. 이동탱크저장소의 위치 구조설비 기준 8. 옥외저장소의 위치 구조설비 기준 9. 암반탱크저장소의 위치 구조설비 기준 10. 주유취급소의 위치 구조설비 기준 11. 판매취급소의 위치 구조설비 기준 12. 이송취급소의 위치 구조설비 기준 13. 일반취급소의 위치 구조설비 기준
			2. 제조소등의 소화설비, 경보설비 및 피난설비기준	1. 제조소등의 소화난이도등급 및 그에 따른 소화설비 2. 위험물의 성질에 따른 소화설비의 적응성 3. 소요단위 및 능력단위 산정법 4. 옥내소화전의 설치기준 5. 옥외소화전의 설치기준 6. 스프링클러의 설치기준 7. 물분무소화설비의 설치기준 8. 포소화설비의 설치기준 9. 불활성가스 소화설비의 설치기준 10. 할로겐화물소화설비의 설치기준 11. 분말소화설비의 설치기준 12. 수동식소화기의 설치기준 13. 경보설비의 설치기준 14. 피난설비의 설치기준
		7. 위험물안전관리법상 행정사항	1. 제조소등 설치 및 후속절차	1. 제조소등 허가 2. 제조소등 완공검사 3. 탱크안전성능검사 4. 제조소등 지위승계 5. 제조소등 용도폐지
			2. 행정처분	1. 제조소등 사용정지, 허가취소 2. 과징금처분
			3. 안전관리 사항	1. 유지 · 관리 2. 예방규정 3. 정기점검 4. 정기검사 5. 자체소방대
			4. 행정감독	1. 출입 검사 2. 각종 행정명령 3. 벌금 및 과태료

2. 실기

직무분야	화학	중직무분야	위험물	자격종목	위험물기능사	적용기간	2020.1.1 ~ 2024.12.31

- **직무내용** : 위험물을 저장 · 취급 · 제조하는 제조소등에서 위험물을 안전하게 저장 · 취급 · 제조하고 일반 작업자를 지시 감독하며, 각 설비에 대한 점검과 재해 발생시 응급조치 등의 안전관리 업무를 수행하는 직무이다.
- **수행준거** : 1. 위험물 성상에 대한 기초 지식과 기능을 가지고 작업을 수행할 수 있다.
  2. 위험물 시설, 저장 · 취급기준에 대한 기초 지식과 기능을 가지고 작업을 수행할 수 있다.
  3. 위험물 관련 법규에 대한 기초사항을 적용하여 작업을 수행할 수 있다.
  4. 위험물 운송 · 운반에 대한 기초지식과 기능을 가지고 작업을 수행할 수 있다.

실기검정방법	필답형	시험시간	1시간 30분

실기 과목명	주요항목	세부항목	세세항목
위험물 취급 실무	1. 위험물 성상	1. 각 류별 위험물의 특성을 파악하고 취급하기	1. 제1류 위험물 특성을 파악하고 취급할 수 있다. 2. 제2류 위험물 특성을 파악하고 취급할 수 있다. 3. 제3류 위험물 특성을 파악하고 취급할 수 있다. 4. 제4류 위험물 특성을 파악하고 취급할 수 있다. 5. 제5류 위험물 특성을 파악하고 취급할 수 있다. 6. 제6류 위험물 특성을 파악하고 취급할 수 있다.
		2. 위험물의 소화 및 화재 예방하기	1. 일반화학의 기초를 파악할 수 있다. 2. 화재의 종류와 소화이론을 파악할 수 있다. 3. 위험물간의 반응으로 인한 폭발, 화재 위험성을 파악할 수 있다.
	2. 위험물 시설, 저장 · 취급 기준	1. 위험물 시설 파악하기	1. 위험물제조소등의 위치, 구조 및 설비에 대한 기준을 파악할 수 있다. 2. 위험물제조소등의 소화설비, 경보설비 및 피난설비에 대한 기준을 파악할 수 있다.
		2. 위험물의 저장 · 취급에 관한 사항 파악하기	1. 위험물의 저장 및 취급 기준을 파악할 수 있다.
	3. 관련법규 적용	1. 위험물 안전관리 법규 적용하기	1. 위험물제조소등과 관련된 안전관리 법규를 검토하여 허가, 완공절차 및 안전 기준을 파악할 수 있다. 2. 위험물 안전관리 법규의 벌칙규정을 파악하고 준수할 수 있다.
	4. 위험물 운송 · 운반기준 파악	1. 운송 · 운반 기준 파악하기	1. 운송 기준을 검토하여 운송 시 준수 사항을 확인할 수 있다. 2. 운반 기준을 검토하여 적합한 운반용기를 선정할 수 있다. 3. 운반 기준을 확인하여 적합한 적재방법을 선정할 수 있다. 4. 운반 기준을 조사하여 적합한 운반방법을 선정할 수 있다.
		2. 운송시설의 위치 · 구조 · 설비 기준 파악하기	1. 이동탱크저장소의 위치 기준을 검토하여 위험물을 안전하게 관리할 수 있다. 2. 이동탱크저장소의 구조 기준을 검토하여 위험물을 안전하게 운송할 수 있다. 3. 이동탱크저장소의 설비 기준을 검토하여 위험물을 안전하게 운송할 수 있다. 4. 이동탱크저장소의 특례 기준을 검토하여 위험물을 안전하게 운송할 수 있다.

실기 과목명	주요항목	세부항목	세세항목
		3. 운반시설 파악하기	1. 위험물 운반시설(차량 등)의 종류를 분류하여 안전하게 운반을 할 수 있다. 2. 위험물 운반시설(차량 등)의 구조를 검토하여 안전하게 운반할 수 있다.
	5. 위험물 운송 · 운반 관리	1. 운송 · 운반 안전 조치하기	1. 입 · 출하 차량 동선, 주정차, 통제 관련 규정을 파악하고 적용하여 운송 · 운반 안전조치를 취할 수 있다. 2. 입 · 출하 작업 사전에 수행해야 할 안전조치 사항을 파악하고 적용하여 운송 · 운반 안전조치를 취할 수 있다. 3. 입 · 출하 작업 중 수행해야 할 안전조치 사항을 파악하고 적용하여 운송 · 운반 안전조치를 취할 수 있다. 4. 사전 비상대응 매뉴얼을 파악하여 운송 · 운반 안전조치를 취할 수 있다.

차례 Contents

핵심요점정리

과년도 출제문제

핵심요점정리

Chapter 1

제 1 장 화재예방과 소화방법

1-1 화재예방

1. 화재의 분류 ★★★★★

종류	등급	색표시	주된 소화 방법
일반화재	A급	백색	냉각소화
유류 및 가스화재	B급	황색	질식소화
전기화재	C급	청색	질식소화
금속화재	D급	–	피복소화
주방화재	K급	–	냉각 및 질식소화

필수암기 ★★★★

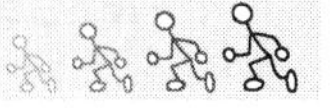

❶ 화재원인 중 1위 : **전기**
❷ 유류화재 시 **주수소화** 금지 이유 : **화재면 확대**
❸ 금속화재 시 **주수소화** 금지 이유 : **가연성기체(H_2)** 발생
❹ **알킬알루미늄** 화재 소화약제 : **팽창질석, 팽창진주암**, 마른모래
❺ 화재의 일반적 특성 : **확대성, 불안정성, 우발성, 성장성**

2. 폭굉과 폭연의 차이점 ★★★

- **폭굉**(디토네이션 : Detonation) : 연소속도가 **음속보다 빠르다.**(초음속)
- **폭연**(디플러그레이션 : Deflagration) : 연소속도가 **음속보다 느리다.**(아음속)

Pass Point

✪ 전기화재원인
합선, 과부하, 누전, 절연불량

✪ 제4류 위험물 (석유류 계통)
– 특수인화물
– 제1석유류
– 알코올류
– 제2석유류
– 제3석유류
– 제4석유류
– 동식물유류

✪ 석유류 분류기준
인화점 기준

폭굉유도거리
- 가스가 체류하고 있을 때 완만한 연소가 폭굉으로 변할 때까지 거리
- 폭굉유도거리가 짧을수록 위험

폭굉파
1000~3500m/sec

연소파
0.03~10m/sec

유황가루
분진폭발 발생

생석회(CaO)
- 제3류 위험물

소석회
$CaO + H_2O$
→ $Ca(OH)_2$ + 심한열

폭굉유도거리(DID)가 짧아지는 경우

❶ 압력이 상승하는 경우
❷ 관속에 방해물이 있거나 관경이 작아지는 경우
❸ 점화원 에너지가 증가하는 경우

3. 물리적 폭발과 화학적 폭발 ★★

(1) **물리적 폭발**
① 분진폭발 ② 가스폭발
③ 증기운 폭발 ④ 미스트 폭발
⑤ 유막폭발 ⑥ 고체폭발

(2) **화학적 폭발**
① 산화폭발 ② 분해폭발
③ 중합폭발

4. 분진폭발 공정설비 ★★★★

(1) **탄광** : 석탄분진
(2) **섬유공장** : 섬유분진
(3) **제분공장** : 곡물분진
(4) **제지공장** : 종이분진
(5) **목재공장** : 목분(나무분진)
(6) **고무가공공장** : 배합제분진
(7) **플라스틱공장** : 플라스틱분진
(8) **금속분말가루**

분진폭발의 농도범위

❶ 하한농도 : 20~60g/m^3
❷ 상한농도 : 2000~6000g/m^3
❸ 분진폭발 입자크기 : 100μm 이하

5. 분진폭발 없는 물질 ★★★★

(1) 생석회(시멘트의 주성분) (2) 석회석 분말
(3) 시멘트 (4) 수산화칼슘(소석회 : $Ca(OH)_2$)

6. 위험성의 영향인자 ★★

영향인자	위험성
❶ 온도, 압력, 산소농도	높을수록 위험
❷ 연소범위(폭발범위)	넓을수록 위험
❸ 연소열, 증기압	클수록 위험
❹ 연소속도	빠를수록 위험
❺ 인화점, 착화점, 비점, 융점, 비중, 점성	낮을수록 위험

✪ 연소범위(폭발범위)
- 온도 상승시 넓어진다.
- 압력 상승시 넓어진다.
- 불활성기체 첨가시 좁아진다.
- 산소농도 증가시 넓어진다.

7. 연소 시 색과 온도 ★★★

색	암적색	적색	황색	휘적색	황적색	백적색	휘백색
온도(℃)	700	850	900	950	1100	1300	1500

8. 연소의 3요소 및 4요소 ★★★★

✪ 연소범위가 가장 넓고 연소상한값이 가장 큰 가스
아세틸렌

(1) 가연물의 조건
① 산소와 친화력이 클 것 ② 발열량이 클 것
③ 표면적이 넓을 것 ④ 열전도도가 작을 것
⑤ 활성화 에너지가 적을 것 ⑥ 연쇄반응을 일으킬 것

지연성(조연성)가스
자기 자신은 타지 않고 남의 연소를 도와주는 가스
조연성 가스
산소, 오존, 불소, 염소, 일산화질소, 이산화질소

✪ 연소범위
- 아세틸렌 : 2.5~81%
- 수소 : 4~75%

(2) 가연물이 될 수 없는 조건
① 산화반응이 완전히 끝난 물질
② 질소 또는 질소산화물(흡열반응하기 때문)
③ 주기율표상 18족 원소(불활성 기체)
He(헬륨), Ne(네온), Ar(아르곤), Kr(크립톤), Xe(크세논), Rn(라돈)

✪ 공기의 조성(부피 %)
- 산소 : 21%
- 질소 : 78%
- 아르곤 : 1%

- **연소의 3요소** : 가연물 + 산소 + 점화원
- **연소의 4요소** : 가연물 + 산소 + 점화원 + 순조로운 연쇄반응

※ 기화열(기화잠열)은 점화원이 될 수 없다.

자연발화의 종류
- 분해열
- 산화열
- 미생물열
- 흡착열

표면연소
물질 자체가 연소하는 현상

연소의 형태
- 불꽃연소
- 표면연소

9. 열 에너지원의 종류 ★★자주출제(필수정리)★★

에너지의 종류	종 류
화학적 에너지	연소열, 분해열, 용해열, 반응열, 자연발화, 중합열
전기적 에너지	저항가열, 유도가열, 유전가열, 아크가열, 정전스파크, 낙뢰
기계적 에너지	마찰열, 압축열, 충격(마찰)스파크
원자력 에너지	핵분열, 핵융합

10. 연소의 형태 ★★★★★

필수정리 ★★★★

연소의 종류

❶ 표면연소(surface reaction) : 숯, 코크스, 목탄, 금속분
❷ 증발 연소(evaporating combustion) : 파라핀(양초), 황, 나프탈렌, 왁스, 휘발유, 등유, 경유, 아세톤 등 제4류 위험물
❸ 분해연소(decomposing combustion) : 석탄, 목재, 플라스틱, 종이, 합성수지(고분자), 중유
❹ 자기연소(내부연소) : 질화면(니트로 셀룰로오스), 셀룰로이드, 니트로글리세린등 제5류 위험물
❺ 확산연소(diffusive burning) : 아세틸렌, LPG, LNG 등 가연성 기체
❻ 불꽃연소 + 표면연소 : 목재, 종이, 셀룰로오스, 열경화성 합성수지

필수정리 ★★★★

❶ 화염의 안정범위 넓고 역화위험 없는 연소 : 확산연소
❷ 불꽃을 내면서 연소하는 것 : 분해연소, 확산연소, 증발연소
❸ 작열연소(표면연소, 응축연소) : 연쇄반응과 관계없다.

11. 불꽃연소와 표면연소(응축연소, 작열연소) ★

	가연물	
산소	불꽃연소	점화원
	연쇄반응	

[불꽃연소의 4요소]

	가연물	
산소	표면연소	점화원

[표면연소의 3요소]

① **불꽃연소** : 액체 및 기체연료, 열가소성 합성수지
② **표면연소** : 코크스, 목탄(숯), 금속분(알루미늄, 마그네슘, 나트륨)
③ **불꽃연소+표면연소** : 목재, 종이, 셀룰로오스, 열경화성 합성수지

12. 블로우 오프(Blow-off) 현상 ★

화염이 노즐에 정착하지 못하고 떨어지게 되어 화염이 꺼지는 현상

13. 역화(back fire)현상 ★

가스분출속도가 연소속도보다 느려 화염이 버너 내부로 들어가 착화하는 현상

14. 자연발화 ★★★★★

(1) 자연발화의 형태

자연발화 형태	자연발화 물질
• 산화열	석탄, 건성유, 고무분말, 금속분, 기름걸레
• 분해열	셀룰로이드, 니트로셀룰로우스, 니트로글리세린
• 흡착열	활성탄, 목탄분말
• 미생물열	퇴비, 먼지

✪ 자연발화 영향인자
- 열전도율
- 발열량
- 습도
- 온도
- 통풍상태
- 퇴적방법
- 공기와 접촉면적

(2) 자연발화의 방지대책

① 저장실 주위온도를 낮춘다.
② 물질을 건조하게 유지
③ 통풍하여 열의 축적을 방지
④ 저장용기에 불활성기체 봉입하여 공기접촉 차단
⑤ 물질의 표면적을 최소화

필수정리 ★★★★

❶ 불연성 가스 : He(헬륨), Ne(네온), Ar(아르곤), CO_2
❷ 정전기 발생 방지 대책 ★★★★★
㉮ 본딩과 접지 ㉯ 공기이온화 ㉰ 상대습도70% 이상유지
❸ 자연발화가 쉬운 건성유 : **아마인유**
❹ 햇빛에 방치한 기름걸레 자연발화 : 산화열의 축적

15. 유류저장탱크 및 가스저장탱크의 화재발생 현상 ★★

요점정리 ★★★★

❶ 보일오버(boil over) : 탱크 바닥의 물이 비등하여 유류가 연소하면서 분출
❷ 슬롭오버(slop over) : 물이 연소유 표면으로 들어갈 때 유류가 연소하면서 분출
❸ 프로스오버(froth over) : 탱크 바닥의 물이 비등하여 유류가 연소하지 않고 분출
❹ 블레비(BLEVE) : 액화가스 저장탱크 폭발현상

✪ **프로스오버**
화재를 수반하지 않는다.

16. 인화점, 발화점, 연소점 ★

(1) **인화점**(flash point) : 점화원에 의하여 점화되는 최저온도
(2) **발화점**(ignition point) : 점화원 없이 점화되는 최저온도
(3) **연소점**(fire point) : 가연성 물질이 발화한 후 연속적으로 연소할 수 있는 최저온도

- **발화점** : 압력이 증가하면 발화점은 낮아진다.

✪ **연소점**
인화점보다 5~10℃ 높다.

✪ **증기비중**
$\frac{M(\text{분자량})}{29(\text{공기평균분자량})}$

17. 공기 중 산소의 농도를 증가시켰을 때

(1) 발화온도가 낮아진다.
(2) 연소범위가 넓어진다.
(3) 화염의 온도가 높아진다.
(4) 점화에너지가 감소한다.

18. 탄화수소화합물 중 탄소수가 증가할수록 나타나는 현상

(1) 연소속도가 늦어진다.
(2) 발화온도가 낮아진다.
(3) 발열량이 커진다.
(4) 인화점, 비점이 높아진다.
(5) 수용성, 휘발성, 연소범위, 비중이 감소한다.
(6) 이성질체가 많아진다.

19. 착화점이 낮아지는 경우

(1) 압력이 클 때
(2) 발열량이 클 때
(3) 산소농도가 클 때
(4) 산소와 친화력이 클 때
(5) 화학적 활성도가 클 때
(6) 습도 및 가스압력이 낮을 때

20. 플래쉬 오버(flash over) 현상 ★★

폭발적인 착화현상 및 급격한 화염의 확대현상

- **플래쉬 오버 발생시기** : 성장기
- **주요발생원인** : 열의 공급

21. 플래쉬 오버의 발생시각 ★

(1) **개구율**(개구부 크기) : 클수록 빠르다.
(2) **내장재료** : 가연성일수록 빠르다.
(3) **화원의 크기** : 클수록 빠르다.
(4) **열전도율** : 작을수록 빠르다.
(5) **내장재료의 두께** : 얇을수록 빠르다.
(6) **가연물의 표면적** : 넓을수록 빠르다.
(7) **화재하중** : 클수록 빠르다.

22. 플래쉬 오버의 지연대책 ★★

(1) 열전도율이 큰 내장재를 사용
(2) 주요 구조부를 내화구조로 한다.
(3) 개구부를 적게 설치
(4) 두께가 두꺼운 내장재를 사용
(5) 실내 가연물은 소량씩 분산 저장
(6) 내장재 불연화

23. 백 드래프트(Back Draft) 현상 ★★

폭발적 연소와 함께 폭풍을 동반하여 화염이 외부로 분출되는 현상

- **백드래프트의 발생 시기** : 감쇠기
- **주요 발생원인** : 산소의 공급
- 백드래프트 현상 발생 시 폭풍 또는 충격파 있음

✪ 플래쉬 오버
- 화재실온도 : 약 500℃
- 바닥면 복사량 : 2~4W/cm^2
- 폭풍, 충격파 없음

✪ 열전달 방법
- 전도
- 대류
- 복사

✪ 스테판-볼츠만 법칙
복사열은 절대온도의 4제곱 및 단면적에 비례

✪ 백 드래프트 방지대책
- 적절한 배연
- 환기
- 폭발력의 억제
- 격리

특수가연물
대통령령으로 정한다.

면화류
섬유와 마사원료

사류
실과 누에고치

볏짚류
마른볏짚, 마른북더기

24. 특수가연물 ★★★

품 명		수 량
면 화 류		200kg 이상
나무껍질 및 대팻밥		400kg 이상
넝마 및 종이부스러기		1,000kg 이상
사류(絲類)		1,000kg 이상
볏짚류		1,000kg 이상
가연성 고체류		3,000kg 이상
석탄 · 목탄류		10,000kg 이상
가연성 액체류		$2m^3$ 이상
목제가공품 및 나무부스러기		$10m^3$ 이상
합성수지류	발포시킨 것	$20m^3$ 이상
	그 밖의 것	3,000kg 이상

• **가연성 고체류**

㉮ 인화점이 40℃ 이상 100℃ 미만인 것
㉯ 인화점이 100℃ 이상 200℃ 미만이고 연소열량이 8kcal/g 이상인 것
㉰ 인화점이 200℃ 이상이고 연소열량이 8kcal/g 이상인 것으로서 융점이 100℃ 미만인 것
㉱ 1기압과 20℃ 초과 40℃ 이하에서 액상인 것으로서 인화점이 70℃ 이상 200℃ 미만인 것

25. 특수가연물의 저장 및 취급의 기준 ★★★

(1) 품명 · 최대수량 및 화기취급의 금지표지 설치
(2) 저장 기준
(단, 석탄 · 목탄류를 발전(發電)용으로 저장하는 경우에는 예외)
① 물질별로 구분하여 쌓을 것
② 쌓는 높이는 10m 이하
③ 쌓는 부분의 바닥면적은 $50m^2$ 이하
(석탄 · 목탄류의 경우에는 $200m^2$) 이하
④ 쌓는 부분의 바닥면적 사이는 1m 이상이 되도록 할 것

★ 살수설비 또는 대형소화기를 설치하는 경우 ★
❶ 쌓는 높이는 15m 이하
❷ 쌓는 부분의 바닥면적은 $200m^2$(석탄 · 목탄류 $300m^2$) 이하

26. 증기 비중 ★★★★

(1) **공기의 조성**

질소(N_2) 78.03%, 산소(O_2) 20.99%, 아르곤(Ar) 0.94%, 이산화탄소(CO_2) 0.03% 등으로 구성

- 공기 중 산소의 부피(%)=21%
- 공기 중 산소의 중량(무게)(%)=23%

(2) **공기의 평균 분자량**

$28(N_2) \times 0.7803 + 32(O_2) \times 0.2099 + 40(Ar) \times 0.0094 + 44(CO_2) \times 0.0003 = 28.95 \fallingdotseq 29$

- 공기의 평균 분자량=29
- 증기비중 $= \dfrac{M(\text{분자량})}{29(\text{공기평균분자량})}$

27. 동소체 ★

같은 원소로 구성되어 있으나 성질이 다른 단체

원소	동 소 체
산소	산소와 오존
탄소	다이아몬드, 흑연, 숯
황	사방황, 단사황, 고무상황
인	붉은인, 노란인

- **동소체가 성질이 다른 이유** : 원자배열상태가 다르기 때문
- **동소체의 증명** : 연소 시 같은 물질이 생성되면 동소체이다.

증기비중
- 1보다 크면 공기보다 무겁다.
- 분자량이 클수록 크다.

붉은인 = 적린

노란인 = 황린

1-2 소화방법

1. 소화방법 ★★★★★

(1) **냉각소화** : 가연성 물질을 발화점 이하로 온도를 냉각시키는 방법

참고

물이 소화제로 이용되는 이유

❶ 물의 기화열(539 kcal/kg)이 크기 때문

❷ 물의 비열(1 kcal/kg℃)이 크기 때문

물의 냉각특성

❶ 물의 온도가 낮을수록 냉각효과가 크다.
❷ 건조한 상태에서 증발이 용이하다.
❸ 분무상태(안개모양)일 때 냉각효과가 크다.

(2) **질식소화** : 산소농도를 21%에서 15% 이하로 감소시켜 소화

- 질식소화 시 산소의 유지농도 : 10~15%

(3) **억제소화**(부촉매소화, 화학적소화) : 연쇄반응을 억제시켜 소화

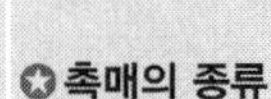

촉매의 종류
- 정촉매 : 반응속도를 빠르게
- 부촉매 : 반응속도를 느리게

① 부촉매 : 화학적 반응의 속도를 느리게 하는 것
② 부촉매 효과 : 할로겐화합물 소화약제
(할로겐족 원소 : 불소(F), 염소(Cl), 브롬(취소)(Br), 요오드(I))
③ 부촉매(소화효과)의 크기 순서 :
불소(F) < 염소(Cl) < 브롬(취소)(Br) < 요오드(I)
④ 반응력(친화력)의 크기 순서 :
불소(F) > 염소(Cl) > 브롬(취소)(Br) > 요오드(I)

(4) **제거소화** : 화재구역에서 가연성물질을 제거시켜 소화

제거소화의 예

❶ 산불이 발생하면 화재의 진행방향을 앞질러 벌목한다.
❷ 화학반응기의 화재시 원료공급관의 밸브를 잠근다.
❸ 유전화재시 폭약으로 폭풍을 일으켜 화염을 제거한다.
❹ 촛불을 입김으로 불어 화염을 제거한다.

(5) **피복소화** : 가연물 주위를 공기와 차단시켜 소화

(예) 방안에서 화재가 발생시 이불이나 담요로 덮는다.

(6) **희석소화** : 수용성액체 화재시 물을 방사하여 연소농도를 희석하여 소화

(예) 아세톤에 물을 다량으로 섞는다.

(7) **유화소화**(에멀젼소화) : 비수용성 인화성액체의 유류화재 시 물분무로 방사하여 액체표면에 불연성의 유막을 형성하여 소화

- 물의 유화효과(에멀젼 효과)를 이용한 방호대상설비 : 기름탱크

2. 물의 소화능력 향상 첨가제 ★★

(1) **부동액**(Anti-freeze agent)
① 물의 빙점(어는점) 낮추는 첨가제 ② 한랭지역에서 사용
(2) **침윤제**(Wetting agent)
① 물의 **표면장력 감소** 위한 첨가제 ② **심부화재**에 적합
(3) **농축제**(Viscosity agent)
① 물의 점도향상 첨가제 ② **산불화재**에 적합
(4) **밀도 개질제**(Density modifier)
물의 밀도를 개질하기 위한 첨가제로 수용성 폼이 있다.

3. 초기소화설비 ★★★

(1) 소화기구 (2) 옥내소화전설비
(3) 옥외소화전설비 (4) 스프링클러설비
(5) 물분무 등 소화설비★★★★
① 물분무 소화설비 ② 포 소화설비
③ 불활성가스 소화설비 ④ 할로겐화합물 소화설비
⑤ 분말 소화설비

4. CO_2 또는 할로겐화합물 소화기 설치금지 장소 ★★★ (자동확산소화기 제외)

(1) 지하층
(2) 무창층
(3) 밀폐된 거실 및 사무실로서 바닥면적 $20m^2$ 미만인 장소

5. 분말약제의 주성분 및 착색 ★★★★★

종 별	주 성 분	약 제 명	착 색	적응 화재
제1종	$NaHCO_3$	탄산수소나트륨, 중탄산나트륨, 중조	백 색	B, C 급
제2종	$KHCO_3$	탄산수소칼륨, 중탄산칼륨	담회색	B, C 급
제3종	$NH_4H_2PO_4$	제1인산암모늄	담홍색(핑크색)	A, B, C 급
제4종	$KHCO_3+(NH_2)_2CO$	중탄산칼륨+요소	회 색(쥐색)	B, C 급

소화활동설비
- 연결송수관설비
- 연결살수설비
- 연소방지설비
- 무선통신보조설비
- 제연설비
- 비상콘센트설비

할론1301
CF_3Br

6. 분말약제의 열분해 ★★★

종 별	약제명	착 색	열분해 반응식
제1종	중탄산나트륨	백 색	$2NaHCO_3 \rightarrow Na_2CO_3 + CO_2 + H_2O$
제2종	중탄산칼륨	담회색	$2KHCO_3 \rightarrow K_2CO_3 + CO_2 + H_2O$
제3종	제1인산암모늄	담홍색	$NH_4H_2PO_4 \rightarrow HPO_3 + NH_3 + H_2O$
제4종	중탄산칼륨＋요소	회(백)색	$2KHCO_3 + (NH_2)_2CO \rightarrow K_2CO_3 + 2NH_3 + 2CO_2$

7. 소화약제별 소화능력 ★★

소화약제명	화학식	소화능력
이산화탄소	CO_2	1.0(기준)
분말약제	–	2.0
할론 2402	$C_2F_4Br_2$	1.7
할론 1211	CF_2ClBr	1.4
할론 1301	CF_3Br	3.0

8. 소화기의 올바른 사용방법 ★★

✪ 소화기
- 소형 : 보행거리 20m 이내
- 대형 : 보행거리 30m 이내

✪ 소화기구 설치높이
바닥으로부터 1.5m 이하

(1) 적응화재에만 사용할 것
(2) 불과 가까이 가서 사용할 것
(3) 바람을 등지고 풍상에서 풍하의 방향으로 사용 할 것
(4) 양옆으로 비로 쓸 듯이 골고루 사용할 것

9. 강화액 소화기 ★

✪ K_2CO_3
탄산칼륨

✪ K_2SO_4
황산칼륨

(1) 물의 빙점(어는점)이 낮은 단점을 강화시킨 **탄산칼륨(K_2CO_3) 수용액**
(2) 내부에 황산(H_2SO_4)이 있어 탄산칼륨과 화학반응에 의한 CO_2가 압력원이 된다.

$$H_2SO_4 + K_2CO_3 \rightarrow K_2SO_4 + H_2O + CO_2\uparrow$$

(3) 무상인 경우 A, B, C 급 화재에 모두 적응한다.
(4) 소화약제의 pH는 12이다.(알카리성을 나타낸다.)
(5) 어는점(빙점)이 약 −30℃~−25℃로 매우 낮아 **추운 지방에서 사용**
(6) 강화액 소화제는 알카리성을 나타낸다.

10. 산 · 알칼리 소화기 ★★

H_2SO_4 + $2NaHCO_3$ → Na_2SO_4 + $2H_2O$ + $2CO_2$↑
(황산) (탄산수소나트륨) (황산나트륨) (물) (이산화탄소)

✪ 황산 : 산

✪ 탄산수소나트륨 : 알칼리

11. 할로겐화합물 소화약제 ★★★

(1) 할로겐화합물 소화약제

구분 \ 종류	할론 2402	할론 1211	할론 1301	할론 1011
화학식	$C_2F_4Br_2$	CF_2ClBr	CF_3Br	CH_2ClBr

(2) CTC(Carbon Tetra Chloride, 사염화탄소)

① 할로겐화합물 소화약제

② 방사 시 포스겐의 맹독성가스 발생으로 현재는 사용 금지된 소화약제

③ 화학식은 CCl_4이다.

✪ 할론104
CCl_4

사염화탄소와 이산화탄소의 반응

$CCl_4 + CO_2 \rightarrow 2COCl_2$(포스겐가스)

12. 화학포 소화약제 ★★★

(1) **내약제**(B제) : 황산알루미늄($Al_2(SO_4)_3$)

(2) **외약제**(A제) : 중탄산나트륨($NaHCO_3$), 기포안정제

✪ 기계포
- 단백포
- 합성계면활성제포
- 수성막포
- 알코올포

화학포의 기포안정제

• 사포닝 • 계면활성제 • 소다회 • 가수분해단백질

(3) 반응식

$6NaHCO_3$ + $Al_2(SO_4)_3 \cdot 18H_2O$
(탄산수소나트륨) (황산알루미늄)

→ $3Na_2SO_4$ + $2Al(OH)_3$ + $6CO_2$ + $18H_2O$
(황산나트륨) (수산화알루미늄) (이산화탄소) (물)

Pass Point

✪ 오존파괴지수
- 기준 : CFC-11
- CFC-11 : $CFCl_3$

✪ 지구온난화지수
- 기준 : CO_2

✪ 이상기체
- 보일-샤를법칙 만족
- 아보가드로법칙 따른다.
- 인력 및 부피 무시
- 완전 탄성체

13. 오존파괴지수(ODP) 및 지구온난화지수(GWP) ★★

(1) **오존파괴지수**(ODP : Ozone Depletion Potential)
어떤 물질의 오존 파괴능력을 상대적으로 나타내는 지표의 정의

$$ODP = \frac{\text{어떤 물질 1kg이 파괴하는 오존량}}{\text{CFC}-11\ \text{1kg이 파괴하는 오존량}}$$

[참고] CFC [Chloro(Cl), Fluoro(F), Carbon(C)]

[할론 약제별 오존파괴지수]

할론 소화약제	오존파괴지수(ODP)
할론 1301	14.1
할론 2402	6.6
할론 1211	2.4

(2) **지구 온난화지수**(GWP : Global Warming Potential)
어떤 물질이 기여하는 온난화 정도를 상대적으로 나타내는 지표의 정의

$$GWP = \frac{\text{어떤 물질 1kg이 기여하는 온난화 정도}}{CO_2-\text{1kg이 기여하는 온난화 정도}}$$

(3) **NOAEL**(No Observed Adverse Effect Level)
심장 독성시험에서 심장에 영향을 미치지 않는 농도

(4) **LOAEL**(Lowest Observed Adverse Effect Level)
심장 독성시험에서 심장에 영향을 미칠 수 있는 최소농도

14. CO_2농도 및 방출가스량의 계산 ★★★

(1) $CO_2(\%) = \frac{21-O_2(\%)}{21} \times 100$

(2) G_V(방출가스량 : m^3)$= \frac{21-O_2(\%)}{O_2(\%)} \times V$(방호구역체적($m^3$))

15. 이상기체 상태방정식 ★★★★★

$$PV = \frac{W}{M}RT = nRT$$

여기서, P : 압력(atm), V : 방출가스량(m^3), W : 약제무게(kg)
M : 약제의 분자량, R : 기체상수(0.082atm · m^3/kmol · K)
T : 절대온도(273+t℃), n : mol(몰)

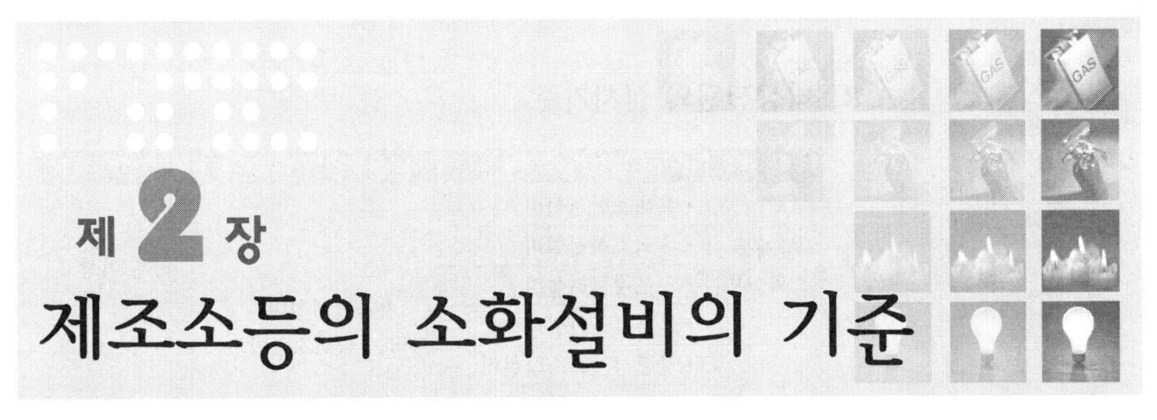

제 2 장 제조소등의 소화설비의 기준

1. 옥내소화전설비의 설치기준

① 개폐밸브 및 호스접속구는 바닥면으로부터 1.5m 이하의 높이에 설치할 것

② 가압송수장치의 시동을 알리는 표시등은 적색으로 하고 옥내소화전함의 내부 또는 그 직근의 장소에 설치할 것.

③ 옥내소화전함에는 그 표면에 "소화전"이라고 표시할 것

④ 옥내소화전함의 상부의 벽면에 적색의 표시등을 설치하되, 당해 표시등의 부착면과 15° 이상의 각도가 되는 방향으로 10m 떨어진 곳에서 용이하게 식별이 가능하도록 할 것

2. 물올림장치 설치기준

① 물올림장치에는 전용의 물올림탱크를 설치할 것

② 물올림탱크의 용량은 가압송수장치를 유효하게 작동할 수 있도록 할 것

③ 물올림탱크에는 감수경보장치 및 물올림탱크에 물을 자동으로 보급하기 위한 장치가 설치되어 있을 것

개폐밸브 및 호스접속구
1.5m 이하

기동표시등
적색

적색표시등
-15도 이상
-10m

물올림장치
-전용

물올림탱크
-감수경보장치
-자동급수장치

✪ 비상전원
- 물계통 : 45분 이상
- 가스계통 : 60분 이상

3. 비상전원의 설치기준

구 분	소화설비의 종류	비상전원의 종류	비상전원의 용량
물계통 소화설비	• 옥내소화전설비 • 옥외소화전설비 • 스프링클러설비 • 물분무소화설비	자가발전설비 또는 축전지설비	45분 이상
가스계 소화설비	• 불활성가스소화설비 • 할로겐화합물소화설비 • 분말소화설비	자가발전설비 또는 축전지설비	1시간(60분) 이상

4. 펌프를 이용한 가압송수장치 설치기준

① 펌프의 토출량

$$Q = N \times 260$$

여기서, Q : 펌프의 토출량[L/min]
N : 가장 많은 층에 설치된 옥내소화전의 설치개수(최대5개)

② 펌프의 전양정

$$H = h_1 + h_2 + h_3 + 35\text{m}$$

여기서, H : 펌프의 전양정(m)
h_1 : 소방용 호스의 마찰손실수두(m)
h_2 : 배관의 마찰손실수두(m)
h_3 : 낙차(m)

✪ 펌프
- 정격토출량의 150%
- 정격전양정의 65%
- 토출측 : 압력계
- 흡입측 : 연성계
- 체질운전 : 순환배관
- 방수압 : 0.7MPa 이하

③ 펌프의 토출량이 정격토출량의 150%인 경우에는 전양정은 정격전양정의 65% 이상일 것
④ 펌프는 전용으로 할 것
⑤ 펌프에는 토출측에 압력계, 흡입측에 연성계를 설치할 것
⑥ 정격부하운전시 펌프의 성능을 시험하기 위한 배관설비를 설치할 것
⑦ 체절운전시에 수온상승방지를 위한 순환배관을 설치할 것
⑧ 노즐선단에서 방수압력이 0.7MPa을 초과하지 아니하도록 할 것

5. 개방형스프링클러헤드의 설치기준

① 반사판으로부터 하방으로 0.45m, 수평방향으로 0.3m의 공간을 보유할 것

② 헤드의 축심이 당해 헤드의 부착면에 대하여 직각이 되도록 설치할 것

6. 폐쇄형스프링클러헤드의 설치기준

① 스프링클러헤드의 반사판과 당해 헤드의 부착면과의 거리는 0.3m 이하일 것

② 스프링클러헤드는 당해 헤드의 부착면으로부터 0.4m 이상 돌출한 보 등에 의하여 구획된 부분마다 설치할 것. 다만, 당해 보 등의 상호간의 거리가 1.8m 이하인 경우에는 그러하지 아니하다.

③ 급배기용 덕트 등의 긴변의 길이가 1.2m를 초과하는 것이 있는 경우에는 당해 덕트 등의 아래면에도 스프링클러헤드를 설치할 것

④ 개구부에 설치하는 스프링클러헤드는 당해 개구부의 상단으로부터 높이 0.15m 이내의 벽면에 설치할 것

⑤ 건식 또는 준비작동식의 유수검지장치의 2차측에 설치하는 스프링클러헤드는 상향식스프링클러헤드로 할 것. 다만, 동결할 우려가 없는 장소에 설치하는 경우는 그러하지 아니하다.

7. 폐쇄형 스프링클러 헤드의 표시온도

부착장소의 최고주위온도(℃)	표시온도(℃)
28 미만	58 미만
28 이상 39 미만	58 이상 79 미만
39 이상 64 미만	79 이상 121 미만
64 이상 106 미만	121 이상 162 미만
106 이상	162 이상

8. 일제개방밸브 또는 수동식개방밸브 설치기준

① 바닥면으로부터 1.5m 이하의 높이에 설치

② 방수구역마다 설치할 것

③ 수동식개방밸브를 개방조작하는데 필요한 힘이 15kg 이하가 되도록 설치할 것

Pass Point

✪ 개방형헤드
- 하방 : 0.45m
- 수평 : 0.3m

✪ 폐쇄형헤드
- 부착면 : 0.3m 이하
- 개구부 : 0.15m 이내

✪ 수동식 개방밸브
- 1.5m 이하
- 방수구역마다
- 조작 : 15kg 이하

Pass Point

✪ 제어밸브
0.8m~1.5m 이하

✪ 말단시험밸브
-1차측 : 압력계
-2차측 : 시험용 방수구

✪ 쌍구형 송수구
-전용
-0.5m~1m 이하

9. 스프링클러설비의 제어밸브 설치기준

① 제어밸브는 개방형스프링클러헤드를 이용하는 스프링클러설비에 있어서는 방수구역마다, 폐쇄형스프링클러헤드를 사용하는 스프링클러설비에 있어서는 당해 방화대상물의 층마다, 바닥면으로부터 0.8m 이상 1.5m 이하의 높이에 설치할 것

② 제어밸브에는 함부로 닫히지 아니하는 조치를 강구할 것

③ 제어밸브에는 직근의 보기 쉬운 장소에 "스프링클러설비의 제어밸브"라고 표시할 것

10. 폐쇄형스프링클러설비의 말단시험밸브 설치기준

① 유수검지장치 또는 압력검지장치를 설치한 배관의 계통마다 1개씩, 방수압력이 가장 낮다고 예상되는 배관의 부분에 설치할 것

② 1차측에는 압력계를, 2차측에는 스프링클러헤드와 동등의 방수성능을 갖는 오리피스 등의 시험용방수구를 설치할 것

③ 직근의 보기 쉬운 장소에 "말단시험밸브"라고 표시할 것

11. 스프링클러설비의 쌍구형의 송수구 설치기준

① 전용으로 할 것

② 송수구의 결합금속구는 탈착식 또는 나사식으로 하고 내경을 63.5mm 내지 66.5mm로 할 것

③ 송수구의 결합금속구는 지면으로부터 0.5m 이상 1m 이하의 높이의 송수에 지장이 없는 위치에 설치할 것

12. 제4류 위험물취급 장소의 스프링클러설비 1분당 방사밀도

살수기준면적(m^2)	빙사밀도($L/m^2 \cdot$분)		비 고
	인화점 38℃ 미만	인화점 38℃ 이상	
279 미만	16.3 이상	12.2 이상	살수기준면적은 내화구조의 벽 및 바닥으로 구획된 하나의 실의 바닥면적을 말한다. 다만, 하나의 실의 바닥면적이 465m^2 이상인 경우의 살수기준면적은 465m^2로 한다.
279 이상 372 미만	15.5 이상	11.8 이상	
372 이상 465 미만	13.9 이상	9.8 이상	
465 이상	12.2 이상	8.1 이상	

13. 고정포 방출구의 종류

저장탱크의 종류	적용 고정포 방출구	포주입법
고정식 지붕구조 (CRT(콘루프) 탱크)	Ⅰ형, Ⅱ형,	상부 포주입법
	Ⅲ형, Ⅳ형	저부 포주입법
부상식 지붕구조 (FRT(플루팅루프) 탱크)	특형	상부 포주입법

(주) CRT=Cone Roof Tank, FRT=Floating Roof Tank

(1) **Ⅰ형**

고정지붕구조의 탱크에 **상부포주입법**을 이용하는 것으로서 방출된 포가 액면 아래로 몰입되거나 액면을 뒤섞지 않고 액면상을 덮을 수 있는 통계단 또는 미끄럼판 등의 설비 및 탱크내의 위험물증기가 외부로 역류되는 것을 저지할 수 있는 구조·기구를 갖는 포방출구

(2) **Ⅱ형**

고정지붕구조 또는 부상덮개부착고정지붕구조의 탱크에 **상부포주입법**을 이용하는 것으로서 방출된 포가 탱크옆판의 내면을 따라 흘러내려 가면서 액면 아래로 몰입되거나 액면을 뒤섞지 않고 액면상을 덮을 수 있는 반사판 및 탱크내의 위험물증기가 외부로 역류되는 것을 저지할 수 있는 구조·기구를 갖는 포방출구

(3) **특형**

부상지붕구조의 탱크에 **상부포주입법**을 이용하는 것으로서 부상지붕의 부상부분상에 높이 0.9m 이상의 금속제의 칸막이를 탱크옆판의 내측로부터 1.2m 이상 이격하여 설치하고 탱크옆판과 칸막이에 의하여 형성된 환상부분에 포를 주입하는 것이 가능한 구조의 반사판을 갖는 포방출구

(4) **Ⅲ형**

고정지붕구조의 탱크에 **저부포주입법**을 이용하는 것으로서 송포관으로부터 포를 방출하는 포방출구

(5) **Ⅳ형**

고정지붕구조의 탱크에 **저부포주입법**을 이용하는 것으로서 평상시에는 탱크의 액면하의 저부에 설치된 격납통에 수납되어 있는 특수호스 등이 송포관의 말단에 접속되어 있다가 포를 보내는 것에 의하여 특수호스 등이 전개되어 그 선단이 액면까지 도달한 후 포를 방출하는 포방출구

Pass Point

✪ 고정식 지붕구조
－Ⅰ, Ⅱ, Ⅲ, Ⅳ형

✪ 부상식 지붕구조
－특형

✪ 상부 포주입법
－Ⅰ, Ⅱ, 특형

✪ 저부 포주입법
－Ⅲ, Ⅳ형

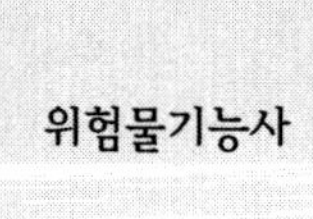

Pass Point

포헤드방식
-$9m^2$당 1개
-$6.5L/m^2 \cdot min$

펌프 프로포셔너
토출된 물의 일부를 보냄

프레져 프로포셔너
벤추리작용+펌프가압수

14. 포소화설비의 연결송수구 설치개수

$$N = \frac{Aq}{C}$$

여기서, N : 연결송수구의 설치수　　　A : 탱크의 최대수평 단면적(m^2)
q : 탱크의 액표면적 $1m^2$당 방사하여야 할 포수용액의 방출율(L/min)
C : 연결송수구 1구당의 표준 송액량(800L/min)

15. 포헤드방식의 포헤드 설치기준

① 방호대상물의 표면적 $9m^2$당 1개 이상의 헤드를 설치 할 것
② 방호대상물의 표면적 $1m^2$당의 방사량은 6.5L/min 이상
③ 방사구역은 $100m^2$ 이상(표면적이 $100m^2$ 미만인 경우에는 당해 표면적)으로 할 것

16. 포소화약제의 혼합장치 ★★

(1) **펌프 프로포셔너 방식**(pump proportioner type) (펌프 조합방식)
펌프의 토출관과 흡입관 사이의 배관도중에 설치한 흡입기에 펌프에서 토출된 물의 일부를 보내고, 농도 조정밸브에서 조정된 포 소화약제의 필요량을 포 소화약제 탱크에서 펌프 흡입측으로 보내어 이를 혼합하는 방식

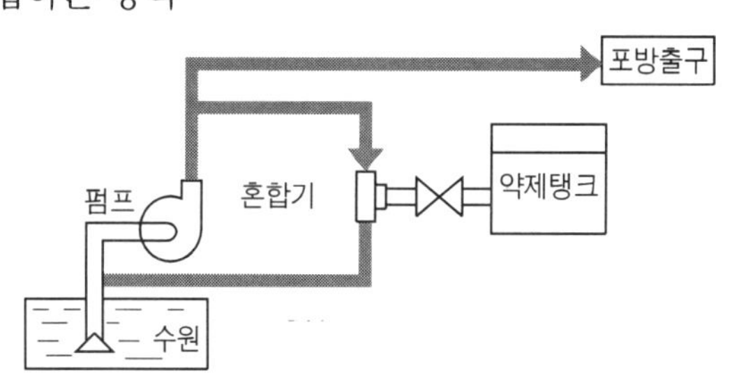

(2) **프레져 프로포셔너 방식**(pressure proportioner type)
(차압 조합방식)
펌프와 발포기의 중간에 설치된 벤추리관의 벤추리 작용과 펌프 가압수의 포 소화약제 저장탱크에 대한 압력에 의하여 포소화약제를 흡입 · 혼합하는 방식

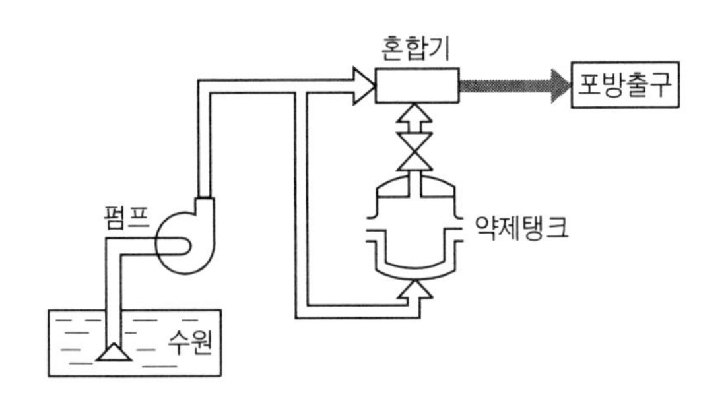

(3) **라인 프로포셔너 방식**(line proportioner type)(관로 조합방식)
펌프와 발포기의 중간에 설치된 벤추리관의 벤추리 작용에 의하여 포소화약제를 흡입 · 혼합하는 방식

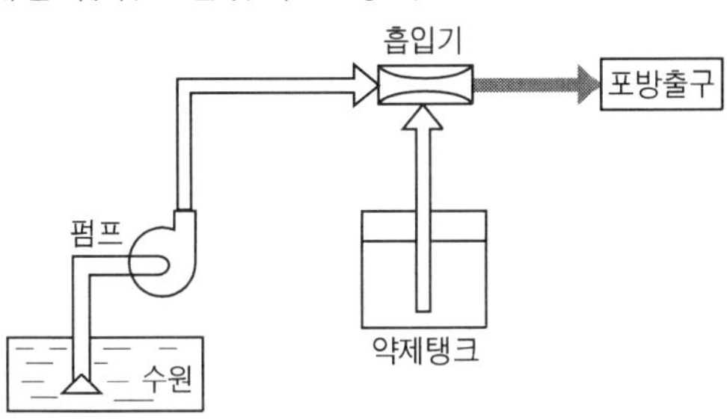

(4) **프레져사이드 프로포셔너 방식**(pressure side proportioner type)(압입 혼합방식)
펌프의 토출관에 압입기를 설치하여 포 소화약제 압입용 펌프로 포 소화약제를 압입시켜 혼합하는 방식

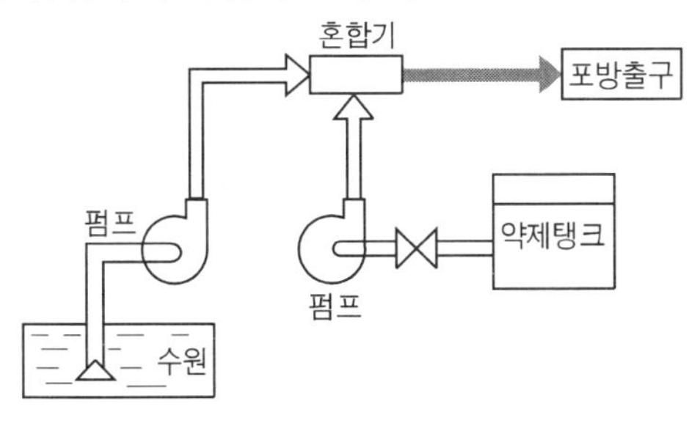

17. 수성막포 소화약제 ★

(1) 불소계통의 습윤제에 합성계면활성제 첨가한 포약제이며 주성분은 불소계 계면활성제
(2) 미국에서는 AFFF(Aqueous Film Forming Foam)로 불리며 3M사가 개발한 것으로 상품명은 라이트 워터(light water)

✪ **라인 프로포셔너**
벤추리 작용

✪ **프레져사이드 프로포셔너**
압입용 펌프

✪ **수성막포**
–AFFF
–라이트 워터
–가장 우수한 포약제

(3) 저발포용으로 3%형과 6%형이 있다.
(4) 분말약제와 겸용이 가능하고 액면하 주입방식에도 사용.
(5) 내유성과 유동성이 좋아 유류화재 및 항공기화재, 화학공장화재에 적합
(6) 화학적으로 안정하며 수명이 반영구적
(7) 소화작업 후 포와 막의 차단효과로 재발화 방지에 효과가 있다.
※ 유류화재용으로 가장 뛰어난 포약제는 수성막포이다.

✪ 단백포
유동성이 작다.

18. 단백포 소화약제 ★

(1) 부동액이 첨가되어 −15℃에서도 동결되지 않는다.
(2) 겨울에는 유동성이 작아진다.
(3) 저온인 경우 혼합비가 저하되어 적정포를 얻을 수 없다.

✪ 저압식
1.1~1.4

✪ 고압식
1.5~1.9

19. 불활성가스의 저장용기 충전기준 ★

구 분	저압식	고압식
이산화탄소 충전비	1.1~1.4	1.5~1.9
IG−100, IG−55, IG−541	충전압력을 21℃의 온도에서 32MPa 이하	

✪ 저압식 저장용기
−액면계, 압력계
−압력경보장치
(2.3MPa 이상 1.9MPa 이하)
−자동냉동기
(−18℃ 유지)
−파괴판

20. 이산화탄소를 저장하는 저압식 저장용기 설치기준

① 액면계 및 압력계를 설치할 것
② 2.3MPa 이상의 압력 및 1.9MPa 이하의 압력에서 작동하는 압력경보장치를 설치할 것
③ 용기내부의 온도를 −20℃ 이상 −18℃ 이하로 유지할 수 있는 자동냉동기를 설치할 것
④ 파괴판을 설치할 것
⑤ 방출밸브를 설치할 것

21. 불활성가스소화설비 저장용기 설치기준 ★★

(1) 방호구역 외의 장소에 설치할 것
(2) 온도가 40℃ 이하이고 온도 변화가 적은 장소에 설치할 것
(3) 직사일광 및 빗물이 침투할 우려가 적은 장소에 설치할 것
(4) 저장용기에는 안전장치를 설치할 것

(5) 저장용기의 외면에 소화약제의 종류와 양, 제조년도 및 제조자를 표시할 것

줄-톰슨효과 [Joule-Thomson 효과]

이산화탄소가스가 가는 구멍으로 내뿜어 갑자기 팽창시킬 때 그 온도가 급강하하여 드라이아이스(고체)가 되는 현상

저장용기
- 방호구역외
- 40℃ 이하
- 안전장치

22. 불활성가스소화설비의 분사헤드(전역방출방식)

(1) 분사헤드의 방사압력

약제의 종류	고압식	저압식
이산화탄소	2.1MPa 이상	1.05MPa 이상
IG-100	1.9Mpa이상	
IG-55		
IG-541		

고압식
2.1MPa 이상

저압식
1.05MPa 이상

IG계통
1.9MPa 이상

(2) 소화약제의 방사시간

약제의 종류	약제방사시간	
	전역방출방식	국소방출방식
이산화탄소	60초 이내	30초 이내
IG-100	60초이내(소화약제의 양의 95%이상 방사)	30초이내(소화약제의 양의 95%이상 방사)
IG-55		
IG-541		

약제방사시간
- CO_2 전역 60초 이내
  국소 30초 이내
- IG 전역 60초 이내
  국소 30초 이내

23. 이산화탄소소화약제의 저장량(전역방출방식) ★

방호구역의 체적(m^3)	체적계수(K_1 : kg/m^3)	면적계수(K_2 : kg/m^2) (자동폐쇄장치 미설치 시)
5 미만	1.20	5
5 이상 15 미만	1.10	
15 이상 45 미만	1.00	
45 이상 150 미만	0.90	
150 이상 1500 미만	0.80	
1500 이상	0.75	

24. IG-100, IG-55 또는 IG-541의 저장량(전역방출방식) ★

소화약제의 종류	체적계수(K_1 : kg/m^3)
IG-100	0.516 이상 0.740 이하
IG-55	0.477 이상 0.562 이하
IG-541	0.472 이상 0.562 이하

✪ 배관
-전용
-고압식 : 80 이상
저압식 : 40 이상
-동관
고압식 : 16.5MPa 이상
저압식 : 3.75MPa 이상
-낙차 : 50m 이하

25. 이산화탄소를 방사하는 배관의 설치기준

① 전용으로 할 것

② 강관의 배관은 압력배관용탄소강관 중에서 고압식인 것은 스케줄 80 이상, 저압식인 것은 스케줄40 이상의 것 또는 이와 동등 이상의 강도를 갖는 것으로서 아연도금 등에 의한 방식처리를 한 것을 사용할 것

③ 동관의 배관은 이음매 없는 구리 및 구리합금 관 또는 이와 동등 이상의 강도를 갖는 것으로서 고압식인 것은 16.5MPa 이상, 저압식인 것은 3.75MPa 이상의 압력에 견딜 수 있는 것을 사용할 것

④ 관이음쇠는 고압식인 것은 16.5MPa 이상, 저압식인 것은 3.75MPa 이상의 압력에 견딜 수 있는 것으로서 적절한 방식처리를 한 것을 사용할 것

⑤ 낙차는 50m 이하일 것

✪ 기동용 가스용기
-25MPa 이상
-1L 이상
-0.6kg 이상
-1.5 이상

26. 기동용가스용기 설치기준

(1) 기동용가스용기는 25MPa 이상의 압력에 견딜 수 있는 것일 것

(2) 내용적은 1L 이상으로 하고 당해 용기에 저장하는 이산화탄소의 양은 0.6kg 이상으로 하되 그 충전비는 1.5 이상일 것

(3) 기동용가스용기에는 안전장치 및 용기밸브를 설치할 것

27. 불활성가스소화설비에 사용하는 소화약제(전역방출방식)

<table>
<tr><th colspan="2">제조소등의 구분</th><th>소화약제의 종류</th></tr>
<tr><td rowspan="2">제4류 위험물을 저장 또는 취급하는 제조소등</td><td>방호구역의 체적이 1000m^3 이상의 것</td><td>이산화탄소</td></tr>
<tr><td>방호구역의 체적이 1000m^3 미만의 것</td><td>이산화탄소, IG-100, IG-55, IG-541</td></tr>
<tr><td colspan="2">제4류 외의 위험물을 저장 또는 취급하는 제조소등</td><td>이산화탄소</td></tr>
</table>

28. 이동식 불활성가스소화설비

① 노즐은 온도 20℃에서 하나의 노즐마다 90kg/min 이상의 소화약제를 방사할 수 있을 것
② 저장용기의 용기밸브 또는 방출밸브는 호스의 설치장소에서 수동으로 개폐할 수 있을 것
③ 저장용기는 호스를 설치하는 장소마다 설치할 것
④ 저장용기의 직근의 보기 쉬운 장소에 적색등을 설치하고 이동식 불활성가스소화설비 임을 알리는 표시를 할 것
⑤ 화재시 연기가 현저하게 충만할 우려가 있는 장소 외의 장소에 설치할 것
⑥ 이동식 불활성가스소화설비에 사용하는 소화약제는 이산화탄소로 할 것

Pass Point

이동식
- 90kg/min 이상
- 적색등
- 이산화탄소

29. 할로겐화물소화설비의 분사헤드

① 방호구역의 전역에 균일하고 신속하게 확산할 수 있도록 설치할 것
② 하론2402를 방사하는 분사헤드는 무상으로 방사하는 것일 것
③ 할로겐화물소화설비의 분사헤드

약제명	하론2402	하론1211	하론1301	HFC-23 HFC-125	HFC-227ea
방사압력	0.1MPa 이상	0.2MPa 이상	0.9MPa 이상	0.9MPa 이상	0.3MPa 이상
약제방사 기준시간	30초 이내 (전역 및 국소방출방식)			10초 이내 (전역 및 국소방출방식)	

분사헤드
- 2402 : 무상
- 2402 : 0.1
- 1211 : 0.2
- 1301 : 0.9

30. 할로겐화물소화약제의 저장량(전역방출방식) ★

약제의 종류	체적계수 (K_1 : kg/m^3)	면적계수(K_2 : kg/m^2) (자동폐쇄장치 미설치 시)
하론 2402	0.40	3.0
하론 1211	0.36	2.7
하론 1301	0.32	2.4
HFC-23 HFC-125	0.52 이상 0.80 이하	-
HFC-227ea	0.55 이상 0.72 이하	-

Pass Point

충전비
-2402
가압식 : 0.51~0.67
축압식 : 0.67~2.75
-1211 : 0.7~1.4
-1301 : 0.9~1.6

31. 할로겐화물소화약제의 충전비

약제	할론 2402		할론 1211	할론 1301 HFC-227ea	HFC-23 HFC-125
	가압식	축압식			
충전비	0.51 이상 0.67 미만	0.67 이상 2.75 이하	0.7 이상 1.4 이하	0.9 이상 1.6 이하	1.2이상 1.5 이하

• **충전비** : 저장용기 내용적과 소화약제의 중량비(L/kg)

축압식 저장용기
-1211 : 1.1 또는 2.5
-1301 : 2.5 또는 4.2

32. 전역방출방식 또는 국소방출방식의 할로겐화물소화설비

① 축압식저장용기등은 온도 20℃에서 하론1211을 저장하는 것은 1.1MPa 또는 2.5MPa, 하론1301을 저장하는 것은 2.5MPa 또는 4.2MPa이 되도록 질소가스로 가압할 것
② 가압용가스용기는 질소가스가 충전되어 있는 것일 것
③ 가압식의 것에는 2.0MPa 이하의 압력으로 조정할 수 있는 압력조정장치를 설치할 것

33. 할로겐화물소화설비에 사용하는 소화약제(전역방출방식)

제조소등의 구분		소화약제의 종류
제4류 위험물을 저장 또는 취급하는 제조소등	방호구역의 체적이 1000m^3 이상의 것	하론2402, 하론1211, 하론1301
	방호구역의 체적이 1000m^3 미만의 것	하론2402, 하론1211, 하론1301, HFC-23, HFC-125 또는 HFC-227ea
제4류 외의 위험물을 저장 또는 취급하는 제조소등		하론2402, 하론1211, 하론1301,

노즐당 방사량
-2402 : 45
-1211 : 40
-1301 : 35

34. 할로겐화물소화설비의 노즐당 방사량(이동식)

소화약제의 종류	분당 방사량(kg)
하론2402	45
하론1211	40
하론1301	35

35. 할로겐화합물 소화약제의 구비조건 ★

① 증기(기화)가 되기 쉬울 것
② 끓는점(비점)이 낮을 것
③ 전기화재에 적응성이 있을 것
④ 공기보다 무겁고 불연성일 것

Pass Point

구비조건
- 기화↓
- 비점↓
- 적응성(C급)
- 불연성

36. 분말소화약제의 분사헤드

구 분	전역방출방식	국소방출방식
방사압력	0.1MPa 이상	−
약제방사 기준시간	30초 이내	30초 이내

분사헤드
- 전역 : 0.1MPa 이상 (30초 이내)
- 국소 : 30초 이내

37. 분말소화약제의 저장량(전역방출방식) ★

종 별	체적계수 (K_1 : kg/m^3)	면적계수(K_2 : kg/m^2) (자동폐쇄장치 미설치 시)
제1종	0.60	4.5
제2종, 제3종	0.36	2.7
제4종	0.24	1.8
제5종	소화약제에 필요한 양	소화약제에 필요한 양

약제 저장량(전역)
- 1종 : 0.6/4.5
- 2, 3종 : 0.36/2.7
- 4종 : 0.24/1.8

38. 분말소화약제의 저장량(이동식) ★

약제의 종별	소화약제의 양
• 제1종 분말	50kg 이상
• 제2종, 제3종 분말	30kg 이상
• 제4종 분말	20kg 이상
• 제5종 분말	소화약제에 필요한 양

약제 저장량(이동식)
- 1종 : 50
- 2, 3종 : 30
- 4종 : 20

39. 분말소화설비의 노즐당 방사량(이동식)

소화약제의 종류	분당 방사량(kg)
제1종 분말	45
제2종분말 또는 제3종 분말	27
제4종 분말	18

노즐당 방사량(이동식)
- 1종 : 45
- 2, 3종 : 27
- 4종 : 18

충전비
- 1종 : 0.85~1.45
- 2, 3종 : 1.05~1.75
- 4종 : 1.5~2.5

가압용 및 축압용 가스
- N_2 가압 : 40L/kg
  축압 : 10L/kg
- CO_2 가압 : 20g/kg
  축압 : 20g/kg

40. 분말소화설비의 저장용기등의 충전비

약제의 종별	충전비의 범위
• 제1종 분말	0.85 이상 1.45 이하
• 제2종, 제3종 분말	1.05 이상 1.75 이하
• 제4종 분말	1.50 이상 2.50 이하

41. 분말소화설비의 가압용 또는 축압용 가스 ★★

구 분	질소가스 사용 시	이산화탄소 사용 시
가압용가스	40L(질소)/1kg(약제) 이상 (35℃, 0Mpa 기준)	20g(CO_2)/1kg(약제) +배관청소에 필요한 양
축압용 가스	10L(질소)/1kg(약제) 이상 (35℃, 0Mpa 기준)	20g(CO_2)/1kg(약제) +배관청소에 필요한 양

※ 가압식의 압력조정기 : 2.5MPa 이하의 압력으로 조정할 수 있을 것

42. 분말소화약제의 방습제 ★

(1) 금속비누(스테아르산아연, 스테아르산알루미늄)

(2) 실리콘으로 표면처리

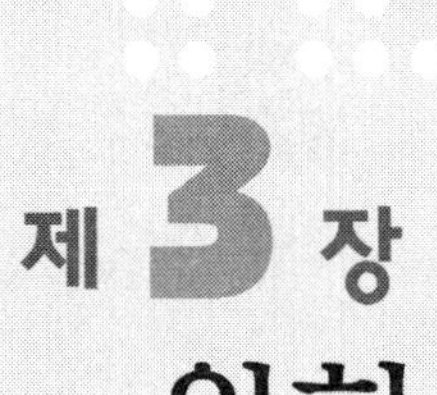

제 3 장 위험물의 종류 및 성질

3-1 제1류 위험물

1. 품명 및 지정수량 ★★★

성 질	품 명	지정수량	위험등급
산화성 고체	1. 아염소산염류	50kg	Ⅰ
	2. 염소산염류		
	3. 과염소산염류		
	4. 무기과산화물		
	5. 브롬산염류	300kg	Ⅱ
	6. 질산염류		
	7. 요오드산염류		
	8. 과망간산염류	1000kg	Ⅲ
	9. 중크롬산염류		

2. 공통적 성질 ★★

(1) 산화성 고체이며 대부분 수용성이다.

(2) 불연성이지만 다량의 산소를 함유하고 있다.

(3) 분해시 산소를 방출하여 남의 연소를 돕는다.(조연성)

(4) 열 · 타격 · 충격, 마찰 및 다른 화학물질과 접촉시 쉽게 분해된다.

(5) 분해속도가 대단히 빠르고, 조해성이 있는 것도 포함한다.

3. 저장 및 취급방법

(1) 무기 과산화물은 물과 접촉시 반응하여 산소를 방출하므로 습기와

✪ 아염소산
$HClO_2$

✪ 염소산
$HClO_3$

✪ 과염소산
$HClO_4$

✪ 염소산염류
수소가 금속 또는 양이온으로 치환된 화합물

접촉금지(금수성 물질)

$$2Na_2O_2 + 2H_2O \rightarrow 4NaOH + O_2\uparrow$$
(과산화나트륨) (물) (수산화나트륨) (산소)

(2) 조해성물질은 저장용기를 밀폐시킨다.
(3) 가열, 충격, 마찰을 금지한다.

NaOH
- 수산화나트륨
- 가성소다
- 강알칼리
- 양잿물

4. 소화방법

(1) 다량의 물을 방사하여 냉각소화한다.
(2) 무기(알칼리금속)과산화물은 금수성 물질로 물에 의한 소화는 절대 금지하고 마른모래로 소화한다.
(3) 자체적으로 산소를 함유하고 있어 질식소화는 효과가 없고 물을 대량 사용하여 냉각 소화가 효과적이다.

5. 품명에 따른 특성

아염소산
$HClO_2$

(1) **아염소산염류**
① **아염소산나트륨**($NaClO_2$)
㉮ 조해성이 있고 무색의 결정성 분말이다.
㉯ 산과 반응하여 **이산화염소**(ClO_2)가 발생된다.
② 아염소산칼륨($KClO_2$)
㉮ 조해성이 있고 무색의 결정성 분말이다.
㉯ 가열, 충격에 의한 폭발가능성이 있다.

염소산
$HClO_3$

(2) **염소산염류**
① 염소산칼륨($KClO_3$)
㉮ 무색 또는 백색분말
㉯ 비중 : 2.34
㉰ 온수, 글리세린에 용해
㉱ 냉수, 알코올에는 용해하기 어렵다.
㉲ 400℃ 부근에서 분해가 시작
㉳ 완전 열 분해되어 염화칼륨과 산소를 방출

$$2KClO_3 \rightarrow 2KCl + 3O_2\uparrow$$
(염소산칼륨) (염화칼륨) (산소)

㉴ 유기물 등과 접촉시 충격을 가하면 폭발하는 수가 있다.

② 염소산나트륨($NaClO_3$) ★★

㉮ 조해성이 크고, 알코올, 에테르, 물에 녹는다.

㉯ 철제를 부식시키므로 **철제용기 사용금지**

㉰ 산과 반응하여 유독한 이산화염소(ClO_2)를 발생시키며 이산화염소는 폭발성이다.

㉱ 열분해하여 염화나트륨과 산소를 발생한다.

$$2NaClO_3 \rightarrow 2NaCl + 3O_2 \uparrow$$
(염소산나트륨) (염화나트륨 : 소금) (산소)

③ 염소산암모늄(NH_4ClO_3)

㉮ **대단히 폭발성**이고 조해성이 있다.

㉯ 산화성이고 금속부식성이 강하다.

(3) **과염소산염류**

① 과염소산칼륨($KClO_4$)

㉮ 물에 녹기 어렵고 알코올, 에테르에 불용

㉯ **진한황산과 접촉시 폭발성**이 있다.

㉰ 유황, 탄소, 유기물등과 혼합시 가열, 충격, 마찰에 의하여 폭발한다.

㉱ 400℃에서 분해가 시작되어 600℃에서 완전 분해하여 산소를 발생 한다.

$$KClO_4 \rightarrow KCl(\text{염화칼륨}) + 2O_2 \uparrow (\text{산소})$$

② 과염소산나트륨($NaClO_4$)

㉮ 물과 에틸알코올에 잘 녹고 알코올, 에테르에 불용

㉯ 유기물등과 혼합 시 가열, 충격, 마찰에 의하여 폭발한다.

㉰ 400℃ 이상에서 분해되면서 산소를 방출한다.

③ 과염소산암모늄(NH_4ClO_4) ★★

㉮ 130℃에서 분해가 시작되어 산소를 방출한다.

㉯ 300℃에서 분해가 급격히 진행된다.

㉰ 충격 및 분해온도이상에서 폭발성이 있다.

(4) **무기과산화물** ★★★★★

① 과산화나트륨(Na_2O_2)

㉮ 상온에서 **물과 격렬히 반응하여 산소(O_2)를 방출**하고 폭발하기도 한다.

$$2Na_2O_2 + 2H_2O \rightarrow 4NaOH + O_2 \uparrow$$

염소산나트륨
철제용기 사용금지

과염소산
$HClO_4$

과염소산염류
$HClO_4$의 수소가 금속 또는 양이온과 치환된 화합물

과염소산암모늄
- 폭약원료로 사용
- 상온상태에서 폭발위험

- Na_2CO_3 탄산나트륨
- CH_3COOH 초산
- CH_3COONa 초산나트륨
- KOH 수산화칼륨
- CH_3COOK 초산칼륨

㉯ 공기 중 이산화탄소(CO_2)와 반응하여 산소(O_2)를 방출한다.

$$2Na_2O_2 + 2CO_2 \rightarrow 2Na_2CO_3 + O_2 \uparrow$$

㉰ 산과 반응하여 과산화수소(H_2O_2)를 생성시킨다.

$$Na_2O_2 + 2CH_3COOH \rightarrow 2CH_3COONa + H_2O_2 \uparrow$$

㉱ 열분해시 산소(O_2)를 방출한다.

$$2Na_2O_2 \rightarrow 2Na_2O + O_2 \uparrow$$

㉲ 주수소화는 금물이고 마른모래(건조사)등으로 소화한다.

② 과산화칼륨(K_2O_2)

㉮ 무색 또는 오렌지색 분말상태

㉯ 상온에서 물과 격렬히 반응하여 산소(O_2)를 방출하고 폭발하기도 한다.

$$2K_2O_2 + 2H_2O \rightarrow 4KOH + O_2 \uparrow$$

㉰ 공기 중 이산화탄소(CO_2)와 반응하여 산소(O_2)를 방출한다.

$$2K_2O_2 + 2CO_2 \rightarrow 2K_2CO_3 + O_2 \uparrow$$

㉱ 산과 반응하여 과산화수소(H_2O_2)를 생성시킨다.

$$K_2O_2 + 2CH_3COOH \rightarrow 2CH_3COOK + H_2O_2 \uparrow$$

㉲ 열분해 시 산소(O_2)를 방출한다.

$$2K_2O_2 \rightarrow 2K_2O + O_2 \uparrow$$

㉳ 주수소화는 금물이고 마른모래(건조사)등으로 소화한다.

③ 과산화바륨(BaO_2)

㉮ 탄산가스와 반응하여 탄산염과 산소 발생

$$2BaO_2 + 2CO_2 \rightarrow 2BaCO_3(\text{탄산바륨}) + O_2 \uparrow (\text{산소})$$

㉯ 염산과 반응하여 염화바륨과 과산화수소 생성

$$BaO_2 + 2HCl \rightarrow BaCl_2(\text{염화바륨}) + H_2O_2 \uparrow (\text{과산화수소})$$

㉰ 가열 또는 온수와 접촉하면 산소가스를 발생

- 가열 $2BaO_2 \rightarrow 2BaO(\text{산화바륨}) + O_2 \uparrow (\text{산소})$
- 온수와 반응 $2BaO_2 + 2H_2O \rightarrow 2Ba(OH)_2(\text{수산화바륨}) + O_2 \uparrow (\text{산소})$

무기과산화물
❶ 물에 의한 주수소화는 금한다.(산소발생)
❷ 물과 접촉 시 산소방출
❸ 열분해 시 산소방출

(5) **브롬산염류**

종류 : $KBrO_3$, $NaBrO_3$, $Ba(BrO_3)_2 \cdot 6H_2O$ 등

(6) **질산염류**

① 질산칼륨(KNO_3)

㉮ 질산칼륨에 숯가루, 유황가루를 혼합하여 흑색화약제조에 사용한다.

㉯ 열분해하여 산소를 방출한다.

$$2KNO_3 \rightarrow 2KNO_2 + O_2 \uparrow$$

㉰ 소화는 주수소화방법이 가장 적당하다.

② 질산나트륨($NaNO_3$)

㉮ 칠레초석 또는 질산소다라고도 한다.

㉯ 조해성이 있고 열분해시 산소를 방출한다.

㉰ 유기물 접촉시 폭발성이 있다.

③ 질산암모늄(NH_4NO_3)

㉮ 단독으로 가열, 충격시 분해폭발할 수 있다.

㉯ 화약원료로 쓰이며 유기물과 접촉시 폭발우려가 있다.

㉰ 무색, 무취의 결정이다.

㉱ 조해성 및 흡습성이 매우 강하다.

㉲ 물에 용해 시 흡열반응을 나타낸다.

㉳ 급격한 가열충격에 따라 폭발의 위험이 있다.

(7) **요오드산염류**

$NaIO_3$, KIO_3, NH_4IO_3

(8) **과망간산염류**

① 과망간산칼륨($KMnO_4$) ★★★

㉮ 흑자색의 주상결정으로 물에 녹아 진한보라색을 띠고 강한 산화력과 살균력이 있다.

㉯ 염산과 반응시 염소(Cl_2)를 발생시킨다.

㉰ 240℃에서 산소를 방출한다.

질산염류
흑색화약제조에 사용

흑색화약성분
- 질산칼륨
- 숯가루(목탄)
- 유황가루

질산나트륨
- 칠레에서 가장 많이 생산되어 칠레초석이라고도 한다.
- 질산소다

질산암모늄
초안폭약(AN-FO 폭약) 제조에 사용

알칼리금속
- 주기율표 1족 원소
- 리튬(Li)
- 나트륨(Na)
- 칼륨(K)
- 루비듐(Rb)
- 세슘(Cs)
- 프란슘(Fr)

알칼리토금속
- 주기율표 2족 원소
- 칼슘(Ca)
- 스트론튬(Sr)
- 바륨(Ba)
- 라듐(Ra)

$$2KMnO_4 \rightarrow \underset{\text{(망간산칼륨)}}{K_2MnO_4} + \underset{\text{(이산화망간)}}{MnO_2} + \underset{\text{(산소)}}{O_2\uparrow}$$

㉣ 알코올, 에테르, 글리세린, 황산과 접촉시 폭발우려가 있다.

㉤ 주수소화 또는 마른모래로 피복소화한다.

㉥ 강알칼리와 반응하여 산소를 방출한다.

② **과망간산나트륨**($NaMnO_4 \cdot 3H_2O$), **과망간산칼슘**($Ca(MnO_4)_2 \cdot 4H_2O$)
과망간산칼륨과 비슷한 성질을 갖는다.

(9) **중크롬산염류**

$K_2Cr_2O_7$, $Na_2Cr_2O_7 \cdot 2H_2O$, $(NH_4)_2Cr_2O_7$

3-2 제2류 위험물

1. 품명 및 지정수량 ★★★

성 질	품 명	지정수량	위험등급	비 고
가연성 고체	1. 황화린	100kg	Ⅱ	
	2. 적 린			
	3. 유 황			• 순도가 60중량% 이상인 것
	4. 철 분	500kg	Ⅲ	• 53μm의 표준체 통과 50중량% 미만인 것 제외
	5. 금속분			• 알칼리금속, 알칼리토금속, 철, 마그네슘 제외 • 구리분, 니켈분 및 150μm의 표준체를 통과하는 것이 50중량% 미만인 것 제외
	6. 마그네슘			• 2mm체 통과 못하는 덩어리 제외 • 직경 2mm 이상 막대모양 제외
	7. 인화성고체	1000kg		• 고형알코올 및 1기압에서 인화점이 40℃미만인 고체

2. 공통적 성질 ★★

(1) 낮은 온도에서 착화가 쉬운 가연성 고체

(2) 연소속도가 빠른 고체

(3) 연소 시 유독가스를 발생하는 것도 있다.
(4) 금속분은 물 또는 산과 접촉시 발열된다.

3. 저장 및 취급방법

(1) 산화제와 접촉을 피한다.
(2) 점화원, 고온물체, 가열을 피한다.
(3) 금속분은 물 또는 산과 접촉을 피한다.

4. 소화방법

(1) 금속분을 제외하고 주수에 의한 냉각소화를 한다.
(2) 금속분은 마른모래로 소화한다.

5. 품명에 따른 특성

(1) **황화린**(P_4S_3, P_2S_5, P_4S_7) ★★
다량의 물로 냉각소화가 좋으며 상황에 따라서는 질식소화도 효과가 있다.

① 삼황화린(P_4S_3)
㉮ 황색결정으로 물, 염산, 황산에 녹지 않으며 질산, 알칼리, **이황화탄소에 녹는다.**
㉯ 연소하면 오산화인과 이산화황이 생긴다.

$$P_4S_3 + 8O_2 \rightarrow 2P_2O_5 + 3SO_2 \uparrow$$

② 오황화린(P_2S_5)
㉮ 담황색 결정이고 조해성이 있다.
㉯ 수분을 흡수하면 분해된다.
㉰ **이황화탄소(CS_2)에 잘 녹는다.**
㉱ 물, 알칼리와 반응하여 인산과 황화수소를 발생한다.

$$P_2S_5 + 8H_2O \rightarrow 2H_3PO_4 + 5H_2S \uparrow$$

③ 칠황화린(P_4S_7)
㉮ 담황색 결정이고 조해성이 있다.
㉯ 수분을 흡수하면 분해된다.
㉰ **이황화탄소(CS_2)에 약간 녹는다.**
㉱ 냉수에는 서서히 분해가 되고 더운물에는 급격히 분해된다.

Pass Point

오산화인
- P_2O_5
- 흰색기체

황화수소
- H_2S
- 계란 썩는 냄새

✪ 적린의 별명
붉은인

✪ 적린
- 독성이 없다.
- 발화점 : 260℃

✪ 유황
- 가루는 분진폭발 위험이 있다.
- 순도가 60% 이상인 것만 위험물
- 순도측정시 불순물은 활석 등 불연성물질과 수분에 한한다.

(2) **적린**(P) ★★★

① **황린의 동소체**이며 황린보다 안정하다.

② 공기 중에서 자연발화하지 않는다.(발화점 : 260℃, 승화점 : 460℃)

③ 황린을 공기차단상태에서 가열, 냉각 시 적린으로 변환다.

$$\text{황린}(P_4) \xrightarrow{\text{공기차단(260℃ 가열, 냉각)}} \text{적린}(P)$$

④ 성냥, 불꽃놀이 등에 이용된다.

⑤ 연소 시 **오산화인**(P_2O_5)이 생성된다.

$$4P + 5O_2 \rightarrow 2P_2O_5(\text{오산화인})$$

- 동소체 : 같은 원소로 구성되어 있으나 성질이 다른 단체
- 동소체의 종류

① 산소(O_2)와 오존(O_3)
② 적린(P)과 황린(P_4)
③ 사방황(S_8), 단사황(S_8), 고무상황(S_8)
④ 다이아몬드(C)와 흑연(C)

- **동소체의 확인방법 : 연소시 같은 물질이 생성되는 것을 확인한다.**

적린 $4P + 5O_2 \rightarrow 2P_2O_5$(오산화인)
황린 $P_4 + 5O_2 \rightarrow 2P_2O_5$(오산화인)

※ 적린(가연성고체)은 제2류 위험물이고 황린(자연발화성)은 제3류 위험물이다.

⑥ 다량의 물을 주수하여 냉각 소화한다.

(3) **유황**(S)

① 동소체로 사방황, 단사황, 고무상황이 있다.

② 황색의 고체 또는 분말상태이다.

③ 물에 녹지 않고 **이황화탄소**(CS_2)에는 잘 녹는다.

④ 공기 중에서 연소 시 푸른 불꽃을 내며 **이산화황이 생성된다.**

$$S + O_2 \rightarrow SO_2$$

⑤ 분진폭발의 위험성이 있고 목탄가루와 혼합시 가열, 충격, 마찰에 의하여 폭발위험성이 있다.

⑥ 다량의 물로 주수소화 또는 질식소화한다.

(4) **철분**(Fe)

① 회백색 금속광택을 가진 비교적 연한금속분말이다.

② 철을 염산에 용해시키면 수소가 발생한다.

$$Fe + 2HCl \rightarrow FeCl_2 + H_2\uparrow$$

③ 가열된 철은 수증기와 반응하여 **수소를 발생**시킨다.(주수소화금지)

$$3Fe + 4H_2O \rightarrow Fe_3O_4 + 4H_2\uparrow$$

④ **주수소화는 엄금**이며 마른모래 등으로 피복 소화한다.

(5) **금속분**(금속분말)

① 알루미늄분(Al) ★★★

㉮ 산화제와 혼합시 가열, 충격, 마찰 등에 의하여 착화위험이 있다.

㉯ **할로겐원소**(F, Cl, Br, I)와 **접촉 시 자연발화** 위험이 있다.

㉰ **분진폭발** 위험성이 있다.

㉱ 가열된 알루미늄은 수증기와 반응하여 수소를 발생시킨다.(주수소화금지)

$$2Al + 6H_2O \rightarrow 2Al(OH)_3 + 3H_2\uparrow$$

㉲ **주수소화는 엄금**이며 마른모래 등으로 피복 소화한다.

② 아연분(Zn)

㉮ 은백색의 분말이다.

㉯ 공기 중 가열 시 쉽게 연소된다.

㉰ 산, 알칼리에 녹아 수소(H_2)를 발생시킨다.

㉱ 주수소화는 엄금이며 마른모래 등으로 피복 소화한다.

(6) **마그네슘**(Mg) ★★★

① 은백색의 광택이 나는 가벼운 금속이다.

② 수증기와 작용하여 **수소를 발생**시킨다.(주수소화금지)

$$Mg + 2H_2O \rightarrow Mg(OH)_2 + H_2\uparrow$$

③ 산과 작용하여 **수소를 발생**시킨다.

$$Mg + 2HCl \rightarrow MgCl_2 + H_2\uparrow$$

④ 공기 중 습기에 발열되어 자연발화 위험이 있다.

⑤ 주수소화는 엄금이며 마른모래 등으로 피복 소화한다.

(7) **인화성고체**

고형알코올 또는 1기압에서 **인화점이 40℃ 미만인 고체**를 말한다.

고형알코올

합성수지와 메틸알콜로 고체화시킨 것으로 인화점은 30℃이다.

✪ 철분

53μm 표준체 통과하는 것이 50% 미만은 위험물에서 제외

✪ 금속분

구리분 · 니켈분 및 150 μm체를 통과하는 것이 50% 미만은 위험물에서 제외

✪ 마그네슘

- 2mm체를 통과 못하는 덩어리 제외
- 직경 2mm 이상 막대모양 제외

3-3 제3류 위험물

자연발화성
황린

금수성
황린 이외의 것

1. 품명 및 지정수량 ★★★

성 질	품 명	지정수량	위험등급
자연발화성 및 금수성 물질	1. 칼륨	10kg	Ⅰ
	2. 나트륨		
	3. 알킬알루미늄		
	4. 알킬리튬		
	5. 황린	20kg	
	6. 알칼리금속(칼륨 및 나트륨 제외) 및 알칼리토금속	50kg	Ⅱ
	7. 유기금속화합물 (알킬알루미늄 및 알킬리튬 제외)		
	8. 금속의 수소화물	300kg	Ⅲ
	9. 금속의 인화물		
	10. 칼슘 또는 알루미늄의 탄화물		

2. 공통적 성질 ★★

(1) 물과 접촉 시 발열반응 및 가연성 가스를 발생한다.
(2) 대부분 **금수성** 및 불연성 물질(황린, 칼륨, 나트륨, 알킬알루미늄 제외)이다.
(3) 대부분 무기물이며 고체상태이다.

3. 저장 및 취급방법

(1) 물과 접촉을 피한다.
(2) 보호액속에 저장 시 보호액 표면의 노출에 주의한다.
(3) 화재 시 소화가 어려우므로 소분(소량씩 분리함)하여 저장한다.

4. 소화방법

(1) 물에 의한 주수소화는 절대 금한다.
(2) 마른모래 또는 금속화재용 분말약제로 소화한다.
(3) 알킬알루미늄화재는 **팽창질석** 또는 **팽창진주암**으로 소화한다.

5. 품명에 따른 특성

(1) **칼륨**(K) ★★★

① 가열시 **보라색 불꽃**을 내면서 연소한다.

② **물과 반응**하여 **수소** 및 열을 발생한다.(금수성 물질)

$$2K + 2H_2O \rightarrow 2KOH + H_2\uparrow + 92.8kcal$$

③ 보호액으로 **파리핀, 경유, 등유**를 사용한다.

④ 피부와 접촉 시 화상을 입는다.

⑤ 마른모래 등으로 질식 소화한다.

⑥ 화학적으로 활성이 대단히 크고 알코올과 반응하여 수소를 발생시킨다.

$$2K + 2C_2H_5OH \rightarrow 2C_2H_5OK + H_2\uparrow$$

(2) **나트륨**(Na) ★★★

① 가열시 **노란색 불꽃**을 내면서 연소한다.

② **물과 반응**하여 **수소** 및 열을 발생한다.(금수성 물질)

$$2Na + 2H_2O \rightarrow 2NaOH + H_2\uparrow + 88.2kcal$$

③ 보호액으로 **파리핀, 경유, 등유**를 사용한다.

④ 피부와 접촉 시 화상을 입는다.

⑤ 마른모래 등으로 질식 소화한다.

(3) **알킬알루미늄**[(C_nH_{2n+1}) · Al] ★★

① 알킬기(C_nH_{2n+1})에 알루미늄(Al)이 결합된 화합물이다.

② C_1~C_4는 **자연발화의 위험성**이 있다.

③ 물과 접촉시 가연성 가스 발생하므로 주수소화는 절대 금지한다.

㉮ **트리메틸**알루미늄(TMA : Tri Methyl Aluminium)

$$(CH_3)_3Al + 3H_2O \rightarrow Al(OH)_3 + 3CH_4\uparrow \text{(메탄)}$$

㉯ **트리에틸**알루미늄(TEA : Tri Ethyl Aluminium)

$$(C_2H_5)_3Al + 3H_2O \rightarrow Al(OH)_3 + 3C_2H_6\uparrow \text{(에탄)}$$

④ 알킬알루미늄의 종류

㉮ 트리메틸알루미늄(TMA)[$(CH_3)_3Al$]

㉯ 트리에틸알루미늄(TEA)[$(C_2H_5)_3Al$]

⑤ 저장용기에 불활성기체(N_2)를 봉입한다.

⑥ 피부접촉 시 화상을 입히고 연소시 흰연기가 발생한다.

⑦ 소화 시 주수소화는 절대 금하고 팽창질석, 팽창진주암 등으로

Pass Point

✪ 칼륨
- 보라색 불꽃
- 물과 반응 수소 발생
- 파라핀, 경유, 등유 속에 보관

✪ 나트륨
- 노란색 불꽃
- 물과 반응 수소 발생
- 파라핀, 경유, 등유 속에 보관

✪ 트리메틸알루미늄
물과 반응 메탄 발생

✪ 트리에틸알루미늄
물과 반응 에탄 발생

✪ 알킬알루미늄 소화제
- 팽창질석
- 팽창진주암
- 마른모래

Pass Point

황린
- 독성이 강하다.
- 자연발화
- 물속에 보관
- 물의 pH=9 이하
- 연소시 오산화인 발생
- CS_2에 잘 녹는다.

피복 소화한다.

(4) **알킬리튬**[$(C_nH_{2n+1})Li$]

① 알킬기(C_nH_{2n+1})에 Li이 결합된 화합물이다.

② **물과 접촉 시 가연성 가스 발생**한다.

③ 주수소화 절대 금하고 팽창질석, 팽창진주암 등으로 피복 소화한다.

(5) **황린**(P_4)[별명 : 백린] ★★★★★

① 백색 또는 **담황색의 고체**이다.

② 공기 중 약 40~50℃에서 **자연발화**한다.

③ 저장시 자연발화성이므로 반드시 **물속에 저장**한다.

④ **인화수소(PH_3)의 생성을 방지**하기 위하여 물의 pH=9가 안전한계이다.

⑤ 물의 온도가 상승시 황린의 용해도가 증가되어 산성화속도가 빨라진다.

⑥ 연소 시 **오산화인**(P_2O_5)의 흰 연기가 발생한다.

$$P_4 + 5O_2 \rightarrow 2P_2O_5$$

⑦ 강알칼리의 용액에서는 유독기체인 **포스핀**(PH_3) 발생한다. 따라서 저장시 물의 pH(수소이온농도)는 9를 넘어서는 안된다.
(물은 약알칼리의 석회 또는 소다회로 중화하는 것이 좋다.)

$$P_4 + 3NaOH + 3H_2O \rightarrow 3NaH_2PO_2 + PH_3\uparrow$$

⑧ 약 260℃로 가열(공기차단)시 적린이 된다.

⑨ 피부 접촉 시 화상을 입는다.

⑩ 소화는 물분무, 마른모래 등으로 질식 소화한다.

⑪ 고압의 주수소화는 황린을 비산시켜 연소면이 확대될 우려가 있다.

[황린과 적린의 비교]

구분	황린	적린
• 외관	백색 또는 담황색 고체	검붉은 분말
• 냄새	마늘냄새	없음
• 용해성	이황화탄소(CS_2)에 잘 녹는다.	이황화탄소(CS_2)에 녹지 않는다.
• 공기중 자연발화	자연발화(40℃~50℃)	자연발화 없음
• 발화점	약 34℃	약 260℃
• 연소시 생성물	오산화인(P_2O_5)	오산화인(P_2O_5)

구 분	황 린	적 린
• 독 성	맹독성	독성 없음
• 사용 용도	적린제조, 농약	성냥 껍질

(6) **알칼리금속(K, Na 제외) 및 알칼리토금속**

① **알칼리금속**[리튬(Li), 루비듐(Rb), 세슘(Cs), 프란슘(Fr)]

㉮ 무른 금속이며 융점 및 밀도가 낮다.

㉯ 할로겐화합물과 격렬히 발열반응을 한다.

② **알칼리토금속**[베릴륨(Be), 칼슘(Ca), 스트론튬(Sr), 바륨(Ba), 라듐(Ra)]

㉮ 무른 금속이며 물과 반응하여 발열반응을 한다.

㉯ 산과 반응하여 수소기체를 발생한다.

③ **리튬(Li)**

㉮ 은백색의 가벼운 알칼리금속으로 **칼륨(K), 나트륨(Na)**과 성질이 비슷하다.

㉯ **물과 극렬히 반응하여 수소(H_2)를 발생한다.**

$2Li + 2H_2O \rightarrow 2LiOH + H_2\uparrow$

④ **칼슘(Ca)**

㉮ 은백색의 알칼리토금속이며 결합력이 강하다.

㉯ 물과 작용하여 **수소(H_2)**를 발생한다.

$$Ca + 2H_2O \rightarrow Ca(OH)_2 + H_2\uparrow$$

⑤ 알칼리금속 및 알칼리토금속의 소화

물 및 포약제의 소화는 절대 금하고 마른모래 등으로 피복소화한다.

(7) **금속의 수소화물**

① **수소화리튬(LiH)**

㉮ 알칼리 금속의 수소화물중 가장 안정된 화합물이다.

㉯ 물과 반응하여 **수소(H_2)**를 발생한다.

$$LiH + H_2O \rightarrow LiOH + H_2\uparrow$$

㉰ 알콜에는 용해되지 않는다.

㉱ 물 및 포약제의 소화는 절대 금하고 마른모래 등으로 피복소화한다.

② **수소화나트륨(NaH)**

㉮ 습기가 많은 공기중 분해한다.

㉯ 물과 격렬히 반응하여 **수소(H_2)**를 발생한다.

✪ 알칼리금속
물과 반응하여 수소기체 발생

✪ 알칼리토금속
물과 반응하여 수소기체 발생

> **인화칼슘**
> - 물과 반응하여 포스핀 생성
>
> **인화알루미늄**
> - 담배, 곡물의 훈증제로 사용
> - 고독성 농약
>
> **탄화칼슘**
> - 비료 및 아세틸렌 제조 원료로 사용
> - 구리와 반응하여 폭발성의 아세틸화구리(CuC_2) 생성

$$NaH + H_2O \rightarrow NaOH + H_2\uparrow + 21kcal$$

㉰ 물 및 포약제의 소화는 절대 금하고 마른모래 등으로 피복소화한다.

③ 수소화칼슘(CaH_2)

㉮ 물과 반응하여 수소를 발생한다.

$$CaH_2 + 2H_2O \rightarrow Ca(OH)_2 + 2H_2 + 48kcal$$

㉯ 물 및 포약제 소화는 절대 금하고 마른모래 등으로 피복소화한다.

(8) **금속의 인화물**

① **인화칼슘(Ca_3P_2)[별명 : 인화석회]** ★★★★

㉮ 적갈색의 괴상고체

㉯ 물 및 약산과 격렬히 반응, 분해하여 **인화수소(포스핀)(PH_3)**을 생성한다.

- $Ca_3P_2 + 6H_2O \rightarrow 3Ca(OH)_2 + 2PH_3$(인화수소=포스핀)
- $Ca_3P_2 + 6HCl \rightarrow 3CaCl_2 + 2PH_3$(인화수소=포스핀)

㉰ **포스핀은 맹독성가스**이므로 취급시 방독마스크를 착용한다.

㉱ 물 및 포약제의 의한 소화는 절대 금하고 마른모래 등으로 피복하여 자연진화되도록 기다린다.

② 인화알루미늄(AlP)

㉮ 황색 또는 암회색 분말

㉯ 물과 작용하여 **포스핀(PH_3)**의 유독성 가스를 발생

$$AlP + 3H_2O \rightarrow Al(OH)_3\text{(수산화알루미늄)} + PH_3\uparrow\text{(포스핀)}$$

(9) **칼슘 또는 알루미늄의 탄화물**

① 탄화칼슘(CaC_2) ★★★★★

㉮ 물과 접촉시 **아세틸렌**을 생성하고 열을 발생시킨다.

$$CaC_2 + 2H_2O \rightarrow Ca(OH)_2 + C_2H_2\uparrow\text{(아세틸렌)} + 27.8kcal$$

㉯ 아세틸렌의 폭발범위는 2.5~81%로 대단히 넓어서 폭발위험성이 크다.

㉰ 장기 보관시 불활성기체(N_2 등)를 봉입하여 저장한다.

㉱ 별명은 **카바이드**, 탄화석회, 칼슘카바이드 등이다.

㉲ 고온(700℃)에서 질화되어 석회질소($CaCN_2$)가 생성된다.

$$CaC_2 + N_2 \rightarrow CaCN_2 + C + 74.6kcal$$

㉶ 물 및 포약제에 의한 소화는 절대 금하고 마른모래 등으로 피복소화한다.

② 탄화알루미늄(Al_4C_3) ★★★

㉮ 물과 접촉시 메탄가스를 생성하고 발열반응을 한다.

$$Al_4C_3 + 12H_2O \rightarrow 4Al(OH)_3 + 3CH_4(\text{메탄}) + 360kcal$$

㉯ 황색 결정 또는 백색분말로 1400℃ 이상에서는 분해가 된다.

㉰ 물 및 포약제에 의한 소화는 절대 금하고 마른모래 등으로 피복소화한다.

③ 탄화망간(Mn_3C)

물과의 반응식

$$Mn_3C + 6H_2O \rightarrow 3Mn(OH)_2(\text{수산화망간}) + CH_4(\text{메탄}) + H_2\uparrow(\text{수소})$$

탄화알루미늄
물과 반응하여 메탄가스 발생

3-4 제4류 위험물

제4류 위험물
지정수량 및 비고는 자주 출제되므로 필히 암기할 것

1. 품명 및 지정수량 ★★★★★

성질	품명		지정수량	위험등급	비고
인화성 액체	특수인화물		50L	Ⅰ	• 발화점 100℃ 이하 • 인화점 -20℃ 이하 & 비점 40℃ 이하 • 이황화탄소, 디에틸에테르
	제1석유류	비수용성	200L	Ⅱ	• 인화점 21℃ 미만 • 아세톤, 휘발유
		수용성	400L		
	알코올류		400L		• C_1~C_3 포화 1가 알코올 (변성알코올 포함)
	제2석유류	비수용성	1000L	Ⅲ	• 인화점 21℃ 이상 70℃ 미만 • 등유, 경유
		수용성	2000L		
	제3석유류	비수용성	2000L		• 인화점 70℃ 이상 200℃ 미만 • 중유, 클레오소트유
		수용성	4000L		
	제4석유류		6000L		• 인화점이 200℃ 이상 250 ℃ 미만인 것
	동식물유류		10000L		• 동물의 지육 또는 식물의 종자나 과육으로부터 추출한 것으로 1기압에서 인화점이 250℃ 미만 인 것

Pass Point

제4류 위험물의 지정품목과 기타조건에 의한 분류

구 분	지정품목	기타 조건(1atm에서)
특수인화물	• 이황화탄소 • 디에틸에테르	• 발화점이 100℃ 이하 • 인화점 −20℃ 이하이고 비점이 40 ℃ 이하
제1석유류	• 아세톤 • 휘발유	• 인화점 21℃ 미만
알코올류	C_1~C_3까지 포화 1가 알코올(변성알코올 포함) • 메틸알코올 • 에틸알코올 • 프로필알코올	
제2석유류	• 등유 • 경유	• 인화점 21℃ 이상 70℃ 미만
제3석유류	• 중유 • 클레오소트유	• 인화점 70℃ 이상 200℃ 미만
제4석유류	• 기어유 • 실린더유	• 인화점 200℃ 이상 250℃ 미만
동식물유류	• 동물의 지육 등 또는 식물의 종자나 과육으로부터 추출한 것으로서 인화점이 250℃ 미만인 것	

2. 공통적 성질 ★★★

✪ 증기비중

$$\frac{M(\text{분자량})}{29(\text{공기평균분자량})}$$

(1) 대단히 인화되기 쉬운 **인화성액체**이다.

(2) **증기는 공기보다 무겁다.**(증기비중=분자량/공기평균분자량(28.84)

(3) 증기는 공기와 약간 혼합되어도 연소한다.

(4) 일반적으로 **물보다 가볍고 물에 잘 안녹는다.**

3. 저장 및 취급방법

(1) 화기의 접근은 절대로 금한다.

(2) 증기 및 액체의 누출을 피한다.

(3) 액체의 이송 및 혼합시 정전기 방지 위한 접지를 한다.

(4) 증기의 축적을 방지하기 위하여 통풍장치를 한다.

4. 소화방법 ★★★

✪ 수용성 위험물 화재
- 반드시 알코올포 사용
- 일반 포약제 사용시 소포성 때문에 효과 없음

(1) 봉상의 **주수소화**는 **연소면 확대**로 절대 금한다.
(단, 수용성 위험물은 주수소화도 가능하다)

봉상주수 : 물 방사형태가 막대모양으로 옥내 및 옥외소화전설비가 여기에 해당 된다

(2) 일반적으로 **포약제에 의한 소화방법**이 가장 적당하다.

(3) **수용성**인 알코올화재는 포약제중 **알코올포**를 사용한다.

(4) 물에 의한 분무소화도 효과적이다.

5. 품명에 따른 특성

(1) 특수인화물 ★★★★

이황화탄소, 디에틸에테르 그 밖에 1기압에서 발화점이 100℃ 이하 또는 인화점이 -20℃ 이하이고 비점이 40℃ 이하인 것

① 이황화탄소(CS_2) ★★★★★

㉮ 무색 투명한 액체이다.

㉯ 물에는 녹지 않고 알콜, 에테르, 벤젠 등 유기용제에 녹는다.

㉰ 햇빛에 방치하면 황색을 띤다.

㉱ 연소시 아황산가스(SO_2) 및 CO_2를 생성한다.

$$CS_2 + 3O_2 \rightarrow CO_2 + 2SO_2$$

㉲ 저장시 저장탱크를 물속에 넣어 저장한다.

㉳ 4류 위험물중 착화온도(100℃)가 가장 낮다.

㉴ 화재시 다량의 포를 방사하여 질식 및 냉각소화한다.

② 디에틸에테르($C_2H_5OC_2H_5$) ★★★★★

㉮ 휘발성이 강한 무색 액체이다.

㉯ 전기의 불량도체로 정전기발생이 발생되기 쉽다.

㉰ 증기는 마취성이 있고 햇빛에 과산화물을 생성한다.

과산화물 생성 확인방법

디에틸에테르+KI용액(10%) → 황색변화(1분 이내)

㉱ 증기는 4류 위험물중 인화성이 가장 강하다.

㉲ 소화는 이산화탄소(CO_2)에 의한 질식소화가 적당하다.

㉳ 다량의 포를 방사하여 질식 및 냉각소화도 효과적이다.

③ 아세트알데히드(CH_3CHO) ★★

㉮ 휘발성이 강하고 과일냄새가 있는 무색 액체

㉯ 저장용기 사용시 구리, 마그네슘, 은, 수은 및 합금용기는 절대금한다.(중합반응 때문)

㉰ 다량의 물로 주수소화한다.

④ 산화프로필렌(CH_3CH_2CHO) ★★

㉮ 휘발성이 강하고 에테르냄새가 나는 액체이다.

㉯ 저장용기 사용시 구리, 마그네슘, 은, 수은 및 합금용기 사용금지(중합반응 때문)

✪ 이황화탄소
- 물속에 보관
- 연소시 아황산가스 발생

✪ 디에틸에테르
- 특수인화물 중 인화점(-45℃)이 가장 낮다.
- 정전기 발생에 주의

✪ 과산화물
분자내에 -2가의 O_2기를 갖는 화합물

✪ 아세트알데히드 및 산화프로필렌
구리, 마그네슘, 은, 수은 및 합금용기 사용금지

㉰ 저장용기내에 질소(N_2) 등 불연성가스를 채워둔다.

㉱ 소화는 포약제로 질식소화한다.

(2) **제1석유류** ★★★

아세톤, 휘발유 그 밖에 1기압에서 **인화점이** 21℃ 미만인 것

① 아세톤(CH_3COCH_3) ★★

㉮ 무색의 휘발성 액체이다.

㉯ 물 및 유기용제에 잘 녹는다.

㉰ **요오드포름 반응**을 한다.

㉱ 아세틸렌을 잘 녹이므로 아세틸렌(용해가스) 저장시 아세톤에 용해시켜 저장한다.

㉲ 보관중 황색으로 변색되며 햇빛에 분해가 된다.

㉳ 다량의물 또는 **알코올포로 소화**한다.

✪ 아세톤

- 손톱, 발톱의 메니큐어 지울 때 사용(50% 수용액)
- 요오드포름 반응
- 아세틸렌 저장시 흡수액으로 사용
- 과일냄새

② 휘발유(가솔린)

㉮ 포화, 불포화탄화수소가 주성분이다.

㉯ 연소성 향상을 위하여 4-**에틸납**($(C_2H_5)_4Pb$)를 첨가하여 오렌지색 또는 청색으로 착색되어 있다.(**옥탄가 향상** 때문)

㉰ 자동차에 사용하는 휘발유에는 배기가스 유해성 때문에 4-에틸납을 첨가하지 않는다.(무연휘발유 사용)

㉱ 이소옥탄(ISO octane)의 옥탄가를 100 헵탄(heptane)의 옥탄가를 0으로 하여 옥탄가를 측정한다.

$$\text{옥탄가} = \frac{\text{이소옥탄(ISO}-\text{octane)}}{\text{이소옥탄(ISO}-\text{octane)} + \text{헵탄(Heptane)}} \times 100$$

㉲ 포에 의한 소화가 가장 효과적이다.

✪ 휘발유

- 정전기 발생위험이 크다.

가솔린 제조방법

❶ 직류법 ❷ 열분해법 ❸ 접촉개질법

③ 벤젠(C_6H_6)

㉮ **무색 투명한 휘발성 액체**이다.

㉯ 방향성이 있으며 증기는 **독성이 강하다.**

㉰ 물에는 용해되지 않고 아세톤, 알코올, 에테르 등 유기용제에 용해된다.

㉱ 소화는 다량 포약제로 질식 및 냉각소화한다.

✪ 벤젠의 구조식

- 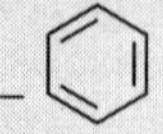
-
- 독성이 강하다.

④ 톨루엔($C_6H_5CH_3$)

㉮ 무색 투명한 휘발성 액체이다.
㉯ 물에는 용해되지 않고 유기용제에 용해된다.
㉰ **독성은 벤젠의** $\frac{1}{10}$ 정도이다.
㉱ 소화는 다량의 포약제로 질식 및 냉각소화한다.

⑤ **콜로디온(질화면+알코올(3)+에테르(1))**
㉮ 무색의 점성이 있는 액체
㉯ 연소시 용제가 휘발한 후에 폭발적으로 연소한다.
㉰ 질화도가 낮은 **질화면**에 **알코올(3), 에테르(1)**, 혼합액에 녹인 것이다.
㉱ 포약제중 **알코올포**로 소화한다.

⑥ **메틸에틸케톤**(Methyl Ethyl Keton, MEK)[$CH_3COC_2H_5$]
㉮ 무색의 액체이며 물, 알코올, 에테르에 잘 녹는다.
㉯ **탈지작용**이 있으므로 직접 피부에 닿지 않도록 한다.
㉰ 화재 시 물분무 또는 알코올포로 질식소화를 한다.
㉱ 저장 시 용기는 밀폐하여 통풍이 양호하고 찬 곳에 저장한다.
㉲ 융점은 약 −86.4℃이다.

⑦ **피리딘**(C_5H_5N)
㉮ 물, 알코올, **에테르에 잘 녹는다.**
㉯ 약알칼리성을 나타낸다.
㉰ 순수한 것은 무색 투명액체이며 악취와 독성을 갖고 있다.
㉱ 발화점 : 482℃
㉲ 인화점은 20℃로 상온(20℃)과 거의 비슷하다.
㉳ **흡습성이 강하고** 질산과 가열해도 폭발하지 않는다.

⑧ **헥산**(C_6H_{14})
㉮ 무색투명한 휘발성액체
㉯ 물에 녹지 않고 알코올, 에테르에 녹는다.

⑨ **초산에스테르류**
㉮ **아세트산메틸(초산메틸)**[CH_3COOCH_3]
㉠ **과일 냄새**를 가진 무색투명한 액체이다.
㉡ 수용액상태에서도 인화의 위험이 있다.
㉢ 물에 녹으며 수지, 유기물을 잘 녹인다.
㉣ 인화성물질로서 **인화점은 −10℃ 이하**이다.
㉤ 강산화제와 접촉을 피할 것

✪ 콜로디온
– 정전기 발생 위험이 크다.

✪ 질화면
– 니트로셀룰로오스 또는 질산섬유소라고도 한다.
– 운반시 20% 이상 수분을 첨가한다.

✪ 피리딘
– 물, 알코올에 녹는다.

Ⓑ 피부에 닿으면 탈지작용을 한다.
Ⓢ 화재 시 알코올포로 소화한다
Ⓞ 공업용 메탄올을 함유하므로 독성이 있다.

㉯ 아세트산에틸(초산에틸)[$CH_3COOC_2H_5$]

⑩ **의산(개미산)에스테르류**

㉮ 의산(개미산)메틸($HCOOCH_3$)-수용성
㉠ 무색 투명한 액체
㉡ 증기는 마취성이 있고 독성이 강하다.
㉢ **물에 잘 녹는다.**

㉯ 의산(개미산)에틸($HCOOC_2H_5$)
㉠ 무색 투명한 액체
㉡ 에테르, 벤젠에 잘 녹으며 **물에는 약간 녹는다.**

✪ 알코올류
- 메틸알코올
- 에틸알코올
- 프로필알코올

✪ 메틸알코올
- 메탄올이라고도 한다.
- 목정

✪ 에틸알코올
- 에탄올이라고도 한다.
- 주정(술)

(3) **알코올류** ★★★★

1분자를 구성하는 탄소원자의 수가 1개부터 3개까지인 포화1가 알코올(변성알코올 포함)

① 메틸알코올(CH_3OH)
㉮ 목재 건류의 유출액으로 **목정**이라고 한다.
㉯ 무색 투명한 액체이다.
㉰ 물에 아주 잘 녹으며, 먹으면 **실명우려**가 있다.
㉱ 연소시 주간에는 불꽃이 잘 보이지 않는다.
㉲ 공기중에서 연소시 연한 불꽃을 낸다.

$$2CH_3OH + 3O_2 \rightarrow 2CO_2 + 4H_2O$$

② 에틸알코올(C_2H_5OH)
㉮ 술속에 포함되어 있어 **주정**이라고 한다.
㉯ 무색 투명한 액체이다.
㉰ 물에 아주 잘 녹으며 유기용제이다.
㉱ 연소시 주간에는 불꽃이 잘 보이지 않는다.

$$C_2H_5OH + 3O_2 \rightarrow 2CO_2 + 3H_2O$$

㉲ **금속나트륨, 금속칼륨**을 가하면 **수소(H_2)**가 **발생**한다.

$$2C_2H_5OH + 2Na \rightarrow 2C_2H_5ONa + H_2\uparrow$$

㉳ **요오드포름 반응**을 하므로 에탄올검출에 이용된다.

$$\text{에탄올} \xrightarrow{KOH+I_2} \text{요오드포름}(CHI_3)(\text{노란색})$$

메탄올과 에탄올의 비교표

항목 \ 종류	메탄올	에탄올
화학식	CH_3OH	C_2H_5OH
외관	무색 투명한 액체	무색 투명한 액체
액체비중	0.8	0.8
증기비중	1.1	1.6
인화점	11℃	13℃
수용성	물에 잘 녹음	물에 잘 녹음
연소범위	7.3~36%	4.3~19%

Pass Point

✪ 알코올류의 탄소수가 증가할수록
- 발화점 감소
- 연소범위 좁아진다.
- 수용성이 감소
- 인화점은 상승
- 비점은 상승
- 이성질체수가 증가
- 점도가 증가

③ **이소프로필알코올(C_3H_7OH)**

㉮ 물에 아주 잘 섞이며 아세톤, 에테르 유기용제에 잘 녹는다.

㉯ 산화되면 아세톤이 생성되고 탈수하면 프로필렌이 생성된다.

④ **변성알코올**

에탄올에 메탄올 또는 석유 등이 혼합되어 음료에는 부적당하며 공업용으로 사용되는 값이 싼 알코올이다.

⑤ **퓨젤유**

이소아밀알코올이 주성분이며 알코올을 발효할 때 발생되며 이용가치가 별로 없다.

(4) **제2석유류**

등유, 경유 그밖에 1기압에서 **인화점**이 21℃ 이상 70℃ 미만인 것 (도료류 및 가연성 액체 40%w/w 이하이고 연소점 60℃ 이하 제외)

✪ 40% W/W
40 중량 %

① **등유(케로신)**

㉮ 포화, 불포화 탄화수소의 혼합물이다.

㉯ 물에 녹지 않고, 유기용제에 잘 녹는다.

㉰ 폭발범위는 1.1~6%, 발화점은 254℃이다.

② **경유(디젤유)**

㉮ 각종 탄화수소의 혼합물이다.

㉯ 물에 녹지 않고 유기용제에 잘 녹는다.

㉰ 폭발범위는 1~6%, 착화점은 257℃이다.

③ **크실렌(자이렌)($C_6H_4(CH_3)_2$)** ★★★

㉮ 3가지의 이성질체가 있다.

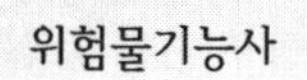

크실렌의 별명
- 키실렌
- 자이렌

크실렌의 이성질체
ⓐ 오르소(ortho) – 크실렌(인화점 : 32℃) : 제2석유류
ⓑ 메타(meta) – 크실렌(인화점 : 27.5℃) : 제2석유류
ⓒ 파라(para) – 크실렌(인화점 : 27.2℃) : 제2석유류

㉯ 벤젠의 수소원자 2개가 메틸기(CH_3)로 치환된 것이다.

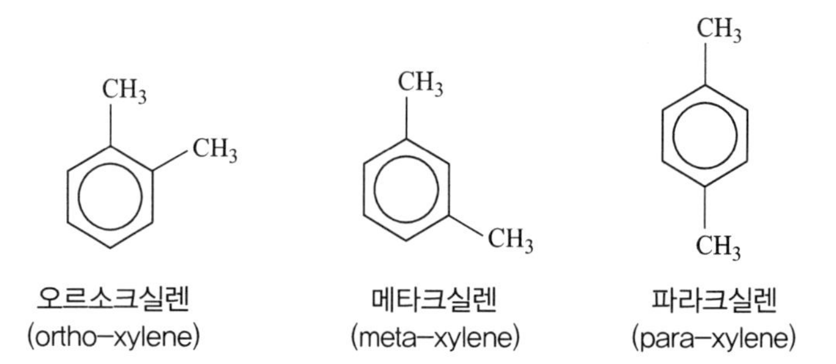

㉰ 물에는 용해되지 않고 알콜, 에테르 등 유기용제에 용해된다.

개미산
- 수용성
- 은거울 반응
- 포름산이라고도 한다.
- 환원성이 있다.

④ 의산(개미산)(HCOOH)
㉮ 무색 투명한 자극성을 갖는 액체이다.
㉯ 물에 아주 잘 녹고 피부접촉시 수포가 발생한다.
㉰ 연소시 푸른불꽃을 내면서 연소한다.
㉱ 은거울 반응을 하며 페엘링용액을 환원시킨다.

⑤ 초산(아세트산)(CH_3COOH)
㉮ 16.7℃이하에서 얼음과 같이 되어 빙초산이라고도 한다.
㉯ 3~4%의 수용액이 식초이다.
㉰ 물에 잘 혼합되고 피부접촉시 수포가 발생한다.

⑥ 테레핀유(타펜유, 송정유)
㉮ 무색 또는 담황색의 액체이다.
㉯ 물에는 녹지 않으나 유기용제(알콜, 에테르)에 녹는다.
㉰ 공기중 산화가 쉽고 독성이 있다.

⑦ 클로로벤젠(C_6H_5Cl)
㉮ 무색의액체로 물보다 무겁다.
㉯ 물에는 녹지 않고 유기용제에 녹는다.
㉰ 증기는 공기보다 무겁고 마취성이 있다.

⑧ 장뇌유
㉮ 장뇌를 분리한 후 기름이고, 방향성 액체이다.

㉯ 정제분류에 따라 백유, 적유, 감색유로 구분한다.

㉰ 물에는 녹지 않고 유기용제에 녹는다.

⑨ 스티렌($C_6H_5CHCH_2$)

㉮ 가열 또는 **과산화물과 중합반응**을 한다.

㉯ 중합반응이 되면 고상물질(수지)로 변한다.

㉰ 무색 액체이며 물에 녹지 않고 유기용제에 녹는다.

⑩ 송근유

㉮ **소나무의 뿌리**를 건류하여 만든다.

㉯ 황갈색 액체이며 물에는 녹지 않고 유기용제에 녹는다.

㉰ 테렌핀유와 성질이 비슷하다.

⑪ 에틸셀로솔브($C_2H_5OCH_2CH_2OH$)

㉮ 무색의 액체이다.

㉯ 발화점 238℃, 인화점 40℃이다.

㉰ **가수분해하여 에틸알콜 및 에틸렌글리콜**을 만든다.

⑫ 메틸셀로솔브($CH_3OCH_2CH_2OH$)

㉮ 무색의 휘발성 액체

㉯ 아세톤, 물, 에테르에 용해한다.

㉰ 저장용기는 **철제용기 사용을 금하고** 스테인레스용기를 사용한다.

⑬ 히드라진(Hydrazine)

㉮ 무색의 맹독성 발연성 액체

㉯ 고압 보일러의 탈산소제로 이용된다.

㉰ 물, 알코올에 잘 용해되고 에테르에는 불용

㉱ 과산화수소와 접촉 시 폭발 우려가 있다.

$$\underset{\text{(히드라진)}}{N_2H_4} + \underset{\text{(과산화수소)}}{2H_2O_2} \rightarrow \underset{\text{(물)}}{4H_2O} + \underset{\text{(질소)}}{N_2}$$

(5) **제3석유류** ★★★

중유, 클레오소트유 그밖에 1기압에서 **인화점이 70℃ 이상 200℃ 미만**인 것(도료류 및 가연성 액체 40%w/w이하 제외)

① 중유 ★★★

㉮ 갈색 또는 암갈색의 액체이며 벙커유라고도 한다.

㉯ **점도**에 따라 **벙커A유, 벙커B유, 벙커C유**로 구분한다.

㉰ 화재시 보일오버 현상이 발생한다.

✪스티렌
- 비닐벤젠이라고도 한다.
- 유기과산화물 생성

✪중유
- 점도에 따라 구분한다.

✪ 에틸렌글리콜
- 자동차의 부동액으로 사용
- 단맛이 있다.
- 수용성

✪ 글리세린
- 독성이 없다.
- 화장품 원료로 사용
- 수용성

㉱ 사용시 약 80℃로 예열하여 사용하기 때문에 인화위험성이 크다.

② 클레오소트유(타르유, 액체핏치유)

㉮ 황색 내지 암록색 기름모양의 액체이다.

㉯ 타르의 증류에 의하여 얻어지는 혼합유이다.

㉰ 물에는 녹지 않고 알콜, 에테르, 벤젠에는 잘 녹는다.

③ 에틸렌글리콜($C_2H_4(OH)_2$) – 수용성 ★★

㉮ 물과 혼합하여 **부동액**으로 이용된다.

㉯ 물, 알콜, 아세톤 등에 잘 녹는다.

㉰ **흡습성**이 있고 **단맛**이 있는 액체이다.

④ 글리세린($C_3H_5(OH)_3$) – 수용성 ★★

㉮ 무색의 점성이 있는 액체이다.

㉯ 단맛이 있어 **감유**라고도 한다.

㉰ 물, 알코올에는 잘 녹는다.

㉱ 인체에는 독성이 없고, 화장품의 제조에 이용된다.

⑤ 니트로벤젠($C_6H_5NO_2$)

㉮ 비수용성이며 물보다 무겁다.

㉯ 알콜, 에테르, 벤젠에 녹으며 증기는 독성이 있다.

㉰ 니트로 화합물이지만 폭발성은 없다.

⑥ 아닐린($C_6H_5NH_2$)

㉮ 햇빛 또는 공기에 접촉시 **적갈색**으로 변색된다.

㉯ 물에는 약간 녹고(용해도 3.6%) 유기용제에 녹는다.

㉰ 금속과 반응하여 수소를 발생시킨다.

⑦ 크레졸($C_6H_4CH_3OH$)

㉮ **페놀냄새**가 나는 무색 액체이다.

㉯ 물에 녹지 않으며 에테르, 클로로포름에 녹는다.

㉰ 3가지 이성질체가 존재한다.

크레졸($C_6H_4CH_3OH$)의 3가지 이성질체
- 오르소–크레졸(Ortho–Cresol)
- 메타–크레졸(Meta–Cresol)
- 파라–크레졸(Para–Cresol)

(6) **제4석유류** ★★

기어유, 실린더유 그밖에 1기압에서 인화점이 200℃ 이상 250℃ 미만인 것(도료류 및 가연성 액체 40%w/w이하 제외)

① 기어유

㉮ 인화점이 220℃이며 상온에서 인화위험은 적다.

㉯ 점성이 있는 액체로 물에는 녹지 않는다.

㉰ 기계장치의 윤활유 또는 냉각기밀유지에 쓰인다.

② 실린더유

㉮ 인화점이 250℃이며 상온에서 인화위험은 적다.

㉯ 점성이 있는 액체로 물에는 녹지 않는다.

㉰ 기계장치의 윤활유 등으로 쓰인다.

③ 가소제

㉮ 비교적 휘발성이 적은 용제이다.

㉯ 합성수지, 합성고무등의 가소성 향상에 쓰인다.

(7) **동식물유류** ★★★★

동물의 지육 또는 식물의 종자나 과육으로부터 추출한 것으로 1기압에서 인화점이 250℃ 미만인 것

① 돈지(돼지기름), 우지(소기름) 등이 있다.

② 요오드값이 130이상인 건성유는 자연발화위험이 있다.

③ 인화점이 46℃인 개자유는 저장, 취급 시 특별히 주의한다.

[요오드값에 따른 동식물유류의 분류]

구 분	요오드값	종 류
건성유	130 이상	해바라기기름, 동유, 정어리기름, 아마인유, 들기름
반건성유	100~130	채종유, 쌀겨기름, 참기름, 면실유, 옥수수기름, 청어기름, 콩기름
불건성유	100 이하	야자유, 팜유, 올리브유, 피마자기름, 낙화생기름, 돈지, 우지, 고래기름

요오드 값 : 유지 100g 에 부가되는 요오드의 g 수

✪ 기어(Gear)
톱니바퀴

✪ 가소제
합성수지나 합성고무 등의 고체에 가소성을 부여하기 위하여 첨가하는 물질

✪ 가소성
외력에 의해 형태가 변한 물체가 외력이 없어져도 원래의 형태로 돌아오지 않는 물질의 성질

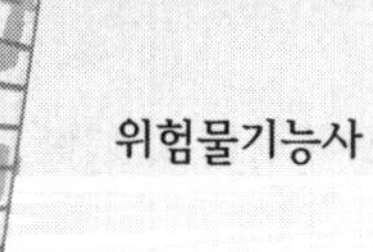

3-5 제5류 위험물

1. 품명 및 지정수량 ★★★★

✪ 자기반응성
- 내부연소성
- 자기연소성

성 질	품 명	지정수량	위험등급
자기반응성 물 질	유기과산화물	10kg	Ⅰ
	질산에스테르류		
	니트로화합물	200kg	Ⅱ
	니트로소화합물		
	아조화합물		
	디아조화합물		
	히드라진 유도체		
	히드록실아민 히드록실아민염류	100kg	

2. 공통적 성질 ★★

(1) 자기연소(내부연소)성 물질이다.

(2) 연소속도가 대단히 빠르고 폭발적 연소한다.

(3) 가열, 마찰, 충격에 의하여 폭발한다.

(4) 물질자체가 산소를 함유하고 있다.

(5) 연소시 소화가 어렵다.

3. 저장 및 취급방법

(1) 가열, 마찰, 충격을 피한다.

(2) 저장시 소량씩 분산하여 저장한다.

(3) 화기 및 점화원의 접근을 피한다.

(4) 운반용기 및 저장용기에 "화기엄금 및 충격주의" 등의 표시를 한다.

4. 소화방법

✪ 소화방법
- 자체적으로 산소함유
- 질식소화 불가
- 다량의 물로 주수하여 냉각소화

(1) 화재초기 또는 소형화재 이외에는 소화가 어렵다.

(2) 다량의 물로 주수 소화한다.

(3) 물질자체가 산소를 함유하고 있어 질식효과의 소화방법은 효과가 없다.

(4) 화재초기에는 소화가 가능하지만 별다른 소화방법이 없어 주위의 위험물을 제거한다.

5. 품명에 따른 특성

(1) 유기과산화물

일반적으로 과산화수소의 유도체 물질로 H−O−O−H중의 수소원자 한 개 또는 두 개가 유기기로 치환된 것이다.

① 과산화벤조일[$(C_6H_5CO)_2O_2$] ★★

㉮ 무색 무취의 백색분말 또는 결정이다.

㉯ 물에 녹지 않고 알코올에 약간 녹는다.

㉰ 에테르 등 유기용제에 잘 녹는다.

㉱ 직사광선을 피하고 냉암소에 보관한다.

② 메틸에틸케톤퍼옥사이드(MEKPO)[$(CH_3COC_2H_5)_2O_2$] ★★

㉮ 무색의 기름모양 액체이며 물에 약간 녹는다.

㉯ 알칼리금속과 접촉시 분해가 더 촉진된다.

㉰ 시중에 판매되는 것은 프탈산디메틸, 프탈산디부틸 등으로 희석하여 순도가 50~60% 정도가 된다.

㉱ 110℃ 정도에서 급격히 분해되면서 흰연기를 낸다.

(2) 질산에스테르류

① 질산메틸(CH_3ONO_2) ★★

㉮ 무색 · 투명한 액체이고 방향성이 있다.

㉯ 비수용성이며 알코올에 녹는다.

㉰ 용제, 폭약등에 이용된다.

② 질산에틸($C_2H_5ONO_2$) ★★

㉮ 무색 투명한 액체이고 비수용성(물에 녹지 않음)이다.

㉯ 단맛이 있고 알코올, 에테르에 녹는다.

㉰ 에탄올을 진한 질산에 작용시켜서 얻는다.

$$C_2H_5OH + HNO_3 \rightarrow C_2H_5ONO_2 + H_2O$$

㉱ 비중 1.11, 끓는점 88℃을 가진다.

㉲ 인화점(10℃)이 낮아서 인화의 위험이 매우 크다.

㉳ 아질산(HNO_2)과 접촉 또는 비점이상 가열시 폭발한다.

㉴ 용제, 폭약 등에 이용된다.

Pass Point

유기과산화물
저장, 운반시 산화제와 격리

과산화벤조일
- 벤조일퍼옥사이드라고도 한다.
- 강산화제

MEKPO의 희석제
- 프탈산디메틸
- 프탈산디부틸

질산에스테르류
질산(HNO_3)의 수소기가 알킬기(C_nH_{2n+1})로 치환된 화합물

③ 니트로셀룰로오스[($C_6H_7O_2(ONO_2)_3$)]$_n$: NC ★★★★

셀룰로오스(섬유소)에 진한질산과 진한 황산의 혼합액을 작용시켜서 만든 것이다.

㉮ 비수용성이며 초산에틸, 초산아밀, 아세톤에 잘 녹는다.
㉯ 130℃에서 분해가 시작되고, 180℃에서는 급격하게 연소한다.
㉰ 직사광선, 산 접촉 시 분해 및 자연 발화한다.
㉱ 건조상태에서는 폭발위험이 크나 수분함유 시 폭발위험성이 없어 저장 · 운반이 용이
㉲ 질산섬유소라고도 하며 화약에 이용 시 면약(면화약)이라한다.
㉳ 셀룰로이드, 콜로디온에 이용 시 질화면이라 한다.
㉴ 질소함유율(질화도)이 높을수록 폭발성이 크다.
㉵ 저장, 운반 시 물(20%) 또는 알코올(30%)을 첨가 습윤 시킨다.

니트로셀룰로오스의 열분해 반응식(실기시험 출제)

$2C_{24}H_{29}O_9(ONO_2)_{11} \rightarrow 24CO_2\uparrow + 24CO\uparrow + 12H_2O + 17H_2 + 11N_2$

질화도에 따른 분류

구 분	강면약(강질화면)	취 면	약면약(약질화면)
질화도(질소함량)	12.5~13.5%	10.7~11.2%	11.2~12.3%

④ 니트로글리세린[($C_3H_5(ONO_2)_3$)] : NG ★★★★★

㉠ 상온에서는 액체이지만 겨울철에는 동결한다.
㉡ 비수용성이며 메탄올, 아세톤 등에 녹는다.
㉢ 가열, 마찰, 충격에 대단히 위험하다.
㉣ 화재 시 폭굉 우려가 있다.
㉤ 산과 접촉 시 분해가 촉진되고 폭발우려가 있다.

니트로글리세린의 열분해 반응식(실기시험 출제)

$4C_3H_5(ONO_2)_3 \rightarrow 12CO_2\uparrow + 6N_2\uparrow + O_2\uparrow + 10H_2O$

㉥ 다이나마이트, 무연화약 제조에 이용된다.

(3) **니트로화합물**

유기화합물의 수소원자가 니트로기(NO_2)로 치환된 것으로 니트로기가 2개 이상인 화합물

Pass Point

✪ 질화도
전량에 대한 질소의 함량(%)

✪ 니트로화합물
– 유기화합물의 수소원자가 니트로기(NO_2)로 치환된 것
– 니트로기가 2개 이상

① 피크린산[$C_6H_2(NO_2)_3OH$](TNP) ★★★★★

㉮ **침상결정**이며 냉수에는 약간 녹고 더운물, 알콜, 벤젠 등에 잘 녹는다.

㉯ **트리니트로페놀**(Tri Nitro phenol)의 약자로 TNP라고도 한다.

㉰ 단독으로 **타격, 마찰에 비교적 둔감**하다.

㉱ 연소 시 검은 연기를 내고 폭발성은 없다.

㉲ 휘발유, 알콜, 유황과 혼합된 것은 마찰, 충격에 폭발한다.

㉳ **화약, 불꽃놀이**에 이용된다.

피크린산(TNP)
- 연소시 검은 연기
- 단독으로는 타격, 마찰에 둔감
- 페놀에서 변형된 화합물

❶ 피크린산(트리니트로페놀)의 구조식

OH

O_2N NO_2

NO_2

❷ 피크린산의 열분해 반응식(실기시험 출제)

$2C_6H_2OH(NO_2)_3 \rightarrow 2C + 3N_2\uparrow + 3H_2\uparrow + 4CO_2\uparrow + 6CO\uparrow$

② 트리니트로톨루엔[$C_6H_2CH_3(NO_2)_3$] : TNT ★★★★★

㉮ Tri Nitro Toluene의 약자로 TNT라고도 한다.

㉯ 담황색의 주상결정이며 햇빛에 다갈색으로 변색된다.

㉰ **강력한 폭약**이며 급격한 타격에 폭발한다.

㉱ 연소 시 연소속도가 너무 빠르므로 소화가 곤란하다.

㉲ 무기 및 **다이나마이트**, 질산폭약제 제조에 이용된다.

TNT
- 톨루엔에서 변형된 화합물
- 강력한 폭약

❶ 트리니트로톨루엔의 구조식

CH_3

O_2N NO_2

NO_2

❷ 트리니트로톨루엔의 열분해 반응식(실기시험 출제)

$2C_6H_2CH_3(NO_2)_3 \rightarrow 2C + 3N_2\uparrow + 5H_2\uparrow + 12CO\uparrow$

Pass Point

니트로소화합물
- 벤젠(C_6H_6)핵의 수소원자가 니트로소기(−NO)로 치환된 것
- 니트로소기가 2개 이상

발색단
염료나 색소의 발색의 원인이 되는 유기화합물에 포함된 원자단

과산화수소
36% 이상

질산
비중이 1.49 이상

(4) **니트로소화합물**

벤젠(C_6H_6)핵의 수소원자가 니트로소기(−NO)로 치환된 것으로 니트로소기가 2개 이상인 화합물

① 파라니트로소벤젠($C_6H_4(NO)_2$)

② 디니트로소레졸신올($C_6H_4(NO)_2(OH)_2$)

(5) **아조화합물**

① 아조기(−N=N−)를 갖고 있는 화합물의 총칭이다.

② 아조기는 발색단(염료나 색소의 발색원인)이다.

(6) **디아조화합물**

① 디아조기(N_2=)를 갖고 있는 화합물의 총칭이다.

② 디아조늄염은 햇빛에 분해되기 쉽다.

③ 가열, 충격에 격렬하게 폭발한다.

(7) **히드라진 유도체**

① 히드라진[$NH_2 \cdot NH_2$]

㉮ 무색의 액체로 물에 아주 잘 녹는다.

㉯ 과산화수소(H_2O_2)와 접촉 시 폭발 우려가 있다.

$$N_2H_4 + 2H_2O_2 \rightarrow 4H_2O + N_2\uparrow$$

㉰ 고농도의 과산화수소와 반응시켜 로켓의 추진체로 이용된다.

㉱ 발화점 270℃, 인화점 37.8℃이다.

② 디메틸히드라진[$CH_3NHNHCH_3$]

㉮ 암모니아 냄새가 나고 독성이 강한 액체이다.

㉯ 물, 에탄올, 에테르에 잘 녹는다.

㉰ 로켓트의 연료, 유기합성에 이용된다.

3-6 제6류 위험물

1. 품명 및 지정수량 ★★★★★

성 질	품 명	지정수량	위험등급	비 고
산화성 액 체	1. 과염소산	300kg	I	
	2. 과산화수소			농도가 36%(w/w) 이상인 것
	3. 질산			비중이 1.49 이상인 것

2. 공통적 성질 ★★★★

(1) 자신은 불연성이고 산소를 함유한 강산화제이다.
(2) 분해에 의한 산소발생으로 다른 물질의 연소를 돕는다.
(3) 액체의 비중은 1보다 크고 물에 잘 녹는다.
(4) 물과 접촉시 발열한다.
(5) 증기는 유독하고 부식성이 강하다.

3. 저장 및 취급방법

(1) 용기재질은 내산성이어야 한다.
(2) 산화성고체(1류)와 접촉을 피해야 한다.
(3) 용기는 밀봉하고 파손 및 누설에 주의한다.
(4) 액체 누출시 중화제로 중화한다.

4. 소화방법

(1) 마른모래 및 CO_2로 소화한다.
(2) 무상(안개모양)주수도 효과적일 수 있다.
(3) 위급시에는 다량의 물로 냉각 소화한다.

5. 품명에 따른 특성

(1) **과염소산**($HClO_4$) ★★★★★
① 물과 접촉 시 심한 열을 발생한다.
② 종이, 나무조각과 접촉 시 연소한다.
③ 공기 중 분해하여 강하게 연기를 발생한다.
④ 무색의 액체로 염소냄새가 난다.
⑤ 산화력 및 흡습성이 강하다.
⑥ 다량의 물로 분무(안개모양)주수소화

(2) **과산화수소**(H_2O_2) ★★★★★
① 분해시 산소(O_2)를 발생시킨다.
② 분해안정제로 인산(H_3PO_4) 또는 요산($C_5H_4N_4O_3$)을 첨가한다.
③ 시판품은 일반적으로 30~40% 수용액이다.
④ 저장용기는 밀폐하지 말고 구멍이 있는 마개를 사용한다.
⑤ 강산화제이면서 환원제로도 사용한다.

내산성
산에 견디는 성질

과염소산
– 강산화제
– 화재시 다량의 물로 냉각소화

과산화수소
– 저장용기 마개는 구멍이 있는 것 사용
– 농도가 높을수록 위험

⑥ 60% 이상의 고농도에서는 단독으로 **폭발위험**이 있다.
⑦ 히드라진($NH_2 \cdot NH_2$)과 접촉 시 분해작용으로 폭발위험이 있다.

$$NH_2 \cdot NH_2 + 2H_2O_2 \rightarrow 4H_2O + N_2 \uparrow$$

⑧ **3%용액**은 **옥시풀**이라 하며 **표백제** 또는 **살균제**로 이용한다.
⑨ 무색인 요오드칼륨 녹말종이와 반응하여 청색으로 변화시킨다.

㉮ **과산화수소는 36%(중량)이상만 위험물에 해당된다.**
㉯ 과산화수소는 표백제 및 살균제로 이용된다.

⑩ 다량의 물로 주수소화한다.

✪ 질산
- 3대 강산의 하나이다.
- 직사광선 피할 것
- 실험실에서는 갈색병에 보관

(3) **질산**(HNO_3) ★★★★★

① 무색의 **발연성 액체**이다.
② 시판품은 일반적으로 68%이다.
③ 빛에 의하여 일부 분해되어 생긴 NO_2 **때문에 황갈색**으로 된다.

$$4HNO_3 \rightarrow 2H_2O + 4NO_2 \uparrow (\text{이산화질소}) + O_2 \uparrow (\text{산소})$$

④ 저장용기는 직사광선을 피하고 찬곳에 저장한다.
⑤ 실험실에서는 **갈색병**에 넣어 햇빛을 차단시킨다.
⑥ 환원성물질과 혼합하면 발화 또는 폭발한다.

크산토프로테인반응(xanthoprotenic reaction)
단백질에 진한질산을 가하면 노란색으로 변하고 알칼리를 작용시키면 오렌지색으로 변하며, 단백질 검출에 이용된다.

⑦ 다량의 질산화재에 소량의 주수소화는 위험하다.
⑧ 마른모래 및 CO_2로 소화한다.
⑨ 위급시에는 다량의 물로 냉각소화한다.
⑩ 진한질산에 의하여 부동태가 되는 금속
Fe(철), Al(알루미늄), Cr(크롬), Co(코발트), Ni(니켈)
⑪ 진한질산에 녹지 않는 금속 : Au(금), Pt(백금)

부동태란?
금속이 보통상태에서 나타내는 반응성을 잃은 상태.

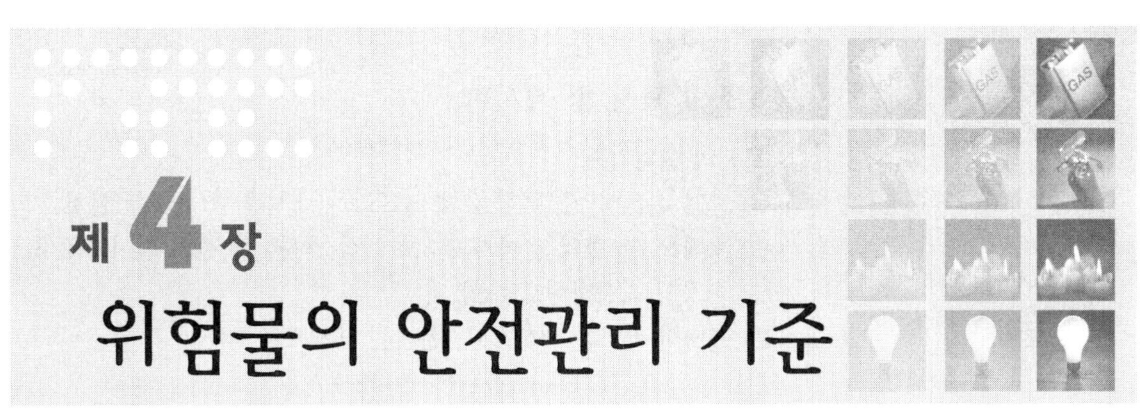

제 4 장 위험물의 안전관리 기준

4-1 제조소의 위치, 구조 및 설비의 기준

1. 제조소의 안전거리 ★★★

구 분	안전거리
• 사용전압이 7,000V 초과 35,000V 이하	3m 이상
• 사용전압이 35,000V를 초과	5m 이상
• 주거용	10m 이상
• 고압가스, 액화석유가스, 도시가스	20m 이상
• 학교 • 병원 • 극장	30m 이상
• 유형문화재, 지정문화재	50m 이상

안전거리 : 건축물의 외벽으로부터 당해 제조소의 외벽까지의 수평거리

✪ **안전거리를 단축할 수 있는 경우**
불연재료의 담 또는 벽을 설치한 경우

2. 제조소의 보유공지 ★

(1) **취급 위험물의 최대수량에 따른 너비의 공지**

취급 위험물의 최대수량	공지의 너비
지정수량의 10배 이하	3m 이상
지정수량의 10배 초과	5m 이상

(2) **보유공지를 두지 아니할 수 있는 격벽설치 기준**

① 방화벽은 내화구조로 할 것.(제6류 위험물인 경우 불연재료)

② 방화벽에 설치하는 출입구 및 창 등의 개구부는 가능한 한 최소로 할 것

③ 출입구 및 창에는 자동폐쇄식의 **갑종 방화문**을 설치할 것

④ 방화벽의 양단 및 상단이 외벽 또는 지붕으로부터 50cm 이상 돌출하도록 할 것

✪ 제조소의 표지
- 0.3m×0.6m 이상
- 백색바탕
- 흑색문자

✪ 제조소 게시판
- 유별
- 품명
- 저장최대수량
- 취급최대수량
- 지정수량의 배수
- 안전관리자의 성명 또는 직명

3. 제조소의 표지 및 게시판

(1) 표지의 설치기준 ★★

① 보기 쉬운 곳에 "위험물 제조소"라는 표시를 한 표지를 설치

② 표지는 한 변의 길이가 0.3m 이상, 다른 한 변의 길이가 0.6m 이상인 직사각형으로 할 것

③ 표지의 바탕은 백색으로, 문자는 흑색으로 할 것

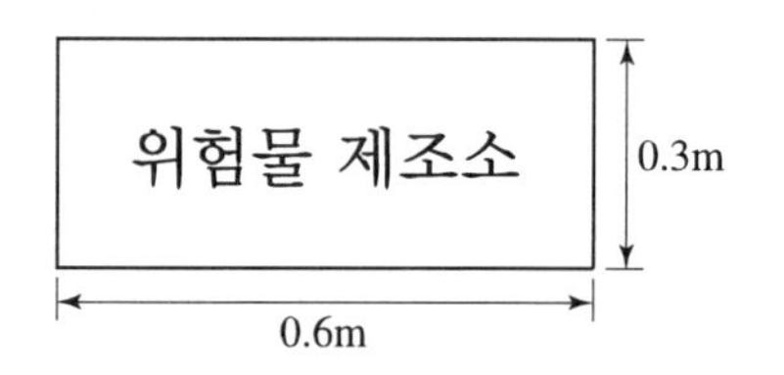

(2) 게시판의 설치기준 ★★★★★

① 한변의 길이가 0.3m 이상, 다른 한변의 길이가 0.6m 이상인 직사각형으로 할 것

② 위험물의 유별 · 품명 및 저장최대수량 또는 취급최대수량, 지정수량의 배수 및 안전 관리자의 성명 또는 직명을 기재할 것

③ 게시판의 바탕은 백색으로, 문자는 흑색으로 할 것

④ 저장 또는 취급하는 위험물에 따라 주의사항 게시판을 설치 할 것

위험물의 종류	주의사항 표시	게시판의 색
• 제1류(알칼리금속 과산화물) • 제3류(금수성 물품)	물기 엄금	청색바탕에 백색문자
• 제2류(인화성 고체 제외)	화기 주의	적색바탕에 백색문자
• 제2류(인화성 고체) • 제3류(자연발화성 물품) • 제4류 • 제5류	화기 엄금	

4. 건축물의 구조 ★★

(1) 지하층이 없도록 할 것.

(2) 벽 · 기둥 · 바닥 · 보 · 서까래 및 계단은 불연재료로, 외벽은 개구부가 없는 내화구조의 벽으로 할 것

(3) 지붕은 가벼운 불연재료로 덮을 것

(4) 출입구와 비상구에는 갑종 방화문 또는 을종 방화문을 설치하되, 연소의 우려가 있는 외벽에 설치하는 출입구에는 수시로 열 수 있는 자동폐쇄식의 갑종방화문을 설치 할 것

(5) 창 및 출입구에 유리를 이용하는 경우에는 망입유리로 할 것
(6) 건축물의 바닥은 적당한 경사를 두어 그 최저부에 집유설비를 할 것

5. 채광 · 조명 및 환기설비의 설치 기준 ★★★

(1) **채광설비**
불연재료로 하고, 연소의 우려가 없는 장소에 설치하되 **채광면적을 최소로** 할 것

(2) **조명설비**
① 조명등은 방폭등으로 할 것
② 전선은 내화 · 내열전선으로 할 것
③ **점멸스위치는 출입구 바깥부분**에 설치할 것.

(3) **환기설비**
① 자연배기방식으로 할 것
② 급기구는 바닥면적 150m²마다 1개 이상, **크기는 800cm² 이상**으로 할 것

[바닥면적이 150m² 미만인 경우 급기구의 면적]

바닥면적	급기구의 면적
60m² 미만	150cm² 이상
60m² 이상 90m² 미만	300cm² 이상
90m² 이상 120m² 미만	450cm² 이상
120m² 이상 150m² 미만	600cm² 이상

③ 급기구는 낮은 곳에 설치하고 **인화방지망**을 설치할 것
④ 환기구는 지붕위 또는 **지상 2m 이상**의 높이에 회전식 고정 벤티레이터 또는 루푸팬 방식으로 설치할 것

6. 배출설비의 설치기준 ★★

(1) 배출설비는 **국소방식**으로 할것
(2) 배출설비는 배풍기, 배출닥트, 후드 등을 이용한 **강제배출방식**으로 할 것
(3) 배출능력은 **1시간당 배출장소 용적의 20배 이상**인 것으로 할 것
(단, **전역방식**의 경우에는 바닥면적 1m²당 18m³ 이상으로 할 수 있다)

Pass Point

✪ **망입유리**
유리공간에 철심을 넣어서 제작된 유리

✪ **전역방식으로 할 수 있는 경우**
– 설비가 배관이음 등으로만 된 경우
– 전역방식이 유효한 경우

(4) 배출설비의 급기구 및 배출구 설치 기준
① 급기구는 높은 곳에 설치하고, 가는 눈의 구리망 등으로 인화방지망을 설치
② 배출구는 **지상 2m 이상**으로서 연소의 우려가 없는 장소에 설치하고, 배출 닥트가 관통하는 벽부분의 바로 가까이에 화재시 자동으로 폐쇄되는 방화댐퍼를 설치할 것
(5) 배풍기는 강제배기방식으로 하고, 옥내닥트의 내압이 대기압 이상이 되지 아니하는 위치에 설치 할 것

✪ **불침윤재료**
액체위험물이 바닥으로 스며들지 못하는 재료

7. 옥외설비의 바닥 설치기준 ★

(1) 둘레에 높이 **0.15m 이상**의 턱을 설치하는 등 위험물이 외부로 흘러나가지 않도록 할 것
(2) 콘크리트등 위험물이 스며들지 아니하는 재료로 하고, 턱이 있는 쪽이 낮게 경사지게 할 것
(3) 바닥의 **최저부에 집유설비**를 할 것
(4) 위험물(온도 20℃의 물 100g에 용해되는 양이 1g 미만인 것)을 취급하는 설비에 있어서는 당해 위험물이 직접 배수구에 흘러들어가지 아니하도록 집유설비에 **유분리장치**를 설치한다.

✪ **피뢰설비**
– 지정수량의 10배 이상
– 6류 위험물 제외

8. 기타 설비

(1) **정전기 제거설비** ★★★★★
① 접지에 의한 방법
② 공기중의 **상대습도를 70% 이상**으로 하는 방법
③ 공기를 **이온화**하는 방법
(2) **피뢰설비** ★★
지정수량의 10배 이상의 위험물을 취급하는 제조소(제6류 위험물을 취급하는 위험물제조소를 제외)에는 피뢰침을 설치 할 것

9. 위험물 취급탱크

(1) 옥외 위험물취급탱크의 방유제 설치기준 ★★

구 분	방유제의 용량
하나의 탱크 주위에 설치하는 경우	탱크용량의 50% 이상
2 이상의 탱크 주위에 설치하는 경우	탱크중 용량이 최대인 것의 50% +나머지 탱크용량 합계의 10% 이상

(2) 옥내 위험물취급탱크의 방유턱 설치기준

탱크에 수납하는 위험물의 양(하나의 방유턱안에 2 이상의 탱크가 있는 경우는 당해 탱크 중 실제로 수납하는 위험물의 양이 최대인 탱크의 양)을 전부 수용할 수 있도록 할 것

10. 위험물의 성질에 따른 제조소의 특례 ★

(1) **알킬알루미늄 등을 취급하는 제조소의 특례**

알킬알루미늄등을 취급하는 설비에는 **불활성기체를 봉입하는** 장치를 갖출 것

(2) **아세트알데히드 등을 취급하는 제조소의 특례**

① 취급하는 설비는 **은 · 수은 · 동 · 마그네슘** 또는 이들을 성분으로 하는 합금으로 만들지 아니할 것

② 취급하는 설비에는 연소성 혼합기체의 생성에 의한 폭발을 방지하기 위한 불활성 기체 또는 수증기를 봉입하는 장치를 갖출 것

(3) **히드록실아민 등을 취급하는 제조소의 특례**

① 안전거리의 계산

$D = 51.1\sqrt[3]{N}$

여기서, D : 거리(m)

N : 당해 제조소에서 취급하는 히드록실아민 등의 지정수량의 배수

② 히드록실아민 등을 취급하는 설비에는 **철이온 등의 혼입**에 의한 위험한 반응을 방지하기 위한 조치를 강구할 것

11. 위험물제조소내의 위험물을 취급하는 배관설치기준 ★★

(1) **최대상용압력의 1.5배 이상의 압력으로 내압시험**을 실시하여 이상이 없을 것

(2) 배관을 지상에 설치하는 경우

① 지진 · 풍압 · 지반침하 및 온도변화에 안전한 구조의 지지물에 설치

② 지면에 닿지 아니하도록 할 것

③ 배관의 외면에 부식방지를 위한 도장을 할 것

(3) 배관을 지하에 매설하는 경우

① 외면에는 부식방지를 위하여 도복장 · 코팅 또는 전기방식 등의 필요한 조치를 할 것

Pass Point

알킬알루미늄
- 금수성물질
- 물과 반응하여 가연성 기체 발생
- 제3류 위험물

아세트알데히드
- 제4류 특수인화물

히드록실아민
- NH_2OH
- 제5류 위험물
- 철이온 혼입금지

고인화점 위험물
- 인화점이 100℃ 이상인 제4류 위험물

② 배관의 접합부분(용접 접합부 제외)에는 누설여부를 점검할 수 있는 점검구를 설치

③ 지면에 미치는 중량이 당해 배관에 미치지 아니하도록 보호할 것

4-2 옥내저장소의 위치 · 구조 및 설비의 기준

옥내저장소 중 안전거리 유지 제외
- 제4류 또는 동식물유류의 지정수량의 20배 미만
- 제6류 옥내저장소

1. 옥내저장소의 보유공지

저장 또는 취급하는 위험물의 최대수량	공지의 너비	
	벽 · 기둥 및 바닥이 내화구조로 된 건축물	그 밖의 건축물
지정수량의 5배 이하		0.5m 이상
지정수량의 5배 초과 10배 이하	1m 이상	1.5m 이상
지정수량의 10배 초과 20배 이하	2m 이상	3m 이상
지정수량의 20배 초과 50배 이하	3m 이상	5m 이상
지정수량의 50배 초과 200배 이하	5m 이상	10m 이상
지정수량의 200배 초과	10m 이상	15m 이상

(단, 지정수량의 20배를 초과하는 옥내저장소와 동일한 부지내에 있는 다른 옥내저장소와의 사이에는 동표에 정하는 공지의 너비의 3분의 1(3m 미만인 경우에는 3m)의 공지를 보유할 수 있다.

2. 옥내저장소의 표시와 게시판

보기 쉬운 곳에 "위험물 옥내저장소"라는 표시를 한 표지와 기준에 따라 방화에 관하여 필요한 사항을 게시한 게시판을 설치 할 것.

3. 옥내저장소의 저장창고 ★

(1) 독립된 건축물로 할 것

(2) 처마높이가 6m 미만인 단층건물로 하고 그 바닥을 지반면보다 높게 할 것

처마높이
지면에서 처마까지의 높이

(3) 벽 · 기둥 및 바닥은 내화구조로 하고, 보와 서까래는 불연재료로 할 것

(4) 지붕은 가벼운 불연재료로 하고, 반자를 만들지 말 것

(5) 출입구에는 갑종 방화문 또는 을종 방화문을 설치하되, 연소의 우려가 있는 외벽에 있는 출입구에는 수시로 열 수 있는 자동폐쇄식의 갑종 방화문을 설치 할 것

(6) 창 또는 출입구에 유리를 이용하는 경우에는 망입유리로 할 것

4. 옥내저장소의 저장창고 바닥면적 설치기준 ★★

위험물의 종류	바닥면적
• 제1류 위험물중 아염소산염류, 염소산염류, 과염소산염류, 무기과산화물, 지정수량 50kg인 위험물	1000m^2 이하
• 제3류 위험물 중 칼륨, 나트륨, 알킬알루미늄, 알킬리튬, 지정수량10kg인 위험물 및 황린	
• 제4류 위험물 중 특수인화물, 제1석유류 및 알코올류	
• 제5류 위험물 중 유기과산화물, 질산에스테르류, 지정수량 10kg인 위험물	
• 제6류 위험물	
• 위 이외의 위험물	2000m^2 이하
• 내화구조의 격벽으로 완전히 구획된 실	1500m^2 이하

5. 저장창고 바닥을 물이 침투 되지 않는 구조로 하여야 하는 경우

(1) 제1류 위험물 중 알칼리금속의 과산화물 또는 이를 함유하는 것

(2) 제2류 위험물 중 철분 · 금속분 · 마그네슘 또는 이중 어느 하나 이상을 함유하는 것

(3) 제3류 위험물 중 금수성 물질

(4) 제4류 위험물

6. 다층건물의 옥내저장소의 기준

(1) 각층의 바닥을 지면보다 높게 하고 층고를 6m 미만으로 할 것

(2) 바닥면적 합계는 1,000m^2 이하로 할 것

(3) 저장창고의 벽 · 기둥 · 바닥 및 보를 내화구조로 하고, 계단을 불연재료로 하며, 연소의 우려가 있는 외벽은 출입구 외의 개구부를 갖지 아니하는 벽으로 할 것

(4) 2층 이상의 층의 바닥에는 개구부를 두지 않을 것

✪ 내화구조 대상
- 벽
- 기둥
- 바닥

✪ 불연재료 대상
- 보
- 서까래

피뢰침 설치대상
- 지정수량의 10배 이상
- 6류 위험물 제외

소규모 옥내저장소
지정수량의 50배 이하

지정과산화물
유기과산화물 또는 이를 함유한 것으로 지정수량이 10kg인 것

7. 복합용도 건축물의 옥내저장소의 기준

(1) 벽 · 기둥 · 바닥 및 보가 내화구조인 건축물의 1층 또는 2층의 어느 하나의 층에 설치 할 것
(2) 바닥은 지면보다 높게 설치하고 그 **층고를 6m 미만**으로 할 것
(3) **바닥면적은 75m² 이하**로 할 것
(4) 벽 · 기둥 · 바닥 · 보 및 지붕을 내화구조로 하고, 출입구 외의 개구부가 없는 두께 70mm 이상의 철근콘크리트조 또는 이와 동등 이상의 강도가 있는 구조의 바닥 또는 벽으로 당해 건축물의 다른 부분과 구획되도록 할 것
(5) 출입구에는 수시로 열 수 있는 **자동폐쇄방식의 갑종방화문**을 설치 할 것
(6) 창을 설치하지 아니 할 것
(7) 환기설비 및 배출설비에는 방화상 유효한 댐퍼 등을 설치할 것

8. 지정과산화물 옥내저장소의 저장창고 ★★★

(1) **창은 바닥면으로부터 2m 이상**의 높이에 설치한다.
(2) 하나의 **창의 면적**을 0.4m² 이내로 한다.
(3) 하나의 벽면에 두는 창의 면적합계를 당해 **벽면적의 80분의 1 이내**가 되도록 한다.
(4) 출입구에는 **갑종 방화문**을 설치한다.

9. 자연발화 할 우려가 있는 위험물을 다량 저장하는 경우

지정수량 10배 이하마다 구분하여 상호간 0.3m 이상 간격을 두고 저장

4-3 옥외탱크저장소의 위치 · 구조 및 설비의 기준

1. 보유공지

(1) 옥외저장탱크의 보유공지

저장 또는 취급하는 위험물의 최대수량	공지의 너비
• 지정수량의 500배 이하	3m 이상
• 지정수량의 500배 초과 1000배 이하	5m 이상
• 지정수량의 1000배 초과 2000배 이하	9m 이상
• 지정수량의 2000배 초과 3000배 이하	12m 이상
• 지정수량의 3000배 초과 4000배 이하	15m 이상
• 지정수량의 4000배 초과	당해 탱크의 수평단면의 최대지름(횡형인 경우에는 긴변)과 높이 중 큰 것과 지정수량의 4,000배 초과 같은 거리 이상. 다만, 30m 초과의 경우에는 30m 이상으로 할 수 있고, 15m 미만의 경우에는 15m 이상으로 하여야 한다.

(2) 제6류 위험물외의 옥외저장탱크(4,000배 초과 옥외저장탱크를 제외)를 동일한 방유제안에 2개 이상 인접하여 설치하는 경우 그 인접하는 방향의 보유공지는 규정에 의한 보유공지의 3분의 1 이상의 너비로 할 수 있다. 이 경우 보유공지의 너비는 3m 이상이 되어야 한다. ★★

(3) **제6류 위험물의 옥외저장탱크**는 규정에 의한 **보유공지의 3분의 1 이상의 너비**로 할 수 있다. 이 경우 **보유공지의 너비는 1.5m 이상**이 되어야 한다. ★★★

(4) 제6류 위험물의 옥외저장탱크를 동일구내에 2개 이상 인접하여 설치하는 경우 그 인접하는 방향의 보유공지는 산출된 너비의 3분의 1 이상의 너비로 할 수 있다. 이 경우 보유공지의 너비는 1.5m 이상이 될 것.

(5) **지정수량의 4,000배 초과 옥외저장탱크**는 물분무설비로 방호 조치한 경우 보유공지의 1/2 이상의 너비로 할 수 있다. 이 경우 공지단축 옥외저장탱크의 화재시 $1m^2$당 20kW **이상**의 복사열에 노출되는 표면을 갖는 인접한 옥외저장탱크가 있으면 당해 표면에도 다음 각목의 기준에 적합한 물분무설비로 방호조치를 함께 할 것.

① 탱크의 표면에 방사하는 물의 양은 탱크의 높이(기초의 높이를 제외한 높이) 15m 이하마다 **원주길이 1m에 대하여 37L/분 이**

Pass Point

✪ **특정옥외탱크 저장소**
액체위험물의 최대 수량이 100만L 이상

✪ **준특정 옥외탱크 저장소**
액체위험물의 최대 수량이 50만L 이상

✪ 방유제
- 탱크용량의 110% 이상
- 높이는 0.5m 이상 3m 이하
- 면적은 8만m^2 이하
- 탱크수 10개 이하

상으로 할 것

② **수원의 양은 20분 이상** 방사할 수 있는 수량으로 할 것

③ 탱크의 높이가 15m를 초과하는 경우 15m **이하마다 분무헤드**를 설치 할 것

2. 방유제 설치기준 ★★★

인화성액체위험물(**이황화탄소를 제외**)의 옥외탱크저장소의 방유제

(1) **방유제의 용량**

방유제안에 탱크가 하나인 때	방유제안에 탱크가 2기 이상인 때
탱크 용량의 110% 이상	용량이 최대인 것의 용량의 110% 이상

(2) 방유제의 높이는 0.5m **이상 3m 이하, 두께 0.2m 이상, 지하매설 깊이 1m 이상**으로 할 것

(3) 방유제내의 면적은 8만m^2 **이하**로 할 것

(4) 방유제내에 설치하는 **옥외저장탱크의 수는** 10(방유제내에 설치하는 모든 옥외저장 탱크의 용량이 20만L **이하**이고, 당해 옥외저장 탱크에 저장 또는 취급하는 위험물의 인화점이 70℃ 이상 200℃ 미만인 경우에는 20) **이하**로 할 것.

(5) 방유제 외면의 2분의 1 이상은 3m 이상의 노면 폭을 확보한 구내도로에 직접 접하도록 할 것.

(6) 방유제는 옥외저장탱크의 지름에 따라 그 탱크의 옆판으로부터 다음에 정하는 거리를 유지할 것.

• 지름이 15m 미만인 경우	탱크 높이의 3분의 1 이상
• 지름이 15m 이상인 경우	탱크 높이의 2분의 1 이상

(7) 방유제는 철근콘크리트 또는 흙으로 만들고, 위험물이 방유제의 외부로 유출되지 아니하는 구조로 할 것

(8) 용량이 1,000만L 이상인 옥외저장탱크의 방유제에는 탱크마다 간막이 둑을 설치할 것

① **간막이 둑의 높이**는 0.3m(방유제내 옥외저장탱크의 용량의 합계가 2억L를 넘는 방유제는 1m) **이상**으로 하되, **방유제의 높이보다 0.2m 이상 낮게** 할 것

② 간막이 둑은 흙 또는 철근콘크리트로 할 것

③ 간막이 둑의 용량은 간막이 둑안에 설치된 탱크의 용량의 10% 이상일 것

(9) 방유제에는 배수구를 설치하고 이를 개폐하는 밸브 등을 방유제 외부에 설치할 것
(10) 용량이 100만L 이상인 옥외저장탱크에 있어서는 밸브 등에는 개폐상황을 쉽게 확인할 수 있는 장치를 설치할 것
(11) 높이가 1m를 넘는 방유제 및 간막이 둑의 안팎에는 방유제내에 출입하기 위한 계단 또는 경사로를 약 50m마다 설치할 것

3. 옥외탱크저장소의 밸브 없는 통기관 설치기준 ★★★

(1) 직경은 30mm 이상일 것
(2) 선단은 수평면보다 **45도 이상** 구부려 빗물 등의 침투를 막는 구조로 할 것
(3) 가는 눈의 구리망 등으로 **인화방지장치**를 할 것

4. 탱크전용실에 옥내저장탱크의 용량 ★★★

(1) **1층 이하의 층** : 지정수량의 40배 이하
(2) **2층 이상의 층** : 지정수량의 10배 이하

5. 옥외탱크저장소의 특례

(1) 알킬알루미늄 등의 옥외탱크저장소
- 불활성기체 봉입장치

(2) 아세트알데히드 등의 옥외탱크저장소
- 냉각장치 또는 보냉장치
- 불활성기체 봉입장치

(2) 히드록실아민 등의 옥외탱크저장소
- 철이온 혼입방지장치

4-4 옥내탱크저장소의 위치 · 구조 및 설비의 기준

(1) 옥내저장탱크는 단층건축물에 설치된 탱크전용실에 설치할 것
(2) 옥내저장탱크와 탱크전용실의 벽과의 사이 및 옥내저장탱크의 상호간에는 0.5m 이상의 간격을 유지할 것

✪ 통기관밸브 작동압력
10kPa 이하

✪ 압력탱크
최대상용압력이 부압 또는 5kPa를 초과하는 탱크

✪ 옥외저장탱크의 펌프설비
너비 3m 이상의 공지 보유

(3) 옥내저장탱크의 용량(동일한 탱크전용실에 옥내저장탱크를 2 이상 설치하는 경우에는 각 탱크의 용량의 합계)은 지정수량의 40배(제4석유류 및 동식물유류 외의 제4류 위험물에 있어서 당해 수량이 20,000L를 초과할 때에는 20,000L) 이하일 것

4-5 지하탱크저장소의 위치 · 구조 및 설비의 기준

누설검사관
- 4개소 이상 설치
- 이중관으로 할 것 (소공이 없는 상부는 단관 가능)
- 금속관 또는 경질합성수지관으로 할 것

지하저장탱크
- 과충전방지장치 설치
- 탱크용량의 90%가 찰 때 경보음 발할 것

(1) 지하탱크를 지하의 가장 가까운 벽, 피트, 가스관 등 시설물 및 대지경계선으로부터 **0.6m 이상 떨어진 곳에 매설할 것** ★★★

(2) 탱크전용실은 지하의 가장 가까운 벽 · 피트 · 가스관 등의 시설물 및 **대지경 계선으로부터 0.1m 이상 떨어진 곳에 설치**하고, 지하저장탱크와 탱크전용실의 안쪽과의 사이는 0.1m 이상의 간격을 유지하도록 하며, 당해 탱크의 주위에 마른 모래 또는 습기 등에 의하여 응고되지 아니하는 입자지름 5mm 이하의 마른 자갈분을 채울 것

(3) 지하저장탱크의 윗 부분은 지면으로부터 0.6m **이상** 아래에 있을 것. ★★

(4) 지하저장탱크를 2 이상 인접해 설치하는 경우에는 그 **상호간에** 1m(당해 2 이상의 지하저장탱크의 용량의 합계가 지정수량의 100배 이하인 때에는 0.5m) **이상**의 간격을 유지 할 것.

(5) 지하저장탱크의 재질은 **두께 3.2mm 이상의 강철판**으로 하여 완전용입용접 또는 양면겹침 이음용접으로 틈이 없도록 만드는 동시에, 압력탱크(최대상용압력이 46.7kPa 이상인 탱크) 외의 탱크에 있어서는 70kPa의 압력으로, 압력탱크에 있어서는 **최대 상용압력의 1.5배의 압력으로** 각각 10분간 **수압시험**을 실시하여 새거나 변형되지 아니 할 것.

4-6 간이탱크저장소의 위치 · 구조 및 설비의 기준

(1) **하나의 간이탱크저장소**에 설치하는 간이저장탱크는 **그 수를 3 이하로 하고**, 동일한 품질의 위험물의 간이저장탱크를 2 이상 설치하

지 아니 할 것.

(2) 간이저장탱크는 움직이거나 넘어지지 아니하도록 지면 또는 가설대에 고정시키되, 옥외에 설치하는 경우에는 그 탱크의 주위에 너비 1m 이상의 공지를 두고, 전용실안에 설치하는 경우에는 **탱크와 전용실의 벽과의 사이에 0.5m 이상의 간격을 유지** 할 것.

(3) **간이저장탱크의 용량은** 600L 이하 일 것.

(4) 간이저장탱크는 **두께** 3.2mm **이상의 강판**으로 흠이 없도록 제작하여야 하며, 70kPa**의 압력으로** 10분간의 **수압시험**을 실시하여 새거나 변형되지 아니 할 것.

(5) 간이저장탱크에는 다음 각목의 기준에 적합한 밸브 없는 통기관을 설치 할 것.

① **통기관의 지름은** 25mm **이상**으로 할 것

② 통기관은 옥외에 설치하되, 그 선단의 높이는 지상 1.5m 이상으로 할 것

③ 통기관의 선단은 수평면에 대하여 아래로 45도 이상 구부려 빗물등이 침투하지 아니하도록 할 것

④ 가는 눈의 구리망 등으로 **인화방지장치**를 할 것

간이탱크저장소
- 탱크수 3개 이하
- 탱크용량은 600L 이하
- 3.2mm 이상 강판
- 70KPa 이상 압력으로 10분간 수압시험

4-7 이동탱크저장소의 위치 · 구조 및 설비의 기준

1. 이동저장탱크의 구조 기준

(1) **압력탱크**(최대상용압력이 46.7kPa 이상인 탱크) **외의 탱크는** 70kPa**의 압력으로, 압력탱크는 최대상용압력의** 1.5**배의 압력**으로 각각 10분간의 **수압시험**을 실시하여 새거나 변형되지 아니할 것.

(2) **이동저장탱크**는 그 내부에 4,000L **이하마다** 3.2mm 이상의 강철판 또는 이와 동등 이상의 강도 · 내열성 및 내식성이 있는 금속성의 것으로 **칸막이를 설치** 할 것.

(3) 칸막이로 구획된 각 부분마다 맨홀과 다음 각목의 기준에 의한 안전장치 및 방파판을 설치 할 것(단, 칸막이로 구획된 부분의 용량이 2,000L 미만인 부분에는 방파판을 설치하지 아니할 수 있다.

상치장소
- 인근건축물로부터 5m 이상(1층인 경우 3m 이상)
- 벽, 바닥, 보, 서까래 및 지붕이 내화구조 또는 불연재료로 된 1층에 설치

2. 안전장치의 설치기준

탱크의 압력	안전장치 작동압력
상용압력이 20kPa 이하	20kPa 이상 24kPa 이하
상용압력이 20kPa 초과	상용압력의 1.1배 이하

✪ 방호틀
- 두께 2.3mm 이상 강철판

3. 방파판의 설치기준

(1) 두께 1.6mm 이상의 강철판 또는 이와 동등 이상의 강도 · 내열성 및 내식성이 있는 금속성의 것으로 할 것

(2) **하나의 구획부분**에 2개 이상의 **방파판**을 이동탱크저장소의 진행방향과 평행으로 설치하되, 각 방파판은 그 높이 및 칸막이로부터의 거리를 다르게 할 것

(3) 하나의 구획부분에 설치하는 각 방파판의 면적의 합계는 당해 구획부분의 **최대 수직단면적의 50% 이상**으로 할 것. 다만, 수직단면이 원형이거나 짧은 지름이 1m 이하의 타원형일 경우에는 40% 이상으로 할 수 있다.

✪ 이동탱크저장소의 주입설비
- 길이 50m 이내
- 분당토출량은 200L 이하

4. 측면틀 및 방호틀의 설치기준

(1) **측면틀**

① 최외측선의 수평면에 대한 **내각이 75도 이상**이 되도록 하고, 최외측선과 직각을 이루는 직선과의 **내각이 35도 이상**이 되도록 할 것

② 외부로부터 하중에 견딜 수 있는 구조로 할 것

③ 탱크상부의 네 모퉁이에 당해 탱크의 전단 또는 후단으로부터 각각 1m **이내**의 위치에 설치할 것

④ 측면틀에 걸리는 하중에 의하여 탱크가 손상되지 아니하도록 측면틀의 부착부분에 **받침판**을 설치할 것

(2) **방호틀**

① 두께 2.3mm 이상의 강철판 또는 이와 동등 이상의 기계적 성질이 있는 재료로써 산모양의 형상으로 하거나 이와 동등 이상의 강도가 있는 형상으로 할 것

② 정상부분은 부속장치보다 50mm **이상** 높게 하거나 이와 동등 이상의 성능이 있는 것으로 할 것

4-8 옥외저장소의 위치 및 설비의 기준

1. 덩어리 상태의 유황만을 지반면에 설치한 경계표시의 안쪽에서 저장, 취급하는 것

(1) 하나의 경계표시의 내부의 면적 : $100m^2$ 이하
(2) 2 이상의 경계표시를 설치하는 경우 각각의 경계표시 내부의 면적을 합산한 면적은 $1,000m^2$ 이하로 할 것
(3) 경계표시 : 불연재료로 만드는 동시에 유황이 새지 않는 구조로 할 것
(4) 경계표시의 높이 : 1.5m 이하

2. 옥외저장소에 저장할 수 있는 위험물

(1) **제2류 위험물** : 유황, 인화성고체(인화점이 0℃ 이상)
(2) **제4류 위험물** : 제1석유류(인화점이 0℃ 이상), 제2석유류, 제3석유류, 제4석유류, 알코올류, 동식물유류
(3) 제6류 위험물

✪ 옥외저장소의 선반
– 높이 6m 초과 금지

4-9 암반탱크저장소의 위치 · 구조 및 설비의 기준

(1) 암반투수계수가 10^{-5}m/sec 이하인 천연암반내에 설치 할 것
(2) 저장할 위험물의 증기압을 억제할 수 있는 지하수면하에 설치할 것
(3) 암반탱크의 내벽은 암반균열에 의한 낙반을 방지할 수 있도록 볼트 · 콘크리트 등으로 보강할 것

✪ 암반투수계수
– 10^{-5}m/sec 이하

4-10 주유취급소의 위치 · 구조 및 설비의 기준

1. 주유공지 및 급유공지

주유공지	급유공지
너비 15m 이상, 길이 6m 이상의 콘크리트 등으로 포장한 공지	고정급유설비의 호스기기의 주위에 필요한 공지

✪ 주유중 엔진정지
– 황색바탕
– 흑색문자

공지의 바닥은 주위 지면보다 높게 하고, 배수구 · 집유설비 및 유분리 장치를 할 것

2. 표지 및 게시판

표 지	게 시 판
위험물 주유취급소	❶ 방화에 관하여 필요한 사항 ❷ 황색바탕에 흑색문자로 "주유중엔진정지" ★★

3. 주유취급소에 설치 할 수 있는 부대시설

(1) 주유 또는 등유 · 경유를 채우기 위한 작업장
(2) 주유취급소의 업무를 행하기 위한 사무소
(3) 자동차 등의 점검 및 간이정비를 위한 작업장
(4) 자동차 등의 세정을 위한 작업장
(5) 주유취급소에 출입하는 사람을 대상으로 한 점포 · 휴게음식점 또는 전시장
(6) 주유취급소의 관계자가 거주하는 주거시설

4. 담 또는 벽

자동차 등이 출입하는 쪽 외의 부분에 높이 2m 이상의 내화구조 또는 불연재료의 담 또는 벽을 설치 할 것

5. 셀프용고정급유설비의 기준

(1) 1회의 연속급유량 및 급유시간의 상한을 미리 설정할 수 있는 구조일 것
(2) 급유량의 상한은 100L 이하 급유시간의 상한은 6분 이하로 할 것

6. 고속국도의 도로변의 주유취급소 탱크최대 용량

60,000L ★★

7. 고정주유설비

(1) 도로경계선까지 4m 이상
(2) 부지경계선 · 담 및 건축물의 벽까지 2m(개구부가 없는 벽까지는 1m) 이상

✪ 주유취급소에 설치 가능한 탱크
- 고정주유설비전용탱크 : 5만L 이하
- 고정급유설비전용탱크 : 5만L 이하
- 보일러접속전용탱크 : 1만L 이하
- 폐유탱크 : 2천L 이하
- 3개 이하 간이탱크

✪ 펌프 최대토출량
- 1석유류 : 50L/분 이하
- 경유 : 180L/분 이하
- 등유 : 80L/분 이하

✪ 주유관길이
- 5m 이내
- 현수식은 반경 3m 이내

4-11 판매취급소의 위치 · 구조 및 설비의 기준

배합실
- 6m² 이상 15m² 이하
- 문턱 높이 0.1m 이상

판매취급소의 구분 ★★★

취급소의 구분	저장 또는 취급하는 위험물의 수량
제1종 판매취급소	지정수량의 20배 이하
제2종 판매취급소	지정수량의 40배 이하

1. 제1종 판매취급소의 위치 · 구조 및 설비의 기준 :
(제1종판매취급소 : 지정수량의 20배 이하인 판매취급소)

(1) 건축물의 1층에 설치할 것
(2) 건축물의 부분은 내화구조 또는 불연재료로 하고, 판매취급소로 사용되는 부분과 다른 부분과의 격벽은 내화구조로 할 것
(3) 건축물의 부분은 보를 불연재료로 하고, 반자를 설치하는 경우에는 반자를 불연재료로 할 것
(4) 상층이 있는 경우에 있어서는 그 상층의 바닥을 내화구조로 하고, 상층이 없는 경우에 있어서는 지붕을 내화구조로 또는 불연재료로 할 것
(5) 창 및 출입구에는 갑종 방화문 또는 을종 방화문을 설치할 것
(6) 창 또는 출입구에 유리를 이용하는 경우에는 망입유리로 할 것
(7) 위험물을 배합하는 실은 다음에 의할 것
① 바닥면적은 $6m^2$ 이상 $15m^2$ 이하일 것
② 내화구조로 된 벽으로 구획할 것
③ 바닥은 위험물이 침투하지 아니하는 구조로 하여 적당한 경사를 두고 집유설비를 할 것
④ 출입구에는 수시로 열 수 있는 자동폐쇄식의 갑종 방화문을 설치할 것
⑤ 출입구 문턱의 높이는 바닥면으로부터 0.1m 이상으로 할 것
⑥ 내부에 체류한 가연성의 증기 또는 가연성의 미분을 지붕위로 방출하는 설비를 할 것

2. 제2종 판매취급소의 위치 · 구조 및 설비의 기준
(제2종 판매취급소 : 지정수량의 40배 이하인 판매취급소)

(1) 벽 · 기둥 · 바닥 및 보를 내화구조 하고, 천장이 있는 경우에는 이

를 불연재료로 하며, 판매취급소로 사용되는 부분과 다른 부분과의 격벽은 내화구조로 할 것

(2) 상층이 있는 경우에는 상층의 바닥을 내화구조로 하는 동시에 상층으로의 연소를 방지하기 위한 조치를 강구하고, 상층이 없는 경우에는 지붕을 내화구조로 할 것

(3) 연소의 우려가 없는 부분에 한하여 창을 두되, 당해 창에는 갑종방화문 또는 을종방화문을 설치할 것

(4) 출입구에는 갑종방화문 또는 을종방화문을 설치할 것. 다만, 당해 부분중 연소의 우려가 있는 벽 또는 창의 부분에 설치하는 출입구에는 수시로 열 수 있는 자동폐쇄식의 갑종 방화문을 설치하여야 한다.

4-12 소화설비, 경보설비 및 피난설비의 기준

소형소화기
- 능력단위 1단위 이상 대형소화기 능력단위 미만
- 보행거리 20m 이내마다 설치

대형소화기
- A급 : 10단위 이상
- B급 : 20단위 이상
- 보행거리 30m 이내마다 설치

(1) **전기설비의 소화설비**

당해 장소의 면적 $100m^2$마다 소형소화기를 1개 이상 설치할 것

(2) **소요단위의 계산방법**

① 제조소 또는 취급소의 건축물

외벽이 내화구조인 것	외벽이 내화구조가 아닌것
연면적 $100m^2$를 1소요단위	연면적 $50m^2$를 1소요단위

② 저장소의 건축물

외벽이 내화구조인 것	외벽이 내화구조가 아닌것
연면적 $150m^2$: 1소요단위	연면적 $75m^2$: 1소요단위

③ 위험물은 지정수량의 10배를 1소요단위로 할 것

(3) **간이 소화용구의 능력단위**

소화설비	용량	능력단위
• 소화전용(專用)물통	8L	0.3
• 수조(소화전용물통 3개 포함)	80L	1.5
• 수조(소화전용물통 6개 포함)	190L	2.5
• 마른 모래(삽 1개 포함)	50L	0.5
• 팽창질석 또는 팽창진주암(삽 1개 포함)	80L	0.5

2. 옥내소화전설비의 설치기준

옥내소화전
- 비상전원 설치

(1) 옥내소화전은 **수평거리**가 25m **이하**가 되도록 설치할 것. 이 경우 옥내소화전은 각 층의 출입구 부근에 1개 이상 설치 할 것.

(2) 수원의 수량은 옥내소화전이 가장 많이 설치된 층의 옥내소화전 설치개수(5개 이상인 경우 5개)에 $7.8m^3$을 곱한 양 이상이 되도록 설치할 것

$$\text{수원의 양 } Q(m^3) = N \times 7.8m^3 (260L/\text{분} \times 30\text{분})$$

여기서, N : 가장 많이 설치된 층의 옥내소화전 설치개수(최대5개)

(3) 옥내소화전설비는 각층을 기준으로 하여 당해 층의 모든 옥내소화전(개수가 5개 이상인 경우는 5개)을 동시에 사용할 경우에 각 노즐선단의 **방수압력이** 350kPa 이상이고 **방수량이** 260L/분 이상의 성능이 되도록 할 것

노즐선단의 방수압력	방 수 량
350kPa	260L/분

3. 옥외소화전설비의 설치기준

옥외소화전
- 최소설치 개수는 2개 이상
- 방호대상층은 1층 및 2층

(1) 옥외소화전은 **수평거리**가 40m **이하**가 되도록 설치할 것. 이 경우 그 설치개수가 1개일 때는 2개로 할 것.

(2) 수원의 수량은 옥외소화전의 설치개수(4개 이상인 경우는 4개)에 $13.5m^3$를 곱한 양 이상이 되도록 설치할 것

$$\text{수원의 양 } Q(m^3) = N \times 13.5m^3 (450L/\text{분} \times 30\text{분})$$

여기서, N : 가장 많이 설치된 층의 옥외소화전 설치개수(최대4개)

(3) 옥외소화전설비는 모든 옥외소화전(설치개수가 4개 이상인 경우는 4개)을 동시에 사용할 경우에 각 노즐선단의 **방수압력이** 350kPa **이상이고**, **방수량이** 450L/분 **이상의** 성능이 되도록 할 것

노즐선단의 방수압력	방 수 량
350kPa	450L/분

✪ 스프링클러헤드
- 수평거리 : 1.7m 이하
- 살수밀도 충족하는 경우 : 2.6m 이하

✪ 헤드의 방사압
- 100kPa 이상
- 살수밀도 충족하는 경우 : 50kPa 이상

✪ 헤드의 방수량
- 80L/분 이상
- 살수밀도 충족하는 경우 : 56L/분 이상

4. 스프링클러설비의 설치기준

위험물제조소등의 소화설비 설치기준

소화설비	수평거리	방사량 (L/min)	방사압력 (kPa)	수원의 양
옥내	25m 이하	260	350	$Q=N$(소화전개수 : 최대 5개)×7.8m^3 (260L/min×30min)
옥외	40m 이하	450	350	$Q=N$(소화전개수 : 최대 4개)×13.5m^3 (450L/min×30min)
스프링클러	1.7m 이하	80	100	$Q=N$(헤드수 : 최대30개)×2.4m^3 (80L/min×30min)
물분무		20(m^2당)	350	$Q=A$(바닥면적m^2)×0.6m^3/m^2 (20L/m^2 · min×30min)

(1) 스프링클러헤드는 **수평거리가 1.7m 이하**가 되도록 설치할 것

(2) 개방형 스프링클러헤드를 이용한 스프링클러설비의 방사구역은 150m^2 이상(바닥면적이 150m^2 미만인 경우 바닥면적)으로 할 것

(3) 수원의 수량

① 폐쇄형 헤드를 사용하는 것은 30(설치개수가 30미만인 경우 설치개수)

② 개방형 헤드를 사용하는 것은 헤드가 가장 많이 설치된 방사구역의 헤드 설치개수에 2.4m^3을 곱한 양 이상이 되도록 설치할 것

폐쇄형 스프링클러헤드 사용하는 경우

수원의 양 $Q(m^3)=N×2.4m^3$(80L/분×30분)

N : 30(설치개수가 30 미만인 경우는 설치개수)

개쇄형 스프링클러헤드 사용하는 경우

수원의 양 $Q(m^3)=N×2.4m^3$(80L/분×30분)

N : 가장 많이 설치된 방사구역의 스프링클러헤드 설치개수

(4) 헤드의 **방사압력이 100kPa 이상**이고, **방수량이 80L/분 이상**의 성능이 되도록 할 것

헤드의 방수압력	헤드의 방수량
100kPa	80L/분

5. 물분무소화설비의 설치기준

✪ 물분무소화설비
비상전원 설치

(1) 물분무소화설비의 방사구역은 150m^2 이상(방호대상물의 표면적이 150m^2 미만인 경우에는 당해 표면적)으로 할 것
(2) 수원의 수량은 분무헤드가 가장 많이 설치된 방사구역의 모든 분무헤드를 동시에 사용할 경우에 당해 방사구역의 **표면적 1m^{2}당 1분당 20L의** 비율로 계산한 양으로 **30분간 방사할 수 있는 양** 이상이 되도록 설치할 것
(3) 물분무소화설비는 분무헤드를 동시에 사용할 경우에 각선단의 방사압력이 **350kPa 이상**으로 표준방사량을 방사할 수 있는 성능이 되도록 할 것

물분무 헤드의 방수압력	헤드의 방수량
350kPa	헤드의 설계압력에 의한 방사량

6. 위험물 제조소에 설치하는 소화설비의 비상전원 용량

소화설비	용도구분	비상전원
• 옥내소화전설비 • 옥외소화전설비 • 스프링클러설비	위험물제조소등	45분

7. 폐쇄형 스프링클러 헤드의 표시온도

✪ 표시온도
헤드의 작동온도

부착장소의 최고주위온도(℃)	표시온도(℃)
28 미만	58 미만
28 이상 39 미만	58 이상 79 미만
39 이상 64 미만	79 이상 121 미만
64 이상 106 미만	121 이상 162 미만
106 이상	162 이상

8. 피난설비

(1) 주유취급소 중 건축물의 2층의 부분을 점포 · 휴게음식점 또는 전시장의 용도로 사용하는 것에 있어서는 당해 건축물의 2층으로부터 직접 주유취급소의 부지 밖으로 통하는 출입구와 당해 출입구로 통하는 통로 · 계단 및 출입구에 유도등을 설치

(2) 옥내주유취급소에 있어서는 당해 사무소 등의 출입구 및 피난구와 당해 피난구로 통하는 통로 · 계단 및 출입구에 유도등을 설치

(3) 유도등에는 비상전원을 설치

4-13 제조소등에서의 위험물의 저장 및 취급에 관한 기준

1. 알킬알루미늄, 아세트알데히드등 및 디에틸에테르등의 저장기준

탱크의 종류	물질명	저장기준
• 이동저장탱크	알킬알루미늄	20kPa 이하의 압력으로 불활성의 기체를 봉입
	아세트알데히드	불활성의 기체를 봉입
• 옥외 · 옥내, 지하저장탱크 중 압력탱크외의 탱크	산화프로필렌과 이를 함유한 것 또는 디에틸에테르	30℃ 이하
	아세트알데히드 또는 이를 함유한 것	15℃ 이하
• 옥외 · 옥내 또는지하저장탱크 중 압력 탱크에 저장하는 경우	아세트알데히드등 또는 디에틸에테르	40℃ 이하
• 보냉장치가 있는 이동 저장탱크	아세트알데히드등 또는 디에틸에테르	비점 이하
• 보냉장치가 없는 이동 저장탱크	아세트알데히드등 또는 디에틸에테르	40℃ 이하

Pass Point

✪ **이동탱크저장소의 비치서류**
- 완공검사합격확인증
- 정기점검기록

✪ **옥내저장소의 높이제한**
- 기계하역구조 : 6m
- 3석유류, 4석유류, 동식물유류 : 4m
- 기타 : 3m

4-14 위험물의 운반에 관한 기준

1. 운반용기의 재질

(1) 강판 (2) 알루미늄판 (3) 양철판 (4) 유리 (5) 금속판
(6) 종이 (7) 플라스틱 (8) 섬유판 (9) 고무류 (10) 합성섬유
(11) 삼 (12) 짚 (13) 나무

2. 위험물 운반용기의 외부 표시 사항

(1) 위험물의 품명, 위험등급, 화학명 및 수용성(제4류 위험물의 수용성인 것에 한함)

(2) 위험물의 수량

(3) 수납하는 위험물에 따른 주의사항

종 류 별	성질에 따른 구분	표시사항
• 제1류 위험물	알칼리금속의 과산화물	화기주의 · 충격주의, 물기엄금 및 가연물접촉주의
	그 밖의 것	화기주의 · 충격주의 및 가연물접촉주의
• 제2류 위험물	철분 · 금속분 · 마그네슘	화기주의 및 물기엄금
	인화성고체	화기엄금
	그 밖의 것	화기주의
• 제3류 위험물	자연발화성 물질	화기엄금 및 공기접촉엄금
	금수성 물질	물기엄금
• 제4류 위험물	인화성 액체	화기엄금
• 제5류 위험물	자기반응성 물질	화기엄금 및 충격주의
• 제6류 위험물	산화성 액체	가연물 접촉주의

✪ 수용성 여부표시
4류 위험물에만 해당

3. 유별을 달리하는 위험물의 혼재기준

구 분	제1류	제2류	제3류	제4류	제5류	제6류
제1류		×	×	×	×	○
제2류	×		×	○	○	×
제3류	×	×		○	×	×
제4류	×	○	○		○	×
제5류	×	○	×	○		×
제6류	○	×	×	×	×	

[참고] 1. "×" 표시는 혼재할 수 없음을 표시
2. "○" 표시는 혼재할 수 있음을 표시
3. 이 표는 지정수량의 $\frac{1}{10}$ 이하의 위험물에 대하여는 적용하지 아니한다.

✪ 혼재가능
- 1류 + 6류
- 2류 + 5류
- 2류 + 4류
- 3류 + 4류
- 4류 + 5류

4. 적재위험물의 성질에 따른 조치

(1) **차광성이 있는 피복으로 가려야하는 위험물**

① 제1류 위험물

② 제3류위험물 중 **자연발화성물질**
③ 제4류 위험물 중 **특수인화물**
④ 제5류 위험물
⑤ 제6류 위험물

(2) **방수성이 있는 피복으로 덮어야 하는 것**
① 제1류 위험물 중 알칼리금속의 과산화물
② 제2류 위험물 중 철분 · 금속분 · 마그네슘 또는 이들 중 어느하나 이상을 함유한 것
③ 제3류 위험물 중 금수성 물질

Pass Point

✪ 보냉컨테이너
5류 위험물 중 55℃ 이하에서 분해우려 있는 것

5. 운반용기의 내용적에 대한 수납율

(1) **액체위험물** : 내용적의 98%이하
(2) **고체위험물** : 내용적의 95%이하

6. 위험물의 등급 분류

위험등급	해당 위험물
위험등급 I	❶ 제1류 위험물 중 아염소산염류, 염소산염류, 과염소산염류, 무기과산화물 그 밖에 지정수량이 50kg인 위험물 ❷ 제3류 위험물 중 칼륨, 나트륨, 알킬알루미늄, 알킬리튬, 황린 그 밖에 지정수량이 10kg 또는 20kg인 위험물 ❸ 제4류 위험물 중 특수인화물 ❹ 제5류 위험물 중 유기과산화물, 질산에스테르류, 그 밖에 지정수량이 10kg인 위험물 ❺ 제6류 위험물
위험등급 II	❶ 제1류 위험물 중 브롬산염류, 질산염류, 요오드산염류, 그 밖에 지정수량이 300kg인 위험물 ❷ 제2류 위험물 중 황화린, 적린, 유황, 그 밖에 지정수량이 100kg인 위험물 ❸ 제3류 위험물 중 알칼리금속(칼륨, 나트륨 제외) 및 알칼리토금속, 유기금속화합물(알킬알루미늄 및 알킬리튬은 제외), 그 밖에 지정수량이 50kg인 위험물 ❹ 제4류 위험물 중 제1석유류, 알코올류 ❺ 제5류 위험물 중 위험등급 I 위험물 외의 것
위험등급 III	위험등급 I, II 이외의 위험물

4-15 탱크의 내용적 및 공간용적

1. 탱크용적의 산출기준

탱크의 용량탱크의 내용적에서 공간용적을 뺀 용적

탱크의 용적=탱크의 내용적-탱크의 공간용적

2. 탱크의 공간용적

탱크용적의 $\frac{5}{100}$ 이상 $\frac{10}{100}$ 이하의 용적

다만, 소화설비(소화약제 방출구를 탱크안의 윗부분에 설치하는 것)를 설치하는 탱크의 공간용적은 당해 소화설비의 소화약제방출구 아래의 0.3m 이상 1m 미만 사이의 면으로부터 윗부분의 용적으로 한다.

- **특정옥외탱크저장소**
  액체위험물의 최대수량이 100만L 이상
- **준특정 옥외탱크저장소**
  액체위험물의 최대수량이 50만L 이상

3. 암반탱크의 공간용적

탱크내에 용출하는 7일간의 지하수의 양에 상당하는 용적과 당해 탱크의 내용적의 1/100 의 용적 중에서 보다 큰 용적

4. 탱크의 내용적 계산방법

(1) **타원형 탱크의 내용적**

① 양쪽이 볼록한 것

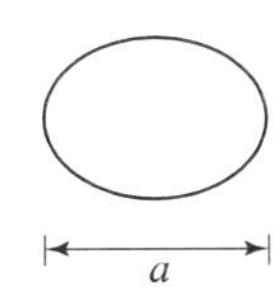

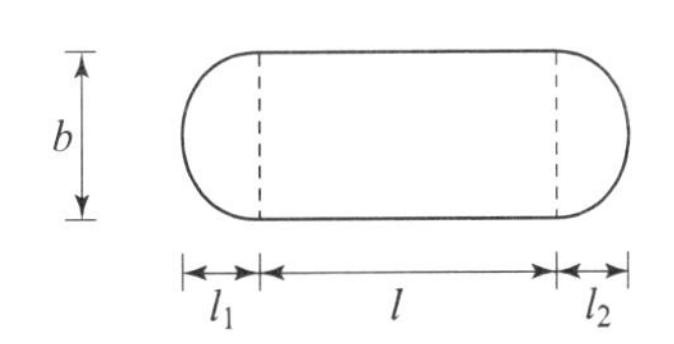

$$내용적=\frac{\pi ab}{4}\left(l+\frac{l_1+l_2}{3}\right)$$

② 한쪽은 볼록하고 다른 한쪽은 오목한 것

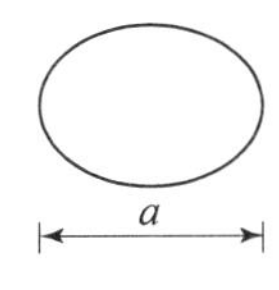

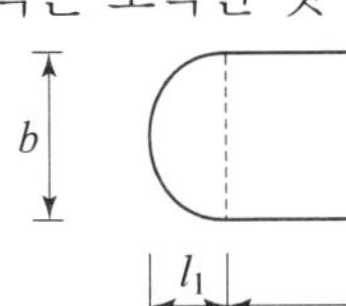

$$내용적=\frac{\pi ab}{4}\left(l+\frac{l_1-l_2}{3}\right)$$

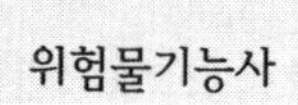

Pass Point

기타탱크의 내용적
통상의 수학적 계산방법에 의할 것

(2) 원통형 탱크의 내용적

① 횡으로 설치한 것

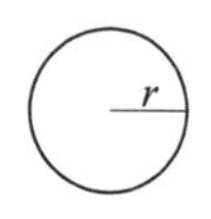

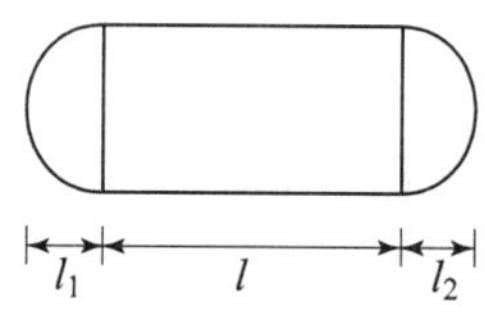

$$\text{내용적} = \pi r^2\left(l + \frac{l_1 + l_2}{3}\right)$$

② 종으로 설치한 것

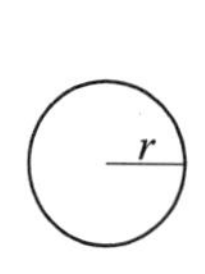

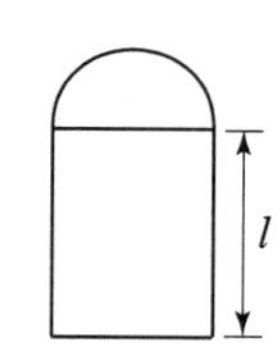

$$\text{내용적} = \pi r^2 l$$

제 5 장 위험물 안전관리 법령

1. 용어의 정의 ★★

(1) **위험물** : 인화성 또는 발화성 등의 성질을 가지는 것으로 **대통령령**이 정하는 물품

(2) **제조소등** : 제조소 · 저장소 및 취급소

2. 적용제외

(1) 항공기

(2) 선박

(3) 철도 및 궤도에 의한 위험물의 저장 · 취급 및 운반

3. 위험물의 저장 및 취급의 제한 ★★

★ 제조소등이 아닌 장소에서 위험물을 취급할 수 있는 경우 ★

(1) 관할소방서장의 승인을 받아 지정수량 이상의 위험물을 90일 이내의 기간 동안 임시로 저장 또는 취급하는 경우

(2) 군부대가 위험물을 군사목적으로 임시로 저장 또는 취급하는 경우

4. 위험물안전관리자 ★★

(1) **위험물 안전관리자 선임의무자** : 관계인

(2) **위험물 안전관리자 선임 및 선임 신고기간**

① 선임 기간 : 해임, 퇴직한 날로 부터 30일 이내

② 선임신고 기간 : 선임, 해임, 퇴직 한 날로부터 14일 이내

③ 선임신고 기관 : 소방본부장, 소방서장

(3) **안전관리자 직무대행 최대기간** : 30일

Pass Point

✪ 지정수량
- 대통령령이 정하는 수량
- 제조소 등의 설치허가시 최저의 기준이 되는 수량

✪ 지정수량미만 저장, 취급
- 시 · 도의 조례로 정한다.

✪ 변경신고 대상
- 품명
- 수량
- 지정수량의 배수변경

✪ 변경신고 기간
- 7일전까지
- 시 · 도지사에게 신고

Pass Point

지위승계 신고
- 30일 이내
- 시 · 도지사에게 신고

용도폐지 신고
- 14일 이내
- 시 · 도지사에게 신고

과징금처분
- 사용정지 처분에 갈음하여 2억원 이하의 과징금 부과

정기점검 대상
- 제조소 등
- 지하탱크저장소
- 이동탱크저장소
- 지하매설탱크가 있는 제조소, 주유취급소 또는 일반취급소

5. 예방규정을 정하여야 하는 제조소등

(1) 지정수량의 10배 이상의 위험물을 취급하는 **제조소**
(2) 지정수량의 100배 이상의 위험물을 저장하는 **옥외저장소**
(3) 지정수량의 150배 이상의 위험물을 저장하는 **옥내저장소**
(4) 지정수량의 200배 이상의 위험물을 저장하는 **옥외탱크저장소**
(5) 암반탱크저장소
(6) 이송취급소
(7) 지정수량의 10배 이상의 위험물을 취급하는 일반취급소

6. 자체소방대를 설치 대상 사업소

(1) 지정수량의 3천배 이상의 제4류 위험물을 취급하는 제조소 또는 일반취급소(단, 보일러로 위험물을 소비하는 일반취급소 등 일반취급소를 제외)
(2) 지정수량의 50만배 이상의 제4류 위험물을 저장하는 옥외탱크저장소

7. 운송책임자의 감독 · 지원 대상 위험물

(1) 알킬알루미늄
(2) 알킬리튬
(3) 알킬알루미늄, 알킬리튬의 물질을 함유하는 위험물

8. 위험물의 안전실무교육 실시자

한국소방안전원장

9. 소방시설 등의 자체점검

점검구분	대 상	점검자의 자격	점검 회수
작동기능 점검	특정소방대상물 (위험물제조소 등 제외)	• 관계인 • 소방안전관리자 • 소방시설관리업자	연1회 이상
종합정밀 점검	❶ 스프링클러설비 또는 물분무 등이 설치된 5000m^2 이상(위험물제조소 등 제외) ❷ 아파트인 경우 연면적 5000m^2 이상이고 층수가 11층 이상인 것	• 소방시설관리업자 • 소방안전관리자로 선임된 소방시설관리사, 소방기술사	연1회 이상

(1) 점검결과 보관 : 2년간
(2) 점검결과서 제출 : 소방본부장 또는 소방서장
(3) 점검 결과 제출기간 : 점검 후 7일 이내

10. 특정옥외탱크저장소

액체위험물의 최대수량이 100만L 이상

✪ **준특정 옥외탱크저장소**
액체위험물의 최대수량이 50만L 이상 100만L 미만

11. 소방시설의 종류 ★★★(필수암기)★★★

소방시설	종 류	
소화설비	❶ 소화기구 ❸ 옥내소화전설비 ❺ 스프링클러설비 등	❷ 자동소화장치 ❹ 옥외소화전설비 ❻ 물분무등소화설비
경보설비	❶ 비상경보설비 ❸ 비상방송설비 ❺ 화재알람설비 ❼ 시각경보기 ❾ 가스누설경보기	❷ 단독경보형감지기 ❹ 누전경보기 ❻ 자동화재탐지설비 ❽ 자동화재속보설비 ❿ 통합감시시설
피난설비	❶ 피난기구(피난사다리, 구조대, 완강기) ❷ 인명구조기구(방열복, 방화복, 공기호흡기, 인공소생기) ❸ 유도등(피난유도선, 피난구유도등, 통로유도등, 객석유도등, 유도표지) ❹ 비상조명등 및 휴대용 비상조명등	
소화용수설비	❶ 상수도소화용수설비 ❷ 소화수조 · 저수조 그 밖의 소화용수설비	
소화활동설비	❶ 제연설비 ❸ 연결살수설비 ❺ 무선통신보조설비	❷ 연결송수관설비 ❹ 비상콘센트설비 ❻ 연소방지설비

2015

2015년 1월 25일 시행

2015년 4월 4일 시행

2015년 7월 19일 시행

2015년 10월 10일 시행

위험물기능사

2015년 1월 25일 시행

01 제3종 분말 소화약제의 열분해 반응식을 옳게 나타낸 것은?

① $NH_4H_2PO_4 \rightarrow HPO_3 + NH_3 + H_2O$
② $2KNO_3 \rightarrow 2KNO_2 + O_2$
③ $KClO_4 \rightarrow KCl + 2O_2$
④ $2CaHCO_3 \rightarrow 2CaO + H_2CO_3$

해설 **분말약제의 열분해**

종별	약제명	착색	적응화재	열분해 반응식
제1종	탄산수소나트륨 중탄산나트륨 중조	백색	B,C	270℃ $2NaHCO_3 \rightarrow Na_2CO_3 + CO_2 + H_2O$ 850℃ $2NaHCO_3 \rightarrow Na_2O + 2CO_2 + H_2O$
제2종	탄산수소칼륨 중탄산칼륨	담회색	B,C	190℃ $2KHCO_3 \rightarrow K_2CO_3 + CO_2 + H_2O$ 590℃ $2KHCO_3 \rightarrow K_2O + 2CO_2 + H_2O$
제3종	**제1인산암모늄**	**담홍색**	**A,B,C**	$NH_4H_2PO_4 \rightarrow HPO_3 + NH_3 + H_2O$
제4종	중탄산칼륨+요소	회(백)색	B,C	$2KHCO_3 + (NH_2)_2CO \rightarrow K_2CO_3 + 2NH_3 + 2CO_2$

해답 ①

02 위험물안전관리법령상 제2류 위험물 중 지정수량이 500kg인 물질에 의한 화재는?

① A급 화재 ② B급 화재
③ C급 화재 ④ D급 화재

해설 **제2류 위험물의 지정수량**

성 질	품 명	지정수량	위험등급
가연성 고체	황화린, 적린, 유황	100kg	Ⅱ
	철분, 금속분, 마그네슘	500kg	Ⅲ
	인화성 고체	1,000kg	

※ 철분, 금속분, 마그네슘 + 물 → 수소기체 발생

해답 ④

03 위험물제조소등의 용도폐지신고에 대한 설명으로 옳지 않은 것은?

① 용도폐지 후 30일 이내에 신고하여야 한다.
② 완공검사합격확인증을 첨부한 용도폐지신고서를 제출하는 방법으로 신고한다.
③ 전자문서로 된 용도폐지신고서를 제출하는 경우에도 완공검사합격확인증을 제출하여야 한다.
④ 신고의무의 주체는 해당 제조소등의 관계인이다.

해설 (1) **제조소등의 폐지**
제조소등의 관계인(소유자 · 점유자 또는 관리자)은 당해 제조소등의 용도를 폐지한 때에는 행정안전부령이 정하는 바에 따라 제조소등의 용도를 폐지한 날부터 14일 이내에 시 · 도지사에게 신고

(2) **용도폐지의 신고**
제조소등의 용도폐지신고를 하고자 하는 자는 신고서(전자문서로 된 신고서를 포함)에 제조소등의 완공검사합격확인증을 첨부하여 시 · 도지사 또는 소방서장에게 제출

해답 ①

04 할로겐 화합물의 소화약제 중 할론 2402의 화학식은?

① $C_2Br_4F_2$ ② $C_2Cl_4F_2$
③ $C_2Cl_4Br_2$ ④ $C_2F_4Br_2$

해설 **할로겐화합물 소화약제**

구분 \ 종류	할론 2402	할론 1211	할론 1301	할론 1011
분자식	$C_2F_4Br_2$	CF_2ClBr	CF_3Br	CH_2ClBr

해답 ④

05 위험물제조소등에 설치하여야 하는 자동화재탐지설비의 설치기준에 대한 설명 중 틀린 것은?

① 자동화재탐지설비의 경계구역은 건축물 그 밖의 공작물의 2 이상의 층에 걸치도록 할 것
② 하나의 경계구역에서 그 한 변의 길이는 50m(광전식분리형 감지기를 설치할 경우에는 100m) 이하로 할 것
③ 자동화재탐지설비의 감지기는 지붕 또는 벽의 옥내에 면한 부분에 유효하게 화재의 발생을 감지할 수 있도록 설치할 것
④ 자동화재탐지설비에는 비상전원을 설치할 것

해설 자동화재탐지설비의 설치기준

① 자동화재탐지설비의 경계구역은 건축물 그 밖의 공작물의 2 이상의 층에 걸치지 아니하도록 할 것. 다만, 하나의 경계구역의 면적이 $500m^2$ 이하이면서 당해 경계구역이 두개의 층에 걸치는 경우이거나 계단 · 경사로 · 승강기의 승강로 그 밖에 이와 유사한 장소에 연기감지기를 설치하는 경우에는 그러하지 아니하다.
② 하나의 경계구역의 면적은 $600m^2$ 이하로 하고 그 한변의 길이는 50m(광전식분리형 감지기를 설치할 경우에는 100m)이하로 할 것. 다만, 당해 건축물 그 밖의 공작물의 주요한 출입구에서 그 내부의 전체를 볼 수 있는 경우에 있어서는 그 면적을 $1,000m^2$ 이하로 할 수 있다.
③ 자동화재탐지설비의 감지기는 지붕(상층이 있는 경우에는 상층의 바닥) 또는 벽의 옥내에 면한 부분(천장이 있는 경우에는 천장 또는 벽의 옥내에 면한 부분 및 천장의 뒷 부분)에 유효하게 화재의 발생을 감지할 수 있도록 설치할 것
④ 자동화재탐지설비에는 비상전원을 설치할 것

해답 ①

06 다음 중 수소, 아세틸렌과 같은 가연성 가스가 공기 중 누출되어 연소하는 형식에 가장 가까운 것은?

① 확산 연소　② 증발 연소
③ 분해 연소　④ 표면 연소

해설 연소의 형태

① 표면연소 : 숯, 코크스, 목탄, 금속분
② 증발 연소 : 파라핀(양초), 황, 나프탈렌, 왁스, 휘발유, 등유, 경유, 아세톤 등 제4류 위험물
③ 분해연소 : 석탄, 목재, 플라스틱, 종이, 합성수지
④ 자기연소(내부연소) : 니트로셀룰로오스, 셀룰로이드, 니트로글리세린 등 제5류 위험물
⑤ 확산연소 : 아세틸렌, LPG, LNG 등 가연성 기체
⑥ 불꽃연소＋표면연소 : 목재, 종이, 셀룰로오스, 열경화성수지

해답 ①

07 알코올류 20000L에 대한 소화설비 설치 시 소요단위는?

① 5　② 10
③ 15　④ 20

해설 제4류 위험물 및 지정수량

위험물				지정수량 (L)
유별	성질	품명		
제4류	인화성 액체	1. 특수인화물		50
		2. 제1석유류	비수용성 액체	200
			수용성 액체	400
		3. 알코올류		**400**
		4. 제2석유류	비수용성 액체	1,000
			수용성 액체	2,000
		5. 제3석유류	비수용성 액체	2,000
			수용성 액체	4,000
		6. 제4석유류		6,000
		7. 동식물유류		10,000

① 알코올류 : 400L
② 지정수량의 배수$=\dfrac{\text{저장수량}}{\text{지정수량}}=\dfrac{20000}{400}=50$배
∴ 소요단위$=\dfrac{\text{지정수량의 배수}}{10}=\dfrac{50}{10}=5$단위

해답 ①

08 위험물안전관리법령상 분말소화설비의 기준에서 규정한 전역방출방식 또는 국소방출방식 분말소화설비의 가압용 또는 축압용가스에 해

당하는 것은?

① 네온가스 ② 아르곤가스
③ 수소가스 ④ 이산화탄소가스

해설 **가압용 또는 축압용 가스**

구분	질소가스 사용 시	이산화탄소 사용 시
가압용 가스	40L(질소)/1kg(약제) 이상 (35℃, 1기압 기준)	20g(CO_2)/1kg(약제) +배관청소에 필요한 양
축압용 가스	10L(질소)/1kg(약제) 이상 (35℃, 1기압 기준)	20g(CO_2)/1kg(약제) +배관청소에 필요한 양

해답 ④

09 과산화칼륨의 저장창고에서 화재가 발생하였다. 다음 중 가장 적합한 소화약제는?

① 물 ② 이산화탄소
③ 마른모래 ④ 염산

해설 **과산화칼륨**(K_2O_2) **: 제1류 위험물 중 무기과산화물(금수성 물질)**

① 무색 또는 오렌지색 분말상태
② 상온에서 물과 격렬히 반응하여 산소(O_2)를 방출하고 폭발하기도 한다.
$2K_2O_2 + 2H_2O \rightarrow 4KOH$(수산화칼륨) $+ O_2\uparrow$
③ 공기 중 이산화탄소(CO_2)와 반응하여 산소(O_2)를 방출한다.
$2K_2O_2 + 2CO_2 \rightarrow 2K_2CO_3$(탄산칼륨) $+ O_2\uparrow$
④ 산과 반응하여 과산화수소(H_2O_2)를 생성시킨다.
$K_2O_2 + 2CH_3COOH \rightarrow 2CH_3COOK + H_2O_2\uparrow$
(초산칼륨) (과산화수소)
⑤ 열분해시 산소(O_2)를 방출한다.
$2K_2O_2 \rightarrow 2K_2O$(산화칼륨) $+ O_2\uparrow$
⑥ 주수소화는 금물이고 마른모래(건조사) 등으로 소화한다.

해답 ③

10 위험물안전관리법령에 의해 옥외저장소에 저장을 허가받을 수 없는 위험물은?

① 제2류 위험물 중 유황(금속제드럼에 수납)
② 제4류 위험물 중 가솔린(금속제드럼에 수납)
③ 제6류 위험물
④ 국제해상위험물규칙(IMDG Code)에 적합한 용기에 수납된 위험물

해설 ※ 가솔린의 인화점 : −20℃

옥외저장소에 저장이 가능한 경우

① 제2류 위험물중 유황 또는 인화성고체(인화점이 섭씨 0도 이상인 것에 한한다)
② 제4류 위험물중 제1석유류(인화점이 섭씨 0도 이상인 것) · 알코올류 · 제2석유류 · 제3석유류 · 제4석유류 및 동식물유류
③ 제6류 위험물
④ 제2류 위험물 및 제4류 위험물중 특별시 · 광역시 또는 도의 조례에서 정하는 위험물
⑤ 「국제해사기구에 관한 협약」에 의하여 설치된 국제해사기구가 채택한 「국제해상위험물규칙」(IMDG Code)에 적합한 용기에 수납된 위험물

해답 ②

11 플래시오버에 대한 설명으로 틀린 것은?

① 국소화재에서 실내의 가연물들이 연소하는 대화재로의 전이
② 환기지배형 화재에서 연료지배형 화재로의 전이
③ 실내의 천정 쪽에 축적된 미연소 가연성 증기나 가스를 통한 화염의 급격한 전파
④ 내화건축물의 실내화재 온도 상황으로 보아 성장기에서 최성기로의 진입

해설 **플래쉬 오버**(flash over)

① 국소화재에서 대화재로의 전이
② 연료지배형화재에서 환기지배형화재로 전이
③ 화염의 급격한 전파
④ 성장기에서 최성기로의 진입
⑤ 폭발적인 착화현상 및 급격한 화염의 확대현상

- 플래쉬 오버 발생시기 : 성장기
- 주요 발생원인 : 열의 공급

해답 ②

12 위험물안전관리법령상 제3류 위험물 중 금수성물질의 화재에 적응성이 있는 소화설비는?

① 탄산수소염류의 분말소화설비
② 불활성가스소화설비
③ 할로겐화합물소화설비
④ 인산염류의 분말소화설비

해설 **금수성 위험물질에 적응성이 있는 소화기**
① 탄산수소염류의 분말
② 마른 모래
③ 팽창질석 또는 팽창진주암

해답 ①

13 제1종, 제2종, 제3종 분말소화약제의 주성분에 해당하지 않는 것은?

① 탄산수소나트륨 ② 황산마그네슘
③ 탄산수소칼륨 ④ 인산암모늄

해설 **분말약제의 주성분 및 착색** ★★★★(필수암기)

종별	주성분	약제명	착색	적응화재
제1종	$NaHCO_3$	탄산수소나트륨 중탄산나트륨 중조	백색	B,C급
제2종	$KHCO_3$	탄산수소칼륨 중탄산칼륨	담회색	B,C급
제3종	$NH_4H_2PO_4$	제1인산암모늄	담홍색 (핑크색)	A,B,C급
제4종	$KHCO_3$ $+(NH_2)_2CO$	중탄산칼륨 +요소	회색 (쥐색)	B,C급

해답 ②

14 가연성액화가스의 탱크 주위에서 화재가 발생한 경우에 탱크의 가열로 인하여 그 부분의 강도가 약해져 탱크가 파열됨으로 내부의 가열된 액화가스가 급속히 팽창하면서 폭발하는 현상은?

① 블레비(BLEVE) 현상
② 보일오버(Boil Over) 현상
③ 플래시백(Flash Back) 현상
④ 백드래프트(Back Draft) 현상

해설 **유류저장탱크의 화재 발생 현상**
① 보일오버
② 슬롭오버
③ 프로스오버

★★★ 요 점 정 리 (필수 암기) ★★★
① **보일오버** : 탱크 바닥의 물이 비등하여 유류가 연소하면서 분출
② **슬롭오버** : 물이 연소유 표면으로 들어갈 때 유류가 연소하면서 분출
③ **프로스오버** : 탱크 바닥의 물이 비등하여 유류가 연소하지 않고 분출
④ **블레비** : 액화가스 저장탱크 폭발현상

해답 ①

15 소화효과에 대한 설명으로 틀린 것은?

① 기화잠열이 큰 소화약제를 사용할 경우 냉각소화 효과를 기대할 수 있다.
② 이산화탄소에 의한 소화는 주로 질식소화로 화재를 진압한다.
③ 할로겐화합물 소화약제는 주로 냉각소화를 한다.
④ 분말소화약제는 질식효과와 부촉매효과 등으로 화재를 진압한다.

해설 **소화원리**
① **냉각소화** : 가연성 물질을 발화점 이하로 온도를 냉각

물이 소화약제로 사용되는 이유
- 물의 기화열(539kcal/kg)이 크기 때문
- 물의 비열(1kcal/kg℃)이 크기 때문

② **질식소화** : 산소농도를 21%에서 15% 이하로 감소

질식소화 시 산소의 유지농도 : 10~15%

③ **억제소화(부촉매소화, 화학적 소화)** : 연쇄반응을 억제

- 부촉매 : 화학적 반응의 속도를 느리게 하는 것
- 부촉매 효과 : 할로겐화합물 소화약제
(할로겐족원소 : 불소(F), 염소(Cl), 브롬(Br), 요오드(I))

④ **제거소화** : 가연성물질을 제거시켜 소화

- 산불이 발생하면 화재의 진행방향을 앞질러 벌목
- 화학반응기의 화재 시 원료공급관의 밸브를 폐쇄
- 유전화재 시 폭약으로 폭풍을 일으켜 화염을 제거
- 촛불을 입김으로 불어 화염을 제거

⑤ **피복소화** : 가연물 주위를 공기와 차단
⑥ **희석소화** : 수용성인 인화성액체 화재 시 물을 방사하여 가연물의 연소농도를 희석

해답 ③

16 건조사와 같은 불연성 고체로 가연물을 덮는 것은 어떤 소화에 해당하는가?

① 제거소화 ② 질식소화
③ 냉각소화 ④ 억제소화

해설 **질식소화** : 산소농도를 21%에서 15% 이하로 감소

질식소화 시 산소의 유지농도 : 10~15%

① 이산화탄소소화약제
② 분말소화약제
③ 마른모래(건조사)

해답 ②

17 금속칼륨과 금속나트륨은 어떻게 보관하여야 하는가?

① 공기 중에 노출하여 보관
② 물속에 넣어서 밀봉하여 보관
③ 석유 속에 넣어서 밀봉하여 보관
④ 그늘지고 통풍이 잘되는 곳에 산소 분위기에서 보관

해설 **금속칼륨 및 금속나트륨 : 제3류 위험물(금수성)**

① 물과 반응하여 수소기체 발생

$2Na + 2H_2O \rightarrow 2NaOH + H_2 \uparrow$ (수소발생)
$2K + 2H_2O \rightarrow 2KOH + H_2 \uparrow$ (수소발생)

② 파라핀, 경유, 등유 속에 저장

★★자주출제(필수정리)★★

㉠ 칼륨(K), 나트륨(Na)은 파라핀, 경유, 등유 속에 저장
㉡ 황린(3류) 및 이황화탄소(4류)는 물속에 저장

해답 ③

18 위험물제조소등에 설치하는 고정식의 포소화설비의 기준에서 포헤드방식의 포헤드는 방호대상물의 표면적 몇 m^2 당 1개 이상의 헤드를 설치하여야 하는가?

① 5 ② 9
③ 15 ④ 30

해설 **(1) 포헤드방식의 포헤드 설치기준**

① 방호대상물의 표면적 $9m^2$당 1개 이상의 헤드를 설치할 것
② 방호대상물의 표면적 $1m^2$당의 방사량은 6.5L/min 이상

(2) 포워터스프링클러헤드와 포헤드 설치기준

포워터스프링클러헤드	포헤드
바닥면적 $8m^2$마다 1개 이상 설치	바닥면적 $9m^2$마다 1개 이상 설치

해답 ②

19 위험물안전관리법령에 따른 스프링클러헤드의 설치방법에 대한 설명으로 옳지 않은 것은?

① 개방형헤드는 반사판으로부터 하방으로 0.45m, 수평방향으로 0.3m 공간을 보유할 것
② 폐쇄형헤드는 가연성물질 수납부분에 설치 시 반사판으로부터 하방으로 0.9m, 수평방향으로 0.4m의 공간을 확보할 것
③ 폐쇄형헤드 중 개구부에 설치하는 것은 당해 개구부의 상단으로부터 높이 0.15m 이내의 벽면에 설치할 것
④ 폐쇄형헤드설치 시 급배기용 덕트의 긴변의 길이가 1.2m를 초과하는 것이 있는 경우에는 당해 덕트의 윗부분에도 헤드를 설치할 것

해설 **스프링클러헤드의 설치기준**

(1) 개방형스프링클러헤드

반사판으로부터 하방으로 0.45m, 수평방향으로 0.3m의 공간을 보유할 것

(2) 폐쇄형스프링클러헤드

① 헤드의 반사판과 당해 헤드의 부착면과의 거리는 0.3m 이하일 것
② 헤드는 당해 헤드의 부착면으로부터 0.4m 이상 돌출한 보 등에 의하여 구획된 부분마다 설치할 것
③ 급배기용 덕트 등의 긴변의 길이가 1.2m를 초과하는 것이 있는 경우에는 당해 덕트 등의 아래면에도 스프링클러헤드를 설치할 것
④ 가연성 물질을 수납하는 부분에 스프링클러헤드를 설치하는 경우에는 당해 헤드의 반사판으로부터 하방으로 0.9m, 수평방향으로 0.4m의 공간을 보유할 것
⑤ 개구부에 설치하는 스프링클러헤드는 당해

개구부의 상단으로부터 높이 0.15m 이내의 벽면에 설치할 것

해답 ④

20 Mg, Na의 화재에 이산화탄소 소화기를 사용하였다. 화재현장에서 발생되는 현상은?

① 이산화탄소가 부착면을 만들어 질식소화 된다.
② 이산화탄소가 방출되어 냉각소화 된다.
③ 이산화탄소가 Mg, Na과 반응하여 화재가 확대 된다.
④ 부촉매효과에 의해 소화 된다.

해설 **마그네슘(Mg) : 제2류 위험물(금수성)**

① 물과 반응하여 수소기체 발생

$Mg + 2H_2O \rightarrow Mg(OH)_2 + H_2\uparrow$
(수산화마그네슘)(수소)

② 마그네슘과 CO_2의 반응식

$2Mg + CO_2 \rightarrow 2MgO + C$
$Mg + CO_2 \rightarrow MgO + CO$

(**마그네슘과 이산화탄소는 폭발적으로 반응**하기 때문에 위험)

해답 ③

21 위험물안전관리법령의 제3류 위험물 중 금수성물질에 해당하는 것은?

① 황린 ② 적린
③ 마그네슘 ④ 칼륨

해설 **제3류 위험물 및 지정수량**

성 질	품 명	지정수량	위험등급
자연발화성 및 금수성 물질	1. 칼륨 2. 나트륨 3. 알킬알루미늄 4. 알킬리튬	10kg	I
	5. 황린	20kg	I
	6. 알칼리금속(칼륨 및 나트륨 제외) 및 알칼리토금속 7. 유기금속화합물(알킬알루미늄 및 알킬리튬 제외)	50kg	II
	8. 금속의 수소화물 9. 금속의 인화물 10. 칼슘 또는 알루미늄의 탄화물	300kg	II

해답 ④

22 다음 중 위험성이 더욱 증가하는 경우는?

① 황린을 수산화칼슘 수용액에 넣었다.
② 나트륨을 등유 속에 넣었다.
③ 트리에틸알루미늄 보관용기 내에 가스를 봉입시켰다.
④ 니트로셀룰로오스를 알코올 수용액에 넣었다.

해설 ※ 황린을 수산화칼륨(KOH)수용액(강알칼리용액)에 넣으면 포스핀(PH_3)이 발생한다.

황린(P_4)[별명 : 백린] : 제3류 위험물(자연발화성물질)

① 백색 또는 담황색의 고체이다.
② 공기 중 약 40~50℃에서 자연 발화한다.
③ 저장 시 자연 발화성이므로 반드시 물속에 저장한다.
④ 인화수소(PH_3)의 생성을 방지하기 위하여 물의 pH=9(약알칼리)가 안전한계이다.
⑤ 연소 시 오산화인(P_2O_5)의 흰 연기가 발생한다.

$P_4 + 5O_2 \rightarrow 2P_2O_5$(오산화인)

⑥ 강알칼리의 용액에서는 유독기체인 포스핀(PH_3) 발생한다. 따라서 저장 시 물의 pH(수소이온농도)는 9를 넘어서는 안된다.

$P_4 + 3NaOH + 3H_2O \rightarrow 3NaH_2PO_2 + PH_3\uparrow$
(인화수소=포스핀)

⑦ 약 250℃로 가열(공기차단)시 적린이 된다.
⑧ 피부 접촉 시 화상을 입는다.

해답 ①

23 적린의 성질에 대한 설명 중 옳지 않은 것은?

① 황린과 성분원소가 같다.
② 발화온도는 황린보다 낮다.
③ 물, 이황화탄소에 녹지 않는다.
④ 브롬화인에 녹는다.

해설 **적린과 황린의 비교**

적린	황린
이황화탄소에 녹지 않는다.	이황화탄소에 녹는다.
독성이 없다.	독성이 강하다.
자연발화점 : 260℃	자연발화점 : 40~50℃
연소시 오산화인(P_2O_5)생성	연소시 오산화인(P_2O_5)생성

해답 ②

24 과산화칼륨과 과산화마그네슘이 염산과 각각 반응했을 때 공통으로 나오는 물질의 지정수량은?

① 50L ② 100kg
③ 300kg ④ 1000L

해설 ① 과산화칼륨과 염산의 반응식
$K_2O_2 + 2HCl \rightarrow 2KCl + H_2O_2$
② 과산화마그네슘과 염산의 반응식
$MgO_2 + 2HCl \rightarrow MgCl_2 + H_2O_2$
③ 과산화칼륨과 과산화마그네슘이 염산과 반응하면 공통적으로 과산화수소가 생성된다.

제6류 위험물(산화성 액체)

성질	품 명	판단기준	지정수량	위험등급
산화성액체	• 과염소산($HClO_4$)		300kg	I
	• 과산화수소(H_2O_2)	농도 36중량% 이상		
	• 질산(HNO_3)	비중 1.49 이상		
	• 할로겐간화합물 ① 삼불화브롬(BrF_3) ② 오불화브롬(BrF_5) ③ 오불화요오드(IF_5)			

해답 ③

25 트리메틸알루미늄이 물과 반응 시 생성되는 물질은?

① 산화알루미늄 ② 메탄
③ 메틸알코올 ④ 에탄

해설 **알킬알루미늄**[$(C_nH_{2n+1}) \cdot Al$] **: 제3류 위험물(금수성 물질)**
① 알킬기(C_nH_{2n+1})에 알루미늄(Al)이 결합된 화합물이다.
② C_1~C_4는 자연발화의 위험성이 있다.
③ 물과 접촉 시 가연성 가스 발생하므로 주수소화는 절대 금지한다.
④ 트리메틸알루미늄(TMA : Tri Methyl Aluminium)
$(CH_3)_3Al + 3H_2O \rightarrow Al(OH)_3 + 3CH_4\uparrow$ (메탄)
⑤ 트리에틸알루미늄(TEA : Tri Eethyl Aluminium)
$(C_2H_5)_3Al + 3H_2O \rightarrow Al(OH)_3 + 3C_2H_6\uparrow$ (에탄)
⑥ 저장용기에 불활성기체(N_2)를 봉입한다.
⑦ 피부접촉 시 화상을 입히고 연소 시 흰 연기가 발생한다.
⑧ 소화 시 주수소화는 절대 금하고 팽창질석, 팽창진주암 등으로 피복소화한다.

해답 ②

26 소화설비의 기준에서 용량 160L 팽창질석의 능력 단위는?

① 0.5 ② 1.0
③ 1.5 ④ 2.5

해설 **간이 소화용구의 능력단위**

소화설비	용량	능력단위
마른 모래(삽 1개 포함)	50L	0.5
팽창질석 또는 팽창진주암(삽 1개 포함)	80L	0.5

해답 ②

27 위험물안전관리법령상 위험물 운반 시 차광성이 있는 피복으로 덮지 않아도 되는 것은?

① 제1류 위험물
② 제2류 위험물
③ 제3류 위험물 중 자연발화성물질
④ 제4류 위험물

해설 **적재위험물의 성질에 따른 조치**
(1) **차광성이 있는 피복으로 가려야하는 위험물**
① 제1류 위험물
② 제3류위험물 중 자연발화성물질
③ 제4류 위험물 중 특수인화물
④ 제5류 위험물
⑤ 제6류 위험물
(2) **방수성이 있는 피복으로 덮어야 하는 것**
① 제1류 위험물 중 알칼리금속의 과산화물
② 제2류 위험물 중 철분 · 금속분 · 마그네슘 또는 이들 중 어느 하나 이상을 함유한 것
③ 제3류 위험물 중 금수성 물질

해답 ②

28 이동탱크저장소에 의한 위험물의 운송 시 준수하여야 하는 기준에서 다음 중 어떤 위험물을 운송할 때 위험물운송자는 위험물안전카드를

휴대하여야 하는가?

① 특수인화물 및 제1석유류
② 알코올류 및 제2석유류
③ 제3석유류 및 동식물유류
④ 제4석유류

해설 **이동탱크저장소에 의한 위험물의 운송시에 준수하여야 하는 기준**

(1) 위험물운송자는 운송의 개시전에 이동저장탱크의 배출밸브 등의 밸브와 폐쇄장치, 맨홀 및 주입구의 뚜껑, 소화기 등의 점검을 충분히 실시할 것
(2) 위험물운송자는 장거리(고속국도에 있어서는 340km 이상, 그 밖의 도로에 있어서는 200km 이상)에 걸치는 운송을 하는 때에는 2명 이상의 운전자로 할 것. 다만, 다음의 1에 해당하는 경우에는 그러하지 아니하다.
  ① 운송책임자를 동승시킨 경우
  ② 운송하는 위험물이 제2류 위험물 · 제3류 위험물(칼슘 또는 알루미늄의 탄화물과 이것만을 함유한 것에 한한다)또는 제4류 위험물(특수인화물을 제외한다)인 경우
  ③ 운송도중에 2시간 이내마다 20분 이상씩 휴식하는 경우
(3) 위험물(제4류 위험물에 있어서는 특수인화물 및 제1석유류에 한한다)을 운송하게 하는 자는 위험물안전카드를 위험물운송자로 하여금 휴대하게 할 것

해답 ①

29 위험물안전관리법령상 행정안전부령으로 정하는 제1류 위험물에 해당하지 않는 것은?

① 과요오드산
② 질산구아니딘
③ 차아염소산염류
④ 염소화이소시아눌산

해설 **질산구아니딘 : 제5류 위험물**
: 질산(HNO_3)과 구아니딘[$(C(NH)(NH_2)_2$]의 화합물

제3조(위험물 품명의 지정)

(1) 제1류의 "행정안전부령으로 정하는 것"
  ① 과요오드산염류
  ② 과요오드산
  ③ 크롬, 납 또는 요오드의 산화물
  ④ 아질산염류
  ⑤ 차아염소산염류
  ⑥ 염소화이소시아눌산
  ⑦ 퍼옥소이황산염류
  ⑧ 퍼옥소붕산염류
(2) 제3류의 "행정안전부령으로 정하는 것"
  염소화규소화합물
(3) 제5류의 "행정안전부령으로 정하는 것"
  ① 금속의 아지화합물
  ② 질산구아니딘
(4) 제6류의 "행정안전부령으로 정하는 것"
  할로겐간화합물

해답 ②

30 흑색화약의 원료로 사용되는 위험물의 유별을 옳게 나타낸 것은?

① 제1류, 제2류 ② 제1류, 제4류
③ 제2류, 제4류 ④ 제4류, 제5류

해설 **질산칼륨**(KNO_3) : **제1류 위험물(산화성고체)**

① 질산칼륨(제1류)에 숯가루, 유황가루(제2류)를 혼합하여 흑색화약제조에 사용한다.
② 열분해하여 산소를 방출한다.

$2KNO_3 \rightarrow 2KNO_2$(아질산칼륨) $+ O_2 \uparrow$

③ 물, 글리세린에는 잘 녹으나 알코올에는 잘 녹지 않는다.
④ 유기물 및 강산과 접촉 시 매우 위험하다.
⑤ 소화는 주수소화방법이 가장 적당하다.

해답 ①

31 다음 물질 중 제1류 위험물이 아닌 것은?

① Na_2O_2 ② $NaClO_3$
③ NH_4ClO_4 ④ $HClO_4$

해설 ① Na_2O_2–과산화나트륨–제1류–무기과산화물
② $NaClO_3$–염소산나트륨–제1류–염소산염류
③ NH_4ClO_4–과염소산암모늄–제1류–과염소산염류
④ $HClO_4$–과염소산–제6류

제6류 위험물(산화성 액체)

성질	품 명	판단기준	지정수량	위험등급
산화성액체	• 과염소산($HClO_4$)		300 kg	I
	• 과산화수소(H_2O_2)	농도 36중량% 이상		
	• 질산(HNO_3)	비중 1.49 이상		
	• 할로겐간화합물 ① 삼불화브롬(BrF_3) ② 오불화브롬(BrF_5) ③ 오불화요오드(IF_5)			

해답 ④

32 소화난이도등급 Ⅰ의 옥내저장소에 설치하여야 하는 소화설비에 해당하지 않는 것은?

① 옥외소화전설비 ② 연결살수설비
③ 스프링클러설비 ④ 물분무소화설비

해설 **소화난이도등급 Ⅰ의 제조소등에 설치하여야 하는 소화설비**

제조소 등의 구분		소 화 설 비
제조소 및 일반취급소		옥내소화전설비, 옥외소화전설비, 스프링클러설비 또는 물분무등소화설비(화재발생시 연기가 충만할 우려가 있는 장소에는 스프링클러설비 또는 이동식 외의 물분무등소화설비에 한한다)
옥내저장소	처마높이가 6m 이상인 단층건물 또는 다른 용도의 부분이 있는 건축물에 설치한 옥내저장소	• 스프링클러설비 또는 이동식 외의 물분무등소화설비 • 물분무등소화설비 ① 물분무소화설비 ② 포소화설비 ③ 불활성가스소화설비 ④ 할로겐화합물소화설비 ⑤ 청정소화약제소화설비 ⑥ 분말소화설비
	그 밖의 것	옥외소화전설비, 스프링클러설비, 이동식 외의 물분무등소화설비 또는 이동식 포소화설비(포소화전을 옥외에 설치하는 것에 한한다)

해답 ②

33 적린의 위험성에 관한 설명 중 옳은 것은?

① 공기 중에 방치하면 폭발한다.
② 산소와 반응하여 포스핀가스를 발생한다.
③ 연소 시 적색의 오산화인이 발생한다.
④ 강산화제와 혼합하면 충격 · 마찰에 의해 발화할 수 있다.

해설 **적린(P) : 제2류 위험물(가연성 고체)**

① 황린의 동소체이며 황린보다 안정하다.
② 공기 중에서 자연발화하지 않는다.
(발화점 : 260℃, 승화점 : 460℃)
③ 황린을 공기차단상태에서 260℃로 가열, 냉각 시 적린으로 변한다.
④ 성냥, 불꽃놀이 등에 이용된다.
⑤ 연소 시 흰색의 오산화인(P_2O_5)이 생성된다.

$4P + 5O_2 \rightarrow 2P_2O_5$(오산화인)

⑥ 강산화제와 혼합하면 착화한다.

해답 ④

34 디에틸에테르에 대한 설명으로 옳은 것은?

① 연소하면 아황산가스를 발생하고, 마취제로 사용한다.
② 증기는 공기보다 무거우므로 물속에 보관한다.
③ 에탄올을 진한 황산을 이용해 축합반응 시켜 제조할 수 있다.
④ 제4류 위험물 중 연소범위가 좁은 편에 속한다.

해설 **축합반응**

에탄올에 진한황산 소량을 가하여 130℃로 가열하면 2분자에서 물 1분자가 탈수되어 에테르가 생성된다. 이와 같이 2분자에서 간단한 물분자와 같은 것이 떨어지면서 큰분자가 생기는 반응

$$C_2H_5OH + C_2H_5OH \xrightarrow{C-H_2SO_4} C_2H_5OC_2H_5 + H_2O$$

(에틸알코올) (에틸알코올) (디에틸에테르) (물)

디에틸에테르($C_2H_5OC_2H_5$) : 제4류 위험물 중 특수인화물

① 알코올에는 녹지만 물에는 녹지 않는다.
② 직사광선에 장시간 노출 시 과산화물 생성

과산화물 생성 확인방법
디에틸에테르 + KI용액(10%) → 황색변화(1분 이내)

③ 용기에는 5% 이상 10%이하의 안전공간 확보할 것
④ 용기는 갈색병을 사용하며 냉암소에 보관
⑤ 용기는 밀폐하여 증기의 누출방지
⑥ 연소범위 : 1.9~48%

해답 ③

35 위험물제조소에 설치하는 안전장치 중 위험물의 성질에 따라 안전밸브의 작동이 곤란한 가압설비에 한하여 설치하는 것은?

① 파괴판
② 안전밸브를 병용하는 경보장치
③ 감압측에 안전밸브를 부착한 감압밸브
④ 연성계

해설 **압력계 및 안전장치**
위험물을 가압하는 설비 또는 그 취급하는 위험물의 압력이 상승할 우려가 있는 설비에는 압력계 및 다음 각목의 1에 해당하는 안전장치를 설치하여야 한다.
① 자동적으로 압력의 상승을 정지시키는 장치
② 감압측에 안전밸브를 부착한 감압밸브
③ 안전밸브를 병용하는 경보장치
④ 파괴판(위험물의 성질에 따라 안전밸브의 작동이 곤란한 가압설비에 한한다.)

해답 ①

36 트리니트롤루엔의 성질에 대한 설명 중 옳지 않은 것은?

① 담황색의 결정이다.
② 폭약으로 사용된다.
③ 자연분해의 위험성이 적어 장기간 저장이 가능하다.
④ 조해성과 흡습성이 매우 크다.

해설 **트리니트로톨루엔**[$C_6H_2CH_3(NO_2)_3$] **: 제5류 위험물 중 니트로화합물**
톨루엔($C_6H_5CH_3$)의 수소원자(H)를 니트로기($-NO_2$)로 치환한 것
① 물에는 녹지 않고 알코올, 아세톤, 벤젠에 녹는다.
② Tri Nitro Toluene의 약자로 TNT라고도 한다.
③ 담황색의 주상결정이며 햇빛에 다갈색으로 변색된다.
④ 강력한 폭약이며 급격한 타격에 폭발한다.

$2C_6H_2CH_3(NO_2)_3 \rightarrow 2C + 12CO + 3N_2\uparrow + 5H_2\uparrow$

⑤ 연소 시 연소속도가 너무 빠르므로 소화가 곤란하다.
⑥ 무기 및 다이나마이트, 질산폭약제 제조에 이용된다.
⑦ 다량의 물로 주수소화하는 것이 가장 좋다.

해답 ④

37 과산화나트륨이 물과 반응하면 어떤 물질과 산소를 발생하는가?

① 수산화나트륨 ② 수산화칼륨
③ 질산나트륨 ④ 아염소산나트륨

해설 **과산화나트륨**(Na_2O_2) **: 제1류 위험물 중 무기과산화물(금수성)**
① 상온에서 물과 격렬히 반응하여 산소(O_2)를 방출하고 폭발하기도 한다.

$2Na_2O_2 + 2H_2O \rightarrow 4NaOH + O_2\uparrow$ + 발열
(과산화나트륨) (물) (수산화나트륨) (산소)

② 공기 중 이산화탄소(CO_2)와 반응하여 산소(O_2)를 방출한다.

$2Na_2O_2 + 2CO_2 \rightarrow 2Na_2CO_3 + O_2\uparrow$

③ 산과 반응하여 과산화수소(H_2O_2)를 생성시킨다.

$Na_2O_2 + 2CH_3COOH \rightarrow 2CH_3COONa + H_2O_2\uparrow$

④ 열분해 시 산소(O_2)를 방출한다.

$2Na_2O_2 \rightarrow 2Na_2O + O_2\uparrow$

⑤ 주수소화는 금물이고 마른모래(건조사) 등으로 소화한다.

해답 ①

38 다음 중 물에 녹고 물보다 가벼운 물질로 인화점이 가장 낮은 것은?

① 아세톤 ② 이황화탄소
③ 벤젠 ④ 산화프로필렌

해설 **제4류 위험물의 인화점**

품명	유별	인화점(℃)
① 아세톤	제1석유류	-18
② 이황화탄소	특수인화물	-30
③ 벤젠	제1석유류	-11
④ 산화프로필렌	특수인화물	-37

해답 ④

39 과염소산칼륨과 가연성고체 위험물이 혼합되는 것은 위험하다. 그 주된 이유는 무엇인가?

① 전기가 발생하고 자연 가열되기 때문이다.
② 중합반응을 하여 열이 발생되기 때문이다.
③ 혼합하면 과염소산칼륨이 연소하기 쉬운 액체로 변하기 때문이다.
④ 가열, 충격 및 마찰에 의하여 발화 · 폭발 위험이 높아지기 때문이다.

해설 **과염소산칼륨**(1류)**+가연성고체**(2류)**의 위험성**
가열, 충격 및 마찰에 의하여 발화, 폭발, 위험이 높아지기 때문이다.

해답 ④

40 유황의 성질을 설명한 것으로 옳은 것은?

① 전기의 양도체이다.
② 물에 잘 녹는다.
③ 연소하기 어려워 분진 폭발의 위험성은 없다.
④ 높은 온도에서 탄소와 반응하여 이황화탄소가 생긴다.

해설 **유황**(S) : **제2류 위험물**(가연성 고체)
① 동소체로 사방황, 단사황, 고무상황이 있다.
② 황색의 고체 또는 분말상태이다.
③ 물에 녹지 않고 이황화탄소(CS_2)에는 잘 녹는다.
④ 공기 중에서 연소시 푸른 불꽃을 내며 이산화황이 생성된다.
$S + O_2 \rightarrow SO_2$(이산화황=아황산)
⑤ 수분 및 휘발분을 제거한 탄소와 황을 900℃ 전후로 가열하면 이황화탄소가 생긴다.
$C + 2S \rightarrow CS_2$
⑥ 산화제와 접촉 시 위험하다.
⑦ 분진폭발의 위험성이 있고 목탄가루와 혼합시 가열, 충격, 마찰에 의하여 폭발위험성이 있다.
⑧ 다량의 물로 주수소화 또는 질식 소화한다.

해답 ④

41 위험물의 품명 분류가 잘못된 것은?

① 제1석유류 : 휘발유
② 제2석유류 : 경유
③ 제3석유류 : 포름산
④ 제4석유류 : 기어유

해설 **포름산 = 개미산 = 의산**(HCOOH) : **제4류 위험물 제2석유류**
① 자극성 냄새가 있다.
② 피부에 닿으면 물집이 생긴다.
③ 강한 산성을 지닌다.
④ 점화하면 푸른 불꽃을 내면서 연소한다.

해답 ③

42 다음 중 발화점이 가장 낮은 것은?

① 이황화탄소 ② 산화프로필렌
③ 휘발유 ④ 메탄올

해설 **제4류 위험물의 발화점**

종류	유별	발화점(℃)
① 이황화탄소	특수인화물	100
② 산화프로필렌	특수인화물	465
③ 휘발유	1석유류	300
④ 메탄올	알코올류	464

해답 ①

43 제5류 위험물의 위험성에 대한 설명으로 옳지 않은 것은?

① 가연성 물질이다.
② 대부분 외부의 산소 없이도 연소하며 연소속도가 빠르다.
③ 물에 잘 녹지 않으며 물과의 반응위험성이 크다.
④ 가열, 충격, 타격 등에 민감하며 강산화제 또는 강산류와 접촉 시 위험하다.

해설 **자기반응성물질(제5류 위험물)의 소화**
① 자체적으로 산소를 함유한 물질이므로 질식소화는 효과가 없다.
※ 이산화탄소 및 할로겐화합물소화기는 적응성이 없다.

② 화재초기에 다량의 물로 주수 소화하는 것이 가장 효과적이다.

제5류 위험물의 일반적 성질
① 자기연소(내부연소)성 물질이다.
② 연소속도가 대단히 빠르고 폭발적 연소한다.
③ 가열, 마찰, 충격에 의하여 폭발한다.
④ 물질자체가 산소를 함유하고 있다.
⑤ 연소 시 소화가 어렵다.

해답 ③

44 질산칼륨에 대한 설명 중 옳은 것은?

① 유기물 및 강산에 보관할 때 매우 안정하다.
② 열에 안정하여 1000℃를 넘는 고온에서도 분해되지 않는다.
③ 알코올에는 잘 녹으나 물, 글리세린에는 잘 녹지 않는다.
④ 무색, 무취의 결정 또는 분말로서 화약 원료로 사용된다.

해설 **질산칼륨**(KNO_3) : **제1류 위험물(산화성고체)**
① 질산칼륨(제1류)에 숯가루, 유황가루(제2류)를 혼합하여 흑색화약제조에 사용한다.
② 열분해하여 산소를 방출한다.

$2KNO_3 \rightarrow 2KNO_2$(아질산칼륨) $+ O_2\uparrow$

③ 물, 글리세린에는 잘 녹으나 알코올에는 잘 녹지 않는다.
④ 유기물 및 강산과 접촉 시 매우 위험하다.
⑤ 소화는 주수소화방법이 가장 적당하다.

해답 ④

45 [보기]에서 설명하는 물질은 무엇인가?

[보기]
• 살균제 및 소독제로도 사용된다.
• 분해할 때 발생하는 발생기산소 [O]는 난분해성 유기물질을 산화시킬 수 있다.

① $HClO_4$ ② CH_3OH
③ H_2O_2 ④ H_2SO_4

해설 **과산화수소**(H_2O_2)**의 일반적인 성질**
① 분해 시 산소(O_2)를 발생시킨다.
② 분해안정제로 인산(H_3PO_4) 또는 요산($C_5H_4N_4O_3$)을 첨가한다.
③ 시판품은 일반적으로 30~40% 수용액이다.
④ 저장용기는 밀폐하지 말고 구멍이 있는 마개를 사용한다.
⑤ 강산화제이면서 환원제로도 사용한다.
⑥ 60% 이상의 고농도에서는 단독으로 폭발위험이 있다.
⑦ 히드라진($NH_2 \cdot NH_2$)과 접촉 시 분해 작용으로 폭발위험이 있다.

$NH_2 \cdot NH_2 + 2H_2O_2 \rightarrow 4H_2O + N_2\uparrow$

⑧ 3%용액은 옥시풀이라 하며 표백제 또는 살균제로 이용한다.
⑨ 무색인 요오드칼륨 녹말종이와 반응하여 청색으로 변화시킨다.

• 과산화수소는 36%(중량) 이상만 위험물에 해당된다.
• 과산화수소는 표백제 및 살균제로 이용된다.

⑩ 다량의 물로 주수 소화한다.

해답 ③

46 [보기]의 위험물 중 비중이 물보다 큰 것은 모두 몇 개인가?

[보기] 과염소산, 과산화수소, 질산

① 0 ② 1
③ 2 ④ 3

해설 **물과 제6류 위험물(산화성액체)의 비중**

종류	물	과염소산	과산화수소	질산
비중	1.0	1.76	1.465	1.5

해답 ④

47 다음 중 위험물안전관리법령상 위험물제조소와의 안전거리가 가장 먼 것은?

① 「고등교육법」에서 정하는 학교
② 「의료법」에 따른 병원급 의료기관
③ 「고압가스 안전관리법」에 의하여 허가를 받은 고압가스제조시설
④ 「문화재보호법」에 의한 유형문화재와 기념물 중 지정문화재

해설 제조소의 안전거리

구 분	안전거리
• 사용전압이 7,000V 초과 35,000V 이하	3m 이상
• 사용전압이 35,000V를 초과	5m 이상
• 주거용	10m 이상
• 고압가스, 액화석유가스, 도시가스	20m 이상
• 학교, 병원, 극장	30m 이상
• 유형문화재, 지정문화재	50m 이상

해답 ④

48 칼륨을 물에 반응시키면 격렬한 반응이 일어난다. 이 때 발생하는 기체는 무엇인가?

① 산소 ② 수소
③ 질소 ④ 이산화탄소

해설 칼륨(K) : 제3류 위험물 중 금수성 물질

① 가열시 보라색 불꽃을 내면서 연소한다.
② 물과 반응하여 수소 및 열을 발생한다. (금수성 물질)

$2K + 2H_2O \rightarrow 2KOH$(수산화칼륨) $+ H_2\uparrow$(수소)

③ 보호액으로 파라핀, 경유, 등유를 사용한다.
④ 피부와 접촉 시 화상을 입는다.
⑤ 마른모래 등으로 질식 소화한다.
⑥ 화학적으로 활성이 대단히 크고 알코올과 반응하여 수소를 발생시킨다.

$2K + 2C_2H_5OH \rightarrow 2C_2H_5OK + H_2\uparrow$
(에틸알코올) (칼륨에틸레이트)

해답 ②

49 위험물안전관리법령상의 위험물 운반에 관한 기준에서 액체위험물은 운반용기 내용적의 몇 % 이하의 수납율로 수납하여야 하는가?

① 80 ② 85
③ 90 ④ 98

해설 적재방법

(1) 고체위험물 : 내용적의 95% 이하의 수납율
(2) 액체위험물 : 내용적의 98% 이하의 수납율로 수납하되, 55도의 온도에서 누설되지 아니하도록 충분한 공간용적을 유지하도록 할 것
(3) 제3류 위험물은 다음의 기준에 따라 운반용기에 수납할 것
  ① 자연발화성물질 : 불활성 기체를 봉입하여 밀봉하는 등 공기와 접하지 아니하도록 할 것
  ② 자연발화성물질외의 물품 : 파라핀 · 경유 · 등유 등의 보호액으로 채워 밀봉하거나 불활성 기체를 봉입하여 밀봉하는 등 수분과 접하지 아니하도록 할 것
  ③ 자연발화성물질 중 알킬알루미늄 등 : 내용적의 90% 이하의 수납율로 수납하되, 50℃의 온도에서 5% 이상의 공간용적을 유지하도록 할 것

운반용기의 내용적에 대한 수납율
① 액체위험물 : 내용적의 98% 이하
② 고체위험물 : 내용적의 95% 이하

해답 ④

50 메틸알코올의 위험성으로 옳지 않은 것은?

① 나트륨과 반응하여 수소기체를 발생한다.
② 휘발성이 강하다.
③ 연소범위가 알코올류 중 가장 좁다.
④ 인화점이 상온(25℃)보다 낮다.

해설 메틸알코올(CH_3OH)–제4류–알코올류

① 무색, 투명한 술 냄새가나는 휘발성 액체
② 흡입 시 실명 또는 사망할 수 있다.
③ 물에는 무제한으로 녹는다.
④ 증기비중($S = \frac{32}{29} = 1.1$)은 공기보다 크다.
⑤ 액체비중이 물보다 작다.
⑥ 인화점 16℃, 연소범위 7.3~36%, 녹는점 −97.8℃, 끓는점 64.7℃, 비중 0.79이다.
⑦ 목정 또는 메탄올이라고도 한다.
⑧ 나트륨과 반응하여 수소기체를 발생한다.

$2CH_3OH + 2Na \rightarrow 2CH_3ONa + H_2\uparrow$
(나트륨메톡시드)

메틸알코올과 에틸알코올의 공통점

메틸알코올	에틸알코올
무색투명액체	무색투명액체
휘발성이 있다.	휘발성이 있다.
지정수량 : 400L	지정수량 : 400L
독성이 강하다.(실명)	독성이 없다.(주정)
연소범위 : 7.3~36%	연소범위 : 4.3~19%

해답 ③

51 위험물제조소의 건축물 구조기준 중 연소의 우려가 있는 외벽은 출입구외의 개구부가 없는 내화구조의 벽으로 하여야 한다. 이 때 연소의 우려가 있는 외벽은 제조소가 설치된 부지의 경계선에서 몇 m 이내에 있는 외벽을 말하는가? (단, 단층 건물일 경우이다.)

① 3 ② 4
③ 5 ④ 6

해설 **연소의 우려가 있는 외벽**
① 출입구외의 개구부가 없는 내화구조의 벽으로 하여야 한다.
② 부지의 경계선에서 3m이내에 있는 외벽을 말한다.(단층 건물일 경우)

해답 ①

52 다음 중 위험물안전관리법령상 제6류 위험물에 해당하는 것은?

① 황산 ② 염산
③ 질산염류 ④ 할로겐간화합물

해설 **제6류 위험물(산화성 액체)**

성질	품 명	판단기준	지정수량	위험등급
산화성 액체	• 과염소산($HClO_4$)		300kg	Ⅰ
	• 과산화수소(H_2O_2)	농도 36중량% 이상		
	• 질산(HNO_3)	비중 1.49 이상		
	• 할로겐간화합물 ① 삼불화브롬(BrF_3) ② 오불화브롬(BrF_5) ③ 오불화요오드(IF_5)			

해답 ④

53 질산이 직사일광에 노출될 때 어떻게 되는가?

① 분해되지는 않으나 붉은 색으로 변한다.
② 분해되지는 않으나 녹색으로 변한다.
③ 분해되어 질소를 발생한다.
④ 분해되어 이산화질소를 발생한다.

해설 **질산**(HNO_3) : 제6류 위험물(산화성 액체)
① 무색의 발연성 액체이다.
② 시판품은 일반적으로 68%이다.
③ 빛에 의하여 일부 분해되어 생긴 NO_2 때문에 황갈색으로 된다.

$$4HNO_3 \rightarrow 2H_2O + 4NO_2\uparrow + O_2\uparrow$$
(이산화질소) (산소)

④ 질산을 오산화인(P_2O_5)과 작용시키면 오산화질소(N_2O_5)가 된다.
⑤ 저장용기는 직사광선을 피하고 찬 곳에 저장한다.
⑥ 실험실에서는 갈색병에 넣어 햇빛에 차단시킨다.
⑦ 환원성물질과 혼합하면 발화 또는 폭발한다.

크산토프로테인반응(xanthoprotenic reaction)
단백질에 진한질산을 가하면 노란색으로 변하고 알칼리를 작용시키면 오렌지색으로 변하며, 단백질 검출에 이용된다.

⑧ 다량의 질산화재에 소량의 주수소화는 위험하다.
⑨ 마른모래 및 CO_2로 소화한다.
⑩ 위급 시에는 다량의 물로 냉각 소화한다.

해답 ④

54 위험물안전관리법령상 제2류 위험물의 위험등급에 대한 설명으로 옳은 것은?

① 제2류 위험물은 위험등급 Ⅰ에 해당되는 품명이 없다.
② 제2류 위험물은 위험등급 Ⅲ에 해당되는 품명은 지정 수량이 500kg인 품명만 해당된다.
③ 제2류 위험물 중 황화린, 적린, 유황 등 지정수량이 100kg인 품명은 위험등급 Ⅰ에 해당한다.
④ 제2류 위험물 중 지정수량이 1000kg인 인화성고체는 위험등급 Ⅱ에 해당한다.

해설 **제2류 위험물의 지정수량**

성 질	품 명	지정수량	위험등급
가연성 고체	황화린, 적린, 유황	100kg	Ⅱ
	철분, 금속분, 마그네슘	500kg	Ⅲ
	인화성 고체	1,000kg	

해답 ①

55 위험물 저장탱크의 공간용적은 탱크 내용적의 얼마 이상, 얼마 이하로 하는가?

① 1/100 이상, 3/100 이하
② 2/100 이상, 5/100 이하
③ 5/100 이상, 10/100 이하
④ 10/100 이상, 20/100 이하

해설 ① **일반적인 탱크의 공간용적**
일반적인 탱크의 공간용적은 탱크 내용적의 5/100 이상 10/100 이하로 한다.
② **소화설비를 설치한 탱크의 공간용적**
탱크의 내용적 중 당해 소화약제 방출구의 아래 0.3m 이상 1m 미만 사이의 면으로부터 윗부분의 용적으로 한다.
③ **암반탱크의 공간용적**
탱크내에 용출하는 7일간의 지하수의 양에 상당하는 용적과 당해 탱크의 내용적의 100분의 1의 용적 중에서 보다 큰 용적을 공간용적으로 한다.

탱크 용적의 산정 기준
탱크의 용량 = 탱크의 내용적 − 공간용적

해답 ③

56 칼륨이 에틸알코올과 반응할 때 나타나는 현상은?

① 산소가스를 생성한다.
② 칼륨에틸레이트를 생성한다.
③ 칼륨과 물이 반응할 때와 동일한 생성물이 나온다.
④ 에틸알코올이 산화되어 아세트알데히드를 생성한다.

해설 **칼륨(K) : 제3류 위험물 중 금수성 물질**
① 가열시 보라색 불꽃을 내면서 연소한다.
② 물과 반응하여 수소 및 열을 발생한다. (금수성 물질)

$2K + 2H_2O \rightarrow 2KOH$(수산화칼륨) $+ H_2\uparrow$ (수소)

③ 보호액으로 파라핀, 경유, 등유를 사용한다.
④ 피부와 접촉 시 화상을 입는다.
⑤ 마른모래 등으로 질식 소화한다.
⑥ 화학적으로 활성이 대단히 크고 알코올과 반응하여 수소를 발생시킨다.

$2K + 2C_2H_5OH \rightarrow 2C_2H_5OK + H_2\uparrow$
(에틸알코올) (칼륨에틸레이트)

해답 ②

57 지정수량 20배의 알코올류를 저장하는 옥외탱크저장소의 경우 펌프실 외의 장소에 설치하는 펌프설비의 기준으로 옳지 않은 것은?

① 펌프설비 주위에는 3m 이상의 공지를 보유한다.
② 펌프설비 그 직하의 지반면 주위에 높이 0.15m 이상의 턱을 만든다.
③ 펌프설비 그 직하의 지반면의 최저부에는 집유설비를 만든다.
④ 집유설비에는 위험물이 배수구에 유입되지 않도록 유분리장치를 만든다.

해설 **옥외저장탱크의 펌프설비**
① 펌프설비의 주위에는 너비 3m 이상의 공지를 보유할 것
② 펌프설비로부터 옥외저장탱크까지의 사이에는 당해 옥외저장탱크의 보유공지 너비의 3분의 1 이상의 거리를 유지할 것
③ 펌프실의 창 및 출입구에는 갑종방화문 또는 을종방화문을 설치할 것
④ 펌프실의 바닥의 주위에는 높이 0.2m 이상의 턱을 만들고 바닥은 콘크리트 등 위험물이 스며들지 아니하는 재료로 적당히 경사지게 하여 그 최저부에는 집유설비를 설치할 것
⑤ 펌프실외의 장소에 설치하는 펌프설비에는 그 직하의 지반면의 주위에 높이 0.15m 이상의 턱을 만들고 당해 지반면은 콘크리트 등 위험물이 스며들지 아니하는 재료로 적당히 경사지게 하여 그 최저부에는 집유설비를 할 것. 이 경우 제4류 위험물(온도 20℃의 물 100g에 용해되는 양이 1g 미만인 것에 한한다)을 취급하는 펌프설비에 있어서는 당해 위험물이 직접 배수구에 유입하지 아니하도록 집유설비에 유분리장치를 설치하여야 한다.

해답 ④

58 제5류 위험물 중 유기과산화물 30kg과 히드록실아민 500kg을 함께 보관하는 경우 지정수량의 몇 배인가?

① 3배　② 8배
③ 10배　④ 18배

해설 **제5류 위험물 및 지정수량**

성질	품 명	지정수량	위험등급
자기 반응성물질	1. 유기과산화물 2. 질산에스테르류	10kg	Ⅰ
	3. 니트로화합물 4. 니트로소화합물 5. 아조화합물 6. 디아조화합물 7. 히드라진 유도체	200kg	Ⅱ
	8. 히드록실아민 9. 히드록실아민염류	100kg	

∴ 지정수량의 배수

$$=\frac{\text{저장수량}}{\text{지정수량}}=\frac{30}{10}+\frac{500}{100}=8\text{배}$$

해답 ②

59 위험물안전관리법령상 품명이 금속분에 해당하는 것은? (단, 150㎛의 체를 통과하는 것이 50wt% 이상인 경우이다.)

① 니켈분　② 마그네슘분
③ 알루미늄분　④ 구리분

해설 **금속분**(제2류 위험물)
① 알칼리금속 · 알칼리토류금속 · 철 및 마그네슘외의 금속의 분말
② 구리분 · 니켈분 및 150μm의 체를 통과하는 것이 50중량% 미만인 것은 제외

해답 ③

60 아세톤의 성질에 대한 설명으로 옳은 것은?

① 자연발화성 때문에 유기용제로서 사용할 수 없다.
② 무색, 무취이고 겨울철에 쉽게 응고한다.
③ 증기비중은 약 0.79이고 요오드프롬 반응을 한다.
④ 물에 잘 녹으며 끓는 점이 60℃보다 낮다.

해설 **아세톤**(CH_3COCH_3) **: 제4류 1석유류**
① 무색의 휘발성 액체이다.
② 물 및 유기용제에 잘 녹는다.
③ 요오드포름 반응을 한다.

요오드포름 반응

아세톤, 아세트알데히드, 에틸알코올에 수산화칼륨(KOH)과 요오드를 반응시키면 노란색의 요오드포름(CHI_3)의 침전물이 생성된다.

아세톤 $\xrightarrow{KOH\ +\ I_2}$ 요오드포름(CHI_3)(노란색)

④ 아세틸렌을 잘 녹이므로 아세틸렌(용해가스) 저장시 아세톤에 용해시켜 저장한다.
⑤ 보관 중 황색으로 변색되며 햇빛에 분해가 된다.
⑥ 피부 접촉 시 탈지작용을 한다.

해답 ④

위험물기능사

2015년 4월 4일 시행

01 위험물안전관리법령에 따라 다음 ( ) 안에 알맞은 용어는?

> 주유취급소 중 건축물의 2층 이상의 부분을 점포 · 휴게음식점 또는 전시장의 용도로 사용하는 것에 있어서는 당해 건축물의 2층 이상으로부터 주유취급소의 부지 밖으로 통하는 출입구와 당해 출입구로 통하는 통로 · 계단 및 출입구에 ( )을(를) 설치하여야 한다.

① 피난사다리 ② 경보기
③ 유도등 ④ CCTV

해설 **피난설비**
① 주유취급소 중 건축물의 2층의 부분을 점포 · 휴게음식점 또는 전시장의 용도로 사용하는 것에 있어서는 당해 건축물의 2층으로부터 직접 주유취급소의 부지 밖으로 통하는 출입구와 당해 출입구로 통하는 통로 · 계단 및 출입구에 유도등을 설치
② 옥내주유취급소에 있어서는 당해 사무소 등의 출입구 및 피난구와 당해 피난구로 통하는 통로 · 계단 및 출입구에 유도등을 설치
③ 유도등에는 비상전원을 설치

해답 ③

02 다음 중 물이 소화약제로 쓰이는 이유로 가장 거리가 먼 것은?

① 쉽게 구할 수 있다.
② 제거소화가 잘 된다.
③ 취급이 간편하다.
④ 기화잠열이 크다.

해설 **물이 소화약제로 사용되는 이유**
① 물의 기화열=증발잠열(539kcal/kg)이 크기 때문
② 물의 비열(1kcal/kg℃)이 크기 때문
③ 비교적 쉽게 구해서 이용이 가능하다.
④ 펌프, 호스 등을 이용하여 이송이 비교적 용이하다.

해답 ②

03 위험물안전관리법령상 전기설비에 적응성이 없는 소화설비는?

① 포소화설비
② 불활성가스소화설비
③ 할로겐화합물소화설비
④ 물분무소화설비

해설 **전기화재 적응성 소화설비**
① 불활성가스 소화설비
② 할로겐화합물 소화설비
③ 청정소화약제 소화설비
④ 분말 소화설비
⑤ 물분무 소화설비

해답 ①

04 니트로셀룰로오스의 저장 · 취급방법으로 틀린 것은?

① 직사광선을 피해 저장한다.
② 되도록 장기간 보관하여 안정화된 후에 사용한다.
③ 유기과산화물류, 강산화제와의 접촉을 피한다.
④ 건조 상태에 이르면 위험하므로 습한 상태를 유지한다.

해설 **니트로셀룰로오스**$[(C_6H_7O_2(ONO_2)_3]_n$ **: 제5류 위험물 중 질산에스테르류**
셀룰로오스(섬유소)에 진한질산과 진한 황산의 혼

합액을 작용시켜서 만든 것이다.

① 비수용성이며 초산에틸, 초산아밀, 아세톤에 잘 녹는다.
② 130℃에서 분해가 시작되고, 180℃에서는 급격하게 연소한다.
③ 직사광선, 산 접촉 시 분해 및 자연 발화한다.
④ 건조상태에서는 폭발위험이 크나 수분함유 시 폭발위험성이 없어 저장·운반이 용이하다.
⑤ 질산섬유소라고도 하며 화약에 이용 시 면약(면화약)이라 한다.
⑥ 셀룰로이드, 콜로디온에 이용 시 질화면이라 한다.
⑦ 질소함유율(질화도)이 높을수록 폭발성이 크다.
⑧ 저장, 운반 시 물(20%) 또는 알코올(30%)을 첨가 습윤시킨다.
⑨ **질화도에 따른 분류**

구분	질화도(질소함유량)
강면약(강질화면)	12.5～13.5%
취 면	10.7～11.2%
약면약(약질화면)	11.2～12.3%

해답 ②

05 위험물안전관리법령상 제3류 위험물의 금수성물질 화재 시 적응성이 있는 소화약제는?

① 탄산수소염류분말
② 물
③ 이산화탄소
④ 할로겐화합물

해설 **금수성 위험물질에 적응성이 있는 소화기**
① 탄산수소염류
② 마른 모래
③ 팽창질석 또는 팽창진주암

해답 ①

06 할론 1301의 증기 비중은? (단, 불소의 원자량은 19, 브롬의 원자량은 80, 염소의 원자량은 35.5이고 공기의 분자량은 29이다.)

① 2.14 ② 4.15
③ 5.14 ④ 6.15

해설 **Halon 1301의 증기비중**
① 화학식은 CF_3Br
② 분자량 $M=12+19\times3+80=149$
③ 증기비중$=\dfrac{M}{29}=\dfrac{149}{29}=5.14$

• 공기의 평균 분자량 = 29
• 증기비중 $=\dfrac{M(\text{분자량})}{29(\text{공기평균분자량})}$

해답 ③

07 위험물안전관리법령상 간이탱크저장소에 대한 설명 중 틀린 것은?

① 간이저장탱크의 용량은 600리터 이하여야 한다.
② 하나의 간이탱크저장소에 설치하는 간이저장탱크는 5개 이하여야 한다.
③ 간이저장탱크는 두께 3.2mm 이상의 강판으로 흠이 없도록 제작하여야 한다.
④ 간이저장탱크는 70kPa의 압력으로 10분간의 수압시험을 실시하여 새거나 변형되지 않아야 한다.

해설 **간이탱크저장소의 위치·구조 및 설비기준**
(1) 하나의 간이탱크저장소에 설치하는 간이저장탱크는 그 수를 3 이하로 하고, 동일한 품질의 위험물의 간이저장탱크를 2 이상 설치하지 아니하여야 한다.
(2) 간이저장탱크는 옥외에 설치하는 경우에는 그 탱크의 주위에 너비 1m 이상의 공지를 두고, 전용실안에 설치하는 경우에는 탱크와 전용실의 벽과의 사이에 0.5m 이상의 간격을 유지하여야 한다.
(3) 간이저장탱크의 용량은 600l 이하
(4) 간이저장탱크는 두께 3.2mm 이상의 강판, 70kPa의 압력으로 10분간의 수압시험을 실시
(5) 간이저장탱크에는 밸브 없는 통기관을 설치
① 통기관의 지름은 25mm 이상
② 통기관은 옥외에 설치하되, 그 선단의 높이는 지상 1.5m 이상
③ 통기관의 선단은 수평면에 대하여 아래로 45도 이상 구부려 빗물 등이 침투하지 아니하도록 할 것
④ 가는 눈의 구리망 등으로 인화방지장치를 할 것

해답 ②

08 가연성 물질과 주된 연소형태의 연결이 틀린 것은?

① 종이, 섬유 – 분해연소
② 셀룰로이드, TNT – 자기연소
③ 목재, 석탄 – 표면연소
④ 유황, 알코올 – 증발연소

해설 **연소의 형태**
① 표면연소 : 숯, 코크스, 목탄, 금속분
② 증발연소 : 파라핀(양초), 황, 나프탈렌, 왁스, 휘발유, 등유, 경유, 아세톤 등 제4류 위험물
③ 분해연소 : 석탄, 목재, 플라스틱, 종이, 합성수지, 중유
④ 자기연소(내부연소) : 질화면(니트로셀룰로오즈), 셀룰로이드, 니트로글리세린등 제5류 위험물
⑤ 확산연소 : 아세틸렌, LPG, LNG 등 가연성 기체
⑥ 불꽃연소+표면연소 : 목재, 종이, 셀룰로오즈류, 열경화성수지

해답 ③

09 B, C급 화재뿐만 아니라 A급 화재까지도 사용이 가능한 분말소화약제는?

① 제1종 분말소화약제
② 제2종 분말소화약제
③ 제3종 분말소화약제
④ 제4종 분말소화약제

해설 **분말약제의 주성분 및 착색** ★★★★(필수암기)

종별	주성분	약제명	착색	적응화재
제1종	$NaHCO_3$	탄산수소나트륨 중탄산나트륨 중조	백색	B,C급
제2종	$KHCO_3$	탄산수소칼륨 중탄산칼륨	담회색	B,C급
제3종	$NH_4H_2PO_4$	제1인산암모늄	담홍색 (핑크색)	A,B,C급
제4종	$KHCO_3 + (NH_2)_2CO$	중탄산칼륨 +요소	회색 (쥐색)	B,C급

해답 ③

10 식용유 화재 시 제1종 분말소화약제를 이용하여 화재의 제어가 가능하다. 이때의 소화원리에 가장 가까운 것은?

① 촉매효과에 의한 질식소화
② 비누화 반응에 의한 질식소화
③ 요오드화에 의한 냉각소화
④ 가수분해 반응에 의한 냉각소화

해설 **제1종 분말약제**($NaHCO_3$)
식용유 및 지방 화재시 가연물질인 지방산과 Na^+ 이온이 반응을 일으켜 비누거품을 생성하므로(비누화 현상) 소화효과가 좋다.

해답 ②

11 위험물안전관리법령에서 정한 자동화재탐지설비에 대한 기준으로 틀린 것은? (단, 원칙적인 경우에 한한다.)

① 경계구역은 건축물 그 밖의 공작물의 2 이상의 층에 걸치지 아니하도록 할 것
② 하나의 경계구역의 면적은 $600m^2$ 이하로 할 것
③ 하나의 경계구역의 한 변 길이는 30m 이하로 할 것
④ 자동화재탐지설비에는 비상전원을 설치할 것

해설 **자동화재탐지설비의 설치기준**
① 자동화재탐지설비의 경계구역은 건축물 그 밖의 공작물의 2 이상의 층에 걸치지 아니하도록 할 것. 다만, 하나의 경계구역의 면적이 $500m^2$ 이하이면서 당해 경계구역이 두개의 층에 걸치는 경우이거나 계단·경사로·승강기의 승강로 그 밖에 이와 유사한 장소에 연기감지기를 설치하는 경우에는 그러하지 아니하다.
② 하나의 경계구역의 면적은 $600m^2$ 이하로 하고 그 한변의 길이는 50m(광전식분리형 감지기를 설치할 경우에는 100m)이하로 할 것. 다만, 당해 건축물 그 밖의 공작물의 주요한 출입구에서 그 내부의 전체를 볼 수 있는 경우에 있어서는 그 면적을 $1,000m^2$ 이하로 할 수 있다.
③ 자동화재탐지설비의 감지기는 지붕(상층이 있는 경우에는 상층의 바닥) 또는 벽의 옥내에 면

한 부분(천장이 있는 경우에는 천장 또는 벽의 옥내에 면한 부분 및 천장의 뒷 부분)에 유효하게 화재의 발생을 감지할 수 있도록 설치할 것

④ 자동화재탐지설비에는 비상전원을 설치할 것

해답 ③

12 다음 중 산화성 물질이 아닌 것은?

① 무기과산화물　② 과염소산
③ 질산염류　④ 마그네슘

해설 ④ 마그네슘-제2류 위험물(가연성고체)

제1류 위험물 및 지정수량

성질	품 명		지정수량	위험등급
산화성고체	아염소산염류, 염소산염류, 과염소산염류, 무기과산화물		50kg	Ⅰ
	브롬산염류, 질산염류, 요오드산염류		300kg	Ⅱ
	과망간산염류, 중크롬산염류		1000kg	Ⅲ
	행정안전부령이 정하는 것	① 과요오드산염류 ② 과요오드산 ③ 크롬, 납 또는 요오드의 산화물 ④ 아질산염류 ⑤ 염소화이소시아눌산 ⑥ 퍼옥소이황산염류 ⑦ 퍼옥소붕산염류	300kg	Ⅱ
		⑧ 차아염소산염류	50kg	Ⅰ

해답 ④

13 위험물제조소에서 국소방식의 배출설비 배출능력은 1시간 당 배출장소 용적의 몇 배 이상인 것으로 하여야 하는가?

① 5　② 10
③ 15　④ 20

해설 **배출설비 설치기준**

① 배출설비는 국소방식으로 할 것
② 배출설비는 배풍기, 배출닥트, 후드 등을 이용하여 강제적으로 배출 할 것.
③ 배출능력은 1시간당 배출장소 용적의 20배 이상으로 할 것
(다만, 전역방식의 경우에는 바닥면적 $1m^2$당 $18m^3$ 이상으로 할 것)

해답 ④

14 유류화재 시 발생하는 이상현상인 보일오버(Boil over)의 방지대책으로 가장 거리가 먼 것은?

① 탱크하부에 배수관을 설치하여 탱크 저면의 수층을 방지한다.
② 적당한 시기에 모래나 팽창질석, 비등석을 넣어 물의 과열을 방지한다.
③ 냉각수를 대량 첨가하여 유류와 물의 과열을 방지한다.
④ 탱크 내용물의 기계적 교반을 통하여 에멀션 상태로 하여 수층형성을 방지한다.

해설 **유류저장탱크의 화재 발생현상**

① 보일오버　② 슬롭오버　③ 프로스오버

★★★ 요 점 정 리 (필수 암기) ★★★

① **보일오버** : 탱크 바닥의 물이 비등하여 유류가 연소하면서 분출
② **슬롭오버** : 물이 연소유 표면으로 들어갈 때 유류가 연소하면서 분출
③ **프로스오버** : 탱크 바닥의 물이 비등하여 유류가 연소하지 않고 분출
④ **블레비** : 액화가스 저장탱크 폭발현상

해답 ③

15 20℃의 물 100kg이 100℃ 수증기로 증발하면 몇 kcal의 열량을 흡수할 수 있는가? (단, 물의 증발잠열은 540kcal이다.)

① 540　② 7800
③ 62000　④ 108000

해설 **필요한 열량**

$$Q = mC\Delta t + rm$$

여기서, Q : 필요한 열량(kcal), m : 질량(kg)
C : 비열(kcal/kg·℃), Δt : 온도차(℃)
r : 기화잠열(kcal/kg)

- 물의 기화열(539kcal/kg)
- 물의 비열(1kcal/kg℃)

① $m = 100\text{kg}$, $C = 1\text{kcal/kg}\cdot℃$, $\Delta t = (100-20)℃ = 80℃$, $r = 540\text{kcal/kg}$
② $Q = 100 \times 1 \times 80 + 540 \times 100 = 62000\text{kcal}$

해답 ③

16 제5류 위험물의 화재 시 적응성이 있는 소화설비는?

① 분말 소화설비
② 할로겐화합물 소화설비
③ 물분무 소화설비
④ 불활성가스 소화설비

해설 **자기반응성물질**(제5류 위험물)**의 소화**
① 자체적으로 산소를 함유한 물질이므로 질식소화는 효과가 없다.
※ 이산화탄소 및 할로겐화합물소화기는 적응성이 없다.
② 화재초기에 다량의 물로 주수 소화하는 것이 가장 효과적이다.

제5류 위험물의 일반적 성질
① 자기연소(내부연소)성 물질이다.
② 연소속도가 대단히 빠르고 폭발적 연소한다.
③ 가열, 마찰, 충격에 의하여 폭발한다.
④ 물질자체가 산소를 함유하고 있다.
⑤ 연소 시 소화가 어렵다.

해답 ③

17 위험물안전관리법에서 정한 정전기를 유효하게 제거할 수 있는 방법에 해당하지 않는 것은?

① 위험물 이송 시 배관 내 유속을 빠르게 하는 방법
② 공기를 이온화하는 방법
③ 접지에 의한 방법
④ 공기 중의 상대습도를 70% 이상으로 하는 방법

해설 **정전기 방지대책**
① 접지
② 공기를 이온화
③ 상대습도 70% 이상 유지
④ 위험물 이송 시 배관 내 유속을 느리게 하는 방법

해답 ①

18 다음 중 가연물이 고체 덩어리보다 분말 가루일 때 위험성이 큰 이유로 가장 옳은 것은?

① 공기와 접촉 면적이 크기 때문이다.
② 열전도율이 크기 때문이다.
③ 흡열반응을 하기 때문이다.
④ 활성에너지가 크기 때문이다.

해설 **가연물이 덩어리상태보다 분말상태가 위험성이 증가하는 이유**
① 비표면적이 증가하여 반응면적이 증대되기 때문에
② 덩어리상태보다 표면적(접촉면적)이 크기 때문
③ 복사열의 흡수율이 증가하여 열의 축적이 용이하기 때문에
④ 대전성이 증가하여 정전기가 발생되기 쉽기 때문에

해답 ①

19 소화약제로 사용할 수 없는 물질은?

① 이산화탄소 ② 제1인산암모늄
③ 탄산수소나트륨 ④ 브롬산암모늄

해설 ④ **브롬산암모늄**(NH_4BrO_3)－제1류 위험물－브롬산염류

해답 ④

20 물과 접촉하면 열과 산소가 발생하는 것은?

① $NaClO_2$ ② $NaClO_3$
③ $KMnO_4$ ④ Na_2O_2

해설 **과산화나트륨**(Na_2O_2) **: 제1류 위험물 중 무기과산화물(금수성)**
① 상온에서 물과 격렬히 반응하여 산소(O_2)를 방출하고 폭발하기도 한다.

$2Na_2O_2 + 2H_2O \rightarrow 4NaOH + O_2\uparrow$ + 발열
(과산화나트륨) (물) (수산화나트륨) (산소)

② 공기 중 이산화탄소(CO_2)와 반응하여 산소(O_2)를 방출한다.

$2Na_2O_2 + 2CO_2 \rightarrow 2Na_2CO_3 + O_2\uparrow$
(탄산나트륨)

③ 산과 반응하여 과산화수소(H_2O_2)를 생성시킨다.

$Na_2O_2 + 2CH_3COOH \rightarrow 2CH_3COONa + H_2O_2\uparrow$
(초산) (초산나트륨) (과산화수소)

④ 열분해시 산소(O_2)를 방출한다.

$2Na_2O_2 \rightarrow 2Na_2O + O_2\uparrow$
(산화나트륨) (산소)

⑤ 주수소화는 금물이고 마른모래(건조사) 등으로 소화한다.

해답 ④

21 위험물에 대한 설명으로 틀린 것은?

① 적린은 연소하면 유독성 물질이 발생한다.
② 마그네슘은 연소하면 가연성 수소가스가 발생한다.
③ 유황은 분진폭발의 위험이 있다.
④ 황화린에는 P_4S_3, P_2S_5, P_4S_7 등이 있다.

해설 **마그네슘**(Mg) : **제2류 위험물**
① 2mm체 통과 못하는 덩어리는 위험물에서 제외한다.
② 직경 2mm 이상 막대모양은 위험물에서 제외한다.
③ 은백색의 광택이 나는 가벼운 금속이다.
④ 수증기와 작용하여 수소를 발생시킨다.(주수소화금지)

$Mg + 2H_2O \rightarrow Mg(OH)_2 + H_2\uparrow$
(수산화마그네슘)(수소)

⑤ 이산화탄소 소화약제를 방사하면 주위의 공기 중 수분이 응축하여 위험하다.
⑥ 산과 작용하여 수소를 발생시킨다.

$Mg + 2HCl \rightarrow MgCl_2 + H_2\uparrow$
(염화마그네슘)(수소)

⑦ 공기 중 습기에 발열되어 자연발화 위험이 있다.
⑧ 주수소화는 엄금이며 마른모래 등으로 피복 소화한다.

해답 ②

22 위험물안전관리법령상 옥내저장탱크와 탱크전용실의 벽과의 사이 및 옥내저장탱크의 상호간에는 몇 m 이상의 간격을 유지하여야 하는가?

① 0.5　② 1
③ 1.5　④ 2

해설 **옥내탱크저장소의 위치 · 구조 및 설비의 기준**
옥내저장탱크와 탱크전용실의 벽과의 사이 및 옥내저장탱크의 상호간에는 0.5m 이상의 간격을 유지할 것. 다만, 탱크의 점검 및 보수에 지장이 없는 경우에는 그러하지 아니하다.

해답 ①

23 벤조일퍼옥사이드에 대한 설명으로 틀린 것은?

① 무색, 무취의 투명한 액체이다.
② 가급적 소분하여 저장한다.
③ 제5류 위험물에 해당한다.
④ 품명은 유기과산화물이다.

해설 **과산화벤조일 = 벤조일퍼옥사이드(BPO)**
[$(C_6H_5CO)_2O_2$]-제5류-유기과산화물
① 무색 무취의 백색분말 또는 결정이다.
② 물에 녹지 않고 알코올에 약간 녹는다.
③ 에테르 등 유기용제에 잘 녹는다.
④ 발화점이 약 125℃이므로 저장온도를 40℃ 이하로 유지할 것
⑤ 저장용기에 희석제(프탈산디메틸(DMP), 프탈산디부틸(DBP))를 넣어 폭발 위험성을 낮춘다.
⑥ 직사광선을 피하고 냉암소에 보관한다.

해답 ①

24 2가지 물질을 섞었을 때 수소가 발생하는 것은?

① 칼륨과 에탄올
② 과산화마그네슘과 염화수소
③ 과산화칼륨과 탄산가스
④ 오황화린과 물

해설 **알칼리금속**(K, Na)
① 물과 반응하여 수소기체 발생
② 수산기(-OH)를 함유하고 있는 물질(알코올)과 반응하여 수소기체 발생

$2K + 2C_2H_5OH \rightarrow 2C_2H_5OK + H_2\uparrow$
(칼륨) (에탄올) (칼륨에틸레이트) (수소)

해답 ①

25 다음 위험물의 지정수량 배수의 총합은 얼마인가?

질산 150kg, 과산화수소수 420kg, 과염소산 300kg

① 2.5　　② 2.9
③ 3.4　　④ 3.9

해설 **제6류 위험물(산화성 액체)**

성질	품 명	판단기준	지정수량	위험등급
산화성액체	• 과염소산($HClO_4$)		300 kg	I
	• 과산화수소(H_2O_2)	농도 36중량% 이상		
	• 질산(HNO_3)	비중 1.49 이상		
	• 할로겐간화합물 ① 삼불화브롬(BrF_3) ② 오불화브롬(BrF_5) ③ 오불화요오드(IF_5)			

∴ 지정수량의 배수

$$= \frac{\text{저장수량}}{\text{지정수량}} = \frac{150}{300} + \frac{420}{300} + \frac{300}{300} = 2.9\text{배}$$

해답 ②

26 위험물안전관리법령상 운송책임자의 감독 · 지원을 받아 운송하여야 하는 위험물은?

① 알킬리튬　　② 과산화수소
③ 가솔린　　④ 경유

해설 **운송책임자의 감독 · 지원을 받아 운송하는 위험물**
① 알킬알루미늄
② 알킬리튬
③ 알킬알루미늄 또는 알킬리튬의 물질을 함유하는 위험물

해답 ①

27 「자동화재탐지설비 일반점검표」의 점검내용이 "변형 · 손상의 유무, 표시의 적부, 경계구역 일람도의 적부, 기능의 적부"인 점검항목은?

① 감지기　　② 중계기
③ 수신기　　④ 발신기

해설 **자동화재탐지설비-일반점검표**

점검항목	점검내용	점검방법	결 과	조치내용
수신기(통합조작반)	변형 · 손상의 유무	육안		
	표시의 적부	육안		
	경계구역 일람도의 적부	육안		
	기능의 적부	작동확인		

해답 ③

28 위험물안전관리법령상 지정수량 10배 이상의 위험물을 저장하는 제조소에 설치하여야 하는 경보설비의 종류가 아닌 것은?

① 자동화재탐지설비
② 자동화재속보설비
③ 휴대용 확성기
④ 비상방송설비

해설 **지정수량의 10배 이상을 저장 또는 취급하는 제조소의 경보설비**
① 자동화재 탐지설비
② 비상경보설비
③ 확성장치 또는 비상방송설비 중 1종 이상

해답 ②

29 위험물안전관리법령상 특수인화물의 정의에 관한 내용이다. ( )에 알맞은 수치를 차례대로 나타낸 것은?

> "특수인화물"이라 함은 이황화탄소, 디에틸에테르 그 밖에 1기압에서 발화점이 섭씨 100도 이하인 것 또는 인화점이 섭씨 영하 ( )도 이하이고 비점이 섭씨 ( )도 이하인 것을 말한다.

① 40, 20　　② 20, 40
③ 20, 100　　④ 40, 100

해설 **제4류 위험물**(인화성 액체)

구 분	지정품목	기타 조건(1atm에서)
특수인화물	이황화탄소 디에틸에테르	• 발화점이 100℃ 이하 • 인화점 −20℃ 이하이고 비점이 40℃ 이하
제1석유류	아세톤 휘발유	• 인화점 21℃ 미만
알코올류	C_1~C_3까지 포화 1가 알코올(변성알코올 포함) • 메틸알코올 • 에틸알코올 • 프로필알코올	
제2석유류	등유, 경유	• 인화점 21℃ 이상 70℃ 미만
제3석유류	중유 클레오소트유	• 인화점 70℃ 이상 200℃ 미만
제4석유류	기어유 실린더유	• 인화점 200℃ 이상 250℃ 미만
동식물유류	동물의 지육 등 또는 식물의 종자나 과육으로부터 추출한 것으로서 인화점이 250℃ 미만인 것	

해답 ②

30 제4류 위험물의 옥외저장탱크에 설치하는 밸브 없는 통기관은 직경이 얼마 이상인 것으로 설치해야 되는가? (단, 압력탱크는 제외한다.)

① 10mm ② 20mm
③ 30mm ④ 40mm

해설 **옥외탱크저장소**

(1) **밸브 없는 통기관 설치기준**
① 직경은 30mm 이상일 것
② 선단은 수평면보다 45도 이상 구부려 빗물 등의 침투를 막는 구조로 할 것
③ 가는 눈의 구리망 등으로 인화방지장치를 할 것
④ 가연성 증기를 회수하기위하여 밸브를 통기관에 설치하는 경우 당해 통기관의 밸브는 위험물을 주입하는 경우를 제외하고는 항상 개방되어있는 구조로 하고 폐쇄시 10kPa 이하의 압력에서 개방되는 구조로 할 것

(2) **대기밸브부착 통기관**
① 저장할 위험물의 휘발성이 비교적 높은 경우 등에 사용
② 평상시 폐쇄된 상태이다.
③ 5kPa 이하의 압력차에서 작동

해답 ③

31 위험물안전관리법령상 위험등급 Ⅰ의 위험물에 해당하는 것은?

① 무기과산화물 ② 황화린, 적린, 유황
③ 제1석유류 ④ 알코올류

해설 **위험물의 등급 분류**

위험등급	해당 위험물
위험등급 Ⅰ	① 제1류 위험물 중 아염소산염류, 염소산염류, 과염소산염류, 무기과산화물, 그 밖에 지정수량이 50kg인 위험물 ② 제3류 위험물 중 칼륨, 나트륨, 알킬알루미늄, 알킬리튬, 황린, 그 밖에 지정수량이 10kg 또는 20kg인 위험물 ③ 제4류 위험물 중 특수인화물 ④ 제5류 위험물 중 유기과산화물, 질산에스테르류, 그 밖에 지정수량이 10kg인 위험물 ⑤ 제6류 위험물
위험등급 Ⅱ	① 제1류 위험물 중 브롬산염류, 질산염류, 요오드산염류, 그 밖에 지정수량이 300kg인 위험물 ② 제2류 위험물 중 황화린, 적린, 유황 그 밖에 지정수량이 100kg인 위험물 ③ 제3류 위험물 중 알칼리금속(칼륨, 나트륨 제외) 및 알칼리토금속, 유기금속화합물(알킬알루미늄 및 알킬리튬은 제외) 그 밖에 지정수량이 50kg인 위험물 ④ 제4류 위험물 중 제1석유류, 알코올류 ⑤ 제5류 위험물 중 위험등급 Ⅰ 위험물 외의 것
위험등급 Ⅲ	위험등급 Ⅰ, Ⅱ 이외의 위험물

해답 ①

32 페놀을 황산과 질산의 혼산으로 니트로화하여 제조하는 제5류 위험물은?

① 아세트산 ② 피크르산
③ 니트로글리콜 ④ 질산에틸

해설 **피크르산**[$C_6H_2(NO_2)_3OH$](TNP : Tri Nitro Phenol)
: **제5류 위험물 중 니트로화합물**
① 침상결정이며 냉수에는 약간 녹고 더운물, 알코올, 벤젠 등에 잘 녹는다.
② 쓴맛과 독성이 있다
③ 피크르산 또는 트리니트로페놀(Tri Nitro phenol)의 약자로 TNP라고도 한다.
④ 단독으로 타격, 마찰에 비교적 둔감하다.
⑤ 연소 시 검은 연기를 내고 폭발성은 없다.
⑥ 휘발유, 알코올, 유황과 혼합된 것은 마찰, 충격에 폭발한다.
⑦ 화약, 불꽃놀이에 이용된다.
⑧ 페놀과 질산을 반응시켜 얻는다.

$$\underset{(페놀)}{C_6H_5OH} + \underset{(질산)}{3HNO_3} \xrightarrow[(탈수작용)]{(진한황산)\ C\text{-}H_2SO_4} \underset{(트리니트로톨루엔)}{C_6H_2(NO_2)_3OH} + \underset{(물)}{3H_2O}$$

해답 ②

33 금속염을 불꽃반응 실험을 한 결과 노란색의 불꽃이 나타났다. 이 금속염에 포함된 금속은 무엇인가?

① Cu ② K
③ Na ④ Li

해설 불꽃반응 시 색상

품 명	불꽃 색상
① 구리(Cu)	청록색
② 칼륨(K)	보라색
③ 나트륨(Na)	노란색
④ 리튬(Li)	적 색
⑤ 칼슘(Ca)	주홍색

해답 ③

34 위험물안전관리법령에서 정한 메틸알코올의 지정수량을 kg 단위로 환산하면 얼마인가? (단, 메틸알코올의 비중은 0.8이다.)

① 200　　② 320
③ 400　　④ 450

해설 ① 비중량
$\gamma(kg/m^3) = \gamma_w(1000kg/m^3) \times S$(비중)
② 메틸알코올의 비중량
$\gamma(kg/m^3) = \gamma_w(1000kg/m^3) \times 0.8$
$= 800kg/m^3 = 800kg/1000L$
$= 0.8kg/L$
③ $W(kg) = \gamma(kg/L) \times V(L)$
④ 메틸알코올의 지정수량 = 400L
⑤ $W(kg) = 0.8kg/L \times 400L = 320kg$

제4류 위험물 및 지정수량

위 험 물				지정수량 (L)
유별	성질	품명		
제4류	인화성 액체	1. 특수인화물		50
		2. 제1석유류	비수용성 액체	200
			수용성 액체	400
		3. 알코올류		400
		4. 제2석유류	비수용성 액체	1,000
			수용성 액체	2,000
		5. 제3석유류	비수용성 액체	2,000
			수용성 액체	4,000
		6. 제4석유류		6,000
		7. 동식물유류		10,000

해답 ②

35 [보기]에서 나열한 위험물의 공통 성질을 옳게 설명한 것은?

[보기] 나트륨, 황린, 트리에틸알루미늄

① 상온, 상압에서 고체의 형태를 나타낸다.
② 상온, 상압에서 액체의 형태를 나타낸다.
③ 금수성 물질이다.
④ 자연발화의 위험이 있다.

해설 (1) 나트륨
-제3류-자연발화성 및 금수성-상온, 상압에서 고체
(2) 황린
-제3류-자연발화성-상온, 상압에서 고체
(3) 트리에틸알루미늄
-제3류-자연발화성 및 금수성-상온, 상압에서 액체

해답 ④

36 위험물안전관리법령상 제1류 위험물의 질산염류가 아닌 것은?

① 질산은　　② 질산암모늄
③ 질산섬유소　　④ 질산나트륨

해설 **질산염류**
질산(HNO_3)에서 H^+(수소이온)이 금속 또는 양이온으로 치환된 화합물
① 질산칼륨(KNO_3)
② 질산나트륨($NaNO_3$)
③ 질산암모늄(NH_4NO_3)
④ 질산은($AgNO_3$)

질산염류의 일반적 특성
① 대부분 무색의 결정 및 분말로 물에 녹고 조해성이 크다.
② 열분해 시 산소를 발생한다.
③ 강력한 산화제이다.
④ 과염소산염류보다 충격, 가열에 안정하다.

해답 ③

37 위험물안전관리법령상 제3류 위험물에 해당하지 않는 것은?

① 적린　　② 나트륨
③ 칼륨　　④ 황린

해설 ① 적린-제2류 위험물(가연성고체)

제3류 위험물 및 지정수량

성 질	품 명	지정수량	위험등급
자연발화성 및 금수성물질	1. 칼륨 2. 나트륨 3. 알킬알루미늄 4. 알킬리튬	10kg	Ⅰ
	5. 황린	20kg	Ⅰ
	6. 알칼리금속(칼륨 및 나트륨 제외) 및 알칼리토금속 7. 유기금속화합물(알킬알루미늄 및 알킬리튬 제외)	50kg	Ⅱ
	8. 금속의 수소화물 9. 금속의 인화물 10. 칼슘 또는 알루미늄의 탄화물	300kg	Ⅱ

해답 ①

38 산화성액체인 질산의 분자식으로 옳은 것은?

① HNO_2　② HNO_3
③ NO_2　④ NO_3

해설 **질산**(HNO_3) : 제6류 위험물(산화성 액체)
① 무색의 발연성 액체이다.
② 시판품은 일반적으로 68%이다.
③ 빛에 의하여 일부 분해되어 생긴 NO_2 때문에 황갈색으로 된다.

$$4HNO_3 \rightarrow 2H_2O + 4NO_2\uparrow + O_2\uparrow$$
(이산화질소) (산소)

④ 질산을 오산화인(P_2O_5)과 작용시키면 오산화질소(N_2O_5)가 된다.
⑤ 저장용기는 직사광선을 피하고 찬 곳에 저장한다.
⑥ 실험실에서는 갈색병에 넣어 햇빛에 차단시킨다.
⑦ 환원성물질과 혼합하면 발화 또는 폭발한다.

크산토프로테인반응(xanthoprotenic reaction)
단백질에 진한질산을 가하면 노란색으로 변하고 알칼리를 작용시키면 오렌지색으로 변하며, 단백질 검출에 이용된다.

⑧ 다량의 질산화재에 소량의 주수소화는 위험하다.
⑨ 마른모래 및 CO_2로 소화한다.
⑩ 위급 시에는 다량의 물로 냉각 소화한다.

해답 ②

39 위험물안전관리법령상 제4류 위험물운반용기의 외부에 표시해야 하는 사항이 아닌 것은?

① 규정에 의한 주의사항
② 위험물의 품명 및 위험등급
③ 위험물의 관리자 및 지정수량
④ 위험물의 화학명

해설 **위험물 운반용기의 외부 표시 사항**
① 위험물의 품명, 위험등급, 화학명 및 수용성(제4류 위험물의 수용성인 것에 한함)
② 위험물의 수량
③ 수납하는 위험물에 따른 주의사항

유별	성질에 따른 구분	표시사항
제1류	알칼리금속의 과산화물	화기 · 충격주의, 물기엄금 및 가연물접촉주의
	그 밖의 것	화기 · 충격주의 및 가연물접촉주의
제2류	철분 · 금속분 · 마그네슘	화기주의 및 물기엄금
	인화성 고체	화기엄금
	그 밖의 것	화기주의
제3류	자연발화성 물질	화기엄금 및 공기접촉엄금
	금수성 물질	물기엄금
제4류	인화성 액체	화기엄금
제5류	자기반응성 물질	화기엄금 및 충격주의
제6류	산화성 액체	가연물접촉주의

해답 ③

40 위험물안전관리법령상 그림과 같이 횡으로 설치한 원형탱크의 용량은 약 몇 m^3인가? (단, 공간용적은 내용적의 $\frac{10}{100}$이다.)

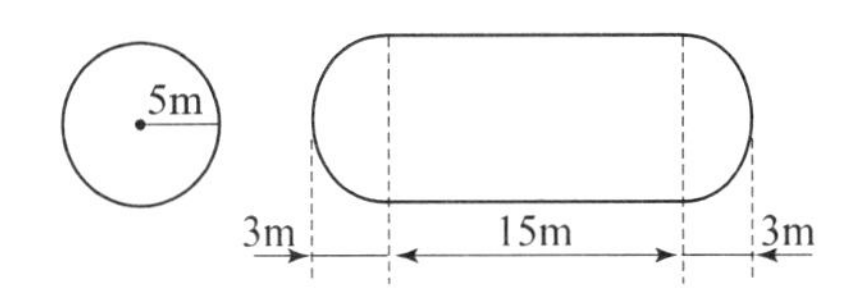

① 1690.9　② 1335.1
③ 1268.4　④ 1201.7

해설 원형 탱크의 내용적 : $V=\pi r^2\left(l+\frac{l_1+l_2}{3}\right)$

탱크의 용량

탱크의 용량 = 탱크의 내용적 × (1-공간용적)
탱크의 용량 = 탱크의 내용적 × (1-0.1(10/100))
탱크의 용량 = 탱크의 내용적 × 0.9

$$\therefore\ V = \pi \times 5^2 \times \left(15 + \frac{3+3}{3}\right) \times 0.9 = 1201.7\text{m}^3$$

해답 ④

41 위험물안전관리법령에서 정한 아세트알데히드등을 취급하는 제조소의 특례에 관한 내용이다. ( ) 안에 해당하는 물질이 아닌 것은?

아세트알데히드 등을 취급하는 설비는 ( ) · ( ) · ( ) · ( ) 또는 이들을 성분으로 하는 합금으로 만들지 아니할 것

① 동　　② 은
③ 금　　④ 마그네슘

해설 **알킬알루미늄 등을 취급하는 제조소의 특례**

① 알킬알루미늄 등을 취급하는 설비의 주위에는 누설범위를 국한하기 위한 설비와 누설된 알킬알루미늄 등을 안전한 장소에 설치된 저장실에 유입시킬 수 있는 설비를 갖출 것
② 알킬알루미늄 등을 취급하는 설비에는 불활성기체를 봉입하는 장치를 갖출 것

아세트알데히드 등을 취급하는 제조소의 특례

① 아세트알데히드 등을 취급하는 설비는 은 · 수은 · 동 · 마그네슘 또는 이들을 성분으로 하는 합금으로 만들지 아니할 것
② 아세트알데히드 등을 취급하는 설비에는 연소성 혼합기체의 생성에 의한 폭발을 방지하기 위한 불활성기체 또는 수증기를 봉입하는 장치를 갖출 것
③ 아세트알데히드 등을 취급하는 탱크(옥외에 있는 탱크 또는 옥내에 있는 탱크로서 그 용량이 지정수량의 5분의 1 미만의 것을 제외한다)에는 냉각장치 또는 저온을 유지하기 위한 장치(이하 "보냉장치"라 한다) 및 연소성 혼합기체의 생성에 의한 폭발을 방지하기 위한 불활성기체를 봉입하는 장치를 갖출 것. 다만, 지하에 있는 탱크가 아세트알데히드등의 온도를 저온으로 유지할 수 있는 구조인 경우에는 냉각장치 및 보냉장치를 갖추지 아니할 수 있다.
④ 냉각장치 또는 보냉장치는 2 이상 설치하여 하나의 냉각장치 또는 보냉장치가 고장난 때에도 일정 온도를 유지할 수 있도록 할 것

해답 ③

42 다음 반응식과 같이 벤젠 1kg이 연소할 때 발생되는 CO_2의 양은 약 몇 ㎥인가? (단, 27℃, 750mmHg 기준이다.)

$C_6H_6 + 7.5O_2 \rightarrow 6CO_2 + 3H_2O$

① 0.72　　② 1.22
③ 1.92　　④ 2.42

해설 ① 표준상태(0℃, 1기압)에서 벤젠 1kg이 연소할 때 발생되는 CO_2 부피
벤젠(C_6H_6)1몰($12 \times 6 + 1 \times 6 = 78$kg)이 연소하면 CO_2 6몰($22.4\text{m}^3 \times 6$) 발생
$78\text{kg} \rightarrow 22.4 \times 6\text{m}^3$
$1\text{kg} \rightarrow X$

$$\therefore\ X = \frac{1 \times 22.4 \times 6}{78} = 1.72\text{m}^3$$

② 1.72m^3(0℃, 1기압 = 760mmHg)을 27℃, 750mmHg으로 환산하면

보일-샤를의 법칙

$$\frac{P_1 V_1}{T_1} = \frac{P_2 V_2}{T_2}$$

③ $\dfrac{760 \times 1.72}{273+0} = \dfrac{750 \times V_2}{273+27}$

④ $V_2 = \dfrac{760 \times 1.72 \times (273+27)}{(273+0) \times 750} = 1.92\text{m}^3$

해답 ③

43 등유에 관한 설명으로 틀린 것은?

① 물보다 가볍다.
② 녹는점은 상온보다 높다
③ 발화점은 상온보다 높다.
④ 증기는 공기보다 무겁다.

해설 **등유**(Kerosine : 케로신) : **제4류 2석유류**

① 포화, 불포화 탄화수소의 혼합물이다.
② 물에 녹지 않고, 유기용제에 잘 녹는다.
③ 폭발범위는 1.1~6%, 발화점(착화점)은 254

℃이다.
④ 물보다 가볍다.
⑤ 석유류 중 비점이 약 150~300℃의 유분이다.
⑥ 증기는 공기보다 무겁다.
⑦ 등유의 착화온도(발화온도) 210℃이다.

해답 ②

44 벤젠(C_6H_6)의 일반 성질로서 틀린 것은?

① 휘발성이 강한 액체이다.
② 인화점은 가솔린보다 낮다.
③ 물에 녹지 않는다.
④ 화학적으로 공명구조를 이루고 있다.

해설 **벤젠**(C_6H_6 : Benzene) : 제5류 위험물 중 1석유류
① 제4류 위험물 중 1석유류
② 착화온도 : 562℃
③ 인화점은 −11℃로 가솔린보다 높다.
(가솔린(휘발유) 인화점 : −43~−20℃)
④ 벤젠증기는 마취성 및 독성이 강하다.
⑤ 비수용성이며 알코올, 아세톤, 에테르에는 용해
⑥ 취급 시 정전기에 유의해야 한다.

해답 ②

45 위험물안전관리법령에 의한 위험물에 속하지 않는 것은?

① CaC_2 ② S
③ P_2O_5 ④ K

해설 ① CaC_2
−탄화칼슘−제3류 위험물−금속의 탄화물
② S−유황−제2류 위험물−가연성고체
③ P_2O_5
−오산화인−인이 연소할 때 생기는 백색의 가루
④ K−칼륨−제3류 위험물−금수성

해답 ③

46 제4류 위험물을 저장 및 취급하는 위험물제조소에 설치한 "화기엄금" 게시판의 색상으로 올바른 것은?

① 적색바탕에 흑색문자
② 흑색바탕에 적색문자
③ 백색바탕에 적색문자
④ 적색바탕에 백색문자

해설 **게시판의 설치기준**
① 한 변의 길이가 0.3m 이상, 다른 한 변의 길이가 0.6m 이상인 직사각형으로 할 것
② 위험물의 유별 · 품명 및 저장최대수량 또는 취급최대수량, 지정수량의 배수 및 안전 관리자의 성명 또는 직명을 기재할 것
③ 게시판의 바탕은 백색으로, 문자는 흑색으로 할 것
④ 저장 또는 취급하는 위험물에 따라 주의사항 게시판을 설치할 것

위험물의 종류	주의사항 표시	게시판의 색
제1류(알칼리금속 과산화물) 제3류(금수성 물품)	물기엄금	청색바탕에 백색문자
제2류(인화성 고체 제외)	화기주의	적색바탕에 백색문자
제2류(인화성 고체) 제3류(자연발화성 물품) 제4류 제5류	화기엄금	

해답 ④

47 과염소산암모늄에 대한 설명으로 옳은 것은?

① 물에 용해되지 않는다.
② 청녹색의 침상결정이다.
③ 130℃에서 분해하기 시작하여 CO_2 가스를 방출한다.
④ 아세톤, 알코올에 용해된다.

해설 **과염소산암모늄**(NH_4ClO_4) : **제1류 위험물(산화성 고체)**
① 물, 아세톤, 알코올에는 용해되며 에테르에는 잘 녹지 않는다.
② 조해성이므로 밀폐용기에 저장
③ 130℃에서 분해가 시작되어 산소를 방출하고 300℃에서 분해가 급격히 진행된다.

130℃에서 분해
$NH_4ClO_4 \rightarrow NH_4Cl + 2O_2\uparrow$
300℃에서 분해
$2NH_4ClO_4 \rightarrow N_2 + Cl_2 + 2O_2 + 4H_2O$

④ 충격 및 분해온도이상에서 폭발성이 있다.

해답 ④

48 휘발유의 일반적인 성질에 관한 설명으로 틀린 것은?

① 인화점이 0℃보다 낮다.
② 위험물안전관리법령상 제1석유류에 해당한다.
③ 전기에 대해 비전도성 물질이다.
④ 순수한 것은 청색이나 안전을 위해 검은색으로 착색해서 사용해야 한다.

해설 **가솔린**(휘발유) : 제4류-제1석유류
① 연소범위는 1.4~7.6vol%이다.
② 용기는 밀폐시켜 보관 한다.
③ 휘발유는 비전도성이다.
④ 휘발유의 물성

성분	인화점	발화점	연소범위
C_5H_{12}~C_9H_{20}	-43℃~-20℃	300℃	1.4~7.6%

⑤ 순수한 것은 무색투명 하지만 보통과 고급휘발유는 색상 식별을 위해 각각 노란색과 녹색의 착색제를 넣는다.

해답 ④

49 톨루엔에 대한 설명으로 틀린 것은?

① 휘발성이 있고 가연성 액체이다.
② 증기는 마취성이 있다.
③ 알코올, 에테르, 벤젠 등과 잘 섞인다.
④ 노란색 액체로 냄새가 없다.

해설 **톨루엔**($C_6H_5CH_3$) : **제4류 제1석유류**
① 무색, 투명한 휘발성 액체이다.
② 물에는 용해되지 않고 유기용제에 용해된다.
③ 독성은 벤젠의 $\frac{1}{10}$ 정도이다.
④ 소화는 다량의 포 약제로 질식 및 냉각 소화한다.

해답 ④

50 위험물안전관리법령상 혼재할 수 없는 위험물은? (단, 위험물은 지정수량의 1/10을 초과하는 경우이다.)

① 적린과 황린
② 질산염류와 질산
③ 칼륨과 특수인화물
④ 유기과산화물과 유황

해설 ① 적린(제2류)과 황린(제3류)
② 질산염류(제1류)와 질산(제6류)
③ 칼륨(제3류)과 특수인화물(제4류)
④ 유기과산화물(제5류)과 유황(제2류)

위험물의 운반에 따른 유별을 달리하는 위험물의 혼재기준(쉬운 암기방법)

혼재 가능	
↓1류 + 6류↑	2류 + 4류
↓2류 + 5류↑	5류 + 4류
↓3류 + 4류↑	

해답 ①

51 위험물의 품명과 지정수량이 잘못 짝지어진 것은?

① 황화린 - 50kg
② 마그네슘 - 500kg
③ 알킬알루미늄 - 10kg
④ 황린 - 20kg

해설 **제2류 위험물의 지정수량**

성 질	품 명	지정수량	위험등급
가연성 고체	황화린, 적린, 유황	100kg	Ⅱ
	철분, 금속분, 마그네슘	500kg	Ⅲ
	인화성 고체	1,000kg	

해답 ①

52 디에틸에테르의 성질에 대한 설명으로 옳은 것은?

① 발화온도는 400℃이다.
② 증기는 공기보다 가볍고, 액상은 물보다 무겁다.
③ 알코올에 용해되지 않지만 물에 잘 녹는다.
④ 연소범위는 1.9~48% 정도이다.

해설 **디에틸에테르**($C_2H_5OC_2H_5$) : 제4류 위험물 중 특수인화물
① 알코올에는 녹지만 물에는 녹지 않는다.
② 직사광선에 장시간 노출 시 과산화물 생성

과산화물 생성 확인방법
디에틸에테르 + KI용액(10%) → 황색변화(1분 이내)

③ 용기에는 5% 이상 10% 이하의 안전공간 확보할 것
④ 용기는 갈색병을 사용하며 냉암소에 보관
⑤ 용기는 밀폐하여 증기의 누출방지
⑥ 연소범위 : 1.9~48%, 발화온도 : 180℃

해답 ④

53 다음 물질 중 인화점이 가장 낮은 것은?

① CH_3COCH_3 ② $C_2H_5OC_2H_5$
③ $CH_3(CH_2)_3OH$ ④ CH_3OH

해설 **제4류 위험물의 인화점**

품명	화학식	유별	인화점(℃)
① 아세톤	CH_3COCH_3	제1석유류	−18
② 디에틸에테르	$C_2H_5OC_2H_5$	특수인화물	−45
③ 부탄올	$CH_3(CH_2)_3OH$	제2석유류	35
④ 메틸알코올	CH_3OH	제4류 알코올류	11

해답 ②

54 과산화수소의 성질에 대한 설명으로 옳지 않은 것은?

① 산화성이 강한 무색투명한 액체이다.
② 위험물안전관리법령상 일정 비중 이상일 때 위험물로 취급한다.
③ 가열에 의해 분해하면 산소가 발생한다.
④ 소독약으로 사용할 수 있다.

해설 **제6류 위험물의 판단기준**

종 류	기 준
과산화수소	농도 36중량% 이상
질산	비중 1.49 이상

해답 ②

55 질산과 과염소산의 공통성질에 해당하지 않는 것은?

① 산소를 함유하고 있다.
② 불연성 물질이다.
③ 강산이다.
④ 비점이 상온보다 낮다.

해설 **질산(제6류)과 과염소산(제6류)의 비점**

종류	비점(℃)
질산(HNO_3)	86
과염소산($HClO_4$)	39

해답 ④

56 다음 물질 중 위험물 유별에 따른 구분이 나머지 셋과 다른 하나는?

① 질산은 ② 질산메틸
③ 무수크롬산 ④ 질산암모늄

해설 ① 질산은－제1류－질산염류
② 질산메틸－제5류－질산에스테르류
③ 무수크롬산－제1류－크롬의 산화물
④ 질산암모늄－제1류－질산염류

해답 ②

57 니트로셀룰로오스의 안전한 저장을 위해 사용하는 물질은?

① 페놀 ② 황산
③ 에탄올 ④ 아닐린

해설 **니트로셀룰로오스**$[(C_6H_7O_2(ONO_2)_3]_n$ **: 제5류 위험물**

셀룰로오스(섬유소)에 진한 질산과 진한 황산의 혼합액을 작용시켜서 만든 것이다.

① 비수용성이며 초산에틸, 초산아밀, 아세톤에 잘 녹는다.
② 130℃에서 분해가 시작되고, 180℃에서는 급격하게 연소한다.
③ 직사광선, 산 접촉 시 분해 및 자연 발화한다.
④ 건조상태에서는 폭발위험이 크나 물이나 알코올 습윤시 폭발위험성이 없어 저장 · 운반이 용이하다.
⑤ 질산섬유소라고도 하며 화약에 이용 시 면약(면화약)이라 한다.
⑥ 셀룰로이드, 콜로디온에 이용 시 질화면이라 한다.
⑦ 질소함유율(질화도)이 높을수록 폭발성이 크다.
⑧ 저장, 운반 시 물(20%) 또는 알코올(30%)을 첨가 습윤시킨다.
⑨ 화재시 다량의 물로 냉각소화한다.

해답 ③

58 1분자 내에 포함된 탄소의 수가 가장 많은 것은?

① 아세톤　② 톨루엔
③ 아세트산　④ 이황화탄소

해설 제4류 위험물의 분자식

품명	화학식	유별	탄소수
① 아세톤	CH_3COCH_3	제1석유류	3
② 톨루엔	$C_6H_5CH_3$	제1석유류	7
③ 아세트산(초산)	CH_3COOH	제2석유류	2
④ 이황화탄소	CS_2	특수인화물	1

해답 ②

59 다음 중 위험물안전관리법령에 따라 정한 지정수량이 나머지 셋과 다른 것은?

① 황화린　② 적린
③ 유황　④ 철분

해설 제2류 위험물의 지정수량

성 질	품 명	지정수량	위험등급
가연성 고체	황화린, 적린, 유황	100kg	Ⅱ
	철분, 금속분, 마그네슘	500kg	Ⅲ
	인화성 고체	1,000kg	

해답 ④

60 위험물안전관리법령상 해당하는 품명이 나머지 셋과 다른 것은?

① 트리니트로페놀
② 트리니트로톨루엔
③ 니트로셀룰로오스
④ 테트릴

해설 ① 트리니트로페놀(피크르산)
$-C_6H_2(NO_2)_3OH-$제5류 니트로화합물
② 트리니트로톨루엔
$-C_6H_2(NO_2)_3CH_3-$제5류 니트로화합물
③ 니트로셀룰로오스
$-[C_6H_7O_2(ONO_2)_3]-$질산에스테르류
④ 테트릴
$-C_6H_2(NO_2)_4NCH_3(C_7H_5N_5O_8)-$제5류 니트로화합물

해답 ③

위험물기능사

2015년 7월 19일 시행

01 과산화나트륨의 화재시 물을 사용한 소화가 위험한 이유는?

① 수소와 열을 발생하므로
② 산소와 열을 발생하므로
③ 수소를 발생하고 이 가스가 폭발적으로 연소하므로
④ 수소를 발생하고 이 가스가 폭발적으로 연소하므로

해설 **과산화나트륨(Na_2O_2) : 제1류 위험물 중 무기과산화물(금수성)**

① 상온에서 물과 격렬히 반응하여 산소(O_2)를 방출하고 폭발하기도 한다.

$2Na_2O_2 + 2H_2O \rightarrow 4NaOH + O_2\uparrow$ + 발열
(과산화나트륨) (물) (수산화나트륨) (산소)
(=가성소다)

② 공기 중 이산화탄소(CO_2)와 반응하여 산소(O_2)를 방출한다.

$2Na_2O_2 + 2CO_2 \rightarrow 2Na_2CO_3 + O_2\uparrow$
(탄산나트륨)

③ 산과 반응하여 과산화수소(H_2O_2)를 생성시킨다.

$Na_2O_2 + 2CH_3COOH \rightarrow 2CH_3COONa + H_2O_2\uparrow$
(초산) (초산나트륨) (과산화수소)

④ 열분해시 산소(O_2)를 방출한다.

$2Na_2O_2 \rightarrow 2Na_2O + O_2\uparrow$
(산화나트륨) (산소)

⑤ 주수소화는 금물이고 마른모래(건조사) 등으로 소화한다.

해답 ②

02 위험물안전관리법령상 경보설비로 자동화재탐지설비를 설치해야 할 위험물 제조소의 규모의 기준에 대한 설명으로 옳은 것은?

① 연면적 $500m^2$ 이상인 것
② 연면적 $1000m^2$ 이상인 것
③ 연면적 $1500m^2$ 이상인 것
④ 연면적 $2000m^2$ 이상인 것

해설 **자동화재탐지설비 설치대상**

① 연면적 $500m^2$ 이상 제조소 및 일반취급소
② 옥내에서 지정수량의 100배 이상을 저장 또는 취급하는 제조소, 일반취급소, 옥내저장소

해답 ①

03 $NH_4H_2PO_4$이 열분해하여 생성되는 물질 중 암모니아와 수증기의 부피 비율은?

① 1 : 1　② 1 : 2
③ 2 : 1　④ 3 : 2

해설 **분말약제의 열분해** ★★★★★

종별	약제명	착색	적응화재	열분해 반응식
제1종	탄산수소나트륨 중탄산나트륨 중조	백색	B,C	270℃ $2NaHCO_3 \rightarrow Na_2CO_3 + CO_2 + H_2O$ 850℃ $2NaHCO_3 \rightarrow Na_2O + 2CO_2 + H_2O$
제2종	탄산수소칼륨 중탄산칼륨	담회색	B,C	190℃ $2KHCO_3 \rightarrow K_2CO_3 + CO_2 + H_2O$ 590℃ $2KHCO_3 \rightarrow K_2O + 2CO_2 + H_2O$
제3종	제1인산암모늄	담홍색	A,B,C	$NH_4H_2PO_4 \rightarrow HPO_3 + NH_3 + H_2O$
제4종	중탄산칼륨+요소	회(백)색	B,C	$2KHCO_3 + (NH_2)_2CO \rightarrow K_2CO_3 + 2NH_3 + 2CO_2$

해답 ①

04 위험물안전관리법령에서 정한 탱크안전성능검사의 구분에 해당하지 않는 것은?

① 기초 · 지반검사　② 충수 · 수압검사
③ 용접부검사　④ 배관검사

해설 (1) 위험물안전관리법 시행규칙 제64조(정기점검의 횟수)
제조소등의 관계인은 당해 제조소등에 대하여 연 1회 이상 정기점검을 실시
(2) 정기검사의 대상인 제조소등
액체위험물을 저장 또는 취급하는 50만리터 이상의 옥외탱크저장소
(3) 탱크안전성능검사의 대상이 되는 탱크
① 기초 · 지반검사 : 옥외탱크저장소의 액체위험물탱크 중 용량이 100만L 이상인 탱크
② 충수 · 수압검사 : 액체위험물을 저장 또는 취급하는 탱크
③ 용접부검사 : (1)의 규정에 의한 탱크
④ 암반탱크검사 : 액체위험물을 저장 또는 취급하는 암반내의 공간을 이용한 탱크

해답 ④

05 제3류 위험물 중 금수성물질에 적응성이 있는 소화설비는?

① 할로겐화합물소화설비
② 포소화설비
③ 불활성가스소화설비
④ 탄산수소염류등 분말소화설비

해설 **금수성 위험물질에 적응성이 있는 소화기**
① 탄산수소염류
② 마른 모래
③ 팽창질석 또는 팽창진주암

해답 ④

06 제5류 위험물을 저장 또는 취급하는 장소에 적응성이 있는 소화설비는?

① 포소화설비
② 분말소화설비
③ 불활성가스소화설비
④ 할로겐화합물소화설비

해설 **제5류 위험물의 소화**
① 자체적으로 산소를 함유한 물질이므로 질식소화는 효과가 없다.
② 화재초기에 다량의 물로 주수 소화하는 것이 가장 효과적이다.
③ 포소화설비도 소화가 가능하다.

제5류 위험물의 일반적 성질
① 자기연소(내부연소)성 물질이다.
② 연소속도가 대단히 빠르고 폭발적 연소한다.
③ 가열, 마찰, 충격에 의하여 폭발한다.
④ 물질자체가 산소를 함유하고 있다.
⑤ 연소 시 소화가 어렵다.

해답 ①

07 화재의 종류와 가연물이 옳게 연결된 것은?

① A급 – 플라스틱 ② B급 – 섬유
③ A급 – 페인트 ④ B급 – 나무

해설 **화재의 분류** ★★ 자주출제(필수암기) ★★

종 류	등급	색표시	가연물
일반화재	A급	백색	플라스틱, 나무, 섬유
유류 및 가스화재	B급	황색	석유류, LNG, LPG
전기화재	C급	청색	반전실, 전산실
금속화재	D급	–	금속나트륨, 금속칼륨
주방화재	K급	–	식용유

해답 ①

08 팽창진주암(삽 1개 포함)의 능력단위 1은 용량이 몇 L 인가?

① 70 ② 100
③ 130 ④ 160

해설 **간이 소화용구의 능력단위**

소화설비	용량	능력단위
소화전용 물통	8L	0.3
수조(소화전용 물통 3개 포함)	80L	1.5
수조(소화전용 물통 6개 포함)	190L	2.5
마른 모래(삽 1개 포함)	50L	0.5
팽창질석 또는 팽창진주암(삽 1개 포함)	80L	0.5

해답 ④

09 위험물안전관리법령상 위험물을 유별로 정리하여 저장하면서 서로 1m 이상의 간격을 두면 동일한 옥내저장소에 저장할 수 있는 경우는?

① 제1류 위험물과 제3류 위험물 중 금수성물질을 저장하는 경우
② 제1류 위험물과 제4류 위험물을 저장하는

경우

③ 제1류 위험물과 제6류 위험물을 저장하는 경우

④ 제2류 위험물 중 금속분과 제4류 위험물 중 동식물유류를 저장하는 경우

해설 **서로 1m 이상의 간격을 두는 경우 동일한 옥내저장소에 저장할 수 있는 경우**

① 제1류 위험물과 제6류 위험물을 저장하는 경우

② 제1류 위험물과 제3류위험물 중 자연발화성물질(황린 또는 이를 함유한 것에 한한다)을 저장하는 경우

③ 제2류 위험물 중 인화성고체와 제4류 위험물을 저장하는 경우

④ 제3류 위험물 중 알킬알루미늄등과 제4류 위험물(알킬알루미늄 또는 알킬리튬을 함유한 것에 한한다)을 저장하는 경우

⑤ 제4류 위험물 중 유기과산화물 또는 이를 함유하는 것과 제5류 위험물 중 유기과산화물 또는 이를 함유한 것을 저장하는 경우

해답 ③

10 제6류 위험물을 저장하는 장소에 적응성이 있는 소화설비가 아닌 것은?

① 물분무소화설비

② 포소화설비

③ 불활성가스소화설비

④ 옥내소화전설비

해설 **제6류 위험물**(산화성액체)**의 적응성이 있는 소화설비**

다량의 물로 주수하여 냉각소화

① 옥내소화전설비 ② 옥외소화전설비

③ 스프링클러설비 ④ 물분무소화설비

⑤ 포소화설비

해답 ③

11 피난설비를 설치하여야 하는 위험물 제조소등에 해당하는 것은?

① 건축물의 2층 부분을 자동차 정비소로 사용하는 주유취급소

② 건축물의 2층 부분을 전시장으로 사용하는 주유취급소

③ 건축물의 1층 부분을 주유사무소로 사용하는 주유취급소

④ 건축물의 1층 부분을 관계자의 주거시설로 사용하는 주유취급소

해설 **피난설비를 설치하여야 하는 위험물제조소등**

① 건축물의 2층의 부분을 점포 · 휴게음식점 또는 전시장의 용도로 사용하는 것

② 옥내주유취급소

해답 ②

12 제1종 분말소화약제의 적응 화재 종류는?

① A급 ② BC급

③ AB급 ④ ABC급

해설 **분말약제의 주성분 및 착색** ★★★★(필수암기)

종별	주 성 분	약 제 명	착 색	적응화재
제1종	$NaHCO_3$	탄산수소나트륨 중탄산나트륨 중조	백색	B,C급
제2종	$KHCO_3$	탄산수소칼륨 중탄산칼륨	담회색	B,C급
제3종	$NH_4H_2PO_4$	제1인산암모늄	담홍색 (핑크색)	A,B,C급
제4종	$KHCO_3 + (NH_2)_2CO$	중탄산칼륨 +요소	회색 (쥐색)	B,C급

해답 ②

13 연소의 3요소를 모두 포함하는 것은?

① 과염소산, 산소, 불꽃

② 마그네슘분말, 연소열, 수소

③ 아세톤, 수소, 산소

④ 불꽃, 아세톤, 질산암모늄

해설 **연소의 3요소와 4요소**

① 연소의 3요소 : 가연물+산소+점화원

② 연소의 4요소 : 가연물+산소+점화원+순조로운 연쇄반응

※ 불꽃(점화원)+아세톤(가연물)+질산암모늄(열분해시 산소공급원)

해답 ④

14 액화 이산화탄소 1kg이 25℃, 2atm에서 방출되어 모두 기체가 되었다. 방출된 기체상의 이산화탄소 부피는 약 몇 L인가?

① 238 ② 278
③ 308 ④ 340

해설 $V=\frac{WRT}{PM}=\frac{1\times0.082\times(273+25)}{2\times44}$
$=0.27768m^3 \fallingdotseq 278L$

이상기체 상태방정식 ★★★★

$$PV=nRT=\frac{W}{M}RT$$

여기서, P : 압력(atm)
V : 부피(m^3)
n : mol수(무게/분자량)
W : 무게(kg)
M : 분자량
T : 절대온도(273+t℃)
R : 기체상수(0.082atm · m^3/kmol · K)

해답 ②

15 소화약제에 따른 주된 소화효과로 틀린 것은?

① 수성막포소화약제 : 질식효과
② 제2종 분말소화약제 : 탈수탄화효과
③ 이산화탄소소화약제 : 질식효과
④ 할로겐화합물소화약제 : 화학억제효과

해설 ② 제2종 분말소화약제 : 질식효과

해답 ②

16 위험물안전관리법령에서 정한 "물분무등소화설비"의 종류에 속하지 않는 것은?

① 스프링클러설비
② 포소화설비
③ 분말소화설비
④ 불활성가스소화설비

해설 **물분무등 소화설비**
① 물분무 소화설비
② 포 소화설비
③ 불활성가스 소화설비
④ 할로겐화합물 소화설비
⑤ 청정소화약제 소화설비
⑥ 분말 소화설비

해답 ①

17 혼합물인 위험물이 복수의 성상을 가지는 경우에 적용하는 품명에 관한 설명으로 틀린 것은?

① 산화성고체의 성상 및 가연성고체의 성상을 가지는 경우 : 산화성고체의 품명
② 산화성고체의 성상 및 자기반응성물질의 성상을 가지는 경우 : 자기반응성물질의 품명
③ 가연성고체의 성상과 자연발화성물질의 성상 및 금수성물질의 성상을 가지는 경우 : 자연발화성물질 및 금수성물질의 품명
④ 인화성액체의 성상 및 자기반응성물질의 성상을 가지는 경우 : 자기반응성물질의 품명

해설 **위험물이 2가지 이상의 성상을 나타내는 복수성상물품일 경우 유별 분류기준**
① 산화성고체(1류)+가연성고체(2류)
⇒ 제2류 위험물(가연성고체)
② 산화성고체(1류)+자기반응성물질(5류)
⇒ 제5류 위험물(자기반응성물질)
③ 가연성고체(2류)+자연발화성물질 및 금수성물질(3류)
⇒ 제3류 위험물(자연발화성물질 및 금수성물질)
④ 자연발화성물질 및 금수성물질(3류)+인화성액체(4류)
⇒ 제3류 위험물(자연발화성물질 및 금수성물질)
⑤ 인화성액체(4류)+자기반응성물질(5류)
⇒ 제5류 위험물(자기반응성물질)

해답 ①

18 위험물시설에 설치하는 자동화재탐지설비의 하나의 경계구역 면적과 그 한변의 길이의 기준으로 옳은 것은? (단, 광전식분리형 감지기를 설치하지 않은 경우이다.)

① $300m^2$ 이하, 50m 이하
② $300m^2$ 이하, 100m 이하

③ $600m^2$ 이하, 50m 이하
④ $600m^2$ 이하, 100m 이하

해설 **자동화재탐지설비의 설치기준**
① 자동화재탐지설비의 경계구역은 건축물 그 밖의 공작물의 2 이상의 층에 걸치지 아니하도록 할 것. 다만, 하나의 경계구역의 면적이 $500m^2$ 이하이면서 당해 경계구역이 두개의 층에 걸치는 경우이거나 계단·경사로·승강기의 승강로 그 밖에 이와 유사한 장소에 연기감지기를 설치하는 경우에는 그러하지 아니하다.
② 하나의 경계구역의 면적은 $600m^2$ 이하로 하고 그 한 변의 길이는 50m(광전식분리형 감지기를 설치할 경우에는 100m)이하로 할 것. 다만, 당해 건축물 그 밖의 공작물의 주요한 출입구에서 그 내부의 전체를 볼 수 있는 경우에 있어서는 그 면적을 $1,000m^2$ 이하로 할 수 있다.
③ 자동화재탐지설비의 감지기는 지붕(상층이 있는 경우에는 상층의 바닥) 또는 벽의 옥내에 면한 부분(천장이 있는 경우에는 천장 또는 벽의 옥내에 면한 부분 및 천장의 뒷 부분)에 유효하게 화재의 발생을 감지할 수 있도록 설치할 것
④ 자동화재탐지설비에는 비상전원을 설치할 것

해답 ③

19 다음 위험물의 저장 창고에 화재가 발생하였을 때 주수(注水)에 의한 소화가 오히려 더 위험한 것은?

① 염소산칼륨 ② 과염소산나트륨
③ 질산암모늄 ④ 탄화칼슘

해설 **탄화칼슘**(CaC_2) : **제3류 위험물 중 칼슘탄화물**
① 물과 접촉 시 아세틸렌을 생성하고 열을 발생시킨다.

$CaC_2 + 2H_2O \rightarrow Ca(OH)_2 + C_2H_2\uparrow$
(수산화칼슘) (아세틸렌)

② 아세틸렌의 폭발범위는 2.5~81%로 대단히 넓어서 폭발위험성이 크다.
③ 장기 보관시 불활성기체(N_2 등)를 봉입하여 저장한다.
④ 별명은 카바이드, 탄화석회, 칼슘카바이드 등이다.
⑤ 고온(700℃)에서 질화되어 석회질소($CaCN_2$)가 생성된다.

$CaC_2 + N_2 \rightarrow CaCN_2 + C$

⑥ 물 및 포약제에 의한 소화는 절대 금하고 마른 모래 등으로 피복소화한다.

해답 ④

20 옥외저장소에 덩어리 상태의 유황만을 지반면에 설치한 경계표시의 안쪽에서 저장할 경우 하나의 경계표시의 내부면적은 몇 m^2 이하 이어야 하는가?

① 75 ② 100
③ 150 ④ 300

해설 **덩어리 상태의 유황만을 지반면에 설치한 경계표시의 안쪽에서 저장, 취급하는 것의 기술기준**
① 하나의 경계표시의 내부의 면적 : $100m^2$ 이하
② 2 이상의 경계표시를 설치하는 경우에 있어서는 각각의 경계표시 내부의 면적을 합산한 면적은 $1,000m^2$ 이하로 할 것
③ 경계표시 : 불연재료로 만드는 동시에 유황이 새지 않는 구조로 할 것
④ 경계표시의 높이 : 1.5m 이하

해답 ②

21 황의 성상에 관한 설명으로 틀린 것은?

① 연소할 때 발생하는 가스는 냄새를 가지고 있으나 인체에 무해하다.
② 미분이 공기 중에 떠 있을 때 분진폭발의 우려가 있다.
③ 용융된 황을 물에서 급냉하면 고무상황을 얻을 수 있다.
④ 연소할 때 아황산가스를 발생한다.

해설 **유황**(S) : 제2류 위험물(가연성 고체)
① 동소체로 사방황, 단사황, 고무상황이 있다.
② 황색의 고체 또는 분말상태이며 인화점이 232℃이다.
③ 물에 녹지 않고 이황화탄소(CS_2)에는 잘 녹는다.
④ 공기 중에서 연소 시 푸른 불꽃을 내며 이산화황(아황산가스)이 생성되며 독성이 강하다.

$S + O_2 \rightarrow SO_2$(이산화황=아황산)

⑤ 산화제와 접촉 시 위험하다
⑥ 분진폭발의 위험성이 있고 목탄가루와 혼합시 가열, 충격, 마찰에 의하여 폭발위험성이 있다.
⑦ 다량의 물로 주수소화 또는 질식 소화한다.

해답 ①

22 과산화수소의 성질에 대한 설명 중 틀린 것은?

① 알칼리성 용액에 의해 분해될 수 있다.
② 산화제로 사용할 수 있다.
③ 농도가 높을수록 안정하다.
④ 열, 햇빛에 의해 분해될 수 있다.

해설 **과산화수소(H_2O_2)의 일반적인 성질**
① 분해 시 산소(O_2)를 발생시킨다.
② 분해안정제로 인산(H_3PO_4) 또는 요산($C_5H_4N_4O_3$)을 첨가한다.
③ 시판품은 일반적으로 30~40% 수용액이다.
④ 저장용기는 밀폐하지 말고 구멍이 있는 마개를 사용한다.
⑤ 강산화제이면서 환원제로도 사용한다.
⑥ 60% 이상의 고농도에서는 단독으로 폭발위험이 있다.
⑦ 히드라진($NH_2 \cdot NH_2$)과 접촉 시 분해 작용으로 폭발위험이 있다.

$$NH_2 \cdot NH_2 + 2H_2O_2 \rightarrow 4H_2O + N_2 \uparrow$$

⑧ 3%용액은 옥시풀이라 하며 표백제 또는 살균제로 이용한다.
⑨ 무색인 요오드칼륨 녹말종이와 반응하여 청색으로 변화시킨다.

- 과산화수소는 36%(중량) 이상만 위험물에 해당된다.
- 과산화수소는 표백제 및 살균제로 이용된다.

⑩ 다량의 물로 주수 소화한다.

해답 ③

23 위험물안전관리법령상 위험물의 운송에 있어서 운송책임자의 감독 또는 지원을 받아 운송하여야 하는 위험물에 속하지 않는 것은?

① $Al(CH_3)_3$　② CH_3Li
③ $Cd(CH_3)_2$　④ $Al(C_4H_9)_3$

해설 **운송책임자의 감독 · 지원을 받아 운송하는 위험물**
(1) 알킬알루미늄
(2) 알킬리튬
(3) 알킬알루미늄 또는 알킬리튬의 물질을 함유하는 위험물
① $Al(CH_3)_3$: 트리메틸알루미늄 −알킬알루미늄
② CH_3Li : 메틸리튬−알킬리튬
③ $Cd(CH_3)_2$: 트리메틸카드뮴
④ $Al(C_4H_9)_3$: 트리부틸알루미늄 −알킬알루미늄

해답 ③

24 무색의 액체로 융점이 −112℃ 이고 물과 접촉하면 심하게 발열하는 제6류 위험물은?

① 과산화수소　② 과염소산
③ 질산　④ 오불화요오드

해설 **과염소산**($HClO_4$) : **제6류 위험물(산화성 액체)**
① 물과 접촉 시 심한 열을 발생한다.(발열반응)
② 종이, 나무 조각과 접촉 시 연소한다.
③ 공기 중 분해하여 강하게 연기를 발생한다.
④ 무색의 액체로 융점이 −112℃이며 염소냄새가 난다.
⑤ 산화력 및 흡습성이 강하다.
⑥ 다량의 물로 분무(안개모양)주수소화
⑦ 불연성물질의 액체이다.

해답 ②

25 위험물안전관리법령에서 정한 특수인화물의 발화점 기준으로 옳은 것은?

① 1기압에서 100℃ 이하
② 0기압에서 100℃ 이하
③ 1기압에서 25℃ 이하
④ 0기압에서 25℃ 이하

해설 **제4류 위험물**(인화성 액체)

구 분	지정품목	기타 조건(1atm에서)
특수인화물	이황화탄소 디에틸에테르	• 발화점이 100℃ 이하 • 인화점 −20℃ 이하이고 비점이 40℃ 이하
제1석유류	아세톤 휘발유	• 인화점 21℃ 미만

구 분	지정품목	기타 조건(1atm에서)
알코올류	C_1~C_3까지 포화 1가 알코올(변성알코올 포함) • 메틸알코올 • 에틸알코올 • 프로필알코올	
제2석유류	등유, 경유	• 인화점 21℃ 이상 70℃ 미만
제3석유류	중유 클레오소트유	• 인화점 70℃ 이상 200℃ 미만
제4석유류	기어유 실린더유	• 인화점 200℃ 이상 250℃ 미만
동식물유류	동물의 지육 등 또는 식물의 종자나 과육으로부터 추출한 것으로서 인화점이 250℃ 미만인 것	

해답 ①

26 알칼알루미늄 등 또는 아세트알데히드 등을 취급하는 제조소의 특례기준으로서 옳은 것은?

① 알킬알루미늄 등을 취급하는 설비에는 불활성기체 또는 수증기를 봉입하는 장치를 설치한다.
② 알킬알루미늄 등을 취급하는 설비는 은·동·마그네슘을 성분으로 하는 것으로 만들지 않는다.
③ 아세트알데히드 등을 취급하는 탱크에는 냉각장치 또는 보냉장치 및 불활성기체 봉입장치를 설치한다.
④ 아세트알데히드 등을 취급하는 설비의 주위에는 누설범위를 국한하기 위한 설비와 누설되었을 때 안전한 장소에 설치된 저장실에 유입시킬 수 있는 설비를 갖춘다.

해설 **알킬알루미늄 등을 취급하는 제조소의 특례**
① 안전한 장소에 설치된 저장실에 유입시킬 수 있는 설비를 갖출 것
② 불활성기체를 봉입하는 장치를 갖출 것

아세트알데히드등을 취급하는 제조소의 특례
① 은·수은·동·마그네슘 또는 이들을 성분으로 하는 합금으로 만들지 아니할 것
② 연소성 혼합기체의 생성에 의한 폭발을 방지하기 위한 불활성기체 또는 수증기를 봉입하는 장치를 갖출 것
③ 냉각장치 또는 보냉장치 및 불활성기체를 봉입하는 장치를 갖출 것

해답 ③

27 그림의 시험장치는 제 몇 류 위험물의 위험성 판정을 위한 것인가? (단, 고체물질의 위험성 판정이다.)

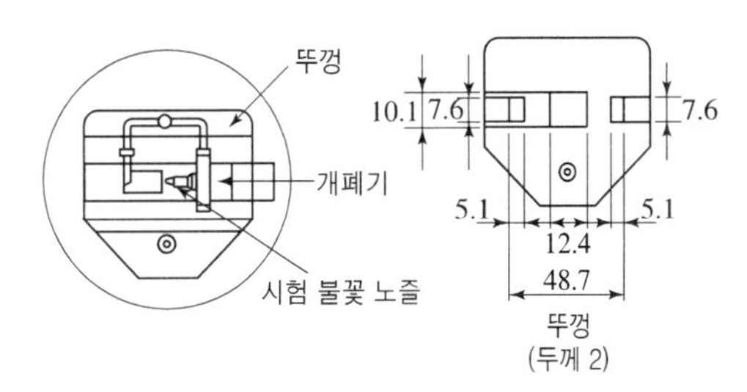

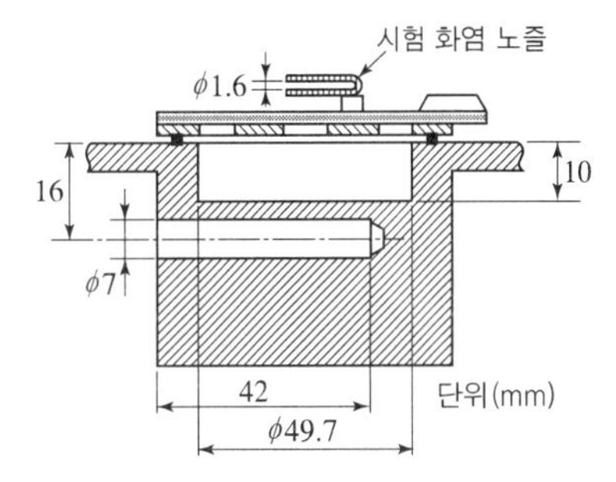

① 제1류 ② 제2류
③ 제3류 ④ 제4류

해설 **위험물안전관리에 관한 세부기준**
제9조(고체의 인화 위험성 시험방법)

해답 ②

28 디에틸에테르의 보관·취급에 관한 설명으로 틀린 것은?

① 용기는 밀봉하여 보관한다.
② 환기가 잘 되는 곳에 보관한다.
③ 정전기가 발생하지 않도록 취급한다.
④ 저장용기에 빈 공간이 없게 가득 채워 보관한다.

해설 **디에틸에테르**($C_2H_5OC_2H_5$) : 제4류 위험물 중 특수인화물
① 알코올에는 녹지만 물에는 녹지 않는다.
② 직사광선에 장시간 노출 시 과산화물 생성

과산화물 생성 확인방법
디에틸에테르 + KI용액(10%) → 황색변화(1분 이내)

③ 용기에는 5% 이상 10% 이하의 안전공간 확보

할 것

④ 용기는 갈색병을 사용하며 냉암소에 보관

⑤ 용기는 밀폐하여 증기의 누출방지

⑥ 연소범위 : 1.9~48%

해답 ④

29 과산화나트륨에 대한 설명 중 틀린 것은?

① 순수한 것은 백색이다.

② 상온에서 물과 반응하여 수소 가스를 발생한다.

③ 화재 발생시 주수소화는 위험할 수 있다.

④ CO 및 CO_2 제거제를 제조할 때 사용된다.

해설 **과산화나트륨(Na_2O_2) : 제1류 위험물 중 무기과산화물(금수성)**

① 상온에서 물과 격렬히 반응하여 산소(O_2)를 방출하고 폭발하기도 한다.

$$2Na_2O_2 + 2H_2O \rightarrow 4NaOH + O_2\uparrow + \text{발열}$$

(과산화나트륨) (물) (수산화나트륨) (산소)
(=가성소다)

② 공기 중 이산화탄소(CO_2)와 반응하여 산소(O_2)를 방출한다.

$$2Na_2O_2 + 2CO_2 \rightarrow 2Na_2CO_3 + O_2\uparrow$$

(탄산나트륨)

③ 산과 반응하여 과산화수소(H_2O_2)를 생성시킨다.

$$Na_2O_2 + 2CH_3COOH \rightarrow 2CH_3COONa + H_2O_2\uparrow$$

(초산) (초산나트륨) (과산화수소)

④ 열분해시 산소(O_2)를 방출한다.

$$2Na_2O_2 \rightarrow 2Na_2O + O_2\uparrow$$

(산화나트륨) (산소)

⑤ 주수소화는 금물이고 마른모래(건조사) 등으로 소화한다.

해답 ②

30 위험물안전관리법령상 상품명이 "유기과산화물"인 것으로만 나열된 것은?

① 과산화벤조일, 과산화메틸에틸케톤

② 과산화벤조일, 과산화마그네슘

③ 과산화마그네슘, 과산화메틸에틸케톤

④ 과산화초산, 과산화수소

해설 **유기과산화물**

① 과산화벤조일(벤조일퍼옥사이드 : BPO)

② 메틸에틸케톤퍼옥사이드(MEKPO) = 과산화메틸에틸케톤

해답 ①

31 염소산염류 250kg, 요오드산 염류 600kg, 질산염류 900kg을 저장하고 있는 경우 지정수량의 몇 배가 보관되어 있는가?

① 5배 ② 7배

③ 10배 ④ 12배

해설 **제1류 위험물 및 지정수량**

<table>
<tr><th>성질</th><th colspan="2">품 명</th><th>지정수량</th><th>위험등급</th></tr>
<tr><td rowspan="5">산화성고체</td><td colspan="2">아염소산염류, 염소산염류, 과염소산염류, 무기과산화물</td><td>50kg</td><td>I</td></tr>
<tr><td colspan="2">브롬산염류, 질산염류, 요오드산염류</td><td>300kg</td><td>II</td></tr>
<tr><td colspan="2">과망간산염류, 중크롬산염류</td><td>1000kg</td><td>III</td></tr>
<tr><td rowspan="2">행정안전부령이 정하는 것</td><td>① 과요오드산염류
② 과요오드산
③ 크롬, 납 또는 요오드의 산화물
④ 아질산염류
⑤ 염소화이소시아눌산
⑥ 퍼옥소이황산염류
⑦ 퍼옥소붕산염류</td><td>300kg</td><td>II</td></tr>
<tr><td>⑧ 차아염소산염류</td><td>50kg</td><td>I</td></tr>
</table>

① 염소산염류 : 50kg

② 요오드산 염류 : 300kg

③ 질산염류 : 300kg

지정수량의 배수

$$= \frac{\text{저장수량}}{\text{지정수량}} = \frac{250kg}{50kg} + \frac{600kg}{300kg} + \frac{900kg}{300kg} = 10\text{배}$$

해답 ③

32 옥외저장소에서 저장 또는 취급할 수 있는 위험물이 아닌 것은? (단, 국제해상위험물규칙에 적합한 용기에 수납된 위험물의 경우는 제외한다.)

① 제2류 위험물 중 유황

② 제1류 위험물 중 과염소산염류

③ 제6류 위험물
④ 제2류 위험물 중 인화점이 10℃인 인화성 고체

해설 **옥외저장소에 저장할 수 있는 위험물**
① 제2류 위험물 : 유황, 인화성고체 (인화점이 0℃ 이상)
② 제4류 위험물 : 제1석유류(인화점이 0℃ 이상), 제2석유류, 제3석유류, 제4석유류, 알코올류, 동식물유류
③ 제6류 위험물

해답 ②

33 히드라진에 대한 설명으로 틀린 것은?

① 외관은 물과 같이 무색 투명하다.
② 가열하면 분해하여 가스를 발생한다.
③ 위험물안전관리법령상 제4류 위험물에 해당한다.
④ 알코올, 물 등의 비극성 용매에 잘 녹는다.

해설 **히드라진**(hydrazine)(NH_2NH_2) : 제4류 위험물 중 제2석유류
① 외관은 물과 같이 무색투명한 액체이다.
② 가열하면 분해하여 가스를 방출한다.
③ 알코올, 물 등의 극성용매에 잘 녹는다.
④ 히드라진은 산과 작용하여 염을 만든다.
⑤ 녹는점 1.4℃, 끓는점 113.5℃, 비중 d=1.011이다.

해답 ④

34 다음 중 제2석유류만으로 짝지어진 것은?

① 시클로헥산 – 피리딘
② 염화아세틸 – 휘발유
③ 시클로헥산 – 중유
④ 아크릴산 – 포름산

해설 **제4류 위험물의 분류**
① 시클로헥산(1석유류)–피리딘(1석유류)
② 염화아세틸(1석유류)–휘발유(1석유류)
③ 시클로헥산(1석유류)–중유(3석유류)
④ 아크릴산(2석유류)–포름산(개미산)(2석유류)

해답 ④

35 시약(고체)의 명칭이 불분명한 시약병의 내용물을 확인 하려고 뚜껑을 열어 시계접시에 소량을 담아놓고 공기 중에서 햇빛을 받는 곳에 방치하던 중 시계접시에서 갑자기 연소현상이 일어났다. 다음 물질 중 이 시약의 명칭으로 예상할 수 있는 것은?

① 황　　② 황린
③ 적린　　④ 질산암모늄

해설 **황린**(P_4)[별명 : 백린] **: 제3류 위험물(자연발화성 물질)**
① 백색 또는 담황색의 고체이다.
② 공기 중 약 40~50℃에서 자연 발화한다.
③ 저장 시 자연 발화성이므로 반드시 물속에 저장한다.
④ 인화수소(PH_3)의 생성을 방지하기 위하여 물의 pH=9(약알칼리)가 안전한계이다.
⑤ 연소 시 오산화인(P_2O_5)의 흰 연기가 발생한다.

$$P_4 + 5O_2 \rightarrow 2P_2O_5\text{(오산화인)}$$

⑥ 강알칼리의 용액에서는 유독기체인 포스핀(PH_3) 발생한다. 따라서 저장 시 물의 pH(수소이온농도)는 9를 넘어서는 안된다.

$$P_4 + 3NaOH + 3H_2O \rightarrow 3NaH_2PO_2 + PH_3\uparrow$$
(인화수소=포스핀)

⑦ 약 250℃로 가열(공기차단)시 적린이 된다.
⑧ 피부 접촉 시 화상을 입는다.
⑨ 소화는 물분무, 마른모래 등으로 질식소화한다.
⑩ 고압의 주수소화는 황린을 비산시켜 연소면이 확대될 우려가 있다.

해답 ②

36 위험물제조소 및 일반취급소에서 설치하는 자동화재탐지설비의 설치기준으로 틀린 것은?

① 하나의 경계구역은 600m^2 이하로 하고, 한변의 길이는 50m 이하로 한다.
② 주요한 출입구에서 내부전체를 볼 수 있는 경우 경계구역은 1000m^2 이하로 할 수 있다.
③ 광전식분리형 감지기를 설치할 경우에는 하나의 경계구역을 1000m^2 이하로 할 수 있다.
④ 비상전원을 설치하여야 한다.

해설 **자동화재탐지설비의 설치기준**

① 자동화재탐지설비의 경계구역은 건축물 그 밖의 공작물의 2 이상의 층에 걸치지 아니하도록 할 것. 다만, 하나의 경계구역의 면적이 $500m^2$ 이하이면서 당해 경계구역이 두개의 층에 걸치는 경우이거나 계단 · 경사로 · 승강기의 승강로 그 밖에 이와 유사한 장소에 연기감지기를 설치하는 경우에는 그러하지 아니하다.
② 하나의 경계구역의 면적은 $600m^2$ 이하로 하고 그 한 변의 길이는 50m(광전식분리형 감지기를 설치할 경우에는 100m)이하로 할 것. 다만, 당해 건축물 그 밖의 공작물의 주요한 출입구에서 그 내부의 전체를 볼 수 있는 경우에 있어서는 그 면적을 $1,000m^2$ 이하로 할 수 있다.
③ 자동화재탐지설비의 감지기는 지붕(상층이 있는 경우에는 상층의 바닥) 또는 벽의 옥내에 면한 부분(천장이 있는 경우에는 천장 또는 벽의 옥내에 면한 부분 및 천장의 뒷 부분)에 유효하게 화재의 발생을 감지할 수 있도록 설치할 것
④ 자동화재탐지설비에는 비상전원을 설치할 것

해답 ③

37 무기과산화물의 일반적인 성질에 대한 설명으로 틀린 것은?

① 과산화수소의 수소가 금속으로 치환된 화합물이다.
② 산화력이 강해 스스로 쉽게 산화한다.
③ 가열하면 분해되어 산소를 발생한다.
④ 물과의 반응성이 크다.

해설 **무기과산화물의 일반적 성질**

① 과산화수소의 수소가 금속으로 치환된 화합물이다.
② 무기과산화물은 쉽게 환원 된다.
③ 가열하면 분해되어 산소를 발생하여 남의 연소를 돕는다.(조연성)
④ 물과 격렬히 반응하여 열과 산소를 발생시킨다.

해답 ②

38 다음 중 물과의 반응성이 가장 낮은 것은?

① 인화알루미늄 ② 트리에틸알루미늄
③ 오황화린 ④ 황린

해설 **보호액속에 저장 위험물**

① 파라핀, 경유, 등유 속에 보관
칼륨(K), 나트륨(Na)
② 물속에 보관
이황화탄소(CS_2), 황린(P_4)

해답 ④

39 다음 위험물 중 비중이 물보다 큰 것은?

① 디에틸에테르 ② 아세트알데히드
③ 산화프로필렌 ④ 이황화탄소

해설 **제4류 위험물의 비중과 인화점**

품명	유별	비중	인화점(℃)
① 디에틸에테르	특수인화물	0.71	-45
② 아세트알데히드	특수인화물	0.78	-38
③ 산화프로필렌	특수인화물	0.83	-37
④ 이황화탄소	특수인화물	1.26	-30

※ 이황화탄소는 물보다 비중이 무거워 가연성증기의 발생억제를 위하여 물속에 보관한다.

해답 ④

40 위험물안전관리자를 해임할 때에는 해임한 날로부터 며칠 이내에 위험물안전관리자를 다시 선임하여야 하는가?

① 7 ② 14
③ 30 ④ 60

해설 **위험물안전관리자 선임 및 해임**

① 위험물안전관리자 해임 시 재 선임기간 : 30일 이내
② 위험물안전관리자 선임신고기간 : 14일 이내

해답 ③

41 황린에 관한 설명 중 틀린 것은?

① 물에 잘 녹는다.
② 화재시 물로 냉각소화 할 수 있다.
③ 적린에 비해 불안정하다.
④ 적린의 동소체이다.

해설 **황린(P_4)[별명 : 백린] : 제3류 위험물(자연발화성 물질)**

① 백색 또는 담황색의 고체이다.
② 공기 중 약 40~50℃에서 자연 발화한다.
③ 저장 시 자연 발화성이므로 반드시 물속에 저장한다.
④ 인화수소(PH_3)의 생성을 방지하기 위하여 물의 pH=9(약알칼리)가 안전한계이다.
⑤ 연소 시 오산화인(P_2O_5)의 흰 연기가 발생한다.

$P_4 + 5O_2 \rightarrow 2P_2O_5$(오산화인)

⑥ 강알칼리의 용액에서는 유독기체인 포스핀(PH_3) 발생한다. 따라서 저장 시 물의 pH(수소이온농도)는 9를 넘어서는 안된다.

$P_4 + 3NaOH + 3H_2O \rightarrow 3NaH_2PO_2 + PH_3\uparrow$
(인화수소=포스핀)

⑦ 약 250℃로 가열(공기차단)시 적린이 된다.
⑧ 피부 접촉 시 화상을 입는다.
⑨ 소화는 물분무, 마른모래 등으로 질식소화한다.
⑩ 고압의 주수소화는 황린을 비산시켜 연소면이 확대될 우려가 있다.

해답 ①

42 위험물 옥내저장소에 과염소산 300kg, 과산화수소 300kg을 저장하고 있다. 저장창고에는 지정수량 몇 배의 위험물을 저장하고 있는가?

① 4 ② 3
③ 2 ④ 1

해설 **제6류 위험물(산화성 액체)**

성질	품 명	판단기준	지정수량	위험등급
산화성 액체	• 과염소산($HClO_4$)		300kg	I
	• 과산화수소(H_2O_2)	농도 36중량% 이상		
	• 질산(HNO_3)	비중 1.49 이상		
	• 할로겐간화합물 ① 삼불화브롬(BrF_3) ② 오불화브롬(BrF_5) ③ 오불화요오드(IF_5)			

지정수량의 배수

$$N = \frac{저장수량}{지정수량} = \frac{300}{300} + \frac{300}{300} = 2배$$

해답 ③

43 금속나트륨, 금속칼륨 등을 보호액 속에 저장하는 이유를 가장 옳게 설명한 것은?

① 온도를 낮추기 위하여
② 승화하는 것을 막기 위하여
③ 공기와의 접촉을 막기 위하여
④ 운반시 충격을 적게 하기 위하여

해설 **보호액속에 저장 위험물**

① 파라핀, 경유, 등유 속에 보관 : 공기와의 접촉을 방지

칼륨(K), 나트륨(Na)

② 물속에 보관

이황화탄소(CS_2), 황린(P_4)

해답 ③

44 위험물안전관리법령에서 정한 품명이 서로 다른 물질을 나열한 것은?

① 이황화탄소, 디에틸에테르
② 에틸알코올, 고형알코올
③ 등유, 경유
④ 중유, 클레오소트유

해설 ① 이황화탄소(제4류-특수인화물)
디에틸에테르(제4류-특수인화물)
② 에틸알코올(제4류-알코올류)
고형알코올(제2류-인화성고체)
③ 등유(제4류-제2석유류)
경유(제4류-제2석유류)
④ 중유(제4류-제3석유류)
클레오소오트유(제4류-제3석유류)

해답 ②

45 위험물안전관리법령에 의한 위험물 운송에 관한 규정으로 틀린 것은?

① 이동탱크저장소에 의하여 위험물을 운송하는 자는 당해 위험물을 취급할 수 있는 국가기술자격자 또는 안전교육을 받은 자이어야 한다.
② 안전관리자 · 탱크시험자 · 위험물운송자

등 위험물의 안전관리자와 관련된 업무를 수행하는 자는 시·도지사가 실시하는 안전교육을 받아야 한다.

③ 운송책임자의 범위, 감독 또는 지원의 방법 등에 관한 구체적인 기준은 행정안전부령으로 정한다.

④ 위험물운송자는 이동탱크저장소에 의하여 위험물을 운송하는 때에는 행정안전부령으로 정하는 기준을 준수하는 등 당해 위험물의 안전확보를 위하여 세심한 주위를 기울여야 한다.

해설 위험물안전관리법 제28조 (안전교육)

안전관리자·탱크시험자·위험물운반자·위험물운송자 등 위험물의 안전관리와 관련된 업무를 수행하는 자로서 대통령령이 정하는 자는 해당 업무에 관한 능력의 습득 또는 향상을 위하여 소방청장이 실시하는 교육을 받아야 한다.

해답 ②

46 다음 아세톤의 완전 연소를 반응식에서 ( )에 알맞은 계수를 차례대로 옳게 나타낸 것은?

CH_3COCH_3 + ( ) O_2 → ( ) CO_2 + $3H_2O$

① 3, 4 ② 4, 3
③ 6, 3 ④ 3, 6

해설 아세톤(CH_3COCH_3) : 제4류 1석유류

연소반응식

$CH_3COCH_3 + 4O_2 \rightarrow 3CO_2 + 3H_2O$

① 무색의 휘발성 액체이다.
② 물 및 유기용제(알코올, 에테르 등)에 잘 녹는다.
③ 요오드포름 반응을 한다.

요오드포름 반응

아세톤, 아세트알데히드, 에틸알코올에 수산화칼륨(KOH)과 요오드를 반응시키면 노란색의 요오드포름(CHI_3)의 침전물이 생성된다.

아세톤 $\xrightarrow{KOH\ +\ I_2}$ 요오드포름(CHI_3)(노란색)

④ 아세틸렌을 잘 녹이므로 아세틸렌(용해가스) 저장시 아세톤에 용해시켜 저장한다.
⑤ 보관 중 황색으로 변색되며 햇빛에 분해가 된다.
⑥ 피부 접촉 시 탈지작용을 한다.
⑦ 다량의물 또는 알코올포로 소화한다.

해답 ②

47 위험물탱크의 용량은 탱크의 내용적에서 공간용적을 뺀 용적으로 한다. 이 경우 소화약제 방출구를 탱크안의 윗부분에 설치하는 탱크의 공간용적은 당해 소화설비의 소화약제방출구 아래의 어느 범위의 면으로부터 윗부분의 용적으로 하는가?

① 0.1미터 이상 0.5미터 미만 사이의 면
② 0.3미터 이상 1미터 미만 사이의 면
③ 0.5미터 이상 1미터 미만 사이의 면
④ 0.5미터 이상 1.5미터 미만 사이의 면

해설 탱크의 내용적 및 공간용적

① 탱크의 공간용적은 탱크의 내용적의 $\frac{5}{100}$ 이상 $\frac{10}{100}$ 이하의 용적으로 한다. 다만, 소화설비(소화약제 방출구를 탱크안의 윗부분에 설치하는 것에 한한다)를 설치하는 탱크의 공간용적은 당해 소화설비의 소화약제방출구 아래의 0.3m 이상 1m 미만 사이의 면으로부터 윗부분의 용적으로 한다.
② 암반탱크에 있어서는 당해 탱크내에 용출하는 7일간의 지하수의 양에 상당하는 용적과 당해 탱크의 내용적의 $\frac{1}{100}$의 용적 중에서 보다 큰 용적을 공간용적으로 한다.

해답 ②

48 위험물의 지정수량이 잘못된 것은?

① $(C_2H_5)_3Al$: 10kg ② Ca : 50kg
③ LiH : 300kg ④ Al_4C_3 : 500kg

해설 ① 트리에틸알루미늄(알킬알루미늄)-10kg
② 칼슘(알칼리토금속)-50kg
③ 수소화리튬(금속의 수소화물)-300kg
④ 탄화알루미늄(알루미늄의 탄화물)-300kg

제3류 위험물 및 지정수량

성 질	품 명	지정수량	위험등급
자연발화성 및 금수성물질	1. 칼륨 2. 나트륨 3. 알킬알루미늄 4. 알킬리튬	10kg	I
	5. 황린	20kg	I
	6. 알칼리금속(칼륨 및 나트륨 제외) 및 알칼리토금속 7. 유기금속화합물(알킬알루미늄 및 알킬리튬 제외)	50kg	Ⅱ
	8. 금속의 수소화물 9. 금속의 인화물 10. 칼슘 또는 알루미늄의 탄화물	300kg	Ⅱ

해답 ④

49 위험물안전관리법령상 에틸렌글리콜과 혼재하여 운반할 수 없는 위험물은? (단, 지정수량의 10배일 경우이다.)

① 유황 ② 과망간산나트륨
③ 알루미늄분 ④ 트리니트로톨루엔

해설 **위험물의 운반에 따른 유별을 달리하는 위험물의 혼재기준**(쉬운 암기방법)

혼재 가능	
↓1류 + 6류↑	2류 + 4류
↓2류 + 5류↑	5류 + 4류
↓3류 + 4류↑	

에틸렌글리콜(제4류-제3석유류)**와 혼재가 가능한 유별** : 제2류 , 제3류, 제5류 위험물
① 유황-제2류
② 과망간산나트륨-제1류
③ 알루미늄분-제2류
④ 트리니트로톨루엔-제5류

해답 ②

50 다음 중 위험등급 I의 위험물이 아닌 것은?

① 무기과산화물 ② 적린
③ 나트륨 ④ 과산화수소

해설 ※ ② 적린-위험등급 Ⅱ

위험물의 등급 분류

위험등급	해당 위험물
위험등급 I	① 제1류 위험물 중 아염소산염류, 염소산염류, 과염소산염류, 무기과산화물, 그 밖에 지정수량이 50kg인 위험물 ② 제3류 위험물 중 칼륨, 나트륨, 알킬알루미늄, 알킬리튬, 황린, 그 밖에 지정수량이 10kg 또는 20kg인 위험물 ③ 제4류 위험물 중 특수인화물 ④ 제5류 위험물 중 유기과산화물, 질산에스테르류, 그 밖에 지정수량이 10kg인 위험물 ⑤ 제6류 위험물
위험등급 Ⅱ	① 제1류 위험물 중 브롬산염류, 질산염류, 요오드산염류, 그 밖에 지정수량이 300kg인 위험물 ② 제2류 위험물 중 황화린, 적린, 유황 그 밖에 지정수량이 100kg인 위험물 ③ 제3류 위험물 중 알칼리금속(칼륨, 나트륨 제외) 및 알칼리토금속, 유기금속화합물(알킬알루미늄 및 알킬리튬은 제외) 그 밖에 지정수량이 50kg인 위험물 ④ 제4류 위험물 중 제1석유류, 알코올류 ⑤ 제5류 위험물 중 위험등급 I 위험물 외의 것
위험등급 Ⅲ	위험등급 I, Ⅱ 이외의 위험물

해답 ②

51 탄소 80%, 수소 14%, 황 6% 인 물질 1kg 이 완전연소하기 위해 필요한 이론 공기량은 약 몇 kg인가? (단, 공기 중 산소는 23wt% 이다.)

① 3.31 ② 7.05
③ 11.62 ④ 14.41

해설 **연소 반응식**

① 탄소 C + O_2 → CO_2
12 → 16×2
1kg×0.8 → X_1

$$X_1 = \frac{1 \times 0.8 \times 16 \times 2}{12} = 2.13\text{kg}$$

② 수소 $2H_2$ + O_2 → $2H_2O$
1×4 → 16×2
1kg×0.14 → X_2

$$X_2 = \frac{1 \times 0.14 \times 16 \times 2}{1 \times 4} = 1.12\text{kg}$$

③ 황 S + O_2 → SO_2
32 → 16×2
1kg×0.06 → X_3

$$X_3 = \frac{1\times 0.06\times 16\times 2}{32} = 0.06\text{kg}$$

④ 필요한 산소량 $= 2.13 + 1.12 + 0.06 = 3.31\text{kg}$

⑤ ∴ 필요한 공기 무게 $= \frac{3.31}{0.23} = 14.4\text{kg}$

해답 ④

52 다음 중 요오드 값이 가장 낮은 것은?

① 해바라기유　② 오동유
③ 아미인유　④ 낙화생유

해설 ④ 낙화생유 : 불건성유 (요오드값 100미만)

동식물유류
동물의 지육 또는 식물의 종자나 과육으로부터 추출한 것으로 1기압에서 인화점이 250℃ 미만인 것
① 돈지(돼지기름), 우지(소기름) 등이 있다.
② 요오드값이 130이상인 건성유는 자연발화위험이 있다.
③ 인화점이 46℃인 개자유는 저장, 취급 시 특별히 주의한다.

요오드값에 따른 동식물유류의 분류

구 분	요오드값	종 류
건성유	130 이상	해바라기기름, 동유(오동기름), 정어리기름, 아마인유, 들기름
반건성유	100~130	채종유, 쌀겨기름, 참기름, 면실유, 옥수수기름, 청어기름, 콩기름
불건성유	100 이하	야자유, 팜유, 올리브유, 피마자기름, 낙화생기름, 돈지, 우지, 고래기름

해답 ④

53 시클로헥산에 관한 설명으로 가장 거리가 먼 것은?

① 고리형 분자구조를 가진 방향족 탄화수소 화합물이다.
② 화학식은 C_6H_{12}이다.
③ 비수용성 위험물이다.
④ 제4류 제1석유류에 속한다.

해설 **시클로헥산**(cyclohexane) 또는
사이클로헥산(C_6H_{12}) **: 제4류 제1석유류**
① 탄소 6원자로 구성된 시클로파라핀계탄화수소
② 벤젠 비슷한 냄새가 나는 무색 액체이다
③ 분자량 84.16, 녹는점 6.5℃, 끓는점 80.8℃, 비중 0.7786
④ 에탄올 · 에테르 등에는 녹고 물에는 녹지 않는다.
⑤ 벤젠을 약 300℃, 높은 압력에서 니켈(Ni)의 접촉 환원으로 생성된다.
⑥ 주요 용도는 나이론-6 및 나이론-66의 제조 원료이다.

해답 ①

54 제6류 위험물을 저장하는 옥내탱크저장소로서 단층건물에 설치된 것의 소화 난이도 등급은?

① Ⅰ등급　② Ⅱ등급
③ Ⅲ등급　④ 해당 없음

해설 **옥내탱크저장소의 소화난이도 II 등급**
소화난이도등급 Ⅰ의 제조소등 외의 것(고인화점 위험물만을 100℃ 미만의 온도로 저장하는 것 및 제6류 위험물만을 저장하는 것은 제외)

해답 ④

55 이황화탄소를 화재예방상 물속에 저장하는 이유는?

① 불순물을 물에 용해시키기 위해
② 가연성 증기의 발생을 억제하기 위해
③ 상온에서 수소가스를 발생시키기 때문에
④ 공기와 접촉하면 즉시 폭발하기 때문에

해설 **이황화탄소**(CS_2) **: 제4류 위험물 중 특수인화물**
① 무색 투명한 액체이다.
② 증기비중(76/29 = 2.62)은 공기보다 무겁다.
③ 액체의 비중은 1.26이다.
④ 물에는 녹지 않고 알코올, 에테르, 벤젠 등 유기용제에 녹는다.
⑤ 햇빛에 방치하면 황색을 띤다.
⑥ 연소 시 아황산가스(SO_2) 및 CO_2를 생성한다.

$CS_2 + 3O_2 \rightarrow CO_2 + 2SO_2$(이산화황 = 아황산)

⑦ **저장 시 저장탱크를 물속에 넣어 가연성증기의 발생을 억제**한다.

⑧ 4류 위험물중 착화온도(100℃)가 가장 낮다.
⑨ 화재 시 다량의 포를 방사하여 질식 및 냉각 소화한다.

해답 ②

56 위험물안전관리법령상 판매취급소에 관한 설명으로 옳지 않은 것은?

① 건축물의 1층에 설치하여야 한다.
② 위험물을 저장하는 탱크시설을 갖추어야 한다.
③ 건축물의 다른 부분과는 내화구조의 격벽으로 구획하여야 한다.
④ 제조소와 달리 안전거리 또는 보유공지에 관한 규제를 받지 않는다.

해설 **판매취급소의 위치 · 구조 및 설비의 기준**
(1) 건축물의 1층에 설치할 것
(2) 건축물의 부분은 내화구조 또는 불연재료로 하고, 판매취급소로 사용되는 부분과 다른 부분과의 격벽은 내화구조로 할 것
(3) 건축물의 부분은 보를 불연재료로 하고, 천장을 설치하는 경우에는 천장을 불연재료로 할 것
(4) 상층이 있는 경우에 있어서는 그 상층의 바닥을 내화구조로 하고, 상층이 없는 경우에 있어서는 지붕을 내화구조로 또는 불연재료로 할 것
(5) 창 및 출입구에는 갑종방화문 또는 을종방화문을 설치할 것
(6) 창 또는 출입구에 유리를 이용하는 경우에는 망입유리로 할 것
(7) 위험물을 배합하는 실은 다음에 의할 것
① 바닥면적은 $6m^2$ 이상 $15m^2$ 이하일 것
② 내화구조 또는 불연재료로 된 벽으로 구획할 것
③ 바닥은 위험물이 침투하지 아니하는 구조로 하여 적당한 경사를 두고 집유설비를 할 것
④ 출입구에는 수시로 열 수 있는 자동폐쇄식의 갑종방화문을 설치할 것
⑤ 출입구 문턱의 높이는 바닥면으로부터 0.1m 이상으로 할 것
⑥ 내부에 체류한 가연성의 증기 또는 가연성의 미분을 지붕위로 방출하는 설비를 할 것

해답 ②

57 $C_6H_2CH_3(NO_2)_3$을 녹이는 용제가 아닌 것은?

① 물 ② 벤젠
③ 에테르 ④ 아세톤

해설 **트리니트로톨루엔**[$C_6H_2CH_3(NO)_3$] : **제5류 위험물 중 니트로화합물**
톨루엔($C_6H_5CH_3$)의 수소원자(H)를 니트로기($-NO_2$)로 치환한 것
① 물에는 녹지 않고 알코올, 아세톤, 벤젠에 녹는다.
② Tri Nitro Toluene의 약자로 TNT라고도 한다.
③ 담황색의 주상결정이며 햇빛에 다갈색으로 변색된다.
④ 강력한 폭약이며 급격한 타격에 폭발한다.

$$2C_6H_2CH_3(NO_2)_3 \rightarrow 2C + 12CO + 3N_2\uparrow + 5H_2\uparrow$$

⑤ 연소 시 연소속도가 너무 빠르므로 소화가 곤란하다.
⑥ 무기 및 다이나마이트, 질산폭약제 제조에 이용된다.

해답 ①

58 질산의 저장 및 취급법이 아닌 것은?

① 직사광선을 차단한다.
② 분해방지를 위해 요산, 인산 등을 가한다.
③ 유기물과 접촉을 피한다.
④ 갈색병에 넣어 보관한다.

해설 **질산**(HNO_3) : 제6류 위험물(산화성 액체)
① 무색의 발연성 액체이다.
② 빛에 의하여 일부 분해되어 생긴 NO_2 때문에 황갈색으로 된다.

$$4HNO_3 \rightarrow 2H_2O + \underset{\text{(이산화질소)}}{4NO_2\uparrow} + \underset{\text{(산소)}}{O_2\uparrow}$$

③ 저장용기는 직사광선을 피하고 찬 곳에 저장한다.
④ 실험실에서는 갈색병에 넣어 햇빛에 차단시킨다.
⑤ 환원성물질과 혼합하면 발화 또는 폭발한다.

크산토프로테인반응(xanthoprotenic reaction)
단백질에 진한질산을 가하면 노란색으로 변하고 알칼리를 작용시키면 오렌지색으로 변하며, 단백질 검출에 이용된다.

⑥ 다량의 질산화재에 소량의 주수소화는 위험하다.
⑦ 위급 시에는 다량의 물로 냉각 소화한다.

해답 ②

59 다음 중 위험물 운반용기의 외부에 "제4류"와 "위험물등급 II"의 표시만 보이고 품명이 잘 보이지 않을 때 예상할 수 있는 수납 위험물의 품명은?

① 제1석유류　　② 제2석유류
③ 제3석유류　　④ 제4석유류

해설 **위험물의 등급 분류**

위험등급	해당 위험물
위험등급 I	① 제1류 위험물 중 아염소산염류, 염소산염류, 과염소산염류, 무기과산화물, 그 밖에 지정수량이 50kg인 위험물 ② 제3류 위험물 중 칼륨, 나트륨, 알킬알루미늄, 알킬리튬, 황린, 그 밖에 지정수량이 10kg 또는 20kg인 위험물 ③ 제4류 위험물 중 특수인화물 ④ 제5류 위험물 중 유기과산화물, 질산에스테르류, 그 밖에 지정수량이 10kg인 위험물 ⑤ 제6류 위험물
위험등급 II	① 제1류 위험물 중 브롬산염류, 질산염류, 요오드산염류, 그 밖에 지정수량이 300kg인 위험물 ② 제2류 위험물 중 황화린, 적린, 유황 그 밖에 지정수량이 100kg인 위험물 ③ 제3류 위험물 중 알칼리금속(칼륨, 나트륨 제외) 및 알칼리토금속, 유기금속화합물(알킬알루미늄 및 알킬리튬은 제외) 그 밖에 지정수량이 50kg인 위험물 ④ 제4류 위험물 중 제1석유류, 알코올류 ⑤ 제5류 위험물 중 위험등급 I 위험물 외의 것
위험등급 III	위험등급 I, II 이외의 위험물

해답 ①

60 과염소산의 성질로 옳지 않은 것은?

① 산화성 액체이다.
② 무기화합물이며 물보다 무겁다.
③ 불연성 물질이다.
④ 증기는 공기보다 가볍다.

해설 ④ 증기는 공기보다 무겁다.

$$\text{과염소산의 증기비중} = \frac{(1+35.5+16\times4)}{29} = 4.16$$

과염소산($HClO_4$) : **제6류 위험물(산화성 액체)**
① 물과 접촉 시 심한 열을 발생한다.(발열반응)
② 종이, 나무 조각과 접촉 시 연소한다.
③ 공기 중 분해하여 강하게 연기를 발생한다.
④ 무색의 액체로 융점이 −112℃이며 염소냄새가 난다.
⑤ 산화력 및 흡습성이 강하다.
⑥ 다량의 물로 분무(안개모양)주수소화
⑦ 불연성물질의 액체이다.

해답 ④

위험물기능사

2015년 10월 10일 시행

01 제조소의 옥외에 모두 3기의 휘발유 취급탱크를 설치하고 그 주위에 방유제를 설치하고자 한다. 방유제 안에 설치하는 각 취급탱크의 용량이 5만L, 3만L, 2만L 일 때 필요한 방유제의 용량은 몇 L 이상인가?

① 66000　② 60000
③ 33000　④ 30000

해설 옥외에 있는 위험물취급탱크의 방유제 설치기준
하나의 취급탱크 주위에 설치하는 방유제의 용량은 당해 탱크용량의 50% 이상으로 하고, 2 이상의 취급탱크 주위에 하나의 방유제를 설치하는 경우 그 방유제의 용량은 당해 탱크중 용량이 최대인 것의 50%에 나머지 탱크용량 합계의 10%를 가산한 양 이상이 되게 할 것

$$Q = 50000\text{L} \times 0.5(50\%) + (30000\text{L} + 20000\text{L}) \times 0.1(10\%) = 30000\text{L}$$

해답 ④

02 위험물안전관리법령에 따라 위험물을 유별로 정리하여 서로 1m 이상의 간격을 두었을 때 옥내저장소에서 함께 저장하는 것이 가능한 경우가 아닌 것은?

① 제1류 위험물(알칼리금속의 과산화물 또는 이를 함유한 것을 제외한다)과 제5류 위험물을 저장하는 경우
② 제3류 위험물 중 알킬알루미늄과 제4류 위험물(알킬알루미늄 또는 알킬리튬을 함유한 것에 한한다)을 저장하는 경우
③ 제1류 위험물과 제3류 위험물 중 금수성물질을 저장하는 경우
④ 제2류 위험물 중 인화성고체와 제4류 위험물을 저장하는 경우

해설 유별을 달리하는 위험물을 동일한 저장소에 저장할 수 있는 경우
옥내저장소 또는 옥외저장소에 있어서 위험물을 유별로 정리하여 저장하는 한편, 서로 1m 이상의 간격을 두는 경우
① 제1류 위험물(알칼리금속의 과산화물 또는 이를 함유한 것을 제외한다)과 제5류 위험물을 저장하는 경우
② 제1류 위험물과 제6류 위험물을 저장하는 경우
③ 제1류 위험물과 제3류 위험물 중 자연발화성물질(황린 또는 이를 함유한 것)을 저장하는 경우
④ 제2류 위험물 중 인화성고체와 제4류 위험물을 저장하는 경우
⑤ 제3류 위험물 중 알킬알루미늄등과 제4류 위험물(알킬알루미늄 또는 알킬리튬을 함유한 것)을 저장하는 경우
⑥ 제4류 위험물 중 유기과산화물 또는 이를 함유하는 것과 제5류 위험물 중 유기과산화물 또는 이를 함유한 것을 저장하는 경우

해답 ③

03 다음 중 스프링클러 설비의 소화작용으로 가장 거리가 먼 것은?

① 질식작용　② 희석작용
③ 냉각작용　④ 억제작용

해설 스프링클러설비의 소화작용
① 냉각작용　② 질식작용
③ 희석작용　④ 유화(에멀젼)작용

해답 ④

04 금속화재를 옳게 설명한 것은?

① C급 화재이고, 표시색상은 청색이다.

② C급 화재이고, 별도의 표시색상은 없다.
③ D급 화재이고, 표시색상은 청색이다.
④ D급 화재이고, 별도의 표시색상은 없다.

해설 **화재의 분류** ★★ 자주출제(필수암기) ★★

종 류	등급	색표시	주된 소화방법
일반화재	A급	백색	냉각소화
유류 및 가스화재	B급	황색	질식소화
전기화재	C급	청색	질식소화
금속화재	D급	–	피복소화
주방화재	K급	–	냉각 및 질식 소화

해답 ④

05 위험물안전관리법령상 개방형 스프링클러 헤드를 이용한 스프링클러설비에서 수동식 개방밸브를 개방 조작하는 데 필요한 힘은 얼마 이하가 되도록 설치하여야 하는가?

① 5kg　　② 10kg
③ 15kg　　④ 20kg

해설 **일제개방밸브 또는 수동식개방밸브 설치기준**
① 바닥면으로부터 1.5m 이하의 높이에 설치할 것
② 방수구역마다 설치할 것
③ 작용하는 압력은 당해 일제개방밸브 또는 수동식 개방밸브의 최고사용압력 이하로 할 것
④ 2차측 배관부분에는 당해 방수구역에 방수하지 않고 당해 밸브의 작동을 시험할 수 있는 장치를 설치할 것
⑤ 수동식개방밸브를 개방 조작하는데 필요한 힘이 15kg 이하가 되도록 설치할 것

해답 ③

06 과산화바륨과 물이 반응하였을 때 발생하는 것은?

① 수소　　② 산소
③ 탄산가스　　④ 수성가스

해설 **과산화바륨**(BaO_2) : 제1류 위험물 중 무기과산화물
① 가열 또는 온수와 접촉하면 산소가스를 발생

가열　$2BaO_2 \rightarrow 2BaO + O_2 \uparrow$
(산화바륨) (산소)

온수와 반응 $2BaO_2 + 2H_2O \rightarrow 2Ba(OH)_2 + O_2 \uparrow$
(수산화바륨) (산소)

② 탄산가스와 반응하여 탄산염과 산소 발생

$2BaO_2 + 2CO_2 \rightarrow 2BaCO_3 + O_2 \uparrow$
(탄산바륨) (산소)

③ 염산과 반응하여 염화바륨과 과산화수소 생성

$BaO_2 + 2HCl \rightarrow BaCl_2 + H_2O_2 \uparrow$
(염화바륨) (과산화수소)

해답 ②

07 트리에틸알루미늄의 화재 시 사용할 수 있는 소화약제(설비)가 아닌 것은?

① 마른모래　　② 팽창질석
③ 팽창진주암　　④ 이산화탄소

해설 **알킬알루미늄**[$(C_nH_{2n+1}) \cdot Al$] : **제3류 위험물(금수성 물질)**
① 물과 접촉시 가연성 가스 발생하므로 주수소화는 절대 금지한다.
② 트리메틸알루미늄(TMA : Tri Methyl Aluminium)

$(CH_3)_3Al + 3H_2O \rightarrow Al(OH)_3 + 3CH_4 \uparrow$ (메탄)

③ 트리에틸알루미늄(TEA : Tri Eethyl Aluminium)

$(C_2H_5)_3Al + 3H_2O \rightarrow Al(OH)_3 + 3C_2H_6 \uparrow$ (에탄)

④ 저장용기에 불활성기체(N_2)를 봉입한다.
⑤ 피부접촉 시 화상을 입히고 연소 시 흰 연기가 발생한다.
⑥ 소화 시 주수소화는 절대 금하고 팽창질석, 팽창진주암, 마른모래 등으로 피복소화한다.
⑦ 위험성을 낮추기 위하여 사용하는 희석제(벤젠(C_6H_6) 등)을 첨가한다.

해답 ④

08 다음 중 할로겐화합물 소화약제의 주된 소화효과는?

① 부촉매효과　　② 희석효과
③ 파괴효과　　④ 냉각효과

해설 **소화원리**
① **냉각소화** : 가연성 물질을 발화점 이하로 온도를 냉각

물이 소화약제로 사용되는 이유
- 물의 기화열(539kcal/kg)이 크기 때문
- 물의 비열(1kcal/kg℃)이 크기 때문

② **질식소화** : 산소농도를 21%에서 15% 이하로 감소

질식소화 시 산소의 유지농도 : 10~15%

③ **억제소화(부촉매소화, 화학적 소화)** : 연쇄반응을 억제

- 부촉매 : 화학적 반응의 속도를 느리게 하는 것
- 부촉매 효과 : 할로겐화합물 소화약제
  (할로겐족원소 : 불소(F), 염소(Cl), 브롬(Br), 요오드(I))

④ **제거소화** : 가연성물질을 제거시켜 소화

- 산불이 발생하면 화재의 진행방향을 앞질러 벌목
- 화학반응기의 화재 시 원료공급관의 밸브를 폐쇄
- 유전화재 시 폭약으로 폭풍을 일으켜 화염을 제거
- 촛불을 입김으로 불어 화염을 제거

⑤ **피복소화** : 가연물 주위를 공기와 차단

⑥ **희석소화** : 수용성인 인화성액체 화재 시 물을 방사하여 가연물의 연소농도를 희석

해답 ①

09 가연물이 되기 쉬운 조건이 아닌 것은?

① 산소와 친화력이 클 것
② 열전도율이 클 것
③ 발열량이 클 것
④ 활성화에너지가 작을 것

해설 **가연물의 조건**(연소가 잘 이루어지는 조건)
① 산소와 친화력이 클 것
② 발열량이 클 것
③ 표면적이 넓을 것
④ 열전도도(열전도율)가 작을 것
⑤ 활성화 에너지가 적을 것
⑥ 연쇄반응을 일으킬 것
⑦ 활성이 강할 것

해답 ②

10 위험물안전관리법령상 옥내주유취급소에 있어서 해당 사무소 등의 출입구 및 피난구와 당해 피난구로 통하는 통로 계단 및 출입구에 무엇을 설치해야 하는가?

① 화재감지기 ② 스프링클러설비
③ 자동화재탐지설비 ④ 유도등

해설 **피난설비**
① 주유취급소 중 건축물의 2층의 부분을 점포 · 휴게음식점 또는 전시장의 용도로 사용하는 것에 있어서는 당해 건축물의 2층으로부터 직접 주유취급소의 부지 밖으로 통하는 출입구와 당해 출입구로 통하는 통로 · 계단 및 출입구에 유도등을 설치
② 옥내주유취급소에 있어서는 당해 사무소 등의 출입구 및 피난구와 당해 피난구로 통하는 통로 · 계단 및 출입구에 유도등을 설치
③ 유도등에는 비상전원을 설치

해답 ④

11 철분, 금속분, 마그네슘의 화재에 적응성이 있는 소화약제는?

① 탄산수소염류 분말
② 할로겐화합물
③ 물
④ 이산화탄소

해설 **철분, 금속분, 마그네슘 등(금수성 물질)에 적응성이 있는 소화기**
① 탄산수소염류
② 마른 모래
③ 팽창질석 또는 팽창진주암

해답 ①

12 제1종 분말소화약제의 주성분으로 사용되는 것은?

① $KHCO_3$ ② H_2SO_4
③ $NaHCO_3$ ④ $NH_4H_2PO_4$

해설 **분말약제의 주성분 및 착색** ★★★★(필수암기)

종별	주 성 분	약 제 명	착 색	적응화재
제1종	$NaHCO_3$	탄산수소나트륨 중탄산나트륨 중조	백색	B,C급
제2종	$KHCO_3$	탄산수소칼륨 중탄산칼륨	담회색	B,C급
제3종	$NH_4H_2PO_4$	제1인산암모늄	담홍색 (핑크색)	A,B,C급
제4종	$KHCO_3 + (NH_2)_2CO$	중탄산칼륨 + 요소	회색 (쥐색)	B,C급

해답 ③

13 소화설비의 설치기준에서 유기과산화물 1,000 kg은 몇 소요단위에 해당하는가?

① 10 ② 20
③ 100 ④ 200

해설 **제5류 위험물 및 지정수량**

성질	품 명	지정수량	위험등급
자기 반응성물질	1. 유기과산화물 2. 질산에스테르류	10kg	Ⅰ
	3. 니트로화합물 4. 니트로소화합물 5. 아조화합물 6. 디아조화합물 7. 히드라진 유도체	200kg	Ⅱ
	8. 히드록실아민 9. 히드록실아민염류	100kg	

위험물의 소요단위 : 지정수량의 10배를 1소요단위로 할 것

$$\therefore \text{지정수량의 배수} = \frac{\text{저장수량}}{\text{지정수량}} = \frac{1000}{10} = 100\text{배}$$

$$\therefore \text{소요단위} = \frac{\text{지정수량의 배수}}{10} = \frac{100}{10} = 10\text{단위}$$

해답 ①

14 위험물안전관리법령상 주유취급소에서의 위험물 취급기준으로 옳지 않은 것은?

① 자동차에 주유할 때에는 고정주유설비를 이용하여 직접 주유할 것
② 자동차에 경유 위험물을 주유할 때에는 자동차의 원동기를 반드시 정지시킬 것
③ 고정주유설비에는 당해 주유설비에 접속할 전용탱크 또는 간이탱크의 배관외의 것을 통하여서는 위험물을 공급하지 아니할 것
④ 고정주유설비에 접속하는 탱크에 위험물을 주입할 때에는 당해 탱크에 접속된 고정주유설비의 사용을 중지할 것

해설 **주유취급소 · 판매취급소 · 이송취급소 또는 이동탱크저장의 위험물 취급기준**

① 자동차 등에 주유할 때에는 고정주유설비를 사용하여 직접 주유할 것(중요기준)
② 자동차 등에 인화점 40℃ 미만의 위험물을 주유할 때에는 자동차 등의 원동기를 정지시킬 것.
③ 고정주유설비 또는 고정급유설비에 접속하는 탱크에 위험물을 주입할 때에는 당해 탱크에 접속된 고정주유설비 또는 고정급유설비의 사용을 중지하고, 자동차 등을 당해 탱크의 주입구에 접근시키지 아니할 것
④ 고정주유설비 또는 고정급유설비에는 당해 주유설비에 접속한 전용탱크 또는 간이탱크의 배관외의 것을 통하여서는 위험물을 공급하지 아니할 것
⑤ 주유원간이대기실 내에서는 화기를 사용하지 아니할 것

해답 ②

15 위험물안전관리자에 대한 설명 중 옳지 않은 것은?

① 이동탱크저장소는 위험물안전관리자 선임대상에 해당하지 않는다.
② 위험물안전관리자가 퇴직한 경우 퇴직한 날부터 30일 이내에 다시 안전관리자를 선임하여야 한다.
③ 위험물안전관리자를 선임한 경우에는 선임한 날부터 14일 이내에 소방본부장 또는 소방서장에게 신고하여야 한다.
④ 위험물안전관리자가 일시적으로 직무를 수행할 수 없는 경우에는 안전교육을 받고 6개월 이상 실무경력이 있는 사람을 대리자로 지정할 수 있다.

해설 **위험물안전관리자**

① 관계인은 해임하거나 퇴직한 날부터 30일 이내에 다시 안전관리자를 선임
② 관계인은 선임한 날부터 14일 이내에 소방본부장 또는 소방서장에게 신고
③ 관계인은 안전관리자가 일시적으로 직무를 수행할 수 없거나 다른 안전관리자를 선임하지 못하는 경우에는 위험물의 취급에 관한 자격취득자 또는 위험물안전에 관한 기본지식과 경험이 있는 자로서 행정안전부령이 정하는 자를

대리자로 지정하여 그 직무를 대행하게 하여야 한다.

④ 대리자가 안전관리자의 직무를 대행하는 기간은 30일을 초과할 수 없다.

해답 ④

16 Halon 1211에 해당하는 물질의 분자식은?

① CBr_2FCl　② CF_2ClBr
③ CCl_2Br　④ FC_2BrCl

해설 ② HALON 1211 = CF_2ClBr

할로겐화합물 소화약제 명명법

할론 ⓐ ⓑ ⓒ ⓓ

ⓐ : C원자수　ⓑ : F원자수
ⓒ : Cl원자수　ⓓ : Br원자수

할로겐화합물 소화약제

구분 \ 종류	할론 2402	할론 1211	할론 1301	할론 1011
분자식	$C_2F_4Br_2$	CF_2ClBr	CF_3Br	CH_2ClBr

해답 ②

17 주유취급소의 벽(담)에 유리를 부착할 수 있는 기준에 대한 설명으로 옳은 것은?

① 유리 부착 위치는 주입구, 고정주유설비로부터 2m 이상 이격되어야 한다.
② 지반면으로부터 50센티미터를 초과하는 부분에 한하여 설치하여야 한다.
③ 하나의 유리판 가로의 길이는 2m 이내로 한다.
④ 유리의 구조는 기준에 맞는 강화유리로 하여야 한다.

해설 **담 또는 벽의 일부분에 방화상 유효한 구조의 유리를 부착할 수 있는 기준**

① 유리를 부착하는 위치는 주입구, 고정주유설비 및 고정급유설비로부터 4m 이상 이격될 것
② 주유취급소 내의 지반면으로부터 70cm를 초과하는 부분에 한하여 유리를 부착할 것
③ 하나의 유리판의 가로의 길이는 2m 이내일 것
④ 유리의 구조는 접합유리(두 장의 유리를 두께 0.76mm 이상의 폴리비닐부티랄 필름으로 접합한 구조)로 하되, 비차열 30분 이상의 방화성능이 인정될 것
⑤ 유리를 부착하는 범위는 전체의 담 또는 벽의 길이의 10분의 2를 초과하지 아니할 것

해답 ③

18 다음 중 위험물안전관리법령에서 정한 지정수량이 나머지 셋과 다른 물질은?

① 아세트산　② 히드라진
③ 클로로벤젠　④ 니트로벤젠

해설 **위험물의 지정수량**

① 아세트산(초산) :
제4류-제2석유류-수용성(2,000L)
② 히드라진 :
제4류-제2석유류-수용성(2,000L)
③ 클로로벤젠 :
제4류-제2석유류-비수용성(1,000L)
④ 니트로벤젠 :
제4류-제3석유류-비수용성(2,000L)

제4류 위험물 및 지정수량

위험물				지정수량(L)
유별	성질	품명		
제4류	인화성 액체	1. 특수인화물		50
		2. 제1석유류	비수용성 액체	200
			수용성 액체	400
		3. 알코올류		**400**
		4. 제2석유류	비수용성 액체	1,000
			수용성 액체	2,000
		5. 제3석유류	비수용성 액체	2,000
			수용성 액체	4,000
		6. 제4석유류		6,000
		7. 동식물유류		10,000

해답 ③

19 제3류 위험물을 취급하는 제조소는 300명 이상을 수용할 수 있는 극장으로부터 몇 m 이상의 안전거리를 유지하여야 하는가?

① 5　② 10
③ 30　④ 70

해설 (1) **안전거리규제대상**

① 제조소(제6류 위험물을 취급하는 제조소를 제외)

② 일반취급소
③ 옥내저장소
④ 옥외탱크저장소
⑤ 옥외저장소

(2) **제조소의 안전거리**

구 분	안전거리
사용전압이 7,000V 초과 35,000V 이하	3m 이상
사용전압이 35,000V를 초과	5m 이상
주거용	10m 이상
고압가스, 액화석유가스, 도시가스	20m 이상
학교, 병원, 극장	30m 이상
유형문화재, 지정문화재	50m 이상

해답 ③

20 표준상태에서 탄소 1몰이 완전히 연소하면 몇 L의 이산화탄소가 생성되는가?

① 11.2　　② 22.4
③ 44.8　　④ 56.8

해설 **탄소의 연소반응식**

C	+	O_2	→	CO_2
(탄소)		(산소)		(이산화탄소)
1몰(22.4L)		1몰(22.4L)		1몰(22.4L)

해답 ②

21 위험물안전관리법령에서 정한 알킬알루미늄 등을 저장 또는 취급하는 이동탱크저장소에 비치해야 하는 물품이 아닌 것은?

① 방호복　　② 고무장갑
③ 비상조명등　　④ 휴대용 확성기

해설 **알킬알루미늄 등을 저장 또는 취급하는 이동탱크저장소 비치하여야 하는 것**
① 긴급시의 연락처
② 응급조치에 관하여 필요한 사항을 기재한 서류
③ 방호복
④ 고무장갑
⑤ 밸브 등을 죄는 결합공구 및 휴대용 확성기

해답 ③

22 제4류 위험물에 대한 일반적인 설명으로 옳지 않은 것은?

① 대부분 연소 하한값이 낮다.
② 발생증기는 가연성이며 대부분 공기보다 무겁다.
③ 대부분 무기화합물이므로 정전기 발생에 주의한다.
④ 인화점이 낮을수록 화재 위험성이 높다.

해설 **제4류 위험물의 일반적 성질**
① 대부분 유기화합물이므로 정전기 발생에 주의한다.
② 증기는 공기보다 무겁다.(증기비중=분자량/공기평균분자량(28.84))
③ 대단히 인화되기 쉬운 인화성액체이다.
④ 증기는 공기와 약간 혼합되어도 연소한다.
⑤ 일반적으로 액체비중은 물보다 가볍고 물에 잘 안 녹는다.
⑥ 착화온도가 낮은 것은 매우 위험하다.
⑦ 연소하한이 낮고 정전기에 폭발우려가 있다.

해답 ③

23 위험물안전관리법령에서 정한 아세트알데히드등을 취급하는 제조소의 특례에 따라 다음 ( )에 해당하지 않는 것은?

> 아세트알데히드 등을 취급하는 설비는 ( )·( )·동·( ) 또는 이들을 성분으로 하는 합금으로 만들지 아니할 것

① 금　　② 은
③ 수은　　④ 마그네슘

해설 **아세트알데히의 저장취급시 주의사항**
① 아세트알데히드 등을 취급하는 설비는 은·수은·동·마그네슘 또는 이들을 성분으로 하는 합금으로 만들지 아니할 것
② 아세트알데히드 등을 취급하는 설비에는 연소성 혼합기체의 생성에 의한 폭발을 방지하기 위한 불활성기체 또는 수증기를 봉입하는 장치를 갖출 것

해답 ①

24 위험물안전관리법령상 이동탱크저장소에 의한 위험물의 운송 시 장거리에 걸친 운송을 하

는 때에는 2명 이상의 운전자로 하는 것이 원칙이다. 다음 중 예외적으로 1명의 운전자가 운송하여도 되는 경우의 기준으로 옳은 것은?

① 운송도중에 2시간 이내마다 10분 이상씩 휴식하는 경우
② 운송도중에 2시간 이내마다 20분 이상씩 휴식하는 경우
③ 운송도중에 4시간 이내마다 10분 이상씩 휴식하는 경우
④ 운송도중에 4시간 이내마다 20분 이상씩 휴식하는 경우

해설 위험물의 운송시에 준수하여야 하는 기준

(1) 위험물운송자는 운송의 개시전에 이동저장탱크의 배출밸브 등의 밸브와 폐쇄장치, 맨홀 및 주입구의 뚜껑, 소화기 등의 점검을 충분히 실시할 것
(2) 위험물운송자는 장거리(고속국도에 있어서는 340km 이상, 그 밖의 도로에 있어서는 200km 이상)에 걸치는 운송을 하는 때에는 2명 이상의 운전자로 할 것
다만, 다음의 1에 해당하는 경우에는 그러하지 아니하다.
① 규정에 의하여 운송책임자를 동승시킨 경우
② 운송하는 위험물이 제2류 위험물 · 제3류 위험물(칼슘 또는 알루미늄의 탄화물과 이것만을 함유한 것) 또는 제4류 위험물(특수인화물을 제외한다)인 경우
③ 운송도중에 2시간 이내마다 20분 이상씩 휴식하는 경우

해답 ②

25 나트륨에 관한 설명으로 옳은 것은?

① 물보다 무겁다.
② 융점이 100℃ 보다 높다.
③ 물과 격렬히 반응하여 산소를 발생시키고 발열한다.
④ 등유는 반응이 일어나지 않아 저장에 사용된다.

해설 금속나트륨 : 제3류 위험물(금수성)

① 물보다 가볍다(비중 0.97)
② 융점이 97.8℃이다.
③ 물과 반응하여 수소기체 발생
$2Na + 2H_2O \rightarrow 2NaOH + H_2\uparrow$
(수산화나트륨 : 강알칼리성)
④ 파라핀, 경유, 등유 속에 저장

★★자주출제(필수정리)★★
㉠ 칼륨(K), 나트륨(Na)은 파라핀, 경유, 등유 속에 저장
㉡ $2K + 2H_2O \rightarrow 2KOH + H_2\uparrow$ (수소발생)
㉢ 황린(3류) 및 이황화탄소(4류)는 물속에 저장

해답 ④

26 다음은 위험물을 저장하는 탱크의 공간용적 산정기준이다. ( )에 알맞은 수치로 옳은 것은?

암반탱크에 있어서는 당해 탱크 내에 용출하는 ( )일 간의 지하수의 양에 상당하는 용적과 당해 탱크의 내용적의 ( )의 용적 중에서 보다 큰 용적을 공간용적으로 한다.

① 7, 1/100　　② 7, 5/100
③ 10, 1/100　　④ 10, 5/100

해설 탱크의 내용적 및 공간용적

(1) 탱크의 공간용적은 탱크의 내용적의 $\frac{5}{100}$ 이상 $\frac{10}{100}$ 이하의 용적으로 한다. 다만, 소화설비(소화약제 방출구를 탱크안의 윗부분에 설치하는 것에 한한다)를 설치하는 탱크의 공간용적은 당해 소화설비의 소화약제방출구 아래의 0.3m 이상 1m 미만 사이의 면으로부터 윗부분의 용적으로 한다.
(2) 암반탱크에 있어서는 당해 탱크내에 용출하는 7일간의 지하수의 양에 상당하는 용적과 당해 탱크의 내용적의 $\frac{1}{100}$의 용적 중에서 보다 큰 용적을 공간용적으로 한다.

해답 ①

27 위험물안전관리법령상 예방규정을 정하여야 하는 제조소등의 관계인은 위험물제조소등에 대하여 기술기준에 적합한지의 여부를 정기적

으로 점검을 하여야 한다. 법적 최소 점검주기에 해당하는 것은? (단, 100만리터 이상의 옥외탱크저장소는 제외한다.)

① 월 1회 이상 ② 6개월 1회 이상
③ 연 1회 이상 ④ 2년 1회 이상

해설 (1) **위험물안전관리법 시행규칙 제64조(정기점검의 횟수)**
제조소등의 관계인은 당해 제조소등에 대하여 연 1회 이상 정기점검을 실시하여야 한다.
(2) **정기검사의 대상인 제조소등**
액체위험물을 저장 또는 취급하는 50만리터 이상의 옥외탱크저장소
(3) **탱크안전성능검사의 대상이 되는 탱크**
① 기초 · 지반검사 : 옥외탱크저장소의 액체위험물탱크 중 용량이 100만L 이상인 탱크
② 충수 · 수압검사 : 액체위험물을 저장 또는 취급하는 탱크
③ 용접부검사 : (1)의 규정에 의한 탱크
④ 암반탱크검사 : 액체위험물을 저장 또는 취급하는 암반내의 공간을 이용한 탱크

해답 ③

28 $CH_3COC_2H_5$의 명칭 및 지정수량을 옳게 나타낸 것은?

① 메틸에틸케톤, 50L
② 메틸에틸케톤, 200L
③ 메틸에틸에테르, 50L
④ 메틸에틸에테르, 200L

해설 **메틸에틸케톤**(Methyl Ethyl Ketone, MEK) [$CH_3COC_2H_5$]
: 제4류 위험물 중 제1석유류-비수용성
① 무색의 액체이며 물, 알코올, 에테르에 잘 녹는다.(위험물안전관리법상 물에 잘 녹지만 비수용성으로 분류한다)
② 탈지작용이 있으므로 직접 피부에 닿지 않도록 한다.
③ 화재 시 물분무 또는 알코올포로 질식소화를 한다.
④ 저장 시 용기는 밀폐하여 통풍이 양호하고 찬 곳에 저장한다.

제4류 위험물 및 지정수량

유별	성질	품명		지정수량(L)
제4류	인화성 액체	1. 특수인화물		50
		2. 제1석유류	비수용성 액체	200
			수용성 액체	400
		3. 알코올류		**400**
		4. 제2석유류	비수용성 액체	1,000
			수용성 액체	2,000
		5. 제3석유류	비수용성 액체	2,000
			수용성 액체	4,000
		6. 제4석유류		6,000
		7. 동식물유류		10,000

해답 ②

29 위험물안전관리법령상 제4석유류를 저장하는 옥내저장탱크의 용량은 지정수량의 몇 배 이하이어야 하는가?

① 20 ② 40
③ 100 ④ 150

해설 **옥내저장탱크의 용량**
(동일한 탱크전용실에 옥내저장탱크를 2 이상 설치하는 경우에는 각 탱크의 용량의 합계)
지정수량의 40배(제4석유류 및 동식물유류 외의 제4류 위험물에 있어서 당해 수량이 20,000L를 초과할 때에는 20,000L) 이하일 것

해답 ②

30 위험물제조소의 환기설비 중 급기구는 급기구가 설치된 실의 바닥면적 몇 m^2 마다 1개 이상으로 설치하여야 하는가?

① 100 ② 150
③ 200 ④ 800

해설 **채광 · 조명 및 환기설비**
(1) **채광설비**
불연재료로 하고, 연소의 우려가 없는 장소에 설치하되 채광면적을 최소로 할 것
(2) **조명설비**
① 가연성가스 등이 체류할 우려가 있는 장소의 조명등은 방폭등으로 할 것
② 전선은 내화 · 내열전선으로 할 것

③ 점멸스위치는 출입구 바깥부분에 설치할 것

(3) **환기설비**

① 환기는 자연배기방식으로 할 것
② 급기구는 당해 급기구가 설치된 실의 바닥면적 $150m^2$마다 1개 이상으로 하되, 급기구의 크기는 $800cm^2$ 이상으로 할 것
③ 급기구는 낮은 곳에 설치하고 가는 눈의 구리망 등으로 인화 방지망을 설치할 것
④ 환기구는 지붕위 또는 지상 2m 이상의 높이에 회전식 고정벤티레이터 또는 루푸팬 방식으로 설치할 것

해답 ②

31 위험물제조소등의 종류가 아닌 것은?

① 간이탱크저장소 ② 일반취급소
③ 이송취급소 ④ 이동판매취급소

해설 **위험물제조소등의 구분**

① 제조소, 일반 취급소 ② 주유취급소
③ 옥내저장소 ④ 옥외탱크저장소
⑤ 옥내탱크저장소 ⑥ 옥외저장소
⑦ 암반탱크저장소 ⑧ 이송취급소

해답 ④

32 공기를 차단하고 황린을 약 몇 ℃로 가열하면 적린이 생성되는가?

① 60 ② 100
③ 150 ④ 260

해설 **황린(P_4)[별명 : 백린] : 제3류 위험물(자연발화성 물질)**

① 공기 중 약 40~50℃에서 자연 발화한다.
② 저장 시 자연 발화성이므로 반드시 물속에 저장한다.
③ 인화수소(PH_3)의 생성을 방지하기 위하여 물의 pH=9(약알칼리)가 안전한계이다.
④ 연소 시 오산화인(P_2O_5)의 흰 연기가 발생한다.

$P_4 + 5O_2 \rightarrow 2P_2O_5$(오산화인)

⑤ 약 260℃로 가열(공기차단)시 적린이 된다.
⑥ 피부 접촉 시 화상을 입는다.
⑦ 소화는 물분무, 마른모래 등으로 질식소화한다.
⑧ 고압의 주수소화는 황린을 비산시켜 연소면이 확대될 우려가 있다.

보호액속에 저장 위험물

① 파라핀, 경유, 등유 속에 보관

칼륨(K), 나트륨(Na)

② 물속에 보관

이황화탄소(CS_2), 황린(P_4)

해답 ④

33 위험물안전관리법령상 정기점검 대상인 제조소등의 조건이 아닌 것은?

① 예방규정 작성대상인 제조소등
② 지하탱크저장소
③ 이동탱크저장소
④ 지정수량 5배인 위험물을 취급하는 옥외탱크를 둔 제조소

해설 **정기점검의 대상인 제조소등**

① 지정수량의 10배 이상의 위험물을 취급하는 제조소
② 지정수량의 100배 이상의 위험물을 저장하는 옥외저장소
③ 지정수량의 150배 이상의 위험물을 저장하는 옥내저장소
④ 지정수량의 200배 이상의 위험물을 저장하는 옥외탱크저장소
⑤ 암반탱크저장소
⑥ 이송취급소
⑦ 지정수량의 10배 이상의 위험물을 취급하는 일반취급소
⑧ 지하탱크저장소
⑨ 이동탱크저장소
⑩ 위험물을 취급하는 탱크로서 지하에 매설된 탱크가 있는 제조소 · 주유취급소 또는 일반취급소

해답 ④

34 다음 중 지정수량이 가장 큰 것은?

① 과염소산칼륨 ② 트리니트로톨루엔
③ 황린 ④ 유황

해설 ① 과염소산칼륨-제1류-과염소산염류-50kg
② 트리니트로톨루엔-제5류-니트로화합물-200kg

③ 황린－제3류－자연발화성－20kg
④ 유황－제2류－가연성고체－100kg

해답 ②

35 제2류 위험물에 대한 설명으로 옳지 않은 것은?

① 대부분 물보다 가벼우며 주수소화는 어려움이 있다.
② 점화원으로부터 멀리하고 가열을 피한다.
③ 금속분은 물과의 접촉을 피한다.
④ 용기파손으로 인한 위험물의 누설에 주의한다.

해설 **제2류 위험물의 공통적 성질**
① 낮은 온도에서 착화가 쉬운 가연성 고체이다.
② 냉암소에 저장하여야 한다.
③ 연소속도가 빠른 고체이다.
④ 연소 시 유독가스를 발생하는 것도 있다.
⑤ 금속분은 물 접촉 시 발열 및 수소기체 발생된다.
⑥ 점화원을 멀리하고 가열을 피한다.
⑦ 용기파손으로 인한 위험물의 누설에 주의한다.

해답 ①

36 다음 물질 중 물에 대한 용해도가 가장 낮은 것은?

① 아크릴산　② 아세트알데히드
③ 벤젠　④ 글리세린

해설 ① 아크릴산(제2석유류)－수용성
② 아세트알데히드(특수인화물)－수용성
③ 벤젠(제1석유류)－비수용성
④ 글리세린(제3석유류)－수용성

해답 ③

37 분자량이 약 110인 무기과산화물로 물과 접촉하여 발열하는 것은?

① 과산화마그네슘　② 과산화벤젠
③ 과산화칼슘　④ 과산화칼륨

해설 ① 과산화마그네슘(MgO_2)－분자량(56.3)
－제1류－무기과산화물
② 과산화벤젠($(C_6H_5CO)_2O_2$)－분자량(242)
－제5류－유기과산화물
③ 과산화칼슘(CaO_2)－분자량(72.08)
－제1류－무기과산화물
④ 과산화칼륨(K_2O_2)－분자량(110)
－제1류－무기과산화물

과산화칼륨(K_2O_2) **: 제1류 위험물 중 무기과산화물**(금수성 물질)
① 무색 또는 오렌지색 분말상태
② 상온에서 물과 격렬히 반응하여 산소(O_2)를 방출하고 폭발하기도 한다.

$2K_2O_2 + 2H_2O \rightarrow 4KOH$(수산화칼륨) $+ O_2\uparrow$

③ 공기 중 이산화탄소(CO_2)와 반응하여 산소(O_2)를 방출한다.

$2K_2O_2 + 2CO_2 \rightarrow 2K_2CO_3$(탄산칼륨) $+ O_2\uparrow$

④ 산과 반응하여 과산화수소(H_2O_2)를 생성시킨다.

$K_2O_2 + 2CH_3COOH \rightarrow 2CH_3COOK + H_2O_2\uparrow$
(초산칼륨) (과산화수소)

⑤ 열분해시 산소(O_2)를 방출한다.

$2K_2O_2 \rightarrow 2K_2O$(산화칼륨) $+ O_2\uparrow$

⑥ 주수소화는 금물이고 마른모래(건조사) 등으로 소화한다.

해답 ④

38 1차 알코올에 대한 설명으로 가장 적절한 것은?

① OH 기의 수가 하나이다.
② OH 기가 결합된 탄소 원자에 붙은 알킬기의 수가 하나이다.
③ 가장 간단할 알코올이다.
④ 탄소의 수가 하나인 알코올이다.

해설 **1차, 2차 , 3차 알코올**

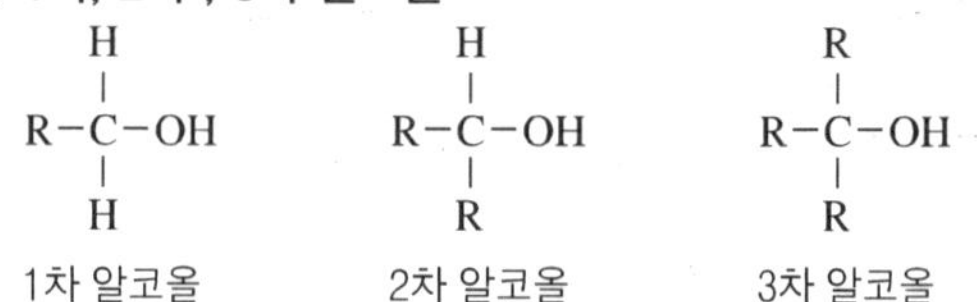

1차 알코올　2차 알코올　3차 알코올

(주) 위 구조식에서 R은 알킬기(C_nH_{2n+1})을 뜻한다.

해답 ②

39 위험물안전관리법령상 산화성 액체에 대한 설명으로 옳은 것은?

① 과산화수소는 농도와 밀도가 비례한다.
② 과산화수소는 농도가 높을수록 끓는 점이 낮아진다.
③ 질산은 상온에서 불연성이지만 고온으로 가열하면 스스로 발화한다.
④ 질산을 황산과 일정 비율로 혼합하여 왕수를 제조할 수 있다.

해설 ① 과산화수소는 농도와 밀도가 비례한다.
② 과산화수소는 농도가 높을수록 끓는점이 높아진다.
③ 질산은 불연성이지만 가열하면 조연성기체인 산소를 발생시킨다.
④ 질산은 염산과 일정비율로 혼합하여 왕수를 제조할 수 있다.

과산화수소(H_2O_2)**의 일반적인 성질**
① 분해안정제로 인산(H_3PO_4) 또는 요산($C_5H_4N_4O_3$)을 첨가한다.
② 저장용기는 밀폐하지 말고 구멍이 있는 마개를 사용한다.
③ 히드라진($NH_2 \cdot NH_2$)과 접촉 시 분해 작용으로 폭발위험이 있다.

- 과산화수소는 36%(중량) 이상만 위험물에 해당된다.
- 과산화수소는 표백제 및 살균제로 이용된다.

④ 다량의 물로 주수 소화한다.

질산(HNO_3) : 제6류 위험물(산화성 액체)
① 무색의 발연성 액체이다.
② 질산과 염산을 1 : 3 비율로 제조한 것을 왕수라고 한다
③ 빛에 의하여 일부 분해되어 생긴 NO_2 때문에 황갈색 또는 적갈색으로 된다.

$$4HNO_3 \rightarrow 2H_2O + 4NO_2\uparrow + O_2\uparrow$$
(이산화질소) (산소)

④ 실험실에서는 갈색병에 넣어 햇빛을 차단시킨다.
⑤ 위급 시에는 다량의 물로 냉각 소화한다.

해답 ①

40 위험물안전관리법령상 제4류 위험물 운반용기의 외부에 표시하여야 하는 주의사항을 모두 옳게 나타낸 것은?

① 화기엄금 및 충격주의
② 가연물접촉주의
③ 화기엄금
④ 화기주의 및 충격주의

해설 **수납하는 위험물에 따른 운반용기의 주의사항 표시**

유별	성질에 따른 구분	표시사항
제1류	알칼리금속의 과산화물	화기 · 충격주의, 물기엄금 및 가연물접촉주의
	그 밖의 것	화기 · 충격주의 및 가연물접촉주의
제2류	철분 · 금속분 · 마그네슘	화기주의 및 물기엄금
	인화성 고체	화기엄금
	그 밖의 것	화기주의
제3류	자연발화성 물질	화기엄금 및 공기접촉엄금
	금수성 물질	물기엄금
제4류	인화성 액체	화기엄금
제5류	자기반응성 물질	화기엄금 및 충격주의
제6류	산화성 액체	가연물접촉주의

해답 ③

41 알루미늄분이 염산과 반응하였을 경우 생성되는 가연성 가스는?

① 산소 ② 질소
③ 메탄 ④ 수소

해설 **알루미늄(Al)분의 성질**
① 은백색의 광택이 있는 경금속으로 가연성 물질이다.
② 공기 중에서 산화피막 형성하여 내부보호
③ 산, 알칼리와 반응하여 수소기체를 발생한다.
④ 물과 반응해서 수소를 발생한다.
⑤ 열의 전도성이 좋고, +3가의 화합물을 만든다.

해답 ④

42 휘발유의 성질 및 취급시의 주의사항에 관한 설명 중 틀린 것은?

① 증기가 모여 있지 않도록 통풍을 잘 시킨다.
② 인화점이 상온이므로 상온 이상에서는 취

급시 각별한 주의가 필요하다.

③ 정전기 발생에 주의해야 한다.

④ 강산화제 등과 혼촉시 발화할 위험이 있다.

해설 **휘발유 : 제4류 1석유류**

① 인화점은 −43~−20℃로 상온(21℃)보다 매우 낮다.

② 증기가 모여 있지 않도록 통풍을 잘 시킨다.

③ 정전기 발생에 주의해야 한다.

④ 강산화제 등과 혼촉 시 발화할 위험이 있다.

해답 ②

43 위험물안전법령에서 정한 주유취급소의 고정주유설비 주위에 보유하여야 하는 주유공지의 기준은?

① 너비 10cm 이상, 길이 6m 이상

② 너비 15cm 이상, 길이 6m 이상

③ 너비 10cm 이상, 길이 10m 이상

④ 너비 15cm 이상, 길이 10m 이상

해설 **주유취급소의 주유공지 및 급유공지**

주유공지	급유공지
너비 15m 이상, 길이 6m 이상의 콘크리트 등으로 포장한 공지	고정급유설비의 호스기기의 주위에 필요한 공지

해답 ②

44 위험물안전관리법령상 벌칙의 기준이 나머지 셋과 다른 하나는?

① 제조소등에 대한 긴급 사용정지 제한 명령을 위반한 자

② 탱크시험자로 등록하지 아니하고 탱크시험자의 업무를 한 자

③ 자체소방대를 두지 아니한 관계인으로서 제조소 등의 설치 허가를 받은 자

④ 제조소등의 완공검사를 받지 아니하고 위험물을 저장·취급한 자

해설 ④ 제조소등의 완공검사를 받지 아니하고 위험물을 저장·취급한 자 : 1천500만원 이하의 벌금

위험물안전관리법 제35조(벌칙) 1년 이하의 징역 또는 1천만원 이하의 벌금

① 긴급 사용정지·제한명령을 위반한 자

② 탱크시험자로 등록하지 아니하고 탱크시험자의 업무를 한 자

③ 정기검사를 받지 아니한 관계인으로서 제조소 등의 설치 허가를 받은 자

④ 자체소방대를 두지 아니한 관계인으로서 제조소 등의 설치 허가를 받은 자

⑤ 명령을 위반하여 보고 또는 자료제출을 하지 아니하거나 허위의 보고 또는 자료제출을 한 자 또는 관계공무원의 출입·검사 또는 수거를 거부·방해 또는 기피한 자

해답 ④

45 위험물안전관리법령에서 정하는 위험등급 II에 해당하지 않는 것은?

① 제1류 위험물 중 질산염류

② 제2류 위험물 중 적린

③ 제3류 위험물 중 유기금속화합물

④ 제4류 위험물 중 제2석유류

해설 **위험물의 등급 분류**

위험등급	해당 위험물
위험등급 I	① 제1류 위험물 중 아염소산염류, 염소산염류, 과염소산염류, 무기과산화물, 그 밖에 지정수량이 50kg인 위험물 ② 제3류 위험물 중 칼륨, 나트륨, 알킬알루미늄, 알킬리튬, 황린, 그 밖에 지정수량이 10kg 또는 20kg인 위험물 ③ 제4류 위험물 중 특수인화물 ④ 제5류 위험물 중 유기과산화물, 질산에스테르류, 그 밖에 지정수량이 10kg인 위험물 ⑤ 제6류 위험물
위험등급 II	① 제1류 위험물 중 브롬산염류, 질산염류, 요오드산염류, 그 밖에 지정수량이 300kg인 위험물 ② 제2류 위험물 중 황화린, 적린, 유황 그 밖에 지정수량이 100kg인 위험물 ③ 제3류 위험물 중 알칼리금속(칼륨, 나트륨 제외) 및 알칼리토금속, 유기금속화합물(알킬알루미늄 및 알킬리튬은 제외) 그 밖에 지정수량이 50kg인 위험물 ④ 제4류 위험물 중 제1석유류, 알코올류 ⑤ 제5류 위험물 중 위험등급 I 위험물 외의 것
위험등급 III	위험등급 I, II 이외의 위험물

해답 ④

46 니트로셀룰로오스의 위험성에 대하여 옳게 설명한 것은?

① 물과 혼합하면 위험성이 감소된다.
② 공기 중에서 산화되지만 자연발화의 위험은 없다.
③ 건조할수록 발화의 위험성이 낮다.
④ 알코올과 반응하여 발화한다.

해설 **니트로셀룰로오스**$[(C_6H_7O_2(ONO_2)_2)_3]_n$: **제5류 위험물**

셀룰로오스(섬유소)에 진한질산과 진한 황산의 혼합액을 작용시켜서 만든 것이다.

① 비수용성이며 초산에틸, 초산아밀, 아세톤에 잘 녹는다.
② 직사광선, 산 접촉 시 분해 및 자연 발화한다.
③ 건조상태에서는 폭발위험이 크나 수분함유 시 폭발위험성이 없어 저장·운반이 용이하다.
④ 질소함유율(질화도)이 높을수록 폭발성이 크다.
⑤ 저장, 운반 시 물(20%) 또는 알코올(30%)을 첨가 습윤시킨다.

해답 ①

47 $C_6H_2(NO_2)_3OH$와 CH_3NO_3의 공통성질에 해당하는 것은?

① 니드로화합물이다.
② 인화성과 폭발성이 있는 액체이다.
③ 무색의 방향성 액체이다.
④ 에탄올에 녹는다.

해설 **피크린산**$[C_6H_2(NO_2)_3OH]$(TNP : Tri Nitro Phenol) : **제5류 위험물 중 니트로화합물**

① 침상결정이며 냉수에는 약간 녹고 더운물, 알코올, 벤젠 등에 잘 녹는다.
② 쓴맛과 독성이 있다.
③ 피크르산 또는 트리니트로페놀(Tri Nitro phenol)의 약자로 TNP라고도 한다.
④ 단독으로 타격, 마찰에 비교적 둔감하다.
⑤ 연소 시 검은 연기를 내고 폭발성은 없다.
⑥ 휘발유, 알코올, 유황과 혼합된 것은 마찰, 충격에 폭발한다.
⑦ 화약, 불꽃놀이에 이용된다.

질산메틸(CH_3NO_3) : **제5류 위험물 중 질산에스테르류**

① 제5위험물(자기반응성물질) 중 질산에스테르류
② 비점(끓는점) : 68℃
③ 증기비중(기체의 비중)

$$= \frac{M(\text{분자량})}{29(\text{공기평균분자량})} = \frac{77}{29} = 1.22$$

∴ 증기비중이 1보다 크므로 증기는 공기보다 무겁다.

④ 무색, 투명한 액체로 에탄올에 녹는다.

해답 ④

48 위험물안전관리법령에서 정한 소화설비의 설치기준에 따라 다음 ( )에 알맞은 숫자를 차례대로 나타낸 것은?

> 제조소 등에 전기설비(전기배선, 조명기구등은 제외한다)가 설치된 경우에는 당해 장소의 면적 ( )m^2 마다 소형소화기를 ( )개 이상 설치할 것

① 50, 1 ② 50, 2
③ 100, 1 ④ 100, 2

해설 **소화설비의 설치기준**

① 전기설비의 소화설비
소형소화기 : 바닥면적 $100m^2$마다 1개 이상 설치
② 소요단위의 계산방법
㉠ 제조소 또는 취급소의 건축물

외벽이 내화구조인 것	외벽이 내화구조가 아닌 것
연면적 $100m^2$를 1소요단위	연면적 $50m^2$를 1소요단위

㉡ 저장소의 건축물

외벽이 내화구조인 것	외벽이 내화구조가 아닌 것
연면적 $150m^2$를 1소요단위	연면적 $75m^2$를 소요단위

③ 위험물은 지정수량의 10배를 1소요단위로 할 것

해답 ③

49 알루미늄 분말의 저장 방법 중 옳은 것은?

① 에틸알코올 수용액에 넣어 보관한다.
② 밀폐 용기에 넣어 건조한 곳에 보관한다.
③ 폴리에틸렌병에 넣어 수분이 많은 곳에 보관한다.
④ 염산 수용액에 넣어 보관한다.

해설 **알루미늄(Al)분의 성질**
① 은백색의 광택이 있는 경금속으로 가연성 물질이다.
② 공기 중에서 산화피막 형성하여 내부보호
③ 산, 알칼리와 반응하여 수소기체를 발생한다.
④ 물과 반응해서 수소를 발생한다.
⑤ 열의 전도성이 좋고, +3가의 화합물을 만든다.
⑥ 밀폐용기에 넣어 건조한 곳에 보관한다.

해답 ②

50 다음 중 산을 가하면 이산화염소를 발생시키는 물질로 분자량이 약 90.5인 것은?

① 아염소산나트륨
② 브롬산나트륨
③ 옥소산칼륨(요오드산칼륨)
④ 중크롬산나트륨

해설 **아염소산나트륨**($NaClO_2$) : **제1류 위험물(산화성 고체)**
① 조해성이 있고 무색의 결정성 분말이다.
② 산과 반응하여 이산화염소(ClO_2)가 발생된다.

(아염소산나트륨) (이산화염소)
$3NaClO_2 + 2HCl \rightarrow 3NaCl + 2ClO_2 + H_2O_2\uparrow$
(염산) (염화나트륨) (과산화수소)

③ 수용액 상태에서도 강력한 산화력을 가지고 있다.

해답 ①

51 니트로글리세린에 관한 설명으로 틀린 것은?

① 상온에서 액체 상태이다.
② 물에는 잘 녹지만 유기 용매에는 녹지 않는다.
③ 충격 및 마찰에는 민감하므로 주의해야 한다.
④ 다이너마이트의 원료로 쓰인다.

해설 **니트로글리세린**[$(C_3H_5(ONO_2)_3$] : **제5류 위험물 중 질산에스테르류**
① 상온에서는 액체이지만 겨울철에는 동결한다.
② 다이너마이트 제조 시 동결방지용으로 니트로글리콜을 첨가 한다
③ 비수용성이며 메탄올, 아세톤 등에 녹는다.
④ 가열, 마찰, 충격에 예민하여 대단히 위험하다.
⑤ 화재 시 폭굉 우려가 있다.
⑥ 산과 접촉 시 분해가 촉진되고 폭발우려가 있다.

니트로글리세린의 분해
$4C_3H_5(ONO_2)_3$
$\rightarrow 12CO_2\uparrow + 6N_2\uparrow + O_2\uparrow + 10H_2O$

⑦ 다이나마이트(규조토+니트로글리세린), 무연화약 제조에 이용된다.

해답 ②

52 아세트산에틸의 일반 성질 중 틀린 것은?

① 과일냄새를 가진 휘발성 액체이다.
② 증기는 공기보다 무거워 낮은 곳에 체류한다.
③ 강산화제와의 혼촉은 위험하다.
④ 발화점은 −20℃ 이하이다.

해설 **아세트산에틸(초산에틸)**[$CH_3COOC_2H_5$] : **제4류 위험물 중 제 1석유류**
① 과일 냄새를 가진 무색투명한 액체이다.
② 수용액상태애에서도 인화의 위험이 있다.
③ 물에 녹으며 수지, 유기물을 잘 녹인다.
④ 인화성물질로서 인화점은 −4℃이다.
⑤ 강산화제와 접촉을 피할 것
⑥ 발화점은 426℃이다.
⑦ 화재 시 알코올포로 소화한다.

해답 ④

53 위험물안전관리법령상 운송책임자의 감독, 지원을 받아 운송하여야 하는 위험물에 해당하는 것은?

① 알킬알루미늄, 산화프로필렌, 알킬리튬
② 알킬알루미늄, 산화프로필렌

③ 알킬알루미늄, 알킬리튬
④ 산화프로필렌, 알킬리튬

해설 **운송책임자의 감독 · 지원을 받아 운송하는 위험물**
① 알킬알루미늄
② 알킬리튬
③ 알킬알루미늄 또는 알킬리튬의 물질을 함유하는 위험물

해답 ③

54 위험물안전관리법령상 다음 ( )에 알맞은 수치를 모두 합한 값은?

- 과염소산의 지정수량은 ( )kg 이다.
- 과산화수소는 농도가 ( )wt% 미만인 것은 위험물에 해당하지 않는다.
- 질산은 비중이 ( ) 이상인 것만 위험물로 규정한다.

① 349.36　② 549.36
③ 337.49　④ 537.49

해설 (300) + (36) + (1.49) = 337.49

제6류 위험물(산화성 액체)

성질	품 명	판단기준	지정수량	위험등급
산화성 액체	• 과염소산($HClO_4$)		300kg	I
	• 과산화수소(H_2O_2)	농도 36중량% 이상		
	• 질산(HNO_3)	비중 1.49 이상		
	• 할로겐간화합물 ① 삼불화브롬(BrF_3) ② 오불화브롬(BrF_5) ③ 오불화요오드(IF_5)			

위험물의 기준

종류	기준
유황	• 순도 60% 이상
철분	• 53μm통과하는 것이 50% 미만은 제외
마그네슘	• 2mm체를 통과 못하는 것 제외 • 직경 2mm 이상 막대모양 제외
과산화수소	• 순도 36% 이상
질산	• 비중 1.49 이상

해답 ③

55 살충제 원료로 사용되기도 하는 암회색 물질로 물과 반응하여 포스핀 가스를 발생할 위험이 있는 것은?

① 인화아연　② 수소화나트륨
③ 칼륨　④ 나트륨

해설 **인화아연**(Zn_3P_2) : **제3류 위험물 중 금속의 인화합물**
① 살충제로 사용된다.
② 순수한 것은 암회색의 결정으로서 이황화탄소에 녹는다.

해답 ①

56 유황의 특성 및 위험성에 대한 설명 중 틀린 것은?

① 산화성 물질이므로 물질과 접촉을 피해야 한다.
② 전기의 부도체이므로 전기 절연체로 쓰인다.
③ 공기 중 연소 시 유해가스를 발생한다.
④ 분말상태인 경우 분진폭발의 위험성이 있다.

해설 **황＝유황**(S) : **제2류 위험물**(가연성 고체)
① 동소체로 사방황, 단사황, 고무상황이 있다.
② 황색의 고체 또는 분말상태이다.
③ 물에 녹지 않고 이황화탄소(CS_2)에는 잘 녹는다.
④ 공기 중에서 연소 시 푸른 불꽃을 내며 이산화황이 생성된다.

$S + O_2 \rightarrow SO_2$(이산화황=아황산)

⑤ 환원성 물질이므로 산화제와 접촉 시 위험하다.
⑥ 분진폭발의 위험성이 있고 목탄가루와 혼합시 가열, 충격, 마찰에 의하여 폭발위험성이 있다.
⑦ 다량의 물로 주수소화 또는 질식 소화한다.

해답 ①

57 과산화벤조일 취급시 주의사항에 대한 설명 중 틀린 것은?

① 수분을 포함하고 있으면 폭발하기 쉽다.

② 가열, 충격, 마찰을 피해야 한다.
③ 저장용기는 차고 어두운 곳에 보관한다.
④ 희석제를 첨가하여 폭발성을 낮출 수 있다.

해설 **과산화벤조일**[$(C_6H_5CO)_2O_2$](Benzoyl Peroxide, 벤조일퍼옥사이드, BPO)
① 무색 무취의 백색분말 또는 결정이다.
② 물에 녹지 않고 알코올에 약간 녹는다.
③ 에테르 등 유기용제에 잘 녹는다.
④ 직사광선을 피하고 냉암소에 보관한다.
⑤ 프탈산디메틸(DMP), 프탈산디부틸(DBP)의 희석제를 사용한다.
⑥ 마찰, 충격으로 폭발의 위험이 있다.
⑦ 폭발성이 매우 강한 강산화제이다.

해답 ①

58 과염소산칼륨의 성질에 관한 설명 중 틀린 것은?

① 무색, 무취의 결정이다.
② 알코올, 에테르에 잘 녹는다.
③ 진한 황산과 접촉하면 폭발할 위험이 있다.
④ 400℃ 이상으로 가열하면 분해하여 산소가 발생할 수 있다.

해설 **과염소산칼륨**($KClO_4$) : **제1류 위험물**(산화성고체)
① 물에 녹기 어렵고 알코올, 에테르에 녹지 않는다.
② 진한 황산과 접촉 시 폭발성이 있다.
③ 유황, 탄소, 유기물등과 혼합 시 가열, 충격, 마찰에 의하여 폭발한다.
④ 400℃에서 분해가 시작되어 600℃에서 완전 분해하여 산소를 발생한다.

$KClO_4 \rightarrow KCl$(염화칼륨) + $2O_2 \uparrow$ (산소)

⑤ 가연성 고체(제2류 환원성물질)와 혼합하면 가열, 충격 및 마찰에 의하여 발화 · 폭발위험이 있다.

해답 ②

59 분말의 형태로서 150마이크로미터의 체를 통과하는 것이 50중량퍼센트 이상인 것만 위험물로 취급되는 것은?

① Zn ② Fe
③ Ni ④ Cu

해설 **위험물의 판단기준**
① 유황 : 순도가 60중량% 이상인 것
② 철분 : 철의 분말로서 53μm의 표준체를 통과하는 것이 50중량% 미만인 것은 제외
③ 금속분 : 알칼리금속 · 알칼리토류금속 · 철 및 마그네슘 외의 금속의 분말을 말하고, 구리분 · 니켈분 및 150μm의 체를 통과하는 것이 50중량% 미만인 것은 제외
④ 마그네슘 및 제2류의 물품 중 마그네슘을 함유한 것에 있어서는 다음 각목의 1에 해당하는 것은 제외한다.
㉠ 2mm의 체를 통과하지 아니하는 덩어리 상태의 것
㉡ 직경 2mm 이상의 막대 모양의 것

해답 ①

60 다음 물질 중 인화점이 가장 높은 것은?

① 아세톤 ② 디에틸에테르
③ 메탄올 ④ 벤젠

해설 **제4류 위험물의 인화점**

품명	유별	인화점(℃)
① 아세톤	제1석유류	−18
② 디에틸에테르	특수인화물	−45
③ 메탄올	알코올류	11
④ 벤젠	제1석유류	−11

해답 ③

2016

2016년 1월 24일 시행
2016년 4월 2일 시행
2016년 7월 10일 시행

위험물기능사

2016년 1월 24일 시행

01 위험물제조소의 경우 연면적이 최소 몇 m^2이면 자동화재탐지설비를 설치해야 하는가? (단, 원칙적인 경우에 한한다.)

① 100　② 300
③ 500　④ 1000

해설 **자동화재탐지설비 설치대상**
① 연면적 $500m^2$ 이상 제조소 및 일반취급소
② 옥내에서 지정수량이 100배 이상을 저장 또는 취급하는 제조소, 일반취급소, 옥내저장소

해답 ③

02 메틸알코올 8000리터에 대한 소화능력으로 삽을 포함한 마른모래를 몇 리터 설치하여야 하는가?

① 100　② 200
③ 300　④ 400

해설
① 지정수량의 배수 $N=\frac{8000L}{400L}=20$배
② 소요단위 계산
$$소요단위=\frac{지정수량의\ 배수}{10}=\frac{20}{10}=2단위$$
③ 마른 모래(삽 1개 포함)50L가 0.5단위
$$마른모래=2단위\times\frac{50L}{0.5단위}=200L$$

해답 ②

03 지정수량의 몇 배 이상의 위험물을 취급하는 제조소에는 화재발생 시 이를 알릴 수 있는 경보설비를 설치하여야 하는가?

① 5　② 10
③ 20　④ 100

해설 **지정수량의 10배 이상을 저장 또는 취급하는 제조소의 경보설비**
① 자동화재 탐지설비
② 비상경보설비
③ 확성장치 또는 비상방송설비 중 1종 이상

해답 ②

04 피크르산의 위험성과 소화방법에 대한 설명으로 틀린 것은?

① 금속과 화합하여 예민한 금속염이 만들어질 수 있다.
② 운반 시 건조한 것보다는 물에 젖게 하는 것이 안전하다.
③ 알코올과 혼합된 것은 충격에 의한 폭발 위험이 있다.
④ 화재 시에는 질식소화가 효과적이다.

해설 **피크르산**[$C_6H_2(NO_2)_3OH$](TNP : Tri Nitro Phenol)
: 제5류 위험물 중 니트로화합물
① 페놀에 황산을 작용시켜 다시 진한 질산으로 니트로화 하여 만든 노란색 결정
② **휘황색의 침상결정**이며 냉수에는 약간 녹고 더운물, 알코올, 벤젠 등에 잘 녹는다.
③ 쓴맛과 독성이 있으며 **비중이 약1.8이며 물보다 무겁다.**
④ 피크르산(picric acid) 또는 트리니트로페놀(Tri Nitro phenol)의 약자로 TNP라고도 한다.
⑤ **단독으로 타격, 마찰에 비교적 둔감하다.**
⑥ 다량의 산소를 함유하고 있어 **질식소화는 효과가 없다.**
⑦ 휘발유, 알코올, 유황과 혼합된 것은 마찰, 충격에 폭발한다.
⑧ 화약, 불꽃놀이에 이용된다.

해답 ④

05 단층건물에 설치하는 옥내탱크저장소의 탱크 전용실에 비수용성의 제2석유류 위험물을 저장하는 탱크 1개를 설치할 경우, 설치할 수 있는 탱크의 최대용량은?

① 10,000L ② 20,000L
③ 40,000L ④ 80,000L

해설 **옥내저장탱크의 용량**
지정수량의 40배(**제4석유류 및 동식물유류 외의 제4류 위험물에 있어서 당해 수량이 20,000L를 초과할 때에는** 20,000L) 이하일 것

해답 ②

06 위험물안전관리법령상 제6류 위험물에 적응성이 없는 것은?

① 스프링클러설비
② 포소화설비
③ 불활성가스소화설비
④ 물분무소화설비

해설 **제6류 위험물의 공통적인 성질**
① 자신은 불연성이고 산소를 함유한 강산화제이다.
② 분해에 의한 산소발생으로 다른 물질의 연소를 돕는다.
③ 액체의 비중은 1보다 크고 물에 잘 녹는다.
④ 물과 접촉 시 발열한다.
⑤ 증기는 유독하고 부식성이 강하다.
⑥ 산소를 다량함유하고 있어 **질식소화는 효과가 없다.**

해답 ③

07 위험물안전관리법령상 위험물옥외탱크저장소에 방화에 관하여 필요한 사항을 게시한 게시판에 기재하여야 하는 내용이 아닌 것은?

① 위험물의 지정수량의 배수
② 위험물의 저장최대수량
③ 위험물의 품명
④ 위험물의 성질

해설 **위험물제조소의 표지 및 게시판**
① 표지는 한 변의 길이 0.6m 이상, 다른 한 변의 길이 0.3m 이상
② 바탕은 백색, 문자는 흑색

게시판의 설치기준
① 한 변의 길이가 0.3m 이상, 다른 한 변의 길이가 0.6m 이상인 직사각형으로 할 것
② 위험물의 유별 · 품명 및 저장최대수량 또는 취급최대수량, 지정수량의 배수 및 안전 관리자의 성명 또는 직명을 기재할 것
③ 게시판의 바탕은 백색으로, 문자는 흑색으로 할 것
④ 저장 또는 취급하는 위험물에 따라 주의사항 게시판을 설치할 것

위험물의 종류	주의사항 표시	게시판의 색
제1류(알칼리금속 과산화물) 제3류(금수성 물품)	물기엄금	청색바탕에 백색문자
제2류(인화성 고체 제외)	화기주의	적색바탕에 백색문자
제2류(인화성 고체) 제3류(자연발화성 물품) 제4류 제5류	화기엄금	적색바탕에 백색문자

해답 ④

08 주된 연소형태가 증발연소인 것은?

① 나트륨 ② 코크스
③ 양초 ④ 니트로셀룰로오스

해설 **연소의 형태**
① 표면연소 : 숯, 코크스, 목탄, 금속분
② **증발연소 : 파라핀(양초)**, 황, 나프탈렌, 왁스, 휘발유, 등유, 경유, 아세톤등 제4류위험물
③ 분해연소 : 석탄, 목재, 플라스틱, 종이, 합성수지, 중유
④ 자기연소 : 질화면(니트로셀룰로오즈), 셀룰로이드, 니트로글리세린등 제5류 위험물
⑤ 확산연소 : 아세틸렌, LPG, LNG 등 가연성 기체

해답 ③

09 금속화재에 마른모래를 피복하여 소화하는 방법은?

① 제거소화 ② 질식소화
③ 냉각소화 ④ 억제소화

해설 **금속화재(D급)의 소화방법**
① 주수소화 절대금지
(가연성기체인 수소 발생 때문)
② 마른모래로 덮어 질식소화한다.

해답 ②

10 위험물안전관리법령상 위험등급 I의 위험물에 해당하는 것은?

① 무기과산화물 ② 황화린
③ 제1석유류 ④ 유황

해설 **위험물의 등급 분류**

위험등급	해당 위험물
위험등급 I	① 제1류 위험물 중 아염소산염류, 염소산염류, 과염소산염류, **무기과산화물**, 그 밖에 지정수량이 50kg인 위험물 ② 제3류 위험물 중 칼륨, 나트륨, 알킬알루미늄, 알킬리튬, 황린, 그 밖에 지정수량이 10kg 또는 20kg인 위험물 ③ 제4류 위험물 중 특수인화물 ④ 제5류 위험물 중 유기과산화물, 질산에스테르류, 그 밖에 지정수량이 10kg인 위험물 ⑤ 제6류 위험물
위험등급 II	① 제1류 위험물 중 브롬산염류, 질산염류, 요오드산염류, 그 밖에 지정수량이 300kg인 위험물 ② 제2류 위험물 중 황화린, 적린, 유황 그 밖에 지정수량이 100kg인 위험물 ③ 제3류 위험물 중 알칼리금속(칼륨, 나트륨 제외) 및 알칼리토금속, 유기금속화합물(알킬알루미늄 및 알킬리튬은 제외) 그 밖에 지정수량이 50kg인 위험물 ④ 제4류 위험물 중 제1석유류, 알코올류 ⑤ 제5류 위험물 중 위험등급 I 위험물 외의 것
위험등급 III	위험등급 I, II 이외의 위험물

해답 ①

11 위험물안전관리법령상 옥내저장소에서 기계에 의하여 하역하는 구조로 된 용기만을 겹쳐 쌓아 위험물을 저장하는 경우 그 높이는 몇 미터를 초과하지 않아야 하는가?

① 2 ② 4
③ 6 ④ 8

해설 **옥내저장소에서 위험물을 저장하는 경우 높이 제한**
① **기계에 의하여 하역하는 구조**로 된 용기만을 겹쳐 쌓는 경우 : **6m**
② 제4류 위험물 중 제3석유류, 제4석유류 및 동식물유류를 수납하는 용기만을 겹쳐 쌓는 경우 : 4m
③ 그 밖의 경우 : 3m

해답 ③

12 연소가 잘 이루어지는 조건으로 거리가 먼 것은?

① 가연물의 발열량이 클 것
② 가연물의 열전도율이 클 것
③ 가연물과 산소와의 접촉표면적이 클 것
④ 가연물의 활성화 에너지가 작을 것

해설 **가연물의 조건(연소가 잘 이루어지는 조건)**
① 산소와 친화력이 클 것
② 발열량이 클 것
③ 표면적이 넓을 것
④ 열전도도(열전도율)가 작을 것
⑤ 활성화 에너지가 적을 것
⑥ 연쇄반응을 일으킬 것
⑦ 활성이 강할 것

해답 ②

13 위험물안전관리법령상 위험물의 운반에 관한 기준에서 적재 시 혼재가 가능한 위험물을 옳게 나타낸 것은? (단, 각각 지정수량의 10배 이상인 경우이다.)

① 제1류와 제4류 ② 제3류와 제6류
③ 제1류와 제5류 ④ 제2류와 제4류

해설 **위험물의 운반에 따른 유별을 달리하는 위험물의 혼재기준**(쉬운 암기방법)

혼재 가능	
↓1류 + 6류↑	2류 + 4류
↓2류 + 5류↑	5류 + 4류
↓3류 + 4류↑	

해답 ④

14 위험물제조소 표지 및 게시판에 대한 설명이다. 위험물안전관리 법령상 옳지 않은 것은?

① 표지는 한 변의 길이가 0.3m, 다른 한 변의 길이가 0.6m 이상으로 하여야 한다.
② 표지의 바탕은 백색, 문자는 흑색으로 하여야 한다.
③ 취급하는 위험물에 따라 규정에 의한 주의사항을 표시한 게시판을 설치하여야 한다.
④ 제2류 위험물(인화성고체 제외)은 "화기엄금" 주의사항 게시판을 설치하여야 한다.

해설 **위험물제조소의 표지 및 게시판**
① 표지는 한 변의 길이 0.6m 이상, 다른 한 변의 길이 0.3m 이상
② 바탕은 백색, 문자는 흑색

게시판의 설치기준
① 한 변의 길이가 0.3m 이상, 다른 한 변의 길이가 0.6m 이상인 직사각형으로 할 것
② 위험물의 유별 · 품명 및 저장최대수량 또는 취급최대수량, 지정수량의 배수 및 안전 관리자의 성명 또는 직명을 기재할 것
③ 게시판의 바탕은 백색으로, 문자는 흑색으로 할 것
④ 저장 또는 취급하는 위험물에 따라 주의사항 게시판을 설치할 것

위험물의 종류	주의사항 표시	게시판의 색
제1류(알칼리금속 과산화물) 제3류(금수성 물품)	물기엄금	청색바탕에 백색문자
제2류(인화성 고체 제외)	**화기주의**	적색바탕에 백색문자
제2류(인화성 고체) 제3류(자연발화성 물품) 제4류 제5류	화기엄금	

해답 ④

15 석유류가 연소할 때 발생하는 가스로 강한 자극적인 냄새가 나며 취급하는 장치를 부식시키는 것은?

① H_2 ② CH_4
③ NH_3 ④ SO_2

해설 이산화황(Sulfur dioxide)(SO_2)
① 무색의 자극적인 냄새가 나는 독성이 강한 가스이다.
② 호흡기계 질환을 유발하는 주요 대기오염 물질 중 하나이다.
③ 주로 석탄이나 석유와 같이 황이 포함된 연료를 사용하는 과정에서 발생한다.
④ 자동차 배기가스, 도로나 교통관련 시설에서의 발생률이 크다.

해답 ④

16 그림과 같이 횡으로 설치한 원통형 위험물탱크에 대하여 탱크의 용량을 구하면 약 몇 m^3인가? (단, 공간용적은 탱크 내용적의 100분의 5로 한다.)

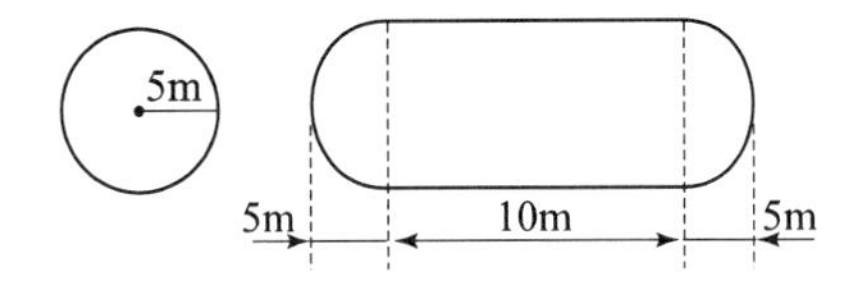

① 52.4 ② 291.6
③ 994.8 ④ 1047.2

해설 (1) 원형탱크의 내용적 $= \pi r^2\left(l + \frac{l_1 + l_2}{3}\right)$
$= \pi \times 5^2 \times \left(10 + \frac{5+5}{3}\right)$
$= 1047.20\text{m}^3$
(2) 탱크의 공간용적 $= 1047.20 \times \frac{5}{100} = 52.36\text{m}^3$
(3) 원형탱크의 용량 $= 1047.20 - 52.36$
$= 994.84\text{m}^3$

탱크 용적의 산정 기준
탱크의 용량 = 탱크의 내용적 − 공간용적

해답 ③

17 위험물을 취급함에 있어서 정전기를 유효하게 제거하기 위한 설비를 설치하고자 한다. 위험물안전관리법령상 공기 중의 상대 습도를 몇 % 이상 되게 하여야 하는가?

① 50 ② 60

③ 70　　　　④ 80

해설 **정전기 방지대책**
① 접지
② 공기를 이온화
③ 상대습도 70% 이상 유지
④ 위험물 이송 시 배관 내 유속을 느리게 하는 방법

해답 ③

18 제3종 분말소화약제의 열분해 시 생성 되는 메타인산의 화학식은?

① H_3PO_4　　　　② HPO_3
③ $H_4P_2O_7$　　　　④ $CO(NH_2)_2$

해설 **분말약제의 열분해**

종별	약제명	착색	적응 화재	열분해 반응식
제1종	탄산수소나트륨 중탄산나트륨 중조	백색	B,C	270℃ $2NaHCO_3 \rightarrow Na_2CO_3+CO_2+H_2O$ 850℃ $2NaHCO_3 \rightarrow Na_2O+2CO_2+H_2O$
제2종	탄산수소칼륨 중탄산칼륨	담회색	B,C	190℃ $2KHCO_3 \rightarrow K_2CO_3+CO_2+H_2O$ 590℃ $2KHCO_3 \rightarrow K_2O+2CO_2+H_2O$
제3종	제1인산암모늄	담홍색	A,B,C	$NH_4H_2PO_4 \rightarrow HPO_3+NH_3+H_2O$
제4종	중탄산칼륨+요소	회(백)색	B,C	$2KHCO_3+(NH_2)_2CO \rightarrow K_2CO_3+2NH_3+2CO_2$

해답 ②

19 위험물안전관리법령상 제조소등의 관계인은 예방규정을 정하여 누구에게 제출하여야 하는가?

① 소방청장 또는 행정안전부장관
② 소방청장 또는 소방서장
③ 시 · 도지사 또는 소방서장
④ 한국소방안전협회장 또는 소방청장

해설 **(1) 예방규정 : 시 · 도지사 또는 소방서장에게 제출**
(2) 예방규정을 정하여야 하는 제조소등
① 지정수량의 10배 이상 제조소
② 지정수량의 100배 이상 옥외저장소
③ 지정수량의 150배 이상 옥내저장소
④ 지정수량의 200배 이상 **옥외탱크**저장소
⑤ 암반탱크저장소
⑥ 이송취급소
⑦ 지정수량의 10배 이상 일반취급소

해답 ③

20 다음 중 연소의 3요소를 모두 갖춘 것은?

① 휘발유 + 공기 + 수소
② 적린 + 수소 + 성냥불
③ 성냥불 + 황 + 염소산암모늄
④ 알코올 + 수소 + 염소산암모늄

해설 ③성냥불(점화원) + 황(가연물) + 염소산암모늄 (NH_4ClO_3)(산소)

연소의 3요소와 4요소
① **연소의 3요소** : 가연물 + 산소 + 점화원
② **연소의 4요소** : 가연물 + 산소 + 점화원 + 순조로운 연쇄반응

해답 ③

21 위험물의 저장방법에 대한 설명으로 맞는 것은?

① 황화린은 알코올 또는 과산화물 속에 저장하여 보관한다.
② 마그네슘은 건조하면 분진폭발의 위험성이 있으므로 물에 습윤하여 저장한다.
③ 적린은 화재 예방을 위해 할로겐 원소와 혼합하여 저장한다.
④ 수소화리튬은 저장용기에 아르곤과 같은 불활성 기체를 봉입한다.

해설 ① 황화린은 과산화물과 만나면 자연발화한다.
② 마그네슘은 물과 접촉시 수소기체를 발생하여 위험하다.
③ 적린은 할로겐원소와 작용하여 폭발우려가 있다.
④ 수소화리튬은 저장용기에 불활성기체를 봉입한다.

해답 ④

22 다음은 P_2S_5와 물의 화학반응이다. ( )에 알맞은 숫자를 차례대로 나열한 것은?

P_2S_5 + ( )H_2O → ( )H_2S + ( )H_3PO_4

① 2, 8, 5 ② 2, 5, 8
③ 8, 5, 2 ④ 8, 2, 5

해설 **오황화린**(P_2S_5) **: 제2류 위험물**

① 담황색 결정이고 조해성이 있다.
② 수분을 흡수하면 분해된다.
③ 이황화탄소(CS_2)에 잘 녹는다.
④ **물, 알칼리와 반응하여 인산과 황화수소를 발생한다.**

$P_2S_5 + 8H_2O \rightarrow 2H_3PO_4 + 5H_2S\uparrow$

해답 ③

23 위험물안전관리법령상 제조소에서 취급하는 제4류 위험물의 최대수량의 합이 지정수량의 12만배 미만인 사업소에 두어야 하는 화학소방자동차 및 소방대원의 수의 기준으로 옳은 것은?

① 1대 - 5인 ② 2대 - 10인
③ 3대 - 15인 ④ 4대 - 20인

해설 **자체소방대에 두는 화학소방자동차 및 인원**

사업소의 구분	화학소방자동차	자체소방대원의 수
1. **제조소** 또는 **일반취급소**에서 취급하는 제4류 위험물의 최대수량의 합이 지정수량의 **3천배 이상 12만배 미만**인 사업소	1대	5인
2. 제조소 또는 일반취급소에서 취급하는 제4류 위험물의 최대수량의 합이 지정수량의 **12만배 이상 24만배 미만**인 사업소	2대	10인
3. 제조소 또는 일반취급소에서 취급하는 제4류 위험물의 최대수량의 합이 지정수량의 **24만배 이상 48만배 미만**인 사업소	3대	15인
4. 제조소 또는 일반취급소에서 취급하는 제4류 위험물의 최대수량의 합이 지정수량의 **48만배 이상**인 사업소	4대	20인
5. 옥외탱크저장소에 저장하는 제4류 위험물의 최대수량이 지정수량의 50만배 이상인 사업소	2대	10인

해답 ①

24 위험물안전관리법령상 위험물 운반용기의 외부에 표시하여야 하는 사항에 해당하지 않는 것은?

① 위험물에 따라 규정된 주의사항
② 위험물의 지정수량
③ 위험물의 수량
④ 위험물의 품명

해설 **위험물 운반용기의 외부 표시 사항**

① 위험물의 품명, 위험등급, 화학명 및 수용성(제4류 위험물의 수용성인 것에 한함)
② 위험물의 수량
③ 수납하는 위험물에 따른 주의사항

유별	성질에 따른 구분	표시사항
제1류	알칼리금속의 과산화물	화기 · 충격주의, 물기엄금 및 가연물접촉주의
	그 밖의 것	화기 · 충격주의 및 가연물접촉주의
제2류	철분 · 금속분 · 마그네슘	화기주의 및 물기엄금
	인화성 고체	화기엄금
	그 밖의 것	화기주의
제3류	자연발화성 물질	화기엄금 및 공기접촉엄금
	금수성 물질	물기엄금
제4류	인화성 액체	화기엄금
제5류	자기반응성 물질	화기엄금 및 충격주의
제6류	산화성 액체	가연물접촉주의

해답 ②

25 염소산칼륨의 성질에 대한 설명으로 옳은 것은?

① 가연성 고체이다.
② 강력한 산화제이다.
③ 물보다 가볍다.
④ 열분해하면 수소를 발생한다.

해설 **염소산칼륨**($KClO_3$) **: 제1류 위험물 중 염소산염류**

① 무색 또는 백색분말
② 비중 : 2.34
③ 온수, 글리세린에 용해
④ 냉수, 알코올에는 용해하기 어렵다.

⑤ 400℃ 부근에서 분해가 시작
⑥ 완전 열 분해되어 염화칼륨과 산소를 방출

$2KClO_3 \rightarrow 2KCl + 3O_2$
(염소산칼륨) (염화칼륨) (산소)

⑦ 유기물 등과 접촉시 충격을 가하면 폭발하는 수가 있다.

해답 ②

26 저장하는 위험물의 최대수량이 지정수량의 15배일 경우, 건축물의 벽 · 기둥 내화구조로 된 위험물옥내저장소의 보유공지는 몇 m 이상이어야 하는가?

① 0.5 ② 1
③ 2 ④ 3

해설 **옥내저장소의 보유공지**

저장 또는 취급하는 위험물의 최대수량	공지의 너비	
	벽 · 기둥 및 바닥이 내화구조로 된 건축물	그 밖의 건축물
지정수량의 5배 이하		0.5m 이상
지정수량의 5배 초과 10배 이하	1m 이상	1.5m 이상
지정수량의 10배 초과 20배 이하	**2m 이상**	3m 이상
지정수량의 20배 초과 50배 이하	3m 이상	5m 이상
지정수량의 50배 초과 200배 이하	5m 이상	10m 이상
지정수량의 200배 초과	10m 이상	15m 이상

해답 ③

27 위험물안전관리법령상 운반차량에 혼재해서 적재할 수 없는 것은? (단, 각각의 지정수량은 10배인 경우이다.)

① 염소화규소화합물 – 특수인화물
② 고형알코올 – 니트로화합물
③ 염소산염류 – 질산
④ 질산구아니딘 – 황린

해설 ① 염소화규소화합물(3류)–특수인화물(4류)
② 고형알코올(4류)–니트로화합물(5류)
③ 염소산염류(1류)–질산–(6류)
④ 질산구아니딘(5류)–황린(3류)

위험물의 운반에 따른 유별을 달리하는 위험물의 혼재기준(쉬운 암기방법)

혼재 가능	
↓1류 + 6류↑	2류 + 4류
↓2류 + 5류↑	5류 + 4류
↓3류 + 4류↑	

해답 ④

28 가솔린의 연소범위(vol%)에 가장 가까운 것은?

① 1.4~7.6 ② 8.3~11.4
③ 12.5~19.7 ④ 22.3~32.8

해설 **가솔린(휘발유) : 제4류–제1석유류**
① 연소범위는 1.4~7.6vol%이다.
② 용기는 밀폐시켜 보관한다.
③ 휘발유는 비전도성이다.
④ 휘발유의 물성

성분	인화점	발화점	연소범위
C_5H_{12}~C_9H_{20}	−43℃~−20℃	300℃	1.4~7.6%

⑤ 순수한 것은 무색투명 하지만 보통과 고급휘발유는 색상 식별을 위해 각각 노란색과 녹색의 착색제를 넣는다.

해답 ①

29 위험물의 저장방법에 대한 설명 중 틀린 것은?

① 황린은 공기와의 접촉을 피해 물속에 저장한다.
② 황은 정전기의 축적을 방지하여 저장한다.
③ 알루미늄 분말은 건조한 공기 중에서 분진폭발의 위험이 있으므로 정기적으로 분무상의 물을 뿌려야 한다.
④ 황화린은 산화제와의 혼합을 피해 격리해야 한다.

해설 **알루미늄(Al)분말의 성질**
① 은백색의 광택이 있는 경금속으로 가연성 물질이다.
② 공기 중에서 산화피막 형성하여 내부보호

③ 산, 알칼리와 반응하여 수소기체를 발생한다.
④ **물과 반응해서 수소를 발생한다.**
⑤ 열의 전도성이 좋고, +3가의 화합물을 만든다.
⑥ 밀폐용기에 넣어 건조한 곳에 보관한다.

해답 ③

30 제4류 위험물의 화재예방 및 취급방법으로 옳지 않은 것은?

① 이황화탄소는 물속에 저장한다.
② 아세톤은 일광에 의해 분해될 수 있으므로 갈색병에 보관한다.
③ 초산은 내산성 용기에 저장하여야 한다.
④ 건성유는 다공성 가연물과 함께 보관한다.

해설 **건성유 : 제4류의 동식물유류**
① 요오드값이 130이상이다
② 해바라기기름, 동유, 정어리기름, 아마인유, 들기름 등이 있다.
③ 자연발화의 위험이 있으므로 가연물과 접촉을 피한다.

해답 ④

31 위험물안전관리법령상 품명이 나머지 셋과 다른 하나는?

① 트리니트로톨루엔 ② 니트로글리세린
③ 니트로글리콜 ④ 셀룰로이드

해설 ① 트리니트로톨루엔–제5류–니트로화합물
② 니트로글리세린–제5류–질산에스테르류
③ 니트로글리콜–제5류–질산에스테르류
④ 셀룰로이드–제5류–질산에스테르류

해답 ①

32 부틸리튬(n–Butyl lithium)에 대한 설명으로 옳은 것은?

① 무색의 가연성고체이며 자극성이 있다.
② 증기는 공기보다 가볍고 점화원에 의해 선화의 위험이 있다.
③ 화재발생 시 이산화탄소소화설비는 적응성이 없다.
④ 탄화수소나 다른 극성의 액체에 용해가 잘 되며 휘발성은 없다.

해설 **부틸리튬**(C_4H_9Li) **: 제3류**
① 알킬리튬은 알킬기와 리튬금속의 화합물로 유기금속 화합물이다.
② 금수성이며 자연발화성 물질이다.
③ 화재발생 시 이산화탄소소화설비는 적응성이 없다.

해답 ③

33 니트로글리세린은 여름철(30℃)과 겨울철(0℃)에 어떤 상태인가?

① 여름–기체, 겨울–액체
② 여름–액체, 겨울–액체
③ 여름–액체, 겨울–고체
④ 여름–고체, 겨울–고체

해설 **니트로글리세린**$[C_3H_5(ONO_2)_3]$ **: 제5류 위험물 중 질산에스테르류**
① 상온에서는 액체이지만 겨울철에는 동결한다.
② 다이너마이트 제조 시 동결방지용으로 니트로글리콜을 첨가한다
③ **비수용성이며 메탄올, 아세톤 등에 녹는다.**
④ 가열, 마찰, 충격에 예민하여 대단히 위험하다.
⑤ 화재 시 폭굉 우려가 있다.
⑥ 산과 접촉 시 분해가 촉진되고 폭발우려가 있다.

니트로글리세린의 분해
$4C_3H_5(ONO_2)_3$
$\rightarrow 12CO_2\uparrow + 6N_2\uparrow + O_2\uparrow + 10H_2O$

⑦ 다이나마이트(규조토+니트로글리세린), 무연화약 제조에 이용된다.

해답 ③

34 정기점검 대상 제조소등에 해당하지 않는 것은?

① 이동탱크저장소
② 지정수량 120배의 위험물을 저장하는 옥외저장소
③ 지정수량 120배의 위험물을 저장하는 옥내저장소

④ 이송취급소

해설 정기점검의 대상인 제조소등

① 지정수량의 10배 이상의 위험물을 취급하는 제조소
② 지정수량의 100배 이상의 위험물을 저장하는 옥외저장소
③ 지정수량의 **150배** 이상의 위험물을 저장하는 **옥내저장소**
④ 지정수량의 **200배** 이상의 위험물을 저장하는 **옥외탱크저장소**
⑤ 암반탱크저장소
⑥ 이송취급소
⑦ 지정수량의 10배 이상의 위험물을 취급하는 일반취급소
⑧ 지하탱크저장소
⑨ 이동탱크저장소
⑩ 위험물을 취급하는 탱크로서 지하에 매설된 탱크가 있는 제조소 · 주유취급소 또는 일반취급소

해답 ③

35 위험물안전관리법령상 자동화재탐지설비의 설치기준으로 옳지 않은 것은?

① 경계구역은 건축물의 최소 2개 이상의 층에 걸치도록 할 것
② 하나의 경개구역의 면적은 $600m^2$ 이하로 할 것
③ 감지기는 지붕 또는 벽의 옥내에 면한 부분에 유효하게 화재의 발생을 감지할 수 있도록 설치할 것
④ 비상전원을 설치할 것

해설 자동화재탐지설비의 설치기준

① 하나의 경계구역이 2개 이상의 건축물에 미치지 않을 것
② 하나의 경계구역이 2개 이상의 층에 미치지 않을 것.(단, $500m^2$ 이하는 2개의 층을 하나의 경계구역)
③ 하나의 경계구역의 면적은 **$600m^2$ 이하**로 하고 한 변의 길이는 **50m 이하**로 할 것
④ 지하구에 있어서 하나의 경계구역의 길이는 700m 이하로 할 것
⑤ 하나의 경계구역 높이는 45m 이하(계단 및 경사로)
⑥ 비상전원을 설치할 것

해답 ①

36 위험물에 대한 설명으로 틀린 것은?

① 과산화나트륨은 산화성이 있다.
② 과산화나트륨은 인화점이 매우 낮다.
③ 과산화바륨과 염산을 반응시키면 과산화수소가 생긴다.
④ 과산화바륨의 비중은 물보다 크다.

해설 과산화나트륨(Na_2O_2) : 제1류 위험물 중 무기과산화물(금수성)

① 상온에서 **물과 격렬히 반응하여 산소(O_2)를 방출**하고 폭발하기도 한다.

$$2Na_2O_2 + 2H_2O \rightarrow 4NaOH + O_2\uparrow + 발열$$
(과산화나트륨) (물) (수산화나트륨) (산소) (=가성소다)

② 공기 중 이산화탄소(CO_2)와 반응하여 산소(O_2)를 방출한다.

$$2Na_2O_2 + 2CO_2 \rightarrow 2Na_2CO_3 + O_2\uparrow$$
(탄산나트륨)

③ 산과 반응하여 과산화수소(H_2O_2)를 생성시킨다.

$$Na_2O_2 + 2CH_3COOH \rightarrow 2CH_3COONa + H_2O_2\uparrow$$
(초산) (초산나트륨) (과산화수소)

④ 열분해시 산소(O_2)를 방출한다.

$$2Na_2O_2 \rightarrow 2Na_2O + O_2\uparrow$$
(산화나트륨) (산소)

⑤ 주수소화는 금물이고 마른모래(건조사)등으로 소화한다.

해답 ②

37 위험물안전관리법령상 지정수량이 50kg인 것은?

① $KMnO_4$　② $KClO_2$
③ $NaIO_3$　④ NH_4NO_3

해설
① $KMnO_4$－과망간산칼륨－1000kg
② $KClO_2$－아염소산칼륨－50kg
③ $NaIO_3$－요오드산나트륨－300kg
④ NH_4NO_3－질산암모늄－300kg

제1류 위험물 및 지정수량

성질	품 명		지정수량	위험등급
산화성고체	아염소산염류, 염소산염류, 과염소산염류, 무기과산화물		50kg	Ⅰ
	브롬산염류, 질산염류, 요오드산염류		300kg	Ⅱ
	과망간산염류, 중크롬산염류		1000kg	Ⅲ
	행정안전부령이 정하는 것	① 과요오드산염류 ② 과요오드산 ③ 크롬, 납 또는 요오드의 산화물 ④ 아질산염류 ⑤ 염소화이소시아눌산 ⑥ 퍼옥소이황산염류 ⑦ 퍼옥소붕산염류	300kg	Ⅱ
		⑧ 차아염소산염류	50kg	Ⅰ

해답 ②

38 적린이 연소하였을 때 발생하는 물질은?

① 인화수소　② 포스겐
③ 오산화인　④ 이산화황

해설 **적린(P) : 제2류 위험물(가연성 고체)**
① 황린의 동소체이며 황린보다 안정하다.
② 공기 중에서 자연발화하지 않는다.
(발화점 : 260℃, 승화점 : 460℃)
③ 황린을 공기차단상태에서 260℃로 가열, 냉각 시 적린으로 변한다.
④ 성냥, 불꽃놀이 등에 이용된다.
⑤ **연소 시 흰색의 오산화인**(P_2O_5)이 생성된다.
$4P + 5O_2 \rightarrow 2P_2O_5$(오산화인)
⑥ 강산화제와 혼합하면 착화한다.

해답 ③

39 상온에서 액체 물질로만 조합된 것은?

① 질산메틸, 니트로글리세린
② 피크린산, 질산메틸
③ 트리니트로톨루엔, 디니트로벤젠
④ 니트로글리콜, 테트릴

해설 ① 질산메틸(액체), 니트로글리세린(액체)
② 피크린산(고체), 질산메틸(액체)
③ 트리니트로톨루엔(고체), 디니트로벤젠(액체)
④ 니트로글리콜(액체), 테트릴(고체)

해답 ①

40 제3류 위험물 중 금수성 물질을 제외한 위험물에 적응성이 있는 소화설비가 아닌 것은?

① 분말소화설비　② 스프링클러설비
③ 옥내소화전설비　④ 포소화설비

해설 ① 제3류 위험물 중 금수성 물질을 제외한 위험물 : 황린(자연발화성)
② 황린에 적응성 있는 소화설비 : 물 계통소화설비(옥내, 스프링클러, 포소화설비)

해답 ①

41 니트로화합물, 니트로소화합물, 질산에스테르류, 히드록실아민을 각각 50킬로그램씩 저장하고 있을 때 지정수량의 배수가 가장 큰 것은?

① 니트로화합물　② 니트로소화합물
③ 질산에스테르류　④ 히드록실아민

해설 **제5류 위험물 및 지정수량**

성질	품 명	지정수량	위험등급
자기반응성물질	1. 유기과산화물 2. 질산에스테르류	10kg	Ⅰ
	3. 니트로화합물 4. 니트로소화합물 5. 아조화합물 6. 디아조화합물 7. 히드라진 유도체	200kg	Ⅱ
	8. 히드록실아민 9. 히드록실아민염류	100kg	Ⅱ

지정수량의 배수 $= \dfrac{\text{저장수량}}{\text{지정수량}}$

① 니트로화합물 $= \dfrac{50}{200} = 0.25$

② 니트로소화합물 $= \dfrac{50}{200} = 0.25$

③ 질산에스테르류 $= \dfrac{50}{10} = 5$

④ 히드록실아민 $= \dfrac{50}{100} = 0.5$

해답 ③

42 위험물안전관리법령상 운송책임자의 감독 · 지원을 받아 운송하여야 하는 위험물에 해당하는 것은?

① 특수인화물 ② 알킬리튬
③ 질산구아니딘 ④ 히드라진 유도체

해설 **운송책임자의 감독 · 지원을 받아 운송하는 위험물**
① 알킬알루미늄
② 알킬리튬
③ 알킬알루미늄 또는 알킬리튬의 물질을 함유하는 위험물

해답 ②

43 질산암모늄에 대한 설명으로 옳은 것은?

① 물에 녹을 때 발열반응을 한다.
② 가열하면 폭발적으로 분해하여 산소와 암모니아를 생성한다.
③ 소화방법으로 질식소화가 좋다.
④ 단독으로도 급격한 가열, 충격으로 분해 · 폭발할 수 있다.

해설 **질산암모늄**(NH_4NO_3) : **제1류 위험물 중 질산염류**
① 단독으로 가열, 충격 시 분해 폭발할 수 있다.
② 화약원료로 쓰이며 유기물과 접촉 시 폭발우려가 있다.
③ 무색, 무취의 결정이다.
④ 조해성 및 흡습성이 매우 강하다.
⑤ **물에 용해 시 흡열반응**을 나타낸다.
⑥ 급격한 가열충격에 따라 폭발의 위험이 있다.

$$2NH_4NO_3 \rightarrow 2N_2 + 4H_2O + O_2\uparrow$$

해답 ④

44 다음 중 위험물안전관리법에서 정의한 "제조소"의 의미로 가장 옳은 것은?

① "제조소"라 함은 위험물을 제조할 목적으로 지정수량 이상의 위험물을 취급하기 위하여 허가를 받은 장소임
② "제조소"라 함은 지정수량 이상의 위험물을 제조할 목적으로 위험물을 취급하기 위하여 허가를 받은 장소임
③ "제조소"라 함은 지정수량 이상의 위험물을 제조할 목적으로 지정수량 이상의 위험물을 취급하기 위하여 허가를 받은 장소임
④ "제조소"라 함은 위험물을 제조할 목적으로 위험물을 취급하기 위하여 허가를 받은 장소임

해설 **위험물안전관리법 제2조(정의)**
(1) "위험물"이라 함은 인화성 또는 발화성 등의 성질을 가지는 것으로서 대통령령이 정하는 물품을 말한다.
(2) "제조소"라 함은 위험물을 제조할 목적으로 지정수량 이상의 위험물을 취급하기 위하여 규정에 따른 허가를 받은 장소를 말한다.

해답 ①

45 탄화칼슘의 성질에 대하여 옳게 설명한 것은?

① 공기 중에서 아르곤과 반응하여 불연성 기체를 발생한다.
② 공기 중에서 질소와 반응하여 유독한 기체를 낸다.
③ 물과 반응하면 탄소가 생성된다.
④ 물과 반응하여 아세틸렌 가스가 생성된다.

해설 **탄화칼슘**(CaC_2) : **제3류 위험물 중 칼슘탄화물**
① **물과 접촉 시** 수산화칼슘과 **아세틸렌을 생성**하고 열을 발생시킨다.

$$CaC_2 + 2H_2O \rightarrow \underset{\text{(수산화칼슘)}}{Ca(OH)_2} + \underset{\text{(아세틸렌)}}{C_2H_2}\uparrow$$

② **아세틸렌의 폭발범위는** 2.5~81%로 대단히 넓어서 폭발위험성이 크다.
③ 장기 보관시 불활성기체(N_2 등)를 봉입하여 저장한다.
④ 별명은 카바이드, 탄화석회, 칼슘카바이드 등이다.
⑤ 고온(700℃)에서 질화되어 석회질소($CaCN_2$)가 생성된다.

$$CaC_2 + N_2 \rightarrow CaCN_2 + C$$

⑥ 물 및 포약제에 의한 소화는 절대 금하고 마른모래 등으로 피복소화한다.

해답 ④

46 위험물안전관리법령상 "연소의 우려가 있는 외벽"은 기산점이 되는 선으로부터 3m(2층 이상의 층에 대해서는 5m) 이내에 있는 제조소등

의 외벽을 말하는데 이 기산점이 되는 선에 해당하지 않는 것은?

① 동일 부지내의 다른 건축물과 제조소 부지간의 중심선
② 재조소등에 인접한 도로의 중심선
③ 제조소등이 설치된 부지의 경계선
④ 제조소등의 외벽과 동일 부지내의 다른 건축물의 외벽간의 중심선

해설 **위험물안전관리에 관한 세부기준 제41조(연소의 우려가 있는 외벽)**
연소의 우려가 있는 외벽은 다음 각 호의 1에 정한 선을 기산점으로 하여 3m(2층 이상의 층에 대해서는 5m) 이내에 있는 제조소등의 외벽을 말한다.
(1) 제조소등이 설치된 부지의 경계선
(2) 제조소등에 인접한 도로의 중심선
(3) 제조소등의 외벽과 동일부지 내의 다른 건축물의 외벽간의 중심선

해답 ①

47 위험물안전관리법령에 명기된 위험물의 운반용기 재질에 포함되지 않는 것은?

① 고무류 ② 유리
③ 도자기 ④ 종이

해설 **운반용기의 재질**
① 강판 ② 알루미늄판
③ 양철판 ④ 유리
⑤ 금속판 ⑥ 종이
⑦ 플라스틱 ⑧ 섬유판
⑨ 고무류 ⑩ 합성섬유
⑪ 삼 ⑫ 짚
⑬ 나무

해답 ③

48 특수인화물 200L와 제4석유류 12000L를 저장할 때 각각의 지정수량 배수의 합은 얼마인가?

① 3 ② 4
③ 5 ④ 6

해설 **제4류 위험물 및 지정수량**

위험물				지정수량(L)
유별	성질	품명		
제4류	인화성 액체	1. 특수인화물		50
		2. 제1석유류	비수용성 액체	200
			수용성 액체	400
		3. 알코올류		400
		4. 제2석유류	비수용성 액체	1,000
			수용성 액체	2,000
		5. 제3석유류	비수용성 액체	2,000
			수용성 액체	4,000
		6. 제4석유류		6,000
		7. 동식물유류		10,000

지정수량의 배수 $= \frac{\text{저장수량}}{\text{지정수량}} = \frac{200}{50} + \frac{12000}{6000}$
$= 6$배

해답 ④

49 다음 위험물 중 착화온도가 가장 높은 것은?

① 이황화탄소 ② 디에틸에테르
③ 아세트알데히드 ④ 산화프로필렌

해설 **제4류 위험물의 착화온도**

품명	착화온도(℃)
① 이황화탄소	100
② 디에틸에테르	180
③ 아세트알데히드	185
④ 산화프로필렌	465

착화온도(발화온도)
점화원 없이 점화되는 최저온도

해답 ④

50 동 · 식물 유류에 대한 성명 중 틀린 것은?

① 연소하면 열에 의해 액온이 상승하여 화재가 커질 위험이 있다.
② 요오드값이 낮을수록 자연발화의 위험이 높다.
③ 동유는 건성유이므로 자연발화의 위험이 있다.
④ 요오드값이 100~130인 것을 반건성유라고 한다.

해설 **동식물유류**

동물의 지육 또는 식물의 종자나 과육으로부터 추출한 것으로 1기압에서 인화점이 250℃ 미만인 것

① 돈지(돼지기름), 우지(소기름) 등이 있다.
② 요오드값이 130이상인 건성유는 자연발화위험이 있다.
③ 인화점이 46℃인 개자유는 저장, 취급 시 특별히 주의한다.

요오드값에 따른 동식물유류의 분류

구 분	요오드값	종 류
건성유	130 이상	해바라기기름, 동유(오동기름), 정어리기름, 아마인유, 들기름
반건성유	100~130	채종유, 쌀겨기름, 참기름, 면실유, 옥수수기름, 청어기름, 콩기름
불건성유	100 이하	야자유, 팜유, 올리브유, 피마자기름, **낙화생기름**, 돈지, 우지, 고래기름

해답 ②

51 위험물안전관리법령상 위험물 운반 시 방수성 덮개를 하지 않아도 되는 위험물은?

① 나트륨 ② 적린
③ 철분 ④ 과산화칼륨

해설 **적재위험물의 성질에 따른 조치**

(1) **차광성**이 있는 피복으로 가려야하는 위험물
① 제1류 위험물
② 제3류위험물 중 자연발화성물질
③ 제4류 위험물 중 특수인화물
④ 제5류 위험물
⑤ 제6류 위험물

(2) 방수성이 있는 피복으로 덮어야 하는 것
① 제1류 위험물 중 알칼리금속의 과산화물
② 제2류 위험물 중 철분 · 금속분 · 마그네슘 또는 이들 중 어느 하나 이상을 함유한 것
③ 제3류 위험물 중 금수성 물질

해답 ②

52 연소할 때 연기가 거의 나지 않아 밝은 곳에서 연소상태를 잘 느끼지 못하는 물질로 독성이 매우 강해 먹으면 실명 또는 사망에 이를 수 있는 것은?

① 메틸알코올 ② 에틸알코올
③ 등유 ④ 경유

해설 **메틸알코올과 에틸알코올의 공통점**

메틸알코올	에틸알코올
무색투명액체	무색투명액체
휘발성이 있다.	휘발성이 있다.
지정수량 : 400L	지정수량 : 400L
독성이 강하다.(실명)	독성이 없다.(주정)
연소범위 : 7.3~36%	연소범위 : 4.3~19%

해답 ①

53 질산과 과산화수소의 공통적인 성질을 옳게 설명한 것은?

① 물보다 가볍다.
② 물에 녹는다.
③ 점성이 큰 액체로서 환원제이다.
④ 연소가 매우 잘 된다.

해설 ① 질산–제6류–산화성액체–수용성
② 과산화수소–제6류–산화성액체–수용성

해답 ②

54 제조소등의 위치 · 구조 또는 설비의 변경 없이 해당 제조소등에서 저장하거나 취급하는 위험물의 품명 · 수량 또는 지정수량의 배수를 변경하고자 하는 자는 변경하고자 하는 날의 며칠 전 까지 행정안전부령이 정하는 바에 따라 시 · 도지사에게 신고하여야 하는가?

① 1일 ② 7일
③ 14일 ④ 30일

해설 **위험물안전관리법 제6조(위험물시설의 설치 및 변경 등)**

제조소등의 위치 · 구조 또는 설비의 변경없이 당해 제조소등에서 저장하거나 취급하는 위험물의 품명 · 수량 또는 지정수량의 배수를 변경하고자 하는 자는 **변경하고자 하는 날의 1일 전까지** 행정안전부령이 정하는 바에 따라 시 · 도지사에게 신고하여야 한다.

해답 ①

55 과산화벤조일과 과염소산의 지정수량의 합은 몇 kg인가?

① 310　　② 350
③ 400　　④ 500

해설 과산화벤조일(유기과산화물)−5류10kg+과염소산−6류300kg＝310kg

제5류 위험물 및 지정수량

성질	품 명	지정수량	위험등급
자기 반응성물질	1. 유기과산화물 2. 질산에스테르류	10kg	I
	3. 니트로화합물 4. 니트로소화합물 5. 아조화합물 6. 디아조화합물 7. 히드라진 유도체	200kg	II
	8. 히드록실아민 9. 히드록실아민염류	100kg	

제6류 위험물(산화성 액체)

성질	품 명	판단기준	지정수량	위험등급
산화성액체	• 과염소산($HClO_4$)		300kg	I
	• 과산화수소(H_2O_2)	농도 36중량% 이상		
	• 질산(HNO_3)	비중 1.49 이상		
	• 할로겐간화합물 ① 삼불화브롬(BrF_3) ② 오불화브롬(BrF_5) ③ 오불화요오드(IF_5)			

해답 ①

56 황가루가 공기 중에 떠 있을 때의 주된 위험성에 해당하는 것은?

① 수증기 발생　　② 전기감전
③ 분진폭발　　④ 인화성 가스 발생

해설 황＝유황(S) : **제2류 위험물(가연성 고체)**

① 동소체로 사방황, 단사황, 고무상황이 있다.
② 황색의 고체 또는 분말상태이다.
③ 물에 녹지 않고 이황화탄소(CS_2)에는 잘 녹는다.
④ 공기 중에서 연소 시 푸른 불꽃을 내며 이산화황이 생성된다.

$$S + O_2 \rightarrow SO_2$$

⑤ 환원성 물질이므로 산화제와 접촉 시 위험하다
⑥ **분진폭발의 위험성**이 있고 목탄가루와 혼합시 가열, 충격, 마찰에 의하여 폭발위험성이 있다.
⑦ 다량의 물로 주수소화 또는 질식 소화한다.

해답 ③

57 위험물의 인화점에 대한 설명으로 옳은 것은?

① 톨루엔이 벤젠보다 낮다.
② 피리딘이 톨루엔보다 낮다.
③ 벤젠이 아세톤보다 낮다.
④ 아세톤이 피리딘보다 낮다.

해설 **제4류 위험물의 인화점**

품명	유별	인화점(℃)
아세톤	제1석유류	−18
벤젠	제1석유류	−11
톨루엔	제1석유류	4
피리딘	제1석유류	20

해답 ④

58 저장 또는 취급하는 위험물의 최대수량이 지정수량의 500배 이하일 때 옥외저장탱크의 측면으로부터 몇 m 이상의 보유공지를 유지하여야 하는가? (단, 제6류 위험물은 제외한다.)

① 1　　② 2
③ 3　　④ 4

해설 **옥외탱크저장소의 보유공지**

저장 또는 취급하는 위험물의 최대수량	공지의 너비
지정수량의 500배 이하	**3m 이상**
지정수량의 500배 초과 1,000배 이하	5m 이상
지정수량의 1,000배 초과 2,000배 이하	9m 이상
지정수량의 2,000배 초과 3,000배 이하	12m 이상
지정수량의 3,000배 초과 4,000배 이하	15m 이상

저장 또는 취급하는 위험물의 최대수량	공지의 너비
지정수량의 4,000배 초과	당해 탱크의 수평단면의 최대지름(횡형인 경우는 긴 변)과 높이 중 큰 것과 같은 거리 이상(단, 30m 초과의 경우 30m 이상으로, 15m 미만의 경우 15m 이상으로 할 것)

해답 ③

59 위험물안전관리법령상 옥내저장소 저장창고의 바닥은 물이 스며 나오거나 스며들지 아니하는 구조로 하여야 한다. 다음 중 반드시 이 구조로 하지 않아도 되는 위험물은?

① 제1류 위험물 중 알칼리금속의 과산화물
② 제4류 위험물
③ 제5류 위험물
④ 제2류 위험물 중 철분

해설 **저장창고의 바닥을 물이 스며 나오거나 스며들지 아니하는 구조로 하여야 하는 경우**

① 제1류 위험물 중 알칼리금속의 과산화물 또는 이를 함유하는 것
② 제2류 위험물 중 철분 · 금속분 · 마그네슘 또는 이중 어느 하나 이상을 함유하는 것
③ 제3류 위험물 중 금수성 물질
④ 제4류 위험물

해답 ③

60 다음 중 산화성고체 위험물에 속하지 않는 것은?

① Na_2O_2　　② $HClO_4$
③ NH_4ClO_4　　④ $KClO_3$

해설 ① Na_2O_2
-과산화나트륨-제1류-산화성고체
② $HClO_4$
-과염소산-제6류-산화성액체
③ NH_4ClO_4
-과염소산암모늄-제1류-산화성고체
④ $KClO_3$
-염소산칼륨-제1류-산화성고체

해답 ②

위험물기능사

2016년 4월 2일 시행

01 다음 중 제4류 위험물의 화재 시 물을 이용한 소화를 시도하기 전에 고려해야 하는 위험물의 성질로 가장 옳은 것은?

① 수용성, 비중 ② 증기비중, 끓는점
③ 색상, 발화점 ④ 분해온도, 녹는점

해설 인화성액체(제4류) 위험물 화재(B급 화재)
① 비수용성인 석유류화재에 봉상주수를 하면 **비중이 물보다 가벼워 연소면이 확대**된다.
② 포 소화약제 또는 물분무가 적합하다.

봉상주수
물 방사형태가 막대모양으로 옥내 및 옥외소화전설비가 여기에 해당된다.

해답 ①

02 다음 점화에너지 중 물리적 변화에서 얻어지는 것은?

① 입축열 ② 산화열
③ 중합열 ④ 분해열

해설 열에너지원의 종류

에너지의 종류	종 류
화학적 에너지	연소열, 분해열, 용해열, 반응열, 자연발화, 중합열
전기적 에너지	저항가열, 유도가열, 유전가열, 아크가열, 정전스파크, 낙뢰
기계적(물리적) 에너지	**마찰열, 압축열, 충격(마찰)스파크**
원자력 에너지	핵분열, 핵융합

해답 ①

03 금속분의 연소 시 주수소화하면 위험한 원인으로 옳은 것은?

① 물에 녹아 산이 된다.
② 물과 작용하여 유독가스를 발생한다.
③ 물과 작용하여 수소가스를 발생한다.
④ 물과 작용하여 산소가스를 발생한다.

해설 제2류 위험물의 공통적 성질
① 낮은 온도에서 착화가 쉬운 가연성 고체이다.
② 냉암소에 저장하여야 한다.
③ 연소속도가 빠른 고체이다.
④ 연소 시 유독가스를 발생하는 것도 있다.
⑤ **금속분은 물 접촉 시 발열 및 수소기체 발생된다.**
⑥ 점화원을 멀리하고 가열을 피한다.
⑦ 용기파손으로 인한 위험물의 누설에 주의한다.

해답 ③

04 다음 중 유류저장 탱크 화재에서 일어나는 현상으로 거리가 먼 것은?

① 보일 오버 ② 플래시 오버
③ 슬롭 오버 ④ BELVE

해설 유류저장탱크의 화재 발생현상
① 보일오버 ② 슬롭오버 ③ 프로스오버

★★★ 요 점 정 리 (필수 암기) ★★★
① **보일오버** : 탱크 바닥의 물이 비등하여 유류가 연소하면서 분출
② **슬롭오버** : 물이 연소유 표면으로 들어갈 때 유류가 연소하면서 분출
③ **프로스오버** : 탱크 바닥의 물이 비등하여 유류가 연소하지 않고 분출
④ **블레비** : 액화가스 저장탱크 폭발현상

플래쉬 오버(flash over)
폭발적인 착화현상 및 급격한 화염의 확대현상
- 플래쉬 오버 발생시기 : 성장기
- 주요 발생원인 : 열의 공급

해답 ②

05 다음 중 정전기 방지대책으로 가장 거리가 먼 것은?

① 접지를 한다.
② 공기를 이온화한다.
③ 21% 이상의 산소농도를 유지하도록 한다.
④ 공기의 상대습도를 70% 이상으로 한다.

해설 **정전기 방지대책**
① 접지
② 공기를 이온화
③ 상대습도 70% 이상 유지
④ 위험물 이송 시 배관 내 유속을 느리게 하는 방법

해답 ③

06 폭발의 종류에 따른 물질이 잘못 짝지어진 것은?

① 분해폭발 – 아세틸렌, 산화에틸렌
② 분진폭발 – 금속분, 밀가루
③ 중합폭발 – 시안화수소, 염화비닐
④ 산화폭발 – 히드라진, 과산화수소

해설 **폭발의 종류**
① 분해폭발 : 아세틸렌, 산화에틸렌, 과산화물, 다이너마이트
② 분진폭발 : 밀가루, 담뱃가루, 석탄가루, 먼지, 전분, 금속분류
③ 중합폭발 : 염화비닐, 시안화수소
④ 분해 · 중합폭발 : 산화에틸렌
⑤ **산화폭발 : 압축가스, 액화가스**

해답 ④

07 착화온도가 낮아지는 원인과 가장 관계가 있는 것은?

① 발열량이 적을 때
② 압력이 높을 때
③ 습도가 높을 때
④ 산소와의 결합력이 나쁠 때

해설 **착화온도가 낮아지는 경우**
① **압력이 높을 때**
② 습도가 낮을 때
③ 발열량이 클 때
④ 산소와 친화력이 좋을 때

해답 ②

08 제5류 위험물의 화재 예방상 유의사항 및 화재 시 소화방법에 관한 설명으로 옳지 않은 것은?

① 대량의 주수에 의한 소화가 좋다.
② 화재 초기에는 질식소화가 효과적이다.
③ 일부 물질의 경우 운반 또는 저장 시 안정제를 사용해야 한다.
④ 가연물과 산소공급원이 같이 있는 상태이므로 점화원의 방지에 유의하여야 한다.

해설 **제5류 위험물의 일반적 성질**
① 자기연소(내부연소)성 물질이다.
② 연소속도가 대단히 빠르고 폭발적 연소한다.
③ 가열, 마찰, 충격에 의하여 폭발한다.
④ 물질자체가 산소를 함유하고 있어 질식소화는 효과가 없다.
⑤ 화재초기에는 다량의 물로 주수 소화한다.

해답 ②

09 과염소산의 화재 예방에 요구되는 주의사항에 대한 설명으로 옳은 것은?

① 유기물과 접촉 시 발화의 위험이 있기 때문에 가연물과 접촉시키지 않는다.
② 자연발화의 위험이 높으므로 냉각시켜 보관한다.
③ 공기 중 발화하므로 공기와의 접촉을 피해야 한다.
④ 액체상태는 위험하므로 고체상태로 보관한다.

해설 **과염소산**($HClO_4$) **: 제6류 위험물(산화성 액체)**
① 물과 접촉 시 심한 열을 발생한다.(발열반응)
② 종이, 나무 조각과 접촉 시 연소한다.
③ 공기 중 분해하여 강하게 연기를 발생한다.
④ 무색의 액체로 염소냄새가 난다.
⑤ 산화력 및 흡습성이 강하다.
⑥ 다량의 물로 분무(안개모양)주수소화
⑦ 불연성물질의 액체이다.

해답 ①

10 15℃의 기름 100g에 8000J의 열량을 주면 기름의 온도는 몇 ℃가 되겠는가? (단, 기름의 비열은 2J/g · ℃이다.)

① 25 ② 45
③ 50 ④ 55

해설 **필요한 열량**

$$Q = mc\Delta t$$

여기서, Q : 필요한 열량(J)
m : 질량(g)
c : 비열(J/g · ℃)
Δt : 온도차(℃)

① $\Delta t = \frac{Q}{mc} = \frac{8000}{2 \times 100} = 40℃$

② $t = 15 + 40 = 55℃$

해답 ④

11 제6류 위험물의 화재에 적응성이 없는 소화설비는?

① 옥내소화전설비
② 스프링클러설비
③ 포소화설비
④ 불활성가스소화설비

해설 **제6류 위험물의 공통적인 성질**
① 자신은 불연성이고 산소를 함유한 강산화제이다.
② 분해에 의한 산소발생으로 다른 물질의 연소를 돕는다.
③ 액체의 비중은 1보다 크고 물에 잘 녹는다.
④ 불연성가스 소화설비 등 질식소화는 효과가 없다.

제6류 위험물(산화성 액체)

성질	품 명	판단기준	지정수량	위험등급
산화성액체	• 과염소산($HClO_4$)		300 kg	I
	• 과산화수소(H_2O_2)	농도 36중량% 이상		
	• 질산(HNO_3)	비중 1.49 이상		
	• 할로겐간화합물 ① 삼불화브롬(BrF_3) ② 오불화브롬(BrF_5) ③ 오불화요오드(IF_5)			

해답 ④

12 소화약제로서 물의 단점인 동결현상을 방지하기 위하여 주로 사용되는 물질은?

① 에틸알코올 ② 글리세린
③ 에틸렌글리콜 ④ 탄산칼슘

해설 **에틸렌글리콜**($C_2H_4(OH)_2$) : **제4류 3석유류**
① 물과 혼합하여 **부동액으로 이용**된다.
② 물, 알코올, 아세톤 등에 잘 녹는다.
③ 무색의 액체이며 흡습성이 있고 단맛이 있는 무색액체이다.
④ 독성이 있는 2가 알코올이다.

해답 ③

13 다음 중 D급 화재에 해당하는 것은?

① 플라스틱 화재 ② 나트륨 화재
③ 휘발유 화재 ④ 전기 화재

해설 **화재의 분류** ★★ 자주출제(필수암기) ★★

종 류	등급	색표시	가연물
일반화재	A급	백색	플라스틱, 나무, 섬유
유류 및 가스화재	B급	황색	석유류, LNG, LPG
전기화재	C급	청색	반전실, 전산실
금속화재	D급	–	**금속나트륨**, 금속칼륨
주방화재	K급	–	식용유

해답 ②

14 위험물안전관리법령상 철분, 금속분, 마그네슘에 적응성이 있는 소화설비는?

① 불활성가스소화설비
② 할로겐화합물소화설비
③ 포소화설비
④ 탄산수소염류소화설비

해설 **철분, 금속분, 마그네슘 등(금수성 물질)에 적응성이 있는 소화기**
① 탄산수소염류
② 마른 모래
③ 팽창질석 또는 팽창진주암

해답 ④

15 위험물안전관리법령상 제4류 위험물에 적응성이 없는 소화설비는?

① 옥내소화전설비
② 포소화설비
③ 불활성가스소화설비
④ 할로겐화합물소화설비

해설 **인화성액체(제4류) 위험물 화재** (B급 화재)
① 비수용성인 석유류화재에 **봉상주수**(옥내 및 옥외) 또는 적상주수(스프링클러)를 하면 **연소면이 확대**된다.
② 포 소화약제 또는 물분무가 적합하다.
③ 분말, 이산화탄소 또는 할로겐화합물 소화약제도 적응성이 있다.

금수성 위험물질에 적응성이 있는 소화기
① 탄산수소염류
② 마른 모래
③ 팽창질석 또는 팽창진주암

해답 ①

16 물은 냉각소화가 주된 대표적인 소화약제이다. 물의 소화효과를 높이기 위하여 무상 주수를 함으로써 부가적으로 작용하는 소화효과로 이루어진 것은?

① 질식소화작용, 제거소화작용
② 질식소화작용, 유화소화작용
③ 타격소화작용, 유화소화작용
④ 타격소화작용, 피복소화작용

해설 **무상주수(물분무)의 소화효과**
① 냉각효과 ② 질식효과
③ 희석효과 ④ 유화(에멀젼)효과

해답 ②

17 다음 중 소화약제 강화액의 주성분에 해당하는 것은?

① K_2CO_3 ② K_2O_2
③ CaO_2 ④ $KBrO_3$

해설 **강화액 소화약제**
① 물의 빙점(어는점)이 낮은 단점을 강화시킨 탄산칼륨(K_2CO_3) 수용액
② 무상인 경우 A, B, C 급 화재에 모두 적응한다.
③ 소화약제의 pH는 12이다.(알카리성을 나타낸다.)
④ 어는점(빙점)이 약 −17℃~−30℃로 매우 낮아 추운 지방에서 사용
⑤ 강화액 소화약제는 알칼리성을 나타낸다.

해답 ①

18 위험물안전관리법령상 소화설비의 적응성에 관한 내용이다. 옳은 것은?

① 마른모래는 대상물 중 제1류~제6류 위험물에 적응성이 있다.
② 팽창질석은 전기설비를 포함한 모든 대상물에 적응성이 있다.
③ 분말소화약제는 셀룰로이드류의 화재에 가장 적당하다.
④ 물분무소화설비는 전기설비에 사용할 수 없다.

해설 ① 마른모래는 모든 위험물화재에 적응성이 있다.
② 팽창질석은 금수성 위험물의 화재에 적응성이 있다.
③ 분말소화약제는 셀룰로이드(제5류)화재에 적응성이 없다.
④ 물분무소화설비는 전기화재에 적응성이 있다.

해답 ①

19 다음 중 공기포 소화약제가 아닌 것은?

① 단백포 소화약제
② 합성계면활성제포 소화약제
③ 화학포 소화약제
④ 수성막포 소화약제

해설 **공기포**(기계포)**소화약제**
① 단백포 ② 불화단백포 ③ 합성계면활성제포
④ 수성막포 ⑤ 알코올포

해답 ③

20 분말소화약제 중 제1종과 제2종 분말이 각각 열분해될 때 공통적으로 생성되는 물질은?

① N_2, CO_2 ② N_2, O_2
③ H_2O, CO_2 ④ H_2O, N_2

해설 **분말약제의 열분해★★★★★**

종별	약제명	착색	적응 화재	열분해 반응식
제1종	탄산수소나트륨 중탄산나트륨 중조	백색	B,C	270℃ $2NaHCO_3 \rightarrow Na_2CO_3 + CO_2 + H_2O$ 850℃ $2NaHCO_3 \rightarrow Na_2O + 2CO_2 + H_2O$
제2종	탄산수소칼륨 중탄산칼륨	담회색	B,C	190℃ $2KHCO_3 \rightarrow K_2CO_3 + CO_2 + H_2O$ 590℃ $2KHCO_3 \rightarrow K_2O + 2CO_2 + H_2O$
제3종	제1인산암모늄	담홍색	A,B,C	$NH_4H_2PO_4 \rightarrow HPO_3 + NH_3 + H_2O$
제4종	중탄산칼륨+요소	회(백)색	B,C	$2KHCO_3 + (NH_2)_2CO \rightarrow K_2CO_3 + 2NH_3 + 2CO_2$

해답 ③

21 포름산에 대한 설명으로 옳지 않은 것은?

① 물, 알코올, 에테르에 잘 녹는다.
② 개미산이라고도 한다.
③ 강한 산화제이다.
④ 녹는점이 상온보다 낮다.

해설 **포름산=개미산=의산**(HCOOH) : **제4류 위험물 제2석유류**
① 자극성 냄새가 있다.
② 피부에 닿으면 물집이 생긴다.
③ 강한 산성을 나타내며 **환원제이다.**
④ 점화하면 푸른 불꽃을 내면서 연소한다.

해답 ③

22 제3류 위험물에 해당하는 것은?

① NaH　　② Al
③ Mg　　④ P_4S_3

해설 ① NaH–수소화나트륨–제3류–금속의 수소화물
② Al–알루미늄–제2류–금속분
③ Mg–마그네슘–제2류
④ P_4S_3–삼황화린–제2류

해답 ①

23 지방족 탄화수소가 아닌 것은?

① 톨루엔　　② 아세트알데히드
③ 아세톤　　④ 디에틸에테르

해설 ① 톨루엔($C_6H_5CH_3$)–방향족 탄화수소
지방족 탄화수소
탄화수소에서 수소의 일부 또는 전부가 다른 작용기로 치환된 유기화합물
(알데히드, 케톤, 카르복시산, 아마이드, 알코올, 아민, 에테르 등)
방향족 탄화수소(aromatic hydrocarbon)
고리모양의 탄화수소 중 벤젠고리 및 그의 유도체를 포함한 탄화수소의 계열
(벤젠, 톨루엔, 크실렌 등 벤젠의 유도체)

해답 ①

24 위험물안전관리법령상 위험물의 지정수량으로 옳지 않은 것은?

① 니트로셀룰로오스 : 10kg
② 히드록실아민 : 100kg
③ 아조벤젠 : 50kg
④ 트리니트로페놀 : 200kg

해설 ① 니트로셀룰로오스
–제5류–질산에스테르류–10kg
② 히드록실아민–제5류–100kg
③ 아조벤젠–제5류–아조화합물–200kg
④ 트리니트로페놀(TNP)
–제5류–니트로화합물–200kg

제5류 위험물 및 지정수량

성질	품 명	지정수량	위험등급
자기 반응성물질	1. 유기과산화물 2. 질산에스테르류	10kg	I
	3. 니트로화합물 4. 니트로소화합물 5. 아조화합물 6. 디아조화합물 7. 히드라진 유도체	200kg	II
	8. 히드록실아민 9. 히드록실아민염류	100kg	

해답 ③

25 셀룰로이드에 대한 설명으로 옳은 것은?

① 질소가 함유된 무기물이다.
② 질소가 함유된 유기물이다.

③ 유기의 염화물이다.
④ 무기의 염화물이다.

해설 **셀룰로이드 : 제5류 위험물**
① 무색 또는 황색의 반투명고체로 질소가 함유된 유기화합물이다.
② **물에 불용**이지만 알코올, 아세톤에 잘 녹는다.
③ 저장 시 습도가 낮고 온도가 낮은 장소에 저장
④ 온도 및 습도가 높은 장소에서 취급할 때 자연발화의 위험이 있다.
⑤ 충격에 의하여 발화하지는 않는다.
⑥ 가소제로서 장뇌를 함유하는 나이트로셀룰로스로 이루어진 일종의 플라스틱이다.

해답 ②

26 에틸알코올의 증기비중은 약 얼마인가?

① 0.72　② 0.91
③ 1.13　④ 1.59

해설 **에틸알코올**(C_2H_5OH) **: 제4류 알코올류**
① 분자량 $M = 12 \times 2 + 1 \times 5 + 16 + 1 = 46$
② 증기비중(기체의 비중)
$= \dfrac{M(\text{분자량})}{29(\text{공기평균분자량})} = \dfrac{46}{29} = 1.59$

해답 ④

27 과염소산나트륨의 성질이 아닌 것은?

① 물과 급격히 반응하여 산소를 발생한다.
② 가열하면 분해되어 조연성 가스를 방출한다.
③ 융점은 400℃보다 높다.
④ 비중은 물보다 무겁다.

해설 **과염소산나트륨**($NaClO_4$) **: 제1류 위험물 중 과염소산염류**
① 백색의 분말고체이며 분자량이 122, 녹는점은 482℃이다.
② 물, 알코올, 아세톤에 잘 녹고 에테르에는 녹지 않는다.
③ 유기물등과 혼합 시 가열, 충격, 마찰에 의하여 폭발한다.
④ 400℃ 이상에서 분해되면서 산소를 방출한다.

해답 ①

28 인화칼슘이 물과 반응할 경우에 대한 설명 중 틀린 것은?

① 발생가스는 가연성이다.
② 포스겐가스가 발생한다.
③ 발생가스는 독성이 강하다.
④ $Ca(OH)_2$가 생성된다.

해설 **인화칼슘**(Ca_3P_2)**[별명 : 인화석회] : 제3류 위험물(금수성 물질)**
① 적갈색의 괴상고체
② **물 및 약산과 격렬히 반응, 분해하여 인화수소(포스핀)**(PH_3)**을 생성한다.**

• $Ca_3P_2 + 6H_2O \rightarrow 3Ca(OH)_2 + 2PH_3$
• $Ca_3P_2 + 6HCl \rightarrow 3CaCl_2 + 2PH_3$
(포스핀＝인화수소)

③ 포스핀은 맹독성가스이므로 취급시 방독마스크를 착용한다.
④ 물 및 포약제의 의한 소화는 절대 금하고 마른모래 등으로 피복하여 자연 진화되도록 기다린다.

해답 ②

29 화학적으로 알코올을 분류할 때 3가 알코올에 해당하는 것은?

① 에탄올　② 메탄올
③ 에틸렌글리콜　④ 글리세린

해설 **3가 알코올**
• 1분자 내에 3개의 수산기(OH)를 가진 알코올을 말한다.
• 대표적인 3가 알코올은 글리세린이다.
① 에탄올(에틸알코올)－C_2H_5OH－1가 알코올
② 메탄올(메틸알코올)－CH_3OH－1가 알코올
③ 에틸렌글리콜－$C_2H_4(OH)_2$－2가 알코올
④ 글리세린－$C_3H_5(OH)_3$－3가 알코올

해답 ④

30 위험물안전관리법령상 품명이 다른 하나는?

① 니트로글리콜　② 니트로글리세린
③ 셀룰로이드　④ 테트릴

해설 ① 니트로글리콜($C_2H_4(ONO_2)_2$)
－제5류－질산에스테르류

② 니트로글리세린($C_3H_5(ONO_2)_3$)
−제5류−질산에스테르류
③ 셀룰로이드
−제5류−질산에스테르류
④ 테트릴($C_6H_2(NO_2)_4NCH_3$)
−제5류 니트로화합물

해답 ④

31 주수소화를 할 수 없는 위험물은?

① 금속분 ② 적린
③ 유황 ④ 과망간산칼륨

해설 **제2류 위험물의 공통적 성질**
① 낮은 온도에서 착화가 쉬운 가연성 고체이다.
② 냉암소에 저장하여야 한다.
③ 연소속도가 빠른 고체이다.
④ 연소 시 유독가스를 발생하는 것도 있다.
⑤ **금속분은 물 접촉 시 발열 및 수소기체 발생된다.**
⑥ 점화원을 멀리하고 가열을 피한다.
⑦ 용기파손으로 인한 위험물의 누설에 주의한다.

해답 ①

32 제1류 위험물 중 흑색화약의 원료로 사용되는 것은?

① KNO_3 ② $NaNO_3$
③ BaO_2 ④ NH_4NO_3

해설 **질산칼륨**(KNO_3) : **제1류 위험물(산화성고체)**
① 질산칼륨에 숯가루, 유황가루를 혼합하여 흑색화약제조에 사용한다.
② 열분해하여 산소를 방출한다.
$2KNO_3 \rightarrow 2KNO_2$(아질산칼륨) $+ O_2\uparrow$
③ 물, 글리세린에는 잘 녹으나 알코올에는 잘 녹지 않는다.
④ 유기물 및 강산과 접촉 시 매우 위험하다.
⑤ 소화는 주수소화방법이 가장 적당하다.

해답 ①

33 다음 중 제6류 위험물에 해당하는 것은?

① IF_5 ② $HClO_3$
③ NO_3 ④ H_2O

해설 **제6류 위험물**(산화성 액체)

성질	품 명	판단기준	지정수량	위험등급
산화성 액체	• 과염소산($HClO_4$)		300kg	I
	• 과산화수소(H_2O_2)	농도 36중량% 이상		
	• 질산(HNO_3)	비중 1.49 이상		
	• 할로겐간화합물 ① 삼불화브롬(BrF_3) ② 오불화브롬(BrF_5) ③ 오불화요오드(IF_5)			

해답 ①

34 다음 중 제4류 위험물에 해당하는 것은?

① $Pb(N_3)_2$ ② CH_3ONO_2
③ N_2H_4 ④ NH_2OH

해설 ① $Pb(N_3)_2$−아지화 납(질화납)(lead azide)
−제5류−디아조화합물
② CH_3ONO_2−질산메틸−제5류−질산에스테르류
③ N_2H_4−**히드라진−제4류−제2석유류**
④ NH_2OH−히드록실아민−제5류

해답 ③

35 다음의 분말은 모두 150마이크로미터의 체를 통과하는 것이 50중량퍼센트 이상이 된다. 이들 분말 중 위험물안전관리법령상 품명이 "금속분"으로 분류되는 것은?

① 철분 ② 구리분
③ 알루미늄분 ④ 니켈분

해설 **위험물의 판단기준**
① 유황 : 순도가 **60중량% 이상**인 것
② 철분 : 철의 분말로서 53μm의 표준체를 통과하는 것이 **50중량% 미만인 것은 제외**
③ 금속분 : **알칼리금속 · 알칼리토류금속 · 철 및 마그네슘외의 금속의 분말**을 말하고, **구리분 · 니켈분** 및 150μm의 체를 통과하는 것이 **50중량% 미만인 것은 제외**
④ 마그네슘 및 제2류의 물품중 마그네슘을 함유한 것에 있어서는 다음 각목의 1에 해당하는 것

은 제외한다.
㉠ 2mm의 체를 통과하지 아니하는 덩어리 상태의 것
㉡ **직경 2mm 이상**의 막대 모양의 것

해답 ③

36 다음 중 분자량이 가장 큰 위험물은?

① 과염소산　　② 과산화수소
③ 질산　　④ 히드라진

해설 ① **과염소산**($HClO_4$)
$M = 1 + 35.5 + 16 \times 4 = 100.5$
② 과신화수소(H_2O_2)
$M = 1 \times 2 + 16 \times 2 = 34$
③ 질산(HNO_3)
$M = 1 + 14 + 16 \times 3 = 63$
④ 히드라진(N_2H_4)
$M = 14 \times 2 + 1 \times 4 = 32$

해답 ①

37 인화칼슘, 탄화알루미늄, 나트륨이 물과 반응하였을 때 발생하는 가스에 해당하지 않는 것은?

① 포스핀가스　　② 수소
③ 이황화탄소　　④ 메탄

해설 **인화칼슘**(Ca_3P_2)**[별명 : 인화석회] : 제3류 위험물(금수성 물질)**
① 적갈색의 괴상고체
② 물 및 약산과 격렬히 반응, 분해하여 인화수소(포스핀)(PH_3)을 생성한다.

- $Ca_3P_2 + 6H_2O \rightarrow 3Ca(OH)_2 + 2PH_3$
- $Ca_3P_2 + 6HCl \rightarrow 3CaCl_2 + 2PH_3$

(포스핀 = 인화수소)

탄화알루미늄(Al_4C_3) **: 제3류 위험물(금수성 물질)**
① 물과 접촉시 메탄가스를 생성하고 발열반응을 한다.

$Al_4C_3 + 12H_2O \rightarrow 4Al(OH)_3 + 3CH_4$(메탄)

② 황색 결정 또는 백색분말로 1400℃ 이상에서는 분해가 된다.
③ 물 및 포약제에 의한 소화는 절대 금하고 마른 모래 등으로 피복소화한다.

금속나트륨 : 제3류 위험물(금수성)
① 물보다 가볍다.(비중0.97)
② 물과 반응하여 수소기체 발생

$2Na + 2H_2O \rightarrow 2NaOH + H_2\uparrow$
(수산화나트륨 : 강알칼리성)

④ 파라핀, 경유, 등유 속에 저장

해답 ③

38 연소 시 발생하는 가스를 옳게 나타낸 것은?

① 황린 – 황산가스
② 황 – 무수인산가스
③ 적린 – 아황산가스
④ 삼황화사인(삼황화린) – 아황산가스

해설 **연소시 발생하는 가스**
① 황린–오산화인(P_2O_5)
② 황–이산화황(아황산)(SO_2)
③ 적린–오산화인(P_2O_5)
④ 삼황화린–오산화인(P_2O_5)과 이산화황(아황산, SO_2)

해답 ④

39 염소산나트륨에 대한 설명으로 틀린 것은?

① 조해성이 크므로 보관용기는 밀봉하는 것이 좋다.
② 무색, 무취의 고체이다.
③ 산과 반응하여 유독성의 이산화나트륨 가스가 발생한다.
④ 물, 알코올, 글리세린에 녹는다.

해설 **염소산나트륨**($NaClO_3$) **: 제1류 위험물 중 염소산염류**
① 조해성이 크고, 알코올, 에테르, 물에 녹는다.
② 철제를 부식시키므로 철제용기 사용금지
③ **산과 반응하여 유독한 이산화염소**(ClO_2)**를 발생시키며** 이산화염소는 폭발성이다.
④ 조해성이 있기 때문에 밀폐하여 저장한다.

조해성
공기 중에 노출되어 있는 고체가 수분을 흡수하여 녹는 현상

해답 ③

40 질산칼륨을 약 400℃에서 가열하여 열분해시킬 때 주로 생성되는 물질은?

① 질산과 산소
② 질산과 칼륨
③ 아질산칼륨과 산소
④ 아질산칼륨과 질소

해설 **질산칼륨(KNO_3) : 제1류 위험물(산화성고체)**
① 질산칼륨에 숯가루, 유황가루를 혼합하여 **흑색화약제조**에 사용한다.
② 열분해하여 **아질산칼륨과 산소**를 방출한다.
$2KNO_3 \rightarrow 2KNO_2$(아질산칼륨) $+ O_2 \uparrow$
③ 물, 글리세린에는 잘 녹으나 알코올에는 잘 녹지 않는다.
④ 유기물 및 강산과 접촉 시 매우 위험하다.
⑤ 소화는 주수소화방법이 가장 적당하다.

해답 ③

41 위험물안전관리법령에서 정한 피난설비에 관한 내용이다. ( )에 알맞은 것은?

> 주유취급소 중 건축물의 2층 이상의 부분을 점포 · 휴게음식점 또는 전시장의 용도로 사용하는 것에 있어서는 해당 건축물의 2층 이상으로부터 주유취급소의 부지 밖으로 통하는 출입구와 해당 출입구로 통하는 통로 · 계단 및 출입구에 ( )을(를) 설치하여야 한다.

① 피난사다리 ② 유도등
③ 공기호흡기 ④ 시각경보기

해설 **피난설비**
① 주유취급소 중 건축물의 2층의 부분을 점포 · 휴게음식점 또는 전시장의 용도로 사용하는 것에 있어서는 당해 건축물의 2층으로부터 직접 주유취급소의 부지 밖으로 통하는 출입구와 당해 출입구로 통하는 통로 · 계단 및 출입구에 **유도등**을 설치
② 옥내주유취급소에 있어서는 당해 사무소 등의 출입구 및 피난구와 당해 피난구로 통하는 통로 · 계단 및 출입구에 유도등을 설치
③ 유도등에는 비상전원을 설치

해답 ②

42 옥내저장소에 제3류 위험물인 황린을 저장하면서 위험물안전관리법령에 의한 최소한의 보유공지로 3m를 옥내저장소 주위에 확보하였다. 이 옥내저장소에 저장하고 있는 황린의 수량은? (단, 옥내저장소의 구조는 벽 · 기둥 및 바닥이 내화구조로 되어 있고 그 외의 다른 사항은 고려하지 않는다.)

① 100kg 초과 500kg 이하
② 400kg 초과 1000kg 이하
③ 500kg 초과 5000kg 이하
④ 1000kg 초과 40000kg 이하

해설 **옥내저장소의 보유공지**

저장 또는 취급하는 위험물의 최대수량	공지의 너비	
	벽 · 기둥 및 바닥이 내화구조로 된 건축물	그 밖의 건축물
지정수량의 5배 이하		0.5m 이상
지정수량의 5배 초과 10배 이하	1m 이상	1.5m 이상
지정수량의 10배 초과 20배 이하	2m 이상	3m 이상
지정수량의 20배 초과 50배 이하	**3m 이상**	5m 이상
지정수량의 50배 초과 200배 이하	5m 이상	10m 이상
지정수량의 200배 초과	10m 이상	15m 이상

① 황린의 지정수량은 20kg
② 지정수량의 20배초과 50배 이하이므로
③ 지정수량의 20배 = 20kg × 20배 = 400kg
지정수랭의 50배 = 20kg × 50배 = 1000kg

해답 ②

43 위험물안전관리법령상 이동탱크저장소에 의한 위험물운송 시 위험물운송자는 장거리에 걸치는 운송을 하는 때에는 2명 이상의 운전자로 하여야 한다. 다음 중 그러하지 않아도 되는 경우가 아닌 것은?

① 적린을 운송하는 경우
② 알루미늄의 탄화물을 운송하는 경우
③ 이황화탄소를 운송하는 경우

④ 운송 도중에 2시간 이내마다 20분 이상씩 휴식하는 경우

해설 ③ 이황황탄소는 특수인화물로 2명 이상의 운전자에서 제외된다.

위험물의 운송시에 준수하여야 하는 기준

(1) 위험물운송자는 운송의 개시전에 이동저장탱크의 배출밸브 등의 밸브와 폐쇄장치, 맨홀 및 주입구의 뚜껑, 소화기 등의 점검을 충분히 실시할 것

(2) 위험물운송자는 장거리(고속국도에 있어서는 340km 이상, 그 밖의 도로에 있어서는 200km 이상)에 걸치는 운송을 하는 때에는 2명 이상의 운전자로 할 것
다만, 다음의 1에 해당하는 경우에는 그러하지 아니하다.
① 규정에 의하여 운송책임자를 동승시킨 경우
② 운송하는 위험물이 제2류 위험물 · 제3류 위험물(칼슘 또는 알루미늄의 탄화물과 이것만을 함유한 것) 또는 제4류 위험물(**특수인화물을 제외**한다)인 경우
③ 운송도중에 2시간 이내마다 20분 이상씩 휴식하는 경우

해답 ③

44 각각 지정수량의 10배인 위험물을 운반할 경우 제5류 위험물과 혼재 가능한 위험물에 해당하는 것은?

① 제1류 위험물　② 제2류 위험물
③ 제3류 위험물　④ 제6류 위험물

해설 **위험물의 운반에 따른 유별을 달리하는 위험물의 혼재기준**(쉬운 암기방법)

혼재 가능	
↓1류 + 6류↑	2류 + 4류
↓2류 + 5류↑	5류 + 4류
↓3류 + 4류↑	

해답 ②

45 위험물안전관리법령상 옥외탱크저장소의 기준에 따라 다음의 인화성 액체 위험물을 저장하는 옥외저장탱크 1~4호를 동일의 방유제 내에 설치하는 경우 방유제에 필요한 최소 용량으로서 옳은 것은? (단, 암반탱크 또는 특수액체위험물탱크의 경우는 제외한다.)

1호 탱크 – 등유 1500kL 2호 탱크 – 가솔린 1000kL 3호 탱크 – 경유 500kL 4호 탱크 – 중유 250kL

① 1650kL　② 1500kL
③ 500kL　④ 250kL

해설 **인화성액체위험물**(이황화탄소를 제외)**의 옥외탱크저장소의 방유제**

① 방유제의 용량

탱크가 하나인 때	탱크 용량의 110% 이상
2기 이상인 때	탱크 중 용량이 최대인 것의 용량의 110% 이상

② 방유제의 높이는 0.5m 이상 3m 이하, 두께 0.2m 이상, 지하매설 깊이 1m 이상
③ **방유제 내의 면적은 8만m^2 이하**로 할 것
④ 방유제 내에 설치하는 옥외저장탱크의 수는 10 이하로 할 것
⑤ 방유제는 탱크의 옆판으로부터 거리를 유지할 것

지름이 15m 미만인 경우	탱크 높이의 3분의 1 이상
지름이 15m 이상인 경우	탱크 높이의 2분의 1 이상

$Q = 1500\text{kL} \times 1.1(110\%) = 1650\text{kL}$

해답 ①

46 위험물안전관리법령상 사업소의 관계인이 자체소방대를 설치하여야 할 제조소 등의 기준으로 옳은 것은?

① 제4류 위험물을 지정수량의 3천배 이상 취급하는 제조소 또는 일반취급소
② 제4류 위험물을 지정수량의 5천배 이상 취급하는 제조소 또는 일반취급소
③ 제4류 위험물 중 특수인화물을 지정수량의 3천배 이상 취급하는 제조소 또는 일반취급소
④ 제4류 위험물 중 특수인화물을 지정수량의 5천배 이상 취급하는 제조소 또는 일반취급소

해설 **자체소방대를 설치하여야 하는 사업소**

① 지정수량의 **3천배 이상**의 **제4류 위험물**을 취급하는 **제조소 또는 일반취급소**(단, 보일러로 위험물을 소비하는 일반취급소 등 일반취급소를 제외)
② 지정수량의 50만배 이상의 제4류 위험물을 저장하는 옥외탱크저장소

예방규정을 정하여야 하는 제조소등

① 지정수량의 10배 이상 제조소
② 지정수량의 100배 이상 옥외저장소
③ 지정수량의 150배 이상 옥내저장소
④ **지정수량의 200배 이상 옥외탱크저장소**
⑤ 암반탱크저장소
⑥ 이송취급소
⑦ 지정수량의 10배 이상 일반취급소

해답 ①

47 소화난이도등급 II 의 제조소에 소화설비를 설치할 때 대형소화기와 함께 설치하여야 하는 소형소화기 등의 능력단위에 관한 설명으로 옳은 것은?

① 위험물의 소요단위에 해당하는 능력단위의 소형소화기 등을 설치할 것
② 위험물의 소요단위의 1/2 이상에 해당하는 능력단위의 소형소화기 등을 설치할 것
③ 위험물의 소요단위의 1/5 이상에 해당하는 능력단위의 소형소화기 등을 설치할 것
④ 위험물의 소요단위의 10배 이상에 해당하는 능력단위의 소형소화기 등을 설치할 것

해설 **소화난이도등급 II 의 제조소등에 설치하여야 하는 소화설비**

제조소 등의 구분	소화설비
제조소 옥내저장소 옥외저장소 주유취급소 판매취급소 일반취급소	방사능력범위 내에 당해 건축물, 그 밖의 공작물 및 위험물이 포함되도록 대형소화기를 설치하고, **당해 위험물의 소요단위의 1/5 이상에 해당하는 능력단위의 소형소화기 등을 설치할 것**
옥외탱크저장소 옥내탱크저장소	대형소화기 및 소형소화기 등을 각각 1개 이상 설치할 것

해답 ③

48 다음 중 위험물안전관리법이 적용되는 영역은?

① 항공기에 의한 대한민국 영공에서의 위험물의 저장, 취급 및 운반
② 궤도에 의한 위험물의 저장, 취급 및 운반
③ 철도에 의한 위험물의 저장, 취급 및 운반
④ 자가용승용차에 의한 지정수량 이하의 위험물의 저장, 취급 및 운반

해설 **위험물법 제3조 (적용제외)**

① 항공기 ② 선박 ③ 철도 및 궤도

위험물의 규제 기준

① 지정수량 이상 : 위험물안전관리법에 따른 규제를 따른다.
② 지정수량 미만 : 시 · 도의 조례 기준에 따른다.

해답 ④

49 위험물안전관리법령상 위험물의 운반 시 운반용기는 다음의 기준에 따라 수납 적재하여야 한다. 다음 중 틀린 것은?

① 수납하는 위험물과 위험한 반응을 일으키지 않아야 한다.
② 고체위험물은 운반용기 내용적의 95% 이하로 수납하여야 한다.
③ 액체위험물은 운반용기 내용적의 95% 이하로 수납하여야 한다.
④ 하나의 외장용기에는 다른 종류의 위험물을 수납하지 않는다.

해설 **위험물의 운반용기 수납적재기준**

(다만, **덩어리 상태의 유황**을 운반하기 위하여 적재하는 경우 또는 위험물을 동일구내에 있는 제조소등의 상호간에 운반하기 위하여 적재하는 경우에는 예외)

① 수납하는 위험물과 위험한 반응을 일으키지 아니하는 등 당해 위험물의 성질에 적합한 재질의 운반용기에 수납할 것
② **고체위험물**은 운반용기 **내용적의 95% 이하**의 수납율로 수납할 것
③ **액체위험물**은 운반용기 **내용적의 98% 이하**의 수납율로 수납하되, **55도**의 온도에서 누설되

지 아니하도록 충분한 공간용적을 유지하도록 할 것

④ 하나의 외장용기에는 다른 종류의 위험물을 수납하지 아니할 것

제3류 위험물의 운반용기에 수납기준

① 자연발화성물질에 있어서는 불활성 기체를 봉입하여 밀봉하는 등 공기와 접하지 아니하도록 할 것

② 자연발화성물질외의 물품에 있어서는 파라핀·경유·등유 등의 보호액으로 채워 밀봉하거나 불활성 기체를 봉입하여 밀봉하는 등 수분과 접하지 아니하도록 할 것

③ 자연발화성물질 중 알킬알루미늄 등은 운반용기의 내용적의 90% 이하의 수납율로 수납하되, 50℃의 온도에서 5% 이상의 공간용적을 유지하도록 할 것

해답 ③

50 위험물안전관리법령상 위험물을 운반하기 위해 적재할 때 예를 들어 제6류 위험물은 1가지 유별(제1류 위험물)하고만 혼재할 수 있다. 다음 중 가장 많은 유별과 혼재가 가능한 것은? (단, 지정수량의 1/10을 초과하는 위험물이다.)

① 제1류　② 제2류
③ 제3류　④ 제4류

해설 **위험물의 운반에 따른 유별을 달리하는 위험물의 혼재기준**(쉬운 암기방법)

혼재 가능	
↓1류 + 6류↑	2류 + 4류
↓2류 + 5류↑	5류 + 4류
↓3류 + 4류↑	

해답 ④

51 다음 위험물 중에서 옥외저장소에서 저장·취급할 수 없는 것은? (단, 특별시·광역시 또는 도의 조례에서 정하는 위험물과 IMDG Code에 적합한 용기에 수납된 위험물의 경우는 제외한다.)

① 아세트산　② 에틸렌글리콜
③ 크레오소트유　④ 아세톤

해설 ① 아세트산
-제4류-제2석유류-인화점40℃
② 에틸렌글리콜
-제4류-제3석유류-인화점111℃
③ 크레오소트유
-제4류-제3석유류-인화점74℃
④ 아세톤
-제4류-제1석유류-인화점-18℃

옥외저장소에 저장할 수 있는 위험물

① 제2류 위험물 : 유황, 인화성고체 (인화점이 0℃이상)
② 제4류 위험물 : 제1석유류(**인화점이 0℃ 이상**), 제2석유류, 제3석유류, 제4석유류, **알코올류**, 동식물유류
③ 제6류 위험물

해답 ④

52 디에틸에테르에 대한 설명으로 틀린 것은?

① 일반식은 R-CO-R'이다.
② 연소범위는 약 1.9~48%이다.
③ 증기비중 값이 비중 값보다 크다.
④ 휘발성이 높고 마취성을 가진다.

해설 **디에틸에테르**($C_2H_5OC_2H_5$) **: 제4류 위험물 중 특수인화물**

① **일반식은 R-O-R'이며** 알코올에는 녹지만 물에는 녹지 않는다.
② 직사광선에 장시간 노출 시 과산화물 생성

과산화물 생성 확인방법
디에틸에테르 + KI용액(10%) → 황색변화(1분 이내)

③ 용기에는 **5% 이상 10% 이하의 안전공간 확보**
④ 용기는 갈색병을 사용하며 냉암소에 보관
⑤ 용기는 밀폐하여 증기의 누출방지
⑥ 연소범위 : 1.9~48%

해답 ①

53 위험물안전관리법령상 지하탱크저장소 탱크전용실의 안쪽과 지하저장탱크와의 사이는 몇 m 이상의 간격을 유지하여야 하는가?

① 0.1　② 0.2
③ 0.3　④ 0.5

해설 **지하탱크저장소의 기준**

① 탱크전용실은 시설물 및 대지경계선으로부터 0.1m 이상 떨어진 곳에 설치
② 탱크전용실 벽 · 바닥 및 뚜껑의 두께는 0.3m 이상일 것
③ **지하저장탱크와 탱크전용실의 안쪽과의 사이는 0.1m 이상**의 간격을 유지
④ 탱크의 주위에 입자지름 5mm 이하의 마른 자갈분을 채울 것
⑤ 지하저장탱크의 윗부분은 지면으로부터 0.6m 이상 아래에 있을 것.
⑥ 지하저장탱크를 2 이상 인접해 설치하는 경우에는 그 상호간에 1m(당해 2 이상의 지하저장탱크의 용량의 합계가 지정수량의 100배 이하인 때에는 0.5m) 이상의 간격을 유지
⑦ 지하저장탱크의 재질은 두께 3.2mm 이상의 강철판으로 할 것
⑧ 지하저장탱크의 수압시험 및 시험시간

압력탱크(최대상용압력 46.7kPa 이상 탱크) 외의 탱크	압력탱크
70kPa의 압력으로 10분간	최대상용압력의 1.5배의 압력으로 10분간

해답 ①

54 다음 ( ) 안에 들어갈 수치를 순서대로 올바르게 나열한 것은? (단, 제4류 위험물에 적응성을 갖기 위한 살수밀도기준을 적용하는 경우를 제외한다.)

> 위험물제조소 등에 설치하는 폐쇄형 헤드의 스프링클러설비는 30개의 헤드를 동시에 사용할 경우 각 선단의 방사압력이 ( )kPa 이상이고 방수량이 1분당 ( )L 이상이어야 한다.

① 100, 80　　② 120, 80
③ 100, 100　　④ 120, 100

해설 **위험물제조소등의 소화설비 설치기준**

소화설비	수평거리	방사량	방사압력
옥내	25m 이하	260(L/min) 이상	350(kPa) 이상
	수원의 양 Q=N(소화전개수 : **최대 5개**) ×7.8m^3(260L/min×30min)		
옥외	40m 이하	450(L/min) 이상	350(kPa) 이상
	수원의 양 Q=N(소화전개수 : 최대 4개) ×13.5m^3(450L/min×30min)		
스프링클러	1.7m 이하	80(L/min) 이상	100(kPa) 이상
	수원의 양 Q=N(헤드수 : 최대 30개) ×2.4m^3(80L/min×30min)		
물분무	–	20 (L/m^2 · min)	350(kPa) 이상
	수원의 양 Q=A(바닥면적m^2)× 0.6m^3(20L/m^2 · min×30min)		

해답 ①

55 위험물안전관리법령상 제조소 등의 위치 · 구조 또는 설비 가운데 행정안전부령이 정하는 사항을 변경허가를 받지 아니하고 제조소 등의 위치 · 구조 또는 설비를 변경한 때 1차 행정처분기준으로 옳은 것은?

① 사용정지 15일
② 경고 또는 사용정지 15일
③ 사용정지 30일
④ 경고 또는 업무정지 30일

해설 **제조소등에 대한 행정처분기준**

위반사항	행정처분기준		
	1차	2차	3차
변경허가를 받지 아니하고, 제조소등의 위치 · 구조 또는 설비를 변경한 때	**경고 또는 사용정지 15일**	사용정지 60일	허가취소

해답 ②

56 위험물안전관리법령상 제조소 등의 관계인이 정기적으로 점검하여야 할 대상이 아닌 것은?

① 지정수량의 10배 이상의 위험물을 취급하는 제조소
② 지하탱크저장소
③ 이동탱크저장소
④ 지정수량의 100배 이상의 위험물을 저장

하는 옥외탱크저장소

해설 정기점검의 대상인 제조소등

① 지정수량의 10배 이상의 위험물을 취급하는 제조소
② 지정수량의 100배 이상의 위험물을 저장하는 옥외저장소
③ 지정수량의 150배 이상의 위험물을 저장하는 옥내저장소
④ 지정수량의 **200배** 이상의 위험물을 저장하는 **옥외탱크저장소**
⑤ 암반탱크저장소
⑥ 이송취급소
⑦ 지정수량의 10배 이상의 위험물을 취급하는 일반취급소
⑧ 지하탱크저장소
⑨ 이동탱크저장소
⑩ 위험물을 취급하는 탱크로서 지하에 매설된 탱크가 있는 제조소 · 주유취급소 또는 일반취급소

해답 ④

57 위험물안전관리법령상 위험물제조소의 옥외에 있는 하나의 액체위험물 취급탱크 주위에 설치하는 방유제의 용량은 해당 탱크 용량의 몇 % 이상으로 하여야 하는가?

① 50%　　② 60%
③ 100%　　④ 110%

해설 옥외에 있는 위험물취급탱크의 방유제 설치기준

① **하나의 취급탱크** 주위에 설치하는 방유제의 용량은 당해 **탱크용량의 50% 이상**
② **2 이상**의 취급탱크 방유제의 용량은 당해 탱크 중 용량이 **최대인 것의 50%에 나머지 탱크용량 합계의** 10%를 가산한 양 이상이 되게 할 것

해답 ①

58 위험물안전관리법령상 이송취급소에 설치하는 경보설비의 기준에 따라 이송기지에 설치하여야 하는 경보설비로만 이루어진 것은?

① 확성장치, 비상벨장치
② 비상방송설비, 비상경보설비
③ 확성장치, 비상방송설비
④ 비상방송설비, 자동화재탐지설비

해설 이송취급소의 경보설비 설치기준

① 이송기지에는 **비상벨장치 및 확성장치**를 설치할 것
② 가연성증기를 발생하는 위험물을 취급하는 펌프실 등에는 가연성증기 경보설비를 설치할 것

해답 ①

59 위험물안전관리법령상 위험물의 탱크 내용적 및 공간용적에 관한 기준으로 틀린 것은?

① 위험물을 저장 또는 취급하는 탱크의 용량은 해당 탱크의 내용적에서 공간용적을 뺀 용적으로 한다.
② 탱크의 공간용적은 탱크의 내용적의 100분의 5 이상 100분의 10 이하의 용적으로 한다.
③ 소화설비(소화약제 방출구를 탱크 안의 윗부분에 설치하는 것에 한한다)를 설치하는 탱크의 공간용적은 해당 소화설비의 소화약제 방출구 아래의 0.3m 이상 1m 미만 사이의 면으로부터 윗부분의 용적으로 한다.
④ 암반탱크에 있어서는 해당 탱크 내에 용출하는 30일간의 지하수의 양에 상당하는 용적과 해당 탱크의 내용적의 100분의 1의 용적 중에서 보다 큰 용적을 공간용적으로 한다.

해설 탱크의 내용적 및 공간용적

① 탱크의 공간용적은 탱크의 내용적의 $\frac{5}{100}$ **이상** $\frac{10}{100}$ **이하**의 용적으로 한다. 다만, 소화설비(소화약제 방출구를 탱크안의 윗부분에 설치하는 것에 한한다)를 설치하는 탱크의 공간용적은 당해 소화설비의 소화약제방출구 아래의 0.3m 이상 1m 미만 사이의 면으로부터 윗부분의 용적으로 한다.
② **암반탱크**에 있어서는 당해 탱크내에 용출하는 **7일간의 지하수의 양**에 상당하는 용적과 당해

탱크의 내용적의 $\frac{1}{100}$ **의 용적 중에서 보다 큰 용적을 공간용적으로 한다.**

해답 ④

60 위험물안전관리법령상 위험등급의 종류가 나머지 셋과 다른 하나는?

① 제1류 위험물 중 중크롬산염류
② 제2류 위험물 중 인화성 고체
③ 제3류 위험물 중 금속의 인화물
④ 제4류 위험물 중 알코올류

해설 ① 제1류 위험물 중 중크롬산염류－1000kg －위험등급Ⅲ
② 제2류 위험물 중 인화성고체－1000kg －위험등급Ⅲ
③ 제3류 위험물 중 금속의 인화합물－300kg －위험등급Ⅲ
④ 제4류 위험물 중 알코올류－400kg －위험등급Ⅱ

위험물의 등급 분류

위험등급	해당 위험물
위험등급 I	① 제1류 위험물 중 아염소산염류, 염소산염류, 과염소산염류, 무기과산화물, 그 밖에 지정수량이 50kg인 위험물 ② 제3류 위험물 중 칼륨, 나트륨, 알킬알루미늄, 알킬리튬, 황린, 그 밖에 지정수량이 10kg 또는 20kg인 위험물 ③ 제4류 위험물 중 특수인화물 ④ 제5류 위험물 중 유기과산화물, 질산에스테르류, 그 밖에 지정수량이 10kg인 위험물 ⑤ 제6류 위험물
위험등급 Ⅱ	① 제1류 위험물 중 브롬산염류, 질산염류, 요오드산염류, 그 밖에 지정수량이 300kg인 위험물 ② 제2류 위험물 중 황화린, 적린, 유황 그 밖에 지정수량이 100kg인 위험물 ③ 제3류 위험물 중 알칼리금속(칼륨, 나트륨 제외) 및 알칼리토금속, 유기금속화합물(알킬알루미늄 및 알킬리튬은 제외) 그 밖에 지정수량이 50kg인 위험물 ④ **제4류 위험물** 중 제1석유류, **알코올류** ⑤ 제5류 위험물 중 위험등급 I 위험물 외의 것
위험등급 Ⅲ	위험등급 I, Ⅱ 이외의 위험물

해답 ④

위험물기능사

2016년 7월 10일 시행

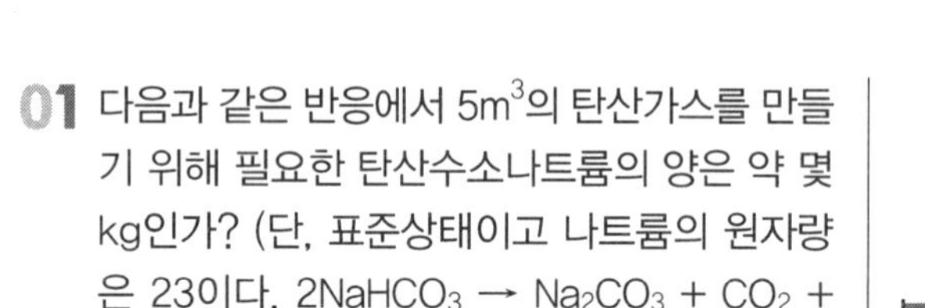

01 다음과 같은 반응에서 $5m^3$의 탄산가스를 만들기 위해 필요한 탄산수소나트륨의 양은 약 몇 kg인가? (단, 표준상태이고 나트륨의 원자량은 23이다. $2NaHCO_3 \rightarrow Na_2CO_3 + CO_2 + H_2O$)

① 18.75　　② 37.5
③ 56.25　　④ 75

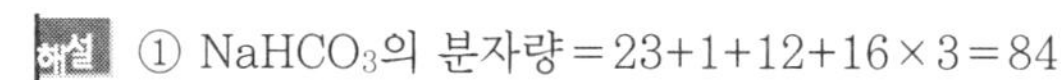

해설 ① $NaHCO_3$의 분자량 $= 23+1+12+16 \times 3 = 84$
② $2NaHCO_3 \rightarrow Na_2CO_3 + CO_2 + H_2O$
$2 \times 84\text{kg} \longrightarrow 1 \times 22.4\text{m}^3$
$X \longrightarrow 5\text{m}^3$
$$X = \frac{2 \times 84 \times 5}{1 \times 22.4} = 37.5\text{kg}$$

해답 ②

02 연소의 3요소인 산소의 공급원이 될 수 없는 것은?

① H_2O_2　　② KNO_3
③ HNO_3　　④ CO_2

해설 ① H_2O_2－제6류 위험물(산화성액체)
　－분해시 산소발생
② KNO_3－제1류 위험물(산화성고체)
　－분해시 산소발생
③ HNO_3－제6류 위험물(산화성액체)
　－분해시 산소발생
④ CO_2－소화약제
　－반응이 완결된 물질로서 산소발생 없음

해답 ④

03 탄화칼슘은 물과 반응 시 위험성이 증가하는 물질이다. 주수 소화 시 물과 반응하면 어떤 가스가 발생하는가?

① 수소　　② 메탄
③ 에탄　　④ 아세틸렌

해설 **탄화칼슘**(CaC_2) **: 제3류 위험물 중 칼슘탄화물**
① **물과 접촉 시** 수산화칼슘과 **아세틸렌을 생성**하고 열을 발생시킨다.
$CaC_2 + 2H_2O \rightarrow Ca(OH)_2 + C_2H_2\uparrow$
(수산화칼슘) (아세틸렌)
② **아세틸렌의 폭발범위는** 2.5~81%로 대단히 넓어서 폭발위험성이 크다.
③ 장기 보관시 불활성기체(N_2 등)를 봉입하여 저장한다.
④ 별명은 카바이드, 탄화석회, 칼슘카바이드 등이다.
⑤ 고온(700℃)에서 질화되어 석회질소($CaCN_2$)가 생성된다.
$CaC_2 + N_2 \rightarrow CaCN_2 + C$
⑥ 물 및 포약제에 의한 소화는 절대 금하고 마른 모래 등으로 피복소화한다.

해답 ④

04 위험물의 자연발화를 방지하는 방법으로 가장 거리가 먼 것은?

① 통풍을 잘 시킬 것
② 저장실의 온도를 낮출 것
③ 습도가 높은 곳에 저장할 것
④ 정촉매 작용을 하는 물질과의 접촉을 피할 것

해설 **자연발화의 영향인자**
① 열의 축척　② 퇴적방법
③ 열전도율　④ 발열량
⑤ 수분

자연발화의 조건, 방지대책, 형태

자연발화의 조건	자연발화 방지대책
주위의 온도가 높을 것	통풍이나 환기 등을 통하여 열의 축적을 방지
표면적이 넓을 것	저장실의 온도를 낮춘다.
열전도율이 적을 것	습도를 낮게 유지
발열량이 클 것	용기 내에 불활성 기체를 주입하여 공기와 접촉방지

자연발화의 형태		
산화열에 의한 자연발화	• 석탄 • 탄소분말 • 기름걸레	• 건성유 • 금속분
분해열에 의한 자연발화	• 셀룰로이드 • 니트로셀룰로오스 • 니트로글리세린	
흡착열에 의한 자연발화	• 활성탄	• 목탄분말
미생물열에 의한 자연발화	• 퇴비	• 먼지

해답 ③

05 공기 중의 산소농도를 한계산소량 이하로 낮추어 연소를 중지시키는 소화방법은?

① 냉각소화 ② 제거소화
③ 억제소화 ④ 질식소화

해설 **소화원리**

① **냉각소화** : 가연성 물질을 발화점 이하로 온도를 냉각

물이 소화약제로 사용되는 이유
• 물의 기화열(539kcal/kg)이 크기 때문
• 물의 비열(1kcal/kg℃)이 크기 때문

② **질식소화** : 산소농도를 21%에서 15% 이하로 감소

질식소화 시 산소의 유지농도 : 10~15%

③ **억제소화(부촉매소화, 화학적 소화)** : 연쇄반응을 억제

• 부촉매 : 화학적 반응의 속도를 느리게 하는 것
• 부촉매 효과 : 할로겐화합물 소화약제
(할로겐족원소 : 불소(F), 염소(Cl), 브롬(Br), 요오드(I))

④ **제거소화** : 가연성물질을 제거시켜 소화

• 산불이 발생하면 화재의 진행방향을 앞질러 벌목
• 화학반응기의 화재 시 원료공급관의 밸브를 폐쇄
• 유전화재 시 폭약으로 폭풍을 일으켜 화염을 제거
• 촛불을 입김으로 불어 화염을 제거

⑤ **피복소화** : 가연물 주위를 공기와 차단
⑥ **희석소화** : 수용성인 인화성액체 화재 시 물을 방사하여 가연물의 연소농도를 희석

해답 ④

06 다음 중 제5류 위험물의 화재시에 가장 적당한 소화방법은?

① 물에 의한 냉각소화
② 질소에 의한 질식소화
③ 사염화탄소에 의함 부촉매소화
④ 이산화탄소에 의한 질식소화

해설 **제5류 위험물의 일반적 성질**

① 자기연소(내부연소)성 물질이다.
② 연소속도가 대단히 빠르고 폭발적 연소한다.
③ 가열, 마찰, 충격에 의하여 폭발한다.
④ 물질자체가 산소를 함유하고 있어 질식소화는 효과가 없다.
⑤ 화재초기에는 다량의 물로 주수 소화한다.

해답 ①

07 인화칼슘이 물과 반응하였을 때 발생하는 가스는?

① 수소 ② 포스겐
③ 포스핀 ④ 아세틸렌

해설 **인화칼슘**(Ca_3P_2)[별명 : 인화석회] : **제3류 위험물(금수성 물질)**

① 적갈색의 괴상고체
② 물 및 약산과 격렬히 반응, 분해하여 **인화수소(포스핀)**(PH_3)을 생성한다.

• $Ca_3P_2 + 6H_2O \rightarrow 3Ca(OH)_2 + 2PH_3$
• $Ca_3P_2 + 6HCl \rightarrow 3CaCl_2 + 2PH_3$
(포스핀 = 인화수소)

해답 ③

08 위험물안전관리법령상 제3류 위험물 중 금수성 물질의 제조소에 설치하는 주의사항 게시판의 바탕색과 문자색을 옳게 나타낸 것은?

① 청색바탕에 황색문자
② 황색바탕에 청색문자

③ 청색바탕에 백색문자
④ 백색바탕에 청색문자

해설 **게시판의 설치기준**

① 한 변의 길이가 0.3m 이상, 다른 한 변의 길이가 0.6m 이상인 직사각형으로 할 것
② 위험물의 유별 · 품명 및 저장최대수량 또는 취급최대수량, 지정수량의 배수 및 안전 관리자의 성명 또는 직명을 기재할 것
③ 게시판의 바탕은 백색으로, 문자는 흑색으로 할 것
④ 저장 또는 취급하는 위험물에 따라 주의사항 게시판을 설치할 것

위험물의 종류	주의사항 표시	게시판의 색
제1류(알칼리금속 과산화물) 제3류(금수성 물품)	물기엄금	청색바탕에 백색문자
제2류(인화성 고체 제외)	화기주의	적색바탕에 백색문자
제2류(인화성 고체) 제3류(자연발화성 물품) 제4류 제5류	화기엄금	

해답 ③

09 폭굉유도거리(DID)가 짧아지는 경우는?

① 정상 연소속도가 작은 혼합가스일수록 짧아진다.
② 압력이 높을수록 짧아진다.
③ 관지름이 넓을수록 짧아진다.
④ 점화원 에너지가 약할수록 짧아진다.

해설 **폭굉유도거리(DID)가 짧아지는 경우**

① 압력이 상승하는 경우
② 관속에 방해물이 있거나 관경이 작아지는 경우
③ 점화원 에너지가 증가하는 경우

해답 ②

10 연소에 대한 설명으로 옳지 않은 것은?

① 산화되기 쉬운 것일수록 타기 쉽다.
② 산소와의 접촉면적이 큰 것일수록 타기 쉽다.
③ 충분한 산소가 있어야 타기 쉽다.
④ 열전도율이 큰 것일수록 타기 쉽다.

해설 **가연물의 조건(연소가 잘 이루어지는 조건)**

① 산소와 친화력이 클 것
② 발열량이 클 것
③ 표면적이 넓을 것
④ 열전도도(열전도율)가 작을 것
⑤ 활성화 에너지가 적을 것
⑥ 연쇄반응을 일으킬 것
⑦ 활성이 강할 것

해답 ④

11 위험물안전관리법령상 제4류 위험물에 적응성이 있는 소화기가 아닌 것은?

① 이산화탄소소화기
② 봉상강화액소화기
③ 포소화기
④ 인산염류분말소화기

해설 **제4류 위험물에 적응성이 있는 소화기**

① 무상강화액소화기 ② 포소화기
③ 이산화탄소소화기 ④ 할로겐화합물소화기
⑤ 분말소화기

해답 ②

12 위험물안전관리법령상 알칼리금속 과산화물에 적응성이 있는 소화설비는?

① 할로겐화합물소화설비
② 탄산수소염류분말소화설비
③ 물분무소화설비
④ 스프링클러설비

해설 **알칼리금속과산화물(무기과산화물)**

① 제1류 위험물중 금수성물질이다.
② 물과 반응하여 **산소를 발생**한다.
③ **탄산수소염류** 분말소화약제가 적응성이 있다.

해답 ②

13 수성막포소화약제에 사용되는 계면활성제는?

① 염화단백포 계면활성제
② 산소계 계면활성제

③ 황산계 계면활성제
④ 불소계 계면활성제

해설 **수성막포 소화약제**

① 불소계통의 습윤제에 합성계면활성제 첨가한 포약제이며 주성분은 **불소계 계면활성제**
② 미국에서는 AFFF(Aqueous Film Forming Foam)로 불리며 3M사가 개발한 것으로 상품명은 라이트 워터(light water)
③ 저발포용으로 3%형과 6%형이 있다.
④ 분말약제와 겸용이 가능하고 액면하 주입방식에도 사용
⑤ 내유성과 유동성이 좋아 유류화재 및 항공기화재, 화학공장화재에 적합
⑥ 화학적으로 안정하며 수명이 반영구적
⑦ 소화작업 후 포와 막의 차단효과로 재발화 방지에 효과가 있다.
※ 유류화재용으로 가장 뛰어난 포 약제는 수성막포이다.

해답 ④

14 다음 중 강화액 소화약제의 주된 소화원리에 해당하는 것은?

① 냉각소화 ② 절연소화
③ 제거소화 ④ 발포소화

해설 **강화액 소화약제**

① 물의 빙점(어는점)이 낮은 단점을 강화시킨 탄산칼륨(K_2CO_3) 수용액
② 무상인 경우 A, B, C 급 화재에 모두 적응한다.
③ 소화약제의 pH는 12이다.(알카리성을 나타낸다.)
④ 어는점(빙점)이 약 −17℃~−30℃로 매우 낮아 추운 지방에서 사용한다.
⑤ 강화액 소화약제는 알칼리성을 나타낸다.
⑥ 주된 소화효과는 냉각소화이다.

해답 ①

15 Halon 1001의 화학식에서 수소 원자의 수는?

① 0 ② 1
③ 2 ④ 3

해설 **할로겐화합물 소화약제 명명법**

할론 ⓐ ⓑ ⓒ ⓓ
ⓐ : C원자수 ⓑ : F원자수
ⓒ : Cl원자수 ⓓ : Br원자수

할로겐화합물 소화약제

구분 \ 종류	할론 2402	할론 1211	할론 1301	할론 1011	할론 1001
분자식	$C_2F_4Br_2$	CF_2ClBr	CF_3Br	CH_2ClBr	CH_3Br

해답 ④

16 다음 중 탄산칼륨을 물에 용해시킨 강화액 소화약제의 pH에 가장 가까운 값은?

① 1 ② 4
③ 7 ④ 12

해설 **강화액 소화약제**

① 물의 빙점(어는점)이 낮은 단점을 강화시킨 탄산칼륨(K_2CO_3) 수용액
② 무상인 경우 A, B, C 급 화재에 모두 적응한다.
③ 소화약제의 pH는 12이다.(알카리성을 나타낸다.)
④ 어는점(빙점)이 약 −17℃ ~−30℃로 매우 낮아 추운 지방에서 사용한다.
⑤ 강화액 소화약제는 알칼리성을 나타낸다.
⑥ 주된 소화효과는 냉각소화이다.

해답 ④

17 이산화탄소 소화약제에 관한 설명 중 틀린 것은?

① 소화약제에 의한 오손이 없다.
② 소화약제 중 증발잠열이 가장 크다.
③ 전기 절연성이 있다.
④ 장기간 저장이 가능하다.

해설 • 소화약제 중 증발잠열이 가장 큰 것은 물이다.

이산화탄소 소화약제

① 소화약제에 의한 오손이 없다.
② 전기에 대한 절연성이 우수하기 때문에 **전기화재에 유효**하다.
③ 장기간 저장이 가능하다.
④ 금속분의 화재시에는 사용할 수 없다.
⑤ 산소와 반응하지 않는 안전한 가스이다.

해답 ②

18 질소와 아르곤과 이산화탄소의 용량비가 52대 40대 8인 혼합물 소화약제에 해당하는 것은?

① IG-541 ② HCFC BLEND A
③ HFC-125 ④ HFC-23

해설 **불활성가스 소화약제**

번호	약제명	성 분
1	IG-01	Ar : 100%
2	IG-100	N_2 : 100%
3	IG-541	N_2 : 52%, Ar : 40%, CO_2 : 8%
4	IG-55	N_2 : 50%, Ar : 50%

해답 ①

19 불활성가스 청정소화약제의 기본 성분이 아닌 것은?

① 헬륨 ② 질소
③ 불소 ④ 아르곤

해설 **불활성가스 소화약제의 기본성분**
① 질소(N_2) ② 아르곤(Ar)
③ 이산화탄소(CO_2) ④ 헬륨(He)

해답 ③

20 물과 친화력이 있는 수용성 용매의 회재에 보통의 포소화약제를 사용하면 포가 파괴되기 때문에 소화 효과를 잃게 된다. 이와 같은 단점을 보완한 소화약제로 가연성인 수용성 용매의 화재에 유효한 효과를 가지고 있는 것은?

① 알코올형포소화약제
② 단백포소화약제
③ 합성계면활성제포소화약제
④ 수성막포소화약제

해설 **알코올포 소화약제**
수용성 위험물(알코올, 산, 케톤류)에 일반 포 약제를 방사하면 포가 소멸하므로(소포성, 파포현상) 이를 방지하기 위하여 특별히 제조된 포 약제이다.

알코올포 적응화재
① 알코올 ② 아세톤
③ 피리딘 ④ 개미산(의산)
⑤ 초산 등 수용성 액체에 적합

해답 ①

21 질산과 과염소산의 공통성질이 아닌 것은?

① 가연성이며 강산화제이다.
② 비중이 1보다 크다.
③ 가연물과 혼합으로 발화의 위험이 있다.
④ 물과 접촉하면 발열한다.

해설 **질산(HNO_3)과 과염소산($HClO_4$)의 공통성질**
① 제6류 위험물(산화성액체)이며 불연성이다.
② 비중이 1보다 크다.
③ 가연물과 혼합으로 발화의 위험이 있다.
④ 물과 접촉하면 발열을 일으킨다.

해답 ①

22 물과 반응하여 가연성 가스를 발생하지 않는 것은?

① 칼륨 ② 과산화칼륨
③ 탄화알루미늄 ④ 트리에틸알루미늄

해설 **물과의 반응식**
① 칼륨 :
$2K + 2H_2O \rightarrow 2KOH + H_2$(수소)
② 과산화칼륨 :
$2K_2O_2 + 2H_2O \rightarrow 4KOH + O_2$(산소)
③ 탄화알루미늄 :
$Al_4C_3 + 12H_2O \rightarrow 4Al(OH)_3 + 3CH_4$(메탄)
④ 트리에틸알루미늄 :
$(C_2H_5)_3Al + 3H_2O \rightarrow Al(OH)_3 + 3C_2H_6$(에탄)
- 수소, 메탄, 에탄
  -가연성가스
- 산소
  -조연성(지연성)가스-연소를 도와주는 기체

해답 ②

23 위험물안전관리법령에서는 특수인화물을 1기압에서 발화점이 100℃ 이하인 것 또는 인화점은 얼마 이하이고 비점이 40℃ 이하인 것으

로 정의하는가?

① −10℃ ② −20℃
③ −30℃ ④ −40℃

해설 **제4류 위험물(인화성 액체)**

구 분	지정품목	기타 조건(1atm에서)
특수인화물	이황화탄소 디에틸에테르	• 발화점이 100℃ 이하 • 인화점 −20℃ 이하이고 비점이 40℃ 이하
제1석유류	아세톤 휘발유	• 인화점 21℃ 미만
알코올류	C_1~C_3까지 포화 1가 알코올(변성알코올 포함) • 메틸알코올 • 에틸알코올 • 프로필알코올	
제2석유류	등유, 경유	• 인화점 21℃ 이상 70℃ 미만
제3석유류	중유 클레오소트유	• 인화점 70℃ 이상 200℃ 미만
제4석유류	기어유 실린더유	• 인화점 200℃ 이상 250℃ 미만
동식물유류	동물의 지육 등 또는 식물의 종자나 과육으로부터 추출한 것으로서 인화점이 250℃ 미만인 것	

해답 ②

24 다음 중 제6류 위험물이 아닌 것은?

① 할로겐간화합물 ② 과염소산
③ 아염소산 ④ 과산화수소

해설 **제6류 위험물의 품명 및 지정수량** ★★★★★★

성질	품 명	판단기준	지정수량	위험등급
산화성액체	• 과염소산($HClO_4$)		300kg	I
	• 과산화수소(H_2O_2)	농도 36중량% 이상		
	• 질산(HNO_3)	비중 1.49 이상		
	• 할로겐간화합물 ① 삼불화브롬(BrF_3) ② 오불화브롬(BrF_5) ③ 오불화요오드(IF_5)			

해답 ③

25 다음 중 제1류 위험물에 해당되지 않는 것은?

① 염소산칼륨 ② 과염소산암모늄
③ 과산화바륨 ④ 질산구아니딘

해설 • 질산구아니딘($CH_5N_3HNO_3$)−제5류 위험물

제1류 위험물의 품명 및 지정수량 ★★★★

성질	품 명		지정수량	위험등급
산화성고체	아염소산염류, 염소산염류, 과염소산염류, 무기과산화물		50kg	I
	브롬산염류, 질산염류, 요오드산염류		300kg	II
	과망간산염류, 중크롬산염류		1000kg	III
	행정안전부령이 정하는 것	① 과요오드산염류 ② 과요오드산 ③ 크롬, 납 또는 요오드의 산화물 ④ 아질산염류 ⑤ 염소화이소시아눌산 ⑥ 퍼옥소이황산염류 ⑦ 퍼옥소붕산염류	300kg	II
		⑧ 차아염소산염류	50kg	I

해답 ④

26 니트로글리세린에 대한 설명으로 옳은 것은?

① 물에 매우 잘 녹는다.
② 공기 중에서 점화하면 연소하나 폭발의 위험은 없다.
③ 충격에 대하여 민감하여 폭발을 일으키기 쉽다.
④ 제5류 위험물의 니트로화합물에 속한다.

해설 **니트로글리세린[$C_3H_5(ONO_2)_3$] : 제5류 위험물 중 질산에스테르류**

① 상온에서는 액체이지만 겨울철에는 동결한다.
② **비수용성이며 메탄올, 아세톤 등에 녹는다.**
③ **가열, 마찰, 충격에 예민하여 폭발을 일으키므로 위험하다.**
④ 산과 접촉 시 분해가 촉진되고 폭발우려가 있다.

니트로글리세린의 분해

$$4C_3H_5(ONO_2)_3 \rightarrow 12CO_2\uparrow + 6N_2\uparrow + O_2\uparrow + 10H_2O$$

⑤ 다이나마이트(규조토+니트로글리세린), 무연화약 제조에 이용된다.

해답 ③

27 과산화나트륨에 대한 설명으로 틀린 것은?

① 알코올에 잘 녹아서 산소와 수소를 발생시킨다.

② 상온에서 물과 격렬하게 반응한다.
③ 비중이 약 2.8이다.
④ 조해성 물질이다.

해설 **과산화나트륨(Na_2O_2) : 제1류 위험물 중 무기과산화물(금수성)**

① 상온에서 **물과 격렬히 반응하여 산소(O_2)를 방출**하고 폭발하기도 한다.

$2Na_2O_2 + 2H_2O \rightarrow 4NaOH + O_2\uparrow$ + 발열
(수산화나트륨=가성소다)

② 알코올과 반응하여 나트륨에틸레이트와 과산화수소를 생성한다.

$Na_2O_2 + 2C_2H_5OH \rightarrow 2C_2H_5ONa + H_2O_2$

③ 산과 반응하여 과산화수소(H_2O_2)를 생성시킨다.

$Na_2O_2 + 2CH_3COOH \rightarrow 2CH_3COONa + H_2O_2\uparrow$
(초산) (초산나트륨) (과산화수소)

④ 열분해 시 산소(O_2)를 방출한다.

$2Na_2O_2 \rightarrow 2Na_2O$(산화나트륨) $+ O_2\uparrow$(산소)

⑤ 주수소화는 금물이고 마른모래(건조사) 등으로 소화한다.

해답 ①

28 다음 위험물 중 지정수량이 나머지 셋과 다른 하나는?

① 마그네슘 ② 금속분
③ 철분 ④ 유황

해설 **제2류 위험물의 품명 및 지정수량 ★★★**

성 질	품 명	지정수량	위험등급
가연성 고체	황화린, 적린, 유황1)	100kg	Ⅱ
	철분2), 금속분3), 마그네슘4)	500kg	Ⅲ
	인화성 고체5)	1,000kg	

1) 순도가 60중량% 이상인 것
2) 53μm의 표준체 통과 50중량% 미만인 것 제외
3) • 알칼리금속, 알칼리토금속, 철, 마그네슘 제외
• 구리분, 니켈분 및 150μm의 표준체를 통과하는 것이 50중량% 미만인 것 제외
4) • 2mm체 통과 못하는 덩어리 제외
• 직경 2mm 이상 막대모양 제외
5) 고형알코올 및 1기압에서 인화점이 40℃ 미만인 고체

해답 ④

29 제4류 위험물의 일반적인 성질에 대한 설명 중 틀린 것은?

① 대부분 유기화합물이다.
② 액체 상태이다.
③ 대부분 물보다 가볍다.
④ 대부분 물에 녹기 쉽다.

해설 **제4류 위험물의 공통적 성질**

① 대단히 인화되기 쉬운 인화성액체이다.
② 증기는 공기보다 무겁다.(증기비중=분자량/공기평균분자량(28.84))
③ 대부분 물보다 가볍다.
④ 일반적으로 액체비중은 물보다 가볍고 **물에 잘 안녹는다.**
⑤ 대부분 유기화합물이다
⑥ 연소하한이 낮고 정전기에 폭발우려가 있다.

해답 ④

30 다음 물질 중 과염소산칼륨과 혼합하였을 때 발화폭발의 위험이 가장 높은 것은?

① 석면 ② 금
③ 유리 ④ 목탄

해설 **과염소산칼륨**

화학식	분자량	물리적 상태	색상	분해온도
$KClO_4$	138.5	고체	무색	400℃

① 물에 녹기 어렵고 알코올, 에테르에 불용
② 진한 황산과 접촉 시 폭발성이 있다.
③ 유황, **목탄(탄소)**, 유기물등과 **혼합 시** 가열, 충격, 마찰에 의하여 **폭발한다.**
④ 400℃에서 분해가 시작되어 600℃에서 완전분해하여 산소를 발생한다.

$KClO_4 \rightarrow KCl$(염화칼륨) $+ 2O_2\uparrow$(산소)

해답 ④

31 피리딘의 일반적인 성질에 대한 설명 중 틀린 것은?

① 순수한 것은 무색 액체이다.
② 약알칼리성을 나타낸다.
③ 물보다 가볍고, 증기는 공기보다 무겁다.
④ 흡습성이 없고, 비수용성이다.

해설 **피리딘(C_5H_5N)−제4류−제1석유류−수용성**

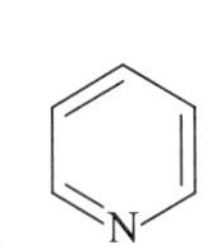

H
C
H−C   C−H
H−C   C−H
N

화학식	분자량	비중	비점
C_5H_5N	79.1	0.98	115.5℃
	인화점	착화점	연소범위
	20℃	482℃	1.8~12.4%

① **물, 알코올, 에테르에 잘 녹는다.**
② 약알칼리성을 나타낸다.
③ 순수한 것은 무색 투명액체이며 악취와 독성을 갖고 있다.
④ 발화점 : 482℃
⑤ 인화점은 20℃로 상온(20℃)과 거의 비슷하다.
⑥ 흡습성이 강하고 질산과 가열해도 폭발하지 않는다.

해답 ④

32 메틸리튬과 물의 반응 생성물로 옳은 것은?

① 메탄, 수소화리튬 ② 메탄, 수산화리튬
③ 에탄, 수소화리튬 ④ 에탄, 수산화리튬

해설 **메틸리튬과 물의 반응식**

$CH_3Li + H_2O \rightarrow LiOH$(수산화리튬) $+ CH_4$(메탄)

해답 ②

33 위험물의 성질에 대한 설명 중 틀린 것은?

① 황린은 공기 중에서 산화할 수 있다.
② 적린은 $KClO_3$와 혼합하면 위험하다.
③ 황은 물에 매우 잘 녹는다.
④ 황화인은 가연성 고체이다.

해설 **유황(S)−제2류−가연성고체**

구 분	단사황	사방황	고무상황
비 중	1.96	2.07	−
비 점	445℃	−	−
융 점	119℃	113℃	−
착화점	−	−	360℃
물에 용해여부	불용	불용	불용

① 황색의 고체 또는 분말상태이다.
② **물에 녹지 않고 이황화탄소(CS_2)에는 잘 녹는다.**
③ 공기 중에서 연소 시 푸른 불꽃을 내며 이산화황이 생성된다.

$S + O_2 \rightarrow SO_2$(이산화황=아황산)

④ 산화제와 접촉 시 위험하다.
⑤ 분진폭발의 위험성이 있고 목탄가루와 혼합시 가열, 충격, 마찰에 의하여 폭발위험성이 있다.
⑥ 다량의 물로 주수소화 또는 질식 소화한다.

해답 ③

34 다음 중 인화점이 가장 높은 것은?

① 등유 ② 벤젠
③ 아세톤 ④ 아세트알데히드

해설 **위험물의 인화점**

구분	유별	인화점(℃)
① 등유	제4류 제2석유류	43~72℃
② 벤젠	제4류 제1석유류	−11℃
③ 아세톤	제4류 제1석유류	−18℃
④ 아세트알데히드	제4류 특수인화물	−38℃

해답 ①

35 다음 위험물 중 물보다 가벼운 것은?

① 메틸에틸케톤 ② 니트로벤젠
③ 에틸렌글리콜 ④ 글리세린

해설 **위험물의 비중**

구분	유별	비중
① 메틸에틸케톤	제4류 제1석유류	0.81
② 니트로벤젠	제4류 제3석유류	1.2
③ 에틸렌글리콜	제4류 제3석유류	1.1
④ 글리세린	제4류 제3석유류	1.26

해답 ①

36 트리니트로톨루엔의 작용기에 해당하는 것은?

① $-NO$ ② $-NO_2$
③ $-NO_3$ ④ $-NO_4$

해설 **트리니트로톨루엔**[$C_6H_2CH_3(NO_2)_3$]
(TNT : Tri Nitro Toluene) ★★★★★

화학식	분자량	비중	비점	융점	착화점
$C_6H_2CH_3(NO_2)_3$	227	1.7	280℃	81℃	300℃

① 물에는 녹지 않고 알코올, 아세톤, 벤젠에 녹는다.
② 담황색의 주상결정이며 햇빛에 다갈색으로 변색된다.
③ 톨루엔과 질산을 반응시켜 얻는다.

$$C_6H_5CH_3 + 3HNO_3 \xrightarrow[\text{니트로화}]{C-H_2SO_4} C_6H_2CH_3(NO_2)_3 + 3H_2O$$

④ 무기 및 다이나마이트, 질산폭약제 제조에 이용된다.

트리니트로톨루엔의 구조식

(OH, O_2N, NO_2, NO_2 치환 벤젠고리)

트리니트로톨루엔의 열분해 반응식

$2C_6H_2CH_3(NO_2)_3 \rightarrow 2C + 3N_2\uparrow + 5H_2\uparrow + 12CO\uparrow$

해답 ②

37 다음 중 제5류 위험물로만 나열되지 않은 것은?

① 과산화벤조일, 질산메틸
② 과산화초산, 디니트로벤젠
③ 과산화요소, 니트로글리콜
④ 아세토니트릴, 트로니트로톨루엔

해설

	구분	유별
①	과산화벤조일	제5류 유기과산화물
	질산메틸	제5류 질산에스테르류
②	과산화초산	제5류 유기과산화물
	디니트로벤젠	제5류 니트로화합물
③	과산화요소	제5류 유기과산화물
	니트로글리콜	제5류 질산에스테르류
④	아세토니트릴	제4류 제1석유류
	트리니트로톨루엔	제5류 니트로화합물

과산화요소($CH_4N_2OH_2O_2$) ★
① 고인화성 공기에 노출되면 자연 발화 될 수도 있다.
② 가연성 물질을 점화할 수 있다.
③ 공기, 빛, 습기 및 열과 접촉시 또는 실온보다 높은 곳에 저장 또는 사용하였을 때 분해될 수도 있으며, 화재위험의 여부가 알려져 있지 않다.
④ 가연성 물질과의 접촉을 피하고 상수도 및 하수도에서 떨어진 곳에 보관해야 한다.

해답 ④

38 제4류 위험물인 클로로벤젠의 지정수량으로 옳은 것은?

① 200L ② 400L
③ 1000L ④ 2000L

해설 **클로로벤젠**(C_6H_5Cl)**–제4류–제2석유류–비수용성–1000L**

(Cl– 벤젠고리)

화학식	분자량	비중	인화점	착화점	연소범위
C_6H_5Cl	112.6	1.11	32℃	638℃	1.3~7.1%

① 무색의 액체로 물보다 무겁다.
② 물에는 녹지 않고 유기용제에 녹는다.
③ 증기는 공기보다 무겁고 마취성이 있다.

해답 ③

39 알루미늄분의 성질에 대한 설명으로 옳은 것은?

① 금속 중에서 연소열량이 가장 작다.
② 끓는물과 반응해서 수소를 발생한다.
③ 수산화나트륨 수용액과 반응해서 산소를 발생한다.
④ 안전한 저장을 위해 할로겐 원소와 혼합한다.

해설 **알루미늄분**(Al)**–제2류–가연성고체** ★★★

화학식	원자량	비중	융점	비점
Al	27	2.7	660℃	2,000℃

① 산화제와 혼합시 가열, 충격, 마찰 등에 의하여 착화위험이 있다.

② 할로겐원소(F, Cl, Br, I)와 접촉 시 자연발화 위험이 있다.
③ 분진폭발 위험성이 있다.
④ **가열된 알루미늄은 수증기와 반응하여 수소를 발생**시킨다.(주수소화금지)

$2Al + 6H_2O \rightarrow 2Al(OH)_3 + 3H_2 \uparrow$

⑤ 주수소화는 엄금이며 마른모래 등으로 피복 소화한다.

해답 ②

40 아조화합물 800kg, 히드록실아민 300kg, 유기과산화물 40kg의 총 양은 지정수량의 몇 배에 해당하는가?

① 7배 ② 9배
③ 10배 ④ 11배

해설 ① 아조화합물－제5류－200kg
② 히드록실아민－제5류－100kg
③ 유기과산화물－제5류－10kg

지정수량의 배수 $N = \frac{800}{200} + \frac{300}{100} + \frac{40}{10} = 11$배

해답 ④

41 위험물안전관리법령상 위험물제조소에 설치하는 배출설비에 대한 내용으로 틀린 것은?

① 배출설비는 예외적인 경우를 제외하고는 국소방식으로 하여야 한다.
② 배출설비는 강제배출 방식으로 한다.
③ 급기구는 낮은 장소에 설치하고 인화방지망을 설치한다.
④ 배출구는 지상 2m 이상 높이에 연소의 우려가 없는 곳에 설치한다.

해설 **배출설비**
① **국소방식**으로 할 것.
② 배풍기 · 배출닥트 · 후드 등을 이용하여 **강제적으로 배출할 것.**
③ 배출능력은 **1시간당 배출장소 용적의 20배 이상**인 것으로 하여야 한다.
다만, **전역방식**의 경우에는 바닥면적 $1m^3$**당** $18m^3$ **이상**으로 할 수 있다.
④ 배출설비의 급기구 및 배출구 설치기준
㉠ **급기구**는 **높은 곳에 설치**하고, 가는 눈의 구리망 등으로 **인화방지망**을 설치할 것
㉡ **배출구**는 **지상 2m 이상**으로서 연소의 우려가 없는 장소에 설치하고, 배출닥트가 관통하는 벽부분의 바로 가까이에 화재시 자동으로 폐쇄되는 방화댐퍼를 설치할 것
⑤ **배풍기는 강제배기방식**으로 하고, 옥내닥트의 내압이 대기압 이상이 되지 아니하는 위치에 설치할 것

해답 ③

42 위험물안전관리법령상 주유취급소 중 건축물의 2층을 휴게음식점의 용도로 사용하는 것에 있어 해당 건축물의 2층으로부터 직접 주유 취급소의 부지 밖으로 통하는 출입구와 해당 출입구로 통하는 통로 · 계단에 설치하여야 하는 것은?

① 비상경보설비 ② 유도등
③ 비상조명등 ④ 확성장치

해설 **피난설비**
① 주유취급소 중 건축물의 2층 이상의 부분을 점포 · 휴게음식점 또는 전시장의 용도로 사용하는 것에 있어서는 당해 건축물의 2층 이상으로부터 주유취급소의 부지 밖으로 통하는 출입구와 당해 출입구로 통하는 통로 · 계단 및 출입구에 유도등을 설치하여야 한다.
② 옥내주유취급소에 있어서는 당해 사무소 등의 출입구 및 피난구와 당해 피난구로 통하는 통로 · 계단 및 출입구에 유도등을 설치하여야 한다.
③ 유도등에는 비상전원을 설치하여야 한다.

해답 ②

43 아염소산나트륨의 저장 및 취급 시 주의사항으로 가장 거리가 먼 것은?

① 물속에 넣어 냉암소에 저장한다.
② 강산류와의 접촉을 피한다.
③ 취급시 충격, 마찰을 피한다.
④ 가연성 물질과 접촉을 피한다.

해설 **아염소산나트륨-제1류-아염소산염류-산화성고체**

화학식	분자량	물리적 상태	색상	분해온도
$NaClO_2$	90.44	고체	무색	350℃

① 조해성이 있고 무색의 결정성 분말이다.
② 보통 수분을 약간 함유하기 때문에 130~140℃에서 분해된다.
③ 무수물(수분을 함유하지 않은 것) 350℃에서 분해시작
④ 산과 반응하여 이산화염소(ClO_2)가 발생된다.
⑤ 수용액 상태에서도 강력한 산화력을 가지고 있다.

(아염소산나트륨) (이산화염소)

$$3NaClO_2 + 2HCl \rightarrow 3NaCl + 2ClO_2 + H_2O_2 \uparrow$$

(염산) (염화나트륨) (과산화수소)

해답 ①

44 인화점이 21℃ 미만의 액체위험물의 옥외저장탱크 주입구에 설치하는 "옥외저장탱크 주입구"라고 표시한 게시판의 바탕 및 문자색을 옳게 나타낸 것은?

① 백색바탕 – 적색문자
② 적색바탕 – 백색문자
③ 백색바탕 – 흑색문자
④ 흑색바탕 – 백색문자

해설 **액체위험물의 옥외저장탱크의 주입구**

인화점이 21℃ 미만인 위험물의 옥외저장탱크의 주입구에는 보기 쉬운 곳에 다음의 기준에 의한 게시판을 설치할 것.

① 게시판은 한 변이 0.3m 이상, 다른 한 변이 0.6m 이상인 직사각형으로 할 것
② 게시판에는 "옥외저장탱크 주입구"라고 표시하는 것 외에 취급하는 위험물의 유별, 품명 및 규정에 준하여 주의사항을 표시할 것
③ **게시판은 백색바탕에 흑색문자**(주의사항은 적색문자)로 할 것

해답 ③

45 위험물의 운반에 관한 기준에서 다음 ( )에 알맞은 온도는 몇 ℃인가?

> 적재하는 제5류 위험물 중 ( )℃ 이하의 온도에서 분해될 우려가 있는 것은 보냉 컨테이너에 수납하는 등 적정한 온도관리를 유지하여야 한다.

① 40 ② 50
③ 55 ④ 60

해설 적재하는 위험물의 성질에 따라 일광의 직사 또는 빗물의 침투를 방지하기 위하여 유효하게 피복하는 등 다음 각목에 정하는 기준에 따른 조치를 하여야 한다(중요기준).

① 제1류 위험물, 제3류 위험물 중 자연발화성물질, 제4류 위험물 중 특수인화물, 제5류 위험물 또는 제6류 위험물은 차광성이 있는 피복으로 가릴 것
② 제1류 위험물 중 알칼리금속의 과산화물 또는 이를 함유한 것, 제2류 위험물 중 철분 · 금속분 · 마그네슘 또는 이들중 어느 하나 이상을 함유한 것 또는 제3류 위험물 중 금수성물질은 방수성이 있는 피복으로 덮을 것
③ **제5류** 위험물 중 **55℃ 이하**의 온도에서 분해될 우려가 있는 것은 **보냉 컨테이너**에 수납하는 등 적정한 온도관리를 할 것

해답 ③

46 위험물안전관리법령상 배출설비를 설치하여야 하는 옥내저장소의 기준에 해당하는 것은?

① 가연성 증기가 액화할 우려가 있는 장소
② 모든 장소의 옥내저장소
③ 가연성 미분이 체류할 우려가 있는 장소
④ 인화점이 70℃ 미만인 위험물의 옥내저장소

해설 **옥내저장소의 위치 · 구조 및 설비의 기준**

저장창고에는 규정에 준하여 채광 · 조명 및 환기의 설비를 갖추어야 하고, **인화점이 70℃ 미만**인 위험물의 저장창고에 있어서는 내부에 체류한 **가연성의 증기**를 지붕 위로 **배출하는 설비**를 갖추어야 한다.

해답 ④

47 위험물안전관리법령상 연면적이 450m^2인 저장소의 건축물 외벽이 내화구조가 아닌 경우

이 저장소의 소화기 소요단위는?

① 3 ② 4.5
③ 6 ④ 9

해설

• **소요단위** $N = \frac{450}{75} = 6$단위

건축물 그 밖의 공작물 또는 위험물의 소요단위의 계산방법

① 제조소 또는 취급소의 건축물

외벽이 내화구조인 것	외벽이 내화구조가 아닌 것
연면적 $100m^2$를 1소요단위	연면적 $50m^2$를 1소요단위

② **저장소**의 건축물

외벽이 내화구조인 것	외벽이 내화구조가 아닌 것
연면적 $150m^2$를 1소요단위	연면적 $75m^2$를 소요단위

③ 제조소등의 옥외에 설치된 **공작물은 외벽이 내화구조인 것으로 간주**하고 공작물의 **최대수평투영면적을 연면적**으로 간주하여 ① 및 ②의 규정에 의하여 소요단위를 산정할 것
④ 위험물은 지정수량의 **10배를 1소요단위**로 할 것

해답 ③

48 위험물안전관리법령상 위험물안전관리자의 책무에 해당하지 않는 것은?

① 화재 등의 재난이 발생한 경우 소방관서 등에 대한 연락업무
② 화재 등의 재난이 발생한 경우 응급조치
③ 위험물의 취급에 관한 일지의 작성 · 기록
④ 위험물안전관리자의 선임 · 신고

해설 **위험물안전관리자의 책무**

(1) 위험물의 취급작업에 참여하여 당해 작업이 규정에 의한 **저장 또는 취급에 관한 기술기준**과 **예방규정에 적합하도록** 해당 작업자(당해 작업에 참여하는 위험물취급자격자를 포함)에 대하여 지시 및 감독하는 업무
(2) 화재 등의 재난이 발생한 경우 응급조치 및 소방관서 등에 대한 **연락업무**
(3) 위험물시설의 안전을 담당하는 자를 따로 두는 제조소등의 경우에는 그 담당자에게 다음 각목의 규정에 의한 **업무의 지시**, 그 밖의 제조소등의 경우에는 다음 각목의 규정에 의한 업무
① 제조소등의 위치 · 구조 및 설비를 기술기준에 적합하도록 유지하기 위한 점검과 점검상황의 기록 · 보존
② 제조소등의 구조 또는 설비의 이상을 발견한 경우 관계자에 대한 연락 및 **응급조치**
③ 화재가 발생하거나 화재발생의 위험성이 현저한 경우 소방관서 등에 대한 연락 및 응급조치
④ 제조소등의 계측장치 · 제어장치 및 안전장치 등의 적정한 유지 · 관리
⑤ 제조소등의 위치 · 구조 및 설비에 관한 설계도서 등의 정비 · 보존 및 제조소등의 구조 및 설비의 안전에 관한 사무의 관리
(4) 화재 등의 재해의 방지와 응급조치에 관하여 인접하는 제조소등과 그 밖의 관련되는 시설의 관계자와 협조체제의 유지
(5) 위험물의 취급에 관한 일지의 **작성 · 기록**
(6) 그 밖에 위험물을 수납한 용기를 차량에 적재하는 작업, 위험물설비를 보수하는 작업 등 위험물의 취급과 관련된 작업의 안전에 관하여 필요한 감독의 수행

해답 ④

49 위험물안전관리법령상 옥내소화전설비의 기준에 따르면 펌프를 이용한 가압송수장치에서 펌프의 토출량은 옥내소화전의 설치개수가 가장 많은 층에 대해 해당 설치개수(5개 이상인 경우에는 5개)에 얼마를 곱한 양 이상이 되도록 하여야 하는가?

① 260L/min ② 360L/min
③ 460L/min ④ 560L/min

해설 **위험물제조소등의 소화설비 설치기준**

소화설비	수평거리	방사량	방사압력
옥내	25m 이하	260(L/min) 이상	350(kPa) 이상
	수원의 양 Q=N(소화전개수 : **최대 5개**) ×$7.8m^3$(260L/min×30min)		
옥외	40m 이하	450(L/min) 이상	350(kPa) 이상
	수원의 양 Q=N(소화전개수 : 최대 4개) ×$13.5m^3$(450L/min×30min)		

소화설비	수평거리	방사량	방사압력
스프링클러	1.7m 이하	80(L/min) 이상	100(kPa) 이상
	수원의 양 Q=N(헤드수 : 최대 30개) $\times 2.4m^3$(80L/min×30min)		
물분무	–	20 (L/m^2 · min)	350(kPa) 이상
	수원의 양 Q=A(바닥면적m^2)× $0.6m^3$(20L/m^2 · min×30min)		

해답 ①

50 위험물안전관리법령상 주유취급소에 설치 · 운영할 수 없는 건축물 또는 시설은?

① 주유취급소를 출입하는 사람을 대상으로 하는 그림 전시장

② 주유취급소를 출입하는 사람을 대상으로 하는 일반음식점

③ 주유원 주거시설

④ 주유취급소를 출입하는 사람을 대상으로 하는 휴게음식점

해설 **주유취급소에 설치 · 운영할 수 있는 건축물 또는 시설**

① 주유 또는 등유 · 경유를 옮겨 담기 위한 작업장
② 주유취급소의 업무를 행하기 위한 사무소
③ 자동차 등의 점검 및 간이정비를 위한 작업장
④ 자동차 등의 세정을 위한 작업장
⑤ 주유취급소에 출입하는 사람을 대상으로 한 점포 · 휴게음식점 또는 전시장
⑥ 주유취급소의 관계자가 거주하는 주거시설
⑦ 전기자동차용 충전설비
⑧ 그 밖의 소방청장이 정하여 고시하는 건축물 또는 시설

해답 ②

51 제2류 위험물 중 인화성 고체의 제조소에 설치하는 주의사항 게시판에 표시할 냉용을 옳게 나타낸 것은?

① 적색바탕에 백색문자로 "화기엄금" 표시

② 적색바탕에 백색문자로 "화기주의" 표시

③ 백색바탕에 적색문자로 "화기엄금" 표시

④ 백색바탕에 적색문자로 "화기주의" 표시

해설 **위험물제조소의 표지 및 게시판**

① 표지는 한 변의 길이 0.6m 이상, 다른 한 변의 길이 0.3m 이상
② 바탕은 백색, 문자는 흑색

게시판의 설치기준

① 한 변의 길이가 0.3m 이상, 다른 한 변의 길이가 0.6m 이상인 직사각형으로 할 것
② 위험물의 유별 · 품명 및 저장최대수량 또는 취급최대수량, 지정수량의 배수 및 안전 관리자의 성명 또는 직명을 기재할 것
③ 게시판의 바탕은 백색으로, 문자는 흑색으로 할 것
④ 저장 또는 취급하는 위험물에 따라 주의사항 게시판을 설치할 것

위험물의 종류	주의사항 표시	게시판의 색
제1류(알칼리금속 과산화물) 제3류(금수성 물품)	물기엄금	청색바탕에 백색문자
제2류(인화성 고체 제외)	화기주의	적색바탕에 백색문자
제2류(인화성 고체) 제3류(자연발화성 물품) 제4류 제5류	화기엄금	

해답 ①

52 위험물안전관리법령상 옥내탱크저장소의 기준에서 옥내저장탱크 상호간에는 몇 m 이상의 간격을 유지하여야 하는가?

① 0.3 ② 0.5

③ 0.7 ④ 1.0

해설 **옥내탱크저장소의 탱크 이격거리**

① 탱크상호간의 거리 : 0.5m 이상
② 탱크와 탱크전용실의 벽과의 거리 : 0.5m 이상

해답 ②

53 위험물안전관리법령상 소화전용물통 8L의 능력단위는?

① 0.3 ② 0.5

③ 1.0 ④ 1.5

해설 **간이 소화용구의 능력단위**

소화설비	용량	능력단위
소화전용 물통	8L	0.3
수조(소화전용 물통 3개 포함)	80L	1.5
수조(소화전용 물통 6개 포함)	190L	2.5
마른 모래(삽 1개 포함)	50L	0.5
팽창질석 또는 팽창진주암(삽 1개 포함)	80L	0.5

해답 ①

54 위험물안전관리법령상 제4류 위험물의 품명에 따른 위험등급과 옥내저장소 하나의 저장창고 바닥면적 기준을 옳게 나열한 것은? (단, 전용의 독립된 단층건물에 설치하며, 구획된 실이 없는 하나의 저장창고인 경우에 한한다.)

① 제1석유류 : 위험등급 Ⅰ, 최대 바닥면적 $1000m^2$
② 제2석유류 : 위험등급 Ⅰ, 최대 바닥면적 $2000m^2$
③ 제3석유류 : 위험등급 Ⅱ, 최대 바닥면적 $2000m^2$
④ 알코올류 : 위험등급 Ⅱ, 최대 바닥면적 $1000m^2$

해설 **옥내저장소의 하나의 저장창고 바닥면적**

바닥면적	해당 위험물
$1000m^2$ 이하	가. 다음의 위험물을 저장하는 창고 ① 제1류 위험물 중 아염소산염류, 염소산염류, 과염소산염류, 무기과산화물, 그 밖에 지정수량이 50kg인 위험물 ② 제3류 위험물 중 칼륨, 나트륨, 알킬알루미늄, 알킬리튬, 그 밖에 지정수량이 10kg인 위험물 및 황린 ③ 제4류 위험물 중 특수인화물, 제1석유류 및 알코올류 ④ 제5류 위험물 중 유기과산화물, 질산에스테르류 그 밖에 지정수량이 10kg인 위험물 ⑤ 제6류 위험물
$2000m^2$ 이하	가목의 위험물 외의 위험물을 저장하는 창고
$1500m^2$ 이하	내화구조의 격벽으로 완전히 구획된 실에 각각 저장하는 창고

해답 ④

55 위험물옥외저장탱크의 통기관에 관한 사항으로 옳지 않은 것은?

① 밸브 없는 통기관의 직경은 30mm 이상으로 한다.
② 대기밸브부착 통기관은 항시 열려 있어야 한다.
③ 밸브 없는 통기관의 선단은 수평면보다 45도 이상 구부려 빗물 등의 침투를 막는 구조로 한다.
④ 대기밸브부착 통기관은 5kPa 이하의 압력 차이로 작동할 수 있어야 한다.

해설 **옥외저장탱크중 압력탱크외의 탱크**

(1) **밸브없는 통기관**
① 직경은 30mm 이상일 것
② 선단은 수평면보다 45도 이상 구부려 빗물 등의 침투를 막는 구조로 할 것
③ 가는 눈의 구리망 등으로 인화방지장치를 할 것. 다만, 인화점 70℃ 이상의 위험물만을 해당 위험물의 인화점 미만의 온도로 저장 또는 취급하는 탱크에 설치하는 통기관에 있어서는 그러하지 아니하다.
④ 가연성의 증기를 회수하기 위한 밸브를 통기관에 설치하는 경우에 있어서는 당해 통기관의 밸브는 저장탱크에 위험물을 주입하는 경우를 제외하고는 항상 개방되어 있는 구조로 하는 한편, 폐쇄하였을 경우에 있어서는 10kPa 이하의 압력에서 개방되는 구조로 할 것. 이 경우 개방된 부분의 유효단면적은 $777.15mm^2$ 이상이어야 한다.

(2) **대기밸브부착 통기관**
① 5kPa 이하의 압력차이로 작동할 수 있을 것

해답 ②

56 다음 중 위험물안전관리법령상 지정수량의 $\frac{1}{10}$을 초과하는 위험물을 운반할 때 혼재할 수 없는 경우는?

① 제1류 위험물과 제6류 위험물
② 제2류 위험물과 제4류 위험물
③ 제4류 위험물과 제5류 위험물

④ 제5류 위험물과 제3류 위험물

해설 **위험물의 운반에 따른 유별을 달리하는 위험물의 혼재기준**(쉬운 암기방법)

혼재 가능	
↓1류 + 6류↑	2류 + 4류
↓2류 + 5류↑	5류 + 4류
↓3류 + 4류↑	

해답 ④

57 이동저장탱크에 알킬알루미늄을 저장하는 경우에 불활성 기체를 봉입하는데 이때의 압력은 몇 kPa 이하이어야 하는가?

① 10　② 20
③ 30　④ 40

해설 **알킬알루미늄등, 아세트알데히드등 및 디에틸에테르등의 저장기준**

① **이동저장탱크에 알킬알루미늄등**을 저장하는 경우에는 **20kPa 이하**의 압력으로 불활성의 기체를 봉입하여 둘 것
② 옥외저장탱크·옥내저장탱크 또는 지하저장탱크 중 압력탱크 외의 탱크에 저장하는 디에틸에테르등 또는 아세트알데히드등의 온도는 산화프로필렌과 이를 함유한 것 또는 디에틸에테르등에 있어서는 30℃ 이하로, 아세트알데히드 또는 이를 함유한 것에 있어서는 15℃ **이하**로 각각 유지할 것
③ **옥외저장탱크·옥내저장탱크 또는 지하저장탱크 중 압력탱크**에 저장하는 **아세트알데히드등** 또는 디에틸에테르등의 온도는 40℃ **이하**로 유지할 것
④ 이동저장탱크에 저장하는 아세트알데히드등 또는 디에틸에테르등의 온도

구 분	유지 온도
보냉장치가 있는 이동저장탱크	비점 이하
보냉장치가 없는 이동저장탱크	40℃ 이하

해답 ②

58 위험물 옥외저장소에서 지정수량 200배 초과의 위험물을 저장할 경우 경계표시 주위의 보유공지 너비는 몇 m 이상으로 하여야 하는가? (단, 제4류 위험물과 제6류 위험물이 아닌 경우이다.)

① 0.5　② 2.5
③ 10　④ 15

해설 **옥외저장소의 보유공지의 너비**

저장 또는 취급하는 위험물의 최대수량	공지의 너비
지정수량의 10배 이하	3m 이상
지정수량의 10배 초과 20배 이하	5m 이상
지정수량의 20배 초과 50배 이하	9m 이상
지정수량의 50배 초과 200배 이하	12m 이상
지정수량의 200배 초과	15m 이상

다만, 제4류 위험물 중 제4석유류와 제6류 위험물을 저장 또는 취급하는 옥외저장소의 보유공지는 표에 의한 공지의 너비의 3분의 1이상의 너비로 할 수 있다.

해답 ④

59 위험물안전관리법령상 옥외저장소 중 덩어리 상태의 유황만을 지반면에 설치한 경계표시의 안쪽에서 저장 또는 취급할 때 경계표시의 높이는 몇 m 이하로 하여야 하는가?

① 1　② 1.5
③ 2　④ 2.5

해설 **덩어리 상태의 유황만을 지반면에 설치한 경계표시의 안쪽에서 저장, 취급하는 것의 기술기준**

① **하나의 경계표시의 내부의 면적 : $100m^2$ 이하**
② 2 이상의 경계표시를 설치하는 경우에 있어서는 각각의 경계표시 내부의 면적을 합산한 면적은 $1,000m^2$ 이하로 할 것
③ 경계표시 : 불연재료로 만드는 동시에 유황이 새지 않는 구조로 할 것
④ 경계표시의 높이 : 1.5m 이하

해답 ②

60 그림과 같은 위험물 저장탱크의 내용적은 약 몇 m^3인가?

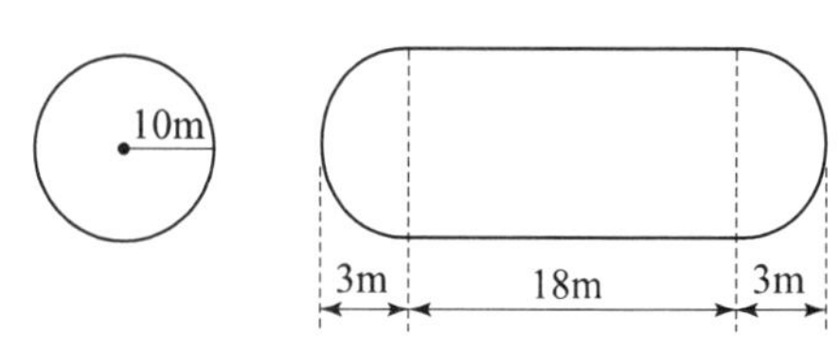

① 4681　② 5482

③ 6283　　　　　　④ 7080

해설 원형 탱크의 내용적(양쪽이 볼록한 것)

$$V=\pi r^2 \times \left(l+\frac{l_1+l_2}{3}\right)$$

$$\therefore\ V=\pi r^2 \times \left(l+\frac{l_1+l_2}{3}\right)$$

$$=\pi \times 10^2 \times \left(18+\frac{3+3}{3}\right)$$

$$\fallingdotseq 6283\text{m}^3$$

해답 ③

2017 CBT 시험 기출문제

2017년 CBT [제1회] 기출문제 복원
2017년 CBT [제2회] 기출문제 복원
2017년 CBT [제3회] 기출문제 복원
2017년 CBT [제4회] 기출문제 복원

국가기술자격 필기시험문제

2017 CBT 시험 기출문제 복원 [제 1 회]

자격종목	시험시간	문제수	형별	수험번호	성 명
위험물기능사	1시간	60	A		

본 문제는 CBT시험대비 기출문제 복원입니다.

01 자연발화의 방지법이 아닌 것은?

① 습도를 높게 유지할 것
② 저장실의 온도를 낮출 것
③ 퇴적 및 수납 시 열축적이 없을 것
④ 통풍을 잘 시킬 것

해설 ① 습도를 낮게 유지할 것

자연발화의 방지대책
① 저장실 주위온도를 낮춘다.
② 물질을 건조하게 유지
③ 통풍하여 열의 축적을 방지
④ 저장용기에 불활성기체 봉입하여 공기접촉 차단
⑤ 물질의 표면적을 최소화

자연발화의 조건
① 표면적이 넓을 것 ② 열전도율이 작을 것
③ 발열량이 클 것 ④ 주위의 온도가 높을 것

해답 ①

02 화학식과 Halon 번호 옳게 연결한 것은?

① CBr_2F_2 – 1202 ② $C_2Br_2F_2$ – 2422
③ $CBrClF_2$ – 1102 ④ $C_2Br_2F_4$ – 1242

해설

분자식	CBr_2F_2	$C_2Br_2F_2$	$CBrClF_2$	$C_2Br_2F_4$
Halon번호	1202	없음	1211	2402

할로겐화합물 소화약제 명명법(할론 ⓐⓑⓒⓓ)

할론번호	ⓐ	ⓑ	ⓒ	ⓓ
원자 수	C	F	Cl	Br

해답 ①

03 액체연료의 연소형태가 아닌 것은?

① 확산연소 ② 증발연소
③ 액면연소 ④ 분무연소

해설 ① **확산연소** : 가연성기체
가연성 가스가 공기와 혼합하여 연소하는 현상
② **증발연소** : 인화성액체
인화성액체의 증발한 증기가 공기와 혼합해서 연소하는 현상
③ **액면연소** : 인화성액체
등유나 경유와 같은 경질유 연소 방법의 하나로서, 화염으로부터의 방사나 대류에 의해 오일 연료 표면이 가열되어 증발이 일어나며, 발생한 연료 증기가 공기와 접촉하여 유면의 상부에서 확산 연소하는 것
④ **분무연소** : 인화성액체
중유 등을 분무해서 미세한 물방울로 만들어 연소시키는 것

연소의 형태 ★★ 자주출제(필수암기)★★
① **표면연소**(surface reaction)
숯, 코크스, 목탄, 금속분
② **증발연소**(evaporating combustion)
파라핀(양초), 황, 나프탈렌, 왁스, 휘발유, 등유, 경유, 아세톤 등 제4류 위험물
③ **분해연소**(decomposing combustion)
석탄, 목재, 플라스틱, 종이, 합성수지, 중유
④ **자기연소**(내부연소)
질화면(니트로셀룰로오스), 셀룰로이드, 니트로글리세린 등 제5류 위험물
⑤ **확산연소**(diffusive burning)
아세틸렌, LPG, LNG 등 가연성 기체
⑥ **불꽃연소 + 표면연소**
목재, 종이, 셀룰로오스, 열경화성수지

해답 ①

04 소화설비의 설치기준에서 유기과산화물 1000kg은 몇 소요단위에 해당하는가?

① 10 ② 20
③ 30 ④ 40

해설 **제5류 위험물 및 지정수량**

성질	품 명	지정수량	위험등급
자기 반응성물질	1. 유기과산화물 2. 질산에스테르류	10kg	Ⅰ
	3. 니트로화합물 4. 니트로소화합물 5. 아조화합물 6. 디아조화합물 7. 히드라진 유도체	200kg	Ⅱ
	8. 히드록실아민 9. 히드록실아민염류	100kg	

위험물의 소요단위 : 지정수량의 10배를 1소요단위로 할 것

$$\therefore \text{지정수량의 배수} = \frac{\text{저장수량}}{\text{지정수량}} = \frac{1000}{10} = 100\text{배}$$

$$\therefore \text{소요단위} = \frac{\text{지정수량의 배수}}{10} = \frac{100}{10} = 10\text{단위}$$

소요단위의 계산방법

① 제조소 또는 취급소의 건축물

외벽이 내화구조인 것	외벽이 내화구조가 아닌 것
연면적 $100m^2$를 1소요단위	연면적 $50m^2$를 1소요단위

② 저장소의 건축물

외벽이 내화구조인 것	외벽이 내화구조가 아닌 것
연면적 $150m^2$를 1소요단위	연면적 $75m^2$를 소요단위

③ 위험물은 지정수량의 10배를 1소요단위로 할 것

해답 ①

05 다음 중 분진폭발의 원인물질로 작용할 위험성이 가장 낮은 것은?

① 마그네슘 분말　② 밀가루
③ 담배 분말　④ 시멘트 분말

해설 **분진폭발 위험성 물질**

① 석탄분진
② 섬유분진
③ 곡물분진(농수산물가루)
④ 종이분진
⑤ 목분(나무분진)
⑥ 배합제분진
⑦ 플라스틱분진
⑧ 금속분말가루

분진폭발 없는 물질

① 생석회(CaO)(시멘트의 주성분)
② 석회석 분말
③ 시멘트
④ 수산화칼슘(소석회 : $Ca(OH)_2$)

해답 ④

06 소화작용에 대한 설명 중 옳지 않은 것은?

① 가연물의 온도를 낮추는 소화는 냉각작용이다.
② 물의 주된 소화작용 중 하나는 냉각작용이다.
③ 연소에 필요한 산소의 공급원을 차단하는 소화는 제거작용이다.
④ 가스화재시 밸브를 차단하는 것은 제거작용이다.

해설 ③ 연소에 필요한 산소의 공급원을 차단하는 소화는 질식(피복)작용이다.

소화원리

① **냉각소화** : 가연성 물질을 발화점 이하로 온도를 냉각

물이 소화약제로 사용되는 이유
- 물의 기화열(539kcal/kg)이 크기 때문
- 물의 비열(1kcal/kg℃)이 크기 때문

② **질식소화** : 산소농도를 21%에서 15% 이하로 감소

질식소화 시 산소의 유지농도 : 10~15%

③ **억제소화(부촉매소화, 화학적 소화)** : 연쇄반응을 억제

- 부촉매 : 화학적 반응의 속도를 느리게 하는 것
- 부촉매 효과 : 할로겐화합물 소화약제
(할로겐족원소 : 불소(F), 염소(Cl), 브롬(Br), 요오드(I))

④ **제거소화** : 가연성물질을 제거시켜 소화

- 산불이 발생하면 화재의 진행방향을 앞질러 벌목
- 화학반응기의 화재 시 원료공급관의 밸브를 폐쇄
- 유전화재 시 폭약으로 폭풍을 일으켜 화염을 제거
- 촛불을 입김으로 불어 화염을 제거

⑤ **피복소화** : 가연물 주위를 공기와 차단

⑥ **희석소화** : 수용성인 인화성액체 화재 시 물을 방사하여 가연물의 연소농도를 희석

해답 ③

07 소화설비의 기준에서 불활성가스 소화설비가 적응성이 있는 대상물은?

① 알칼리금속 과산화물
② 철분
③ 인화성고체
④ 제3류 위험물의 금수성 물질

해설 **이산화탄소 소화기의 적응성**
① 전기실 및 전산실
② 통신 기기실
③ 가연성고체류 또는 합성수지류
④ 가연성 액체류
⑤ 가연성가스

이산화탄소 및 할론 약제 적응불가
① 알칼리금속 과산화물
② 철분
③ 금수성 물품

해답 ③

08 분자 내의 니트로기와 같이 쉽게 산소를 유리할 수 있는 기를 가지고 있는 화합물의 연소 형태는?

① 표면연소　② 분해연소
③ 증발연소　④ 자기연소

해설 ④ **자기연소**(내부연소)－니트로화합물－제5류 위험물

연소의 형태 ★★ 자주출제(필수암기)★★
① **표면연소**(surface reaction)
숯, 코크스, 목탄, 금속분
② **증발연소**(evaporating combustion)
파라핀(양초), 황, 나프탈렌, 왁스, 휘발유, 등유, 경유, 아세톤 등 제4류 위험물
③ **분해연소**(decomposing combustion)
석탄, 목재, 플라스틱, 종이, 합성수지, 중유
④ **자기연소**(내부연소)
질화면(니트로셀룰로오스), 셀룰로이드, 니트로글리세린 등 제5류 위험물
⑤ **확산연소**(diffusive burning)
아세틸렌, LPG, LNG 등 가연성 기체
⑥ **불꽃연소＋표면연소**
목재, 종이, 셀룰로오스, 열경화성수지

해답 ④

09 위험물안전관리법상 소화설비에 해당하지 않는 것은?

① 옥외소화전설비
② 스프링클러설비
③ 할로겐화합물 소화설비
④ 연결살수설비

해설 ④ 연결살수설비－소화활동설비

소방시설의 종류 ★★★(필수암기)★★★

소방시설	종 류	
소화설비	① 소화기구	② 자동소화장치
	③ 옥내소화전설비	④ 옥외소화전설비
	⑤ 스프링클러설비등	⑥ 물분무등소화설비
경보설비	① 단독경보형감지기	② 비상경보설비
	③ 시각경보기	④ 자동화재탐지설비
	⑤ 화재알람설비	⑥ 비상방송설비
	⑦ 자동화재속보설비	⑧ 통합감시시설
	⑨ 누전경보기	⑩ 가스누설경보기
피난구조설비	① 피난기구(피난사다리, 구조대, 완강기)	
	② 인명구조기구(방열복, 공기호흡기, 인공소생기)	
	③ 유도등(피난유도선, 피난구유도등, 통로유도등, 객석유도등, 유도표지)	
	④ 비상조명등 및 휴대용비상조명등	
소화용수설비	① 상수도소화용수설비	
	② 소화수조 · 저수조 그 밖의 소화용수설비	
소화활동설비	① 제연설비	② 연결송수관설비
	③ 연결살수설비	④ 비상콘센트설비
	⑤ 무선통신보조설비	⑥ 연소방지설비

해답 ④

10 유기과산화물의 화재예방상 주의사항으로 틀린 것은?

① 열원으로부터 멀리한다.
② 직사광선을 피해야 한다.
③ 용기의 파손에 의해서 누출되면 위험하므로 정기적으로 점검하여야 한다.
④ 산화제와 격리하고 환원제와 접촉시켜야

한다.

해설 **유기과산화물(제5류 위험물)의 저장 시 주의사항**

① 일광이 들지 않는 건조한 장소에 저장한다.
② 자신은 가연성물질이다.
③ 알코올류, 아민류, 금속분류, 기타 가연성물질과 혼합하지 않는다.
④ 자기반응성(내부연소성)물질이므로 산화제 및 환원제와 접촉을 금한다.

유기과산화물의 종류

① 아세틸 퍼 옥사이드 : $(CH_3CO)_2O_2$
② 벤조일 퍼 옥사이드 : $(C_6H_5CO)_2O_2$
③ 메틸에틸케톤 퍼 옥사이드 : $(CH_3COC_2H_5)_2O_2$

해답 ④

11 물질의 발화온도가 낮아지는 경우는?

① 발열량이 작을 때
② 산소의 농도가 작을 때
③ 화학적 활성도가 클 때
④ 산소와 친화력이 작을 때

해설 **물질의 발화온도가 낮아지는 경우**

① 발열량이 클 때
② 산소의 농도가 클 때
③ 화학적 활성도가 클 때
④ 산소와 친화력이 클 때

해답 ③

12 어떤 소화기에 "ABC"라고 표시되어 있다. 다음 중 사용할 수 없는 화재는?

① 금속화재 ② 유류화재
③ 전기화재 ④ 일반화재

해설 **"ABC"표시의 적응화재**

A-일반화재, B-유류화재, C-전기화재

화재의 분류 ★★ 자주출제(필수암기) ★★

종 류	등급	색표시	주된 소화방법
일반화재	A급	백색	냉각소화
유류 및 가스화재	B급	황색	질식소화
전기화재	C급	청색	질식소화
금속화재	D급	-	피복소화
주방화재	K급	-	냉각 및 질식 소화

해답 ①

13 연소 위험성이 큰 휘발유 등은 배관을 통하여 이송할 경우 안전을 위하여 유속을 느리게 해 주는 것이 바람직하다. 이는 배관 내에서 발생할 수 있는 어떤 에너지를 억제하기 위함인가?

① 유도에너지 ② 분해에너지
③ 정전기에너지 ④ 아크에너지

해설 **정전기에너지** : 유체의 마찰에 의해 정전기가 발생하므로 배관을 통하여 유체를 이송하는 경우 유속을 느리게 하여 정전기에너지를 억제하여야 한다.

정전기 방지대책

① 접지와 본딩
② 공기를 이온화
③ 상대습도 70% 이상 유지

해답 ③

14 1몰의 이황화탄소와 고온의 물이 반응하여 생성되는 유독한 기체물질의 부피는 표준상태에서 얼마인가?

① 22.4L ② 44.8L
③ 67.2L ④ 134.4L

해설 ① CS_2(이황화탄소)의 열분해 반응식
(표준상태 : 0℃, 1기압)
② CS_2(이황화탄소)의 분자량 = 12 + 32 × 2 = 76

$$CS_2 + 2H_2O \rightarrow CO_2 + 2H_2S$$

76g ⟶ 2 × 22.4L
(1몰) (2몰 × 22.4L)

해답 ②

15 전기설비에 적응성이 없는 소화설비는?

① 불활성가스소화설비
② 물분무소화설비
③ 포소화설비
④ 할로겐화합물소화설비

해설 **전기화재** : 물분무, 미분무, CO_2, 할로겐화합물, 분말

화재의 분류 ★★ 자주출제(필수암기) ★★

종 류	등급	색표시	주된 소화방법
일반화재	A급	백색	냉각소화
유류 및 가스화재	B급	황색	질식소화
전기화재	C급	청색	질식소화
금속화재	D급	-	피복소화
주방화재	K급	-	냉각 및 질식 소화

해답 ③

16 제3종 분말소화약제의 주요성분에 해당하는 것은?

① 인산암모늄 ② 탄산수소나트륨
③ 탄산수소칼륨 ④ 요소

해설 **분말약제(드라이케미칼)의 주성분 및 착색**
★★자주출제(필수암기)★★

종별	주 성 분	약 제 명	착 색	적응화재
제1종	$NaHCO_3$	탄산수소나트륨 중탄산나트륨 중조	백색	B,C급
제2종	$KHCO_3$	탄산수소칼륨 중탄산칼륨	담회색	B,C급
제3종	$NH_4H_2PO_4$	제1인산암모늄	담홍색 (핑크색)	A,B,C급
제4종	$KHCO_3$ $+(NH_2)_2CO$	중탄산칼륨 +요소	회색 (쥐색)	B,C급

해답 ①

17 휘발유의 소화방법으로 옳지 않은 것은?

① 분말소화약제를 사용한다.
② 포소화약제를 사용한다.
③ 물통 또는 수조로 주수소화한다.
④ 이산화탄소에 의한 질식소화를 한다.

해설 휘발유-제4류 위험물-제1석유류
① 비수용성인 석유류화재에 물을 방사 하면 연소면이 확대된다.
② 포 소화약제 또는 물분무가 적합하다.

해답 ③

18 팽창질석(삽 1개 포함) 160리터의 소화 능력단위는?

① 0.5 ② 1.0
③ 1.5 ④ 2.0

해설 **간이 소화용구의 능력단위**

소화설비	용량	능력단위
소화전용 물통	8L	0.3
수조(소화전용 물통 3개 포함)	80L	1.5
수조(소화전용 물통 6개 포함)	190L	2.5
마른 모래(삽 1개 포함)	50L	0.5
팽창질석 또는 팽창진주암(삽 1개 포함)	80L	0.5

해답 ②

19 플래시오버(flash over)에 관한 설명이 아닌 것은?

① 실내화재에서 발생하는 현상
② 순발적인 연소확대 현상
③ 발생시점은 초기에서 성장기로 넘어가는 분기점
④ 화재로 인하여 온도가 급격히 상승하여 화재가 순간적으로 실내전체에 확산되어 연소되는 현상

해설 ③ 발생시점은 성장기에서 최성기로 넘어가는 분기점

플래쉬 오버(flash over)**현상** : 화재 시 발생한 가연성가스가 건물 내 상층부에 체류하다가 연소범위 내 농도가 되면 착화하여 화염으로 쌓이고 상층부의 열이 축적되어 축적된 열이 실내에 복사열로 방출되어 실내가 화염으로 덮이는 현상

- 플래쉬 오버 발생시기 : 성장기
- 주요 발생원인 : 열의 공급

해답 ③

20 화재시 이산화탄소를 방출하여 산소의 농도를 13vol%로 낮추어 소화를 하려면 공기 중의 이산화탄소는 몇 vol%가 되어야 하는가?

① 28.1 ② 38.1
③ 42.86 ④ 48.35

해설 **이산화탄소의 농도 산출 공식**

$$CO_2(\%) = \frac{21 - O_2(\%)}{21} \times 100$$

$O_2 = 13\%$일 때

$$\therefore\ CO_2(\%) = \frac{21-13}{21} \times 100 = 38.1\%$$

해답 ②

21 과산화마그네슘에 대한 설명으로 옳은 것은?

① 산화제, 표백제, 살균제 등으로 사용된다.
② 물에 녹지 않기 때문에 습기와 접촉해도 무방하다.
③ 물과 반응하여 금속 마그네슘을 생성한다.
④ 염산과 반응하면 산소와 수소를 발생한다.

해설 ② 물과 접촉 시 산소를 방출하기 때문에 금수성이다.
③ 물과 반응하여 수산화마그네슘 및 수소를 발생한다.
④ 염산과 반응하여 염화마그네슘과 과산화수소를 발생한다.

과산화마그네슘(MgO_2) **: 제1류 위험물 중 무기과산화물**
① 백색 분말이며 산화제, 표백제, 살균제등으로 사용된다.
② 습기 또는 물과 접촉시 산소를 방출한다.

$2MgO_2 + H_2O \rightarrow 2Mg(OH)_2 + O_2\uparrow$
(수산화마그네슘) (산소)

③ 가연성유기물과 혼합되어 있을 때 가열, 충격에 의해 폭발 위험이 있다.
④ 산과 접촉하여 과산화수소를 발생한다.

$MgO_2 + 2HCl \rightarrow MgCl_2 + H_2O_2\uparrow$
(염산) (과산화수소)

해답 ①

22 위험물안전관리법령에 따라 제조소등의 관계인이 예방규정을 정하여야 하는 제조소등에 해당하지 않는 것은?

① 지정수량의 200배 이상의 위험물을 저장하는 옥외탱크저장소
② 지정수량의 10배 이상의 위험물을 취급하는 제조소
③ 암반탱크저장소
④ 지하탱크저장소

해설 **예방규정을 정하여야 하는 제조소등**
① 지정수량의 10배 이상 제조소
② 지정수량의 100배 이상 옥외저장소
③ 지정수량의 150배 이상 옥내저장소
④ 지정수량의 200배 이상 옥외탱크저장소
⑤ 암반탱크저장소
⑥ 이송취급소
⑦ 지정수량의 10배 이상 일반취급소

자체소방대를 설치하여야 하는 사업소
① 지정수량의 **3천배 이상**의 **제4류 위험물**을 취급하는 **제조소 또는 일반취급소**(단, 보일러로 위험물을 소비하는 일반취급소 등 일반취급소를 제외)
② 지정수량의 50만배 이상의 제4류 위험물을 저장하는 옥외탱크저장소

해답 ④

23 같은 위험등급의 위험물로만 이루어지지 않은 것은?

① Fe, Sb, Mg
② Zn, Al, S
③ 황화린, 적린, 칼슘
④ 메탄올, 에탄올, 벤젠

해설 ① Fe, Sb, Mg(금속분 : Ⅲ 등급)
② Zn(아연 : Ⅲ등급), Al(알루미늄 : Ⅲ등급), S(유황 : Ⅱ등급)
③ 황화린, 적린, 칼슘 : Ⅱ등급
④ 메탄올, 에탄올, 벤젠 : Ⅱ등급

해답 ②

24 다음 위험물 중 지정수량이 가장 큰 것은?

① 질산에틸 ② 과산화수소
③ 트리니트로톨루엔 ④ 피크르산

해설 **지정수량**
① 질산에틸
–제5류위험물–질산에스테르류–10kg
② 과산화수소
–제6류 위험물–300kg
③ 트리니트로톨루엔
–제5류 위험물–니트로화합물–200kg

④ 피크르산(트리니트로페놀)
-제5류 위험물-니트로화합물-200kg

해답 ②

25 지정수량 10배의 위험물을 운반할 때 혼재가 가능한 것은?

① 제1류 위험물과 제2류 위험물
② 제1류 위험물과 제4류 위험물
③ 제4류 위험물과 제5류 위험물
④ 제5류 위험물과 제3류 위험물

해설 **위험물의 운반에 따른 유별을 달리하는 위험물의 혼재기준**(쉬운 암기방법)

혼재 가능	
↓1류 + 6류↑	2류 + 4류
↓2류 + 5류↑	5류 + 4류
↓3류 + 4류↑	

해답 ③

26 제4류 위험물 중 특수인화물로만 나열된 것은?

① 아세트알데히드, 산화프로필렌, 염화아세틸
② 산화프로필렌, 염화아세틸, 부틸알데히드
③ 부틸알데히드, 이소프로필아민, 디에틸에테르
④ 이황화탄소, 황화디메틸, 이소프로필아민

해설 ① 아세트알데히드(특수인화물)
산화프로필렌(특수인화물)
염화아세틸(제1석유류)
② 산화프로필렌(특수인화물)
염화아세틸(제1석유류)
부틸알데히드(제1석유류)
③ 부틸알데히드(제1석유류)
이소프로필아민(특수인화물)
디에틸에테르(특수인화물)
④ 이황화탄소(특수인화물)
황화디메틸(특수인화물)
이소프로필아민(특수인화물)

제4류 위험물(인화성 액체)

구 분	지정품목	기타 조건(1atm에서)
특수인화물	이황화탄소 디에틸에테르	• 발화점이 100℃ 이하 • 인화점 −20℃ 이하이고 비점이 40℃ 이하
제1석유류	아세톤 휘발유	• 인화점 21℃ 미만
알코올류	C_1~C_3까지 포화 1가 알코올(변성알코올 포함) • 메틸알코올 • 에틸알코올 • 프로필알코올	
제2석유류	등유, 경유	• 인화점 21℃ 이상 70℃ 미만
제3석유류	중유 클레오소트유	• 인화점 70℃ 이상 200℃ 미만
제4석유류	기어유 실린더유	• 인화점 200℃ 이상 250℃ 미만
동식물유류	동물의 지육 등 또는 식물의 종자나 과육으로부터 추출한 것으로서 인화점이 250℃ 미만인 것	

해답 ④

27 건축물 외벽이 내화구조이며 연면적 $300m^2$인 위험물 옥내저장소의 건축물에 대하여 소화설비의 소화능력단위는 최소한 몇 단위 이상이 되어야 하는가?

① 1단위 ② 2단위
③ 3단위 ④ 4단위

해설 **소요단위의 계산방법**

① 제조소 또는 취급소의 건축물

외벽이 내화구조인 것	외벽이 내화구조가 아닌 것
연면적 $100m^2$를 1소요단위	연면적 $50m^2$를 1소요단위

② 저장소의 건축물

외벽이 내화구조인 것	외벽이 내화구조가 아닌 것
연면적 $150m^2$를 1소요단위	연면적 $75m^2$를 소요단위

③ 위험물은 지정수량의 10배를 1소요단위로 할 것

$$\therefore \text{소요단위} = \frac{\text{연면적}(m^2)}{\text{기준면적}(m^2)} = \frac{300}{150} = 2\text{단위}$$

해답 ②

28 수소화칼슘이 물과 반응하였을 때의 생성물은?

① 칼슘과 수소 ② 수산화칼슘과 수소

③ 칼슘과 산소　　④ 수산화칼슘과 산소

해설 **금속의 수소화물**

(1) **수소화리튬**(LiH)

① 알칼리 금속의 수소화물중 가장 안정된 화합물이다.

② 물과 반응하여 수소(H_2)를 발생한다.

$LiH + H_2O \rightarrow LiOH + H_2 \uparrow$

③ 알코올에는 용해되지 않는다.

④ 물 및 포약제의 소화는 절대 금하고 마른모래 등으로 피복소화한다.

(2) **수소화나트륨**(NaH)

① 습기가 많은 공기 중 분해한다.

② 물과 격렬히 반응하여 수소(H_2)를 발생한다.

$NaH + H_2O \rightarrow NaOH + H_2 \uparrow$

③ 물 및 포약제의 소화는 절대 금하고 마른모래 등으로 피복소화한다.

(3) **수소화칼슘**(CaH_2)

① 물과 반응하여 수소를 발생한다.

$CaH_2 + 2H_2O \rightarrow Ca(OH)_2 + 2H_2$

② 물 및 포약제 소화는 절대 금하고 마른모래 등으로 피복소화한다.

해답 ②

29 과염소산칼륨과 아염소산나트륨의 공통 성질이 아닌 것은?

① 지정수량이 50kg이다.
② 열분해 시 산소를 방출한다.
③ 강산화성 물질이며 가연성이다.
④ 상온에서 고체의 형태이다.

해설 ③ 강산화성물질이며 불연성이다.

- 과염소산칼륨($KClO_4$)–제1류 위험물 –과염소산염류–불연성물질
- 아염소산나트륨($NaClO_2$)–제1류위험물 –아염소산염류–불연성물질

해답 ③

30 위험성 예방을 위해 물 속에 저장하는 것은?

① 칠황화린　　② 이황화탄소
③ 오황화린　　④ 톨루엔

해설 **보호액속에 저장 위험물**

① 파라핀, 경유, 등유 속에 보관

칼륨(K), 나트륨(Na)

② 물속에 보관

이황화탄소(CS_2), 황린(P_4)

해답 ②

31 다음 중 화재시 내알코올포소화약제를 사용하는 것이 가장 적합한 위험물은?

① 아세톤　　② 휘발유
③ 경유　　④ 등유

해설 ① 아세톤–제4류–제1석유류–수용성
② 휘발유–제4류–제1석유류–비수용성
③ 경유–제4류–제2석유류–비수용성
④ 등유–제4류–제2석유류–비수용성

제4류 위험물 중 수용성액체 화재 시

① 일반포를 사용하면 소포성 때문에 소화효과가 없다.
② 수용성 화재에는 반드시 알코올포를 사용하여야 한다.
③ 제4류 위험물 중 수용성 : 알코올, 아세톤, 피리딘, 의산, 초산등

소포성(파포성)
포(거품)가 소멸되는 성질

제4류 위험물 중 수용성 위험물

① 특수인화물–아세트알데히드, 산화프로필렌
② 제1석유류–아세톤, 피리딘
③ 알코올류–메틸알코올, 에틸알코올, 프로필알코올

해답 ①

32 위험물을 유별로 정리하여 상호 1m 이상의 간격을 유지하는 경우에도 동일한 옥내저장소에 저장할 수 없는 것은?

① 제1류 위험물(알칼리금속의 과산화물 또는 이를 함유한 것을 제외한다)과 제5류 위험물
② 제1류 위험물과 제6류 위험물

③ 제1류 위험물과 제3류 위험물 중 황린
④ 인화성 고체를 제외한 제2류 위험물과 제4류 위험물

해설 ④ 제2류 위험물 중 인화성고체와 제4류 위험물을 저장하는 경우

서로 1m 이상의 간격을 두는 경우 동일한 옥내저장소에 저장할 수 있는 경우
① 제1류 위험물과 제6류 위험물을 저장하는 경우
② 제1류 위험물과 제3류위험물 중 자연발화성물질(황린 또는 이를 함유한 것에 한한다)을 저장하는 경우
③ 제2류 위험물 중 인화성고체와 제4류 위험물을 저장하는 경우
④ 제3류 위험물 중 알킬알루미늄등과 제4류 위험물(알킬알루미늄 또는 알킬리튬을 함유한 것에 한한다)을 저장하는 경우
⑤ 제4류 위험물 중 유기과산화물 또는 이를 함유하는 것과 제5류 위험물 중 유기과산화물 또는 이를 함유한 것을 저장하는 경우

해답 ④

33 위험물안전관리법령의 규정에 따라 다음과 같이 예방조치를 하여야 하는 위험물은?

• 운반용기의 외부에 "화기엄금" 및 "충격주의"를 표시한다.
• 적재하는 경우 차광성 있는 피복으로 가린다.
• 55℃ 이하에서 분해할 우려가 있는 경우는 보냉 컨테이너에 수납하여 적당한 온도관리를 한다.

① 제1류　　② 제2류
③ 제3류　　④ 제5류

해설 **적재위험물의 성질에 따른 조치**
(1) 차광성이 있는 피복으로 가려야하는 위험물
① 제1류 위험물
② 제3류위험물 중 자연발화성물질
③ 제4류 위험물 중 특수인화물
④ 제5류 위험물
⑤ 제6류 위험물
(2) 방수성이 있는 피복으로 덮어야 하는 것
① 제1류 위험물 중 알칼리금속의 과산화물
② 제2류 위험물 중 철분 · 금속분 · 마그네슘 또는 이들 중 어느 하나 이상을 함유한 것
③ 제3류 위험물 중 금수성 물질

적재하는 위험물의 성질에 따라 일광의 직사 또는 빗물의 침투를 방지하기 위하여 유효하게 피복하는 등 다음 각목에 정하는 기준에 따른 조치를 하여야 한다(중요기준).
① 제1류 위험물, 제3류 위험물 중 자연발화성물질, 제4류 위험물 중 특수인화물, 제5류 위험물 또는 제6류 위험물은 차광성이 있는 피복으로 가릴 것
② 제1류 위험물 중 알칼리금속의 과산화물 또는 이를 함유한 것, 제2류 위험물 중 철분 · 금속분 · 마그네슘 또는 이들 중 어느 하나 이상을 함유한 것 또는 제3류 위험물 중 금수성 물질은 방수성이 있는 피복으로 덮을 것
③ 제5류 위험물 중 55℃ 이하의 온도에서 분해 될 우려가 있는 것은 보냉 컨테이너에 수납하는 등 적정한 온도관리를 할 것

해답 ④

34 무색 또는 옅은 청색의 액체로 농도가 36wt% 이상인 것을 위험물로 간주하는 것은?

① 과산화수소　　② 과염소산
③ 질산　　④ 초산

해설 **과산화수소(H_2O_2)의 일반적인 성질**
① 분해 시 산소(O_2)를 발생시킨다.
② 분해안정제로 인산(H_3PO_4) 또는 요산($C_5H_4N_4O_3$)을 첨가한다.
③ 저장용기는 밀폐하지 말고 구멍이 있는 마개를 사용한다.
④ 강산화제이면서 환원제로도 사용한다.
⑤ 히드라진($NH_2 \cdot NH_2$)과 접촉 시 분해 작용으로 폭발위험이 있다.

$NH_2 \cdot NH_2 + 2H_2O_2 \rightarrow 4H_2O + N_2 \uparrow$

⑥ 3%용액은 옥시풀이라 하며 표백제 또는 살균제로 이용한다.

• 과산화수소는 36%(중량) 이상만 위험물에 해당된다.
• 과산화수소는 표백제 및 살균제로 이용된다.

해답 ①

35 질산의 비중이 1.5일 때, 1소요단위는 몇 L 인가?

① 150　　② 200
③ 1500　　④ 2000

해설 ① 위험물은 지정수량의 10배를 1소요단위로 할 것
② 질산의 1소요단위 = 지정수량(300kg) × 10배 = 3000kg
③ 비중량 = S(비중) × γ_w(1000kg/m^3)
$= 1.5 \times 1000 = 1500\text{kg/m}^3$
$= 1500\text{kg}/1000\text{L}$
④ 질산의 1소요단위(L) $= 3000\text{kg} \times \frac{1000\text{L}}{1500\text{kg}}$
$= 2000\text{L}$

소요단위의 계산방법
① 제조소 또는 취급소의 건축물

외벽이 내화구조인 것	외벽이 내화구조가 아닌 것
연면적 100m^{2}를 1소요단위	연면적 50m^{2}를 1소요단위

② 저장소의 건축물

외벽이 내화구조인 것	외벽이 내화구조가 아닌 것
연면적 150m^{2}를 1소요단위	연면적 75m^{2}를 소요단위

③ 위험물은 지정수량의 10배를 1소요단위로 할 것

해답 ④

36 경유에 대한 설명으로 틀린 것은?

① 품명은 제3석유류이다.
② 디젤기관의 연료로 사용할 수 있다.
③ 원유액 증류 시 등유와 중유사이에서 유출된다.
④ K, Na의 보호액으로 사용할 수 있다.

해설 ① 품명은 제2석유류이다.

경유 : 제4류 위험물 제2석유류
① 물에 용해되지 않는 비수용성
② 액체비중(0.82~0.85)이 물보다 가볍다.
③ 주수소화하면 화재(연소)면이 확대되어 더 위험
④ 원유의 증류에서 나오는 혼합탄화수소
⑤ 끓는점 : 200~350℃

해답 ①

37 위험물제조소등에 경보설비를 설치해야 하는 경우가 아닌 것은? (단, 지정수량의 10배 이상을 저장 또는 취급하는 경우이다.)

① 이동탱크저장소
② 단층건물로 처마 높이가 6m인 옥내저장소
③ 단층 건물 외의 건축물에 설치된 옥내탱크저장소로서 소화난이도등급 Ⅰ에 해당하는 것
④ 옥내주유취급소

해설 **제조소등별로 설치하여야 하는 경보설비의 종류**

제조소등의 구분	제조소등의 규모, 저장 또는 취급하는 위험물의 종류 및 최대수량 등	경보설비
제조소 및 일반 취급소	• 연면적 500m^2 이상인 것 • 옥내에서 지정수량의 100배 이상을 취급하는 것	자동화재 탐지설비
옥내저장소	• 지정수량의 100배 이상을 저장 또는 취급하는 것 • 저장창고의 연면적이 150m^{2}를 초과하는 것 • 처마높이가 6m 이상인 단층건물의 것	
옥내탱크 저장소	단층 건물 외의 건축물에 설치된 옥내탱크저장소로서 소화난이도 등급 Ⅰ에 해당하는 것	
주유취급소	옥내주유취급소	

해답 ①

38 다음은 위험물탱크의 공간용적에 관한 내용이다. ( )안에 숫자를 차례대로 올바르게 나열한 것은? (단, 소화설비를 설치하는 경우와 암반탱크는 제외한다.)

> 탱크의 공간용적은 탱크 내용적의 100분의 ( ) 이상 100분의 ( ) 이하의 용착으로 한다.

① 5, 10　　② 5, 15
③ 10, 15　　④ 10, 20

해설 **위험물 저장탱크의 공간용적** : 탱크 내용적의 5% $(\frac{5}{100})$ 이상 10% $(\frac{10}{100})$ 이하

해답 ①

39 제4류 위험물에 속하지 않는 것은?

① 아세톤 ② 실린더유
③ 과산화벤조일 ④ 니트로벤젠

해설 ① 아세톤-제4류-제1석유류
② 실린더유-제4류-제4석유류
③ 과산화벤조일-제5류-유기과산화물
④ 니트로벤젠-제4류-제3석유류

제4류 위험물(인화성 액체)

구 분	지정품목	기타 조건(1atm에서)
특수인화물	이황화탄소 디에틸에테르	• 발화점이 100℃ 이하 • 인화점 -20℃ 이하이고 비점이 40℃ 이하
제1석유류	아세톤 휘발유	• 인화점 21℃ 미만
알코올류	C_1~C_3까지 포화 1가 알코올(변성알코올 포함) • 메틸알코올 • 에틸알코올 • 프로필알코올	
제2석유류	등유, 경유	• 인화점 21℃ 이상 70℃ 미만
제3석유류	중유 클레오소트유	• 인화점 70℃ 이상 200℃ 미만
제4석유류	기어유 실린더유	• 인화점 200℃ 이상 250℃ 미만
동식물유류	동물의 지육 등 또는 식물의 종자나 과육으로부터 추출한 것으로서 인화점이 250℃ 미만인 것	

해답 ③

40 니트로셀룰로오스에 대한 설명으로 틀린 것은?

① 디이너마이트의 원료로 사용된다.
② 물과 혼합하면 위험성이 감소된다.
③ 셀룰로오스에 진한 질산과 진한 황산을 작용시켜 만든다.
④ 품명이 니트로화합물이다.

해설 ④ 품명이 질산에스테르류이다.

니트로셀룰로오스$[(C_6H_7O_2(ONO_2)_3]_n$ **: 제5류 위험물**

셀룰로오스(섬유소)에 진한질산과 진한 황산의 혼합액을 작용시켜서 만든 것이다.
① 비수용성이며 초산에틸, 초산아밀, 아세톤에 잘 녹는다.
② 130℃에서 분해가 시작되고, 180℃에서는 급격하게 연소한다.
③ 직사광선, 산 접촉 시 분해 및 자연 발화한다.
④ 건조상태에서는 폭발위험이 크나 수분함유 시 폭발위험성이 없어 저장 · 운반이 용이하다.
⑤ 질산섬유소라고도 하며 화약에 이용 시 면약(면화약)이라 한다.
⑥ 셀룰로이드, 콜로디온에 이용 시 질화면이라 한다.
⑦ 질소함유율(질화도)이 높을수록 폭발성이 크다.
⑧ 저장, 운반 시 물(20%) 또는 알코올(30%)을 첨가 습윤시킨다.

해답 ④

41 착화점이 232℃에 가장 가까운 위험물은?

① 삼황화린 ② 오황화린
③ 적린 ④ 유황

해설 **유황**(S) **: 제2류 위험물(가연성 고체)**
① 동소체로 사방황, 단사황, 고무상황이 있다.
② 황색의 고체 또는 분말상태이다.
③ 물에 녹지 않고 이황화탄소(CS_2)에는 잘 녹는다.
④ 공기 중에서 연소 시 푸른 불꽃을 내며 이산화황이 생성된다.

$S + O_2 \rightarrow SO_2$(이산화황=아황산)

⑤ 산화제와 접촉 시 위험하다.
⑥ 분진폭발의 위험성이 있고 목탄가루와 혼합시 가열, 충격, 마찰에 의하여 폭발위험성이 있다.
⑦ 다량의 물로 주수소화 또는 질식 소화한다.

해답 ④

42 $NaClO_3$에 대한 설명으로 옳은 것은?

① 물, 알코올에 녹지 않는다.
② 가연성 물질로 무색, 무취의 결정이다.
③ 유리를 부식시키므로 철제용기에 저장한다.
④ 산과 반응하여 유독성의 ClO_2를 발생한다.

해설 ① 물, 알코올에 잘 녹는다.
② 불연성물질이다.
③ 철제를 부식시키므로 철제용기 사용금지

염소산나트륨($NaClO_3$) **: 제1류 위험물 중 염소산염류**

① 조해성이 크고, 알코올, 에테르, 물에 녹는다.

② 철제를 부식시키므로 철제용기 사용금지
③ 산과 반응하여 유독한 이산화염소(ClO_2)를 발생시키며 이산화염소는 폭발성이다.
④ 조해성이 있기 때문에 밀폐하여 저장한다.

조해성
공기 중에 노출되어 있는 고체가 수분을 흡수하여 녹는 현상

해답 ④

43 물과 접촉하면 위험성이 증가하므로 주수소화를 할 수 없는 물질은?

① $KClO_3$　　② N_2NO_3
③ Na_2O_2　　④ $(C_6H_5CO)_2O_2$

해설 **과산화나트륨(Na_2O_2) : 제1류 위험물 중 무기과산화물(금수성)**
① 상온에서 물과 격렬히 반응하여 산소(O_2)를 방출하고 폭발하기도 한다.

$2Na_2O_2$ + $2H_2O$ → $4NaOH$ + O_2↑ + 발열
(과산화나트륨) (물) (수산화나트륨) (산소)
(=가성소다)

② 공기 중 이산화탄소(CO_2)와 반응하여 산소(O_2)를 방출한다.

$2Na_2O_2 + 2CO_2 \rightarrow 2Na_2CO_3 + O_2$↑

③ 산과 반응하여 과산화수소(H_2O_2)를 생성시킨다.

$Na_2O_2 + 2CH_3COOH \rightarrow 2CH_3COONa + H_2O_2$↑

④ 열분해 시 산소(O_2)를 방출한다.

$2Na_2O_2 \rightarrow 2Na_2O + O_2$↑

⑤ 주수소화는 금물이고 마른모래(건조사) 등으로 소화한다.

해답 ③

44 금속나트륨에 관한 설명으로 옳은 것은?

① 물보다 무겁다.
② 용점이 100℃ 보다 높다.
③ 물과 격렬히 반응하여 산소를 발생하고 발열한다.
④ 등유는 반응이 일어나지 않아 저장액으로 이용된다.

해설 ① 물보다 가볍다.
② 융점이 100℃보다 낮다.
③ 물과 격렬히 반응하여 수소를 발생하고 발열한다.

금속나트륨 : 제3류 위험물(금수성)
① 물과 반응하여 수소기체 발생

$2Na + 2H_2O \rightarrow 2NaOH + H_2$↑

② 융점(녹는점)은 97.81℃이다.
③ 파라핀, 경유, 등유 속에 저장

★★자주출제(필수정리)★★
㉠ 칼륨(K), 나트륨(Na)은 파라핀, 경유, 등유 속에 저장
㉡ $2K + 2H_2O \rightarrow 2KOH + H_2$↑ (수소발생)
㉢ 황린(3류) 및 이황화탄소(4류)는 물속에 저장

해답 ④

45 메탄올과 에탄올의 공통점에 대한 설명으로 틀린 것은?

① 증기 비중이 같다.
② 무색 투명한 액체이다.
③ 비중이 1 보다 작다.
④ 물에 잘 녹는다.

해설 **메탄올과 에탄올의 비교표**

항목 \ 종류	메탄올	에탄올
화학식	CH_3OH	C_2H_5OH
외관	무색 투명한 액체	무색 투명한 액체
액체비중	0.8	0.8
증기비중	1.1	1.6
인화점	11℃	13℃
수용성	물에 잘 녹음	물에 잘 녹음
연소범위	7.3~36%	4.3~19%

• 공기의 평균 분자량=29
• 증기비중=$\frac{M(\text{분자량})}{29(\text{공기평균분자량})}$

해답 ①

46 동식물유류에 대한 설명으로 틀린 것은?

① 아마인유는 건성유이다.
② 불포화결합이 적을수록 자연발화의 위험

이 커진다.
③ 요오드값이 100 이하인 것을 불건성유라 한다.
④ 건성유는 공기 중 산화중합으로 생긴 고체가 도막을 형성할 수 있다.

해설 ② 불포화결합이 적을수록(불건성유에 가까울수록) 자연발화의 위험이 작아진다.

동식물유류 : 제4류 위험물
동물의 지육 또는 식물의 종자나 과육으로부터 추출한 것으로 1기압에서 인화점이 250℃ 미만인 것
① 돈지(돼지기름), 우지(소기름) 등이 있다.
② 요오드값이 130 이상인 건성유는 자연발화위험이 있다.
③ 인화점이 46℃인 개자유는 저장, 취급시 특별히 주의한다.

요오드값에 따른 동식물유류의 분류

구 분	요오드값	종 류
건성유	130 이상	해바라기기름, 동유(오동기름), 정어리기름, 아마인유, 들기름
반건성유	100~130	채종유, 쌀겨기름, 참기름, 면실유, 옥수수기름, 청어기름, 콩기름
불건성유	100 이하	야자유, 팜유, 올리브유, 피마자기름, 낙화생기름, 돈지, 우지, 고래기름

해답 ②

47 물과 반응하여 아세틸렌을 발생하는 것은?

① NaH ② Al_4C_3
③ CaC_2 ④ $(C_2H_5)_3Al$

해설 **탄화칼슘(CaC_2) : 제3류 위험물 중 칼슘탄화물**
① 물과 접촉 시 아세틸렌을 생성하고 열을 발생시킨다.

$$CaC_2 + 2H_2O \rightarrow \underset{\text{(수산화칼슘)}}{Ca(OH)_2} + \underset{\text{(아세틸렌)}}{C_2H_2}\uparrow$$

② 아세틸렌의 폭발범위는 2.5~81%로 대단히 넓어서 폭발위험성이 크다.
③ 장기 보관시 불활성기체(N_2 등)를 봉입하여 저장한다.
④ 별명은 카바이드, 탄화석회, 칼슘카바이드 등이다.
⑤ 고온(700℃)에서 질화되어 석회질소($CaCN_2$)가 생성된다.

$$CaC_2 + N_2 \rightarrow \underset{\text{(석회질소)}}{CaCN_2} + \underset{\text{(탄소)}}{C}$$

⑥ 물 및 포약제에 의한 소화는 절대 금하고 마른 모래 등으로 피복 소화한다.

해답 ③

48 지정수량이 나머지 셋과 다른 하나는?

① 칼슘 ② 나트륨아미드
③ 인화아연 ④ 바륨

해설 ① 칼슘(Ca)
–제3류–알칼리토금속–50kg
② 나트륨아미드($NaNH_2$)
–제3류–유기금속화합물–50kg
③ 인화아연(Zn_3P_2)
–제3류–금속의 인화합물–300kg
④ 바륨(Ba)
–제3류–알칼리토금속–50kg

해답 ③

49 위험물제조소에 설치하는 안전장치 중 위험물의 성질에따라 안전밸브의 작동이 곤란한 가압설비에 한하여 설치하는 것은?

① 파괴판
② 안전밸브를 병용하는 경보장치
③ 연성계
④ 감압측 안전밸브를 부착한 감압밸브

해설 **압력계 및 안전장치** : 위험물을 가압하는 설비 또는 그 취급하는 위험물의 압력이 상승할 우려가 있는 설비에는 압력계 및 다음 각목의 1에 해당하는 안전장치를 설치하여야 한다.
① 자동적으로 압력의 상승을 정지시키는 장치
② 감압측에 안전밸브를 부착한 감압밸브
③ 안전밸브를 병용하는 경보장치
④ 파괴판(위험물의 성질에 따라 안전밸브의 작동이 곤란한 가압설비에 한한다.)

해답 ①

50 제6류 위험물에 대한 설명으로 틀린 것은?

① 위험등급 I에 속한다.
② 자신이 산화되는 산화성 물질이다.
③ 지정수량이 300kg이다.
④ 오불화브롬은 제6류 위험물이다.

해설 ② 자신이 환원되는 산화성물질이다.

제6류 위험물의 공통적인 성질
① 자신은 불연성이고 산소를 함유한 강산화제이다.
② 분해에 의한 산소발생으로 다른 물질의 연소를 돕는다.
③ 액체의 비중은 1보다 크고 물에 잘 녹는다.
④ 물과 접촉 시 발열한다.
⑤ 증기는 유독하고 부식성이 강하다.

제6류 위험물(산화성 액체)

성질	품 명	판단기준	지정수량	위험등급
산화성액체	• 과염소산($HClO_4$)		300kg	I
	• 과산화수소(H_2O_2)	농도 36중량% 이상		
	• 질산(HNO_3)	비중 1.49 이상		
	• 할로겐간화합물 ① 삼불화브롬(BrF_3) ② 오불화브롬(BrF_5) ③ 오불화요오드(IF_5)			

해답 ②

51 분말의 형태로서 150마이크로미터의 체를 통과하는 것이 50중량퍼센트 이상인 것만 위험물로 취급되는 것은?

① Fe ② Sn
③ Ni ④ Cu

해설 ③ Sn(주석)-금속분

위험물의 판단기준
① **유황** : 순도가 60중량% 이상인 것을 말한다. 이 경우 순도측정에 있어서 불순물은 활석등 불연성물질과 수분에 한한다.
② **철분** : 철의 분말로서 53μm의 표준체를 통과하는 것이 50중량% 미만인 것은 제외
③ **금속분** : 알칼리금속 · 알칼리토금속 · 철 및 마그네슘 외의 금속의 분말을 말하고, 구리분 · 니켈분 및 150μm의 체를 통과하는 것이 50중량% 미만인 것은 제외
④ **마그네슘**은 다음 각목의 1에 해당하는 것은 제외한다.
㉠ 2mm의 체를 통과하지 아니하는 덩어리 상태의 것
㉡ 직경 2mm 이상의 막대 모양의 것
⑤ **인화성고체** : 고형알코올 그 밖에 1기압에서 인화점이 섭씨 40도 미만인 고체
⑥ **제6류 위험물의 판단기준**

종 류	기 준
과산화수소	농도 36중량% 이상
질산	비중 1.49 이상

해답 ②

52 상온에서 액체인 물질로만 조합된 것은?

① 질산메틸, 니트로글리세린
② 피크린산, 질산에틸
③ 트리니트로톨루엔, 디니트로벤젠
④ 니트로글리콜, 테트릴

해설 ① **질산메틸**
– 제5류–질산에스테르류–상온에서 액체
니트로글리세린
– 제5류–질산에스테르류–상온에서 액체
② **피크린산**
– 제5류–니트로화합물–상온에서 결정상태
질산에틸
– 제5류–질산에스테르류–상온에서 액체
③ **트리니트로톨루엔**
– 제5류–니트로화합물–상온에서 결정상태
디니트로벤젠
– 제5류–니트로화합물–상온에서 결정상태
④ **니트로글리콜**
– 제5류–질산에스테르류–상온에서 액체
테트릴
–제5류–니트로화합물–상온에서 결정상태

해답 ①

53 다음 중 인화성이 가장 낮은 것은?

① 이소펜탄 ② 아세톤
③ 디에틸에테르 ④ 이황화탄소

해설

품명	유별	인화점	수용성여부
① 이소펜탄	특수인화물	-51.1℃	비수용성
② 아세톤	1석유류	-18℃	수용성
③ 디에틸에테르	특수인화물	-45℃	비수용성
④ 이황화탄소	특수인화물	-30℃	비수용성

해답 ①

54 위험물안전관리에 관한 세부기준에서 정한 위험물의 유별에 따른 위험성 시험 방법을 옳게 연결한 것은?

① 제1류 – 가열분해성 시험
② 제2류 – 작은 불꽃 착화시험
③ 제5류 – 충격민감성 시험
④ 제6류 – 낙구타격감도시험

해설 **위험물의 유별에 따른 위험성 시험방법**

유별	성질	위험성 시험방법
1류	산화성고체	• 산화성시험–연소시험 • 충격민감성시험–낙구타격감도 시험
2류	가연성고체	• 착화의 위험성시험–작은 불꽃 착화 시험 • 인화의 위험성시험–인화점측정
3류	자연발화성 및 금수성	• 자연발화성의 시험 • 금수성의 시험
4류	인화성액체	• 인화성액체의 인화점 시험 ① 태그밀폐식인화점측정기에 의한 인화점 측정시험 ② 세타밀폐식인화점측정기에 의한 인화점 측정시험 ③ 클리브랜드개방식의 인화점측정기에 의한 인화점 측정시험
5류	자기반응성	• 폭발성 시험–열분석시험 가열분해성 시험
6류	산화성액체	• 연소시간의 측정시험

해답 ②

55 과염소산의 저장 및 취급방법으로 틀린 것은?

① 종이, 나무부스러기 등과의 접촉을 피한다.
② 직사광선을 피하고, 통풍이 잘 되는 장소에 보관한다.
③ 금속분과의 접촉을 피한다.
④ 분해방지제로 NH_3 또는 $BaCl_2$를 사용한다.

해설 **과염소산**($HClO_4$) **: 제6류 위험물(산화성액체)**
① 물과 접촉 시 심한 열을 발생한다.(발열반응)
② 종이, 나무 조각과 접촉 시 연소한다.
③ 공기 중 분해하여 강하게 연기를 발생한다.
④ 무색의 액체로 염소냄새가 난다.
⑤ 산화력 및 흡습성이 강하며 금속과의 접촉을 피한다.
⑥ 다량의 물로 분무(안개모양)주수소화
⑦ 비중 1.768(22℃), 녹는점 –112℃, 끓는점 39℃(56mmHg)

해답 ④

56 CaC_2의 저장 장소로서 적합한 곳은?

① 가스가 발생하므로 밀전하지 않고 공기 중에 보관한다.
② HCl 수용액 속에 저장한다.
③ CCl_4 분위기의 수분이 많은 장소에 보관한다.
④ 건조하고 환기가 잘 되는 장소에 보관한다.

해설 **탄화칼슘**(CaC_2) **: 제3류 위험물 중 칼슘탄화물**
① 물과 접촉 시 아세틸렌을 생성하고 열을 발생시킨다.

$$CaC_2 + 2H_2O \rightarrow Ca(OH)_2 + C_2H_2 \uparrow$$
(수산화칼슘) (아세틸렌)

② 아세틸렌의 폭발범위는 2.5~81%로 대단히 넓어서 폭발위험성이 크다.
③ 장기 보관시 불활성기체(N_2 등)를 봉입하여 저장한다.
④ 별명은 카바이드, 탄화석회, 칼슘카바이드 등이다.
⑤ 고온(700℃)에서 질화되어 석회질소($CaCN_2$)가 생성된다.

$$CaC_2 + N_2 \rightarrow CaCN_2 + C$$
(석회질소) (탄소)

⑥ 물 및 포약제에 의한 소화는 절대 금하고 마른 모래 등으로 피복 소화한다.

해답 ④

57 다음에서 설명하고 있는 위험물은?

- 지정수량은 20kg이고 백색 또는 담황색 고체이다.
- 비중은 약 1.82이고, 융점은 약 44℃이다.
- 비점은 약 280℃이고, 증기비중은 약 4.3이다.

① 적린 ② 황린
③ 유황 ④ 마그네슘

해설 **황린(P_4)[백린] : 제3류 위험물(자연발화성물질)**

① 백색 또는 담황색의 고체
② 공기 중 약 40~50℃에서 자연발화
③ 저장 시 자연 발화성이므로 반드시 물속에 저장
④ 인화수소(PH_3)의 생성을 방지하기 위하여 물의 pH=9(약알칼리)가 안전한계이다.
⑤ 물의 온도가 상승 시 황린의 용해도가 증가되어 산성화속도가 빨라진다.
⑥ 연소 시 오산화인(P_2O_5)의 흰 연기가 발생한다.

$P_4 + 5O_2 \rightarrow 2P_2O_5$(오산화인)

⑦ 강알칼리의 용액에서는 유독기체인 포스핀(PH_3) 발생한다. 따라서 저장 시 물의 pH(수소이온농도)는 9를 넘어서는 안된다.(물은 약알칼리의 석회 또는 소다회로 중화하는 것이 좋다.)

$P_4 + 3NaOH + 3H_2O \rightarrow 3NaH_2PO_2 + PH_3\uparrow$
(인화수소=포스핀)

⑧ 약 250℃로 가열(공기차단)시 적린이 된다.
⑨ 피부 접촉 시 화상을 입는다.
⑩ 소화는 물분무, 마른모래 등으로 질식소화한다.
⑪ 고압의 주수소화는 황린을 비산시켜 연소면이 확대될 우려가 있다.

제3류 위험물 및 지정수량

성질	품명	지정수량	위험등급
자연발화성 및 금수성물질	1. 칼륨 2. 나트륨 3. 알킬알루미늄 4. 알킬리튬	10kg	Ⅰ
	5. 황린	20kg	Ⅰ
	6. 알칼리금속(칼륨 및 나트륨 제외) 및 알칼리토금속 7. 유기금속화합물(알킬알루미늄 및 알킬리튬 제외)	50kg	Ⅱ
	8. 금속의 수소화물 9. 금속의 인화물 10. 칼슘 또는 알루미늄의 탄화물	300kg	Ⅱ

해답 ②

58 위험물탱크성능시험자가 갖추어야 할 능력기준에 해당되지 않은 것은?

① 기술능력 ② 시설
③ 장비 ④ 경력

해설 **위험물안전관리법 시행령 제14조(탱크시험자의 등록기준 등)**

① 기술능력 ② 시설 ③ 장비

해답 ④

59 과산화벤조일과 과염소산의 지정수량의 합은 몇 kg인가?

① 310 ② 350
③ 400 ④ 500

해설 ① 과산화벤조일-제5류-유기과산화물-10kg
② 과염소산-제6류-300kg
③ 지정수량의 합=10+300=310kg

제5류 위험물 및 지정수량

성질	품명	지정수량	위험등급
자기반응성물질	1. 유기과산화물 2. 질산에스테르류	10kg	Ⅰ
	3. 니트로화합물 4. 니트로소화합물 5. 아조화합물 6. 디아조화합물 7. 히드라진 유도체	200kg	Ⅱ
	8. 히드록실아민 9. 히드록실아민염류	100kg	Ⅱ

제6류 위험물 및 지정수량

성질	품명	판단기준	지정수량	위험등급
산화성액체	• 과염소산($HClO_4$)		300kg	Ⅰ
	• 과산화수소(H_2O_2)	농도 36중량% 이상		
	• 질산(HNO_3)	비중 1.49 이상		
	• 할로겐간화합물 ① 삼불화브롬(BrF_3) ② 오불화브롬(BrF_5) ③ 오불화요오드(IF_5)			

해답 ①

60 위험물에 대한 유별 구분이 잘못된 것은?

① 브롬산염류 - 제1류 위험물
② 유황 - 제2류 위험물
③ 금속의 인화물 - 제3류 위험물
④ 무기과산화물 - 제5류 위험물

해설 ④ 무기과산화물 -제1류 위험물

해답 ④

국가기술자격 필기시험문제

2017 CBT 시험 기출문제 복원 [제 2 회]

자격종목	시험시간	문제수	형별	수험번호	성 명
위험물기능사	1시간	60	A		

본 문제는 CBT시험대비 기출문제 복원입니다.

01 과산화수소에 대한 설명으로 틀린 것은?

① 불연성이다.
② 물보다 무겁다.
③ 산화성 액체이다.
④ 지정수량은 300L이다.

해설 **과산화수소**(H_2O_2) **: 제6류 위험물**

① 분해 시 산소(O_2)를 발생시킨다.
② 분해안정제로 인산(H_3PO_4) 또는 요산($C_5H_4N_4O_3$)을 첨가한다.
③ 시판품은 일반적으로 30~40% 수용액이다.
④ 저장용기는 밀폐하지 말고 구멍이 있는 마개를 사용한다.
⑤ 강산화제이면서 환원제로도 사용한다.
⑥ 60% 이상의 고농도에서는 단독으로 폭발위험이 있다.
⑦ 히드라진($NH_2 \cdot NH_2$)과 접촉 시 분해 작용으로 폭발위험이 있다.

$NH_2 \cdot NH_2 + 2H_2O_2 \rightarrow 4H_2O + N_2 \uparrow$

⑧ 3%용액은 옥시풀이라 하며 표백제 또는 살균제로 이용한다.
⑨ 무색인 요오드칼륨 녹말종이와 반응하여 청색으로 변화시킨다.

- 과산화수소는 36%(중량) 이상만 위험물에 해당된다.
- 과산화수소는 표백제 및 살균제로 이용된다.

⑩ 다량의 물로 주수 소화한다.

제6류 위험물의 공통적인 성질

① 자신은 불연성이고 산소를 함유한 강산화제이다.
② 분해에 의한 산소발생으로 다른 물질의 연소를 돕는다.
③ 액체의 비중은 1보다 크고 물에 잘 녹는다.
④ 물과 접촉 시 발열한다.
⑤ 증기는 유독하고 부식성이 강하다.

제6류 위험물(산화성 액체)

성질	품 명	판단기준	지정수량	위험등급
산화성액체	• 과염소산($HClO_4$)		300kg	I
	• 과산화수소(H_2O_2)	농도 36중량% 이상		
	• 질산(HNO_3)	비중 1.49 이상		
	• 할로겐간화합물 ① 삼불화브롬(BrF_3) ② 오불화브롬(BrF_5) ③ 오불화요오드(IF_5)			

해답 ④

02 다음 중 할로겐화합물 소화약제의 가장 주된 소화효과에 해당하는 것은?

① 제거효과 ② 억제효과
③ 냉각효과 ④ 질식효과

해설 **할로겐 화합물 소화약제의 소화효과**

① 부촉매효과(억제효과)
② 질식효과
③ 냉각효과

해답 ②

03 위험물안전관리자의 책무에 해당하지 않는 것은?

① 화재 등의 재난이 발생한 경우 소방관서 등에 대한 연락업무
② 화재 등의 재난이 발생한 경우 응급조치
③ 위험물의 취급에 관한 일지의 작성 · 기록
④ 위험물안전관리자의 선임 · 신고

해설 ④ 위험물안전관리자의 선임신고는 관계인이 하여야한다.

위험물안전관리자의 책무

① 위험물의 취급작업에 참여하여 작업자에 대하여 지시 및 감독하는 업무
② 화재 등의 재난이 발생한 경우 응급조치 및 소방관서 등에 대한 연락업무
③ 제조소등의 위치 · 구조 및 설비를 유지하기 위한 점검과 점검상황의 기록 · 보존
④ 제조소등의 구조 또는 설비의 이상을 발견한 경우 관계자에 대한 연락 및 응급조치
⑤ 소방관서 등에 대한 연락 및 응급조치
⑥ 제조소등의 계측장치 · 제어장치 및 안전장치 등의 적정한 유지 · 관리
⑦ 제조소등의 정비 · 보존 및 설비의 안전에 관한 사무의 관리
⑧ 인접하는 제조소등과 그 밖의 관련되는 시설의 관계자와 협조체제의 유지
⑨ 위험물의 취급에 관한 일지의 작성 · 기록
⑩ 그 밖에 위험물의 취급과 관련된 작업의 안전에 관하여 필요한 감독의 수행

해답 ④

04 위험물안전관리법령에서 정한 경보설비가 아닌 것은?

① 자동화재탐지설비 ② 비상조명설비
③ 비상경보설비 ④ 비상방송설비

해설 ② 비상조명등 : 피난설비

소방시설의 종류 ★★★(필수암기)★★★

소방시설	종 류	
소화설비	① 소화기구	② 자동소화장치
	③ 옥내소화전설비	④ 옥외소화전설비
	⑤ 스프링클러설비등	⑥ 물분무등소화설비
경보설비	① 단독경보형감지기	② 비상경보설비
	③ 시각경보기	④ 자동화재탐지설비
	⑤ 화재알람설비	⑥ 비상방송설비
	⑦ 자동화재속보설비	⑧ 통합감시시설
	⑨ 누전경보기	⑩ 가스누설경보기
피난구조설비	① 피난기구(피난사다리, 구조대, 완강기)	
	② 인명구조기구(방열복, 공기호흡기, 인공소생기)	
	③ 유도등(피난유도선, 피난구유도등, 통로유도등, 객석유도등, 유도표지)	
	④ 비상조명등 및 휴대용비상조명등	
소화용수설비	① 상수도소화용수설비	
	② 소화수조 · 저수조 그 밖의 소화용수설비	
소화활동설비	① 제연설비	② 연결송수관설비
	③ 연결살수설비	④ 비상콘센트설비
	⑤ 무선통신보조설비	⑥ 연소방지설비

해답 ②

05 위험물안전관리법령상 전기설비에 대하여 적응성이 없는 소화설비는?

① 물분무소화설비
② 불활성가스소화설비
③ 포소화설비
④ 할로겐화합물소화설비

해설 ③ 포소화약제는 약94%~97%가 물이다.

전기화재(C급화재) 적응 소화설비

① 할로겐화합물소화설비
② 불활성가스소화설비
③ 청정소화약제 소화설비
④ 분말소화설비

해답 ③

06 위험물안전관리법령상 제조소의 위치 · 구조 및 설비의 기준에 따르면 가연성 증기가 체류할 우려가 있는 건축물은 배출장소의 용적이 500m^{3}일 때 시간당 배출능력(국소방식)을 얼마 이상인 것으로 하여야 하는가?

① 5000m^3 ② 10000m^3
③ 20000m^3 ④ 40000m^3

해설 **배출설비 설치기준**

① 배출설비는 국소방식으로 할 것
② 배출설비는 배풍기, 배출닥트, 후드 등을 이용하여 강제적으로 배출할 것.
③ 배출능력은 1시간당 배출장소 용적의 20배 이상으로 할 것
(다만, 전역방식의 경우에는 바닥면적 1m^{2}당 18m^3 이상으로 할 것)
배출능력 $Q = 500\text{m}^3 \times 20 = 10{,}000\text{m}^3/\text{hr}$

해답 ②

07 제3류 위험물을 취급하는 제조소는 300명 이상을 수용할 수 있는 극장으로부터 몇 m 이상의 안전거리를 유지하여야 하는가?

① 5　② 10
③ 30　④ 70

해설 제조소의 안전거리

구 분	안전거리
• 사용전압이 7,000V 초과 35,000V 이하	3m 이상
• 사용전압이 35,000V를 초과	5m 이상
• 주거용	10m 이상
• 고압가스, 액화석유가스, 도시가스	20m 이상
• 학교, 병원, 극장	30m 이상
• 유형문화재, 지정문화재	50m 이상

해답 ③

08 메틸알코올 8000리터에 대한 소화능력으로 삽을 포함한 마른모래를 몇 리터 설치하여야 하는가?

① 100　② 200
③ 300　④ 400

해설 간이 소화용구의 능력단위

소화설비	용량	능력단위
소화전용 물통	8L	0.3
수조(소화전용 물통 3개 포함)	80L	1.5
수소(소화전용 물통 6개 포함)	190L	2.5
마른 모래(삽 1개 포함)	50L	0.5
팽창질석 또는 팽창진주암(삽 1개 포함)	80L	0.5

소요단위의 계산방법

① 제조소 또는 취급소의 건축물

외벽이 내화구조인 것	외벽이 내화구조가 아닌 것
연면적 $100m^2$를 1소요단위	연면적 $50m^2$를 1소요단위

② 저장소의 건축물

외벽이 내화구조인 것	외벽이 내화구조가 아닌 것
연면적 $150m^2$를 1소요단위	연면적 $75m^2$를 소요단위

③ 위험물은 지정수량의 10배를 1소요단위로 할 것

마른모래 소요량계산

① 알코올에 대한 지정수량의 배수

: $N=\dfrac{8000L}{400L}=20$배

② 소요단위 계산 : $N=\dfrac{20\text{배}}{10\text{배}}=2$단위

③ 마른모래 소요량

: $Q=2\text{단위}\times\dfrac{50\text{리터}}{0.5\text{단위}}=200$리터

해답 ②

09 비전도성 인화성액체가 관이나 탱크 내에서 움직일 때 정전기가 발생하기 쉬운 조건으로 가장 거리가 먼 것은?

① 흐름의 낙차가 클 때
② 느린 유속으로 흐를 때
③ 심한 와류가 생성될 때
④ 필터를 통과할 때

해설 ② 위험물 이송 시 배관 내 유속이 느리면 정전기 발생을 방지할 수 있다.

정전기 방지대책

① 접지와 본딩
② 공기를 이온화
③ 상대습도 70% 이상 유지

해답 ②

10 위험물안전관리법령에 따라 다음 ( ) 안에 알맞은 용어는?

> 주유취급소 중 건축물의 2층 이상의 부분을 점포 · 휴게음식점 또는 전시장의 용도로 사용하는 것에 있어서는 당해 건축물의 2층 이상으로부터 직접 주유취급소의 부지 밖으로 통하는 출입구와 당해 출입구로 통하는 통로 · 계단 및 출입구에 ( )을(를) 설치하여야 한다.

① 피난사다리　② 경보기
③ 유도등　④ CCTV

해설 피난설비

① 주유취급소 중 건축물의 2층의 부분을 점포 · 휴게음식점 또는 전시장의 용도로 사용하는 것에 있어서는 당해 건축물의 2층 이상으로부터

직접 주유취급소의 부지 밖으로 통하는 출입구와 당해 출입구로 통하는 통로 · 계단 및 출입구에 유도등을 설치하여야 한다.

② 옥내주유취급소에 있어서는 당해 사무소 등의 출입구 및 피난구와 당해 피난구로 통하는 통로 · 계단 및 출입구에 유도등을 설치하여야 한다.

③ 유도등에는 비상전원을 설치하여야 한다.

해답 ③

11 금속화재에 대한 설명으로 틀린 것은?

① 마그네슘과 같은 가연성 금속의 화재를 말한다.
② 주수소화시 물과 반응하여 가연성 가스를 발생하는 경우가 있다.
③ 화재시 금속화재용 분말소화약제를 사용할 수 있다.
④ D급 화재라고 하며 표시하는 색상은 청색이다.

해설 ④ D급 화재라고 하며 표시하는 색상은 없다.

화재의 분류 ★★ 자주출제(필수암기) ★★

종 류	등급	색표시	주된 소화방법
일반화재	A급	백색	냉각소화
유류 및 가스화재	B급	황색	질식소화
전기화재	C급	청색	질식소화
금속화재	D급	–	피복소화
주방화재	K급	–	냉각 및 질식 소화

해답 ④

12 다음 중 산화성액체 위험물의 화재예방 상 가장 주의해야 할 점은?

① 0℃ 이하로 냉각시킨다.
② 공기와의 접촉을 피한다.
③ 가연물과의 접촉을 피한다.
④ 금속용기에 저장한다.

해설 **위험물 운반용기의 외부 표시 사항**

① 위험물의 품명, 위험등급, 화학명 및 수용성(제4류 위험물의 수용성인 것에 한함)
② 위험물의 수량
③ 수납하는 위험물에 따른 주의사항

유별	성질에 따른 구분	표시사항
제1류	알칼리금속의 과산화물	화기 · 충격주의, 물기엄금 및 가연물접촉주의
	그 밖의 것	화기 · 충격주의 및 가연물접촉주의
제2류	철분 · 금속분 · 마그네슘	화기주의 및 물기엄금
	인화성 고체	화기엄금
	그 밖의 것	화기주의
제3류	자연발화성 물질	화기엄금 및 공기접촉엄금
	금수성 물질	물기엄금
제4류	인화성 액체	화기엄금
제5류	자기반응성 물질	화기엄금 및 충격주의
제6류	산화성 액체	가연물접촉주의

해답 ③

13 다음 중 연소반응이 일어날 수 있는 가능성이 가장 큰 물질은?

① 산소와 친화력이 작고, 활성화 에너지가 작은 물질
② 산소와 친화력이 크고, 활성화 에너지가 큰 물질
③ 산소와 친화력이 작고, 활성화 에너지가 큰 물질
④ 산소와 친화력이 크고, 활성화 에너지가 작은 물질

해설 **가연물의 조건**(연소가 잘 이루어지는 조건)

① 산소와 친화력이 클 것
② 발열량이 클 것
③ 표면적이 넓을 것
④ 열전도도가 작을 것
⑤ 활성화 에너지가 적을 것
⑥ 연쇄반응을 일으킬 것
⑦ 활성이 강할 것

해답 ④

14 위험등급이 나머지 셋과 다른 것은?

① 알칼리토금속 ② 아염소산염류
③ 질산에스테르류 ④ 제6류 위험물

해설 ① 알칼리토금속(제3류) : 위험등급 Ⅱ
② 아염소산염류(제1류) : 위험등급 Ⅰ
③ 질산에스테르류(제5류) : 위험등급 Ⅰ
④ 제6류 위험물 : 위험등급 Ⅰ

위험물의 등급 분류

위험등급	해당 위험물
위험등급 Ⅰ	① 제1류 위험물 중 아염소산염류, 염소산염류, 과염소산염류, 무기과산화물, 그 밖에 지정수량이 50kg인 위험물 ② 제3류 위험물 중 칼륨, 나트륨, 알킬알루미늄, 알킬리튬, 황린, 그 밖에 지정수량이 10kg 또는 20kg인 위험물 ③ 제4류 위험물 중 특수인화물 ④ 제5류 위험물 중 유기과산화물, 질산에스테르류, 그 밖에 지정수량이 10kg인 위험물 ⑤ 제6류 위험물
위험등급 Ⅱ	① 제1류 위험물 중 브롬산염류, 질산염류, 요오드산염류, 그 밖에 지정수량이 300kg인 위험물 ② 제2류 위험물 중 황화린, 적린, 유황 그 밖에 지정수량이 100kg인 위험물 ③ 제3류 위험물 중 알칼리금속(칼륨, 나트륨 제외) 및 알칼리토금속, 유기금속화합물(알킬알루미늄 및 알킬리튬은 제외) 그 밖에 지정수량이 50kg인 위험물 ④ 제4류 위험물 중 제1석유류, 알코올류 ⑤ 제5류 위험물 중 위험등급 Ⅰ 위험물 외의 것
위험등급 Ⅲ	위험등급 Ⅰ, Ⅱ 이외의 위험물

해답 ①

15 옥내저장소에 관한 위험물안전관리법령의 내용으로 옳지 않은 것은?

① 지정과산화물을 저장하는 옥내저장소의 경우 바닥면적 150m^2 이내마다 격벽으로 구획을 하여야 한다.
② 옥내저장소에는 원칙상 안전거리를 두어야 하나, 제6류 위험물을 저장하는 경우에는 안전거리를 두지 않을 수 있다.
③ 아세톤을 처마높이 6m 미만인 단층건물에 저장하는 경우 저장창고의 바닥면적은 1000m^2 이하로 하여야 한다.
④ 복합용도의 건축물에 설치하는 옥내저장소는 해당 용도로 사용하는 부분의 바닥면적을 100m^2 이하로 하여야 한다.

해설 ④ 100m^2 →75m^2

복합용도 건축물의 옥내저장소의 기준
① 옥내저장소는 벽 · 기둥 · 바닥 및 보가 내화구조인 건축물의 1층 또는 2층의 어느 하나의 층에 설치하여야 한다.
② 옥내저장소의 용도에 사용되는 부분의 바닥은 지면보다 높게 설치하고 그 층고를 6m 미만으로 하여야 한다.
③ 옥내저장소의 용도에 사용되는 부분의 바닥면적은 75m^2 이하로 하여야 한다.

해답 ④

16 연료의 일반적인 연소형태에 관한 설명 중 틀린 것은?

① 목재와 같은 고체연료는 연소 초기에는 불꽃을 내면서 연소하나 후기에는 점점 불꽃이 없어져 무염(無炎)연소 형태로 연소한다.
② 알코올과 같은 액체연료는 증발에 의해 생긴 증기가 공기 중에서 연소하는 증발연소의 형태로 연소한다.
③ 기체연료는 액체연료, 고체연료와 다르게 비정상적 연소인 폭발현상이 나타나지 않는다.
④ 석탄과 같은 고체연료는 열분해하여 발생한 가연성 기체가 공기 중에서 연소하는 분해연소 형태로 연소한다.

해설 ③ 기체연료는 액체연료, 고체연료와 다르게 비정상적 연소인 폭발현상이 나타난다.

해답 ③

17 금수성 물질 저장시설에 설치하는 주의사항 게시판의 바탕색과 문자색을 옳게 나타낸 것은?

① 적색바탕에 백색문자
② 백색바탕에 적색문자
③ 청색바탕에 백색문자
④ 백색바탕에 청색문자

해설 **게시판의 설치기준**

① 한 변의 길이가 0.3m 이상, 다른 한 변의 길이가 0.6m 이상인 직사각형으로 할 것
② 위험물의 유별·품명 및 저장최대수량 또는 취급최대수량, 지정수량의 배수 및 안전 관리자의 성명 또는 직명을 기재할 것
③ 게시판의 바탕은 백색으로, 문자는 흑색으로 할 것
④ 저장 또는 취급하는 위험물에 따라 주의사항 게시판을 설치할 것

위험물의 종류	주의사항 표시	게시판의 색
제1류(알칼리금속 과산화물) 제3류(금수성 물품)	물기엄금	청색바탕에 백색문자
제2류(인화성 고체 제외)	화기주의	적색바탕에 백색문자
제2류(인화성 고체) 제3류(자연발화성 물품) 제4류 제5류	화기엄금	

해답 ③

18 위험물안전관리법령에 의한 안전교육에 대한 설명으로 옳은 것은?

① 제조소등의 관계인은 교육대상자에 대하여 안전교육을 받게 할 의무가 있다.
② 안전관리자, 탱크시험자의 기술인력 및 위험물운송자는 안전교육을 받을 의무가 없다.
③ 탱크시험자의 업무에 대한 강습교육을 받으면 탱크시험자의 기술인력이 될 수 있다.
④ 소방서장은 교육대상자가 교육을 받지 아니한 때에는 그 자격을 정지하거나 취소할 수 있다.

해설 ① 제조소등의 관계인은 교육대상자에 대하여 필요한 안전교육을 받게 하여야 한다.
② 안전교육대상자
㉠ 안전관리자로 선임된 자
㉡ 탱크시험자의 기술인력으로 종사하는 자
㉢ 위험물운반자로 종사하는 자
㉣ 위험물운송자로 종사하는 자
③ 탱크시험자가 되고자 하는 자는 대통령령이 정하는 기술능력·시설 및 장비를 갖추어 시·도지사에게 등록하여야 한다.
④ 시·도지사, 소방본부장 또는 소방서장은 교육대상자가 교육을 받지 아니한 때에는 그 교육대상자가 교육을 받을 때까지 이 법의 규정에 따라 그 자격으로 행하는 행위를 제한할 수 있다.

해답 ①

19 철분·마그네슘·금속분에 적응성이 있는 소화설비는?

① 스프링클러설비
② 할로겐화합물소화설비
③ 대형수동식포소화기
④ 건조사

해설 **금수성 위험물질에 적응성이 있는 소화기**
① 탄산수소염류
② 마른 모래(건조사)
③ 팽창질석 또는 팽창진주암

해답 ④

20 물의 소화능력을 향상시키고 동절기 또는 한랭지에서도 사용할 수 있도록 탄산칼륨 등의 알칼리 금속염을 첨가한 소화약제는?

① 강화액 ② 할로겐화합물
③ 이산화탄소 ④ 포(Foam)

해설 **강화액 소화약제**
① 물의 빙점(어는점)이 낮은 단점을 강화시킨 탄산칼륨(K_2CO_3) 수용액
② 무상인 경우 A, B, C 급 화재에 모두 적응한다.
③ 소화약제의 pH는 12이다.(알카리성을 나타낸다.)
④ 어는점(빙점)이 약 −17℃~−30℃로 매우 낮아 추운 지방에서 사용
⑤ 강화액 소화약제는 알칼리성을 나타낸다.

해답 ①

21 염소산염류에 대한 설명으로 옳은 것은?

① 염소산칼륨은 환원제이다.
② 염소산나트륨은 조해성이 있다.
③ 염소산암모늄은 위험물이 아니다.

④ 염소산칼륨은 냉수와 알코올에 잘 녹는다.

해설 ① 염소산칼륨은 산화제이다.
② 염소산나트륨은 조해성이 있다.
③ 염소산암모늄은 제1류 위험물이다.
④ 염소산칼륨은 냉수와 알코올에 잘 녹지 않는다.

해답 ②

22 제2류 위험물에 대한 설명 중 틀린 것은?

① 유황은 물에 녹지 않는다.
② 오황화린은 CS_2에 녹는다.
③ 삼황화린은 가연성 물질이다.
④ 칠황화린은 더운물에 분해되어 이산화황을 발생한다.

해설 ④ 칠황화린은 더운 물에 분해되어 황화수소를 발생한다.

황화린(제2류 위험물) : 황과 인의 화합물

① **삼황화린**(P_4S_3)
- 황색결정으로 물, 염산, 황산에 녹지 않으며 질산, 알칼리, 이황화탄소에 녹는다.
- 연소하면 오산화인과 이산화황이 생긴다.

$P_4S_3 + 8O_2 \rightarrow 2P_2O_5 + 3SO_2 \uparrow$

② **오황화린**(P_2S_5)
- 담황색 결정이고 조해성이 있다.
- 수분을 흡수하면 분해된다.
- 이황화탄소(CS_2)에 잘 녹는다.
- 물, 알칼리와 반응하여 인산과 황화수소를 발생한다.

$P_2S_5 + 8H_2O \rightarrow 2H_3PO_4 + 5H_2S \uparrow$

③ **칠황화린**(P_4S_7)
- 담황색 결정이고 조해성이 있다.
- 수분을 흡수하면 분해된다.
- 이황화탄소(CS_2)에 약간 녹는다.
- 냉수에는 서서히 분해가 되고 더운물에는 급격히 분해된다.

해답 ④

23 칼륨의 저장시 사용하는 보호물질로 다음 중 가장 적합한 것은?

① 에탄올　　② 사염화탄소
③ 등유　　④ 이산화탄소

해설 **보호액속에 저장 위험물**
① 파라핀, 경유, 등유 속에 보관

칼륨(K), 나트륨(Na)

② 물속에 보관

이황화탄소(CS_2), 황린(P_4)

해답 ③

24 위험물안전관리법령상 품명이 나머지 셋과 다른 하나는?

① 트리니트로톨루엔　② 니트로글리세린
③ 니트로글리콜　④ 셀룰로이드

해설 ① 트리니트로 톨루엔
: 제5류위험물-니트로화합물
② 니트로글리세린
: 제5류위험물-질산에스테르류
③ 니트로글리콜
: 제5류위험물-질산에스테르류
④ 셀룰로이드
: 제5류위험물-질산에스테르류

해답 ①

25 위험물의 운반에 관한 기준에 따르면 아세톤의 위험등급은 얼마인가?

① 위험등급 Ⅰ　② 위험등급 Ⅱ
③ 위험등급 Ⅲ　④ 위험등급 Ⅳ

해설 **아세톤** : 제4류 1석유류

위험물의 등급 분류

위험등급	해당 위험물
위험등급 Ⅰ	① 제1류 위험물 중 아염소산염류, 염소산염류, 과염소산염류, 무기과산화물, 그 밖에 지정수량이 50kg인 위험물 ② 제3류 위험물 중 칼륨, 나트륨, 알킬알루미늄, 알킬리튬, 황린, 그 밖에 지정수량이 10kg 또는 20kg인 위험물 ③ 제4류 위험물 중 특수인화물 ④ 제5류 위험물 중 유기과산화물, 질산에스테르류, 그 밖에 지정수량이 10kg인 위험물 ⑤ 제6류 위험물

위험등급	해당 위험물
위험등급 Ⅱ	① 제1류 위험물 중 브롬산염류, 질산염류, 요오드산염류, 그 밖에 지정수량이 300kg인 위험물 ② 제2류 위험물 중 황화린, 적린, 유황 그 밖에 지정수량이 100kg인 위험물 ③ 제3류 위험물 중 알칼리금속(칼륨, 나트륨 제외) 및 알칼리토금속, 유기금속화합물(알킬알루미늄 및 알킬리튬은 제외) 그 밖에 지정수량이 50kg인 위험물 ④ 제4류 위험물 중 제1석유류, 알코올류 ⑤ 제5류 위험물 중 위험등급 I 위험물 외의 것
위험등급 Ⅲ	위험등급 Ⅰ, Ⅱ 이외의 위험물

해답 ②

26 아염소산염류 500kg과 질산염류 3000kg을 함께 저장하는 경우 위험물의 소요단위는 얼마인가?

① 2　　② 4
③ 6　　④ 8

해설 **제1류 위험물 및 지정수량**

성질	품 명		지정수량	위험등급
산화성고체	아염소산염류, 염소산염류, 과염소산염류, 무기과산화물		50kg	Ⅰ
	브롬산염류, 질산염류, 요오드산염류		300kg	Ⅱ
	과망간산염류, 중크롬산염류		1000kg	Ⅲ
	행정안전부령이 정하는 것	① 과요오드산염류 ② 과요오드산 ③ 크롬, 납 또는 요오드의 산화물 ④ 아질산염류 ⑤ 염소화이소시아눌산 ⑥ 퍼옥소이황산염류 ⑦ 퍼옥소붕산염류	300kg	Ⅱ
		⑧ 차아염소산염류	50kg	Ⅰ

위험물은 지정수량의 10배를 1소요단위로 할 것

∴ **지정수량**$=\dfrac{\text{저장수량}}{\text{지정수량}}=\dfrac{500}{50}+\dfrac{3000}{300}=20$배

∴ **소요단위**$=\dfrac{\text{지정수량의 배수}}{10}=\dfrac{20}{10}=2$단위

해답 ①

27 위험물의 저장 및 취급방법에 대한 설명으로 틀린 것은?

① 적린은 화기와 멀리하고 가열, 충격이 가해지지 않도록 한다.
② 황린은 자연발화성이 있으므로 물속에 저장한다.
③ 마그네슘은 산화제와 혼합되지 않도록 취급한다.
④ 알루미늄분은 분진폭발의 위험이 있으므로 분무 주수하여 저장한다.

해설 ④ 알루미늄분
: 제2류 위험물－금속분－금수성 물질
※ 알루미늄분은 물과 반응하여 수소기체를 발생한다.
$2Al+6H_2O \rightarrow 2Al(OH)_3+3H_2$

해답 ④

28 서로 반응할 때 수소가 발생하지 않는 것은?

① 리튬 + 염산　　② 탄화칼슘 + 물
③ 수소화칼슘 + 물　④ 루비듐 + 물

해설 ④ 탄화칼슘+물 → 아세틸렌

탄화칼슘(CaC_2) **: 제3류 위험물 중 칼슘탄화물**

① 물과 접촉 시 아세틸렌을 생성하고 열을 발생시킨다.

$CaC_2 + 2H_2O \rightarrow Ca(OH)_2 + C_2H_2\uparrow$
(수산화칼슘) (아세틸렌)

② 아세틸렌의 폭발범위는 2.5~81%로 대단히 넓어서 폭발위험성이 크다.
③ 장기 보관시 불활성기체(N_2 등)를 봉입하여 저장한다.
④ 별명은 카바이드, 탄화석회, 칼슘카바이드 등이다.
⑤ 고온(700℃)에서 질화되어 석회질소($CaCN_2$)가 생성된다.

$CaC_2 + N_2 \rightarrow CaCN_2 + C$
(석회질소) (탄소)

⑥ 물 및 포약제에 의한 소화는 절대 금하고 마른 모래 등으로 피복 소화한다.

해답 ②

29 다음 중 발화점이 가장 낮은 것은?

① 이황화탄소 ② 산화프로필렌
③ 휘발유 ④ 메탄올

해설 **제4류 위험물의 발화점(착화점)**

품 명	발화점(℃)
① 이황화탄소	100
② 산화프로필렌	465
③ 휘발유	300
④ 메탄올	464

해답 ①

30 황린과 적린의 공통성질이 아닌 것은?

① 물에 녹지 않는다.
② 이황화탄소에 잘 녹는다.
③ 연소시 오산화인을 생성한다.
④ 화재시 물을 사용하여 소화를 할 수 있다.

해설 ① 황린(P_4)은 이황화탄소(CS_2)에 잘 녹는다.
② 적린(P)은 이황화탄소(CS_2)에 녹지 않는다.

해답 ②

31 메탄올과 비교한 에탄올의 성질에 대한 설명 중 틀린 것은?

① 인화점이 낮다. ② 발화점이 낮다.
③ 증기비중이 크다. ④ 비점이 높다.

해설 ① 에탄올의 인화점은 메탄올보다 높다.

메탄올과 에탄올의 비교표

종류 / 항목	메탄올	에탄올
화학식	CH_3OH	C_2H_5OH
외관	무색 투명한 액체	무색 투명한 액체
액체비중	0.8	0.8
증기비중	1.1	1.6
인화점	11℃	13℃
수용성	물에 잘 녹음	물에 잘 녹음
연소범위	7.3~36%	4.3~19%
독성여부	마시면 실명우려	주정(술)

해답 ①

32 알칼리금속 과산화물에 적응성이 있는 소화설비는?

① 할로겐화합물 소화설비
② 탄산수소염류분말소화설비
③ 물분무소화설비
④ 스프링클러설비

해설 **알칼리금속과산화물(금수성)에 적응성이 있는 소화기**
① 탄산수소염류
② 마른 모래
③ 팽창질석 또는 팽창진주암

해답 ②

33 정기점검 대상 제조소등에 해당하지 않는 것은?

① 이동탱크저장소
② 지정수량 100배 이상의 위험물 옥외저장소
③ 지정수량 100배 이상의 위험물 옥내저장소
④ 이송취급소

해설 **정기점검의 대상인 제조소등**
① 지정수량의 10배 이상의 위험물을 취급하는 제조소
② 지정수량의 100배 이상의 위험물을 저장하는 옥외저장소
③ 지정수량의 150배 이상의 위험물을 저장하는 옥내저장소
④ 지정수량의 200배 이상의 위험물을 저장하는 옥외탱크저장소
⑤ 암반탱크저장소
⑥ 이송취급소
⑦ 지정수량의 10배 이상의 위험물을 취급하는 일반취급소
⑧ 지하탱크저장소
⑨ 이동탱크저장소
⑩ 위험물을 취급하는 탱크로서 지하에 매설된 탱크가 있는 제조소 · 주유취급소 또는 일반취급소

해답 ③

34 지정수량이 300kg인 위험물에 해당하는 것은?

① $NaBrO_3$ ② CaO_2
③ $KClO_4$ ④ $NaClO_2$

해설 ① 브롬산나트륨-제1류-브롬산염류-300kg
② 과산화칼슘-제1류-무기과산화물-50kg
③ 과염소산칼륨-제1류-과염소산염류-50kg
④ 아염소산나트륨-제1류-아염소산염류-50kg

제1류 위험물 및 지정수량

성질	품 명		지정수량	위험등급
산화성고체	아염소산염류, 염소산염류, 과염소산염류, 무기과산화물		50kg	I
	브롬산염류, 질산염류, 요오드산염류		300kg	II
	과망간산염류, 중크롬산염류		1000kg	III
	행정안전부령이 정하는 것	① 과요오드산염류 ② 과요오드산 ③ 크롬, 납 또는 요오드의 산화물 ④ 아질산염류 ⑤ 염소화이소시아눌산 ⑥ 퍼옥소이황산염류 ⑦ 퍼옥소붕산염류	300kg	II
		⑧ 차아염소산염류	50kg	I

해답 ①

35 제2류 위험물이 아닌 것은?

① 황화린 ② 적린
③ 황린 ④ 철분

해설 ③ 황린-제3류 위험물

제2류 위험물의 지정수량

성 질	품 명	지정수량	위험등급
가연성 고체	황화린, 적린, 유황	100kg	II
	철분, 금속분, 마그네슘	500kg	III
	인화성 고체	1,000kg	

해답 ③

36 휘발유에 대한 설명으로 옳지 않은 것은?

① 전기양도체이므로 정전기 발생에 주의해야 한다.
② 빈 드럼통이라도 가연성 가스가 남아 있을 수 있으므로 취급에 주의해야 한다.
③ 취급 · 저장시 환기를 잘 시켜야 한다.
④ 직사광선을 피해 통풍이 잘 되는 곳에 저장한다.

해설 ① 전기부도체이므로 정전기 발생에 주의해야 한다.

휘발유의 물성

성분	인화점	발화점	연소범위
C_5H_{12}~C_9H_{20}	-43℃~-20℃	300℃	1.4~7.6%

해답 ①

37 아염소산나트륨의 저장 및 취급시 주의사항으로 가장 거리가 먼 것은?

① 물 속에 넣어 냉암소에 저장한다.
② 강산류와의 접촉을 피한다.
③ 취급시 충격, 마찰을 피한다.
④ 가연성 물질과 접촉을 피한다.

해설 **아염소산나트륨($NaClO_2$) : 제1류 위험물(산화성 고체)**
① 조해성이 있고 무색의 결정성 분말이다.
② 산과 반응하여 이산화염소(ClO_2)가 발생된다.

(아염소산나트륨) (이산화염소)
$3NaClO_2 + 2HCl \rightarrow 3NaCl + 2ClO_2 + H_2O_2\uparrow$
(염산) (염화나트륨) (과산화수소)

③ 수용액 상태에서도 강력한 산화력을 가지고 있다.

해답 ①

38 공기 중에서 갈색 연기를 내는 물질은?

① 중크롬산암모늄 ② 톨루엔
③ 벤젠 ④ 발연질산

해설 **질산(HNO_3) : 제6류 위험물(산화성 액체)**
① 무색의 발연성 액체이며 공기 중 갈색증기를 발생한다.
② 시판품은 일반적으로 68%이다.
③ 빛에 의하여 일부 분해되어 생긴 NO_2 때문에 황갈색으로 된다.

$4HNO_3 \rightarrow 2H_2O + 4NO_2\uparrow + O_2\uparrow$
(이산화질소) (산소)

④ 질산을 오산화인(P_2O_5)과 작용시키면 오산화질소(N_2O_5)가 된다.
⑤ 저장용기는 직사광선을 피하고 찬 곳에 저장한다.
⑥ 실험실에서는 갈색병에 넣어 햇빛에 차단시킨다.
⑦ 환원성물질과 혼합하면 발화 또는 폭발한다.

크산토프로테인반응(xanthoprotenic reaction)

단백질에 진한질산을 가하면 노란색으로 변하고 알칼리를 작용시키면 오렌지색으로 변하며, 단백질 검출에 이용된다.

⑧ 다량의 질산화재에 소량의 주수소화는 위험하다.
⑨ 마른모래 및 CO_2로 소화한다.
⑩ 위급 시에는 다량의 물로 냉각 소화한다.

해답 ④

39 상온에서 CaC_2를 장기간 보관할 때 사용하는 물질로 다음 중 가장 적합한 것은?

① 물　② 알코올수용액
③ 질소가스　④ 아세틸렌가스

해설 **탄화칼슘(CaC_2) : 제3류 위험물 중 칼슘탄화물**

① 물과 접촉 시 아세틸렌을 생성하고 열을 발생시킨다.

$CaC_2 + 2H_2O \rightarrow Ca(OH)_2 + C_2H_2\uparrow$
(수산화칼슘) (아세틸렌)

② 아세틸렌의 폭발범위는 2.5~81%로 대단히 넓어서 폭발위험성이 크다.
③ 장기 보관시 불활성기체(N_2 등)를 봉입하여 저장한다.
④ 별명은 카바이드, 탄화석회, 칼슘카바이드 등이다.
⑤ 고온(700℃)에서 질화되어 석회질소($CaCN_2$)가 생성된다.

$CaC_2 + N_2 \rightarrow CaCN_2 + C$
(석회질소) (탄소)

⑥ 물 및 포약제에 의한 소화는 절대 금하고 마른모래 등으로 피복 소화한다.

해답 ③

40 위험물안전관리법상 위험물에 해당하는 것은?

① 아황산
② 비중이 1.41 인 질산
③ 53마이크로미터의 표준체를 통과하는 것이 50중량 % 이상인 철의 분말
④ 농도가 15중량% 인 과산화수소

해설 **위험물의 기준**

종류	기준
유황	• 순도 60% 이상
철분	• 53μm통과하는 것이 50% 미만은 제외
마그네슘	• 2mm체를 통과 못하는 것 제외 • 직경 2mm 이상 막대모양 제외
과산화수소	• 순도 36% 이상
질산	• 비중 1.49 이상

해답 ③

41 분자량이 약 169 인 백색의 정방정계 분말로서 알칼리토금속의 과산화물 중 매우 안정한 물질이며 테르밋의 점화제 용도로 사용되는 제1류 위험물은?

① 과산화칼슘　② 과산화바륨
③ 과산화마그네슘　④ 과산화칼륨

해설 **과산화바륨의 일반적 성질**

① 탄산가스와 반응하여 탄산염과 산소 발생

$2BaO_2 + 2CO_2 \rightarrow 2BaCO_3 + O_2\uparrow$
(탄산바륨) (산소)

② 염산과 반응하여 염화바륨과 과산화수소 생성

$BaO_2 + 2HCl \rightarrow BaCl_2 + H_2O_2\uparrow$
(염화바륨) (과산화수소)

③ 가열 또는 온수와 접촉하면 산소가스를 발생

가열 $2BaO_2 \rightarrow 2BaO + O_2\uparrow$
(산화바륨) (산소)

온수와 반응 $2BaO_2 + 2H_2O \rightarrow 2Ba(OH)_2 + O_2\uparrow$
(수산화바륨) (산소)

④ 테르밋의 점화제 용도로 사용

테르밋(thermit)

알루미늄과 산화철(酸化鐵)의 분말을 동일한 양으로 혼합한 혼합물. 점화하면 3000℃의 고온을 내므로 철이나 강(鋼)의 용접에 사용한다.

해답 ②

42 산화프로필렌의 성상에 대한 설명 중 틀린 것은?

① 청색의 휘발성이 강한 액체이다.
② 인화점이 낮은 인화성 액체이다.
③ 물에 잘 녹는다.
④ 에테르향의 냄새를 가진다.

해설 **산화프로필렌**(CH_3CH_2CHO) **: 제4류 위험물 중 특수인화물**
① 무색의 휘발성이 강하고 에테르냄새가 나는 액체이다.
② 물, 알코올, 벤젠 등 유기용제에는 잘 녹는다.
③ 연소범위는 2.5~38.5%이다
④ 저장용기 사용 시 구리, 마그네슘, 은, 수은 및 합금용기 사용금지(아세틸리드 생성)
⑤ 반응성이 크고 증기밀도가 크다.
⑥ 저장 용기 내에 질소(N_2) 등 불연성가스를 채워둔다.
⑦ 소화는 포 약제로 질식 소화한다.

해답 ①

43 메틸알코올의 연소범위를 더 좁게 하기 위하여 첨가하는 물질이 아닌 것은?

① 질소 ② 산소
③ 이산화탄소 ④ 아르곤

해설 불연성기체(질소, 이산화탄소, 아르곤) 첨가시 연소범위는 좁아진다.

공기 중 산소의 농도를 증가시켰을 때
① 발화온도가 낮아진다.
② 연소범위가 넓어진다.
③ 화염의 온도가 높아진다.
④ 점화에너지가 감소한다.

해답 ②

44 위험물의 성질에 대한 설명으로 틀린 것은?

① 인화칼슘은 물과 반응하여 유독한 가스를 발생한다.
② 금속나트륨은 물과 반응하여 산소를 발생시키고 발열한다.
③ 아세트알데히드는 연소하여 이산화탄소와 물을 발생한다.
④ 질산에틸은 물에 녹지 않고 인화되기 쉽다.

해설 **금속칼륨 및 금속나트륨 : 제3류 위험물(금수성)**
① 물과 반응하여 수소기체 발생

$2Na + 2H_2O \rightarrow 2NaOH + H_2\uparrow$ (수소발생)
$2K + 2H_2O \rightarrow 2KOH + H_2\uparrow$ (수소발생)

② 파라핀, 경유, 등유 속에 저장

★★자주출제(필수정리)★★
㉠ 칼륨(K), 나트륨(Na)은 파라핀, 경유, 등유 속에 저장
㉡ 황린(3류) 및 이황화탄소(4류)는 물속에 저장

해답 ②

45 지정과산화물 옥내저장소의 저장창고 출입구 및 창의 설치기준으로 틀린 것은?

① 창은 바닥면으로부터 2m 이상의 높이에 설치한다.
② 하나의 창의 면적을 $0.4m^2$ 이내로 한다.
③ 하나의 벽면에 두는 창의 면적의 합계를 해당 벽면의 면적의 80분의 1 이 초과되도록 한다.
④ 출입구에는 갑종방화문을 설치한다.

해설 **지정과산화물 옥내저장소의 저장창고**
① 창은 바닥면으로 부터 2m 이상의 높이에 설치한다.
② 하나의 창의 면적을 $0.4m^2$ 이내로 한다.
③ 하나의 벽면에 두는 창의 면적의 합계를 당해 벽면의 면적의 80분의 1 이내가 되도록 한다.
④ 출입구에는 갑종 방화문을 설치한다.

해답 ③

46 벤조일퍼옥사이드의 위험성에 대한 설명으로 틀린 것은?

① 상온에서 분해되며 수분이 흡수되면 폭발성을 가지므로 건조된 상태로 보관 · 운반한다.
② 강산에 의해 분해 폭발의 위험이 있다.
③ 충격, 마찰 등에 의해 분해되어 폭발할 위

험이 있다.
④ 가연성 물질과 접촉하면 발화의 위험이 높다.

해설 **과산화벤조일 = 벤조일퍼옥사이드**(BPO) [$(C_6H_5CO)_2O_2$] **: 제5류(자기반응성 물질)**
① 무색무취의 백색분말 또는 결정이다.
② 물에 녹지 않고 알코올에 약간 녹는다.
③ 에테르 등 유기용제에 잘 녹는다.
④ 폭발성이 매우 강한 강산화제이다.
⑤ 저장용기에 물 또는 불활성용매 등의 희석제를 넣어 폭발위험성을 낮춘다.
⑥ 직사광선을 피하고 냉암소에 보관한다.

해답 ①

47 알킬알루미늄을 저장하는 용기에 봉입하는 가스로 다음 중 가장 적합한 것은?

① 포스겐　　② 인화수소
③ 질소가스　　④ 아황산가스

해설 **알킬알루미늄**[$(C_nH_{2n+1}) \cdot Al$] **: 제3류 위험물(금수성 물질)**
① 알킬기(C_nH_{2n+1})에 알루미늄(Al)이 결합된 화합물이다.
② $C_1 \sim C_4$는 자연발화의 위험성이 있다.
③ 물과 접촉 시 가연성 가스 발생하므로 주수소화는 절대 금지한다.
④ 트리메틸알루미늄
(TMA : Tri Methyl Aluminium)
$(CH_3)_3Al + 3H_2O \rightarrow Al(OH)_3 + 3CH_4\uparrow$ (메탄)
⑤ 트리에틸알루미늄
(TEA : Tri Eethyl Aluminium)
$(C_2H_5)_3Al + 3H_2O \rightarrow Al(OH)_3 + 3C_2H_6\uparrow$ (에탄)
⑥ 저장용기에 불활성기체(N_2)를 봉입한다.
⑦ 피부접촉 시 화상을 입히고 연소 시 흰 연기가 발생한다.
⑧ 소화 시 주수소화는 절대 금하고 팽창질석, 팽창진주암 등으로 피복소화한다.

해답 ③

48 지하저장탱크에 경보음을 울리는 방법으로 과충전 방지장치를 설치하고자 한다. 탱크 용량의 최소 몇 % 가 찰 때 경보음이 울리도록 하여야 하는가?

① 80　　② 85
③ 90　　④ 95

해설 **지하저장탱크의 과충전 방지장치**
① 탱크용량을 초과하는 위험물이 주입될 때 자동으로 그 주입구를 폐쇄하거나 위험물의 공급을 자동으로 차단하는 방법
② 탱크용량의 90%가 찰 때 경보음을 울리는 방법

해답 ③

49 물과 반응하여 가연성 가스를 발생하지 않는 것은?

① 나트륨　　② 과산화나트륨
③ 탄화알루미늄　　④ 트리에틸알루미늄

해설 ① 나트륨 + 물 → 수소가스(가연성기체)
② 과산화나트륨 + 물 → 산소가스(조연성(지연성)기체)
③ 탄화알루미늄 + 물 → 메탄가스(가연성기체)
④ 트리에틸알루미늄 + 물 → 에탄가스(가연성기체)

해답 ②

50 위험물의 운반에 관한 기준에서 적재방법 기준으로 틀린 것은?

① 고체 위험물은 운반용기의 내용적 95% 이하의 수납율로 수납할 것
② 액체 위험물은 운반용기의 내용적 98% 이하의 수납율로 수납할 것
③ 알킬알루미늄은 운반용기 내용적의 95% 이하의 수납율로 수납하되, 50℃ 의 온도에서 5% 이상의 공간용적을 유지할 것
④ 제3류 위험물 중 자연발화성물질에 있어서는 불활성 기체를 봉입하여 밀봉하는 등 공기와 접하지 아니하도록 할 것

해설 **위험물의 적재방법**
① 고체위험물은 운반용기 내용적의 95% 이하의 수납율로 수납할 것

② 액체위험물은 운반용기 내용적의 98% 이하의 수납율로 수납하되, 55℃의 온도에서 누설되지 아니하도록 충분한 공간용적을 유지하도록 할 것

제3류 위험물의 운반용기 수납기준

① 자연발화성물질에 있어서는 불활성 기체를 봉입하여 밀봉하는 등 공기와 접하지 아니하도록 할 것
② 자연발화성물질외의 물품에 있어서는 파라핀 · 경유 · 등유 등의 보호액으로 채워 밀봉하거나 불활성 기체를 봉입하여 밀봉하는 등 수분과 접하지 아니하도록 할 것
③ 자연발화성물질 중 알킬알루미늄 등은 운반용기의 내용적의 90% 이하의 수납율로 수납하되, 50℃의 온도에서 5% 이상의 공간용적을 유지하도록 할 것

해답 ③

51 위험물안전관리법령에 따른 위험물의 운송에 관한 설명 중 틀린 것은?

① 알킬리튬과 알킬알루미늄 또는 이 중 어느 하나 이상을 함유한 것은 운송책임자의 감독 · 지원을 받아야 한다.
② 이동탱크저장소에 의하여 위험물을 운송할 때의 운송책임자에는 법정의 교육을 이수하고 관련 업무에 2년 이상 경력이 있는 자도 포함된다.
③ 서울에서 부산까지 금속의 인화물 300kg을 1명의 운전자가 휴식 없이 운송해도 규정위반이 아니다.
④ 운송책임자의 감독 또는 지원의 방법에는 동승하는 방법과 별도의 사무실에서 대기하면서 규정된 사항을 이행하는 방법이 있다.

해설 **위험물의 운송시에 준수하여야 하는 기준**

① 위험물운송자는 운송의 개시전에 이동저장탱크의 배출밸브 등의 밸브와 폐쇄장치, 맨홀 및 주입구의 뚜껑, 소화기 등의 점검을 충분히 실시할 것
② 위험물운송자는 장거리(고속국도에 있어서는 340 km 이상, 그 밖의 도로에 있어서는 200km 이상)에 걸치는 운송을 하는 때에는 2명 이상의 운전자로 할 것. 다만, 다음의 1에 해당하는 경우에는 그러하지 아니하다.
㉠ 규정에 의하여 운송책임자를 동승시킨 경우
㉡ 운송하는 위험물이 제2류 위험물 · 제3류 위험물(칼슘 또는 알루미늄의 탄화물과 이것만을 함유한 것) 또는 제4류 위험물(특수인화물을 제외한다)인 경우
㉢ 운송도중에 2시간 이내마다 20분 이상씩 휴식하는 경우

해답 ③

52 다음 중 지정수량이 가장 큰 것은?

① 과염소산칼륨 ② 트리니트로톨루엔
③ 황린 ④ 유황

해설 ① 과염소산칼륨–제1류–과염소산염류–50kg
② 트리니트로톨루엔–제5류–니트로화합물–200kg
③ 황린–제3류–20kg
④ 유황–제2류–100kg

해답 ②

53 특수인화물 200L와 제4석유류 12000L를 저장할 때 각각의 지정수량 배수의 합은 얼마인가?

① 3 ② 4
③ 5 ④ 6

해설 **제4류 위험물 및 지정수량**

위 험 물				지정수량 (L)
유별	성질	품명		
제4류	인화성 액체	1. 특수인화물		50
		2. 제1석유류	비수용성 액체	200
			수용성 액체	400
		3. 알코올류		400
		4. 제2석유류	비수용성 액체	1,000
			수용성 액체	2,000
		5. 제3석유류	비수용성 액체	2,000
			수용성 액체	4,000
		6. 제4석유류		6,000
		7. 동식물유류		10,000

$\therefore$ **지정수량의 배수** $= \frac{\text{저장수량}}{\text{지정수량}} = \frac{200}{50} + \frac{12000}{6000}$
$= 6$배

해답 ④

54 저장 또는 취급하는 위험물의 최대수량이 지정수량의 500배 이하일 때 옥외저장탱크의 측면으로부터 몇 m 이상의 보유공지를 유지하여야 하는가? (단, 제6류 위험물은 제외한다.)

① 1 ② 2
③ 3 ④ 4

해설 **옥외탱크저장소의 보유공지**

저장 또는 취급하는 위험물의 최대수량	공지의 너비
지정수량의 500배 이하	3m 이상
지정수량의 500배 초과 1,000배 이하	5m 이상
지정수량의 1,000배 초과 2,000배 이하	9m 이상
지정수량의 2,000배 초과 3,000배 이하	12m 이상
지정수량의 3,000배 초과 4,000배 이하	15m 이상
지정수량의 4,000배 초과	당해 탱크의 수평단면의 최대지름(횡형인 경우는 긴 변)과 높이 중 큰 것과 같은 거리 이상(단, 30m 초과의 경우 30m 이상으로, 15m 미만의 경우 15m 이상으로 할 것)

해답 ③

55 위험물제조소등에 자체소방대를 두어야할 대상으로 옳은 것은?

① 지정수량 300배 이상의 제4류 위험물을 취급하는 저장소
② 지정수량 300배 이상의 제4류 위험물을 취급하는 제조소
③ 지정수량 3000배 이상의 제4류 위험물을 취급하는 저장소
④ 지정수량 3000배 이상의 제4류 위험물을 취급하는 제조소

해설 **자체소방대를 설치하여야 하는 사업소**
① 지정수량의 **3천배 이상**의 **제4류 위험물**을 취급하는 **제조소 또는 일반취급소**(단, 보일러로 위험물을 소비하는 일반취급소 등 일반취급소를 제외)
② 지정수량의 50만배 이상의 제4류 위험물을 저장하는 옥외탱크저장소

예방규정을 정하여야 하는 제조소등
① 지정수량의 10배 이상 제조소
② 지정수량의 100배 이상 옥외저장소
③ 지정수량의 150배 이상 옥내저장소
④ 지정수량의 200배 이상 옥외탱크저장소
⑤ 암반탱크저장소
⑥ 이송취급소
⑦ 지정수량의 10배 이상 일반취급소

해답 ④

56 과염소산에 대한 설명 중 틀린 것은?

① 산화제로 이용된다.
② 휘발성이 강한 가연성 물질이다.
③ 철, 아연, 구리와 격렬하게 반응한다.
④ 증기 비중이 약 3.5 이다.

해설 **과염소산**($HClO_4$) **: 제6류 위험물(산화성 액체)**
① 물과 접촉 시 심한 열을 발생한다.(발열반응)
② 종이, 나무 조각과 접촉 시 연소한다.
③ 공기 중 분해하여 강하게 연기를 발생한다.
④ 무색의 액체로 염소냄새가 난다.
⑤ 산화력 및 흡습성이 강하다.
⑥ 다량의 물로 분무(안개모양)주수소화
⑦ 불연성물질의 액체이다.

해답 ②

57 제5류 위험물 중 유기과산화물을 함유한 것으로서 위험물에서 제외되는 것의 기준이 아닌 것은?

① 과산화벤조일의 함유량이 35.5중량퍼센트 미만인 것으로서 전분가루, 황산칼슘2수화물 또는 인산1수소칼슘2수화물과의 혼합물
② 비스(4클로로벤조일)퍼옥사이드의 함유

량이 30중량퍼센트 미만인 것으로서 불활성고체와의 혼합물

③ 1.4비스(2-터셔리부틸퍼옥시이소프로필)벤젠의 함유량이 40중량퍼센트 미만인 것으로서 불활성고체와의 혼합물

④ 시크로헥사놀퍼옥사이드의 함유량이 40중량퍼센트 미만인 것으로서 불활성고체와의 혼합물

해설 ④ 40중량퍼센트 → 30중량퍼센트

제5류 유기과산화물에서 제외되는 것

① 과산화벤조일의 함유량이 35.5중량%미만인 것으로서 전분가루, 황산칼슘2수화물 또는 인산1수소칼슘2수화물과의 혼합물

② 비스(4클로로벤조일)퍼옥사이드의 함유량이 30중량% 미만인 것으로서 불활성고체와의 혼합물

③ 과산화지크밀의 함유량이 40중량%미만인 것으로서 불활성고체와의 혼합물

④ 1 · 4비스(2-터셔리부틸퍼옥시이소프로필)벤젠의 함유량이 40중량%미만인 것으로서 불활성고체와의 혼합물

⑤ 시크로헥사놀퍼옥사이드의 함유량이 30중량%미만인 것으로서 불활성고체와의 혼합물

해답 ④

58 위험물제조소의 기준에 있어서 위험물을 취급하는 건축물의 구조로 적당하지 않은 것은?

① 지하층이 없도록 하여야 한다.

② 연소의 우려가 있는 외벽은 내화구조의 벽으로 하여야 한다.

③ 출입구는 연소의 우려가 있는 외벽에 설치하는 경우 을종방화문을 설치하여야 한다.

④ 지붕은 폭발력이 위로 방출될 정도의 가벼운 불연재료로 덮는다.

해설 ③ 출입구는 연소의 우려가 있는 외벽에 설치하는 경우 갑종 방화문을 설치하여야 한다.

위험물 제조소 건축물의 구조 기준

① 지하층이 없도록 하여야 한다.

② 벽 · 기둥 · 바닥 · 보 · 서까래 및 계단을 불연재료로 하고, 연소(延燒)의 우려가 있는 외벽은 개구부가 없는 내화구조의 벽으로 하여야 한다.

③ 지붕은 폭발력이 위로 방출될 정도의 가벼운 불연재료로 덮어야 한다.

④ 출입구와 비상구에는 갑종 방화문 또는 을종 방화문을 설치하되, 연소의 우려가 있는 외벽에 설치하는 출입구에는 수시로 열 수 있는 자동폐쇄식의 갑종방화문을 설치하여야 한다.

⑤ 건축물의 창 및 출입구에 유리를 이용하는 경우에는 망입유리로 하여야 한다.

⑥ 액체의 위험물을 취급하는 건축물의 바닥은 위험물이 스며들지 못하는 재료를 사용하고, 적당한 경사를 두어 그 최저부에 집유설비를 하여야 한다.

해답 ③

59 위험물안전관리법에서 규정하고 있는 내용으로 틀린 것은?

① 민사집행법에 의한 경매, 국세징수법 또는 지방세법에의한 압류재산의 매각절차에 다라 제조소등의 시설의 전부를 인수한 자는 그 설치자의 지위를 승계한다.

② 금치산자 또는 한정치산자, 탱크시험자의 등록이 취소된 날로부터 2년이 지나지 아니한 자는 탱크시험자로 등록하거나 탱크시험자의 업무에 종사할 수 없다.

③ 농예용 · 축산용으로 필요한 난방시설 또는 건조시설을 위한 지정수량 20배 이하의 취급소는 신고를 하지 아니하고 위험물의 품명 · 수량을 변경할 수 있다.

④ 법정의 완공검사를 받지 아니하고 제조소등을 사용한 때 시 · 도지사는 허가를 취소하거나 6월 이내의 기간을 정하여 사용정지를 명할 수 있다.

해설 다음 각 호의 1에 해당하는 제조소등의 경우에는 허가를 받지 아니하고 당해 제조소등을 설치하거나 그 위치 · 구조 또는 설비를 변경할 수 있으며, 신고를 하지 아니하고 위험물의 품명 · 수량 또는 지정수량의 배수를 변경할 수 있다.

① 주택의 난방시설(공동주택의 중앙난방시설을 제외한다)을 위한 저장소 또는 취급소
② 농예용 · 축산용 또는 수산용으로 필요한 난방시설 또는 건조시설을 위한 지정수량 20배 이하의 저장소

해답 ③

60 위험물 관련 신고 및 선임에 관한 사항으로 옳지 않은 것은?

① 제조소의 위치 · 구조 변경 없이 위험물의 품명 변경 시는 변경하고자 하는 날의 14일 이전까지 신고하여야 한다.
② 제조소 설치자의 지위를 승계한자는 승계한 날부터 30일 이내에 신고하아야 한다.
③ 위험물안전관리자가 퇴직한 경우는 퇴직일로부터 14일 이내에 신고하여야 한다.
④ 위험물안전관리자가 퇴직한 경우는 퇴직일로부터 30일 이내에 선임하여야 한다.

해설 **위험물의 품명 · 수량 또는 지정수량의 배수를 변경 신고기간**
제조소등의 위치 · 구조 또는 설비의 변경 없이 당해 제조소등에서 저장하거나 취급하는 위험물의 품명 · 수량 또는 지정수량의 배수를 변경하고자 하는 자는 변경하고자 하는 날의 7일 전까지 행정안전부령이 정하는 바에 따라 시 · 도지사에게 신고하여야 한다.

해답 ①

국가기술자격 필기시험문제

2017 CBT 시험 기출문제 복원 [제 3 회]

자격종목	시험시간	문제수	형별	수험번호	성 명
위험물기능사	1시간	60	A		

본 문제는 CBT시험대비 기출문제 복원입니다.

01 금속분의 화재시 주수해서는 안되는 이유로 가장 옳은 것은?

① 산소가 발생하기 때문에
② 수소가 발생하기 때문에
③ 질소가 발생하기 때문에
④ 유독가스가 발생하기 때문에

해설 **금속분 : 제2류 위험물**

- 물과 접촉 시 수소기체가 발생하여 주수소화는 절대 금지
- 소화제로는 팽창질석, 팽창진주암, 마른모래로 질식소화

$2Al + 6H_2O \rightarrow 2Al(OH)_3 + 3H_2\uparrow$
(수산화알루미늄) (수소)↑

해답 ②

02 옥외탱크저장에 연소성 혼합기체의 생성에 의한 폭발을 방지하기 위하여 불활성의 기체를 봉입하는 장치를 설치하여야 하는 위험물질은?

① $CH_3COC_2H_5$　② C_5H_5N
③ CH_3CHO　④ C_6H_5Cl

해설 ① 아세톤-제4류-1석유류
② 아닐린-제4류-3석유류
③ 아세트알데히드-제4류-특수인화물
④ 클로로벤젠-제4류-2석유류

아세트알데히드(CH_3CHO) : **제4류 위험물 중 특수인화물**
① 휘발성이 강하고 과일냄새가 있는 무색 액체
② 물, 에탄올에 잘 녹는다.
③ 연소범위는 약 4.1~57% 이다.
④ 저장용기 사용 시 구리, 마그네슘, 은, 수은 및 합금용기는 사용금지
⑤ 다량의 물로 주수 소화한다.
⑥ 아세트알데히드 등을 취급하는 설비에는 연소성 혼합기체의 생성에 의한 폭발을 방지하기 위한 불활성기체 또는 수증기를 봉입하는 장치를 갖출 것

해답 ③

03 이산화탄소소화기의 특징에 대한 설명으로 틀린 것은?

① 소화약제에 의한 오손이 거의 없다.
② 약제 방출시 소음이 없다.
③ 전기화재에 유효하다.
④ 장시간 저장해도 물성의 변화가 거의 없다.

해설 ② 약제방출시 소음이 크다.

CO_2 소화기의 장 · 단점

장 점	단 점
① 심부화재에 적합 ② 화재 진화 후 깨끗하다. ③ 증거보존 양호하여 화재 원인조사 쉽다. ④ 비전도성 전기화재적합하다. ⑤ 피연소물에 피해가 적다.	① 압력이 고압이므로 특별한 주의 요구된다. ② CO_2 방사시 인체에 동상 우려가 있다. ③ 인체에 질식우려가 있다. ④ CO_2 방사 시 소음이 크다.

해답 ②

04 액화 이산화탄소 1kg 이 25℃, 2atm에서 방출되어 모두 기체가 되었다. 방출된 기체상의 이산화탄소 부피는 약 몇 L 인가?

① 278　② 556
③ 1111　④ 1985

해설 ① 25℃, 2atm(기압), 1kg=1000g

② $V=\dfrac{WRT}{PM}$

$=\dfrac{1000\times 0.082\times (273+25)}{2\times 44}\fallingdotseq 278L$

이상기체 상태방정식 ★★★★

$$PV=nRT=\frac{W}{M}RT$$

여기서, P : 압력(atm) V : 부피(m^3)
n : mol수(무게/분자량)
W : 무게(kg) M : 분자량
T : 절대온도($273+t$℃)
R : 기체상수(0.082atm · m^3/kmol · K)

해답 ①

05 자기반응성 물질의 화재 예방법으로 가장 거리가 먼 것은?

① 마찰을 피한다.
② 불꽃의 접근을 피한다.
③ 고온체로 건조시켜 보관한다.
④ 운반용기 외부에 "화기엄금" 및 "충격주의"를 표시한다.

해설 ③ 저온상태로 물로 적시어 보관한다.

제5류 위험물의 일반적 성질
① 자기반응성(내부연소성) 물질이다.
② 연소속도가 대단히 빠르고 폭발적 연소한다.
③ 가열, 마찰, 충격에 의하여 폭발한다.
④ 대부분 물질자체가 산소를 함유하고 있다.
⑤ 연소 시 소화가 어렵다.

해답 ③

06 위험물안전관리법령상 자동화재탐지설비를 설치하지 않고 비상경보설비로 대신할 수 있는 것은?

① 일반취급소로서 연면적 $600m^2$ 인 것
② 지정수량 20배를 저장하는 옥내저장소로서 처마높이가 8m 인 단층건물
③ 단층건물 외에 건축물에 설치된 지정수량 15배의 옥내탱크저장소로서 소화난이도 등급 Ⅱ에 속하는 것
④ 지정수량 20배를 저장 취급하는 옥내주유취급소

해설 **자동화재탐지설비를 비상경보설비로 대신할 수 있는 경우**
단층건물 외에 건축물에 설치된 지정수량 15배의 옥내탱크저장소로서 소화난이도등급 Ⅱ에 속하는 것

해답 ③

07 BCF 소화기의 약제를 화학식으로 옳게 나타낸 것은?

① CCl_4 ② CH_2ClBr
③ CF_3Br ④ CF_2ClBr

해설 **할로겐화합물 소화약제의 명칭**
① 할론2402($C_2F_4Br_2$)
 : FB(Di Bromo Tetrafluoro ethane)
② 할론1211(CF_2ClBr)
 : BCF(Bromo chloro difluoro Methane)
③ 할론1301(CF_3Br)
 : MTB(Bromo Trifluoro Methane)
④ 할론1011(CH_2ClBr)
 : CB(chloro Bromo Methane)
⑤ 브롬화메탄(CH_3Br)
 : MB(Bromo Methane)

해답 ④

08 위험물안전관리자를 해임한 후 며칠 이내에 후임자를 선임하여야 하는가?

① 14일 ② 15일
③ 20일 ④ 30일

해설 **위험물안전관리자 선임 및 해임**
① 위험물안전관리자 해임 시 재 선임기간 : 30일 이내
② 위험물안전관리자 선임신고기간 : 14일 이내

해답 ④

09 위험물안전관리법령에서 정한 자동화재탐지설비에 대한 기준으로 틀린 것은? (단, 원칙적

인 경우에 한한다.)

① 경계구역은 건축물 그 밖의 공작물의 2 이상의 층에 걸치지 아니하도록 할 것
② 하나의 경계구역의 면적은 $600m^2$ 이하로 할 것
③ 하나의 경계구역의 한 변 길이는 30m 이하로 할 것
④ 자동화재탐지설비에는 비상전원을 설치할 것

해설 자동화재탐지설비의 설치기준

① 자동화재탐지설비의 경계구역은 건축물 그 밖의 공작물의 2 이상의 층에 걸치지 아니하도록 할 것. 다만, 하나의 경계구역의 면적이 $500m^2$ 이하이면서 당해 경계구역이 두개의 층에 걸치는 경우이거나 계단 · 경사로 · 승강기의 승강로 그 밖에 이와 유사한 장소에 연기감지기를 설치하는 경우에는 그러하지 아니하다.
② 하나의 경계구역의 면적은 $600m^2$ 이하로 하고 그 한변의 길이는 50m(광전식분리형 감지기를 설치할 경우에는 100m)이하로 할 것. 다만, 당해 건축물 그 밖의 공작물의 주요한 출입구에서 그 내부의 전체를 볼 수 있는 경우에 있어서는 그 면적을 $1,000m^2$ 이하로 할 수 있다.
③ 자동화재탐지설비의 감지기는 지붕 또는 벽의 옥내에 면한 부분에 유효하게 화재의 발생을 감지할 수 있도록 설치할 것
④ 자동화재탐지설비에는 비상전원을 설치할 것

해답 ③

10 소화약제에 따른 주된 소화효과로 틀린 것은?

① 수성막포소화약제 : 질식효과
② 제2종 분말소화약제 : 탈수탄화효과
③ 이산화탄소소화약제 : 질식효과
④ 할로겐화합물소화약제 : 화학억제효과

해설 ② 제2종 분말소화약제－질식효과

해답 ②

11 A급, B급, C급 화재에 모두 적용이 가능한 소화약제는?

① 제1종 분말소화약제
② 제2종 분말소화약제
③ 제3종 분말소화약제
④ 제4종 분말소화약제

해설 분말약제의 주성분 및 착색 ★★★★(필수암기)

종별	주 성 분	약 제 명	착 색	적응화재
제1종	$NaHCO_3$	탄산수소나트륨 중탄산나트륨 중조	백색	B,C급
제2종	$KHCO_3$	탄산수소칼륨 중탄산칼륨	담회색	B,C급
제3종	$NH_4H_2PO_4$	제1인산암모늄	담홍색 (핑크색)	A,B,C급
제4종	$KHCO_3$ $+(NH_2)_2CO$	중탄산칼륨 +요소	회색 (쥐색)	B,C급

해답 ③

12 제조소의 옥외에 모두 3기의 휘발유 취급탱크를 설치하고 그 주위에 방유제를 설치하고자 한다. 방유제 안에 설치하는 각 취급탱크의 용량이 5만L, 3만L, 2만L 일 때 필요한 방유제의 용량은 몇 L 이상인가?

① 66000　　② 60000
③ 33000　　④ 30000

해설 옥외에 있는 위험물취급탱크의 방유제 설치기준

하나의 취급탱크 주위에 설치하는 방유제의 용량은 당해 탱크용량의 50% 이상으로 하고, 2 이상의 취급탱크 주위에 하나의 방유제를 설치하는 경우 그 방유제의 용량은 당해 탱크중 용량이 최대인 것의 50%에 나머지 탱크용량 합계의 10%를 가산한 양 이상이 되게 할 것.

$$Q = \underset{(50\%)}{50000L \times 0.5} + \underset{(10\%)}{(30000L + 20000L) \times 0.1} = 30000L$$

해답 ④

13 휘발유, 등유, 경유 등의 제4류 위험물에 화재가 발생하였을 때 소화방법으로 가장 옳은 것은?

① 포소화설비로 질식소화 시킨다.

② 다량의 물을 위험물에 직접 주수하여 소화한다.
③ 강산화성 소화제를 사용하여 중화시켜 소화한다.
④ 염소산칼륨 또는 염화나트륨이 주성분인 소화약제로 표면을 덮어 소화한다.

해설 **제4류 위험물의 소화방법**
① 포소화약제에 의한 질식소화
② 물분무 소화설비에 의한 질식소화

해답 ①

14 CH_3ONO_2 의 소화방법에 대한 설명으로 옳은 것은?

① 물을 주수하여 냉각소화한다.
② 이산화탄소소화기로 질식소화를 한다.
③ 할로겐화합물소화기로 질식소화를 한다.
④ 건조사로 냉각소화한다.

해설 질산메틸-제5류-다량의 물로 주수소화
질산메틸(CH_3NO_3) : **제5류 위험물 중 질산에스테르류**
① 제5위험물(자기반응성물질) 중 질산에스테르류
② 비점(끓는점) : 68℃
③ 증기비중(기체의 비중) : 2.66
④ 무색, 투명한 액체

해답 ①

15 위험물의 화재위험에 관한 제반조건을 설명한 것으로 옳은 것은?

① 인화점이 높을수록, 연소범위가 넓을수록 위험하다.
② 인화점이 낮을수록, 연소범위가 좁을수록 위험하다.
③ 인화점이 높을수록, 연소범위가 좁을수록 위험하다.
④ 인화점이 낮을수록, 연소범위가 넓을수록 위험하다.

해설 **위험성에 영향을 주는 조건**

영향을 주는 조건	위험성 증가
온도, 압력, 산소농도	증가할수록
인화점, 착화점, 비점, 융점, 점성, 비중	낮아질수록
연소범위(폭발범위)	넓을수록
연소열, 증기압	클수록
연소속도	빠를수록

해답 ④

16 소화전용물통 8리터의 능력단위는 얼마인가?

① 0.1 ② 0.3
③ 0.5 ④ 1.0

해설 **간이 소화용구의 능력단위**

소화설비	용량	능력단위
소화전용 물통	8L	0.3
수조(소화전용 물통 3개 포함)	80L	1.5
수조(소화전용 물통 6개 포함)	190L	2.5
마른 모래(삽 1개 포함)	50L	0.5
팽창질석 또는 팽창진주암(삽 1개 포함)	80L	0.5

해답 ②

17 가연성 고체의 미세한 분말이 일정 농도 이상 공기 중에 분산되어 있을 때 점화원에 의하여 연소 폭발되는 현상은?

① 분진 폭발 ② 산화 폭발
③ 분해 폭발 ④ 중합 폭발

해설 **분진폭발 위험성 물질**
① 석탄분진 ② 섬유분진
③ 곡물분진(농수산물가루) ④ 종이분진
⑤ 목분(나무분진) ⑥ 배합제분진
⑦ 플라스틱분진 ⑧ 금속분말가루

분진폭발 없는 물질
① 생석회(CaO)(시멘트의 주성분)
② 석회석 분말
③ 시멘트
④ 수산화칼슘(소석회 : $Ca(OH)_2$)

해답 ①

18 위험물을 취급함에 있어서 정전기가 발생할 우려가 있는 설비에 정전기를 유효하게 제거할

수 있는 방법에 해당하지 않는 것은?

① 위험물의 유속을 높이는 방법
② 공기를 이온화하는 방법
③ 공기 중의 상대습도를 70% 이상으로 하는 방법
④ 접지에 의한 방법

해설 **정전기 방지대책**
① 접지와 본딩
② 공기를 이온화
③ 상대습도 70% 이상 유지
④ 위험물의 유속을 낮추는 방법

해답 ①

19 물의 소화능력을 강화시키기 위해 개발된 것으로 한냉지 또는 겨울철에도 사용할 수 있는 소화기에 해당하는 것은?

① 산 · 알칼리 소화기
② 강화액 소화기
③ 포 소화기
④ 할로겐화물 소화기

해설 **강화액 소화기**
① 물의 빙점(어는점)이 낮은 단점을 강화시킨 탄산칼륨(K_2CO_3) 수용액
② 내부에 황산(H_2SO_4)이 있어 탄산칼륨과 화학반응에 의한 CO_2가 압력원이 된다.

$$H_2SO_4 + K_2CO_3 \rightarrow K_2SO_4 + H_2O + CO_2\uparrow$$

③ 무상인 경우 A, B, C 급 화재에 모두 적응한다.
④ 소화약제의 pH는 12이다.(알칼리성을 나타낸다.)
⑤ 어는점(빙점)이 약 −17℃~−30℃로 매우 낮아 추운 지방에서 사용
⑥ 강화액 소화제는 알카리성을 나타낸다.

해답 ②

20 공장 창고에 보관되었던 톨루엔이 유출되어 미상의 점화원에 의해 착화되어 화재가 발생하였다면 이 화재의 분류로 옳은 것은?

① A급화재 ② B급화재
③ C급화재 ④ D급화재

해설 톨루엔–제4류–1석유류

화재의 분류 ★★ 자주출제(필수암기) ★★

종 류	등급	색표시	주된 소화방법
일반화재	A급	백색	냉각소화
유류 및 가스화재	B급	황색	질식소화
전기화재	C급	청색	질식소화
금속화재	D급	–	피복소화
주방화재	K급	–	냉각 및 질식 소화

해답 ②

21 트리니트로톨루엔에 대한 설명으로 가장 거리가 먼 것은?

① 물에 녹지 않으나 알코올에는 녹는다.
② 직사광선에 노출되면 다갈색으로 변한다.
③ 공기 중에 노출되면 쉽게 가수분해한다.
④ 이성질체가 존재한다.

해설 **트리니트로톨루엔**[$C_6H_2CH_3(NO_2)_3$] **: 제5류 위험물 중 니트로화합물**
① 물에는 녹지 않고 알코올, 아세톤, 벤젠에 녹는다.
② Tri Nitro Toluene의 약자로 TNT라고도 한다.
③ 담황색의 주상결정이며 햇빛에 다갈색으로 변색된다.
④ 강력한 폭약이며 급격한 타격에 폭발한다.

$$2C_6H_2CH_3(NO_2)_3 \rightarrow 2C + 12CO + 3N_2\uparrow + 5H_2\uparrow$$

⑤ 연소 시 연소속도가 너무 빠르므로 소화가 곤란하다.
⑥ 톨루엔과 질산을 반응시켜 얻는다.

$$\underset{\text{(톨루엔)}}{C_6H_5CH_3} + \underset{\text{(질산)}}{3HNO_3} \xrightarrow[\text{(탈수작용)}]{C\text{-}H_2SO_4} \underset{\text{(트리니트로톨루엔)}}{C_6H_2CH_3(NO_2)_3} + \underset{\text{(물)}}{3H_2O}$$

⑦ 무기 및 다이나마이트, 질산폭약제 제조에 이용된다.

해답 ③

22 지하탱크저장소 탱크전용실의 안쪽과 지하저장탱크와의 사이는 몇 m 이상의 간격을 유지하여야 하는가?

① 0.1 ② 0.2
③ 0.3 ④ 0.5

해설 지하탱크저장소의 기준

① 탱크전용실은 시설물 및 대지경계선으로부터 0.1m 이상 떨어진 곳에 설치
② 지하저장탱크와 탱크전용실의 안쪽과의 사이는 0.1m 이상의 간격을 유지
③ 탱크의 주위에 입자지름 5mm 이하의 마른 자갈분을 채울 것
④ 지하저장탱크의 윗부분은 지면으로부터 0.6m 이상 아래에 있을 것
⑤ 지하저장탱크를 2 이상 인접해 설치하는 경우에는 그 상호간에 1m(당해 2 이상의 지하저장탱크의 용량의 합계가 지정수량의 100배 이하인 때에는 0.5m) 이상의 간격을 유지
⑥ 지하저장탱크의 재질은 두께 3.2mm 이상의 강철판으로 할 것

해답 ①

23 그림과 같은 위험물 저장탱크의 내용적은 약 몇 m^3인가?

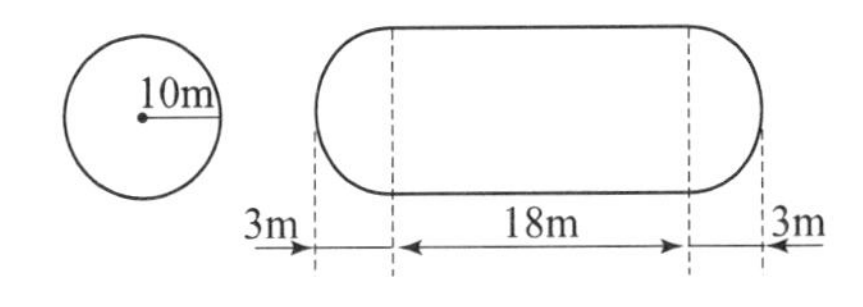

① 4681 ② 5482
③ 6283 ④ 7080

해설 탱크의 내용적

$$Q=\pi r^2\left(l+\frac{l_1+l_2}{3}\right)=\pi\times10^2\times\left(18+\frac{3+3}{3}\right)$$
$$=6283\text{m}^3$$

해답 ③

24 상온에서 액상인 것으로만 나열된 것은?

① 니트로셀룰로오스, 니트로글리세린
② 질산에틸, 니트로글리세린
③ 질산에틸, 피크린산
④ 니트로셀룰로오스, 셀룰로이드

해설 ① 질산에틸-제5류-질산에스테르류-상온에서 액체
② 니트로글리세린-제5류-질산에스테르류-상온에서 액체

해답 ②

25 이동탱크저장소에 의한 위험물의 운송시 준수하여야 하는 기준에서 다음 중 어떤 위험물을 운송할 때 위험물운송자는 위험물안전카드를 휴대하여야 하는가?

① 특수인화물 및 제1석유류
② 알코올류 및 제2석유류
③ 제3석유류 및 동식물유류
④ 제4석유류

해설 이동탱크저장소에 의한 위험물의 운송시에 준수기준

① 위험물운송자는 운송의 개시전에 이동저장탱크의 배출밸브 등의 밸브와 폐쇄장치, 맨홀 및 주입구의 뚜껑, 소화기 등의 점검을 충분히 실시할 것
② 위험물운송자는 장거리(고속국도에 있어서는 340 km 이상, 그 밖의 도로에 있어서는 200km 이상을 말한다)에 걸치는 운송을 하는 때에는 2명 이상의 운전자로 할 것. 다만, 다음에 해당하는 경우에는 그러하지 아니하다.
㉠ 제1호 가목의 규정에 의하여 운송책임자를 동승시킨 경우
㉡ 운송하는 위험물이 제2류 위험물 · 제3류 위험물(칼슘 또는 알루미늄의 탄화물과 이것만을 함유한 것에 한한다) 또는 제4류 위험물(특수인화물을 제외한다)인 경우
㉢ 운송도중에 2시간 이내마다 20분 이상씩 휴식하는 경우
③ 위험물운송자는 이동탱크저장소를 휴식 · 고장 등으로 일시 정차시킬 때에는 안전한 장소를 택하고 당해 이동탱크저장소의 안전을 위한 감시를 할 수 있는 위치에 있는 등 운송하는 위험물의 안전확보에 주의할 것
④ 위험물운송자는 이동저장탱크로부터 위험물이 현저하게 새는 등 재해발생의 우려가 있는 경우에는 재난을 방지하기 위한 응급조치를 강구하는 동시에 소방관서 그 밖의 관계기관에 통보할 것

⑤ 위험물(제4류 위험물에 있어서는 특수인화물 및 제1석유류에 한한다)을 운송하게 하는 자는 위험물안전카드를 위험물운송자로 하여금 휴대하게 할 것
⑥ 위험물운송자는 위험물안전카드를 휴대하고 당해 카드에 기재된 내용에 따를 것

해답 ①

26 이황화탄소에 대한 설명으로 틀린 것은?

① 순수한 것은 황색을 띠고 냄새가 없다.
② 증기는 유독하며 신경계통에 장애를 준다.
③ 물에 녹지 않는다.
④ 연소시 유독성의 가스를 발생한다.

해설 **이황화탄소(CS_2) : 제4류 위험물 중 특수인화물**
① 무색 투명한 액체이다.
② 증기비중(76/29=2.62)은 공기보다 무겁다.
③ 물에는 녹지 않고 알코올, 에테르, 벤젠 등 유기용제에 녹는다.
④ 햇빛에 방치하면 황색을 띤다.
⑤ 연소 시 아황산가스(SO_2) 및 CO_2를 생성한다.

$CS_2 + 3O_2 \rightarrow CO_2 + 2SO_2$(이산화황=아황산)

⑥ 저장 시 저장탱크를 물속에 넣어 가연성증기의 발생을 억제한다.
⑦ 4류 위험물중 착화온도(100℃)가 가장 낮다.
⑧ 화재 시 다량의 포를 방사하여 질식 및 냉각 소화한다.

해답 ①

27 제3류 위험물인 칼륨의 성질이 아닌 것은?

① 물과 반응하여 수산화물과 수소를 만든다.
② 원자가전자가 2개로 쉽게 2가의 양이온이 되어 반응한다.
③ 원자량은 약 39 이다.
④ 은백색 광택을 가지는 연하고 가벼운 고체로 칼로 쉽게 잘라진다.

해설 ② 칼륨은 가전자가 1개로 쉽게 1가의 양이온이 되어 반응한다.

금속칼륨 및 금속나트륨 : 제3류 위험물(금수성)
① 물과 반응하여 수소기체 발생

$2Na + 2H_2O \rightarrow 2NaOH + H_2\uparrow$ (수소발생)
$2K + 2H_2O \rightarrow 2KOH + H_2\uparrow$ (수소발생)

② 파라핀, 경유, 등유 속에 저장

★★자주출제(필수정리)★★
㉠ 칼륨(K), 나트륨(Na)은 파라핀, 경유, 등유 속에 저장
㉡ 황린(3류) 및 이황화탄소(4류)는 물속에 저장

해답 ②

28 제2류 위험물과 산화제를 혼합하면 위험한 이유로 가장 적합한 것은?

① 제2류 위험물이 가연성액체이기 때문에
② 제2류 위험물이 환원제로 작용하기 때문에
③ 제2류 위험물은 자연발화의 위험이 있기 때문에
④ 제2류 위험물은 물 또는 습기를 잘 머금고 있기 때문에

해설 제2류 위험물(환원제)과 산화제를 혼합하면 폭발위험이 있다

환원제
자신은 산화되기 쉽고 다른 물질을 환원시키는 성질이 강한 물질

산화제
자신은 환원되기 쉽고 다른 물질을 산화 시키는 성질이 강한 물질

해답 ②

29 위험물안전관리법상 제3석유류의 액체상태의 판단기준은?

① 1기압과 섭씨 20도에서 액상인 것
② 1기압과 섭씨 25도에서 액상인 것
③ 기압에 무관하게 섭씨 20도에서 액상인 것
④ 기압에 무관하게 섭씨 25도에서 액상인 것

해설 **인화성액체의 판단기준**
액체(제3석유류, 제4석유류 및 동식물유류에 있어서는 1기압과 섭씨 20도에서 액상인 것에 한한다)로서 인화의 위험성이 있는 것을 말한다.

해답 ①

30 니트로셀룰로오스에 관한 설명으로 옳은 것은?

① 용제에는 전혀 녹지 않는다.
② 질화도가 클수록 위험성이 증가한다.
③ 물과 작용하여 수소를 발생한다.
④ 화재발생시 질식소화가 가장 적합하다.

해설 **니트로셀룰로오스**$[(C_6H_7O_2(ONO_2)_3]_n$ **: 제5류 위험물**

셀룰로오스(섬유소)에 진한질산과 진한 황산의 혼합액을 작용시켜서 만든 것이다.

① 비수용성이며 초산에틸, 초산아밀, 아세톤에 잘 녹는다.
② 130℃에서 분해가 시작되고, 180℃에서는 급격하게 연소한다.
③ 직사광선, 산 접촉 시 분해 및 자연 발화한다.
④ 건조상태에서는 폭발위험이 크나 수분함유 시 폭발위험성이 없어 저장 · 운반이 용이하다.
⑤ 질산섬유소라고도 하며 화약에 이용 시 면약(면화약)이라한다
⑥ 셀룰로이드, 콜로디온에 이용 시 질화면이라 한다.
⑦ 질소함유율(질화도)이 높을수록 폭발성이 크다.
⑧ 저장, 운반 시 물(20%) 또는 알코올(30%)을 첨가 습윤시킨다.
⑨ **질화도**(질소함유량)**에 따른 분류**

구분	질화도(질소함유량)
강면약(강질화면)	12.5~13.5%
취 면	10.7~11.2%
약면약(약질화면)	11.2~12.3%

해답 ②

31 위험물의 품명과 지정수량이 잘못 짝지어진 것은?

① 황화린-100kg
② 마그네슘-500kg
③ 알킬알루미늄-10kg
④ 황린-10kg

해설 ④ 황린-제3류 위험물-20kg

해답 ④

32 제5류 위험물이 아닌 것은?

① 클로로벤젠 ② 과산화벤조일
③ 염산히드라진 ④ 아조벤젠

해설 ① 클로로벤젠-제4류-3석유류
② 과산화벤조일-제5류-유기과산화물
③ 염산히드라진-제5류-히드라진유도체
④ 아조벤젠-제5류-아조화합물

제5류 위험물 및 지정수량

성질	품 명	지정수량	위험등급
자기 반응성물질	1. 유기과산화물 2. 질산에스테르류	10kg	I
	3. 니트로화합물 4. 니트로소화합물 5. 아조화합물 6. 디아조화합물 7. 히드라진 유도체	200kg	II
	8. 히드록실아민 9. 히드록실아민염류	100kg	

해답 ①

33 다음은 위험물안전관리법령에서 정의한 동식물유류에 관한 내용이다. ( )에 알맞은 수치는?

> 동물의 지육 등 또는 식물의 종자나 과육으로부터 추출한 것으로서 1기압에서 인화점이 섭씨 ( )도 미만인 것을 말한다.

① 21 ② 200
③ 250 ④ 300

해설 **동식물유류 : 제4류 위험물**

동물의 지육 또는 식물의 종자나 과육으로부터 추출한 것으로 1기압에서 인화점이 250℃ 미만인 것

① 돈지(돼지기름), 우지(소기름) 등이 있다.
② 요오드값이 130이상인 건성유는 자연발화위험이 있다.
③ 인화점이 46℃인 개자유는 저장, 취급시 특별히 주의한다.

요오드값에 따른 동식물유류의 분류

구 분	요오드값	종 류
건성유	130 이상	해바라기기름, 동유(오동기름), 정어리기름, 아마인유, 들기름

구 분	요오드값	종 류
반건성유	100~130	채종유, 쌀겨기름, 참기름, 면실유, 옥수수기름, 청어기름, 콩기름
불건성유	100 이하	야자유, 팜유, 올리브유, 피마자기름, 낙화생기름, 돈지, 우지, 고래기름

해답 ③

34 다음 위험물 중 착화온도가 가장 낮은 것은?

① 이황화탄소 ② 디에틸에테르
③ 아세톤 ④ 아세트알데히드

해설 ① 이황화탄소는 제4류 위험물 중 착화온도가 가장 낮다.

제4류 위험물의 착화온도

품 명	착화온도(℃)
① 이황화탄소	100
② 디에틸에테르	180
③ 아세톤	538
④ 아세트알데히드	185

착화온도(발화온도)
점화원 없이 점화되는 최저온도

해답 ①

35 금속나트륨의 올바른 취급으로 가장 거리가 먼 것은?

① 보호액 속에서 노출되지 않도록 저장한다.
② 수분 또는 습기와 접촉되지 않도록 주의한다.
③ 용기에서 꺼낼 때는 손을 깨끗이 닦고 만져야 한다.
④ 다량 연소하면 소화가 어려우므로 가급적 소량으로 나누어 저장한다.

해설 ③ 용기에서 꺼낼 때는 공구를 사용 할 것

금속칼륨이나 금속나트륨의 취급상 주의사항
① 보호액속에 노출되지 않게 저장할 것
② 수분, 습기 등과의 접촉을 피할 것
③ 용기의 파손에 주의할 것
④ 꺼낼 때는 공구를 사용할 것

금속칼륨 및 금속나트륨 : 제3류 위험물(금수성)
① 물과 반응하여 수소기체 발생

$2Na + 2H_2O \rightarrow 2NaOH + H_2\uparrow$ (수소발생)
$2K + 2H_2O \rightarrow 2KOH + H_2\uparrow$ (수소발생)

② 파라핀, 경유, 등유 속에 저장

★★자주출제(필수정리)★★
㉠ 칼륨(K), 나트륨(Na)은 파라핀, 경유, 등유 속에 저장
㉡ 황린(3류) 및 이황화탄소(4류)는 물속에 저장

해답 ③

36 지정수량의 10배 이상의 위험물을 취급하는 제조소에는 피뢰침을 설치하여야 하지만 제 몇 류 위험물을 취급하는 경우는 이를 제외할 수 있는가?

① 제2류 위험물 ② 제4류 위험물
③ 제5류 위험물 ④ 제6류 위험물

해설 **피뢰침 설치대상**
① 지정수량의 10배 이상 저장창고
② 제6류 위험물 저장창고 제외

해답 ④

37 위험물을 보관하는 방법에 대한 설명 중 틀린 것은?

① 염소산나트륨 : 철제 용기의 사용을 피한다.
② 산화프로필렌 : 저장시 구리용기에 질소 등 불활성기체를 충전한다.
③ 트리에틸알루미늄 : 용기는 밀봉하고 질소 등 불활성기체를 충전한다.
④ 황화린 : 냉암소에 저장한다.

해설 **산화프로필렌(CH_3CH_2CHO) : 제4류 위험물 중 특수인화물**
① 휘발성이 강하고 에테르냄새가 나는 액체이다.
② 물, 알코올, 벤젠 등 유기용제에는 잘 녹는다.
③ 연소범위는 2.5~38.5%이다
④ 저장용기 사용 시 구리, 마그네슘, 은, 수은 및 합금용기 사용금지(아세틸리드 생성)

⑤ 저장 용기내에 질소(N_2) 등 불연성가스를 채워 둔다.
⑥ 소화는 포 약제로 질식 소화한다.

해답 ②

38 위험물안전관리법령상 위험물의 운반에 관한 기준에 따르면 지정수량 얼마 이하의 위험물에 대하여는 "유별을 달리하는 위험물의 혼재기준"을 적용하지 아니하여도 되는가?

① 1/2 ② 1/3
③ 1/5 ④ 1/10

해설 **위험물의 운반에 따른 유별을 달리하는 위험물의 혼재기준**(쉬운 암기방법)

혼재 가능	
↓1류 + 6류↑	2류 + 4류
↓2류 + 5류↑	5류 + 4류
↓3류 + 4류↑	

해답 ④

39 제6류 위험물의 위험성에 대한 설명으로 틀린 것은?

① 질산을 가열할 때 발생하는 적갈색증기는 무해하지만 가연성이며 폭발성이 강하다.
② 고농도의 과산화수소는 충격, 마찰에 의해서 단독으로도 분해 폭발할 수 있다.
③ 과염소산은 유기물과 접촉시 발화 또는 폭발할 위험이 있다.
④ 과산화수소는 햇빛에 의해서 분해되며, 촉매(MnO_2) 하에서 분해가 촉진된다.

해설 ① 질산을 가열할 때 발생하는 흰색기체는 매우 독성이 강하다.

질산(HNO_3) : **제6류 위험물(산화성 액체)**
① 무색의 발연성 액체이다.
② 시판품은 일반적으로 68%이다.
③ 빛에 의하여 일부 분해되어 생긴 NO_2 때문에 황갈색으로 된다.

$$4HNO_3 \rightarrow 2H_2O + 4NO_2\uparrow + O_2\uparrow$$
(이산화질소) (산소)

④ 질산을 오산화인(P_2O_5)과 작용시키면 오산화질소(N_2O_5)가 된다.
⑤ 저장용기는 직사광선을 피하고 찬 곳에 저장한다.
⑥ 실험실에서는 갈색병에 넣어 햇빛에 차단시킨다.
⑦ 환원성물질과 혼합하면 발화 또는 폭발한다.

크산토프로테인반응(xanthoprotenic reaction)
단백질에 진한질산을 가하면 노란색으로 변하고 알칼리를 작용시키면 오렌지색으로 변하며, 단백질 검출에 이용된다.

⑧ 다량의 질산화재에 소량의 주수소화는 위험하다.
⑨ 마른모래 및 CO_2로 소화한다.
⑩ 위급 시에는 다량의 물로 냉각 소화한다.

해답 ①

40 과망간산칼륨의 일반적인 성질에 관한 설명 중 틀린 것은?

① 강한 살균력과 산화력이 있다.
② 금속성 광택이 있는 무색의 결정이다.
③ 가열분해시키면 산소를 방출한다.
④ 비중은 약 2.7 이다.

해설 ② 과망간산칼륨은 흑자색의 주상결정이다.

과망간산칼륨($KMnO_4$) : **제1류 위험물 중 과망간산염류**
① 흑자색의 주상결정으로 물에 녹아 진한보라색을 띠고 강한 산화력과 살균력이 있다.
② 염산과 반응 시 염소(Cl_2)를 발생시킨다.
③ 240℃에서 산소를 방출한다.

$$2KMnO_4 \rightarrow K_2MnO_4 + MnO_2 + O_2\uparrow$$
(망간산칼륨) (이산화망간) (산소)

④ 알코올, 에테르, 글리세린, 황산과 접촉 시 폭발우려가 있다.
⑤ 주수소화 또는 마른모래로 피복소화한다.
⑥ 강알칼리와 반응하여 산소를 방출한다.

해답 ②

41 위험물의 성질에 관한 설명 중 옳은 것은?

① 벤젠과 톨루엔 중 인화온도가 낮은 것은 톨루엔이다.

② 디에틸에테르는 휘발성이 높으며 마취성이 있다.
③ 에틸알코올은 물이 조금이라도 섞이면 불연성 액체가 된다.
④ 휘발유는 전기 양도체이므로 정전기 발생이 위험하다.

해설 ① 벤젠(1석유류)과 톨루엔(1석유류) 중 인화온도가 낮은 것은 벤젠이다.
② 디에틸에테르는 휘발성이 높으며 마취성이 있다.
③ 에틸알코올은 물이 다량 섞이면 불연성 액체가 된다.
④ 휘발유는 전기 부도체이므로 정전기 발생이 위험하다.

해답 ②

42 위험물안전관리법령상 품명이 질산에스테르류에 속하지 않는 것은?

① 질산에틸 ② 니트로글리세린
③ 니트로톨루엔 ④ 니트로셀룰로오스

해설 **질산에스테르류**
① 질산메틸 ② 질산에틸
③ 니트로글리세린 ④ 니트로셀룰로오스

해답 ③

43 휘발유를 저장하던 이동저장탱크에 등유나 경유를 탱크상부로부터 주입할 때 액 표면이 일정 높이가 될 때까지 위험물의 주입관내 유속을 몇 m/s 이하로 하여야 하는가?

① 1 ② 2
③ 3 ④ 5

해설 **휘발유를 저장하던 이동저장탱크에 등유나 경유를 주입할 때 또는 등유나 경유를 저장하던 이동저장탱크에 휘발유를 주입할 때에는 다음의 기준에 따라 정전기 등에 의한 재해를 방지하기 위한 조치를 할 것**
① 이동저장탱크의 상부로부터 위험물을 주입할 때에는 위험물의 액표면이 주입관의 선단을 넘는 높이가 될 때까지 그 주입관내의 유속을 1m/sec 이하로 할 것
② 이동저장탱크의 밑부분으로부터 위험물을 주입할 때에는 위험물의 액표면이 주입관의 정상부분을 넘는 높이가 될 때까지 그 주입배관내의 유속을 초당 1m 이하로 할 것
③ 그 밖의 방법에 의한 위험물의 주입은 이동저장탱크에 가연성증기가 잔류하지 아니하도록 조치하고 안전한 상태로 있음을 확인한 후에 할 것

해답 ①

44 제조소의 게시판 사항 중 위험물의 종류에 따른 주의사항이 옳게 연결된 것은?

① 제2류 위험물(인화성고체 제외)–화기엄금
② 제3류 위험물 중 금수성물질– 물기엄금
③ 제4류 위험물–화기주의
④ 제5류 위험물–물기엄금

해설 **위험물제조소의 표지 및 게시판**
① 표지는 가로 0.6m 이상, 세로 0.3m 이상
② 바탕은 백색, 문자는 흑색

게시판의 설치기준
① 한 변의 길이가 0.3m 이상, 다른 한 변의 길이가 0.6m 이상인 직사각형으로 할 것
② 위험물의 유별 · 품명 및 저장최대수량 또는 취급최대수량, 지정수량의 배수 및 안전 관리자의 성명 또는 직명을 기재할 것
③ 게시판의 바탕은 백색으로, 문자는 흑색으로 할 것
④ 저장 또는 취급하는 위험물에 따라 주의사항 게시판을 설치할 것

위험물의 종류	주의사항 표시	게시판의 색
제1류(알칼리금속 과산화물) 제3류(금수성 물품)	물기엄금	청색바탕에 백색문자
제2류(인화성 고체 제외)	화기주의	적색바탕에 백색문자
제2류(인화성 고체) 제3류(자연발화성 물품) 제4류 제5류	화기엄금	

해답 ②

45 위험물안전관리법령상 할로겐화합물소화기가 적응성이 있는 위험물은?

① 나트륨　　② 질산메틸
③ 이황화탄소　　④ 과산화나트륨

해설 **인화성액체**(제4류) **위험물 화재**(B급 화재)
① 비수용성인 석유류화재에 봉상주수(옥내 및 옥외) 또는 적상주수(스프링클러)를 하면 연소면이 확대된다.
② 포 소화약제 또는 물분무가 적합하다.
③ 분말, 이산화탄소 또는 할로겐화합물 소화약제도 적응성이 있다.

금수성 위험물질에 적응성이 있는 소화기
① 탄산수소염류
② 마른 모래
③ 팽창질석 또는 팽창진주암

해답 ③

46 히드록실아민을 취급하는 제조소에 두어야하는 최소한의 안전거리(D)를 구하는 산식으로 옳은 것은? (단, N은 당해 제조소에서 취급하는 히드록실아민의 지정수량 배수를 나타낸다.)

① $D=40\sqrt[3]{N}$　　② $D=51.1\sqrt[3]{N}$
③ $D=55\sqrt[3]{N}$　　④ $D=62.1\sqrt[3]{N}$

해설 **히드록실아민 등을 취급하는 제조소의 안전거리**

$$D=51.1\sqrt[3]{N}$$

여기서, D : 거리(m)
N : 당해 제조소에서 취급하는 히드록실아민 등의 지정수량의 배수

해답 ②

47 위험물의 유별과 성질을 잘못 연결한 것은?

① 제2류–가연성고체
② 제3류–자연발화성 및 금수성물질
③ 제5류–자기반응성물질
④ 제6류–산화성고체

해설 **위험물의 분류 및 성질**

유별	성 질
제1류	산화성고체
제2류	가연성고체
제3류	자연발화성 및 금수성
제4류	인화성액체
제5류	자기반응성
제6류	산화성액체

해답 ④

48 위험물의 운반시 혼재가 가능한 것은? (단, 지정수량 10배의 위험물인 경우이다.)

① 제1류 위험물과 제2류 위험물
② 제2류 위험물과 제3류 위험물
③ 제4류 위험물과 제5류 위험물
④ 제5류 위험물과 제6류 위험물

해설 **위험물의 운반에 따른 유별을 달리하는 위험물의 혼재기준**(쉬운 암기방법)

혼재 가능	
↓1류 + 6류↑	2류 + 4류
↓2류 + 5류↑	5류 + 4류
↓3류 + 4류↑	

해답 ③

49 아세톤의 성질에 관한 설명으로 옳은 것은?

① 비중은 1.02이다.
② 물에 불용이고, 에테르에 잘 녹는다.
③ 증기 자체는 무해하나, 피부에 닿으면 탈지작용이 있다.
④ 인화점이 0℃ 보다 낮다.

해설 ① 비중은 0.79이다.
② 물에 잘 녹고 에테르에도 잘 녹는다.
③ 증기는 독성이 강하고 피부에 닿으면 탈지작용을 한다.
④ 인화점은 −18℃이다.

아세톤(CH_3COCH_3) **: 제4류 1석유류**
① 무색의 휘발성 액체이다.
② 물 및 유기용제에 잘 녹는다.
③ 요오드포름 반응을 한다.

요오드포름 반응

아세톤, 아세트알데히드, 에틸알코올에 수산화칼륨(KOH)과 요오드를 반응시키면 노란색의 요오드포름(CHI_3)의 침전물이 생성된다.

아세톤 $\xrightarrow{KOH\ +\ I_2}$ 요오드포름(CHI_3)(노란색)

④ 아세틸렌을 잘 녹이므로 아세틸렌(용해가스) 저장시 아세톤에 용해시켜 저장한다.
⑤ 보관 중 황색으로 변색되며 햇빛에 분해가 된다.
⑥ 피부 접촉 시 탈지작용을 한다.
⑦ 다량의물 또는 알코올포로 소화한다.

해답 ④

50 위험물 저장탱크의 공간용적은 탱크 내용적의 얼마 이상, 얼마 이하로 하는가?

① $\frac{2}{100}$ 이상, $\frac{3}{100}$ 이하
② $\frac{2}{100}$ 이상, $\frac{5}{100}$ 이하
③ $\frac{5}{100}$ 이상, $\frac{10}{100}$ 이하
④ $\frac{10}{100}$ 이상, $\frac{20}{100}$ 이하

해설 **위험물 저장탱크의 공간용적**

5%$\left(\frac{5}{100}\right)$ 이상 10%$\left(\frac{10}{100}\right)$ 이하

해답 ③

51 「제조소 일반점검표」에 기재되어 있는 위험물 취급설비 중 안전장치의 점검내용이 아닌 것은?

① 회전부 등의 급유상태의 적부
② 부식 · 손상의 유무
③ 고정상황의 적부
④ 기능의 적부

해설 **제조소, 일반취급소의 일반점검표 중 안전장치의 점검내용**

① 부식 · 손상의 유무−육안검사
② 고정상황의 적부−육안검사
③ 기능의 적부−작동확인검사

해답 ①

52 제3류 위험물 중 금수성 물질을 제외한 위험물에 적응성이 있는 소화설비가 아닌 것은?

① 분말소화설비 ② 스프링클러설비
③ 팽창질석 ④ 포소화설비

해설 **제3류 위험물 중 금수성을 제외한 물질(황린)적응 소화설비**

① 스프링클러설비
② 팽창질석 또는 팽창진주암
③ 포소화설비

금수성 위험물질에 적응성이 있는 소화기

① 탄산수소염류
② 마른 모래
③ 팽창질석 또는 팽창진주암

해답 ①

53 제2류 위험물 중 지정수량이 잘못 연결된 것은?

① 유황−100kg
② 철분−500kg
③ 금속분−500kg
④ 인화성고체−500kg

해설 ④ 인화성고체−1000kg

제2류 위험물의 지정수량

성 질	품 명	지정수량	위험등급
가연성 고체	황화린, 적린, 유황	100kg	Ⅱ
	철분, 금속분, 마그네슘	500kg	Ⅲ
	인화성 고체	1,000kg	

해답 ④

54 위험물안전관리법상 설치허가 및 완공검사절차에 관한 설명으로 틀린 것은?

① 지정수량의 1천배 이상의 위험물을 취급하는 제조소는 한국소방산업기술원으로부터 당해 제조소의 구조 · 설비에 관한 기술검토를 받아야 한다.
② 50만 리터 이상인 옥외탱크저장소는 한국소방산업기술원으로부터 당해 탱크의 기초 · 지반 및 탱크본체에 관한 기술검토를

받아야 한다.

③ 지정수량의 1천배 이상의 제4류 위험물을 취급하는 일반 취급소의 완공검사는 한국소방산업기술원이 실시한다.

④ 50만 리터 이상인 옥외탱크저장소의 완공검사는 한국소방산업기술원이 실시한다.

해설 ③ 지정수량의 1천배 이상의 위험물을 취급하는 제조소 또는 일반취급소의 설치 또는 변경에 따른 완공검사는 한국소방산업기술원이 실시한다.

해답 ③

55 인화점이 100℃ 보다 낮은 물질은?

① 아닐린　② 에틸렌글리콜
③ 글리세린　④ 실린더유

해설 **제4류 위험물의 인화점**

품명	유별	인화점(℃)
① 아닐린	3석유류	75
② 에틸렌글리콜	3석유류	111
③ 글리세린	3석유류	160
④ 실린더유	4석유류	250

해답 ①

56 제조소의 건축물 구조기준 중 연소의 우려가 있는 외벽은 출입구외의 개구부가 없는 내화구조의 벽으로 하여야 한다. 이 때 연소의 우려가 있는 외벽은 제조소가 설치된 부지의 경계선에서 몇 m 이내에 있는 외벽을 말하는가? (단, 단층 건물일 경우이다.)

① 3　②4
③ 5　④ 6

해설 **연소의 우려가 있는 외벽**
당해 제조소등의 인접경계선, 제조소등에 면하는 도로중심선 또는 동일 부지 내에 다른 건축물이 있는 경우에는 상호 외벽간의 중심선으로부터 3m 이내(제조소등의 건축물이 1층인 경우) 또는 5m 이내(제조소등의 건축물이 2층 이상인 경우)의 거리에 있는 제조소등의 외벽 부분

해답 ①

57 위험물의 지정수량이 나머지 셋과 다른 하나는?

① $NaClO_4$　② MgO_2
③ KNO_3　④ NH_4ClO_3

해설 ① 과염소산나트륨-50kg
② 과산화마그네슘-50kg
③ 질산칼륨-300kg
④ 염소산암모늄-50kg

제1류 위험물 및 지정수량

성질	품 명		지정수량	위험등급
산화성고체	아염소산염류, 염소산염류, 과염소산염류, 무기과산화물		50kg	Ⅰ
	브롬산염류, 질산염류, 요오드산염류		300kg	Ⅱ
	과망간산염류, 중크롬산염류		1000kg	Ⅲ
	행정안전부령이 정하는 것	① 과요오드산염류 ② 과요오드산 ③ 크롬, 납 또는 요오드의 산화물 ④ 아질산염류 ⑤ 염소화이소시아눌산 ⑥ 퍼옥소이황산염류 ⑦ 퍼옥소붕산염류	300kg	Ⅱ
		⑧ 차아염소산염류	50kg	Ⅰ

해답 ③

58 적린과 동소체 관계에 있는 위험물은?

① 오황화린　② 인화알루미늄
③ 인화칼슘　④ 황린

해설 **동소체** : 같은 원소로 구성되어 있으나 성질이 다른 단체

원소	동소체
산소	산소와 오존
탄소	다이아몬드, 흑연, 숯
황	사방황, 단사황, 고무상황
인	붉은인, 노란인

• 동소체가 성질이 다른 이유 : 원자배열상태가 다르기 때문이다.
• 동소체의 증명 : 연소 시 같은 물질이 생성되면 동소체이다.

해답 ④

59 과산화바륨의 취급에 대한 설명 중 틀린 것은?

① 직사광선을 피하고, 냉암소에 둔다.
② 유기물, 산 등의 접촉을 피한다.
③ 피부와 직접적인 접촉을 피한다.
④ 화재시 주수소화가 가장 효과적이다.

해설 **과산화바륨의 일반적 성질**

① 탄산가스와 반응하여 탄산염과 산소 발생

$2BaO_2 + 2CO_2 \rightarrow 2BaCO_3 + O_2\uparrow$
(탄산바륨) (산소)

② 염산과 반응하여 염화바륨과 과산화수소 생성

$BaO_2 + 2HCl \rightarrow BaCl_2 + H_2O_2\uparrow$
(염화바륨) (과산화수소)

③ 가열 또는 온수와 접촉하면 산소가스를 발생

가열 $2BaO_2 \rightarrow 2BaO + O_2\uparrow$
(산화바륨) (산소)
온수와 반응 $2BaO_2 + 2H_2O \rightarrow 2Ba(OH)_2 + O_2\uparrow$
(수산화바륨) (산소)

해답 ④

60 위험물안전관리법에서 사용하는 용어의 정의 중 틀린 것은?

① "지정수량"은 위험물의 종류별로 위험성을 고려하여 대통령령이 정하는 수량이다.
② "제조소"라 함은 위험물을 제조할 목적으로 지정수량 이상의 위험물을 취급하기 위하여 규정에 따라 허가를 받은 장소이다.
③ "저장소"라 함은 지정수량 이상의 위험물을 저장하기 위한 대통령령이 정하는 장소로서 규정에 따라 허가를 받은 장소를 말한다.
④ "제조소등"이라 함은 제조소, 저장소 및 이동탱크를 말한다.

해설 ④ "제조소등"이라 함은 제조소, 저장소 및 취급소를 말한다.

해답 ④

국가기술자격 필기시험문제

2017 CBT 시험 기출문제 복원 [제 4 회]

자격종목	시험시간	문제수	형별	수험번호	성 명
위험물기능사	1시간	60	A		

본 문제는 CBT시험대비 기출문제 복원입니다.

01 소화기에 "A-2"로 표시되어 있었다면 숫자 "2"가 의미하는 것은 무엇인가?

① 소화기의 제조번호
② 소화기의 소요단위
③ 소화기의 능력단위
④ 소화기의 사용순위

해설 **소화기의 표시사항**

구분	A-2	B-3
적응화재	A급(일반화재)	B급(유류화재)
능력단위	2 단위	3 단위

해답 ③

02 화재 시 물을 이용한 냉각소화를 할 경우 오히려 위험성이 증가하는 물질은?

① 질산에틸　② 마그네슘
③ 적린　④ 황

해설 **마그네슘(Mg) : 제2류 위험물**
① 2mm체 통과 못하는 덩어리는 위험물에서 제외
② 직경 2mm 이상 막대모양은 위험물에서 제외
③ 은백색의 광택이 나는 가벼운 금속
④ **물(수증기)과 작용하여 수소를 발생**(주수소화금지)

$Mg + 2H_2O \rightarrow Mg(OH)_2 + H_2\uparrow$
(수산화마그네슘)(수소)

⑤ CO_2 소화약제를 방사하면 주위의 공기 중 수분이 응축하여 위험.
⑥ 산과 작용하여 수소를 발생

$Mg + 2HCl \rightarrow MgCl_2 + H_2\uparrow$
(염화마그네슘)(수소)

⑦ 공기 중 습기에 발열되어 자연발화 위험
⑧ 주수소화는 엄금이며 마른모래 등으로 피복소화

해답 ②

03 석유류가 연소할 때 발생하는 가스로 강한 자극적인 냄새가 나며 취급하는 장치를 부식시키는 것은?

① H_2　② CH_4
③ NH_3　④ SO_2

해설 **아황산가스**(SO_2)
① 석유류 연소 시 발생하는 가스
② 물에 대단히 잘 녹는 무색의 자극성이 있는 불연성 가스
③ 대기 중에서 산화된 후 수분과 결합하여 황산이 된다.

해답 ④

04 위험물안전관리법령에 따른 건축물 그 밖의 공작물 또는 위험물의 소요단위의 계산방법의 기준으로 옳은 것은?

① 위험물은 지정수량의 100배를 1소요단위로 할 것
② 저장소의 건축물은 외벽이 내화구조인 것은 연면적 $100m^2$ 를 1소요단위로 할 것
③ 저장소의 건축물은 외벽이 내화구조가 아닌 것은 연면적 $50m^2$ 를 1소요단위로 할 것
④ 제조소 또는 취급소용으로서 옥외에 있는 공작물인 경우 최대수평투영면적 $100m^2$ 를 1소요단위로 할 것

해설 **소요단위의 계산방법**
① 제조소 또는 취급소의 건축물

외벽이 내화구조인 것	외벽이 내화구조가 아닌 것
연면적 $100m^2$를 1소요단위	연면적 $50m^2$를 1소요단위

② 저장소의 건축물

외벽이 내화구조인 것	외벽이 내화구조가 아닌 것
연면적 $150m^2$를 1소요단위	연면적 $75m^2$를 소요단위

③ 위험물은 지정수량의 10배를 1소요단위로 할 것

해답 ④

05 지정수량 10배의 위험물을 저장 또는 취급하는 제조소에 있어서 연면적이 최소 몇 m^2이면 자동화재탐지설비를 설치해야 하는가?

① 100 ② 300
③ 500 ④ 1000

해설 **자동화재탐지설비 설치대상**
- 연면적 $500m^2$ 이상 제조소 및 일반취급소
- 옥내에서 지정수량의 100배 이상을 저장 또는 취급하는 제조소, 일반취급소, 옥내저장소

해답 ③

06 위험물안전관리법령상 특수인화물의 정의에 대해 다음 ( )안에 알맞은 수치를 차례대로 옳게 나열한 것은?

"특수인화물"이라 함은 이황화탄소, 디에틸에테르 그밖에 1기압에서 발화점이 섭씨 ( )도 이하인 것 또는 인화점이 섭씨 영하 ( )도 이하이고 비점이 섭씨 40도 이하인 것을 말한다.

① 100, 20 ② 25,0
③ 100, 0 ④ 25, 20

해설 **제4류 위험물(인화성 액체)**

구 분	지정품목	기타 조건(1atm에서)
특수인화물	이황화탄소 디에틸에테르	• 발화점이 100℃ 이하 • 인화점 -20℃ 이하이고 비점이 40℃ 이하
제1석유류	아세톤 휘발유	• 인화점 21℃ 미만
알코올류	C_1~C_3까지 포화 1가 알코올(변성알코올 포함) • 메틸알코올 • 에틸알코올 • 프로필알코올	
제2석유류	등유, 경유	• 인화점 21℃ 이상 70℃ 미만
제3석유류	중유 클레오소트유	• 인화점 70℃ 이상 200℃ 미만
제4석유류	기어유 실린더유	• 인화점 200℃ 이상 250℃ 미만
동식물유류	동물의 지육 등 또는 식물의 종자나 과육으로부터 추출한 것으로서 인화점이 250℃ 미만인 것	

해답 ①

07 황린에 대한 설명으로 옳지 않은 것은?

① 연소하면 악취가 있는 검은색 연기를 낸다.
② 공기 중에서 자연발화 할 수 있다.
③ 수중에 저장하여야 한다.
④ 자체 증기도 유독하다.

해설 ① 황린은 연소하면 오산화인(P_2O_5)의 흰 연기가 발생한다.

황린(P_4)[백린] : 제3류 위험물(자연발화성물질)
① 백색 또는 담황색의 고체이다.
② 공기 중 약 40~50℃에서 자연 발화한다.
③ 저장 시 자연 발화성이므로 반드시 물속에 저장한다.
④ 인화수소(PH_3)의 생성을 방지하기 위하여 물의 pH9가 안전한계이다.
⑤ 물의 온도가 상승 시 황린의 용해도가 증가되어 산성화속도가 빨라진다.
⑥ 연소 시 오산화인(P_2O_5)의 흰 연기가 발생한다.

$P_4 + 5O_2 \rightarrow 2P_2O_5$(오산화인)

⑦ 강알칼리의 용액에서는 유독기체인 포스핀(PH_3) 발생한다. 따라서 저장시 물의 pH(수소이온농도)는 9를 넘어서는 안된다.(물은 약알칼리의 석회 또는 소다회로 중화하는 것이 좋다.)

$P_4 + 3NaOH + 3H_2O \rightarrow 3NaH_2PO_2 + PH_3\uparrow$
(인화수소=포스핀)

⑧ 약 250℃로 가열(공기차단)시 적린이 된다.
⑨ 피부 접촉 시 화상을 입는다.
⑩ 소화는 물분무, 마른모래 등으로 질식소화한다.
⑪ 고압의 주수소화는 황린을 비산시켜 연소면이 확대될 우려가 있다.

해답 ①

08 다음 중 화재 시 사용하면 독성의 $COCl_2$ 가스를 발생시킬 위험이 가장 높은 소화약제는?

① 액화이산화탄소 ② 제1종 분말
③ 사염화탄소 ④ 공기포

해설 CTC(Carbon Tetra Chloride, 사염화탄소)
① 할로겐화합물 소화약제
② 방사 시 포스겐($COCl_2$)의 맹독성가스 발생으로 현재는 사용 금지된 소화약제
③ 화학식은 CCl_4이다.

해답 ③

09 위험물안전관리법령상 탄산수소염류의 분말 소화기가 적응성을 갖는 위험물이 아닌 것은?

① 과염소산 ② 철분
③ 톨루엔 ④ 아세톤

해설 ① 과염소산 -6류-다량의 물로 주수소화

탄산수소염류(제1종 분말 및 제2종 분말)**분말소화기의 적응성**
① 금수성 위험물
② 제4류(인화성액체)

해답 ①

10 위험물의 유별에 따른 성질과 해당 품명의 예가 잘못 연결된 것은?

① 제1류 : 산화성 고체 – 무기과산화물
② 제2류 : 가연성 고체 – 금속분
③ 제3류 : 자연발화성 물질 및 금수성 물질 – 황화린
④ 제5류 : 자기반응성물질 – 히드록실아민염류

해설 ③ 제3류 : 자연발화성 물질-황린

해답 ③

11 금속분의 연소 시 주수소화 하면 위험한 원인으로 옳은것은?

① 물에 녹아 산이 된다.
② 물과 작용하여 유독가스를 발생한다.
③ 물과 작용하여 수소가스를 발생한다.
④ 물과 작용하여 산소가스를 발생한다.

해설 **제2류 위험물의 공통적 성질**
① 낮은 온도에서 착화가 쉬운 가연성 고체이다.
② 연소속도가 빠른 고체이다.
③ 연소 시 유독가스를 발생하는 것도 있다.
④ 금속분은 물 또는 산과 접촉 시 발열된다.
⑤ 철분, 마그네슘, 금속분은 물과 접촉 시 수소가스 발생

해답 ③

12 트리에틸알루미늄의 화재 시 사용할 수 있는 소화약제(설비)가 아닌 것은?

① 마른모래 ② 팽창질석
③ 팽창진주암 ④ 이산화탄소

해설 **알킬알루미늄**[(C_nH_{2n+1}) · Al] **: 제3류 위험물(금수성 물질)**
① 알킬기(C_nH_{2n+1})에 알루미늄(Al)이 결합된 화합물이다.
② C_1~C_4는 자연발화의 위험성이 있다.
③ 물과 접촉 시 가연성 가스 발생하므로 주수소화는 절대 금지한다.
④ 트리메틸알루미늄
(TMA : Tri Methyl Aluminium)
$(CH_3)_3Al + 3H_2O \rightarrow Al(OH)_3 + 3CH_4\uparrow$ (메탄)
⑤ 트리에틸알루미늄
(TEA : Tri Eethyl Aluminium)
$(C_2H_5)_3Al + 3H_2O \rightarrow Al(OH)_3 + 3C_2H_6\uparrow$ (에탄)
⑥ 저장용기에 불활성기체(N_2)를 봉입한다.
⑦ 피부접촉 시 화상을 입히고 연소 시 흰 연기가 발생한다.
⑧ 소화 시 주수소화는 절대 금하고 팽창질석, 팽창진주암, 마른모래 등으로 피복소화한다.

해답 ④

13 공정 및 장치에서 분진폭발을 예방하기 위한 조치로서 가장 거리가 먼 것은?

① 플랜트는 공정별로 구분하고 폭발의 파급을 피할 수 있도록 분진취급 공정을 습식으로 한다.

② 분진이 물과 반응하는 경우는 물 대신 휘발성이 적은 유류를 사용하는 것이 좋다.
③ 배관의 연결부위나 기계가동에 의해 분진이 누출될 염려가 있는 곳은 봉인이나 밀폐를 철저히 한다.
④ 가연성분진을 취급하는 장치류는 밀폐하지 말고 분진이 외부로 누출되도록 한다.

해설 ④ 가연성분진을 취급하는 장치류는 밀폐하여 분진이 외부로 누출되지 않도록 한다.

해답 ④

14 다음 중 발화점이 낮아지는 경우는?

① 화학적 활성도가 낮을 때
② 발열량이 클 때
③ 산소와 친화력이 나쁠 때
④ CO_2와 친화력이 높을 때

해설 **발화점**(착화온도)**이 낮아지는 경우**
① 압력이 높을 때
② 습도가 낮을 때
③ 발열량이 클 때
④ 산소와 친화력이 좋을 때

해답 ②

15 위험물안전관리법상 제조소등에 대한 긴급사용정지 명령에 관한 설명으로 옳은 것은?

① 시 · 도지사는 명령을 할 수 없다.
② 제조소등의 관계인 뿐 아니라 해당시설을 사용하는 자에게도 명령할 수 있다.
③ 제조소등의 관계자에게 위법사유가 없는 경우에도 명령 할 수 있다.
④ 제조소등의 위험물취급설비의 중대한 결함이 발견되거나 사고우려가 인정되는 경우에만 명령할 수 있다.

해설 **위험물안전관리법 제25조(제조소등에 대한 긴급사용정지명령 등)**
시 · 도지사, 소방본부장 또는 소방서장은 공공의 안전을 유지하거나 재해의 발생을 방지하기 위하여 긴급한 필요가 있다고 인정하는 때에는 제조소등의 관계인에 대하여 당해 제조소등의 사용을 일시정지하거나 그 사용을 제한할 것을 명할 수 있다.

해답 ③

16 주유취급소에 다음과 같이 전용탱크를 설치하였다. 최대로 저장 · 취급할 수 있는 용량은 얼마인가? (단, 고속도로 외의 도로변에 설치하는 자동차용 주유취급소인 경우이다.)

- 간이탱크 : 2기
- 폐유탱크등 : 1기
- 고정주유설비 및 급유설비 접속하는 전용탱크 : 2기

① 103,200리터 ② 104,600리터
③ 123,200리터 ④ 124,200리터

해설 **주유취급소 설치할 수 있는 탱크**
① 자동차 등에 주유하기 위한 고정주유설비에 직접 접속하는 전용탱크로서 50,000L 이하
② 고정급유설비에 직접 접속하는 전용탱크로서 50,000L 이하
③ 보일러 등에 직접 접속하는 전용탱크로서 10,000L 이하
④ 자동차 등을 점검 · 정비하는 작업장 등(주유취급소안에 설치된 것)에서 사용하는 폐유 · 윤활유 등의 위험물을 저장하는 탱크로서 용량(2 이상 설치하는 경우에는 각 용량의 합계)이 2,000L 이하인 탱크(이하 "폐유탱크 등"이라 한다)
⑤ 고정주유설비 또는 고정급유설비에 직접 접속하는 3기 이하의 간이탱크
⑥ 간이저장탱크의 용량은 600L 이하

최대 저장 취급할 수 있는 탱크용량 계산
Q = 2기(간이탱크) × 600L
+ 1기(폐유탱크 등) × 2000L
+ 2기(전용탱크) × 50000L
= 103,200L

해답 ①

17 옥외저장소에 덩어리 상태의 유황만을 지반면에 설치한 경계표시의 안쪽에서 저장할 경우

하나의 경계표시의 내부면적은 몇 m^2 이하 이어야 하는가?

① 75　　② 100
③ 300　　④ 500

해설 **덩어리 상태의 유황만을 지반면에 설치한 경계표시의 안쪽에서 저장, 취급하는 것의 기술기준**
① 하나의 경계표시의 내부의 면적 : $100m^2$ 이하
② 2 이상의 경계표시를 설치하는 경우에 있어서는 각각의 경계표시 내부의 면적을 합산한 면적은 $1,000m^2$ 이하로 할 것
③ 경계표시 : 불연재료로 만드는 동시에 유황이 새지 않는 구조로 할 것
④ 경계표시의 높이 : 1.5m 이하

해답 ②

18 연소의 종류와 가연물을 틀리게 연결한 것은?

① 증발연소 – 가솔린, 알코올
② 표면연소 – 코크스, 목탄
③ 분해연소 – 목재, 종이
④ 자기연소 – 에테르, 나프탈렌

해설 ④ 자기연소–질화면(니트로셀룰로오즈), 셀룰로이드, 니트로글리세린등 제5류 위험물

연소의 형태 ★★ 자주출제(필수암기)★★
① **표면연소**(surface reaction)
숯, 코크스, 목탄, 금속분
② **증발연소**(evaporating combustion)
파라핀(양초), 황, 나프탈렌, 왁스, 휘발유, 등유, 경유, 아세톤 등 제4류 위험물
③ **분해연소**(decomposing combustion)
석탄, 목재, 플라스틱, 종이, 합성수지, 중유
④ **자기연소**(내부연소)
질화면(니트로셀룰로오스), 셀룰로이드, 니트로글리세린 등 제5류 위험물
⑤ **확산연소**(diffusive burning)
아세틸렌, LPG, LNG 등 가연성 기체
⑥ **불꽃연소+표면연소**
목재, 종이, 셀룰로오스, 열경화성수지

해답 ④

19 화재종류 중 금속화재에 해당하는 것은?

① A급　　② B급
③ C급　　④ D급

해설 **화재의 분류** ★★ 자주출제(필수암기) ★★

종 류	등급	색표시	주된 소화방법
일반화재	A급	백색	냉각소화
유류 및 가스화재	B급	황색	질식소화
전기화재	C급	청색	질식소화
금속화재	D급	–	피복소화
주방화재	K급	–	냉각 및 질식 소화

해답 ④

20 다음 중 물과 접촉하면 열과 산소가 발생하는 것은?

① $NaClO_2$　　② $NaClO_3$
③ $KMnO_4$　　④ Na_2O_2

해설 **알칼리금속 과산화물**
① 물과 접촉 시 반응하여 산소를 방출하므로 습기와 접촉금지(금수성 물질)
$2Na_2O_2 + 2H_2O \rightarrow 4NaOH + O_2\uparrow$
② 조해성물질은 저장용기를 밀폐시킨다.
③ 가열, 충격, 마찰을 금지한다.

해답 ④

21 다음 위험물 중 물에 대한 용해도가 가장 낮은 것은?

① 아크릴산　　② 아세트알데히드
③ 벤젠　　④ 글리세린

해설 ① 아크릴산–제4류–제2석유류–수용성 ($CH_2=CHCOOH$)
② 아세트알데히드–제4류–특수인화물–수용성
③ 벤젠–제4류–제1석유류–비수용성
④ 글리세린–제4류–제3석유류–수용성

벤젠(Benzene : C_6H_6) : **제4류 위험물 중 1석유류**
① 착화온도 : 562℃
② 벤젠증기는 마취성 및 독성이 강하다.
③ 비수용성이며 알코올, 아세톤, 에테르에는 용해
④ 취급 시 정전기에 유의해야 한다.

해답 ③

22 위험물의 저장방법에 대한 설명으로 옳은 것은?

① 황화린은 알코올 또는 과산화물 속에 저장하여 보관한다.
② 마그네슘은 건조하면 분진폭발의 위험성이 있으므로 물에 습윤하여 저장한다.
③ 적린은 화재예방을 위해 할로겐 원소와 혼합하여 저장한다.
④ 수소화리튬은 저장용기에 아르곤과 같은 불활성 기체를 봉입한다.

해설 ① 황화린은 과산화물과 만나면 자연발화한다.
② 마그네슘은 물과 접촉시 수소기체를 발생하여 위험하다.
③ 적린은 할로겐원소와 작용하여 폭발우려가 있다.
④ 수소화리튬은 저장용기에 불활성기체를 봉입한다.

해답 ④

23 질산에틸과 아세톤의 공통적인 성질 및 취급 방법으로 옳은 것은?

① 휘발성이 낮기 때문에 마개 없는 병에 보관하여도 무방하다.
② 점성이 커서 다른 용기에 옮길 때 가열하여 더운 상태에서 옮긴다.
③ 통풍이 잘되는 곳에 보관하고 불꽃 등의 화기를 피하여야 한다.
④ 인화점이 높으나 증기압이 낮으므로 햇빛에 노출된 곳에 저장이 가능하다.

해설 **질산에틸**($C_2H_5NO_3$) **: 제5류 위험물 중 질산에스테르류**
① 무색 투명한 액체이고 비수용성(물에 녹지 않음)이다.
② 단맛이 있고 알코올, 에테르에 녹는다.
③ 에탄올을 진한 질산에 작용시켜서 얻는다.

$C_2H_5OH + HNO_3 \rightarrow C_2H_5ONO_2 + H_2O$

④ 비중 1.11, 끓는점 88℃을 가진다.
⑤ 인화점(10℃)이 낮아서 인화의 위험이 매우 크다.

아세톤(CH_3COCH_3) **: 제4류 제1석유류**
① 무색의 과일냄새가 나는 휘발성 액체이다.
② 물 및 유기용제에 잘 녹는다.
③ 요오드포름 반응을 한다.

요오드포름 반응
아세톤, 아세트알데히드, 에틸알코올에 수산화칼륨(KOH)과 요오드를 반응시키면 노란색의 요오드포름(CHI_3)의 침전물이 생성된다.
아세톤 $\xrightarrow{KOH + I_2}$ 요오드포름(CHI_3)(노란색)

④ 아세틸렌을 잘 녹이므로 아세틸렌(용해가스) 저장시 아세톤에 용해시켜 저장한다.
⑤ 보관 중 황색으로 변색되며 햇빛에 분해가 된다.
⑥ 피부 접촉 시 탈지작용을 한다.
⑦ 증기밀도$=\frac{\text{분자량}}{22.4L}=\frac{58g}{22.4L}=2.59g/L$
⑧ 다량의물 또는 알코올포로 소화한다.

해답 ③

24 다음 괄호 안에 들어갈 알맞은 단어는?

> 보냉장치가 있는 이동저장탱크에 저장하는 아세트알데히드 등 또는 디에틸에테르 등의 온도는 당해 위험물의 ( ) 이하로 유지하여야 한다.

① 비점 ② 인화점
③ 융해점 ④ 발화점

해설 **알킬알루미늄등, 아세트알데히드등 및 디에틸에테르등의 저장기준**
① 이동저장탱크에 알킬알루미늄등을 저장하는 경우에는 20kPa 이하의 압력으로 불활성의 기체를 봉입하여 둘 것
② 옥외저장탱크 · 옥내저장탱크 또는 지하저장탱크 중 압력탱크 외의 탱크에 저장하는 디에틸에테르등 또는 아세트알데히드등의 온도는 산화프로필렌과 이를 함유한 것 또는 디에틸에테르등에 있어서는 30℃ 이하로, 아세트알데히드 또는 이를 함유한 것에 있어서는 15℃ 이하로 각각 유지할 것
③ 옥외저장탱크 · 옥내저장탱크 또는 지하저장탱크 중 압력탱크에 저장하는 아세트알데히드등 또는 디에틸에테르등의 온도는 40℃ 이하로 유지할 것

④ 이동저장탱크에 저장하는 아세트알데히드등 또는 디에틸에테르등의 온도

구 분	유지 온도
보냉장치가 있는 이동저장탱크	비점 이하
보냉장치가 없는 이동저장탱크	40℃ 이하

해답 ①

25 위험물안전관리법령에 의해 위험물을 취급함에 있어서 발생하는 정전기를 유효하게 제거하는 방법으로 옳지 않은 것은?

① 인화방지망 설치
② 접지 실시
③ 공기 이온화
④ 상대습도를 70% 이상 유지

해설 **정전기 방지대책**
① 접지와 본딩
② 공기를 이온화
③ 상대습도 70% 이상 유지

해답 ①

26 제2류 위험물을 수납하는 운반용기의 외부에 표시하여야하는 주의사항으로 옳은 것은?

① 제2류 위험물 중 철분 · 금속분 · 마그네슘 또는 이들 중 어느 하나 이상을 함유한 것에 있어서는 “화기주의” 및 “물기주의”, 인화성고체에 있어서는 “화기엄금”, 그 밖의 것에 있어서는 “화기주의”
② 제2류 위험물 중 철분 · 금속분 · 마그네슘 또는 이들 중 어느 하나 이상을 함유한 것에 있어서는 “화기주의” 및 “물기엄금”, 인화성고체에 있어서는 “화기주의”, 그 밖의 것에 있어서는 “화기엄금”
③ 제2류 위험물 중 철분 · 금속분 · 마그네슘 또는 이들 중 어느 하나 이상을 함유한 것에 있어서는 “화기주의” 및 “물기엄금”, 인화성고체에 있어서는 “화기엄금”, 그 밖의 것에 있어서는 “화기주의”
④ 제2류 위험물 중 철분 · 금속분 · 마그네슘 또는 이들 중 어느 하나 이상을 함유한 것에 있어서는 “화기엄금” 및 “물기엄금”, 인화성고체에 있어서는 “화기엄금”, 그 밖의 것에 있어서는 “화기주의”

해설 **위험물 운반용기의 외부 표시 사항**
① 위험물의 품명, 위험등급, 화학명 및 수용성(제4류 위험물의 수용성인 것에 한함)
② 위험물의 수량
③ 수납하는 위험물에 따른 주의사항

유별	성질에 따른 구분	표시사항
제1류	알칼리금속의 과산화물	화기 · 충격주의, 물기엄금 및 가연물접촉주의
	그 밖의 것	화기 · 충격주의 및 가연물접촉주의
제2류	철분 · 금속분 · 마그네슘	화기주의 및 물기엄금
	인화성 고체	화기엄금
	그 밖의 것	화기주의
제3류	자연발화성 물질	화기엄금 및 공기접촉엄금
	금수성 물질	물기엄금
제4류	인화성 액체	화기엄금
제5류	자기반응성 물질	화기엄금 및 충격주의
제6류	산화성 액체	가연물접촉주의

해답 ③

27 「자동화재탐지설비 일반점검표」의 점검내용이 “변형 · 손상의 유무, 표시의 적부, 경계구역 일람도의 적부, 기능의 적부”인 점검항목은?

① 감지기
② 중계기
③ 수신기
④ 발신기

해설 **수신기의 점검항목**
① 변형, 손상의 유무
② 표시의 적부
③ 경계구역일람도의 적부
④ 기능의 적부

해답 ③

28 제4류 위험물의 일반적 성질에 대한 설명으로 틀린 것은?

① 발생증기가 가연성이며 공기보다 무거운 물질이 많다.
② 정전기에 의하여도 인화할 수 있다.
③ 상온에서 액체이다.
④ 전기도체이다.

해설 **제4류 위험물의 공통적 성질**
① 대단히 인화되기 쉬운 인화성액체이다.
② 증기는 공기보다 무겁다.(증기비중=분자량/공기평균분자량(28.84))
③ 증기는 공기와 약간 혼합되어도 연소한다.
④ 일반적으로 액체비중은 물보다 가볍고 물에 잘 안녹는다.
⑤ 착화온도가 낮은 것은 매우 위험하다.
⑥ 연소하한이 낮고 정전기에 폭발우려가 있다.
⑦ 전기의 부도체이다.

해답 ④

29 트리니트로톨루엔에 관한 설명으로 옳지 않은 것은?

① 일광을 쪼이면 갈색으로 변한다.
② 녹는점은 약 81℃ 이다.
③ 아세톤에 잘 녹는다.
④ 비중은 약 1.8 인 액체이다.

해설 **트리니트로톨루엔[$C_6H_2CH_3(NO_2)_3$] : 제5류 위험물 중 니트로화합물**
① 톨루엔($C_6H_5CH_3$)의 수소원자(H)를 니트로기($-NO_2$)로 치환한 것
② 물에는 녹지 않고 알코올, 아세톤, 벤젠에 녹는다.
③ Tri Nitro Toluene의 약자로 TNT라고도 한다.
④ 담황색의 주상결정이며 햇빛에 다갈색으로 변색된다.
⑤ 강력한 폭약이며 급격한 타격에 폭발한다.

$$2C_6H_2CH_3(NO_2)_3 \rightarrow 2C + 12CO + 3N_2\uparrow + 5H_2\uparrow$$

⑥ 연소 시 연소속도가 너무 빠르므로 소화가 곤란하다.
⑦ 무기 및 다이나마이트, 질산폭약제 제조에 이용된다.

해답 ④

30 제5류 위험물의 일반적인 성질에 대한 설명 중 틀린 것은?

① 자기연소를 일으키며 연소 속도가 빠르다.
② 무기물이므로 폭발의 위험이 있다.
③ 운반용기 외부에 "화기엄금" 및 "충격주의" 주의사항 표시를 하여야 한다.
④ 강산화제 또는 강산류와 접촉 시 위험성이 증가한다.

해설 ② 유기물이므로 폭발의 위험이 있다.

제5류 위험물의 일반적 성질
① 자기연소(내부연소)성 물질이다.
② 유기물이므로 연소속도가 대단히 빠르고 폭발적 연소한다.
③ 가열, 마찰, 충격에 의하여 폭발한다.
④ 물질자체가 산소를 함유하고 있다.
⑤ 연소 시 소화가 어렵다.

해답 ②

31 $KMnO_4$ 의 지정수량은 몇 kg 인가?

① 50 ② 100
③ 300 ④ 1000

해설 과망간산칼륨($KMnO_4$)–제1류–과망간산염류

제1류 위험물 및 지정수량

<table>
<tr><th>성질</th><th colspan="2">품 명</th><th>지정수량</th><th>위험등급</th></tr>
<tr><td rowspan="4">산화성고체</td><td colspan="2">아염소산염류, 염소산염류, 과염소산염류, 무기과산화물</td><td>50kg</td><td>Ⅰ</td></tr>
<tr><td colspan="2">브롬산염류, 질산염류, 요오드산염류</td><td>300kg</td><td>Ⅱ</td></tr>
<tr><td colspan="2">과망간산염류, 중크롬산염류</td><td>1000kg</td><td>Ⅲ</td></tr>
<tr><td rowspan="2">행정안전부령이 정하는 것</td><td>① 과요오드산염류
② 과요오드산
③ 크롬, 납 또는 요오드의 산화물
④ 아질산염류
⑤ 염소화이소시아눌산
⑥ 퍼옥소이황산염류
⑦ 퍼옥소붕산염류</td><td>300kg</td><td>Ⅱ</td></tr>
<tr><td></td><td>⑧ 차아염소산염류</td><td>50kg</td><td>Ⅰ</td></tr>
</table>

해답 ④

32 알코올에 관한 설명으로 옳지 않은 것은?

① 1가 알코올은 OH 기의 수가 1개인 알코올을 말한다.
② 2차 알코올은 1차 알코올이 산화된 것이다.
③ 2차 알코올이 수소를 잃으면 케톤이 된다.
④ 알데히드가 환원되면 1차 알코올이 된다.

해설 ② 2차 알코올은 1차 알코올이 환원된 것이다.

1차, 2차 , 3차 알코올

1차 알코올	2차 알코올	3차 알코올
R−C(H)(H)−OH	R−C(H)(R)−OH	R−C(R)(R)−OH

[주] 위 구조식에서 R은 알킬기(C_nH_{2n+1})을 뜻한다.

알코올의 산화 시 생성물

① 1차 알코올 → 알데히드 → 카르복실산

$$C_2H_5OH \xrightarrow{CuO} CH_3CHO \xrightarrow{+O} CH_3COOH$$

(에틸알코올) (아세트알데히드) (초산)

$$CH_3OH \xrightarrow[-H_2O]{+O} HCHO \xrightarrow{+O} HCOOH$$

(메틸알코올) (포름알데히드) (포름산)

② 2차 알코올 → 케톤

$$CH_3-CH(OH)-CH_3 \xrightarrow{+O} CH_3-CO-CH_3 + H_2O$$

(이소프로필 알코올) (아세톤) (물)

해답 ②

33 제조소 및 일반취급소에 설치하는 자동화재탐지설비의 설치기준으로 틀린 것은?

① 하나의 경계구역은 600m² 이하로 하고, 한 변의 길이는 50m 이하로 한다.
② 주요한 출입구에서 내부전체를 볼 수 있는 경우 경계구역은 1000m² 이하로 할 수 있다.
③ 하나의 경계구역이 300m² 이하이면 2개 층을 하나의 경계구역으로 할 수 있다.
④ 비상전원을 설치하여야 한다.

해설 ③ 하나의 경계구역이 500m² 이하이면 2개의 층을 하나의 경계구역으로 할 수 있다.

경계구역 설정기준

① 하나의 경계구역이 2개 이상의 건축물에 미치지 않을 것
② 하나의 경계구역이 2개 이상의 층에 미치지 않을 것.(단, 500m² 이하는 2개의 층을 하나의 경계구역)
③ 하나의 경계구역의 면적은 600m² 이하로 하고 한 변의 길이는 50m 이하로 할 것.(단, 당해 소방대상물의 주된 출입구에서 그 내부 전체가 보이는 것에 있어서는 한변의 길이가 50m의 범위 내에서 1,000m² 이하로 할 수 있다.
④ 지하구에 있어서 하나의 경계구역의 길이는 700m 이하로 할 것

해답 ③

34 제6류 위험물에 해당하지 않는 것은?

① 농도가 50wt%인 과산화수소
② 비중이 1.5인 질산
③ 과요오드산
④ 삼불화브롬

해설 **제6류 위험물(산화성 액체)**

성질	품 명	판단기준	지정수량	위험등급
산화성 액체	• 과염소산($HClO_4$)		300 kg	I
	• 과산화수소(H_2O_2)	농도 36중량% 이상		
	• 질산(HNO_3)	비중 1.49 이상		
	• 할로겐간화합물 ① 삼불화브롬(BrF_3) ② 오불화브롬(BrF_5) ③ 오불화요오드(IF_5)			

위험물의 기준

종류	기준
유황	• 순도 60% 이상
철분	• 53μm통과하는 것이 50% 미만은 제외
마그네슘	• 2mm체를 통과 못하는 것 제외 • 직경 2mm 이상 막대모양 제외
과산화수소	• 순도 36% 이상
질산	• 비중 1.49 이상

해답 ③

35 이황화탄소의 성질에 대한 설명 중 틀린 것은?

① 연소할 때 주로 황화수소를 발생한다.
② 증기비중은 약 2.6 이다.
③ 보호액으로 물을 사용한다.
④ 인화점이 약 -30℃ 이다.

해설 **이황화탄소(CS_2) : 제4류 위험물 중 특수인화물**
① 무색 투명한 액체이다.
② 증기비중(76/29=2.62)은 공기보다 무겁다.
③ 물에는 녹지 않고 알코올, 에테르, 벤젠 등 유기용제에 녹는다.
④ 햇빛에 방치하면 황색을 띤다.
⑤ 연소 시 아황산가스(SO_2) 및 CO_2를 생성한다.

$CS_2 + 3O_2 \rightarrow CO_2 + 2SO_2$
(이산화탄소)(이산화황=아황산)

해답 ①

36 그림과 같이 횡으로 설치한 원형탱크의 용량은 약 몇 m^3 인가? (단, 공간용적은 내용적의 $\frac{10}{100}$ 이다.)

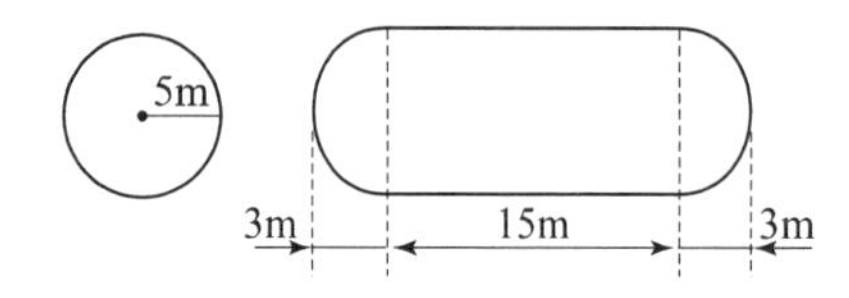

① 1690.9 ② 1335.1
③ 1268.4 ④ 1201.7

해설
① **원형탱크의 내용적** $= \pi r^2\left(l + \frac{l_1 + l_2}{3}\right)$
$= \pi \times 5^2 \times \left(15 + \frac{3+3}{3}\right)$
$= 1335.18\,m^3$
② **탱크의 공간용적** $= 1335.18 \times \frac{10}{100}$
$= 133.52 m^3$
③ **원형탱크의 용량** $= 1335.18 - 133.52$
$= 1201.7\,m^3$

탱크 용적의 산정 기준
탱크의 용량=탱크의 내용적-공간용적

해답 ④

37 알킬알루미늄등 또는 아세트알데히드등을 취급하는 제조소의 특례기준으로서 옳은 것은?

① 알킬알루미늄등을 취급하는 설비에는 불활성기체 또는 수증기를 봉입하는 장치를 설치한다.
② 알킬알루미늄등을 취급하는 설비는 은·수은·동·마그네슘을 성분으로 하는 것으로 만들지 않는다.
③ 아세트알데히드등을 취급하는 탱크에는 냉각장치 또는 보냉장치 및 불활성기체 봉입장치를 설치한다.
④ 아세트알데히드등을 취급하는 설비의 주위에는 누설범위를 국한하기 위한 설비와 누설되었을 때 안전한 장소에 설치된 저장실에 유입시킬 수 있는 설비를 갖춘다.

해설 **알킬알루미늄 등을 취급하는 제조소의 특례**
① 알킬알루미늄등을 취급하는 설비의 주위에는 누설범위를 국한하기 위한 설비와 누설된 알킬알루미늄등을 안전한 장소에 설치된 저장실에 유입시킬수 있는 설비를 갖출 것
② 알킬알루미늄등을 취급하는 설비에는 불활성기체를 봉입하는 장치를 갖출 것

아세트알데히드 등을 취급하는 제조소의 특례
① 아세트알데히드 등을 취급하는 설비는 은·수은·동·마그네슘 또는 이들을 성분으로 하는 합금으로 만들지 아니할 것
② 아세트알데히드 등을 취급하는 설비에는 연소성 혼합기체의 생성에 의한 폭발을 방지하기 위한 불활성기체 또는 수증기를 봉입하는 장치를 갖출 것
③ 아세트알데히드 등을 취급하는 탱크(옥외에 있는 탱크 또는 옥내에 있는 탱크로서 그 용량이 지정수량의 5분의 1 미만의 것을 제외한다)에는 냉각장치 또는 저온을 유지하기 위한 장치(이하 "보냉장치"라 한다) 및 연소성 혼합기체의 생성에 의한 폭발을 방지하기 위한 불활성기체를 봉입하는 장치를 갖출 것. 다만, 지하에 있는 탱크가 아세트알데히드 등의 온도를 저온으로 유지할 수 있는 구조인 경우에는 냉각장치 및 보냉장치를 갖추지 아니할 수 있다.
④ 냉각장치 또는 보냉장치는 2 이상 설치하여 하

나의 냉각장치 도는 보냉장치가 고장난 때에도 일정 온도를 유지할 수 있도록 할 것

해답 ③

38 하나의 위험물저장소에 다음과 같이 2가지 위험물을 저장하고 있다. 지정수량 이상에 해당하는 것은?

① 브롬산칼륨 80kg, 염소산칼륨 40kg
② 질산 100kg, 과산화수소 150kg
③ 질산칼륨 120kg, 중크롬산나트륨 500kg
④ 휘발유 20L, 윤활유 2000L

해설 ① 브롬산칼륨 80kg+염소산칼륨 40kg

$\frac{80}{300}+\frac{40}{50}=1.07$

② 질산 100kg+과산화수소 150kg

$\frac{100}{300}+\frac{150}{300}=0.83$

③ 질산칼륨 120kg+중크롬산나트륨 500kg

$\frac{120}{300}+\frac{500}{1000}=0.90$

④ 휘발유 20L+윤활유 2000L

$\frac{20}{400}+\frac{2000}{6000}=0.38$

해답 ①

39 적린에 관한 설명 중 틀린 것은?

① 물에 잘 녹는다.
② 화재시 물로 냉각소화 할 수 있다.
③ 황린에 비해 안정하다.
④ 황린과 동소체이다.

해설 **적린(P) : 제2류 위험물(가연성 고체)**
① 물에 녹지 않는다.
② 황린의 동소체이며 황린보다 안정하다.
③ 공기 중에서 자연발화하지 않는다.
(발화점 : 260℃, 승화점 : 460℃)
④ 황린을 공기차단상태에서 가열, 냉각 시 적린으로 변한다.
⑤ 성냥, 불꽃놀이 등에 이용된다.
⑥ 연소 시 오산화인(P_2O_5)이 생성된다.

$4P + 5O_2 \rightarrow 2P_2O_5$(오산화인)

해답 ①

40 탄화칼슘에 대한 설명으로 틀린 것은?

① 시판품은 흑회색이며 불규칙한 형태의 고체이다.
② 물과 작용하여 산화칼슘과 아세틸렌을 만든다.
③ 고온에서 질소와 반응하여 칼슘시안아미드(석회질소)가 생성된다.
④ 비중은 약 2.2 이다.

해설 **탄화칼슘(CaC_2) : 제3류 위험물 중 칼슘탄화물**
① 물과 접촉 시 아세틸렌을 생성하고 열을 발생시킨다.

$CaC_2 + 2H_2O \rightarrow Ca(OH)_2 + C_2H_2\uparrow$
(수산화칼슘) (아세틸렌)

② 아세틸렌의 폭발범위는 2.5~81%로 대단히 넓어서 폭발위험성이 크다.
③ 장기 보관시 불활성기체(N_2 등)를 봉입하여 저장한다.
④ 별명은 카바이드, 탄화석회, 칼슘카바이드 등이다.
⑤ 고온(700℃)에서 질화되어 석회질소($CaCN_2$)가 생성된다.

$CaC_2 + N_2 \rightarrow CaCN_2 + C$
(석회질소) (탄소)

⑥ 물 및 포약제에 의한 소화는 절대 금하고 마른 모래 등으로 피복 소화한다.

해답 ②

41 클레오소트유에 대한 설명으로 틀린 것은?

① 제3석유류에 속한다.
② 무취이고 증기는 독성이 없다.
③ 상온에서 액체이다.
④ 물보다 무겁고 물에 녹지 않는다.

해설 **클레오소트유(타르유) : 제4류 위험물 제3석유류**
① 황록색의 기름 모양의 액체이다.
② 증기는 유독하다.
③ 물에는 녹지 않고 알코올, 에테르, 벤젠, 톨루엔에는 잘 녹는다.
④ 물보다 무겁고 독성이 있다.

해답 ②

42 운송책임자의 감독지원을 받아 운송하여야 하는 위험물은?

① 알킬알루미늄　② 금속나트륨
③ 메틸에틸케톤　④ 트리니트로톨루엔

해설 **운송책임자의 감독 · 지원을 받아 운송하는 위험물**
① 알킬알루미늄
② 알킬리튬
③ 알킬알루미늄 또는 알킬리튬의 물질을 함유하는 위험물

해답 ①

43 다음 중 산을 가하면 이산화염소를 발생시키는 물질은?

① 아염소산나트륨
② 브롬산나트륨
③ 옥소산칼륨(요오드산칼륨)
④ 중크롬산나트륨

해설 **아염소산나트륨**($NaClO_2$) **: 제1류 위험물(산화성고체)**
① 조해성이 있고 무색의 결정성 분말이다.
② 산과 반응하여 이산화염소(ClO_2)가 발생된다.

(아염소산나트륨)　(이산화염소)
$3NaClO_2 + 2HCl \rightarrow 3NaCl + 2ClO_2 + H_2O_2 \uparrow$
(염산)　(염화나트륨)　(과산화수소)

③ 수용액 상태에서도 강력한 산화력을 가지고 있다.

해답 ①

44 복수의 성상을 가지는 위험물에 대한 품명지정의 기준상 유별의 연결이 틀린 것은?

① 산화성고체의 성상 및 가연성고체의 성상을 가지는 경우 : 가연성고체
② 산화성고체의 성상 및 자기반응성물질의 성상을 가지는 경우 : 자기반응성물질
③ 가연성고체의 성상과 자연발화성물질의 성상 및 금수성 물질의 성상을 가지는 경우 : 자연발화성물질 및 금수성물질
④ 인화성액체의 성상 및 자기반응성물질의 성상을 가지는 경우 : 인화성액체

해설 **위험물이 2가지 이상의 성상을 나타내는 복수성상 물품일 경우 유별 분류기준**
① 산화성고체(1류) + 가연성고체(2류) ⇒ : 제2류 위험물
② 산화성고체(1류) + 자기반응성물질(5류) ⇒ 제5류 위험물
③ 가연성고체(2류) + 자연발화성물질 및 금수성물질(3류) ⇒ 제3류 위험물
④ 자연발화성물질 및 금수성물질(3류) + 인화성액체(4류) ⇒ 제3류 위험물
⑤ 인화성액체(4류) + 자기반응성물질(5류) ⇒ 제5류 위험물

해답 ④

45 용량 50만L 이상의 옥외탱크저장소에 대하여 변경허가를 받고자 할 때 한국소방산업기술원으로부터 탱크의 기초지반 및 탱크본체에 대한 기술검토를 받아야 한다. 다만, 소방청장이 고시하는 부분적인 사항의 변경하는 경우에는 기술검토가 면제되는데 다음 중 기술검토가 면제되는 경우가 아닌 것은?

① 노즐 · 맨홀을 포함한 동일한 형태의 지붕판의 교체
② 탱크 밑판에 있어서 밑판 표면적의 50% 미만의 육성보수공사
③ 탱크의 옆판 중 최하단 옆판에 있어서 옆판 표면적의 30% 이내의 교체
④ 옆판 중심선의 600mm 이내의 밑판에 있어서 밑판의 원주길이 10% 미만에 해당하는 밑판의 교체

해설 **위험물안전관리에 관한 세부기준 제24조(기술검토를 받지 아니하는 변경)**
① 옥외저장탱크의 지붕판(노즐 · 맨홀 등 포함)의 교체(동일한 형태의 것으로 교체하는 경우에 한한다)
② 옥외저장탱크의 옆판(노즐 · 맨홀 등을 포함한다)의 교체 중 다음 각목의 어느 하나에 해당하는 경우
　㉠ 최하단 옆판을 교체하는 경우에는 옆판 표면적의 10% 이내의 교체

㉡ 최하단 외의 옆판을 교체하는 경우에는 옆판 표면적의 30% 이내의 교체
③ 옥외저장탱크의 밑판(옆판의 중심선으로부터 600mm 이내의 밑판에 있어서는 당해 밑판의 원주길이의 10% 미만에 해당하는 밑판에 한한다)의 교체
④ 옥외저장탱크의 밑판 또는 옆판(노즐 · 맨홀 등을 포함한다)의 정비(밑판 또는 옆판의 표면적의 50% 미만의 겹침보수공사 또는 육성보수공사를 포함한다)
⑤ 옥외탱크저장소의 기초 · 지반의 정비
⑥ 암반탱크의 내벽의 정비
⑦ 제조소 또는 일반취급소의 구조 · 설비를 변경하는 경우에 변경에 의한 위험물 취급량의 증가가 지정수량의 3천배 미만인 경우

해답 ③

46 제3류 위험물에 해당하는 것은?

① NaH ② Al
③ Mg ④ P_4S_3

해설 ① NaH-수소화나트륨-제3류-금속의 수소화물
② Al-알루미늄-제2류
③ Mg-마그네슘-제2류
④ P_4S_3-삼황화린-제2류

제3류 위험물 및 지정수량

성 질	품 명	지정수량	위험등급
자연발화성 및 금수성물질	1. 칼륨 2. 나트륨 3. 알킬알루미늄 4. 알킬리튬	10kg	I
	5. 황린	20kg	I
	6. 알칼리금속(칼륨 및 나트륨 제외) 및 알칼리토금속 7. 유기금속화합물(알킬알루미늄 및 알킬리튬 제외)	50kg	II
	8. 금속의 수소화물 9. 금속의 인화물 10. 칼슘 또는 알루미늄의 탄화물	300kg	II

해답 ①

47 니트로셀룰로오스의 저장 · 취급방법으로 옳은 것은?

① 건조한 상태로 보관하여야 한다.
② 물 또는 알코올 등을 첨가하여 습윤시켜야 한다.
③ 물기에 접촉하면 위험하므로 제습제를 첨가하여야 한다.
④ 알코올에 접촉하면 자연발화의 위험이 있으므로 주의하여야 한다.

해설 **니트로셀룰로오스**$[(C_6H_7O_2(ONO_2)_2)_3]_n$ **: 제5류 위험물**
셀룰로오스(섬유소)에 진한질산과 진한 황산의 혼합액을 작용시켜서 만든 것이다.
① 비수용성이며 초산에틸, 초산아밀, 아세톤에 잘 녹는다.
② 130℃에서 분해가 시작되고, 180℃에서는 급격하게 연소한다.
③ 직사광선, 산 접촉 시 분해 및 자연 발화한다.
④ 건조상태에서는 폭발위험이 크나 수분 또는 알코올을 습윤시키면 폭발위험성이 없어 저장 · 운반이 용이하다.
⑤ 질산섬유소라고도 하며 화약에 이용 시 면약(면화약)이라한다
⑥ 셀룰로이드, 콜로디온에 이용 시 질화면이라 한다.
⑦ 질소함유율(질화도)이 높을수록 폭발성이 크다.
⑧ 저장, 운반 시 물(20%) 또는 알코올(30%)을 첨가 습윤시킨다.
⑨ **질화도**(질소함유량)**에 따른 분류**

구분	질화도(질소함유량)
강면약(강질화면)	12.5~13.5%
취 면	10.7~11.2%
약면약(약질화면)	11.2~12.3%

해답 ②

48 금속나트륨, 금속칼륨 등을 보호액 속에 저장하는 이유를 가장 옳게 설명한 것은?

① 온도를 낮추기 위하여
② 승화하는 것을 막기 위하여
③ 공기와의 접촉을 막기 위하여
④ 운반시 충격을 적게 하기 위하여

해설 **보호액속에 저장 위험물**
① 파라핀, 경유, 등유 속에 보관

칼륨(K), 나트륨(Na)

② 물속에 보관

이황화탄소(CS_2), 황린(P_4)

해답 ③

49 주유취급소에 설치하는 "주유중엔진정지"라는 표시를 한 게시판의 바탕과 문자의 색상을 차례대로 옳게 나타낸 것은?

① 황색, 흑색 ② 흑색, 황색
③ 백색, 흑색 ④ 흑색, 백색

해설 **주유취급소의 표지 및 게시판**

① 보기 쉬운 곳에 "**위험물주유취급소**"라는 표시를 한 표지
② 방화에 관하여 필요한 사항을 게시한 게시판
③ **황색바탕에 흑색문자**로 "**주유중엔진정지**"라는 표시를 한 게시판

주유취급소의 주유공지 및 급유공지

① 자동차 등이 출입할 수 있도록 **너비 15m 이상, 길이 6m 이상**의 콘크리트 등으로 포장한 공지("**주유공지**")를 보유할 것
② 배수구 · 집유설비 및 유분리장치를 설치할 것

해답 ①

50 고형알코올 2000kg 과 철분 1000kg 의 각각 지정수량 배수의 총합은 얼마인가?

① 3 ② 4
③ 5 ④ 6

해설 **제2류 위험물의 품명 및 지정수량**

성 질	품 명	지정수량	위험등급
가연성 고체	황화린, 적린, 유황	100kg	Ⅱ
	철분, 금속분, 마그네슘	500kg	Ⅲ
	인화성 고체	1,000kg	

지정수량

• 고형알코올(인화성고체) : 1000kg
• 철분 : 500kg

∴ **지정수량의 배수**

$$= \frac{\text{저장수량}}{\text{지정수량}} = \frac{2000}{1000} + \frac{1000}{500} = 4\text{배}$$

해답 ②

51 제3류 위험물 중 은백색 광택이 있고 노란색 불꽃을 내며 연소하며 비중이 약 0.97, 융점이 약 97.7℃인 물질의 지정수량은 몇 kg 인가?

① 10 ② 20
③ 50 ④ 300

해설 **금속나트륨 : 제3류 위험물(금수성)**

① 은백색의 금속
② 연소 시 노란색불꽃을 발생한다.
③ 물과 반응하여 수소기체 발생

$2Na + 2H_2O \rightarrow 2NaOH + H_2\uparrow$
(수산화나트륨 : 강알칼리성)

④ 보호액으로 파라핀, 경유, 등유를 사용한다.
⑤ 피부와 접촉 시 화상을 입는다.
⑥ 마른모래 등으로 질식 소화한다.
⑦ 화학적으로 활성이 대단히 크고 알코올과 반응하여 수소를 발생시킨다.

$2Na + 2C_2H_5OH \rightarrow 2C_2H_5ONa + H_2\uparrow$
(에틸알코올) (칼륨에틸라이드)

제3류 위험물 및 지정수량

성 질	품 명	지정수량	위험등급
자연발화성 및 금수성물질	1. 칼륨 2. 나트륨 3. 알킬알루미늄 4. 알킬리튬	10kg	Ⅰ
	5. 황린	20kg	
	6. 알칼리금속(칼륨 및 나트륨 제외) 및 알칼리토금속 7. 유기금속화합물(알킬알루미늄 및 알킬리튬 제외)	50kg	Ⅱ
	8. 금속의 수소화물 9. 금속의 인화물 10. 칼슘 또는 알루미늄의 탄화물	300kg	

해답 ①

52 위험물에 대한 설명으로 옳은 것은?

① 이황화탄소는 연소시 유독성 황화수소가스를 발생한다.
② 디에틸에테르는 물에 잘 녹지 않지만 유지 등을 잘 녹이는 용제이다.
③ 등유는 가솔린보다 인화점이 높으나, 인화

점이 0℃ 미만이므로 인화의 위험성은 매우 높다.

④ 경유는 등유와 비슷한 성질을 가지지만 증기비중이 공기보다 가볍다는 차이점이 있다.

해설 ① 이황화탄소는 연소 시 아황산(SO_2)를 발생한다.
③ 등유는 가솔린 보다 인화점이 높으나 인화점이 43℃~72℃이다.
④ 경유(증기비중4~5)는 등유(증기비중4.5)와 비슷한 성질을 가지지만 증기비중이 공기보다 무겁다는 차이점이 있다.

해답 ②

53 제1류 위험물에 해당하지 않는 것은?

① 납의 산화물
② 질산구아니딘
③ 퍼옥소이황산염류
④ 염소화이소시아눌산

해설 **질산 구아니딘**
① 지정수량 200kg
② 제5류 위험물-금속의 아지화합물(금속과 N와의 화합물)
③ 질산(HNO_3)과 구아니딘($C(NH)(NH_2)_2$)의 화합물

제1류 위험물 및 지정수량

성질	품 명		지정수량	위험등급
산화성고체	아염소산염류, 염소산염류, 과염소산염류, 무기과산화물		50kg	Ⅰ
	브롬산염류, 질산염류, 요오드산염류		300kg	Ⅱ
	과망간산염류, 중크롬산염류		1000kg	Ⅲ
	행정안전부령이 정하는 것	① 과요오드산염류 ② 과요오드산 ③ 크롬, 납 또는 요오드의 산화물 ④ 아질산염류 ⑤ 염소화이소시아눌산 ⑥ 퍼옥소이황산염류 ⑦ 퍼옥소붕산염류	300kg	Ⅱ
		⑧ 차아염소산염류	50kg	Ⅰ

해답 ②

54 벤젠을 저장하는 옥외탱크저장소가 액표면적이 $45m^2$인 경우 소화난이도등급은?

① 소화난이도등급 Ⅰ
② 소화난이도등급 Ⅱ
③ 소화난이도등급 Ⅲ
④ 제시된 조건으로 판단할 수 없음

해설 **소화난이등급 Ⅰ에 해당하는 제조소등**

옥외탱크저장소	액표면적이 $40m^2$ 이상인 것(제6류 위험물을 저장하는 것 및 고인화점위험물만을 100℃ 미만의 온도에서 저장하는 것은 제외)
	지반면으로부터 탱크 옆판의 상단까지 높이가 6m 이상인 것(제6류 위험물을 저장하는 것 및 고인화점위험물만을 100℃ 미만의 온도에서 저장하는 것은 제외)
	지중탱크 또는 해상탱크로서 지정수량의 100배 이상인 것(제6류 위험물을 저장하는 것 및 고인화점위험물만을 100℃ 미만의 온도에서 저장하는 것은 제외)
	고체위험물을 저장하는 것으로서 지정수량의 100배 이상인 것

해답 ①

55 위험물옥외저장탱크의 통기관에 관한 사항으로 옳지 않는 것은?

① 밸브없는 통기관의 직경은 30mm 이상으로 한다.
② 대기밸브부착 통기관은 항시 열려 있어야 한다.
③ 밸브없는 통기관의 선단은 수평면보다 45도 이상 구부려 빗물 등의 침투를 막는 구조로 한다.
④ 대기밸브부착 통기관은 5kPa 이하의 압력차이로 작동할 수 있어야 한다.

해설 **옥외탱크저장소**
① **밸브 없는 통기관 설치기준**
㉠ 직경은 30mm 이상일 것
㉡ 선단은 수평면보다 45도 이상 구부려 빗물 등의 침투를 막는 구조로 할 것
㉢ 가는 눈의 구리망 등으로 인화방지장치를 할 것
㉣ 가연성 증기를 회수하기위하여 밸브를 통기관에 설치하는 경우 당해 통기관의 밸브는 위

험물을 주입하는 경우를 제외하고는 항상 개방되어있는 구조로 하고 폐쇄시 10kPa 이하의 압력에서 개방되는 구조로 할 것

② **대기밸브부착 통기관**

㉠ 저장할 위험물의 휘발성이 비교적 높은 경우 등에 사용

㉡ 평상시 폐쇄된 상태이다.

㉢ 5kPa 이하의 압력차에서 작동

해답 ②

56 적린과 유황의 공통되는 일반적 성질이 아닌 것은?

① 비중이 1보다 크다.
② 연소하기 쉽다.
③ 산화되기 쉽다.
④ 물에 잘 녹는다.

해설 ④ 적린과 유황은 물에 녹지 않는다.

적린(P) : 제2류 위험물(가연성 고체)

① 물에 녹지 않는다.
② 황린의 동소체이며 황린보다 안정하다.
③ 공기 중에서 자연발화하지 않는다.
(발화점 : 260℃, 승화점 : 460℃)
④ 황린을 공기차단상태에서 가열, 냉각 시 적린으로 변한다.
⑤ 성냥, 불꽃놀이 등에 이용된다.
⑥ 연소 시 오산화인(P_2O_5)이 생성된다.

$4P + 5O_2 \rightarrow 2P_2O_5$(오산화인)

유황(S) : 제2류 위험물(가연성 고체)

① 동소체로 사방황, 단사황, 고무상황이 있다.
② 황색의 고체 또는 분말상태이다.
③ 물에 녹지 않고 이황화탄소(CS_2)에는 잘 녹는다.
④ 공기 중에서 연소 시 푸른 불꽃을 내며 이산화황이 생성된다.

$S + O_2 \rightarrow SO_2$(이산화황=아황산)

⑤ 산화제와 접촉 시 위험하다.
⑥ 분진폭발의 위험성이 있고 목탄가루와 혼합시 가열, 충격, 마찰에 의하여 폭발위험성이 있다.
⑦ 다량의 물로 주수소화 또는 질식 소화한다.

해답 ④

57 다음 중 무색투명한 휘발성 액체로서 물에 녹지 않고 물보다 무거워서 물속에 보관하는 위험물은?

① 경유　② 황린
③ 유황　④ 이황화탄소

해설 **이황화탄소(CS_2) : 제4류 위험물 중 특수인화물**

① 무색 투명한 액체이다.
② 증기비중(76/29=2.62)은 공기보다 무겁다.
③ 액체의 비중은 1.26이다.
④ 물에는 녹지 않고 알코올, 에테르, 벤젠 등 유기용제에 녹는다.
⑤ 햇빛에 방치하면 황색을 띤다.
⑥ 연소 시 아황산가스(SO_2) 및 CO_2를 생성한다.

$CS_2 + 3O_2 \rightarrow CO_2 + 2SO_2$
(이산화탄소)(이산화황=아황산)

⑦ 저장 시 저장탱크를 물속에 넣어 가연성증기의 발생을 억제한다.
⑧ 4류 위험물중 착화온도(100℃)가 가장 낮다.
⑨ 화재 시 다량의 포를 방사하여 질식 및 냉각 소화한다.

해답 ④

58 과산화수소에 대한 설명으로 틀린 것은?

① 불연성 물질이다.
② 농도가 약 3wt% 이면 단독으로 분해폭발한다.
③ 산화성 물질이다.
④ 점성이 있는 액체로 물에 용해된다.

해설 **과산화수소(H_2O_2)의 일반적인 성질**

① 분해 시 산소(O_2)를 발생시킨다.
② 분해안정제로 인산(H_3PO_4) 또는 요산($C_5H_4N_4O_3$)을 첨가한다.
③ 시판품은 일반적으로 30~40% 수용액이다.
④ 저장용기는 밀폐하지 말고 구멍이 있는 마개를 사용한다.
⑤ **강산화제이면서 환원제로도 사용**한다.
⑥ 60% 이상의 고농도에서는 단독으로 폭발위험이 있다.
⑦ 히드라진($NH_2 \cdot NH_2$)과 접촉 시 분해 작용으로 폭발위험이 있다.

$NH_2 \cdot NH_2 + 2H_2O_2 \rightarrow 4H_2O + N_2 \uparrow$

⑧ 3%용액은 옥시풀 또는 옥시돌(oxydol)이라 하며 표백제 또는 살균제로 이용한다.
⑨ 무색인 요오드칼륨 녹말종이와 반응하여 청색으로 변화시킨다.

- 과산화수소는 36%(중량) 이상만 위험물에 해당된다.
- 과산화수소는 표백제 및 살균제로 이용된다.

⑩ 다량의 물로 주수 소화한다.

해답 ②

59 셀룰로이드에 대한 설명으로 옳은 것은?

① 질소가 함유된 유기물이다.
② 질소가 함유된 무기물이다.
③ 유기의 염화물이다.
④ 무기의 염화물이다.

해설 **셀룰로이드 : 제5류 위험물**
① 무색 또는 황색의 반투명고체
② 가소제로서 장뇌를 함유하는 니트로셀룰로스로 이루어진 일종의 플라스틱
③ 물에 불용이지만 알코올, 아세톤에 잘 녹는다.
④ 저장 시 습도가 낮고 온도가 낮은 장소에 저장
⑤ 온도 및 습도가 높은 장소에서 취급할 때 자연발화의 위험이 있다.
⑥ 충격에 의하여 발화하지는 않는다.

해답 ①

60 제4류 위험물 중 제2석유류의 위험등급 기준은?

① 위험등급 Ⅰ의 위험물
② 위험등급 Ⅱ의 위험물
③ 위험등급 Ⅲ의 위험물
④ 위험등급 Ⅳ의 위험물

해설 **위험물의 등급 분류**

위험등급	해당 위험물
위험등급 Ⅰ	① 제1류 위험물 중 아염소산염류, 염소산염류, 과염소산염류, 무기과산화물, 그 밖에 지정수량이 50kg인 위험물 ② 제3류 위험물 중 칼륨, 나트륨, 알킬알루미늄, 알킬리튬, 황린, 그 밖에 지정수량이 10kg 또는 20kg인 위험물 ③ 제4류 위험물 중 특수인화물 ④ 제5류 위험물 중 유기과산화물, 질산에스테르류, 그 밖에 지정수량이 10kg인 위험물 ⑤ 제6류 위험물
위험등급 Ⅱ	① 제1류 위험물 중 브롬산염류, 질산염류, 요오드산염류, 그 밖에 지정수량이 300kg인 위험물 ② 제2류 위험물 중 황화린, 적린, 유황 그 밖에 지정수량이 100kg인 위험물 ③ 제3류 위험물 중 알칼리금속(칼륨, 나트륨 제외) 및 알칼리토금속, 유기금속화합물(알킬알루미늄 및 알킬리튬은 제외) 그 밖에 지정수량이 50kg인 위험물 ④ 제4류 위험물 중 제1석유류, 알코올류 ⑤ 제5류 위험물 중 위험등급 Ⅰ 위험물 외의 것
위험등급 Ⅲ	위험등급 Ⅰ, Ⅱ 이외의 위험물

해답 ③

2018 CBT 시험

기출문제

2018년 CBT [제1회] 기출문제 복원
2018년 CBT [제2회] 기출문제 복원
2018년 CBT [제3회] 기출문제 복원
2018년 CBT [제4회] 기출문제 복원

국가기술자격 필기시험문제

2018 CBT 시험 기출문제 복원 [제 1 회]

자격종목	시험시간	문제수	형별	수험번호	성 명
위험물기능사	1시간	60	A		

본 문제는 CBT시험대비 기출문제 복원입니다.

01 화학포를 만들 때 사용되는 기포안정제가 아닌 것은?

① 사포닝　② 암분
③ 가수분해 단백질　④ 계면활성제

해설 **화학포의 기포안정제**
- 사포닝　• 계면활성제
- 소다회　• 가수분해단백질

① 화학포 소화약제의 화학반응식

(탄산수소나트륨) (황산알루미늄)
$6NaHCO_3 + Al_2(SO_4)_3 \cdot 18H_2O$
$\rightarrow 3Na_2SO_4 + 2Al(OH)_3 + 6CO_2 + 18H_2O$
(황산나트륨) (수산화알루미늄)(이산화탄소) (물)

② 소화효과 : 질식효과, 냉각효과

해답 ②

02 건조사와 같은 고체로 가연물을 덮는 것은 어떤 소화에 해당 하는가?

① 제거소화　② 질식소화
③ 냉각소화　④ 억제소화

해설 **건조사**(마른모래 : 질식소화)

해답 ②

03 소화기에 대한 설명 중 틀린 것은?

① 화학포, 기계포 소화기는 포소화기에 속한다.
② 탄산가스소화기는 질식 및 냉각소화 작용이 있다.
③ 분말소화기는 가압가스가 필요 없다.
④ 화학포소화기에는 탄산수소나트륨과 황산알루미늄이 사용된다.

해설 ③ 분말소화기는 분말 약제를 방사하기 위하여 가압용 또는 축압용가스가 필요하다.

가압용 또는 축압용 가스
- 질소(N_2)　• 이산화탄소(CO_2)

해답 ③

04 제5류 위험물의 일반적인 화재 예방 및 소화방법에 대한 설명으로 옳지 않은 것은?

① 불꽃, 고온체의 접근을 피한다.
② 할로겐화합물소화기는 소화에 적응성이 없으므로 사용해서는 안 된다.
③ 위험물제조소에는 "화기엄금" 주의사항 게시판을 설치한다.
④ 화재 발생시 탄산가스에 의한 질식소화를 한다.

해설 **제5류 위험물의 소화**
① 자체적으로 산소를 함유한 물질이므로 질식소화는 효과가 없다.
② 화재초기에 다량의 물로 주수 소화하는 것이 가장 효과적이다.

제5류 위험물의 일반적 성질
① 자기연소(내부연소)성 물질이다.
② 연소속도가 대단히 빠르고 폭발적 연소한다.
③ 가열, 마찰, 충격에 의하여 폭발한다.
④ 물질자체가 산소를 함유하고 있다.
⑤ 연소 시 소화가 어렵다.

해답 ④

05 탄산수소칼륨과 요소의 반응생성물로 된 것은 제 몇 종 분말인가?

① 제1종　② 제2종
③ 제3종　④ 제4종

해설 **분말약제의 주성분 및 착색** ★자주출제(필수암기)★

종별	주 성 분	약 제 명	착 색	적응화재
제1종	$NaHCO_3$	탄산수소나트륨 중탄산나트륨 중조	백색	B,C급
제2종	$KHCO_3$	탄산수소칼륨 중탄산칼륨	담회색	B,C급
제3종	$NH_4H_2PO_4$	제1인산암모늄	담홍색 (핑크색)	A,B,C급
제4종	$KHCO_3$ $+(NH_2)_2CO$	중탄산칼륨 +요소	회색 (쥐색)	B,C급

해답 ④

06 소화약제에 대한 설명으로 틀린 것은?

① 물은 기화잠열이 크고 구하기 쉽다.
② 화학포 소화약제는 물에 탄산칼슘을 보강시킨 소화약제를 말한다.
③ 산 · 알칼리 소화약제에는 황산이 사용된다.
④ 탄산가스는 전기화재에 효과적이다.

해설 ① 화학포 소화약제의 화학반응식

(탄산수소나트륨) (황산알루미늄)
$6NaHCO_3 + Al_2(SO_4)_3 \cdot 18H_2O$
$\rightarrow 3Na_2SO_4 + 2Al(OH)_3 + 6CO_2 + 18H_2O$
(황산나트륨) (수산화알루미늄)(이산화탄소) (물)

② 소화효과 : • 질식효과, • 냉각효과

강화액 소화기
① 물의 빙점(어는점)이 낮은 단점을 강화시킨 탄산칼륨(K_2CO_3) 수용액
② 내부에 황산(H_2SO_4)이 있어 탄산칼륨과 화학반응에 의한 CO_2가 압력원이 된다.

$H_2SO_4 + K_2CO_3 \rightarrow K_2SO_4 + H_2O + CO_2\uparrow$

③ 무상인 경우 A, B, C 급 화재에 모두 적응한다.
④ 소화약제의 pH는 12이다.(알칼리성을 나타낸다.)

해답 ②

07 고체의 연소 형태에 해당하지 않는 것은?

① 증발연소 ② 확산연소
③ 분해연소 ④ 표면연소

해설 **연소의 형태** ★★ 자주출제(필수암기)★★
① **표면연소**(surface reaction)
숯, 코크스, 목탄, 금속분
② **증발연소**(evaporating combustion)
파라핀(양초), 황, 나프탈렌, 왁스, 휘발유, 등유, 경유, 아세톤 등 제4류 위험물
③ **분해연소**(decomposing combustion)
석탄, 목재, 플라스틱, 종이, 합성수지, 중유
④ **자기연소**(내부연소)
질화면(니트로셀룰로오스), 셀룰로이드, 니트로글리세린 등 제5류 위험물
⑤ **확산연소**(diffusive burning)
아세틸렌, LPG, LNG 등 가연성 기체
⑥ **불꽃연소 + 표면연소**
목재, 종이, 셀룰로오스, 열경화성수지

해답 ②

08 탄화알루미늄이 물과 반응하여 폭발의 위험이 있는 것은 어떤 가스를 발생하기 때문인가?

① 수소 ② 메탄
③ 아세틸렌 ④ 암모니아

해설 **탄화알루미늄**(Al_4C_3) : **제3류 위험물**(금수성 물질)
① 물과 접촉 시 메탄가스를 생성하고 발열반응을 한다.

$Al_4C_3 + 12H_2O \rightarrow 4Al(OH)_3 + 3CH_4$
(수산화알루미늄) (메탄)

② 황색 결정 또는 백색분말로 1400℃ 이상에서는 분해가 된다.
③ 물 및 포약제에 의한 소화는 절대 금하고 마른 모래 등으로 피복 소화한다.

해답 ②

09 다음 중 B급 화재에 속하는 것은?

① 일반화재 ② 유류화재
③ 전기화재 ④ 금속화재

해설 **화재의 분류**

종 류	등급	색표시	주된 소화방법
일반화재	A급	백색	냉각소화
유류 및 가스화재	B급	황색	질식소화
전기화재	C급	청색	질식소화
금속화재	D급	–	피복소화
주방화재	K급	–	냉각 및 질식 소화

해답 ②

10 과염소산에 화재가 발생했을 때 조치방법으로 적합하지 않는 것은?

① 환원성 물질로 중화한다.
② 물과 반응하여 발열하므로 주의한다.
③ 마른모래로 소화한다.
④ 인산염류 분말로 소화한다.

해설 **과염소산**($HClO_4$) **: 제6류 위험물**(산화성액체)
① 물과 접촉 시 심한 열을 발생한다.(발열반응)
② 종이, 나무 조각과 접촉 시 연소한다.
③ 공기 중 분해하여 강하게 연기를 발생한다.
④ 무색의 액체로 염소냄새가 난다.
⑤ 산화력 및 흡습성이 강하다.
⑥ 다량의 물로 분무(안개모양)주수소화

해답 ①

11 다음 중 주수소화를 하면 위험성이 증가하는 것은?

① 과산화칼륨 ② 과망간산칼륨
③ 과염소산칼륨 ④ 브롬산칼륨

해설 **과산화칼륨**(K_2O_2) **: 제1류 위험물 중 무기과산화물**(금수성 물질)
① 무색 또는 오렌지색 분말상태
② 상온에서 물과 격렬히 반응하여 산소(O_2)를 방출하고 폭발하기도 한다.

$2K_2O_2 + 2H_2O \rightarrow 4KOH$(수산화칼륨) $+ O_2\uparrow$

③ 공기 중 이산화탄소(CO_2)와 반응하여 산소(O_2)를 방출한다.

$2K_2O_2 + 2CO_2 \rightarrow 2K_2CO_3$(탄산칼륨) $+ O_2\uparrow$

④ 산과 반응하여 과산화수소(H_2O_2)를 생성시킨다.

$K_2O_2 + 2CH_3COOH \rightarrow 2CH_3COOK + H_2O_2\uparrow$
(초산칼륨) (과산화수소)

⑤ 열분해시 산소(O_2)를 방출한다.

$2K_2O_2 \rightarrow 2K_2O$(산화칼륨) $+ O_2\uparrow$

⑥ 주수소화는 금물이고 마른모래(건조사) 등으로 소화한다.

해답 ①

12 자기반응성물질의 화재예방에 대한 설명으로 옳지 않은 것은?

① 가열 및 충격을 피한다.
② 할로겐화합물 소화기를 구비한다.
③ 가급적 소분하여 저장한다.
④ 차고 어두운 곳에 저장하여야 한다.

해설 **자기반응성물질**(제5류 위험물)**의 소화**
① 자체적으로 산소를 함유한 물질이므로 질식소화는 효과가 없다.
※ 이산화탄소 및 할로겐화합물소화기는 적응성이 없다.
② 화재초기에 다량의 물로 주수 소화하는 것이 가장 효과적이다.

제5류 위험물의 일반적 성질
① 자기연소(내부연소)성 물질이다.
② 연소속도가 대단히 빠르고 폭발적 연소한다.
③ 가열, 마찰, 충격에 의하여 폭발한다.
④ 물질자체가 산소를 함유하고 있다.
⑤ 연소 시 소화가 어렵다.

해답 ②

13 물의 증발잠열은 약 몇 cal/g인가?

① 329 ② 439
③ 539 ④ 639

해설 **물이 소화약제로 사용되는 이유**
① 물의 기화열(539kcal/kg)이 크기 때문
② 물의 비열(1kcal/kg℃)이 크기 때문

해답 ③

14 메틸알코올 8000리터에 대한 소화능력으로 삽을 포함한 마른모래를 몇 리터 설치하여야 하는가?

① 100 ② 200
③ 300 ④ 400

해설
① 지정수량의 배수$=\dfrac{\text{저장수량}}{\text{지정수량}}=\dfrac{8,000}{400}=20$배
② 소요단위$=\dfrac{\text{지정수량의 배수}}{10}=\dfrac{20}{10}=2$단위

③ 간이 소화용구의 능력단위

소화설비	용량	능력단위
소화전용 물통	8L	0.3
수조(소화전용 물통 3개 포함)	80L	1.5
수조(소화전용 물통 6개 포함)	190L	2.5
마른 모래(삽 1개 포함)	50L	0.5
팽창질석 또는 팽창진주암(삽 1개 포함)	80L	0.5

④ 삽을 포함한 마른모래 소요용량

$\therefore$ 2단위 $\times \dfrac{50L}{0.5단위} = 200L$

제4류 위험물 및 지정수량

위험물 유별	성질	품명		지정수량(L)
제4류	인화성 액체	1. 특수인화물		50
		2. 제1석유류	비수용성 액체	200
			수용성 액체	400
		3. 알코올류		400
		4. 제2석유류	비수용성 액체	1,000
			수용성 액체	2,000
		5. 제3석유류	비수용성 액체	2,000
			수용성 액체	4,000
		6. 제4석유류		6,000
		7. 동식물유류		10,000

해답 ②

15 위험물 중 위험등급 Ⅰ에 속하지 않는 것은?

① 제6류 위험물
② 제5류 위험물 중 니트로화합물
③ 제4류 위험물 중 특수인화물
④ 제3류 위험물 중 나트륨

해설 **위험물의 분류에 따른 위험등급**

① 제6류 위험물 : 위험등급 Ⅰ
② 제5류 위험물 중 니트로화합물 : 위험등급 Ⅱ
③ 제4류 위험물 중 특수인화물 : 위험등급 Ⅰ
④ 제3류 위험물 중 나트륨 : 위험등급 Ⅰ

위험물의 등급 분류

위험등급	해당 위험물
위험등급 Ⅰ	① 제1류 위험물 중 아염소산염류, 염소산염류, 과염소산염류, 무기과산화물, 그 밖에 지정수량이 50kg인 위험물 ② 제3류 위험물 중 칼륨, 나트륨, 알킬알루미늄, 알킬리튬, 황린, 그 밖에 지정수량이 10kg 또는 20kg인 위험물 ③ 제4류 위험물 중 특수인화물 ④ 제5류 위험물 중 유기과산화물, 질산에스테르류, 그 밖에 지정수량이 10kg인 위험물 ⑤ 제6류 위험물
위험등급 Ⅱ	① 제1류 위험물 중 브롬산염류, 질산염류, 요오드산염류, 그 밖에 지정수량이 300kg인 위험물 ② 제2류 위험물 중 황화린, 적린, 유황 그 밖에 지정수량이 100kg인 위험물 ③ 제3류 위험물 중 알칼리금속(칼륨, 나트륨 제외) 및 알칼리토금속, 유기금속화합물(알킬알루미늄 및 알킬리튬은 제외) 그 밖에 지정수량이 50kg인 위험물 ④ 제4류 위험물 중 제1석유류, 알코올류 ⑤ 제5류 위험물 중 위험등급 Ⅰ 위험물 외의 것
위험등급 Ⅲ	위험등급 Ⅰ, Ⅱ 이외의 위험물

해답 ②

16 화재시 이산화탄소를 방출하여 산소의 농도를 12.5%로 낮추어 소화하려면 공기 중의 이산화탄소의 농도는 약 몇 vol %로 해야 하는가?

① 30.7　② 32.8
③ 40.5　④ 68.0

해설 **이산화탄소의 농도 산출 공식**

$$CO_2(\%) = \frac{21 - O_2(\%)}{21} \times 100$$

$O_2 = 12.5\%$ 일 때

$\therefore CO_2(\%) = \dfrac{21 - 12.5}{21} \times 100 = 40.5\%$

해답 ③

17 할론 1301의 증기 비중은? (단, 불소의 원자량은 19, 브롬의 원자량은 80, 염소의 원자량은 35.5이고 공기의 분자량은 29이다.)

① 2.14　② 4.15
③ 5.14　④ 6.15

해설 **Halon 1301의 증기비중**

- 공기의 평균 분자량 = 29
- 증기비중 = $\dfrac{M(분자량)}{29(공기평균분자량)}$

① 화학식은 CF_3Br
① 분자량 M=12+19×3+80=149
③ 증기비중$=\dfrac{M(\text{분자량})}{29(\text{공기평균분자량})}=\dfrac{149}{29}$
$=5.14$

해답 ③

18 일반적 성질이 산소공급원이 되는 위험물로 내부연소를 하는 것은?

① 제1류 위험물 ② 제2류 위험물
③ 제5류 위험물 ④ 제6류 위험물

해설 **위험물의 분류 및 성질**

유별	성 질
제1류	산화성고체
제2류	가연성고체
제3류	자연발화성 및 금수성
제4류	인화성액체
제5류	자기반응성 = 내부연소성
제6류	산화성액체

해답 ③

19 화염의 전파속도가 음속보다 빠르며, 연소 시 충격파가 발생하여 파괴효과가 증대되는 현상을 무엇이라 하는가?

① 폭연 ② 폭압
③ 폭굉 ④ 폭명

해설 **폭굉과 폭연**
① **폭굉(detonation : 디토네이션)** : 연소의 전파속도가 음속보다 빠른 현상
② **폭연(deflagration : 디플러그레이션)** : 연소의 전파속도가 음속보다 느린 현상

해답 ③

20 피난설비를 설치하여야 하는 위험물제조소등에 해당하는 것은?

① 건축물의 2층 부분을 자동차 정비소로 사용하는 주유취급소
② 건축물의 2층 부분을 전시장으로 사용하는 주유취급소
③ 건축물의 2층 부분을 주유사무소로 사용하는 주유취급소
④ 건축물의 2층 부분을 관계자의 주거시설로 사용하는 주유취급소

해설 **피난설비를 설치하여야 하는 위험물제조소등**
① 건축물의 2층의 부분을 점포 · 휴게음식점 또는 전시장의 용도로 사용하는 것
② 옥내주유취급소

해답 ②

21 다음 중 제1류 위험물로서 물과 반응하여 발열하면서 산소를 발생하는 것은?

① 염소산칼륨 ② 탄화칼슘
③ 질산암모늄 ④ 과산화나트륨

해설 **과산화나트륨(Na_2O_2) : 제1류 위험물 중 무기과산화물**(금수성)
① 상온에서 물과 격렬히 반응하여 산소(O_2)를 방출하고 폭발하기도 한다.

$2Na_2O_2 + 2H_2O \rightarrow 4NaOH + O_2\uparrow$ + 발열
(과산화나트륨) (물) (수산화나트륨)(=가성소다) (산소)

② 공기 중 이산화탄소(CO_2)와 반응하여 산소(O_2)를 방출한다.

$2Na_2O_2 + 2CO_2 \rightarrow 2Na_2CO_3 + O_2\uparrow$

③ 산과 반응하여 과산화수소(H_2O_2)를 생성시킨다.

$Na_2O_2 + 2CH_3COOH \rightarrow 2CH_3COONa + H_2O_2\uparrow$

④ 열분해 시 산소(O_2)를 방출한다.

$2Na_2O_2 \rightarrow 2Na_2O + O_2\uparrow$

⑤ 주수소화는 금물이고 마른모래(건조사) 등으로 소화한다.

해답 ④

22 마그네슘분에 대한 설명으로 옳은 것은?

① 물보다 가벼운 금속이다.
② 분진폭발이 없는 물질이다.
③ 황산과 반응하면 수소가스를 발생한다.
④ 소화방법으로 직접적인 주수소화가 가장 좋다.

해설 ① 물보다 무거운 금속이다.
② 분진폭발이 있는 물질이다.
③ 황산 및 염산과 반응하면 수소가스를 발생한다.
④ 소화방법으로 주수소화는 절대 금한다.

마그네슘(Mg) : **제2류 위험물**
① 2mm체 통과 못하는 덩어리는 위험물에서 제외한다.
② 직경 2mm 이상 막대모양은 위험물에서 제외한다.
③ 은백색의 광택이 나는 가벼운 금속이다.
④ 수증기와 작용하여 수소를 발생시킨다.(주수소화금지)

$Mg + 2H_2O \rightarrow Mg(OH)_2 + H_2\uparrow$
(수산화마그네슘)(수소)

⑤ 이산화탄소 소화약제를 방사하면 주위의 공기 중 수분이 응축하여 위험하다.
⑥ 산과 작용하여 수소를 발생시킨다.

$Mg + 2HCl \rightarrow MgCl_2 + H_2\uparrow$
(염화마그네슘)(수소)

⑦ 공기 중 습기에 발열되어 자연발화 위험이 있다.
⑧ 주수소화는 엄금이며 마른모래 등으로 피복 소화한다.

해답 ③

23 제3류 위험물에 대한 설명으로 옳은 것은?

① 대부분 물과 접촉하면 안정하게 된다.
② 일반적으로 불연성 물질이고 강산화제이다.
③ 대부분 산과 접촉하면 흡열반응을 한다.
④ 물에 저장하는 위험물도 있다.

해설 **제3류 위험물의 일반적인 성질**
① 황린을 제외하고 물과 접촉 시 발열반응 및 가연성 가스를 발생한다.
② 대부분 금수성 및 불연성 물질(황린, 칼륨, 나트륨, 알킬알루미늄제외)이다.
③ 대부분 무기물이며 고체상태이다.
④ 제3류 위험물 금수성 물질 적응약제
- 팽창질석
- 팽창진주암
- 탄산수소염류 분말약제
- 마른모래

황린(P_4)(제3류 위험물)
① 자연발화점이 약 40~50℃이므로 물속에 보관
② 물의 pH9(약알칼리) 정도(포스핀(PH_3)의 생성을 방지)

보호액속에 저장 위험물
① 파라핀, 경유, 등유 속에 보관 : 칼륨(K), 나트륨(Na)
② 물속에 보관 : 이황화탄소(CS_2), 황린(P_4)

반응식(금수성) ★
① 칼륨 $2K + 2H_2O \rightarrow 2KOH + H_2\uparrow$ (수소)
② 나트륨 $2Na + 2H_2O \rightarrow 2NaOH + H_2\uparrow$ (수소)
③ 탄화칼슘 $CaC_2 + 2H_2O \rightarrow Ca(OH)_2 + C_2H_2\uparrow$ (아세틸렌)

해답 ④

24 탄화칼슘의 성질에 대한 설명 중 틀린 것은?

① 질소 중에서 고온으로 가열하면 석회질소가 된다.
② 융점은 약 300℃ 이다.
③ 비중은 약 2.2 이다.
④ 물질의 상태는 고체이다.

해설 ② 탄화칼슘의 융점은 약 2300℃ 이다.

탄화칼슘(CaC_2) : **제3류 위험물 중 칼슘탄화물**
① 물과 접촉 시 아세틸렌을 생성하고 열을 발생시킨다.

$CaC_2 + 2H_2O \rightarrow Ca(OH)_2 + C_2H_2\uparrow$
(수산화칼슘) (아세틸렌)

② 아세틸렌의 폭발범위는 2.5~81%로 대단히 넓어서 폭발위험성이 크다.
③ 장기 보관시 불활성기체(N_2 등)를 봉입하여 저장한다.
④ 별명은 카바이드, 탄화석회, 칼슘카바이드 등이다.
⑤ 고온(700℃)에서 질화되어 석회질소($CaCN_2$)가 생성된다.

$CaC_2 + N_2 \rightarrow CaCN_2 + C$
(석회질소) (탄소)

⑥ 물 및 포약제에 의한 소화는 절대 금하고 마른모래 등으로 피복 소화한다.

참고 ★★자주출제(필수정리)★★
① 칼륨(K), 나트륨(Na)은 파라핀, 경유, 등유 속에 저장
② $2K + 2H_2O \rightarrow 2KOH + H_2\uparrow$ (수소발생)
③ 황린(3류) 및 이황화탄소(4류)는 물속에 저장

해답 ②

25 제4류 위험물에 대한 설명 중 틀린 것은?

① 이황화탄소는 물보다 무겁다.
② 아세톤은 물에 녹지 않는다.
③ 톨루엔 증기는 공기보다 무겁다.
④ 디에틸에테르의 연소범위 하한은 약 1.9%이다.

해설 ② 아세톤은 물에 아주 잘 녹는다.

해답 ②

26 벤조일퍼옥사이드의 성질 및 저장에 관한 설명으로 틀린 것은?

① 직사일광을 피하고 찬 곳에 저장한다.
② 산화제이므로 유기물, 환원성 물질과 접촉을 피해야 한다.
③ 발화점이 상온 이하이므로 냉장 보관해야 한다.
④ 건조방지를 위해 물 등의 희석제를 사용한다.

해설 ③ 벤조일퍼옥사이드의 발화점은 125℃이므로 상온(20℃)보다 훨씬 높다.

과산화벤조일=벤조일퍼옥사이드(BPO) [$(C_6H_5CO)_2O_2$] **: 제5류 유기과산화물**
① 무색무취의 백색분말 또는 결정이다.
② 물에 녹지 않고 알코올에 약간 녹는다.
③ 에테르 등 유기용제에 잘 녹는다.
④ 직사광선을 피하고 냉암소에 보관한다.

해답 ③

27 디에틸에테르와 벤젠의 공통성질에 대한 설명으로 옳은 것은?

① 증기비중은 1보다 크다.
② 인화점은 −10℃ 보다 높다.
③ 착화온도는 200℃ 보다 낮다.
④ 연소범위의 상한이 60% 보다 크다.

해설 **디에틸에테르와 벤젠의 물성 비교표**

품 명	증기비중	인화점 (℃)	착화온도 (℃)	연소범위 (%)
디에틸에테르 ($C_2H_5OC_2H_5$)	2.6	−45	180	1.9~48
벤젠 (C_6H_6)	2.7	−11	562	1.4~7.1

위험물의 증기비중

- 공기의 평균 분자량=29
- 증기비중= $\dfrac{M(\text{분자량})}{29(\text{공기평균분자량})}$

① 화학식
- 디에틸에테르 : $C_2H_5OC_2H_5$
- 벤젠 : C_6H_6

② 증기비중
- 디에틸에테르 : $\dfrac{12\times4+1\times10+16}{29}=\dfrac{74}{29}=2.6$
- 벤젠 : $\dfrac{12\times6+1\times6}{29}=\dfrac{78}{29}=2.7$

해답 ①

28 아세트산의 일반적 성질에 대한 설명 중 틀린 것은?

① 무색 투명한 액체이다.
② 수용성이다.
③ 증기비중은 등유보다 크다.
④ 겨울철에 고화될 수 있다.

해설 **초산**(아세트산, CH_3COOH) **: 제4류 제2석유류**
① 무색투명한 액체이다.
② 수용성이다.
③ 16.7℃ 이하에서 얼음과 같이 되어 빙초산이라고도 한다.
④ 3~4%의 수용액이 식초이다.
⑤ 물에 잘 혼합되고 피부접촉 시 수포가 발생한다.

고화 = 고형화

해답 ③

29 TNT 가 폭발했을 때 발생하는 유독기체는?

① N_2 ② CO_2
③ H_2 ④ CO

해설 **트리니트로톨루엔**[$C_6H_2CH_3(NO_2)_3$] **: 제5류 위험물 중 니트로 화합물**
① 제5류 위험물 중 니트로화합물
② 물에는 녹지 않고 알코올, 아세톤, 벤젠에 녹는다.
③ Tri Nitro Toluene의 약자로 TNT라고도 한다.
④ 담황색의 주상결정이며 햇빛에 다갈색으로 변색된다.
⑤ 강력한 폭약이며 급격한 타격에 폭발한다.

$2C_6H_2CH_3(NO_2)_3 \rightarrow 2C + 12CO + 3N_2\uparrow + 5H_2\uparrow$

⑥ 연소 시 연소속도가 너무 빠르므로 소화가 곤란하다.
⑦ 무기 및 다이나마이트, 질산폭약제 제조에 이용된다.

해답 ④

30 가솔린의 위험성에 대한 설명 중 틀린 것은?

① 인화점이 낮아 인화되기 쉽다.
② 증기는 공기보다 가벼우며 쉽게 착화된다.
③ 사에탈납이 혼합된 가솔린은 유독하다.
④ 정전기 발생에 주의하여야 한다.

해설 ② 증기는 공기보다 무거우며 쉽게 착화된다.

사에틸납 : $(C_2H_5)_4Pb$
① 휘발유의 연소성 향상을 위해 4−에틸납[$(C_2H_5)_4Pb$]를 첨가하여 오렌지색 또는 청색으로 착색되어 있다.(옥탄가 향상 때문)
② 현재 자동차의 휘발유는 사에틸납을 첨가하지 않은 무연(납이 없음)휘발유를 사용한다.
③ 납=연=Lead

해답 ②

31 디에틸에테르의 성질이 아닌 것은?

① 유동성 ② 마취성
③ 인화성 ④ 비휘발성

해설 ④ 휘발성

디에틸에테르($C_2H_5OC_2H_5$) **: 제4류 위험물 중 특수인화물**
① 직사광선에 장시간 노출 시 과산화물 생성

과산화물 생성 확인방법
디에틸에테르 + KI용액(10%) → 황색변화(1분 이내)

② 용기에는 5% 이상 10% 이하의 안전공간 확보할 것
③ 용기는 갈색병을 사용하며 냉암소에 보관
④ 강산화제와 접촉 시 격렬하게 반응하여 발화위험이 있다.
⑤ 용기는 밀폐하여 증기의 누출방지

해답 ④

32 다음 중 착화온도가 가장 낮은 것은?

① 피크르산 ② 적린
③ 에틸알코올 ④ 트리니트로톨루엔

해설 **위험물의 착화온도**

품명	착화온도(℃)
① 피크르산(피크린산)	300
② 적린	260
③ 에틸알코올	423
④ 트리니트로톨루엔	300

참고 **착화온도(발화온도)** : 점화원 없이 점화되는 최저온도

해답 ②

33 트리니트로톨루엔의 성상으로 틀린 것은?

① 물에 잘 녹는다.
② 담황색의 결정이다.
③ 폭약으로 사용된다.
④ 착화점은 약 300℃ 이다.

해설 **트리니트로톨루엔**[$C_6H_2CH_3(NO_2)_3$] **: 제5류 위험물 중 니트로 화합물**
① 제5류 위험물 중 니트로화합물
② 물에는 녹지 않고 알코올, 아세톤, 벤젠에 녹는다.
③ Tri Nitro Toluene의 약자로 TNT라고도 한다.
④ 담황색의 주상결정이며 햇빛에 다갈색으로 변색된다.

⑤ 강력한 폭약이며 급격한 타격에 폭발한다.
$2C_6H_2CH_3(NO_2)_3 \rightarrow 2C + 12CO + 3N_2\uparrow + 5H_2\uparrow$
⑥ 연소 시 연소속도가 너무 빠르므로 소화가 곤란하다.
⑦ 무기 및 다이나마이트, 질산폭약제 제조에 이용된다.

해답 ①

34 피크르산의 성질에 대한 설명 중 틀린 것은?

① 황색의 액체이다.
② 쓴맛이 있으며 독성이 있다.
③ 납과 반응하여 예민하고 폭발 위험이 있는 물질을 형성한다.
④ 에테르, 알코올에 녹는다.

해설 **피크린산**[$C_6H_2(NO_2)_3OH$](TNP : Tri Nitro Phenol) **: 제5류 위험물 중 니트로화합물**
① 침상결정이며 냉수에는 약간 녹고 더운물, 알코올, 벤젠 등에 잘 녹는다.
② 쓴맛과 독성이 있다.
③ 피크르산 또는 트리니트로페놀(Tri Nitro phenol)의 약자로 TNP라고도 한다.
④ 단독으로 타격, 마찰에 비교적 둔감하다.
⑤ 연소 시 검은 연기를 내고 폭발성은 없다.
⑥ 휘발유, 알코올, 유황과 혼합된 것은 마찰, 충격에 폭발한다.
⑦ 화약, 불꽃놀이에 이용된다.

해답 ①

35 질산에스테르류에 속하지 않는 것은?

① 트리니트로톨루엔
② 질산에틸
③ 니트로글리세린
④ 니트로셀룰로오스

해설 **질산에스테르류 : 제5류 위험물**(자기반응성물질)
① 질산메틸 ② 질산에틸
③ 니트로글리세린 ④ 니트로셀룰로오스

니트로화합물 : 제5류 위험물(자기반응성물질)
① 피크린산[$C_6H_2(NO_2)_3OH$](TNP)
② 트리니트로톨루엔[$C_6H_2CH_3(NO_2)_3$](TNT)

해답 ①

36 니트로셀룰로오스에 대한 설명 중 틀린 것은?

① 약 130℃에서 서서히 분해된다.
② 셀룰로오스를 진한 질산과 진한 황산의 혼산으로 반응시켜 제조한다.
③ 수분과의 접촉을 피하기 위해 석유 속에 저장한다.
④ 발화점은 약 160℃~170℃이다.

해설 **니트로셀룰로오스**[$(C_6H_7O_2(ONO_2)_3]_n$ **: 제5류 위험물 중 질산에스테르류**
셀룰로오스(섬유소)에 진한질산과 진한 황산의 혼합액을 작용시켜서 만든 것이다.
① 비수용성이며 초산에틸, 초산아밀, 아세톤에 잘 녹는다.
② 130℃에서 분해가 시작되고, 180℃에서는 급격하게 연소한다.
③ 직사광선, 산 접촉 시 분해 및 자연 발화한다.
④ 건조상태에서는 폭발위험이 크나 수분함유 시 폭발위험성이 없어 저장 · 운반이 용이하다.
⑤ 질산섬유소라고도 하며 화약에 이용 시 면약(면화약)이라 한다.
⑥ 셀룰로이드, 콜로디온에 이용 시 질화면이라 한다.
⑦ 질소함유율(질화도)이 높을수록 폭발성이 크다.
⑧ 저장, 운반 시 물(20%) 또는 알코올(30%)을 첨가 습윤시킨다.
⑨ **질화도에 따른 분류**

구분	질화도(질소함유량)
강면약(강질화면)	12.5~13.5%
취 면	10.7~11.2%
약면약(약질화면)	11.2~12.3%

해답 ③

37 질산의 성질에 대한 설명으로 틀린 것은?

① 연소성이 있다.
② 물과 혼합하여 발열한다.
③ 부식성이 있다.
④ 강한 산화제이다

해설 **질산**(HNO_3) **: 제6류 위험물**(산화성 액체)
① 무색의 발연성 액체이다.
② 시판품은 일반적으로 68%이다.

③ 빛에 의하여 일부 분해되어 생긴 NO_2 때문에 황갈색으로 된다.

$4HNO_3 \rightarrow 2H_2O + 4NO_2\uparrow + O_2\uparrow$
(이산화질소) (산소)

④ 질산을 오산화인(P_2O_5)과 작용시키면 오산화질소(N_2O_5)가 된다.
⑤ 저장용기는 직사광선을 피하고 찬 곳에 저장한다.
⑥ 실험실에서는 갈색병에 넣어 햇빛에 차단시킨다.
⑦ 환원성물질과 혼합하면 발화 또는 폭발한다.

크산토프로테인반응(xanthoprotenic reaction)
단백질에 진한질산을 가하면 노란색으로 변하고 알칼리를 작용시키면 오렌지색으로 변하며, 단백질 검출에 이용된다.

⑧ 다량의 질산화재에 소량의 주수소화는 위험하다.
⑨ 마른모래 및 CO_2로 소화한다.
⑩ 위급 시에는 다량의 물로 냉각 소화한다.

해답 ①

38 질산칼륨을 약 400℃에서 가열하여 열분해 시킬 때 주로 생성되는 물질은?

① 질산과 산소
② 질산과 칼륨
③ 아질산칼륨과 산소
④ 아질산칼륨과 질소

해설 **질산칼륨**(KNO_3) : **제1류 위험물**(산화성고체)
① 질산칼륨에 숯가루, 유황가루를 혼합하여 흑색화약제조에 사용한다.
② 열분해하여 산소를 방출한다.

$2KNO_3 \rightarrow 2KNO_2$(아질산칼륨) $+ O_2\uparrow$ (산소)

③ 물, 글리세린에는 잘 녹으나 알코올에는 잘 녹지 않는다.
④ 유기물 및 강산과 접촉시 매우 위험하다.
⑤ 소화는 주수소화방법이 가장 적당하다.

해답 ③

39 제6류 위험물에 해당하지 않는 것은?

① 염산 ② 질산
③ 과염소산 ④ 과산화수소

해설 ① 염산은 위험물이 아니며 유독물에 해당한다.

제6류 위험물의 공통적인 성질
① 자신은 불연성이고 산소를 함유한 강산화제이다.
② 분해에 의한 산소발생으로 다른 물질의 연소를 돕는다.
③ 액체의 비중은 1보다 크고 물에 잘 녹는다.
④ 물과 접촉 시 발열한다.
⑤ 증기는 유독하고 부식성이 강하다.

제6류 위험물(산화성 액체)

성질	품 명	판단기준	지정수량	위험등급
산화성액체	• 과염소산($HClO_4$)		300kg	I
	• 과산화수소(H_2O_2)	농도 36중량% 이상		
	• 질산(HNO_3)	비중 1.49 이상		
	• 할로겐간화합물 ① 삼불화브롬(BrF_3) ② 오불화브롬(BrF_5) ③ 오불화요오드(IF_5)			

해답 ①

40 질산이 직사일광에 노출될 때 어떻게 되는가?

① 분해되지는 않으나 붉은 색으로 변한다.
② 분해되지는 않으나 녹색으로 변한다.
③ 분해되어 질소를 발생한다.
④ 분해되어 이산화질소를 발생한다.

해설 **질산**(HNO_3) : **제6류 위험물**(산화성 액체)
① 무색의 발연성 액체이다.
② 시판품은 일반적으로 68%이다.
③ 빛에 의하여 일부 분해되어 생긴 NO_2 때문에 황갈색으로 된다.

$4HNO_3 \rightarrow 2H_2O + 4NO_2\uparrow + O_2\uparrow$
(이산화질소) (산소)

④ 질산을 오산화인(P_2O_5)과 작용시키면 오산화질소(N_2O_5)가 된다.
⑤ 저장용기는 직사광선을 피하고 찬 곳에 저장한다.
⑥ 실험실에서는 갈색병에 넣어 햇빛에 차단시킨다.
⑦ 환원성물질과 혼합하면 발화 또는 폭발한다.

크산토프로테인반응(xanthoprotenic reaction)
단백질에 진한질산을 가하면 노란색으로 변하고 알칼리를 작용시키면 오렌지색으로 변하며, 단백질 검출에 이용된다.

⑧ 다량의 질산화재에 소량의 주수소화는 위험하다.
⑨ 마른모래 및 CO_2로 소화한다.
⑩ 위급 시에는 다량의 물로 냉각 소화한다.

해답 ④

41 과염소산이 물과 접촉한 경우 일어나는 반응은?

① 중합반응 ② 연소반응
③ 흡열반응 ④ 발열반응

해설 **과염소산**($HClO_4$) : **제6류 위험물**(산화성액체)
① 물과 접촉 시 심한 열을 발생한다.(발열반응)
② 종이, 나무 조각과 접촉 시 연소한다.
③ 공기 중 분해하여 강하게 연기를 발생한다.
④ 무색의 액체로 염소냄새가 난다.
⑤ 산화력 및 흡습성이 강하다.
⑥ 다량의 물로 분무(안개모양)주수소화

해답 ④

42 위험물의 이동탱크저장소 차량에 "위험물"이라는 표시한 표지를 설치할 때 표지의 바탕색은?

① 흰색 ② 적색
③ 흑색 ④ 황색

해설 **이동탱크저장소**
(1) 차량의 전면 및 후면의 보기 쉬운 곳에 흑색바탕에 황색의 반사도료로 "위험물"이라고 표시한 표지를 설치
(2) 이동저장탱크의 뒷면 중 보기 쉬운 곳에는
 ① 위험물의 유별 · 품명 · 최대수량 및 적재중량을 게시한 게시판을 설치
 ② 표시문자의 크기는 가로 40mm, 세로 45mm 이상(여러 품명의 위험물을 혼재하는 경우에는 적재품명별 문자의 크기를 가로 20mm 이상, 세로 20mm 이상)

해답 ③

43 유기과산화물에 대한 설명으로 옳은 것은?

① 제1류 위험물이다.
② 화재발생시 질식소화가 가장 효과적이다.
③ 산화제 또는 환원제와 같이 보관하여 화재에 대비한다.
④ 지정수량은 약 10kg 이다.

해설 ① 제5류 위험물이다.
② 화재발생시 다량의 물로 소화하는 것이 가장 효과적이다.
③ 산화제 또는 환원제와 같이 보관하면 안된다.

해답 ④

44 적린의 성질 및 취급방법에 대한 설명으로 틀린 것은?

① 화재발생시 냉각소화가 가능하다.
② 공기 중에 방치하면 자연발화 한다.
③ 산화제와 격리하여 저장한다.
④ 비금속 원소이다.

해설 ② 공기 중에 방치하면 자연 발화하는 것은 황린이다.

적린(P) : **제2류 위험물**(가연성 고체)
① 황린의 동소체이며 황린보다 안정하다.
② 공기 중에서 자연발화하지 않는다.
(발화점 : 260℃, 승화점 : 460℃)
③ 황린을 공기차단상태에서 가열, 냉각 시 적린으로 변한다.
④ 성냥, 불꽃놀이 등에 이용된다.
⑤ 연소 시 오산화인(P_2O_5)이 생성된다.

$4P + 5O_2 \rightarrow 2P_2O_5$(오산화인)

해답 ②

45 증기압이 높고 액체가 피부에 닿으면 동상과 같은 증상을 나타내며, Cu, Ag, Hg 등과 반응하여 폭발성화합물을 만드는 것은?

① 메탄올 ② 가솔린
③ 톨루엔 ④ 산화프로필렌

해설 **산화프로필렌**(CH_3CH_2CHO) **: 제4류 위험물 중 특수인화물**

① 휘발성이 강하고 에테르냄새가 나는 액체이다.
② 물, 알코올, 벤젠 등 유기용제에는 잘 녹는다.
③ 연소범위는 2.5~38.5%이다.
④ 저장용기 사용 시 구리, 마그네슘, 은, 수은 및 합금용기 사용금지(아세틸라이트 생성)
⑤ 저장 용기 내에 질소(N_2) 등 불연성가스를 채워 둔다.
⑥ 소화는 포 약제로 질식 소화한다.

해답 ④

46 일반적인 제5류 위험물 취급 시 주의사항으로 가장 거리가 먼 것은?

① 화기의 접근을 피한다.
② 물과 격리하여 저장한다.
③ 마찰과 충격을 피한다.
④ 통풍이 잘되는 냉암소에 저장한다.

해설 **제5류 위험물의 일반적 성질**

① 자기연소(내부연소)성 물질이다.
② 연소속도가 대단히 빠르고 폭발적 연소한다.
③ 가열, 마찰, 충격에 의하여 폭발한다.
④ 물질자체가 산소를 함유하고 있다.
⑤ 연소 시 소화가 어렵다.

해답 ②

47 다음 중 탄화칼슘을 대량으로 저장하는 용기에 봉입하는 가스로 가장 적절한 것은?

① 프스겐　② 인화수소
③ 질소가스　④ 이황산가스

해설 **탄화칼슘**(CaC_2) **: 제3류 위험물 중 칼슘탄화물**

① 물과 접촉 시 아세틸렌을 생성하고 열을 발생시킨다.

$CaC_2 + 2H_2O \rightarrow Ca(OH)_2 + C_2H_2\uparrow$
(수산화칼슘) (아세틸렌)

② 아세틸렌의 폭발범위는 2.5~81%로 대단히 넓어서 폭발위험성이 크다.
③ 장기 보관시 불활성기체(N_2 등)를 봉입하여 저장한다.
④ 별명은 카바이드, 탄화석회, 칼슘카바이드 등이다.
⑤ 고온(700℃)에서 질화되어 석회질소($CaCN_2$)가 생성된다.

$CaC_2 + N_2 \rightarrow CaCN_2 + C$
(석회질소) (탄소)

⑥ 물 및 포약제에 의한 소화는 절대 금하고 마른모래 등으로 피복 소화한다.

참고 ★★자주출제(필수정리)★★
① 칼륨(K), 나트륨(Na)은 파라핀, 경유, 등유 속에 저장
② $2K + 2H_2O \rightarrow 2KOH + H_2\uparrow$ (수소발생)
③ 황린(3류) 및 이황화탄소(4류)는 물속에 저장

해답 ③

48 마그네슘은 제 몇 류 위험물인가?

① 제1류 위험물　② 제2류 위험물
③ 제3류 위험물　④ 제5류 위험물

해설 **제2류 위험물의 지정수량**

성 질	품 명	지정수량	위험등급
가연성 고체	황화린, 적린, 유황	100kg	Ⅱ
	철분, 금속분, 마그네슘	500kg	Ⅲ
	인화성 고체	1,000kg	

해답 ②

49 다음 중 물에 녹지 않는 인화성 액체는?

① 벤젠　② 아세톤
③ 메틸알코올　④ 아세트알데히드

해설 **벤젠**(C_6H_6, Benzene) **: 제4류 위험물 중 제1석유류**

① 제4류 위험물 중 1석유류
② 착화온도 : 562℃
(이황화탄소의 착화온도 100℃)
③ 벤젠증기는 마취성 및 독성이 강하다.
④ 비수용성(물에 녹지 않음)이며 알코올, 아세톤, 에테르에는 용해.
⑤ 취급 시 정전기에 유의해야 한다.

해답 ①

50 휘발유의 일반적인 성상에 대한 설명으로 틀린 것은?

① 물에 녹지 않는다.

② 전기전도성이 뛰어나다.
③ 물보다 가볍다.
④ 주성분은 알칸 또는 알칸계 탄화수소이다.

해설 휘발유는 비전도성이다.

해답 ②

51 이소프로필알코올 대한 설명으로 옳지 않은 것은?

① 탈수하면 프로필렌이 된다.
② 탈수소하면 아세톤이 된다.
③ 물에 녹지 않는다.
④ 무색투명한 액체이다.

해설 **이소프로필알코올**(C_3H_7OH) **: 제4류 알코올류**
① 제4류 위험물 중 알코올류
② 물에 잘 녹는다.

해답 ③

52 황(사방황)의 성질을 옳게 설명한 것은?

① 황색 고체로서 물에 녹는다.
② 이황화탄소에 녹는다.
③ 전기 양도체이다.
④ 연소 시 붉은색 불꽃을 내며 탄다.

해설 **황**(사방황)**의 성질**
① 황색 고체로서 물에 녹지 않는다.
② 이황화탄소에 녹는다.
③ 전기 부도체이다.
④ 연소 시 푸른 불꽃을 내며 탄다.

유황(S_8)
① 동소체로 사방황, 단사황, 고무상황이 있다.
② 황색의 고체 또는 분말상태이다.
③ 물에 녹지 않고 이황화탄소(CS_2)에는 잘 녹는다.
④ 공기 중에서 연소시 푸른 불꽃을 내며 이산화황이 생성된다.

$S + O_2 \rightarrow SO_2$(이산화황=아황산)

⑤ 산화제와 접촉 시 위험하다.
⑥ 분진폭발의 위험성이 있고 목탄가루와 혼합 시 가열, 충격, 마찰에 의하여 폭발위험성이 있다.
⑦ 다량의 물로 주수소화 또는 질식 소화한다.

해답 ②

53 지정수량 이상의 위험물을 소방서장의 승인을 받아 제조소등이 아닌 장소에서 임시로 저장 또는 취급 할 수 있는 기간을 얼마 이내 인가? (단, 군부대가 군사목적으로 임시로 저장 또는 취급하는 경우는 제외한다.)

① 30일 ② 60일
③ 90일 ④ 180일

해설 **위험물의 저장 및 취급의 제한**
위험물 임시저장 및 취급은 시도의 조례에 따라 관할소방서장의 승인을 받아 90일 이내 임시저장, 취급할 수 있다.

해답 ③

54 $(C_2H_5)_3Al$이 공기 중에 노출되어 연소할 때 발생하는 물질은?

① Al_2O_3 ② CH_4
③ $Al(OH)_3$ ④ C_2H_6

해설 **트리에틸알루미늄**[$(C_2H_5)_3Al$]**이 공기 중에 노출되어 연소할 때 발생하는 물질**
① 삼산화알루미늄(Al_2O_3)
② 물(H_2O)
③ 이산화탄소(CO_2)

알킬알루미늄[$(C_nH_{2n+1}) \cdot Al$] **: 제3류 위험물**(금수성 물질)
① 알킬기(C_nH_{2n+1})에 알루미늄(Al)이 결합된 화합물이다.
② C_1~C_4는 자연발화의 위험성이 있다.
③ 물과 접촉시 가연성 가스 발생하므로 주수소화는 절대 금지한다.
④ 트리메틸알루미늄(TMA : Tri Methyl Aluminium)

$(CH_3)_3Al + 3H_2O \rightarrow Al(OH)_3 + 3CH_4\uparrow$ (메탄)

⑤ 트리에틸알루미늄(TEA : Tri Eethyl Aluminium)

$(C_2H_5)_3Al + 3H_2O \rightarrow Al(OH)_3 + 3C_2H_6\uparrow$ (에탄)

⑥ 저장용기에 불활성기체(N_2)를 봉입한다.
⑦ 피부접촉 시 화상을 입히고 연소 시 흰 연기가 발생한다.
⑧ 소화 시 주수소화는 절대 금하고 팽창질석, 팽창진주암 등으로 피복소화한다.

해답 ①

55 과산화수소의 위험성에 대한 설명 중 틀린 것은?

① 오래 저장하면 자연발화의 위험이 있다.
② 햇빛에 의해 분해 되므로 햇빛을 차단하여 보관한다.
③ 고농도의 것은 분해 위험이 있으므로 인산 등을 넣어 분해를 억제 시킨다.
④ 농도가 진한 것은 피부와 저촉하면 수종을 일으킨다.

해설 **과산화수소(H_2O_2)의 일반적인 성질**
① 분해 시 발생기 산소(O_2)를 발생시킨다.
② 분해안정제로 인산(H_3PO_4) 또는 요산($C_5H_4N_4O_3$)을 첨가한다.
③ 시판품은 일반적으로 30~40% 수용액이다.
④ 저장용기는 밀폐하지 말고 구멍이 있는 마개를 사용한다.
⑤ 강산화제이면서 환원제로도 사용한다.
⑥ 60% 이상의 고농도에서는 단독으로 폭발위험이 있다.
⑦ 히드라진($NH_2 \cdot NH_2$)과 접촉 시 분해 작용으로 폭발위험이 있다.

$NH_2 \cdot NH_2 + 2H_2O_2 \rightarrow 4H_2O + N_2 \uparrow$

⑧ 3%용액은 옥시풀이라 하며 표백제 또는 살균제로 이용한다.
⑨ 무색인 요오드칼륨 녹말종이와 반응하여 청색으로 변화시킨다.

- 과산화수소는 36%(중량) 이상만 위험물에 해당된다.
- 과산화수소는 표백제 및 살균제로 이용된다.

⑩ 다량의 물로 주수 소화한다.

해답 ①

56 다음 중 증기비중이 가장 큰 것은?

① 벤젠 ② 등유
③ 메틸알코올 ④ 에테르

해설
- 공기의 평균 분자량=29
- 증기비중$=\dfrac{M(\text{분자량})}{29(\text{공기평균분자량})}$

① 벤젠(C_6H_6)의 분자량
$=12\times6+1\times6=78$
② 등유(C_9~C_{18})의 분자량
$=12\times9$~$12\times18=108$~216
③ 메틸알코올(CH_3OH)의 분자량
$=12\times1+1\times4+16=32$
④ 에테르($C_2H_5OC_2H_5$)의 분자량
$=12\times4+1\times10+16=74$
∴ 등유의 분자량이 가장 크므로 증기비중이 가장 크다.

해답 ②

57 제6류 위험물의 공통적 성질이 아닌 것은?

① 산화성 액체이다.
② 지정수량이 300kg 이다.
③ 무기화합물이다.
④ 물보다 가볍다.

해설 **제6류 위험물의 공통적인 성질**
① 자신은 불연성이고 산소를 함유한 강산화제이다.
② 분해에 의한 산소발생으로 다른 물질의 연소를 돕는다.
③ 액체의 비중은 1보다 크고 물에 잘 녹는다.
④ 물과 접촉 시 발열한다.
⑤ 증기는 유독하고 부식성이 강하다.

제6류 위험물(산화성 액체)

성질	품 명	판단기준	지정수량	위험등급
산화성액체	• 과염소산($HClO_4$)		300kg	I
	• 과산화수소(H_2O_2)	농도 36중량% 이상		
	• 질산(HNO_3)	비중 1.49 이상		
	• 할로겐간화합물 ① 삼불화브롬(BrF_3) ② 오불화브롬(BrF_5) ③ 오불화요오드(IF_5)			

해답 ④

58 제2류 위험물의 화재예방 및 진압대책이 틀린 것은?

① 산화제와의 접촉을 금지한다.
② 화기 및 고온체 와의 접촉을 피한다.
③ 저장용기의 파손 과 누출에 주의한다.

④ 금속분은 냉각소화하고 그 외는 마른 모래를 이용한다.

해설 **제2류 위험물의 공통적 성질**

① 낮은 온도에서 착화가 쉬운 가연성 고체이다.
② 냉암소에 저장하여야 한다.
③ 연소속도가 빠른 고체이다.
④ 연소 시 유독가스를 발생하는 것도 있다.
⑤ 금속분은 물 접촉 시 발열 및 수소기체 발생된다.

해답 ④

59 위험물을 저장하기 위하여 그림과 같은 양쪽이 볼록한 타원형 탱크의 내용적을 구하는 공식은?

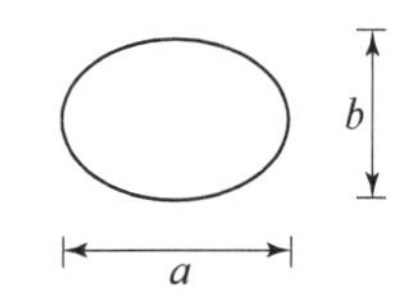

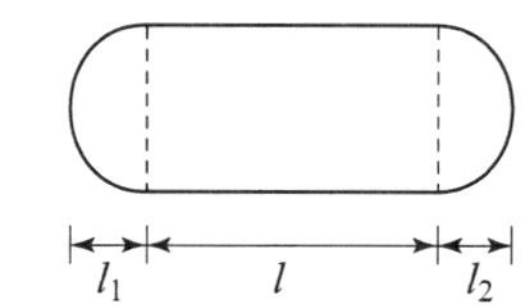

① $\frac{\pi a b}{4}\left(l+\frac{l_1+l_2}{3}\right)$ ② $\frac{\pi a b}{4}\left(\frac{l_1+l_2}{3}\right)$

③ $\frac{\pi a b}{4}\left(l+\frac{l_1-l_2}{3}\right)$ ④ $\frac{\pi a b}{4}\left(\frac{l_1-l_2}{3}\right)$

해설 **타원형 탱크의 내용적**(양쪽이 볼록 한 것)

$$V=\frac{\pi a b}{4}\left(l+\frac{l_1+l_2}{3}\right)$$

해답 ①

60 지정수량의 $\frac{1}{10}$ 을 초과하는 위험물을 혼재할 수 없는 경우는?

① 제1류 위험물과 제6류 위험물
② 제2류 위험물과 제4류 위험물
③ 제4류 위험물과 제5류 위험물
④ 제5류 위험물과 제3류 위험물

해설 **위험물의 운반에 따른 유별을 달리하는 위험물의 혼재기준**(쉬운 암기방법)

혼재 가능	
↓1류 + 6류↑	2류 + 4류
↓2류 + 5류↑	5류 + 4류
↓3류 + 4류↑	

해답 ④

국가기술자격 필기시험문제

2018 CBT 시험 기출문제 복원 [제 2 회]

자격종목	시험시간	문제수	형별	수험번호	성 명
위험물기능사	1시간	60	A		

본 문제는 CBT시험대비 기출문제 복원입니다.

01 다량의 주수에 의한 냉각소화가 효과적인 위험물은?

① CH_3ONO_2　② Al_4C_3
③ Na_2O_2　④ Mg

해설 **위험물의 분류**

① CH_3ONO_2(질산메틸)
: 제5류 위험물 중 질산에스테르류
② Al_4C_3(탄화알루미늄)
: 제3류 금속의 탄화물(금수성)
③ Na_2O_2(과산화나트륨)
: 제1류 위험물 중 무기과산화물(금수성)
④ Mg(마그네슘)
: 제2류 위험물(금수성)

해답 ①

02 알코올류 20000l에 대한 소화설비 설치 시 소요단위는?

① 5　② 10
③ 15　④ 20

해설 **제4류 위험물 및 지정수량**

위험물				지정수량 (L)
유별	성질	품명		
제4류	인화성 액체	1. 특수인화물		50
		2. 제1석유류	비수용성 액체	200
			수용성 액체	400
		3. 알코올류		400
		4. 제2석유류	비수용성 액체	1,000
			수용성 액체	2,000
		5. 제3석유류	비수용성 액체	2,000
			수용성 액체	4,000
		6. 제4석유류		6,000
		7. 동식물유류		10,000

① 지정수량의 배수 $= \dfrac{저장수량}{지정수량} = \dfrac{20,000}{400} = 50배$

② 소요단위 $= \dfrac{지정수량의\ 배수}{20} = \dfrac{50}{10} = 5단위$

해답 ①

03 정전기 발생의 예방방법이 아닌 것은?

① 접지에 의한 방법
② 공기를 이온화시키는 방법
③ 전기의 도체를 사용하는 방법
④ 공기 중의 상대습도를 낮추는 방법

해설 **정전기 방지대책**

① 접지와 본딩
② 공기를 이온화
③ 상대습도 70% 이상 유지
④ 전기의 도체를 사용하는 방법

해답 ④

04 탄산수소나트륨 분말소화약제에서 분말에 습기가 침투하는 것을 방지하기 위해서 사용하는 물질은?

① 스테아르산아연　② 수산화나트륨
③ 황산마그네슘　④ 인산

해설 **분말소화약제의 방습제**

① 금속비누(스테아르산아연, 스테아르산알루미늄)
② 실리콘으로 표면처리

해답 ①

05 옥내주유취급소에 있어서는 당해 사무소 등의 출입구 및 피난구와 당해 피난구로 통하는 통로 · 계단 및 출입구에 무엇을 설치해야 하는가?

① 화재감지기
② 스프링클러
③ 자동화재 탐지설비
④ 유도등

해설 **피난설비**
① 주유취급소 중 건축물의 2층의 부분을 점포 · 휴게음식점 또는 전시장의 용도로 사용하는 것에 있어서는 당해 건축물의 2층으로부터 직접 주유취급소의 부지 밖으로 통하는 출입구와 당해 출입구로 통하는 통로 · 계단 및 출입구에 유도등을 설치
② 옥내주유취급소에 있어서는 당해 사무소 등의 출입구 및 피난구와 당해 피난구로 통하는 통로 · 계단 및 출입구에 유도등을 설치
③ 유도등에는 비상전원을 설치

해답 ④

06 화재가 발생한 후 실내온도는 급격히 상승하고 축적된 가연성가스가 착화하면 실내 전체가 화염에 휩싸이는 화재현상은?

① 보일오버 ② 슬롭오버
③ 플래쉬오버 ④ 화이어볼

해설 **플래쉬 오버(flash over) 현상**
화재가 발생한 후 실내온도는 급격히 상승하고 축적된 가연성가스가 착화하면 실내 전체가 화염에 휩싸이는 화재현상

유류저장탱크의 화재 발생현상

① 보일오버 ② 슬롭오버 ③ 프로스오버

★★★ 요 점 정 리 (필수 암기) ★★★

① **보일오버** : 탱크 바닥의 물이 비등하여 유류가 연소하면서 분출
② **슬롭오버** : 물이 연소유 표면으로 들어갈 때 유류가 연소하면서 분출
③ **프로스오버** : 탱크 바닥의 물이 비등하여 유류가 연소하지 않고 분출
④ **블레비** : 액화가스 저장탱크 폭발현상

해답 ③

07 스프링클러설비의 장점이 아닌 것은?

① 화재의 초기 진압에 효율적이다.
② 사용약제를 쉽게 구할 수 있다.
③ 자동으로 화재를 감지하고 소화할 수 있다.
④ 다른 소화 설비보다 구조가 간단하고 시설비가 적다.

해설 ④ 스프링클러설비는 다른 소화 설비보다 구조가 복잡하고 시설비가 많이 소요된다.

스프링클러설비의 장점
① 화재의 초기 진압에 효율적이다.
② 사용약제를 쉽게 구할 수 있다.
③ 자동으로 화재를 감지하고 소화할 수 있다.

해답 ④

08 인화점이 낮은 것부터 높은 순서로 나열된 것은?

① 톨루엔–아세톤–벤젠
② 아세톤–톨루엔–벤젠
③ 톨루엔–벤젠--아세톤
④ 아세톤–벤젠–톨루엔

해설 ④ 아세톤(−18℃)–벤젠(−11℃)–톨루엔(4℃)

제4류 위험물의 인화점

품명	유별	인화점(℃)
톨루엔	1석유류	4
아세톤	1석유류	−18
벤젠	1석유류	−11

해답 ④

09 다음 중 발화점이 가장 낮은 물질은?

① 메틸알코올 ② 등유
③ 아세트산 ④ 아세톤

해설 **제4류 위험물의 발화점**

품 명	유별	발화점(℃)
① 메틸알코올	알코올류	464
② 등유	2석유류	210
③ 아세트산(초산)	2석유류	427
④ 아세톤	1석유류	468

해답 ②

10 옥외소화전설비의 기준에서 옥외소화전함은 옥외소화전으로부터 보행거리 몇 m 이하의 장소에 설치하여야 하는가?

① 1.5 ② 5
③ 7.5 ④ 10

해설 **옥외소화전함 설치개수**

옥외소화전 개수	옥외소화전함
10개 이하	소화전마다 5m 이내 장소에 1개 이상 설치
11개 이상 30개 이하	11개 소화전함을 분산설치
31개 이상	소화전 3개마다 1개 이상 설치

해답 ②

11 다음 중 연소의 3요소를 모두 갖춘 것은?

① 휘발유+공기+산소
② 적린+수소+성냥불
③ 성냥불+황+산소
④ 알코올+수소+산소

해설 ③ 성냥불(점화원) + 황(가연물) + 산소

연소의 3요소와 4요소

① 연소의 3요소 : 가연물+산소+점화원
② 연소의 4요소 : 가연물+산소+점화원+순조로운 연쇄반응

해답 ③

12 다음 중 화재 시 사용하면 독성의 $COCl_2$ 가스를 발생시킬 위험이 가장 높은 소화약제는?

① 액화이산화탄소 ② 제1종 분말
③ 사염화탄소 ④ 공기포

해설 **CTC**(Carbon Tetra Chloride, 사염화탄소)

① 할로겐화합물 소화약제
② 방사 시 포스겐($COCl_2$)의 맹독성가스 발생으로 현재는 사용 금지된 소화약제
③ 화학식은 CCl_4이다.

해답 ③

13 포소화약제의 주된 소화효과에 해당하는 것은?

① 부촉매 효과 ② 질식효과
③ 억제효과 ④ 제거효과

해설 **화학포소화약제의 주된 소화효과** : 질식효과, 냉각효과

해답 ②

14 산 · 알칼리 소화기에서 소화약을 방출하는데 방사 압력원으로 이용 되는 것은?

① 공기 ② 질소
③ 아르곤 ④ 탄산가스

해설 **산 · 알칼리 소화기의 화학반응식**

$$H_2SO_4 + 2NaHCO_3 \rightarrow Na_2SO_4 + H_2O + 2CO_2\uparrow$$

(황산) (탄산수소나트륨) (황산나트륨) (물) (이산화탄소)

강화액 소화기

① 물의 빙점(어는점)이 낮은 단점을 강화시킨 탄산칼륨(K_2CO_3) 수용액
② 내부에 황산(H_2SO_4)이 있어 탄산칼륨과 화학반응에 의한 CO_2가 압력원이 된다.

$$H_2SO_4 + K_2CO_3 \rightarrow K_2SO_4 + H_2O + CO_2\uparrow$$

③ 무상인 경우 A, B, C 급 화재에 모두 적응한다.
④ 소화약제의 pH는 12이다.(알카리성을 나타낸다.)

화학포 소화약제의 화학반응식

(탄산수소나트륨) (황산알루미늄)

$$6NaHCO_3 + Al_2(SO_4)_3 \cdot 18H_2O \rightarrow 3Na_2SO_4 + 2Al(OH)_3 + 6CO_2 + 18H_2O$$

(황산나트륨) (수산화알루미늄)(이산화탄소) (물)

해답 ④

15 BCF 소화기의 약제를 화학식으로 옳게 나타낸 것은?

① CCl_4 ② CH_2ClBr
③ CF_3Br ④ CF_2ClBr

해설 **BCF 소화기** : CF_2ClBr (할론 1211)

해답 ④

16 위험물 제조소등별로 설치하여야 하는 경보설비의 종류에 해당하지 않는 것은?

① 비상방송설비 ② 비상조명등설비

③ 자동화재탐지설비 ④ 비상경보설비

해설 **위험물 제조소등별로 설치하여야 하는 경보설비**
① 자동화재탐지설비
② 비상경보설비
③ 확성장치 또는 비상방송설비

해답 ②

17 다음 소화설비의 설치기준으로 틀린 것은?

① 능력단위는 소요단위에 대응하는 소화설비의 소화능력의 기준단위이다.
② 소요단위는 소화설비의 설치대상이 되는 건축물 그 밖의 공작물의 규모 또는 위험물의 양의 기준단위이다.
③ 취급소의 외벽이 내화구조인 건축물의 연면적 $50m^2$를 1소요단위로 한다.
④ 저장소의 외벽이 내화구조인 건축물의 연면적 $150m^2$를 1소요단위로 한다.

해설 ③ 취급소의 외벽이 내화구조인 건축물의 연면적 $100m^2$를 1소요단위로 한다.

소요단위의 계산방법
① 제조소 또는 취급소의 건축물

외벽이 내화구조인 것	외벽이 내화구조가 아닌 것
연면적 $100m^2$를 1소요단위	연면적 $50m^2$를 1소요단위

② 저장소의 건축물

외벽이 내화구조인 것	외벽이 내화구조가 아닌 것
연면적 $150m^2$를 1소요단위	연면적 $75m^2$를 소요단위

③ 위험물은 지정수량의 10배를 1소요단위로 할 것

해답 ③

18 제1류 위험물에 충분한 에너지를 가하면 공통적으로 발생하는 가스는?

① 염소 ② 질소
③ 수소 ④ 산소

해설 **제1류 위험물**(산화성 고체)
자체적으로 산소를 함유한 산화성 고체이므로 열분해 시 산소를 발생한다.

해답 ④

19 8L 용량의 소화전용 물통의 능력단위는?

① 0.3 ② 0.5
③ 1.0 ④ 1.5

해설 **간이 소화용구의 능력단위**

소화설비	용량	능력단위
소화전용 물통	8L	0.3
수조(소화전용 물통 3개 포함)	80L	1.5
수조(소화전용 물통 6개 포함)	190L	2.5
마른 모래(삽 1개 포함)	50L	0.5
팽창질석 또는 팽창진주암(삽 1개 포함)	80L	0.5

해답 ①

20 다음 ( )안에 알맞은 용어는?

( )이란 불을 끌어당기는 온도라는 뜻으로 액체 표면의 근처에서 불이 붙는데 충분한 농도의 증기를 발생하는 최저온도를 말한다.

① 연소점 ② 발화점
③ 인화점 ④ 착화점

해설 **인화점, 발화점, 연소점** ★
① 인화점(flash point) : 점화원에 의하여 점화되는 최저온도
② 발화점(ignition point) : 점화원 없이 점화되는 최저온도
③ 연소점(fire point) : 가연성 물질이 발화한 후 연속적으로 연소할 수 있는 최저온도

※ 발화점 : 압력이 증가하면 발화점은 낮아진다.

해답 ③

21 물에 녹지 않고 알코올에 녹으며 비점이 약 87℃, 분자량 약 91 인 무색 투명한 액체로서, 제5류 위험물에 해당하는 물질의 지정수량은?

① 10kg ② 20kg
③ 100kg ④ 200kg

해설 **질산에틸**($C_2H_5NO_3$) **: 제5류 위험물 중 질산에스테르류**
① 무색 투명한 액체이고 비수용성이다.
② 단맛이 있고 알코올, 에테르에 녹는다.

③ 에탄올을 진한 질산에 작용시켜서 얻는다.

$C_2H_5OH + HNO_3 \rightarrow C_2H_5ONO_2 + H_2O$

④ 비중 1.11, 끓는점(끓는점) 87℃을 가진다.

⑤ 인화점(-10℃)이 낮아서 인화의 위험이 매우 크다.

제5류 위험물 및 지정수량

성질	품 명	지정수량	위험등급
자기 반응성물질	1. 유기과산화물 2. 질산에스테르류	10kg	I
	3. 니트로화합물 4. 니트로소화합물 5. 아조화합물 6. 디아조화합물 7. 히드라진 유도체	200kg	II
	8. 히드록실아민 9. 히드록실아민염류	100kg	

해답 ①

22 위험물 안전관리법상 제6류 위험물에 해당하지 않는 것은?

① HNO_3　② H_2SO_4

③ H_2O_2　④ $HClO_4$

해설 **위험물의 명칭**

① HNO_3(질산) : 제6류

② H_2SO_4(황산) : 위험물이 아니며 유독물에 해당

③ H_2O_2(과산화수소) : 제6류

④ $HClO_4$(과염소산) : 제6류

제6류 위험물(산화성 액체)

성질	품 명	판단기준	지정수량	위험등급
산화성 액체	• 과염소산($HClO_4$)		300kg	I
	• 과산화수소(H_2O_2)	농도 36중량% 이상		
	• 질산(HNO_3)	비중 1.49 이상		
	• 할로겐간화합물 ① 삼불화브롬(BrF_3) ② 오불화브롬(BrF_5) ③ 오불화요오드(IF_5)			

해답 ②

23 자연발화성 물질 및 금수성 물질에 해당되지 않는 것은?

① 칼륨　② 황화린

③ 탄화칼슘　④ 수소화나트륨

해설 ② 황화린 : 제2류 위험물(가연성 고체)

제3류 위험물 및 지정수량

성 질	품 명	지정수량	위험등급
자연발화성 및 금수성물질	1. 칼륨 2. 나트륨 3. 알킬알루미늄 4. 알킬리튬	10kg	I
	5. 황린	20kg	
	6. 알칼리금속(칼륨 및 나트륨 제외) 및 알칼리토금속 7. 유기금속화합물(알킬알루미늄 및 알킬리튬 제외)	50kg	II
	8. 금속의 수소화물 9. 금속의 인화물 10. 칼슘 또는 알루미늄의 탄화물	300kg	

해답 ②

24 제6류 위험물과 혼재가 가능한 위험물은? (단, 지정수량의 10를 초과하는 경우이다.)

① 제1류 위험물　② 제2류 위험물

③ 제3류 위험물　④ 제5류 위험물

해설 **위험물의 운반에 따른 유별을 달리하는 위험물의 혼재기준**(쉬운 암기방법)

혼재 가능	
↓1류 + 6류↑	2류 + 4류
↓2류 + 5류↑	5류 + 4류
↓3류 + 4류↑	

해답 ①

25 제3류 위험물 중 금수성 물질을 제외한 위험물에 적응성이 있는 소화설비가 아닌 것은?

① 분말소화설비　② 스프링클러설비

③ 팽창질석　④ 포소화설비

해설 **제3류 위험물 중 금수성 물질을 제외한 위험물**(황린)**적응 소화설비**

① 스프링클러설비

② 팽창질석, 팽창진주암

③ 포소화설비

해답 ①

26 다음 중 방향족 탄화수소에 해당하는 것은?

① 톨루엔 ② 아세트알데히드
③ 아세톤 ④ 디에틸에테르

해설 **방향족 탄화수소** : 벤젠, 톨루엔, 크실렌 등

참고
방향족 탄화수소
벤젠고리를 함유하는 탄화수소로 기본은 벤젠이다.
지방족 탄화수소
유기화학에서 지방족화합물에 속하는 탄화수소의 총칭

해답 ①

27 위험물의 운반에 관한 기준에 따라 다음의 (㉠)과 (㉡)에 적합한 것은?

액체위험물은 운반용기의 내용적의 (㉠) 이하의 수납율로 수납하되 (㉡)의 온도에서 누설되지 않도록 충분한 공간용적을 두어야 한다.

① ㉠ 98%, ㉡ 40℃
② ㉠ 98%, ㉡ 55℃
③ ㉠ 95%, ㉡ 40℃
④ ㉠ 95%, ㉡ 55℃

해설 **적재방법**
(1) 고체위험물
내용적의 95% 이하의 수납율
(2) 액체위험물
내용적의 98% 이하의 수납율로 수납하되, 55도의 온도에서 누설되지 아니하도록 충분한 공간용적을 유지하도록 할 것
(3) 제3류 위험물은 다음의 기준에 따라 운반용기에 수납할 것
① 자연발화성물질 : 불활성 기체를 봉입하여 밀봉하는 등 공기와 접하지 아니하도록 할 것
② 자연발화성물질외의 물품 : 파라핀 · 경유 · 등유 등의 보호액으로 채워 밀봉하거나 불활성 기체를 봉입하여 밀봉하는 등 수분과 접하지 아니하도록 할 것
③ 자연발화성물질 중 알킬알루미늄 등 : 내용적의 90% 이하의 수납율로 수납하되, 50℃의 온도에서 5% 이상의 공간용적을 유지하도록 할 것

운반용기의 내용적에 대한 수납율
① 액체위험물 : 내용적의 98% 이하
② 고체위험물 : 내용적의 95% 이하

해답 ②

28 다음 중 제3석유류로만 나열된 것은?

① 아세트산, 테레핀유
② 글리세린, 아세트산
③ 글리세린, 에틸렌글리콜
④ 아크릴산, 에틸렌글리콜

해설 **위험물의 분류**

	품명	유별
①	아세트산	2석유류
	테레핀유	2석유류
②	글리세린	3석유류
	아세트산	2석유류
③	글리세린	3석유류
	에틸렌글리콜	3석유류
④	아크릴산	2석유류
	에틸렌글리콜	3석유류

해답 ③

29 다음 품명 중 위험물의 유별 구분이 나머지 셋과 다른 것은?

① 질산에스테르류 ② 아염소산염류
③ 질산염류 ④ 무기과산화물

해설 **위험물의 분류**

품명	유별
① 질산에스테르류	제5류
② 아염소산염류	제1류
③ 질산염류	제1류
④ 무기과산화물	제1류

해답 ①

30 물에 의한 냉각소화가 가능한 것은?

① 유황 ② 철분
③ 부틸리튬 ④ 마그네슘

해설 **물과 접촉 시 발생가스**

① 유황 + 물 ⇒ 반응 없음
② 인화칼슘 + 물 ⇒ 포스핀 가스
③ 황화린 + 물 ⇒ 황화수소 가스
④ 칼슘 + 물 ⇒ 수소 가스

해답 ①

31 위험물의 성질에 대한 설명으로 틀린 것은?

① 인화칼슘은 물과 반응하여 유독한 가스를 발생한다.
② 금속나트륨은 물과 반응하여 산소를 발생시키고 발열한다.
③ 칼륨은 물과 반응하여 수소가스를 발생한다.
④ 탄화칼슘은 물과 작용하여 발열하고 아세틸렌 가스를 발생한다.

해설 **금속칼륨 및 금속나트륨 : 제3류 위험물**(금수성)

① 물과 반응하여 수소기체 발생

$2Na + 2H_2O \rightarrow 2NaOH + H_2\uparrow$ (수소발생)
$2K + 2H_2O \rightarrow 2KOH + H_2\uparrow$ (수소발생)

② 파라핀, 경유, 등유 속에 저장

★★자주출제(필수정리)★★
㉠ 칼륨(K), 나트륨(Na)은 파라핀, 경유, 등유 속에 저장
㉡ 황린(3류) 및 이황화탄소(4류)는 물속에 저장

해답 ②

32 질산의 위험성에 대한 설명으로 틀린 것은?

① 햇빛에 의해 분해된다.
② 금속을 부식시킨다.
③ 물을 가하면 발열한다.
④ 충격에 의해 쉽게 연소와 폭발을 한다.

해설 **질산**(HNO_3) **: 제6류 위험물**(산화성 액체)

① 무색의 발연성 액체이다.
② 시판품은 일반적으로 68%이다.
③ 빛에 의하여 일부 분해되어 생긴 NO_2 때문에 황갈색으로 된다.

$4HNO_3 \rightarrow 2H_2O + 4NO_2\uparrow + O_2\uparrow$
(이산화질소) (산소)

④ 질산을 오산화인(P_2O_5)과 작용시키면 오산화질소(N_2O_5)가 된다.
⑤ 저장용기는 직사광선을 피하고 찬 곳에 저장한다.
⑥ 실험실에서는 갈색병에 넣어 햇빛에 차단시킨다.
⑦ 환원성물질과 혼합하면 발화 또는 폭발한다.

크산토프로테인반응(xanthoprotenic reaction)
단백질에 진한질산을 가하면 노란색으로 변하고 알칼리를 작용시키면 오렌지색으로 변하며, 단백질 검출에 이용된다.

⑧ 다량의 질산화재에 소량의 주수소화는 위험하다.
⑨ 마른모래 및 CO_2로 소화한다.
⑩ 위급 시에는 다량의 물로 냉각 소화한다.

해답 ④

33 트리니트로페놀의 성상 및 위험성에 관한 설명 중 옳은 것은?

① 운반 시 에탄올을 첨가하면 안전하다.
② 강한 쓴맛이 있고 공업용은 휘황색의 침상 결정이다.
③ 폭발성 물질이므로 철로 만든 용기에 저장한다.
④ 물, 아세톤, 벤젠 등에는 녹지 않는다.

해설 **피크린산**[$C_6H_2(NO_2)_3OH$](TNP : Tri Nitro Phenol) **: 제5류 위험물 중 니트로화합물**

① 휘황색의 침상결정이며 냉수에는 약간 녹고 더운물, 알코올, 벤젠 등에 잘 녹는다.
② 쓴맛과 독성이 있다.
③ 피크르산 또는 트리니트로페놀(Tri Nitro phenol)의 약자로 TNP라고도 한다.
④ 단독으로 타격, 마찰에 비교적 둔감하다.
⑤ 연소 시 검은 연기를 내고 폭발성은 없다.
⑥ 휘발유, 알코올, 유황과 혼합된 것은 마찰, 충격에 폭발한다.
⑦ 화약, 불꽃놀이에 이용된다.

해답 ②

34 과산화수소의 저장 및 취급 방법으로 옳지 않은 것은?

① 갈색용기를 사용한다.
② 직사광선을 피하고 냉암소에 보관한다.
③ 농도가 클수록 위험성이 높아지므로 분해방지 안정제를 넣어 분해를 억제시킨다.
④ 장기간 보관 시 철분을 넣어 유리용기에 보관한다.

해설 **과산화수소(H_2O_2)의 일반적인 성질**
① 분해 시 발생기 산소(O_2)를 발생시킨다.
② 분해안정제로 인산(H_3PO_4) 또는 요산($C_5H_4N_4O_3$)을 첨가한다.
③ 시판품은 일반적으로 30~40% 수용액이다.
④ 저장용기는 밀폐하지 말고 구멍이 있는 마개를 사용한다.
⑤ 강산화제이면서 환원제로도 사용한다.
⑥ 60% 이상의 고농도에서는 단독으로 폭발위험이 있다.
⑦ 히드라진($NH_2 \cdot NH_2$)과 접촉 시 분해 작용으로 폭발위험이 있다.

$NH_2 \cdot NH_2 + 2H_2O_2 \rightarrow 4H_2O + N_2 \uparrow$

⑧ 3%용액은 옥시풀이라 하며 표백제 또는 살균제로 이용한다.
⑨ 무색인 요오드칼륨 녹말종이와 반응하여 청색으로 변화시킨다.

- 과산화수소는 36%(중량) 이상만 위험물에 해당된다.
- 과산화수소는 표백제 및 살균제로 이용된다.

⑩ 다량의 물로 주수 소화한다.

해답 ④

35 위험물의 위험등급을 구분할 때 위험등급 II에 해당하는 것은?

① 적린 ② 철분
③ 마그네슘 ④ 인화성고체

해설 **위험물의 분류에 따른 위험등급**
① 적린 : 위험등급 Ⅱ
② 철분 : 위험등급 Ⅲ
③ 마그네슘 : 위험등급 Ⅲ
④ 인화성고체 : 위험등급 Ⅲ

위험물의 등급 분류

위험등급	해당 위험물
위험등급 Ⅰ	① 제1류 위험물 중 아염소산염류, 염소산염류, 과염소산염류, 무기과산화물, 그 밖에 지정수량이 50kg인 위험물 ② 제3류 위험물 중 칼륨, 나트륨, 알킬알루미늄, 알킬리튬, 황린, 그 밖에 지정수량이 10kg 또는 20kg인 위험물 ③ 제4류 위험물 중 특수인화물 ④ 제5류 위험물 중 유기과산화물, 질산에스테르류, 그 밖에 지정수량이 10kg인 위험물 ⑤ 제6류 위험물
위험등급 Ⅱ	① 제1류 위험물 중 브롬산염류, 질산염류, 요오드산염류, 그 밖에 지정수량이 300kg인 위험물 ② 제2류 위험물 중 황화린, 적린, 유황 그 밖에 지정수량이 100kg인 위험물 ③ 제3류 위험물 중 알칼리금속(칼륨, 나트륨 제외) 및 알칼리토금속, 유기금속화합물(알킬알루미늄 및 알킬리튬은 제외) 그 밖에 지정수량이 50kg인 위험물 ④ 제4류 위험물 중 제1석유류, 알코올류 ⑤ 제5류 위험물 중 위험등급 Ⅰ 위험물 외의 것
위험등급 Ⅲ	위험등급 Ⅰ, Ⅱ 이외의 위험물

해답 ①

36 니트로셀룰로오스에 대한 설명 중 틀린 것은?

① 천연 셀룰로오스를 염기와 반응시켜 만든다.
② 질화도가 클수록 위험성이 크다.
③ 질화도에 따라 크게 강면약과 약면약으로 구분할 수 있다.
④ 약 130℃도에서 분해한다.

해설 **니트로셀룰로오스$[(C_6H_7O_2(ONO_2)_3]_n$: 제5류 위험물 중 질산에스테르류**
셀룰로오스(섬유소)에 진한질산과 진한 황산의 혼합액을 작용시켜서 만든 것이다.
① 비수용성이며 초산에틸, 초산아밀, 아세톤에 잘 녹는다.
② 130℃에서 분해가 시작되고, 180℃에서는 급격하게 연소한다.
③ 직사광선, 산 접촉 시 분해 및 자연 발화한다.
④ 건조상태에서는 폭발위험이 크나 수분함유 시 폭발위험성이 없어 저장·운반이 용이하다.
⑤ 질산섬유소라고도 하며 화약에 이용 시 면약

(면화약)이라 한다.

⑥ 셀룰로이드, 콜로디온에 이용 시 질화면이라 한다.

⑦ 질소함유율(질화도)이 높을수록 폭발성이 크다.

⑧ 저장, 운반 시 물(20%) 또는 알코올(30%)을 첨가 습윤시킨다.

⑨ **질화도에 따른 분류**

구분	질화도(질소함유량)
강면약(강질화면)	12.5~13.5%
취 면	10.7~11.2%
약면약(약질화면)	11.2~12.3%

해답 ①

37 알루미늄분의 성질에 대한 설명으로 옳은 것은?

① 금속 중에서 연소열량이 가장 작다.
② 끓는 물과 반응해서 수소를 발생한다.
③ 수산화나트륨 수용액과 반응해서 산소를 발생한다.
④ 안전한 저장을 위해 할로겐 원소와 혼합한다.

해설 **알루미늄분**(Al) **: 제2류 위험물**

① 산화제와 혼합 시 가열, 충격, 마찰 등에 의하여 착화위험이 있다.

② 할로겐원소(F, Cl, Br, I)와 접촉시 자연발화 위험이 있다.

③ 분진폭발 위험성이 있다.

④ 가열된 알루미늄은 수증기와 반응하여 수소를 발생시킨다.(주수소화금지)

$2Al + 6H_2O \rightarrow 2Al(OH)_3 + 3H_2 \uparrow$
(수산화알루미늄)

⑤ 알루미늄(Al)은 산과 반응하여 수소를 발생한다.

$2Al + 6HCl \rightarrow 2AlCl_3 + 3H_2 \uparrow$
(염화알루미늄)

⑥ 주수소화는 엄금이며 마른모래 등으로 피복 소화한다.

해답 ②

38 아세트알데히드의 저장 · 취급시 주의사항으로 틀린 것은?

① 강산화제와의 접촉을 피한다.
② 취급설비에는 구리합금의 사용을 피한다.
③ 수용성이기 때문에 화재시 물로 희석 소화가 가능하다.
④ 옥외저장 탱크에 저장 시 조연성 가스를 주입한다.

해설 **아세트알데히드**(CH_3CHO) **: 제4류 위험물 중 특수인화물**

① 휘발성이 강하고 과일냄새가 있는 무색 액체
② 물, 에탄올에 잘 녹는다.
③ 연소범위는 약 4.1~57%이다.
④ 저장용기 사용 시 구리, 마그네슘, 은, 수은 및 합금용기는 사용금지(중합반응 때문)
⑤ 다량의 물로 주수소화한다.
⑥ 아세트알데히드 등을 취급하는 설비에는 연소성 혼합기체의 생성에 의한 폭발을 방지하기 위한 불활성기체 또는 수증기를 봉입하는 장치를 갖출 것

해답 ④

39 위험물안전관리법상 위험물을 분류할 때 니트로화합물에 해당하는 것은?

① 니트로셀룰로오스
② 히드라진
③ 질산메틸
④ 피크린산

해설 **질산에스테르류 : 제5류 위험물**(자기반응성물질)

① 질산메틸 ② 질산에틸
③ 니트로글리세린 ④ 니트로셀룰로오스

니트로화합물 : 제5류 위험물(자기반응성물질)

① 피크린산[$C_6H_2(NO_2)_3OH$](TNP)
② 트리니트로톨루엔[$C_6H_2CH_3(NO_2)_3$](TNT)

해답 ④

40 위험물제조소등에 전기배선, 조명기구 등은 제외한 전기설비가 설치되어 있는 경우에는 당해 장소의 면적 몇 m^2마다 소형수동식소화기를 1개 이상 설치하여야 하는가?

① 100 ② 150

③ 200　　④ 300

해설 소화설비의 설치기준

① 전기설비의 소화설비
- 소형수동식 소화기 : 바닥면적 $100m^2$마다 1개 이상 설치

② 소요단위의 계산방법
- 제조소 또는 취급소의 건축물

외벽이 내화구조인 것	외벽이 내화구조가 아닌 것
연면적 $100m^2$를 1소요단위	연면적 $50m^2$를 1소요단위

- 저장소의 건축물

외벽이 내화구조인 것	외벽이 내화구조가 아닌 것
연면적 $150m^2$를 1소요단위	연면적 $75m^2$를 소요단위

③ 위험물은 지정수량의 10배를 1소요단위로 할 것

해답 ①

41 위험물의 운반에 관한 기준에서 규정한 운반용기의 재질에 해당하지 않는 것은?

① 금속판　　② 양철판
③ 짚　　④ 도자기

해설 운반용기의 재질

① 강판　　② 알루미늄판
③ 양철판　　④ 유리
⑤ 금속판　　⑥ 종이
⑦ 플라스틱　　⑧ 섬유판
⑨ 고무류　　⑩ 합성섬유
⑪ 삼　　⑫ 짚
⑬ 나무

해답 ④

42 벤젠의 위험성에 대한 설명으로 틀린 것은?

① 휘발성이 있다.
② 인화점이 0℃ 보다 낮다.
③ 증기는 유독하여 흡입하면 위험하다.
④ 이황화탄소보다 착화온도가 낮다.

해설 벤젠(C_6H_6, Benzene) : 제4류 위험물 중 제1석유류

① 제4류 위험물 중 1석유류
② 착화온도 : 562℃
(이황화탄소의 착화온도 100℃)
③ 벤젠증기는 마취성 및 독성이 강하다.
④ 비수용성(물에 녹지 않음)이며 알코올, 아세톤, 에테르에는 용해.
⑤ 취급 시 정전기에 유의해야 한다.

해답 ④

43 금속칼륨과 금속나트륨의 공통성질이 아닌 것은?

① 비중이 1보다 작다.
② 용융점이 100℃보다 낮다.
③ 열전도도가 크다.
④ 강하고 단단한 금속이다.

해설 ④ 약하고 무른 경금속이다.

해답 ④

44 분자량이 약 110 인 무기과산화물로 물과 접촉하여 발열 하는 것은?

① 과산화마그네슘　　② 과산화벤젠
③ 과산화칼슘　　④ 과산화칼륨

해설 과산화칼륨(K_2O_2) : 제1류 위험물 중 무기과산화물

① 무색 또는 오렌지색 분말상태
② 상온에서 물과 격렬히 반응하여 산소(O_2)를 방출하고 폭발하기도 한다.

$2K_2O_2 + 2H_2O \rightarrow 4KOH$(수산화칼륨) $+ O_2\uparrow$

③ 공기 중 이산화탄소(CO_2)와 반응하여 산소(O_2)를 방출한다.

$2K_2O_2 + 2CO_2 \rightarrow 2K_2CO_3$(탄산칼륨) $+ O_2\uparrow$

④ 산과 반응하여 과산화수소(H_2O_2)를 생성시킨다.

$K_2O_2 + 2CH_3COOH \rightarrow 2CH_3COOK + H_2O_2\uparrow$
(초산칼륨)　(과산화수소)

⑤ 열분해시 산소(O_2)를 방출한다.

$2K_2O_2 \rightarrow 2K_2O$(산화칼륨) $+ O_2\uparrow$

⑥ 주수소화는 금물이고 마른모래(건조사) 등으로 소화한다.

해답 ④

45 제6류 위험물의 일반적 성질에 대한 설명 중 틀린 것은?

① 물에 잘 녹는다. ② 산화제이다.
③ 물보다 무겁다. ④ 쉽게 연소한다.

해설 **제6류 위험물의 공통적인 성질**
① 자신은 불연성이고 산소를 함유한 강산화제이다.
② 분해에 의한 산소발생으로 다른 물질의 연소를 돕는다.
③ 액체의 비중은 1보다 크고 물에 잘 녹는다.
④ 물과 접촉 시 발열한다.
⑤ 증기는 유독하고 부식성이 강하다.

제6류 위험물(산화성 액체)

성질	품 명	판단기준	지정수량	위험등급
산화성액체	• 과염소산($HClO_4$)		300kg	I
	• 과산화수소(H_2O_2)	농도 36중량% 이상		
	• 질산(HNO_3)	비중 1.49 이상		
	• 할로겐간화합물 ① 삼불화브롬(BrF_3) ② 오불화브롬(BrF_5) ③ 오불화요오드(IF_5)			

해답 ④

46 제4류 위험물의 일반적인 화재 예방방법이나 진압대책과 관련한 설명 중 틀린 것은?

① 인화점이 높은 석유류일수록 불연성가스를 봉입하여 혼합기체의 형성을 억제하여야 한다.
② 메틸알코올의 화재에는 내알코올 포를 사용하여 소화하는 것이 가장 효과적이다.
③ 물에 의한 냉각소화보다는 이산화탄소, 분말, 포에 의한 질식소화를 시도하는 것이 좋다.
④ 중유탱크 화재의 경우 boil over 현상이 일어나 위험한 상황이 발생할 수 있다.

해설 **제4류 위험물의 공통적 성질**
① 대단히 인화되기 쉬운 인화성액체이다.
② 증기는 공기보다 무겁다.
(증기비중＝분자량/공기평균분자량(28.84))
③ 증기는 공기와 약간 혼합되어도 연소한다.
④ 일반적으로 액체비중은 물보다 가볍고 물에 잘 안녹는다.
⑤ 착화온도가 낮은 것은 매우 위험하다.
⑥ 연소하한이 낮고 정전기에 폭발우려가 있다.

해답 ①

47 벤조일퍼옥사이드 10kg, 니트로글리세린 50 kg, TNT 400kg, 을 저장하려 할 때 각 위험물의 지정수량 배수의 총 합은?

① 5 ② 7
③ 8 ④ 10

해설 ① 벤조일퍼옥사이드(유기과산화물) 10kg
② 니트로글리세린(질산에스테르류) 50kg
③ TNT(트리니트로톨루엔 : 니트로화합물) 400kg

제5류 위험물 및 지정수량

성질	품 명	지정수량	위험등급
자기반응성물질	1. 유기과산화물 2. 질산에스테르류	10kg	I
	3. 니트로화합물 4. 니트로소화합물 5. 아조화합물 6. 디아조화합물 7. 히드라진 유도체	200kg	II
	8. 히드록실아민 9. 히드록실아민염류	100kg	

지정수량의 배수$=\dfrac{저장수량}{지정수량}$

$=\dfrac{10kg}{10kg}+\dfrac{50kg}{10kg}+\dfrac{400kg}{200kg}$

$=8$배

해답 ③

48 칼륨의 저장 시 사용하는 보호물질로 가장 적당한 것은?

① 에탄올 ② 이황화탄소
③ 석유 ④ 이산화탄소

해설 **보호액속에 저장 위험물**
① 파라핀, 경유, 등유 속에 보관
칼륨(K), 나트륨(Na)

② 물속에 보관

이황화탄소(CS_2), 황린(P_4)

해답 ③

49 지하저장탱크에 경보음을 울리는 방법으로 과충전 방지장치를 설치하고자 한다. 탱크 용량의 최소 몇 %가 찰 때 경보음이 울리도록 하여야 하는가?

① 80　　② 85

③ 90　　④ 95

해설 **지하저장탱크의 과충전 방지장치 설치.**

① 탱크용량을 초과하는 위험물이 주입될 때 자동으로 그 주입구를 폐쇄하거나 위험물의 공급을 자동으로 차단하는 방법

② 탱크용량의 90%가 찰 때 경보음을 울리는 방법

해답 ③

50 다음 중 모두 고체로만 이루어진 위험물은?

① 제1류 위험물, 제2류 위험물

② 제2류 위험물, 제3류 위험물

③ 제3류 위험물, 제5류 위험물

④ 제1류 위험물, 제5류 위험물

해설 **위험물의 분류 및 성질**

유별	성 질	상 태
제1류	산화성고체	고체
제2류	가연성고체	고체
제3류	자연발화성 및 금수성	고체 및 액체
제4류	인화성액체	액체
제5류	자기반응성	고체 및 액체
제6류	산화성액체	액체

해답 ①

51 탄소80%, 수소 14%, 황 6% 인 물질 1kg이 완전연소하기위해 필요한 이론 공기량은 약 몇 kg인가? (단, 공기 중 산소는 중량 23%이다.)

① 3.31　　② 7.05

③ 11.62　　④ 14.41

해설 **연소 반응식**

① 탄소 $C + O_2 \rightarrow CO_2$

12 → 16×2

1kg×0.8 → X_1

$$X_1 = \frac{1\times0.8\times16\times2}{12} = 2.13\text{kg}$$

② 수소 $2H_2 + O_2 \rightarrow 2H_2O$

1×4 → 16×2

1kg×0.14 → X_2

$$X_2 = \frac{1\times0.14\times16\times2}{1\times4} = 1.12\text{kg}$$

③ 황 $S + O_2 \rightarrow SO_2$

32 → 16×2

1kg×0.06 → X_3

$$X_3 = \frac{1\times0.06\times16\times2}{32} = 0.06\text{kg}$$

④ 필요한 산소량 = 2.13 + 1.12 + 0.06 = 3.31kg

⑤ ∴ 필요한 산소 무게 $= \frac{3.31}{0.23} = 14.4\text{kg}$

해답 ④

52 과산화벤조일 취급 시 주의사항에 대한 설명 중 틀린 것은?

① 수분을 포함하고 있으면 폭발하기 쉽다.

② 가열, 충격, 마찰을 피해야 한다.

③ 저장용기는 차고 어두운 곳에 보관한다.

④ 희석제를 첨가하여 폭발성을 낮출 수 있다.

해설 ① 수분을 포함하고 있으면 폭발하기 어렵다.

과산화벤조일=벤조일퍼옥사이드(BPO) [$(C_6H_5CO)_2O_2$]

① 무색 무취의 백색분말 또는 결정이다.

② 물에 녹지 않고 알코올에 약간 녹는다.

③ 에테르 등 유기용제에 잘 녹는다.

④ 직사광선을 피하고 냉암소에 보관한다.

해답 ①

53 과염소산칼륨에 황린이나 마그네슘분을 혼합하면 위험한 이유를 가장 옳게 설명한 것은?

① 외부의 충격에 의해 폭발할 수 있으므로
② 전지가 형성되어 열이 발생하므로
③ 발화점이 높아지므로
④ 용융하므로

해설 과염소산칼륨에 황린이나 마그네슘분을 혼합하면 외부의 충경에 의해 폭발할 수 있다.

해답 ①

54 다음 반응식과 같이 벤젠 1kg이 연소할 때 발생되는 CO_2의 양은 약 몇 m^3인가? (단, 27℃, 750mmHg 기준이다.)

$$C_6H_6 + 7.5O_2 \rightarrow 6CO_2 + 3H_2O$$

① 0.72　　② 1.22
③ 1.92　　④ 2.42

해설 ① 표준상태(0℃, 1기압)에서 벤젠 1kg이 연소할 때 발생되는 CO_2 부피
벤젠 1몰(12×6 + 1×6=78kg)이 연소하면 CO_2 6몰($22.4m^3 \times 6$) 발생
$78kg \rightarrow 22.4 \times 6m^3$
$1kg \rightarrow X$
$\therefore X = \frac{1 \times 22.4 \times 6}{78} = 1.72m^3$
② $1.72m^3$(0℃, 1기압)을 27℃, 750mmHg으로 환산하면

보일-샤를의 법칙
$$\frac{P_1 V_1}{T_1} = \frac{P_2 V_2}{T_2}$$

③ $\frac{760 \times 1.72}{273+0} = \frac{750 \times V_2}{273+27}$

④ $V_2 = \frac{760 \times 1.72 \times (273+27)}{(273+0) \times 750} = 1.92m^3$

해답 ③

55 다음 중 황 분말과 혼합했을 때 가열 또는 충격에 의해서 폭발할 위험이 가장 높은 것은?

① 질산암모늄　　② 물
③ 이산화탄소　　④ 마른모래

해설 **질산암모늄**(NH_4NO_3) **: 제1류 위험물 중 질산염류**
① 단독으로 가열, 충격 시 분해 폭발할 수 있다.
② 화약원료로 쓰이며 유기물과 접촉 시 폭발우려가 있다.

해답 ①

56 제4류 위험물중 특수인화물에 해당하지 않는 것은?

① 디에틸에테르　　② 황화디메틸
③ 메틸에틸케톤　　④ 아세트알데히드

해설 ③ 메틸에틸케톤 : 제1석유류

해답 ③

57 위험물의 지하저장탱크 중 압력탱크 외의 탱크에 대해 수압시험을 실시할 때 몇 kPa 의 압력으로 하여야 하는가? (단, 국민안전처장관이 정하여 고시하는 기밀시험과 비파괴시험을 동시에 실시하는 방법으로 대신하는 경우는 제외한다.)

① 40　　② 50
③ 60　　④ 70

해설 **지하저장탱크**
(1) 재질은 두께 3.2mm 이상의 강철판으로 할 것
(2) 10분간 수압시험
① 압력탱크(최대상용압력이 46.7kPa 이상인 탱크) 외의 탱크 : 70kPa의 압력
② 압력탱크 : 최대상용압력의 1.5배의 압력

해답 ④

58 다음 중 지정수량이 나머지 셋과 다른 것은?

① 염소산나트륨　　② 과산화칼슘
③ 질산칼륨　　④ 아염소산나트륨

해설 **제1류 위험물의 지정수량**
① 염소산나트륨(염소산염류) : 50kg
② 과산화칼슘(무기과산화물) : 500kg
③ 질산칼륨(질산염류) : 300kg
④ 아염소산나트륨(아염소산염류) : 50kg

제1류 위험물 및 지정수량

<table>
<tr><th>성질</th><th colspan="2">품 명</th><th>지정수량</th><th>위험등급</th></tr>
<tr><td rowspan="5">산화성고체</td><td colspan="2">아염소산염류, 염소산염류, 과염소산염류, 무기과산화물</td><td>50kg</td><td>Ⅰ</td></tr>
<tr><td colspan="2">브롬산염류, 질산염류, 요오드산염류</td><td>300kg</td><td>Ⅱ</td></tr>
<tr><td colspan="2">과망간산염류, 중크롬산염류</td><td>1000kg</td><td>Ⅲ</td></tr>
<tr><td rowspan="2">행정안전부령이 정하는 것</td><td>① 과요오드산염류
② 과요오드산
③ 크롬, 납 또는 요오드의 산화물
④ 아질산염류
⑤ 염소화이소시아눌산
⑥ 퍼옥소이황산염류
⑦ 퍼옥소붕산염류</td><td>300kg</td><td>Ⅱ</td></tr>
<tr><td>⑧ 차아염소산염류</td><td>50kg</td><td>Ⅰ</td></tr>
</table>

해답 ③

59 운송책임자의 감독 · 지원을 받아 운송하여야 하는 것으로 대통령령이 정하는 위험물에 해당하는 것은?

① 알킬리튬　　② 디에틸에테르
③ 과산화나트륨　　④ 과염소산

해설 **운송책임자의 감독 · 지원을 받아 운송하는 위험물**
① 알킬알루미늄
② 알킬리튬
③ 알킬알루미늄 또는 알킬리튬의 물질을 함유하는 위험물

해답 ①

60 위험물안전관리법에서 정의하는 "제조소등"에 해당되지 않는 것은?

① 제조소　　② 저장소
③ 판매소　　④ 취급소

해설 **용어의 정의 : 제조소등**
① 제조소　② 저장소　③ 취급소

해답 ③

국가기술자격 필기시험문제

2018 CBT 시험 기출문제 복원 [제 3 회]

자격종목	시험시간	문제수	형별	수험번호	성 명
위험물기능사	1시간	60	A		

본 문제는 CBT시험대비 기출문제 복원입니다.

01 위험물의 저장 · 취급에 관한 법적 규제를 설명하는 것으로 옳은 것은?

① 지정수량 이상 위험물의 저장은 제조소, 저장소 또는 취급소에서 하여야 한다.
② 지정수량 이상 위험물의 취급은 제조소, 저장소 또는 취급소에서 하여야 한다.
③ 제조소 또는 취급소에는 지정수량 미만의 위험물은 저장 할 수 없다.
④ 지정수량 이상 위험물의 저장 · 취급기준은 모두 중요 기준이므로 위반시에는 벌칙이 따른다.

해설 **지정수량이상의 위험물의 취급**
제조소, 저장소 또는 취급소에서 하여야 한다.

해답 ②

02 화재시 이산화탄소를 사용하여 공기 중 산소의 농도를 21vol%에서 13vol%로 낮추려면 공기 중 이산화탄소의 농도는 약 몇 vol%가 되어야 하는가?

① 34.3 ② 38.1
③ 42.5 ④ 45.8

해설 **이산화탄소의 농도 산출 공식**

$$CO_2(\%) = \frac{21 - O_2(\%)}{21} \times 100$$

$O_2 = 13\%$ 일 때

$$\therefore CO_2(\%) = \frac{21-13}{21} \times 100 = 38.1\%$$

해답 ②

03 요오드값에 관한 설명 중 틀린 것은?

① 기름 100g에 흡수되는 요오드의 g 수를 말한다.
② 요오드값은 유지에 함유된 지방산의 불포화 정도를 나타낸다.
③ 불포화결합이 많이 포함되어 있는 것이 건성유이다.
④ 불포화 정도가 클수록 반응성이 작다.

해설 **요오드값**
① 기름(유지) 100g에 흡수되는 요오드의 g수
② 요오드값은 유지에 함유된 지방산의 불포화정도를 나타낸다.
③ 불포화결합이 많이 포함되어 있는 것이 건성유이다.
④ 불포화정도가 클수록 반응성이 크다.

동식물유류 : 제4류 위험물
동물의 지육 또는 식물의 종자나 과육으로부터 추출한 것으로 1기압에서 인화점이 250℃ 미만인 것
① 돈지(돼지기름), 우지(소기름) 등이 있다.
② 요오드값이 130이상인 건성유는 자연발화위험이 있다.
③ 인화점이 46℃인 개자유는 저장, 취급시 특별히 주의한다.

요오드값에 따른 동식물유류의 분류

구 분	요오드값	종 류
건성유	130 이상	해바라기기름, 동유(오동기름), 정어리기름, 아마인유, 들기름
반건성유	100~130	채종유, 쌀겨기름, 참기름, 면실유, 옥수수기름, 청어기름, 콩기름
불건성유	100 이하	야자유, 팜유, 올리브유, 피마자기름, 낙화생기름, 돈지, 우지, 고래기름

해답 ④

04 위험물안전관리법령상 제3류 위험물 중 금수성 물질에 적응성이 있는 것은?

① 스프링클러설비
② 포 소화설비
③ 탄산수소염류 분말소화설비
④ 할로겐화합물소화기

해설 **제3류 위험물의 일반적인 성질**
① 황린을 제외하고 물과 접촉 시 발열반응 및 가연성 가스를 발생한다.
② 대부분 금수성 및 불연성 물질(황린, 칼륨, 나트륨, 알킬알루미늄제외)이다.
③ 대부분 무기물이며 고체상태이다.
④ 제3류 위험물 금수성 물질 적응약제
• 팽창질석 • 팽창진주암
• 탄산수소염류 분말약제 • 마른모래

해답 ③

05 제5류 위험물의 위험성에 대한 설명으로 옳은 것은?

① 유기질소화합물에는 자연발화의 위험성을 갖는 것도 있다.
② 연소시 주로 열을 흡수하는 성질이 있다.
③ 니트로화합물은 니트로기가 적을수록 분해가 용이하고, 분해발열량도 크다.
④ 연소시 발생하는 연소 가스가 없으나 폭발력이 매우 강하다.

해설 ① 유기질소화합물에는 자연발화의 위험성을 갖는 것도 있다.
② 연소 시 열을 발산하는 성질이 있다.
③ 니트로화합물은 니트로기가 많을수록 분해가 용이하고 분해 발열량도 크다.
④ 연소 시 발생하는 연소가스가 있으며 폭발력이 매우 강하다.

제5류 위험물의 일반적 성질
① 자기연소(내부연소)성 물질이다.
② 연소속도가 대단히 빠르고 폭발적 연소한다.
③ 가열, 마찰, 충격에 의하여 폭발한다.
④ 물질자체가 산소를 함유하고 있다.
⑤ 연소 시 소화가 어렵다.

해답 ①

06 제3종 분말소화약제의 소화효과로 가장 거리가 먼 것은?

① 질식효과 ② 냉각효과
③ 제거효과 ④ 부촉매효과

해설 **제3종 분말소화약제 소화효과**
① 질식효과 ② 냉각효과 ③ 부촉매효과

분말약제의 주성분 및 착색 ★자주출제(필수암기)★

종별	주성분	약제명	착색	적응화재
제1종	$NaHCO_3$	탄산수소나트륨 중탄산나트륨 중조	백색	B,C급
제2종	$KHCO_3$	탄산수소칼륨 중탄산칼륨	담회색	B,C급
제3종	$NH_4H_2PO_4$	제1인산암모늄	담홍색 (핑크색)	A,B,C급
제4종	$KHCO_3$ $+(NH_2)_2CO$	중탄산칼륨 +요소	회색 (쥐색)	B,C급

해답 ③

07 다음 중 전기화재의 표시색상은?

① 백색 ② 황색
③ 무색 ④ 청색

해설 **화재의 분류**

종류	등급	색표시	주된 소화방법
일반화재	A급	백색	냉각소화
유류 및 가스화재	B급	황색	질식소화
전기화재	C급	청색	질식소화
금속화재	D급	–	피복소화
주방화재	K급	–	냉각 및 질식 소화

해답 ④

08 소화설비의 소요단위 산정방법에 대한 설명 중 옳은 것은?

① 위험물은 지정수량의 100배를 1 소요단위로 함
② 저장소용 건출물로 외벽이 내화구조인 것은 연면적 $100m^2$를 1 소요단위로 함
③ 제조소용 건축물로 외벽이 내화구조가 아닌 것은 연면적 $50m^2$를 1 소요단위로 함

④ 저장소용 건축물로 외벽이 내화구조가 아닌 것은 연면적 $25m^2$를 1 소요단위로 함

해설 소요단위의 계산방법

① 제조소 또는 취급소의 건축물

외벽이 내화구조인 것	외벽이 내화구조가 아닌 것
연면적 $100m^2$를 1소요단위	연면적 $50m^2$를 1소요단위

② 저장소의 건축물

외벽이 내화구조인 것	외벽이 내화구조가 아닌 것
연면적 $150m^2$를 1소요단위	연면적 $75m^2$를 소요단위

③ 위험물은 지정수량의 10배를 1소요단위로 할 것

해답 ③

09 폭발시 연소파의 전파속도 범위에 가장 가까운 것은?

① 0.1~10m/s ② 100~1000m/s
③ 2000~3500m/s ④ 5000~10000m/s

해설 폭굉(폭발)과 폭연의 차이점 ★★★

폭굉(디토네이션 : Detonation)
연소속도가 음속보다 빠르다.(초음속)

폭연(디플러그레이션 : Deflagration)
연소속도가 음속보다 느리다.(아음속)

- **폭굉** : 1000~3500m/s
- **폭연(폭발)** : 0.1~10m/s

해답 ①

10 화학포소화약제에 사용되는 약제가 아닌 것은?

① 황산알루미늄 ② 과산화소소수
③ 탄산수소나트륨 ④ 사포닝

해설 화학포 소화약제

① **내약제(B제)** : 황산알루미늄($Al_2(SO_4)_3$)
② **외약제(A제)** : 중탄산나트륨($NaHCO_3$), 기포안정제

화학포의 기포안정제
- 사포닝
- 계면활성제
- 소다회
- 가수분해단백질

③ 반응식

(탄산수소나트륨) (황산알루미늄)
$6NaHCO_3 + Al_2(SO_4)_3 \cdot 18H_2O$
$\rightarrow 3Na_2SO_4 + 2Al(OH)_3 + 6CO_2 + 18H_2O$
(황산나트륨) (수산화알루미늄)(이산화탄소) (물)

해답 ②

11 연소 중인 가연물의 온도를 떨어드려 연소반응을 정지시키는 소화의 방법은?

① 냉각소화 ② 질식소화
③ 제거소화 ④ 억제소화

해설 소화원리

① **냉각소화** : 가연성 물질을 발화점 이하로 온도를 냉각

물이 소화약제로 사용되는 이유
- 물의 기화열(539kcal/kg)이 크기 때문
- 물의 비열(1kcal/kg℃)이 크기 때문

② **질식소화** : 산소농도를 21%에서 15% 이하로 감소

질식소화 시 산소의 유지농도 : 10~15%

③ **억제소화(부촉매소화, 화학적 소화)** : 연쇄반응을 억제

- 부촉매 : 화학적 반응의 속도를 느리게 하는 것
- 부촉매 효과 : 할로겐화합물 소화약제
(할로겐족원소 : 불소(F), 염소(Cl), 브롬(Br), 요오드(I))

④ **제거소화** : 가연성물질을 제거시켜 소화

- 산불이 발생하면 화재의 진행방향을 앞질러 벌목
- 화학반응기의 화재 시 원료공급관의 밸브를 폐쇄
- 유전화재 시 폭약으로 폭풍을 일으켜 화염을 제거
- 촛불을 입김으로 불어 화염을 제거

⑤ **피복소화** : 가연물 주위를 공기와 차단
⑥ **희석소화** : 수용성인 인화성액체 화재 시 물을 방사하여 가연물의 연소농도를 희석

해답 ①

12 정전기의 제거 방법으로 가장 거리가 먼 것은?

① 제전기를 설치한다.
② 공기를 이온화한다.
③ 습도를 낮춘다.
④ 접지를 한다.

해설 정전기 방지대책
① 접지와 본딩
② 공기를 이온화
③ 상대습도 70% 이상 유지

해답 ③

13 가연물이 될 수 있는 조건이 아닌 것은?

① 열전달이 잘 되는 물질이어야 한다.
② 반응에 필요한 에너지가 작아야 한다.
③ 산화반응시 발열량이 커야 한다.
④ 산소와 친화력이 좋아야 한다.

해설 가연물의 조건(연소가 잘 이루어지는 조건)
① 산소와 친화력이 클 것
② 발열량이 클 것
③ 표면적이 넓을 것
④ 열전도도가 작을 것
⑤ 활성화 에너지가 적을 것
⑥ 연쇄반응을 일으킬 것
⑦ 활성이 강할 것

해답 ①

14 위험물안전관리법령상 제5류 자기반응성 물질로 분류함에 있어 폭발성에 의한 위험도를 판단하기 위한 시험방법은?

① 열분석시험 ② 철관파열시험
③ 낙구시험 ④ 연소속도측정시험

해설 제5류(자기반응성물질)**로 분류함에 있어 폭발성에 의한 위험도 판단 시험방법** : 열분석시험

해답 ①

15 화학포 소화약제로 사용하여 만들어진 소화기를 사용할 때 다음 중 가장 주된 소화효과에 해당하는 것은?

① 제거효과와 질식소화
② 냉각소화와 제거소화
③ 제거소화와 억제소화
④ 냉각소화와 질식소화

해설 포소화약제의 주된 소화효과
① 질식효과 ② 냉각효과

해답 ④

16 이동탱크저장소에 의한 위험물의 운송에 있어서 운송책임자의 감독 또는 지원을 받아야 하는 위험물은?

① 금수성물질 ② 알킬알루미늄등
③ 아세트알데히드등 ④ 히드록실아민등

해설 운송책임자의 감독 · 지원을 받아 운송하는 위험물
① 알킬알루미늄
② 알킬리튬
③ 알킬알루미늄 또는 알킬리튬의 물질을 함유하는 위험물

해답 ②

17 불활성가스소화설비의 기준에서 전역방출방식의 분사헤드의 방사압력은 저압식의 것에 있어서는 1.05MPa 이상이어야 한다고 규정하고 있다. 이 때 저압식의 것은 소화약제가 몇 ℃ 이하의 온도로 용기에 저장되어 있는 것을 말하는가?

① −18℃ ② 0℃
③ 10℃ ④ 25℃

해설 이산화탄소 약제 저장방식
① **고압용기 저장방식** : 21℃에서 5.3MPa 유지
② **저압용기 저장방식** : −18℃에서 2.1MPa 유지

이산화탄소 저장용기의 설치 기준
① 저장용기의 충전비

저압식	고압식
1.1 ~ 1.4	1.5 ~ 1.9

② 저압식 저장용기에는 내압시험압력의 0.64배 내지 0.8배의 압력에서 작동하는 안전밸브와 내압시험압력의 0.8배 내지 내압시험압력에서 작동하는 봉판을 설치할 것
③ 저압식 저장용기에는 액면계 및 압력계와 2.3MPa 이상 1.9MPa 이하의 압력에서 작동

하는 압력경보장치를 설치할 것
④ 저압식 저장용기에는 용기내부의 온도가 -18℃ 이하에서 2.1MPa의 압력을 유지할 수 있는 자동냉동장치를 설치할 것
⑤ 저장용기는 고압식은 25MPa 이상, 저압식은 3.5MPa 이상의 내압시험압력에 합격한 것으로 할 것

해답 ①

18 분말 약제의 식별 색을 옳게 나타낸 것은?

① $KHCO_3$: 백색
② $NH_4H_2PO_4$: 담홍색
③ $NaHCO_3$: 보라색
④ $KHCO_3+(NH_2)_2CO$: 초록색

해설 **분말약제의 주성분 및 착색** ★자주출제(필수암기)★

종별	주 성 분	약 제 명	착 색	적응화재
제1종	$NaHCO_3$	탄산수소나트륨 중탄산나트륨 중조	백색	B,C급
제2종	$KHCO_3$	탄산수소칼륨 중탄산칼륨	담회색	B,C급
제3종	$NH_4H_2PO_4$	제1인산암모늄	담홍색 (핑크색)	A,B,C급
제4종	$KHCO_3$ $+(NH_2)_2CO$	중탄산칼륨 +요소	회색 (쥐색)	B,C급

해답 ②

19 할로겐화물 소화설비가 적응성이 있는 대상물은?

① 제1류 위험물 ② 제3류 위험물
③ 제4류 위험물 ④ 제5류 위험물

해설 **할로겐화합물 및 불활성가스소화설비 적응성**
① 제4류 위험물 ② 전기화재

해답 ③

20 소화전용물통 3개를 포함한 수조 80L의 능력단위는?

① 0.3 ② 0.5
③ 1.0 ④ 1.5

해설 **간이 소화용구의 능력단위**

소화설비	용량	능력단위
소화전용 물통	8L	0.3
수조(소화전용 물통 3개 포함)	80L	1.5
수조(소화전용 물통 6개 포함)	190L	2.5
마른 모래(삽 1개 포함)	50L	0.5
팽창질석 또는 팽창진주암(삽 1개 포함)	80L	0.5

해답 ④

21 질산에 대한 설명으로 옳은 것은?

① 산화력은 없고 강한 환원력이 있다.
② 자체 연소성이 있다.
③ 구리와 반응을 한다.
④ 조연성과 부식성이 없다.

해설 ① 산화력이 강하고 환원력은 없다.
② 자체는 불연성이다.
③ 구리와 반응을 하여 질산구리를 생성한다.

$3Cu + 8HNO_3 \rightarrow 3Cu(NO_3)_2 + 2NO\uparrow + 4H_2O$
(구리) (묽은질산) (질산구리) (일산화질소) (물)

④ 조연성과 부식성이 강하다.

질산(HNO_3) : **제6류 위험물**(산화성 액체)
① 무색의 발연성 액체이다.
② 시판품은 일반적으로 68%이다.
③ 빛에 의하여 일부 분해되어 생긴 NO_2 때문에 황갈색으로 된다.

$4HNO_3 \rightarrow 2H_2O + 4NO_2\uparrow + O_2\uparrow$
(이산화질소) (산소)

④ 질산을 오산화인(P_2O_5)과 작용시키면 오산화질소(N_2O_5)가 된다.
⑤ 저장용기는 직사광선을 피하고 찬 곳에 저장한다.
⑥ 실험실에서는 갈색병에 넣어 햇빛에 차단시킨다.
⑦ 환원성물질과 혼합하면 발화 또는 폭발한다.

크산토프로테인반응(xanthoprotenic reaction)
단백질에 진한질산을 가하면 노란색으로 변하고 알칼리를 작용시키면 오렌지색으로 변하며, 단백질 검출에 이용된다.

⑧ 다량의 질산화재에 소량의 주수소화는 위험하다.
⑨ 마른모래 및 CO_2로 소화한다.
⑩ 위급 시에는 다량의 물로 냉각 소화한다.

해답 ③

22 제6류 위험물인 질산은 비중이 최소 얼마 이상 되어야 위험물로 볼 수 있는가?

① 1.29　② 1.39
③ 1.49　④ 1.59

해설 **위험물의 기준**

종류	기준
유황	• 순도 60% 이상
철분	• 53μm통과하는 것이 50% 미만은 제외
마그네슘	• 2mm체를 통과 못하는 것 제외 • 직경 2mm 이상 막대모양 제외
과산화수소	• 순도 36% 이상
질산	• 비중 1.49 이상

해답 ③

23 제조소등의 용도를 폐지한 경우 제조소등의 관계인은 용도를 폐지한 날로부터 며칠 이내에 용도폐지 신고를 하여야 하는가?

① 3일　② 7일
③ 14일　④ 30일

해설 **제조소등의 폐지**
제조소등의 관계인은 당해 제조소등의 용도를 폐지한 때에는 14일 이내 시. 도지사에게 신고하여야 한다.

해답 ③

24 니트로글리세린에 대한 설명으로 옳은 것은?

① 물에 매우 잘 녹는다.
② 공기 중에서 점화하면 연소하나 폭발의 위험은 없다.
③ 충격에 대하여 민감하여 폭발을 일으키기 쉽다.
④ 제5류 위험물의 니트로화합물에 속한다.

해설 **니트로글리세린의 성질**
① 물에 녹지 않는다.
② 공기 중에서 점화하면 연소하며 폭발의 위험이 있다.
③ 충격에 민감하여 폭발을 일으키기 쉽다.
④ 제5류 위험물의 질산에스테르류에 속한다.

니트로글리세린[$(C_3H_5(ONO_2)_3]$] : **제5류 위험물 중 질산에스테르류**
① 상온에서는 액체이지만 겨울철에는 동결한다.
② 비수용성이며 메탄올, 아세톤 등에 녹는다.
③ 가열, 마찰, 충격에 예민하여 대단히 위험하다.
④ 화재 시 폭굉 우려가 있다.
⑤ 산과 접촉 시 분해가 촉진되고 폭발우려가 있다.

니트로글리세린의 분해
$4C_3H_5(ONO_2)_3$
$\rightarrow 12CO_2\uparrow + 6N_2\uparrow + O_2\uparrow + 10H_2O$

⑥ 다이나마이트(규조토+니트로글리세린), 무연화약 제조에 이용된다.

해답 ③

25 제4류 위험물 운반용기 외부에 표시하여야 하는 주의사항은?

① 화기 · 충격주의　② 화기엄금
③ 물기엄금　④ 화기주의

해설 **위험물 운반용기의 외부 표시 사항**
① 위험물의 품명, 위험등급, 화학명 및 수용성(제4류 위험물의 수용성인 것에 한함)
② 위험물의 수량
③ 수납하는 위험물에 따른 주의사항

유별	성질에 따른 구분	표시사항
제1류	알칼리금속의 과산화물	화기 · 충격주의, 물기엄금 및 가연물접촉주의
	그 밖의 것	화기 · 충격주의 및 가연물접촉주의
제2류	철분 · 금속분 · 마그네슘	화기주의 및 물기엄금
	인화성 고체	화기엄금
	그 밖의 것	화기주의
제3류	자연발화성 물질	화기엄금 및 공기접촉엄금
	금수성 물질	물기엄금
제4류	인화성 액체	화기엄금
제5류	자기반응성 물질	화기엄금 및 충격주의
제6류	산화성 액체	가연물접촉주의

해답 ②

26 제2류 위험물에 대한 설명 중 틀린 것은?

① 아연분은 염산과 반응하여 수소를 발생한다.
② 적린은 연소하여 P_2O_5를 생성한다.
③ P_2S_5은 물에 녹아 주로 이산화황을 발생한다.
④ 제2류 위험물은 가연성 고체이다.

해설 **제2류 위험물**
① 아연분은 염산과 반응하여 수소를 발생한다.

$Zn + 2HCl \rightarrow ZnCl_2 + H_2\uparrow$
(아연) (염산) (염화아연) (수소)

② 적린은 연소하여 P_2O_5를 생성한다.

$4P$(적린) + $5O_2$(산소) → $2P_2O_5$(오산화인)

③ P_2S_5은 물에 녹아 주로 황화수소를 발생 한다.

$P_2S_5 + 8H_2O \rightarrow 2H_3PO_4 + 5H_2S\uparrow$
(오황화린) (물) (인산) (황화수소)

④ 제2류 위험물은 가연성 고체이다.

해답 ③

27 다음 중 제4류 위험물과 혼재할 수 없는 위험물은?(단, 지정수량의 10배 위험물인 경우이다.)

① 제1류 위험물 ② 제2류 위험물
③ 제3류 위험물 ④ 제5류 위험물

해설 **위험물의 운반에 따른 유별을 달리하는 위험물의 혼재기준**(쉬운 암기방법)

혼재 가능	
↓1류 + 6류↑	2류 + 4류
↓2류 + 5류↑	5류 + 4류
↓3류 + 4류↑	

해답 ①

28 다음 물질을 과산화수소에 혼합했을 때 위험성이 가장 낮은 것은?

① 산화제이수은 ② 물
③ 이산화망간 ④ 탄소분말

해설 **과산화수소(H_2O_2)의 일반적인 성질**
① 분해 시 발생기 산소(O_2)를 발생시킨다.
② 분해안정제로 인산(H_3PO_4) 또는 요산($C_5H_4N_4O_3$)을 첨가한다.
③ 시판품은 일반적으로 30~40% 수용액이다.
④ 저장용기는 밀폐하지 말고 구멍이 있는 마개를 사용한다.
⑤ 강산화제이면서 환원제로도 사용한다.
⑥ 60% 이상의 고농도에서는 단독으로 폭발위험이 있다.
⑦ 히드라진($NH_2 \cdot NH_2$)과 접촉 시 분해 작용으로 폭발위험이 있다.

$NH_2 \cdot NH_2 + 2H_2O_2 \rightarrow 4H_2O + N_2\uparrow$

⑧ 3%용액은 옥시풀이라 하며 표백제 또는 살균제로 이용한다.
⑨ 무색인 요오드칼륨 녹말종이와 반응하여 청색으로 변화시킨다.

- 과산화수소는 36%(중량) 이상만 위험물에 해당된다.
- 과산화수소는 표백제 및 살균제로 이용된다.

⑩ 다량의 물로 주수 소화한다.

해답 ②

29 위험물에 관한 설명 중 틀린 것은?

① 할로겐간화합물은 제6류 위험물이다.
② 할로겐간화합물의 지정수량은 200kg이다.
③ 과염소산은 불연성이나 산화성이 강하다.
④ 과염소산은 산소를 함유하고 있으며 물 보다 무겁다.

해설 ③ 과염소산($HClO_4$) : 할로겐간화합물의 지정수량은 300kg이다.

제6류 위험물(산화성 액체)

성질	품 명	판단기준	지정수량	위험등급
산화성 액체	• 과염소산($HClO_4$)		300kg	I
	• 과산화수소(H_2O_2)	농도 36중량% 이상		
	• 질산(HNO_3)	비중 1.49 이상		
	• 할로겐간화합물 ① 삼불화브롬(BrF_3) ② 오불화브롬(BrF_5) ③ 오불화요오드(IF_5)			

해답 ②

30 염소산나트륨의 저장 및 취급에 관한 설명으로 틀린 것은?

① 건조하고 환기가 잘 되는 곳에 저장한다.
② 방습에 유의하여 용기를 밀전시킨다.
③ 유리용기는 부식되므로 철제용기를 사용한다.
④ 금속분류의 혼입을 방지한다.

해설 **염소산나트륨**($NaClO_3$) **: 제1류 위험물 중 염소산염류**

① 조해성이 크고, 알코올, 에테르, 물에 녹는다.
② 철제를 부식시키므로 철제용기 사용금지
③ 산과 반응하여 유독한 이산화염소(ClO_2)를 발생시키며 이산화염소는 폭발성이다.
④ 조해성이 있기 때문에 밀폐하여 저장한다.

조해성
공기 중에 노출되어 있는 고체가 수분을 흡수하여 녹는 현상

해답 ③

31 다음 중 위험등급 Ⅰ의 위험물이 아닌 것은?

① 무기과산화물 ② 적린
③ 나트륨 ④ 과산화수소

해설 ② 적린 : 위험등급 Ⅱ

위험물의 등급 분류

위험등급	해당 위험물
위험등급 Ⅰ	① 제1류 위험물 중 아염소산염류, 염소산염류, 과염소산염류, 무기과산화물, 그 밖에 지정수량이 50kg인 위험물 ② 제3류 위험물 중 칼륨, 나트륨, 알킬알루미늄, 알킬리튬, 황린, 그 밖에 지정수량이 10kg 또는 20kg인 위험물 ③ 제4류 위험물 중 특수인화물 ④ 제5류 위험물 중 유기과산화물, 질산에스테르류, 그 밖에 지정수량이 10kg인 위험물 ⑤ 제6류 위험물
위험등급 Ⅱ	① 제1류 위험물 중 브롬산염류, 질산염류, 요오드산염류, 그 밖에 지정수량이 300kg인 위험물 ② 제2류 위험물 중 황화린, 적린, 유황 그 밖에 지정수량이 100kg인 위험물 ③ 제3류 위험물 중 알칼리금속(칼륨, 나트륨 제외) 및 알칼리토금속, 유기금속화합물(알킬알루미늄 및 알킬리튬은 제외) 그 밖에 지정수량이 50kg인 위험물 ④ 제4류 위험물 중 제1석유류, 알코올류 ⑤ 제5류 위험물 중 위험등급 I 위험물 외의 것
위험등급 Ⅲ	위험등급 Ⅰ, Ⅱ 이외의 위험물

해답 ②

32 포름산에 대한 설명으로 옳은 것은?

① 환원성이 있다.
② 초산 또는 빙초산이라고도 한다.
③ 독성은 거의 없고 물에 녹지 않는다.
④ 비중은 약 0.6이다.

해설 **개미산**(포름산, HCOOH) **: 제4류 위험물 제2석유류**

① 자극성이 있는 무색의 액체로서 물에 잘 녹는다.
② 자극성 냄새가 있고 피부에 닿으면 물집이 생긴다.
③ 알데히드와 같은 강한 환원력을 가진다.
④ 은거울반응과 페엘링 용액을 환원한다.
④ 알코올과 반응하여 에스테르를 생성한다.

$$HCOOH + C_2H_5OH \rightarrow HCOOC_2H_5 + H_2O$$
(개미산) (에틸알코올) (개미산에틸) (물)

⑤ 진한 황산과 가열하면 탈수되어 일산화탄소를 만든다.

$$HCOOH \xrightarrow{H_2SO_4} H_2O + CO\uparrow$$
(개미산) (물) (일산화탄소)

해답 ①

33 다음 중 피크린산과 반응하여 피크린산염을 형성하는 것은?

① 물 ② 수소
③ 구리 ④ 산소

해설 **피크린산=피크르산**[$C_6H_2(NO_2)_3OH$](TNP : Tri Nitro Phenol) **: 제5류 니트로화합물**

① 침상결정이며 냉수에는 약간 녹고 더운물, 알코올, 벤젠 등에 잘 녹는다.
② 쓴맛과 독성이 있다.

③ 구리, 납, 철 등으로 만든 용기 사용금지(피크린산염 형성)
④ 피크르산 또는 트리니트로페놀(Tri Nitro phenol)의 약자로 TNP라고도 한다.
⑤ 단독으로 타격, 마찰에 비교적 둔감하다.
⑥ 연소 시 검은 연기를 내고 폭발성은 없다.
⑦ 휘발유, 알코올, 유황과 혼합된 것은 마찰, 충격에 폭발한다.
⑧ 화약, 불꽃놀이에 이용된다.

해답 ③

34 제4류 위험물을 취급하는 제조소가 있는 사업소에서 지정수량 몇 배 이상의 위험물을 취급하는 경우 자체소방대를 설치해야 하는가?

① 2000 ② 2500
③ 3000 ④ 3500

해설 **자체소방대를 설치하여야 하는 사업소**
① 지정수량의 3천배 이상의 제4류 위험물을 취급하는 제조소 또는 일반취급소
(단, 보일러로 위험물을 소비하는 일반취급소 등 일반취급소를 제외)
② 지정수량의 50만배 이상의 제4류 위험물을 저장하는 옥외탱크저장소

예방규정을 정하여야 하는 제조소등
① 지정수량의 10배 이상 제조소
② 지정수량의 100배 이상 옥외저장소
③ 지정수량의 150배 이상 옥내저장소
④ 지정수량의 200배 이상 옥외탱크저장소
⑤ 암반탱크저장소
⑥ 이송취급소
⑦ 지정수량의 10배 이상 일반취급소

해답 ③

35 제조소의 건축물 구조기준 중 연소의 우려가 있는 외벽은 개구부가 없는 내화구조의 벽으로 하여야 한다. 이 때 연소의 우려가 있는 외벽은 제조소가 설치된 부지의 경계선에서 몇 m 이내에 있는 외벽을 말하는가?(단, 단층 건물일 경우이다.)

① 3 ② 4
③ 5 ④ 6

해설 **제조소의 건축물 구조기준**
① 연소의 우려가 있는 외벽은 내화구조의 벽으로 하여야 한다.
② 연소의 우려가 있는 외벽은 제조소가 설치된 부지의 경계선에서 2m 이내의 벽을 말한다.

해답 ①

36 다음 위험물 중 지정수량이 나머지 셋과 다른 것은?

① 적린 ② 유황
③ 황화린 ④ 철분

해설 **제2류 위험물의 지정수량**

성 질	품 명	지정수량	위험등급
가연성 고체	황화린, 적린, 유황	100kg	Ⅱ
	철분, 금속분, 마그네슘	500kg	Ⅲ
	인화성 고체	1,000kg	

해답 ④

37 다음 중 금속칼륨의 보호액으로 가장 적당한 것은?

① 물 ② 아세트산
③ 등유 ④ 에틸알코올

해설 **보호액속에 저장 위험물**

위험물	보호액
칼륨(K), 나트륨(Na)	파라핀, 경유, 등유 속에 보관
이황화탄소(CS_2), 황린(P_4)	물속에 보관
니트로셀룰로오스(NC)	운반 시 물(20%) 또는 알코올(30%)을 첨가 습윤시킨다.
트리니트로 톨루엔(TNT)	운반 시 물(10%)을 첨가 습윤시킨다.

해답 ③

38 다음 위험물 중 인화점이 가장 낮은 것은?

① 산화프로필렌 ② 벤젠
③ 디에틸에테르 ④ 이황화탄소

해설 **제4류 위험물의 인화점**

품 명	유별	인화점(℃)
① 산화프로필렌	특수인화물	-37
② 벤젠	제1석유류	-11
③ 디에틸에테르	특수인화물	-45
④ 이황화탄소	특수인화물	-30

해답 ③

39 물과 반응하여 포스핀 가스를 발생하는 것은?

① Ca_3P_2 ② CaC_2
③ LiH ④ P_4

해설 **인화칼슘**(Ca_3P_2)[별명 : 인화석회] : **제3류 위험물**(금수성 물질)

① 적갈색의 괴상고체
② 물 및 약산과 격렬히 반응, 분해하여 인화수소(포스핀)(PH_3)을 생성한다.

- $Ca_3P_2 + 6H_2O \rightarrow 3Ca(OH)_2 + 2PH_3$
- $Ca_3P_2 + 6HCl \rightarrow 3CaCl_2 + 2PH_3$

(포스핀 = 인화수소)

③ 포스핀은 맹독성가스이므로 취급 시 방독마스크를 착용한다.
④ 물 및 포약제의 의한 소화는 절대 금하고 마른모래 등으로 피복하여 자연 진화되도록 기다린다.

해답 ①

40 지정수량 20배 이상의 제1류 위험물을 저장하는 옥내저장소에서 내화구조로 하지 않아도 되는 것은?(단, 원칙적인 경우에 한한다.)

① 바닥 ② 보
③ 기둥 ④ 벽

해설 **옥내저장소의 위치. 구조 및 설비의 기준**

① 내화구조로 하여야 하는 부분
㉠ 벽 ㉡ 기둥 ㉢바닥
② 불연재료로 하여야 하는 부분
㉠ 보 ㉡서까래

해답 ②

41 위험물안전관리법령상 자연발화성 물질 및 금수성 물질은 제 몇 류 위험물로 지정되어 있는가?

① 제1류 ② 제2류
③ 제3류 ④ 제4류

해설 **위험물의 분류 및 성질**

유별	성 질
제1류	산화성고체
제2류	가연성고체
제3류	자연발화성 및 금수성
제4류	인화성액체
제5류	자기반응성
제6류	산화성액체

해답 ③

42 황가루가 공기 중에 떠 있을 때의 주된 위험성에 해당하는 것은?

① 수증기 발생 ② 감전
③ 분진폭발 ④ 흡열반응

해설 **분진폭발 위험성 물질**

① 석탄분진 ② 섬유분진
③ 곡물분진(농수산물가루) ④ 종이분진
⑤ 목분(나무분진) ⑥ 배합제분진
⑦ 플라스틱분진 ⑧ 금속분말가루
⑨ 황가루

분진폭발 없는 물질

① 생석회(CaO)(시멘트의 주성분)
② 석회석 분말
③ 시멘트
④ 수산화칼슘(소석회 : $Ca(OH)_2$)

해답 ③

43 위험물이 2가지 이상의 성상을 나타내는 복수성상 물품일 경우 유별(類別) 분류기준으로 틀린 것은?

① 산화성고체의 성상 및 가연성고체의 성상을 가지는 경우 : 제1류 위험물
② 산화성고체의 성상 및 자기반응성물질의 성상을 가지는 경우 : 제5류 위험물
③ 자연발화성물질의 성상, 금수성물질의 성상 및 인화성액체의 성상을 가지는 경우 : 제3류 위험물

④ 가연성고체의 성상 및 자연발화성물질의 성상 및 금수성 물질의 성상을 가지는 경우 : 제3류 위험물

해설 ① 산화성고체의 성상 및 가연성고체의 성상을 가지는 경우 제2류 위험물

위험물이 2가지 이상의 성상을 나타내는 복수성상 물품일 경우 유별 분류기준

① 산화성고체(1류) + 가연성고체(2류) ⇒ 제2류 위험물
② 산화성고체(1류) + 자기반응성물질(5류) ⇒ 제5류 위험물
③ 가연성고체(2류) + 자연발화성물질 및 금수성물질(3류) ⇒ 제3류 위험물
④ 자연발화성물질 및 금수성물질(3류) + 인화성액체(4류) ⇒ 제3류 위험물
⑤ 인화성액체(4류) + 자기반응성물질(5류) ⇒ 제5류 위험물

해답 ①

44 위험물안전관리법령상 제조소등에 대한 긴급 사용정지 명령 등을 할 수 있는 권한이 없는 자는?

① 시 · 도지사　② 소방본부장
③ 소방서장　④ 국민안전처장관

해설 **제조소등에 대한 긴급 사용정지명령권자**
① 시 · 도지사　② 소방본부장 또는 소방서장

해답 ④

45 다음 중 물과 작용하여 분자량이 26인 가연성 가스를 발생시키고 발생한 가스가 구리와 작용하면 폭발성 물질을 생성하는 것은?

① 칼슘　② 인화석회
③ 탄화칼슘　④ 금속나트륨

해설 ① 분자량이 26인 가연성가스 : C_2H_2(아세틸렌)
② 아세틸렌은 구리와 반응하여 폭발성물질인 구리아세틸리드를 생성하고 수소기체를 발생한다.

$C_2H_2 + 2Cu \rightarrow Cu_2C_2 + H_2\uparrow$
(아세틸렌) (구리) (구리아세틸리드)(수소)

탄화칼슘(CaC_2) **: 제3류 위험물 중 칼슘탄화물**

① 물과 접촉 시 아세틸렌을 생성하고 열을 발생시킨다.

$CaC_2 + 2H_2O \rightarrow Ca(OH)_2 + C_2H_2\uparrow$
(수산화칼슘) (아세틸렌)

② 아세틸렌의 폭발범위는 2.5~81%로 대단히 넓어서 폭발위험성이 크다.
③ 장기 보관시 불활성기체(N_2 등)를 봉입하여 저장한다.
④ 별명은 카바이드, 탄화석회, 칼슘카바이드 등이다.
⑤ 고온(700℃)에서 질화되어 석회질소($CaCN_2$)가 생성된다.

$CaC_2 + N_2 \rightarrow CaCN_2 + C$
(석회질소) (탄소)

⑥ 물 및 포약제에 의한 소화는 절대 금하고 마른 모래 등으로 피복 소화한다.

해답 ③

46 나트륨 20kg과 칼슘 100kg을 저장하고자 할 때 각 위험물의 지정수량 배수의 합은 얼마인가?

① 2　② 4
③ 5　④ 12

해설 ① **나트륨의 지정수량** : 10kg
② **칼슘(알칼리토금속)의 지정수량** : 50kg

제3류 위험물 및 지정수량

성 질	품 명	지정수량	위험등급
자연발화성 및 금수성물질	1. 칼륨 2. 나트륨 3. 알킬알루미늄 4. 알킬리튬	10kg	Ⅰ
	5. 황린	20kg	
	6. 알칼리금속(칼륨 및 나트륨 제외) 및 알칼리토금속 7. 유기금속화합물(알킬알루미늄 및 알킬리튬 제외)	50kg	Ⅱ
	8. 금속의 수소화물 9. 금속의 인화물 10. 칼슘 또는 알루미늄의 탄화물	300kg	

지정수량의 배수$=\dfrac{\text{저장수량}}{\text{지정수량}}=\dfrac{20}{10}+\dfrac{100}{50}=4$배

해답 ②

47 질산기의 수에 따라서 강면약과 약면약으로 나눌 수 있는 위험물로서 함수 알코올로 습면하여 저장 및 취급하는 것은?

① 니트로글리세린 ② 니트로셀룰로오스
③ 트리니트로톨루엔 ④ 질산에틸

해설 **니트로셀룰로오스**$[(C_6H_7O_2(ONO_2)_3]_n$ **: 제5류 위험물 중 질산에스테르류**

셀룰로오스(섬유소)에 진한질산과 진한 황산의 혼합액을 작용시켜서 만든 것이다.

① 비수용성이며 초산에틸, 초산아밀, 아세톤에 잘 녹는다.
② 130℃에서 분해가 시작되고, 180℃에서는 급격하게 연소한다.
③ 직사광선, 산 접촉 시 분해 및 자연 발화한다.
④ 건조상태에서는 폭발위험이 크나 수분함유 시 폭발위험성이 없어 저장 · 운반이 용이하다.
⑤ 질산섬유소라고도 하며 화약에 이용 시 면약(면화약)이라 한다.
⑥ 셀룰로이드, 콜로디온에 이용 시 질화면이라 한다.
⑦ 질소함유율(질화도)이 높을수록 폭발성이 크다.
⑧ 저장, 운반 시 물(20%) 또는 알코올(30%)을 첨가 습윤시킨다.
⑨ **질화도에 따른 분류**

구분	질화도(질소함유량)
강면약(강질화면)	12.5~13.5%
취 면	10.7~11.2%
약면약(약질화면)	11.2~12.3%

해답 ②

48 제1류 위험물이 위험을 내포하고 있는 이유를 옳게 설명한 것은?

① 산소를 함유하고 있는 강산화제이기 때문에
② 수소를 함유하고 있는 강환원제이기 때문에
③ 염소를 함유하고 있는 독성물질이기 때문에
④ 이산화탄소를 함유하고 있는 질식제이기 때문에

해설 **제1류 위험물이 위험을 내포하고 있는 이유**

자신은 불연성이지만 자체적으로 산소를 함유한 강산화제이기 때문

제1류 위험물의 일반적 성질

① 산화성 고체이며 대부분 수용성이다.
② 불연성이지만 다량의 산소를 함유하고 있다.
③ 분해 시 산소를 방출하여 남의 연소를 돕는다. (조연성)
④ 열 · 타격 · 충격, 마찰 및 다른 화학물질과 접촉시 쉽게 분해된다.
⑤ 분해속도가 대단히 빠르고, 조해성이 있는 것도 포함한다.

해답 ①

49 다음 중 벤젠 증기의 비중에 가장 가까운 값은?

① 0.7 ② 0.9
③ 2.7 ④ 3.9

해설

- 공기의 평균 분자량 = 29
- 증기비중 = $\frac{M(\text{분자량})}{29(\text{공기평균분자량})}$

벤젠(C_6H_6)의 증기비중 = $\frac{78}{29} = 2.7$

벤젠의 분자량 = $12 \times 6 + 1 \times 6 = 78$

벤젠(Benzene)(C_6H_6) **: 제4류 위험물-제1석유류**

① 착화온도 : 562℃
(이황화탄소의 착화온도 100℃)
② 벤젠증기는 마취성 및 독성이 강하다.
③ 비수용성이며 알코올, 아세톤, 에테르에는 용해
④ 취급 시 정전기에 유의해야 한다.

해답 ③

50 염소산칼륨의 위험성에 관한 설명 중 옳은 것은?

① 요오드, 알코올류와 접촉하면 심하게 반응한다.
② 인화점이 낮은 가연성 물질이다.
③ 물에 접촉하면 가연성 가스를 발생한다.
④ 물을 가하면 발열하고 폭발한다.

해설 **염소산칼륨**($KClO_3$) **: 제1류 위험물 중 염소산염류**

① 무색 또는 백색분말
② 비중 : 2.34
③ 온수, 글리세린에 용해

④ 냉수, 알코올에는 용해하기 어렵다.
⑤ 400℃ 부근에서 분해가 시작
⑥ 540℃~560℃ 정도에서 과염소산칼륨으로 분해되어 염화칼륨과 산소를 방출

$2KClO_3 \rightarrow KCl + KClO_4 + O_2 \uparrow$
(염소산칼륨) (염화칼륨) (과염소산칼륨) (산소)

⑦ 유기물 등과 접촉 시 충격을 가하면 폭발하는 수가 있다.

해답 ①

51 지하탱크저장소 탱크전용실의 안쪽과 지하저장소탱크와의 사이는 몇 m 이상의 간격을 유지하여야 하는가?

① 0.1　② 0.2
③ 0.3　④ 0.5

해설 **지하탱크저장소의 기준**
① 탱크전용실은 시설물 및 대지경계선으로부터 0.1m 이상 떨어진 곳에 설치
② 지하저장탱크와 탱크전용실의 안쪽과의 사이는 0.1m 이상의 간격을 유지
③ 탱크의 주위에 입자지름 5mm 이하의 마른 자갈분을 채울 것
④ 지하저장탱크의 윗부분은 지면으로부터 0.6m 이상 아래에 있을 것
⑤ 지하저장탱크를 2 이상 인접해 설치하는 경우에는 그 상호간에 1m(당해 2 이상의 지하저장탱크의 용량의 합계가 지정수량의 100배 이하인 때에는 0.5m) 이상의 간격을 유지
⑤ 지하저장탱크의 재질은 두께 3.2mm 이상의 강철판으로 할 것

해답 ①

52 황린에 대한 설명 중 옳은 것은?

① 공기 중에 안정한 물질이다.
② 물, 이황화탄소, 벤젠에 잘 녹는다.
③ KOH 수용액과 반응하여 유독한 포스핀 가스가 발생한다.
④ 담황색 또는 백색의 액체로 일광에 노출하면 색이 짙어지면서 적린으로 변한다.

해설 **황린**(P_4)[별명 : 백린] : **제3류 위험물**(자연발화성 물질)
① 백색 또는 담황색의 고체이다.
② 공기 중 약 40~50℃에서 자연 발화한다.
③ 저장 시 자연 발화성이므로 반드시 물속에 저장한다.
④ 인화수소(PH_3)의 생성을 방지하기 위하여 물의 pH9(약알칼리)가 안전한계이다.
⑤ 물의 온도가 상승 시 황린의 용해도가 증가되어 산성화속도가 빨라진다.
⑥ 연소 시 오산화인(P_2O_5)의 흰 연기가 발생한다.

$P_4 + 5O_2 \rightarrow 2P_2O_5$(오산화인)

⑦ 강알칼리의 용액에서는 유독기체인 포스핀(PH_3) 발생한다. 따라서 저장시 물의 pH(수소이온농도)는 9를 넘어서는 안된다.(※ 물은 약알칼리의 석회 또는 소다회로 중화하는 것이 좋다.)

$P_4 + 3NaOH + 3H_2O \rightarrow 3NaH_2PO_2 + PH_3 \uparrow$
$P_4 + 3KOH + 3H_2O \rightarrow 3KHPO_2 + PH_3 \uparrow$
(인화수소=포스핀)

⑧ 약 250℃로 가열(공기차단)시 적린이 된다.
⑨ 피부 접촉 시 화상을 입는다.
⑩ 소화는 물분무, 마른모래 등으로 질식소화 한다.
⑪ 고압의 주수소화는 황린을 비산시켜 연소면이 확대될 우려가 있다.

해답 ③

53 다음 중 물과 접촉하면 발열하면서 산소를 방출하는 것은?

① 과산화칼륨　② 염소산암모늄
③ 염소산칼륨　④ 과망간산칼륨

해설 **과산화칼륨**(K_2O_2) : **제1류 위험물 중 무기과산화물**
① 무색 또는 오렌지색 분말상태
② 상온에서 물과 격렬히 반응하여 산소(O_2)를 방출하고 폭발하기도 한다.

$2K_2O_2 + 2H_2O \rightarrow 4KOH$(수산화칼륨) $+ O_2 \uparrow$

③ 공기 중 이산화탄소(CO_2)와 반응하여 산소(O_2)를 방출한다.

$2K_2O_2 + 2CO_2 \rightarrow 2K_2CO_3$(탄산칼륨) $+ O_2 \uparrow$

④ 산과 반응하여 과산화수소(H_2O_2)를 생성시킨다.

$K_2O_2 + 2CH_3COOH \rightarrow 2CH_3COOK + H_2O_2\uparrow$
(초산칼륨) (과산화수소)

⑤ 열분해시 산소(O_2)를 방출한다.

$2K_2O_2 \rightarrow 2K_2O$(산화칼륨) $+ O_2\uparrow$

⑥ 주수소화는 금물이고 마른모래(건조사) 등으로 소화한다.

해답 ①

54 자동화재탐지설비의 설치기준으로 옳지 않은 것은?

① 경계구역은 건축물의 최소 2개 이상의 층에 걸치도록 할 것
② 하나의 경계구역의 면적은 $600m^2$ 이하로 할 것
③ 감지기는 지붕 또는 벽의 옥내에 면한 부분에 유효하게 화재의 발생을 감지할 수 있도록 설치할 것
④ 비상전원을 설치할 것

해설 **경계구역 설정기준**

① 하나의 경계구역이 2개 이상의 건축물에 미치지 않을 것
② 하나의 경계구역이 2개 이상의 층에 미치지 않을 것(단, $500m^2$ 이하는 2개의 층을 하나의 경계구역)
③ 하나의 경계구역의 면적은 $600m^2$ 이하로 하고 한 변의 길이는 50m 이하로 할 것.
④ 지하구 : 하나의 경계구역 길이 700m 이하
⑤ 하나의 경계구역 높이 45m 이하(계단 및 경사로)

해답 ①

55 다음 중 특수인화물에 해당하는 것은?

① 헥산 ② 아세톤
③ 가솔린 ④ 이황화탄소

해설 **제4류 위험물의 분류**

품명	유별
① 헥산	1석유류
② 아세톤	1석유류
③ 가솔린	1석유류
④ 이황화탄소	특수인화물

해답 ④

56 비중이 0.8인 메틸알코올의 지정수량을 kg으로 환산하면 얼마인가?

① 200 ② 320
③ 460 ④ 500

해설 **제4류 위험물 및 지정수량**

위 험 물				지정수량 (L)
유별	성질	품명		
제4류	인화성 액체	1. 특수인화물		50
		2. 제1석유류	비수용성 액체	200
			수용성 액체	400
		3. 알코올류		400
		4. 제2석유류	비수용성 액체	1,000
			수용성 액체	2,000
		5. 제3석유류	비수용성 액체	2,000
			수용성 액체	4,000
		6. 제4석유류		6,000
		7. 동식물유류		10,000

① 메탄올(알코올)의 지정수량 : 400L
② $F=\gamma_w \times S \times V$
여기서, F : 무게(kg)
γ_w : 물의 비중량($1000kg/m^3$)
S : 비중
V : 지정수량(m^3)
③ $\therefore\ F=1000kg/m^3 \times 0.8 \times 0.4m^3 = 320kg$

해답 ②

57 위험물안전관리법령에서 농도를 기준으로 위험물을 정의하고 있는 것은?

① 아세톤 ② 마그네슘
③ 질산 ④ 과산화수소

해설 **위험물의 기준**

종류	기준
유황	• 순도 60% 이상
철분	• 53μm통과하는 것이 50% 미만은 제외
마그네슘	• 2mm체를 통과 못하는 것 제외 • 직경 2mm 이상 막대모양 제외
과산화수소	• 순도 36% 이상
질산	• 비중 1.49 이상

해답 ④

58 염소산칼륨의 지정수량을 옳게 나타낸 것은?

① 10kg ② 50kg
③ 500kg ④ 1000kg

해설 **염소산칼륨(염소산염류)의 지정수량** : 50kg

제1류 위험물 및 지정수량

성질	품 명		지정수량	위험등급
산화성고체	아염소산염류, 염소산염류, 과염소산염류, 무기과산화물		50kg	Ⅰ
	브롬산염류, 질산염류, 요오드산염류		300kg	Ⅱ
	과망간산염류, 중크롬산염류		1000kg	Ⅲ
	행정안전부령이 정하는 것	① 과요오드산염류 ② 과요오드산 ③ 크롬, 납 또는 요오드의 산화물 ④ 아질산염류 ⑤ 염소화이소시아눌산 ⑥ 퍼옥소이황산염류 ⑦ 퍼옥소붕산염류	300kg	Ⅱ
		⑧ 차아염소산염류	50kg	Ⅰ

해답 ②

59 산화성 고체 위험물에 속하지 않는 것은?

① $KClO_3$ ② $NaClO_4$
③ KNO_3 ④ $HClO_4$

해설 **위험물의 분류**

화학식	명칭	유별
① $KClO_3$	염소산칼륨	제1류
② $NaClO_4$	과염소산나트륨	제1류
③ KNO_3	질산칼륨	제1류
④ $HClO_4$	과염소산	제6류

해답 ④

60 그림과 같은 위험물 저장탱크의 내용적은 약 몇 m^3 인가?

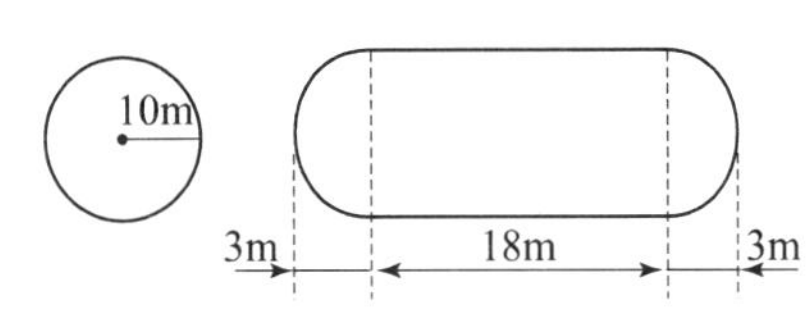

① 4681 ② 5482
③ 6283 ④ 7080

해설 **원통형 탱크의 내용적**(횡으로 설치한 것)

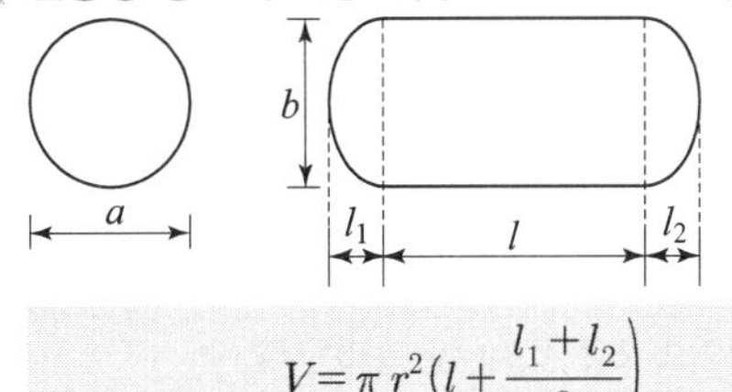

$$V=\pi r^2\left(l+\frac{l_1+l_2}{3}\right)$$

탱크의 내용적 $V=\pi r^2\left(l+\dfrac{l_1+l_2}{3}\right)$

$=\pi\times 10^2\times\left(18+\dfrac{3+3}{3}\right)$

$=6283m^3$

해답 ③

국가기술자격 필기시험문제

2018 CBT 시험 기출문제 복원 [제 4 회]

자격종목	시험시간	문제수	형별	수험번호	성 명
위험물기능사	1시간	60	A		

본 문제는 CBT시험대비 기출문제 복원입니다.

01 소화기에 "A-2"로 표시되어 있었다면 숫자 "2"가 의미하는 것은 무엇인가?

① 소화기의 제조번호
② 소화기의 소요단위
③ 소화기의 능력단위
④ 소화기의 사용순위

해설 **소화기의 적응화재 및 능력단위**

구 분	A-2	B-3
적응화재	A급(일반화재)	B급(유류화재)
능력단위	2 단위	3 단위

해답 ③

02 다음 중 B급 화재로 볼 수 있는 것은?

① 목재, 종이 등의 화재
② 휘발유, 알코올 등의 화재
③ 누전, 과부하 등의 화재
④ 마그네슘, 알루미늄 등의 화재

해설 ① 목재, 종이 등의 화재 : A급 화재 (일반화재)
② 휘발유, 알코올 등의 화재 : B급 화재(유류화재)
③ 누전, 과부하 등의 화재 : C급 화재(전기화재)
④ 마그네슘, 알루미늄 등의 화재 : D급 화재 (금속화재)

화재의 분류

종 류	등급	색표시	주된 소화방법
일반화재	A급	백색	냉각소화
유류 및 가스화재	B급	황색	질식소화
전기화재	C급	청색	질식소화
금속화재	D급	–	피복소화
주방화재	K급	–	냉각 및 질식 소화

해답 ②

03 Halon 1211에 해당하는 물질의 분자식은?

① CBr_2FCl　② CF_2ClBr
③ CCl_2FBr　④ FC_2BrCl

해설 **할로겐화합물 소화약제 명명법**

할론 ⓐ ⓑ ⓒ ⓓ
ⓐ : C원자수　ⓑ : F원자수
ⓒ : Cl원자수　ⓓ : Br원자수

할로겐화합물 소화약제

구분 \ 종류	할론 2402	할론 1211	할론 1301	할론 1011
분자식	$C_2F_4Br_2$	CF_2ClBr	CF_3Br	CH_2ClBr

해답 ②

04 다음 중 물이 소화약제로 이용되는 주된 이유로 가장 적합한 것은?

① 물의 기화열로 가연물을 냉각하기 때문이다.
② 물이 산소를 공급하기 대문이다.
③ 물은 환원성이 있기 때문이다.
④ 물이 가연물을 제거하기 때문이다.

해설 **소화원리**

① **냉각소화** : 가연성 물질을 발화점 이하로 온도를 냉각

물이 소화약제로 사용되는 이유
- 물의 기화열(539kcal/kg)이 크기 때문
- 물의 비열(1kcal/kg℃)이 크기 때문

② **질식소화** : 산소농도를 21%에서 15% 이하로 감소

질식소화 시 산소의 유지농도 : 10~15%

③ **억제소화(부촉매소화, 화학적 소화)** : 연쇄반응을 억제

- 부촉매 : 화학적 반응의 속도를 느리게 하는 것
- 부촉매 효과 : 할로겐화합물 소화약제
  (할로겐족원소 : 불소(F), 염소(Cl), 브롬(Br), 요오드(I))

④ **제거소화** : 가연성물질을 제거시켜 소화

- 산불이 발생하면 화재의 진행방향을 앞질러 벌목
- 화학반응기의 화재 시 원료공급관의 밸브를 폐쇄
- 유전화재 시 폭약으로 폭풍을 일으켜 화염을 제거
- 촛불을 입김으로 불어 화염을 제거

⑤ **피복소화** : 가연물 주위를 공기와 차단

⑥ **희석소화** : 수용성인 인화성액체 화재 시 물을 방사하여 가연물의 연소농도를 희석

해답 ①

05 다음 중 자기반응성 물질이면서 산소공급원의 역할을 하는 것은?

① 황화린　　② 탄화칼슘
③ 이황화탄소　　④ 트리니트로톨루엔

해설 **위험물의 분류**

품명	화학식	유별	특징
황화린	P_4S_3, P_2S_5, P_4S_7	제2류	가연성 고체
탄화칼슘	CaC_2	제3류	금수성
이황화탄소	CS_2	제4류 특수인화물	인화성 액체
트리니트로톨루엔	$C_6H_2CH_3(NO_2)_3$	제5류	자기반응성 물질

해답 ④

06 보일 오버(boil over) 현상과 가장 거리가 먼 것은?

① 기름이 열의 공급을 받지 아니하고 온도가 상승하는 현상
② 기름의 표면부에서 조용히 연소하다 탱크 내의 기름이 갑자기 분출하는 현상
③ 탱크바닥에 물 또는 물과 기름의 에멀젼 층이 있는 경우 발생하는 현상
④ 열유층이 탱크 아래로 이동하여 발생하는 현상

해설 **유류저장탱크의 화재 발생현상**

① 보일오버　② 슬롭오버　③ 프로스오버

★★★ 요 점 정 리 (필수 암기) ★★★

① **보일오버** : 탱크 바닥의 물이 비등하여 유류가 연소하면서 분출
② **슬롭오버** : 물이 연소유 표면으로 들어갈 때 유류가 연소하면서 분출
③ **프로스오버** : 탱크 바닥의 물이 비등하여 유류가 연소하지 않고 분출
④ **블레비** : 액화가스 저장탱크 폭발현상

해답 ①

07 질소가 가연물이 될 수 없는 이유를 가장 옳게 설명한 것은?

① 산소와 산화반응을 하지 않기 때문이다.
② 산소와 산화반응을 하지만 흡열반응을 하기 때문이다.
③ 산소와 환원반응을 하지 않기 때문이다.
④ 산소와 환원반응을 하지만 발열반응을 하기 때문이다.

해설 **질소가 가연물이 될 수 없는 이유**

산소와 산화반응을 하지만 흡열반응을 하기 때문

$N_2 + O_2 \rightarrow 2NO + -Q$kcal(흡열반응)

가연물이 될 수 없는 조건

① 산화반응이 완전히 끝난 물질 (CO_2, P_2O_5, Al_2O_3)
② 질소 또는 질소산화물(흡열반응하기 때문)
③ 주기율표상 18족 원소(불활성 기체) He(헬륨), Ne(네온), Ar(아르곤), Kr(크립톤), Xe(크세논), Rn(라돈)

해답 ②

08 고정식 포소화설비의 기준에서 포헤드방식의 포헤드는 방호대상물의 표면적 몇 m^2 당 1개 이상의 헤드를 설치하여야 하는가?

① 3　　② 9
③ 15　　④ 30

해설 **포헤드방식의 포헤드 설치기준**

① 방호대상물의 표면적 $9m^2$당 1개 이상의 헤드를 설치할 것

② 방호대상물의 표면적 $1m^2$당의 방사량은 6.5L/min 이상

해답 ②

09 다음 중 주된 연소형태가 분해연소인 것은?

① 목탄 ② 나트륨
③ 석탄 ④ 에테르

해설 **물질의 연소형태**

품 명	연소형태
① 목탄	표면연소
② 나트륨	표면연소
③ 석탄	분해연소
④ 에테르	증발연소

연소의 형태 ★★ 자주출제(필수암기)★★

① **표면연소**(surface reaction)
숯, 코크스, 목탄, 금속분
② **증발연소**(evaporating combustion)
파라핀(양초), 황, 나프탈렌, 왁스, 휘발유, 등유, 경유, 아세톤 등 제4류 위험물
③ **분해연소**(decomposing combustion)
석탄, 목재, 플라스틱, 종이, 합성수지, 중유
④ **자기연소**(내부연소)
질화면(니트로셀룰로오스), 셀룰로이드, 니트로글리세린 등 제5류 위험물
⑤ **확산연소**(diffusive burning)
아세틸렌, LPG, LNG 등 가연성 기체
⑥ **불꽃연소 + 표면연소**
목재, 종이, 셀룰로오스, 열경화성수지

해답 ③

10 이산화탄소소화기가 제6류 위험물의 화재에 대하여 적응성이 인정되는 장소의 기준은?

① 습도의 정도
② 밀폐성 유무
③ 폭발위험성의 유무
④ 건축물의 층수

해설 **이산화탄소소화기의 제6류 위험물의 화재에 적응성이 인정되는 장소의 기준** : 폭발위험성의 유무

해답 ③

11 제3종 분말소화약제의 주성분에 해당하는 것은?

① 탄산수소칼륨
② 인산암모늄
③ 탄산수소나트륨
④ 탄산수소칼륨과 요소의 반응생성물

해설 **분말약제의 주성분 및 착색** ★★★★(필수암기)

종별	주 성 분	약 제 명	착 색	적응화재
제1종	$NaHCO_3$	탄산수소나트륨 중탄산나트륨 중조	백색	B,C급
제2종	$KHCO_3$	탄산수소칼륨 중탄산칼륨	담회색	B,C급
제3종	$NH_4H_2PO_4$	제1인산암모늄	담홍색 (핑크색)	A,B,C급
제4종	$KHCO_3$ $+(NH_2)_2CO$	중탄산칼륨 +요소	회색 (쥐색)	B,C급

해답 ②

12 옥내주유취급소는 소화난이도 등급 얼마에 해당하는가?

① 소화난이도등급 Ⅰ
② 소화난이도등급 Ⅱ
③ 소화난이도등급 Ⅲ
④ 소화난이도등급 Ⅳ

해설 **소화난이도등급 Ⅱ에 해당하는 제조소등**

제조소등의 구분	제조소등의 규모, 저장 또는 취급하는 위험물의 품명 및 최대수량 등
제조소 일반취급소	• 연면적 $600m^2$ 이상인 것
옥내저장소	• 단층건물 이외의 것 • 지정수량의 10배 이상인 것 • 연면적 $150m^2$ 초과인 것
옥외탱크저장소 옥내탱크저장소	• 소화난이도등급 Ⅰ의 제조소등 외의 것
옥외저장소	• 덩어리상태의 유황을 저장하는 것으로서 경계표시 내부의 면적이 $5m^2$ 이상 $100m^2$ 미만인 것 • 지정수량의 10배 이상 100배 미만인 것 • 지정수량의 100배 이상인 것(덩어리상태의 유황 또는 고인화점위험물을 저장하는 것은 제외)
주유취급소	• 옥내주유취급소
판매취급소	• 제2종 판매취급소

해답 ②

13 위험물안전관리법령에서 다음의 위험물시설 중 안전거리에 관한 기준이 없는 것은?

① 옥내저장소
② 옥내탱크저장소
③ 충전하는 일반취급소
④ 지하에 매설된 이송취급소 배관

해설 **위험물 시설 중 안전거리에 관한 기준이 없는 시설** : 옥내탱크 저장소

해답 ②

14 화재예방 시 자연발화를 방지하기 위한 일반적인 방법으로 옳지 않은 것은?

① 통풍을 막는다.
② 저장실의 온도를 낮춘다.
③ 습도가 높은 장소를 피한다.
④ 열의 축적을 막는다.

해설 **자연발화의 영향인자**
① 열의 축적 ② 퇴적방법
③ 열전도율 ④ 발열량
⑤ 수분

자연발화의 조건, 방지대책, 형태

자연발화의 조건	자연발화 방지대책
주위의 온도가 높을 것	통풍이나 환기 등을 통하여 열의 축적을 방지
표면적이 넓을 것	저장실의 온도를 낮춘다.
열전도율이 적을 것	습도를 낮게 유지
발열량이 클 것	용기 내에 불활성 기체를 주입하여 공기와 접촉방지

자연발화의 형태	
산화열에 의한 자연발화	• 석탄 • 건성유 • 탄소분말 • 금속분 • 기름걸레
분해열에 의한 자연발화	• 셀룰로이드 • 니트로셀룰로오스 • 니트로글리세린
흡착열에 의한 자연발화	• 활성탄 • 목탄분말
미생물열에 의한 자연발화	• 퇴비 • 먼지

해답 ①

15 분말소화설비의 약제방출 후 클리닝 장치로 배관내를 청소하지 않을 때 발생하는 주된 문제점은?

① 배관내에서 약제가 굳어져 차후에 사용시 약제방출에 장애를 초래한다.
② 배관내 남아있는 약제를 재사용할 수 없다.
③ 가압용 가스가 외부로 누출된다.
④ 선택밸브의 작동이 불능이 된다.

해설 **분말소화설비의 약제방출 후 배관 내를 클리닝장치로 청소하지 않을 경우 발생현상**
① 배관내의 약제가 대기 중 수분을 흡수하므로 굳어져 차후에 사용 시 약제방출에 장애를 초래한다.
② 약제가 굳으면 배관을 해체하여 굳은 약제를 제거하여야 한다.

해답 ①

16 높이 15m, 지름 20m 인 옥외저장탱크에 보유공지의 단축을 위해서 물분무설비로 방호조치를 하는 경우 수원의 양은 약 몇 L 이상으로 하여야 하는가?

① 46496 ② 58090
③ 70259 ④ 95880

해설 **옥외저장탱크의 보유공지 단축을 위하여 물분무설비로 방호조치를 하는 경우 수원의 양**
① 탱크의 표면에 방사하는 물의 양은 탱크의 높이 15m 이하마다 원주길이 1m에 대하여 분당 37L 이상으로 할 것
② 수원의 양은 규정에 의한 수량으로 20분 이상 방사할 수 있는 수량으로 할 것
③ 탱크의 높이가 15m를 초과하는 경우에는 15m 이하마다 분무헤드를 설치

수원의 양 산출공식

$$Q(\mathrm{L}) = N \times 2\pi r \times \frac{37\mathrm{L}}{1\mathrm{m}(\text{원주길이}) \cdot \text{분}} \times 20\text{분}$$

여기서, N : $\frac{\text{탱크높이}(\mathrm{m})}{15\mathrm{m}}$ (소수점 발생시 무조건 절상하여 정수로 한다)

$2\pi r$: 원주둘레길이(m)

① $N = \frac{15\mathrm{m}}{15\mathrm{m}} = 1$, $r = \frac{20\mathrm{m}}{2} = 10\mathrm{m}$

② $Q = N \times 2\pi r \times \frac{37L}{1m(\text{원주길이}) \cdot \text{분}} \times 20\text{분}$

$= 1 \times 2 \times \pi \times 10m \times \frac{37L}{1m \cdot \text{분}} \times 20\text{분}$

$= 46496L$

해답 ①

17 자동화재탐지설비 설치기준에 따르면 하나의 경계구역의 면적은 몇 m^2 이하로 하여야 하는가?(단, 원칙적인 경우에 한한다.)

① 150　② 450
③ 600　④ 1000

해설 **경계구역 설정기준**
① 하나의 경계구역이 2개 이상의 건축물에 미치지 않을 것
② 하나의 경계구역이 2개 이상의 층에 미치지 않을 것(단, $500m^2$ 이하는 2개의 층을 하나의 경계구역)
③ 하나의 경계구역의 면적은 $600m^2$ 이하로 하고 한 변의 길이는 50m 이하로 할 것
④ 지하구에 있어서 하나의 경계구역의 길이는 700m 이하로 할 것
⑤ 하나의 경계구역 높이는 45m 이하(계단 및 경사로)

해답 ③

18 제3류 위험물 중 금수성물질에 적응성이 있는 소화설비는?

① 할로겐화합물소화설비
② 포소화설비
③ 불활성가스소화설비
④ 탄산수소염류등 분말소화설비

해설 **금수성 위험물질에 적응성이 있는 소화기**
① 탄산수소염류
② 마른 모래
③ 팽창질석 또는 팽창진주암

해답 ④

19 다음 [보기]에서 올바른 정전기 방지방법을 모두 나열한 것은?

[보기]
㉠ 접지할 것
㉡ 공기를 이온화할 것
㉢ 공기 중의 상대습도를 70% 미만으로 할 것

① ㉠, ㉡　② ㉠, ㉢
③ ㉡, ㉢　④ ㉠, ㉡, ㉢

해설 **정전기 방지대책**
① 접지와 본딩
② 공기를 이온화
③ 상대습도 70% 이상 유지

해답 ①

20 줄-톰슨효과에 의하여 드라이아이스를 방출하는 소화기로 질식 및 냉각효과가 있는 것은?

① 산 · 알칼리소화기
② 강화액소화기
③ 이산화탄소소화기
④ 할로겐화합물소화기

해설 **줄-톰슨효과 [Joule-Thomson 효과]**
이산화탄소가스가 가는 구멍으로 방사되어 갑자기 팽창시킬 때 그 온도가 급강하하여 드라이아이스(고체)가 되는 현상

해답 ③

21 탄화칼슘의 성질에 대한 설명으로 틀린 것은?

① 물보다 무겁다.
② 시판품은 회색 또는 회흑색의 고체이다.
③ 물과 반응해서 수산화칼슘과 아세틸렌이 생성된다.
④ 질소와 저온에서 작용하며 흡열반응을 한다.

해설 **탄화칼슘(CaC_2) : 제3류 위험물 중 칼슘탄화물**
① 물과 접촉 시 아세틸렌을 생성하고 열을 발생시킨다.

$CaC_2 + 2H_2O \rightarrow Ca(OH)_2 + C_2H_2\uparrow$
(수산화칼슘) (아세틸렌)

② 아세틸렌의 폭발범위는 2.5~81%로 대단히 넓어서 폭발위험성이 크다.

③ 장기 보관시 불활성기체(N_2 등)를 봉입하여 저장한다.
④ 별명은 카바이드, 탄화석회, 칼슘카바이드 등이다.
⑤ 고온(700℃)에서 질화되어 석회질소($CaCN_2$)가 생성된다.

$CaC_2 + N_2 \rightarrow CaCN_2 + C$
(석회질소) (탄소)

⑥ 물 및 포약제에 의한 소화는 절대 금하고 마른 모래 등으로 피복 소화한다.

해답 ④

22 다음 중 제5류 위험물이 아닌 것은?

① 질산에틸 ② 니트로글리세린
③ 니트로벤젠 ④ 니트로글리콜

해설 **위험물의 분류**

품 명	화학식	유별	특징
질산에틸	$C_2H_5ONO_2$	제5류 질산에스테르류	자기반응성 물질
니트로 글리세린	$C_3H_5(ONO_2)_3$	제5류 질산에스테르류	자기반응성 물질
니트로 벤젠	$C_6H_5NO_2$	제4류 3석유류	인화성액체
니트로 글리콜	$C_2H_4(ONO_2)_2$	제5류 질산에스테르류	자기반응성 물질

해답 ③

23 벤조일퍼옥사이드에 대한 설명 중 틀린 것은?

① 물과 반응하여 가연성 가스가 발생하므로 주수소화는 위험하다.
② 상온에서 고체이다.
③ 진한 황산과 접촉하면 분해폭발의 위험이 있다.
④ 발화점은 약 125℃ 이고 비중은 약 1.33이다.

해설 • 벤조일퍼옥사이드는 물과 반응하지 않으므로 다량의 물로 주수하여 냉각소화 한다.
과산화벤조일=벤조일퍼옥사이드(BPO) [$(C_6H_5CO)_2O_2$] : **제5류**(자기반응성 물질)
① 무색 무취의 백색분말 또는 결정이다.
② 물에 녹지 않고 알코올에 약간 녹는다.
③ 에테르 등 유기용제에 잘 녹는다.
④ 폭발성이 매우 강한 강산화제이다.
⑤ 진한황산과 접촉 시 분해폭발위험이 있다.
⑥ 직사광선을 피하고 냉암소에 보관한다.
⑦ 발화점은 약 125℃이고 비중은 약 1.33이다.

해답 ①

24 제1류 위험물의 일반적인 공통성질에 대한 설명 중 틀린 것은?

① 대부분 유기물이며 무기물도 포함되어 있다.
② 산화성 고체이다.
③ 가연물과 혼합하면 연소 또는 폭발의 위험이 크다.
④ 가열, 충격, 마찰 등에 의해 분해될 수 있다.

해설 ① 대부분 무기물이다.

제1류 위험물의 일반적인 성질
① 산화성 고체이며 대부분 수용성이다.
② 불연성이지만 다량의 산소를 함유하고 있다.
③ 분해 시 산소를 방출하여 남의 연소를 돕는다. (조연성)
④ 열 · 타격 · 충격, 마찰 및 다른 화학물질과 접촉 시 쉽게 분해된다.
⑤ 분해속도가 대단히 빠르고, 조해성이 있는 것도 포함한다.
⑥ 무기과산화물은 물과 작용하여 열과 산소를 발생시킨다.

해답 ①

25 다음 중 제1석유류에 속하지 않는 위험물은?

① 아세톤 ② 시안화수소
③ 클로로벤젠 ④ 벤젠

해설 **제4류 위험물의 분류**

품 명	화학식	유별	성질
아세톤	CH_3COCH_3	1석유류	인화성액체
시안화수소	HCN	1석유류	인화성액체
클로로벤젠	C_6H_5Cl	2석유류	인화성액체
벤젠	C_6H_6	1석유류	인화성액체

해답 ③

26 제3류 위험물의 위험성에 대한 설명으로 틀린 것은?

① 칼륨은 피부에 접촉하면 화상을 입을 위험이 있다.
② 수소화나트륨은 물과 반응하여 수소를 발생한다.
③ 트리에틸알루미늄은 자연발화하므로 물 속에 넣어 밀봉 저장한다.
④ 황린은 독성 물질이고 증기는 공기보다 무겁다.

해설 **알킬알루미늄**[(C_nH_{2n+1}) · Al] : **제3류 위험물**(금수성 물질)
① 알킬기(C_nH_{2n+1})에 알루미늄(Al)이 결합된 화합물이다.
② C_1~C_4는 자연발화의 위험성이 있다.
③ 물과 접촉 시 가연성 가스 발생하므로 주수소화는 절대 금지한다.
④ 트리메틸알루미늄
(TMA : Tri Methyl Aluminium)

$(CH_3)_3Al + 3H_2O \rightarrow Al(OH)_3 + 3CH_4\uparrow$ (메탄)

⑤ 트리에틸알루미늄
(TEA : Tri Eethyl Aluminium)

$(C_2H_5)_3Al + 3H_2O \rightarrow Al(OH)_3 + 3C_2H_6\uparrow$ (에탄)

⑥ 저장용기에 불활성기체(N_2)를 봉입한다.
⑦ 피부접촉 시 화상을 입히고 연소 시 흰 연기가 발생한다.
⑧ 소화 시 주수소화는 절대 금하고 팽창질석, 팽창진주암 등으로 피복소화한다.

해답 ③

27 다음 중 위험물안전관리법령에서 정한 지정수량이 50킬로그램이 아닌 것은?

① 염소산나트륨 ② 금속리튬
③ 과산화나트륨 ④ 디에틸에테르

해설 **위험물의 유별 및 지정수량**

품 명	화학식	유 별	지정수량
① 염소산나트륨	$NaClO_3$	제1류 염소산염류	50kg
② 금속리튬	Li	제3류 알칼리금속	50kg
③ 과산화나트륨	Na_2O_2	제1류 무기과산화물	50kg
④ 디에틸에테르	$C_2H_5OC_2H_5$	제4류 특수인화물	50L

해답 ④

28 위험물의 성질에 대한 설명 중 틀린 것은?

① 황린은 공기 중에서 산화할 수 있다.
② 적린은 $KClO_3$와 혼합하면 위험하다.
③ 황은 물에 매우 잘 녹는다.
④ 황은 가연성 고체이다.

해설 ③ 황은 물에 녹지 않고 이황화탄소(CS_2)에는 잘 녹는다.

유황(S_8) : **제2류 위험물**(가연성 고체)
① 동소체로 사방황, 단사황, 고무상황이 있다.
② 황색의 고체 또는 분말상태이다.
③ 물에 녹지 않고 이황화탄소(CS_2)에는 잘 녹는다.
④ 공기 중에서 연소 시 푸른 불꽃을 내며 이산화황이 생성된다.

$S + O_2 \rightarrow SO_2$(이산화황=아황산)

⑤ 산화제와 접촉 시 위험하다
⑥ 분진폭발의 위험성이 있고 목탄가루와 혼합시 가열, 충격, 마찰에 의하여 폭발위험성이 있다.
⑦ 다량의 물로 주수소화 또는 질식소화한다.

해답 ③

29 다음 중 나트륨 또는 칼륨을 석유 속에 보관하는 이유로 가장 적합한 것은?

① 석유에서 질소를 발생하므로
② 기화를 방지하기 위하여
③ 공기 중 질소와 반응하여 폭발하므로
④ 공기 중 수분 또는 산소와의 접촉을 막기 위하여

해설 **칼륨**(K) **및 나트륨**(Na)**을 파라핀, 경유, 등유 속에 보관하는 이유**
공기 중 수분 또는 산소와의 접촉을 방지하기 위하여

보호액속에 저장 위험물

위험물	보호액
칼륨(K), 나트륨(Na)	파라핀, 경유, 등유 속에 보관
이황화탄소(CS_2), 황린(P_4)	물속에 보관
니트로셀룰로오스(NC)	운반 시 물(20%) 또는 알코올(30%)을 첨가 습윤시킨다.
트리니트로 톨루엔(TNT)	운반 시 물(10%)을 첨가 습윤시킨다.

해답 ④

30 이송취급소의 교체밸브, 제어밸브 등의 설치 기준으로 틀린 것은?

① 밸브는 원칙적으로 이송기지 또는 전용부지내에 설치할 것
② 밸브는 그 개폐상태가 당해 밸브의 설치장소에서 쉽게 확인할 수 있도록 할 것
③ 밸브를 지하에 설치하는 경우에는 점검상자 안에 설치할 것
④ 밸브는 당해 밸브의 관리에 관계하는 자가 아니면 수동으로만 개폐할 수 있도록 할 것

해설 **이송취급소의 교체밸브 및 제어밸브 설치기준**
① 밸브는 원칙적으로 이송기지 또는 전용부지 내에 설치할 것
② 밸브는 그 개폐상태가 당해 밸브의 설치장소에서 쉽게 확인할 수 있도록 할 것
③ 밸브를 지하에 설치하는 경우에는 점검상자 안에 설치할 것
④ 밸브는 당해 밸브의 관리에 관계하는 자가 아니면 수동으로 개폐할 수 없도록 할 것

해답 ④

31 다음 중 위험물의 유별 구분이 나머지 셋과 다른 하나는?

① 황린　　② 부틸리튬
③ 칼슘　　④ 유황

해설

품명	유별	성질
① 황린	제3류	자연발화성
② 부틸리튬	제3류	금수성
③ 칼슘	제3류	금수성
④ 유황	제2류	가연성고체

해답 ④

32 오황화린이 물과 반응하여 발생하는 유독한 가스는?

① 황화수소　　② 이산화황
③ 이산화탄소　　④ 이산화질소

해설 **황화린**(제2류 위험물) : **황과 인의 화합물**
① **삼황화린**(P_4S_3)
- 황색결정으로 물, 염산, 황산에 녹지 않으며 질산, 알칼리, 이황화탄소에 녹는다.
- 연소하면 오산화인과 이산화황이 생긴다.

$$P_4S_3 + O_2 \rightarrow \underset{(오산화인)}{2P_2O_5} + \underset{(이산화황)}{3SO_2}\uparrow$$

② **오황화린**(P_2S_5)
- 담황색 결정이고 조해성이 있다.
- 수분을 흡수하면 분해된다.
- 이황화탄소(CS_2)에 잘 녹는다.
- 물, 알칼리와 반응하여 인산과 황화수소를 발생한다.

$$P_2S_5 + 8H_2O \rightarrow \underset{(인산)}{2H_3PO_4} + \underset{(황화수소)}{5H_2S}\uparrow$$

③ **칠황화린**(P_4S_7)
- 담황색 결정이고 조해성이 있다.
- 수분을 흡수하면 분해된다.
- 이황화탄소(CS_2)에 약간 녹는다.
- 냉수에는 서서히 분해가 되고 더운물에는 급격히 분해된다.

해답 ①

33 위험물 운송책임자의 감독 또는 지원의 방법으로 운송의 감독 또는 지원을 위하여 마련한 별도의 사무실에 운송책임자가 대기하면서 이행하는 사항에 해당하지 않는 것은?

① 운송 후에 운송경로를 파악하여 관할 경찰관서에 신고하는 것
② 이동탱크저장소의 운전자에 대하여 수시로 안전확보 상황을 확인하는 것
③ 비상시의 응급처치에 관하여 조언을 하는 것
④ 위험물의 운송 중 안전확보에 관하여 필요한 정보를 제공하고 감독 또는 지원하는 것

해설 **운송의 감독 또는 지원을 위하여 마련한 별도의 사무실에 운송책임자가 대기하면서 다음의 사항을 이행하는 방법**
① 운송경로를 미리 파악하고 관할 소방관서 또는 관련 업체에 대한 연락체계를 갖추는 것
② 이동탱크저장소의 운전자에 대하여 수시로 안전확보 상황을 확인하는 것
③ 비상시의 응급처치에 관하여 조언을 하는 것
④ 그 밖에 위험물의 운송중 안전확보에 관하여 필요한 정보를 제공하고 감독 또는 지원하는 것

해답 ①

34 불활성가스소화설비의 기준에서 저장용기 설치기준에 관한 내용으로 틀린 것은?

① 방호구역 외의 장소에 설치할 것
② 온도가 50℃ 이하이고 온도 변화가 적은 장소에 설치할 것
③ 직사일광 및 빗물이 침투할 우려가 적은 장소에 설치할 것
④ 저장용기에는 안전장치를 설치할 것

해설 ② 온도가 40℃ 이하이고 온도변화가 적은 장소에 설치할 것

불활성가스소화설비의 저장용기 설치기준
① 방호구역 외의 장소에 설치할 것
② 온도가 40℃ 이하이고 온도 변화가 적은 장소에 설치할 것
③ 직사일광 및 빗물이 침투할 우려가 적은 장소에 설치할 것
④ 저장용기에는 안전장치를 설치할 것
⑤ 저장용기의 외면에 소화약제의 종류와 양, 제조년도 및 제조자를 표시할 것

불활성가스소화설비의 저장용기 충전기준
① 이산화탄소의 충전비 : 고압식＝1.5~1.9
저압식＝1.1~1.4 이하
② IG-100, IG-55 또는 IG-541 : 32MPa 이하(21℃)

해답 ②

35 다음 위험물 중 착화온도가 가장 낮은 것은?

① 이황화탄소　　② 디에틸에테르
③ 아세톤　　④ 아세트알데히드

해설 ① 이황화탄소는 제4류 위험물 중 착화온도가 가장 낮다.

제4류 위험물의 착화온도

품 명	착화온도(℃)
① 이황화탄소	100
② 디에틸에테르	180
③ 아세톤	538
④ 아세트알데히드	185

참고 **착화온도(발화온도)** : 점화원 없이 점화되는 최저온도

해답 ①

36 아세톤의 성질에 대한 설명 중 틀린 것은?

① 무색의 액체로서 인화성이 있다.
② 증기는 공기보다 무겁다.
③ 물에 잘 녹는다.
④ 무취이며 휘발성이 없다.

해설 **아세톤**(CH_3COCH_3)
① 무색의 과일냄새가 나는 휘발성 액체이다.
② 물 및 유기용제에 잘 녹는다.
③ 요오드포름 반응을 한다.

요오드포름 반응
아세톤, 아세트알데히드, 에틸알코올에 수산화칼륨(KOH)과 요오드를 반응시키면 노란색의 요오드포름(CHI_3)의 침전물이 생성된다.
아세톤 $\xrightarrow{KOH\ +\ I_2}$ 요오드포름(CHI_3)(노란색)

④ 아세틸렌을 잘 녹이므로 아세틸렌(용해가스) 저장시 아세톤에 용해시켜 저장한다.
⑤ 보관 중 황색으로 변색되며 햇빛에 분해가 된다.
⑥ 다량의 물 또는 알코올포로 소화한다.

해답 ④

37 다음 중 제5류 위험물로서 화약류 제조에 사용되는 것은?

① 중크롬산나트륨　　② 클로로벤젠
③ 과산화수소　　④ 니트로셀룰로오스

해설 **니트로셀룰로오스**$[(C_6H_7O_2(ONO_2)_3]_n$ **: 제5류 위험물 중 질산에스테르류**

셀룰로오스(섬유소)에 진한질산과 진한 황산의 혼합액을 작용시켜서 만든 것이다.

① 비수용성이며 초산에틸, 초산아밀, 아세톤에 잘 녹는다.
② 130℃에서 분해가 시작되고, 180℃에서는 급격하게 연소한다.
③ 직사광선, 산 접촉 시 분해 및 자연 발화한다.
④ 건조상태에서는 폭발위험이 크나 수분함유 시 폭발위험성이 없어 저장·운반이 용이하다.
⑤ 질산섬유소라고도 하며 화약에 이용 시 면약(면화약)이라 한다.
⑥ 셀룰로이드, 콜로디온에 이용 시 질화면이라 한다.
⑦ 질소함유율(질화도)이 높을수록 폭발성이 크다.
⑧ 저장, 운반 시 물(20%) 또는 알코올(30%)을 첨가 습윤시킨다.
⑨ **질화도에 따른 분류**

구분	질화도(질소함유량)
강면약(강질화면)	12.5~13.5%
취 면	10.7~11.2%
약면약(약질화면)	11.2~12.3%

해답 ④

38 지정수량의 얼마 이하의 위험물에 대하여는 위험물안전관리법령에서 정한 유별을 달리하는 위험물의 혼재기준을 적용하지 아니하여도 되는가?

① 1/2 ② 1/3
③ 1/5 ④ 1/10

해설 **위험물의 운반에 따른 유별을 달리하는 위험물의 혼재기준**(쉬운 암기방법)

혼재 가능	
↓1류 + 6류↑	2류 + 4류
↓2류 + 5류↑	5류 + 4류
↓3류 + 4류↑	

해답 ④

39 다음 ( )안에 알맞은 수치를 차례대로 옳게 나열한 것은?

> "위험물 암반 탱크의 공간 용적은 당해 탱크 내에 용출하는 ( )일간의 지하수 양에 상당하는 용적과 당해 탱크 내용적의 100분의 ( )의 용적 중에서 보다 큰 용적을 공간 용적으로 한다."

① 1, 7 ② 3, 5
③ 5, 3 ④ 7, 1

해설 위험물 암반탱크의 공간용적은 당해 탱크내에 용출하는 (7)일간의 지하수 양에 상당하는 용적과 당해 탱크 내용적의 100분의 (1)의 용적 중에서 보다 큰 용적을 공간용적으로 한다.

해답 ④

40 질산나트륨의 성상에 대한 설명 중 틀린 것은?

① 조해성이 있다.
② 강력한 환원제이며 물보다 가볍다.
③ 열분해하여 산소를 방출한다.
④ 가연물과 혼합하면 충격에 의해 발화할 수 있다.

해설 ② 강력한 산화제이며 물보다 무겁다.

질산나트륨$(NaNO_3)$ **: 제1류 위험물 중 질산염류**
① 무색 무취의 백색 분말
② 조해성이 강하다.
③ 물, 글리세린에 녹고 알코올에 녹지 않는다.
④ 가열시 약380℃에서 열분해 하여 아질산나트륨과 산소를 발생 시킨다.
⑤ 충격, 마찰, 타격을 피한다.
⑥ 유기물과 혼합을 피한다.
⑦ 화재 시 다량의 물로 냉각소화 한다.

해답 ②

41 마그네슘에 대한 설명으로 옳은 것은?

① 수소와 반응성이 매우 높아 접촉하면 폭발한다.
② 브롬과 혼합하여 보관하면 안전하다.
③ 화재시 CO_2 소화약제의 사용이 가장 효과적이다.
④ 무기과산화물과 혼합한 것은 마찰에 의해 발화할 수 있다.

해설 **마그네슘**(Mg) : **제2류 위험물**
① 2mm체 통과 못하는 덩어리는 위험물에서 제외한다.
② 직경 2mm 이상 막대모양은 위험물에서 제외한다.
③ 은백색의 광택이 나는 가벼운 금속이다.
④ 수증기와 작용하여 수소를 발생시킨다.(주수소화금지)

$Mg + 2H_2O \rightarrow Mg(OH)_2 + H_2\uparrow$
(마그네슘) (물) (수산화마그네슘)(수소)

⑤ 이산화탄소 소화약제를 방사하면 주위의 공기 중 수분이 응축하여 위험하다.
⑥ 산과 작용하여 수소를 발생시킨다.

$Mg + 2HCl \rightarrow MgCl_2 + H_2\uparrow$
(염화마그네슘)(수소)

⑦ 공기 중 습기에 발열되어 자연발화 위험이 있다.
⑧ 무기과산화물류와 혼합한 것은 마찰 또는 수분에 의해 발화한다.
⑨ 주수소화는 엄금이며 마른모래 등으로 피복 소화한다.

해답 ④

42 알루미늄의 성질에 대한 설명 중 틀린 것은?

① 묽은 질산보다는 진한 질산에 훨씬 잘 녹는다.
② 열전도율, 전기전도도가 크다.
③ 할로겐 원소와의 접촉은 위험하다.
④ 실온의 공기 중에서 표면에 치밀한 산화피막이 형성되어 내부를 보호하므로 부식성이 적다.

해설 ① 알루미늄은 진한질산보다 묽은 질산에 훨씬 잘 녹는다.

알루미늄분(Al) : **제2류 위험물**
① 은백색의 분말
② 진한 질산에는 침식당하지 않으나 묽은 질산에는 잘 녹는다.
③ 산화제와 혼합 시 가열, 충격, 마찰 등에 의하여 착화위험이 있다.
④ 할로겐원소(F, Cl, Br, I)와 접촉 시 자연발화 위험이 있다.
⑤ 분진폭발 위험성이 있다.
⑥ 가열된 알루미늄은 수증기와 반응하여 수소를 발생시킨다.(주수소화금지)

$2Al + 6H_2O \rightarrow 2Al(OH)_3 + 3H_2\uparrow$
(수산화알루미늄)

⑦ 알루미늄(Al)은 산과 반응하여 수소를 발생한다.

$2Al + 6HCl \rightarrow 2AlCl_3 + 3H_2\uparrow$
(염화알루미늄)

⑧ 주수소화는 엄금이며 마른모래 등으로 피복 소화한다.

해답 ①

43 다음 위험물에 대한 설명 중 틀린 것은?

① 아세트산은 약 16℃ 정도에서 응고한다.
② 아세트산의 분자량은 약 60이다.
③ 피리딘은 물에 용해되지 않는다.
④ 크실렌은 3가지의 이성질체를 가진다.

해설 ③ 피리딘은 물에 잘 용해된다.

해답 ③

44 과염소산의 성질에 대한 설명이 아닌 것은?

① 가연성 물질이다.
② 산화성이 있다.
③ 물과 반응하여 발열한다.
④ Fe와 반응하여 산화물을 만든다.

해설 **제6류 위험물**(산화성 액체)

성질	품 명	판단기준	지정수량	위험등급
산화성액체	• 과염소산($HClO_4$)		300 kg	I
	• 과산화수소(H_2O_2)	농도 36중량% 이상		
	• 질산(HNO_3)	비중 1.49 이상		
	• 할로겐간화합물 ① 삼불화브롬(BrF_3) ② 오불화브롬(BrF_5) ③ 오불화요오드(IF_5)			

과염소산($HClO_4$) : **제6류 위험물**(산화성 액체)
① 불연성물질이며 물과 접촉 시 심한 열을 발생한다.(발열반응)
② 종이, 나무 조각과 접촉 시 연소한다.

③ 공기 중 분해하여 강하게 연기를 발생한다.
④ 무색의 액체로 염소냄새가 난다.
⑤ 산화력 및 흡습성이 강하다.
⑥ 다량의 물로 분무(안개모양)주수소화
⑦ 불연성물질의 액체이다

해답 ①

45 질산칼륨에 대한 설명 중 틀린 것은?

① 물에 녹는다.
② 흑색화약의 원료로 사용한다.
③ 가열하면 분해하여 산소를 방출한다.
④ 단독 폭발 방지를 위해 유기물 중에 보관한다.

해설 ④ 질산칼륨은 유기물 및 강산과 접촉 시 매우 위험하다.

질산칼륨(KNO_3) **: 제1류 위험물**(산화성고체)
① 질산칼륨에 숯가루, 유황가루를 혼합하여 흑색화약제조에 사용한다.
② 열분해하여 산소를 방출한다.

$2KNO_3 \rightarrow 2KNO_2$(아질산칼륨) $+ O_2\uparrow$

③ 물, 글리세린에는 잘 녹으나 알코올에는 잘 녹지 않는다.
④ 유기물 및 강산과 접촉 시 매우 위험하다.
⑤ 소화는 주수소화방법이 가장 적당하다.

해답 ④

46 다음 중 물과 반응하여 메탄을 발생시키는 것은?

① 탄화알루미늄 ② 금속칼슘
③ 금속리튬 ④ 수소화나트륨

해설 **탄화알루미늄**(Al_4C_3) **: 제3류 위험물**(금수성 물질)
① 물과 접촉시 메탄가스를 생성하고 발열반응을 한다.

$Al_4C_3 + 12H_2O \rightarrow 4Al(OH)_3 + 3CH_4$
(수산화알루미늄) (메탄)

② 황색 결정 또는 백색분말로 1400℃ 이상에서는 분해가 된다.
③ 물 및 포약제에 의한 소화는 절대 금하고 마른모래 등으로 피복 소화한다.

해답 ①

47 제5류 위험물에 대한 설명으로 옳지 않은 것은?

① 대표적인 성질은 자기반응성 물질이다.
② 피크린산은 니트로화합물이다.
③ 모두 산소를 포함하고 있다.
④ 니트로화합물은 니트로기가 많을수록 폭발력이 커진다.

해설 ③ 제5류 위험물은 산소를 포함하지 않는 것도 있다.

제5류 위험물의 일반적 성질
① 자기연소(내부연소)성 물질이다.
② 연소속도가 대단히 빠르고 폭발적 연소한다.
③ 가열, 마찰, 충격에 의하여 폭발한다.
④ 물질자체가 산소를 함유하고 있다.
⑤ 연소 시 소화가 어렵다.

해답 ③

48 다음 위험물 중 지정수량이 나머지 셋과 다른 것은?

① C_4H_9Li ② K
③ Na ④ LiH

해설

화학식	화학명	품명	지정수량
① C_4H_9Li	부틸리튬	알킬리튬	10kg
② K	칼륨	–	10kg
③ Na	나트륨	–	10kg
④ LiH	수소화리튬	금속의 수소화물	300kg

제3류 위험물 및 지정수량

성 질	품 명	지정수량	위험등급
자연발화성 및 금수성물질	1. 칼륨 2. 나트륨 3. 알킬알루미늄 4. 알킬리튬	10kg	Ⅰ
	5. 황린	20kg	
	6. 알칼리금속(칼륨 및 나트륨 제외) 및 알칼리토금속 7. 유기금속화합물(알킬알루미늄 및 알킬리튬 제외)	50kg	Ⅱ
	8. 금속의 수소화물 9. 금속의 인화물 10. 칼슘 또는 알루미늄의 탄화물	300kg	

해답 ④

49 과망간산칼륨에 대한 설명으로 틀린 것은?

① 분자식은 $KMnO_4$이며 분자량은 약 158이다.
② 수용액은 보라색이며 산화력이 강하다.
③ 가열하면 분해하여 산소를 방출한다.
④ 에탄올과 아세톤에는 불용이므로 보호액으로 사용한다.

해설 ④ 과망간산칼륨은 알코올과 접촉 시 폭발우려가 있다.

과망간산칼륨($KMnO_4$) **: 제1류 위험물 중 과망간산염류**
① 흑자색의 주상결정으로 물에 녹아 진한보라색을 띠고 강한 산화력과 살균력이 있다.
② 염산과 반응 시 염소(Cl_2)를 발생시킨다.
③ 240℃에서 산소를 방출한다.

$2KMnO_4 \rightarrow K_2MnO_4 + MnO_2 + O_2\uparrow$
(망간산칼륨) (이산화망간) (산소)

④ 알코올, 에테르, 글리세린, 황산과 접촉 시 폭발우려가 있다.
⑤ 주수소화 또는 마른모래로 피복소화한다.
⑥ 강알칼리와 반응하여 산소를 방출한다.

해답 ④

50 옥내소화전설비의 설치기준에서 옥내소화전은 제조소등의 건축물의 층마다 당해 층의 각 부분에서 하나의 호스접속구까지의 수평거리가 몇 m 이하가 되도록 설치하여야 하는가?

① 5 ② 10
③ 15 ④ 25

해설 **위험물제조소등의 소화설비 설치기준**

소화설비	수평거리	방사량	방사압력
옥내	25m 이하	260(L/min) 이상	350(kPa) 이상
	수원의 양 Q=N(소화전개수 : **최대 5개**) $\times 7.8m^3$(260L/min×30min)		
옥외	40m 이하	450(L/min) 이상	350(kPa) 이상
	수원의 양 Q=N(소화전개수 : 최대 4개) $\times 13.5m^3$(450L/min×30min)		
스프링클러	1.7m 이하	80(L/min) 이상	100(kPa) 이상
	수원의 양 Q=N(헤드수 : 최대 30개) $\times 2.4m^3$(80L/min×30min)		
물분무	–	20 ($L/m^2 \cdot min$)	350(kPa) 이상
	수원의 양 Q=A(바닥면적m^2)× $0.6m^3$($20L/m^2 \cdot min$×30min)		

해답 ④

51 적린의 성상 및 취급에 대한 설명 중 틀린 것은?

① 황린에 비하여 화학적으로 안정하다.
② 연소시 오산화인이 발생한다.
③ 화재시 냉각소화가 가능하다.
④ 안전을 위해 산화제와 혼합하여 저장한다.

해설 ④ 적린(제2류)은 산화제와 접촉해서 발화 및 폭발의 위험성이 있다.

적린(P) **: 제2류 위험물**(가연성 고체)
① 황린의 동소체이며 황린보다 안정하다.
② 공기 중에서 자연발화하지 않는다.
(발화점 : 260℃, 승화점 : 460℃)
③ 황린을 공기차단상태에서 가열, 냉각 시 적린으로 변한다.
④ 성냥, 불꽃놀이 등에 이용된다.
⑤ 연소 시 오산화인(P_2O_5)이 생성된다.

$4P + 5O_2 \rightarrow 2P_2O_5$(오산화인)

해답 ④

52 가연성고체에 대한 착화의 위험성 시험방법에 관한 설명으로 옳은 것은?

① 시험장소는 온도 20℃, 습도 50%, 1기압, 무풍장소로 한다.
② 두께 5mm 이상의 무기질 단열판 위에 시험물품 $30cm^3$를 둔다.
③ 시험물품에 30초간 액화석유가스의 불꽃을 접촉시킨다.

④ 시험을 2번 반복하여 착화할 때까지의 평균시간을 측정한다.

해설 **가연성고체의 착화위험성 시험방법**
① 시험장소는 온도 20℃, 습도 50%, 1기압, 무풍 장소로 한다.
② 두께10mm 이상의 무기질 단열판 위에 시험물품 3cm³ 정도를 둘 것
③ 시험물품에 10초간 액화석유가스의 불꽃을 접촉 시킨다.
④ 시험을 10회 이상 반복하여 착화할 때까지의 평균시간을 측정한다.

해답 ①

53 다음 중 물과 접촉할 때 열과 산소를 발생하는 것은?

① 과산화칼륨　② 과망간산칼륨
③ 과산화수소　④ 과염소산칼륨

해설 **과산화칼륨**(K_2O_2) **: 제1류 위험물 중 무기과산화물**
① 무색 또는 오렌지색 분말상태
② 상온에서 물과 격렬히 반응하여 산소(O_2)를 방출하고 폭발하기도 한다.

$2K_2O_2 + 2H_2O \rightarrow 4KOH$(수산화칼륨) $+ O_2\uparrow$

③ 공기 중 이산화탄소(CO_2)와 반응하여 산소(O_2)를 방출한다.

$2K_2O_2 + 2CO_2 \rightarrow 2K_2CO_3$(탄산칼륨) $+ O_2\uparrow$

④ 산과 반응하여 과산화수소(H_2O_2)를 생성시킨다.

$K_2O_2 + 2CH_3COOH \rightarrow 2CH_3COOK + H_2O_2\uparrow$
(초산칼륨) (과산화수소)

⑤ 열분해시 산소(O_2)를 방출한다.

$2K_2O_2 \rightarrow 2K_2O$(산화칼륨) $+ O_2\uparrow$

⑥ 주수소화는 금물이고 마른모래(건조사) 등으로 소화한다.

해답 ①

54 2몰의 브롬산칼륨이 모두 열분해되어 생긴 산소의 양은 2기압 27℃ 에서 약 몇 L인가?

① 32.42　② 36.92
③ 41.34　④ 45.64

해설
$2KBrO_3 \rightarrow 2KBr + 3O_2\uparrow$
2몰(0℃, 1기압)　3몰(3×22.4L)

$$V=\frac{nRT}{P}=\frac{3\times 0.082\times(273+27)}{2}=36.92\text{L}$$

이상기체 상태방정식 ★★★★

$$PV=nRT=\frac{W}{M}RT$$

여기서, P : 압력(atm)　V : 부피(L)
n : mol수(무게/분자량)
W : 무게(g)　M : 분자량
T : 절대온도($273+t$℃)
R : 기체상수(0.082atm · L/mol · K)

해답 ②

55 시약(고체)의 명칭이 불분명한 시약병의 내용물을 확인하려고 뚜껑을 열어 시계접시에 소량을 담아놓고 공기 중에서 햇빛을 받는 곳에 방치하던 중 시계접시에서 갑자기 연소현상이 일어났다. 다음 물질 중 이 시약의 명칭으로 예상할 수 있는 것은?

① 황　② 황린
③ 적린　④ 질산암모늄

해설 **황린**(P_4)[별명 : 백린] **: 제3류 위험물**(자연발화성물질)
① 백색 또는 담황색의 고체이다.
② 공기 중 약 40~50℃에서 자연 발화한다.
③ 저장 시 자연 발화성이므로 반드시 물속에 저장한다.
④ 인화수소(PH_3)의 생성을 방지하기 위하여 물의 pH=9(약알칼리)가 안전한계이다.
⑤ 물의 온도가 상승 시 황린의 용해도가 증가되어 산성화속도가 빨라진다.
⑥ 연소 시 오산화인(P_2O_5)의 흰 연기가 발생한다.

$P_4 + 5O_2 \rightarrow 2P_2O_5$(오산화인)

⑦ 강알칼리의 용액에서는 유독기체인 포스핀(PH_3) 발생한다. 따라서 저장 시 물의 pH(수소이온농도)는 9를 넘어서는 안된다. (물은 약알칼리의 석회 또는 소다회로 중화하는 것이 좋다.)

$P_4 + 3NaOH + 3H_2O \rightarrow 3NaH_2PO_2 + PH_3\uparrow$
(인화수소=포스핀)

⑧ 약 250℃로 가열(공기차단)시 적린이 된다.
⑨ 피부 접촉 시 화상을 입는다.
⑩ 소화는 물분무, 마른모래 등으로 질식 소화한다.
⑪ 고압의 주수소화는 황린을 비산시켜 연소면이 확대될 우려가 있다.

해답 ②

56 과산화수소의 성질에 대한 설명 중 틀린 것은?

① 알칼리성 용액에 의해 분해될 수 있다.
② 산화제이다.
③ 농도가 높을수록 안정하다.
④ 열, 햇빛에 의해 분해될 수 있다.

해설 ③ 과산화수소는 60% 이상의 고농도에서는 단독으로 폭발위험이 있다.

과산화수소(H_2O_2)의 일반적인 성질
① 분해 시 발생기 산소(O_2)를 발생시킨다.
② 분해안정제로 인산(H_3PO_4) 또는 요산($C_5H_4N_4O_3$)을 첨가한다.
③ 시판품은 일반적으로 30~40% 수용액이다.
④ 저장용기는 밀폐하지 말고 구멍이 있는 마개를 사용한다.
⑤ 강산화제이면서 환원제로도 사용한다.
⑥ 60% 이상의 고농도에서는 단독으로 폭발위험이 있다.
⑦ 히드라진($NH_2 \cdot NH_2$)과 접촉 시 분해 작용으로 폭발위험이 있다.

$NH_2 \cdot NH_2 + 2H_2O_2 \rightarrow 4H_2O + N_2\uparrow$

⑧ 3%용액은 옥시풀이라 하며 표백제 또는 살균제로 이용한다.
⑨ 무색인 요오드칼륨 녹말종이와 반응하여 청색으로 변화시킨다.

- 과산화수소는 36%(중량) 이상만 위험물에 해당된다.
- 과산화수소는 표백제 및 살균제로 이용된다.

⑩ 다량의 물로 주수 소화한다.

해답 ③

57 A~D에 분류된 위험물의 지정수량을 각각 합하였을 때 다음 중 그 값이 가장 큰 것은?

A. 이황화탄소+아닐린
B. 아세톤+피리딘+경유
C. 벤젠+클로로벤젠
D. 중유

① A 위험물의 지정수량 합
② B 위험물의 지정수량 합
③ C 위험물의 지정수량 합
④ D 위험물의 지정수량

해설 **위험물의 지정수량**

A :

위험물	유별	지정수량
이황화탄소	제4류 특수인화물	50L
아닐린	제4류 3석유류(비수용성)	2,000L
합계		2,050L

B :

위험물	유별	지정수량
아세톤	제4류 1석유류(수용성)	400L
피리딘	제4류 1석유류(수용성)	400L
경우	제4류 2석유류(비수용성)	1,000L
합계		1,800L

C :

위험물	유별	지정수량
벤젠	제4류 1석유류(비수용성)	200L
클로로벤젠	제4류 2석유류(비수용성)	1,000L
합계		1,200L

D :

위험물	유별	지정수량
중유	제4류 3석유류(비수용성)	2,000L
합계		2,000L

제4류 위험물 및 지정수량

위 험 물				지정수량 (L)
유별	성질	품명		
제4류	인화성 액체	1. 특수인화물		50
		2. 제1석유류	비수용성 액체	200
			수용성 액체	400
		3. 알코올류		400
		4. 제2석유류	비수용성 액체	1,000
			수용성 액체	2,000
		5. 제3석유류	비수용성 액체	2,000
			수용성 액체	4,000
		6. 제4석유류		6,000
		7. 동식물유류		10,000

해답 ①

58 적갈색 고체로 융점이 1600℃이며, 물 또는 산과 반응하여 유독한 포스핀가스를 발생하는 제3류 위험물의 지정수량은 몇 kg 인가?

① 10 ② 20
③ 50 ④ 300

해설 **인화칼슘**(Ca_3P_2)[별명 : 인화석회] : **제3류 위험물**(금수성 물질)
① 적갈색의 괴상고체
② 융점은 1600℃이다.
③ 물 및 약산과 격렬히 반응, 분해하여 인화수소(포스핀)(PH_3)을 생성한다.

- $Ca_3P_2 + 6H_2O \rightarrow 3Ca(OH)_2 + 2PH_3$
- $Ca_3P_2 + 6HCl \rightarrow 3CaCl_2 + 2PH_3$

(포스핀 = 인화수소)

④ 포스핀은 맹독성가스이므로 취급시 방독마스크를 착용한다.
⑤ 물 및 포약제의 의한 소화는 절대 금하고 마른모래 등으로 피복하여 자연 진화되도록 기다린다.

해답 ④

59 과염소산 300kg, 과산화수소 450kg, 질산 900kg을 보관하는 경우 각각의 지정수량 배수의 합은 얼마인가?

① 1.5 ② 3
③ 5.5 ④ 7

해설 **제6류 위험물**(산화성 액체)**의 지정수량**

성질	품 명	판단기준	지정수량	위험등급
산화성액체	• 과염소산($HClO_4$)		300kg	I
	• 과산화수소(H_2O_2)	농도 36중량% 이상		
	• 질산(HNO_3)	비중 1.49 이상		
	• 할로겐간화합물 ① 삼불화브롬(BrF_3) ② 오불화브롬(BrF_5) ③ 오불화요오드(IF_5)			

지정수량의 배수

$$= \frac{\text{저장수량}}{\text{지정수량}} = \frac{300}{300} + \frac{450}{300} + \frac{900}{300} = 5.5\text{배}$$

해답 ③

60 과염소산의 저장 및 취급방법이 잘못된 것은?

① 가열, 충격을 피한다.
② 화기를 멀리한다.
③ 저온의 통풍이 잘되는 곳에 저장한다.
④ 누설하면 종이, 톱밥으로 제거한다.

해설 **과염소산**($HClO_4$) : **제6류 위험물**(산화성 액체)
① 불연성물질이며 물과 접촉 시 심한 열을 발생한다.(발열반응)
② 종이, 나무 조각과 접촉 시 연소한다.
③ 공기 중 분해하여 강하게 연기를 발생한다.
④ 무색의 액체로 염소냄새가 난다.
⑤ 산화력 및 흡습성이 강하다.
⑥ 다량의 물로 분무(안개모양)주수소화
⑦ 불연성물질의 액체이다

제6류 위험물(산화성 액체)

성질	품 명	판단기준	지정수량	위험등급
산화성액체	• 과염소산($HClO_4$)		300kg	I
	• 과산화수소(H_2O_2)	농도 36중량% 이상		
	• 질산(HNO_3)	비중 1.49 이상		
	• 할로겐간화합물 ① 삼불화브롬(BrF_3) ② 오불화브롬(BrF_5) ③ 오불화요오드(IF_5)			

④ 과염소산 누설 시 종이, 톱밥(가연물)에 흡수시키면 발화할 수 있다.

해답 ④

2019 CBT 시험 기출문제

2019년 CBT [제1회] 기출문제 복원
2019년 CBT [제2회] 기출문제 복원
2019년 CBT [제3회] 기출문제 복원
2019년 CBT [제4회] 기출문제 복원

국가기술자격 필기시험문제

2019 CBT 시험 기출문제 복원 [제 1 회]

자격종목	시험시간	문제수	형별	수험번호	성 명
위험물기능사	1시간	60	A		

본 문제는 CBT시험대비 기출문제 복원입니다.

01 위험물제조소등에 자동화재탐지설비를 설치하는 경우, 당해 건축물 그 밖의 공작물의 주요한 출입구에서 그 내부의 전체를 볼 수 있는 경우에 하나의 경계구역의 면적은 최대 몇 m^2까지 할 수 있는가?

① 300　② 600
③ 1000　④ 1200

해설 **자동화재탐지설비의 설치기준**

① 자동화재탐지설비의 경계구역은 건축물 그 밖의 공작물의 2 이상의 층에 걸치지 아니하도록 할 것. 다만, 하나의 경계구역의 면적이 $500m^2$ 이하이면서 당해 경계구역이 두 개의 층에 걸치는 경우이거나 계단 · 경사로 · 승강기의 승강로 그 밖에 이와 유사한 장소에 연기감지기를 설치하는 경우에는 그러하지 아니하다.
② 하나의 경계구역의 면적은 $600m^2$ 이하로 하고 그 한 변의 길이는 50m(광전식분리형 감지기를 설치할 경우에는 100m) 이하로 할 것. 다만, 당해 건축물 그 밖의 공작물의 주요한 출입구에서 그 내부의 전체를 볼 수 있는 경우에 있어서는 그 면적을 $1,000m^2$ 이하로 할 수 있다.
③ 자동화재탐지설비의 감지기는 지붕 또는 벽의 옥내에 면한 부분에 유효하게 화재의 발생을 감지할 수 있도록 설치할 것
④ 자동화재탐지설비에는 비상전원을 설치할 것

해답 ③

02 압력수조를 이용한 옥내소화전설비의 가압송수장치에서 압력수조의 최소압력(MPa)은? (단, 소방용 호스의 마찰손실 수두압은 3MPa, 배관의 마찰손실 수두압은 1MPa, 낙차의 환산 수두압은 1.35MPa 이다.)

① 5.35　② 5.70
③ 6.00　④ 6.35

해설 $P = 3 + 1 + 1.35 + 0.35 = 5.70\,\text{MPa}$

옥내소화전설비의 압력수조 압력

$P = P_1 + P_2 + P_3 + 0.35\,\text{MPa}$

여기서, P : 필요한 압력(MPa)
P_1 : 소방용호스의 마찰손실 수두압(MPa)
P_2 : 배관의 마찰손실 수두압(MPa)
P_3 : 낙차의 환산 수두압(MPa)

해답 ②

03 [보기]에서 소화기의 사용방법을 옳게 설명한 것을 모두 나열한 것은?

> [보기]
> ㉠ 적응화재에만 사용할 것
> ㉡ 불과 최대한 멀리 떨어져서 사용할 것
> ㉢ 바람을 마주보고 풍하에서 풍상 방향으로 사용할 것
> ㉣ 양옆으로 바로 쓸 듯이 골고루 사용할 것

① ㉠,㉡　② ㉠,㉢
③ ㉠,㉣　④ ㉠,㉢,㉣

해설 **소화기의 사용방법**

① 적응화재에만 사용할 것
② 불과 가까이 가서 사용할 것
③ 바람을 등지고 풍상에서 풍하의 방향으로 사용할 것
④ 양옆으로 비로 쓸 듯이 골고루 사용할 것

해답 ③

04 자연발화가 잘 일어나는 경우와 가장 거리가 먼 것은?

① 주변의 온도가 높을 것
② 습도가 높을 것
③ 표면적이 넓을 것
④ 열전도율이 클 것

해설 **자연발화의 영향인자**
① 열의 축척 ② 퇴적방법 ③ 열전도율
④ 발열량 ⑤ 수분

자연발화의 조건, 방지대책, 형태

자연발화의 조건	자연발화 방지대책
주위의 온도가 높을 것	통풍이나 환기 등을 통하여 열의 축적을 방지
표면적이 넓을 것	저장실의 온도를 낮춘다.
열전도율이 적을 것	습도를 낮게 유지
발열량이 클 것	용기 내에 불활성 기체를 주입하여 공기와 접촉방지

자연발화의 형태		
산화열에 의한 자연발화	• 석탄 • 탄소분말 • 기름걸레	• 건성유 • 금속분
분해열에 의한 자연발화	• 셀룰로이드 • 니트로셀룰로오스 • 니트로글리세린	
흡착열에 의한 자연발화	• 활성탄	• 목탄분말
미생물열에 의한 자연발화	• 퇴비	• 먼지

해답 ④

05 위험물안전관리에 관한 세부기준에 따르면 불활성가스 소화설비 저장용기는 온도가 몇 ℃ 이하인 장소에 설치하여야 하는가?

① 35 ② 40
③ 45 ④ 50

해설 **CO_2 저장용기 설치기준**
① 방호구역 외의 장소에 설치할 것
② 온도가 40℃ 이하이고 온도 변화가 적은 장소에 설치할 것
③ 직사일광 및 빗물이 침투할 우려가 적은 장소에 설치할 것
④ 저장용기에는 안전장치를 설치할 것

해답 ②

06 할로겐화합물 소화설비가 적응성이 있는 대상물은?

① 제1류 위험물 ② 제3류 위험물
③ 제4류 위험물 ④ 제5류 위험물

해설 **할로겐화합물 소화설비가 적응성이 있는 대상물**
① 전기설비 ② 인화성고체 ③ 제4류 위험물

해답 ③

07 위험물안전관리법령에 따라 제조소등의 관계인이 화재예방과 재해발생시 비상조치를 위하여 작성하는 예방규정에 관한 설명으로 틀린 것은?

① 제조소의 관계인은 해당 제조소에서 지정수량 5배의 위험물을 취급하는 경우 예방규정을 작성하여 제출하여야 한다.
② 지정수량의 200배의 위험물을 저장하는 옥외저장소의 관계인은 예방규정을 작성하여 제출하여야 한다.
③ 위험물시설의 운전 또는 조직에 관한 사항, 위험물 취급작업의 기준에 관한 사항은 예방 규정에 포함되어야 한다.
④ 제조소등의 예방규정은 산업안전보건법의 규정에 의한 안전보건 관리규정과 통합하여 작성할 수 있다.

해설 ① 지정수량 5배 → 지정수량 10배

(1) 관계인이 예방규정을 정하여야 하는 제조소등
① 지정수량의 10배 이상의 위험물을 취급하는 제조소
② 지정수량의 100배 이상의 위험물을 저장하는 옥외저장소
③ 지정수량의 150배 이상의 위험물을 저장하는 옥내저장소
④ 지정수량의 200배 이상의 위험물을 저장하는 옥외탱크저장소
⑤ 암반탱크저장소
⑥ 이송취급소
⑦ 지정수량의 10배 이상의 위험물을 취급하는 일반취급소

(2) 예방규정
안전보건관리규정과 통합하여 작성할 수 있다.

해답 ①

08 고온층(hot zone)이 형성된 유류화재의 탱크 밑면에 물이 고여 있는 경우, 화재의 진행에 따라 바닥의 물이 급격히 증발하여 불붙은 기름을 분출시키는 위험현상을 무엇이라 하는가?

① 화이어볼(fire ball)
② 플래시오버(flash over)
③ 슬롭오버(slop over)
④ 보일오버(boil over)

해설 **유류저장탱크의 화재 발생현상**

★★★ 요 점 정 리 (필수 암기) ★★★

① **보일오버** : 탱크 바닥의 물이 비등하여 유류가 연소하면서 분출
② **슬롭오버** : 물이 연소유 표면으로 들어갈 때 유류가 연소하면서 분출
③ **프로스오버** : 탱크 바닥의 물이 비등하여 유류가 연소하지 않고 분출
④ **블레비** : 액화가스 저장탱크 폭발현상

해답 ④

09 위험장소 중 0종 장소에 대한 설명으로 올바른 것은?

① 정상상태에서 위험 분위기가 장시간 지속적으로 존재하는 장소
② 정상상태에서 위험 분위기가 주기적 또는 간헐적으로 생성될 우려가 있는 장소
③ 이상상태 하에서 위험 분위기가 단시간 동안 생성될 우려가 있는 장소
④ 이상상태 하에서 위험 분위기가 장시간 동안 생성될 우려가 있는 장소

해설 **위험장소의 분류**

① **0종 장소**
폭발성 분위기가 **연속적 또는 장시간** 발생할 염려가 있는 장소
② **1종 장소**
폭발성 분위기가 **주기적 또는 간헐적**으로 발생할 염려가 있는 장소
③ **2종 장소**
이상상태에서 위험분위기를 **발생할 염려**가 있는 장소

해답 ①

10 제5류 위험물에 대한 설명으로 틀린 것은?

① 대부분 물질 자체에 산소를 함유하고 있다.
② 대표적 성질이 자기반응성 물질이다.
③ 가열, 충격, 마찰로 위험성이 증가하므로 주의한다.
④ 불연성이지만 가연물과 혼합은 위험하므로 주의한다.

해설 ④ 제5류 위험물은 가연성이며 가연물과 혼합은 위험하므로 주의한다.

제5류 위험물의 일반적 성질
① 자기연소(내부연소)성 물질이다.
② 연소속도가 대단히 빠르고 폭발적 연소한다.
③ 가열, 마찰, 충격에 의하여 폭발한다.
④ 물질자체가 산소를 함유하고 있다.
⑤ 연소 시 소화가 어렵다.

해답 ④

11 분말소화 약제 중 제 1종과 제2종 분말이 각각 열분해 될 때 공통적으로 생성되는 물질은?

① N_2, CO_2　② N_2, O_2
③ H_2O, CO_2　④ H_2O, N_2

해설 **분말약제의 열분해**

종별	약제명	착색	적응 화재	열분해 반응식
제1종	탄산수소나트륨 중탄산나트륨 중조	백색	B,C	270℃ $2NaHCO_3 \rightarrow Na_2CO_3+CO_2+H_2O$ 850℃ $2NaHCO_3 \rightarrow Na_2O+2CO_2+H_2O$
제2종	탄산수소칼륨 중탄산칼륨	담회색	B,C	190℃ $2KHCO_3 \rightarrow K_2CO_3+CO_2+H_2O$ 590℃ $2KHCO_3 \rightarrow K_2O+2CO_2+H_2O$
제3종	제1인산암모늄	담홍색	A,B,C	$NH_4H_2PO_4 \rightarrow HPO_3+NH_3+H_2O$
제4종	중탄산칼륨+요소	회(백)색	B,C	$2KHCO_3+(NH_2)_2CO \rightarrow K_2CO_3+2NH_3+2CO_2$

해답 ③

12 요리용 기름의 화재시 비누화 반응을 일으켜 질식 효과와 재발화 방지 효과를 나타내는 소화약제는?

① $NaHCO_3$　　② $KHCO_3$
③ $BaCl_2$　　④ $KH_4H_2PO_4$

해설 **식용유화재**
제1종 분말($NaHCO_3$: 탄산수소나트륨, 중탄산나트륨, 중조)의 비누화현상으로 소화효과가 좋다.

해답 ①

13 제1종 분말소화약제의 화학식과 색상이 옳게 연결된 것은?

① $NaHCO_3$- 백색
② $KHCO_3$- 백색
③ $NaHCO_3$- 담홍색
④ $KHCO_3$- 담홍색

해설 **분말약제의 주성분 및 착색** ★★★★(필수암기)

종별	주 성 분	약 제 명	착 색	적응화재
제1종	$NaHCO_3$	탄산수소나트륨 중탄산나트륨 중조	백색	B,C급
제2종	$KHCO_3$	탄산수소칼륨 중탄산칼륨	담회색	B,C급
제3종	$NH_4H_2PO_4$	제1인산암모늄	담홍색 (핑크색)	A,B,C급
제4종	$KHCO_3$ $+(NH_2)_2CO$	중탄산칼륨 +요소	회색 (쥐색)	B,C급

해답 ①

14 제6류 위험물을 저장 또는 취급하는 장소로서 폭발의 위험이 없는 장소에 한하여 적응성이 있는 소화 설비는?

① 건조사
② 포소화기
③ 이산화탄소소화기
④ 할로겐화합물소화기

해설 **제6류 위험물중 폭발의 위험이 없는 장소에 한하여 적응성이 있는 소화 설비**
이산화탄소소화기

해답 ③

15 알칼리금속의 화재시 소화약제로 가장 적합한 것은?

① 물　　② 마른모래
③ 이산화탄소　　④ 할로겐화합물

해설 **알칼리금속(금수성)적응성이 있는 소화기**
① 탄산수소염류
② 마른 모래
③ 팽창질석 또는 팽창진주암

해답 ②

16 주유취급소에 설치할 수 있는 위험물 탱크는?

① 고정주유설비에 직접 접속하는 5기 이하의 간이탱크
② 보일러 등에 직접 접속하는 전용탱크로서 10000리터 이하의 것
③ 고정급유설비에 직접 접속하는 전용탱크로서 70000리터 이하의 것
④ 폐유, 윤활유 등의 위험물을 저장하는 탱크로서 4000리터 이하의 것

해설 **주유취급소 설치할 수 있는 탱크**
① 자동차 등에 주유하기 위한 **고정주유설비**에 직접 접속하는 전용탱크로서 50,000L 이하
② **고정급유설비**에 직접 접속하는 전용탱크로서 50,000L 이하
③ **보일러** 등에 직접 접속하는 전용탱크로서 10,000L 이하
④ 자동차 등을 점검 · 정비하는 작업장 등(주유취급소안에 설치된 것)에서 사용하는 **폐유** · 윤활유 등의 위험물을 저장하는 탱크로서 용량(2 이상 설치하는 경우에는 각 용량의 합계)이 2,000L 이하인 탱크(이하 "폐유탱크 등"이라 한다)
⑤ **고정주유설비 또는 고정급유설비**에 직접 접속하는 **3기 이하**의 간이탱크

해답 ②

17 인화점이 21℃ 미만의 액체위험물의 옥외저장탱크 주입구에 설치하는 "옥외저장탱크주입구" 라고 표시한 게시판의 바탕 및 문자색을 옳게 나타낸 것은?

① 백색바탕 – 적색문자
② 적색바탕 – 백색문자
③ 백색바탕 – 흑색문자

④ 흑색바탕 – 백색문자

해설 **게시판의 설치기준**

① 한 변의 길이가 0.3m 이상, 다른 한 변의 길이가 0.6m 이상인 직사각형으로 할 것
② 위험물의 유별 · 품명 및 저장최대수량 또는 취급최대수량, 지정수량의 배수 및 안전 관리자의 성명 또는 직명을 기재할 것
③ 게시판의 바탕은 백색으로, 문자는 흑색으로 할 것
④ 저장 또는 취급하는 위험물에 따라 주의사항 게시판을 설치할 것

위험물의 종류	주의사항 표시	게시판의 색
제1류(알칼리금속 과산화물) 제3류(금수성 물품)	물기엄금	청색바탕에 백색문자
제2류(인화성 고체 제외)	화기주의	적색바탕에 백색문자
제2류(인화성 고체) 제3류(자연발화성 물품) 제4류 제5류	화기엄금	

해답 ③

18 주택, 학교 등의 보호대상물과의 사이에 안전거리를 두지 않아도 되는 위험물시설은?

① 옥내저장소　② 옥내탱크저장소
③ 옥외저장소　④ 일반취급소

해설 (1) **안전거리규제대상**

① 제조소
(제6류 위험물을 취급하는 제조소를 제외)
② 일반취급소
③ 옥내저장소
④ 옥외탱크저장소
⑤ 옥외저장소

(2) **제조소의 안전거리**(제6류 위험물을 취급하는 제조소는 제외)

구 분	안전거리
사용전압이 7,000V 초과 35,000V 이하	3m 이상
사용전압이 35,000V를 초과	5m 이상
주거용	10m 이상
고압가스, 액화석유가스, 도시가스	20m 이상
학교, 병원, 극장	**30m 이상**
유형문화재, 지정문화재	50m 이상

해답 ②

19 B급 화재의 표시 색상은?

① 백색　② 황색
③ 청색　④ 초록

해설 **화재의 분류** ★★ 자주출제(필수암기) ★★

종 류	등급	색표시	주된 소화방법
일반화재	A급	백색	냉각소화
유류 및 가스화재	**B급**	**황색**	**질식소화**
전기화재	C급	청색	질식소화
금속화재	D급	–	피복소화
주방화재	K급	–	냉각 및 질식소화

해답 ②

20 폭발의 종류에 따른 물질이 잘못된 것은?

① 분해폭발 – 이세틸렌, 산화에틸렌
② 분진폭발 – 금속분, 밀가루
③ 중합폭발 – 시안화수소, 염화비닐
④ 산화폭발 – 히드라진, 과산화수소

해설 **폭발의 종류**

① 분해폭발 : 아세틸렌, 과산화물, 다이너마이트
② 분진폭발 : 밀가루, 담뱃가루, 석탄가루, 먼지, 전분, 금속분류
③ 중합폭발 : 염화비닐, 시안화수소
④ 분해 · 중합폭발 : 산화에틸렌
⑤ 산화폭발 : 압축가스, 액화가스

해답 ④

21 질산암모늄의 일반적 성질에 대한 설명 중 옳은 것은?

① 조해성을 가진 물질이다.
② 물에 대한 용해도 값이 매우 작다.
③ 가열시 분해하여 수소를 발생한다.
④ 과일향의 냄새가 나는 백색 결정체이다.

해설 **질산암모늄의 일반적 성질**

① 조해성을 가진 물질이다.
② 물에 대한 용해도 값이 매우 크다.
③ 가열시 분해하여 산소를 발생한다.
④ 무색 무취의 결정이다.

질산암모늄(NH_4NO_3) : 제1류 위험물 중 질산염류
① 단독으로 가열, 충격 시 분해 폭발할 수 있다.

② 화약원료로 쓰이며 유기물과 접촉 시 폭발우려가 있다.
③ 무색, 무취의 결정이다.
④ 조해성 및 흡습성이 매우 강하다.
⑤ 물에 용해 시 흡열반응을 나타낸다.
⑥ 급격한 가열충격에 따라 폭발의 위험이 있다.

해답 ①

22 적갈색의 고체 위험물은?

① 칼슘 ② 탄화칼슘
③ 금속나트륨 ④ 인화칼슘

해설 **인화칼슘**(Ca_3P_2)**[별명 : 인화석회] : 제3류 위험물(금수성 물질)**
① 적갈색의 괴상고체
② 물 및 약산과 격렬히 반응, 분해하여 인화수소(포스핀)(PH_3)을 생성한다.

- $Ca_3P_2 + 6H_2O \rightarrow 3Ca(OH)_2 + 2PH_3$
- $Ca_3P_2 + 6HCl \rightarrow 3CaCl_2 + 2PH_3$ (포스핀=인화수소)

③ 포스핀은 맹독성가스이므로 취급시 방독마스크를 착용한다.
④ 물 및 포약제에 의한 소화는 절대 금하고 마른모래 등으로 피복하여 자연 진화되도록 기다린다.

해답 ④

23 $C_6H_5CH_3$의 일반적 성질이 아닌 것은?

① 벤젠보다 독성이 매우 강하다.
② 진한 질산과 진한 황산으로 니트로화하면 TNT가 된다.
③ 비중은 약 0.86 이다.
④ 물에 녹지 않는다.

해설 **톨루엔**($C_6H_5CH_3$)**의 일반적 성질**
① 증기밀도는 공기보다 무겁다.
② 인화점이 낮고 물에는 녹지 않는다.
③ 휘발성이 있는 무색투명한 액체이다.
④ 증기는 독성이 있지만 벤젠에 비해 10배정도 약한 편이다.

해답 ①

24 황화린에 대한 설명 중 옳지 않은 것은?

① 삼황화린은 황색 결정으로 공기 중 약 100℃에서 발화할 수 있다.
② 오황화린은 담황색 결정으로 조해성이 있다.
③ 오황화린은 물과 접촉하여 황화수소를 발생할 위험이 있다.
④ 삼황화린은 차가운 물에도 잘 녹으므로 주의해야 한다.

해설 **황화린**(제2류 위험물) **: 황과 인의 화합물**
① **삼황화린**(P_4S_3)
- 황색결정으로 물, 염산, 황산에 녹지 않으며 질산, 알칼리, 이황화탄소에 녹는다.
- 연소하면 오산화인과 이산화황이 생긴다.

$P_4S_3 + O_2 \rightarrow 2P_2O_5 + 3SO_2\uparrow$ (오산화인)(이산화황)

② **오황화린**(P_2S_5)
- 담황색 결정이고 조해성이 있다.
- 수분을 흡수하면 분해된다.
- 이황화탄소(CS_2)에 잘 녹는다.
- 물, 알칼리와 반응하여 인산과 황화수소를 발생한다.

$P_2S_5 + 8H_2O \rightarrow 2H_3PO_4 + 5H_2S\uparrow$ (인산) (황화수소)

③ **칠황화린**(P_4S_7)
- 담황색 결정이고 조해성이 있다.
- 수분을 흡수하면 분해된다.
- 이황화탄소(CS_2)에 약간 녹는다.
- 냉수에는 서서히 분해가 되고 더운물에는 급격히 분해된다.

해답 ④

25 위험물안전관리법령상 인화성액체의 인화점 시험방법이 아닌 것은?

① 태그(Tag)밀폐식 인화점 측정기에 의한 인화점 측정
② 세타밀폐식 인화점 측정기에 의한 인화점 측정
③ 클리브랜드개방식 인화점 측정기에 의한 인화점 측정
④ 펜스키-마르텐식 인화점 측정기에 의한 인화점 측정

해설 **인화성액체의 인화점측정시험**

① **타그밀폐식**인화점측정기로 측정한다.
② 인화점이 섭씨 80도를 초과하는 경우 **클리브랜드개방**식인화점측정기로 시험물품의 인화점을 측정한다.
③ 인화점이 섭씨 0도 이상 80도 미만이고, 당해 온도에서 시험물품의 점도가 10센티스토크 이상의 경우 시험물품의 인화점을 **세타밀폐식**인화점측정기로 측정한다.

해답 ④

26 정기점검 대상에 해당하지 않는 것은?

① 지정수량 15배의 제조소
② 지정수량 40배의 옥내탱크저장소
③ 지정수량 50배의 이동탱크저장소
④ 지정수량 20배의 지하탱크저장소

해설 **정기점검의 대상인 제조소등**

① 지정수량의 10배 이상의 위험물을 취급하는 제조소
② 지정수량의 100배 이상의 위험물을 저장하는 옥외저장소
③ 지정수량의 150배 이상의 위험물을 저장하는 옥내저장소
④ 지정수량의 200배 이상의 위험물을 저장하는 옥외탱크저장소
⑤ 암반탱크저장소
⑥ 이송취급소
⑦ 지정수량의 10배 이상의 위험물을 취급하는 일반취급소
⑧ 지하탱크저장소
⑨ 이동탱크저장소
⑩ 위험물을 취급하는 탱크로서 지하에 매설된 탱크가 있는 제조소 · 주유취급소 또는 일반취급소

해답 ②

27 다음은 P_2S_5와 물의 화학반응이다. ( )에 알맞은 숫자를 차례대로 나열한 것은?

$$P_2S_5 + (\ )H_2O \rightarrow (\ )H_2S + (\ )H_2PO_4$$

① 2, 8, 5　　② 2, 5, 8
③ 8, 5, 2　　④ 8, 2, 5

해설 **오황화린**(P_2S_5)

① 담황색 결정이고 조해성이 있다.
② 수분을 흡수하면 분해된다.
③ 이황화탄소(CS_2)에 잘 녹는다.
④ 물, 알칼리와 반응하여 인산과 황화수소를 발생한다.

$$P_2S_5 + 8H_2O \rightarrow 5H_2S + 2H_3PO_4$$
(오황화인)　(물)　(황화수소)　(인산)

해답 ③

28 염소산칼륨에 대한 설명으로 옳은 것은?

① 흑색 분말이다.
② 비중은 4.32 이다.
③ 글리세린과 에테르에 잘 녹는다.
④ 가열에 의해 분해하여 산소를 방출한다.

해설 **염소산칼륨**($KClO_3$) : **제1류 위험물 중 염소산염류**

① 산화성고체이며 무색 또는 백색분말
② 비중 : 2.34
③ 온수, 글리세린에 용해
④ 냉수, 알코올에는 용해하기 어렵다.
⑤ 400℃ 부근에서 분해가 시작
⑥ 540℃~560℃ 정도에서 과염소산칼륨으로 분해되어 염화칼륨과 산소를 방출

$$2KClO_3 \rightarrow KCl + KClO_4 + O_2\uparrow$$
(염소산칼륨)　(염화칼륨)　(과염소산칼륨)　(산소)

⑦ 유기물 등과 접촉시 충격을 가하면 폭발하는 수가 있다.

해답 ④

29 염소산나트륨의 저장 및 취급시 주의할 사항으로 틀린 것은?

① 철제용기에 저장할 수 없다.
② 분해방지를 위해 암모니아를 넣어 저장한다.
③ 조해성이 있으므로 방습에 유의한다.
④ 용기에 밀전(密栓)하여 보관한다.

해설 **염소산나트륨**($NaClO_3$) : **제1류 위험물 중 염소산염류**

① 조해성이 크고, 알코올, 에테르, 물에 녹는다.
② 철제를 부식시키므로 철제용기 사용금지

③ 산과 반응하여 유독한 이산화염소(ClO_2)를 발생시키며 이산화염소는 폭발성이다.
④ 조해성이 있기 때문에 밀폐하여 저장한다.

조해성
공기 중에 노출되어 있는 고체가 수분을 흡수하여 녹는 현상

해답 ②

30 금속염을 불꽃반응 실험을 한 결과 보라색의 불꽃이 나타났다. 이 금속염에 포함된 금속은 무엇인가?

① Cu ② K
③ Na ④ Li

해설 **불꽃반응 시 색상**

품 명	불꽃 색상
① 구리(Cu)	청록색
② 칼륨(K)	보라색
③ 나트륨(Na)	노란색
④ 리튬(Li)	적 색
⑤ 칼슘(Ca)	주홍색

해답 ②

31 과산화수소의 저장 및 취급 방법으로 옳지 않은 것은?

① 갈색 용기를 사용한다.
② 직사광선을 피하고 냉암소에 보관한다.
③ 농도가 클수록 위험성이 높아지므로 분해방지 안정제를 넣어 분해를 억제시킨다.
④ 장기간 보관시 철분을 넣어 유리용기에 보관한다.

해설 **과산화수소(H_2O_2)의 일반적인 성질**
① 분해 시 발생기 산소(O_2)를 발생시킨다.
② 분해안정제로 인산(H_3PO_4) 또는 요산($C_5H_4N_4O_3$)을 첨가한다.
③ 저장용기는 밀폐하지 말고 구멍이 있는 마개를 사용한다.
④ **강산화제이면서 환원제로도 사용**한다.
⑤ 히드라진($NH_2 \cdot NH_2$)과 접촉 시 분해 작용으로 폭발위험이 있다.

$$NH_2 \cdot NH_2 + 2H_2O_2 \rightarrow 4H_2O + N_2 \uparrow$$

- 과산화수소는 36%(중량) 이상만 위험물에 해당된다.
- 과산화수소는 표백제 및 살균제로 이용된다.

해답 ④

32 다음 ( )안에 적합한 숫자를 차례대로 나열한 것은?

> 자연발화성물질 중 알킬알루미늄 등은 운반용기의 내용적의 ( )% 이하의 수납율로 수납하되 50℃의 온도에서 ( )% 이상의 공간용적을 유지하도록 할 것

① 90, 5 ② 90, 10
③ 95, 5 ④ 95, 10

해설 (1) **위험물의 적재방법**
① **고체위험물**은 운반용기 내용적의 95% **이하**의 수납율로 수납할 것
② **액체위험물**은 운반용기 내용적의 98% **이하**의 수납율로 수납하되, 55℃의 온도에서 누설되지 아니하도록 충분한 공간용적을 유지하도록 할 것

(2) **제3류 위험물의 운반용기 수납기준**
① 자연발화성물질에 있어서는 불활성 기체를 봉입하여 밀봉하는 등 공기와 접하지 아니하도록 할 것
② 자연발화성물질외의 물품에 있어서는 파라핀 · 경유 · 등유 등의 보호액으로 채워 밀봉하거나 불활성 기체를 봉입하여 밀봉하는 등 수분과 접하지 아니하도록 할 것
③ **자연발화성물질 중 알킬알루미늄** 등은 운반용기의 내용적의 **90% 이하**의 수납율로 수납하되, 50℃의 온도에서 **5% 이상**의 공간용적을 유지하도록 할 것

해답 ①

33 위험물탱크의 용량은 탱크의 내용적에서 공간용적을 뺀 용적으로 한다. 이 경우 소화약제 방출구를 탱크안의 윗부분에 설치하는 탱크의 공간용적은 당해 소화설비의 소화약제방출구 아래의 어느 범위의 면으로부터 윗부분의 용적으로 하는가?

① 0.1미터 이상 0.5미터 미만 사이의 면
② 0.3미터 이상 1미터 미만 사이의 면
③ 0.5미터 이상 1미터 미만 사이의 면
④ 0.5미터 이상 1.5미터 미만 사이의 면

해설 (1) **일반적인 탱크의 공간용적**
일반적인 탱크의 공간용적은 탱크 내용적의 **5/100 이상 10/100 이하**로 한다.
(2) **소화설비를 설치한 탱크의 공간용적**
탱크의 내용적 중 당해 소화약제 방출구의 아래 **0.3m 이상 1m 미만 사이**의 면으로부터 윗부분의 용적으로 한다.
(3) **암반탱크의 공간용적**
탱크내에 용출하는 **7일간**의 지하수의 양에 상당하는 용적과 당해 탱크의 내용적의 **100분의 1의 용적** 중에서 보다 **큰 용적을 공간용적**으로 한다.

해답 ②

34 자기반응성 물질에 해당하는 물질은?

① 과산화칼륨 ② 벤조일퍼옥사이드
③ 트리에틸알루미늄 ④ 메틸에틸케톤

해설 **과산화벤조일=벤조일퍼옥사이드**(BPO)
[$(C_6H_5CO)_2O_2$] : 제5류(자기반응성 물질)
① 무색 무취의 백색분말 또는 결정이다.
② 물에 녹지 않고 알코올에 약간 녹는다.
③ 에테르 등 유기용제에 잘 녹는다.
④ 직사광선을 피하고 냉암소에 보관한다.

해답 ②

35 $KMnO_4$와 반응하여 위험성을 가지는 물질이 아닌 것은?

① H_2SO_4 ② H_2O
③ CH_3OH ④ $C_2H_5OC_2H_5$

해설 **과망간산칼륨**($KMnO_4$) **: 제1류 위험물 중 과망간산염류**
① 물에 녹아 진한보라색을 띠고 강한 산화력과 살균력이 있다.
② 240℃에서 산소를 방출한다.

$$2KMnO_4 \rightarrow K_2MnO_4 + MnO_2 + O_2\uparrow$$
(망간산칼륨) (이산화망간) (산소)

③ 알코올, 에테르, 글리세린, 황산과 접촉 시 폭발우려가 있다.
④ 주수소화 또는 마른모래로 피복 소화한다.

해답 ②

36 과산화수소가 녹지 않는 것은?

① 물 ② 벤젠
③ 에테르 ④ 알코올

해설 **과산화수소**(H_2O_2)**의 일반적인 성질**
① 분해 시 발생기 산소(O_2)를 발생시킨다.
② 분해안정제로 인산(H_3PO_4) 또는 요산($C_5H_4N_4O_3$)을 첨가한다.
③ 저장용기는 밀폐하지 말고 구멍이 있는 마개를 사용한다.
④ **강산화제이면서 환원제로도 사용**한다.
⑤ 히드라진($NH_2 \cdot NH_2$)과 접촉 시 분해 작용으로 폭발위험이 있다.

$$NH_2 \cdot NH_2 + 2H_2O_2 \rightarrow 4H_2O + N_2\uparrow$$

- 과산화수소는 36%(중량) 이상만 위험물에 해당된다.
- 과산화수소는 표백제 및 살균제로 이용된다.

해답 ②

37 지정수량이 50kg인 것은?

① 칼륨 ② 리튬
③ 나트륨 ④ 알킬알루미늄

해설 **제3류 위험물의 지정수량**

성 질	품 명	지정수량	위험등급
자연발화성 및 금수성물질	1. 칼륨 2. 나트륨 3. 알킬알루미늄 4. 알킬리튬	10kg	Ⅰ
	5. 황린	20kg	Ⅰ
	6. 알칼리금속(칼륨 및 나트륨 제외) 및 알칼리토금속 7. 유기금속화합물(알킬알루미늄 및 알킬리튬 제외)	50kg	Ⅱ
	8. 금속의 수소화물 9. 금속의 인화물 10. 칼슘 또는 알루미늄의 탄화물	300kg	Ⅱ

② 리튬 : 알칼리 금속

해답 ②

38 품명이 제4석유류인 위험물은?

① 중유 ② 기어유
③ 등유 ④ 클레오소트유

해설 **제4류 위험물**(인화성 액체)

구 분	지정품목	기타 조건(1atm에서)
특수인화물	이황화탄소 디에틸에테르	• 발화점이 100℃ 이하 • 인화점 −20℃ 이하이고 비점이 40℃ 이하
제1석유류	아세톤 휘발유	• 인화점 21℃ 미만
알코올류	C_1~C_3까지 포화 1가 알코올(변성알코올 포함) • 메틸알코올 • 에틸알코올 • 프로필알코올	
제2석유류	등유, 경유	• 인화점 21℃ 이상 70℃ 미만
제3석유류	중유 클레오소트유	• 인화점 70℃ 이상 200℃ 미만
제4석유류	기어유 실린더유	• 인화점 200℃ 이상 250℃ 미만
동식물유류	동물의 지육 등 또는 식물의 종자나 과육으로부터 추출한 것으로서 인화점이 250℃ 미만인 것	

해답 ②

39 순수한 금속 나트륨을 고온으로 건조한 공기 중에서 연소시켜 얻는 위험물질은 무엇인가?

① 아염소산나트륨 ② 염소산나트륨
③ 과산화나트륨 ④ 과염소산나트륨

해설 **금속칼륨 및 금속나트륨 : 제3류 위험물(금수성)**

① 파라핀, 경유, 등유 속에 저장
② 물과 반응하여 수소기체 발생

$2Na + 2H_2O \rightarrow 2NaOH + H_2\uparrow$ (수소발생)
$2K + 2H_2O \rightarrow 2KOH + H_2\uparrow$ (수소발생)

③ 공기 중 연소하면 노란색 불꽃을 내면서 과산화나트륨의 흰색 고체생성

$2Na + O_2 \rightarrow Na_2O_2$

해답 ③

40 지중탱크 누액방지판의 구조에 관한 기준으로 틀린 것은?

① 두께는 4.5mm 이상의 강관으로 할 것
② 용접은 맞대기 용접으로 할 것
③ 침하 등에 의한 지중탱크 본체를 변위영향을 흡수하지 아니할 것
④ 일사 등에 의한 열의 영향 등에 대하여 안전할 것

해설 **지중탱크 누액방지판의 구조**

① 두께 4.5mm 이상의 강판으로 할 것
② 용접은 맞대기용접으로 할 것
③ 침하 등에 의한 지중탱크 본체의 변위영향을 흡수할 수 있는 것으로 할 것
④ 일사 등에 의한 열영향, 콘크리트의 건조 · 수축 등에 의한 응력에 대하여 안전한 것으로 할 것
⑤ 옆판에 설치하는 누액방지판은 옆판과 일체의 구조로 하고 옆판과 접하는 부분에는 부식을 방지하기 위한 조치를 강구할 것
⑥ 밑판에 설치하는 누액방지판에는 그 아래에 두께 50mm 이상의 아스팔트샌드 등을 설치할 것

해답 ③

41 이황화탄소를 화재예방상 물속에 저장하는 이유는?

① 불순물을 물에 용해시키기 위해
② 가연성 증기의 발생을 억제하기 위해
③ 상온에서 수소가스를 발생시키기 때문에
④ 공기와 접촉하면 즉시 폭발하기 때문에

해설 **이황화탄소**(CS_2) **: 제4류 위험물 중 특수인화물**

① 무색투명한 액체이다.
② 물에는 녹지 않고 알코올, 에테르, 벤젠 등 유기용제에 녹는다.
③ 연소 시 아황산가스(SO_2) 및 CO_2를 생성한다.

$CS_2 + 3O_2 \rightarrow CO_2 + 2SO_2$
(이산화탄소)(이산화황=아황산)

④ 저장 시 저장탱크를 물속에 넣어 가연성증기의 발생을 억제한다.
⑤ 화재 시 다량의 포를 방사하여 질식 및 냉각 소화한다.

해답 ②

42 물과의 반응으로 산소와 열이 발생하는 위험물은?

① 과염소산칼륨 ② 과산화나트륨
③ 질산칼륨 ④ 과망간산칼륨

해설 **과산화나트륨(Na_2O_2) : 제 1류 위험물 중 무기과산화물(금수성)**

① 상온에서 물과 격렬히 반응하여 산소(O_2)를 방출하고 폭발하기도 한다.

$2Na_2O_2$ + $2H_2O$ → $4NaOH$ + O_2↑ + 발열
(과산화나트륨) (물) (수산화나트륨) (산소)
(=가성소다)

② 공기 중 이산화탄소(CO_2)와 반응하여 산소(O_2)를 방출한다.

$2Na_2O_2$ + $2CO_2$ → $2Na_2CO_3$ + O_2↑
(탄산나트륨)

③ 산과 반응하여 과산화수소(H_2O_2)를 생성시킨다.

Na_2O_2 + $2CH_3COOH$ → $2CH_3COONa$ + H_2O_2↑
(초산) (초산나트륨) (과산화수소)

④ 열분해시 산소(O_2)를 방출한다.

$2Na_2O_2$ → $2Na_2O$ + O_2↑
(산화나트륨) (산소)

⑤ 주수소화는 금물이고 마른모래(건조사)등으로 소화한다.

해답 ②

43 과산화수소, 질산, 과염소산의 공통적인 특징이 아닌 것은?

① 산화성 액체이다.
② pH 1 미만의 강한 산성 물질이다.
③ 불연성 물질이다.
④ 물보다 무겁다.

해설 **제6류 위험물의 공통적인 성질**

① 자신은 불연성이고 산소를 함유한 강산화제이다.
② 분해에 의한 산소발생으로 다른 물질의 연소를 돕는다.
③ 액체의 비중은 1보다 크고 물에 잘 녹는다.
④ 물과 접촉 시 발열한다.
⑤ 증기는 유독하고 부식성이 강하다.

제6류 위험물(산화성 액체)

성질	품 명	판단기준	지정수량	위험등급
산화성액체	• 과염소산($HClO_4$)		300 kg	I
	• 과산화수소(H_2O_2)	농도 36중량% 이상		
	• 질산(HNO_3)	비중 1.49 이상		
	• 할로겐간화합물 ① 삼불화브롬(BrF_3) ② 오불화브롬(BrF_5) ③ 오불화요오드(IF_5)			

해답 ②

44 벤조일퍼옥사이드, 피크린산, 히드록실아민이 각각 200kg 있을 경우 지정수량의 배수의 합은 얼마인가?

① 22 ② 23
③ 24 ④ 25

해설 **제5류 위험물의 지정수량**

성질	품 명	지정수량	위험등급
자기 반응성물질	1. 유기과산화물 2. 질산에스테르류	10kg	I
	3. 니트로화합물 4. 니트로소화합물 5. 아조화합물 6. 디아조화합물 7. 히드라진 유도체	200kg	II
	8. 히드록실아민 9. 히드록실아민염류	100kg	

① 벤조일퍼옥사이드(유기과산화물) : 10kg
② 피크린산(니트로화합물) : 200kg
③ 히드록실아민 : 100kg
• 지정수량의 배수

$$= \frac{저장수량}{지정수량} = \frac{200}{10} + \frac{200}{200} + \frac{200}{100} = 23배$$

해답 ②

45 트리니트로페놀에 대한 설명으로 옳은 것은?

① 알코올, 벤젠 등에 녹는다.
② 구리용기에 넣어 보관한다.
③ 무색 투명한 액체이다.
④ 발화 방지를 위해 휘발유에 저장한다.

해설 피크르산은 페놀(C_6H_5OH)의 수소원자(H)를 니트로기($-NO_2$)로 치환한 것

피크린산 = 피크르산[$C_6H_2(NO_2)_3OH$]
(TNP : Tri Nitro Phenol) : 제5류 니트로화합물
① 침상결정이며 냉수에는 약간 녹고 더운물, **알코올, 벤젠 등에 잘 녹는다.**
② 쓴맛과 독성이 있다.
③ 피크르산 또는 트리니트로페놀(Tri Nitro phenol)의 약자로 TNP라고도 한다.
④ 화약, 불꽃놀이에 이용된다.

해답 ④

46 물분무소화설비의 방사구역은 몇 m^2 이상이어야 하는가? (단, 방호대상물의 표면적이 $300m^2$이다.)

① 100 ② 150
③ 300 ④ 450

해설 **물분무소화설비의 설치기준**
① 방사구역은 $150m^2$ 이상(방호대상물의 표면적이 $150m^2$ 미만인 경우에는 당해 표면적)으로 할 것
② 수원의 수량은 분무헤드가 가장 많이 설치된 방사구역의 모든 분무헤드를 동시에 사용할 경우에 당해 방사구역의 표면적 $1m^2$당 1분당 20L의 비율로 계산한 양으로 30분간 방사할 수 있는 양 이상이 되도록 설치할 것
③ 분무헤드를 동시에 사용할 경우에 각 선단의 방사압력이 350kPa 이상으로 표준방사량을 방사할 수 있는 성능이 되도록 할 것
④ 물분무소화설비에는 비상전원을 설치할 것

해답 ②

47 일반적으로 [보기]에서 설명하는 성질을 가지고 있는 위험물은?

[보기]
• 불안정한 고체화합물로서 분해가 용이하여 산소를 방출한다.
• 물과 격렬하게 반응하여 발열한다.

① 무기과산화물 ② 과망간산염류
③ 과염소산염류 ④ 중크롬산염류

해설 **제1류 위험물의 일반적인 성질**
① 산화성 고체이며 대부분 수용성이다.
② 불연성이지만 다량의 산소를 함유하고 있다.
③ 분해 시 산소를 방출하여 남의 연소를 돕는다. (조연성)
④ 열 · 타격 · 충격, 마찰 및 다른 화학물질과 접촉시 쉽게 분해된다.
⑤ 분해속도가 대단히 빠르고, 조해성이 있는 것도 포함한다.
⑥ **무기과산화물은 물과 작용하여 열과 산소를 발생시킨다.**

해답 ①

48 허가량이 1000만 리터인 위험물옥외저장탱크의 바닥판 전면 교체시 법적절차 순서로 옳은 것은?

① 변경허가 – 기술검토 – 안전성능검사 – 완공검사
② 기술검토 – 변경허가 – 안전성능검사 – 완공검사
③ 변경허가 – 안전성능검사 – 기술검토 – 완공검사
④ 안전성능검사 – 변경허가 – 기술검토 – 완공검사

해설 (1) **탱크안전성능검사의 대상**
옥외탱크저장소의 액체위험물탱크 중 그 용량이 100만 리터 이상인 탱크
(2) **기술검토 대상**
① 지정수량의 1천배 이상의 위험물을 취급하는 제조소 또는 일반취급소 : 구조 · 설비에 관한 사항
② 옥외탱크저장소(저장용량이 50만 리터 이상인 것) 또는 암반탱크저장소 : 위험물탱크의 기초 · 지반 및 탱크본체에 관한 사항

해답 ②

49 위험물안전관리자를 선임한 제조소등의 관계인은 그 안전관리자를 해임하거나 안전관리자가 퇴직한 때에는 해임하거나 퇴직한 날부터 며칠 이내에 다시 안전 관리자를 선임해야 하는가?

① 10일　② 20일
③ 30일　④ 40일

해설 **위험물안전관리자 선임 및 해임**
① 위험물안전관리자 해임 시 재 선임기간 : 30일 이내
② 위험물안전관리자 선임신고기간 : 14일 이내

해답 ③

50 소화난이도등급 Ⅰ에 해당하는 위험물제조소는 연면적이 몇 m^2 이상인 것인가? (단, 면적 외의 조건은 무시한다.)

① 400　② 600
③ 800　④ 1000

해설 **소화난이도등급 Ⅰ에 해당하는 제조소등**

제조소등의 구분	제조소등의 규모, 저장 또는 취급하는 위험물의 품명 및 최대수량 등
제조소 일반취급소	**연면적 1,000m^2 이상**인 것
	지정수량의 100배 이상인 것(고인화점위험물만을 100℃ 미만의 온도에서 취급하는 것 및 제48조의 위험물을 취급하는 것은 제외)
	지반면으로 부터 **6m 이상**의 높이에 위험물 취급설비가 있는 것(고인화점위험물만을 100℃ 미만의 온도에서 취급하는 것은 제외)
	일반취급소로 사용되는 부분 외의 부분을 갖는 건축물에 설치된 것(내화구조로 개구부 없이 구획 된 것 및 고인화점위험물만을 **100℃ 미만**의 온도에서 취급하는 것은 **제외**)

해답 ④

51 위험물제조소등에서 위험물안전관리법상 안전거리 규제 대상이 아닌 것은?

① 제6류 위험물을 취급하는 제조소를 제외한 모든 제조소
② 주유취급소
③ 옥외저장소
④ 옥외탱크저장소

해설 (1) **안전거리규제대상**
① 제조소(제6류 위험물을 취급하는 제조소를 제외)
② 일반취급소
③ 옥내저장소
④ 옥외탱크저장소
⑤ 옥외저장소

(2) **제조소의 안전거리**(제6류 위험물을 취급하는 제조소는 제외)

구 분	안전거리
사용전압이 7,000V 초과 35,000V 이하	3m 이상
사용전압이 35,000V를 초과	5m 이상
주거용	10m 이상
고압가스, 액화석유가스, 도시가스	20m 이상
학교, 병원, 극장	30m 이상
유형문화재, 지정문화재	50m 이상

해답 ②

52 위험물의 화재예방 및 진압대책에 대한 설명 중 틀린 것은?

① 트리에틸알루미늄은 사염화탄소, 이산화탄소와 반응하여 발열하므로 화재 시 이들 소화약제는 사용할 수 없다.
② K, Na 은 등유, 경유 등의 산소가 함유되지 않은 석유류에 저장하여 물과의 접촉을 막는다.
③ 수소화리튬의 화재에는 소화약제로 Halon 1211, Halon 1301이 사용되며 특수방호복및 공기호흡기를 착용하고 소화한다.
④ 탄화 알루미늄은 물과 반응하여 가연성의 메탄가스를 발생하고 발열하므로 물과의 접촉을 금한다.

해설 **금속의 수소화물**
(1) **수소화리튬**(LiH)
① 알칼리 금속의 수소화물중 가장 안정된 화합물이다.
② 물과 반응하여 수소(H_2)를 발생한다.

$$LiH + H_2O \rightarrow LiOH + H_2 \uparrow$$

③ 알코올에는 용해되지 않는다.
④ 물 및 포약제의 소화는 절대 금하고 마른모래 등으로 피복소화한다.

(2) **수소화나트륨**(NaH)
① 습기가 많은 공기 중 분해한다.
② 물과 격렬히 반응하여 수소(H_2)를 발생한다.

$NaH + H_2O \rightarrow NaOH + H_2 \uparrow$

③ 물 및 포약제의 소화는 절대 금하고 마른모래 등으로 피복소화한다.

(3) **수소화칼슘**(CaH_2)
① 물과 반응하여 수소를 발생한다.

$CaH_2 + 2H_2O \rightarrow Ca(OH)_2 + 2H_2$

② 물 및 포약제 소화는 절대 금하고 마른모래 등으로 피복소화한다.

해답 ③

53 순수한 것은 무색, 투명한 기름상의 액체이고 공업용은 담황색인 위험물로 충격, 마찰에는 매우 예민하고 겨울철에는 동결할 우려가 있는 것은?

① 펜트리트 ② 트리니트로벤젠
③ 니트로글리세린 ④ 질산메틸

해설 **니트로글리세린**[$(C_3H_5(ONO_2)_3$] **: 제5류 위험물 중 질산에스테르류**
① 상온에서는 액체이지만 겨울철에는 동결한다.
② 비수용성이며 메탄올, 아세톤 등에 녹는다.
③ 가열, 마찰, 충격에 예민하여 대단히 위험하다.
④ 화재 시 폭굉 우려가 있다.
⑤ 산과 접촉 시 분해가 촉진되고 폭발우려가 있다.

니트로글리세린의 분해
$4C_3H_5(ONO_2)_3 \rightarrow 12CO_2 \uparrow + 6N_2 \uparrow + O_2 \uparrow + 10H_2O$

⑥ 다이나마이트(규조토+니트로글리세린), 무연화약 제조에 이용된다.

해답 ③

54 소화설비의 기준에서 용량 160L 팽창질석의 능력 단위는?

① 0.5 ② 1.0
③ 1.5 ④ 2.5

해설 간이 소화용구의 능력단위

소화설비	용량	능력단위
소화전용 물통	8L	0.3
수조(소화전용 물통 3개 포함)	80L	1.5
수조(소화전용 물통 6개 포함)	190L	2.5
마른 모래(삽 1개 포함)	50L	0.5
팽창질석 또는 팽창진주암(삽 1개 포함)	80L	0.5

해답 ②

55 과산화나트륨 78g과 충분한 양의 물이 반응하여 생성되는 기체의 종류와 생성량을 옳게 나타낸 것은?

① 수소, 1g ② 산소, 16g
③ 수소, 2g ④ 산소, 32g

해설 **과산화나트륨**(Na_2O_2) **: 제1류 위험물 중 무기과산화물(금수성)**
상온에서 물과 격렬히 반응하여 산소(O_2)를 방출하고 폭발하기도 한다.

$2Na_2O_2 + 2H_2O \rightarrow 4NaOH + O_2 \uparrow$
$2 \times 78g$ ⟶ 산소 32g
$78g$ ⟶ x

$$x = \frac{78 \times 32}{2 \times 78} = 16\,g$$

과산화나트륨(Na_2O_2)**의 분자량**
$23 \times 2 + 16 \times 2 = 78$

해답 ②

56 황린의 저장 및 취급에 관한 주의사항으로 틀린 것은?

① 발화점이 낮으므로 화기에 주의한다.
② 백색 또는 담황색의 고체이며 물에 녹지 않는다.
③ 물과의 접촉을 피한다.
④ 자연발화성이므로 주의한다.

해설 **황린**(P_4)**[별명 : 백린] : 제 3류 위험물(자연발화성 물질)**
① 백색 또는 담황색의 고체이다.
② 공기 중 약 40~50℃에서 자연 발화한다.
③ 저장 시 자연 발화성이므로 반드시 물속에 저장

한다.

④ 연소 시 오산화인(P_2O_5)의 흰 연기가 발생한다.

$P_4 + 5O_2 \rightarrow 2P_2O_5$(오산화인)

⑤ 강알칼리의 용액에서는 유독기체인 포스핀(PH_3) 발생한다.

⑥ 약 260℃로 가열(공기차단)시 적린이 된다.

해답 ③

57 다음 중 물에 가장 잘 용해되는 위험물은?

① 벤즈알데히드　② 이소프로필알코올
③ 휘발유　④ 에테르

해설 **제4류 위험물**(인화성 액체)

구 분	지정품목	기타 조건(1atm에서)
특수인화물	이황화탄소 디에틸에테르	• 발화점이 100℃ 이하 • 인화점 −20℃ 이하이고 비점이 40℃ 이하
제1석유류	아세톤 휘발유	• 인화점 21℃ 미만
알코올류	C_1~C_3까지 포화 1가 알코올(변성알코올 포함) • 메틸알코올 • 에틸알코올 • 프로필알코올	
제2석유류	등유, 경유	• 인화점 21℃ 이상 70℃ 미만
제3석유류	중유 클레오소트유	• 인화점 70℃ 이상 200℃ 미만
제4석유류	기어유 실린더유	• 인화점 200℃ 이상 250℃ 미만
동식물유류	동물의 지육 등 또는 식물의 종자나 과육으로부터 추출한 것으로서 인화점이 250℃ 미만인 것	

해답 ②

58 특수인화물의 일반적인 성질에 대한 설명으로 가장 거리가 먼 것은?

① 비점이 높다.
② 인화점이 낮다.
③ 연소 하한값이 낮다.
④ 증기압이 높다.

해설 (1) **특수인화물의 일반적인 성질**

① 비점이 낮다.
② 인화점이 낮다.
③ 연소 하한값이 낮다.
④ 증기압이 높다.

(2) **특수인화물의 정의**

이황화탄소, 디에틸에테르 그 밖에 1기압에서 발화점이 100℃ 이하인 것 또는 인화점이 영하 20℃ 이하이고 비점이 40℃ 이하인 것을 말한다.

해답 ①

59 제 2류 위험물에 해당하는 것은?

① 철분　② 나트륨
③ 과산화칼륨　④ 질산메틸

해설 **제2류 위험물의 지정수량**

성 질	품 명	지정수량	위험등급
가연성 고체	황화린, 적린, 유황	100kg	Ⅱ
	철분, 금속분, 마그네슘	500kg	Ⅲ
	인화성 고체	1,000kg	

해답 ①

60 위험물안전관리법령상 위험물의 품명별 지정수량의 단위에 관한 설명 중 옳은 것은?

① 액체인 위험물은 지정수량의 단위를 "리터"로 하고, 고체인 위험물은 지정수량의 단위를 "킬로그램"으로 한다.
② 액체만 포함된 유별은 "리터"로 하고, 고체만 포함된 유별은 "킬로그램"으로 하고, 액체와 고체가 포함된 유별은 "리터"로 한다.
③ 산화성인 위험물은 "킬로그램"으로 하고, 가연성인 인화물은 "리터"로 한다.
④ 자기반응성물질과 산화성물질은 액체와 고체의 구분에 관계없이 "킬로그램"으로 한다.

해설 **위험물의 유별에 따라 각기 다른 특성에 따른 지정수량 단위**

① kg 및 L를 사용
② 제4류는 산화성액체로써 "리터"를 사용
③ 자기반응성물질과 산화성물질은 액체와 고체의 구분에 관계없이 "킬로그램"을 사용

해답 ④

국가기술자격 필기시험문제

2019 CBT 시험 기출문제 복원 [제 2 회]

자격종목	시험시간	문제수	형별	수험번호	성 명
위험물기능사	1시간	60	A		

본 문제는 CBT시험대비 기출문제 복원입니다.

01 다음 중 산화반응이 일어날 가능성이 가장 큰 화합물은?

① 아르곤 ② 질소
③ 일산화탄소 ④ 이산화탄소

해설 **산화반응이 일어날 가능성이 없는 물질**

① 산화반응이 완전히 끝난 물질
(예 : H_2O, CO_2, $NaHCO_3$, $KHCO_3$ 등)
② 질소 또는 질소산화물
(예 : 질소는 산화반응을 하지만 흡열반응을 한다.)

$$N_2 + \frac{1}{2}O_2 \rightarrow N_2O - 19.5kcal$$

③ 주기율표상 O족(18족) 원소(불활성 기체)
He(헬륨), Ne(네온), Ar(아르곤), Kr(크립톤), Xe(크세논), Rn(라돈)

해답 ③

02 가연성 액체의 연소형태를 옳게 설명한 것은?

① 연소범위의 하한보다 낮은 범위에서라도 점화원이 있으면 연소한다.
② 가연성 증기의 농도가 높으면 높을수록 연소가 쉽다.
③ 가연성 액체의 증발연소는 액면에서 발생하는 증기가 공기와 혼합하여 타기 시작한다.
④ 증발성이 낮은 액체일수록 연소가 쉽고, 연소속도는 빠르다.

해설 ③ 가연성액체의 증발연소는 액면에서 발생하는 증기가 공기와 혼합하여 타기 시작한다.

연소의 형태 ★★ 자주출제(필수암기)★★

① **표면연소**(surface reaction)
숯, 코크스, 목탄, 금속분
② **증발연소**(evaporating combustion)
파라핀(양초), 황, 나프탈렌, 왁스, 휘발유, 등유, 경유, 아세톤 등 제4류 위험물
③ **분해연소**(decomposing combustion)
석탄, 목재, 플라스틱, 종이, 합성수지, 중유
④ **자기연소**(내부연소)
질화면(니트로셀룰로오스), 셀룰로이드, 니트로글리세린 등 제5류 위험물
⑤ **확산연소**(diffusive burning)
아세틸렌, LPG, LNG 등 가연성 기체
⑥ **불꽃연소 + 표면연소**
목재, 종이, 셀룰로오스, 열경화성수지

해답 ③

03 화재 발생시 물을 이용한 소화를 하면 오히려 위험성이 증대되는 것은?

① 황린 ② 적린
③ 탄화알루미늄 ④ 니트로셀룰로오스

해설 **탄화알루미늄(Al_4C_3) : 제3류 위험물(금수성 물질)**

① 물과 접촉시 메탄가스를 생성하고 발열반응을 한다.

$$Al_4C_3 + 12H_2O \rightarrow 4Al(OH)_3 + 3CH_4$$
(수산화알루미늄) (메탄)

② 황색 결정 또는 백색분말로 1400℃ 이상에서는 분해가 된다.
③ 물 및 포약제에 의한 소화는 절대 금하고 마른 모래 등으로 피복소화한다.

해답 ③

04 제5류 위험물의 화재에 적응성이 없는 소화설비는?

① 옥외소화전설비
② 스프링클러설비
③ 물분무소화설비
④ 할로겐화합물소화설비

해설 **자기반응성물질**(제5류 위험물)**의 소화**
① 자체적으로 산소를 함유한 물질이므로 질식소화는 효과가 없다.
※ 이산화탄소 및 할로겐화합물소화기는 적응성이 없다.
② 화재초기에 다량의 물로 주수 소화하는 것이 가장 효과적이다.
③ 제5류 위험물화재에는 할로겐화합물소화약제는 적응성이 없다.

해답 ④

05 금속칼륨에 화재가 발생했을 때 사용할 수 없는 소화약제는?

① 이산화탄소 ② 건조사
③ 팽창질석 ④ 팽창진주암

해설 **금수성 위험물질에 적응성이 있는 소화기**
① 탄산수소염류
② 마른 모래
③ 팽창질석 또는 팽창진주암

금속칼륨과 CO_2의 반응식
$4K + 3CO_2 \rightarrow 2K_2CO_3 + C$
(금속나트륨과 이산화탄소는 폭발적으로 반응하기 때문에 위험)

해답 ①

06 제5류 위험물의 화재의 예방과 진압 대책으로 옳지 않은 것은?

① 서로 1m 이상의 간격을 두고 유별로 정리한 경우라도 제3류 위험물과는 동일한 옥내저장소에 저장할 수 없다.
② 위험물제조소의 주의사항 게시판에는 주의사항으로 "화기엄금"만 표기하면 된다.
③ 이산화탄소소화기와 할로겐화합물소화기는 모두 적응성이 없다.
④ 운반용기의 외부에는 주의사항으로 "화기엄금"만 표시하면 된다.

해설 ④ 운반용기 외부에는 주의사항으로 "화기엄금" 및 "충격주의"를 표시하여야 한다.

수납하는 위험물에 따른 운반용기의 주의사항 표시

유별	성질에 따른 구분	표시사항
제1류	알칼리금속의 과산화물	화기 · 충격주의, 물기엄금 및 가연물접촉주의
	그 밖의 것	화기 · 충격주의 및 가연물접촉주의
제2류	철분 · 금속분 · 마그네슘	화기주의 및 물기엄금
	인화성 고체	화기엄금
	그 밖의 것	화기주의
제3류	자연발화성 물질	화기엄금 및 공기접촉엄금
	금수성 물질	물기엄금
제4류	인화성 액체	화기엄금
제5류	자기반응성 물질	화기엄금 및 충격주의
제6류	산화성 액체	가연물접촉주의

해답 ④

07 다음 중 가연물이 될 수 없는 것은?

① 질소
② 나트륨
③ 니트로셀룰로오스
④ 나프탈렌

해설 **가연물이 될 수 없는 조건**
① 산화반응이 완전히 끝난 물질
(예 : H_2O, CO_2, $NaHCO_3$, $KHCO_3$ 등)
② 질소 또는 질소산화물
(예 : 질소는 산화반응을 하지만 흡열반응을 한다.)

$$N_2 + \frac{1}{2}O_2 \rightarrow N_2O - 19.5\text{kcal}$$

③ 주기율표상 0족(18족) 원소 (불활성 기체)
He(헬륨), Ne(네온), Ar(아르곤), Kr(크립톤), Xe(크세논), Rn(라돈)

해답 ①

08 일반 건축물화재에서 내장재로 사용한 폴리스티렌 폼(polystyrene foam)이 화재 중 연소를 했다면 이 플라스틱의 연소형태는?

① 증발연소　② 자기연소
③ 분해연소　④ 표면연소

해설 **플라스틱** : 분해연소

연소의 형태 ★★ 자주출제(필수암기)★★

① **표면연소**(surface reaction)
숯, 코크스, 목탄, 금속분
② **증발연소**(evaporating combustion)
파라핀(양초), 황, 나프탈렌, 왁스, 휘발유, 등유, 경유, 아세톤 등 제4류 위험물
③ **분해연소**(decomposing combustion)
석탄, 목재, 플라스틱, 종이, 합성수지, 중유
④ **자기연소**(내부연소)
질화면(니트로셀룰로오스), 셀룰로이드, 니트로글리세린 등 제5류 위험물
⑤ **확산연소**(diffusive burning)
아세틸렌, LPG, LNG 등 가연성 기체
⑥ **불꽃연소 + 표면연소**
목재, 종이, 셀룰로오스, 열경화성수지

해답 ③

09 분진폭발시 소화방법에 대한 설명으로 틀린 것은?

① 금속분에 대하여는 물을 사용하지 말아야 한다.
② 분진폭발시 직사주수에 의하여 순간적으로 소화하여야 한다.
③ 분진폭발은 보통 단 한번으로 끝나지 않을 수 있으므로 제2차, 3차의 폭발에 대비하여야 한다.
④ 이산화탄소와 할로겐화합물의 소화약제는 금속분에 대하여 적절하지 않다.

해설 ② 분진폭발시 분무 주수(안개모양)하여 소화하여야 한다.

해답 ②

10 20℃의 물 100kg이 100℃ 수증기로 증발하면 최대 몇 kcal의 열량을 흡수할 수 있는가?

① 540　② 7800
③ 62000　④ 108000

해설 ① 필요한 열량

$Q = mC\Delta t + rm$

여기서, Q : 필요한 열량(kcal)
m : 질량(kg)
C : 비열(kcal/kg · ℃)
Δt : 온도차(℃)
r : 기화잠열(kcal/kg)

- 물의 기화열(539kcal/kg)
- 물의 비열(1kcal/kg℃)

② $Q = mc\Delta t + rm$
③ $Q = 100\text{kg} \times 1\text{kcal/kg} \cdot ℃ \times (100-20)℃$
$+ 539\text{kcal/kg} \times 100\text{kg}$
$= 61900\text{kcal}$

해답 ③

11 식용유 화재시 제1종 분말소화약제를 이용하여 화재의 제어가 가능하다. 이때의 소화원리에 가장 가까운 것은?

① 촉매효과에 의한 질식소화
② 비누화 반응에 의한 질식소화
③ 요오드화에 의한 냉각소화
④ 가수분해 반응에 의한 냉각소화

해설 **제1종 분말약제**($NaHCO_3$) : 식용유 및 지방 화재시 가연물질인 지방산과 Na^+ 이온이 반응을 일으켜 비누거품을 생성하므로(비누화 현상) 소화효과가 좋다.

해답 ②

12 위험물제조소등의 전기설비에 적응성이 있는 소화설비는?

① 봉상수소화기　② 포소화설비
③ 옥외소화전설비　④ 물분무소화설비

해설 **전기화재**(C급화재) **적응 소화설비**
① 할로겐화합물소화설비
② 불활성가스소화설비
③ 분말소화설비
④ 물분무소화설비

해답 ④

13 소화기 속에 압축되어 있는 이산화탄소 1.1kg을 표준상태에서 분사하였다. 이산화탄소의 부피는 몇 m^3이 되는가?

① 0.56 ② 5.6
③ 11.2 ④ 24.6

해설 ① 표준상태 : 0℃, 1기압
② $V=\dfrac{WRT}{PM}=\dfrac{1.1\times 0.082\times(273+0)}{1\times 44}$
$\fallingdotseq 0.56\,m^3$

이상기체 상태방정식 ★★★★

$$PV=nRT=\frac{W}{M}RT$$

여기서, P : 압력(atm)
V : 부피(m^3)
n : mol수(무게/분자량)
W : 무게(kg)
M : 분자량
T : 절대온도(273+t℃)
R : 기체상수(0.082atm · m^3/kmol · K)

해답 ①

14 유류화재에 해당하는 표시 색상은?

① 백색 ② 황색
③ 청색 ④ 흑색

해설 **화재의 분류** ★★ 자주출제(필수암기) ★★

종 류	등급	색표시	주된 소화방법
일반화재	A급	백색	냉각소화
유류 및 가스화재	B급	황색	질식소화
전기화재	C급	청색	질식소화
금속화재	D급	–	피복소화
주방화재	K급	–	냉각 및 질식 소화

해답 ②

15 위험물관리법령의 소화설비의 적응성에서 소화설비의 종류가 아닌 것은?

① 물분무소화설비 ② 방화설비
③ 옥내소화전설비 ④ 물통

해설 **소화설비의 적응성**

옥내소화전설비 또는 옥외 소화전설비		
스프링클러설비		
물분무등 소화설비	물분무소화설비, 미분무소화설비, 포소화설비, 불활성가스소화설비, 할로겐화물소화설비	
	분말 소화설비	인산염류 등, 탄산수소염류 등, 그 밖의 것
대형 · 소형 수동식 소화기	봉상수(棒狀水)소화기, 무상수(霧狀水)소화기, 봉상강화액소화기, 무상강화액소화기, 포소화기, 이산화탄소소화기, 할로겐화물소화기	
	분말 소화기	인산염류소화기, 탄산수소염류 소화기, 그 밖의 것
기타	물통 또는 수조, 건조사, 팽창질석 또는 팽창진주암	

해답 ②

16 $NH_4H_2PO_4$이 열분해하여 생성되는 물질 중 암모니아와 수증기의 부피 비율은?

① 1 : 1 ② 1 : 2
③ 2 : 1 ④ 3 : 2

해설 **분말약제의 열분해**

종별	약제명	착색	적응 화재	열분해 반응식
제1종	탄산수소나트륨 중탄산나트륨 중조	백색	B,C	270℃ $2NaHCO_3 \rightarrow Na_2CO_3+CO_2+H_2O$ 850℃ $2NaHCO_3 \rightarrow Na_2O+2CO_2+H_2O$
제2종	탄산수소칼륨 중탄산칼륨	담회색	B,C	190℃ $2KHCO_3 \rightarrow K_2CO_3+CO_2+H_2O$ 590℃ $2KHCO_3 \rightarrow K_2O+2CO_2+H_2O$
제3종	제1인산암모늄	담홍색	A,B,C	$NH_4H_2PO_4 \rightarrow HPO_3+NH_3+H_2O$
제4종	중탄산칼륨+요소	회(백)색	B,C	$2KHCO_3+(NH_2)_2CO \rightarrow K_2CO_3+2NH_3+2CO_2$

해답 ①

17 폭광 유도거리(DID)가 짧아지는 조건이 아닌 것은?

① 관경이 클수록 짧아진다.
② 압력이 높을수록 짧아진다.
③ 점화원의 에너지가 클수록 짧아진다.
④ 관속에 이물질이 있을 경우 짧아진다.

해설 ① 관경이 작을수록 짧아진다.

폭굉유도거리(DID)가 짧아지는 경우
① 압력이 상승하는 경우
② 관속에 방해물이 있거나 관경이 작아지는 경우
③ 점화원 에너지가 증가하는 경우

해답 ①

18 과산화나트륨의 화재시 물을 사용한 소화가 위험한 이유는?

① 수소와 열을 발생하므로
② 산소와 열을 발생하므로
③ 수소를 발생하고 열을 흡수하므로
④ 산소를 발생하고 열을 흡수하므로

해설 **과산화나트륨(Na_2O_2) : 제1류 위험물 중 무기과산화물(금수성)**
① 상온에서 물과 격렬히 반응하여 산소(O_2)를 방출하고 폭발하기도 한다.

$2Na_2O_2 + 2H_2O \rightarrow 4NaOH + O_2\uparrow$ + 발열
(과산화나트륨) (물) (수산화나트륨) (산소)

② 공기 중 이산화탄소(CO_2)와 반응하여 산소(O_2)를 방출한다.

$2Na_2O_2 + 2CO_2 \rightarrow 2Na_2CO_3 + O_2\uparrow$

③ 산과 반응하여 과산화수소(H_2O_2)를 생성시킨다.

$Na_2O_2 + 2CH_3COOH \rightarrow 2CH_3COONa + H_2O_2\uparrow$

④ 열분해 시 산소(O_2)를 방출한다.

$2Na_2O_2 \rightarrow 2Na_2O + O_2\uparrow$

⑤ 주수소화는 금물이고 마른모래(건조사) 등으로 소화한다.

해답 ②

19 탄산수소나트륨과 황산알루미늄의 소화약제가 반응을 하여 생성되는 이산화탄소를 이용하여 화재를 진압하는 소화약제는?

① 단백포 ② 수성막포
③ 화학포 ④ 내알코올포

해설 ① **화학포 소화약제의 화학반응식**

(탄산수소나트륨) (황산알루미늄)
$6NaHCO_3 + Al_2(SO_4)_3 \cdot 18H_2O$
$\rightarrow 3Na_2SO_4 + 2Al(OH)_3 + 6CO_2 + 18H_2O$
(황산나트륨) (수산화알루미늄)(이산화탄소) (물)

② **화학포의 기포안정제**
- 사포닝 • 계면활성제
- 소다회 • 가수분해단백질

해답 ③

20 옥외탱크저장소의 방유제 내에 화재가 발생한 경우의 소화활동으로 적당하지 않은 것은?

① 탱크화재로 번지는 것을 방지하는데 중점을 둔다.
② 포에 의하여 덮어진 부분은 포의 막이 파괴되지 않도록 한다.
③ 방유제가 큰 경우에는 방유제 내의 화재를 제압한 후 탱크화재의 방어에 임한다.
④ 포를 방사할 때는 방유제에서부터 가운데 쪽으로 포를 흘러 보내듯이 방사하는 것이 원칙이다.

해설 ④ 포를 방사할 때는 방유제내 중심으로부터 바깥쪽으로 방사하는 것이 원칙이다.

해답 ④

21 연소시 아황산가스를 발생하는 것은?

① 황 ② 적린
③ 황린 ④ 인화칼슘

해설 **황(유황)의 성질 : 제2류 위험물(가연성 고체)**
① 황색의 결정 또는 미황색 분말
② 이황화탄소에 녹고 물에는 녹지 않는다.
③ 공기 중에서 연소 시 아황산가스(SO_2) 발생

$S + O_2 \rightarrow SO_2$(이산화황=아황산가스)

해답 ①

22 제2류 위험물의 취급상 주의사항에 대한 설명으로 옳지 않은 것은?

① 적린은 공기 중에 방치하면 자연발화 한다.
② 유황은 정전기가 발생하지 않도록 주의해야 한다.
③ 마그네슘의 화재시 물, 이산화탄소소화약제 등은 사용할 수 없다.

④ 삼황화린은 100℃ 이상 가열하면 발화할 위험이 있다.

해설 ① 황린을 공기 중에 방치하면 자연발화 한다.

황린(P_4)[별명 : 백린] **: 제3류 위험물(자연발화성 물질)**

① 백색 또는 담황색의 고체이다.
② 공기 중 약 40~50℃에서 자연 발화한다.
③ 저장 시 자연 발화성이므로 반드시 물속에 저장한다.
④ 연소 시 오산화인(P_2O_5)의 흰 연기가 발생한다.

$P_4 + 5O_2 \rightarrow 2P_2O_5$(오산화인)

⑤ 강알칼리의 용액에서는 유독기체인 포스핀(PH_3)이 발생한다.
⑥ 약 260℃로 가열(공기차단)시 적린이 된다.

해답 ①

23 가솔린의 연소범위에 가장 가까운 것은?

① 1.4~7.6%　② 2.0~23.0%
③ 1.8~36.5%　④ 1.0~50.0%

해설 **가솔린의 연소범위**(폭발범위) : 1.4 ~ 7.6%

해답 ①

24 과망간산칼륨에 대한 설명으로 옳은 것은?

① 물에 잘 녹는 흑자색의 결정이다.
② 에탄올, 아세톤에 녹지 않는다.
③ 물에 녹았을 때는 진한 노란색을 띤다.
④ 강알칼리와 반응하여 수소를 방출하며 폭발한다.

해설 **과망간산칼륨**($KMnO_4$) **: 제1류 위험물 중 과망간산염류**

① 흑자색의 주상결정으로 물에 녹아 진한보라색을 띠고 강한 산화력과 살균력이 있다.
② 240℃에서 산소를 방출한다.

$2KMnO_4 \rightarrow K_2MnO_4 + MnO_2 + O_2\uparrow$
(망간산칼륨) (이산화망간) (산소)

해답 ①

25 위험물안전관리법의 규정상 운반차량에 혼재해서 적재할 수 없는 것은? (단, 지정수량의 10배인 경우이다.)

① 염소화규소화합물 – 특수인화물
② 고형알코올 – 니트로화합물
③ 염소산염류 – 질산
④ 질산구아니딘 – 황린

해설 ① 염소화규소화합물(제3류)+특수인화물(제4류) ⇒ 혼재가능
② 고형알코올(제2류)+니트로화합물(제5류) ⇒ 혼재가능
③ 염소산염류(제1류)+질산(제6류) ⇒ 혼재가능
④ 질산구아니딘(제5류)+황린(제3류) ⇒ 혼재불가

위험물의 운반에 따른 유별을 달리하는 위험물의 혼재기준(쉬운 암기방법)

혼재 가능	
↓1류 + 6류↑	2류 + 4류
↓2류 + 5류↑	5류 + 4류
↓3류 + 4류↑	

해답 ④

26 위험물안전관리법에서 정한 위험물의 운반에 관한 다음 내용 중 ( ) 안에 들어갈 용어가 아닌 것은?

> 위험물의 운반은 ( ), ( ) 및 ( )에 관해 법에서 정한 중요기준과 세부기준을 따라 행하여야 한다.

① 용기　② 적재방법
③ 운반방법　④ 검사방법

해설 **위험물안전관리법제20조(위험물의 운반)**

① 위험물의 운반은 그 용기 · 적재방법 및 운반방법에 관한 다음 각호의 중요기준과 세부기준에 따라 행하여야 한다.

해답 ④

27 경유에 관한 설명으로 옳은 것은?

① 증기비중은 1 이하이다.
② 제3석유류에 속한다.
③ 착화온도는 가솔린보다 낮다.
④ 무색의 액체로서 원유 증류시 가장 먼저 유출되는 유분이다.

해설 ① 증기비중은 1 이상이다.
② 제2석유류에 속한다.
④ 황색 또는 갈색 액체로서 원유 증류시 중간 정도에서 유출되는 유분이다.

경유와 휘발유 착화점

품 명	착화온도(℃)
경유	200
휘발유	300

해답 ③

28 위험물안전관리법에서 정의하는 다음 용어는 무엇인가?

> 인화성 또는 발화성 등의 성질을 가지는 것으로서 대통령령이 정하는 물품을 말한다.

① 위험물 ② 인화성물질
③ 자연발화성물질 ④ 가연물

해설 **위험물안전관리법 제2조 (정의)**
"위험물"이라 함은 인화성 또는 발화성 등의 성질을 가지는 것으로서 대통령령이 정하는 물품을 말한다.

해답 ①

29 물분무소화설비의 설치기준으로 적합하지 않은 것은?

① 고압의 전기설비가 있는 장소에는 당해 전기설비와 분무헤드 및 배관과 사이에 전기절연을 위하여 필요한 공간을 보유한다.
② 스트레이너 및 일제개방밸브는 제어밸브의 하류측 부근에 스트레이너, 일제개방밸브의 순으로 설치한다.
③ 물분무소화설비에 2 이상의 방사구역을 두는 경우에는 화재를 유효하게 소화할 수 있도록 인접하는 방사구역이 상호 중복되도록 한다.
④ 수원의 수위가 수평회전식펌프보다 낮은 위치에 있는 가압송수장치의 물올림장치는 타설비와 겸용하여 설치한다.

해설 ④ 물올림장치에는 전용의 탱크를 설치할 것

해답 ④

30 고정 지붕 구조를 가진 높이 15m의 원통종형 옥외 저장 탱크안의 탱크 상부로부터 아래로 1m 지점에 포 방출구가 설치되어 있다. 이 조건의 탱크를 신설하는 경우 최대 허가량은 얼마인가? (단, 탱크의 단면적은 $100m^2$이고, 탱크 내부에는 별다른 구조물이 없으며, 공간용적 기준은 만족하는 것으로 가정한다.)

① $1400m^3$ ② $1370m^3$
③ $1350m^3$ ④ $1300m^3$

해설 **탱크의 내용적 및 공간용적**

(1) 탱크의 공간용적

내용적의 $\frac{5}{100}$ 이상 $\frac{10}{100}$ 이하의 용적

(2) 소화설비를 설치하는 탱크의 공간용적

소화약제방출구 아래의 0.3m 이상 1m 미만 사이의 면으로부터 윗부분의 용적

① 탱크의 내용적
$Q = 100\,m^2 \times (15-1)m = 1400\,m^3$
② 탱크의 공간용적
$Q = 100\,m^2 \times 0.3\,m = 30\,m^3$
③ 최대허가량
$Q = 1400\,m^3 - 30\,m^3 = 1370\,m^3$

해답 ②

31 지정수량 10배의 벤조일퍼옥사이드 운송시 혼재할 수 있는 위험물류로 옳은 것은?

① 제1류 ② 제2류
③ 제3류 ④ 제6류

해설 **위험물의 운반에 따른 유별을 달리하는 위험물의 혼재기준**(쉬운 암기방법)

혼재 가능	
↓1류 + 6류↑	2류 + 4류
↓2류 + 5류↑	5류 + 4류
↓3류 + 4류↑	

해답 ②

32 종별 분말소화약제의 주성분이 잘못 연결된 것은?

① 제1종 분말 – 탄산수소나트륨
② 제2종 분말 – 탄산수소칼륨
③ 제3종 분말 – 제1인산암모늄
④ 제4종 분말 – 탄산수소나트륨과 요소의 반응생성물

해설 ④ 제4종 분말–탄산수소칼륨과 요소의 혼합물

분말약제의 주성분 및 착색 ★★★★(필수암기)

종별	주 성 분	약 제 명	착 색	적응화재
제1종	$NaHCO_3$	탄산수소나트륨 중탄산나트륨 중조	백색	B,C급
제2종	$KHCO_3$	탄산수소칼륨 중탄산칼륨	담회색	B,C급
제3종	$NH_4H_2PO_4$	제1인산암모늄	담홍색 (핑크색)	A,B,C급
제4종	$KHCO_3$ $+(NH_2)_2CO$	중탄산칼륨 +요소	회색 (쥐색)	B,C급

해답 ④

33 이동탱크저장소의 위험물 운송에 있어서 운송책임자의 감독 · 지원을 받아 운송하여야 하는 위험물의 종류에 해당하는 것은?

① 칼륨 ② 알킬알루미늄
③ 질산에스테르류 ④ 아염소산염류

해설 **운송책임자의 감독 · 지원을 받아 운송하는 위험물**
① 알킬알루미늄
② 알킬리튬
③ 알킬알루미늄 또는 알킬리튬의 물질을 함유하는 위험물

해답 ②

34 오황화린이 물과 반응하였을 때 생성된 가스를 연소시키면 발생하는 독성이 있는 가스는?

① 이산화질소 ② 포스핀
③ 염화수소 ④ 이산화황

해설 **오황화린**(P_2S_5)
① 담황색 결정이고 조해성이 있다.
② 수분을 흡수하면 분해된다.
③ 이황화탄소(CS_2)에 잘 녹는다.
④ 물, 알칼리와 반응하여 인산과 황화수소를 발생한다.

$P_2S_5 + 8H_2O \rightarrow 2H_3PO_4 + 5H_2S\uparrow$
(인산) (황화수소)

황화수소의 연소

$2H_2S + 3O_2 \rightarrow 2H_2O + 2SO_2$(이산화황=아황산가스)

해답 ④

35 제2류 위험물에 속하지 않는 것은?

① 구리분 ② 알루미늄분
③ 크롬분 ④ 몰리브덴분

해설 ① 구리분–위험물에서 제외
② 알루미늄분–금속분(제2류)
③ 크롬분–금속분(제2류)
④ 몰리브덴분–금속분(제2류)

제2류 위험물의 지정수량

성 질	품 명	지정수량	위험등급
가연성 고체	황화린, 적린, 유황	100kg	Ⅱ
	철분, 금속분, 마그네슘	500kg	Ⅲ
	인화성 고체	1,000kg	

해답 ①

36 소화난이도등급 1의 옥내탱크저장소(인화점 70℃ 이상의 제4류 위험물만을 저장 · 취급하는 것)에 설치하여야 하는 소화설비가 아닌 것은?

① 고정식 포소화설비
② 이동식 외의 할로겐화합물소화설비
③ 스프링클러설비
④ 물분무소화설비

해설 **소화난이도등급 Ⅰ의 제조소등에 설치하여야 하는 소화설비**

제조소등의 구분		소화설비
옥내 탱크 저장소	유황만을 저장·취급하는 것	물분무소화설비
	인화점 70℃ 이상의 제4류 위험물만을 저장·취급하는 것	물분무소화설비, 고정식 포소화설비, 이동식 이외의 불활성가스소화설비, 이동식 이외의 할로겐화합물소화설비 또는 이동식 이외의 분말소화설비
	그 밖의 것	고정식 포소화설비, 이동식 이외의 불활성가스소화설비, 이동식 이외의 할론겐화합물소화설비 또는 이동식 이외의 분말소화설비

해답 ③

37 [보기]의 위험물 중 비중이 물보다 큰 것은 모두 몇 개인가?

[보기] 과염소산, 과산화수소, 질산

① 0　② 1
③ 2　④ 3

해설 **제6류 위험물(산화성 액체)**

성질	품 명	판단기준	지정수량	위험등급
산화성액체	• 과염소산($HClO_4$)		300kg	Ⅰ
	• 과산화수소(H_2O_2)	농도 36중량% 이상		
	• 질산(HNO_3)	비중 1.49 이상		
	• 할로겐간화합물 ① 삼불화브롬(BrF_3) ② 오불화브롬(BrF_5) ③ 오불화요오드(IF_5)			

제6류 위험물의 비중
① 과염소산 : 1.768
② 과산화수소 : 1.463
③ 질산 : 1.50
[참고] 물의 비중 : 1

해답 ④

38 알루미늄분의 위험성에 대한 설명 중 틀린 것은?

① 뜨거운 물과 접촉시 격렬하게 반응한다.
② 산화제와 혼합하면 가열, 충격 등으로 발화할 수 있다.
③ 연소시 수산화알루미늄과 수소를 발생한다.
④ 염산과 반응하여 수소를 발생한다.

해설 **알루미늄분(Al) : 제2류 위험물**
① 가열하면 강한 빛을 내면서 연소하여 산화알루미늄(Al_2O_3)이 된다.
② 산화제와 혼합 시 가열, 충격, 마찰 등에 의하여 착화위험이 있다.
③ 할로겐원소(F, Cl, Br, I)와 접촉 시 자연발화 위험이 있다.
④ 분진폭발 위험성이 있다.
⑤ 가열된 알루미늄은 수증기와 반응하여 수소를 발생시킨다.(주수소화금지)

$$2Al + 6H_2O \rightarrow 2Al(OH)_3 + 3H_2\uparrow$$

⑥ 알루미늄(Al)은 산과 반응하여 수소를 발생한다.

$$2Al + 6HCl \rightarrow 2AlCl_3 + 3H_2\uparrow$$

⑦ 주수소화는 엄금이며 마른모래 등으로 피복 소화한다.

해답 ③

39 적린과 혼합하여 반응하였을 때 오산화인을 발생하는 것은?

① 물　② 황린
③ 에틸알코올　④ 염소산칼륨

해설 **적린(P) : 제2류 위험물(가연성 고체)**
① 황린의 동소체이며 황린보다 안정하다.
② 공기 중에서 자연발화하지 않는다.
(발화점 : 260℃, 승화점 : 460℃)
③ 황린을 공기차단상태에서 가열, 냉각 시 적린으로 변한다.
④ 성냥, 불꽃놀이 등에 이용된다.
⑤ 연소 시 오산화인(P_2O_5)이 생성된다.

$$4P + 5O_2 \rightarrow 2P_2O_5\text{(오산화인)}$$

해답 ④

40 지정수량이 나머지 셋과 다른 것은?

① 과염소산칼륨 ② 과산화나트륨
③ 유황 ④ 금속칼슘

해설 **제1류 위험물의 지정수량**
① 과염소산칼륨(제1류-과염소산염류) : 50kg
② 과산화나트륨(제1류-무기과산화물) : 50kg
③ 유황(제2류) : 100kg
④ 금속칼슘(제3류) : 50kg

해답 ③

41 위험물안전관리법령에서 규정하고 있는 옥내소화전설비의 설치기준에 관한 내용 중 옳은 것은?

① 제조소등 건축물의 층마다 당해 층의 각 부분에서 하나의 호스접속구까지의 수평거리가 25m 이하가 되도록 설치한다.
② 수원의 수량은 옥내소화전이 가장 많이 설치된 층의 옥내소화전 설치개수(설치개수가 5개 이상인 경우는 5개)에 $18.6m^3$를 곱한 양 이상이 되도록 설치한다.
③ 옥내소화전설비는 각 층을 기준으로 하여 당해 층의 모든 옥내소화전(설치개수가 5개 이상인 경우는 5개의 옥내소화전)을 동시에 사용할 경우에 각 노즐선단의 방수압력이 170kPa 이상의 성능이 되도록 한다.
④ 옥내소화전설비는 각 층을 기준으로 하여 당해 층의 모든 옥내소화전(설치개수가 5개 이상인 경우는 5개의 옥내소화전)을 동시에 사용할 경우에 각 노즐선단의 방수량이 1분당 130L 이상의 성능이 되도록 한다.

해설 ② $18.6m^3 \Rightarrow 7.8m^3$
③ 170kPa ⇒ 350kPa
④ 130L ⇒ 260L

옥내소화전설비의 설치기준
① 제조소등의 건축물의 층마다 당해 층의 각 부분에서 하나의 호스접속구까지의 수평거리가 25m 이하가 되도록 설치할 것. 이 경우 옥내소화전은 각층의 출입구 부근에 1개 이상 설치하여야 한다.
② 수원의 수량은 옥내소화전이 가장 많이 설치된 층의 옥내소화전 설치개수(설치개수가 5개 이상인 경우는 5개)에 $7.8m^3$를 곱한 양 이상이 되도록 설치할 것
③ 각층을 기준으로 하여 당해 층의 모든 옥내소화전(설치개수가 5개 이상인 경우는 5개의 옥내소화전)을 동시에 사용할 경우에 각 노즐선단의 방수압력이 350kPa 이상이고 방수량이 1분당 260L 이상의 성능이 되도록 할 것
④ 비상전원을 설치할 것

해답 ①

42 위험물안전관리법령의 위험물 운반에 관한 기준에서 고체위험물은 운반용기 내용적의 몇 % 이하의 수납율로 수납하여야 하는가?

① 80 ② 85
③ 90 ④ 95

해설 **운반용기의 내용적에 대한 수납율**
① **액체위험물** : 내용적의 98% 이하
② **고체위험물** : 내용적의 95% 이하

해답 ④

43 제5류 위험물인 트리니트로톨루엔 분해시 주 생성물에 해당하지 않는 것은?

① CO ② N_2
③ NH_3 ④ H_2

해설 **트리니트로톨루엔**[$C_6H_2CH_3(NO_2)_3$] : 제5류 위험물 중 니트로화합물
① 물에는 녹지 않고 알코올, 아세톤, 벤젠에 녹는다.
② Tri Nitro Toluene의 약자로 TNT라고도 한다.
③ 담황색의 주상결정이며 햇빛에 다갈색으로 변색된다.
④ 강력한 폭약이며 급격한 타격에 폭발한다.

$$2C_6H_2CH_3(NO_2)_3 \rightarrow 2C + 12CO + 3N_2\uparrow + 5H_2\uparrow$$

⑤ 연소 시 연소속도가 너무 빠르므로 소화가 곤란하다.
⑥ 무기 및 다이나마이트, 질산폭약제 제조에 이용된다.

해답 ③

44 히드라진의 지정수량은 얼마인가?

① 200kg ② 200L
③ 2000kg ④ 2000L

해설 **히드라진** : 제4류 위험물-제2석유류-수용성 액체

제4류 위험물 및 지정수량

위험물				지정수량(L)
유별	성질	품명		
제4류	인화성 액체	1. 특수인화물		50
		2. 제1석유류	비수용성 액체	200
			수용성 액체	400
		3. 알코올류		400
		4. 제2석유류	비수용성 액체	1,000
			수용성 액체	2,000
		5. 제3석유류	비수용성 액체	2,000
			수용성 액체	4,000
		6. 제4석유류		6,000
		7. 동식물유류		10,000

해답 ④

45 탄화칼슘을 물과 반응시키면 무슨 가스가 발생하는가?

① 에탄 ② 에틸렌
③ 메탄 ④ 아세틸렌

해설 **제3류 위험물의 물과 반응**

① **인화석회**(포스핀(PH_3) 독성 가스 발생)
• $Ca_3P_2+6H_2O \rightarrow 2PH_3+3Ca(OH)_2$
② **나트륨**(수소가스 발생)
• $2Na+2H_2O \rightarrow 2NaOH+H_2\uparrow$
③ **칼륨**(수소가스 발생)
• $2K+2H_2O \rightarrow 2KOH+H_2\uparrow$
④ **탄화칼슘**(아세틸렌가스 발생)
• $CaC_2+2H_2O \rightarrow Ca(OH)_2+C_2H_2\uparrow$

해답 ④

46 위험물안전관리법령에서 정의하는 "특수인화물"에 대한 설명으로 올바른 것은?

① 1기압에서 발화점이 150℃ 이상인 것
② 1기압에서 인화점이 40℃ 미만인 고체물질인 것
③ 1기압에서 인화점이 −20℃ 이하이고, 비점이 40℃ 이하인 것
④ 1기압에서 인화점이 21℃ 이상 70℃ 미만인 가연성 물질인 것

해설 **제4류 위험물 중 특수인화물**

품목	기타 조건 (1atm에서)
• 이황화탄소 • 디에틸에테르 • 아세트알데히드 • 산화프로필렌	• 발화점이 100℃ 이하 • 인화점 −20℃ 이하이고 비점이 40℃ 이하

해답 ③

47 물과 반응하여 발열하면서 위험성이 증가하는 것은?

① 과산화칼륨 ② 과망간산나트륨
③ 요오드산칼륨 ④ 과염소산칼륨

해설 **과산화칼륨**(K_2O_2) : **제1류 위험물 중 무기과산화물**

① 무색 또는 오렌지색 분말상태
② 상온에서 물과 격렬히 반응하여 산소(O_2)를 방출하고 폭발하기도 한다.

$2K_2O_2 + 2H_2O \rightarrow 4KOH(\text{수산화칼륨}) + O_2\uparrow$

③ 공기 중 이산화탄소(CO_2)와 반응하여 산소(O_2)를 방출한다.

$2K_2O_2 + 2CO_2 \rightarrow 2K_2CO_3(\text{탄산칼륨}) + O_2\uparrow$

④ 산과 반응하여 과산화수소(H_2O_2)를 생성시킨다.

$K_2O_2 + 2CH_3COOH \rightarrow 2CH_3COOK + H_2O_2\uparrow$
(초산칼륨) (과산화수소)

⑤ 열분해시 산소(O_2)를 방출한다.

$2K_2O_2 \rightarrow 2K_2O(\text{산화칼륨}) + O_2\uparrow$

⑥ 주수소화는 금물이고 마른모래(건조사) 등으로 소화한다.

해답 ①

48 제6류 위험물 성질로 알맞은 것은?

① 금수성물질 ② 산화성액체
③ 산화성고체 ④ 자연발화성물질

해설 **위험물의 분류 및 성질**

유별	성 질	상 태
제1류	산화성고체	고체
제2류	가연성고체	고체
제3류	자연발화성 및 금수성	고체 및 액체
제4류	인화성액체	액체
제5류	자기반응성	고체 및 액체
제6류	산화성액체	액체

해답 ②

49 물과 친화력이 있는 수용성 용매의 화재에 보통의 포소화약제를 사용하면 포가 파괴되기 때문에 소화 효과를 잃게 된다. 이와 같은 단점을 보완한 소화약제로 가연성인 수용성 용매의 화재에 유효한 효과를 가지고 있는 것은?

① 알코올형포소화약제
② 단백포소화약제
③ 합성계면활성제포소화약제
④ 수성막포소화약제

해설 **알코올포 소화약제**
수용성 위험물(알코올, 산, 케톤류)에 일반 포 약제를 방사하면 포가 소멸하므로(소포성, 파포현상) 이를 방지하기 위하여 특별히 제조된 포 약제이다.

해답 ①

50 위험물 제조소에서 연소 우려가 있는 외벽은 기산점이 되는 선으로부터 3m(2층 이상의 층에 대해서는 5m) 이내에 있는 외벽을 말하는데 이 기산점이 되는 선에 해당하지 않는 것은?

① 동일 부지내의 다른 건축물과 제조소 부지간의 중심선
② 제조소등에 인접한 도로의 중심선
③ 제조소등이 설치된 부지의 경계선
④ 제조소등의 외벽과 동일 부지내의 다른 건축물의 외벽간의 중심선

해설 **연소의 우려가 있는 외벽**
당해 제조소등의 인접경계선, 제조소등에 면하는 도로중심선 또는 동일 부지 내에 다른 건축물이 있는 경우에는 상호 외벽간의 중심선으로부터 3m 이내(제조소등의 건축물이 1층인 경우) 또는 5m 이내(제조소등의 건축물이 2층 이상인 경우)의 거리에 있는 제조소등의 외벽 부분

해답 ①

51 제1류 위험물이 아닌 것은?

① 과요오드산염류 ② 퍼옥소붕산염류
③ 요오드의 산화물 ④ 금속의 아지화합물

해설 ④ 금속의 아지화합물(−N＝N− 반응기를 가지고 있는 물질)−제5류 위험물

해답 ④

52 제조소등에 있어서 위험물의 저장하는 기준으로 잘못된 것은?

① 황린은 제3류 위험물이므로 물기가 없는 건조한 장소에 저장하여야 한다.
② 덩어리상태의 유황과 화약류에 해당하는 위험물은 위험물용기에 수납하지 않고 저장할 수 있다.
③ 옥내저장소에서는 용기에 수납하여 저장하는 위험물의 온도가 55℃를 넘지 아니하도록 필요한 조치를 강구하여야 한다.
④ 이동저장탱크에는 저장 또는 취급하는 위험물의 유별 · 품명 · 최대수량 및 적재중량을 표시하고 잘 보일 수 있도록 관리하여야 한다.

해설 **황린**(P_4)[별명 : 백린] **: 제3류 위험물(자연발화성 물질)**
① 백색 또는 담황색의 고체이다.
② 공기 중 약 40~50℃에서 자연 발화한다.
③ 저장 시 자연 발화성이므로 반드시 물속에 저장한다.
④ 연소 시 오산화인(P_2O_5)의 흰 연기가 발생한다.
$P_4 + 5O_2 \rightarrow 2P_2O_5$(오산화인)
⑤ 강알칼리의 용액에서는 유독기체인 포스핀(PH_3) 발생한다.
⑥ 약 260℃로 가열(공기차단)시 적린이 된다.

해답 ①

53 마그네슘분의 일반적인 성질에 대한 설명 중 틀린 것은?

① 은백색의 광택이 있는 금속분말이다.
② 더운물과 반응하여 산소를 발생한다.
③ 열전도율 및 전기전도도가 큰 금속이다.
④ 황산과 반응하여 수소가스를 발생한다.

해설 ② 더운물과 반응하여 수소를 발생한다.

마그네슘(Mg)
① 2mm체 통과 못하는 덩어리는 위험물에서 제외한다.
② 직경 2mm 이상 막대모양은 위험물에서 제외한다.
③ 은백색의 광택이 나는 가벼운 금속이다.
④ 수증기와 작용하여 수소를 발생시킨다.(주수소화금지)

$$Mg + 2H_2O \rightarrow Mg(OH)_2 + H_2\uparrow$$
(수산화마그네슘)(수소)

⑤ 이산화탄소 소화약제를 방사하면 주위의 공기 중 수분이 응축하여 위험하다.
⑥ 산과 작용하여 수소를 발생시킨다.

$$Mg + 2HCl \rightarrow MgCl_2 + H_2\uparrow$$
(염화마그네슘)(수소)

⑦ 공기 중 습기에 발열되어 자연발화 위험이 있다.
⑧ 주수소화는 엄금이며 마른모래 등으로 피복 소화한다.

해답 ②

54 톨루엔의 위험성에 대한 설명으로 틀린 것은?

① 증기비중은 약 0.87이므로 높은 곳에 체류하기 쉽다.
② 독성이 있으나 벤젠보다는 약하다.
③ 약 4℃의 인화점을 갖는다.
④ 유체 마찰 등으로 정전기가 생겨 인화하기도 한다.

해설 ① 증기비중은 3.17이므로 낮은 곳에 체류하기 쉽다.

톨루엔($C_6H_5CH_3$)**의 일반적 성질**
① 증기비중(3.17)은 공기보다 무겁다.
② 인화점이 낮고 물에는 녹지 않는다.
③ 휘발성이 있는 무색 투명한 액체이다.
④ 증기는 독성이 있지만 벤젠에 비해 10배정도 약한 편이다.

해답 ①

55 물과 반응하여 수소를 발생하는 물질로 불꽃반응시 노란색을 나타내는 것은?

① 칼륨 ② 과산화칼륨
③ 과산화나트륨 ④ 나트륨

해설 **불꽃반응 시 색상**

품 명	불꽃 색상
① 구리(Cu)	청록색
② 칼륨(K)	보라색
③ 나트륨(Na)	노란색
④ 리튬(Li)	적 색
⑤ 칼슘(Ca)	주홍색

해답 ④

56 경유 2000L, 글리세린 2000L를 같은 장소에 저장하려한다. 지정수량의 배수의 합은 얼마인가?

① 2.5 ② 3.0
③ 3.5 ④ 4.0

해설 **제4류 위험물 및 지정수량**

위 험 물				지정수량 (L)
유별	성질	품명		
제4류	인화성 액체	1. 특수인화물		50
		2. 제1석유류	비수용성 액체	200
			수용성 액체	400
		3. 알코올류		400
		4. 제2석유류	비수용성 액체	1,000
			수용성 액체	2,000
		5. 제3석유류	비수용성 액체	2,000
			수용성 액체	4,000
		6. 제4석유류		6,000
		7. 동식물유류		10,000

① 경유－제4류 제2석유류－비수용성액체
　－지정수량 1000L
② 글리세린－제4류 제3석유류－수용성액체
　－지정수량 4000L

지정수량의 배수 $= \frac{저장수량}{지정수량} = \frac{2000}{1000} + \frac{2000}{4000}$
$= 2.5$배

해답 ①

57 제3류 위험물이 아닌 것은?

① 마그네슘 ② 나트륨
③ 칼륨 ④ 칼슘

해설 ① 마그네슘-제2류 위험물

제3류 위험물의 지정수량

성 질	품 명	지정수량	위험등급
자연발화성 및 금수성물질	1. 칼륨 2. 나트륨 3. 알킬알루미늄 4. 알킬리튬	10kg	Ⅰ
	5. 황린	20kg	Ⅰ
	6. 알칼리금속(칼륨 및 나트륨 제외) 및 알칼리토금속 7. 유기금속화합물(알킬알루미늄 및 알킬리튬 제외)	50kg	Ⅱ
	8. 금속의 수소화물 9. 금속의 인화물 10. 칼슘 또는 알루미늄의 탄화물	300kg	Ⅱ

해답 ①

58 적재시 일광의 직사를 피하기 위하여 차광성 있는 피복으로 가려야 하는 위험물은?

① 아세트알데히드 ② 아세톤
③ 에틸알코올 ④ 아세트산

해설 ① 아세트알데히드-제4류 위험물-특수인화물
② 아세톤-제4류 위험물-제1석유류
③ 에틸알코올-제4류 위험물-알코올류
④ 아세트산(초산)-제4류 위험물-제2석유류

적재위험물의 성질에 따른 조치

① **차광성이 있는 피복으로 가려야하는 위험물**
㉠ 제1류 위험물
㉡ 제3류위험물 중 자연발화성물질
㉢ 제4류 위험물 중 특수인화물
㉣ 제5류 위험물
㉤ 제6류 위험물

② **방수성이 있는 피복으로 덮어야 하는 것**
㉠ 제1류 위험물 중 알칼리금속의 과산화물
㉡ 제2류 위험물 중 철분 · 금속분 · 마그네슘 또는 이들 중 어느 하나 이상을 함유한 것
㉢ 제3류 위험물 중 금수성 물질

해답 ①

59 분진 폭발의 위험이 가장 낮은 것은?

① 아연분 ② 시멘트
③ 밀가루 ④ 커피

해설 **분진폭발 위험성 물질**
① 석탄분진 ② 섬유분진
③ 곡물분진(농수산물가루) ④ 종이분진
⑤ 목분(나무분진) ⑥ 배합제분진
⑦ 플라스틱분진 ⑧ 금속분말가루

분진폭발 없는 물질
① 생석회(CaO)(시멘트의 주성분)
② 석회석 분말
③ 시멘트
④ 수산화칼슘(소석회 : $Ca(OH)_2$)

해답 ②

60 다음 중 삼황화인이 가장 잘 녹는 물질은?

① 차가운 물 ② 이황화탄소
③ 염산 ④ 황산

해설 **삼황화린(P_4S_3) : 제2류 위험물(가연성고체)**
① 황색결정으로 물, 염산, 황산에 녹지 않으며 질산, 알칼리, 이황화탄소에 녹는다.
② 연소하면 오산화인과 이산화황이 생긴다.
$P_4S_3 + O_2 \rightarrow 2P_2O_5 + 3SO_2 \uparrow$
③ 발화점 : 약 100℃

해답 ②

국가기술자격 필기시험문제

2019 CBT 시험 기출문제 복원 [제 3 회]

자격종목	시험시간	문제수	형별	수험번호	성 명
위험물기능사	1시간	60	A		

본 문제는 CBT시험대비 기출문제 복원입니다.

01 고정식의 포소화설비의 기준에서 포헤드방식의 포헤드는 방호대상물의 표면적 몇 m^2 당 1개 이상의 헤드를 설치하여야 하는가?

① 3　② 9
③ 15　④ 30

해설 **포 헤드 설치기준**

포워터스프링클러헤드	포헤드
바닥면적 $8m^2$마다 1개 이상 설치	바닥면적 $9m^2$마다 1개 이상 설치

해답 ②

02 지정수량의 100배 이상을 저장 또는 취급하는 옥내저장소에 설치하여야 하는 경보설비는? (단, 고인화점 위험물만을 저장 또는 취급하는 것은 제외한다.)

① 비상경보설비　② 자동화재탐지설비
③ 비상방송설비　④ 확성장치

해설 **자동화재탐지설비 설치대상**
지정수량의 100배 이상을 저장 또는 취급하는 제조소, 일반취급소, 옥내저장소

해답 ②

03 위험물안전관리법령상 스프링클러헤드는 부착장소의 평상시 최고주위온도가 28℃ 미만인 경우 몇 ℃의 표시온도를 갖는 것을 설치하여야 하는가?

① 58 미만
② 58 이상 79 미만
③ 79 이상 121 미만
④ 121 이상 162 미만

해설 **폐쇄형 스프링클러 헤드의 표시온도**

부착장소의 최고주위온도(℃)	표시온도(℃)
28 미만	58 미만
28 이상 39 미만	58 이상 79 미만
39 이상 64 미만	79 이상 121 미만
64 이상 106 미만	121 이상 162 미만
106 이상	162 이상

해답 ①

04 가연물이 되기 쉬운 조건이 아닌 것은?

① 산화반응의 활성이 크다.
② 표면적이 넓다.
③ 활성화에너지가 크다.
④ 열전도율이 낮다.

해설 ③ 활성화에너지가 작다.

가연물의 조건(연소가 잘 이루어지는 조건)
① 산소와 친화력이 클 것
② 발열량이 클 것
③ 표면적이 넓을 것
④ 열전도도가 작을 것
⑤ 활성화 에너지가 적을 것
⑥ 연쇄반응을 일으킬 것
⑦ 활성이 강할 것

해답 ③

05 A, B, C급 화재에 모두 적응성이 있는 소화약제는?

① 제1종 분말소화약제
② 제2종 분말소화약제
③ 제3종 분말소화약제
④ 제4종 분말소화약제

해설 **분말약제의 주성분 및 착색** ★★★★(필수암기)

종별	주 성 분	약 제 명	착 색	적응화재
제1종	$NaHCO_3$	탄산수소나트륨 중탄산나트륨 중조	백색	B,C급
제2종	$KHCO_3$	탄산수소칼륨 중탄산칼륨	담회색	B,C급
제3종	$NH_4H_2PO_4$	제1인산암모늄	담홍색 (핑크색)	A,B,C급
제4종	$KHCO_3$ $+(NH_2)_2CO$	중탄산칼륨 +요소	회색 (쥐색)	B,C급

해답 ③

06 유기과산화물의 화재시 적응성이 있는 소화설비는?

① 물분무소화설비
② 불활성가스소화설비
③ 할로겐화합물소화설비
④ 분말소화설비

해설 • **유기과산화물** : 제5류 위험물
• **제5류 위험물의 화재 시 소화방법** : 다량의 물로 주수소화

해답 ①

07 주수소화가 적합하지 않은 물질은?

① 과산화벤조일 ② 과산화나트륨
③ 피크린산 ④ 염소산나트륨

해설 **과산화나트륨**(Na_2O_2) **: 제1류 위험물 중 무기과산화물(금수성)**

① 상온에서 물과 격렬히 반응하여 산소(O_2)를 방출하고 폭발하기도 한다.

$2Na_2O_2 + 2H_2O \rightarrow 4NaOH + O_2\uparrow$ + 발열
(과산화나트륨) (물) (수산화나트륨) (산소)

② 공기 중 이산화탄소(CO_2)와 반응하여 산소(O_2)를 방출한다.

$2Na_2O_2 + 2CO_2 \rightarrow 2Na_2CO_3 + O_2\uparrow$

③ 산과 반응하여 과산화수소(H_2O_2)를 생성시킨다.

$Na_2O_2 + 2CH_3COOH \rightarrow 2CH_3COONa + H_2O_2\uparrow$

④ 열분해 시 산소(O_2)를 방출한다.

$2Na_2O_2 \rightarrow 2Na_2O + O_2\uparrow$

⑤ 주수소화는 금물이고 마른모래(건조사) 등으로 소화한다.

해답 ②

08 디에틸에테르의 저장시 소량의 염화칼슘을 넣어 주는 목적은?

① 정전기 발생 방지
② 과산화물 생성 방지
③ 저장용기의 부식방지
④ 동결 방지

해설 **디에틸에테르**($C_2H_5OC_2H_5$) **: 제4류 위험물 중 특수인화물**

① 직사광선에 장시간 노출 시 과산화물 생성

과산화물 생성 확인방법
디에틸에테르 + KI용액(10%) → 황색변화(1분 이내)

② 용기에는 5% 이상 10% 이하의 안전공간 확보할 것
③ 정전기 발생방지를 위하여 소량의 염화칼슘($CaCl_2$)을 첨가한다.

해답 ①

09 소화난이도등급 II의 옥내탱크저장소에는 대형수동식 소화기 및 소형수동식소화기를 각각 몇 개 이상 설치하여야 하는가?

① 4 ② 3
③ 2 ④ 1

해설 **소화난이도등급 II의 제조소등에 설치하여야 하는 소화설비**

제조소 등의 구분	소화설비
제조소 옥내저장소 옥외저장소 주유취급소 판매취급소 일반취급소	방사능력범위 내에 당해 건축물, 그 밖의 공작물 및 위험물이 포함되도록 대형소화기를 설치하고, 당해 위험물의 소요단위의 1/5 이상에 해당하는 능력단위의 소형소화기 등을 설치할 것
옥외탱크저장소 옥내탱크저장소	대형소화기 및 소형소화기 등을 각각 1개 이상 설치할 것

해답 ④

10 제3류 위험물 중 금수성물질을 취급하는 제조소에 설치하는 주의사항 게시판의 내용과 색상으로 옳은 것은?

① 물기엄금 : 백색바탕에 청색문자
② 물기엄금 : 청색바탕에 백색문자
③ 물기주의 : 백색바탕에 청색문자
④ 물기주의 : 청색바탕에 백색문자

해설 **게시판의 설치기준**

① 한 변의 길이가 0.3m 이상, 다른 한 변의 길이가 0.6m 이상인 직사각형으로 할 것
② 위험물의 유별 · 품명 및 저장최대수량 또는 취급최대수량, 지정수량의 배수 및 안전 관리자의 성명 또는 직명을 기재할 것
③ 게시판의 바탕은 백색으로, 문자는 흑색으로 할 것
④ 저장 또는 취급하는 위험물에 따라 주의사항 게시판을 설치할 것

위험물의 종류	주의사항 표시	게시판의 색
제1류(알칼리금속 과산화물) 제3류(금수성 물품)	물기엄금	청색바탕에 백색문자
제2류(인화성 고체 제외)	화기주의	적색바탕에 백색문자
제2류(인화성 고체) 제3류(자연발화성 물품) 제4류 제5류	화기엄금	적색바탕에 백색문자

해답 ②

11 폭발시 연소파의 전파속도 범위에 가장 가까운 것은?

① 0.1~10m/s ② 100~1000m/s
③ 2000~3500m/s ④ 5000~10000m/s

해설 **폭굉과 폭연** ★★ 자주 출제 ★★

① **폭굉**(detonation : 디토네이션) : 연소의 전파속도가 음속보다 빠른 현상
② **폭연**(deflagration : 디플러그레이션) : 연소의 전파속도가 음속보다 느린 현상

폭굉파 : 1000~3500m/s **연소파** : 0.03~10m/s

해답 ①

12 제조소등의 완공검사신청서는 어디에 제출해야 하는가?

① 국민안전처장관
② 국민안전처장관 또는 시 · 도지사
③ 국민안전처장관, 소방서장 또는 한국소방산업기술원
④ 시 · 도지사, 소방서장 또는 한국소방산업기술원

해설 **제조소등의 완공검사신청서 제출**

① 시, 도지사
② 소방서장
③ 한국소방산업기술원

해답 ④

13 대형수동식소화기의 설치기준은 방호대상물의 각 부분으로부터 하나의 대형수동식소화기까지의 보행거리가 몇 m 이하가 되도록 설치하여야 하는가?

① 10 ② 20
③ 30 ④ 40

해설 **소화기의 능력단위 및 보행거리**

구 분	소형수동식소화기	대형수동식소화기
능력단위	1단위 이상 대형수동식소화기 능력단위 미만	• A급 10단위 이상 • B급 20단위 이상
보행거리	20m 이내	30m 이내

해답 ③

14 산화열에 의한 발열이 자연발화의 주된 요인으로 작용하는 것은?

① 건성유 ② 퇴비
③ 목탄 ④ 셀룰로이드

해설 **자연발화의 형태**

자연발화 형태	자연발화 물질
산화열	석탄, 건성유, 고무분말, 금속분, 기름걸레
분해열	셀룰로이드, 니트로셀룰로우스, 니트로글리세린
흡착열	활성탄, 목탄분말
미생물열	퇴비, 먼지

해답 ①

15 알코올류 20000L에 대한 소화설비 설치시 소요단위는?

① 5 ② 10
③ 15 ④ 20

해설 **제4류 위험물의 지정수량**

위 험 물				지정수량 (L)
유별	성질	품명		
제4류	인화성 액체	1. 특수인화물		50
		2. 제1석유류	비수용성 액체	200
			수용성 액체	400
		3. 알코올류		400
		4. 제2석유류	비수용성 액체	1,000
			수용성 액체	2,000
		5. 제3석유류	비수용성 액체	2,000
			수용성 액체	4,000
		6. 제4석유류		6,000
		7. 동식물유류		10,000

$$\text{지정수량의 배수} = \frac{\text{저장수량}}{\text{지정수량}} = \frac{20,000}{400} = 50\text{배}$$

$$\text{소요단위} = \frac{\text{지정수량의 배수}}{10} = \frac{50}{10} = 5\text{단위}$$

해답 ①

16 연소범위에 대한 설명으로 옳지 않은 것은?

① 연소범위는 연소하한값부터 연소상한값까지 이다.
② 연소범위는 단위는 공기 또는 산소에 대한 가스의 % 농도이다.
③ 연소하한이 낮을수록 위험이 크다.
④ 온도가 높아지면 연소범위가 좁아진다.

해설 ④ 온도가 높아지면 연소범위가 넓어진다.

위험성에 영향을 주는 조건

영향을 주는 조건	위험성 증가
온도, 압력, 산소농도	증가할수록
인화점, 착화점, 비점, 융점, 점성, 비중	낮아질수록
연소범위(폭발범위)	넓을수록
연소열, 증기압	클수록
연소속도	빠를수록

해답 ④

17 이산화탄소 소화기 사용시 줄 · 톰슨 효과에 의해서 생성되는 물질은?

① 포스겐 ② 일산화탄소
③ 드라이아이스 ④ 수성가스

해설 **줄-톰슨효과 [Joule-Thomson 효과]**
이산화탄소가스가 가는 구멍으로 내뿜어 갑자기 팽창시킬 때 그 온도가 급강하하여 드라이아이스(고체)가 되는 현상

해답 ③

18 건축물 화재시 성장기에서 최성기로 진행 될 때 실내온도가 급격히 상승하기 시작하면서 화염이 실내전체로 급격히 확대되는 연소현상은?

① 슬롭오버(Slop over)
② 플래시오버(Flash over)
③ 보일오버(Boil over)
④ 프로스오버(Froth over)

해설 **플래쉬 오버(flash over)현상**
화재 시 발생한 가연성가스가 건물 내 상층부에 체류하다가 연소범위 내 농도가 되면 착화하여 화염으로 쌓이고 상층부의 열이 축적되어 축적된 열이 실내에 복사열로 방출되어 실내가 화염으로 덮이는 현상

- 플래쉬 오버 발생시기 : 성장기
- 주요 발생원인 : 열의 공급

해답 ②

19 B급 화재의 표시색상은?

① 청색 ② 무색
③ 황색 ④ 백색

해설 **화재의 분류** ★★자주출제★★

종 류	등급	색표시	주된 소화방법
일반화재	A급	백색	냉각소화
유류 및 가스화재	B급	황색	질식소화
전기화재	C급	청색	질식소화
금속화재	D급	–	피복소화
주방화재	K급	–	냉각 및 질식 소화

해답 ③

20 품명이 나머지 셋과 다른 것은?

① 산화프로필렌 ② 아세톤
③ 이황화탄소 ④ 디에틸에테르

해설 ① 산화프로필렌 : 제4류-특수인화물
② 아세톤 : 제4류-제1석유류
③ 이황화탄소 : 제4류-특수인화물
④ 디에틸에테르 : 제4류-특수인화물

제4류 위험물 및 지정수량

위 험 물				지정수량 (L)
유별	성질	품명		
제4류	인화성 액체	1. 특수인화물		50
		2. 제1석유류	비수용성 액체	200
			수용성 액체	400
		3. 알코올류		400
		4. 제2석유류	비수용성 액체	1,000
			수용성 액체	2,000
		5. 제3석유류	비수용성 액체	2,000
			수용성 액체	4,000
		6. 제4석유류		6,000
		7. 동식물유류		10,000

해답 ②

21 질산에 대한 설명으로 옳은 것은?

① 산화력은 없고 강한 환원력이 있다.
② 자체 연소성이 있다.
③ 크산토프로테인 반응을 한다.
④ 조연성과 부식성이 없다.

해설 **질산(HNO_3) : 제6류 위험물(산화성 액체)**
① 무색의 발연성 액체이다.
② 빛에 의하여 일부 분해되어 생긴 NO_2 때문에 황갈색으로 된다.

$$4HNO_3 \rightarrow 2H_2O + 4NO_2\uparrow + O_2\uparrow$$
(이산화질소) (산소)

③ 실험실에서는 갈색병에 넣어 햇빛에 차단시킨다.

크산토프로테인반응(xanthoprotenic reaction)
단백질에 진한질산을 가하면 노란색으로 변하고 알칼리를 작용시키면 오렌지색으로 변하며, 단백질 검출에 이용된다.

해답 ③

22 제5류 위험물의 공통된 취급 방법이 아닌 것은?

① 용기의 파손 및 균열에 주의한다.
② 저장시 가열, 충격, 마찰을 피한다.
③ 운반용기 외부에 주의사항으로 "자연발화주의"를 표시한다.
④ 점화원 및 분해를 촉진시키는 물질로부터 멀리한다.

해설 ③ 운반용기 외부에 주의사항으로 "화기엄금 및 충격주의"를 표기한다.

위험물 운반용기의 외부 표시 사항
① 위험물의 품명, 위험등급, 화학명 및 수용성(제4류 위험물의 수용성인 것에 한함)
② 위험물의 수량
③ 수납하는 위험물에 따른 주의사항

유별	성질에 따른 구분	표시사항
제1류	알칼리금속의 과산화물	화기 · 충격주의, 물기엄금 및 가연물접촉주의
	그 밖의 것	화기 · 충격주의 및 가연물접촉주의
제2류	철분 · 금속분 · 마그네슘	화기주의 및 물기엄금
	인화성 고체	화기엄금
	그 밖의 것	화기주의
제3류	자연발화성 물질	화기엄금 및 공기접촉엄금
	금수성 물질	물기엄금
제4류	인화성 액체	화기엄금
제5류	자기반응성 물질	화기엄금 및 충격주의
제6류	산화성 액체	가연물접촉주의

해답 ③

23 과망간산칼륨의 성질에 대한 설명 중 옳은 것은?

① 강력한 산화제이다.
② 물에 녹아서 연한 분홍색을 나타낸다.
③ 물에는 용해하나 에탄올에 불용이다.
④ 묽은 황산과는 반응을 하지 않지만 진한 황산과 접촉하면 서서히 반응한다.

해설 **과망간산칼륨($KMnO_4$) : 제1류 위험물 중 과망간산염류**

① 흑자색의 주상결정으로 물에 녹아 진한보라색을 띠고 강한 산화력과 살균력이 있다.
② 염산과 반응 시 염소(Cl_2)를 발생시킨다.
③ 240℃에서 산소를 방출한다.

$$2KMnO_4 \rightarrow K_2MnO_4 + MnO_2 + O_2\uparrow$$
(망간산칼륨) (이산화망간) (산소)

④ 주수소화 또는 마른모래로 피복소화한다.

해답 ①

24 제조소등의 관계인이 예방규정을 정하여야 하는 제조소등이 아닌 것은?

① 지정수량 100배의 위험물을 저장하는 옥외탱크저장소
② 지정수량 150배의 위험물을 저장하는 옥내저장소
③ 지정수량 10배의 위험물을 취급하는 제조소
④ 지정수량 5배의 위험물을 취급하는 이송취급소

해설 **관계인이 예방규정을 정하여야 하는 제조소등**

① 지정수량의 10배 이상의 위험물을 취급하는 제조소
② 지정수량의 100배 이상의 위험물을 저장하는 옥외저장소
③ 지정수량의 150배 이상의 위험물을 저장하는 옥내저장소
④ 지정수량의 200배 이상의 위험물을 저장하는 옥외탱크저장소
⑤ 암반탱크저장소
⑥ 이송취급소
⑦ 지정수량의 10배 이상의 위험물을 취급하는 일반취급소

해답 ①

25 지정수량이 50킬로그램이 아닌 위험물은?

① 염소산나트륨　② 리튬
③ 과산화나트륨　④ 디에틸에테르

해설 ① 염소산나트륨 : 제1류-염소산염류-50kg
② 리튬 : 제3류-50kg
③ 과산화나트륨 : 제1류-무기과산화물-50kg
④ 디에틸에테르 : 제4류-특수인화물-50L

해답 ④

26 수납하는 위험물에 따라 위험물의 운반용기 외부에 표시하는 주의사항이 잘못된 것은?

① 제1류 위험물 중 알칼리금속의 과산화물 : 화기 · 충격주의, 물기엄금, 가연물 접촉주의
② 제4류 위험물 : 화기엄금
③ 제3류 위험물 중 자연발화성물질 : 화기엄금, 공기접촉엄금
④ 제2류 위험물 중 철분 : 화기엄금

해설 ④ 제2류 위험물중 철분 : 화기주의 및 물기엄금

위험물 운반용기의 외부 표시 사항

① 위험물의 품명, 위험등급, 화학명 및 수용성(제4류 위험물의 수용성인 것에 한함)
② 위험물의 수량
③ 수납하는 위험물에 따른 주의사항

유별	성질에 따른 구분	표시사항
제1류	알칼리금속의 과산화물	화기 · 충격주의, 물기엄금 및 가연물접촉주의
	그 밖의 것	화기 · 충격주의 및 가연물접촉주의
제2류	철분 · 금속분 · 마그네슘	화기주의 및 물기엄금
	인화성 고체	화기엄금
	그 밖의 것	화기주의
제3류	자연발화성 물질	화기엄금 및 공기접촉엄금
	금수성 물질	물기엄금
제4류	인화성 액체	화기엄금
제5류	자기반응성 물질	화기엄금 및 충격주의
제6류	산화성 액체	가연물접촉주의

해답 ④

27 알루미늄분에 대한 설명으로 옳지 않은 것은?

① 알칼리수용액에서 수소를 발생한다.

② 산과 반응하여 수소를 발생한다.
③ 물보다 무겁다.
④ 할로겐 원소와는 반응하지 않는다.

해설 **알루미늄분**(Al), **아연분**(Zn)
① 제2류 위험물(가연성 고체)
② 공기 중에서 산화피막을 형성하여 내부 보호
③ 산, 알칼리와 반응하여 수소기체 발생
④ 물과 반응하여 수소기체 발생

해답 ④

28 액체 위험물의 운반용기 중 금속제 내장용기의 최대용적은 몇 L 인가?

① 5 ② 10
③ 20 ④ 30

해설 고체위험물 운반 시 금속제용기의 내장용기 최대용적 : 30L

해답 ④

29 제4류 위험물의 일반적 성질이 아닌 것은?

① 대부분 유기화합물이다.
② 전기의 양도체로서 정전기 축적이 용이하다.
③ 발생증기는 가연성이며 증기비중은 공기보다 무거운 것이 대부분이다.
④ 모두 인화성 액체이다.

해설 ② 전기의 부도체로서 정전기 축적이 용이하다.

제4류 위험물의 공통적 성질
① 대단히 인화되기 쉬운 인화성액체이다.
② 증기는 공기보다 무겁다.(증기비중=분자량/공기평균분자량(28.84))
③ 증기는 공기와 약간 혼합되어도 연소한다.
④ 일반적으로 액체비중은 물보다 가볍고 물에 잘 안 녹는다.

해답 ②

30 적린의 위험성에 대한 설명으로 옳은 것은?

① 물과 반응하여 발화 및 폭발한다.
② 공기 중에 방치하면 자연발화한다.
③ 염소산칼륨과 혼합하면 마찰에 의한 발화의 위험이 있다.
④ 황린보다 불안정하다.

해설 **적린**(P) **: 제2류 위험물(가연성 고체)**
① 황린의 동소체이며 황린보다 안정하다.
② 공기 중에서 자연발화하지 않는다.
(발화점 : 260℃, 승화점 : 460℃)
③ 황린을 공기차단상태에서 가열, 냉각 시 적린으로 변한다.
④ 성냥, 불꽃놀이 등에 이용된다.
⑤ 연소 시 오산화인(P_2O_5)이 생성된다.

$4P + 5O_2 \rightarrow 2P_2O_5$(오산화인)

⑥ 염소산칼륨과 혼합하면 마찰에 의한 발화의 위험이 있다.

해답 ③

31 알킬알루미늄의 저장 및 취급방법으로 옳은 것은?

① 용기는 완전 밀봉하고 CH_4, C_3H_8 등을 봉입한다.
② C_6H_6 등의 희석제를 넣어 준다.
③ 용기의 마개에 다수의 미세한 구멍을 뚫는다.
④ 통기구가 달린 용기를 사용하여 압력상승을 방지한다.

해설 **알킬알루미늄**[(C_nH_{2n+1}) · Al] **: 제3류 위험물(금수성 물질)**
① 알킬기(C_nH_{2n+1})에 알루미늄(Al)이 결합된 화합물이다.
② C_1~C_4는 자연발화의 위험성이 있다.
③ 물과 접촉 시 가연성 가스 발생하므로 주수소화는 절대 금지한다.
④ 트리메틸알루미늄(TMA : Tri Methyl Aluminium)

$(CH_3)_3Al + 3H_2O \rightarrow Al(OH)_3 + 3CH_4\uparrow$ (메탄)

⑤ 트리에틸알루미늄(TEA : Tri Eethyl Aluminium)

$(C_2H_5)_3Al + 3H_2O \rightarrow Al(OH)_3 + 3C_2H_6\uparrow$ (에탄)

⑥ 저장용기에 불활성기체(N_2)를 봉입한다.
⑦ 피부접촉 시 화상을 입히고 연소 시 흰 연기가 발생한다.
⑧ 소화 시 주수소화는 절대 금하고 팽창질석, 팽

창진주암 등으로 피복소화한다.

⑨ 위험성을 낮추기 위하여 사용하는 희석제(벤젠(C_6H_6) 등)을 첨가한다.

해답 ②

32 지정수량 20배의 알코올류 옥외탱크저장소에 펌프실 외의 장소에 설치하는 펌프설비의 기준으로 틀린 것은?

① 펌프설비 주위에는 3m 이상의 공지를 보유한다.

② 펌프설비 그 직하의 지반면 주위에 높이 0.15m 이상의 턱을 만든다.

③ 펌프설비 그 직하의 지반면의 최저부에는 집유설비를 만든다.

④ 집유설비에는 위험물이 배수구에 유입되지 않도록 유분리장치를 만든다.

해설 ④ 펌프설비에 있어서는 당해 위험물이 직접 배수구에 유입하지 아니하도록 집유설비에 유분리장치를 설치하여야 한다.

해답 ④

33 위험물제조소등에 설치하는 옥내소화전설비의 설치기준으로 옳은 것은?

① 옥내소화전은 건축물의 층마다 당해 층의 각 부분에서 하나의 호스접속구까지의 수평거리가 25미터 이하가 되도록 설치하여야 한다.

② 당해 층의 모든 옥내소화전(5개 이상인 경우는 5개)을 동시에 사용할 경우 각 노즐선단에서의 방수량은 130L/min 이상이어야 한다.

③ 당해 층의 모든 옥내소화전(5개 이상인 경우는 5개)을 동시에 사용할 경우 각 노즐선단에서의 방수압력은 250kPa 이상이어야 한다.

④ 수원의 수량은 옥내소화전이 가장 많이 설치된 층의 옥내소화전 설치개수(5개 이상인 경우는 5개)에 $2.6m^3$를 곱한 양 이상이 되도록 설치하여야 한다.

해설 ② 130L/min ⇒ 260L/min

③ 250kpa ⇒ 350kPa

④ $2.6m^3$ ⇒ $7.8m^3$

옥내소화전설비의 설치기준

① 제조소등의 건축물의 층마다 당해 층의 각 부분에서 하나의 호스접속구까지의 수평거리가 25m 이하가 되도록 설치할 것. 이 경우 옥내소화전은 각층의 출입구 부근에 1개 이상 설치하여야 한다.

② 수원의 수량은 옥내소화전이 가장 많이 설치된 층의 옥내소화전 설치개수(설치개수가 5개 이상인 경우는 5개)에 $7.8m^3$를 곱한 양 이상이 되도록 설치할 것

③ 각층을 기준으로 하여 당해 층의 모든 옥내소화전(설치개수가 5개 이상인 경우는 5개의 옥내소화전)을 동시에 사용할 경우에 각 노즐선단의 방수압력이 350kPa 이상이고 방수량이 1분당 260L 이상의 성능이 되도록 할 것

④ 옥내소화전설비에는 비상전원을 설치할 것

해답 ①

34 질산에틸에 관한 설명으로 옳은 것은?

① 인화점이 낮아 인화되기 쉽다.

② 증기는 공기보다 가볍다.

③ 물에 잘 녹는다.

④ 비점은 약 28℃ 정도이다.

해설 ② 증기는 공기보다 무겁다.

③ 물에 녹지 않는다.

④ 비점(끓는점)은 약 88℃이다.

질산에틸($C_2H_5NO_3$) : 제5류 위험물 중 질산에스테르류

① 무색투명한 액체이고 비수용성(물에 녹지 않음)이다.

② 단맛이 있고 알코올, 에테르에 녹는다.

③ 에탄올을 진한 질산에 작용시켜서 얻는다.

$$C_2H_5OH + HNO_3 \rightarrow C_2H_5ONO_2 + H_2O$$

④ 비중 1.11, 끓는점 88℃을 가진다.

⑤ 인화점(10℃)이 낮아서 인화의 위험이 매우 크다.

해답 ①

35 위험물의 유별 구분이 나머지 셋과 다른 하나는?

① 니트로글리콜 ② 스티렌
③ 아조벤젠 ④ 디니트로벤젠

해설 ① 니트로글리콜 : 제5류 위험물
② 스티렌 : 제4류 위험물-제2석유류
③ 아조벤젠 : 제5류 위험물
④ 디니트로벤젠 : 제5류 위험물

해답 ②

36 탄산칼슘이 물과 반응했을 때 생성되는 것은?

① 산화칼슘+아세틸렌
② 수산화칼슘+아세틸렌
③ 산화칼슘+메탄
④ 수산화칼슘+메탄

해설 **탄화칼슘(CaC_2) : 제3류 위험물 중 칼슘탄화물**
① 물과 접촉 시 아세틸렌을 생성하고 열을 발생시킨다.

$$CaC_2 + 2H_2O \rightarrow Ca(OH)_2 + C_2H_2 \uparrow$$
(수산화칼슘) (아세틸렌)

② 아세틸렌의 폭발범위는 2.5~81%로 대단히 넓어서 폭발위험성이 크다.
③ 장기 보관시 불활성기체(N_2 등)를 봉입하여 저장한다.
④ 별명은 카바이드, 탄화석회, 칼슘카바이드 등이다.
⑤ 고온(700℃)에서 질화되어 석회질소($CaCN_2$)가 생성된다.

$$CaC_2 + N_2 \rightarrow CaCN_2 + C$$
(석회질소) (탄소)

⑥ 물 및 포약제에 의한 소화는 절대 금하고 마른 모래 등으로 피복 소화한다.

참고 ★★자주출제(필수정리)★★
① 칼륨(K), 나트륨(Na)은 파라핀, 경유, 등유 속에 저장
② $2K + 2H_2O \rightarrow 2KOH + H_2 \uparrow$ (수소발생)
③ 황린(3류) 및 이황화탄소(4류)는 물속에 저장

해답 ②

37 연소범위가 약 1.4~7.6%인 제4류 위험물은?

① 가솔린 ② 에테르
③ 이황화탄소 ④ 아세톤

해설 **휘발유의 물성**

성분	인화점	발화점	연소범위
C_5H_{12}~C_9H_{20}	-43℃~-20℃	300℃	1.4~7.6%

해답 ①

38 니트로글리세린에 대한 설명으로 가장 거리가 먼 것은?

① 규조토에 흡수시킨 것을 다이너마이트라고 한다.
② 충격, 마찰에 매우 둔감하나 동결품은 민감해진다.
③ 비중은 약 1.6이다.
④ 알코올, 벤젠 등에 녹는다.

해설 **니트로글리세린[($C_3H_5(ONO_2)_3$] : 제5류 위험물 중 질산에스테르류**
① 상온에서는 액체이지만 겨울철에는 동결한다.
② 비수용성이며 메탄올, 아세톤 등 유기용매에 녹는다.
③ 가열, 마찰, 충격에 대단히 위험하다.
④ 화재 시 폭굉 우려가 있다.
⑤ 산과 접촉 시 분해가 촉진되고 폭발우려가 있다.

니트로글리세린의 분해
$$4C_3H_5(ONO_2)_3 \rightarrow 12CO_2 \uparrow + 6N_2 \uparrow + O_2 \uparrow + 10H_2O$$

⑥ 다이나마이트, 무연화약 제조에 이용된다.

해답 ②

39 물과 접촉하면 발열하면서 산소를 방출하는 것은?

① 과산화칼륨 ② 염소산암모늄
③ 염소산칼륨 ④ 과망간산칼륨

해설 **과산화칼륨(K_2O_2) : 제1류 위험물 중 무기과산화물**
① 무색 또는 오렌지색 분말상태

② 상온에서 물과 격렬히 반응하여 산소(O_2)를 방출하고 폭발하기도 한다.

$2K_2O_2 + 2H_2O \rightarrow 4KOH$(수산화칼륨) $+ O_2\uparrow$

③ 공기 중 이산화탄소(CO_2)와 반응하여 산소(O_2)를 방출한다.

$2K_2O_2 + 2CO_2 \rightarrow 2K_2CO_3$(탄산칼륨) $+ O_2\uparrow$

④ 산과 반응하여 과산화수소(H_2O_2)를 생성시킨다.

$K_2O_2 + 2CH_3COOH \rightarrow 2CH_3COOK + H_2O_2\uparrow$
(초산칼륨) (과산화수소)

⑤ 열분해시 산소(O_2)를 방출한다.

$2K_2O_2 \rightarrow 2K_2O$(산화칼륨) $+ O_2\uparrow$

⑥ 주수소화는 금물이고 마른모래(건조사) 등으로 소화한다.

해답 ①

40 비중은 약 2.5, 무취이며 알코올, 물에 잘 녹고 조해성이 있으며 산과 반응하여 유독한 ClO_2를 발생하는 위험물은?

① 염소산칼륨 ② 과염소산암모늄
③ 염소산나트륨 ④ 과염소산칼륨

해설 **염소산나트륨**($NaClO_3$)
① 조해성이 크고, 알코올, 에테르, 물에 녹는다.
② 철제를 부식시키므로 철제용기 사용금지
③ 산과 반응하여 유독한 이산화염소(ClO_2)를 발생시키며 이산화염소는 폭발성이다.
④ 조해성이 있기 때문에 밀폐하여 저장한다.

참고 **조해성**
공기 중에 노출되어 있는 고체가 수분을 흡수하여 녹는 현상

해답 ③

41 보일러 등으로 위험물을 소비하는 일반취급소의 특례의 적용에 관한 설명으로 틀린 것은?

① 일반취급소에서 보일러, 버너 등으로 소비하는 위험물은 인화점이 섭씨 38도 이상인 제4류 위험물이어야 한다.
② 일반취급소에서 취급하는 위험물의 양은 지정수량의 30배 미만이고 위험물을 취급하는 설비는 건축물에 있어야 한다.
③ 제조소의 기준을 준용하는 다른 일반취급소와 달리 일정한 요건을 갖추면 제조소의 안전거리, 보유공지 등에 관한 기준을 적용하지 않을 수 있다.
④ 건축물중 일반취급소로 사용하는 부분은 취급하는 위험물의 양에 관계없이 철근콘크리트조 등의 바닥 또는 벽으로 당해 건축물의 다른 부분과 구획되어야 한다.

해설 ④ 건축물 중 일반취급소의 용도로 사용하는 부분의 바닥은 위험물이 침투하지 아니하는 구조로 하고 적당한 경사를 두는 한편, 집유설비 및 당해 바닥의 주위에 배수구를 설치할 것

해답 ④

42 제조소등의 위치 · 구조 또는 설비의 변경 없이 당해 제조소등에서 취급하는 위험물의 품명을 변경하고자 하는 자는 변경하고자 하는 날의 몇 일(개월) 전까지 신고하여야 하는가?

① 7일 ② 14일
③ 1개월 ④ 6개월

해설 **위험물안전관리법 제6조 (위험물시설의 설치 및 변경 등)**
제조소등의 위치 · 구조 또는 설비의 변경없이 당해 제조소등에서 저장하거나 취급하는 위험물의 품명 · 수량 또는 지정수량의 배수를 변경하고자 하는 자는 변경하고자 하는 날의 1일 전까지 행정안전부령이 정하는 바에 따라 시 · 도지사에게 신고하여야 한다.

해답 ①

43 [보기]에서 설명하는 물질은 무엇인가?

[보기]
- 살균제 및 소독제로도 사용된다.
- 분해할 때 발생하는 발생기 산소[O_2]는 난분해성 유기물질을 산화시킬 수 있다.

① $HClO_4$ ② CH_3OH
③ H_2O_2 ④ H_2SO_4

해설 **과산화수소(H_2O_2)의 일반적인 성질**

① 분해 시 발생기 산소(O_2)를 발생시킨다.
② 분해안정제로 인산(H_3PO_4) 또는 요산($C_5H_4N_4O_3$)을 첨가한다.
③ 저장용기는 밀폐하지 말고 구멍이 있는 마개를 사용한다.
④ 강산화제이면서 환원제로도 사용한다.
⑤ 히드라진($NH_2 \cdot NH_2$)과 접촉 시 분해 작용으로 폭발위험이 있다.

$NH_2 \cdot NH_2 + 2H_2O_2 \rightarrow 4H_2O + N_2 \uparrow$

- 과산화수소는 36%(중량) 이상만 위험물에 해당된다.
- 과산화수소는 표백제 및 살균제로 이용된다.

⑥ 다량의 물로 주수 소화한다.

해답 ③

44 적린과 황린의 공통적인 사항으로 옳은 것은?

① 연소할 때는 오산화인의 흰 연기를 낸다.
② 냄새가 없는 적색 가루이다.
③ 물, 이황화탄소에 녹는다.
④ 맹독성이다.

해설 **황린과 적린의 비교**

구분	황린	적 린
외관	백색 또는 담황색 고체	검붉은 분말
냄새	마늘냄새	없음
용해성	이황화탄소(CS_2)에 잘 녹는다.	이황화탄소(CS_2)에 녹지 않는다.
공기 중 자연발화	자연발화(40~50℃)	자연발화 없음
발화점	약 40~50℃	약 260℃
연소시 생성물	오산화인(P_2O_5)	오산화인(P_2O_5)
독 성	맹독성	독성 없음
사용 용도	적린제조, 농약	성냥 껍질

해답 ①

45 무취의 결정이며 분자량이 약 122, 녹는점이 약 482℃이고 산화제, 폭약 등에 사용되는 위험물은?

① 염소산바륨 ② 과염소산나트륨
③ 아염소산나트륨 ④ 과산화바륨

해설 **과염소산나트륨($NaClO_4$) : 제1류 위험물 중 과염소산염류**

① 백색의 분말고체이며 분자량이 122, 녹는점은 482℃이다.
② 물, 알코올, 아세톤에 잘 녹고 에테르에는 녹지 않는다.
③ 유기물등과 혼합 시 가열, 충격, 마찰에 의하여 폭발한다.
④ 400℃ 이상에서 분해 되면서 산소를 방출한다.

해답 ②

46 니트로화합물, 니트로소화합물, 질산에스테르류, 히드록실아민을 각각 50킬로그램씩 저장하고 있을 때 지정수량의 배수가 가장 큰 것은?

① 니트로화합물 ② 니트로소화합물
③ 질산에스테르류 ④ 히드록실아민

해설 ① 니트로화합물-200kg
② 니트로소화합물-200kg
③ 질산에스테르류-10kg
④ 히드록실아민-100kg

제5류 위험물의 지정수량

성질	품 명	지정수량	위험등급
자기 반응성물질	1. 유기과산화물 2. 질산에스테르류	10kg	Ⅰ
	3. 니트로화합물 4. 니트로소화합물 5. 아조화합물 6. 디아조화합물 7. 히드라진 유도체	200kg	Ⅱ
	8. 히드록실아민 9. 히드록실아민염류	100kg	

해답 ③

47 다음 중 지정수량이 다른 물질은?

① 황화린 ② 적린
③ 철분 ④ 유황

해설 **제2류 위험물의 지정수량**

성 질	품 명	지정수량	위험등급
가연성 고체	황화린, 적린, 유황	100kg	Ⅱ
	철분, 금속분, 마그네슘	500kg	Ⅲ
	인화성 고체	1,000kg	

해답 ③

48 산화프로필렌에 대한 설명 중 틀린 것은?

① 연소범위는 가솔린보다 넓다.
② 물에는 잘 녹지만 알코올, 벤젠에는 녹지 않는다.
③ 비중은 1보다 작고, 증기비중은 1보다 크다.
④ 증기압이 높으므로 상온에서 위험한 농도까지 도달할 수 있다.

해설 ② 물, 알코올, 벤젠 등 유기용제에는 잘 녹는다.

산화프로필렌(CH_3CH_2CHO) **: 제4류 위험물 중 특수인화물**
① 휘발성이 강하고 에테르냄새가 나는 액체이다.
② 물, 알코올, 벤젠 등 유기용제에는 잘 녹는다.
③ 연소범위는 2.5~38.5%이다
④ 저장용기 사용 시 구리, 마그네슘, 은, 수은 및 합금용기 사용금지(아세틸리드 생성)
⑤ 저장 용기내에 질소(N_2) 등 불연성가스를 채워둔다.
⑥ 소화는 포 약제로 질식 소화한다.

해답 ②

49 다음 그림은 옥외저장탱크와 흙방유제를 나타낸 것이다. 탱크의 지름이 10m이고 높이가 15m라고 할 때 방유제는 탱크의 옆판으로부터 몇 m 이상의 거리를 유지하여야 하는가? (단, 인화점 200℃ 미만의 위험물을 저장한다.)

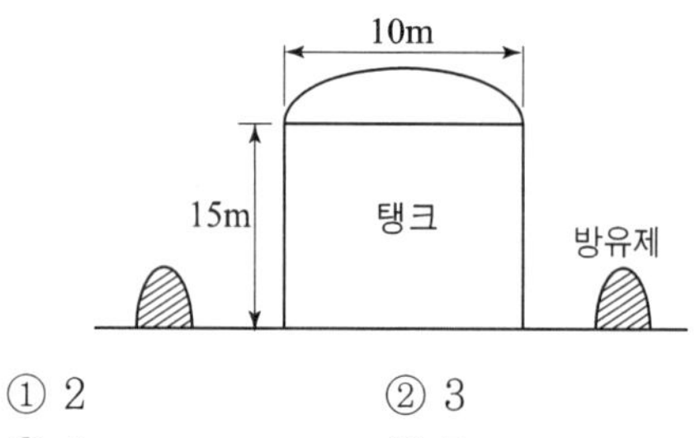

① 2 ② 3
③ 4 ④ 5

해설 $H = 15\text{m} \times \frac{1}{3} = 5\text{m}$ 이상

인화성액체위험물(이황화탄소를 제외)의 옥외탱크저장소의 방유제
① 방유제의 용량

탱크가 하나인 때	탱크 용량의 110% 이상
2기 이상인 때	탱크 중 용량이 최대인 것의 용량의 110% 이상

② 방유제의 높이는 0.5m 이상 3m 이하, 두께 0.2m 이상, 지하매설 깊이 1m 이상
③ 방유제 내의 면적은 8만m^2 이하로 할 것
④ 방유제 내에 설치하는 옥외저장탱크의 수는 10 이하로 할 것
⑤ 방유제는 탱크의 옆판으로부터 거리를 유지할 것

지름이 15m 미만인 경우	탱크 높이의 3분의 1 이상
지름이 15m 이상인 경우	탱크 높이의 2분의 1 이상

해답 ④

50 그림과 같은 타원형 위험물 탱크의 내용적을 구하는 식을 옳게 나타낸 것은?

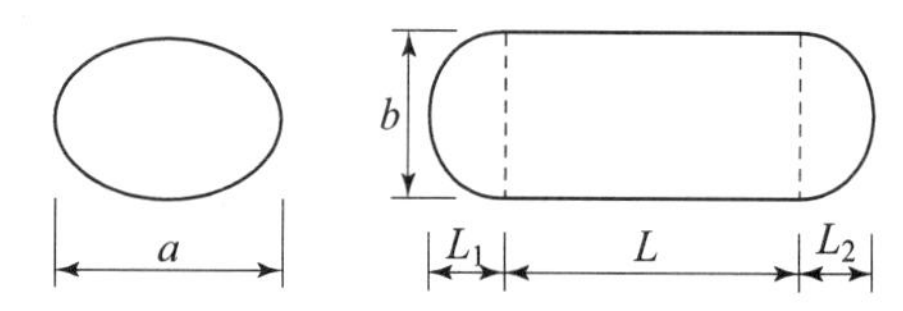

① $\frac{\pi ab}{4}\left(L+\frac{L_1+L_2}{3}\right)$
② $\frac{\pi ab}{4}\left(L+\frac{L_1-L_2}{3}\right)$
③ $\pi ab\left(L+\frac{L_1+L_2}{3}\right)$
④ πabL^2

해설 **타원형 탱크의 내용적**(양쪽이 볼록한 것)

$$V=\frac{\pi ab}{4}\left(l+\frac{l_1+l_2}{3}\right)$$

해답 ①

51 탄소 80%, 수소 14%, 황 6%인 물질 1kg이 완전연소하기 위해 필요한 이론 공기량은 약 몇 kg인가? (단, 공기 중 산소는 23wt% 이다.)

① 3.31　　② 7.05
③ 11.62　　④ 14.41

해설 연소 반응식

① 탄소 C + O_2 → CO_2
12 → 16×2
1kg×0.8 → X_1

$$X_1=\frac{1\times0.8\times16\times2}{12}=2.13\text{kg}$$

② 수소 $2H_2$ + O_2 → $2H_2O$
1×4 → 16×2
1kg×0.14 → X_2

$$X_2=\frac{1\times0.14\times16\times2}{1\times4}=1.12\text{kg}$$

③ 황 S + O_2 → SO_2
32 → 16×2
1kg×0.06 → X_3

$$X_3=\frac{1\times0.06\times16\times2}{32}=0.06\text{kg}$$

④ 필요한 산소량 = 2.13 + 1.12 + 0.06 = 3.31kg

⑤ ∴ 필요한 산소 무게 $=\frac{3.31}{0.23}=14.4\text{kg}$

해답 ④

52 금속칼륨의 보호액으로 가장 적합한 것은?

① 물　　② 아세트산
③ 등유　　④ 에틸알코올

해설 보호액속에 저장 위험물

① 파라핀, 경유, 등유 속에 보관
칼륨(K), 나트륨(Na)

② 물속에 보관
이황화탄소(CS_2), 황린(P_4)

해답 ③

53 아염소산염류 100kg, 질산염류 3000kg 및 과망간산염류 1000kg을 같은 장소에 저장하려 한다. 각각의 지정수량 배수의 합은 얼마인가?

① 5배　　② 10배
③ 13배　　④ 15배

해설 제1류 위험물의 지정수량

성질	품 명		지정수량	위험등급
산화성고체	아염소산염류, 염소산염류, 과염소산염류, 무기과산화물		50kg	Ⅰ
	브롬산염류, 질산염류, 요오드산염류		300kg	Ⅱ
	과망간산염류, 중크롬산염류		1000kg	Ⅲ
	행정안전부령이 정하는 것	① 과요오드산염류 ② 과요오드산 ③ 크롬, 납 또는 요오드의 산화물 ④ 아질산염류 ⑤ 염소화이소시아눌산 ⑥ 퍼옥소이황산염류 ⑦ 퍼옥소붕산염류	300kg	Ⅱ
		⑧ 차아염소산염류	50kg	Ⅰ

지정수량의 배수

$$=\frac{\text{저장수량}}{\text{지정수량}}=\frac{100\text{kg}}{50\text{kg}}+\frac{3000\text{kg}}{300\text{kg}}+\frac{1000\text{kg}}{1000\text{kg}}$$

= 13배

해답 ③

54 제6류 위험물에 속하는 것은?

① 염소화이소시아눌산
② 퍼옥소이황산염류
③ 질산구아니딘
④ 할로겐간화합물

해설
① 염소화이소시아눌산-제1류 위험물
② 퍼옥소이황산염류-제1류 위험물
③ 질산구아니딘-제5류 위험물
④ 할로겐간화합물-제6류 위험물

해답 ④

55 제5류 위험물이 아닌 것은?

① $Pb(N_3)_2$　　② CH_3ONO_2
③ N_2H_4　　④ NH_2OH

해설
① 아지화연-제5류 위험물
② 질산메틸-제5류 위험물-질산에스테르류
③ 히드라진-제4류 위험물-제2석유류
④ 히드록실아민-제5류 위험물

해답 ③

56 [보기]의 위험물을 위험등급 Ⅰ, 위험등급 Ⅱ, 위험등급 Ⅲ의 순서로 옳게 나열한 것은?

[보기] 황린, 수소화나트륨, 리튬

① 황린, 수소화나트륨, 리튬
② 황린, 리튬, 수소화나트륨
③ 수소화나트륨, 황린, 리튬
④ 수소화나트륨, 리튬, 황린

해설 ① 황린-위험등급 Ⅰ
수소화나트륨-위험등급 Ⅲ
리튬-위험등급 Ⅱ

위험물의 등급 분류

위험등급	해당 위험물
위험등급 Ⅰ	① 제1류 위험물 중 아염소산염류, 염소산염류, 과염소산염류, 무기과산화물, 그 밖에 지정수량이 50kg인 위험물 ② 제3류 위험물 중 칼륨, 나트륨, 알킬알루미늄, 알킬리튬, 황린, 그 밖에 지정수량이 10kg 또는 20kg인 위험물 ③ 제4류 위험물 중 특수인화물 ④ 제5류 위험물 중 유기과산화물, 질산에스테르류, 그 밖에 지정수량이 10kg인 위험물 ⑤ 제6류 위험물
위험등급 Ⅱ	① 제1류 위험물 중 브롬산염류, 질산염류, 요오드산염류, 그 밖에 지정수량이 300kg인 위험물 ② 제2류 위험물 중 황화린, 적린, 유황 그 밖에 지정수량이 100kg인 위험물 ③ 제3류 위험물 중 알칼리금속(칼륨, 나트륨 제외) 및 알칼리토금속, 유기금속화합물(알킬알루미늄 및 알킬리튬은 제외) 그 밖에 지정수량이 50kg인 위험물 ④ 제4류 위험물 중 제1석유류, 알코올류 ⑤ 제5류 위험물 중 위험등급 Ⅰ 위험물 외의 것
위험등급 Ⅲ	위험등급 Ⅰ, Ⅱ 이외의 위험물

해답 ②

57 글리세린은 제 몇 석유류에 해당하는가?

① 제1석유류 ② 제2석유류
③ 제3석유류 ④ 제4석유류

해설 **글리세린($C_3H_5(OH)_3$) : 제4류 제3석유류**
① 무색의 점성이 있는 액체이다.
② 단맛이 있어 감유라고도 한다.
③ 물, 알코올에는 잘 녹는다.
④ 인체에는 독성이 없고, 화장품의 제조에 이용된다.

해답 ③

58 벤젠의 위험성에 대한 설명으로 틀린 것은?

① 휘발성이 있다.
② 인화점이 0℃ 보다 낮다.
③ 증기는 유독하여 흡입하면 위험하다.
④ 이황화탄소보다 착화온도가 낮다.

해설 ④ 벤젠은 이황화탄소보다 착화점이 높다.

벤젠(C_6H_6) : 제4류 위험물 제1석유류
① 무색 투명한 휘발성 액체이다.
② 방향성이 있으며 증기는 독성이 강하다.
③ 물에는 용해되지 않고 아세톤, 알코올, 에테르 등 유기용제에 용해된다.
④ 수지 및 고무 등을 잘 녹인다.
⑤ 인화점은 −11℃ 이고, 분자량은 78.1이다.
⑥ 소화는 다량 포약제로 질식 및 냉각 소화한다.

해답 ④

59 위험물안전관리법상 제6류 위험물에 해당하는 것은?

① H_3PO_4 ② IF_5
③ H_2SO_4 ④ HCl

해설 ① 인산
② 할로겐간화합물-제6류 위험물
③ 황산
④ 염산

제6류 위험물(산화성 액체)

성질	품 명	판단기준	지정수량	위험등급
산화성액체	• 과염소산($HClO_4$)		300 kg	Ⅰ
	• 과산화수소(H_2O_2)	농도 36중량% 이상		
	• 질산(HNO_3)	비중 1.49 이상		
	• 할로겐간화합물 ① 삼불화브롬(BrF_3) ② 오불화브롬(BrF_5) ③ 오불화요오드(IF_5)			

해답 ②

60 에테르(ether)의 일반식으로 옳은 것은?

① ROR ② RCHO
③ RCOR ④ RCOOH

해설 ① ROR : 에테르
② RCHO : 알데히드
③ RCOR : 케톤
④ RCOOH : 카르복실산

관능기에 의한 분류

원자단의 명칭	원자단	화합물의 일반명	보 기
수산기 (히드록시기)	$-OH$	알코올, 페놀	메탄올, 에탄올, 페놀
알데히드기	$-CHO$	알데히드	포름알데히드 (=개미산)
카르보닐기 (케톤기)	$>CO$	케톤	아세톤
카르복시기	$-COOH$	카르복실산	초산, 안식향산
아세틸기	$-COCH_3$	아세틸화합물	아세틸살리실산
슬폰산기	$-SO_3H$	슬폰산	벤젠슬폰산
니트로기	$-NO_2$	니트로화합물	트리니트로톨루엔, 트리니트로페놀
아미노기	$-NH_2$	아미노화합물	아닐린

해답 ①

국가기술자격 필기시험문제

2019 CBT 시험 기출문제 복원 [제 4 회]

자격종목	시험시간	문제수	형별	수험번호	성 명
위험물기능사	1시간	60	A		

본 문제는 CBT시험대비 기출문제 복원입니다.

01 소화효과를 증대시키기 위하여 분말소화약제와 병용하여 사용할 수 있는 것은?

① 단백포
② 알코올형포
③ 합성계면활성제포
④ 수성막포

해설 **포 약제 중 분말약제와 겸용이 가능한 것**
수성막포(포약제 중 소화력 가장 우수)

수성막포 소화약제
① 불소계통의 습윤제에 합성계면활성제 첨가한 포약제이며 주성분은 불소계 계면활성제
② 미국에서는 AFFF(Aqueous Film Forming Foam)로 불리며 3M사가 개발한 것으로 상품명은 라이트 워터(light water)
③ 저발포용으로 3%형과 6%형이 있다.
④ 분말약제와 겸용이 가능하고 액면하 주입방식에도 사용
⑤ 내유성과 유동성이 좋아 유류화재 및 항공기화재, 화학공장화재에 적합
⑥ 화학적으로 안정하며 수명이 반영구적
⑦ 소화작업 후 포와 막의 차단효과로 재발화 방지에 효과가 있다.
※ 유류화재용으로 가장 뛰어난 포 약제는 수성막포이다.

해답 ④

02 위험물안전관리법령에서 정한 이산화탄소 소화약제의 저장용기 설치기준으로 옳은 것은?

① 저압식 저장용기의 충전비 : 1.0 이상 1.3 이하
② 고압식 저장용기의 충전비 : 1.3 이상 1.7 이하
③ 저압식 저장용기의 충전비 : 1.1 이상 1.4 이하
④ 고압식 저장용기의 충전비 : 1.7 이상 2.1 이하

해설 **이산화탄소 저장용기의 설치 기준**
① 저장용기의 충전비

저압식	고압식
1.1 ~ 1.4	1.5 ~ 1.9

② 저압식 저장용기에는 액면계 및 압력계와 2.3MPa 이상 1.9MPa 이하의 압력에서 작동하는 압력경보장치를 설치할 것
③ 저압식 저장용기에는 용기내부의 온도가 -18℃ 이하에서 2.1MPa의 압력을 유지할 수 있는 자동냉동장치를 설치할 것

해답 ③

03 A, B, C급에 모두 적응할 수 있는 분말소화약제는?

① 제1종 분말
② 제2종 분말
③ 제3종 분말
④ 제4종 분말

해설 **분말약제의 주성분 및 착색** ★★★★(필수암기)

종별	주성분	약제명	착색	적응화재
제1종	$NaHCO_3$	탄산수소나트륨 중탄산나트륨 중조	백색	B,C급
제2종	$KHCO_3$	탄산수소칼륨 중탄산칼륨	담회색	B,C급
제3종	$NH_4H_2PO_4$	제1인산암모늄	담홍색 (핑크색)	A,B,C급
제4종	$KHCO_3$ $+(NH_2)_2CO$	중탄산칼륨 +요소	회색 (쥐색)	B,C급

해답 ③

04 정전기의 발생요인에 대한 설명으로 틀린 것은?

① 접촉면적이 클수록 정전기의 발생량은 많아진다.
② 분리속도가 빠를수록 정전기의 발생량은 많아진다.
③ 대전서열에서 먼 위치에 있을수록 정전기의 발생량은 많아진다.
④ 접촉과 분리가 반복됨에 따라 정전기의 발생량은 증가한다.

해설 **정전기의 발생요인**
① 접촉 면적이 클수록 정전기 발생량이 많아진다.
② 분리속도가 빠를수록 전기 발생량이 많아진다.
③ 대전 서열에서 먼 위치에 있을수록 정전기의 발생량은 많아진다.
④ 접촉과 분리가 반복됨에 따라 정전기의 발생량은 감소한다.

해답 ④

05 목조건축물의 일반적인 화재현상에 가장 가까운 것은?

① 저온단시간형 ② 저온장시간형
③ 고온단시간형 ④ 고온장시간형

해설 **건축물 구조형태에 따른 화재특징**

구 분	연소 형태	최고 온도
목조건축물	고온 단시간형	1300℃
내화건축물	저온 장시간형	1000℃

해답 ③

06 할론 1301의 증기 비중은? (단, 불소의 원자량은 19, 브롬의 원자량은 80, 염소의 원자량은 35.5이고 공기의 분자량은 29 이다.)

① 2.14 ② 4.15
③ 5.14 ④ 6.15

해설 **Halon 1301의 증기비중**
- 공기의 평균 분자량=29
- 증기비중= $\frac{M(\text{분자량})}{29(\text{공기평균분자량})}$

① 화학식은 CF_3Br
① 분자량 M=12+19×3+80.0=149
③ 증기비중= $\frac{M(\text{분자량})}{29(\text{공기평균분자량})} = \frac{149}{29}$ =5.14
④ 할론 1301의 증기비중은 공기보다 5.14배 무겁다.

해답 ③

07 위험물은 지정수량의 몇 배를 1 소요 단위로 하는가?

① 1 ② 10
③ 50 ④ 100

해설 **소요단위의 계산방법**
① 제조소 또는 취급소의 건축물

외벽이 내화구조인 것	외벽이 내화구조가 아닌 것
연면적 $100m^2$를 1소요단위	연면적 $50m^2$를 1소요단위

② 저장소의 건축물

외벽이 내화구조인 것	외벽이 내화구조가 아닌 것
연면적 $150m^2$를 1소요단위	연면적 $75m^2$를 소요단위

③ 위험물은 지정수량의 10배를 1소요단위로 할 것

해답 ②

08 옥내저장소에서 지정수량의 몇 배 이상을 저장 또는 취급할 때 자동화재 탐지설비를 설치하여야 하는가? (단, 원칙적인 경우에 한한다.)

① 지정수량의 10배 이상을 저장 또는 취급할 때
② 지정수량의 50배 이상을 저장 또는 취급할 때
③ 지정수량의 100배 이상을 저장 또는 취급할 때
④ 지정수량의 150배 이상을 저장 또는 취급할 때

해설 **경보설비를 설치하여야 하는 장소**
(1) 자동화재탐지설비 설치대상
① 제조소 및 일반취급소

㉠ 연면적 500m²이상

㉡ 옥내에서 지정수량의 100배 이상을 취급하는 것

② 옥내저장소 : 지정수량의 100배 이상을 저장 및 취급하는 것

③ 옥내탱크저장소로서 소화난이도등급 Ⅰ에 해당하는 것

④ 옥내주유취급소

(2) **자동화재 탐지설비, 비상경보설비, 확성장치 또는 비상방송설비 중 1종 이상 설치**

지정수량의 10배 이상을 저장 취급하는 제조소 등

해답 ③

09 탄화알루미늄을 저장하는 저장고에 스프링클러소화설비를 하면 되지 않는 이유는?

① 물과 반응시 메탄가스를 발생하기 때문에

② 물과 반응시 수소가스를 발생하기 때문에

③ 물과 반응시 에탄가스를 발생하기 때문에

④ 물과 반응시 프로판가스를 발생하기 때문에

해설 **탄화알루미늄**(Al_4C_3) **: 제3류 위험물(금수성 물질)**

① 물과 접촉시 메탄가스를 생성하고 발열반응을 한다.

$$Al_4C_3 + 12H_2O \rightarrow 4Al(OH)_3 + 3CH_4$$

(수산화알루미늄) (메탄)

② 황색 결정 또는 백색분말로 1400℃ 이상에서는 분해가 된다.

③ 물 및 포약제에 의한 소화는 절대 금하고 마른 모래 등으로 피복소화한다.

해답 ①

10 제2류 위험물 중 지정수량이 500kg인 물질에 의한 화재는?

① A급 화재 ② B급 화재

③ C급 화재 ④ D급 화재

해설
- 제2류 위험물 중 지정수량이 500kg 이상인 것
- 철분, 금속분, 마그네슘으로서 화재는 금속화재인 D급이다.

제2류 위험물의 지정수량

성 질	품 명	지정수량	위험등급
가연성 고체	황화린, 적린, 유황	100kg	Ⅱ
	철분, 금속분, 마그네슘	500kg	Ⅲ
	인화성 고체	1,000kg	

화재의 분류★★자주출제★★

종 류	등급	색표시	주된 소화방법
일반화재	A급	백색	냉각소화
유류 및 가스화재	B급	황색	질식소화
전기화재	C급	청색	질식소화
금속화재	D급	-	피복소화
주방화재	K급	-	냉각 및 질식 소화

해답 ④

11 옥외탱크저장소에 보유공지를 두는 목적과 가장 거리가 먼 것은?

① 위험물시설의 화염이 인근의 시설이나 건축물 등으로의 연소확대방지를 위한 완충공간 기능을 하기 위함.

② 위험물시설의 주변에 장애물이 없도록 공간을 확보함으로 소화활동이 쉽도록 하기 위함.

③ 위험물시설의 주변에 있는 시설과 50m 이상을 이격하여 폭발 발생시 피해를 방지하기 위함.

④ 위험물시설의 주변에 장애물이 없도록 공간을 확보함으로 피난자가 피난이 쉽도록 하기 위함.

해설 저장 또는 취급하는 위험물의 최대수량에 따라 공지의 너비는 다르며 최소 3m 이상이다.

해답 ③

12 지정과산화물을 저장하는 옥내저장소의 저장창고를 일정 면적마다 구획하는 격벽의 설치기준에 해당하지 않는 것은?

① 저장창고 상부의 지붕으로부터 50cm 이상 돌출하게 하여야 한다.

② 저장창고 양측의 외벽으로부터 1m 이상 돌출하게 하여야 한다.

③ 철근콘크리트조의 경우 두께가 30cm 이상이어야 한다.

④ 바닥면적 $250m^2$ 이내마다 완전하게 구획하여야 한다.

해설 ④ 저장창고는 $150m^2$ 이내마다 격벽으로 완전하게 구획할 것

지정과산화물을 저장 또는 취급하는 옥내저장소의 저장창고의 기준

① 저장창고는 $150m^2$ 이내마다 격벽으로 완전하게 구획할 것. 이 경우 당해 격벽은 두께 30cm 이상의 철근콘크리트조 또는 철골철근콘크리트조로 하거나 두께 40cm 이상의 보강콘크리트블록조로 하고, 당해 저장창고의 양측의 외벽으로부터 1m 이상, 상부의 지붕으로부터 50cm 이상 돌출하게 하여야 한다.

② 저장창고의 외벽은 두께 20cm 이상의 철근콘크리트조나 철골철근콘크리트조 또는 두께 30cm 이상의 보강콘크리트블록조로 할 것

③ 저장창고의 지붕은 다음 각목의 1에 적합할 것

㉠ 중도리 또는 서까래의 간격은 30cm 이하로 할 것

㉡ 지붕의 아래쪽 면에는 한 변의 길이가 45cm 이하의 환강(丸鋼) · 경량형강(輕量型鋼) 등으로 된 강제(鋼製)의 격자를 설치할 것

㉢ 지붕의 아래쪽 면에 철망을 쳐서 불연재료의 도리 · 보 또는 서까래에 단단히 결합할 것

㉣ 두께 5cm 이상, 너비 30cm 이상의 목재로 만든 받침대를 설치할 것

④ 저장창고의 출입구에는 갑종방화문을 설치할 것

⑤ 저장창고의 창은 바닥면으로부터 2m 이상의 높이에 두되, 하나의 벽면에 두는 창의 면적의 합계를 당해 벽면의 면적의 80분의 1 이내로 하고, 하나의 창의 면적을 $0.4m^2$ 이내로 할 것

해답 ④

13 폭굉유도거리(DID)가 짧아지는 경우는?

① 정상 연소속도가 작은 혼합가스일수록 짧아진다.

② 압력이 높을수록 짧아진다.

③ 관지름이 넓을수록 짧아진다.

④ 점화원 에너지가 약할수록 짧아진다.

해설 **폭굉유도거리(DID)가 짧아지는 경우**

① 압력이 상승하는 경우

② 관속에 방해물이 있거나 관경이 작아지는 경우

③ 점화원 에너지가 증가하는 경우

해답 ②

14 톨루엔의 화재시 가장 적합한 소화방법은?

① 산 · 알칼리 소화기에 의한 소화

② 포에 의한 소화

③ 다량의 강화액에 의한 소화

④ 다량의 주수에 의한 냉각소화

해설 **톨루엔($C_6H_5CH_3$)의 일반적 성질**

① 증기밀도는 공기보다 무겁다.

② 인화점이 낮고 물에는 녹지 않는다.

③ 휘발성이 있는 무색 투명한 액체이다.

④ 증기는 독성이 있지만 벤젠에 비해 10배정도 약한 편이다.

⑤ 화재 시 포 소화약제가 가장 좋다.

해답 ②

15 위험물제조소등에 설치하여야 하는 자동화재탐지설비의 설치기준에 대한 설명 중 틀린 것은?

① 자동화재 탐지설비의 경계구역은 건축물 그 밖의 공작물의 2 이상의 층에 걸치도록 할 것

② 하나의 경계구역에서 그 한 변의 길이는 50m(광전식분리형 감지기를 설치할 경우에는 100m) 이하로 할 것

③ 자동화재 탐지설비의 감지기는 지붕 또는 벽의 옥내에 면한 부분에 유효하게 화재의 발생을 감지할 수 있도록 설치할 것

④ 자동화재 탐지설비에는 비상전원을 설치할 것

해설 ① 자동화재탐지설비의 경계구역은 건축물 그 밖의 공작물의 2 이상의 층에 걸치지 아니하도록 할 것

자동화재탐지설비의 설치기준

① 자동화재탐지설비의 경계구역은 건축물 그 밖의 공작물의 2 이상의 층에 걸치지 아니하도록 할 것. 다만, 하나의 경계구역의 면적이 $500m^2$ 이하이면서 당해 경계구역이 두개의 층에 걸치는 경우이거나 계단 · 경사로 · 승강기의 승강로 그 밖에 이와 유사한 장소에 연기감지기를 설치하는 경우에는 그러하지 아니하다.

② 하나의 경계구역의 면적은 $600m^2$ 이하로 하고 그 한 변의 길이는 50m(광전식분리형 감지기를 설치할 경우에는 100m)이하로 할 것. 다만, 당해 건축물 그 밖의 공작물의 주요한 출입구에서 그 내부의 전체를 볼 수 있는 경우에 있어서는 그 면적을 $1,000m^2$ 이하로 할 수 있다.

③ 자동화재탐지설비의 감지기는 지붕 또는 벽의 옥내에 면한 부분에 유효하게 화재의 발생을 감지할 수 있도록 설치할 것

④ 자동화재탐지설비에는 비상전원을 설치할 것

해답 ①

16 제거소화의 예가 아닌 것은?

① 가스 화재시 가스 공급을 차단하기 위해 밸브를 닫아 소화시킨다.

② 유전 화재시 폭약을 사용하여 폭풍에 의하여 가연성 증기를 날려 보내 소화시킨다.

③ 연소하는 가연물을 밀폐시켜 공기 공급을 차단하여 소화한다.

④ 촛불 소화시 입으로 바람을 불어서 소화시킨다.

해설 ③는 피복소화이다.

소화원리

① **냉각소화** : 가연성 물질을 발화점 이하로 온도를 냉각

물이 소화약제로 사용되는 이유
- 물의 기화열(539kcal/kg)이 크기 때문
- 물의 비열(1kcal/kg℃)이 크기 때문

② **질식소화** : 산소농도를 21%에서 15% 이하로 감소

질식소화 시 산소의 유지농도 : 10~15%

③ **억제소화(부촉매소화, 화학적 소화)** : 연쇄반응을 억제

- 부촉매 : 화학적 반응의 속도를 느리게 하는 것
- 부촉매 효과 : 할로겐화합물 소화약제 (할로겐족원소 : 불소(F), 염소(Cl), 브롬(Br), 요오드(I))

④ **제거소화** : 가연성물질을 제거시켜 소화

- 산불이 발생하면 화재의 진행방향을 앞질러 벌목
- 화학반응기의 화재 시 원료공급관의 밸브를 폐쇄
- 유전화재 시 폭약으로 폭풍을 일으켜 화염을 제거
- 촛불을 입김으로 불어 화염을 제거

⑤ **피복소화** : 가연물 주위를 공기와 차단

⑥ **희석소화** : 수용성인 인화성액체 화재 시 물을 방사하여 가연물의 연소농도를 희석

해답 ③

17 위험물안전관리법에서 정하는 용어의 정의로 옳지 않은 것은?

① "위험물"이라 함은 인화성 또는 발화성 등의 성질을 가지는 것으로서 대통령령이 정하는 물품을 말한다.

② "제조소"라 함은 위험물을 제조할 목적으로 지정수량 이상의 위험물을 취급하기 위하여 규정에 따른 허가를 받은 장소를 말한다.

③ "저장소"라 함은 지정수량 이상의 위험물을 저장하기 위한 대통령령이 정하는 장소로서 규정에 따른 허가를 받은 장소를 말한다.

④ "취급소"라 함은 지정수량 이상의 위험물을 제조외의 목적으로 취급하기 위한 관할 지자체장이 정하는 장소로서 허가를 받은 장소를 말한다.

해설 ④ "취급소"라 함은 지정수량 이상의 위험물을 제조외의 목적으로 취급하기 위한 대통령령이 정하는 장소로서 허가를 받은 장소를 말한다.

해답 ④

18 제3종 분말 소화약제의 열분해 반응식을 옳게 나타낸 것은?

① $NH_4H_2PO_4 \rightarrow HPO_3 + NH_3 + H_2O$

② $2KNO_3 \rightarrow 2KNO_2 + O_2$

③ $KClO_4 \rightarrow KCl + 2O_2$

④ $2CaHCO_3 \rightarrow 2CaO + H_2CO_3$

해설 **분말약제의 열분해**

종별	약제명	착색	적응화재	열분해 반응식
제1종	탄산수소나트륨 중탄산나트륨 중조	백색	B,C	270℃ $2NaHCO_3 \rightarrow Na_2CO_3 + CO_2 + H_2O$ 850℃ $2NaHCO_3 \rightarrow Na_2O + 2CO_2 + H_2O$
제2종	탄산수소칼륨 중탄산칼륨	담회색	B,C	190℃ $2KHCO_3 \rightarrow K_2CO_3 + CO_2 + H_2O$ 590℃ $2KHCO_3 \rightarrow K_2O + 2CO_2 + H_2O$
제3종	제1인산암모늄	담홍색	A,B,C	$NH_4H_2PO_4 \rightarrow HPO_3 + NH_3 + H_2O$
제4종	중탄산칼륨 + 요소	회(백)색	B,C	$2KHCO_3 + (NH_2)_2CO \rightarrow K_2CO_3 + 2NH_3 + 2CO_2$

해답 ①

19 피난동선의 특징이 아닌 것은?

① 가급적 지그재그의 복잡한 형태가 좋다.
② 수평동선과 수직동선으로 구분한다.
③ 2개 이상의 방향으로 피난할 수 있어야 한다.
④ 가급적 상호 반대방향으로 다수의 출구와 연결되는 것이 좋다.

해설 ① 가급적 직선적인 단순한 형태가 좋다.

피난대책의 일반적인 원칙
① 2방향 원칙에 따라 피난통로를 확보할 것
② 피난수단은 원시적 방법을 원칙으로 할 것
③ 피난설비는 고정식 설비를 원칙으로 하고 보조적으로 이동식설비를 고려할 것
④ 피난대책은 Fool proof와 Fail safe의 원칙을 중요시 할 것
⑤ 피난경로는 간단하고 명료하게 할 것

해답 ①

20 할로겐 화합물의 소화약제 중 할론 2402의 화학식은?

① $C_2Br_4F_2$　　② $C_2Cl_4F_2$
③ $C_2Cl_4Br_2$　　④ $C_2F_4Br_2$

해설 ④ HALON 2402 = $C_2F_4Br_2$

할로겐화합물 소화약제 명명법
할론 ⓐ ⓑ ⓒ ⓓ
ⓐ : C원자수　ⓑ : F원자수
ⓒ : Cl원자수　ⓓ : Br원자수

할로겐화합물 소화약제

구분 \ 종류	할론 2402	할론 1211	할론 1301	할론 1011
분자식	$C_2F_4Br_2$	CF_2ClBr	CF_3Br	CH_2ClBr

해답 ④

21 중크롬산칼륨의 화재예방 및 진압대책에 관한 설명 중 틀린 것은?

① 가열, 충격, 마찰을 피한다.
② 유기물, 가연물과 격리하여 저장한다.
③ 화재시 물과 반응하여 폭발하므로 주수소화를 금한다.
④ 소화작업시 폭발 우려가 있으므로 충분한 안전거리를 확보한다.

해설 **중크롬산 칼륨**($K_2Cr_2O_7$)[potassium dichromate]
① 밝은 등적색 결정으로 녹는점 398℃, 비중 2.61
② 500℃ 이상으로 가열하면 산소를 방출하면서 분해
③ 알코올에는 녹지 않지만 물에는 잘 녹는다.
④ 가열, 충격, 마찰을 피한다.
⑤ 유기물, 가연물과 격리하여 저장한다.
⑥ 화재 시 다량의 물로 주수소화한다.

해답 ③

22 제6류 위험물을 수납한 용기에 표시하여야 하는 주의사항은?

① 가연물접촉주의　② 화기엄금
③ 화기 · 충격주의　④ 물기엄금

해설 **위험물 운반용기의 외부 표시 사항**
① 위험물의 품명, 위험등급, 화학명 및 수용성 (제4류 위험물의 수용성인 것에 한함)
② 위험물의 수량

③ 수납하는 위험물에 따른 주의사항

유별	성질에 따른 구분	표시사항
제1류	알칼리금속의 과산화물	화기 · 충격주의, 물기엄금 및 가연물접촉주의
	그 밖의 것	화기 · 충격주의 및 가연물접촉주의
제2류	철분 · 금속분 · 마그네슘	화기주의 및 물기엄금
	인화성 고체	화기엄금
	그 밖의 것	화기주의
제3류	자연발화성 물질	화기엄금 및 공기접촉엄금
	금수성 물질	물기엄금
제4류	인화성 액체	화기엄금
제5류	자기반응성 물질	화기엄금 및 충격주의
제6류	산화성 액체	가연물접촉주의

해답 ①

23 질산과 과염소산의 공통 성질에 대한 설명 중 틀린 것은?

① 산소를 포함한다. ② 산화제이다.
③ 물보다 무겁다. ④ 쉽게 연소한다.

해설 ④ 제1류 및 제6류 위험물은 불연성물질이다.

제6류 위험물의 공통적인 성질

① 자신은 불연성이고 산소를 함유한 강산화제이다.
② 분해에 의한 산소발생으로 다른 물질의 연소를 돕는다.
③ 액체의 비중은 1보다 크고 물에 잘 녹는다.
④ 물과 접촉 시 발열한다.
⑤ 증기는 유독하고 부식성이 강하다.

제6류 위험물(산화성 액체)

성질	품 명	판단기준	지정수량	위험등급
산화성 액체	• 과염소산($HClO_4$)		300 kg	I
	• 과산화수소(H_2O_2)	농도 36중량% 이상		
	• 질산(HNO_3)	비중 1.49 이상		
	• 할로겐간화합물 ① 삼불화브롬(BrF_3) ② 오불화브롬(BrF_5) ③ 오불화요오드(IF_5)			

해답 ④

24 위험물안전관리법령상 셀룰로이드의 품명과 지정수량을 옳게 연결한 것은?

① 니트로화합물 – 200kg
② 니트로화합물 – 10kg
③ 질산에스테르류 – 200kg
④ 질산에스테르류 – 10kg

해설 **셀룰로이드** : 제5류 위험물 중 질산에스테르류

제5류 위험물 및 지정수량

성질	품 명	지정수량	위험등급
자기 반응성물질	1. 유기과산화물 2. 질산에스테르류	10kg	I
	3. 니트로화합물 4. 니트로소화합물 5. 아조화합물 6. 디아조화합물 7. 히드라진 유도체	200kg	II
	8. 히드록실아민 9. 히드록실아민염류	100kg	

해답 ④

25 제5류 위험물에 대한 설명으로 옳지 않은 것은?

① 대표적인 성질은 자기반응성 물질이다.
② 피크린산은 니트로화합물이다.
③ 모두 산소를 포함하고 있다.
④ 니트로화합물은 니트로기가 많을수록 폭발력이 커진다.

해설 ③ 제5류 위험물은 대부분 산소를 함유하고 있으나 모두 산소를 함유하고 있지는 않다.

제5류 위험물의 일반적 성질

① 자기반응성(내부연소성) 물질이다.
② 연소속도가 대단히 빠르고 폭발적 연소한다.
③ 가열, 마찰, 충격에 의하여 폭발한다.
④ 대부분 물질자체가 산소를 함유하고 있다.
⑤ 연소 시 소화가 어렵다.

해답 ③

26 그림의 원통형 종으로 설치된 탱크에서 공간용적을 내용적의 10%라고 하면 탱크용량(허가용량)은 약 얼마인가?

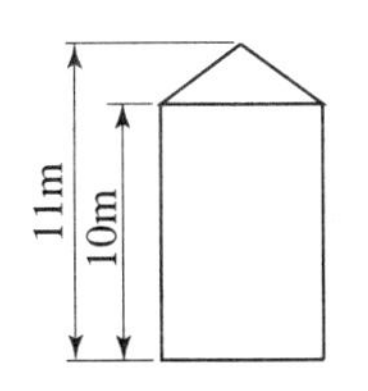

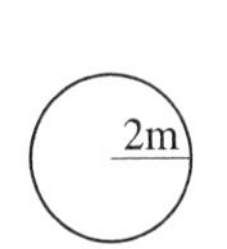

① 113.04 ② 124.34
③ 129.06 ④ 138.16

해설 **탱크의 내용적**

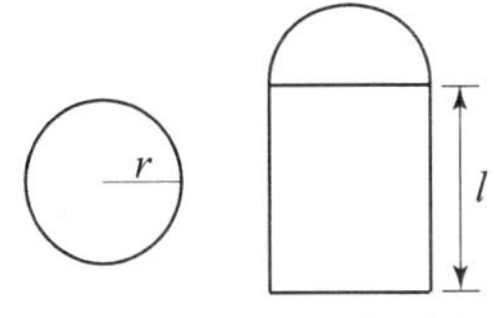

① **탱크의 내용적**(종(세로)으로 설치한 것)

$$V=\pi r^2 L$$

여기서, V : 내용적, r : 반지름
L : 탱크의 높이

② $V=\pi\times 2^2\times 10 \fallingdotseq 125.6\text{m}^3$

③ Q(탱크용량)$=125.6\times 0.9(100\%-10\%)$
$=113.04\text{m}^3$

해답 ①

27 위험물에 대한 설명으로 옳은 것은?

① 칼륨은 수은과 격렬하게 반응하며 가열하면 청색의 불꽃을 내며 연소하고 열과 전기의 부도체이다.
② 나트륨은 액체 암모니아와 반응하여 수소를 발생하고 공기 중 연소시 황색 불꽃을 발생한다.
③ 칼슘은 보호액인 물속에 저장하고 알코올과 반응하여 수소를 발생한다.
④ 리튬은 고온의 물과 격렬하게 반응해서 산소를 발생한다.

해설 **금속나트륨 : 제3류 위험물(금수성)**
① 연소 시 황색불꽃을 발생한다.
② 액체암모니아와 반응하여 수소기체를 발생한다.
③ 물과 반응하여 수소기체 발생

$2Na + 2H_2O \rightarrow 2NaOH + H_2\uparrow$

④ 파라핀, 등유, 경유 속에 저장

★★자주출제(필수정리)★★
㉠ 칼륨(K), 나트륨(Na)은 파라핀, 경유, 등유 속에 저장
㉡ $2K+2H_2O \rightarrow 2KOH+H_2\uparrow$ (수소발생)
㉢ 황린(3류) 및 이황화탄소(4류)는 물속에 저장

해답 ②

28 다음 중 물에 가장 잘 녹는 물질은?

① 아닐린 ② 벤젠
③ 아세트알데히드 ④ 이황화탄소

해설

구분	화학식	유별	수용성여부
① 아닐린	$C_6H_5NH_2$	제4류 3석유류	비수용성
② 벤젠	C_6H_6	제4류 1석유류	비수용성
③ 아세트알데히드	CH_3CHO	제4류 특수인화물	수용성
④ 이황화탄소	CS_2	제4류 특수인화물	비수용성

해답 ③

29 제2류 위험물의 위험성에 대한 설명 중 틀린 것은?

① 삼황화린은 약 100℃에서 발화한다.
② 적린은 공기 중에 방치하면 상온에서 자연발화한다.
③ 마그네슘은 과열수증기와 접촉하면 격렬하게 반응하여 수소를 발생한다.
④ 은(Ag)분은 고농도의 과산화수소와 접촉하면 폭발 위험이 있다.

해설 ② 적린은 공기 중에서 자연발화하지 않는다.

적린(P) : 제2류 위험물(가연성 고체)
① 황린의 동소체이며 황린보다 안정하다.
② 공기 중에서 자연발화하지 않는다.
(발화점 : 260℃, 승화점 : 460℃)
③ 황린을 공기차단상태에서 가열, 냉각 시 적린으로 변한다.
④ 성냥, 불꽃놀이 등에 이용된다.

⑤ 연소 시 오산화인(P_2O_5)이 생성된다.

$4P + 5O_2 \rightarrow 2P_2O_5$(오산화인)

⑥ 산화제와 혼합하면 착화한다.

해답 ②

30 제5류 위험물이 아닌 것은?

① 염화벤조일 ② 아지화나트륨
③ 질산구아니딘 ④ 아세틸퍼옥사이드

해설 **염화벤조일**(C_6H_5COCl) **: 제4류 제3석유류**
① 벤조산의 염화물
② 자극적인 냄새가 있는 액체
③ 알코올, 페놀과 아민류의 벤조일화 시제로 사용된다.

해답 ①

31 황린에 대한 설명으로 틀린 것은?

① 환원력이 강하다.
② 담황색 또는 백색의 고체이다.
③ 벤젠에는 불용이나 물에 잘 녹는다.
④ 마늘 냄새와 같은 자극적인 냄새가 난다.

해설 ③ 황린은 벤젠에는 잘 녹고 물에는 거의 녹지 않는다.

황린(P_4)[별명 : 백린] **: 제3류 위험물(자연발화성 물질)**
① 백색 또는 담황색의 고체이다.
② 공기 중 약 40~50℃에서 자연 발화한다.
③ 물에는 거의 녹지 않고, 벤젠 · 이황화탄소에 잘 녹는다.
④ 저장 시 자연 발화성이므로 반드시 물속에 저장한다.
⑤ 연소 시 오산화인(P_2O_5)의 흰 연기가 발생한다.

$P_4 + 5O_2 \rightarrow 2P_2O_5$(오산화인)

⑥ 강알칼리의 용액에서는 유독기체인 포스핀(PH_3) 발생한다.
⑦ 약 260℃로 가열(공기차단)시 적린이 된다.

해답 ③

32 니트로셀룰로오스에 대한 설명으로 옳은 것은?

① 물에 녹지 않으며 물보다 무겁다.
② 수분과 접촉하는 것은 위험하다.
③ 질화도와 폭발 위험성은 무관하다.
④ 질화도가 높을수록 폭발 위험성이 낮다.

해설 ② 저장, 운반 시 물(20%) 또는 알코올(30%)을 첨가 습윤시킨다.
③ 질화도와 폭발위험성은 아주 밀접하다.
④ 질화도가 높을수록 위험하다.

니트로셀룰로오스[$(C_6H_7O_2(ONO_2)_3)_n$] **: 제5류 위험물**
셀룰로오스(섬유소)에 진한질산과 진한 황산의 혼합액을 작용시켜서 만든 것이다.
① 비수용성이며 초산에틸, 초산아밀, 아세톤에 잘 녹는다.
② 건조상태에서는 폭발위험이 크나 수분함유 시 폭발위험성이 없어 저장 · 운반이 용이하다.
③ 질소함유율(질화도)이 높을수록 폭발성이 크다.
④ 저장, 운반 시 물(20%) 또는 알코올(30%)을 첨가 습윤시킨다.

해답 ①

33 디에틸에테르의 안전관리에 관한 설명 중 틀린 것은?

① 증기는 마취성이 있으므로 증기 흡입에 주의하여야 한다.
② 폭발성의 과산화물 생성을 요오드화칼륨 수용액으로 확인한다.
③ 물에 잘 녹으므로 대규모 화재시 집중 주수하여 소화한다.
④ 정전기 불꽃에 의한 발화에 주의하여야 한다.

해설 ③ 물에 녹지 않으므로 포소화약제로 소화한다.

디에틸에테르($C_2H_5OC_2H_5$) **: 제4류 위험물 중 특수인화물**
① 알코올에는 녹지만 물에는 녹지 않는다.
② 직사광선에 장시간 노출 시 과산화물 생성

과산화물 생성 확인방법
디에틸에테르 + KI용액(10%) → 황색변화(1분 이내)

③ 용기에는 5% 이상 10% 이하의 안전공간 확보할 것
④ 용기는 갈색병을 사용하며 냉암소에 보관
⑤ 용기는 밀폐하여 증기의 누출방지

해답 ③

34 제조소등의 소화설비 설치시 소요단위 산정에 관한 내용으로 다음 ( )안에 알맞은 수치를 차례대로 나열한 것은?

> 제조소 또는 취급소의 건축물은 외벽이 내화구조인 것은 연면적 ( )m^2를 1소요단위로 하며, 외벽이 내화구조가 아닌 것은 연면적 ( )m^2를 1소요단위로 한다.

① 200, 100　② 150, 100
③ 150, 50　④ 100, 50

해설 **소요단위의 계산방법**

① 제조소 또는 취급소의 건축물

외벽이 내화구조인 것	외벽이 내화구조가 아닌 것
연면적 $100m^2$를 1소요단위	연면적 $50m^2$를 1소요단위

② 저장소의 건축물

외벽이 내화구조인 것	외벽이 내화구조가 아닌 것
연면적 $150m^2$를 1소요단위	연면적 $75m^2$를 소요단위

③ 위험물은 지정수량의 10배를 1소요단위로 할 것

해답 ④

35 불활성가스소화설비의 기준에서 저장용기 설치 기준에 관한 내용으로 틀린 것은?

① 방호구역 외의 장소에 설치할 것
② 온도가 50℃ 이하이고 온도 변화가 적은 장소에 설치할 것
③ 직사일광 및 빗물이 침투할 우려가 적은 장소에 설치할 것
④ 저장용기에는 안전장치를 설치할 것

해설 ② 온도가 40℃ 이하이고 온도변화가 작은 곳에 설치

불활성가스소화설비의 저장용기 설치기준
① 방호구역 외의 장소에 설치할 것
② 온도가 40℃ 이하이고 온도 변화가 적은 장소에 설치할 것
③ 직사일광 및 빗물이 침투할 우려가 적은 장소에 설치할 것
④ 저장용기에는 안전장치를 설치할 것
⑤ 저장용기의 외면에 소화약제의 종류와 양, 제조년도 및 제조자를 표시할 것

해답 ②

36 벤젠, 톨루엔의 공통된 성상이 아닌 것은?

① 비수용성의 무색 액체이다.
② 인화점은 0℃ 이하이다.
③ 액체의 비중은 1보다 작다.
④ 증기의 비중은 1보다 크다.

해설

구분	화학식	유별	인화점
벤젠	C_6H_6	제4류 1석유류	-11℃
톨루엔	$C_6H_5CH_3$	제4류 1석유류	4℃

해답 ②

37 옥내저장소에서 위험물을 유별로 정리하고 서로 1m 이상의 간격을 두는 경우 유별을 달리하는 위험물을 동일한 저장소에 저장할 수 있는 것은?

① 과산화나트륨과 벤조일퍼옥사이드
② 과염소산나트륨과 질산
③ 황린과 트리에틸알루미늄
④ 유황과 아세톤

해설 ① 과산화나트륨(제1류 중 무기과산화물 = 알칼리금속 과산화물)과 벤조일퍼옥사이드(제5류 중 유기과산화물)
② 과염소산나트륨(제1류 중 무기과산화물)과 질산(제6류)
③ 황린(제3류)과 트리에틸알루미늄(제3류)
④ 유황(제2류)과 아세톤(제4류 1석유류)

옥내저장소에 함께 저장할 수 있는 것
① 제1류 위험물(알칼리금속의 과산화물 또는 이를 함유한 것을 제외)과 제5류 위험물을 저장하는 경우

② 제1류 위험물과 제6류 위험물을 저장하는 경우
③ 제1류 위험물과 제3류위험물 중 자연발화성물질(황린 또는 이를 함유한 것)을 저장하는 경우
④ 제2류 위험물 중 인화성고체와 제4류 위험물을 저장하는 경우
⑤ 제3류 위험물 중 알킬알루미늄등과 제4류 위험물(알킬알루미늄 또는 알킬리튬을 함유한 것)을 저장하는 경우
⑥ 제4류 위험물 중 유기과산화물 또는 이를 함유하는 것과 제5류 위험물 중 유기과산화물 또는 이를 함유한 것을 저장하는 경우

해답 ②

38 제조소등의 허가청이 제조소등의 관계인에게 제조소등의 사용정지처분 또는 허가취소처분을 할 수 있는 사유가 아닌 것은?

① 소방서장으로부터 변경허가를 받지 아니하고 제조소등의 위치 · 구조 또는 설비를 변경한 때
② 소방서장의 수리 · 개조 또는 이전의 명령을 위반한 때
③ 정기점검을 하지 아니한 때
④ 소방서장의 출입검사를 정당한 사유 없이 거부한 때

해설 **위험물안전관리법 제12조 (제조소등 설치허가의 취소와 사용정지 등)**
시 · 도지사는 제조소등의 관계인이 다음 각호의 1에 해당하는 때에는 총리령이 정하는 바에 따라 허가를 취소하거나 6월 이내의 기간을 정하여 제조소등의 전부 또는 일부의 사용정지를 명할 수 있다.
① 변경허가를 받지 아니하고 제조소등의 위치 · 구조 또는 설비를 변경한 때
② 완공검사를 받지 아니하고 제조소등을 사용한 때
③ 수리 · 개조 또는 이전의 명령을 위반한 때
④ 위험물안전관리자를 선임하지 아니한 때
⑤ 규정을 위반하여 대리자를 지정하지 아니한 때
⑥ 규정에 따른 정기점검을 하지 아니한 때
⑦ 규정에 따른 정기검사를 받지 아니한 때
⑧ 규정에 따른 저장 · 취급기준 준수명령을 위반한 때

해답 ④

39 제6류 위험물의 화재예방 및 진압 대책으로 옳은 것은?

① 과산화수소는 화재시 주수소화를 절대 금한다.
② 질산은 소량의 화재시 다량의 물로 희석한다.
③ 과염소산은 폭발 방지를 위해 철제 용기에 저장한다.
④ 제6류 위험물의 화재에는 건조사만 사용하여 진압할 수 있다.

해설 **제6류 위험물의 공통적인 성질**
① 자신은 불연성이고 산소를 함유한 강산화제이다.
② 분해에 의한 산소발생으로 다른 물질의 연소를 돕는다.
③ 액체의 비중은 1보다 크고 물에 잘 녹는다.
④ 물과 접촉 시 발열한다.
⑤ 증기는 유독하고 부식성이 강하다.

해답 ②

40 위험물의 운반기준에 있어서 차량 등에 적재하는 위험물의 성질에 따라 강구하여야 하는 조치로 적합하지 않은 것은?

① 제5류 위험물 또는 제6류 위험물은 방수성이 있는 피복으로 덮는다.
② 제2류 위험물 중 철분 · 금속분 · 마그네슘은 방수성이 있는 피복으로 덮는다.
③ 제1류 위험물 중 알칼리금속의 과산화물 또는 이를 함유한 것은 차광성과 방수성이 모두 있는 피복으로 덮는다.
④ 제5류 위험물 중 55℃ 이하의 온도에서 분해될 우려가 있는 것으로 보냉 컨테이너에 수납하는 등의 방법으로 적정한 온도관리를 한다.

해설 ① 제5류 위험물 또는 제6류 위험물은 차광성이 있는 피복으로 덮는다.

적재위험물의 성질에 따른 조치
① 차광성이 있는 피복으로 가려야하는 위험물
㉠ 제1류 위험물

㉡ 제3류위험물 중 자연발화성물질
㉢ 제4류 위험물 중 특수인화물
㉣ 제5류 위험물
㉤ 제6류 위험물
② 방수성이 있는 피복으로 덮어야 하는 것
㉠ 제1류 위험물 중 알칼리금속의 과산화물
㉡ 제2류 위험물 중 철분 · 금속분 · 마그네슘 또는 이들 중 어느 하나 이상을 함유한 것
㉢ 제3류 위험물 중 금수성 물질

해답 ①

41 위험물 제1종 판매취급소의 위치, 구조 및 설비의 기준으로 틀린 것은?

① 천장을 설치하는 경우에는 천장을 불연재료로 할 것
② 창 및 출입구에는 갑종방화문 또는 을종방화문을 설치할 것
③ 건축물의 지하 또는 1층에 설치할 것
④ 위험물을 배합하는 실의 바닥면적은 $6m^2$ 이상 $15m^2$ 이하로 할 것

해설 **지정수량의 20배 이하인 판매취급소(제1종 판매취급소)의 위치 · 구조 및 설비의 기준**
① 건축물의 1층에 설치할 것
② 건축물의 부분은 내화구조 또는 불연재료로 하고, 판매취급소로 사용되는 부분과 다른 부분과의 격벽은 내화구조로 할 것
③ 건축물의 부분은 보를 불연재료로 하고, 천장을 설치하는 경우에는 천장을 불연재료로 할 것
④ 상층이 있는 경우에 있어서는 그 상층의 바닥을 내화구조로 하고, 상층이 없는 경우에 있어서는 지붕을 내화구조로 또는 불연재료로 할 것
⑤ 창 및 출입구에는 갑종방화문 또는 을종방화문을 설치할 것
⑥ 창 또는 출입구에 유리를 이용하는 경우에는 망입유리로 할 것
⑥ 위험물을 배합하는 실은 다음에 의할 것
㉠ 바닥면적은 $6m^2$ 이상 $15m^2$ 이하일 것
㉡ 내화구조 또는 불연재료로 된 벽으로 구획할 것
㉢ 바닥은 위험물이 침투하지 아니하는 구조로 하여 적당한 경사를 두고 집유설비를 할 것
㉣ 출입구에는 수시로 열 수 있는 자동폐쇄식의 갑종방화문을 설치할 것
㉤ 출입구 문턱의 높이는 바닥면으로부터 0.1m 이상으로 할 것
㉥ 내부에 체류한 가연성의 증기 또는 가연성의 미분을 지붕위로 방출하는 설비를 할 것

해답 ③

42 HNO_3에 대한 설명으로 틀린 것은?

① Al, Fe은 진한 질산에서 부동태를 생성해 녹지 않는다.
② 질산과 염산을 3 : 1 비율로 제조한 것을 왕수라고 한다.
③ 부식성이 강하고 흡습성이 있다.
④ 직사광선에서 분해하여 NO_2를 발생한다.

해설 ② 질산과 염산을 1 : 3 비율로 제조한 것을 왕수라고 한다.

질산(HNO_3) : 제6류 위험물(산화성 액체)
① 무색의 발연성 액체이다.
② 빛에 의하여 일부 분해되어 생긴 NO_2 때문에 황갈색으로 된다.

$$4HNO_3 \rightarrow 2H_2O + \underset{(\text{이산화질소})}{4NO_2\uparrow} + \underset{(\text{산소})}{O_2\uparrow}$$

③ 실험실에서는 갈색병에 넣어 햇빛에 차단시킨다.

크산토프로테인반응(xanthoprotenic reaction)
단백질에 진한질산을 가하면 노란색으로 변하고 알칼리를 작용시키면 오렌지색으로 변하며, 단백질 검출에 이용된다.

해답 ②

43 다음 중 인화점이 가장 낮은 것은?

① 산화프로필렌 ② 벤젠
③ 디에틸에테르 ④ 이황화탄소

해설 **제4류 위험물의 인화점**

품명	유별	인화점(℃)
① 산화프로필렌	특수인화물	−37
② 벤젠	1석유류	−11
③ 디에틸에테르	특수인화물	−45
④ 이황화탄소	특수인화물	−30

해답 ③

44 경유 옥외탱크저장소에서 10000리터 탱크 1기가 설치된 곳의 방유제 용량은 얼마 이상이 되어야 하는가?

① 5000리터 ② 10000리터
③ 11000리터 ④ 20000리터

해설 탱크가 하나인 때 방유제 용량은 탱크용량의 110% 이상
$Q = 10000 \times 1.1(110\%) = 11000\,L$

인화성액체위험물(이황화탄소를 제외)**의 옥외탱크저장소의 방유제**
① 방유제의 용량

탱크가 하나인 때	탱크 용량의 110% 이상
2기 이상인 때	탱크 중 용량이 최대인 것의 용량의 110% 이상

② 방유제의 높이는 0.5m 이상 3m 이하, 두께 0.2m 이상, 지하매설 깊이 1m 이상
③ 방유제 내의 면적은 8만m^2 이하로 할 것
④ 방유제 내에 설치하는 옥외저장탱크의 수는 10 이하로 할 것
⑤ 방유제는 탱크의 옆판으로부터 거리를 유지할 것

지름이 15m 미만인 경우	탱크 높이의 3분의 1 이상
지름이 15m 이상인 경우	탱크 높이의 2분의 1 이상

해답 ③

45 다음 중 과산화수소의 저장용기로 가장 적합한 것은?

① 뚜껑에 작은 구멍을 뚫은 갈색 용기
② 뚜껑을 밀전한 투명 용기
③ 구리로 만든 용기
④ 요오드화칼륨을 첨가한 종이 용기

해설 **과산화수소**(H_2O_2)**의 일반적인 성질**
① 물에는 잘 녹고 석유 벤젠에는 녹지 않는다.
② 분해 시 발생기 산소(O_2)를 발생시킨다.
③ 분해안정제로 인산(H_3PO_4) 또는 요산($C_5H_4N_4O_3$)을 첨가한다.
④ **저장용기는 밀폐하지 말고 구멍이 있는 마개를 사용한다.**
⑤ **강산화제이면서 환원제로도 사용**한다.
⑥ 히드라진($NH_2 \cdot NH_2$)과 접촉 시 분해 작용으로 폭발위험이 있다.
$NH_2 \cdot NH_2 + 2H_2O_2 \rightarrow 4H_2O + N_2 \uparrow$

- 과산화수소는 36%(중량) 이상만 위험물에 해당된다.
- 과산화수소는 표백제 및 살균제로 이용된다.

⑦ 다량의 물로 주수 소화한다.

해답 ①

46 다음 위험물 중 저장할 때 보호액으로 물을 사용하는 것은?

① 삼산화크롬 ② 아연
③ 나트륨 ④ 황린

해설 **보호액속에 저장 위험물**
① 파라핀, 경유, 등유 속에 보관
칼륨(K), 나트륨(Na)
② 물속에 보관
이황화탄소(CS_2), 황린(P_4)

해답 ④

47 0.99atm, 55℃에서 이산화탄소의 밀도는 약 몇 g/L 인가?

① 0.62 ② 1.62
③ 9.65 ④ 12.65

해설 **증기밀도(g/L) 계산공식**

$$\text{증기밀도}(\rho) = \frac{PM}{RT}$$

여기서, P : 압력(atm : 기압)
M : 분자량
R : 기체상수(0.082atm · L/g-mol · K)
T : 절대온도(273 + t℃)K

① **이산화탄소**(CO_2)**의 분자량** $= 12 + 16 \times 2 = 44$
② **이산화탄소**(CO_2)**의 증기밀도**

$$\rho = \frac{0.99 \times 44}{0.082 \times (273 + 55)} = 1.62\text{g/L}$$

해답 ②

48 다음 중 위험등급이 다른 하나는?

① 아염소산염류 ② 알킬리튬

③ 질산에스테르류 ④ 질산염류

해설 **위험물의 위험등급**

품명	유별	위험등급
① 아염소산염류	제1류	Ⅰ
② 알킬리튬	제3류	Ⅰ
③ 질산에스테르류	제5류	Ⅰ
④ 질산염류	제1류	Ⅱ

위험물의 등급 분류

위험등급	해당 위험물
위험등급 Ⅰ	① 제1류 위험물 중 아염소산염류, 염소산염류, 과염소산염류, 무기과산화물, 그 밖에 지정수량이 50kg인 위험물 ② 제3류 위험물 중 칼륨, 나트륨, 알킬알루미늄, 알킬리튬, 황린, 그 밖에 지정수량이 10kg 또는 20kg인 위험물 ③ 제4류 위험물 중 특수인화물 ④ 제5류 위험물 중 유기과산화물, 질산에스테르류, 그 밖에 지정수량이 10kg인 위험물 ⑤ 제6류 위험물
위험등급 Ⅱ	① 제1류 위험물 중 브롬산염류, 질산염류, 요오드산염류, 그 밖에 지정수량이 300kg인 위험물 ② 제2류 위험물 중 황화린, 적린, 유황 그 밖에 지정수량이 100kg인 위험물 ③ 제3류 위험물 중 알칼리금속(칼륨, 나트륨 제외) 및 알칼리토금속, 유기금속화합물(알킬알루미늄 및 알킬리튬은 제외) 그 밖에 지정수량이 50kg인 위험물 ④ 제4류 위험물 중 제1석유류, 알코올류 ⑤ 제5류 위험물 중 위험등급 Ⅰ 위험물 외의 것
위험등급 Ⅲ	위험등급 Ⅰ, Ⅱ 이외의 위험물

해답 ④

49 위험물의 운반에 관한 기준에서 다음 위험물 중 혼재 가능한 것끼리 연결된 것은? (단, 지정수량의 10배 이다.)

① 제1류 – 제6류 ② 제2류 – 제3류
③ 제3류 – 제5류 ④ 제5류 – 제1류

해설 **위험물의 운반에 따른 유별을 달리하는 위험물의 혼재기준**(쉬운 암기방법)

혼재 가능	
↓1류 + 6류↑	2류 + 4류
↓2류 + 5류↑	5류 + 4류
↓3류 + 4류↑	

해답 ①

50 과산화나트륨에 대한 설명으로 틀린 것은?

① 알코올에 잘 녹아서 산소와 수소를 발생시킨다.
② 상온에서 물과 격렬하게 반응한다.
③ 비중이 약 2.8 이다.
④ 조해성 물질이다.

해설 ① 과산화나트륨은 에탄올과 반응하여 과산화수소나트륨을 생성한다.

과산화나트륨(Na_2O_2) **: 제1류 위험물 중 무기과산화물(금수성)**

① 상온에서 물과 격렬히 반응하여 산소(O_2)를 방출하고 폭발하기도 한다.

$2Na_2O_2 + 2H_2O \rightarrow 4NaOH + O_2\uparrow$ + 발열
(과산화나트륨) (물) (수산화나트륨) (산소)
(=가성소다)

② 공기 중 이산화탄소(CO_2)와 반응하여 산소(O_2)를 방출한다.

$2Na_2O_2 + 2CO_2 \rightarrow 2Na_2CO_3 + O_2\uparrow$
(탄산나트륨)

③ 산과 반응하여 과산화수소(H_2O_2)를 생성시킨다.

$Na_2O_2 + 2CH_3COOH \rightarrow 2CH_3COONa + H_2O_2\uparrow$
(초산) (초산나트륨) (과산화수소)

④ 열분해 시 산소(O_2)를 방출한다.

$2Na_2O_2 \rightarrow 2Na_2O + O_2\uparrow$
(산화나트륨) (산소)

⑤ 주수소화는 금물이고 마른모래(건조사) 등으로 소화한다.

해답 ①

51 HO–CH_2CH_2–OH의 지정수량은 몇 L 인가?

① 1000 ② 2000
③ 4000 ④ 6000

해설 **에틸렌글리콜**($C_2H_4(OH)_2$)
: 제4류 3석유류 수용성

① 물과 혼합하여 부동액으로 이용되며 물, 알코올, 아세톤 등에 잘 녹는다.
② 흡습성이 있고 단맛이 있는 무색액체이며, 독성이 있는 2가 알코올이다.

제4류 위험물 및 지정수량

위 험 물				지정수량 (L)
유별	성질	품명		
제4류	인화성 액체	1. 특수인화물		50
		2. 제1석유류	비수용성 액체	200
			수용성 액체	400
		3. 알코올류		400
		4. 제2석유류	비수용성 액체	1,000
			수용성 액체	2,000
		5. 제3석유류	비수용성 액체	2,000
			수용성 액체	4,000
		6. 제4석유류		6,000
		7. 동식물유류		10,000

해답 ③

52 마그네슘이 염산과 반응할 때 발생하는 기체는?

① 수소 ② 산소
③ 이산화탄소 ④ 염소

해설 **마그네슘**(Mg) : 제2류 위험물

① 2mm체 통과 못하는 덩어리는 위험물에서 제외한다.
② 직경 2mm 이상 막대모양은 위험물에서 제외한다.
③ 은백색의 광택이 나는 가벼운 금속이다.
④ 수증기와 작용하여 수소를 발생시킨다.(주수소화금지)

$Mg + 2H_2O \rightarrow Mg(OH)_2 + H_2\uparrow$
(수산화마그네슘)(수소)

⑤ 산과 작용하여 수소를 발생시킨다.

$Mg + 2HCl \rightarrow MgCl_2 + H_2\uparrow$
(염화마그네슘)(수소)

⑥ 주수소화는 엄금이며 마른모래 등으로 피복 소화한다.

해답 ①

53 1기압 20℃에서 액체인 미상의 위험물에 대하여 인화점과 발화점을 측정한 결과 인화점이 32.2℃, 발화점이 257℃로 측정되었다. 위험물안전관리법상 이 위험물의 유별과 품명의 지정으로 옳은 것은?

① 제4류 특수인화물
② 제4류 제1석유류
③ 제4류 제2석유류
④ 제4류 제3석유류

해설 **제4류 위험물**(인화성 액체)

구 분	지정품목	기타 조건(1atm에서)
특수인화물	이황화탄소 디에틸에테르	• 발화점이 100℃ 이하 • 인화점 −20℃ 이하이고 비점이 40℃ 이하
제1석유류	아세톤 휘발유	• 인화점 21℃ 미만
알코올류	C_1~C_3까지 포화 1가 알코올(변성알코올 포함) • 메틸알코올 • 에틸알코올 • 프로필알코올	
제2석유류	등유, 경유	• 인화점 21℃ 이상 70℃ 미만
제3석유류	중유 클레오소트유	• 인화점 70℃ 이상 200℃ 미만
제4석유류	기어유 실린더유	• 인화점 200℃ 이상 250℃ 미만
동식물유류	동물의 지육 등 또는 식물의 종자나 과육으로부터 추출한 것으로서 인화점이 250℃ 미만인 것	

해답 ③

54 낮은 온도에서도 잘 얼지 않는 다이너마이트를 제조하기 위해 니트로글리세린의 일부를 대체하여 첨가하는 물질은?

① 니트로셀룰로오스
② 니트로글리콜
③ 트리니트로톨루엔
④ 디니트로벤젠

해설 **니트로글리콜**[nitroglycol]($C_2H_4(ONO_2)_2$)

① 에틸렌글리콜을 나이트로화하여 만들어진다.
② 노란색 기름 모양의 폭발성 액체이며 다이너마이트의 제조원료로 쓰인다.
③ 분자량 152, 녹는점 −22.8℃, 비중 약 1.5
④ 물에는 잘 녹지 않고 아세톤 · 에테르 · 메탄올 등의 유기용매에는 녹는다.
⑤ 니트로글리세린처럼 니트로셀룰로스를 젤라틴화(化)한다.
⑥ 급격히 가열하거나 가압하에 가열하면 폭발한다.

니트로글리콜의 분해

$C_2H_4N_2O_6 \rightarrow 2CO_2 + 2H_2O + N_2$

해답 ②

55 위험물 저장소에서 다음과 같이 제4류 위험물을 저장하고 있는 경우 지정수량의 몇 배가 보관되어 있는가?

• 디에틸에테르 : 50L	• 이황화탄소 : 150L
• 아세톤 : 800L	

① 4배 ② 5배
③ 6배 ④ 8배

해설
• 디에틸에테르 : 제4류 특수인화물 (지정수량=50L)
• 이황화탄소 : 제4류 특수인화물 (지정수량=50L)
• 아세톤 : 제4류 1석유류 수용성 (지정수량=400L)

지정수량의 배수

$$=\frac{\text{저장수량}}{\text{지정수량}}=\frac{50L}{50L}+\frac{150L}{50L}+\frac{800L}{400L}=6\text{배}$$

제4류 위험물 및 지정수량

위 험 물				지정수량 (L)
유별	성질	품명		
제4류	인화성 액체	1. 특수인화물		50
		2. 제1석유류	비수용성 액체	200
			수용성 액체	400
		3. 알코올류		400
		4. 제2석유류	비수용성 액체	1,000
			수용성 액체	2,000
		5. 제3석유류	비수용성 액체	2,000
			수용성 액체	4,000
		6. 제4석유류		6,000
		7. 동식물유류		10,000

해답 ③

56 다음 ( )안에 알맞은 수치를 차례대로 옳게 나열한 것은?

위험물 암반 탱크의 공간 용적은 당해 탱크내에 용출하는 ( )일간의 지하수 양에 상당하는 용적과 당해 탱크 내용적의 100분의 ( )의 용적 중에서 보다 큰 용적을 공간 용적으로 한다.

① 1, 7 ② 3, 5
③ 5, 3 ④ 7, 1

해설 **탱크의 내용적 및 공간용적**

① 탱크의 공간용적은 탱크의 내용적의 $\frac{5}{100}$ 이상 $\frac{10}{100}$ 이하의 용적으로 한다. 다만, 소화설비(소화약제 방출구를 탱크안의 윗부분에 설치하는 것에 한한다)를 설치하는 탱크의 공간용적은 당해 소화설비의 소화약제방출구 아래의 0.3m 이상 1m 미만 사이의 면으로부터 윗부분의 용적으로 한다.
② 암반탱크에 있어서는 당해 탱크내에 용출하는 7일간의 지하수의 양에 상당하는 용적과 당해 탱크의 내용적의 $\frac{1}{100}$ 의 용적 중에서 보다 큰 용적을 공간용적으로 한다.

(위험물법 시행규칙 제36조의 별표 12) 암반탱크 저장소의 위치, 구조 및 설비의 기준
암반탱크는 암반투수계수가 1초당 10만분의 1m 이하(10^{-5}m/sec)인 천연암반 내에 설치할 것

해답 ④

57 위험물안전관리법상 품명이 유기금속화합물에 속하지 않는 것은?

① 트리에틸갈륨 ② 트리에틸알루미늄
③ 트리에틸인듐 ④ 디에틸아연

해설 유기금속화합물(알킬알루미늄 및 알킬리튬 제외)

제3류 위험물 및 지정수량

성 질	품 명	지정 수량	위험 등급
자연발화성 및 금수성물질	1. 칼륨 2. 나트륨 3. 알킬알루미늄 4. 알킬리튬	10kg	Ⅰ
	5. 황린	20kg	Ⅰ
	6. 알칼리금속(칼륨 및 나트륨 제외) 및 알칼리토금속 7. 유기금속화합물(알킬알루미늄 및 알킬리튬 제외)	50kg	Ⅱ
	8. 금속의 수소화물 9. 금속의 인화물 10. 칼슘 또는 알루미늄의 탄화물	300kg	Ⅱ

해답 ②

58 서로 접촉하였을 때 발화하기 쉬운 물질을 연결한 것은?

① 무수크롬산과 아세트산
② 금속나트륨과 석유
③ 니트로셀룰로오스와 알코올
④ 과산화수소와 물

해설 **무수크롬산 = 삼산화크롬**(CrO_3)
① 가열하면 분해하여 산소와 산화크롬이 생성된다.
② 물과 작용하면 부식성이 강한 산이 된다.
③ 환원제가 같이 있으면 반응을 일으킨다.
④ 아세트산, 알코올, 에테르, 아세톤과 접촉 시 발화
④ 물, 알코올, 에테르, 황산에 잘 녹는다.

해답 ①

59 제2류 위험물의 화재 발생시 소화방법 또는 주의할 점으로 적합하지 않은 것은?

① 마그네슘의 경우 이산화탄소를 이용한 질식소화는 위험하다.
② 황은 비산에 주의하여 분무주수로 냉각소화 한다.
③ 적린의 경우 물을 이용한 냉각소화는 위험하다.
④ 인화성고체는 이산화탄소로 질식소화 할 수 있다.

해설 ③ 적린의 경우 물을 이용한 냉각소화가 적당하다.

해답 ③

60 운송책임자의 감독, 지원을 받아 운송하여야 하는 위험물에 해당하는 것은?

① 칼륨, 나트륨
② 알킬알루미늄, 알킬리튬
③ 제1석유류, 제2석유류
④ 니트로글리세린, 트리니트로톨루엔

해설 **운송책임자의 감독 · 지원을 받아 운송하는 위험물**
① 알킬알루미늄
② 알킬리튬
③ 알킬알루미늄 또는 알킬리튬의 물질을 함유하는 위험물

해답 ②

2020 CBT 시험 기출문제

2020년 CBT [제1회] 기출문제 복원
2020년 CBT [제2회] 기출문제 복원
2020년 CBT [제3회] 기출문제 복원
2020년 CBT [제4회] 기출문제 복원

국가기술자격 필기시험문제

2020 CBT 시험 기출문제 복원 [제 1 회]

자격종목	시험시간	문제수	형별	수험번호	성 명
위험물기능사	1시간	60	A		

본 문제는 CBT시험대비 기출문제 복원입니다.

01 제1종 분말소화약제의 적응 화재 급수는?

① A급 ② BC급
③ AB급 ④ ABC급

해설 **분말약제의 주성분 및 착색** ★★★★(필수암기)

종별	주 성 분	약 제 명	착 색	적응화재
제1종	$NaHCO_3$	탄산수소나트륨 중탄산나트륨 중조	백색	B,C급
제2종	$KHCO_3$	탄산수소칼륨 중탄산칼륨	담회색	B,C급
제3종	$NH_4H_2PO_4$	제1인산암모늄	담홍색 (핑크색)	A,B,C급
제4종	$KHCO_3 + (NH_2)_2CO$	중탄산칼륨 +요소	회색 (쥐색)	B,C급

해답 ②

02 제1류 위험물의 저장 방법에 대한 설명으로 틀린 것은?

① 조해성 물질의 방습에 주의한다.
② 무기과산화물은 물속에 보관한다.
③ 분해를 촉진하는 물품과 접촉을 피하여 저장한다.
④ 복사열이 없고 환기가 잘되는 서늘한 곳에 저장한다.

해설 ② 무기과산화물은 물과 작용하여 열과 산소를 발생시키므로 금수성 물질이다.

제1류 위험물의 일반적인 성질
① 산화성 고체이며 대부분 수용성이다.
② 불연성이지만 다량의 산소를 함유하고 있다.
③ 분해 시 산소를 방출하여 남의 연소를 돕는다.(조연성)
④ 열·타격·충격, 마찰 및 다른 화학물질과 접촉시 쉽게 분해된다.
⑤ 분해속도가 대단히 빠르고, 조해성이 있는 것도 포함한다.
⑥ 무기과산화물은 물과 작용하여 열과 산소를 발생시킨다.

해답 ②

03 유류화재의 급수와 표시색상으로 옳은 것은?

① A급, 백색 ② B급, 백색
③ A급, 황색 ④ B급, 황색

해설 **화재의 분류** ★★ 자주출제(필수암기) ★★

종 류	등급	색표시	주된 소화방법
일반화재	A급	백색	냉각소화
유류 및 가스화재	**B급**	**황색**	**질식소화**
전기화재	C급	청색	질식소화
금속화재	D급	–	피복소화
주방화재	K급	–	냉각 및 질식 소화

해답 ④

04 소화기의 사용방법으로 잘못된 것은?

① 적응화재에 따라 사용할 것
② 성능에 따라 방출거리 내에서 사용할 것
③ 바람을 마주보며 소화할 것
④ 양옆으로 비로 쓸 듯이 방사할 것

해설 ③ 바람을 등지고 풍상에서 풍하의 방향으로 사용할 것

소화기의 올바른 사용방법
① 적응화재에만 사용할 것
② 불과 가까이 가서 사용할 것
③ 바람을 등지고 풍상에서 풍하의 방향으로 사용할 것
④ 양옆으로 비로 쓸 듯이 골고루 사용할 것

해답 ③

05 다음 물질 중 분진폭발의 위험성이 가장 낮은 것은?

① 밀가루 ② 알루미늄분말
③ 모래 ④ 석탄

해설 **분진폭발 위험성 물질**

① 석탄분진 ② 섬유분진
③ 곡물분진(농수산물가루) ④ 종이분진
⑤ 목분(나무분진) ⑥ 배합제분진
⑦ 플라스틱분진 ⑧ 금속분말가루

분진폭발 없는 물질

① 생석회(CaO)(시멘트의 주성분)
② 석회석 분말
③ 시멘트
④ 수산화칼슘(소석회 : $Ca(OH)_2$)
⑤ 규사(모래)

해답 ③

06 열의 이동 원리 중 복사에 관한 예로 적당하지 않은 것은?

① 그늘이 시원한 이유
② 보온병 내부를 거울벽으로 만드는 것
③ 더러운 눈이 빨리 녹는 현상
④ 해풍과 육풍이 일어나는 원리

해설 ④ 해풍과 육풍이 일어나는 원리는 대류에 의한 열 전달이다.

열전달의 방법

① **전도(Conduction)** : 물체와 물체가 직접 접촉 열이 전달
② **대류(Convection)** : 밀도차에 의한 공기의 순환 열이 전달
③ **복사(Radiation)**
㉠ 복사열이 전자파형태로 열이 전달
㉡ 지구에 태양열이 전달되는 것 : 복사열

해답 ④

07 그림과 같이 횡으로 설치한 원통형 위험물탱크에 대하여 탱크의 용량을 구하면 약 몇 m^3인가? (단, 공간용적은 탱크 내용적의 100분의 5로 한다.)

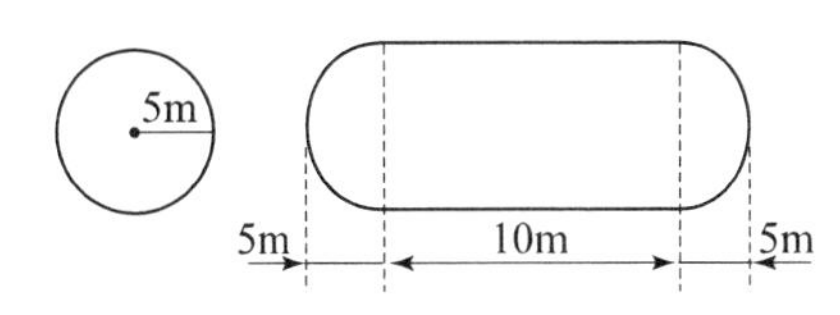

① 196.3 ② 261.6
③ 785.0 ④ 994.8

해설 ① **원형탱크의 내용적** $= \pi r^2 \left(l + \frac{l_1 + l_2}{3} \right)$

$$= \pi \times 5^2 \times \left(10 + \frac{5+5}{3} \right)$$

$$= 1047.20\,m^3$$

② **탱크의 공간용적** $= 1047.20 \times \frac{5}{100} = 52.36\,m^3$

③ **원형탱크의 용량** $= 1047.20 - 52.36$

$$= 994.84\,m^3$$

탱크 용적의 산정 기준

탱크의 용량=탱크의 내용적－공간용적

해답 ④

08 위험물안전관리법령상의 규제에 관한 설명 중 틀린 것은?

① 지정수량 미만의 위험물의 저장 · 취급 및 운반은 시 · 도의 조례에 의하여 규제한다.
② 항공기에 의한 위험물의 저장 · 취급 및 운반은 위험물안전관리법의 규제대상이 아니다.
③ 궤도에 의한 위험물의 저장 · 취급 및 운반은 위험물안전관리법의 규제대상이 아니다.
④ 선박법의 선박에 의한 위험물의 저장 · 취급 및 운반은 위험물안전관리법의 규제대상이 아니다.

해설 ① 지정수량 미만의 위험물의 저장 · 취급은 시 · 도의 조례에 의하여 규제한다.

(위험물법 제3조) 적용제외

① 항공기 ② 선박 ③ 철도 및 궤도

위험물의 규제 기준

① 지정수량 이상 : 위험물안전관리법에 따른 규제를 따른다.

② 지정수량 미만 : 시 · 도의 조례 기준에 따른다.

해답 ①

09 제4류 위험물로만 나열된 것은?

① 특수인화물, 황산, 질산

② 알코올, 황린, 니트로화합물

③ 동식물유류, 질산, 무기과산화물

④ 제1석유류, 알코올류, 특수인화물

해설 **제4류 위험물**(인화성 액체)

구 분	지정품목	기타 조건(1atm에서)
특수인화물	이황화탄소 디에틸에테르	• 발화점이 100℃ 이하 • 인화점 −20℃ 이하이고 비점이 40℃ 이하
제1석유류	아세톤 휘발유	• 인화점 21℃ 미만
알코올류	C_1~C_3까지 포화 1가 알코올(변성알코올 포함) • 메틸알코올 • 에틸알코올 • 프로필알코올	
제2석유류	등유, 경유	• 인화점 21℃ 이상 70℃ 미만
제3석유류	중유 클레오소트유	• 인화점 70℃ 이상 200℃ 미만
제4석유류	기어유 실린더유	• 인화점 200℃ 이상 250℃ 미만
동식물유류	동물의 지육 등 또는 식물의 종자나 과육으로부터 추출한 것으로서 인화점이 250℃ 미만인 것	

해답 ④

10 위험물안전관리법령상 옥내소화전설비의 비상전원은 몇 분 이상 작동할 수 있어야 하는가?

① 45분 ② 30분

③ 20분 ④ 10분

해설 **위험물 제조소에 설치하는 소화설비의 비상전원 용량**

소화설비	용도구분	비상전원
• 옥내소화전설비 • 옥외소화전설비 • 스프링클러설비	위험물제조소등	45분

해답 ①

11 니트로화합물과 같은 가연성물질이 자체 내에 산소를 함유하고 있어 공기 중의 산소를 필요로 하지 않고 자체의 산소에 의해서 연소되는 현상은?

① 자기연소 ② 등심연소

③ 훈소연소 ④ 분해연소

해설 **연소의 형태** ★★ 자주출제(필수암기)★★

① **표면연소**(surface reaction)
숯, 코크스, 목탄, 금속분

② **증발연소**(evaporating combustion)
파라핀(양초), 황, 나프탈렌, 왁스, 휘발유, 등유, 경유, 아세톤 등 제4류 위험물

③ **분해연소**(decomposing combustion)
석탄, 목재, 플라스틱, 종이, 합성수지, 중유

④ **자기연소**(내부연소)
질화면(니트로셀룰로오스), 셀룰로이드, 니트로글리세린 등 제5류 위험물

⑤ **확산연소**(diffusive burning)
아세틸렌, LPG, LNG 등 가연성 기체

⑥ **불꽃연소 + 표면연소**
목재, 종이, 셀룰로오스, 열경화성수지

해답 ①

12 제1류 위험물인 과산화나트륨의 보관용기에 화재가 발생하였다. 소화약제로 가장 적당한 것은?

① 포 소화약제 ② 물

③ 마른모래 ④ 이산화탄소

해설 **과산화나트륨**(Na_2O_2) **: 제 1류 위험물 중 무기과산화물(금수성)**

① 상온에서 물과 격렬히 반응하여 산소(O_2)를 방출하고 폭발하기도 한다.

$2Na_2O_2 + 2H_2O \rightarrow 4NaOH + O_2\uparrow$ + 발열
(과산화나트륨) (물) (수산화나트륨) (산소)
(=가성소다)

② 공기 중 이산화탄소(CO_2)와 반응하여 산소(O_2)를 방출한다.

$2Na_2O_2 + 2CO_2 \rightarrow 2Na_2CO_3 + O_2\uparrow$
(탄산나트륨)

③ 산과 반응하여 과산화수소(H_2O_2)를 생성시킨다.

$Na_2O_2 + 2CH_3COOH \rightarrow 2CH_3COONa + H_2O_2\uparrow$
(초산) (초산나트륨) (과산화수소)

④ 열분해시 산소(O_2)를 방출한다.

$2Na_2O_2 \rightarrow 2Na_2O + O_2\uparrow$
(산화나트륨) (산소)

⑤ 주수소화는 금물이고 마른모래(건조사)등으로 소화한다.

해답 ③

13 위험물안전관리법령에 따라 옥내소화전설비를 설치할 때 배관의 설치기준에 대한 설명으로 옳지 않은 것은?

① 배관용 탄소 강관(KS D 3507)을 사용할 수 있다.
② 주 배관의 입상관 구경은 최소 60mm 이상으로 한다.
③ 펌프를 이용한 가압송수장치의 흡수관은 펌프마다 전용으로 설치한다.
④ 원칙적으로 급수배관은 생활용수배관과 같이 사용 할 수 없으며 전용배관으로만 사용한다.

해설 **옥내소화전설비 전용설비의 방수구와 연결되는 배관**
① 주배관중 수직배관(입상배관)의 구경 : 50mm 이상
② 가지배관 구경 : 40mm 이상

해답 ②

14 위험물의 화재별 소화방법으로 옳지 않은 것은?

① 황린 – 분무주수에 의한 냉각소화
② 인화칼슘 – 분무주수에 의한 냉각소화
③ 톨루엔 – 포에 의한 질식소화
④ 질산메틸 – 주수에 의한 냉각소화

해설 ② 인화칼슘–마른모래에 의한 질식소화

인화칼슘(Ca_3P_2)[별명 : 인화석회] : 제3류 위험물(금수성 물질)
① 적갈색의 괴상고체
② 물 및 약산과 격렬히 반응, 분해하여 인화수소(포스핀)(PH_3)을 생성한다.

• $Ca_3P_2 + 6H_2O \rightarrow 3Ca(OH)_2 + 2PH_3$
• $Ca_3P_2 + 6HCl \rightarrow 3CaCl_2 + 2PH_3$
(포스핀 = 인화수소)

③ 포스핀은 맹독성가스이므로 취급시 방독마스크를 착용한다.
④ 물 및 포약제의 의한 소화는 절대 금하고 마른 모래 등으로 피복하여 자연 진화되도록 기다린다.

해답 ②

15 옥내에서 지정수량 100배 이상을 취급하는 일반취급소에 설치하여야 하는 경보설비는? (단, 고인화점 위험물만을 취급하는 경우는 제외한다.)

① 비상경보설비
② 자동화재탐지설비
③ 비상방송설비
④ 비상벨설비 및 확성장치

해설 **자동화재탐지설비 설치대상**
지정수량의 100배 이상을 저장 또는 취급하는 제조소, 일반취급소, 옥내저장소

해답 ②

16 강화액소화기에 대한 설명이 아닌 것은?

① 알칼리 금속염류가 포함된 고농도의 수용액이다.
② A급 화재에 적응성이 있다.
③ 어는점이 낮아서 동절기에도 사용이 가능하다.
④ 물의 표면장력을 강화시킨 것으로 심부화재에 효과적이다.

해설 **강화액 소화기**
① 물의 빙점(어는점)이 낮은 단점을 강화시킨 탄산칼륨(K_2CO_3) 수용액
② 내부에 황산(H_2SO_4)이 있어 탄산칼륨과 화학반응에 의한 CO_2가 압력원이 된다.

$H_2SO_4 + K_2CO_3 \rightarrow K_2SO_4 + H_2O + CO_2\uparrow$

③ 무상인 경우 A, B, C 급 화재에 모두 적응한다.

④ 소화약제의 pH는 12이다.(알카리성)
⑤ 어는점(빙점)이 약 −17℃~−30℃로 매우 낮아 추운 지방에서 사용
⑥ 강화액 소화제는 알카리성을 나타낸다.

해답 ④

17 인화점이 섭씨 200℃ 미만인 위험물을 저장하기 위하여 높이가 15m 이고 지름이 18m 인 옥외저장탱크를 설치하는 경우 옥외저장탱크와 방유제와의 사이에 유지하여야 하는 거리는?

① 5.0m 이상　② 6.0m 이상
③ 7.5m 이상　④ 9.0m 이상

해설 **옥외저장탱크의 방유제**

탱크의 지름	탱크의 옆판으로부터 거리
15m 미만	탱크 높이의 3분의 1 이상
15m 이상	탱크 높이의 2분의 1 이상

① 탱크의 지름 : 18m　탱크의 높이 : 15m
② 탱크의 지름이 15m 이상이므로 탱크의 옆판으로부터 거리(L)는 탱크 높이의 2분의 1 이상
③ $L = 15 \times \frac{1}{2} = 7.5\text{m}$ 이상

해답 ③

18 금속칼륨에 대한 초기의 소화약제로서 적합한 것은?

① 물　② 마른모래
③ CCl_4　④ CO_2

해설 **칼륨(K) : 제3류 위험물 중 금수성 물질**
① 가열시 보라색 불꽃을 내면서 연소한다.
② 물과 반응하여 수소 및 열을 발생한다. (금수성 물질)

$2K + 2H_2O \rightarrow 2KOH$(수산화칼륨) $+ H_2\uparrow$ (수소)

③ 보호액으로 파라핀, 경유, 등유를 사용한다.
④ 피부와 접촉 시 화상을 입는다.
⑤ 마른모래 등으로 질식 소화한다.
⑥ 화학적으로 활성이 대단히 크고 알코올과 반응하여 수소를 발생시킨다.

$2K + 2C_2H_5OH \rightarrow 2C_2H_5OK + H_2\uparrow$
(에틸알코올) (칼륨에틸레이트)

해답 ②

19 위험물을 취급함에 있어서 정전기를 유효하게 제거하기 위한 설비를 설치하고자 한다. 위험물안전관리법령상 공기 중의 상대 습도를 몇 % 이상 되게 하여야 하는가?

① 50　② 60
③ 70　④ 80

해설 **정전기 방지대책**
① 접지와 본딩
② 공기를 이온화
③ 상대습도 70% 이상 유지

해답 ③

20 위험물안전관리법령에 따른 자동화재탐지설비의 설치기준에서 하나의 경계구역의 면적은 얼마 이하로 하여야 하는가? (단, 해당 건축물 그 밖의 공장물의 주요한 출입구에서 그 내부의 전체를 볼 수 없는 경우이다.)

① $500m^2$　② $600m^2$
③ $800m^2$　④ $1000m^2$

해설 **자동화재탐지설비의 설치기준**
① 경계구역은 건축물 그 밖의 공작물의 2 이상의 층에 걸치지 아니하도록 할 것.
② 하나의 경계구역의 면적은 $600m^2$ 이하로 하고 그 한변의 길이는 50m(광전식분리형 감지기를 설치할 경우에는 100m)이하로 할 것. 다만, 당해 건축물 그 밖의 공작물의 주요한 출입구에서 그 내부의 전체를 볼 수 있는 경우에 있어서는 그 면적을 $1,000m^2$ 이하로 할 수 있다.
③ 감지기는 지붕 또는 벽의 옥내에 면한 부분에 유효하게 화재의 발생을 감지할 수 있도록 설치할 것
④ 비상전원을 설치할 것

해답 ②

21 위험물안전관리법령상 위험물에 해당하는 것은?

① 황산
② 비중이 1.41 인 질산
③ 53마이크로미터의 표준체를 통과하는 것

이 50중량% 미만인 철의 분말
④ 농도가 40중량% 인 과산화수소

해설 위험물의 판단기준

① **유황** : 순도가 60중량% 이상인 것을 말한다. 이 경우 순도측정에 있어서 불순물은 활석등 불연성물질과 수분에 한한다.
② **철분** : 철의 분말로서 53μm의 표준체를 통과하는 것이 50중량% 미만인 것은 제외
③ **금속분** : 알칼리금속 · 알칼리토금속 · 철 및 마그네슘 외의 금속의 분말을 말하고, 구리분 · 니켈분 및 150μm의 체를 통과하는 것이 50중량% 미만인 것은 제외
④ **마그네슘**은 다음 각목의 1에 해당하는 것은 제외한다.
 ㉠ 2mm의 체를 통과하지 아니하는 덩어리 상태의 것
 ㉡ 직경 2mm 이상의 막대 모양의 것
⑤ **인화성고체** : 고형알코올 그 밖에 1기압에서 인화점이 섭씨 40도 미만인 고체
⑥ **제6류**

종 류	기 준
과산화수소	농도 36중량% 이상
질산	비중 1.49 이상

해답 ④

22 위험물안전관리법령에 의한 위험물 운송에 관한 규정으로 틀린 것은?

① 이동탱크저장소에 의하여 위험물을 운송하는 자는 당해 위험물을 취급할 수 있는 국가기술자격자 또는 안전교육을 받은 자이어야 한다.
② 안전관리자 · 탱크시험자 · 위험물운송자 등 위험물의 안전관리와 관련된 업무를 수행하는 자는 시 · 도지사가 실시하는 안전교육을 받아야 한다.
③ 운송책임자의 범위, 감독 또는 지원의 방법 등에 관한 구체적인 기준은 행정안전부령으로 정한다.
④ 위험물운송자는 행정안전부령이 정하는 기준을 준수하는 등 당해 위험물의 안전확보를 위해 세심한 주의를 기울여야 한다.

해설 ② 시, 도지사 ⇒ 소방청장

위험물안전관리법 제28조 (안전교육)
안전관리자 · 탱크시험자 · 위험물운반자 · 위험물운송자 등 위험물의 안전관리와 관련된 업무를 수행하는 자로서 대통령령이 정하는 자는 해당 업무에 관한 능력의 습득 또는 향상을 위하여 소방청장이 실시하는 교육을 받아야 한다.

해답 ②

23 과산화바륨의 성질에 대한 설명 중 틀린 것은?

① 고온에서 열분해하여 산소를 발생한다.
② 황산과 반응하여 과산화수소를 만든다.
③ 비중은 약 4.96 이다.
④ 온수와 접촉하면 수소가스를 발생한다.

해설 과산화바륨의 일반적 성질

① 탄산가스와 반응하여 탄산염과 산소 발생

$2BaO_2 + 2CO_2 \rightarrow 2BaCO_3 + O_2\uparrow$
(탄산바륨) (산소)

② 염산과 반응하여 염화바륨과 과산화수소 생성

$BaO_2 + 2HCl \rightarrow BaCl_2 + H_2O_2\uparrow$
(염화바륨) (과산화수소)

③ 가열 또는 온수와 접촉하면 산소가스를 발생

가열 $2BaO_2 \rightarrow 2BaO + O_2\uparrow$
(산화바륨) (산소)

온수와 반응 $2BaO_2 + 2H_2O \rightarrow 2Ba(OH)_2 + O_2\uparrow$
(수산화바륨) (산소)

④ 테르밋의 점화제 용도로 사용

테르밋(thermit)
알루미늄과 산화철(酸化鐵)의 분말을 동일한 양으로 혼합한 혼합물. 점화하면 3000℃의 고온을 내므로 철이나 강(鋼)의 용접에 사용한다.

해답 ④

24 과염소산칼륨의 일반적인 성질에 대한 설명 중 틀린 것은?

① 강한 산화제이다.
② 불연성 물질이다.
③ 과일향이 나는 보라색 결정이다.
④ 가열하여 완전 분해시키면 산소를 발생한

다.

해설 ③ 무색 무취의 백색 사방정계 결정이다.

과염소산칼륨($KClO_4$) **: 제1류 위험물 중 과염소산염류**

① 무색무취의 백색 사방정계 결정이다.
② 물에 녹기 어렵고 알코올, 에테르에 불용
③ 진한 황산과 접촉 시 폭발성이 있다.
④ 분자량 : 138, 비중 : 2.5, 융점 : 610℃
⑤ 유황, 탄소, 유기물등과 혼합 시 가열, 충격, 마찰에 의하여 폭발한다.
⑥ 400℃에서 분해가 시작되어 600℃에서 완전 분해하여 산소를 발생한다.

$KClO_4 \rightarrow KCl$(염화칼륨) $+ 2O_2 \uparrow$ (산소)

⑦ 산화제로서 로켓 연료 · 폭약 · 불꽃놀이용 등의 원재료로 사용된다.

해답 ③

25 물과 접촉하면 위험성이 증가하므로 주수소화를 할 수 없는 물질은?

① $C_6H_2CH_3(NO_2)_3$ ② $NaNO_3$
③ $(C_2H_5)_3Al$ ④ $(C_6H_5CO)_2O_2$

해설 **알킬알루미늄**$[(C_nH_{2n+1}) \cdot Al]$ **: 제3류 위험물(금수성 물질)**

① 알킬기(C_nH_{2n+1})에 알루미늄(Al)이 결합된 화합물이다.
② $C_1 \sim C_4$는 자연발화의 위험성이 있다.
③ 물과 접촉 시 가연성 가스 발생하므로 주수소화는 절대 금지한다.
④ 트리메틸알루미늄
(TMA : Tri Methyl Aluminium)

$(CH_3)_3Al + 3H_2O \rightarrow Al(OH)_3 + 3CH_4 \uparrow$ (메탄)

⑤ 트리에틸알루미늄
(TEA : Tri Eethyl Aluminium)

$(C_2H_5)_3Al + 3H_2O \rightarrow Al(OH)_3 + 3C_2H_6 \uparrow$ (에탄)

⑥ 저장용기에 불활성기체(N_2)를 봉입한다.
⑦ 피부접촉 시 화상을 입히고 연소 시 흰 연기가 발생한다.
⑧ 소화 시 주수소화는 절대 금하고 팽창질석, 팽창진주암 등으로 피복소화한다.

해답 ③

26 위험물에 대한 설명으로 옳은 것은?

① 적린은 암적색의 분말로서 조해성이 있는 자연발화성물질이다.
② 황화린은 황색의 액체이며 상온에서 자연분해하여 이산화황과 오산화인을 발생한다.
③ 유황은 미황색의 고체 또는 분말이며 많은 이성질체를 갖고 있는 전기 도체이다.
④ 황린은 가연성 물질이며 마늘냄새가 나는 맹독성 물질이다.

해설 **황린**(P_4)**[별명 : 백린] : 제3류 위험물(자연발화성 물질)**

① 백색 또는 담황색의 고체이다.
② 공기 중 약 40~50℃에서 자연 발화한다.
③ 저장 시 자연 발화성이므로 반드시 물속에 저장한다.
④ 인화수소(PH_3)의 생성을 방지하기 위하여 물의 pH=9가 안전한계이다.
⑤ 물의 온도가 상승 시 황린의 용해도가 증가되어 산성화속도가 빨라진다.
⑥ 연소 시 오산화인(P_2O_5)의 흰 연기가 발생한다.

$P_4 + 5O_2 \rightarrow 2P_2O_5$(오산화인)

⑦ 강알칼리의 용액에서는 유독기체인 포스핀(PH_3) 발생한다. 따라서 저장시 물의 pH(수소이온농도)는 9를 넘어서는 안된다.

$P_4 + 3NaOH + 3H_2O \rightarrow 3NaH_2PO_2 + PH_3 \uparrow$
(인화수소=포스핀)

⑧ 약 250℃로 가열(공기차단)시 적린이 된다.
⑨ 피부 접촉 시 화상을 입는다.
⑩ 소화는 물분무, 마른모래 등으로 질식소화한다.
⑪ 고압의 주수소화는 황린을 비산시켜 연소면이 확대될 우려가 있다.

해답 ④

27 지정수량이 200kg 인 물질은?

① 질산 ② 피크린산
③ 질산메틸 ④ 과산화벤조일

해설 ① 질산-제6류-300kg
② 피크린산-제5류-니트로화합물-200kg

③ 질산메틸-제5류 질산에스테르류-10kg
④ 과산화벤조일-제5류-유기과산화물-10kg

제5류 위험물 및 지정수량

성질	품 명	지정수량	위험등급
자기반응성물질	1. 유기과산화물 2. 질산에스테르류	10kg	Ⅰ
	3. 니트로화합물 4. 니트로소화합물 5. 아조화합물 6. 디아조화합물 7. 히드라진 유도체	200kg	Ⅱ
	8. 히드록실아민 9. 히드록실아민염류	100kg	

해답 ②

28 위험물안전관리법령상 제6류 위험물이 아닌 것은?

① H_3PO_4 ② IF_5
③ BrF_5 ④ BrF_3

해설 **제6류 위험물(산화성 액체)**

성질	품 명	판단기준	지정수량	위험등급
산화성액체	• 과염소산($HClO_4$)		300kg	Ⅰ
	• 과산화수소(H_2O_2)	농도 36중량% 이상		
	• 질산(HNO_3)	비중 1.49 이상		
	• 할로겐간화합물 ① 삼불화브롬(BrF_3) ② 오불화브롬(BrF_5) ③ 오불화요오드(IF_5)			

위험물의 기준

종류	기준
유황	• 순도 60% 이상
철분	• 53μm통과하는 것이 50% 미만은 제외
마그네슘	• 2mm체를 통과 못하는 것 제외 • 직경 2mm 이상 막대모양 제외
과산화수소	• 순도 36% 이상
질산	• 비중 1.49 이상

해답 ①

29 제4류 위험물의 공통적인 성질이 아닌 것은?

① 대부분 물보다 가볍고 물에 녹기 어렵다.
② 공기와 혼합된 증기는 연소의 우려가 있다.
③ 인화되기 쉽다.
④ 증기는 공기보다 가볍다.

해설 **제4류 위험물의 공통적 성질**
① 대단히 인화되기 쉬운 인화성액체이다.
② 증기는 공기보다 무겁다.(증기비중=분자량/공기평균분자량(28.84))
③ 증기는 공기와 약간 혼합되어도 연소한다.
④ 일반적으로 액체비중은 물보다 가볍고 물에 잘 안녹는다.
⑤ 착화온도가 낮은 것은 매우 위험하다.
⑥ 연소하한이 낮고 정전기에 폭발우려가 있다.
⑦ 전기의 부도체이다.

해답 ④

30 수소화나트륨의 소화약제로 적당하지 않은 것은?

① 물 ② 건조사
③ 팽창질석 ④ 팽창진주암

해설 **수소화나트륨**(NaH) : 제3류 위험물(금수성 물질)

$NaH + H_2O \rightarrow NaOH + H_2$
(수소화나트륨) (물) (수산화나트륨=가성소다) (수소)

해답 ①

31 과염소산나트륨의 성질이 아닌 것은?

① 수용성이다.
② 조해성이 있다.
③ 분해온도는 약 400℃ 이다.
④ 물보다 가볍다.

해설 **과염소산나트륨**($NaClO_4$)
① 조해성이 있는 백색 분말이다.
② 물, 알코올, 아세톤에 잘 녹고 에테르에 불용
③ 유기물등과 혼합 시 가열, 충격, 마찰에 의하여 폭발한다.
④ 400℃ 이상에서 분해되면서 산소를 방출한다.

해답 ④

32 위험물제조소의 위치 · 구조 및 설비의 기준에 대한 설명 중 틀린 것은?

① 벽 · 기둥 · 바닥 · 보 · 서까래는 내화재

료로 하여야 한다.

② 제조소의 표지판은 한 변이 30cm, 다른 한 변이 60cm 이상의 크기로 한다.

③ "화기엄금"을 표시하는 게시판은 적색바탕에 백색문자로 한다.

④ 지정수량 10배를 초과한 위험물을 취급하는 제조소는 보유공지의 너비가 5m 이상이어야 한다.

해설 **위험물 제조소 건축물의 구조 기준**

① 지하층이 없도록 하여야 한다

② 벽 · 기둥 · 바닥 · 보 · 서까래 및 계단을 불연재료로 하고, 연소(延燒)의 우려가 있는 외벽은 개구부가 없는 내화구조의 벽으로 하여야 한다.

③ 지붕은 폭발력이 위로 방출될 정도의 가벼운 불연재료로 덮어야 한다.

④ 출입구와 비상구에는 갑종 방화문 또는 을종 방화문을 설치하되, 연소의 우려가 있는 외벽에 설치하는 출입구에는 수시로 열 수 있는 자동폐쇄식의 갑종방화문을 설치하여야 한다.

⑤ 건축물의 창 및 출입구에 유리를 이용하는 경우에는 망입유리로 하여야 한다.

⑥ 액체의 위험물을 취급하는 건축물의 바닥은 위험물이 스며들지 못하는 재료를 사용하고, 적당한 경사를 두어 그 최저부에 집유설비를 하여야 한다.

해답 ①

33 물과 작용하여 메탄과 수소를 발생시키는 것은?

① Al_4C_3　② Mn_3C

③ Na_2C_2　④ MgC_2

해설

$$Mn_3C + 6H_2O \rightarrow 3Mn(OH)_2 + CH_4 + H_2\uparrow$$

(수산화망간)　(메탄)　(수소)

해답 ②

34 트리니트로톨루엔의 작용기에 해당하는 것은?

① $-NO$　② $-NO_2$

③ $-NO_3$　④ $-NO_4$

해설 **트리니트로톨루엔**[$C_6H_2CH_3(NO_2)_3$] : 제5류 위험물 중 니트로화합물

① 물에는 녹지 않고 알코올, 아세톤, 벤젠에 녹는다.

② 비중은 1.7인 결정체이다.

③ Tri Nitro Toluene의 약자로 TNT라고도 한다.

④ 담황색의 주상결정이며 햇빛에 다갈색으로 변색된다.

⑤ 강력한 폭약이며 급격한 타격에 폭발한다.

$$2C_6H_2CH_3(NO_2)_3 \rightarrow 2C + 12CO + 3N_2\uparrow + 5H_2\uparrow$$

⑥ 연소 시 연소속도가 너무 빠르므로 소화가 곤란하다.

⑦ 무기 및 다이나마이트, 질산폭약제 제조에 이용된다.

해답 ②

35 연면적이 1000제곱미터이고 지정수량이 80배의 위험물을 취급하며 지반면으로부터 5미터 높이에 위험물 취급설비가 있는 제조소의 소화난이도등급은?

① 소화난이도등급 Ⅰ

② 소화난이도등급 Ⅱ

③ 소화난이도등급 Ⅲ

④ 소화난이도등급 Ⅳ

해설 **소화난이도등급 Ⅰ에 해당하는 제조소등**

제조소등의 구분	제조소등의 규모, 저장 또는 취급하는 위험물의 품명 및 최대수량 등
제조소 일반취급소	**연면적 1,000m^2 이상**인 것
	지정수량의 100배 이상인 것(고인화점위험물만을 100℃ 미만의 온도에서 취급하는 것 및 제48조의 위험물을 취급하는 것은 제외)
	지반면으로 부터 **6m 이상**의 높이에 위험물 취급설비가 있는 것(고인화점위험물만을 100℃ 미만의 온도에서 취급하는 것은 제외)
	일반취급소로 사용되는 부분 외의 부분을 갖는 건축물에 설치된 것(내화구조로 개구부 없이 구획 된 것 및 고인화점위험물만을 **100℃ 미만**의 온도에서 취급하는 것은 **제외**)

해답 ①

36 위험물안전관리법령상 운송책임자의 감독 · 지원을 받아 운송하여야 하는 위험물은?

① 특수인화물 ② 알킬리튬
③ 질산구아닌딘 ④ 히드라진 유도체

해설 **운송책임자의 감독 · 지원을 받아 운송하는 위험물**
① 알킬알루미늄
② 알킬리튬
③ 알킬알루미늄 또는 알킬리튬의 물질을 함유하는 위험물

해답 ②

37 위험물안전관리법령상 위험등급이 나머지 셋과 다른 하나는?

① 알코올류 ② 제2석유류
③ 제3석유류 ④ 동식물유류

해설 ① 알코올류 -2등급 ② 제2석유류 -3등급
③ 제3석유류-3등급 ④ 동식물유류-3등급

위험물의 등급 분류

위험등급	해당 위험물
위험등급 I	① 제1류 위험물 중 아염소산염류, 염소산염류, 과염소산염류, 무기과산화물, 그 밖에 지정수량이 50kg인 위험물 ② 제3류 위험물 중 칼륨, 나트륨, 알킬알루미늄, 알킬리튬, 황린, 그 밖에 지정수량이 10kg 또는 20kg인 위험물 ③ 제4류 위험물 중 특수인화물 ④ 제5류 위험물 중 유기과산화물, 질산에스테르류, 그 밖에 지정수량이 10kg인 위험물 ⑤ 제6류 위험물
위험등급 II	① 제1류 위험물 중 브롬산염류, 질산염류, 요오드산염류, 그 밖에 지정수량이 300kg인 위험물 ② 제2류 위험물 중 황화린, 적린, 유황 그 밖에 지정수량이 100kg인 위험물 ③ 제3류 위험물 중 알칼리금속(칼륨, 나트륨 제외) 및 알칼리토금속, 유기금속화합물(알킬알루미늄 및 알킬리튬은 제외) 그 밖에 지정수량이 50kg인 위험물 ④ 제4류 위험물 중 제1석유류, 알코올류 ⑤ 제5류 위험물 중 위험등급 I 위험물 외의 것
위험등급 III	위험등급 I, II 이외의 위험물

해답 ①

38 다음 위험물 중 상온에서 액체인 것은?

① 질산에틸 ② 트리니트로톨루엔
③ 셀룰로이드 ④ 피크린산

해설 **질산에틸($C_2H_5NO_3$) : 제5류 위험물 중 질산에스테르류**
① 무색투명한 액체이고 비수용성(물에 녹지 않음)이다.
② 단맛이 있고 알코올, 에테르에 녹는다.
③ 에탄올을 진한 질산에 작용시켜서 얻는다.
$C_2H_5OH + HNO_3 \rightarrow C_2H_5ONO_2 + H_2O$
④ 비중 1.11, 끓는점 88℃을 가진다.
⑤ 인화점(10℃)이 낮아서 인화의 위험이 매우 크다.

해답 ①

39 위험물제조소의 게시판에 "화기주의"라고 쓰여 있다. 제 몇 류 위험물 제조소인가?

① 제1류 ② 제2류
③ 제3류 ④ 제4류

해설 **게시판의 설치기준**
① 한 변의 길이가 0.3m 이상, 다른 한 변의 길이가 0.6m 이상인 직사각형으로 할 것
② 위험물의 유별 · 품명 및 저장최대수량 또는 취급최대수량, 지정수량의 배수 및 안전 관리자의 성명 또는 직명을 기재할 것
③ 게시판의 바탕은 백색으로, 문자는 흑색으로 할 것
④ 저장 또는 취급하는 위험물에 따라 주의사항 게시판을 설치할 것

위험물의 종류	주의사항 표시	게시판의 색
제1류(알칼리금속 과산화물) 제3류(금수성 물품)	물기엄금	청색바탕에 백색문자
제2류(인화성 고체 제외)	화기주의	적색바탕에 백색문자
제2류(인화성 고체) 제3류(자연발화성 물품) 제4류 제5류	화기엄금	

해답 ②

40 제6류 위험물에 대한 설명으로 옳은 것은?

① 과염소산은 특성은 없지만 폭발의 위험이 있으므로 밀폐하여 보관한다.
② 과산화수소는 농도가 3% 이상일 때 단독으로 폭발하므로 취급에 주의한다.

③ 질산은 자연발화의 위험이 높으므로 저온 보관한다.

④ 할로겐간화합물의 지정수량은 300kg 이다.

해설 **제6류 위험물의 공통적인 성질**

① 자신은 불연성이고 산소를 함유한 강산화제이다.

② 분해에 의한 산소발생으로 다른 물질의 연소를 돕는다.

③ 액체의 비중은 1보다 크고 물에 잘 녹는다.

④ 물과 접촉 시 발열한다.

⑤ 증기는 유독하고 부식성이 강하다.

제6류 위험물(산화성액체)

성질	품 명	판단기준	지정수량	위험등급
산화성액체	• 과염소산($HClO_4$)		300 kg	I
	• 과산화수소(H_2O_2)	농도 36중량% 이상		
	• 질산(HNO_3)	비중 1.49 이상		
	• 할로겐간화합물 ① 삼불화브롬(BrF_3) ② 오불화브롬(BrF_5) ③ 오불화요오드(IF_5)			

해답 ④

41 적린의 성질에 대한 설명 중 틀린 것은?

① 물이나 이황화탄소에 녹지 않는다.

② 발화온도는 약 200℃ 정도이다.

③ 연소할 때 인화수소 가스가 발생한다.

④ 산화제가 섞여 있으면 마찰에 의해 착화하기 쉽다.

해설 **적린**(P) **: 제2류 위험물(가연성 고체)**

① 물에 잘 녹지 않는다.

② 황린의 동소체이며 황린보다 안정하다.

③ 공기 중에서 자연발화하지 않는다.
(발화점 : 260℃, 승화점 : 460℃)

④ 황린을 공기차단상태에서 가열, 냉각 시 적린으로 변한다.

⑤ 성냥, 불꽃놀이 등에 이용된다.

⑥ 연소 시 오산화인(P_2O_5)이 생성된다.

$4P + 5O_2 \rightarrow 2P_2O_5$(오산화인)

해답 ③

42 트리니트로페놀의 성상에 대한 설명 중 틀린 것은?

① 융점은 약 61℃이고 비점은 약 120℃이다.

② 쓴 맛이 있으며 독성이 있다.

③ 단독으로 마찰, 충격에 비교적 안정하다.

④ 알코올, 에테르, 벤젠에 녹는다.

해설 **피크린산 = 피크르산**[$C_6H_2(NO_2)_3OH$]
(TNP : Tri Nitro Phenol) : 제5류 니트로화합물

① 융점은 약 122℃이고 비점은 약 255℃이다.

② 침상결정이며 냉수에는 약간 녹고 더운물, **알코올, 벤젠 등에 잘 녹는다.**

③ 쓴맛과 독성이 있다

④ 피크르산 또는 트리니트로페놀(Tri Nitro phenol)의 약자로 TNP라고도 한다.

⑤ 단독으로 타격, 마찰에 비교적 둔감하다.

⑥ 연소 시 검은 연기를 내고 폭발성은 없다.

⑦ 휘발유, 알코올, 유황과 혼합된 것은 마찰, 충격에 폭발한다.

⑧ 화약, 불꽃놀이에 이용된다.

해답 ①

43 위험물안전관리법령에서 제3류 위험물에 해당하지 않는 것은?

① 알칼리금속 ② 칼륨

③ 황화린 ④ 황린

해설 **제3류 위험물 및 지정수량**

성 질	품 명	지정수량	위험등급
자연발화성 및 금수성물질	1. 칼륨 2. 나트륨 3. 알킬알루미늄 4. 알킬리튬	10kg	I
	5. 황린	20kg	
	6. 알칼리금속(칼륨 및 나트륨 제외) 및 알칼리토금속 7. 유기금속화합물(알킬알루미늄 및 알킬리튬 제외)	50kg	II
	8. 금속의 수소화물 9. 금속의 인화물 10. 칼슘 또는 알루미늄의 탄화물	300kg	

해답 ③

44 위험물안전관리법령상 정기점검 대상인 제조소등의 조건이 아닌 것은?

① 예방규정 작성대상인 제조소등
② 지하탱크저장소
③ 이동탱크저장소
④ 지정수량 5배의 위험물을 취급하는 옥외탱크를 둔 제조소

해설 **정기점검의 대상인 제조소등**
① 지정수량의 10배 이상의 위험물을 취급하는 제조소
② 지정수량의 100배 이상의 위험물을 저장하는 옥외저장소
③ 지정수량의 150배 이상의 위험물을 저장하는 옥내저장소
④ 지정수량의 200배 이상의 위험물을 저장하는 옥외탱크저장소
⑤ 암반탱크저장소
⑥ 이송취급소
⑦ 지정수량의 10배 이상의 위험물을 취급하는 일반취급소
⑧ 지하탱크저장소
⑨ 이동탱크저장소
⑩ 위험물을 취급하는 탱크로서 지하에 매설된 탱크가 있는 제조소 · 주유취급소 또는 일반취급소

해답 ④

45 Ca_3P_2 600kg을 저장하려 한다. 지정수량의 배수는 얼마인가?

① 2배　　② 3배
③ 4배　　④ 5배

해설 ① Ca_3P_2–인화칼슘
–제3류 금속의 인화합물
–300kg

② 지정수량의 배수$=\dfrac{\text{저장수량}}{\text{지정수량}}=\dfrac{600\text{kg}}{300\text{kg}}$
$=2$배

제3류 위험물 및 지정수량

성 질	품 명	지정 수량	위험 등급
자연발화성 및 금수성물질	1. 칼륨 2. 나트륨 3. 알킬알루미늄 4. 알킬리튬	10kg	Ⅰ
	5. 황린	20kg	Ⅰ
	6. 알칼리금속(칼륨 및 나트륨 제외) 및 알칼리토금속 7. 유기금속화합물(알킬알루미늄 및 알킬리튬 제외)	50kg	Ⅱ
	8. 금속의 수소화물 9. 금속의 인화물 10. 칼슘 또는 알루미늄의 탄화물	300kg	Ⅱ

해답 ①

46 디에틸에테르의 보관 · 취급에 관한 설명으로 틀린 것은?

① 용기는 밀봉하여 보관한다.
② 환기가 잘 되는 곳에 보관한다.
③ 정전기가 발생하지 않도록 취급한다.
④ 저장용기에 빈 공간이 없게 가득 채워 보관한다.

해설 **디에틸에테르**($C_2H_5OC_2H_5$) **: 제4류 위험물 중 특수인화물**
① 직사광선에 장시간 노출 시 과산화물 생성

과산화물 생성 확인방법
디에틸에테르 + KI용액(10%) → 황색변화(1분 이내)

② 용기에는 5% 이상 10% 이하의 안전공간 확보할 것
③ 정전기 발생방지를 위하여 소량의 염화칼슘($CaCl_2$)을 첨가한다.
④ 용기는 갈색병을 사용하며 냉암소에 보관
⑤ 강산화제와 접촉 시 격렬하게 반응하여 발화위험이 있다.
⑥ 용기는 밀폐하여 증기의 누출방지

해답 ④

47 아닐린에 대한 설명으로 옳은 것은?

① 특유의 냄새를 가진 기름상 액체이다.
② 인화점이 0℃ 이하이어서 상온에서 인화

의 위험이 높다.

③ 황산과 같은 강산화제와 접촉하면 중화되어 안정하게 된다.

④ 증기는 공기와 혼합하여 인화, 폭발의 위험은 없는 안정한 상태가 된다.

해설 **아닐린**($C_6H_5NH_2$) : **제4류 3석유류**

① 특유의 냄새를 가진 기름 모양의 무색 액체
② 물에 녹지 않는다.
③ 염산과 반응하여 염산염(이온화합물)을 만들므로 염기성이다.

해답 ①

48 벤젠의 저장 및 취급시 주의사항에 대한 설명으로 틀린 것은?

① 정전기 발생에 주의한다.
② 피부에 닿지 않도록 주의한다.
③ 증기는 공기보다 가벼워 높은 곳에 체류하므로 환기에 주의한다.
④ 통풍이 잘되는 서늘하고 어두운 곳에 저장한다.

해설 **벤젠**(C_6H_6 : Benzene) : **제4류 위험물 중 제1석유류**

① 착화온도 : 562℃
② 벤젠증기는 마취성 및 독성이 강하다.
③ 비수용성(물에 녹지 않음)이며 알코올, 아세톤, 에테르에는 용해.
④ 취급 시 정전기에 유의해야 한다.
⑤ 증기는 공기보다 무거워 낮은 곳에 체류하므로 환기에 주의한다.

해답 ③

49 질산칼륨의 성질에 해당하는 것은?

① 무색 또는 흰색 결정이다.
② 물과 반응하면 폭발의 위험이 있다.
③ 물에 녹지 않으나 알코올에 잘 녹는다.
④ 황산, 목분과 혼합하면 흑색화약이 된다.

해설 **질산칼륨**(KNO_3) : **제1류 위험물(산화성고체)**

① 무색 또는 흰색 결정이다.
② 질산칼륨에 숯가루, 유황가루를 혼합하여 흑색화약제조에 사용한다.
③ 열분해하여 산소를 방출한다.

$2KNO_3 \rightarrow 2KNO_2$(아질산칼륨) $+ O_2\uparrow$

④ 물, 글리세린에는 잘 녹으나 알코올에는 잘 녹지 않는다.
⑤ 유기물 및 강산과 접촉 시 매우 위험하다.
⑥ 소화는 주수소화방법이 가장 적당하다.

해답 ①

50 위험물제조소등에 자체소방대를 두어야 할 대상의 위험물안전관리법령상 기준으로 옳은 것은? (단, 원칙적인 경우에 한한다.)

① 지정수량 3000배 이상의 위험물을 저장하는 저장소 또는 제조소
② 지정수량 3000배 이상의 위험물을 취급하는 제조소 또는 일반취급소
③ 지정수량 3000배 이상의 제4류 위험물을 저장하는 저장소 또는 제조소
④ 지정수량 3000배 이상의 제4류 위험물을 취급하는 제조소 또는 일반취급소

해설 **자체소방대를 설치하여야 하는 사업소**

① 지정수량의 3천배 이상의 제4류 위험물을 취급하는 제조소 또는 일반취급소
(단, 보일러로 위험물을 소비하는 일반취급소 등 일반취급소를 제외)
② 지정수량의 50만배 이상의 제4류 위험물을 저장하는 옥외탱크저장소

예방규정을 정하여야 하는 제조소등

① 지정수량의 10배 이상 제조소
② 지정수량의 100배 이상 옥외저장소
③ 지정수량의 150배 이상 옥내저장소
④ 지정수량의 200배 이상 옥외탱크저장소
⑤ 암반탱크저장소
⑥ 이송취급소
⑦ 지정수량의 10배 이상 일반취급소

해답 ④

51 [보기]의 위험물을 위험등급 Ⅰ, 위험등급 Ⅱ, 위험등급 Ⅲ의 순서로 옳게 나열한 것은?

[보기] 황린, 인화칼슘, 리튬

① 황린, 인화칼슘, 리튬
② 황린, 리튬, 인화칼슘
③ 인화칼슘, 황린, 리튬
④ 인화칼슘, 리튬, 황린

해설 ① 황린-Ⅰ, 인화칼슘-Ⅲ, 리튬-Ⅱ
② 황린-Ⅰ, 리튬-Ⅱ, 인화칼슘-Ⅲ
③ 인화칼슘-Ⅲ, 황린-Ⅰ, 리튬-Ⅱ
④ 인화칼슘-Ⅲ, 리튬-Ⅱ, 황린-Ⅰ

위험물의 등급 분류

위험등급	해당 위험물
위험등급 Ⅰ	① 제1류 위험물 중 아염소산염류, 염소산염류, 과염소산염류, 무기과산화물, 그 밖에 지정수량이 50kg인 위험물 ② 제3류 위험물 중 칼륨, 나트륨, 알킬알루미늄, 알킬리튬, 황린, 그 밖에 지정수량이 10kg 또는 20kg인 위험물 ③ 제4류 위험물 중 특수인화물 ④ 제5류 위험물 중 유기과산화물, 질산에스테르류, 그 밖에 지정수량이 10kg인 위험물 ⑤ 제6류 위험물
위험등급 Ⅱ	① 제1류 위험물 중 브롬산염류, 질산염류, 요오드산염류, 그 밖에 지정수량이 300kg인 위험물 ② 제2류 위험물 중 황화린, 적린, 유황 그 밖에 지정수량이 100kg인 위험물 ③ 제3류 위험물 중 알칼리금속(칼륨, 나트륨 제외) 및 알칼리토금속, 유기금속화합물(알킬알루미늄 및 알킬리튬은 제외) 그 밖에 지정수량이 50kg인 위험물 ④ 제4류 위험물 중 제1석유류, 알코올류 ⑤ 제5류 위험물 중 위험등급 Ⅰ 위험물 외의 것
위험등급 Ⅲ	위험등급 Ⅰ, Ⅱ 이외의 위험물

해답 ②

52 휘발유에 대한 설명으로 옳지 않은 것은?

① 지정수량은 200리터이다.
② 전기의 불량도체로서 정전기 축적이 용이하다.
③ 원유의 성질·상태·처리방법에 따라 탄화수소의 혼합비율이 다르다.
④ 발화점은 -43 ~-20℃ 정도이다.

해설 **가솔린**(휘발유) : **제4류 제1석유류**
① 발화점 : 300℃ 정도
② 인화점이 -20~-43℃로 낮아 상온에서도 매우 위험하다.
③ 연소범위 : 1.4~7.6%

해답 ④

53 위험물 운반 시 동일한 트럭에 제1류 위험물과 함께 적재할 수 있는 유별은? (단, 지정수량의 5배 이상인 경우이다.)

① 제3류 ② 제4류
③ 제6류 ④ 없음

해설 **위험물의 운반에 따른 유별을 달리하는 위험물의 혼재기준**(쉬운 암기방법)

혼재 가능	
↓1류 + 6류↑	2류 + 4류
↓2류 + 5류↑	5류 + 4류
↓3류 + 4류↑	

해답 ③

54 황린의 저장 및 취급에 있어서 주의할 사항 중 옳지 않은 것은?

① 독성이 있으므로 취급에 주의할 것
② 물과의 접촉을 피할 것
③ 산화제와의 접촉을 피할 것
④ 화기의 접근을 피할 것

해설 **황린**(P_4)**[별명 : 백린] : 제3류 위험물(자연발화성 물질)**
① 백색 또는 담황색의 고체이다.
② 공기 중 약 40~50℃에서 자연 발화한다.
③ 저장 시 자연 발화성이므로 반드시 물속에 저장한다.
④ 인화수소(PH_3)의 생성을 방지하기 위하여 물의 pH=9가 안전한계이다.
⑤ 물의 온도가 상승 시 황린의 용해도가 증가되어 산성화속도가 빨라진다.
⑥ 연소 시 오산화인(P_2O_5)의 흰 연기가 발생한다.

$P_4 + 5O_2 \rightarrow 2P_2O_5$(오산화인)

⑦ 강알칼리의 용액에서는 유독기체인 포스핀(PH_3) 발생한다. 따라서 저장시 물의 pH(수소이온농도)는 9를 넘어서는 안된다.(물은 약알칼리의 석회 또는 소다회로 중화하는 것이 좋

다.)

$P_4 + 3NaOH + 3H_2O \rightarrow 3NaH_2PO_2 + PH_3 \uparrow$
(인화수소=포스핀)

⑧ 약 250℃로 가열(공기차단)시 적린이 된다.
⑨ 피부 접촉 시 화상을 입는다.
⑩ 소화는 물분무, 마른모래 등으로 질식소화한다.
⑪ 고압의 주수소화는 황린을 비산시켜 연소면이 확대될 우려가 있다.

해답 ②

55 위험물안전관리법령상 제조소등의 허가·취소 또는 사용정지의 사유에 해당하지 않는 것은?

① 안전교육 대상자가 교육을 받지 아니한 때
② 완공검사를 받지 않고 제조소등을 사용한 때
③ 위험물안전관리자를 선임하지 아니한 때
④ 제조소등의 정기검사를 받지 아니한 때

해설 **위험물안전관리법 제12조 (제조소등 설치허가의 취소와 사용정지 등)**
시·도지사는 제조소등의 관계인이 다음 각호의 1에 해당하는 때에는 행정안전부령이 정하는 바에 따라 제6조제1항의 규정에 따른 허가를 취소하거나 6월 이내의 기간을 정하여 제조소등의 전부 또는 일부의 사용정지를 명할 수 있다.
① 변경허가를 받지 아니하고 제조소등의 위치·구조 또는 설비를 변경한 때
② 완공검사를 받지 아니하고 제조소등을 사용한 때
③ 수리·개조 또는 이전의 명령을 위반한 때
④ 위험물안전관리자를 선임하지 아니한 때
⑤ 규정을 위반하여 대리자를 지정하지 아니한 때
⑥ 규정에 따른 정기점검을 하지 아니한 때
⑦ 규정에 따른 저장·취급기준 준수명령을 위반한 때

해답 ①

56 위험물의 유별 구분이 나머지 셋과 다른 하나는?

① 니트로글리콜　② 벤젠
③ 아조벤젠　④ 디니트로벤젠

해설 ① 니트로글리콜-제5류-질산에스테르류
② 벤젠-제4류-1석유류
③ 아조벤젠-제5류-아조화합물
④ 디니트로벤젠-제5류-니트로화합물

해답 ②

57 제4류 위험물 중 제1석유류에 속하는 것은?

① 에틸렌글리콜　② 글리세린
③ 아세톤　④ n-부탄올

해설 **제4류 위험물**(인화성 액체)

구 분	지정품목	기타 조건(1atm에서)
특수인화물	이황화탄소 디에틸에테르	• 발화점이 100℃ 이하 • 인화점 −20℃ 이하이고 비점이 40℃ 이하
제1석유류	아세톤 휘발유	• 인화점 21℃ 미만
알코올류	C_1~C_3까지 포화 1가 알코올(변성알코올 포함) • 메틸알코올 • 에틸알코올 • 프로필알코올	
제2석유류	등유, 경유	• 인화점 21℃ 이상 70℃ 미만
제3석유류	중유 클레오소트유	• 인화점 70℃ 이상 200℃ 미만
제4석유류	기어유 실린더유	• 인화점 200℃ 이상 250℃ 미만
동식물유류	동물의 지육 등 또는 식물의 종자나 과육으로부터 추출한 것으로서 인화점이 250℃ 미만인 것	

해답 ③

58 횡으로 설치한 원통형 위험물 저장탱크의 내용적이 500L일 때 공간용적은 최소 몇 L 이어야 하는가? (단, 원칙적인 경우에 한한다.)

① 15　② 25
③ 35　④ 50

해설 ① 위험물 저장탱크의 공간용적 : 5%(5/100) 이상 10%(10/100) 이하
② $500L \times \frac{5}{100} = 25L$

탱크의 내용적 및 공간용적

① 탱크의 공간용적은 탱크의 내용적의 $\frac{5}{100}$ 이상 $\frac{10}{100}$ 이하의 용적으로 한다. 다만, 소화설비(소

화약제 방출구를 탱크안의 윗부분에 설치하는 것에 한한다)를 설치하는 탱크의 공간용적은 당해 소화설비의 소화약제방출구 아래의 0.3m 이상 1m 미만 사이의 면으로부터 윗부분의 용적으로 한다.

② 암반탱크에 있어서는 당해 탱크내에 용출하는 7일간의 지하수의 양에 상당하는 용적과 당해 탱크의 내용적의 $\frac{1}{100}$의 용적 중에서 보다 큰 용적을 공간용적으로 한다.

해답 ②

59 탄화칼슘을 습한 공기 중에 보관하면 위험한 이유로 가장 옳은 것은?

① 아세틸렌과 공기가 혼합된 폭발성 가스가 생성될 수 있으므로
② 에틸렌과 공기 중 질소가 혼합된 폭발성 가스가 생성될 수 있으므로
③ 분진폭발의 위험성이 증가하기 때문에
④ 포스핀과 같은 독성 가스가 발생하기 때문에

해설 **탄화칼슘(CaC_2) : 제3류 위험물 중 칼슘탄화물**

① 물과 접촉 시 아세틸렌을 생성하고 열을 발생시킨다.

$CaC_2 + 2H_2O \rightarrow Ca(OH)_2 + C_2H_2 \uparrow$
(수산화칼슘) (아세틸렌)

② 아세틸렌의 폭발범위는 2.5~81%로 대단히 넓어서 폭발위험성이 크다.
③ 장기 보관시 불활성기체(N_2 등)를 봉입하여 저장한다.
④ 별명은 카바이드, 탄화석회, 칼슘카바이드 등이다.
⑤ 고온(700℃)에서 질화되어 석회질소($CaCN_2$)가 생성된다.

$CaC_2 + N_2 \rightarrow CaCN_2 + C$

⑥ 물 및 포약제에 의한 소화는 절대 금하고 마른 모래 등으로 피복 소화한다.

해답 ①

60 인화성액체 위험물을 저장 또는 취급하는 옥외탱크저장소의 방유제내에 용량 10만L 와 5만L 인 옥외저장탱크 2기를 설치하는 경우에 확보하여야 하는 방유제의 용량은?

① 50000L 이상 ② 80000L 이상
③ 110000L 이상 ④ 150000L 이상

해설 **인화성액체위험물(이황화탄소를 제외)의 옥외탱크저장소의 방유제**

① 방유제의 용량

탱크가 하나인 때	탱크 용량의 110% 이상
2기 이상인 때	탱크 중 용량이 최대인 것의 용량의 110% 이상

② 방유제의 높이는 0.5m 이상 3m 이하, 두께 0.2m 이상, 지하매설 깊이 1m 이상
③ 방유제 내의 면적은 8만m^2 이하로 할 것
④ 방유제 내에 설치하는 옥외저장탱크의 수는 10 이하로 할 것
⑤ 방유제는 탱크의 옆판으로부터 거리를 유지할 것

지름이 15m 미만인 경우	탱크 높이의 3분의 1 이상
지름이 15m 이상인 경우	탱크 높이의 2분의 1 이상

방유제의 용량은 탱크가 2기 이상이므로 탱크 중 용량이 최대인 것의 용량의 110% 이상

$Q = 100{,}000L \times \frac{110}{100} = 110{,}000L$ 이상

해답 ③

국가기술자격 필기시험문제

2020 CBT 시험 기출문제 복원 [제 2 회]

자격종목	시험시간	문제수	형별	수험번호	성 명
위험물기능사	1시간	60	A		

본 문제는 CBT시험대비 기출문제 복원입니다.

01 다음 중 연소속도와 의미가 가장 가까운 것은?

① 기화열의 발생속도
② 환원속도
③ 착화속도
④ 산화속도

해설 **연소의 정의**
① 빛과 발열을 동반한 급격한 산화반응
② 연소속도＝산화속도

해답 ④

02 위험물제조소 내의 위험물을 취급하는 배관에 대한 설명으로 옳지 않은 것은?

① 배관을 지하에 매설하는 경우 결합부분에는 점검구를 설치하여야 한다.
② 배관을 지하에 매설하는 경우 금속성 배관의 외면에는 부식 방지 조치를 하여야 한다.
③ 최대상용압력의 1.5배 이상의 압력으로 내압시험을 실시하여 이상이 없어야 한다.
④ 지상에 설치하는 경우에는 안전한 구조의 지지물로 지면에 밀착하여 설치하여야 한다.

해설 **위험물제조소내의 위험물을 취급하는 배관설치기준**
(1) 최대상용압력의 1.5배 이상의 압력으로 내압시험을 실시하여 누설 그 밖의 이상이 없을 것
(2) 배관을 지상에 설치하는 경우
　① 지진 · 풍압 · 지반침하 및 온도변화에 안전한 구조의 지지물에 설치
　② 지면에 닿지 아니하도록 할 것
　③ 배관의 외면에 부식방지를 위한 도장을 할 것
(3) 배관을 지하에 매설하는 경우
　① 외면에는 부식방지를 위하여 도복장 · 코팅 또는 전기방식 등의 필요한 조치를 할 것
　② 배관의 접합부분(용접 접합부 제외)에는 위험물의 누설여부를 점검할 수 있는 점검구를 설치
　③ 지면에 미치는 중량이 당해 배관에 미치지 아니하도록 보호할 것

해답 ④

03 분말소화약제의 식별 색을 옳게 나타낸 것은?

① $KHCO_3$: 백색
② $NH_4H_2PO_4$: 담홍색
③ $NaHCO_3$: 보라색
④ $KHCO_3$ + $(NH_2)_2CO$: 초록색

해설 **분말약제의 주성분 및 착색** ★★★★(필수암기)

종별	주 성 분	약 제 명	착 색	적응화재
제1종	$NaHCO_3$	탄산수소나트륨 중탄산나트륨 중조	백색	B,C급
제2종	$KHCO_3$	탄산수소칼륨 중탄산칼륨	담회색	B,C급
제3종	$NH_4H_2PO_4$	제1인산암모늄	담홍색 (핑크색)	A,B,C급
제4종	$KHCO_3$ $+(NH_2)_2CO$	중탄산칼륨 ＋요소	회색 (쥐색)	B,C급

해답 ②

04 소화설비의 주된 효과를 옳게 설명한 것은?

① 옥내 · 옥외소화전설비 : 질식소화
② 스프링클러설비 · 물분무소화설비 : 억제소화
③ 포 · 분말 소화 설비 : 억제소화
④ 할로겐화합물소화설비 : 억제소화

해설 **소화원리**

① **냉각소화** : 가연성 물질을 발화점 이하로 온도를 냉각

물이 소화약제로 사용되는 이유
- 물의 기화열(539kcal/kg)이 크기 때문
- 물의 비열(1kcal/kg℃)이 크기 때문

② **질식소화** : 산소농도를 21%에서 15% 이하로 감소

질식소화 시 산소의 유지농도 : 10~15%

③ **억제소화(부촉매소화, 화학적 소화)** : 연쇄반응을 억제

- 부촉매 : 화학적 반응의 속도를 느리게 하는 것
- 부촉매 효과 : 할로겐화합물 소화약제 (할로겐족원소 : 불소(F), 염소(Cl), 브롬(Br), 요오드(I))

④ **제거소화** : 가연성물질을 제거시켜 소화

- 산불이 발생하면 화재의 진행방향을 앞질러 벌목
- 화학반응기의 화재 시 원료공급관의 밸브를 폐쇄
- 유전화재 시 폭약으로 폭풍을 일으켜 화염을 제거
- 촛불을 입김으로 불어 화염을 제거

⑤ **피복소화** : 가연물 주위를 공기와 차단

⑥ **희석소화** : 수용성인 인화성액체 화재 시 물을 방사하여 가연물의 연소농도를 희석

해답 ④

05 지정수량의 몇 배 이상의 위험물을 취급하는 제조소에는 화재발생시 이를 알릴 수 있는 경보설비를 설치하여야 하는가?

① 5　　② 10
③ 20　　④ 100

해설 **경보설비 설치대상** : 지정수량 10배 이상

위험물 제조소등별로 설치하여야 하는 경보설비

① 자동화재탐지설비
② 비상경보설비
③ 확성장치 또는 비상방송설비

해답 ②

06 유류화재 소화 시 분말소화약제를 사용할 경우 소화 후에 재발화 현상이 가끔씩 발생 할 수 있다. 다음 중 이러한 현상을 예방하기 위하여 병용하여 사용하면 가장 효과적인 포소화약제는?

① 단백포 소화약제
② 수성막포 소화약제
③ 알코올형포 소화약제
④ 합성계면활성제포 소화약제

해설 **수성막포 소화약제**

① 불소계통의 습윤제에 합성계면활성제 첨가한 포약제이며 주성분은 불소계 계면활성제
② 미국에서는 AFFF(Aqueous Film Forming Foam)로 불리며 3M사가 개발한 것으로 상품명은 라이트 워터(light water)
③ 저발포용으로 3%형과 6%형이 있다.
④ 분말약제와 겸용이 가능하고 액면하 주입방식에도 사용
⑤ 내유성과 유동성이 좋아 유류화재 및 항공기화재, 화학공장화재에 적합
⑥ 화학적으로 안정하며 수명이 반영구적
⑦ 소화작업 후 포와 막의 차단효과로 재발화 방지에 효과가 있다.

※ 유류화재용으로 가장 뛰어난 포 약제는 수성막포이다.

해답 ②

07 소화효과 중 부촉매 효과를 기대할 수 있는 소화약제는?

① 물 소화약제
② 할로겐화합물 소화약제
③ 분말 소화약제
④ 이산화탄소 소화약제

해설 **억제소화**(부촉매소화, 화학적 소화) : 연쇄반응을 억제

- 부촉매 : 화학적 반응의 속도를 느리게 하는 것
- 부촉매 효과 : 할로겐화합물 소화약제, 분말소화약제 (할로겐족원소 : 불소(F), 염소(Cl), 브롬(Br), 요오드(I))

해답 ②

08 위험물제조소등의 화재예방 등 위험물 안전관리에 관한 직무를 수행하는 위험물안전관리자의 선임시기는?

① 위험물제조소등의 완공검사를 받은 후 즉

시
② 위험물제조소등의 허가 신청 전
③ 위험물제조소등의 설치를 마치고 완공검사를 신청하기 전
④ 위험물제조소등에서 위험물을 저장 또는 취급하기 전

해설 **위험물안전관리자의 선임시기** : 위험물을 저장 또는 취급하기 전

위험물안전관리자 선임 및 해임
① 위험물안전관리자 해임 시 재 선임기간 : 30일 이내
② 위험물안전관리자 선임신고기간 : 14일 이내

해답 ④

09 위험물제조소등의 소화설비의 기준에 관한 설명으로 옳은 것은?

① 제조소등 중에서 소화난이도 등급 Ⅰ, Ⅱ 또는 Ⅲ의 어느 것에도 해당하지 않는 것도 있다.
② 옥외탱크저장소의 소화난이도등급을 판단하는 기준 중 탱크의 높이는 기초를 제외한 탱크 측판의 높이를 말한다.
③ 제조소의 소화난이도 등급을 판단하는 기준 중 면적에 관한 기준은 건축물 외에 설치된 것에 대해서는 수평 투영면적을 기준으로 한다.
④ 제4류 위험물을 저장·취급하는 제조소등에도 스프링클러 소화설비가 적응성이 인정되는 경우가 있으며 이는 수원의 수량을 기준으로 판단한다.

해설 ② 기초 높이를 제외한 → 지반면으로 부터
③ 수평 투영면적 → 연면적
④ 수원의 수량 → 살수밀도

해답 ①

10 인화점이 낮은 것부터 높은 순서로 나열된 것은?

① 톨루엔 – 아세톤 – 벤젠
② 아세톤 – 톨루엔 – 벤젠
③ 톨루엔 – 벤젠 – 아세톤
④ 아세톤 – 벤젠 – 톨루엔

해설 **제4류 위험물의 인화점**

품 명	인화점
아세톤	−18℃
벤젠	−11.1℃
톨루엔	4℃

해답 ④

11 소화난이도 등급 Ⅰ인 옥외탱크저장소에 있어서 제4류 위험물 중 인화점이 섭씨 70도 이상인 것을 저장·취급하는 경우 어느 소화설비를 설치해야 하는가? (단, 지중탱크 또는 해상탱크 외의 것이다.)

① 스프링클러소화설비
② 물분무소화설비
③ 불활성가스소화설비
④ 분말소화설비

해설 **소화난이도등급 Ⅰ의 제조소등에 설치하여야 하는 소화설비**

제조소등의 구분			소 화 설 비
옥외탱크저장소	지중탱크 또는 해상탱크 외의 것	유황만을 저장 취급하는 것	물분무소화설비
		인화점 70℃ 이상의 제4류 위험물만을 저장·취급하는 것	물분무소화설비 또는 고정식 포소화설비
		그 밖의 것	고정식 포소화설비(포소화설비가 적응성이 없는 경우에는 분말소화설비)
	지중탱크		고정식 포소화설비, 이동식 이외의 불활성가스소화설비 또는 이동식 이외의 할로겐화물소화설비
	해상탱크		고정식 포소화설비, 물분무소화설비, 이동식 이외의 불활성가스소화설비 또는 이동식 이외의 할로겐화물소화설비

해답 ②

12 위험물 옥외저장소에서 지정수량 200배 초과의 위험물을 저장할 경우 보유공지의 너비는

몇 m 이상으로 하여야 하는가? (단, 제4류 위험물과 제6류 위험물이 아닌 경우이다.)

① 0.5　② 2.5
③ 10　④ 15

해설 **옥외저장소의 보유공지의 너비**

저장 또는 취급하는 위험물의 최대수량	공지의 너비
지정수량의 10배 이하	3m 이상
지정수량의 10배 초과 20배 이하	5m 이상
지정수량의 20배 초과 50배 이하	9m 이상
지정수량의 50배 초과 200배 이하	12m 이상
지정수량의 200배 초과	15m 이상

다만, 제4류 위험물 중 제4석유류와 제6류 위험물을 저장 또는 취급하는 옥외저장소의 보유공지는 표에 의한 공지의 너비의 3분의 1이상의 너비로 할 수 있다.

해답 ④

13 이산화탄소의 특성에 대한 설명으로 옳지 않은 것은?

① 전기전도성이 우수하다.
② 냉각, 압축에 의하여 액화된다.
③ 과량 존재 시 질식 할 수 있다.
④ 상온, 상압에서 무색, 무취의 불연성 기체이다.

해설 **이산화탄소 소화약제** : 전기의 전도성이 없으므로 전기화재에 적합하다.

해답 ①

14 다음 위험물의 화재시 물에 의한 소화방법이 가장 부적합한 것은?

① 황린　② 적린
③ 마그네슘분　④ 황분

해설 **마그네슘**(Mg)
① 2mm체 통과 못하는 덩어리는 위험물에서 제외
② 직경 2mm 이상 막대모양은 위험물에서 제외
③ 은백색의 광택이 나는 가벼운 금속이다.
④ 수증기와 작용하여 수소를 발생시킨다.(주수소화금지)

$Mg + 2H_2O \rightarrow Mg(OH)_2 + H_2 \uparrow$
(수산화마그네슘)(수소)

⑤ 이산화탄소 소화약제를 방사하면 주위의 공기 중 수분이 응축하여 위험하다.
⑥ 산과 작용하여 수소를 발생시킨다.

$Mg + 2HCl \rightarrow MgCl_2 + H_2 \uparrow$
(염화마그네슘)(수소)

⑦ 공기 중 습기에 발열되어 자연발화 위험이 있다.
⑧ 주수소화는 엄금이며 마른모래 등으로 피복 소화한다.

해답 ③

15 위험물 안전관리법령상 고정주유설비는 주유설비의 중심선을 기점으로 하여 도로 경계선까지 몇m 이상의 거리를 유지해야 하는가?

① 1　② 2
③ 4　④ 6

해설 **고정주유설비 또는 고정급유설비**
① 고정주유설비의 중심선을 기점으로 하여 도로경계선까지 4m 이상
② 부지경계선 · 담 및 건축물의 벽까지 2m(개구부가 없는 벽까지는 1m) 이상의 거리를 유지
③ 고정급유설비의 중심선을 기점으로 하여 도로경계선까지 4m 이상, 부지경계선 및 담까지 1m 이상
④ 건축물의 벽까지 2m(개구부가 없는 벽까지는 1m) 이상의 거리를 유지할 것
⑤ 고정주유설비와 고정급유설비의 사이에는 4m 이상의 거리를 유지할 것

해답 ③

16 고온체의 색깔이 휘적색일 경우의 온도는 약 몇 ℃정도인가?

① 500　② 950
③ 1300　④ 1500

해설 **연소시 색과 온도** ★★★

색	온도(℃)	색	온도(℃)
암적색	700	황적색	1100
적색	850	백적색	1300
황색	900	휘백색	1500
휘적색	950		

해답 ②

17 이동탱크저장소에 의한 위험물의 운송에 있어서 운송책임자의 감독 또는 지원을 받아야 하는 위험물은?

① 금속분 ② 알킬알루미늄
③ 아세트알데히드 ④ 히드록실아민

해설 **운송책임자의 감독 · 지원을 받아 운송하는 위험물**
① 알킬알루미늄
② 알킬리튬
③ 알킬알루미늄 또는 알킬리튬의 물질을 함유하는 위험물

해답 ②

18 위험물안전관리법령에 근거하여 자체소방대를 두어야 하는 제독차의 경우 가성소오다 및 규조토를 각각 몇 kg 이상 비치하여야 하는가?

① 30 ② 50
③ 60 ④ 100

해설 **화학소방자동차에 갖추어야 하는 소화능력 및 설비의 기준**

화학소방 자동차의 구분	소화능력 및 설비의 기준
포수용액 방사차	포수용액의 방사능력이 매분 2,000L 이상일 것
	소화약액탱크 및 소화약액혼합장치를 비치할 것
	10만L 이상의 포수용액을 방사할 수 있는 양의 소화약제를 비치할 것
분말 방사차	분말의 방사능력이 매초 35kg 이상일 것
	분말탱크 및 가압용가스설비를 비치할 것
	1,400kg 이상의 분말을 비치할 것
할로겐화합물 방사차	할로겐화합물의 방사능력이 매초 40kg 이상일 것
	할로겐화합물탱크 및 가압용가스설비를 비치할 것
	1,000kg 이상의 할로겐화합물을 비치할 것
이산화탄소 방사차	이산화탄소의 방사능력이 매초 40kg 이상일 것
	이산화탄소저장용기를 비치할 것
	3,000kg 이상의 이산화탄소를 비치할 것
제독차	가성소오다 및 규조토를 각각 50kg 이상 비치할 것

해답 ②

19 화재시 이산화탄소를 방출하여 산소의 농도를 12.5%로 낮추어 소화하려면 공기 중의 이산화탄소의 농도를 약 몇vol%로 해야 하는가?

① 30.7 ② 32.8
③ 40.5 ④ 68.0

해설 **이산화탄소의 농도 산출 공식**

$$CO_2(\%) = \frac{21 - O_2(\%)}{21} \times 100$$

$O_2 = 12.5\%$일 때

$$\therefore CO_2(\%) = \frac{21 - 12.5}{21} \times 100 = 40.5\%$$

해답 ③

20 다음 위험물 품명 중 지정수량이 나머지 셋과 다른 것은?

① 염소산염류 ② 질산염류
③ 무기과산화물 ④ 과염소산염류

해설 **제1류 위험물 및 지정수량**

성질	품명		지정수량	위험등급
산화성고체	아염소산염류, 염소산염류, 과염소산염류, 무기과산화물		50kg	I
	브롬산염류, 질산염류, 요오드산염류		300kg	II
	과망간산염류, 중크롬산염류		1000kg	III
	행정안전부령이 정하는 것	① 과요오드산염류 ② 과요오드산 ③ 크롬, 납 또는 요오드의 산화물 ④ 아질산염류 ⑤ 염소화이소시아눌산 ⑥ 퍼옥소이황산염류 ⑦ 퍼옥소붕산염류	300kg	II
		⑧ 차아염소산염류	50kg	I

해답 ②

21 수소화나트륨 240g과 충분한 물이 완전 반응하였을 때 발생하는 수소의 부피는? (단, 표준상태를 가정하여 나트륨의 원자량은 23이다.)

① 22.4L ② 224L
③ $22.4m^3$ ④ $224m^3$

해설 **수소화나트륨**(NaH) : 제3류 위험물(금수성 물질)

(수소화나트륨)		(물)		(수산화나트륨 = 가성소다)		(수소)
NaH	+	H_2O	→	NaOH	+	H_2
24g						1×22.4L
240g						X

① NaH의 분자량 = 23 + 1 = 24

② $X = \frac{240 \times 22.4}{24} = 224L$

해답 ②

22 산화성고체의 저장 및 취급방법으로 옳지 않은 것은?

① 가연물과 접촉 및 혼합을 피한다.
② 분해를 촉진하는 물품의 접근을 피한다.
③ 조해성물질의 경우 물속에 보관하고, 과열 · 충격 · 마찰 등을 피하여야 한다.
④ 알칼리금속의 과산화물은 물과의 접촉을 피하여야 한다.

해설 조해성물질의 경우 밀폐용기에 보관하고 물과의 접촉을 피한다.

제1류 위험물의 일반적인 성질
① 산화성 고체이며 대부분 수용성이다.
② 불연성이지만 다량의 산소를 함유하고 있다.
③ 분해 시 산소를 방출하여 남의 연소를 돕는다. (조연성)
④ 열 · 타격 · 충격, 마찰 및 다른 화학물질과 접촉시 쉽게 분해된다.
⑤ 분해속도가 대단히 빠르고, 조해성이 있는 것도 포함한다.
⑥ 무기과산화물은 물과 작용하여 열과 산소를 발생시킨다.
⑦ 조해성물질의 경우 밀폐용기에 보관하고 물과의 접촉을 피한다.

해답 ③

23 에틸알코올의 증기비중은 약 얼마인가?

① 0.72　② 0.91
③ 1.13　④ 1.59

해설 **에틸알코올의 증기비중**

- 공기의 평균 분자량 = 29
- 증기비중 = $\frac{M(\text{분자량})}{29(\text{공기평균분자량})}$

① 화학식은 C_2H_5OH
② 분자량 M = 12 × 2 + 1 × 5 + 16 + 1 = 46
③ 증기비중 = $\frac{M(\text{분자량})}{29(\text{공기평균분자량})} = \frac{46}{29}$ = 1.59

해답 ④

24 염소산나트륨의 성상에 대한 설명으로 옳지 않은 것은?

① 자신은 불연성 물질이지만 강한 산화제이다.
② 유리를 녹이므로 철제 용기에 저장한다.
③ 열분해하여 산소를 발생한다.
④ 산과 반응하여 유독성의 이산화염소를 발생한다.

해설 **염소산나트륨**($NaClO_3$) **: 제1류 위험물 중 염소산염류**
① 조해성이 크고, 알코올, 에테르, 물에 녹는다.
② 철제를 부식시키므로 철제용기 사용금지
③ 산과 반응하여 유독한 이산화염소(ClO_2)를 발생시키며 이산화염소는 폭발성이다.
④ 조해성이 있기 때문에 밀폐하여 저장한다.

조해성
공기 중에 노출되어 있는 고체가 수분을 흡수하여 녹는 현상

해답 ②

25 위험물안전관리법령상에 따른 다음에 해당하는 동식물유류의 규제에 관한 설명으로 틀린 것은?

> 행정안전부령이 정하는 용기기준과 수납 · 저장기준에 따라 수납되어 저장 · 보관되고 용기의 외부에 물품의 통칭명, 수량 및 화기엄금(화기엄금과 동일한 의미를 갖는 표시를 포함한다)의 표시가 있는 경우

① 위험물에 해당하지 않는다.
② 제조소등이 아닌 장소에 지정수량 이상 저장 할 수 있다.
③ 지정수량 이상을 저장하는 장소도 제조소등 설치허가를 받을 필요가 없다.
④ 화물자동차에 적재하여 운반하는 경우 위험물안전관리법상 운반기준이 적용되지 않는다.

해설 "행정안전부령이 정하는 용기기준과 수납 · 저장기준에 따라 수납되어 저장 · 보관되고 용기의 외부에 물품의 통칭명, 수량 및 화기엄금(화기엄금과 동일한 의미를 갖는 표시를 포함한다)의 표시가 있는 경우" 동식물유류에서 제외한다.

해답 ④

26 다음 중 인화점이 가장 높은 것은?

① 니트로벤젠 ② 클로로벤젠
③ 톨루엔 ④ 에틸벤젠

해설 **제4류 위험물의 인화점**

품명	유별	인화점(℃)
① 니트로벤젠	제3석유류	88
② 클로로벤젠	제2석유류	32
③ 톨루엔	제1석유류	4
④ 에틸벤젠	제1석유류	13

해답 ①

27 내용적이 20000L인 옥내저장탱크에 대하여 저장 또는 취급의 허가를 받을 수 있는 최대용량은? (단, 원칙적인 경우에 한한다.)

① 18000L ② 19000L
③ 19400L ④ 20000L

해설 **위험물 저장탱크의 용량**

$$= \text{탱크의 내용적} - \text{탱크의 공간 용적}\left(\frac{5}{100} \sim \frac{10}{100}\right)$$

$$= 20000 - \left(20000 \times \frac{5}{100}\right) = 19000\text{L}$$

해답 ②

28 위험물안전관리법령에 따른 제6류 위험물의 특성에 대한 설명 중 틀린 것은?

① 과염소산은 유기물과 접촉시 발화의 위험이 있다.
② 과염소산은 불안정하며 강력한 산화성 물질이다.
③ 과산화수소는 알코올, 에테르에 녹지 않는다.
④ 질산은 부식성이 강하고 햇빛에 의해 분해된다.

해설 ③ 과산화수소는 알코올, 에테르에 녹는다.

제6류 위험물의 공통적인 성질
① 자신은 불연성이고 산소를 함유한 강산화제이다.
② 분해에 의한 산소발생으로 다른 물질의 연소를 돕는다.
③ 액체의 비중은 1보다 크고 물에 잘 녹는다.
④ 물과 접촉 시 발열한다.
⑤ 증기는 유독하고 부식성이 강하다.

제6류 위험물(산화성액체)

성질	품 명	판단기준	지정수량	위험등급
산화성액체	• 과염소산($HClO_4$)		300 kg	I
	• 과산화수소(H_2O_2)	농도 36중량% 이상		
	• 질산(HNO_3)	비중 1.49 이상		
	• 할로겐간화합물 ① 삼불화브롬(BrF_3) ② 오불화브롬(BrF_5) ③ 오불화요오드(IF_5)			

해답 ③

29 위험물 옥외탱크저장소와 병원과는 안전거리를 얼마 이상 두어야 하는가?

① 10m ② 20m
③ 30m ④ 50m

해설 **제조소의 안전거리**

구 분	안전거리
• 사용전압이 7,000V 초과 35,000V 이하	3m 이상
• 사용전압이 35,000V를 초과	5m 이상
• 주거용	10m 이상

구 분	안전거리
• 고압가스, 액화석유가스, 도시가스	20m 이상
• 학교, 병원, 극장	30m 이상
• 유형문화재, 지정문화재	50m 이상

해답 ③

30 저장하는 위험물의 최대수량이 지정수량의 15배일 경우, 건축물의 벽 · 기둥 및 바닥이 내화구조로 된 위험물 옥내저장소의 보유공지는 몇 m 이상이어야 하는가?

① 0.5　② 1
③ 2　④ 3

해설 **옥내저장소의 보유공지**

저장 또는 취급하는 위험물의 최대수량	공지의 너비	
	벽 · 기둥 및 바닥이 내화구조로 된 건축물	그 밖의 건축물
지정수량의 5배 이하		0.5m 이상
지정수량의 5배 초과 10배 이하	1m 이상	1.5m 이상
지정수량의 10배 초과 20배 이하	2m 이상	3m 이상
지정수량의 20배 초과 50배 이하	3m 이상	5m 이상
지정수량의 50배 초과 200배 이하	5m 이상	10m 이상
지정수량의 200배 초과	10m 이상	15m 이상

해답 ③

31 디에틸에테르에 관한 설명 중 틀린 것은?

① 비전도성이므로 정전기를 발생하지 않는다.
② 무색 투명한 유동성의 액체이다.
③ 휘발성이 매우 높고, 마취성을 가진다.
④ 공기와 장시간 접촉하면 폭발성의 과산화물이 생성된다.

해설 **디에틸에테르**($C_2H_5OC_2H_5$) **: 제4류 위험물 중 특수인화물**

① 직사광선에 장시간 노출 시 과산화물 생성

과산화물 생성 확인방법
디에틸에테르 + KI용액(10%) → 황색변화(1분 이내)

② 용기에는 5% 이상 10% 이하의 안전공간 확보할 것
③ 정전기 발생방지를 위하여 소량의 염화칼슘($CaCl_2$)을 첨가한다.
④ 용기는 갈색병을 사용하며 냉암소에 보관
⑤ 강산화제와 접촉 시 격렬하게 반응하여 발화위험이 있다.
⑥ 용기는 밀폐하여 증기의 누출방지

해답 ①

32 제2류 위험물인 유황의 대표적인 연소형태는?

① 표면연소　② 분해연소
③ 증발연소　④ 자기연소

해설 **연소의 형태** ★★ 자주출제(필수암기)★★

① **표면연소**(surface reaction)
숯, 코크스, 목탄, 금속분
② **증발연소**(evaporating combustion)
파라핀(양초), 황, 나프탈렌, 왁스, 휘발유, 등유, 경유, 아세톤 등 제4류 위험물
③ **분해연소**(decomposing combustion)
석탄, 목재, 플라스틱, 종이, 합성수지, 중유
④ **자기연소**(내부연소)
질화면(니트로셀룰로오스), 셀룰로이드, 니트로글리세린 등 제5류 위험물
⑤ **확산연소**(diffusive burning)
아세틸렌, LPG, LNG 등 가연성 기체
⑥ **불꽃연소 + 표면연소**
목재, 종이, 셀룰로오스, 열경화성수지

해답 ③

33 제5류 위험물을 취급하는 위험물제조소에 설치하는 주의사항 게시판에서 표시하는 내용과 바탕색, 문자색으로 옳은 것은?

① "화기주의", 백색바탕에 적색문자
② "화기주의", 적색바탕에 백색문자
③ "화기엄금", 백색바탕에 적색문자
④ "화기엄금", 적색바탕에 백색문자

해설 **게시판의 설치기준**

① 한 변의 길이가 0.3m 이상, 다른 한 변의 길이가 0.6m 이상인 직사각형으로 할 것

② 위험물의 유별 · 품명 및 저장최대수량 또는 취급최대수량, 지정수량의 배수 및 안전 관리자의 성명 또는 직명을 기재할 것
③ 게시판의 바탕은 백색으로, 문자는 흑색으로 할 것
④ 저장 또는 취급하는 위험물에 따라 주의사항 게시판을 설치할 것

위험물의 종류	주의사항 표시	게시판의 색
제1류(알칼리금속 과산화물) 제3류(금수성 물품)	물기엄금	청색바탕에 백색문자
제2류(인화성 고체 제외)	화기주의	적색바탕에 백색문자
제2류(인화성 고체) 제3류(자연발화성 물품) 제4류 제5류	화기엄금	

해답 ④

34 질산이 공기 중에서 분해되어 발생하는 유독한 갈색증기의 분자량은?

① 16　② 40
③ 46　④ 71

해설 NO_2의 분자량 = 14 + 16 × 2 = 46

질산(HNO_3) : 제6류 위험물(산화성 액체)
① 무색의 발연성 액체이다.
② 시판품은 일반적으로 68%이다.
③ 빛에 의하여 일부 분해되어 생긴 NO_2 때문에 황갈색으로 된다.

$$4HNO_3 \rightarrow 2H_2O + 4NO_2\uparrow + O_2\uparrow$$
(이산화질소) (산소)

④ 진한질산을 가열하면 분해하여 산소가 발생한다.
⑤ 질산을 오산화인(P_2O_5)과 작용시키면 오산화질소(N_2O_5)가 된다.
⑥ 저장용기는 직사광선을 피하고 찬 곳에 저장한다.
⑦ 실험실에서는 갈색병에 넣어 햇빛에 차단시킨다.
⑧ 환원성물질과 혼합하면 발화 또는 폭발한다.

크산토프로테인반응(xanthoprotenic reaction)
단백질에 진한질산을 가하면 노란색으로 변하고 알칼리를 작용시키면 오렌지색으로 변하며, 단백질 검출에 이용된다.

⑨ 다량의 질산화재에 소량의 주수소화는 위험하다.
⑩ 마른모래 및 CO_2로 소화한다.
⑪ 위급 시에는 다량의 물로 냉각 소화한다.

해답 ③

35 탄화알루미늄 1몰을 물과 반응시킬 때 발생하는 가연성 가스의 종류와 양은?

① 에탄, 4몰　② 에탄, 3몰
③ 메탄, 4몰　④ 메탄, 3몰

해설 **탄화알루미늄**(Al_4C_3) **: 제3류 위험물(금수성 물질)**
① 물과 접촉시 메탄가스를 생성하고 발열반응을 한다.

$$Al_4C_3 + 12H_2O \rightarrow 4Al(OH)_3 + 3CH_4$$
(수산화알루미늄) (메탄)

② 황색 결정 또는 백색분말로 1400℃ 이상에서는 분해가 된다.
③ 물 및 포약제에 의한 소화는 절대 금하고 마른모래 등으로 피복소화한다.

해답 ④

36 $C_6H_2(NO_2)_3OH$와 $C_2H_5NO_3$의 공통성에 해당하는 것은?

① 니트로화합물이다.
② 인화성과 폭발성이 있는 액체이다.
③ 무색의 방향성 액체이다.
④ 에탄올에 녹는다.

해설 **피크린산 = 피크르산**[$C_6H_2(NO_2)_3OH$](TNP : Tri Nitro Phenol) : 제5류 니트로화합물
① 융점은 약 122℃이고 비점은 약 255℃이다.
② 침상결정이며 냉수에는 약간 녹고 더운물, **알코올, 벤젠 등에 잘 녹는다.**
③ 쓴맛과 독성이 있다
④ 피크르산 또는 트리니트로페놀(Tri Nitro phenol)의 약자로 TNP라고도 한다.
⑤ 단독으로 타격, 마찰에 비교적 둔감하다.
⑥ 연소 시 검은 연기를 내고 폭발성은 없다.
⑦ 휘발유, 알코올, 유황과 혼합된 것은 마찰, 충격에 폭발한다.
⑧ 화약, 불꽃놀이에 이용된다.

질산에틸($C_2H_5NO_3$) **: 제5류 위험물 중 질산에스테르류**

① 무색 투명한 액체이고 비수용성(물에 녹지 않음)이다.
② 단맛이 있고 알코올, 에테르에 녹는다.
③ 에탄올을 진한 질산에 작용시켜서 얻는다.

$C_2H_5OH + HNO_3 \rightarrow C_2H_5ONO_2 + H_2O$

④ 비중 1.11, 끓는점 88℃을 가진다.
⑤ 인화점(10℃)이 낮아서 인화의 위험이 매우 크다.

해답 ④

37 종류(유별)가 다른 위험물을 동일한 옥내저장소의 동일한 실에 같이 저장하는 경우에 대한 설명으로 틀린 것은? (단, 유별로 정리하여 서로 1m 이상의 간격을 두는 경우에 한한다.)

① 제1류 위험물과 황린은 동일한 옥내저장소에 저장할 수 있다.
② 제1류 위험물과 제6류 위험물은 동일한 옥내저장소에 저장 할 수 있다.
③ 제1류 위험물 중 알칼리금속의 과산화물과 제5류 위험물은 동일한 옥내저장소에 저장 할 수 있다.
④ 제2류 위험물 중 인화성고체와 제4류 위험물을 동일한 옥내저장소에 저장할 수 있다.

해설 유별을 달리하는 위험물은 동일한 저장소에 저장하지 아니하여야 한다. 다만, 옥내저장소 또는 옥외저장소에 있어서 다음의 각목의 규정에 의한 위험물을 저장하는 경우로서 위험물을 유별로 정리하여 저장하는 한편, 서로 1m 이상의 간격을 두는 경우에는 그러하지 아니하다(중요기준).

① 제1류 위험물(알칼리금속의 과산화물 또는 이를 함유한 것을 제외한다)과 제5류 위험물을 저장하는 경우
② 제1류 위험물과 제6류 위험물을 저장하는 경우
③ 제1류 위험물과 제3류 위험물 중 자연발화성물질(황린 또는 이를 함유한 것에 한한다)을 저장하는 경우
④ 제2류 위험물 중 인화성고체와 제4류 위험물을 저장하는 경우
⑤ 제3류 위험물 중 알킬알루미늄등과 제4류 위험물(알킬알루미늄 또는 알킬리튬을 함유한 것에 한한다)을 저장하는 경우
⑥ 제4류 위험물 중 유기과산화물 또는 이를 함유하는 것과 제5류 위험물 중 유기과산화물 또는 이를 함유한 것을 저장하는 경우

해답 ③

38 위험물안전관리법령에 따라 기계에 의하여 하역하는 구조로 된 운반용기의 외부에 행하는 표시내용에 해당하지 않는 것은?(단, 국제해상위험물규칙에 정한 기준 또는 소방청장이 정하여 고시하는 기준에 적합한 표시를 한 경우는 제외한다.)

① 운반용기의 제조년월
② 제조자의 명칭
③ 겹쳐쌓기 시험하중
④ 용기의 유효기간

해설 기계에 의하여 하역하는 구조로 된 운반용기의 외부에 행하는 표시. 다만, 국제해상위험물규칙(IMDG Code)에 정한 기준 또는 소방청장이 정하여 고시하는 기준에 적합한 표시를 한 경우에는 그러하지 아니하다.

① 운반용기의 제조년월 및 제조자의 명칭
② 겹쳐쌓기시험하중
③ 운반용기의 종류에 따른 중량
④ 운반용기의 외부에 행하는 표시에 관하여 필요한 사항으로서 소방청장이 정하여 고시하는 것

해답 ④

39 위험물안전관리법령상 지하탱크저장소의 위치 · 구조 및 설비의 기준에 따라 다음 ( )에 들어갈 수치로 옳은 것은?

탱크전용실은 지하의 가장 가까운 벽 · 피트 · 가스관 등의 시설물 및 대지경계선으로부터 (㉠)m 이상 떨어진 곳에 설치하고, 지하저장탱크와 탱크전용실의 안쪽과의 사이는 (㉡)m 이상의 간격을 유지하도록 하며, 당해 탱크의 주위에 마른 모래 또는 습기 등에 의하여 응고되지 아니하는 입자지름 (㉢)mm 이하의 마른 자갈분을 채워야 한다.

① ㉠ : 0.1, ㉡ : 0.1, ㉢ : 5
② ㉠ : 0.1, ㉡ : 0.3, ㉢ : 5
③ ㉠ : 0.1, ㉡ : 0.1, ㉢ : 10
④ ㉠ : 0.1, ㉡ : 0.3, ㉢ : 10

해설 지하탱크저장소의 기준
탱크전용실은 지하의 가장 가까운 벽 · 피트 · 가스관 등의 시설물 및 대지경계선으로부터 0.1m 이상 떨어진 곳에 설치하고, 지하저장탱크와 탱크전용실의 안쪽과의 사이는 0.1m 이상의 간격을 유지하도록 하며, 당해 탱크의 주위에 마른 모래 또는 습기 등에 의하여 응고되지 아니하는 입자지름 5mm 이하의 마른 자갈분을 채워야 한다.

해답 ①

40 황의 성질로 옳은 것은?

① 전기 양도체이다.
② 물에는 매우 잘 녹는다.
③ 이산화탄소와 반응한다.
④ 미분은 분진폭발의 위험이 있다.

해설 유황(S) : 제2류 위험물(가연성 고체)
① 동소체로 사방황, 단사황, 고무상황이 있다.
② 황색의 고체 또는 분말상태이다.
③ 물에 녹지 않고 이황화탄소(CS_2)에는 잘 녹는다.
④ 공기 중에서 연소 시 푸른 불꽃을 내며 이산화황이 생성된다.
$S + O_2 \rightarrow SO_2$(이산화황=아황산)
⑤ 산화제와 접촉 시 위험하다.
⑥ 분진폭발의 위험성이 있고 목탄가루와 혼합시 가열, 충격, 마찰에 의하여 폭발위험성이 있다.
⑦ 다량의 물로 주수소화 또는 질식 소화한다.

해답 ④

41 에틸알코올에 관한 설명 중 옳은 것은?

① 인화점은 0℃ 이하이다.
② 비점은 물보다 낮다.
③ 증기밀도는 메틸알코올보다 적다.
④ 수용성이므로 이산화탄소 소화기는 효과가 없다.

해설 메탄올과 에탄올의 비교표

항목 \ 종류	메탄올	에탄올
화학식	CH_3OH	C_2H_5OH
외관	무색 투명한 액체	무색 투명한 액체
액체비중	0.8	0.8
증기비중	1.1	1.6
인화점	11℃	13℃
수용성	물에 잘 녹음	물에 잘 녹음
연소범위	7.3~36%	4.3~19%

해답 ②

42 소화난이도 등급 Ⅰ의 옥내탱크저장소에 설치하는 소화설비가 아닌 것은? (단, 인화점이 70℃ 이상인 제4류 위험물만을 저장, 취급하는 장소이다.)

① 물분무소화설비, 고정식포소화설비
② 이동식외의 불활성가스소화설비, 고정식포소화설비
③ 이동식의 분말소화설비, 스프링클러설비
④ 이동식외의 할로겐화합물소화설비, 물분무소화설비

해설 소화난이도등급 Ⅰ의 옥내탱크저장소에 설치하여야 하는 소화설비

제조소등의 구분	소화설비
유황만을 저장 취급하는 것	물분무소화설비
인화점 70℃ 이상의 제4류 위험물만을 저장 취급하는 것	물분무소화설비, 고정식 포소화설비, 이동식 이외의 불활성가스소화설비, 이동식 이외의 할로겐화합물소화설비 또는 이동식 이외의 분말소화설비
그 밖의 것	고정식 포소화설비, 이동식 이외의 불활성가스소화설비, 이동식 이외의 할로겐화합물소화설비 또는 이동식 이외의 분말소화설비

해답 ③

43 다음 위험물 중 인화점이 가장 낮은 것은?

① 아세톤 ② 이황화탄소
③ 클로로벤젠 ④ 디에틸에테르

해설 제4류 위험물의 인화점

품 명	화학식	유별	인화점(℃)
① 아세톤	CH_3COCH_3	제1석유류	-18
② 이황화탄소	CS_2	특수인화물	-30
③ 클로로벤젠	C_6H_5Cl	제2석유류	32
④ 디에틸에테르	$C_2H_5OC_2H_5$	특수인화물	-45

해답 ④

44 다음 중 제6류 위험물로써 분자량이 약 63인 것은?

① 과염소산 ② 질산
③ 과산화수소 ④ 삼불화브롬

해설

품 명	화학식	계산식	분자량
① 과염소산	$HClO_4$	1+35.5+16×4	100.5
② 질산	HNO_3	1+14+16×3	63
③ 과산화수소	H_2O_2	1×2+16×2	34
④ 삼불화브롬	BrF_3	79.9+19×3	136.9

해답 ②

45 질산의 수소원자를 알킬기로 치환한 제5류 위험물의 지정수량은?

① 10kg ② 100kg
③ 200kg ④ 300kg

해설 질산에스테르류
① 질산메틸 ② 질산에틸
③ 니트로글리세린 ④ 니트로셀룰로오스

질산의 수소원자를 알킬기(C_nH_{2n+1})로 치환 물질
① $HNO_3 + CH_3OH \rightarrow CH_3NO_3 + H_2O$
(질산) (메틸알코올) (질산메틸) (물)
② $HNO_3 + C_2H_5OH \rightarrow C_2H_5NO_3 + H_2O$
(질산) (에틸알코올) (질산에틸) (물)

제5류 위험물 및 지정수량

성질	품 명	지정수량	위험등급
자기반응성물질	1. 유기과산화물 2. 질산에스테르류	10kg	Ⅰ
	3. 니트로화합물 4. 니트로소화합물 5. 아조화합물 6. 디아조화합물 7. 히드라진 유도체	200kg	Ⅱ
	8. 히드록실아민 9. 히드록실아민염류	100kg	

해답 ①

46 유기과산화물의 화재 예방상 주의사항으로 틀린 것은?

① 직사광선을 피하고 냉암소에 저장한다.
② 불꽃, 불티 등의 화기 및 열원으로부터 멀리 한다.
③ 산화제와 접촉하지 않도록 주의한다.
④ 대형화재시 분말소화기를 이용한 질식소화가 유효하다.

해설 유기과산화물은 제5류(자기반응성물질)이므로 질식소화는 부적당하다.

유기과산화물(제5류 위험물)**의 저장 시 주의사항**
① 일광이 들지 않는 건조한 장소에 저장한다.
② 자신은 가연성물질이다.
③ 알코올류, 아민류, 금속분류, 기타 가연성물질과 혼합하지 않는다.
④ 자기반응성(내부연소성)물질이므로 산화제와 같이 저장 하면 안된다.

해답 ④

47 주유취급소에서 자동차 등에 위험물을 주유할 때에 자동차등의 원동기를 정지시켜야 하는 위험물의 인화점 기준은? (단, 연료탱크에 위험물을 주유하는 동안 방출되는 가연성 증기를 회수하는 설비가 부착되지 않은 고정주유설비에 의하여 주유하는 경우이다.)

① 20℃ 미만 ② 30℃ 미만
③ 40℃ 미만 ④ 50℃ 미만

해설 **주유취급소**(항공기 · 선박 및 철도주유취급소를 제외)**에서의 취급기준**
① 자동차 등에 주유할 때에는 고정주유설비를 사용하여 직접 주유할 것(중요기준)
② 자동차 등에 인화점 40℃ 미만의 위험물을 주유할 때에는 자동차 등의 원동기를 정지시킬 것. 다만, 연료탱크에 위험물을 주유하는 동안 방출되는 가연성 증기를 회수하는 설비가 부착된 고정주유설비에 의하여 주유하는 경우에는 그러하지 아니하다.

해답 ③

48 위험물을 저장하는 간이탱크저장소의 구조 및 설비의 기준으로 옳은 것은?

① 탱크의 두께 2.5mm 이상, 용량 600L 이하
② 탱크의 두께 2.5mm 이상, 용량 800L 이하
③ 탱크의 두께 3.2mm 이상, 용량 600L 이하
④ 탱크의 두께 3.2mm 이상, 용량 800L 이하

해설 **간이탱크저장소의 위치 · 구조 및 설비기준**

① 하나의 간이탱크저장소에 설치하는 간이저장탱크는 그 수를 3 이하로 하고, 동일한 품질의 위험물의 간이저장탱크를 2 이상 설치하지 아니하여야 한다.
② 간이저장탱크는 옥외에 설치하는 경우에는 그 탱크의 주위에 너비 1m 이상의 공지를 두고, 전용실안에 설치하는 경우에는 탱크와 전용실의 벽과의 사이에 0.5m 이상의 간격을 유지하여야 한다.
③ 간이저장탱크의 용량은 600L 이하
④ 간이저장탱크는 두께 3.2mm 이상의 강판, 70kPa의 압력으로 10분간의 수압시험을 실시
⑤ 간이저장탱크에는 밸브 없는 통기관을 설치
㉠ 통기관의 지름은 25mm 이상
㉡ 통기관은 옥외에 설치하되, 그 선단의 높이는 지상 1.5m 이상
㉢ 통기관의 선단은 수평면에 대하여 아래로 45도 이상 구부려 빗물 등이 침투하지 아니하도록 할 것
㉣ 가는 눈의 구리망 등으로 인화방지장치를 할 것

해답 ③

49 분말소화기의 소화약제로사용되지 않은 것은?

① 탄산수소나트륨 ② 탄산수소칼륨
③ 과산화나트륨 ④ 인산암모늄

해설 ③ 과산화나트륨(Na_2O_2)－제1류위험물 －무기과산화물

분말약제의 주성분 및 착색 ★★★★(필수암기)

종별	주 성 분	약 제 명	착 색	적응화재
제1종	$NaHCO_3$	탄산수소나트륨 중탄산나트륨 중조	백색	B,C급
제2종	$KHCO_3$	탄산수소칼륨 중탄산칼륨	담회색	B,C급
제3종	$NH_4H_2PO_4$	제1인산암모늄	담홍색 (핑크색)	A,B,C급
제4종	$KHCO_3$ $+(NH_2)_2CO$	중탄산칼륨 +요소	회색 (쥐색)	B,C급

해답 ③

50 위험물안전관리법령에 따른 이동저장탱크의 구조의 기준에 대한 설명으로 틀린 것은?

① 압력탱크는 최대상용압력의 1.5배의 압력으로 10분간 수압시험을 하여 새지 말 것.
② 상용압력이 20kPa를 초과하는 탱크의 안전장치는 상용압력의 1.5배 이하의 압력에서 작동할 것.
③ 방파판은 두께 1.6mm 이상의 강철판 또는 이와 동등 이상의 강도, 내식성 및 내열성이 있는 금속성의 것으로 할 것.
④ 탱크는 두께 3.2mm 이상의 강철판 또는 이와 동등 이상의 강도, 내식성 및 내열성을 갖는 재질로 할 것.

해설 **이동저장탱크의 구조 기준**

① 탱크(맨홀 및 주입관의 뚜껑을 포함)는 두께 3.2mm 이상의 강철판
② 이동저장탱크의 수압시험 및 시험시간

압력탱크(최대상용압력 46.7kPa 이상 탱크) 외의 탱크	압력탱크
70kPa의 압력으로 10분간	최대상용압력의 1.5배의 압력으로 10분간

③ 이동저장탱크는 그 내부에 4,000L 이하마다 3.2mm 이상의 강철판 또는 이와 동등 이상의 강도 · 내열성 및 내식성이 있는 금속성의 것으로 칸막이를 설치
④ 칸막이로 구획된 각 부분마다 맨홀과 다음 각목의 기준에 의한 안전장치 및 방파판을 설치하여야 한다. 다만, 칸막이로 구획된 부분의 용량이 2,000L 미만인 부분에는 방파판을 설치하지 아니할 수 있다.

㉠ 안전장치

상용압력	20kPa 이하	20kPa 이상 24kPa 이하
안전장치 작동압력	20kPa 이상 24kPa 이하	상용압력의 1.1배 이하

상용압력이 20kPa 이하인 탱크에 있어서는 20kPa 이상 24kPa 이하의 압력에서, 상용압력이 20kPa를 초과하는 탱크에 있어서는 상용압력의 1.1배 이하의 압력에서 작동하는 것으로 할 것

㉡ 방파판

ⓐ 두께 1.6mm 이상의 강철판 또는 이와 동등 이상의 강도 · 내열성 및 내식성이 있는 금속성의 것으로 할 것

ⓑ 하나의 구획부분에 2개 이상의 방파판을 이동탱크저장소의 진행방향과 평행으로 설치하되, 각 방파판은 그 높이 및 칸막이로부터의 거리를 다르게 할 것

ⓒ 하나의 구획부분에 설치하는 각 방파판의 면적의 합계는 당해 구획부분의 최대 수직단면적의 50% 이상으로 할 것. 다만, 수직단면이 원형이거나 짧은 지름이 1m 이하의 타원형일 경우에는 40% 이상으로 할 수 있다.

해답 ②

51 위험물 안전관리법령에 따른 위험물의 적재 방법에 대한 설명으로 옳지 않은 것은?

① 원칙적으로는 운반용기를 밀봉하여 수납할 것.
② 고체위험물은 용기 내용적의 95% 이하의 수납율로 수납할 것.
③ 액체위험물은 용기 내용적의 99% 이상의 수납율로 수납할 것.
④ 하나의 저장 용기에는 다른 종류의 위험물을 수납하지 않을 것.

해설 **운반용기의 내용적에 대한 수납율**
① 액체위험물 : 내용적의 98% 이하
② 고체위험물 : 내용적의 95% 이하

해답 ③

52 삼황화린과 오황화린의 공통점이 아닌 것은?

① 물과 접촉하여 인화수소가 발생한다.
② 가연성 고체이다.
③ 분자식이 P와 S로 이루어져 있다.
④ 연소 시 오산화인과 이산화황이 생성된다.

해설 **황화린**(제2류 위험물) : **황과 인의 화합물**

① **삼황화린**(P_4S_3)
- 황색결정으로 물, 염산, 황산에 녹지 않으며 질산, 알칼리, 이황화탄소에 녹는다.
- 연소하면 오산화인과 이산화황이 생긴다.

$P_4S_3 + O_2 \rightarrow 2P_2O_5 + 3SO_2\uparrow$
(오산화인)(이산화황)

② **오황화린**(P_2S_5)
- 담황색 결정이고 조해성이 있다.
- 수분을 흡수하면 분해된다.
- 이황화탄소(CS_2)에 잘 녹는다.
- 물, 알칼리와 반응하여 인산과 황화수소를 발생한다.

$P_2S_5 + 8H_2O \rightarrow 2H_3PO_4 + 5H_2S\uparrow$
(인산) (황화수소)

③ **칠황화린**(P_4S_7)
- 담황색 결정이고 조해성이 있다.
- 수분을 흡수하면 분해된다.
- 이황화탄소(CS_2)에 약간 녹는다.
- 냉수에는 서서히 분해가 되고 더운물에는 급격히 분해된다.

해답 ①

53 다음은 위험물을 저장하는 탱크의 공간용적 산정기준이다. ( )에 알맞은 수치로 옳은 것은?

(가) 위험물을 저장 또는 취급하는 탱크의 공간용적은 탱크의 내용적의 (A) 이상 (B) 이하의 용적으로 한다. 다만, 소화설비(소화약제 방출구를 탱크안의 윗부분에 설치하는 것에 한한다)를 설치하는 탱크의 공간용적은 당해 소화설비의 소화약제방출구 아래의 0.3m 이상 1m 미만 사이의 면으로부터 윗부분의 용적으로 한다.
(나) 암반탱크에 있어서는 당해 탱크내에 용출하는 (C)일간의 지하수의 양에 상당하는 용적과 당해 탱크의 내용적의 (D)의 용적 중에서 보다 큰 용적을 공간용적으로 한다.

① A : 3/100, B : 10/100, C : 10, D : 1/100
② A : 5/100, B : 5/100, C : 10, D : 1/100
③ A : 5/100, B : 10/100, C : 7, D : 1/100
④ A : 5/100, B : 10/100, C : 10, D : 3/100

해설 **탱크의 공간용적**

① **일반적인 탱크의 공간용적**
일반적인 탱크의 공간용적은 탱크 내용적의 5/100 이상 10/100 이하로 한다.

② **소화설비를 설치한 탱크의 공간용적**
탱크의 내용적 중 당해 소화약제 방출구의 아래 0.3m 이상 1m 미만 사이의 면으로부터 윗부분의 용적으로 한다.

③ **암반탱크의 공간용적**
탱크내에 용출하는 7일간의 지하수의 양에 상당하는 용적과 당해 탱크의 내용적의 100분의 1의 용적 중에서 보다 큰 용적을 공간용적으로 한다.

해답 ③

54 위험물안전관리법령에 대한 설명 중 옳지 않은 것은?

① 군부대가 지정수량 이상의 위험물을 군사목적으로 임시로 저장 또는 취급하는 경우는 제조소등이 아닌 장소에서 지정수량 이상의 위험물을 취급할 수 있다.
② 철도 및 궤도에 의한 위험물의 저장·취급 및 운반에 있어서는 위험물안전관리법령을 적용하지 아니한다.
③ 지정수량 미만인 위험물의 저장 또는 취급에 관한 기술상의 기준은 국가화재안전기준으로 정한다.
④ 업무상 과실로 제조소등에서 위험물을 유출, 방출 또는 확산시켜 사람의 생명, 신체 또는 재산에 대하여 위험을 발생시킨 자는 7년 이하의 금고 또는 7천만원 이하의 벌금에 처한다.

해설 ③ 지정수량 미만인 위험물의 저장·취급
지정수량 미만인 위험물의 저장 또는 취급에 관한 기술상의 기준은 특별시·광역시 및 도(이하 "시·도"라 한다)의 조례로 정한다.

해답 ③

55 위험물제조소에 옥외소화전이 5개가 설치되어있다. 이 경우 확보하여야 하는 수원의 법정 최소량은 몇 m^3인가?

① 28　② 35
③ 54　④ 67.5

해설 **위험물제조소등의 소화설비 설치기준**

소화설비	수평거리	방사량	방사압력
옥내	25m 이하	260(L/min) 이상	350(kPa) 이상
	수원의 양 Q=N(소화전개수 : **최대 5개**) ×7.8m^3(260L/min×30min)		
옥외	40m 이하	450(L/min) 이상	350(kPa) 이상
	수원의 양 Q=N(소화전개수 : 최대 4개) ×13.5m^3(450L/min×30min)		
스프링클러	1.7m 이하	80(L/min) 이상	100(kPa) 이상
	수원의 양 Q=N(헤드수 : 최대 30개) ×2.4m^3(80L/min×30min)		
물분무	–	20 (L/m^2·min)	350(kPa) 이상
	수원의 양 Q=A(바닥면적m^2)× 0.6m^3(20L/m^2·min×30min)		

옥외소화전의 수원의 양
Q=N(소화전개수 : 최대 4개)×13.5m^3
=4×13.5m^3=54m^3

해답 ③

56 질산암모늄의 일반적인 성질에 대한 설명으로 옳은 것은?

① 조해성이 없다.
② 무색, 무취의 액체이다.
③ 물에 녹을 때에는 발열한다.

④ 급격한 가열에 의한 폭발의 위험이 있다.

해설 **질산암모늄**(NH_4NO_3) : 제1류 위험물 중 질산염류
① 단독으로 가열, 충격 시 분해 폭발할 수 있다.
② 화약원료로 쓰이며 유기물과 접촉 시 폭발우려가 있다.
③ 무색, 무취의 결정이다.
④ 조해성 및 흡습성이 매우 강하다.
⑤ 물에 용해 시 흡열반응을 나타낸다.
⑥ 급격한 가열충격에 따라 폭발의 위험이 있다.

$2NH_4NO_3 \rightarrow 2N_2 + 4H_2O + O_2\uparrow$

해답 ④

57 인화칼슘이 물과 반응하였을 때 발생하는 가스에 대한 설명으로 옳은 것은?

① 폭발성인 수소를 발생한다.
② 유독한 인화수소를 발생한다.
③ 조연성인 산소를 발생한다.
④ 가연성인 아세틸렌을 발생한다.

해설 **인화칼슘**(Ca_3P_2)**[별명 : 인화석회] : 제3류 위험물(금수성 물질)**
① 적갈색의 괴상고체
② 물 및 약산과 격렬히 반응, 분해하여 인화수소(포스핀)(PH_3)을 생성한다.

• $Ca_3P_2 + 6H_2O \rightarrow 3Ca(OH)_2 + 2PH_3$
• $Ca_3P_2 + 6HCl \rightarrow 3CaCl_2 + 2PH_3$
(포스핀 = 인화수소)

③ 포스핀은 맹독성가스이므로 취급시 방독마스크를 착용한다.
④ 물 및 포약제의 의한 소화는 절대 금하고 마른모래 등으로 피복하여 자연 진화되도록 기다린다.

해답 ②

58 위험물안전관리법령상 예방규정을 두어야 하는 제조소등의 기준에 해당하지 않는 것은?

① 지정수량 10배 이상의 위험물을 취급하는 제조소
② 이송취급소
③ 암반탱크저장소
④ 지정수량의 200배 이상의 위험물을 저장하는 옥내탱크저장소

해설 **자체소방대를 설치하여야 하는 사업소**
① 지정수량의 **3천배 이상**의 **제4류 위험물**을 취급하는 **제조소 또는 일반취급소**(단, 보일러로 위험물을 소비하는 일반취급소 등 일반취급소를 제외)
② 지정수량의 50만배 이상의 제4류 위험물을 저장하는 옥외탱크저장소

예방규정을 정하여야 하는 제조소등
① 지정수량의 10배 이상 제조소
② 지정수량의 100배 이상 옥외저장소
③ 지정수량의 150배 이상 옥내저장소
④ 지정수량의 200배 이상 옥외탱크저장소
⑤ 암반탱크저장소
⑥ 이송취급소
⑦ 지정수량의 10배 이상 일반취급소

해답 ④

59 위험물안전관리법령상 예방규정을 정하여야 하는 제조소등의 관계인은 위험물제조소등에 대하여 기술기준에 적합한지의 여부를 정기적으로 점검을 하여야 한다. 법적 최소 점검주기에 해당하는 것은? (단, 100만리터 이상의 옥외탱크저장소는 제외한다.)

① 주1회 이상 ② 월1회 이상
③ 6개월1회 이상 ④ 연1회 이상

해설 **위험물안전관리법 시행규칙 제64조(정기점검의 횟수)**
제조소등의 관계인은 당해 제조소등에 대하여 연 1회 이상 정기점검을 실시하여야 한다.

정기검사의 대상인 제조소등
액체위험물을 저장 또는 취급하는 50만L 이상의 옥외탱크저장소

탱크안전성능검사의 대상이 되는 탱크
(1) **기초 · 지반**검사 : 옥외탱크저장소의 액체위험물탱크 중 용량이 **100만L 이상**인 탱크
(2) **충수 · 수압**검사 : **액체**위험물을 저장 또는 취급하는 탱크.
(3) **용접부**검사 : **(1)의 규정에 의한 탱크**

(4) **암반탱크**검사 : 액체위험물을 저장 또는 취급하는 **암반내**의 공간을 이용한 탱크

해답 ④

60 경유를 저장하는 옥외저장탱크의 반지름이 2m이고 높이가 12m일 때 탱크 옆판으로부터 방유제까지의 거리는 몇 m 이상이어야 하는가?

① 4　　② 5

③ 6　　④ 7

해설 **옥외저장탱크의 방유제**

탱크의 지름	탱크의 옆판으로부터 거리
15m 미만	탱크 높이의 3분의 1 이상
15m 이상	탱크 높이의 2분의 1 이상

① 탱크의 지름 : 4m　탱크의 높이 : 12m

② 탱크의 지름이 15m 미만이므로 탱크의 옆판으로부터 거리(L)는 탱크 높이의 3분의 1 이상

③ $L = 12 \times \frac{1}{3} = 4\text{m}$

해답 ①

국가기술자격 필기시험문제

2020 CBT 시험 기출문제 복원 [제 3 회]

자격종목	시험시간	문제수	형별	수험번호	성 명
위험물기능사	1시간	60	A		

본 문제는 CBT시험대비 기출문제 복원입니다.

01 위험물제조소에서 지정수량 이상의 위험물을 취급하는 건축물(시설)에는 원칙상 최소 몇 미터 이상의 보유공지를 확보하여야 하는가? (단, 최대수량은 지정수량의 10배이다.)

① 1m 이상 ② 3m 이상
③ 5m 이상 ④ 7m 이상

해설 **위험물 제조소의 보유공지**

취급 위험물의 최대수량	공지의 너비
지정수량의 10배 이하	3m 이상
지정수량의 10배 초과	5m 이상

해답 ②

02 이산화탄소가 소화약제로 사용되는 이유에 대한 설명으로 가장 옳은 것은?

① 산소와의 반응이 느리기 때문이다.
② 산소와 반응하지 않기 때문이다.
③ 착화되어도 곧 불이 꺼지기 때문이다.
④ 산화반응이 되어도 열 발생이 없기 때문이다.

해설 **이산화탄소가 소화약제로 사용되는 이유**
① 산소와 반응하지 않기 때문이다.
② 증기는 공기보다 무겁다.
③ 비전도성이므로 전기화재에 적합하다.
④ 상온에서 기체상태이다.

해답 ②

03 건축물의 1층 및 2층 부분만을 방사능력범위로 하고 지하층 및 3층 이상의 층에 대하여 다른 소화설비를 설치해야하는 소화설비는?

① 스프링클러설비 ② 포소화설비
③ 옥외소화전설비 ④ 물분무소화설비

해설 **옥외소화전설비 설치대상**
① 지상 1, 2층 바닥면적합계가 9000m^2 이상인 것
② 지정문화재로서 연면적 1000m^2 이상인 것
③ 지정수량의 750배 이상의 특수가연물 저장, 취급하는 것

해답 ③

04 금속칼륨의 보호액으로서 적당하지 않은 것은?

① 등유 ② 유동파라핀
③ 경유 ④ 에탄올

해설 **보호액속에 저장 위험물**
① 파라핀, 경유, 등유 속에 보관
칼륨(K), 나트륨(Na)
② 물속에 보관
이황화탄소(CS_2), 황린(P_4)

해답 ④

05 분말소화 약제 중 제1종과 제2종 분말이 각각 열분해 될 때 공통적으로 생성되는 물질은?

① N_2, CO_2 ② N_2, O_2
③ H_2O, CO_2 ④ H_2O, N_2

해설 **분말약제의 열분해**

종별	약제명	착색	적응화재	열분해 반응식
제1종	탄산수소나트륨 중탄산나트륨 중조	백색	B,C	270℃ $2NaHCO_3 \rightarrow Na_2CO_3 + CO_2 + H_2O$ 850℃ $2NaHCO_3 \rightarrow Na_2O + 2CO_2 + H_2O$

종별	약제명	착색	적응화재	열분해 반응식
제2종	탄산수소칼륨 중탄산칼륨	담회색	B,C	190℃ $2KHCO_3 \rightarrow K_2CO_3 + CO_2 + H_2O$ 590℃ $2KHCO_3 \rightarrow K_2O + 2CO_2 + H_2O$
제3종	제1인산암모늄	담홍색	A,B,C	$NH_4H_2PO_4 \rightarrow HPO_3 + NH_3 + H_2O$
제4종	중탄산칼륨+요소	회(백)색	B,C	$2KHCO_3 + (NH_2)_2CO \rightarrow K_2CO_3 + 2NH_3 + 2CO_2$

해답 ③

06 주된 연소형태가 표면연소인 것을 옳게 나타낸 것은?

① 중유, 알코올 ② 코크스, 숯
③ 목재, 종이 ④ 석탄, 플라스틱

해설 **연소의 형태** ★★ 자주출제(필수암기)★★

① **표면연소**(surface reaction)
숯, 코크스, 목탄, 금속분
② **증발연소**(evaporating combustion)
파라핀(양초), 황, 나프탈렌, 왁스, 휘발유, 등유, 경유, 아세톤 등 제4류 위험물
③ **분해연소**(decomposing combustion)
석탄, 목재, 플라스틱, 종이, 합성수지, 중유
④ **자기연소**(내부연소)
질화면(니트로셀룰로오스), 셀룰로이드, 니트로글리세린 등 제5류 위험물
⑤ **확산연소**(diffusive burning)
아세틸렌, LPG, LNG 등 가연성 기체
⑥ **불꽃연소+표면연소**
목재, 종이, 셀룰로오스, 열경화성수지

해답 ②

07 자연발화를 방지하기 위한 방법으로 옳지 않은 것은?

① 습도를 가능한 한 높게 유지한다.
② 열 축적을 방지한다.
③ 저장실의 온도를 낮춘다.
④ 정촉매 작용을 하는 물질을 피한다.

해설 **자연발화의 영향인자**

① 열의 축척 ② 퇴적방법 ③ 열전도율
④ 발열량 ⑤ 수분

자연발화의 조건, 방지대책, 형태

자연발화의 조건	자연발화 방지대책
주위의 온도가 높을 것	통풍이나 환기 등을 통하여 열의 축적을 방지
표면적이 넓을 것	저장실의 온도를 낮춘다.
열전도율이 적을 것	습도를 낮게 유지
발열량이 클 것	용기 내에 불활성 기체를 주입하여 공기와 접촉방지

자연발화의 형태	
산화열에 의한 자연발화	• 석탄 • 건성유 • 탄소분말 • 금속분 • 기름걸레
분해열에 의한 자연발화	• 셀룰로이드 • 니트로셀룰로오스 • 니트로글리세린
흡착열에 의한 자연발화	• 활성탄 • 목탄분말
미생물열에 의한 자연발화	• 퇴비 • 먼지

해답 ①

08 위험물안전관리법령상 소화난이도 등급 Ⅰ에 해당하는 제조소의 연면적 기준은?

① 1000m^2 이상 ② 800m^2 이상
③ 700m^2 이상 ④ 500m^2 이상

해설 **소화난이도 등급 Ⅰ에 해당하는 제조소**

① 연면적이 1000m^2 이상
② 지정수량의 100배 이상인 것

해답 ①

09 이송취급소의 배관이 하천을 횡단하는 경우 하천 밑에 매설하는 배관의 외면과 계획하상(계획하상이 최심하상보다 높은 경우에는 최심하상)과의 거리는?

① 1.2m 이상 ② 2.5m 이상
③ 3.0m 이상 ④ 4.0m 이상

해설 **이송취급소의 배관설치 기준**

다. 하천 또는 수로의 밑에 배관을 매설하는 경우에는 배관의 외면과 계획하상(계획하상이 최심하상보다 높은 경우에는 최심하상)과의 거리는 다음의 규정에 의한 거리 이상으로 할 것
(1) 하천을 횡단하는 경우 : 4.0m
(2) 수로를 횡단하는 경우
㉠ 하수도(상부가 개방되는 구조로 된 것)

또는 운하 : 2.5m

㉡ 수로에 해당되지 아니하는 좁은 수로(용수로 그 밖에 유사한 것을 제외) : 1.2m

해답 ④

10 다음 중 화학적 소화에 해당하는 것은?

① 냉각소화 ② 질식소화
③ 제거소화 ④ 억제소화

해설 **소화원리**

① **냉각소화** : 가연성 물질을 발화점 이하로 온도를 냉각

물이 소화약제로 사용되는 이유
- 물의 기화열(539kcal/kg)이 크기 때문
- 물의 비열(1kcal/kg℃)이 크기 때문

② **질식소화** : 산소농도를 21%에서 15% 이하로 감소

질식소화 시 산소의 유지농도 : 10~15%

③ **억제소화(부촉매소화, 화학적 소화)** : 연쇄반응을 억제

- 부촉매 : 화학적 반응의 속도를 느리게 하는 것
- 부촉매 효과 : 할로겐화합물 소화약제 (할로겐족원소 : 불소(F), 염소(Cl), 브롬(Br), 요오드(I))

④ **제거소화** : 가연성물질을 제거시켜 소화

- 산불이 발생하면 화재의 진행방향을 앞질러 벌목
- 화학반응기의 화재 시 원료공급관의 밸브를 폐쇄
- 유전화재 시 폭약으로 폭풍을 일으켜 화염을 제거
- 촛불을 입김으로 불어 화염을 제거

⑤ **피복소화** : 가연물 주위를 공기와 차단

⑥ **희석소화** : 수용성인 인화성액체 화재 시 물을 방사하여 가연물의 연소농도를 희석

해답 ④

11 다음 중 오존층 파괴지수가 가장 큰 것은?

① Halon 104 ② Halon 1211
③ Halon 1301 ④ Halon 2402

해설 **ODP(오존파괴지수)**

$$\frac{\text{어떤 물질 1kg이 파괴하는 오존량}}{\text{CFC}-11\ \text{1kg이 파괴하는 오존량}}$$

할론 소화약제	오존파괴지수(ODP)
할론 1301	14.1
할론 2402	6.6
할론 1211	2.4

해답 ③

12 제3류 위험물 중 금수성물질에 적응할 수 있는 소화설비는?

① 포소화설비
② 불활성가스소화설비
③ 탄산수소염류 분말소화설비
④ 할로겐화합물소화설비

해설 **금수성 위험물질에 적응성이 있는 소화기**

① 탄산수소염류
② 마른 모래
③ 팽창질석 또는 팽창진주암

해답 ③

13 다음 중 발화점이 달라지는 요인으로 가장 거리가 먼 것은?

① 가연성가스와 공기의 조성비
② 발화를 일으키는 공간의 형태와 크기
③ 가열속도와 가열시간
④ 가열도구의 내구연한

해설 **발화점이 달라지는 요인**

① 가연성가스와 공기의 조성비
② 발화를 일으키는 공간의 형태와 크기
③ 가열속도와 가열시간

해답 ④

14 가연물이 연소할 때 공기 중의 산소농도를 떨어뜨려 연소를 중단시키는 소화 방법은?

① 제거소화 ② 질식소화
③ 냉각소화 ④ 억제소화

해설 **소화원리**

① **냉각소화** : 가연성 물질을 발화점 이하로 온도를 냉각

물이 소화약제로 사용되는 이유
- 물의 기화열(539kcal/kg)이 크기 때문
- 물의 비열(1kcal/kg℃)이 크기 때문

② **질식소화** : 산소농도를 21%에서 15% 이하로 감소

질식소화 시 산소의 유지농도 : 10~15%

③ **억제소화(부촉매소화, 화학적 소화)** : 연쇄반응을 억제

- 부촉매 : 화학적 반응의 속도를 느리게 하는 것
- 부촉매 효과 : 할로겐화합물 소화약제 (할로겐족원소 : 불소(F), 염소(Cl), 브롬(Br), 요오드(I))

④ **제거소화** : 가연성물질을 제거시켜 소화

- 산불이 발생하면 화재의 진행방향을 앞질러 벌목
- 화학반응기의 화재 시 원료공급관의 밸브를 폐쇄
- 유전화재 시 폭약으로 폭풍을 일으켜 화염을 제거
- 촛불을 입김으로 불어 화염을 제거

⑤ **피복소화** : 가연물 주위를 공기와 차단

⑥ **희석소화** : 수용성인 인화성액체 화재 시 물을 방사하여 가연물의 연소농도를 희석

해답 ②

15 위험물 취급소의 건축물은 외벽이 내화구조인 경우 연면적 몇 m^2를 1소요단위로 하는가?

① 50 ② 100
③ 150 ④ 200

해설 **소화설비의 설치기준**

① **전기설비의 소화설비**

- 소형소화기 : 바닥면적 $100m^2$마다 1개 이상 설치

② **소요단위의 계산방법**

- 제조소 또는 취급소의 건축물

외벽이 내화구조인 것	외벽이 내화구조가 아닌 것
연면적 $100m^2$를 1소요단위	연면적 $50m^2$를 1소요단위

- 저장소의 건축물

외벽이 내화구조인 것	외벽이 내화구조가 아닌 것
연면적 $150m^2$를 1소요단위	연면적 $75m^2$를 소요단위

③ 위험물은 지정수량의 10배를 1소요단위로 할 것

해답 ②

16 니트로셀룰로오스 화재시 가장 적합한 소화방법은?

① 할로겐화합물 소화기를 사용한다.
② 분말소화기를 사용한다.
③ 이산화탄소소화기를 사용한다.
④ 다량의 물을 사용한다.

해설 **니트로셀룰로오스**$[(C_6H_7O_2(ONO_2)_3]_n$ **: 제5류 위험물**

셀룰로오스(섬유소)에 진한질산과 진한 황산의 혼합액을 작용시켜서 만든 것이다.

① 비수용성이며 초산에틸, 초산아밀, 아세톤에 잘 녹는다.
② 130℃에서 분해가 시작되고, 180℃에서는 급격하게 연소한다.
③ 직사광선, 산 접촉 시 분해 및 자연 발화한다.
④ 건조상태에서는 폭발위험이 크나 수분함유 시 폭발위험성이 없어 저장 · 운반이 용이하다.
⑤ 질산섬유소라고도 하며 화약에 이용 시 면약(면화약)이라 한다.
⑥ 셀룰로이드, 콜로디온에 이용 시 질화면이라 한다.
⑦ 질소함유율(질화도)이 높을수록 폭발성이 크다.
⑧ 저장, 운반 시 물(20%) 또는 알코올(30%)을 첨가 습윤시킨다.
⑨ 화재시 다량의 물로 냉각소화한다.

해답 ④

17 다음 중 주수소화를 하면 위험성이 증가하는 것은?

① 과산화칼륨 ② 과망간산칼륨
③ 과염소산칼륨 ④ 브롬산칼륨

해설 **과산화칼륨**(K_2O_2) **: 제1류 위험물 중 무기과산화물**

① 무색 또는 오렌지색 분말상태
② 상온에서 물과 격렬히 반응하여 산소(O_2)를 방출하고 폭발하기도 한다.

$2K_2O_2 + 2H_2O \rightarrow 4KOH$(수산화칼륨) $+ O_2\uparrow$

③ 공기 중 이산화탄소(CO_2)와 반응하여 산소(O_2)를 방출한다.

$2K_2O_2 + 2CO_2 \rightarrow 2K_2CO_3$(탄산칼륨) $+ O_2\uparrow$

④ 산과 반응하여 과산화수소(H_2O_2)를 생성시킨다.

$K_2O_2 + 2CH_3COOH \rightarrow 2CH_3COOK + H_2O_2\uparrow$
(초산칼륨) (과산화수소)

⑤ 열분해시 산소(O_2)를 방출한다.

$2K_2O_2 \rightarrow 2K_2O$(산화칼륨) + $O_2 \uparrow$

⑥ 주수소화는 금물이고 마른모래(건조사) 등으로 소화한다.

해답 ①

18 이산화탄소소화기의 장점으로 옳은 것은?

① 전기설비화재에 유용하다.
② 마그네슘과 같은 금속분 화재시 유용하다.
③ 자기반응성 물질의 화재시 유용하다.
④ 알칼리금속 과산화물 화재시 유용하다.

해설 **이산화탄소소화기**

① 용기는 이음매 없는 고압가스 용기를 사용한다.
② 전기에 대한 절연성이 우수하기 때문에 전기화재에 유효하다.
③ 고온의 직사광선이나 보일러실에 설치할 수 없다.
④ 금속분의 화재시에는 사용할 수 없다.
⑤ 산소와 반응하지 않는 안전한 가스이다.

해답 ①

19 다음 중 폭발범위가 가장 넓은 물질은?

① 메탄 ② 톨루엔
③ 에틸알코올 ④ 에틸에테르

해설 **폭발범위**(연소범위)

품 명	폭발범위(%)
① 메탄	5~15
② 톨루엔	1.4~6.7
③ 에틸알코올	4.3~19
④ 디에틸에테르	1.9~48

해답 ④

20 메탄 1g이 완전연소하면 발생되는 이산화탄소는 몇 g인가?

① 1.25 ② 2.75
③ 14 ④ 44

해설 **프로판의 완전연소 반응식**

CH_4 + $2O_2$ → CO_2 + $2H_2O$
16g 44g

① 16g → 44g
1g → X

② $X = \dfrac{1 \times 44}{16} = 2.75\text{g}$

해답 ②

21 황린과 적린의 성질에 대한 설명으로 가장 거리가 먼 것은?

① 황린과 적린은 이황화탄소에 녹는다.
② 황린과 적린은 물에 불용이다.
③ 적린은 황린에 비하여 화학적으로 활성이 작다.
④ 황린과 적린을 각각 연소시키면 P_2O_5이 생성된다.

해설 **황린과 적린의 비교**

구분	황린	적 린
외관	백색 또는 담황색 고체	검붉은 분말
냄새	마늘냄새	없음
용해성	이황화탄소(CS_2)에 잘 녹는다.	이황화탄소(CS_2)에 녹지 않는다.
공기 중 자연발화	자연발화(40~50℃)	자연발화 없음
발화점	약 40~50℃	약 260℃
연소시 생성물	오산화인(P_2O_5)	오산화인(P_2O_5)
독 성	맹독성	독성 없음
사용 용도	적린제조, 농약	성냥 껍질

해답 ①

22 위험물의 운반 및 적재시 혼재가 불가능한 것으로 연결된 것은? (단, 지정수량의 1/5 이상이다.)

① 제1류와 제6류 ② 제4류와 제3류
③ 제2류와 제3류 ④ 제5류와 제4류

해설 **위험물의 운반에 따른 유별을 달리하는 위험물의 혼재기준**(쉬운 암기방법)

혼재 가능	
↓ 1류 + 6류 ↑	2류 + 4류
↓ 2류 + 5류 ↑	5류 + 4류
↓ 3류 + 4류 ↑	

해답 ③

23 다음은 위험물안전관리법령에 따른 이동저장탱크의 구조에 관한 기준이다. ( )안에 알맞은 수치는?

> 이동저장탱크는 그 내부에 (㉠)L 이하마다 (㉡)mm 이상의 강철판 또는 이와 동등 이상의 강도 · 내열성 및 내식성이 있는 금속성의 것으로 칸막이를 설치하여야 한다. 다만, 고체인 위험물을 저장하거나 고체인 위험물을 가열하여 액체 상태로 저장하는 경우에는 그러하지 아니하다.

① ㉠ : 2000, ㉡ : 1.6
② ㉠ : 2000, ㉡ : 3.2
③ ㉠ : 4000, ㉡ : 1.6
④ ㉠ : 4000, ㉡ : 3.2

해설 ① 이동저장탱크의 수압시험 및 시험시간

압력탱크(최대상용압력 46.7kPa 이상 탱크) 외의 탱크	압력탱크
70kPa의 압력으로 10분간	최대상용압력의 1.5배의 압력으로 10분간

② 이동저장탱크는 그 내부에 4,000L 이하마다 3.2mm 이상의 강철판 또는 이와 동등 이상의 강도 · 내열성 및 내식성이 있는 금속성의 것으로 칸막이를 설치할 것.
③ 칸막이로 구획된 각 부분마다 맨홀과 다음 각목의 기준에 의한 안전장치 및 방파판을 설치할 것(단, 칸막이로 구획된 부분의 용량이 2,000L 미만인 부분에는 방파판을 설치하지 아니할 수 있다.

해답 ④

24 다음은 위험물안전관리법령에서 정한 정의이다. 무엇의 정의인가?

> 인화성 또는 발화성 등의 성질을 가지는 것으로서 대통령령이 정하는 물품을 말한다.

① 위험물 ② 가연물
③ 특수인화물 ④ 제4류 위험물

해설 **위험물안전관리법 제2조 (정의)**
1. "위험물"이라 함은 인화성 또는 발화성 등의 성질을 가지는 것으로서 대통령령이 정하는 물품을 말한다.

해답 ①

25 탄화칼슘에 대한 설명으로 옳은 것은?

① 분자식은 CaC이다.
② 물과의 반응 생성물에는 수산화칼슘이 포함된다.
③ 순수한 것은 흑회색의 불규칙한 덩어리이다.
④ 고온에서도 질소와는 반응하지 않는다.

해설 **탄화칼슘(CaC_2) : 제3류 위험물 중 칼슘탄화물**
① 물과 접촉 시 아세틸렌을 생성하고 열을 발생시킨다.

$$CaC_2 + 2H_2O \rightarrow \underset{\text{(수산화칼슘)}}{Ca(OH)_2} + \underset{\text{(아세틸렌)}}{C_2H_2} \uparrow$$

② 아세틸렌의 폭발범위는 2.5~81%로 대단히 넓어서 폭발위험성이 크다.
③ 장기 보관시 불활성기체(N_2 등)를 봉입하여 저장한다.
④ 별명은 카바이드, 탄화석회, 칼슘카바이드 등이다.
⑤ 고온(700℃)에서 질화되어 석회질소($CaCN_2$)가 생성된다.

$$CaC_2 + N_2 \rightarrow CaCN_2 + C$$

⑥ 물 및 포약제에 의한 소화는 절대 금하고 마른 모래 등으로 피복 소화한다.

해답 ②

26 가연성고체 위험물의 일반적인 성질로서 틀린 것은?

① 비교적 저온에서 착화한다.
② 산화제와의 접촉 · 가열은 위험하다.
③ 연소 속도가 빠르다.
④ 산소를 포함하고 있다.

해설 **제2류 위험물의 공통적 성질**
① 낮은 온도에서 착화가 쉬운 가연성 고체이다.
② 냉암소에 저장하여야 한다.
③ 연소속도가 빠른 고체이다.
④ 연소 시 유독가스를 발생하는 것도 있다.
⑤ 금속분은 물 접촉 시 발열 및 수소기체 발생된다.

해답 ④

27 위험물과 그 위험물이 물과 반응하여 발생하는 가스를 잘못 연결한 것은?

① 탄화알루미늄－메탄
② 탄화칼슘－아세틸렌
③ 인화칼슘－에탄
④ 수소화칼슘－수소

해설 ③ 인화칼슘－포스핀(인화수소)

인화칼슘(Ca_3P_2)**[별명 : 인화석회] : 제3류 위험물(금수성 물질)**
① 적갈색의 괴상고체
② 물 및 약산과 격렬히 반응, 분해하여 인화수소(포스핀)(PH_3)을 생성한다.

• $Ca_3P_2 + 6H_2O \rightarrow 3Ca(OH)_2 + 2PH_3$
• $Ca_3P_2 + 6HCl \rightarrow 3CaCl_2 + 2PH_3$
(포스핀＝인화수소)

③ 포스핀은 맹독성가스이므로 취급시 방독마스크를 착용한다.
④ 물 및 포약제의 의한 소화는 절대 금한다.
⑤ 마른모래 등으로 피복하여 자연 진화되도록 기다린다.

해답 ③

28 질산나트륨의 성상으로 옳은 것은?

① 황색 결정이다.
② 물에 잘 녹는다.
③ 흑색화약의 원료이다.
④ 상온에서 자연분해한다.

해설 **질산나트륨**($NaNO_3$) **: 제1류 위험물 중 질산염류**
① 무색 무취의 백색 분말
② 조해성이 강하다.
③ 물, 글리세린에 녹고 알코올에 녹지 않는다.
④ 가열시 약380℃에서 열분해하여 아질산나트륨과 산소를 발생시킨다.
⑤ 충격, 마찰, 타격을 피한다.
⑥ 유기물과 혼합을 피한다.
⑦ 화재 시 다량의 물로 냉각소화 한다.

해답 ②

29 과염소산나트륨의 성질이 아닌 것은?

① 황색의 분말로 물과 반응하여 산소를 발생한다.
② 가열하면 분해되어 산소를 방출한다.
③ 융점은 약 482℃이고 물에 잘 녹는다.
④ 비중은 약 2.5로 물보다 무겁다.

해설 **과염소산나트륨**($NaClO_4$) **: 제1류 위험물 중 과염소산염류**
① 백색의 분말고체이며 분자량이 122, 녹는점은 482℃이다.
② 물, 알코올, 아세톤에 잘 녹고 에테르에는 녹지 않는다.
③ 유기물등과 혼합 시 가열, 충격, 마찰에 의하여 폭발한다.
④ 400℃ 이상에서 분해되면서 산소를 방출한다.

해답 ①

30 1기압 20℃에서 액상이며 인화점이 200℃ 이상인 물질은?

① 벤젠 ② 톨루엔
③ 글리세린 ④ 실린더유

해설 **제4류 위험물**(인화성 액체)

구 분	지정품목	기타 조건(1atm에서)
특수인화물	이황화탄소 디에틸에테르	• 발화점이 100℃ 이하 • 인화점 －20℃ 이하이고 비점이 40℃ 이하
제1석유류	아세톤 휘발유	• 인화점 21℃ 미만
알코올류	C_1~C_3까지 포화 1가 알코올(변성알코올 포함) • 메틸알코올 • 에틸알코올 • 프로필알코올	
제2석유류	등유, 경유	• 인화점 21℃ 이상 70℃ 미만
제3석유류	중유 클레오소트유	• 인화점 70℃ 이상 200℃ 미만
제4석유류	기어유 실린더유	• 인화점 200℃ 이상 250℃ 미만
동식물유류	동물의 지육 등 또는 식물의 종자나 과육으로부터 추출한 것으로서 인화점이 250℃ 미만인 것	

해답 ④

31 지하탱크저장소에서 인접한 2개의 지하저장탱크 용량의 합계가 지정수량이 100배일 경우 탱크 상호간의 최소 거리는?

① 0.1m ② 0.3m
③ 0.5m ④ 1m

해설 **지하탱크저장소의 기준**

① 탱크전용실은 시설물 및 대지경계선으로부터 0.1m 이상 떨어진 곳에 설치
② 지하저장탱크와 탱크전용실의 안쪽과의 사이는 0.1m 이상의 간격을 유지
③ 탱크의 주위에 입자지름 5mm 이하의 마른 자갈분을 채울 것.
④ 지하저장탱크의 윗부분은 지면으로부터 0.6m 이상 아래에 있을 것.
⑤ 지하저장탱크를 2 이상 인접해 설치하는 경우에는 그 상호간에 1m(당해 2 이상의 지하저장탱크의 용량의 합계가 지정수량의 100배 이하인 때에는 0.5m) 이상의 간격을 유지
⑥ 지하저장탱크의 재질은 두께 3.2mm 이상의 강철판으로 할 것

해답 ③

32 벤젠에 관한 설명 중 틀린 것은?

① 인화점은 약 -11℃ 정도이다.
② 이황화탄소보다 착화온도가 높다.
③ 벤젠 증기는 마취성은 있으나 독성은 없다.
④ 취급할 때 정전기 발생을 조심해야 한다.

해설 **벤젠**(C_6H_6 : Benzene) : **제4류 위험물 중 제1석유류**

① 착화온도 : 562℃
(이황화탄소의 착화온도 100℃)
② 벤젠증기는 마취성 및 독성이 강하다.
③ 비수용성(물에 녹지 않음)이며 알코올, 아세톤, 에테르에는 용해.
④ 취급 시 정전기에 유의해야 한다.
⑤ 증기는 공기보다 무거워 낮은 곳에 체류하므로 환기에 주의한다.
⑥ 정육각형의 평면구조로 120°의 결합각을 갖는다.
⑦ 결합길이는 단일결합과 이중결합의 중간이다.
⑧ 공명혼성구조로 안정한 방향족화합물이다.
⑨ 첨가반응보다 치환반응이 지배적이다.

해답 ③

33 위험물안전관리법령에서 정하는 위험등급 Ⅰ에 해당하지 않는 것은?

① 제3류 위험물 중 지정수량이 20kg인 위험물
② 제4류 위험물 중 특수인화물
③ 제1류 위험물 중 무기과산화물
④ 제5류 위험물 중 지정수량이 100kg인 위험물

해설 **위험물의 등급 분류**

위험등급	해당 위험물
위험등급 Ⅰ	① 제1류 위험물 중 아염소산염류, 염소산염류, 과염소산염류, 무기과산화물, 그 밖에 지정수량이 50kg인 위험물 ② 제3류 위험물 중 칼륨, 나트륨, 알킬알루미늄, 알킬리튬, 황린, 그 밖에 지정수량이 10kg 또는 20kg인 위험물 ③ 제4류 위험물 중 특수인화물 ④ 제5류 위험물 중 유기과산화물, 질산에스테르류, 그 밖에 지정수량이 10kg인 위험물 ⑤ 제6류 위험물
위험등급 Ⅱ	① 제1류 위험물 중 브롬산염류, 질산염류, 요오드산염류, 그 밖에 지정수량이 300kg인 위험물 ② 제2류 위험물 중 황화린, 적린, 유황 그 밖에 지정수량이 100kg인 위험물 ③ 제3류 위험물 중 알칼리금속(칼륨, 나트륨 제외) 및 알칼리토금속, 유기금속화합물(알킬알루미늄 및 알킬리튬은 제외) 그 밖에 지정수량이 50kg인 위험물 ④ 제4류 위험물 중 제1석유류, 알코올류 ⑤ 제5류 위험물 중 위험등급 Ⅰ 위험물 외의 것
위험등급 Ⅲ	위험등급 Ⅰ, Ⅱ 이외의 위험물

해답 ④

34 다음 중 질산에스테류에 속하는 것은?

① 피크린산　② 니트로벤젠
③ 니트로글리세린　④ 트리니트로톨루엔

해설 **제5류 위험물**(자기반응성물질)

① **질산에스테르류**
㉠ 질산메틸 ㉡ 질산에틸 ㉢ 니트로글리세린
㉣ 니트로셀룰로오스 ㉤ 펜트리트
② **니트로화합물**
㉠ 트리니트로페놀(피크린산, TNP) $[C_6H_2(NO_2)_3OH]$
㉡ 트리니트로톨루엔$[C_6H_2CH_3(NO_2)_3]$

해답 ③

35 위험물안전관리법상 주유취급소의 소화설비 기준과 관련한 설명 중 틀린 것은?

① 모든 주유취급소는 소화난이도등급 Ⅱ 또는 소화난이도 등급 Ⅲ에 속한다.
② 소화난이도등급 Ⅱ에 해당하는 주유취급소에는 대형소화기 및 소형소화기 등을 설치하여야 한다.
③ 소화난이도등급 Ⅲ에 해당하는 주유취급소에는 소형소화기 등을 설치하여야 하며, 위험물의 소요단위 산정은 지하탱크저장소의 기준을 준용한다.
④ 모든 주유취급소의 소화설비 설치를 위해서는 위험물의 소요단위를 산출하여야 한다.

해설 **소화난이도등급Ⅲ의 주유취급소의 소화설비 기준**
① 소형소화기 등
② 능력단위의 수치가 건축물 그 밖의 공작물 및 위험물의 소요단위의 수치에 이르도록 설치할 것. 다만, 옥내소화전설비, 옥외소화전설비, 스프링클러설비, 물분무등 소화설비 또는 대형소화기를 설치한 경우에는 당해 소화설비의 방사능력범위 내의 부분에 대하여는 소화기 등을 그 능력단위의 수치가 당해 소요단위의 수치의 1/5 이상이 되도록 하는 것으로 족하다.

해답 ③

36 위험물 판매취급소에 관한 설명 중 틀린 것은?

① 위험물을 배합하는 실의 바닥면적은 $6m^2$ 이상 $15m^2$ 이하 이어야 한다.
② 제1종 판매취급소는 건축물의 1층에 설치하여야 한다.
③ 일반적으로 페인트점, 화공약품점이 이에 해당된다.
④ 취급하는 위험물의 종류에 따라 제1종과 제2종으로 구분된다.

해설 ④ 저장 또는 취급하는 위험물의 수량에 따라 제1종과 제2종으로 구분된다.

판매취급소의 위치 · 구조 및 설비의 기준
① 건축물의 1층에 설치할 것
② 건축물의 부분은 내화구조 또는 불연재료로 하고, 판매취급소로 사용되는 부분과 다른 부분과의 격벽은 내화구조로 할 것
③ 건축물의 부분은 보를 불연재료로 하고, 천장을 설치하는 경우에는 천장을 불연재료로 할 것
④ 상층이 있는 경우에 있어서는 그 상층의 바닥을 내화구조로 하고, 상층이 없는 경우에 있어서는 지붕을 내화구조로 또는 불연재료로 할 것
⑤ 창 및 출입구에는 갑종방화문 또는 을종방화문을 설치할 것
⑥ 창 또는 출입구에 유리를 이용하는 경우에는 망입유리로 할 것
⑦ 위험물을 배합하는 실은 다음에 의할 것
㉠ 바닥면적은 $6m^2$ 이상 $15m^2$ 이하일 것
㉡ 내화구조 또는 불연재료로 된 벽으로 구획할 것
㉢ 바닥은 위험물이 침투하지 아니하는 구조로 하여 적당한 경사를 두고 집유설비를 할 것
㉣ 출입구에는 수시로 열 수 있는 자동폐쇄식의 갑종방화문을 설치할 것
㉤ 출입구 문턱의 높이는 바닥면으로부터 0.1m 이상으로 할 것
㉥ 내부에 체류한 가연성의 증기 또는 가연성의 미분을 지붕위로 방출하는 설비를 할 것

해답 ④

37 가연물에 따른 화재의 종류 및 표시색의 연결이 옳은 것은?

① 폴리에틸렌–유류화재–백색
② 석탄–일반화재–청색
③ 시너–유류화재–청색
④ 나무–일반화재–백색

해설 **화재의 분류** ★★ 자주출제(필수암기) ★★

종 류	등급	색표시	주된 소화방법
일반화재	A급	백색	냉각소화
유류 및 가스화재	**B급**	**황색**	**질식소화**
전기화재	C급	청색	질식소화
금속화재	D급	–	피복소화
주방화재	K급	–	냉각 및 질식 소화

해답 ④

38 제2류 위험물인 마그네슘의 위험성에 관한 설명 중 틀린 것은?

① 더운 물과 작용시키면 산소가스를 발생한다.
② 이산화탄소 중에서도 연소한다.
③ 습기와 반응하여 열이 축적되면 자연발화의 위험이 있다.
④ 공기 중에 부유하면 분진폭발의 위험이 있다.

해설 **마그네슘**(Mg)
① 2mm체 통과 못하는 덩어리는 위험물에서 제외한다.
② 직경 2mm 이상 막대모양은 위험물에서 제외한다.
③ 은백색의 광택이 나는 가벼운 금속이다.
④ 수증기와 작용하여 수소를 발생시킨다.(주수소화금지)

$Mg + 2H_2O \rightarrow Mg(OH)_2 + H_2\uparrow$
(수산화마그네슘)(수소)

⑤ 이산화탄소 소화약제를 방사하면 주위의 공기 중 수분이 응축하여 위험하다.
⑥ 산과 작용하여 수소를 발생시킨다.

$Mg + 2HCl \rightarrow MgCl_2 + H_2\uparrow$
(염화마그네슘)(수소)

⑦ 공기 중 습기에 발열되어 자연발화 위험이 있다.
⑧ 주수소화는 엄금이며 마른모래 등으로 피복 소화한다.

해답 ①

39 과산화수소와 산화프로필렌의 공통점으로 옳은 것은?

① 특수인화물이다.
② 분해시 질소를 발생한다.
③ 끓는점이 100℃ 이하이다.
④ 수용액 상태에서도 자연발화 위험이 있다.

해설 ① 과산화수소-제6류위험물
-끓는점 : 80.2℃
② 산화프로필렌-제4류-특수인화물
-끓는점 : 34℃

해답 ③

40 오황화린이 물과 작용 했을 때 주로 발생되는 기체는?

① 포스핀 ② 포스겐
③ 황산가스 ④ 황화수소

해설 **황화린**(제2류 위험물) **: 황과 인의 화합물**
① **삼황화린**(P_4S_3)
• 황색결정으로 물, 염산, 황산에 녹지 않으며 질산, 알칼리, 이황화탄소에 녹는다.
• 연소하면 오산화인과 이산화황이 생긴다.

$P_4S_3 + O_2 \rightarrow 2P_2O_5 + 3SO_2\uparrow$
(오산화인)(이산화황)

② **오황화린**(P_2S_5)
• 담황색 결정이고 조해성이 있다.
• 수분을 흡수하면 분해된다.
• 이황화탄소(CS_2)에 잘 녹는다.
• 물, 알칼리와 반응하여 인산과 황화수소를 발생한다.

$P_2S_5 + 8H_2O \rightarrow 2H_3PO_4 + 5H_2S\uparrow$
(인산) (황화수소)

③ **칠황화린**(P_4S_7)
• 담황색 결정이고 조해성이 있다.
• 수분을 흡수하면 분해된다.
• 이황화탄소(CS_2)에 약간 녹는다.
• 냉수에는 서서히 분해가 되고 더운물에는 급격히 분해된다.

해답 ④

41 정기점검 대상 제조소 등에 해당하지 않는 것은?

① 이동탱크저장소
② 지정수량 120배의 위험물을 저장하는 옥외저장소
③ 지정수량 120배의 위험물을 저정하는 옥내저장소
④ 이송취급소

해설 **정기점검 대상 제조소등**
① 지정수량의 10배 이상의 위험물을 취급하는 제조소
② 지정수량의 100배 이상의 위험물을 저장하는 옥외저장소

③ 지정수량의 150배 이상의 위험물을 저장하는 옥내저장소
④ 지정수량의 200배 이상의 위험물을 저장하는 옥외탱크저장소
⑤ 암반탱크저장소
⑥ 이송취급소
⑦ 지정수량의 10배 이상의 위험물을 취급하는 일반취급소
⑧ 지하탱크저장소
⑨ 이동탱크저장소
⑩ 위험물을 취급하는 탱크로서 지하에 매설된 탱크가 있는 제조소 · 주유취급소 또는 일반취급소

해답 ③

42 다음 중 옥내저장소의 동일한 실에 서로 1m 이상의 간격을 두고 저장할 수 없는 것은?

① 제1류 위험물과 제3류 위험물 중 자연발화성물질(황린 또는 이를 함유한 것에 한한다.)
② 제4류 위험물과 제2류 위험물 중 인화성고체
③ 제1류 위험물과 제4류 위험물
④ 제1류 위험물과 제6류 위험물

해설 유별을 달리하는 위험물은 동일한 저장소에 저장하지 아니하여야 한다. 다만, 옥내저장소 또는 옥외저장소에 있어서 다음의 각목의 규정에 의한 위험물을 저장하는 경우로서 위험물을 유별로 정리하여 저장하는 한편, 서로 1m 이상의 간격을 두는 경우에는 그러하지 아니하다(중요기준).
① 제1류 위험물(알칼리금속의 과산화물 또는 이를 함유한 것을 제외한다)과 제5류 위험물을 저장하는 경우
② 제1류 위험물과 제6류 위험물을 저장하는 경우
③ 제1류 위험물과 제3류 위험물 중 자연발화성물질(황린 또는 이를 함유한 것에 한한다)을 저장하는 경우
④ 제2류 위험물 중 인화성고체와 제4류 위험물을 저장하는 경우
⑤ 제3류 위험물 중 알킬알루미늄등과 제4류 위험물(알킬알루미늄 또는 알킬리튬을 함유한 것에 한한다)을 저장하는 경우
⑥ 제4류 위험물 중 유기과산화물 또는 이를 함유하는 것과 제5류 위험물 중 유기과산화물 또는 이를 함유한 것을 저장하는 경우

해답 ③

43 위험물안전관리법령에 따른 소화설비의 적응성에 관한 다음 내용 중 ( ) 안에 적합한 내용은?

제6류 위험물을 저장 또는 취급하는 장소로서 폭발의 위험이 없는 장소에 한하여 ( )가(이) 제6류 위험물에 대하여 적응성이 있다.

① 할로겐화합물 소화기
② 분말소화기-탄산수소염류 소화기
③ 분말소화기-그 밖의 것
④ 이산화탄소소화기

해설 **소화설비의 적응성**
[비고] 제6류 위험물을 저장 또는 취급하는 장소로서 폭발의 위험이 없는 장소에 한하여 이산화탄소소화기가 제6류 위험물에 대하여 적응성이 있음을 각각 표시한다.

해답 ④

44 다음 중 분자량이 약 74, 비중이 약 0.71인 물질로서 에탄올 두 분자에서 물이 빠지면서 축합반응이 일어나 생성되는 물질은?

① $C_2H_5OC_2H_5$ ② C_2H_5OH
③ C_6H_5Cl ④ CS_2

해설 **축합반응**
에탄올에 진한황산 소량을 가하여 130℃로 가열하면 2분자에서 물 1분자가 탈수되어 에테르가 생성된다. 이와 같이 2분자에서 간단한 물분자와 같은 것이 떨어지면서 큰분자가 생기는 반응

$$C_2H_5OH + C_2H_5OH \xrightarrow{C-H_2SO_4} C_2H_5OC_2H_5 + H_2O$$
(에틸알코올) (에틸알코올) (디에틸에테르) (물)

해답 ①

45 지정수량이 50킬로그램이 아닌 위험물은?

① 염소산나트륨 ② 리튬
③ 과산화나트륨 ④ 나트륨

해설 ① 염소산나트륨-제1류-염소산염류-50kg
② 리튬-제3류-알칼리금속 및 알칼리토금속 -50kg
③ 과산화나트륨-제1류-무기과산화물-50kg
④ 나트륨-제3류-10kg

해답 ④

46 다음 물질 중 물보다 비중이 작은 것으로만 이루어진 것은?

① 에테르, 이황화탄소
② 벤젠, 글리세린
③ 가솔린, 메탄올
④ 글리세린, 아닐린

해설 ① 에테르-0.71, 이황화탄소-1.26
② 벤젠-0.9, 글리세린-1.26
③ 가솔린-0.65~0.76, 메탄올-0.8
④ 글리세린-1.26, 아닐린-1.02

해답 ③

47 셀룰로이드에 관한 설명 중 틀린 것은?

① 물에 잘 녹으며, 자연발화의 위험이 있다.
② 지정수량은 10kg이다.
③ 탄력성이 있는 고체의 형태이다.
④ 장시간 방치된 것은 햇빛, 고온 등에 의해 분해가 촉진된다.

해설 **셀룰로이드** : 제5류 위험물
① 무색 또는 황색의 반투명고체
② 물에 불용이지만 알코올, 아세톤에 잘 녹는다.
③ 저장 시 습도가 낮고 온도가 낮은 장소에 저장
④ 온도 및 습도가 높은 장소에서 취급할 때 자연발화의 위험이 있다.
⑤ 충격에 의하여 발화하지는 않는다.

해답 ①

48 위험물안전관리법령상 위험물옥외저장소에 저장할 수 있는 품명은? (단, 국제해상위험물규칙에 적합한 용기에 수납하는 경우를 제외한다.)

① 특수인화물 ② 무기과산화물
③ 알코올류 ④ 칼륨

해설 **옥외저장소에 저장할 수 있는 위험물**
① 제2류 위험물 : 유황, 인화성고체 (인화점이 0℃ 이상)
② 제4류 위험물 : 제1석유류(인화점이 0℃ 이상), 제2석유류, 제3석유류, 제4석유류, 알코올류, 동식물유류
③ 제6류 위험물

해답 ③

49 위험물 관련 신고 및 선임에 관한 사항으로 옳지 않은 것은?

① 제조소의 위치 · 구조 변경 없이 위험물의 품명 변경 시는 변경한 날로부터 7일 이내에 신고하여야 한다.
② 제조소 설치자의 지위를 승계한자는 승계한 날로부터 30일 이내에 신고하여야 한다.
③ 위험물안전관리자가 퇴직한 경우는 선임일로부터 14일 이내에 신고하여야 한다.
④ 위험물안전관리자가 퇴직한 경우는 퇴직일로부터 30일 이내에 선임하여야 한다.

해설 **위험물안전관리법 제6조(위험물시설의 설치 및 변경 등)**
② 제조소등의 위치 · 구조 또는 설비의 변경없이 당해 제조소등에서 저장하거나 취급하는 위험물의 품명 · 수량 또는 지정수량의 배수를 변경하고자 하는 자는 변경하고자 하는 날의 1일 전까지 행정안전부령이 정하는 바에 따라 시 · 도지사에게 신고하여야 한다.

해답 ①

50 위험물을 운반용기에 수납하여 적재할 때 차광성이 있는 피복으로 가려야 하는 위험물이 아닌 것은?

① 제1류 위험물 ② 제2류 위험물
③ 제5류 위험물 ④ 제6류 위험물

해설 **적재위험물의 성질에 따른 조치**
① **차광성이 있는 피복으로 가려야하는 위험물**
㉠ 제1류 위험물
㉡ 제3류위험물 중 자연발화성물질

㉢ 제4류 위험물 중 특수인화물(지정수량50L)
㉣ 제5류 위험물
㉤ 제6류 위험물

② **방수성이 있는 피복으로 덮어야 하는 것**
㉠ 제1류 위험물 중 알칼리금속의 과산화물
㉡ 제2류 위험물 중 철분 · 금속분 · 마그네슘 또는 이들 중 어느 하나 이상을 함유한 것
㉢ 제3류 위험물 중 금수성 물질

해답 ②

51 위험물안전관리법령에 명시된 아세트알데히드의 옥외저장탱크에 필요한 설비가 아닌 것은?

① 보냉장치
② 냉각장치
③ 동 합금 배관
④ 불활성 기체를 봉입하는 장치

해설 **아세트알데히드 또는 산화프로필렌 옥외저장탱크 저장소 필요설비**
① 보냉장치　② 불연성가스 봉입장치
③ 수증기 봉입장치　④ 냉각장치

해답 ③

52 다음 중 위험물안전관리법령에 따른 지정수량이 나머지 셋과 다른 하나는?

① 황린　② 칼륨
③ 나트륨　④ 알칼리튬

해설 **제3류 위험물 및 지정수량**

성 질	품 명	지정수량	위험등급
자연발화성 및 금수성물질	1. 칼륨 2. 나트륨 3. 알킬알루미늄 4. 알킬리튬	10kg	I
	5. 황린	20kg	I
	6. 알칼리금속(칼륨 및 나트륨 제외) 및 알칼리토금속 7. 유기금속화합물(알킬알루미늄 및 알킬리튬 제외)	50kg	II
	8. 금속의 수소화물 9. 금속의 인화물 10. 칼슘 또는 알루미늄의 탄화물	300kg	II

해답 ①

53 제6류 위험물의 화재예방 및 진압대책으로 적합하지 않은 것은?

① 가연물과의 접촉을 피한다.
② 과산화수소를 장기보존 할 때는 유리용기를 사용하여 밀전한다.
③ 옥내소화전설비를 사용하여 소화할 수 있다.
④ 물분무소화설비를 사용하여 소화할 수 있다.

해설 **과산화수소(H_2O_2)의 일반적인 성질**
① 분해 시 산소(O_2)를 발생시킨다.
② 분해안정제로 인산(H_3PO_4) 또는 요산($C_5H_4N_4O_3$)을 첨가한다.
③ 시판품은 일반적으로 30~40% 수용액이다.
④ 저장용기는 밀폐하지 말고 구멍이 있는 마개를 사용한다.
⑤ **강산화제이면서 환원제로도 사용**한다.
⑥ 60% 이상의 고농도에서는 단독으로 폭발위험이 있다.
⑦ 히드라진($NH_2 \cdot NH_2$)과 접촉 시 분해 작용으로 폭발위험이 있다.

$$NH_2 \cdot NH_2 + 2H_2O_2 \rightarrow 4H_2O + N_2 \uparrow$$

⑧ **3%용액은 옥시풀 또는 옥시돌(oxydol)**이라 하며 표백제 또는 살균제로 이용한다.
⑨ 무색인 요오드칼륨 녹말종이와 반응하여 청색으로 변화시킨다.

- 과산화수소는 36%(중량) 이상만 위험물에 해당된다.
- 과산화수소는 표백제 및 살균제로 이용된다.

⑩ 다량의 물로 주수 소화한다.

해답 ②

54 메탄올에 관한 설명으로 옳지 않은 것은?

① 인화점은 약 11℃이다.
② 술의 원료로 사용된다.
③ 휘발성이 강하다.
④ 최종산화물은 의산(포름산)이다.

해설 ② 술의 원료로 사용되는 것은 에탄올이다.

메틸알코올(CH_3OH)
① 무색, 투명한 술냄새가나는 휘발성 액체

② 흡입 시 실명 또는 사망할 수 있다.
③ 물에는 무제한으로 녹는다.
④ 비중이 물보다 작다.
⑤ 연소범위 : 7.3 ~ 36%
⑥ 제 4류 위험물 중 알코올류
⑦ 목정 또는 메탄올이라고도 한다.

해답 ②

55 제1류 위험물의 일반적인 성질에 해당하지 않는 것은?

① 고체 상태이다.
② 분해하여 산소를 발생한다.
③ 가연성물질이다.
④ 산화제이다.

해설 **제1류 위험물의 일반적인 성질**
① 산화성 고체이며 대부분 수용성이다.
② 불연성이지만 다량의 산소를 함유하고 있다.
③ 분해 시 산소를 방출하여 남의 연소를 돕는다. (조연성)
④ 열 · 타격 · 충격, 마찰 및 다른 화학물질과 접촉시 쉽게 분해된다.
⑤ 분해속도가 대단히 빠르고, 조해성이 있는 것도 포함한다.
⑥ 무기과산화물은 물과 작용하여 열과 산소를 발생시킨다.

해답 ③

56 다음 위험물 중 특수인화물이 아닌 것은?

① 메틸에틸케톤 퍼옥사이드
② 산화프로필렌
③ 아세트알데히드
④ 이황화탄소

해설 ① 메틸에틸케톤퍼옥사이드-제5류-유기과산화물

제4류 위험물 중 특수인화물

품 목	기타 조건 (1atm에서)
• 이황화탄소 • 디에틸에테르 • 아세트알데히드 • 산화프로필렌	• 발화점이 100℃ 이하 • 인화점 -20℃ 이하이고 비점이 40℃ 이하

해답 ①

57 아세트알데히드와 아세톤의 공통 성질에 대한 설명 중 틀린 것은?

① 증기는 공기보다 무겁다.
② 무색 액체로서 인화점이 낮다.
③ 물에 잘 녹는다.
④ 특수인화물로 반응성이 크다.

해설 아세트알데히드-제4류-특수인화물
아세톤-제4류-1석유류

해답 ④

58 피크린산 제조에 사용되는 물질과 가장 관계가 있는 것은?

① C_6H_6
② $C_6H_5CH_3$
③ $C_3H_5(OH)_3$
④ C_6H_5OH

해설 **피크린산 = 피크르산**[$C_6H_2(NO_2)_3OH$](TNP : Tri Nitro Phenol) : **제5류 니트로화합물**

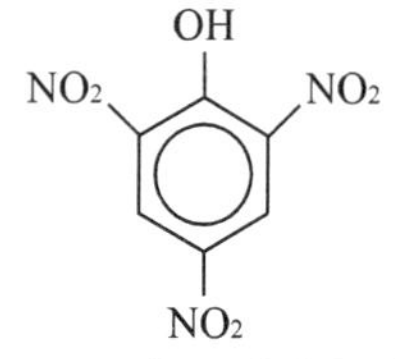

① 융점은 약 122℃이고 비점은 약 255℃이다.
② 침상결정이며 냉수에는 약간 녹고 더운물, **알코올, 벤젠 등에 잘 녹는다.**
③ 쓴맛과 독성이 있다
④ 피크르산 또는 트리니트로페놀(Tri Nitro phenol)의 약자로 TNP라고도 한다.
⑤ 단독으로 타격, 마찰에 비교적 둔감하다.
⑥ 연소 시 검은 연기를 내고 폭발성은 없다.
⑦ 휘발유, 알코올, 유황과 혼합된 것은 마찰, 충격에 폭발한다.
⑧ 화약, 불꽃놀이에 이용된다.

해답 ④

59 과산화벤조일의 지정수량은 얼마인가?

① 10kg
② 50L
③ 100kg
④ 1000L

해설 과산화벤조일(유기과산화물)-10kg

제5류 위험물 및 지정수량

성질	품 명	지정수량	위험등급
자기 반응성물질	1. 유기과산화물 2. 질산에스테르류	10kg	Ⅰ
	3. 니트로화합물 4. 니트로소화합물 5. 아조화합물 6. 디아조화합물 7. 히드라진 유도체	200kg	Ⅱ
	8. 히드록실아민 9. 히드록실아민염류	100kg	

해답 ①

60 염소산칼륨 20킬로그램과 아염소산나트륨 10킬로그램을 과염소산과 함께 저장하는 경우 지정수량 1배로 저장하려면 과염소산은 얼마나 저장할 수 있는가?

① 20킬로그램 ② 40킬로그램
③ 80킬로그램 ④ 120킬로그램

해설 ① 지정수량의 배수

$$=\frac{저장수량}{지정수량}=\frac{20}{50}+\frac{10}{50}+\frac{X}{300}=1배$$

② $0.4+0.2+\frac{X}{300}=1$

③ $\frac{X}{300}=1-0.4-0.2$

④ $\frac{X}{300}=0.4$

⑤ $X=0.4\times300=120$

제1류 위험물 및 지정수량

성질	품 명		지정수량	위험등급
산화성고체	아염소산염류, 염소산염류, 과염소산염류, 무기과산화물		50kg	Ⅰ
	브롬산염류, 질산염류, 요오드산염류		300kg	Ⅱ
	과망간산염류, 중크롬산염류		1000kg	Ⅲ
	행정안전부령이 정하는 것	① 과요오드산염류 ② 과요오드산 ③ 크롬, 납 또는 요오드의 산화물 ④ 아질산염류 ⑤ 염소화이소시아눌산 ⑥ 퍼옥소이황산염류 ⑦ 퍼옥소붕산염류	300kg	Ⅱ
		⑧ 차아염소산염류	50kg	Ⅰ

제6류 위험물 및 지정수량

성질	품 명	판단기준	지정수량	위험등급
산화성액체	• 과염소산($HClO_4$)		300kg	Ⅰ
	• 과산화수소(H_2O_2)	농도 36중량% 이상		
	• 질산(HNO_3)	비중 1.49 이상		
	• 할로겐간화합물 ① 삼불화브롬(BrF_3) ② 오불화브롬(BrF_5) ③ 오불화요오드(IF_5)			

해답 ④

국가기술자격 필기시험문제

2020 CBT 시험 기출문제 복원 [제 4 회]

자격종목	시험시간	문제수	형별	수험번호	성 명
위험물기능사	1시간	60	A		

본 문제는 CBT시험대비 기출문제 복원입니다.

01 제조소등에 전기설비(전기배선, 조명기구 등은 제외)가 설치된 경우에는 면적 몇 m^2마다 소형소화기를 1개 이상 설치하여야 하는가?

① 50 ② 100
③ 150 ④ 200

해설 **소화설비의 설치기준**

① **전기설비의 소화설비**
- 소형소화기 : 바닥면적 $100m^2$마다 1개 이상 설치

② **소요단위의 계산방법**
- 제조소 또는 취급소의 건축물

외벽이 내화구조인 것	외벽이 내화구조가 아닌 것
연면적 $100m^2$를 1소요단위	연면적 $50m^2$를 1소요단위

- 저장소의 건축물

외벽이 내화구조인 것	외벽이 내화구조가 아닌 것
연면적 $150m^2$를 1소요단위	연면적 $75m^2$를 소요단위

③ 위험물은 지정수량의 10배를 1소요단위로 할 것

해답 ②

02 연쇄반응을 억제하여 소화하는 소화약제는?

① 할론1301 ② 물
③ 이산화탄소 ④ 포

해설 **소화원리**

① **냉각소화** : 가연성 물질을 발화점 이하로 온도를 냉각

물이 소화약제로 사용되는 이유
- 물의 기화열(539kcal/kg)이 크기 때문
- 물의 비열(1kcal/kg℃)이 크기 때문

② **질식소화** : 산소농도를 21%에서 15% 이하로 감소

질식소화 시 산소의 유지농도 : 10~15%

③ **억제소화(부촉매소화, 화학적 소화)** : 연쇄반응을 억제

- 부촉매 : 화학적 반응의 속도를 느리게 하는 것
- 부촉매 효과 : 할로겐화합물 소화약제
(할로겐족원소 : 불소(F), 염소(Cl), 브롬(Br), 요오드(I))

④ **제거소화** : 가연성물질을 제거시켜 소화

- 산불이 발생하면 화재의 진행방향을 앞질러 벌목
- 화학반응기의 화재 시 원료공급관의 밸브를 폐쇄
- 유전화재 시 폭약으로 폭풍을 일으켜 화염을 제거
- 촛불을 입김으로 불어 화염을 제거

⑤ **피복소화** : 가연물 주위를 공기와 차단

⑥ **희석소화** : 수용성인 인화성액체 화재 시 물을 방사하여 가연물의 연소농도를 희석

해답 ①

03 위험물안전관리법령상 지하탱크저장소에 설치하는 강제이중벽탱크에 관한 설명으로 틀린 것은?

① 탱크본체와 외벽사이에는 3mm 이상의 감지층을 둔다.
② 스페이서는 탱크본체와 재질을 다르게 하여야 한다.
③ 탱크전용실 없이 지하에 직접 매설할 수도 있다.
④ 탱크외면에는 최대시험압력을 지워지지 않도록 표시하여야 한다.

해설 **강제이중벽탱크**

① 탱크본체와 외벽사이에는 3mm 이상의 감지층을 둔다.
② 스페이서는 탱크본체와 **재질을 같게** 하여야 한다.

③ 탱크전용실 없이 지하에 직접 매설할 수도 있다.
④ 탱크외면에는 최대사용압력을 지워지지 않도록 표시하여야 한다.

해답 ②

04 단백포소화약제 제조 공정에서 부동제로 사용하는 것은?

① 에틸렌글리콜 ② 물
③ 가수분해 단백질 ④ 황산제1철

해설 **단백포 소화약제**
① **부동액(에틸렌글리콜)**이 첨가되어 −15℃에서도 동결되지 않는다.
② 겨울에는 유동성 작아진다.
③ 저온인 경우 혼합비가 저하되어 적정포를 얻을 수 없다.

에틸렌글리콜($C_2H_4(OH)_2$) **: 제4류 3석유류**
① 물과 혼합하여 부동액으로 이용된다.
② 물, 알코올, 아세톤 등에 잘 녹는다.
③ 흡습성이 있고 단맛이 있는 무색액체이다.
④ 독성이 있는 2가 알코올이다.

해답 ①

05 8L용량의 소화전용 물통의 능력단위는?

① 0.3 ② 0.5
③ 1.0 ④ 1.5

해설 **간이 소화용구의 능력단위**

소화설비	용량	능력단위
소화전용 물통	8L	0.3
수조(소화전용 물통 3개 포함)	80L	1.5
수조(소화전용 물통 6개 포함)	190L	2.5
마른 모래(삽 1개 포함)	50L	0.5
팽창질석 또는 팽창진주암(삽 1개 포함)	80L	0.5

해답 ①

06 위험물 제조소등별로 설치하여야 하는 경보설비의 종류에 해당하지 않는 것은?

① 비상방송설비 ② 비상조명등설비
③ 자동화재탐지설비 ④ 비상경보설비

해설 **위험물 제조소등별로 설치하여야 하는 경보설비**
① 자동화재탐지설비
② 비상경보설비
③ 확성장치 또는 비상방송설비

해답 ②

07 점화원으로 작용할 수 있는 정전기를 방지하기 위한 예방 대책이 아닌 것은?

① 정전기 발생이 우려되는 장소에 접지시설을 한다.
② 실내의 공기를 이온화하여 정전기 발생을 억제한다.
③ 정전기는 습도가 낮을 때 많이 발생하므로 상대습도를 70% 이상으로 한다.
④ 전기의 저항이 큰 물질은 대전이 용이하므로 비전도체 물질을 사용한다.

해설 **정전기 방지대책**
① 접지와 본딩
② 공기를 이온화
③ 상대습도 70% 이상 유지
④ 도체물질을 사용

해답 ④

08 15℃의 기름 100g에 8000J의 열량을 주면 기름의 온도는 몇 ℃가 되겠는가? (단, 기름의 비열은 2J/g · ℃이다.)

① 25 ② 45
③ 50 ④ 55

해설 **필요한 열량**

$$Q = mC\Delta t + rm$$

여기서, Q : 필요한 열량(kcal)
m : 질량(kg)
C : 비열(kcal/kg · ℃)
Δt : 온도차(℃)
r : 기화잠열(kcal/kg)

- 물의 기화열(539kcal/kg)
- 물의 비열(1kcal/kg℃)

① $Q = 8000J$, $m = 100g$
$C = 2J/g \cdot ℃$, $\Delta t = (t_2 - 15℃)$

② $8000 = 100 \times 2 \times (t_2 - 15)$

③ $8000 = 200t_2 - 3000$

④ $t_2 = \frac{11000}{200} = 55℃$

해답 ④

09 탱크화재 현상 중 BLEVE(Boiling Liquid Expanding Vapor Explosion)에 대한 설명으로 가장 옳은 것은?

① 기름탱크에서의 수증기 폭발현상이다.
② 비등상태의 액화가스가 기화하여 팽창하고 폭발하는 현상이다.
③ 화재시 기름 속의 수분이 급격히 증발하여 기름거품이되고 팽창해서 기름탱크에서 밖으로 내뿜어져 나오는 현상이다.
④ 고점도의 기름속에 수증기를 포함한 볼 형태의 물방울이 형성되어 탱크 밖으로 넘치는 현상이다.

해설 **유류 및 가스 저장탱크의 화재 발생현상**

★★★ 요 점 정 리 (필수 암기) ★★★
① **보일오버** : 탱크 바닥의 물이 비등하여 유류가 연소하면서 분출
② **슬롭오버** : 물이 연소유 표면으로 들어갈 때 유류가 연소하면서 분출
③ **프로스오버** : 탱크 바닥의 물이 비등하여 유류가 연소하지 않고 분출
④ **블레비** : 액화가스 저장탱크 폭발현상

해답 ②

10 위험물을 운반용기에 담아 지정수량의 1/10 초과하여 적재하는 경우 위험물을 혼재하여도 무방한 것은?

① 제1류 위험물과 제6류 위험물
② 제2류 위험물과 제6류 위험물
③ 제2류 위험물과 제3류 위험물
④ 제3류 위험물과 제5류 위험물

해설 **위험물의 운반에 따른 유별을 달리하는 위험물의 혼재기준**(쉬운 암기방법)

혼재 가능	
↓1류 + 6류↑	2류 + 4류
↓2류 + 5류↑	5류 + 4류
↓3류 + 4류↑	

해답 ①

11 위험물의 성질에 따라 강화된 기준을 적용하는 지정과산화물을 저장하는 옥내저장소에서 지정과산화물에 대한 설명으로 옳은 것은?

① 지정과산화물이란 제5류 위험물 중 유기화산화물 또는 이를 함유한 것으로서 지정수량이 10kg인 것을 말한다.
② 지정과산화물에는 제4류 위험물에 해당하는 것도 포함된다.
③ 지정과산화물이란 유기과산화물과 알킬알루미늄을 말한다.
④ 지정과산화물이란 유기관산화물 중 소방방재청고시로 지정한 물질을 말한다.

해설 **지정과산화물의 정의**
제5류 위험물중 유기과산화물 또는 이를 함유하는 것으로서 **지정수량이** 10kg인 것

해답 ①

12 다음과 같은 반응에서 $5m^3$의 탄산가스를 만들기 위해 필요한 탄산수소나트륨의 양은 약 몇 kg인가? (단, 표준상태이고 나트륨의 원자량은 23이다.)

$$2NaHCO_3 \rightarrow Na_2CO_3 + CO_2 + H_2O$$

① 18.75
② 37.5
③ 56.25
④ 75

해설 ① 탄산수소나트륨($NaHCO_3$) 분자량
$= 23+1+12+16 \times 3 = 84$

$2NaHCO_3 \rightarrow Na_2CO_3 + CO_2 + H_2O$
$2 \times 84kg$ $22.4m^3$

② $2\times84\text{kg} \rightarrow 22.4\text{m}^3$
$X\text{kg} \rightarrow 5\text{m}^3$

③ $X=\dfrac{2\times84\times5}{22.4}=37.5\text{g}$

해답 ②

13 지정수량의 100배 이상을 저장 또는 취급하는 옥내저장소에 설치하여야 하는 경보설비는? (단, 고인화점 위험물만을 저장 또는 취급하는 것은 제외한다.)

① 비상경보설비 ② 자동화재탐지설비
③ 비상방송설비 ④ 비상조명등설비

해설 **자동화재탐지설비 설치대상**
지정수량의 100배 이상을 저장 또는 취급하는 제조소, 일반취급소, 옥내저장소

해답 ②

14 이산화탄소 소화기 사용시 줄 · 톰슨 효과에 의해서 생성되는 물질은?

① 포스겐 ② 일산화탄소
③ 드라이아이스 ④ 수성가스

해설 **줄–톰슨효과 [Joule–Thomson 효과]**
이산화탄소가스가 가는 구멍으로 내뿜어 갑자기 팽창시킬 때 그 온도가 급강하하여 드라이아이스(고체)가 되는 현상

해답 ③

15 금속분, 목탄, 코크스 등의 연소형태에 해당하는 것은?

① 자기연소 ② 증발연소
③ 분해연소 ④ 표면연소

해설 **연소의 형태** ★★ 자주출제(필수암기)★★
① **표면연소**(surface reaction)
숯, 코크스, 목탄, 금속분
② **증발연소**(evaporating combustion)
파라핀(양초), 황, 나프탈렌, 왁스, 휘발유, 등유, 경유, 아세톤 등 제4류 위험물
③ **분해연소**(decomposing combustion)
석탄, 목재, 플라스틱, 종이, 합성수지, 중유
④ **자기연소**(내부연소)
질화면(니트로셀룰로오스), 셀룰로이드, 니트로글리세린 등 제5류 위험물
⑤ **확산연소**(diffusive burning)
아세틸렌, LPG, LNG 등 가연성 기체
⑥ **불꽃연소+표면연소**
목재, 종이, 셀룰로오스, 열경화성수지

해답 ④

16 일반취급소의 형태가 옥외의 공작물로 되어 있는 경우에 있어서 그 최대수평 투영면적이 500m²일 때 설치하여야 하는 소화설비의 소요단위는 몇 단위인가?

① 5단위 ② 10단위
③ 15단위 ④ 20단위

해설 **소요단위의 계산방법**
① 제조소 또는 취급소의 건축물

외벽이 내화구조인 것	외벽이 내화구조가 아닌 것
연면적 100m^2를 1소요단위	연면적 50m^2를 1소요단위

② 저장소의 건축물

외벽이 내화구조인 것	외벽이 내화구조가 아닌 것
연면적 150m^2를 1소요단위	연면적 75m^2를 소요단위

③ 위험물은 지정수량의 10배를 1소요단위로 할 것
※ 일반취급소 : 옥외의 공작물(외벽이 내화구조인 것)은 연면적 100m^2를 1소요단위

∴ 소요단위$=\dfrac{500\text{m}^2}{100\text{m}^2}=5$단위 ∴ 5단위

해답 ①

17 수용성 가연성 물질의 화재 시 다량의 물을 방사하여 가연물질의 농도를 연소농도 이하가 되도록 하여 소화시키는 것은 무슨 소화원리인가?

① 제거소화 ② 촉매소화
③ 희석소화 ④ 억제소화

해설 **소화원리**
① **냉각소화** : 가연성 물질을 발화점 이하로 온도를 냉각

물이 소화약제로 사용되는 이유
- 물의 기화열(539kcal/kg)이 크기 때문
- 물의 비열(1kcal/kg℃)이 크기 때문

② **질식소화** : 산소농도를 21%에서 15% 이하로 감소

질식소화 시 산소의 유지농도 : 10~15%

③ **억제소화(부촉매소화, 화학적 소화)** : 연쇄반응을 억제

- 부촉매 : 화학적 반응의 속도를 느리게 하는 것
- 부촉매 효과 : 할로겐화합물 소화약제
(할로겐족원소 : 불소(F), 염소(Cl), 브롬(Br), 요오드(I))

④ **제거소화** : 가연성물질을 제거시켜 소화

- 산불이 발생하면 화재의 진행방향을 앞질러 벌목
- 화학반응기의 화재 시 원료공급관의 밸브를 폐쇄
- 유전화재 시 폭약으로 폭풍을 일으켜 화염을 제거
- 촛불을 입김으로 불어 화염을 제거

⑤ **피복소화** : 가연물 주위를 공기와 차단
⑥ **희석소화** : 수용성인 인화성액체 화재 시 물을 방사하여 가연물의 연소농도를 희석

해답 ③

18 화재별 급수에 따른 화재의 종류 및 표시색상을 모두 옳게 나타낸 것은?

① A급 : 유류화재-황색
② B급 : 유류화재-황색
③ A급 : 유류화재-백색
④ B급 : 유류화재-백색

해설 **화재의 분류** ★★ 자주출제(필수암기) ★★

종 류	등급	색표시	주된 소화방법
일반화재	A급	백색	냉각소화
유류 및 가스화재	**B급**	**황색**	**질식소화**
전기화재	C급	청색	질식소화
금속화재	D급	-	피복소화
주방화재	K급	-	냉각 및 질식 소화

해답 ②

19 건물의 외벽이 내화구조로서 연면적 $300m^2$의 옥내저장소에 필요한 소화기 소요단위수는?

① 1단위　② 2단위
③ 3단위　④ 4단위

해설 **소요단위의 계산방법**

① 제조소 또는 취급소의 건축물

외벽이 내화구조인 것	외벽이 내화구조가 아닌 것
연면적 $100m^2$를 1소요단위	연면적 $50m^2$를 1소요단위

② 저장소의 건축물

외벽이 내화구조인 것	외벽이 내화구조가 아닌 것
연면적 $150m^2$를 1소요단위	연면적 $75m^2$를 소요단위

③ 위험물은 지정수량의 10배를 1소요단위로 할 것

※ 옥내저장소 : 외벽이 내화구조인 것은 연면적 $150m^2$를 1소요단위

$$\therefore \text{소요단위} = \frac{300m^2}{150m^2} = 2 \quad \therefore 2\text{단위}$$

해답 ②

20 소화난이도등급 Ⅰ에 해당하지 않는 제조소등은?

① 제1석유류 위험물을 제조하는 제조소로서 연면적 $1000m^2$ 이상인 것
② 제1석유류 위험물을 저장하는 옥외탱크저장소로서 액표면적 $40m^2$ 이상인 것
③ 모든 이송취급소
④ 제6류 위험물을 저장하는 암반탱크저장소

해설 **소화난이도 등급 Ⅰ**

제조소등의 구분	제조소등의 규모, 저장 또는 취급하는 위험물의 품명 및 최대수량 등
제조소 일반취급소	연면적 $1,000m^2$ 이상인 것
옥외탱크 저장소	액표면적이 $40m^2$ 이상인 것(제6류 위험물을 저장하는 것 및 고인화점위험물만을 100℃ 미만의 온도에서 저장하는 것은 제외)
암반탱크 저장소	액표면적이 $40m^2$ 이상인 것(제6류 위험물을 저장하는 것 및 고인화점위험물만을 100℃ 미만의 온도에서 저장하는 것은 제외)
이송취급소	모든 대상

해답 ④

21 다음 중 위험물안전관리법령에 의한 지정수량이 가장 작은 품명은?

① 질산염류　② 인화성고체
③ 금속분　④ 질산에스테르류

해설 ① 질산염류-제1류-300kg
② 인화성고체-제2류-1000kg
③ 금속분-제2류-500kg
④ 질산에스테르류-10kg

해답 ④

22 위험물 판매취급소에 대한 설명 중 틀린 것은?

① 제1종 판매취급소라 함은 저장 또는 취급하는 위험물의 수량이 저정수량의 20배 이하인 판매취급소를 말한다.
② 위험물을 배합하는 실의 바닥면적은 $6m^2$ 이상 $15m^2$ 이하 이어야 한다.
③ 판매취급소에서는 도료류 외의 제1석유류를 배합하거나 옮겨 담는 작업을 할 수 없다.
④ 제1종 판매취급소는 건축물의 2층까지만 설치가 가능하다.

해설 ④ 제1종 판매취급소는 건축물의 1층에 설치하여야 한다.

판매취급소의 구분

취급소의 구분	저장 또는 취급하는 위험물의 수량
제1종 판매취급소	지정수량의 20배 이하
제2종 판매취급소	지정수량의 40배 이하

위험물의 배합실 설치 기준
① 바닥면적은 $6m^2$ 이상 $15m^2$ 이하일 것
② 내화구조로 된 벽으로 구획
③ 바닥은 위험물이 침투하지 아니하는 구조로 하여 적당한 경사를 두고 집유설비를 할 것
④ 출입구에는 자동폐쇄식의 갑종방화문을 설치
⑤ 출입구 문턱의 높이는 바닥면으로부터 0.1m 이상으로 할 것
⑥ 내부에 체류한 가연성의 증기 또는 가연성의 미분을 지붕위로 방출하는 설비를 할 것

해답 ④

23 과염소산암모늄의 위험성에 대한 설명으로 올바르지 않은 것은?

① 급격히 가열하면 폭발의 위험이 있다.
② 건조시에는 안정하나 수분 흡수시에는 폭발한다.
③ 가연성 물질과 혼합하면 위험하다.
④ 강한 충격이나 마찰에 의해 폭발의 위험이 있다.

해설 ② 건조시 불안정하고 수분 흡수시에는 녹는다.

과염소산암모늄(NH_4ClO_4) **: 제1류 위험물(산화성 고체)**
① 물, 아세톤, 알코올에는 녹고 에테르에는 잘 녹지 않는다.
② 조해성이므로 밀폐용기에 저장
③ 130℃에서 분해가 시작되어 산소를 방출하고 300℃에서 분해가 급격히 진행된다.

130℃에서 분해
$$NH_4ClO_4 \rightarrow NH_4Cl + 2O_2 \uparrow$$
300℃에서 분해
$$2NH_4ClO_4 \rightarrow N_2 + Cl_2 + 2O_2 + 4H_2O$$

④ 충격 및 분해온도이상에서 폭발성이 있다.

해답 ②

24 시 · 도의 조례가 정하는 바에 따라 관할소방서장의 승인을 받아 지정수량 이상의 위험물을 제조소등이 아닌 장소에서 임시로 저장 또는 취급하는 기간은 최대 며칠 이내인가?

① 30　② 60
③ 90　④ 120

해설 위험물 임시저장 및 취급은 시도의 조례에 따라 관할소방서장의 승인을 받아 90일 이내 임시저장, 취급할 수 있다.

해답 ③

25 휘발유에 대한 설명으로 옳은 것은?

① 가연성 증기를 발생하기 쉬우므로 주의한다.
② 발생된 증기는 공기보다 가벼워서 주변으로 확산하기 쉽다.
③ 전기를 잘 통하는 도체이므로 정전기를 발생시키지 않도록 조치한다.

④ 인화점이 상온보다 높으므로 여름철에 각별한 주의가 필요하다.

해설 ② 발생된 증기는 공기보다 무거워서 바닥에 체류한다.
③ 전기를 안 통하는 부도체이므로 정전기를 발생시키지 않도록 조치한다.
④ 인화점(-20~-43℃)이 상온(21℃)보다 낮으므로 여름철에 각별한 주의가 필요하다.

해답 ①

26 가솔린의 연소범위에 가장 가까운 것은?

① 1.4~7.6%　② 2.0~23.0%
③ 1.8~36.5%　④ 1.0~50.0%

해설 **가솔린(휘발유)의 성질**
① 연소범위는 1.4~7.6vol%이다.
② 용기는 밀폐시켜 보관한다.
③ 휘발유는 비전도성이다.

휘발유의 물성

성분	인화점	발화점	연소범위
C_5H_{12}~C_9H_{20}	-43℃~-20℃	300℃	1.4~7.6%

해답 ①

27 다음 중 착화온도가 가장 낮은 것은?

① 등유　② 가솔린
③ 아세톤　④ 톨루엔

해설 **제4류 위험물의 착화온도**

품 명	착화온도(℃)
① 등유	210
② 가솔린(휘발유)	300
③ 아세톤	468
④ 톨루엔	552

용어해설
착화온도(발화온도) : 점화원 없이 점화되는 최저온도

해답 ①

28 주유취급소 일반점검표의 점검항목에 따른 점검내용 중 점검방법이 육안점검이 아닌 것은?

① 가연성증기검지경보설비-손상의 유무
② 피난설비의 비상전원-정전시의 점등상황
③ 간이탱크의 가연성증기회수밸브-작동상황
④ 배관의 전기방식 설비-단자의 탈락 유무

해설 ① 가연성증기검지경보설비-손상의 유무-육안검사
② 피난설비의 비상전원-정전시의 점등상황-작동상황검사
③ 간이탱크의 가연성증기회수밸브-작동상황-육안검사
④ 배관의 전기방식 설비-단자의 탈락 유무-육안검사

해답 ②

29 다음 각 위험물의 지정수량의 총 합은 몇 kg인가?

알킬리튬, 리튬, 수소화나트륨, 인화칼슘, 탄화칼슘

① 820　② 900
③ 960　④ 1260

해설 **제3류 위험물 및 지정수량**

성 질	품 명	지정수량	위험등급
자연발화성 및 금수성물질	1. 칼륨 2. 나트륨 3. 알킬알루미늄 4. 알킬리튬	10kg	Ⅰ
	5. 황린	20kg	Ⅰ
	6. 알칼리금속(칼륨 및 나트륨 제외) 및 알칼리토금속 7. 유기금속화합물(알킬알루미늄 및 알킬리튬 제외)	50kg	Ⅱ
	8. 금속의 수소화물 9. 금속의 인화물 10. 칼슘 또는 알루미늄의 탄화물	300kg	Ⅱ

① 알킬리튬-10kg
② 리튬-알칼리금속-50kg
③ 수소화나트륨-금속의 수소화물-300kg
④ 인화칼슘-금속의 인화합물-300kg
⑤ 탄화칼슘-칼슘의 탄화물-300kg
∴ **지정수량 총합** = 10+50+300+300+300
= 960kg

해답 ③

30 위험물안전관리법령상 제2류 위험물에 속하지 않는 것은?

① P_4S_3 ② Al
③ Mg ④ Li

해설 ① P_4S_3-삼황화린-제2류
② Al-알루미늄-제2류
③ Mg-마그네슘-제2류
④ Li-리튬-제3류

제2류 위험물의 지정수량

성 질	품 명	지정수량	위험등급
가연성 고체	황화린, 적린, 유황	100kg	Ⅱ
	철분, 금속분, 마그네슘	500kg	Ⅲ
	인화성 고체	1,000kg	

해답 ④

31 위험물안전관리법령상 유별이 같은 것으로만 나열된 것은?

① 금속의 인화물, 칼슘의 탄화물, 할로겐간화합물
② 아조벤젠, 염산히드라진, 질산구아니딘
③ 황린, 적린, 무기과산화물
④ 유기과산화물, 질산에스테르류, 알킬리튬

해설 ① 금속의 인화합물(3류), 칼슘의 탄화물(3류), 할로겐간화합물(6류)
② 아조벤젠(5류), 염산히드라진(5류), 질산구아니딘(5류)
③ 황린(3류), 적린(2류), 무기과산화물(1류)
④ 유기과산화물(5류), 질산에스테르류(5류), 알킬리튬(3류)

제6류 위험물(산화성 액체)

성질	품 명	판단기준	지정수량	위험등급
산화성액체	• 과염소산($HClO_4$)		300 kg	Ⅰ
	• 과산화수소(H_2O_2)	농도 36중량% 이상		
	• 질산(HNO_3)	비중 1.49 이상		
	• 할로겐간화합물 ① 삼불화브롬(BrF_3) ② 오불화브롬(BrF_5) ③ 오불화요오드(IF_5)			

해답 ②

32 인화성액체 위험물을 저장하는 옥외탱크저장소에 설치하는 방유제의 높이 기준은?

① 0.5m 이상 1m 이하
② 0.5m 이상 3m 이하
③ 0.3m 이상 1m 이하
④ 0.3m 이상 3m 이하

해설 **인화성액체위험물(이황화탄소를 제외)의 옥외탱크 저장소의 방유제**
① 방유제의 용량

탱크가 하나인 때	탱크 용량의 110% 이상
2기 이상인 때	탱크 중 용량이 최대인 것의 용량의 110% 이상

② 방유제의 높이는 0.5m 이상 3m 이하, 두께 0.2m 이상, 지하매설 깊이 1m 이상
③ 방유제 내의 면적은 8만m^2 이하로 할 것
④ 방유제 내에 설치하는 옥외저장탱크의 수는 10 이하로 할 것
⑤ 방유제는 탱크의 옆판으로부터 거리를 유지할 것

지름이 15m 미만인 경우	탱크 높이의 3분의 1 이상
지름이 15m 이상인 경우	탱크 높이의 2분의 1 이상

해답 ②

33 다음 위험물 중 발화점이 가장 낮은 것은?

① 황 ② 삼황화린
③ 황린 ④ 아세톤

해설 **위험물의 착화온도**

품 명	착화온도(℃)
① 황	360
② 삼황화린	100
③ 황린	50
④ 아세톤	468

용어해설
착화온도(발화온도) : 점화원 없이 점화되는 최저온도

해답 ③

34 옥내저장소에 질산 600L를 저장하고 있다. 저장하고 있는 질산은 지정수량의 몇 배인가? (단, 질산의 비중은 1.5이다.)

① 1　　② 2
③ 3　　④ 4

해설 **제6류 위험물(산화성 액체)**

성질	품 명	판단기준	지정수량	위험등급
산화성 액체	• 과염소산($HClO_4$)		300kg	I
	• 과산화수소(H_2O_2)	농도 36중량% 이상		
	• 질산(HNO_3)	비중 1.49 이상		
	• 할로겐간화합물 ① 삼불화브롬(BrF_3) ② 오불화브롬(BrF_5) ③ 오불화요오드(IF_5)			

① 질산 600L를 무게로 환산
$W = V \times S = 600L \times 1.5 = 900kg$
② 지정수량의 배수
$N = \dfrac{저장수량}{지정수량} = \dfrac{900}{300} = 3배$

해답 ③

35 염소산나트륨과 반응하여 ClO_2가스를 발생시키는 것은?

① 글리세린　　② 질소
③ 염산　　④ 산소

해설 **염소산나트륨($NaClO_3$) : 제1류 위험물 중 염소산염류**
① 조해성이 크고, 알코올, 에테르, 물에 녹는다.
② 철제를 부식시키므로 철제용기 사용금지
③ 산과 반응하여 유독한 이산화염소(ClO_2)를 발생시키며 이산화염소는 폭발성이다.
④ 조해성이 있기 때문에 밀폐하여 저장한다.

조해성
공기 중에 노출되어 있는 고체가 수분을 흡수하여 녹는 현상

해답 ③

36 다음 중 증기비중이 가장 큰 것은?

① 벤젠　　② 등유
③ 에틸알코올　　④ 디에틸에테르

해설
• 공기의 평균 분자량=29
• 증기비중$= \dfrac{M(분자량)}{29(공기평균분자량)}$

① 벤젠(C_6H_6)의 분자량
$=12\times6+1\times6=78$
② 등유($C_9 \sim C_{18}$)의 분자량
$=12\times9\sim12\times18=108\sim216$
③ 메틸알코올(CH_3OH)의 분자량
$=12\times1+1\times4+16=32$
④ 디에틸에테르($C_2H_5OC_2H_5$)의 분자량
$=12\times4+1\times10+16=74$
∴ 등유의 분자량이 가장 크므로 증기비중이 가장 크다.

해답 ②

37 위험물안전관리법령상 옥외저장탱크 중 압력탱크 외의 탱크에 통기관을 설치하여야 할 때 밸브 없는 통기관인 경우 통기관의 직경은 몇 mm 이상으로 하여야 하는가?

① 10　　② 15
③ 20　　④ 30

해설 **옥외탱크저장소의 밸브 없는 통기관 설치기준**
① **직경은 30mm 이상**일 것
② 선단은 수평면보다 45도 이상 구부려 빗물 등의 침투를 막는 구조로 할 것
③ 가는 눈의 구리망 등으로 인화방지장치를 할 것

해답 ④

38 위험물안전관리법령에 의한 지정수량이 나머지 셋과 다른 하나는?

① 유황　　② 적린
③ 황린　　④ 황화린

해설 **제2류 위험물의 지정수량**

성 질	품 명	지정수량	위험등급
가연성 고체	황화린, 적린, 유황	100kg	Ⅱ
	철분, 금속분, 마그네슘	500kg	Ⅲ
	인화성 고체	1,000kg	

① 유황-2류-100kg　② 적린-2류-100kg
③ 황린-3류-20kg　④ 황화린-3류-100kg

해답 ③

39 톨루엔에 대한 설명으로 틀린 것은?

① 벤젠의 수소원자 하나가 메틸기로 치환된 것이다.
② 증기는 벤젠보다 가볍고 휘발성은 더 높다.
③ 독특한 향기를 가진 무색의 액체이다.
④ 물에 녹지 않는다.

해설 ② 증기는 벤젠보다 무겁고 휘발성은 더 낮다

- 톨루엔($C_6H_5CH_3$)의 증기비중$=\frac{92}{29}=3.17$
- 벤젠(C_6H_6)의 증기비중$=\frac{78}{29}=2.69$

톨루엔($C_6H_5CH_3$) **: 제4류 제1석유류**
① 무색, 투명한 휘발성 액체이다.
② 물에는 용해되지 않고 유기용제에 용해된다.
③ 독성은 벤젠의 $\frac{1}{10}$ 정도이다.
④ 소화는 다량의 포 약제로 질식 및 냉각 소화한다.

해답 ②

40 질산나트륨의 성상에 대한 설명 중 틀린 것은?

① 조해성이 있다.
② 강력한 환원제이며 물보다 가볍다.
③ 열분해하여 산소를 방출한다.
④ 가연물과 혼합하면 충격에 의해 발화할 수 있다.

해설 ③ 강력한 산화제이며 물보다 무겁다.

질산나트륨($NaNO_3$) **: 제1류 위험물 중 질산염류**
① 무색 무취의 백색 분말
② 조해성이 강하다.
③ 칠레초석 또는 질산소다라고도 한다.
④ 물, 글리세린에 녹고 알코올에 녹지 않는다.
⑤ 가열시 약380℃에서 열분해 하여 아질산나트륨과 산소를 발생시킨다.
⑥ 가연물, 유기물과 혼합하여 가열하면 폭발한다.
⑦ 충격, 마찰, 타격을 피한다.
⑧ 유기물과 혼합을 피한다.
⑨ 화재 시 다량의 물로 냉각소화 한다.

해답 ②

41 과산화수소의 분해 방지제로서 적합한 것은?

① 아세톤 ② 인산
③ 황 ④ 암모니아

해설 **과산화수소**(H_2O_2)**의 일반적인 성질**
① 분해 시 산소(O_2)를 발생시킨다.
② 분해안정제로 인산(H_3PO_4) 또는 요산($C_5H_4N_4O_3$)을 첨가한다.
③ 시판품은 일반적으로 30~40% 수용액이다.
④ 저장용기는 밀폐하지 말고 구멍이 있는 마개를 사용한다.
⑤ **강산화제이면서 환원제로도 사용**한다.
⑥ 60% 이상의 고농도에서는 단독으로 폭발위험이 있다.
⑦ 히드라진($NH_2 \cdot NH_2$)과 접촉 시 분해 작용으로 폭발위험이 있다.

$NH_2 \cdot NH_2 + 2H_2O_2 \rightarrow 4H_2O + N_2 \uparrow$

⑧ **3%용액은 옥시풀 또는 옥시돌(oxydol)**이라 하며 표백제 또는 살균제로 이용한다.
⑨ 무색인 요오드칼륨 녹말종이와 반응하여 청색으로 변화시킨다.

- 과산화수소는 36%(중량) 이상만 위험물에 해당된다.
- 과산화수소는 표백제 및 살균제로 이용된다.

⑩ 다량의 물로 주수 소화한다.

해답 ②

42 저장용기에 물을 넣어 보관하고 $Ca(OH)_2$을 넣어 pH9의 약 알칼리성으로 유지시키면서 저장하는 물질은?

① 적린 ② 황린
③ 질산 ④ 황화린

해설 **황린**(P_4)[별명 : 백린] **: 제3류 위험물(자연발화성물질)**
① 백색 또는 담황색의 고체
② 공기 중 약 40~50℃에서 자연 발화
③ 저장 시 자연 발화성이므로 반드시 물속에 저장
④ 인화수소(PH_3)의 생성을 방지하기 위하여 물의 pH9가 안전한계이다.
⑤ 물의 온도가 상승 시 황린의 용해도가 증가되어 산성화속도가 빨라진다.
⑥ 연소 시 오산화인(P_2O_5)의 흰 연기가 발생한다.

$P_4 + 5O_2 \rightarrow 2P_2O_5$(오산화인)

⑦ 강알칼리의 용액에서는 유독기체인 포스핀(PH_3) 발생한다. 따라서 저장시 물의 pH(수소이온농도)는 9를 넘어서는 안된다.(물은 약알칼리의 석회 또는 소다회로 중화하는 것이 좋다.)

$$P_4 + 3NaOH + 3H_2O \rightarrow 3NaH_2PO_2 + PH_3\uparrow$$
(인화수소=포스핀)

⑧ 약 250℃로 가열(공기차단)시 적린이 된다.
⑨ 피부 접촉 시 화상을 입는다.
⑩ 소화는 물분무, 마른모래 등으로 질식소화한다.
⑪ 고압의 주수소화는 황린을 비산시켜 연소면이 확대될 우려가 있다.

해답 ②

43 위험물저장탱크 중 부상지붕구조로 탱크의 직경이 53m 이상 60m 미만인 경우 고정식 포소화설비의 포방출구 종류 및 수량으로 옳은 것은?

① Ⅰ형 8개 이상 ② Ⅱ형 8개 이상
③ Ⅲ형 10개 이상 ④ 특형 10개 이상

해설

탱크의 구조 및 포방출구의 종류 / 탱크직경[m]	포방출구의 개수			
	고정지붕구조		부상덮개부착 고정지붕구조	부상지붕구조
	Ⅰ형 또는 Ⅱ형	Ⅲ형 또는 Ⅳ형	Ⅱ형	특형
13 미만	2	1	2	2
13 이상 19 미만			3	3
19 이상 24 미만			4	4
24 이상 35 미만		2	5	5
35 이상 42 미만	3	3	6	6
42 이상 46 미만	4	4	7	7
46 이상 53 미만	6	6	8	8
53 이상 60 미만	8	8	10	10
60 이상 67 미만	왼쪽란에 해당하는 직경의 탱크에는 Ⅰ형 또는 Ⅱ형의 포방출구를 8개 설치하는 것 외에, 오른쪽란에 표시한 직경에 따른 포방출구의 수에서 8을 뺀 수의 Ⅲ형 또는 Ⅳ형의 포방출구를 폭 30m의 환상부분을 제외한 중심부의 액표면에 방출할 수 있도록 추가로 설치할 것	10		
67 이상 73 미만		12		12
73 이상 79 미만		14		
79 이상 85 미만		16		14
85 이상 90 미만		18		
90 이상 95 미만		20		16
95 이상 99 미만		22		
99 이상		24		18

[주] Ⅲ형의 포방출구를 이용하는 것은 온도 20℃의 물 100g에 용해되는 양이 1g 미만인 위험물(이하 "비수용성"이라 한다)이면서 저장온도 50℃ 이하 또는 동점도(動粘度)가 100cSt 이하인 위험물을 저장 또는 취급하는 탱크에 한하여 설치 가능하다.

해답 ④

44 위험물안전관리법령상 산화성액체에 해당하지 않는 것은?

① 과염소산 ② 과산화수소
③ 과염소산나트륨 ④ 질산

해설 ③과염소산나트륨-1류-산화성고체

제6류 위험물(산화성 액체)

성질	품 명	판단기준	지정수량	위험등급
산화성 액체	• 과염소산($HClO_4$)		300kg	Ⅰ
	• 과산화수소(H_2O_2)	농도 36중량% 이상		
	• 질산(HNO_3)	비중 1.49 이상		
	• 할로겐간화합물 ① 삼불화브롬(BrF_3) ② 오불화브롬(BrF_5) ③ 오불화요오드(IF_5)			

해답 ③

45 과산화벤조일에 대한 설명 중 틀린 것은?

① 진한 황산과 혼촉 시 위험성이 증가한다.
② 폭발성을 방지하기 위하여 희석제를 첨가할 수 있다.
③ 가열하면 약 100℃에서 흰 연기를 내면서 분해한다.
④ 물에 녹으며 무색, 무취의 액체이다.

해설 **과산화벤조일**(=벤조일퍼옥사이드, BPO)[$(C_6H_5CO)_2O_2$]
① **무색 무취의 백색분말** 또는 결정이다.
② **물에 녹지 않고** 알코올에 약간 녹는다.
③ 에테르 등 유기용제에 잘 녹는다.
④ 발화점이 약125℃이므로 저장온도를 40℃이하로 유지할 것
⑤ 저장용기에 희석제(프탈산디메틸(DMP), 프탈산디부틸(DBP))를 넣어 폭발 위험성을 낮춘다.
⑥ 직사광선을 피하고 냉암소에 보관한다.

해답 ④

46 메탄올과 에탄올의 공통점을 설명한 내용으로 틀린 것은?

① 휘발성의 무색 액체이다.
② 인화점이 0℃ 이하이다.

③ 증기는 공기보다 무겁다.
④ 비중이 물보다 작다.

해설 ② 인화점은 0℃ 이상이다.

메탄올과 에탄올의 비교표

항목 \ 종류	메탄올	에탄올
화학식	CH_3OH	C_2H_5OH
외관	무색 투명한 액체	무색 투명한 액체
액체비중	0.8	0.8
증기비중	1.1	1.6
인화점	11℃	13℃
수용성	물에 잘 녹음	물에 잘 녹음
연소범위	7.3~36%	4.3~19%

해답 ②

47 트리니트로페놀에 대한 일반적인 설명으로 틀린 것은?

① 가연성 물질이다.
② 공업용은 보통 휘황색의 결정이다.
③ 알코올에 녹지 않는다.
④ 납과 화합하여 예민한 금속염을 만든다.

해설 ③ 알코올에 잘 녹는다.

피크린산[$C_6H_2(NO_2)_3OH$](TNP : Tri Nitro Phenol) : **제5류 니트로화합물**
① 침상결정이며 냉수에는 약간 녹고 더운물, **알코올**, 벤젠 등에 **잘 녹는다**.
② 쓴맛과 독성이 있다.
③ 피크린산 또는 트리니트로페놀(Tri Nitro phenol)의 약자로 TNP라고도 한다.
④ 단독으로 타격, 마찰에 비교적 둔감하다.
⑤ 연소 시 검은 연기를 내고 폭발성은 없다.
⑥ 휘발유, 알코올, 유황과 혼합된 것은 마찰, 충격에 폭발한다.
⑦ 화약, 불꽃놀이에 이용된다.

해답 ③

48 위험물 저장탱크의 내용적이 300L 일 때 탱크에 저장하는 위험물의 용량의 범위로 적합한 것은? (단, 원칙적인 경우에 한한다.)

① 240~270L ② 270~285L
③ 290~295L ④ 295~298L

해설 **탱크의 용량** : 내용적－공간용적$\left(\frac{5}{100} \sim \frac{10}{100}\right)$

$$Q = \left[300L - \left(300L \times \frac{5}{100}\right)\right] \sim \left[300L - \left(300L \times \frac{10}{100}\right)\right] = 285 \sim 270L$$

해답 ②

49 위험물안전관리법의 적용 제외와 관련된 내용으로 ( )안에 알맞은 것을 모두 나타낸 것은?

> 위험물안전관리법은 ( )에 의한 위험물의 저장 · 취급 및 운반에 있어서는 이를 적용하지 아니한다.

① 항공기 · 선박(선박법 제1조의2제1항에 따른 선박을 말한다) · 철도 및 궤도
② 항공기 · 선박(선박법 제1조의2제1항에 따른 선박을 말한다) · 철도
③ 항공기 · 철도 및 궤도
④ 철도 및 궤도

해설 위험물안전관리법은 항공기, 선박(선박법 제1조의2 제1항에 따른 선박을 말한다), 철도 및 궤도에 의한 위험물의 저장 · 취급 및 운반에 있어서는 이를 적용하지 아니한다.

해답 ①

50 중크롬산칼륨에 대한 설명으로 틀린 것은?

① 열분해하여 산소를 발생한다.
② 물과 알코올에 잘 녹는다.
③ 등적색의 결정으로 쓴맛이 있다.
④ 산화제, 의약품 등에 사용된다.

해설 **중크롬산칼륨**($K_2Cr_2O_7$) : **제1류 중크롬산염류**
① 등적색의 결정으로 쓴맛이 있다.
② 물에는 녹고 알코올에는 녹지 않는다.
③ 열분해하여 산소를 발생한다.
④ 독성이 있다.
⑤ 산화제, 의약품 등에 사용된다.

해답 ②

51 위험물안전관리법령상 염소화규소화합물은 제 몇 류 위험물에 해당하는가?

① 제1류　② 제2류
③ 제3류　④ 제5류

해설 **염소화규소화합물 : 제3류 위험물**
① $SiHCl_3$(Trichlorosilane)－삼염화실란
② SiH_4Cl(chlorosilane)－염화실란

해답 ③

52 금속나트륨과 금속칼륨의 공통적인 성질에 대한 설명으로 옳은 것은?

① 불연성 고체이다.
② 물과 반응하여 산소를 발생한다.
③ 은백색의 매우 단단한 금속이다.
④ 물보다 가벼운 금속이다.

해설 **금속칼륨 및 금속나트륨 : 제3류 위험물(금수성)**
① 물과 반응하여 수소기체 발생

$2Na + 2H_2O \rightarrow 2NaOH + H_2\uparrow$ (수소발생)
$2K + 2H_2O \rightarrow 2KOH + H_2\uparrow$ (수소발생)

② 파라핀, 경유, 등유 속에 저장

★★자주출제(필수정리)★★
㉠ 칼륨(K), 나트륨(Na)은 파라핀, 경유, 등유 속에 저장
㉡ 황린(3류) 및 이황화탄소(4류)는 물속에 저장

③ 물보다 가벼운 금속이다.

해답 ④

53 옥내저장탱크의 상호간에는 특별한 경우를 제외하고 최소 몇 m 이상의 간격을 유지하여야 하는가?

① 0.1　② 0.2
③ 0.3　④ 0.5

해설 **옥내탱크저장소의 탱크 이격거리**
① 탱크상호간의 거리 : 0.5m 이상
② 탱크와 탱크전용실의 벽과의 거리 : 0.5m 이상

해답 ④

54 위험물 저장 방법에 관한 설명 중 틀린 것은?

① 알킬알루미늄은 물 속에 보관한다.
② 황린은 물 속에 보관한다.
③ 금속나트륨은 등유 속에 보관한다.
④ 금속칼륨은 경유 속에 보관한다.

해설 **알킬알루미늄**[(C_nH_{2n+1})·Al] **: 제3류 위험물(금수성 물질)**
① 알킬기(C_nH_{2n+1})에 알루미늄(Al)이 결합된 화합물이다.
② $C_1 \sim C_4$는 자연발화의 위험성이 있다.
③ 물과 접촉 시 가연성 가스 발생하므로 주수소화는 절대 금지한다.
④ 트리메틸알루미늄
(TMA : Tri Methyl Aluminium)

$(CH_3)_3Al + 3H_2O \rightarrow Al(OH)_3 + 3CH_4\uparrow$ (메탄)

⑤ 트리에틸알루미늄
(TEA : Tri Eethyl Aluminium)

$(C_2H_5)_3Al + 3H_2O \rightarrow Al(OH)_3 + 3C_2H_6\uparrow$ (에탄)

⑥ 저장용기에 불활성기체(N_2)를 봉입한다.
⑦ 피부접촉 시 화상을 입히고 연소 시 흰 연기가 발생한다.
⑧ 소화 시 주수소화는 절대 금하고 팽창질석, 팽창진주암 등으로 피복소화한다.
⑨ 위험성을 낮추기 위하여 사용하는 희석제(벤젠(C_6H_6) 등)을 첨가한다.

해답 ①

55 디에틸에테르에 대한 설명 중 틀린 것은?

① 강산화제와 혼합 시 안전하게 사용할 수 있다.
② 대량으로 저장 시 불활성가스를 봉입한다.
③ 정전기 발생 방지를 위해 주의를 기울여야 한다.
④ 통풍, 환기가 잘 되는 곳에 저장한다.

해설 **디에틸에테르**($C_2H_5OC_2H_5$) **: 제4류 위험물 중 특수인화물**
① 알코올에는 녹지만 물에는 녹지 않는다.
② 직사광선에 장시간 노출 시 과산화물 생성

과산화물 생성 확인방법
디에틸에테르 + KI용액(10%) → 황색변화(1분 이내)

③ 용기에는 5% 이상 10% 이하의 안전공간 확보할 것
④ 용기는 갈색병을 사용하며 냉암소에 보관
⑤ 용기는 밀폐하여 증기의 누출방지
⑥ 산화제와 접촉시 폭발 우려가 있다.

해답 ①

56 위험물 운반에 관한 기준 중 위험등급 Ⅰ에 해당하는 위험물은?

① 황화린
② 피크린산
③ 벤조일퍼옥사이드
④ 질산나트륨

해설 ① 황화린-제2류-위험등급 Ⅱ
② 피크린산-제5류-니트로화합물-위험등급 Ⅱ
③ 벤조일퍼옥사이드-제5류-유기과산화물-위험등급 Ⅰ
④ 질산나트륨-제1류-질산염류-위험등급 Ⅱ

위험물의 등급 분류

위험등급	해당 위험물
위험등급 Ⅰ	① 제1류 위험물 중 아염소산염류, 염소산염류, 과염소산염류, 무기과산화물, 그 밖에 지정수량이 50kg인 위험물 ② 제3류 위험물 중 칼륨, 나트륨, 알킬알루미늄, 알킬리튬, 황린, 그 밖에 지정수량이 10kg 또는 20kg인 위험물 ③ 제4류 위험물 중 특수인화물 ④ 제5류 위험물 중 유기과산화물, 질산에스테르류, 그 밖에 지정수량이 10kg인 위험물 ⑤ 제6류 위험물
위험등급 Ⅱ	① 제1류 위험물 중 브롬산염류, 질산염류, 요오드산염류, 그 밖에 지정수량이 300kg인 위험물 ② 제2류 위험물 중 황화린, 적린, 유황 그 밖에 지정수량이 100kg인 위험물 ③ 제3류 위험물 중 알칼리금속(칼륨, 나트륨 제외) 및 알칼리토금속, 유기금속화합물(알킬알루미늄 및 알킬리튬은 제외) 그 밖에 지정수량이 50kg인 위험물 ④ 제4류 위험물 중 제1석유류, 알코올류 ⑤ 제5류 위험물 중 위험등급 Ⅰ 위험물 외의 것
위험등급 Ⅲ	위험등급 Ⅰ, Ⅱ 이외의 위험물

해답 ③

57 위험물의 지하저장탱크 중 압력탱크 외의 탱크에 대해 수압시험을 실시할 때 몇 kPa의 압력으로 하여야 하는가? (단, 소방청장이 정하여 고시하는 기밀시험과 비파괴시험을 동시에 실시하는 방법으로 대신하는 경우는 제외한다.)

① 40　　② 50
③ 60　　④ 70

해설 **지하탱크저장소의 지하저장탱크의 구조 기준**
① 지하저장탱크의 **윗 부분**은 **지면으로부터** 0.6m **이상 아래**에 있어야 한다.
② 지하저장탱크의 재질은 두께 3.2mm **이상**의 **강철판**으로 하여야한다.
③ **지하저장탱크의 수압시험 및 시험시간**

압력탱크(최대상용압력 46.7kPa 이상 탱크) 외의 탱크	압력탱크
70kPa의 압력으로 10분간	최대상용압력의 1.5배의 압력으로 10분간

해답 ④

58 위험물의 운반에 관한 기준에서 제4석유류와 혼재 할 수 없는 위험물은? (단, 위험물은 각각 지정수량의 2배인 경우이다.)

① 황화린　　② 칼륨
③ 유기과산화물　　④ 과염소산

해설 ① 황화린-제2류
② 칼륨-제3류
③ 유기과산화물-제5류
④ 과염소산-제6류

위험물의 운반에 따른 유별을 달리하는 위험물의 혼재기준(쉬운 암기방법)

혼재 가능	
↓1류 + 6류↑	2류 + 4류
↓2류 + 5류↑	5류 + 4류
↓3류 + 4류↑	

해답 ④

59 위험물안전관리법령상 제5류 위험물의 판정을 위한 시험의 종류로 옳은 것은?

① 폭발성 시험, 가열분해성 시험

② 폭발성 시험, 충격민감성 시험

③ 가열분해성 시험, 착화의 위험성 시험

④ 충격민감성 시험, 착화의 위험성 시험

해설 **위험물의 유별에 따른 위험성 시험방법**

유별	성 질	위험성 시험방법
1류	산화성고체	• 산화성시험-연소시험 • 충격민감성시험-낙구타격감도 시험
2류	가연성고체	• 착화의 위험성시험-작은 불꽃 착화 시험 • 인화의 위험성시험-인화점측정
3류	자연발화성 및 금수성	• 자연발화성의 시험 • 금수성의 시험
4류	인화성액체	• 인화성액체의 인화점 시험 ① 태그밀폐식인화점측정기에 의한 인화점 측정시험 ② 세타밀폐식인화점측정기에 의한 인화점 측정시험 ③ 클리브랜드개방식의 인화점측정기에 의한 인화점 측정시험
5류	자기반응성	• 폭발성 시험-열분석시험 가열분해성 시험
6류	산화성액체	• 연소시간의 측정시험

해답 ①

60 2몰의 브롬산칼륨이 모두 열분해되어 생긴 산소의 양은 2기압 27℃에서 약 몇 L인가?

① 32.42　　② 36.92

③ 41.34　　④ 45.64

$2KBrO_3 \rightarrow 2KBr + 3O_2\uparrow$

2몰　　3몰(3×22.4L)(0℃, 1기압)

$$V = \frac{nRT}{P} = \frac{3 \times 0.082 \times (273+27)}{2} = 36.92\text{L}$$

이상기체 상태방정식 ★★★★

$$PV = nRT = \frac{W}{M}RT$$

여기서, P : 압력(atm)　　V : 부피(L)

n : mol수(무게/분자량)

W : 무게(kg)　　M : 분자량

T : 절대온도(273+t℃)

R : 기체상수(0.082atm · L/mol · K)

해답 ②

단기완성 위험물기능사 필기 + 무료 동영상

2021 CBT 시험 기출문제

국가기술자격 필기시험문제

2021 CBT 시험 기출문제 복원 [제 1 회]

자격종목	시험시간	문제수	형별	수험번호	성 명
위험물기능사	1시간	60	A		

본 문제는 CBT시험대비 기출문제 복원입니다.

01 위험물제조소를 설치하고자 하는 경우, 제조소와 초등학교 사이에는 몇 미터 이상의 안전거리를 두는가?

① 50 ② 40
③ 30 ④ 20

해설 **위험물 제조소의 안전거리**

구 분	안전거리
• 사용전압이 7,000V 초과 35,000V 이하	3m 이상
• 사용전압이 35,000V를 초과	5m 이상
• 주거용	10m 이상
• 고압가스, 액화석유가스, 도시가스	20m 이상
• 학교, 병원, 극장	**30m 이상**
• 유형문화재, 지정문화재	50m 이상

해답 ③

02 제조소의 옥외에 모두 3기의 휘발유 취급탱크를 설치하고 한다. 방유제 안에 설치하는 각 취급탱크의 용량이 6만리터, 2만 리터, 1만 리터일 때 필요한 방유제의 용량은 몇 리터 이상인가?

① 66000 ② 60000
③ 33000 ④ 30000

해설 **위험물 제조소의 옥외에 있는 위험물 취급탱크의 방유제 용량**

① **하나의 취급탱크** 주위에 설치하는 방유제의 용량
  • 탱크용량의 50% 이상

② **2 이상의 취급탱크** 주위에 하나의 방유제를 설치하는 경우 방유제의 용량
  • 최대탱크용량의 50%+나머지 탱크용량합계의 10% 이상

$$\therefore\ Q = 60000 \times \frac{1}{2}(50\%) + (20000 + 10000) \times 0.1(10\%)$$

$= 33000\text{L}$ 이상

해답 ③

03 제5류 위험물의 화재예방상 주의사항으로 거리가 먼 것은?

① 점화원의 접근을 피한다.
② 통풍이 양호한 찬 곳에 저장한다.
③ 소화설비는 질식소화가 있는 것을 위주로 준비한다.
④ 가급적 소분하여 저장한다.

해설 **제5류 위험물의 소화**

① 자체적으로 **산소를 함유한 물질**이므로 **질식소화는 효과가 없다.**
② 화재초기에 다량의 물로 주수 소화하는 것이 가장 효과적이다.

제5류 위험물의 일반적 성질

① **자기연소**(내부연소)성 물질이다.
② 연소속도가 대단히 빠르고 **폭발적 연소**한다.
③ 가열, 마찰, 충격에 의하여 폭발한다.
④ 물질자체가 **산소를 함유**하고 있다.
⑤ 연소 시 소화가 어렵다.

해답 ③

04 옥내소화전설비의 기준에서 "시동표시등" 을 옥내소화전함의 내부에 설치할 때 그 색상은?

① 적색 ② 황색
③ 백색 ④ 녹색

해설 **옥내소화전설비의 설치기준**

① 옥내소화전함에는 그 표면에 "소화전"이라고 표시
② 옥내소화전함의 상부의 벽면에 적색의 표시등을 설치

③ 표시등 불빛은 부착면으로 부터 15도 이상으로 10m 이내에서 쉽게 식별
④ 호스 접속구를 바닥면으로 부터 1.5m 이하의 높이에 설치

옥내소화전함의 표시등
① 위치표시등 : 적색
② **펌프 기동표시등(시동표시등) : 적색**

해답 ①

05 전기불꽃에 의한 에너지식을 옳게 나타낸 것은? (단, E는 전기불꽃 에너지, C는 전기용량, Q는 전기량, V는 방전전압이다.)

① $E = \frac{1}{2}QV$　② $E = \frac{1}{2}QV^2$
③ $E = \frac{1}{2}CV$　④ $E = \frac{1}{2}VQ^2$

해설 **전기불꽃에 의한 에너지식**

$$E = \frac{1}{2}QV = \frac{1}{2}CV^2$$

여기서, E : 전기불꽃 에너지
C : 전기용량
Q : 전기량
V : 방전전압

해답 ①

06 이송취급소에 설치하는 경보설비의 기준에 따라 이송기지에 설치하여야 하는 경보설비로만 이루어진 것은?

① 확성장치, 비상벨설비
② 비상방송설비, 비상경보설비
③ 확성장치, 비상방송설비
④ 비상방송설비, 자동화재탐지설비

해설 **이송취급소 경보설비 설치기준**
① 이송기지에는 **비상벨장치 및 확성장치**를 설치
② 가연성증기를 발생하는 위험물을 취급하는 펌프실 등에는 가연성증기 경보설비를 설치

해답 ①

07 액화 이산화탄소 1kg 이 25℃, 2기압의 공기 중으로 방출되었을 때 방출된 기체상의 이산화탄소의 부피는 약 몇 L 되는가?

① 278　② 556
③ 1111　④ 1985

해설 $V = \frac{WRT}{PM} = \frac{1 \times 0.082 \times (273+25)}{2 \times 44}$
$= 0.2776m^3 ≒ 278L$

이상기체 상태방정식 ★★★★

$$PV = nRT = \frac{W}{M}RT$$

여기서, P : 압력(atm)　V : 부피(m^3)
n : mol수(무게/분자량)
W : 무게(kg)　M : 분자량
T : 절대온도(273 + t℃)
R : 기체상수(0.082atm · m^3/kmol · K)

해답 ①

08 위험물 화재 시 주수소화가 오히려 위험한 것은?

① 과염소산칼륨　② 적린
③ 황　④ 마그네슘

해설 **마그네슘(Mg) : 제2류 위험물**
① 2mm체 통과 못하는 덩어리는 위험물에서 제외
② 직경 2mm 이상 막대모양은 위험물에서 제외
③ 은백색의 광택이 나는 가벼운 금속
④ **물(수증기)과 작용하여 수소를 발생(주수소화 금지)**

$Mg + 2H_2O \rightarrow Mg(OH)_2 + H_2\uparrow$
(수산화마그네슘)(수소)

⑤ CO_2 소화약제를 방사하면 주위의 공기 중 수분이 응축하여 위험
⑥ 산과 작용하여 수소를 발생

$Mg + 2HCl \rightarrow MgCl_2 + H_2\uparrow$
(염화마그네슘)(수소)

⑦ 공기 중 습기에 발열되어 자연발화 위험
⑧ 주수소화는 엄금이며 마른모래 등으로 피복 소화

해답 ④

09 다음 중 소화약제가 아닌 것은?

① CF_3Br　② $NaHCO_3$
③ $Al_2(SO_4)_3$　④ $KClO_4$

해설 ① CF_3Br : 할론1301 (할로겐화합물소화약제)
② $NaHCO_3$: 제1종 분말(분말소화약제)
③ $Al_2(SO_4)_3$: 화학포 소화약제
④ $KClO_4$: 과염소산칼륨(제1류 위험물)

과염소산칼륨($KClO_4$) : **제1류 위험물 중 과염소산염류**(산화성고체)
① 물에 녹기 어렵고 알코올, 에테르에 녹지 않는다.
② 진한 황산과 접촉 시 폭발성이 있다.
③ 유황, 탄소, 유기물등과 혼합 시 가열, 충격, 마찰에 의하여 폭발한다.
④ 400℃에서 분해가 시작되어 600℃에서 완전 분해하여 산소를 발생한다.

$KClO_4$ → KCl(염화칼륨) + $2O_2$↑(산소)

해답 ④

10 소화작용에 대한 설명으로 옳지 않은 것은?

① 냉각소화 : 물을 뿌려서 온도를 저하시키는 방법
② 질식소화 : 불연성포말로 연소물을 덮어 씌우는 방법
③ 제거소화 : 가연물을 제거하여 소화시키는 방법
④ 희석소화 : 산알칼리를 중화시켜 연쇄반응을 억제시키는 방법

해설 **소화원리**
① **냉각소화** : 가연성 물질을 발화점 이하로 온도를 냉각

물이 소화약제로 사용되는 이유
- 물의 기화열(539kcal/kg)이 크기 때문
- 물의 비열(1kcal/kg℃)이 크기 때문

② **질식소화** : 산소농도를 21%에서 15% 이하로 감소

질식소화 시 산소의 유지농도 : 10~15%

③ **억제소화(부촉매소화, 화학적 소화)** : 연쇄반응을 억제

- 부촉매 : 화학적 반응의 속도를 느리게 하는 것
- 부촉매 효과 : 할로겐화합물 소화약제
  (할로겐족원소 : 불소(F), 염소(Cl), 브롬(Br), 요오드(I))

④ **제거소화** : 가연성물질을 제거시켜 소화

- 산불이 발생하면 화재의 진행방향을 앞질러 벌목
- 화학반응기의 화재 시 원료공급관의 밸브를 폐쇄
- 유전화재 시 폭약으로 폭풍을 일으켜 화염을 제거
- 촛불을 입김으로 불어 화염을 제거

⑤ **피복소화** : 가연물 주위를 공기와 차단
⑥ **희석소화 : 수용성인 인화성액체 화재 시 물을 방사하여 가연물의 연소농도를 희석**

해답 ④

11 주된 연소형태가 표면연소인 것은?

① 숯　② 목재
③ 플라스틱　④ 나프탈렌

해설 ① 숯 : 표면연소
② 목재 : 분해연소
③ 플라스틱 : 분해연소
④ 나프탈렌 : 증발연소

연소의 형태 ★★ 자주출제(필수암기)★★
① **표면연소**(surface reaction)
숯, 코크스, 목탄, 금속분
② **증발연소**(evaporating combustion)
파라핀(양초), 황, 나프탈렌, 왁스, 휘발유, 등유, 경유, 아세톤 등 제4류 위험물
③ **분해연소**(decomposing combustion)
석탄, 목재, 플라스틱, 종이, 합성수지, 중유
④ **자기연소**(내부연소)
질화면(니트로셀룰로오스), 셀룰로이드, 니트로글리세린 등 제5류 위험물
⑤ **확산연소**(diffusive burning)
아세틸렌, LPG, LNG 등 가연성 기체
⑥ **불꽃연소＋표면연소**
목재, 종이, 셀룰로오스, 열경화성수지

해답 ①

12 법령상 피난설비에 해당하는 것은?

① 자동화재탐지설비
② 비상방송설비
③ 자동식사이렌설비
④ 유도등

해설 **소방시설의 종류** ★★★(필수암기)★★★

소방시설	종류
소화설비	① 소화기구 ② 자동소화장치 ③ 옥내소화전설비 ④ 옥외소화전설비 ⑤ 스프링클러설비등 ⑥ 물분무등소화설비
경보설비	① 단독경보형감지기 ② 비상경보설비 ③ 시각경보기 ④ 자동화재탐지설비 ⑤ 화재알람설비 ⑥ 비상방송설비 ⑦ 자동화재속보설비 ⑧ 통합감시시설 ⑨ 누전경보기 ⑩ 가스누설경보기
피난구조설비	① 피난기구(피난사다리, 구조대, 완강기) ② 인명구조기구(방열복, 공기호흡기, 인공소생기) ③ 유도등(피난유도선, 피난구유도등, 통로유도등, 객석유도등, 유도표지) ④ 비상조명등 및 휴대용비상조명등
소화용수설비	① 상수도소화용수설비 ② 소화수조 · 저수조 그 밖의 소화용수설비
소화활동설비	① 제연설비 ② 연결송수관설비 ③ 연결살수설비 ④ 비상콘센트설비 ⑤ 무선통신보조설비 ⑥ 연소방지설비

해답 ④

13 한국소방산업기술원이 시도지사로부터 위탁받아 수행하는 탱크안전성능검사 업무와 관계없는 액체 위험물탱크는?

① 암반탱크
② 지하탱크저장소의 이중벽 탱크
③ 100만리터 용량의 지하저장탱크
④ 옥외에 있는 50만 리터 용량의 취급탱크

해설 **탱크안전성능검사의 대상이 되는 탱크**

(1) **기초 · 지반**검사 : 옥외탱크저장소의 액체위험물탱크 중 용량이 **100만L 이상**인 탱크
(2) **충수 · 수압**검사 : **액체**위험물을 저장 또는 취급하는 탱크.
(3) **용접부**검사 : (1)**의 규정에 의한 탱크**
(4) **암반탱크**검사 : 액체위험물을 저장 또는 취급하는 **암반내**의 공간을 이용한 탱크

해답 ④

14 착화온도가 낮아지는 경우가 아닌 것은?

① 압력이 높을 때
② 습도가 높을 때
③ 발열량이 클 때
④ 산소와 친화력이 있을 때

해설 **착화온도가 낮아지는 경우**

① 압력이 높을 때 ② 습도가 낮을 때
③ 발열량이 클 때 ④ 산소와 친화력이 좋을 때

해답 ②

15 정전기를 유효하게 제거하기 위해 공기 중 상대습도를 몇 % 이상으로 하는가?

① 50 ② 60
③ 70 ④ 80

해설 **정전기 방지대책**

① 접지와 본딩
② 공기를 이온화
③ 상대습도 70% 이상 유지

해답 ③

16 이산화탄소소화약제 주된의 소화효과 2가지는?

① 부촉매효과, 제거효과
② 질식효과, 냉각효과
③ 부촉매효과, 억제효과
④ 제거효과, 억제효과

해설 **이산화탄소(CO_2)의 주된 소화효과**

① 질식효과(산소공급 차단)
② 냉각효과
③ 피복효과

해답 ②

17 공기포소화약제의 혼합방식 중 펌프의 토출관과 흡입관 사이의 배관 도중에 설치된 흡입기에 펌프에서 토출된 물의 일부를 보내고 농도조절밸브에서 조정된 포 소화약제의 필요량을 포 소화약제 탱크에서 펌프의 흡입측으로 보내어 이를 혼합하는 방식은?

① 프레저 프로포셔너 방식
② 펌프 프로포셔너 방식

③ 프레저 사이드 프로포셔너 방식
④ 라인 프로포셔너 방식

해설 **포 소화약제의 혼합장치**

① **펌프 프로포셔너 방식(펌프 조합방식)**
(pump proportioner type)
펌프의 토출관과 흡입관 사이의 배관도중에 설치한 흡입기에 펌프에서 토출된 물의 일부를 보내고, 농도 조절밸브에서 조정된 포 소화약제의 필요량을 포 소화약제 탱크에서 펌프 흡입측으로 보내어 이를 혼합하는 방식

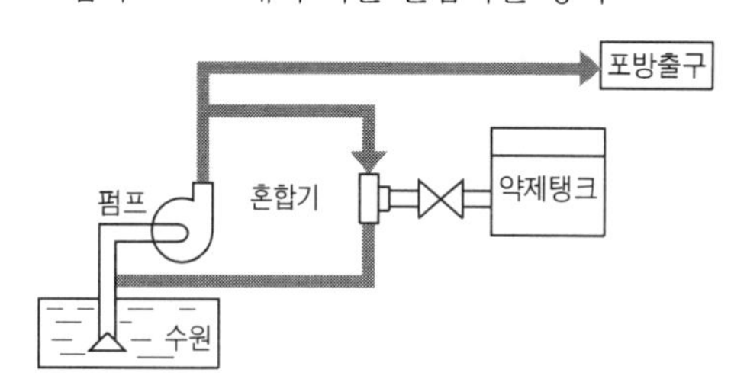

② **프레져 프로포셔너 방식(차압 조합방식)**
(pressure proportioner type)
펌프와 발포기의 중간에 설치된 벤추리관의 벤추리작용과 펌프 가압수의 포 소화약제 저장탱크에 대한 압력에 의하여 포소화약제를 흡입·혼합하는 방식

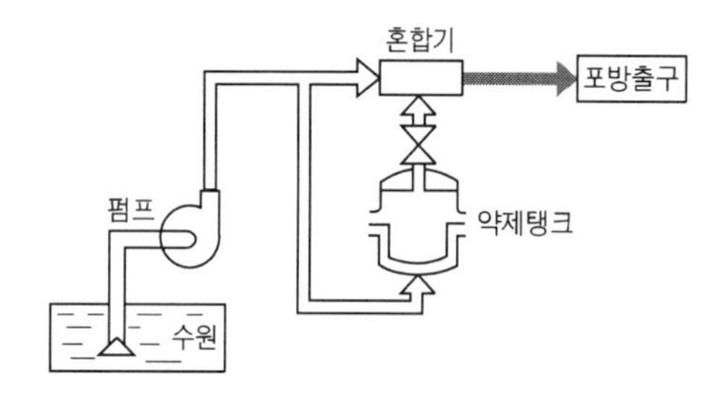

③ **라인 프로포셔너 방식(관로 조합방식)**
(line proportioner type)
펌프와 발포기의 중간에 설치된 벤추리관의 벤추리 작용에 의하여 포소화약제를 흡입·혼합하는 방식

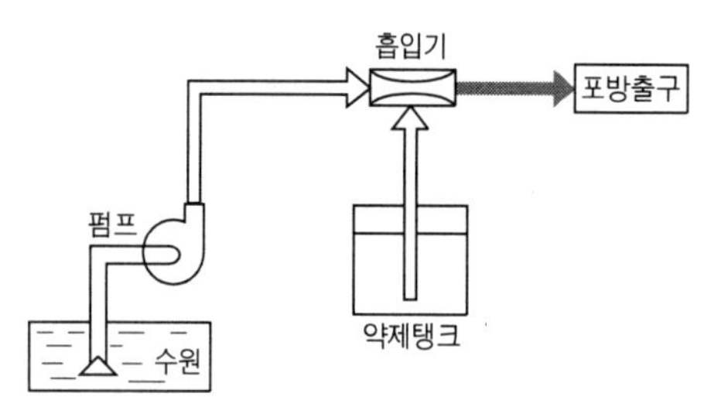

④ **프레져사이드 프로포셔너 방식(압입 혼합방식)**
(pressure side proportioner type)
펌프의 토출관에 압입기를 설치하여 포 소화약제 압입용 펌프로 포소화약제를 압입시켜 혼합하는 방식

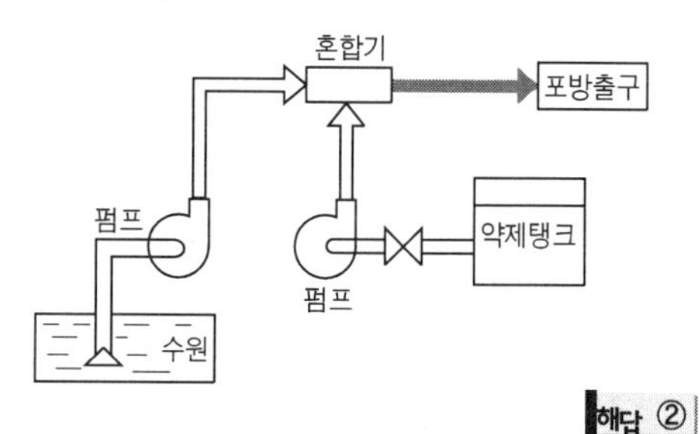

해답 ②

18 산알칼리소화기에 있어서 탄산수소나트륨과 황산의 반응 시 생성되는 물질을 모두 옳게 나타낸 것은?

① 황산나트륨, 탄산가스, 질소
② 염화나트륨, 탄산가스, 질소
③ 황산나트륨, 탄산가스, 물
④ 염화나트륨, 탄산가스, 물

해설 **산·알칼리소화기**
① 내통 : 황산(H_2SO_4)
② 외통 : 탄산수소나트륨($NaHCO_3$)

참고 **산·알칼리 소화기의 화학반응식**

$H_2SO_4 + 2NaHCO_3 \rightarrow Na_2SO_4 + 2H_2O + 2CO_2 \uparrow$
(황산) (탄산수소나트륨) (황산나트륨) (물) (이산화탄소)

해답 ③

19 마그네슘을 저장 및 취급하는 장소에 설치하는 소화기는?

① 포소화기
② 이산화탄소 소화기
③ 할로겐화합물 소화기
④ 탄산수소염류분말소화기

해설 **금수성 위험물질 적응 소화약제**
① 마른모래
② 탄산수소염류 분말약제
③ 팽창질석 또는 팽창진주암

해답 ④

20 위험물제조소에서 국소방식의 배출설비 배출능력은 1시간 당 배출장소 용적의 몇 배 이상인 것으로 하는가?

① 5　　② 10
③ 15　　④ 20

해설 **배출설비 설치기준**
① 배출설비는 국소방식으로 할 것
② 배출설비는 배풍기, 배출닥트, 후드 등을 이용하여 강제적으로 배출 할 것.
③ 배출능력은 1시간당 배출장소 용적의 20배 이상으로 할 것(다만, 전역방식의 경우에는 바닥면적 $1m^2$당 $18m^3$ 이상으로 할 것)

해답 ④

21 탄화알루미늄이 물과 반응하여 생기는 현상이 아닌 것은?

① 산소가 발생한다.
② 수산화알루미늄이 생성된다.
③ 열이 발생한다.
④ 메탄가스가 발생한다.

해설 **탄화알루미늄**(Al_4C_3) **: 제3류 위험물(금수성 물질)**
① 물과 접촉 시 메탄가스를 생성하고 발열반응을 한다.

$Al_4C_3 + 12H_2O \rightarrow 4Al(OH)_3 + 3CH_4 + Q$kcal
(수산화알루미늄) (메탄) (발열)

② 황색 결정 또는 백색분말로 1400℃ 이상에서는 분해가 된다.
③ 물 및 포약제에 의한 소화는 절대 금하고 마른모래 등으로 피복 소화한다.

해답 ①

22 물과 반응하여 산소를 발생하는 것은?

① $KClO_3$　　② $NaNO_3$
③ Na_2O_2　　④ $KMnO_4$

해설 **과산화나트륨**(Na_2O_2) **: 제1류 위험물 중 무기과산화물(금수성)**
① 상온에서 물과 격렬히 반응하여 산소(O_2)를 방출하고 폭발하기도 한다.

$2Na_2O_2 + 2H_2O \rightarrow 4NaOH + O_2\uparrow$ + 발열
(과산화나트륨) (물) (수산화나트륨) (산소)
(=가성소다)

② 공기 중 이산화탄소(CO_2)와 반응하여 산소(O_2)를 방출한다.

$2Na_2O_2 + 2CO_2 \rightarrow 2Na_2CO_3 + O_2\uparrow$
(탄산나트륨)

③ 산과 반응하여 과산화수소(H_2O_2)를 생성시킨다.

$Na_2O_2 + 2CH_3COOH \rightarrow 2CH_3COONa + H_2O_2\uparrow$
(초산) (초산나트륨) (과산화수소)

④ 열분해시 산소(O_2)를 방출한다.

$2Na_2O_2 \rightarrow 2Na_2O + O_2\uparrow$
(산화나트륨) (산소)

⑤ 주수소화는 금물이고 마른모래(건조사)등으로 소화한다.

해답 ③

23 황의 성상에 관한 설명으로 틀린것은?

① 연소할 때 발생하는 가스는 냄새를 갖고 있으나 인체에 무해하다.
② 미분이 공기 중에 떠 있을 때 분진폭발의 우려가 있다.
③ 용융된 황을 물에서 급냉하면 고무상황을 얻을 수 있다.
④ 연소할 때 아황산가스를 발생한다.

해설 **유황**(S_8) **: 제2류 위험물(가연성 고체)**
① 동소체로 사방황, 단사황, 고무상황이 있다.
② 황색의 고체 또는 분말상태이다.
③ 물에 녹지 않고 이황화탄소(CS_2)에는 잘 녹는다.
④ 공기 중에서 연소 시 푸른 불꽃을 내며 이산화황이 생성된다.

$S + O_2 \rightarrow SO_2$(이산화황=아황산) : 독성이 강하다.

⑤ 산화제와 접촉 시 위험하다
⑥ 분진폭발의 위험성이 있고 목탄가루와 혼합시 가열, 충격, 마찰에 의하여 폭발위험성이 있다.
⑦ 다량의 물로 주수소화 또는 질식 소화한다.

해답 ①

24 염소산칼륨의 성질에 대한 설명으로 옳은 것은?

① 가연성 액체이다.
② 강력한 산화제이다.
③ 물보다 가볍다.
④ 열분해하면 수소를 발생한다.

해설 **염소산칼륨($KClO_3$) : 제1류 위험물 중 염소산염류**
① 산화성고체이며 무색 또는 백색분말
② 비중 : 2.34
③ 온수, 글리세린에 용해
④ 냉수, 알코올에는 용해하기 어렵다.
⑤ 400℃ 부근에서 분해가 시작
⑥ 540℃~560℃ 정도에서 과염소산칼륨으로 분해되어 염화칼륨과 산소를 방출

$$2KClO_3 \rightarrow KCl + KClO_4 + O_2\uparrow$$
(염소산칼륨) (염화칼륨) (과염소산칼륨) (산소)

⑦ 유기물 등과 접촉시 충격을 가하면 폭발하는 수가 있다.

해답 ②

25 등유에 관한 설명으로 틀린 것은?

① 휘발유보다 착화온도가 높다.
② 증기는 공기보다 무겁다.
③ 인화점은 상온보다 높다.
④ 물보다 가볍고 비수용성이다.

해설 **등유(제4류 2석유류)의 일반적 성질**
① 휘발유보다 착화온도가 낮다.

품 명	착화온도(℃)
등유	220
가솔린	약 300

② 증기는 공기보다 무겁다.
③ 인화점은 상온보다 높다.
④ 물보다 가볍고 비수용성이다.

해답 ①

26 촉매존재하에서 일산화탄소와 수소를 고온, 고압에서 합성시켜 제조하는 물질로 산화하면 포름알데히드가 되는 것은?

① 메탄올 ② 벤젠
③ 휘발유 ④ 등유

해설 **메틸알코올 = 메탄올(CH_3OH)**
① 목재 건류의 유출액으로 목정이라고 한다.
② 무색 투명한 액체이다.
③ 물에 아주 잘 녹으며, 먹으면 실명우려(시신경마비)가 있다.
④ 연소 시 주간에는 불꽃이 잘 보이지 않는다.
⑤ 공기 중에서 연소 시 연한 불꽃을 낸다.

$$2CH_3OH + O_2 \rightarrow 2CO_2 + 4H_2O$$

⑥ Pt, CuO 존재하에서 공기 중에서 서서히 산화하여 HCHO(포름알데히드)가 생긴다.

해답 ①

27 5류 위험물이 아닌 것은?

① 니트로글리세린 ② 니트로톨루엔
③ 니트로글리콜 ④ 트리니트로톨루엔

해설 ① 니트로글리세린 : 제5류 중 질산에스테르류
② 니트로톨루엔 : 제4류 제3석유류
③ 니트로글리콜 : 제5류 중 질산에스테르류
④ 트리니트로톨루엔 : 제5류 중 니트로화합물

제5류 위험물 및 지정수량

성질	품 명	지정수량	위험등급
자기 반응성물질	1. 유기과산화물 2. 질산에스테르류	10kg	I
	3. 니트로화합물 4. 니트로소화합물 5. 아조화합물 6. 디아조화합물 7. 히드라진 유도체	200kg	II
	8. 히드록실아민 9. 히드록실아민염류	100kg	

해답 ②

28 인화칼슘이 물과 반응하여 발생한 가스는?

① PH_3 ② H_2
③ CO_2 ④ N_2

해설 **인화칼슘(Ca_3P_2)[별명 : 인화석회] : 제 3류 위험물(금수성 물질)**
① 적갈색의 괴상고체
② 물 및 약산과 격렬히 반응, 분해하여 인화수소(포스핀)(PH_3)을 생성한다.

- $Ca_3P_2 + 6H_2O \rightarrow 3Ca(OH)_2 + 2PH_3$
- $Ca_3P_2 + 6HCl \rightarrow 3CaCl_2 + 2PH_3$

(포스핀 = 인화수소)

③ 포스핀은 맹독성가스이므로 취급 시 방독마스크를 착용한다.
④ 물 및 포약제의 의한 소화는 절대 금하고 마른모래 등으로 피복하여 자연 진화되도록 기다린다.

해답 ①

29 다이너마이트의 원료로 사용되며 건조한 상태에서는 타격, 마찰에 의하여 폭발의 위험이 있으므로 운반 시 물 또는 알코올을 첨가하여 습윤시키는 물질은?

① 벤조일퍼옥사이드
② 트리니트로톨루엔
③ 니트로셀룰로오스
④ 디니트로나프탈렌

해설 **니트로셀룰로오스**$[(C_6H_7O_2(ONO_2)_2)_3]_n$: **제5류 위험물**
셀룰로오스(섬유소)에 진한질산과 진한 황산의 혼합액을 작용시켜서 만든 것이다.
① 비수용성이며 초산에틸, 초산아밀, 아세톤에 잘 녹는다.
② 130℃에서 분해가 시작되고, 180℃에서는 급격하게 연소한다.
③ 직사광선, 산 접촉 시 분해 및 자연 발화한다.
④ 건조상태에서는 폭발위험이 크나 수분함유 시 폭발위험성이 없어 저장 · 운반이 용이하다.
⑤ 질산섬유소라고도 하며 화약에 이용 시 면약(면화약)이라한다
⑥ 셀룰로이드, 콜로디온에 이용 시 질화면이라 한다.
⑦ 질소함유율(질화도)이 높을수록 폭발성이 크다.
⑧ 저장, 운반 시 물(20%) 또는 알코올(30%)을 첨가 습윤시킨다.
⑨ **질화도에 따른 분류**

구분	질화도(질소함유량)
강면약(강질화면)	12.5~13.5%
취 면	10.7~11.2%
약면약(약질화면)	11.2~12.3%

해답 ③

30 인화점이 가장 낮은 것은?

① CH_3COCH_3　② $C_2H_5OC_2H_5$
③ $CH_3(CH_2)_2OH$　④ CH_3OH

해설 **제4류 위험물의 인화점**

화학식	명칭	유별	인화점(℃)
① CH_3COCH_3	아세톤	제1석유류	−18
② $C_2H_5OC_2H_5$	디에틸에테르	특수인화물	−45
③ $CH_3CH_2CH_2OH$	프로필알코올	알코올류	11.7
④ CH_3OH	메탄올	알코올류	11

해답 ②

31 질산암모늄에 대한 설명으로 틀린 것은?

① 열분해하여 산화이질소가 발생한다.
② 폭약 제조시 산소공급제로 사용된다.
③ 물에 녹을 때 많은 열을 발생한다.
④ 무취의 결정이다.

해설 **질산암모늄**(NH_4NO_3) : **제1류 위험물 중 질산염류**
① 단독으로 가열, 충격 시 분해 폭발할 수 있다.
② 화약원료로 쓰이며 유기물과 접촉 시 폭발우려가 있다.
③ 무색, 무취의 결정이다.
④ 조해성 및 흡습성이 매우 강하다.
⑤ **물에 용해 시 흡열반응**을 나타낸다
⑥ 급격한 가열충격에 따라 폭발의 위험이 있다.

해답 ③

32 물에 대한 용해도가 가장 낮은 것은?

① 아크릴산　② 아세트알데히드
③ 벤젠　④ 글리세린

해설 **벤젠**(Benzene)(C_6H_6) : **제4류 위험물 중 제1석유류**
① 착화온도 : 562℃
(이황화탄소의 착화온도 100℃)
② 벤젠증기는 마취성 및 독성이 강하다.
③ 비수용성이며 알코올, 아세톤, 에테르에는 용해
④ 취급 시 정전기에 유의해야 한다.

해답 ③

33 발화점이 가장 낮은 것은?

① 황 ② 삼황화인
③ 황린 ④ 아세톤

해설 **위험물의 발화점(착화점)**

품 명	발화점(℃)
① 황	232
② 삼황화인	100
③ 황린	40~50
④ 아세톤	468

황린(P_4)[별명 : 백린] : 제 3류 위험물(자연발화성 물질)

① 백색 또는 담황색의 고체이다.
② 공기 중 약 40~50℃에서 자연 발화한다.
③ 저장 시 자연 발화성이므로 반드시 물속에 저장한다.
④ 인화수소(PH_3)의 생성을 방지하기 위하여 물의 pH=9가 안전한계이다.
⑤ 물의 온도가 상승 시 황린의 용해도가 증가되어 산성화속도가 빨라진다.
⑥ 연소 시 오산화인(P_2O_5)의 흰 연기가 발생한다.

$P_4 + 5O_2 \rightarrow 2P_2O_5$(오산화인)

⑦ 강알칼리의 용액에서는 유독기체인 포스핀(PH_3) 발생한다. 따라서 저장시 물의 pH(수소이온농도)는 9를 넘어서는 안된다.(물은 약알칼리의 석회 또는 소다회로 중화하는 것이 좋다.)

$P_4 + 3NaOH + 3H_2O \rightarrow 3NaH_2PO_2 + PH_3\uparrow$
(인화수소=포스핀)

⑧ 약 250℃로 가열(공기차단)시 적린이 된다.
⑨ 피부 접촉 시 화상을 입는다.
⑩ 소화는 물분무, 마른모래 등으로 질식소화한다.
⑪ 고압의 주수소화는 황린을 비산시켜 연소면이 확대될 우려가 있다.

해답 ③

34 아세톤에 관한 설명 중 틀린 것은?

① 무색 휘발성이 강한 액체이다.
② 조해성이 있으며 물과 반응 시 발열한다.
③ 겨울철에도 인화의 위험성이 있다.
④ 증기는 공기보다 무거우며 액체는 물보다 가볍다.

해설 **아세톤(CH_3COCH_3) : 제4류 제1석유류**

① 무색의 과일냄새가 나는 휘발성 액체이다.
② 물 및 유기용제에 잘 녹는다.
③ 요오드포름 반응을 한다.

요오드포름 반응

아세톤, 아세트알데히드, 에틸알코올에 수산화칼륨(KOH)과 요오드를 반응시키면 노란색의 요오드포름(CHI_3)의 침전물이 생성된다.

아세톤 $\xrightarrow{KOH\ +\ I_2}$ 요오드포름(CHI_3)(노란색)

④ 아세틸렌을 잘 녹이므로 아세틸렌(용해가스) 저장시 아세톤에 용해시켜 저장한다.
⑤ 보관 중 황색으로 변색되며 햇빛에 분해가 된다.
⑥ 다량의 물 또는 알코올포로 소화한다.

해답 ②

35 아세트알데히드의 일반적 성질에 대한 설명 중 틀린 것은?

① 은거울 반응을 한다.
② 물에 잘 녹는다.
③ 구리, 마그네슘의 합금과 반응한다.
④ 무색, 무취의 액체이다.

해설 **아세트알데히드(CH_3CHO) : 제4류 위험물 중 특수인화물**

① 휘발성이 강하고 과일냄새가 있는 무색 액체
② 물, 에탄올에 잘 녹는다.
③ 연소범위는 약 4.1~57% 이다.
④ 저장용기 사용 시 구리, 마그네슘, 은, 수은 및 합금용기는 사용금지(중합반응 때문)
⑤ 다량의 물로 주수 소화한다.
⑥ 아세트알데히드 등을 취급하는 설비에는 연소성 혼합기체의 생성에 의한 폭발을 방지하기 위한 불활성기체 또는 수증기를 봉입하는 장치를 갖출 것

해답 ④

36 트리에틸알루미늄의 안전관리에 관한 설명 중 틀린 것은?

① 물과의 접촉을 피한다.
② 냉암소에 저장한다.

③ 화재발생시 팽창질석을 사용한다.
④ I_2 또는 Cl_2 가스의 분위기에서 저장한다.

해설 **알킬알루미늄[$(C_nH_{2n+1}) \cdot Al$] : 제3류 위험물(금수성 물질)**
① 알킬기(C_nH_{2n+1})에 알루미늄(Al)이 결합된 화합물이다.
② C_1~C_4는 자연발화의 위험성이 있다.
③ 물과 접촉 시 가연성 가스 발생하므로 주수소화는 절대 금지한다.
④ 트리메틸알루미늄
(TMA : Tri Methyl Aluminium)
$(CH_3)_3Al + 3H_2O \rightarrow Al(OH)_3 + 3CH_4\uparrow$ (메탄)
⑤ 트리에틸알루미늄
(TEA : Tri Eethyl Aluminium)
$(C_2H_5)_3Al + 3H_2O \rightarrow Al(OH)_3 + 3C_2H_6\uparrow$ (에탄)
⑥ 저장용기에 불활성기체(N_2)를 봉입한다.
⑦ 피부접촉 시 화상을 입히고 연소 시 흰 연기가 발생한다.
⑧ 소화 시 주수소화는 절대 금하고 팽창질석, 팽창진주암 등으로 피복소화한다.

해답 ④

37 과산화바륨에 대한 설명 중 틀린 것은?

① 약 840℃의 고온에서 산소를 발생한다.
② 알칼리금속의 과산화물에 해당된다.
③ 비중은 1보다 크다.
④ 유기물과의 접촉을 피한다.

해설 **② 과산화바륨은 알칼리토금속의 과산화물에 해당한다.**

알칼리금속
① 주기율표 1족에 속하는 원소
② 리튬 Li, 나트륨 Na, 칼륨 K, 루비듐 Rb, 세슘 Cs, 프랑슘 Fr

알칼리토금속
① 주기율표 2족에 속하는 원소
② 칼슘 Ca, 스트론튬 Sr, 바륨 Ba, 라듐 Ra 등

과산화바륨의 반응식
① 탄산가스와 반응하여 탄산염과 산소 발생
$2BaO_2 + 2CO_2 \rightarrow 2BaCO_3 + O_2\uparrow$
(탄산바륨) (산소)
② 염산과 반응하여 염화바륨과 과산화수소 생성
$BaO_2 + 2HCl \rightarrow BaCl_2 + H_2O_2\uparrow$
(염화바륨) (과산화수소)
③ 가열 또는 온수와 접촉하면 산소가스를 발생
가열 $2BaO_2 \rightarrow 2BaO + O_2\uparrow$
(산화바륨) (산소)
온수와 반응 $2BaO_2 + 2H_2O \rightarrow 2Ba(OH)_2 + O_2\uparrow$
(수산화바륨) (산소)

해답 ②

38 분자량이 74, 비중이 약 0.71인 물질로서 에탄올 두 분자에서 물이 빠지면서 축합반응이 일어나 생성되는 물질은?

① $C_2H_5OC_2H_5$　② C_2H_5OH
③ C_6H_5Cl　④ CS_2

해설 **축합반응**
에탄올에 진한 황산 소량을 가하여 130℃로 가열하면 2분자에서 물 1분자가 탈수되어 에테르가 생성된다. 이와 같이 2분자에서 간단한 물분자와 같은 것이 떨어지면서 큰분자가 생기는 반응

$C_2H_5OH + C_2H_5OH \xrightarrow{C-H_2SO_4} C_2H_5OC_2H_5 + H_2O$
(에틸알코올) (에틸알코올) (디에틸에테르) (물)

해답 ①

39 과산화나트륨에 의해 화재가 발생했다. 진화작업 과정이 잘못된 것은?

① 공기호흡기를 착용한다.
② 가능한 한 주수소화를 한다.
③ 건조사나 암분으로 피복소화 한다.
④ 가능한 한 과산화나트륨과의 접촉을 피한다.

해설 **과산화나트륨(Na_2O_2) : 제 1류 위험물 중 무기과산화물(금수성)**
① 상온에서 물과 격렬히 반응하여 산소(O_2)를 방출하고 폭발하기도 한다.
$2Na_2O_2 + 2H_2O \rightarrow 4NaOH + O_2\uparrow$ + 발열
(과산화나트륨) (물) (수산화나트륨) (산소)
② 공기 중 이산화탄소(CO_2)와 반응하여 산소(O_2)를 방출한다.
$2Na_2O_2 + 2CO_2 \rightarrow 2Na_2CO_3 + O_2\uparrow$

③ 산과 반응하여 과산화수소(H_2O_2)를 생성시킨다.

$Na_2O_2 + 2CH_3COOH \rightarrow 2CH_3COONa + H_2O_2 \uparrow$

④ 열분해 시 산소(O_2)를 방출한다.

$2Na_2O_2 \rightarrow 2Na_2O + O_2 \uparrow$

⑤ **주수소화는 금물**이고 마른모래(건조사) 등으로 소화한다.

해답 ②

40 금속 나트륨의 저장방법으로 옳은 것은?

① 에탄올속에 넣어 저장한다.
② 물 속에 넣어 저장한다.
③ 젖은 모래속에 넣어 저장한다.
④ 경유 속에 넣어 저장한다.

해설 **보호액속에 저장 위험물**

① 파라핀, 경유, 등유 속에 보관

칼륨(K), 나트륨(Na)

② 물속에 보관

이황화탄소(CS_2), 황린(P_4)

금속나트륨 및 금속칼륨 : 제3류 위험물(금수성)
물과 반응하여 수소기체 발생

$2Na + 2H_2O \rightarrow 2NaOH + H_2 \uparrow$ (수소발생)
$2K + 2H_2O \rightarrow 2KOH + H_2 \uparrow$ (수소발생)

해답 ④

41 무색의 액체로 융점이 −112℃이고 물과 접촉하면 심하게 발열하는 6류 위험물은?

① 과산화수소 ② 과염소산
③ 질산 ④ 오불화요오드

해설 **과염소산**($HClO_4$) **: 제6류 위험물(산화성 액체)**

① 물과 접촉 시 심한 열을 발생한다.(발열반응)
② 종이, 나무 조각과 접촉 시 연소한다.
③ 공기 중 분해하여 강하게 연기를 발생한다.
④ 무색의 액체로 염소냄새가 난다.
⑤ 산화력 및 흡습성이 강하다.
⑥ 다량의 물로 분무(안개모양)주수소화
⑦ 불연성물질의 액체이다.

해답 ②

42 위험물에 관한 설명 중 옳은 것은?

① 벤조일퍼옥사이드는 건조할수록 안전도가 높다.
② 테트릴은 충격과 마찰에 민감하다.
③ 트리니트로페놀은 공기 중 분해하므로 장기간 저장이 불가능하다.
④ 디니트로톨루엔은 액체상의 물질이다.

해설 **테트릴**[$(NO_2)_3C_6H_2N(CH_3)NO_2$]

① 충격과 마찰에 매우 민감하다
② 폭발력과 충격파는 TNT보다 강하다.

해답 ②

43 과산화수소의 운반용기 외부에 표시해야 하는 주의사항은?

① 화기주의 ② 충격주의
③ 물기엄금 ④ 가연물접촉주의

해설 **과산화수소 : 제6류 위험물**

위험물 운반용기의 외부 표시 사항

① 위험물의 품명, 위험등급, 화학명 및 수용성(제4류 위험물의 수용성인 것에 한함)
② 위험물의 수량
③ 수납하는 위험물에 따른 주의사항

유별	성질에 따른 구분	표시사항
제1류	알칼리금속의 과산화물	화기 · 충격주의, 물기엄금 및 가연물접촉주의
	그 밖의 것	화기 · 충격주의 및 가연물접촉주의
제2류	철분 · 금속분 · 마그네슘	화기주의 및 물기엄금
	인화성 고체	화기엄금
	그 밖의 것	화기주의
제3류	자연발화성 물질	화기엄금 및 공기접촉엄금
	금수성 물질	물기엄금
제4류	인화성 액체	화기엄금
제5류	자기반응성 물질	화기엄금 및 충격주의
제6류	**산화성 액체**	**가연물접촉주의**

해답 ④

44 알칼리금속의 과산화물에 관한 일반적인 설명으로 옳은 것은?

① 안정한 물질이다.
② 물을 가하면 발열한다.
③ 주로 환원제로 사용된다.
④ 더 이상 분해되지 않는다.

해설 **알칼리금속 과산화물**
① 매우 불안정한 물질이다.
② 물을 가하면 발열 및 산소를 방출한다.
③ 주로 산화제로 사용된다.
④ 물과 격렬히 반응하여 수산화물과 산소로 분해된다.
⑤ 물과 접촉 시 반응하여 산소를 방출하므로 습기와 접촉금지(금수성 물질)

$2Na_2O_2 + 2H_2O \rightarrow 4NaOH + O_2\uparrow$

⑥ 조해성물질은 저장용기를 밀폐시킨다.
⑦ 가열, 충격, 마찰을 금지한다.

해답 ②

45 염소산칼륨과 염소산나트륨의 공통성질에 대한 설명으로 적합한 것은?

① 물과 작용하여 발열 또는 발화한다.
② 가연물과 혼합 시 가열, 충격에 의해 연소위험이 있다.
③ 독성은 없으나 연소생성물은 유독하다.
④ 상온에서 발화하기 쉽다.

해설 **염소산칼륨과 염소산나트륨의 공통적 성질**
① 제1류 위험물 중 염소산염류에 해당
② 가연물과 혼합 시 가열, 충격에 의해 연소위험이 있다.

해답 ②

46 황린의 취급에 관한 설명으로 옳은 것은?

① 보호액의 pH를 측정한다.
② 1기압, 25℃의 공기 중에서 보관한다.
③ 주수에 의한 소화는 절대로 금한다.
④ 더 이상 분해되지 않는다.

해설 **황린(P_4)[별명 : 백린] : 제 3류 위험물(자연발화성 물질)**
① 백색 또는 담황색의 고체이다.
② 공기 중 약 40~50℃에서 자연 발화한다.
③ 저장 시 자연 발화성이므로 반드시 **물속에 저장**한다.
④ 인화수소(PH_3)의 생성을 방지하기 위하여 물의 **pH=9(약알칼리)가 안전한계**이다.
⑤ 물의 온도가 상승 시 황린의 용해도가 증가되어 산성화속도가 빨라진다.
⑥ 연소 시 오산화인(P_2O_5)의 흰 연기가 발생한다.

$P_4 + 5O_2 \rightarrow 2P_2O_5$(오산화인)

⑦ 강알칼리의 용액에서는 유독기체인 **포스핀(PH_3) 발생**한다. 따라서 저장 시 물의 pH(수소이온농도)는 9를 넘어서는 안된다.(물은 약알칼리의 석회 또는 소다회로 중화하는 것이 좋다.)

$P_4 + 3NaOH + 3H_2O \rightarrow 3NaH_2PO_2 + PH_3\uparrow$
(인화수소=포스핀)

⑧ 약 250℃로 가열(공기차단)시 적린이 된다.
⑨ 피부 접촉 시 화상을 입는다.
⑩ **소화는 물분무**, 마른모래 등으로 질식 소화한다.
⑪ 고압의 주수소화는 황린을 비산시켜 연소면이 확대될 우려가 있다.

해답 ①

47 트리에틸알루미늄이 물과 반응하였을 때 발생하는 가스는?

① 메탄 ② 에탄
③ 프로판 ④ 부탄

해설 **알킬알루미늄[(C_nH_{2n+1}) · Al] : 제 3류 위험물(금수성 물질)**
① 알킬기(C_nH_{2n+1})에 알루미늄(Al)이 결합된 화합물이다.
② C_1~C_4는 자연발화의 위험성이 있다.
③ 물과 접촉 시 가연성 가스 발생하므로 주수소화는 절대 금지한다.
④ 트리메틸알루미늄
(TMA : Tri Methyl Aluminium)

$(CH_3)_3Al + 3H_2O \rightarrow Al(OH)_3 + 3CH_4\uparrow$ (메탄)

⑤ **트리에틸알루미늄**
(TEA : Tri Eethyl Aluminium)

$(C_2H_5)_3Al + 3H_2O \rightarrow Al(OH)_3 + 3C_2H_6\uparrow$ (에탄)

⑥ 저장용기에 불활성기체(N_2)를 봉입한다.
⑦ 피부접촉 시 화상을 입히고 연소 시 흰 연기가 발생한다.
⑧ 소화 시 주수소화는 절대 금하고 팽창질석, 팽창진주암 등으로 피복소화한다.

해답 ②

48 과산화수소에 대한 설명으로 옳은 것은?

① 강산화제이지만 환원제로 사용한다.
② 알코올, 에테르에는 용해되지 않는다.
③ 20～30% 용액을 옥시돌(Oxydol) 이라 한다.
④ 알칼리성 용액에서는 분해가 안된다.

해설 **과산화수소(H_2O_2)의 일반적인 성질**
① 분해 시 발생기 산소(O_2)를 발생시킨다.
② 분해안정제로 인산(H_3PO_4) 또는 요산($C_5H_4N_4O_3$)을 첨가한다.
③ 시판품은 일반적으로 30~40% 수용액이다.
④ 저장용기는 밀폐하지 말고 구멍이 있는 마개를 사용한다.
⑤ **강산화제이면서 환원제로도 사용**한다.
⑥ 60% 이상의 고농도에서는 단독으로 폭발위험이 있다.
⑦ 히드라진($NH_2 \cdot NH_2$)과 접촉 시 분해 작용으로 폭발위험이 있다.

$NH_2 \cdot NH_2 + 2H_2O_2 \rightarrow 4H_2O + N_2\uparrow$

⑧ **3%용액은 옥시풀 또는 옥시돌(oxydol)**이라 하며 표백제 또는 살균제로 이용한다.
⑨ 무색인 요오드칼륨 녹말종이와 반응하여 청색으로 변화시킨다.

- 과산화수소는 36%(중량) 이상만 위험물에 해당된다.
- 과산화수소는 표백제 및 살균제로 이용된다.

⑩ 다량의 물로 주수 소화한다.

해답 ①

49 위험물시설에 설치하는 소화설비와 관련한 소요단위의 산출방법에 관한 설명 중 옳은 것은?

① 제조소등의 옥외에 설치된 공작물은 외벽이 내화구조인 것으로 간주한다.
② 위험물은 지정수량이 20배를 1 소요단위로 한다.
③ 취급소의 건출물은 외벽이 내화구조인 것은 연면적 $75m^2$를 1소요단위로 한다.
④ 제조소의 건출물은 외벽이 내화구조인 것은 연면적 $150m^2$를 1소요단위로 한다.

해설 **소요단위의 계산방법**
① 제조소 또는 취급소의 건축물

외벽이 내화구조인 것	외벽이 내화구조가 아닌 것
연면적 $100m^2$를 **1소요단위**	연면적 **$50m^2$를 1소요단위**

② 저장소의 건축물

외벽이 내화구조인 것	외벽이 내화구조가 아닌 것
연면적 $150m^2$를 **1소요단위**	연면적 **$75m^2$를 소요단위**

③ 위험물은 지정수량의 **10배**를 **1소요단위**로 할 것
④ 제조소등의 옥외에 설치된 공작물은 외벽이 내화구조인 것으로 간주한다.

해답 ①

50 위험물의 분류가 옳은 것은?

① 유기과산화물 – 1류 위험물
② 황화린 – 2류 위험물
③ 금속분 – 3류 위험물
④ 무기과산화물 – 5류 위험물

해설 ① 유기과산화물–제5류 위험물
② 황화린–제2류 위험물
③ 금속분–제2류 위험물
④ 무기과산화물–제1류 위험물

해답 ②

51 탄화칼슘 취급 시 주의해야 할 사항은?

① 산화성 물질과 혼합하여 저장할 것
② 물의 접촉을 피할 것
③ 은, 구리 등의 금속용기에 저장할 것
④ 화재발생시 이산화탄소 소화약제를 사용할 것

해설 **카바이트 = 탄화칼슘**(CaC_2) : **제3류 위험물 중 칼슘탄화물**

① **물과 접촉 시 아세틸렌을 생성**하고 열을 발생시킨다.

$CaC_2 + 2H_2O \rightarrow Ca(OH)_2 + C_2H_2 \uparrow$
(수산화칼슘) (아세틸렌)

② 아세틸렌의 폭발범위는 2.5~81%로 대단히 넓어서 폭발위험성이 크다.

③ 장기 보관시 불활성기체(N_2 등)를 봉입하여 저장한다.

④ 별명은 카바이드, 탄화석회, 칼슘카바이드 등이다.

⑤ 고온(700℃)에서 질화되어 석회질소($CaCN_2$)가 생성된다.

$CaC_2 + N_2 \rightarrow CaCN_2 + C$
(석회질소) (탄소)

⑥ 물 및 포약제에 의한 소화는 절대 금하고 마른 모래 등으로 피복 소화한다.

해답 ②

52 일반적으로 알려진 황화린의 3종류에 속하지 않는 것은?

① P_4S_3 ② P_2S_5
③ P_4S_7 ④ P_2S_9

해설 **황화린의 3종류**

① 삼황화린(P_4S_3)
② 오황화린(P_2S_5)
③ 칠황화린(P_4S_7)

해답 ④

53 질산칼륨에 대한 설명으로 옳은 것은?

① 조해성과 흡습성이 강하다.
② 칠레초석이라고도 한다.
③ 물에 녹지 않는다.
④ 흑색화약의 원료이다.

해설 **질산칼륨**(KNO_3) : **제1류 위험물(산화성고체)**

① 질산칼륨에 숯가루, 유황가루를 혼합하여 **흑색화약제조에 사용**한다.

② 열분해하여 산소를 방출한다.

$2KNO_3 \rightarrow 2KNO_2$(아질산칼륨) $+ O_2 \uparrow$

③ 물, 글리세린에는 잘 녹으나 알코올에는 잘 녹지 않는다.

④ 유기물 및 강산과 접촉 시 매우 위험하다.

⑤ 소화는 주수소화방법이 가장 적당하다.

참고 질산나트륨 : 칠레초석

해답 ④

54 니트로셀룰로오스에 관한 설명으로 옳은것은?

① 용제에는 전혀 녹지 않는다.
② 질화도가 클수록 위험성이 증가한다.
③ 물과 작용하여 수소를 발생한다.
④ 화재발생 시 질식소화가 가장 적합하다.

해설 **니트로셀룰로오스**$[(C_6H_7O_2(ONO_2)_2)_3]_n$ **: 제5류 위험물**

셀룰로오스(섬유소)에 진한질산과 진한 황산의 혼합액을 작용시켜서 만든 것이다.

① 비수용성이며 초산에틸, 초산아밀, 아세톤에 잘 녹는다.

② 130℃에서 분해가 시작되고, 180℃에서는 급격하게 연소한다.

③ 직사광선, 산 접촉 시 분해 및 자연 발화한다.

④ 건조상태에서는 폭발위험이 크나 수분함유 시 폭발위험성이 없어 저장 · 운반이 용이하다.

⑤ **질산섬유소**라고도 하며 화약에 이용 시 **면약(면화약)**이라한다

⑥ 셀룰로이드, 콜로디온에 이용 시 질화면이라 한다.

⑦ **질소함유율(질화도)이 높을수록 폭발성이 크다.**

⑧ 저장, 운반 시 물(20%) 또는 알코올(30%)을 첨가 습윤시킨다.

⑨ **질화도에 따른 분류**

구분	질화도(질소함유량)
강면약(강질화면)	12.5~13.5%
취 면	10.7~11.2%
약면약(약질화면)	11.2~12.3%

해답 ②

55 과산화칼륨애 대한 설명 중 틀린 것은?

① 융점은 약 490℃이다.

② 무색 또는 오렌지색 분말이다.
③ 물과 반응하여 주로 수소를 발생한다.
④ 물보다 무겁다.

해설 **과산화칼륨**(K_2O_2) : **제1류 위험물 중 무기과산화물**
① 무색 또는 오렌지색 분말상태
② 상온에서 **물과 격렬히 반응하여 산소**(O_2)**를 방출**하고 폭발하기도 한다.

$2K_2O_2 + 2H_2O \rightarrow 4KOH$(수산화칼륨) $+ O_2\uparrow$

③ 공기 중 이산화탄소(CO_2)와 반응하여 산소(O_2)를 방출한다.

$2K_2O_2 + 2CO_2 \rightarrow 2K_2CO_3$(탄산칼륨) $+ O_2\uparrow$

④ 산과 반응하여 과산화수소(H_2O_2)를 생성시킨다.

$K_2O_2 + 2CH_3COOH \rightarrow 2CH_3COOK + H_2O_2\uparrow$
(초산칼륨) (과산화수소)

⑤ 열분해시 산소(O_2)를 방출한다.

$2K_2O_2 \rightarrow 2K_2O$(산화칼륨) $+ O_2\uparrow$

⑥ 주수소화는 금물이고 마른모래(건조사) 등으로 소화한다.

해답 ③

56 벤젠의 성질에 대한 설명 중 틀린 것은?

① 무색의 액체로서 휘발성이 있다.
② 불을 붙이면 그을음을 낸다.
③ 증기는 공기보다 무겁다.
④ 물에 잘 녹는다.

해설 **벤젠**(Benzene)(C_6H_6) : **제4류 위험물 중 제1석유류**
① 착화온도 : 562℃
(이황화탄소의 착화온도 100℃)
② 벤젠증기는 마취성 및 독성이 강하다.
③ **비수용성**이며 알코올, 아세톤, 에테르에는 용해
④ 취급 시 정전기에 유의해야 한다.

해답 ④

57 질산에 대한 설명 중 틀린 것은?

① 환원성 물질과 혼합하면 발화할 수 있다.
② 분자량은 63이다.
③ 비중이 1.82 이상이 위험물이다.
④ 분해하면 인체에 해로운 가스가 발생한다.

해설 **질산**(HNO_3) : **제6류 위험물(산화성 액체)**
① 비중 1.49 이상이 위험물이다.
② 무색의 발연성 액체이다.
③ 시판품은 일반적으로 68%이다.
④ 빛에 의하여 일부 분해되어 생긴 NO_2 때문에 황갈색으로 된다.

$4HNO_3 \rightarrow 2H_2O + 4NO_2\uparrow + O_2\uparrow$
(이산화질소) (산소)

⑤ 저장용기는 직사광선을 피하고 찬 곳에 저장한다.
⑥ 실험실에서는 갈색병에 넣어 햇빛에 차단시킨다.
⑦ 환원성물질과 혼합하면 발화 또는 폭발한다.

크산토프로테인반응(xanthoprotenic reaction)
단백질에 진한질산을 가하면 노란색으로 변하고 알칼리를 작용시키면 오렌지색으로 변하며, 단백질 검출에 이용된다.

⑧ 다량의 질산화재에 소량의 주수소화는 위험하다.
⑨ 마른모래 및 CO_2로 소화한다.
⑩ 위급 시에는 다량의 물로 냉각 소화한다.

해답 ③

58 염소산나트륨을 가열하여 분해시킬 때 발생하는 기체는?

① 산소 ② 질소
③ 나트륨 ④ 수소

해설 **염소산나트륨**($NaClO_3$) : **제1류 위험물 중 염소산염류**
① 조해성이 크고, 알코올, 에테르, 물에 녹는다.
② 철제를 부식시키므로 철제용기 사용금지
③ 산과 반응하여 유독한 이산화염소(ClO_2)를 발생시키며 이산화염소는 폭발성이다.
④ 조해성이 있기 때문에 밀폐하여 저장한다.

염소산나트륨($NaClO_3$) **분해 반응식**

$2NaClO_3 \rightarrow 2NaCl + 3O_2\uparrow$
(염소산나트륨) (염화나트륨 : 소금) (산소)

해답 ①

59 과염소산칼륨과 혼합했을 때 발화폭발의 위험이 가장 높은 것은?

① 석면 ② 금
③ 유리 ④ 목탄

해설 **과염소산칼륨($KClO_4$) : 제 1류 위험물 중 과염소산염류**
① 물에 녹기 어렵고 알코올, 에테르에 녹지 않는다.
② 진한 황산과 접촉 시 폭발성이 있다.
③ **목탄, 유황, 탄소, 유기물** 등과 혼합시 가열, 충격, 마찰에 의하여 **폭발**한다.
④ 400℃에서 분해가 시작되어 600℃에서 완전 분해하여 산소를 발생한다.

$KClO_4$ → KCl(염화칼륨) + $2O_2$↑(산소)

해답 ④

60 6류 위험물에 해당하는 것은?

① 과산화수소 ② 과산화나트륨
③ 과산화칼륨 ④ 과산화벤조일

해설 **제6류 위험물의 공통적인 성질**
① 자신은 불연성이고 산소를 함유한 강산화제이다.
② 분해에 의한 산소발생으로 다른 물질의 연소를 돕는다.
③ 액체의 비중은 1보다 크고 물에 잘 녹는다.
④ 물과 접촉 시 발열한다.
⑤ 증기는 유독하고 부식성이 강하다.

제6류 위험물(산화성 액체)

성질	품 명	판단기준	지정수량	위험등급
산화성 액체	• 과염소산($HClO_4$)		300kg	I
	• 과산화수소(H_2O_2)	농도 36중량% 이상		
	• 질산(HNO_3)	비중 1.49 이상		
	• 할로겐간화합물 ① 삼불화브롬(BrF_3) ② 오불화브롬(BrF_5) ③ 오불화요오드(IF_5)			

해답 ①

국가기술자격 필기시험문제

2021 CBT 시험 기출문제 복원 [제 2 회]

자격종목	시험시간	문제수	형별	수험번호	성 명
위험물기능사	1시간	60	A		

본 문제는 CBT시험대비 기출문제 복원입니다.

01 다음 위험물의 화재시 소화방법으로 물을 사용하는 것이 적합하지 않은 것은?

① $NaClO_3$ ② P_4
③ Ca_3P_2 ④ S

해설 **인화칼슘**(Ca_3P_2)[별명 : 인화석회] : **제3류 위험물(금수성 물질)**
① 적갈색의 괴상고체
② 물 및 약산과 격렬히 반응, 분해하여 인화수소(포스핀)(PH_3)을 생성한다.

- $Ca_3P_2 + 6H_2O \rightarrow 3Ca(OH)_2 + 2PH_3$
- $Ca_3P_2 + 6HCl \rightarrow 3CaCl_2 + 2PH_3$

(포스핀=인화수소)

③ 포스핀은 맹독성가스이므로 취급 시 방독마스크를 착용한다.
④ 물 및 포약제의 의한 소화는 절대 금하고 마른 모래 등으로 피복

해답 ③

02 금속분, 나트륨, 코크스 같은 물질이 공기 중에서 점화원을 제공 받아 연소할 때의 주된 연소 형태는?

① 표면연소 ② 확산연소
③ 분해연소 ④ 증발연소

해설 **연소의 종류**

종 류	보 기
표면연소	숯, 코크스, 목탄, 금속분
증발연소	파라핀(양초), 황, 나프탈렌, 왁스, 휘발유, 등유, 경유, 아세톤 등 제4류 위험물
분해연소	석탄, 목재, 플라스틱, 종이, 합성수지
자기연소(내부연소)	질화면(니트로셀룰로오스), 셀룰로이드, 니트로글리세린 등 제5류 위험물
확산연소	아세틸렌, LPG, LNG 등 가연성 기체
불꽃연소+표면연소	목재, 종이, 셀룰로오즈, 열경화성수지

해답 ①

03 인화성액체 위험물에 대한 소화방법에 대한 설명으로 틀린 것은?

① 탄산수소염류 소화기는 적응성이 있다.
② 포소화기는 적응성이 있다.
③ 이산화탄소소화기에 의한 질식소화가 효과적이다.
④ 물통 또는 수조를 이용한 냉각소화가 효과적이다.

해설 **인화성액체(제4류) 위험물 화재(B급 화재)**
① 비수용성인 석유류화재에 일반주수를 하면 연소면이 확대된다.
② 포소화약제 또는 물분무가 적합하다.

해답 ④

04 그림과 같이 횡으로 설치한 원통형 위험물탱크에 대하여 탱크 용적을 구하면 약 몇 m^3인가? (단, 공간용적은 탱크 내용적의 100분의 5로 한다.)

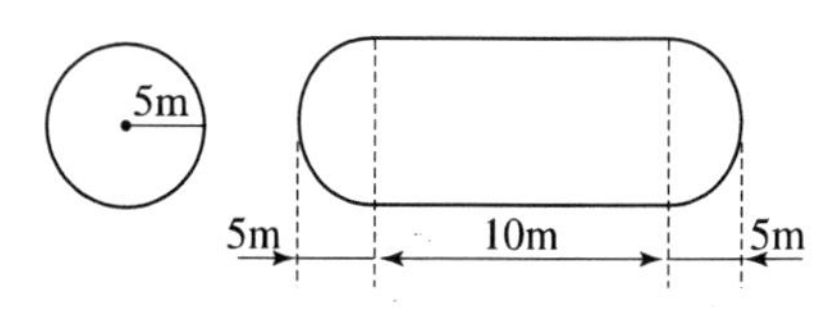

① 196.25 ② 261.60
③ 785.00 ④ 994.84

해설
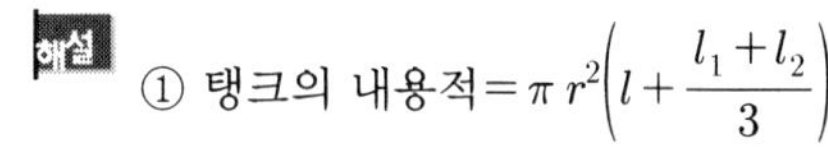

① 탱크의 내용적$=\pi r^2\left(l+\frac{l_1+l_2}{3}\right)$

$= \pi \times 5^2 \times \left(10 + \frac{5+5}{3}\right)$

$= 1047.20\text{m}^3$

② 공간용적 $= 1047.20\text{m}^3 \times \frac{5}{100} = 52.36\text{m}^3$

③ 탱크의 용량 = 탱크의 내용적 − 공간용적

∴ 탱크의 용량 $= 1047.20\text{m}^3 - 52.36\text{m}^3$

$= 994.84\text{m}^3$

해답 ④

05 이동저장탱크에 알킬알루미늄을 저장하는 경우에 불활성 기체를 봉입하는데 이때의 압력은 몇 kPa 이하이어야 하는가?

① 10　② 20
③ 30　④ 40

해설 **이동저장탱크에 알킬알루미늄 등을 저장하는 경우**
20kPa 이하의 압력으로 불활성의 기체를 봉입하여 둘 것

해답 ②

06 주유취급소 중 건축물의 2층에 휴게음식점의 용도로 사용하는 것에 있어 당해 건축물의 2층으로부터 직접 주유취급소의 부지 밖으로 통하는 출입구와 당해 출입구로 통하는 통로 · 계단에 설치하여야 하는 것은?

① 비상경보설비　② 유도등
③ 비상조명등　④ 확성장치

해설 **주유취급소의 피난설비**
① 주유취급소 중 건축물의 2층의 부분을 점포 · 휴게음식점 또는 전시장의 용도로 사용하는 것에 있어서는 당해 건축물의 2층 이상으로부터 직접 주유취급소의 부지 밖으로 통하는 출입구와 당해 출입구로 통하는 통로 · 계단 및 출입구에 유도등을 설치
② 옥내주유취급소에 있어서는 당해 사무소 등의 출입구 및 피난구와 당해 피난구로 통하는 통로 · 계단 및 출입구에 유도등을 설치
③ 유도등에는 비상전원을 설치

해답 ②

07 다음 중 위험물안전관리법에 따른 소화설비의 구분에서 "물분무등소화설비"에 속하지 않는 것은?

① 불활성가스소화설비
② 포소화설비
③ 스프링클러설비
④ 분말소화설비

해설 **물분무등 소화설비**
① 물분무소화설비
② 포소화설비
③ 불활성가스소화설비
④ 할로겐화합물소화설비
⑤ 청정소화약제소화설비
⑥ 분말소화설비

해답 ③

08 아세톤의 물리 · 화학적 특성과 화재 예방 방법에 대한 설명으로 틀린 것은?

① 물에 잘 녹는다.
② 증기가 공기보다 가벼우므로 확산에 주의한다.
③ 화재 발생시 물 분무에 의한 소화가 가능하다.
④ 휘발성이 있는 가연성 액체이다.

해설 ② 아세톤의 증기는 공기보다 무겁다.

아세톤(CH_3COCH_3) : **제4류 1석유류**
① 무색의 휘발성 액체이다.
② 물 및 유기용제에 잘 녹는다.
③ 요오드포름 반응을 한다.

요오드포름 반응
아세톤, 아세트알데히드, 에틸알코올에 수산화칼륨(KOH)과 요오드를 반응시키면 노란색의 요오드포름(CHI_3)의 침전물이 생성된다.
아세톤 $\xrightarrow{KOH\ +\ I_2}$ 요오드포름(CHI_3)(노란색)

④ 아세틸렌을 잘 녹이므로 아세틸렌(용해가스) 저장시 아세톤에 용해시켜 저장한다.
⑤ 보관 중 황색으로 변색되며 햇빛에 분해가 된다.
⑥ 피부 접촉 시 탈지작용을 한다

⑦ 증기비중 = $\frac{\text{분자량}}{29} = \frac{58}{29} = 2.0$
⑧ 다량의물 또는 알코올포로 소화한다.

해답 ②

09 화학포의 소화약제인 탄산수소나트륨 6몰이 반응하여 생성되는 이산화탄소는 표준상태에서 최대 몇 L인가?

① 22.4 ② 44.8
③ 89.6 ④ 134.4

해설 **화학포 소화약제의 화학반응식**

(탄산수소나트륨) (황산알루미늄)
$6NaHCO_3 + Al_2(SO_4)_3 \cdot 18H_2O$
$\rightarrow 3Na_2SO_4 + 2Al(OH)_3 + 6CO_2 + 18H_2O$
(황산나트륨) (수산화알루미늄) (이산화탄소) (물)

화학포의 반응식
① $6NaHCO_3 + A1_2(SO_4)_3 \cdot 18H_2O$
$\rightarrow 6CO_2 + 2Al(OH)_3 + 3Na_2SO_4 + 18H_2O$
② 6몰 탄산수소나트륨이 반응하여 6몰의 이산화탄소 생성
③ 표준상태(0℃, 1기압)에서 6몰의 이산화탄소 부피 = 6 × 22.4L = 134.4L

해답 ④

10 다음 중 연소에 필요한 산소의 공급원을 단절하는 것은?

① 제거작용 ② 질식작용
③ 희석작용 ④ 억제작용

해설 **소화원리**
① **냉각소화** : 가연성 물질을 발화점 이하로 온도를 냉각

물이 소화약제로 사용되는 이유
• 물의 기화열(539kcal/kg)이 크기 때문
• 물의 비열(1kcal/kg℃)이 크기 때문

② **질식소화** : 산소농도를 21%에서 15% 이하로 감소

질식소화 시 산소의 유지농도 : 10~15%

③ **억제소화(부촉매소화, 화학적 소화)** : 연쇄반응을 억제

• 부촉매 : 화학적 반응의 속도를 느리게 하는 것
• 부촉매 효과 : 할로겐화합물 소화약제
(할로겐족원소 : 불소(F), 염소(Cl), 브롬(Br), 요오드(I))

④ **제거소화** : 가연성물질을 제거시켜 소화

• 산불이 발생하면 화재의 진행방향을 앞질러 벌목
• 화학반응기의 화재 시 원료공급관의 밸브를 폐쇄
• 유전화재 시 폭약으로 폭풍을 일으켜 화염을 제거
• 촛불을 입김으로 불어 화염을 제거

⑤ **피복소화** : 가연물 주위를 공기와 차단
⑥ **희석소화** : 수용성인 인화성액체 화재 시 물을 방사하여 가연물의 연소농도를 희석

해답 ②

11 포소화제의 조건에 해당되지 않는 것은?

① 부착성이 있을 것
② 쉽게 분해하여 증발될 것
③ 바람에 견디는 응집성을 가질 것
④ 유동성이 있을 것

해설 **포소화제의 조건**
① 부착성이 있을 것
② 쉽게 분해 및 증발이 없을 것
③ 바람에 견디는 응집성을 가질 것
④ 유동성이 있을 것

해답 ②

12 다음 물질 중 분진폭발의 위험성이 가장 낮은 것은?

① 밀가루 ② 알루미늄분말
③ 모래 ④ 석탄

해설 **분진폭발 위험성 물질**
① 석탄분진 ② 섬유분진
③ 곡물분진(농수산물가루) ④ 종이분진
⑤ 목분(나무분진) ⑥ 배합제분진
⑦ 플라스틱분진 ⑧ 금속분말가루
⑨ 황가루

분진폭발 없는 물질
① 생석회(CaO)(시멘트의 주성분)
② 석회석 분말

③ 시멘트
④ 수산화칼슘(소석회 : $Ca(OH)_2$)

해답 ③

13 옥외저장소에 덩어리 상태의 유황만을 지반면에 설치한 경계표시의 안쪽에서 저장할 경우 하나의 경계표시의 내부면적은 몇 m^2 이하 이어야 하는가?

① 75 ② 100
③ 300 ④ 500

해설 **덩어리 상태의 유황만을 지반면에 설치한 경계표시의 안쪽에서 저장, 취급하는 것의 기술기준**
① 하나의 경계표시의 내부의 면적 : $100m^2$ 이하
② 2 이상의 경계표시를 설치하는 경우에 있어서는 각각의 경계표시 내부의 면적을 합산한 면적은 $1,000m^2$ 이하로 할 것
③ 경계표시 : 불연재료로 만드는 동시에 유황이 새지 않는 구조로 할 것
④ 경계표시의 높이 : 1.5m 이하

해답 ②

14 위험물제조소등에 설치하여야 하는 자동화재탐지설비의 설치기준에 대한 설명 중 틀린 것은?

① 자동화재탐지설비의 경계구역은 건축물 그 밖의 공작물의 2 이상의 층에 걸치도록 할 것
② 하나의 경계구역에서 그 한 변의 길이는 50m(광전식분리형 감지기를 설치할 경우에는 100m) 이하로 할 것
③ 자동화재탐지설비의 감지기는 지붕 또는 벽의 옥내에 면한 부분에 유효하게 화재의 발생을 감지할 수 있도록 설치할 것
④ 자동화재탐지설비에는 비상전원을 설치할 것

해설 **자동화재탐지설비의 설치기준**
① 경계구역은 건축물 그 밖의 공작물의 2 이상의 층에 걸치지 아니하도록 할 것.
② 하나의 경계구역의 면적은 $600m^2$ 이하로 할 것
③ 한 변의 길이는 50m(광전식분리형 감지기는 100m) 이하로 할 것

해답 ①

15 위험물안전관리자의 선임 등에 대한 설명으로 옳은 것은?

① 안전관리자는 국가기술자격 취득자 중에서만 선임하여야 한다.
② 안전관리자를 해임한 때에는 14일 이내에 다시 선임하여야 한다.
③ 제조소등의 관계인은 안전관리자가 일시적으로 직무를 수행할 수 없는 경우에는 14일 이내의 범위에서 안전 관리자의 대리자를 지정하여 직무를 대행하게 하여야 한다.
④ 안전관리자를 선임 또는 해임한 때는 14일 이내에 신고하여야 한다.

해설 ① 위험물안전관리자 해임 시 재 선임기간 : 30일 이내
② 위험물안전관리자 선임신고기간 : 14일 이내

해답 ④

16 다음 중 물과 반응하여 조연성 가스를 발생하는 것은?

① 과염소산나트륨 ② 질산나트륨
③ 중크롬산나트륨 ④ 과산화나트륨

해설 **과산화나트륨**(Na_2O_2) **: 제1류 위험물 중 무기과산화물(금수성)**
상온에서 물과 격렬히 반응하여 조연성기체인 산소(O_2)를 방출하고 폭발하기도 한다.

$2Na_2O_2$ + $2H_2O$ → $4NaOH$ + O_2↑ + 발열
(과산화나트륨) (물) (수산화나트륨)(=가성소다) (산소)

해답 ④

17 위험물안전관리법령상 제4류 위험물과 제6류 위험물에 모두 적응성이 있는 소화설비는?

① 불활성가스 소화설비
② 할로겐화합물 소화설비
③ 탄산수소염류 분말소화설비
④ 인산염류 분말소화설비

해설 **인산염류(제3종분말) 분말소화설비**
제4류 위험물(인화성액체) 및 제6류 위험물(산화성액체)에 적응성이 있다.

해답 ④

18 옥내소화전설비를 설치하였을 때 그 대상으로 옳지 않은 것은?

① 제2류 위험물 중 인화성 고체
② 제3류 위험물 중 금수성 물품
③ 제5류 위험물
④ 제6류 위험물

해설 **옥내소화전설비**
다음의 금수성 물질은 부적합하다.
① 제1류 중 무기과산화물
② 제2류 위험물 중 금속분말
③ 제3류 위험물(자연발화성(황린) 제외)
④ 제6류 위험물 중 과염소산(발열)

해답 ②

19 다음 중 B급 화재에 해당하는 것은?

① 유류 화재 ② 목재 화재
③ 금속분 화재 ④ 전기 화재

해설 **화재의 분류**

종 류	등급	색표시	주된 소화방법
일반화재	A급	백색	냉각소화
유류 및 가스화재	B급	황색	질식소화
전기화재	C급	청색	질식소화
금속화재	D급	–	피복소화
주방화재	K급	–	냉각 및 질식 소화

해답 ①

20 옥외탱크저장소의 제4류 위험물의 저장탱크에 설치하는 통기관에 관한 설명으로 틀린 것은?

① 제4류 위험물을 저장하는 압력탱크 외의 탱크에는 밸브없는 통기관 또는 대기밸브부착 통기관을 설치하여야 한다.
② 밸브 없는 통기관은 직경을 30mm 미만으로 하고, 선단은 수평면보다 45도 이상 구부려 빗물등의 침투를 막는 구조로 한다.
③ 인화점 70℃ 이상의 위험물만을 해당 위험물의 인화점 미만의 온도로 저장 또는 취급하는 탱크에 설치하는 통기관에는 인화방지장치를 설치하지 않아도 된다.
④ 옥외저장탱크 중 압력탱크란 탱크의 최대상용압력이 부압 또는 정압 5kPa을 초과하는 탱크를 말한다.

해설 **옥외탱크저장소의 밸브 없는 통기관 설치기준**
① 직경은 30mm 이상일 것
② 선단은 수평면보다 45도 이상 구부려 빗물 등의 침투를 막는 구조로 할 것
③ 가는 눈의 구리망 등으로 인화방지장치를 할 것

해답 ②

21 다음 중 위험등급이 나머지 셋과 다른 하나는?

① 니트로소화합물 ② 유기과산화물
③ 아조화합물 ④ 히드록실아민

해설 **제5류 위험물의 위험등급**

구 분	지정수량	위험등급
① 니트로소화합물	200kg	Ⅱ
② 유기과산화물	10kg	Ⅰ
③ 아조화합물	200kg	Ⅱ
④ 히드록실아민	100kg	Ⅱ

위험물의 등급 분류

위험등급	해당 위험물
위험등급 Ⅰ	① 제1류 위험물 중 아염소산염류, 염소산염류, 과염소산염류, 무기과산화물, 그 밖에 지정수량이 50kg인 위험물 ② 제3류 위험물 중 칼륨, 나트륨, 알킬알루미늄, 알킬리튬, 황린, 그 밖에 지정수량이 10kg 또는 20kg인 위험물 ③ 제4류 위험물 중 특수인화물 ④ 제5류 위험물 중 유기과산화물, 질산에스테르류, 그 밖에 지정수량이 10kg인 위험물 ⑤ 제6류 위험물

위험등급	해당 위험물
위험등급 Ⅱ	① 제1류 위험물 중 브롬산염류, 질산염류, 요오드산염류, 그 밖에 지정수량이 300kg인 위험물 ② 제2류 위험물 중 황화린, 적린, 유황 그 밖에 지정수량이 100kg인 위험물 ③ 제3류 위험물 중 알칼리금속(칼륨, 나트륨 제외) 및 알칼리토금속, 유기금속화합물(알킬알루미늄 및 알킬리튬은 제외) 그 밖에 지정수량이 50kg인 위험물 ④ 제4류 위험물 중 제1석유류, 알코올류 ⑤ 제5류 위험물 중 위험등급 I 위험물 외의 것
위험등급 Ⅲ	위험등급 Ⅰ, Ⅱ 이외의 위험물

해답 ②

22 다음 중 에틸렌글리콜과 혼재할 수 없는 위험물은? (단, 지정수량의 10배일 경우이다.)

① 유황 ② 과망간산나트륨
③ 알루미늄분 ④ 트리니트로톨루엔

해설 (1) **에틸렌글리콜**(제4류)
제2류, 제3류, 제5류와 혼재 가능
① 유황 : (제2류)
② 과망간산나트륨(제1류)
③ 알루미늄분(제2류)
④ 트리니트로톨루엔(제5류)

(2) **위험물의 운반에 따른 유별을 달리하는 위험물의 혼재기준**(쉬운 암기방법)

혼재 가능	
↓1류 + 6류↑	2류 + 4류
↓2류 + 5류↑	5류 + 4류
↓3류 + 4류↑	

해답 ②

23 과산화수소가 이산화망간 촉매하에서 분해가 촉진될 때 발생하는 가스는?

① 수소 ② 산소
③ 아세틸렌 ④ 질소

해설 **과산화수소**(H_2O_2)**의 일반적인 성질**
① 분해 시 발생기 산소(O_2)를 발생시킨다.
② 분해안정제로 인산(H_3PO_4) 또는 요산($C_5H_4N_4O_3$)을 첨가한다.
③ 시판품은 일반적으로 30~40% 수용액이다.
④ 저장용기는 밀폐하지 말고 구멍이 있는 마개를 사용한다.
⑤ 60% 이상의 고농도에서는 단독으로 폭발위험이 있다.
⑥ 히드라진($NH_2 \cdot NH_2$)과 접촉 시 분해 작용으로 폭발위험이 있다.

$NH_2 \cdot NH_2 + 2H_2O_2 \rightarrow 4H_2O + N_2\uparrow$

⑦ 3%용액은 옥시풀이라 하며 표백제 또는 살균제로 이용한다.
⑧ 무색인 요오드칼륨 녹말종이와 반응하여 청색으로 변화시킨다.

- 과산화수소는 36%(중량) 이상만 위험물에 해당된다.
- 과산화수소는 표백제 및 살균제로 이용된다.

해답 ②

24 다음 중 위험물의 지정수량을 틀리게 나타낸 것은?

① S : 100kg ② Mg : 100kg
③ K : 10kg ④ Al : 500kg

해설

구 분	지정수량
① 유황	100kg
② 마그네슘	500kg
③ 칼륨	10kg
④ 알루미늄	500kg

해답 ②

25 산화성고체 위험물의 화재예방과 소화방법에 대한 설명 중 틀린 것은?

① 무기과산화물의 화재시 물에 의한 냉각소화 원리를 이용하여 소화한다.
② 통풍이 잘되는 차가운 곳에 저장한다.
③ 분해촉매, 이물질과의 접촉을 피한다.
④ 조해성 물질은 방습하고 용기는 밀전한다.

해설 ① 무기과산화물의 화재 시 물을 방사하면 조연성 기체인 산소가 발생하여 위험하다.

무기과산화물 + 물 ⇒ 산소발생
(과산화칼륨, 과산화나트륨)

해답 ①

26 다음 중 수소화나트륨의 소화약제로 적당하지 않은 것은?

① 물 ② 건조사
③ 팽창질석 ④ 탄산수소염류

해설 **수소화나트륨**(NaH) : 제3류 위험물(금수성 물질)

$NaH + H_2O \rightarrow NaOH + H_2$
(수소화나트륨) (물) (수산화나트륨=가성소다) (수소)

해답 ①

27 알루미늄분의 위험성에 대한 설명 중 틀린 것은?

① 산화제와 혼합시 가열, 충격, 마찰에 의하여 발화할 수 있다.
② 할로겐 원소와 접촉하면 발화하는 경우도 있다.
③ 분진 폭발의 위험성이 있으므로 분진에 기름을 묻혀 보관한다.
④ 습기를 흡수하여 자연 발화의 위험이 있다.

해설 **알루미늄(Al)분의 성질**
① 은백색의 광택이 있는 경금속으로 가연성 물질이다.
② 공기 중에서 산화피막 형성하여 내부보호
③ 산, 알칼리와 반응하여 수소기체를 발생한다.
④ 물과 반응해서 수소를 발생한다.
⑤ 열의 전도성이 좋고, +3가의 화합물을 만든다.

해답 ③

28 위험물안전관리법상 설치허가 및 완공검사절차에 관한 설명으로 틀린 것은?

① 지정수량의 1천배 이상의 위험물을 취급하는 제조소는 한국소방산업기술원으로부터 당해 제조소의 구조 · 설비에 관한 기술검토를 받아야 한다.
② 50만 리터 이상인 옥외탱크저장소는 한국소방산업기술원으로부터 당해 탱크의 기초 · 지반 및 탱크본체에 관한 기술검토를 받아야 한다.
③ 지정수량의 1천배 이상의 제4류 위험물을 취급하는 일반 취급소의 완공검사는 한국소방산업기술원이 실시한다.
④ 50만 리터 이상인 옥외탱크저장소의 완공검사는 한국소방산업기술원이 실시한다.

해설 ③ 제조소등에 대한 완공검사를 받고자 하는 자는 이를 시 · 도지사에게 신청

해답 ③

29 다음 중 지정수량이 가장 작은 것은?

① 아세톤 ② 디에틸에테르
③ 크레오소트유 ④ 클로로벤젠

해설

구 분	유별	지정수량
① 아세톤	1석유류 수용성	400L
② 디에틸에테르	특수인화물	50L
③ 크레오소트유	3석유류 비수용성	2,000L
④ 클로로벤젠	2석유류 비수용성	1,000L

해답 ②

30 제조소의 게시판 사항 중 위험물의 종류에 따른 주의사항이 옳게 연결된 것은?

① 제2류 위험물(인화성고체 제외) – 화기엄금
② 제3류 위험물 중 금수성물질 – 물기엄금
③ 제4류 위험물 – 화기주의
④ 제5류 위험물 – 물기엄금

해설 **게시판의 설치기준**
① 한 변의 길이가 0.3m 이상, 다른 한 변의 길이가 0.6m 이상인 직사각형으로 할 것
② 위험물의 유별 · 품명 및 저장최대수량 또는 취급최대수량, 지정수량의 배수 및 안전 관리자의 성명 또는 직명을 기재할 것
③ 게시판의 바탕은 백색으로, 문자는 흑색으로 할 것
④ 저장 또는 취급하는 위험물에 따라 주의사항 게시판을 설치할 것

위험물의 종류	주의사항 표시	게시판의 색
제1류(알칼리금속 과산화물) 제3류(금수성 물품)	물기엄금	청색바탕에 백색문자
제2류(인화성 고체 제외)	화기주의	적색바탕에 백색문자
제2류(인화성 고체) 제3류(자연발화성 물품) 제4류 제5류	화기엄금	

해답 ②

31 과산화나트륨의 저장 및 취급시의 주의사항에 관한 설명 중 틀린 것은?

① 가열 · 충격을 피한다.
② 유기물질의 혼입을 막는다.
③ 가연물과의 접촉을 피한다.
④ 화재 예방을 위해 물분무소화설비 또는 스프링클러설비가 설치된 곳에 보관한다.

해설 **과산화나트륨**(Na_2O_2) **: 제1류 위험물 중 무기과산화물(금수성)**

① 상온에서 물과 격렬히 반응하여 산소(O_2)를 방출하고 폭발하기도 한다.

$2Na_2O_2 + 2H_2O \rightarrow 4NaOH + O_2\uparrow$ + 발열
(과산화나트륨) (물) (수산화나트륨) (산소)
(=가성소다)

② 열분해시 산소(O_2)를 방출한다.

$2Na_2O_2 \rightarrow 2Na_2O + O_2\uparrow$
(산화나트륨) (산소)

③ 주수소화는 금물이고 마른모래(건조사) 등으로 소화한다.

해답 ④

32 다음 물질이 혼합되어 있을 때 위험성이 가장 낮은 것은?

① 삼산화크롬 – 아닐린
② 염소산칼륨 – 목탄분
③ 니트로셀룰로오스 – 물
④ 과망간산칼륨 – 글리세린

해설 **니트로셀룰로오스**$[(C_6H_7O_2(ONO_2)_3]_n$ **: 제5류 위험물**

① 직사광선, 산 접촉 시 분해 및 자연 발화한다.
② 건조상태에서는 폭발위험이 크나 수분함유 시 폭발위험성이 없어 저장 · 운반이 용이하다.
③ 질소함유율(질화도)이 높을수록 폭발성이 크다.
④ 저장 시 20% 이상의 수분을 첨가하여 저장한다.

해답 ③

33 질산이 분해하여 발생하는 갈색의 유독한 기체는?

① N_2O ② NO
③ NO_2 ④ N_2O_3

해설 **질산**(HNO_3) **: 제6류 위험물(산화성 액체)**

① 무색의 발연성 액체이다.
② 빛에 의하여 일부 분해되어 생긴 NO_2 때문에 황갈색으로 된다.

$4HNO_3 \rightarrow 2H_2O + 4NO_2\uparrow + O_2\uparrow$
(이산화질소) (산소)

③ 실험실에서는 갈색병에 넣어 햇빛에 차단시킨다.
④ 다량의 질산화재에 소량의 주수소화는 위험하다.
⑤ 위급 시에는 다량의 물로 냉각 소화한다.

해답 ③

34 제5류 위험물의 운반용기의 외부에 표시하여야 하는 주의사항은?

① 물기주의 및 화기주의
② 물기엄금 및 화기엄금
③ 화기주의 및 충격엄금
④ 화기엄금 및 충격주의

해설 **수납하는 위험물에 따른 운반용기의 주의사항 표시**

유별	성질에 따른 구분	표시사항
제1류	알칼리금속의 과산화물	화기 · 충격주의, 물기엄금 및 가연물접촉주의
	그 밖의 것	화기 · 충격주의 및 가연물접촉주의
제2류	철분 · 금속분 · 마그네슘	화기주의 및 물기엄금
	인화성 고체	화기엄금
	그 밖의 것	화기주의
제3류	자연발화성 물질	화기엄금 및 공기접촉엄금
	금수성 물질	물기엄금

유별	성질에 따른 구분	표시사항
제4류	인화성 액체	화기엄금
제5류	자기반응성 물질	화기엄금 및 충격주의
제6류	산화성 액체	가연물접촉주의

해답 ④

35 과산화칼륨의 위험성에 대한 설명 중 틀린 것은?

① 가연물과 혼합시 충격이 가해지면 발화할 위험이 있다.
② 접촉시 피부를 부식시킬 위험이 있다.
③ 물과 반응하여 산소를 방출한다.
④ 가연성 물질이므로 화기 접촉에 주의하여야 한다.

해설 **과산화칼륨**(K_2O_2) **: 제1류 위험물 중 무기과산화물(금수성 물질)**
① 무색 또는 오렌지색 분말상태
② 상온에서 물과 격렬히 반응하여 산소(O_2)를 방출하고 폭발하기도 한다.

$2K_2O_2 + 2H_2O \rightarrow 4KOH$(수산화칼륨) $+ O_2\uparrow$

③ 열분해시 산소(O_2)를 방출한다.

$2K_2O_2 \rightarrow 2K_2O$(산화칼륨) $+ O_2\uparrow$

④ 주수소화는 금물이고 마른모래(건조사) 등으로 소화한다.

해답 ④

36 위험물제조소의 연면적이 몇 m^2 이상이 되면 경보설비 중 자동화재탐지설비를 설치하여야 하는가?

① 400 ② 500
③ 600 ④ 800

해설 **경보설비 중 자동화재탐지설비 설치대상**
① 제조소 및 일반취급소
㉠ 연면적 $500m^2$이상
㉡ 옥내에서 지정수량의 100배 이상을 취급하는 것
② 옥내저장소 : 지정수량을 100배 이상을 저장 및 취급하는 것
③ 옥내탱크저장소로서 소화난이도등급 Ⅰ에 해당하는 것
④ 옥내주유취급소

자동화재 탐지설비, 비상경보설비, 확성장치 또는 비상방송설비 중 1종 이상 설치
지정수량의 10배 이상을 저장 취급하는 제조소 등

해답 ②

37 다음 중 6류 위험물인 과염소산의 분자식은?

① $HClO_4$ ② $KClO_4$
③ $KClO_2$ ④ $HClO_2$

해설 **과염소산**($HClO_4$) : 제6류 위험물(산화성 액체)

해답 ①

38 트리니트로페놀에 대한 설명으로 옳은 것은?

① 폭발속도가 100m/s 미만이다.
② 분해하여 다량의 가스를 발생한다.
③ 표면연소를 한다.
④ 상온에서 자연발화한다.

해설 **피크린산**[$C_6H_2(NO_2)_3OH$](TNP : Tri Nitro Phenol) **: 제5류 위험물 중 니트로화합물**
① 침상결정이며 냉수에는 약간 녹고 더운물, 알코올, 벤젠 등에 잘 녹는다.
② 쓴맛과 독성이 있다.
③ 피크르산 또는 트리니트로페놀(Tri Nitro phenol)의 약자로 TNP라고도 한다.
④ 단독으로 타격, 마찰에 비교적 둔감하다.
⑤ 연소 시 검은 연기를 내고 폭발성은 없다.
⑥ 휘발유, 알코올, 유황과 혼합된 것은 마찰, 충격에 폭발한다.
⑦ 화약, 불꽃놀이에 이용된다.

해답 ②

39 트리에틸 알루미늄이 물과 접촉하면 폭발적으로 반응한다. 이 때 발생되는 기체는?

① 메탄 ② 에탄
③ 아세틸렌 ④ 수소

해설 **알킬알루미늄**[(C_nH_{2n+1}) · Al] **: 제3류 위험물(금수성 물질)**

① C_1~C_4는 자연발화의 위험성이 있다.
② 트리메틸알루미늄(TMA : Tri Methyl Aluminium)

$(CH_3)_3Al + 3H_2O \rightarrow Al(OH)_3 + 3CH_4 \uparrow$
(수산화알루미늄) (메탄)

③ 트리에틸알루미늄(TEA : Tri Eethyl Aluminium)

$(C_2H_5)_3Al + 3H_2O \rightarrow Al(OH)_3 + 3C_2H_6 \uparrow$
(수산화알루미늄) (에탄)

④ 저장용기에 불활성기체(N_2)를 봉입한다.
⑤ 소화 시 주수소화는 절대 금하고 팽창질석, 팽창진주암 등으로 피복소화한다.

해답 ②

40 다음 중 증기비중이 가장 큰 것은?

① 벤젠　② 등유
③ 메틸알코올　④ 에테르

해설
- 공기의 평균 분자량=29
- 증기비중= $\frac{M(분자량)}{29(공기평균분자량)}$

① 벤젠(C_6H_6)의 분자량
 =12×6+1×6=78
② 등유(C_9~C_{18})의 분자량
 =12×9~12×18=108~216
③ 메틸알코올(CH_3OH)의 분자량
 =12×1+1×4+16=32
④ 에테르($C_2H_5OC_2H_5$)의 분자량
 =12×4+1×10+16=74
∴ 등유의 분자량이 가장 크므로 증기비중이 가장 크다.

해답 ②

41 다음 중 제2류 위험물이 아닌 것은?

① 황화린　② 유황
③ 마그네슘　④ 칼륨

해설 ④ 칼륨 : 제3류 위험물 중 금수성물질

제2류 위험물의 지정수량

성 질	품 명	지정수량	위험등급
가연성 고체	황화린, 적린, 유황	100kg	Ⅱ
	철분, 금속분, 마그네슘	500kg	Ⅲ
	인화성 고체	1,000kg	

해답 ④

42 제6류 위험물의 화재예방 및 진압대책으로 적합하지 않은 것은?

① 가연물과의 접촉을 피한다.
② 과산화수소를 장기보존할 때는 유리용기를 사용하여 밀전한다.
③ 옥내소화전설비를 사용하여 소화할 수 있다.
④ 물분무소화설비를 사용하여 소화할 수 있다.

해설 **과산화수소**(H_2O_2)
① 분해 시 발생기 산소(O_2)를 발생시킨다.
② 분해안정제로 인산(H_3PO_4) 또는 요산($C_5H_4N_4O_3$)을 첨가한다.
③ 저장용기는 밀폐하지 말고 구멍이 있는 마개를 사용한다.
④ 60% 이상의 고농도에서는 단독으로 폭발위험이 있다.
⑤ 3%용액은 옥시풀이라 하며 표백제 또는 살균제로 이용한다.

- 과산화수소는 36%(중량) 이상만 위험물에 해당된다.
- 과산화수소는 표백제 및 살균제로 이용된다.

⑥ 다량의 물로 주수 소화한다.

해답 ②

43 다음의 위험물 중에서 화재가 발생하였을 때, 내알코올 포소화약제를 사용하는 것이 효과가 가장 높은 것은?

① C_6H_6　② $C_6H_5CH_3$
③ $C_6H_4(CH_3)_2$　④ CH_3COOH

해설 **내알코올포 소화약제 적응물질** : 인화성액체 중 수용성
① C_6H_6 : 벤젠(비수용성)
② $C_6H_5CH_3$: 톨루엔(비수용성)
③ $C_6H_4(CH_3)_2$: 크실렌(비수용성)
④ CH_3COOH : 초산(수용성)

해답 ④

44 니트로글리세린에 대한 설명으로 옳은 것은?

① 품명은 니트로화합물이다.
② 물, 알코올, 벤젠에 잘 녹는다.
③ 가열, 마찰, 충격에 민감하다.
④ 상온에서 청색의 결정성 고체이다.

해설 **니트로글리세린**[($C_3H_5(ONO_2)_3$)] : **제5류 위험물 중 질산에스테르류**

① 상온에서는 액체이지만 겨울철에는 동결한다.
② 비수용성이며 메탄올, 아세톤 등에 녹는다.
③ 가열, 마찰, 충격에 예민하여 대단히 위험하다.
④ 화재 시 폭굉 우려가 있다.
⑤ 산과 접촉 시 분해가 촉진되고 폭발우려가 있다.

니트로글리세린의 분해
$4C_3H_5(ONO_2)_3 \rightarrow 12CO_2\uparrow + 6N_2\uparrow + O_2\uparrow + 10H_2O$

⑥ 다이나마이트(규조토+니트로글리세린), 무연화약 제조에 이용된다.

해답 ③

45 아염소산염류 500kg과 질산염류 3000kg을 저장하는 경우 위험물의 소요단위는 얼마인가?

① 2　② 4
③ 6　④ 8

해설 **지정수량**

- 아염소산염류(제1류) : 50kg
- 질산염류(제1류) : 300kg

$\therefore$ 지정수량의 배수 $= \dfrac{\text{저장수량}}{\text{지정수량}}$

$= \dfrac{500}{50} + \dfrac{3000}{300} = 20$배

$\therefore$ 소요단위 $= \dfrac{\text{지정수량의 배수}}{10} = \dfrac{20}{10} = 2$단위

해답 ①

46 질산에틸의 분자량은 약 얼마인가?

① 76　② 82
③ 91　④ 105

해설 **질산에틸**($C_2H_5NO_3$) : **제5류 위험물 중 질산에스테르류**

① 분자량 $= 12\times2 + 1\times5 + 14 + 16\times3 = 91$
② 무색 투명한 액체이고 비수용성이다.
③ 단맛이 있고 알코올, 에테르에 녹는다.
④ 에탄올을 진한 질산에 작용시켜서 얻는다.

$C_2H_5OH + HNO_3 \rightarrow C_2H_5ONO_2 + H_2O$

해답 ③

47 다음 중 인화점이 가장 높은 것은?

① 등유　② 벤젠
③ 아세톤　④ 아세트알데히드

해설 **제4류 위험물의 인화점**

품명	유별	인화점
① 등유	제2석유류	43~72℃
② 벤젠	제1석유류	−11℃
③ 아세톤	제1석유류	−18℃
④ 아세트알데히드	특수인화물	−38℃

해답 ①

48 다음 물질 중 과산화나트륨과 혼합되었을 때 수산화나트륨과 산소를 발생하는 것은?

① 온수　② 일산화탄소
③ 이산화탄소　④ 초산

해설 **과산화나트륨**(Na_2O_2) : **제1류 위험물 중 무기과산화물(금수성)**

① 상온에서 물과 격렬히 반응하여 산소(O_2)를 방출하고 폭발하기도 한다.

$2Na_2O_2 + 2H_2O \rightarrow 4NaOH + O_2\uparrow +$ 발열
(과산화나트륨) (물) (수산화나트륨)(=가성소다) (산소)

② 열분해시 산소(O_2)를 방출한다.

$2Na_2O_2 \rightarrow 2Na_2O + O_2\uparrow$
(산화나트륨) (산소)

③ 주수소화는 금물이고 마른모래(건조사) 등으로 소화한다.

해답 ①

49 벤젠의 저장 및 취급시 주의사항에 대한 설명으로 틀린 것은?

① 정전기에 주의한다.
② 피부에 닿지 않도록 주의한다.
③ 증기는 공기보다 가벼워 높은 곳에 체류하므로 환기에 주의한다.
④ 통풍이 잘되는 차고 어두운 곳에 저장한다.

해설 ③ 벤젠의 증기는 공기보다 무겁다.

벤젠(C_6H_6) : 제4류 위험물 제1석유류
① 무색 투명한 휘발성 액체이다.
② 방향성이 있으며 증기는 독성이 강하다.
③ 물에는 용해되지 않고 아세톤, 알코올, 에테르 등 유기용제에 용해된다.
④ 소화는 다량 포약제로 질식 및 냉각 소화한다.

해답 ③

50 위험물 저장탱크의 내용적이 300L일 때 탱크에 저장하는 위험물의 용량의 범위로 적합한 것은? (단, 원칙적인 경우에 한한다.)

① 240～270L ② 270～285L
③ 290～295L ④ 295～298L

해설 ① 용기에는 5% 이상 10% 이하의 안전공간을 확보할 것
② 위험물 용량의 범위
: $300 \times 0.9 \sim 300 \times 0.95 = 270 \sim 285$

해답 ②

51 이동탱크저장소에 의한 위험물의 운송시 준수하여야 하는 기준에서 다음 중 어떤 위험물을 운송할 때 위험물운송자는 위험물안전카드를 휴대하여야 하는가?

① 특수인화물 및 제1석유류
② 알코올류 및 제2류석유류
③ 제3석유류 및 동식물유류
④ 제4석유류

해설 **위험물안전카드 휴대**
위험물(제4류 위험물에 있어서는 특수인화물 및 제1석유류에 한한다)을 운송하게 하는 자

해답 ①

52 제조소등에서 위험물을 유출・방출 또는 확산시켜 사람을 상해에 이르게 한 경우의 벌칙에 관한 기준에 해당하는 것은?

① 3년 이상 10년 이하의 징역
② 무기 또는 10년 이하의 징역
③ 무기 또는 3년 이상의 징역
④ 무기 또는 5년 이상의 징역

해설 **제33조 (벌칙)**
① 제조소등에서 위험물을 유출・방출 또는 확산시켜 사람의 생명・신체 또는 재산에 대하여 위험을 발생시킨 자는 1년 이상 10년 이하의 징역에 처한다.
② 제1항의 규정에 따른 죄를 범하여 사람을 상해(상해)에 이르게 한 때에는 무기 또는 3년 이상의 징역에 처하며, 사망에 이르게 한 때에는 무기 또는 5년 이상의 징역에 처한다.

제34조 (벌칙)
① 업무상 과실로 제조소등에서 위험물을 유출・방출 또는 확산시켜 사람의 생명・신체 또는 재산에 대하여 위험을 발생시킨 자는 7년 이하의 금고 또는 2천만원 이하의 벌금에 처한다.
② 제1항의 죄를 범하여 사람을 사상(사상)에 이르게 한 자는 10년 이하의 징역 또는 금고나 1억원 이하의 벌금에 처한다.

해답 ③

53 다음 위험물 중 지정수량이 나머지 셋과 다른 하나는?

① 마그네슘 ② 금속분
③ 철분 ④ 유황

해설 **제2류 위험물의 지정수량**

성 질	품 명	지정수량	위험등급
가연성 고체	황화린, 적린, 유황	100kg	Ⅱ
	철분, 금속분, 마그네슘	500kg	Ⅲ
	인화성 고체	1,000kg	

해답 ④

54 위험물저장소에 다음과 같이 2가지 위험물을 저장하고 있다. 지정수량 이상에 해당하는 것은?

① 브롬산칼륨 80kg, 염소산칼륨 40kg
② 질산 100kg, 과산화수소 150kg
③ 질산칼륨 120kg, 중크롬산나트륨 500kg
④ 휘발유 20L, 윤활유 2000L

해설 ① 브롬산칼륨 : 80kg, 염소산칼륨 : 40kg
지정수량의 배수$=\frac{80}{300}+\frac{40}{50}=1.07$
(지정수량 이상)
② 질산 : 100kg, 과산화수소 : 150kg
지정수량의 배수$=\frac{100}{300}+\frac{150}{300}=0.83$
(지정수량 미만)
③ 질산칼륨 : 120kg, 중크롬산나트륨 : 500kg
지정수량의 배수$=\frac{120}{300}+\frac{500}{1000}=0.9$
(지정수량 미만)
④ 휘발유 : 20L, 윤활유 : 2000L
지정수량의 배수$=\frac{20}{200}+\frac{2000}{6000}=0.43$
(지정수량 미만)

해답 ①

55 다음 중 알루미늄을 침식시키지 못하고 부동태화 하는 것은?

① 묽은 염산 ② 진한 질산
③ 황산 ④ 묽은 질산

해설 ① 진한질산에 의하여 부동태가 되는 금속
Fe(철), A1(알루미늄), Cr(크롬), Co(코발트), Ni(니켈)
② 진한질산에 녹지 않는 금속 : Au(금), Pt(백금)

부동태란?
금속이 보통상태에서 나타내는 반응성을 잃은 상태

해답 ②

56 아염소산염류의 운반용기 중 적응성 있는 내장용기의 종류와 최대 용적이나 중량을 옳게 나타낸 것은? (단, 외장용기의 종류는 나무상자 또는 플라스틱상자이고, 외장용기의 최대 중량은 125kg으로 한다.)

① 금속제 용기 : 20L
② 종이 포대 : 55kg
③ 플라스틱 필름 포대 : 60kg
④ 유리용기 : 10L

해설 ① 금속제 용기 : 30L
② 종이 포대 : 125kg
③ 플라스틱 필름 포대 : 125kg
④ 유리용기 : 10L

해답 ④

57 인화칼슘이 물과 반응할 경우에 대한 설명 중 틀린 것은?

① PH_3가 발생한다.
② 발생 가스는 불연성이다.
③ $Ca(OH)_2$가 생성된다.
④ 발생 가스는 독성이 강하다.

해설 ③ 발생가스는 가연성이다.

인화칼슘(Ca_3P_2)[별명 : 인화석회] : 제3류 위험물(금수성 물질)
① 적갈색의 괴상고체
② 물 및 약산과 격렬히 반응, 분해하여 인화수소(포스핀)(PH_3)을 생성한다.

• $Ca_3P_2 + 6H_2O \rightarrow 3Ca(OH)_2 + 2PH_3$
• $Ca_3P_2 + 6HCl \rightarrow 3CaCl_2 + 2PH_3$
(포스핀 = 인화수소)

③ 포스핀은 맹독성가스이므로 취급 시 방독마스크를 착용한다.
④ 물 및 포약제의 의한 소화는 절대 금하고 마른 모래 등으로 피복하여 자연 진화되도록 기다린다.

해답 ②

58 옥내소화전의 개폐밸브 및 호스접속구는 바닥면으로부터 몇 미터 이하의 높이에 설치하여야 하는가?

① 0.5 ② 1
③ 1.5 ④ 1.8

해설 **옥내소화전의 개폐밸브 설치위치**
바닥으로부터 1.5m 이하

해답 ③

59 다음 수용액 중 알코올의 함유량이 60중량퍼센트 이상일 때 위험물안전관리법상 제4류 알코올류에 해당하는 물질은?

① 에틸렌글리콜[$C_2H_4(OH)_2$]
② 알릴알코올($CH_2=CHCH_2OH$)
③ 부틸알코올(C_4H_9OH)
④ 에틸알코올(CH_3CH_2OH)

해설 **제4류 위험물**(인화성 액체)

구 분	지정품목	기타 조건(1atm에서)
특수인화물	이황화탄소 디에틸에테르	• 발화점이 100℃ 이하 • 인화점 −20℃ 이하이고 비점이 40℃ 이하
제1석유류	아세톤 휘발유	• 인화점 21℃ 미만
알코올류	C_1~C_3까지 포화 1가 알코올(변성알코올 포함) • 메틸알코올 • 에틸알코올 • 프로필알코올	
제2석유류	등유, 경유	• 인화점 21℃ 이상 70℃ 미만
제3석유류	중유 클레오소트유	• 인화점 70℃ 이상 200℃ 미만
제4석유류	기어유 실린더유	• 인화점 200℃ 이상 250℃ 미만
동식물유류	동물의 지육 등 또는 식물의 종자나 과육으로부터 추출한 것으로서 인화점이 250℃ 미만인 것	

해답 ④

60 위험물안전관리법상 제4류 인화성 액체의 판정을 위한 인화점 시험방법에 관한 설명으로 틀린 것은?

① 택밀폐식인화점측정기에 의한 시험을 실시하여 측정결과가 0℃ 미만인 경우에는 당해 측정결과를 인화점으로 한다.
② 택밀폐식인화점측정기에 의한 시험을 실시하여 측정결과가 0℃ 이상 80℃ 이하인 경우에는 동점도를 측정하여 동점도가 $10mm^2/s$ 미만인 경우에는 당해 측정결과를 인화점으로 한다.
③ 택밀폐식인화점측정기에 의한 시험을 실시하여 측정결과가 0℃ 이상 80℃ 이하인 경우에는 동점도를 측정하여 동점도가 $10mm^2/s$ 이상인 경우에는 세타밀폐식인화점측정기에 의한 시험을 한다.
④ 택밀폐식인화점측정기에 의한 시험을 실시하여 측정결과가 80℃를 초과하는 경우에는 클리브랜드밀폐식인화점측정기에 의한 시험을 한다.

해설 ④ 택밀폐식인화점측정기에 의한 시험을 실시하여 측정결과가 80℃를 초과하는 경우에는 클리브랜드개방식인화점측정기에 의한 시험을 한다.

해답 ④

국가기술자격 필기시험문제

2021 CBT 시험 기출문제 복원 [제 3 회]

자격종목	시험시간	문제수	형별	수험번호	성 명
위험물기능사	1시간	60	A		

본 문제는 CBT시험대비 기출문제 복원입니다.

01 다음 중 휘발유에 화재가 발생하였을 경우 소화방법으로 가장 적합한 것은?

① 물을 이용하여 제거소화 한다.
② 이산화탄소를 이용하여 질식소화 한다.
③ 강산화제를 이용하여 촉매소화 한다.
④ 산소를 이용하여 희석소화 한다.

해설 **휘발유화재 소화방법**
① 포 소화약제 또는 물분무가 적합하다.
② 이산화탄소를 이용하여 질식소화가 가능하다.
③ 분말소화약제를 이용하여 질식소화 한다.

인화성액체(제4류) **위험물 화재**(B급 화재)
① 비수용성인 석유류화재에 봉상주수를 하면 비중이 물보다 가벼워 연소면이 확대 된다.
② 포 소화약제 또는 물분무가 적합하다.

해답 ②

02 물은 냉각소화가 주된 대표적인 소화약제이다. 물의 소화 효과를 높이기 위하여 무상 주수를 함으로서 부가적으로 작용하는 소화효과로 이루어진 것은?

① 질식소화작용, 제거소화작용
② 질식소화작용, 유화소화작용
③ 타격소화작용, 유화소화작용
④ 타격소화작용, 피복소화작용

해설 **무상주수**(물분무)**의 소화효과**
① 냉각효과 ② 질식효과
③ 희석효과 ④ 유화효과

해답 ②

03 화학포소화약제의 반응에서 황산알루미늄과 탄산수소나트륨의 반응 몰비는? (단, 황산알루미늄 : 탄산수소나트륨의 비이다.)

① 1 : 4 ② 1 : 6
③ 4 : 1 ④ 6 : 1

해설 **화학포 소화약제**
① **내약제(B제)** : 황산알루미늄($Al_2(SO_4)_3$)
② **외약제(A제)** : 중탄산나트륨($NaHCO_3$), 기포안정제

화학포의 기포안정제
• 사포닝 • 계면활성제
• 소다회 • 가수분해단백질

③ 반응식
(탄산수소나트륨) (황산알루미늄)
$6NaHCO_3 + Al_2(SO_4)_3 \cdot 18H_2O$
$\rightarrow 3Na_2SO_4 + 2Al(OH)_3 + 6CO_2 + 18H_2O$
(황산나트륨) (수산화알루미늄)(이산화탄소) (물)

해답 ②

04 폭굉유도거리(DID)가 짧아지는 경우는?

① 정상 연소속도가 작은 혼합가스일수록 짧아진다.
② 압력이 높을수록 짧아진다.
③ 관속에 방해물이 있거나 관지름이 넓을수록 짧아진다.
④ 점화원 에너지가 약할수록 짧아진다.

해설 **폭굉유도거리(DID)가 짧아지는 경우**
① 압력이 상승하는 경우
② 관속에 방해물이 있거나 관경이 작아지는 경우
③ 점화원 에너지가 증가하는 경우

해답 ②

05 수소화나트륨 240g과 충분한 물이 완전 반응하였을 때 발생하는 수소의 부피는? (단, 표준

상태로 가정하며 나트륨의 원자량은 23이다.)

① 22.4L　② 224L
③ $22.4m^3$　④ $224m^3$

해설 **수소화나트륨**(NaH) : 제3류 위험물(금수성 물질)

(수소화나트륨) (물) (수산화나트륨=가성소다) (수소)
$NaH + H_2O \rightarrow NaOH + H_2$
24g　$1 \times 22.4L$
240g　X

① NaH의 분자량=23+1=24

② $X = \frac{240 \times 22.4}{24} = 224\,L$

$NaH + H_2O \rightarrow NaOH + H_2$(수소)
24kg　$22.4m^3$(0℃, 1atm 상태)

해답 ②

06 화재별 급수에 따른 화재의 종류 및 표시색상을 모두 옳게 나타낸 것은?

① A급 : 유류화재－황색
② B급 : 유류화재－황색
③ A급 : 유류화재－백색
④ B급 : 유류화재－백색

해설 **화재의 분류** ★★ 자주출제(필수암기) ★★

종 류	등급	색표시	주된 소화방법
일반화재	A급	백색	냉각소화
유류 및 가스화재	B급	황색	질식소화
전기화재	C급	청색	질식소화
금속화재	D급	－	피복소화
주방화재	K급	－	냉각 및 질식 소화

해답 ②

07 위험물안전관리법령상 특수인화물의 정의에 대해 다음 ( )안에 알맞은 수치를 차례대로 옳게 나열한 것은?

> "특수 인화물"이라 함은 이황화탄소, 디에틸에테르 그 밖에 1기압에서 발화점이 섭씨 ( )도 이하인 것 또는 인화점이 섭씨 영하 ( )도 이하이고 비점이 섭씨 40도 이하인 것을 말한다.

① 100, 20　② 25, 0
③ 100, 0　④ 25, 20

해설 **제4류 위험물 중 특수인화물**

품 목	기타 조건 (1atm에서)
• 이황화탄소 • 디에틸에테르 • 아세트알데히드 • 산화프로필렌	• 발화점이 100℃ 이하 • 인화점 －20℃ 이하이고 비점이 40℃ 이하

특수인화물

① **정의** : 이황화탄소, 디에틸에테르 그 밖에 1기압에서 발화점이 100℃ 이하 또는 인화점이 －20℃ 이하이고 비점이 40℃ 이하인 것
② **일반적인 성질**
㉠ 비점이 낮다.　㉡ 인화점이 낮다.
㉢ 발화점이 낮다.　㉣ 증기압이 높다.

해답 ①

08 불활성가스 소화설비의 소화약제 저장용기 설치장소로 적합하지 않은 곳은?

① 방호구역 외의 장소
② 온도가 40℃ 이하이고 온도변화가 적은 장소
③ 빗물이 침투할 우려가 적은 장소
④ 직사일광이 잘 들어오는 장소

해설 **불활성가스소화설비의 저장용기 설치기준**

① 방호구역 외의 장소에 설치할 것
② 온도가 40℃ 이하이고 온도 변화가 적은 장소에 설치할 것
③ 직사일광 및 빗물이 침투할 우려가 적은 장소에 설치할 것
④ 저장용기에는 안전장치를 설치할 것
⑤ 저장용기의 외면에 소화약제의 종류와 양, 제조년도 및 제조자를 표시할 것

불활성가스소화설비의 저장용기 충전기준

① 이산화탄소의 충전비 :
고압식=1.5~1.9, 저압식=1.1~1.4 이하
② IG－100, IG－55 또는 IG－541 :
32MPa 이하(21℃)

해답 ④

09 인화성액체 위험물의 저장 및 취급시 화재 예방상 주의사항에 대한 설명 중 틀린 것은?

① 증기가 대기 중에 누출된 경우 인화의 위험성이 크므로 증기의 누출을 예방할 것
② 액체가 누출된 경우 확대되지 않도록 주의할 것
③ 전기 전도성이 좋을수록 정전기발생에 유의할 것
④ 다량을 저장 · 취급시에는 배관을 통해 입 · 출고할 것

해설 ③ 전기전도성이 좋지 않을수록 정전기발생에 유의 할 것

정전기 방지대책
① 접지와 본딩
② 공기를 이온화
③ 상대습도 70% 이상 유지
④ 도체물질을 사용

해답 ③

10 과산화벤조일(Benzoyl Peroxide)에 대한 설명 중 옳지 않은 것은?

① 지정수량은 10kg이다.
② 저장시 희석제로 폭발의 위험성을 낮출 수 있다.
③ 알코올에는 녹지 않으나 물에 잘 녹는다.
④ 건조 상태에서는 마찰 · 충격으로 폭발의 위험이 있다.

해설 ③ 과산화벤조일은 알코올에 약간 녹고 물에 녹지 않는다.

과산화벤조일 = 벤조일퍼옥사이드(BPO)
[$(C_6H_5CO)_2O_2$] : 제5류 위험물
① 무색, 무취의 백색분말 또는 결정이다.
② 물에 녹지 않고 알코올에 약간 녹는다.
③ 에테르 등 유기용제에 잘 녹는다.
④ 직사광선을 피하고 냉암소에 보관한다.

해답 ③

11 위험물제조소등의 지위승계에 관한 설명으로 옳은 것은?

① 양도는 승계사유이지만 상속이나 법인의 합병은 승계사유에 해당 하지 않는다.
② 지위승계의 사유가 있는 날로부터 14일 이내에 승계신고를 하여야 한다.
③ 시 · 도지사에 신고하여야 하는 경우와 소방서장에게 신고하여야 하는 경우가 있다.
④ 민사집행법에 의한 경매절차에 따라 제조소등을 인수한 경우에는 지위승계신고를 한 것으로 간주한다.

해설 ① 양도, 상속, 합병은 모두 승계사유에 해당한다.
② 지위승계의 사유가 있는 날로부터 30일 이내에 승계신고를 하여야한다
④ 민사집행법에 의한 경매절차에 따라 제조소등을 인수한 경우에 지위승계신고를 하여야 한다.

(위험물법 제10조)제조소등 설치자의 지위승계
지위승계신고를 30일 이내에 시 · 도지사 또는 소방서장에게 신고

해답 ③

12 다음 중 소화기의 사용방법으로 잘못된 것은?

① 적응화재에 따라 사용할 것
② 성능에 따라 방출거리 내에서 사용할 것
③ 바람을 마주보며 소화할 것
④ 양옆으로 비로 쓸 듯이 방사할 것

해설 ③ 바람을 등지고 풍상에서 풍하의 방향으로 사용할 것

소화기의 올바른 사용방법
① 적응화재에만 사용할 것
② 불과 가까이 가서 사용할 것
③ 바람을 등지고 풍상에서 풍하의 방향으로 사용할 것
④ 양옆으로 비로 쓸 듯이 골고루 사용할 것

해답 ③

13 다음 소화약제 중 수용성 액체의 화재 시 가장 적합한 것은?

① 단백포소화약제
② 내알코올포소화약제
③ 합성계면활성제포소화약제

④ 수성막포소화약제

해설 ① **수용성 위험물의 포약제** : 내알코올포
② 일반 포약제는 소포성(포가 소멸하는 성질) 때문에 수용성 위험물 화재에는 적합하지 않다.

해답 ②

14 촛불의 화염을 입김으로 불어 끄는 소화방법은?

① 냉각소화 ② 촉매소화
③ 제거소화 ④ 억제소화

해설 **제거소화** : 가연성물질을 제거시켜 소화

① 산불이 발생하면 화재의 진행방향을 앞질러 벌목
② 화학반응기의 화재 시 원료공급관의 밸브를 폐쇄
③ 유전화재 시 폭약으로 폭풍을 일으켜 화염을 제거
④ 촛불을 입김으로 불어 화염을 제거

해답 ③

15 다음 중 화재 시 발생하는 열, 연기, 불꽃 또는 연소생성 물을 자동적으로 감지하여 수신기에 발신하는 장치는?

① 중계기 ② 감지기
③ 송신기 ④ 발신기

해설 **용어의 정의**
① **중계기** : 감지기 · 발신기 또는 전기적접점 등의 작동에 따른 신호를 받아 이를 수신기의 제어반에 전송하는 장치
② **감지기** : 화재시 발생하는 열, 연기, 불꽃 또는 연소생성물을 자동적으로 감지하여 수신기에 발신하는 장치를 말한다.
③ **발신기** : 화재발생 신호를 수신기에 수동으로 발신하는 장치를 말한다.

해답 ②

16 분말 소화약제 중 인산염류를 주성분으로 하는 것은 제 몇 종 분말인가?

① 제1종 분말 ② 제2종 분말
③ 제3종 분말 ④ 제4종 분말

해설 **분말약제의 주성분 및 착색** ★★★★(필수암기)

종별	주 성 분	약 제 명	착 색	적응화재
제1종	$NaHCO_3$	탄산수소나트륨 중탄산나트륨 중조	백색	B,C급
제2종	$KHCO_3$	탄산수소칼륨 중탄산칼륨	담회색	B,C급
제3종	$NH_4H_2PO_4$	제1인산암모늄	담홍색 (핑크색)	A,B,C급
제4종	$KHCO_3 + (NH_2)_2CO$	중탄산칼륨 +요소	회색 (쥐색)	B,C급

해답 ③

17 방호대상물의 바닥 면적이 150m² 이상인 경우에 개방형 스프링클러헤드를 이용한 스프링클러설비의 방사구역은 얼마 이상으로 하여야 하는가?

① $100m^2$ ② $150m^2$
③ $200m^2$ ④ $400m^2$

해설 **개방형스프링클러설비**
① 하나의 방사구역은 $150m^2$ 이상으로 할 것
② 바닥면적이 $150m^2$ 미만인 경우 당해 바닥면적으로 할 것

해답 ②

18 탄화칼슘 저장소에 수분이 침투하여 반응하였을 때 발생하는 가연성 가스는?

① 메탄 ② 아세틸렌
③ 에탄 ④ 프로판

해설 **탄화칼슘(CaC_2) : 제3류 위험물 중 칼슘탄화물**
① 물과 접촉 시 아세틸렌을 생성하고 열을 발생시킨다.

$$CaC_2 + 2H_2O \rightarrow \underset{\text{(수산화칼슘)}}{Ca(OH)_2} + \underset{\text{(아세틸렌)}}{C_2H_2}\uparrow$$

② 아세틸렌의 폭발범위는 2.5~81%로 대단히 넓어서 폭발위험성이 크다.
③ 장기 보관시 불활성기체(N_2 등)를 봉입하여 저장한다.
④ 별명은 카바이드, 탄화석회, 칼슘카바이드 등이다.
⑤ 고온(700℃)에서 질화되어 석회질소($CaCN_2$)

가 생성된다.

$CaC_2 + N_2 \rightarrow CaCN_2 + C$

⑥ 물 및 포약제에 의한 소화는 절대 금하고 마른 모래 등으로 피복 소화한다.

참고 ★★ 자주출제(필수정리) ★★

① 칼륨(K), 나트륨(Na)은 파라핀, 경유, 등유 속에 저장
② $2K + 2H_2O \rightarrow 2KOH + H_2\uparrow$ (수소발생)
③ 황린(3류) 및 이황화탄소(4류)는 물속에 저장

해답 ②

19 다음 중 위험물제조소등에 설치하는 경보설비에 해당하는 것은?

① 피난사다리 ② 확성장치
③ 완강기 ④ 구조대

해설 **위험물 제조소등별로 설치하여야 하는 경보설비**

① 자동화재탐지설비
② 비상경보설비
③ 확성장치 또는 비상방송설비

해답 ②

20 다음 중 가연물이 연소할 때 공기 중의 산소농도를 떨어뜨려 연소를 중단시키는 소화 방법은?

① 제거소화 ② 질식소화
③ 냉각소화 ④ 억제소화

해설 **소화원리**

① **냉각소화** : 가연성 물질을 발화점 이하로 온도를 냉각

물이 소화약제로 사용되는 이유

- 물의 기화열(539kcal/kg)이 크기 때문
- 물의 비열(1kcal/kg℃)이 크기 때문

② **질식소화** : 산소농도를 21%에서 15% 이하로 감소

질식소화 시 산소의 유지농도 : 10~15%

③ **억제소화(부촉매소화, 화학적 소화)** : 연쇄반응을 억제

- 부촉매 : 화학적 반응의 속도를 느리게 하는 것
- 부촉매 효과 : 할로겐화합물 소화약제 (할로겐족원소 : 불소(F), 염소(Cl), 브롬(Br), 요오드(I))

④ **제거소화** : 가연성물질을 제거시켜 소화

- 산불이 발생하면 화재의 진행방향을 앞질러 벌목
- 화학반응기의 화재 시 원료공급관의 밸브를 폐쇄
- 유전화재 시 폭약으로 폭풍을 일으켜 화염을 제거
- 촛불을 입김으로 불어 화염을 제거

⑤ **피복소화** : 가연물 주위를 공기와 차단

⑥ **희석소화** : 수용성인 인화성액체 화재 시 물을 방사하여 가연물의 연소농도를 희석

해답 ②

21 다음 위험물 중 끓는점이 가장 높은 것은?

① 벤젠 ② 디에틸에테르
③ 메탄올 ④ 아세트알데히드

해설 **제4류 위험물의 인화점**

품명	유별	끓는점(℃)
① 벤젠	제4류 1석유류	80
② 디에틸에테르	제4류 특수인화물	35
③ 메탄올	제4류 알코올류	65
④ 아세트알데히드	제4류 특수인화물	21

해답 ①

22 트리니트로톨루엔에 대한 설명으로 옳지 않은 것은?

① 제5류 위험물 중 니트로화합물에 속한다.
② 피크린산에 비해 충격, 마찰에 둔감하다.
③ 금속과의 반응성이 매우 커서 폴리에틸렌 수지에 저장한다.
④ 일광을 쪼이면 갈색으로 변한다.

해설 **트리니트로톨루엔**[$C_6H_2CH_3(NO_2)_3$] **: 제5류 위험물 중 니트로화합물**

① 톨루엔($C_6H_5CH_3$)의 수소원자(H)를 니트로기($-NO_2$)로 치환한 것
② 물에는 녹지 않고 알코올, 아세톤, 벤젠에 녹는다.
③ Tri Nitro Toluene의 약자로 TNT라고도 한다.
④ 담황색의 주상결정이며 햇빛에 다갈색으로 변색된다.
⑤ 강력한 폭약이며 급격한 타격에 폭발한다.

$2C_6H_2CH_3(NO_2)_3 \rightarrow 2C + 12CO + 3N_2\uparrow + 5H_2\uparrow$

⑥ 연소 시 연소속도가 너무 빠르므로 소화가 곤란하다.
⑦ 무기 및 다이나마이트, 질산폭약제 제조에 이용된다.

해답 ③

23 제2류 위험물의 화재 발생시 소화방법 또는 주의 할 점으로 적합하지 않은 것은?

① 마그네슘의 경우 이산화탄소를 이용한 질식소화는 위험하다.
② 황은 비산에 주의하여 분무주수로 냉각소화 한다.
③ 적린의 경우 물을 이용한 냉각소화는 위험하다.
④ 인화성고체는 이산화탄소로 질식소화 할 수 있다.

해설 ③ 적린의 경우 물을 이용한 냉각소화가 적당하다.

황린과 적린의 비교

종류	황린	적린
유별	제3류 위험물 (자연발화성)	제2류 위험물 (가연성고체)
외관	백색 또는 담황색 고체	암적색 분말
착화온도	40~50℃	250℃
연소시 생성물	오산화인(P_2O_5)	오산화인(P_2O_5)
취급 주의사항	물속에 저장	산화제(제1류, 제6류)와 접촉 금지

해답 ③

24 다음 제4류 위험물 중 품명이 나머지 셋과 다른 하나는?

① 아세트알데히드 ② 디에틸에테르
③ 니트로벤젠 ④ 이황화탄소

해설 ③ 니트로벤젠 : 제4류 위험물 중 제3석유류

제4류 위험물 중 특수인화물

품 목	기타 조건 (1atm에서)
• 이황화탄소 • 디에틸에테르 • 아세트알데히드 • 산화프로필렌	• 발화점이 100℃ 이하 • 인화점 −20℃ 이하이고 비점이 40℃ 이하

해답 ③

25 다음 중 함께 운반차량에 적재할 수 있는 유별을 옳게 연결한 것은? (단, 지정수량 이상을 적재한 경우이다.)

① 제1류−제2류 ② 제1류−제3류
③ 제1류−제4류 ④ 제1류−제6류

해설 **위험물의 운반에 따른 유별을 달리하는 위험물의 혼재기준**(쉬운 암기방법)

혼재 가능	
↓1류 + 6류↑	2류 + 4류
↓2류 + 5류↑	5류 + 4류
↓3류 + 4류↑	

해답 ④

26 과염소산에 대한 설명으로 틀린 것은?

① 가열하면 쉽게 발화한다.
② 강한 산화력을 갖고 있다.
③ 무색의 액체이다.
④ 물과 접촉하면 발열한다.

해설 ① 과염소산은 불연성액체이다.

과염소산($HClO_4$) : 제6류 위험물(산화성 액체)
① 물과 접촉 시 심한 열을 발생한다.(발열반응)
② 종이, 나무 조각과 접촉 시 연소한다.
③ 공기 중 분해하여 강하게 연기를 발생한다.
④ 무색의 액체로 염소냄새가 난다.
⑤ 산화력 및 흡습성이 강하다.
⑥ 다량의 물로 분무(안개모양)주수소화
⑦ 불연성물질의 액체이다.

해답 ①

27 과산화바륨의 성질을 설명한 내용 중 틀린 것은?

① 고온에서 열분해하여 산소를 발생한다.
② 황산과 반응하여 과산화수소를 만든다.
③ 비중은 약 4.96이다.
④ 온수와 접촉하면 수소가스를 발생한다.

해설 ④ 온수와 접촉하면 산소가스를 발생한다.

과산화바륨의 일반적 성질
① 탄산가스와 반응하여 탄산염과 산소 발생

$2BaO_2 + 2CO_2 \rightarrow 2BaCO_3 + O_2 \uparrow$
(탄산바륨) (산소)

② 염산과 반응하여 염화바륨과 과산화수소 생성

$BaO_2 + 2HCl \rightarrow BaCl_2 + H_2O_2 \uparrow$
(염화바륨) (과산화수소)

③ 가열 또는 온수와 접촉하면 산소가스를 발생

가열 $2BaO_2 \rightarrow 2BaO + O_2 \uparrow$
(산화바륨) (산소)

온수와 반응 $2BaO_2 + 2H_2O \rightarrow 2Ba(OH)_2 + O_2 \uparrow$
(수산화바륨) (산소)

해답 ④

28 아연분이 염산과 반응할 때 발생하는 가연성 기체는?

① 아황산가스 ② 산소
③ 수소 ④ 일산화탄소

해설 Zn(아연), Fe(철) + 물 ⇒ 수소기체 발생

해답 ③

29 횡으로 설치한 원통형 위험물 저장탱크의 내용적이 500L일 때 공간용적은 최소 몇 L 이어야 하는가? (단, 원칙적인 경우에 한한다.)

① 15 ② 25
③ 35 ④ 50

해설 **위험물 저장탱크의 공간용적** : 내용적의 5% ($\frac{5}{100}$) 이상 10% ($\frac{10}{100}$) 이하

$\therefore 500L \times \frac{5}{100} \sim 500L \times \frac{10}{100} = 25L \sim 50L$

해답 ②

30 질산의 성상에 대한 설명으로 옳은 것은?

① 흡습성이 강하고 부식성이 있는 무색의 액체이다.
② 햇빛에 의해 분해하여 암모니아가 생성되는 흰색을 띤다.
③ Au, Pt와 잘 반응하여 질산염과 질소가 생성된다.
④ 비휘발성이고 정전기에 의한 발화에 주의해야 한다.

해설 **질산(HNO_3) : 제6류 위험물(산화성 액체)**
① 무색의 발연성 액체이다.
② 빛에 의하여 일부 분해되어 생긴 NO_2 때문에 황갈색으로 된다.

$4HNO_3 \rightarrow 2H_2O + 4NO_2 \uparrow + O_2 \uparrow$
(이산화질소) (산소)

③ 저장용기는 직사광선을 피하고 찬 곳에 저장한다.
④ 실험실에서는 갈색병에 넣어 햇빛에 차단시킨다.
⑤ 환원성물질과 혼합하면 발화 또는 폭발한다.

크산토프로테인반응(xanthoprotenic reaction)
단백질에 진한질산을 가하면 노란색으로 변하고 알칼리를 작용시키면 오렌지색으로 변하며, 단백질 검출에 이용된다.

⑥ 위급 시에는 다량의 물로 냉각 소화한다.

해답 ①

31 위험물제조소의 환기설비의 기준에서 급기구에 설치된 실의 바닥면적 $150m^2$마다 1개 이상 설치하는 급기구의 크기는 몇 cm^2 이상이어야 하는가?

① 200 ② 400
③ 600 ④ 800

해설 **환기설비**
① 환기는 자연배기방식으로 할 것
② 급기구는 당해 급기구가 설치된 실의 바닥면적 $150m^2$마다 1개 이상으로 하되, 급기구의 크기는 $800cm^2$ 이상으로 할 것

해답 ④

32 칼륨의 취급상 주의해야 할 내용을 옳게 설명한 것은?

① 석유와 접촉을 피해야 한다.
② 수분과 접촉을 피해야 한다.
③ 화재발생시 마른모래와 접촉을 피해야 한다.
④ 이산화탄소 분위기에서 보관하여야 한다.

해설 **금속칼륨 및 금속나트륨 : 제3류 위험물(금수성)**

① 물과 반응하여 수소기체 발생

$2Na + 2H_2O \rightarrow 2NaOH + H_2\uparrow$ (수소발생)
$2K + 2H_2O \rightarrow 2KOH + H_2\uparrow$ (수소발생)

② 파라핀, 경유, 등유 속에 저장

★★자주출제(필수정리)★★

㉠ 칼륨(K), 나트륨(Na)은 파라핀, 경유, 등유 속에 저장
㉡ 황린(3류) 및 이황화탄소(4류)는 물속에 저장

해답 ②

33 위험물제조소에서 다음과 같이 위험물을 취급하고 있는 경우 각각의 지정수량 배수의 총합은 얼마인가?

브롬산나트륨 300kg 과산화나트륨 150kg 중크롬산나트륨 500kg

① 3.5 ② 4.0
③ 4.5 ④ 5.0

해설 **제1류 위험물 및 지정수량**

성질	품 명		지정수량	위험등급
산화성고체	아염소산염류, 염소산염류, 과염소산염류, 무기과산화물		50kg	Ⅰ
	브롬산염류, 질산염류, 요오드산염류		300kg	Ⅱ
	과망간산염류, 중크롬산염류		1000kg	Ⅲ
	행정안전부령이 정하는 것	① 과요오드산염류 ② 과요오드산 ③ 크롬, 납 또는 요오드의 산화물 ④ 아질산염류 ⑤ 염소화이소시아눌산 ⑥ 퍼옥소이황산염류 ⑦ 퍼옥소붕산염류	300kg	Ⅱ
		⑧ 차아염소산염류	50kg	Ⅰ

① 브롬산나트륨 : 브롬산염류
② 과산화나트륨 : 무기과산화물
③ 중크롬산나트륨 : 중크롬산염류

지정수량의 배수 $= \dfrac{\text{저장수량}}{\text{지정수량}}$

$= \dfrac{300\text{kg}}{300\text{kg}} + \dfrac{150\text{kg}}{50\text{kg}} + \dfrac{500\text{kg}}{1000\text{kg}}$

$= 4.5$배

해답 ③

34 위험물의 지정수량이 나머지 셋과 다른 하나는?

① 질산에스테르류 ② 니트로화합물
③ 아조화합물 ④ 히드라진 유도체

해설 **제5류 위험물 및 지정수량**

성질	품 명	지정수량	위험등급
자기반응성물질	1. 유기과산화물 2. 질산에스테르류	10kg	Ⅰ
	3. 니트로화합물 4. 니트로소화합물 5. 아조화합물 6. 디아조화합물 7. 히드라진 유도체	200kg	Ⅱ
	8. 히드록실아민 9. 히드록실아민염류	100kg	

해답 ①

35 다음 중 제5류 위험물에 해당하지 않는 것은?

① 히드라진 ② 히드록실아민
③ 히드라진 유도체 ④ 히드록실아민염류

해설 ① 히드라진 : 제4류 위험물

제5류 위험물의 종류

성질	품 명	지정수량	위험등급
자기반응성물질	1. 유기과산화물 2. 질산에스테르류	10kg	Ⅰ
	3. 니트로화합물 4. 니트로소화합물 5. 아조화합물 6. 디아조화합물 7. 히드라진 유도체	200kg	Ⅱ
	8. 히드록실아민 9. 히드록실아민염류	100kg	

해답 ①

36 제4류 위험물 운반용기의 외부에 표시해야 하는 사항이 아닌 것은?

① 규정에 의한 주의사항
② 위험물의 품명 및 위험등급
③ 위험물의 관리자 및 지정수량
④ 위험물의 화학명

해설 위험물 운반용기의 외부 표시 사항

① 위험물의 품명, 위험등급, 화학명 및 수용성(제4류 위험물의 수용성인 것에 한함)
② 위험물의 수량
③ 수납하는 위험물에 따른 주의사항

유별	성질에 따른 구분	표시사항
제1류	알칼리금속의 과산화물	화기 · 충격주의, 물기엄금 및 가연물접촉주의
	그 밖의 것	화기 · 충격주의 및 가연물접촉주의
제2류	철분 · 금속분 · 마그네슘	화기주의 및 물기엄금
	인화성 고체	화기엄금
	그 밖의 것	화기주의
제3류	자연발화성 물질	화기엄금 및 공기접촉엄금
	금수성 물질	물기엄금
제4류	인화성 액체	화기엄금
제5류	자기반응성 물질	화기엄금 및 충격주의
제6류	산화성 액체	가연물접촉주의

해답 ③

37 고정식 포소화설비에 관한 기준에서 방유제 외측에 설치하는 보조포소화전의 상호간의 거리는?

① 보행거리 40m 이하
② 수평거리 40m 이하
③ 보행거리 75m 이하
④ 수평거리 75m 이하

해설 옥외탱크저장소 고정포방출구의 보조포소화전의 기준

① 방유제 외측의 소화활동상 유효한 위치에 설치하여야 한다.
② 보조포소화전간의 보행거리가 75m 이하가 되도록 할 것
③ 보조포소화전의 노즐선단의 방사량은 400L/min 이상이다.
④ 보조포소화전의 노즐선단의 방사압력은 0.35MPa 이상이다.

해답 ③

38 과염소산암모늄이 300℃에서 분해되었을 때 주요생성물이 아닌 것은?

① NO_3
② Cl_2
③ O_2
④ N_2

해설 과염소산암모늄(NH_4ClO_4) **: 제1류 위험물(산화성 고체)**

① 물, 아세톤, 알코올에는 녹고 에테르에는 잘 녹지 않는다.
② 조해성이므로 밀폐용기에 저장
③ 130℃에서 분해가 시작되어 산소를 방출하고 300℃에서 분해가 급격히 진행된다.

130℃에서 분해
$$NH_4ClO_4 \rightarrow NH_4Cl + 2O_2 \uparrow$$
300℃에서 분해
$$2NH_4ClO_4 \rightarrow N_2 + Cl_2 + 2O_2 + 4H_2O$$

④ 충격 및 분해온도이상에서 폭발성이 있다.

해답 ①

39 위험물 운반에 관한 기준 중 위험등급 Ⅰ에 해당하는 위험물은?

① 황화린
② 피크린산
③ 벤조일퍼옥사이드
④ 질산나트륨

해설
① **황화린** : 제2류 위험물 중 위험등급 Ⅱ
② **피크린산** : 제5류 위험물 중 위험등급 Ⅱ
③ **벤조일퍼옥사이드** : 제5류 위험물 중 위험등급 Ⅰ
④ **질산나트륨** : 제1류 위험물 중 위험등급 Ⅱ

해답 ③

40 금속리튬이 물과 반응하였을 때 생성되는 물질은?

① 수산화리튬과 수소
② 수산화리튬과 산소
③ 수소화리튬과 물
④ 산화리튬과 물

해설 금속리튬(Li) **: 제3류 위험물**

① 은백색의 가벼운 알칼리금속으로 칼륨(K), 나트륨(Na)과 성질이 비슷하다.

② 물과 극렬히 반응하여 수소(H_2)를 발생한다.
$2Li + 2H_2O \rightarrow 2LiOH$(수산화리튬) $+ H_2 \uparrow$
③ 리튬(Li)은 공기 중에서 가열하면 산화되어 산화리튬이 생성된다.
$4Li + O_2 \rightarrow 2Li_2O$

해답 ①

41 다음 중 과산화수소에 대한 설명이 틀린 것은?

① 열에 의해 분해한다.
② 농도가 높을수록 안정하다.
③ 인산, 요산과 같은 분해방지 안정제를 사용한다.
④ 강력한 산화제이다.

해설 ② 농도가 높을수록 위험하다.

과산화수소(H_2O_2) : 제6류 위험물
① 분해시 발생기 산소(O_2)를 발생시킨다.
② 분해안정제로 인산(H_3PO_4) 또는 요산($C_5H_4N_4O_3$)을 첨가한다.
③ 저장용기는 밀폐하지 말고 구멍이 있는 마개를 사용한다.
④ 강산화제이면서 환원제로도 사용한다.
⑤ 60% 이상의 고농도에서는 단독으로 폭발위험이 있다.
⑥ 히드라진($NH_2 \cdot NH_2$)과 접촉 시 분해작용으로 폭발위험이 있다.

$NH_2 \cdot NH_2 + 2H_2O_2 \rightarrow 4H_2O + N_2 \uparrow$

⑦ 3%용액은 옥시풀이라 하며 표백제 또는 살균제로 이용한다.
⑧ 무색인 요오드칼륨 녹말종이와 반응하여 청색으로 변화시킨다.

- 과산화수소는 36%(중량) 이상만 위험물에 해당된다.
- 과산화수소는 표백제 및 살균제로 이용된다.

⑨ 다량의 물로 주수 소화한다.

해답 ②

42 제4류 위험물의 품명 중 지정수량이 6000L인 것은?

① 제3석유류 비수용성액체
② 제3석유류 수용성액체
③ 제4석유류
④ 동식물유류

해설 **제4류 위험물 및 지정수량**

위 험 물				지정수량(L)
유별	성질	품명		
제4류	인화성 액체	1. 특수인화물		50
		2. 제1석유류	비수용성 액체	200
			수용성 액체	400
		3. 알코올류		400
		4. 제2석유류	비수용성 액체	1,000
			수용성 액체	2,000
		5. 제3석유류	비수용성 액체	2,000
			수용성 액체	4,000
		6. 제4석유류		**6,000**
		7. 동식물유류		10,000

해답 ③

43 위험물의 운반에 관한 기준에서 다음 ( )에 알맞은 온도는 몇 ℃ 인가?

> 적재하는 제5류 위험물 중 ( )℃ 이하의 온도에서 분해될 우려가 있는 것은 보냉 컨테이너에 수납하는 등 적정한 온도관리를 유지하여야 한다.

① 40 ② 50
③ 55 ④ 60

해설 **위험물의 운반에 관한 기준**(중요기준)
(1) 차광성이 있는 피복으로 가려야하는 위험물
① 제1류 위험물
② 제3류위험물 중 자연발화성물질
③ 제4류 위험물 중 특수인화물
④ 제5류 위험물
⑤ 제6류 위험물
(2) 방수성이 있는 피복으로 덮어야 하는 것
① 제1류 위험물 중 알칼리금속의 과산화물
② 제2류 위험물 중 철분 · 금속분 · 마그네슘 또는 이들 중 어느 하나 이상을 함유한 것
③ 제3류 위험물 중 금수성 물질
(3) 제5류 위험물 중 55℃ 이하의 온도에서 분해 될 우려가 있는 것은 보냉 컨테이너에 수납하는 등 적정한 온도관리를 할 것

해답 ③

44 위험물 적재 방법 중 위험물을 수납한 운반용기를 겹쳐 쌓는 경우 높이는 몇 m 이하로 하여야 하는가?

① 2　　② 3
③ 4　　④ 6

해설 **[별표 19] 위험물의 운반에 관한 기준(제50조 관련)**

2. 적재방법
① 위험물을 수납한 운반용기를 겹쳐 쌓는 경우에는 그 높이를 3m 이하로 할 것
② 용기의 상부에 걸리는 하중은 당해 용기 위에 당해 용기와 동종의 용기를 겹쳐 쌓아 3m의 높이로 하였을 때에 걸리는 하중 이하로 하여야 한다(중요기준).

해답 ②

45 다음 ( )에 알맞은 용어를 모두 옳게 나타낸 것은?

( ) 또는 ( )은(는) 위험물의 운송에 따른 화재의 예방을 위하여 필요하다고 인정하는 경우에는 주행 중의 이동탱크저장소를 정지시켜 당해 이동탱크저장소에 승차하고 있는 자에 대하여 위험물의 취급에 관한 국가기술 자격증 또는 교육수료증의 제시를 요구할 수 있다.

① 지방소방공무원, 지방행정공무원
② 국가소방공무원, 국가행정공무원
③ 소방공무원, 경찰공무원
④ 국가행정공무원, 경찰공무원

해설 **(위험물안전관리법 제22조) 출입 · 검사 등**

소방공무원 또는 경찰공무원은 위험물의 운송에 따른 화재의 예방을 위하여 필요하다고 인정하는 경우에는 주행중의 이동탱크저장소를 정지시켜 당해 이동탱크저장소에 승차하고 있는 자에 대하여 위험물의 취급에 관한 국가기술자격증 또는 교육수료증의 제시를 요구할 수 있다. 이 직무를 수행하는 경우에 있어서 소방공무원과 국가경찰공무원은 긴밀히 협력하여야 한다.

해답 ③

46 위험물안전관리법령에서 규정하고 있는 사항으로 틀린 것은?

① 법정의 안전교육을 받아야 하는 사람은 안전관리자로 선임된 자, 탱크시험자의 기술인력으로 종사하는 자, 위험물운송자로 종사하는 자 이다.
② 지정수량의 150배 이상의 위험물을 저장하는 옥내저장소는 관계인이 예방규정을 정하여야 하는 제소소등에 해당한다.
③ 정기검사의 대상이 되는 것은 액체위험물을 저장 또는 취급하는 10만리터 이상의 옥외탱크저장소, 암반탱크 저장소, 이송취급소이다.
④ 법정의 안전관리자교육이수자와 소방공무원으로 근무한 경력이 3년 이상인자는 제4류 위험물에 대한 위험물취급 자격자가 될 수 있다.

해설 ③ 10만 리터 → 50만 리터

정기검사의 대상인 제조소등
액체위험물을 저장 또는 취급하는 50만리터 이상의 옥외탱크저장소

탱크안전성능검사의 대상이 되는 탱크
(1) **기초 · 지반**검사 : 옥외탱크저장소의 액체위험물탱크 중 용량이 **100만L 이상**인 탱크
(2) **충수 · 수압**검사 : **액체**위험물을 저장 또는 취급하는 탱크.
(3) **용접부**검사 : **(1)의 규정에 의한 탱크**
(4) **암반탱크**검사 : 액체위험물을 저장 또는 취급하는 **암반내**의 공간을 이용한 탱크

해답 ③

47 위험물의 화재시 소화방법에 대한 다음 설명 중 옳은 것은?

① 아연분은 주수소화가 적당하다.
② 마그네슘은 봉상주수소화가 적당하다.
③ 알루미늄은 건조사로 피복하여 소화하는 것이 좋다.
④ 황화린은 산화제로 피복하여 소화하는 것

이 좋다.

해설 **알루미늄분**(Al) : 제2류 위험물
① 산화제와 혼합 시 가열, 충격, 마찰 등에 의하여 착화위험이 있다.
② 분진폭발 위험성이 있다.
③ 가열된 알루미늄은 수증기와 반응하여 수소를 발생시킨다.(주수소화금지)

$2Al + 6H_2O \rightarrow 2Al(OH)_3 + 3H_2 \uparrow$
(수산화알루미늄)

④ 주수소화는 엄금이며 마른모래 등으로 피복 소화한다.

해답 ③

48 그림과 같이 횡으로 설치한 원형탱크의 용량은 약 몇 m^3 인가? (단, 공간용적은 내용적의 10/100이다.)

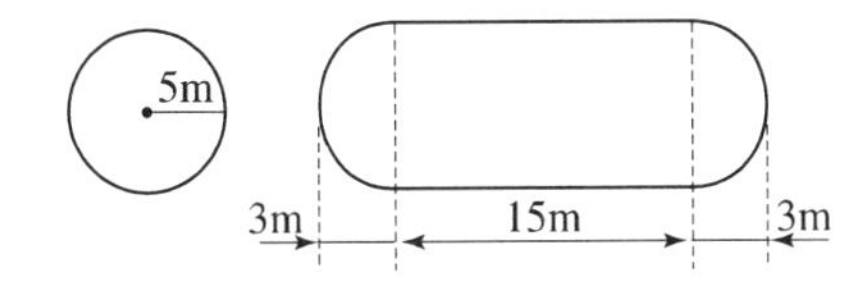

① 1690.9　　② 1335.1
③ 1268.4　　④ 1201.7

해설
① **탱크의 내용적** $= \pi r^2\left(l + \frac{l_1 + l_2}{3}\right)$

$= \pi \times 5^2 \times \left(15 + \frac{3+3}{3}\right)$

$= 1335.18\,m^3$

② **탱크의 공간용적** $= 1335.18 \times \frac{10}{100} = 133.52L$

③ **원형탱크의 용량** $= 1335.18 - 133.52$

$= 1201.7\,m^3$

탱크 용적의 산정 기준
탱크의 용량 = 탱크의 내용적 − 공간용적

해답 ④

49 가솔린에 대한 설명으로 옳은 것은?

① 연소범위는 15~75vol%이다.
② 용기는 따뜻한 곳에 환기가 잘 되게 보관한다.
③ 전도성이므로 감전에 주의한다.
④ 화재 소화시 포소화약제에 의한 소화를 한다.

해설 **가솔린(휘발유)의 성질**
① 연소범위는 1.4~7.6vol%이다.
② 용기는 밀폐시켜 보관한다.
③ 휘발유는 비전도성이다.

휘발유의 물성

성분	인화점	발화점	연소범위
C_5H_{12}~C_9H_{20}	−43℃~−20℃	300℃	1.4~7.6%

해답 ④

50 다음 2가지 물질이 반응하였을 때 포스핀을 발생시키는 것은?

① 사염화탄소 + 물　② 황산 + 물
③ 오황화린 + 물　④ 인화칼슘 + 물

해설 **인화칼슘**(Ca_3P_2)**[별명 : 인화석회] : 제3류 위험물(금수성 물질)**
① 적갈색의 괴상고체
② 물 및 약산과 격렬히 반응, 분해하여 인화수소(포스핀)(PH_3)을 생성한다.

- $Ca_3P_2 + 6H_2O \rightarrow 3Ca(OH)_2 + 2PH_3$
- $Ca_3P_2 + 6HCl \rightarrow 3CaCl_2 + 2PH_3$

(포스핀 = 인화수소)

③ 포스핀은 맹독성가스이므로 취급시 방독마스크를 착용한다.
④ 물 및 포약제의 의한 소화는 절대 금하고 마른 모래 등으로 피복하여 자연 진화되도록 기다린다.

해답 ④

51 질산에틸의 성질에 대한 설명 중 틀린 것은?

① 비점은 약 88℃이다.
② 무색의 액체이다.
③ 증기는 공기보다 무겁다.
④ 물에 잘 녹는다.

해설 ④ 물에 녹지 않는다.

질산에틸($C_2H_5NO_3$) **: 제5류 위험물 중 질산에스**

테르류

① 무색투명한 액체이고 비수용성(물에 녹지 않음)이다.
② 단맛이 있고 알코올, 에테르에 녹는다.
③ 에탄올을 진한 질산에 작용시켜서 얻는다.

$$C_2H_5OH + HNO_3 \rightarrow C_2H_5ONO_2 + H_2O$$

④ 비중 1.11, 끓는점 88℃을 가진다.
⑤ 인화점(-10℃)이 낮아서 인화의 위험이 매우 크다.

해답 ④

52 제6류 위험물 운반용기의 외부에 표시하여야 하는 주의사항은?

① 충격주의　② 가연물접촉주의
③ 화기엄금　④ 화기주의

해설 **수납하는 위험물에 따른 운반용기의 주의사항 표시**

유별	성질에 따른 구분	표시사항
제1류	알칼리금속의 과산화물	화기 · 충격주의, 물기엄금 및 가연물접촉주의
	그 밖의 것	화기 · 충격주의 및 가연물접촉주의
제2류	철분 · 금속분 · 마그네슘	화기주의 및 물기엄금
	인화성 고체	화기엄금
	그 밖의 것	화기주의
제3류	자연발화성 물질	화기엄금 및 공기접촉엄금
	금수성 물질	물기엄금
제4류	인화성 액체	화기엄금
제5류	자기반응성 물질	화기엄금 및 충격주의
제6류	**산화성 액체**	**가연물접촉주의**

해답 ②

53 알코올류의 일반 성질이 아닌 것은?

① 분자량이 증가하면 증기비중이 커진다.
② 알코올은 탄화수소의 수소원자를 -OH 기로 치환한 구조를 가진다.
③ 탄소수가 적은 알코올을 저급 알코올이라고 한다.
④ 3차 알코올에는 -OH 기가 3개 있다.

해설 ④ 3차 알코올에는 알킬기(C_nH_{2n+1}) 가 3개 있다.

알코올류의 특성

① 탄소수가 증가할수록(분자량이 증가할수록) 인화점이 높아진다.
② 탄소수가 증가할수록(분자량이 증가할수록) 착화점이 낮아진다.

해답 ④

54 위험물안전관리법령에 따른 위험물의 운송에 관한 설명 중 틀린 것은?

① 알킬리튬과 알킬알루미늄 또는 이 중 어느 하나 이상을 함유한 것은 운송책임자의 감독, 지원을 받아야 한다.
② 이동탱크저장소에 의하여 위험물을 운송할 때의 운송책임자에는 법정의 교육이수자도 포함된다.
③ 서울에서 부산까지 금속의 인화물 300kg을 1명의 운전자가 휴식 없이 운송해도 규정위반이 아니다.
④ 운송책임자의 감독 또는 지원의 방법에는 동승하는 방법과 별도의 사무실에서 대기하면서 규정된 사항을 이행하는 방법이 있다.

해설 **위험물의 운송시에 준수하여야 하는 기준**

① 위험물운송자는 운송의 개시전에 이동저장탱크의 배출밸브 등의 밸브와 폐쇄장치, 맨홀 및 주입구의 뚜껑, 소화기 등의 점검을 충분히 실시할 것
② 위험물운송자는 장거리(고속국도에 있어서는 340km 이상, 그 밖의 도로에 있어서는 200km 이상)에 걸치는 운송을 하는 때에는 2명 이상의 운전자로 할 것. 다만, 다음에 해당하는 경우에는 그러하지 아니하다.
　㉠ 규정에 의하여 운송책임자를 동승시킨 경우
　㉡ 운송하는 위험물이 제2류 위험물 · 제3류 위험물(칼슘 또는 알루미늄의 탄화물과 이것만을 함유한 것) 또는 제4류 위험물(특수인화물을 제외한다)인 경우
　㉢ 운송도중에 2시간 이내마다 20분 이상씩 휴식하는 경우

해답 ③

55 유황은 순도가 몇 중량퍼센트 이상이어야 위험물에 해당 하는가?

① 40 ② 50
③ 60 ④ 70

해설 **유황 : 제2류 위험물**
① 유황은 순도가 60중량퍼센트 이상인 것을 말한다.
② 순도측정에 있어서 불순물은 활석 등 불연성물질과 수분에 한한다.

해답 ③

56 다음 황린의 성질에 대한 설명으로 옳은 것은?

① 분자량은 약 108이다.
② 융점은 약 120℃이다.
③ 비점은 약 120℃이다.
④ 비중은 약 1.8이다.

해설 **황린의 성질**
① 분자량은 약 124이다.
② 융점은 약 44.1℃ 이다.
③ 비점은 약 280℃ 이다.

황린(P_4)[별명 : 백린] : 제3류 위험물(자연발화성 물질)
① 백색 또는 담황색의 고체이다.
② 공기 중 약 40~50℃에서 자연 발화한다.
③ 저장 시 자연 발화성이므로 반드시 물속에 저장한다.
④ 인화수소(PH_3)의 생성을 방지하기 위하여 물의 pH=9(약알칼리)가 안전한계이다.
⑤ 연소 시 오산화인(P_2O_5)의 흰 연기가 발생한다.

$P_4 + 5O_2 \rightarrow 2P_2O_5$(오산화인)

⑥ 강알칼리의 용액에서는 유독기체인 포스핀(PH_3) 발생한다. 따라서 저장 시 물의 pH(수소이온농도)는 9를 넘어서는 안된다.

$P_4 + 3NaOH + 3H_2O \rightarrow 3NaH_2PO_2 + PH_3\uparrow$
(인화수소=포스핀)

⑧ 약 250℃로 가열(공기차단)시 적린이 된다.
⑧ 피부 접촉 시 화상을 입는다.
⑨ 소화는 물분무, 마른모래 등으로 질식 소화한다.
⑩ 고압의 주수소화는 황린을 비산시켜 연소면이 확대될 우려가 있다.

해답 ④

57 다음 중 산을 가하면 이산화염소를 발생시키는 물질은?

① 아염소산나트륨 ② 브롬산나트륨
③ 옥소산칼륨 ④ 중크롬산나트륨

해설 **아염소산나트륨**($NaClO_2$)
① 조해성이 있고 무색의 결정성 분말이다.
② 산과 반응하여 이산화염소(ClO_2)가 발생된다.

해답 ①

58 옥외저장탱크 중 압력탱크 외의 탱크에 통기관을 설치하여야 할 때 밸브 없는 통기관인 경우 통기관의 직경은 몇 mm 이상으로 하여야 하는가?

① 10 ② 15
③ 20 ④ 30

해설 **옥외탱크저장소의 밸브 없는 통기관 설치기준**
① 직경은 30mm 이상일 것
② 선단은 수평면보다 45도 이상 구부려 빗물 등의 침투를 막는 구조로 할 것
③ 가는 눈의 구리망 등으로 인화방지장치를 할 것

해답 ④

59 적린은 다음 중 어떤 물질과 혼합시 마찰, 충격, 가열에 의해 폭발 할 위험이 가장 높은가?

① 염소산칼륨 ② 이산화탄소
③ 공기 ④ 물

해설 적린은 산화제(제1류, 제6류)와 혼합시 마찰, 충격, 가열에 의해 폭발 할 위험이 있다.

해답 ①

60 다음 품명에 따른 지정수량이 틀린 것은?

① 유기과산화물 : 10kg
② 황린 : 50kg

③ 알칼리금속 : 50kg
④ 알킬리튬 : 10kg

해설 ② 황린 : 20kg

제3류 위험물 및 지정수량

<table>
<tr><th>성 질</th><th>품 명</th><th>지정수량</th><th>위험등급</th></tr>
<tr><td rowspan="4">자연발화성 및 금수성물질</td><td>1. 칼륨
2. 나트륨
3. 알킬알루미늄
4. 알킬리튬</td><td>10kg</td><td rowspan="2">Ⅰ</td></tr>
<tr><td>5. 황린</td><td>20kg</td></tr>
<tr><td>6. 알칼리금속(칼륨 및 나트륨 제외) 및 알칼리토금속
7. 유기금속화합물(알킬알루미늄 및 알킬리튬 제외)</td><td>50kg</td><td rowspan="2">Ⅱ</td></tr>
<tr><td>8. 금속의 수소화물
9. 금속의 인화물
10. 칼슘 또는 알루미늄의 탄화물</td><td>300kg</td></tr>
</table>

해답 ②

국가기술자격 필기시험문제

2021 CBT 시험 기출문제 복원 [제 4 회]

자격종목	시험시간	문제수	형별	수험번호	성 명
위험물기능사	1시간	60	A		

본 문제는 CBT시험대비 기출문제 복원입니다.

01 다음 ( )안에 들어갈 수치를 순서대로 올바르게 나열한 것은? (단, 제4류 위험물에 적응성을 갖기 위한 살수밀도기준을 적용하는 경우를 제외한다.)

> 위험물 제조소등에 설치하는 폐쇄형 헤드의 스프링클러설비는 30개의 헤드(헤드 설치수가 30미만의 경우는 당해 설치 개수)를 동시에 사용할 경우 각 선단의 방사 압력이 ( )kPa 이상이고 방수량이 1분당 ( )L 이상이어야 한다.

① 100, 80 ② 120, 80
③ 100, 100 ④ 120, 100

해설 **스프링클러설비의 설치기준**

① 스프링클러헤드는 방호대상물의 천장 또는 건축물의 최상부 부근에 설치하되, 방호대상물의 각 부분에서 하나의 스프링클러헤드까지의 수평거리가 1.7m(살수밀도의 기준을 충족하는 경우에는 2.6m) 이하가 되도록 설치할 것
② 개방형 스프링클러헤드를 이용한 스프링클러설비의 방사구역은 $150m^2$ 이상으로 할 것
③ 수원의 수량은 폐쇄형 스프링클러헤드를 사용하는 것은 30(헤드의 설치개수가 30 미만인 방호대상물인 경우에는 당해 설치개수), 개방형 스프링클러헤드를 사용하는 것은 스프링클러헤드가 가장 많이 설치된 방사구역의 스프링클러헤드 설치개수에 $2.4m^3$를 곱한 양 이상이 되도록 설치할 것
④ 스프링클러설비는 규정에 의한 개수의 스프링클러헤드를 동시에 사용할 경우에 각 선단의 방사압력이 100kPa(살수밀도의 기준을 충족하는 경우에는 50kPa)이상이고, 방수량이 1분당 80L(살수밀도의 기준을 충족하는 경우에는 56L) 이상의 성능이 되도록 할 것
⑤ 스프링클러설비에는 비상전원을 설치할 것

해답 ①

02 일반적으로 폭굉파의 전파속도는 어느 정도인가?

① 0.1~10m/s
② 100~350m/s
③ 1000~3500m/s
④ 10000~35000m/s

해설 **폭굉과 폭연의 비교**

① **폭굉**(detonation : 디토네이션) : 연소의 전파속도가 음속보다 빠른 현상
② **폭연**(deflagration : 디플러그레이션) : 연소의 전파속도가 음속보다 느린 현상

폭굉파 : 1000~3500m/s **연소파** : 0.03~10m/s

해답 ③

03 다음 소화약제 중 오존파괴지수(ODP)가 가장 큰 것은?

① IG-541 ② Halon 2402
③ Halon 1211 ④ Halon 1301

해설 **오존파괴지수**

$$ODP = \frac{\text{어떤 물질 1kg이 파괴하는 오존량}}{\text{CFC-11 1kg이 파괴하는 오존량}}$$

할론 소화약제	오존파괴지수(ODP)
할론 1301	14.1
할론 2402	6.6
할론 1211	2.4

해답 ④

04 화학포소화기에서 탄산수소나트륨과 황산알루미늄이 반응하여 생성되는 기체의 주성분은?

① CO ② CO_2
③ N_2 ④ Ar

해설 **화학포(공기포) 소화약제**

① **내약제**(B제) : 황산알루미늄($Al_2(SO_4)_3$)
② **외약제**(A제) : 중탄산나트륨($NaHCO_3$), 기포안정제

화학포의 기포안정제
- 사포닝 • 계면활성제
- 소다회 • 가수분해단백질

③ 반응식

(탄산수소나트륨) (황산알루미늄)
$6NaHCO_3 + Al_2(SO_4)_3 \cdot 18H_2O$
$\rightarrow 3Na_2SO_4 + 2Al(OH)_3 + 6CO_2 + 18H_2O$
(황산나트륨) (수산화알루미늄)(이산화탄소) (물)

해답 ②

05 철분, 금속분, 마그네슘에 적응성이 있는 소화설비는?

① 불활성가스소화설비
② 할로겐화합물소화설비
③ 포소화설비
④ 탄산수소염류소화설비

해설 **금수성 위험물질에 적응성이 있는 소화기**

① 탄산수소염류
② 마른 모래
③ 팽창질석 또는 팽창진주암

해답 ④

06 물에 탄산칼륨을 보강시킨 강화액 소화약제에 대한 설명으로 틀린 것은?

① 물보다 점성이 있는 수용액이다.
② 일반적으로 약산성을 나타낸다.
③ 응고점은 약 −30~−25℃이다.
④ 비중은 약 1.3~1.4정도이다.

해설 **강화액 소화기**

① 물의 빙점(어는점)이 낮은 단점을 강화시킨 탄산칼륨(K_2CO_3) 수용액
② 내부에 황산(H_2SO_4)이 있어 탄산칼륨과 화학반응에 의한 CO_2가 압력원이 된다.

$H_2SO_4 + K_2CO_3 \rightarrow K_2SO_4 + H_2O + CO_2\uparrow$

③ 무상인 경우 A, B, C 급 화재에 모두 적응한다.
④ 소화약제의 pH는 12이다.(알카리성을 나타낸다.)
⑤ 어는점(빙점)이 약 −30℃~−25℃로 매우 낮아 추운 지방에서 사용
⑥ 강화액 소화약제는 알칼리성을 나타낸다.

해답 ②

07 옥외저장소에서 지정수량 200배 초과의 위험물을 저장할 경우 보유공지의 너비는 몇 m 이상으로 하여야 하는가? (단, 제4류 위험물과 제6류 위험물은 제외한다.)

① 0.5 ② 2.5
③ 10 ④ 15

해설 **옥외저장소의 보유공지의 너비**

저장 또는 취급하는 위험물의 최대수량	공지의 너비
지정수량의 10배 이하	3m 이상
지정수량의 10배 초과 20배 이하	5m 이상
지정수량의 20배 초과 50배 이하	9m 이상
지정수량의 50배 초과 200배 이하	12m 이상
지정수량의 200배 초과	15m 이상

다만, 제4류 위험물 중 제4석유류와 제6류 위험물을 저장 또는 취급하는 옥외저장소의 보유공지는 표에 의한 공지의 너비의 3분의 1이상의 너비로 할 수 있다.

해답 ④

08 공기 중의 산소농도를 한계산소량 이하로 낮추어 연소를 중지시키는 소화방법은?

① 냉각소화 ② 제거소화
③ 억제소화 ④ 질식소화

해설 **소화원리**

① **냉각소화** : 가연성 물질을 발화점 이하로 온도를 냉각

물이 소화약제로 사용되는 이유
- 물의 기화열(539kcal/kg)이 크기 때문
- 물의 비열(1kcal/kg℃)이 크기 때문

② **질식소화** : 산소농도를 21%에서 15% 이하로 감소

질식소화 시 산소의 유지농도 : 10~15%

③ **억제소화(부촉매소화, 화학적 소화)** : 연쇄반응을 억제

- 부촉매 : 화학적 반응의 속도를 느리게 하는 것
- 부촉매 효과 : 할로겐화합물 소화약제
(할로겐족원소 : 불소(F), 염소(Cl), 브롬(Br), 요오드(I))

④ **제거소화** : 가연성물질을 제거시켜 소화

- 산불이 발생하면 화재의 진행방향을 앞질러 벌목
- 화학반응기의 화재 시 원료공급관의 밸브를 폐쇄
- 유전화재 시 폭약으로 폭풍을 일으켜 화염을 제거
- 촛불을 입김으로 불어 화염을 제거

⑤ **피복소화** : 가연물 주위를 공기와 차단
⑥ **희석소화** : 수용성인 인화성액체 화재 시 물을 방사하여 가연물의 연소농도를 희석

해답 ④

09 위험물안전관리법령상 소화설비의 구분에서 "물분무등소화설비"의 종류가 아닌 것은?

① 스프링클러설비
② 할로겐화합물소화설비
③ 불활성가스소화설비
④ 분말소화설비

해설 **물분무 등 소화설비**
① 물분무 소화설비
② 포 소화설비
③ 불활성가스 소화설비
④ 할로겐화합물 소화설비
⑤ 청정소화약제 소화설비
⑥ 분말 소화설비

해답 ①

10 이동탱크저장소에 있어서 구조물 등의 시설을 변경하는 경우 변경허가를 득하여야 하는 경우는?

① 펌프설비를 보수하는 경우
② 동일 사업장내에서 상치장소의 위치를 이전하는 경우
③ 직경이 200mm인 이동저장탱크의 맨홀을 신설하는 경우
④ 탱크본체를 절개하여 탱크를 보수하는 경우

해설 **이동탱크저장소의 변경허가를 받아야 하는 경우**
① 상치장소의 위치를 이전하는 경우(같은 사업장 또는 같은 울안에서 이전하는 경우는 제외)
② 이동저장탱크를 보수(탱크본체를 절개하는 경우에 한한다)하는 경우
③ 이동저장탱크의 노즐 또는 맨홀을 신설하는 경우(노즐 또는 맨홀의 직경이 250mm를 초과하는 경우에 한한다)
④ **이동저장탱크의 내용적을 변경하기 위하여 구조를 변경하는 경우**
⑤ 주입설비를 설치 또는 철거하는 경우
⑥ 펌프설비를 신설하는 경우

해답 ④

11 유류화재의 급수 표시와 표시색상으로 옳은 것은?

① A급, 백색　② B급, 황색
③ A급, 황색　④ B급, 백색

해설 **화재의 분류** ★★ 자주출제(필수암기) ★★

종 류	등급	색표시	주된 소화방법
일반화재	A급	백색	냉각소화
유류 및 가스화재	B급	황색	질식소화
전기화재	C급	청색	질식소화
금속화재	D급	–	피복소화
주방화재	K급	–	냉각 및 질식 소화

해답 ②

12 과산화리튬의 화재현장에서 주수소화기 불가능한 이유는?

① 수소가 발생하기 때문에
② 산소가 발생하기 때문에
③ 이산화탄소가 발생하기 때문에
④ 일산화탄소가 발생하기 때문에

해설 **과산화리튬**(Li_2O_2) : **제1류 위험물 중 무기과산화물**
상온에서 물과 격렬히 반응하여 산소(O_2)를 방출

하고 폭발하기도 한다.

$2Li_2O_2 + 2H_2O \rightarrow 4LiOH + O_2\uparrow$

해답 ②

13 위험물안전관리법령에 의하여 옥외소화전이 6개 있을 경우 수원의 수량은 몇 m^3이상이어야 하는가?

① $48m^3$ 이상　② $54m^3$ 이상
③ $60m^3$ 이상　④ $81m^3$ 이상

해설 **위험물제조소 등의 소화설비 설치기준**

소화설비	수평거리	방사량	방사압력
옥내	25m 이하	260(L/min) 이상	350(kPa) 이상
	수원의 양 Q=N(소화전개수 : **최대 5개**) ×$7.8m^3$(260L/min×30min)		
옥외	40m 이하	450(L/min) 이상	350(kPa) 이상
	수원의 양 Q=N(소화전개수 : 최대 4개) ×$13.5m^3$(450L/min×30min)		
스프링클러	1.7m 이하	80(L/min) 이상	100(kPa) 이상
	수원의 양 Q=N(헤드수 : 최대 30개) ×$2.4m^3$(80L/min×30min)		
물분무	-	20 ($L/m^2\cdot min$)	350(kPa) 이상
	수원의 양 Q=A(바닥면적m^2)× $0.6m^3$($20L/m^2\cdot min$×30min)		

옥외소화전의 수원의 양

Q=N(소화전개수 : 최대 4개)×$13.5m^3$
=4×$13.5m^3$=$54m^3$

해답 ②

14 분말 소화약제의 분류가 옳게 연결된 것은?

① 제1종 분말약제 : $KHCO_3$
② 제2종 분말약제 : $KHCO_3+(NH_2)_2CO$
③ 제3종 분말약제 : $NH_4H_2PO_4$
④ 제4종 분말약제 : $NaHCO_3$

해설 **분말약제의 주성분 및 착색** ★★★★(필수암기)

종별	주 성 분	약 제 명	착 색	적응화재
제1종	$NaHCO_3$	탄산수소나트륨 중탄산나트륨 중조	백색	B,C급
제2종	$KHCO_3$	탄산수소칼륨 중탄산칼륨	담회색	B,C급
제3종	$NH_4H_2PO_4$	제1인산암모늄	담홍색 (핑크색)	A,B,C급
제4종	$KHCO_3$ $+(NH_2)_2CO$	중탄산칼륨 +요소	회색 (쥐색)	B,C급

해답 ③

15 마른모래(삽 1개 포함) 50리터의 소화 능력단위는?

① 0.1　② 0.5
③ 1　④ 1.5

해설 **간이 소화용구의 능력단위**

소화설비	용량	능력단위
소화전용 물통	8L	0.3
수조(소화전용 물통 3개 포함)	80L	1.5
수조(소화전용 물통 6개 포함)	190L	2.5
마른 모래(삽 1개 포함)	50L	0.5
팽창질석 또는 팽창진주암(삽 1개 포함)	80L	0.5

해답 ②

16 그림은 포소화설비의 소화약제 혼합장치이다. 이 혼합방식의 명칭은?

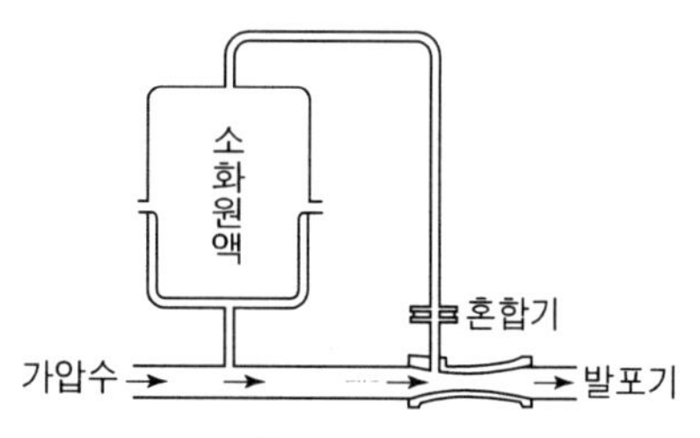

① 라인프로포셔너
② 펌프프로포셔너
③ 프레셔프로포셔너
④ 프레셔사이드프로포셔너

해설 포소화약제의 혼합장치

① **펌프 프로포셔너 방식(펌프 조합방식)**
(pump proportioner type)
펌프의 토출관과 흡입관 사이의 배관도중에 설치한 흡입기에 펌프에서 토출된 물의 일부를 보내고, 농도 조정밸브에서 조정된 포 소화약제의 필요량을 포 소화약제 탱크에서 펌프 흡입측으로 보내어 이를 혼합하는 방식

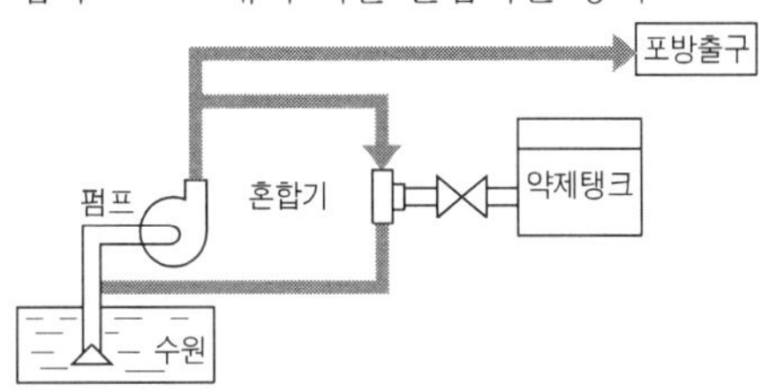

② **프레져 프로포셔너 방식(차압 조합방식)**
(pressure proportioner type)
펌프와 발포기의 중간에 설치된 벤추리관의 벤추리작용과 펌프 가압수의 포 소화약제 저장탱크에 대한 압력에 의하여 포소화약제를 흡입·혼합하는 방식

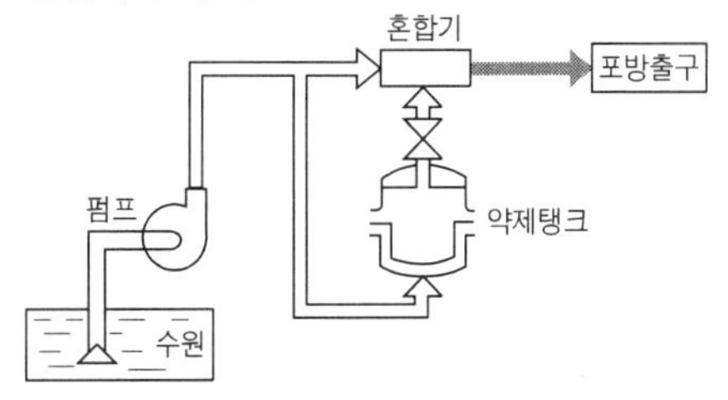

③ **라인 프로포셔너 방식(관로 조합방식)**
(line proportioner type)
펌프와 발포기의 중간에 설치된 벤추리관의 벤추리 작용에 의하여 포소화약제를 흡입·혼합하는 방식

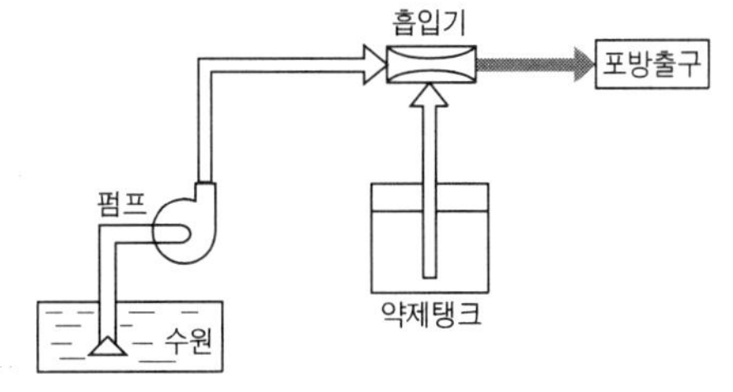

④ **프레져사이드 프로포셔너 방식(압입 혼합방식)**
(pressure side proportioner type)
펌프의 토출관에 압입기를 설치하여 포 소화약제 압입용 펌프로 포소화약제를 압입시켜 혼합하는 방식

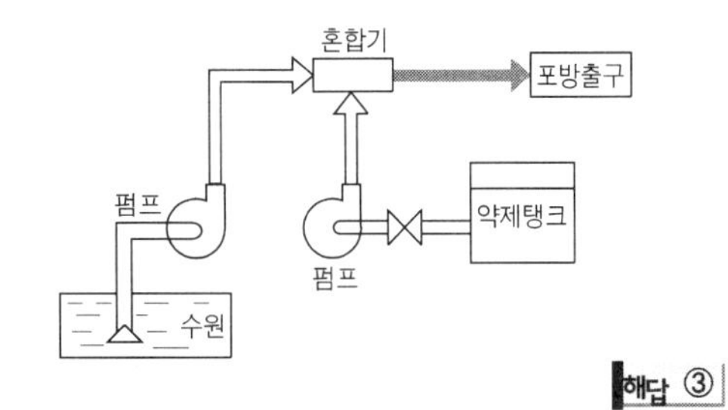

해답 ③

17 황의 화재예방 및 소화방법에 대한 설명 중 틀린 것은?

① 산화제와 혼합하여 저장한다.
② 정전기가 축적되는 것을 방지한다.
③ 화재시 분무 주수하여 소화할 수 있다.
④ 화재시 유독가스가 발생하므로 보호 장구를 착용하고 소화한다.

해설 유황(S) : 제2류 위험물(가연성 고체)
① 동소체로 사방황, 단사황, 고무상황이 있다.
② 황색의 고체 또는 분말상태이다.
③ 물에 녹지 않고 이황화탄소(CS_2)에는 잘 녹는다.
④ 공기 중에서 연소 시 푸른 불꽃을 내며 이산화황이 생성된다.

$S + O_2 \rightarrow SO_2$(이산화황=아황산)

⑤ 산화제와 접촉 시 위험하다.
⑥ 분진폭발의 위험성이 있고 목탄가루와 혼합시 가열, 충격, 마찰에 의하여 폭발위험성이 있다.
⑦ 다량의 물로 주수소화 또는 질식소화한다.

해답 ①

18 건축물의 1층 및 2층 부분만을 방사능력 범위로 하고 지하층 및 3층 이상의 층에 대하여 다른 소화설비를 설치해야 하는 소화설비는?

① 스프링클러설비 ② 포소화설비
③ 옥외소화전설비 ④ 물분무소화설비

해설 옥외소화전 설비 설치대상
① 지상 1층 및 2층의 바닥면적의 합계가 $9000m^2$ 이상인 것
② 국보 또는 보물로 지정된 목조건축물
③ 지정수량의 750배 이상의 특수가연물을 저장, 취급하는 것

해답 ③

19 산화열에 의해 자연발화가 발생할 위험이 높은 것은?

① 건성유 ② 니트로셀룰로오스
③ 퇴비 ④ 목탄

해설 **자연발화의 형태**

자연발화 형태	자연발화 물질
산화열	석탄, **건성유**, 고무분말, 금속분, 기름걸레
분해열	셀룰로이드, 니트로셀룰로우스, 니트로글리세린
흡착열	활성탄, 목탄분말
미생물열	퇴비, 먼지

해답 ①

20 옥내에서 지정수량 100배 이상을 취급하는 일반취급소에 설치하여야 하는 경보설비는? (단, 고인화점 위험물만을 취급하는 경우는 제외한다.)

① 비상경보설비
② 자동화재탐지설비
③ 비상방송설비
④ 비상벨설비 및 확성장치

해설 **자동화재탐지설비 설치대상**
지정수량의 100배 이상을 저장 또는 취급하는 제조소, 일반취급소, 옥내저장소

해답 ②

21 트리니트로톨루엔에 관한 설명으로 옳은 것은?

① 불연성이지만 조연성 물질이다.
② 폭약류의 폭력을 비교할 대 기준 폭약으로 활용된다.
③ 인화점이 30℃ 보다 높으므로 여름철에 주의해야 한다.
④ 분해연소하면서 다량의 고체를 발생한다.

해설 **트리니트로톨루엔**[$C_6H_2CH_3(NO_2)_3$] **: 제5류 위험물 중 니트로화합물**
① 물에는 녹지 않고 알코올, 아세톤, 벤젠에 녹는다.
② Tri Nitro Toluene의 약자로 TNT라고도 한다.
③ 담황색의 주상결정이며 햇빛에 다갈색으로 변색된다.
④ 강력한 폭약이며 급격한 타격에 폭발한다.

$$2C_6H_2CH_3(NO_2)_3 \rightarrow 2C + 12CO + 3N_2\uparrow + 5H_2\uparrow$$

⑤ 연소 시 연소속도가 너무 빠르므로 소화가 곤란하다.
⑥ 무기 및 다이나마이트, 질산폭약제 제조에 이용된다.

해답 ②

22 니트로셀룰로오스에 관한 설명으로 옳은 것은?

① 섬유소를 진한 염산과 석유의 혼합액으로 처리하여 제조한다.
② 직사광선 및 산의 존재하에 자연발화의 위험이 있다.
③ 습윤 상태로 보관하면 매우 위험하다.
④ 황갈색의 액체 상태이다.

해설 **니트로셀룰로오스**[$(C_6H_7O_2(ONO_2)_3]_n$ **: 제5류 위험물**
셀룰로오스(섬유소)에 진한 질산과 진한 황산의 혼합액을 작용시켜서 만든 것이다.
① 비수용성이며 초산에틸, 초산아밀, 아세톤에 잘 녹는다.
② 130℃에서 분해가 시작되고, 180℃에서는 급격하게 연소한다.
③ 직사광선, 산 접촉 시 분해 및 자연 발화한다.
④ 건조상태에서는 폭발위험이 크나 수분함유 시 폭발위험성이 없어 저장 · 운반이 용이하다.
⑤ 질산섬유소라고도 하며 화약에 이용 시 면약(면화약)이라 한다.
⑥ 셀룰로이드, 콜로디온에 이용 시 질화면이라 한다.
⑦ 질소함유율(질화도)이 높을수록 폭발성이 크다.
⑧ 저장, 운반 시 물(20%) 또는 알코올(30%)을 첨가 습윤시킨다.
⑨ **질화도에 따른 분류**

구분	질화도(질소함유량)
강면약(강질화면)	12.5~13.5%
취 면	10.7~11.2%
약면약(약질화면)	11.2~12.3%

해답 ②

23 다음 아세톤의 완전 연소 반응식에서 ( )에 알맞은 계수를 차례대로 옳게 나타낸 것은?

CH_3COCH_3 + ( )O_2 → ( )CO_2 + $3H_2O$

① 3, 4　② 4, 3
③ 6, 3　④ 3, 6

해설 **아세톤의 완전연소 반응식**

$CH_3COCH_3 + 4O_2 \rightarrow 3CO_2 + 3H_2O$

(주) CHO로 구성된 화합물은 완전연소 시 CO_2와 H_2O를 생성한다.

해답 ②

24 제1류 위험물을 취급할 때 주의사항으로서 틀린 것은?

① 환기가 잘되는 서늘한 곳에 저장한다.
② 가열, 충격, 마찰을 피한다.
③ 가연물과의 접촉을 피한다.
④ 밀폐용기는 위험하므로 개방용기를 사용해야 한다.

해설 **제1류 위험물**(산화성고체) : 조해성이 있기 때문에 밀폐하여 저장한다.

조해성
공기 중에 노출되어 있는 고체가 수분을 흡수하여 녹는 현상

해답 ④

25 유황 500kg, 인화성고체 1000kg을 저장하려 한다. 각각의 지정수량 배수의 합은 얼마인가?

① 3배　② 4배
③ 5배　④ 6배

해설 **제2류 위험물의 지정수량**

성 질	품 명	지정수량	위험등급
가연성 고체	황화린, 적린, 유황	100kg	Ⅱ
	철분, 금속분, 마그네슘	500kg	Ⅲ
	인화성 고체	1,000kg	

지정수량의 배수

$$= \frac{\text{저장수량}}{\text{지정수량}} = \frac{500\text{kg}}{100\text{kg}} + \frac{1000\text{kg}}{1000\text{kg}} = 6\text{배}$$

해답 ④

26 위험물의 유별(類別) 구분이 나머지 셋과 다른 하나는?

① 황린　② 금속분
③ 황화린　④ 마그네슘

해설 ① 황린 : 제3류 위험물
② 금속분 : 제2류 위험물
③ 황화린 : 제2류 위험물
④ 마그네슘 : 제2류 위험물

제2류 위험물의 지정수량

성 질	품 명	지정수량	위험등급
가연성 고체	황화린, 적린, **유황**	**100kg**	Ⅱ
	철분, 금속분, 마그네슘	500kg	Ⅲ
	인화성 고체	**1,000kg**	

해답 ①

27 인화성액체 위험물을 저장 또는 취급하는 옥외탱크저장소의 방유제내에 용량 10만L와 5만L인 옥외저장탱크 2기를 설치하는 경우에 확보하여야 하는 방유제의 용량은?

① 50000L 이상　② 80000L 이상
③ 100000L 이상　④ 110000L 이상

해설 **인화성액체위험물**(이황화탄소를 제외)**의 옥외탱크저장소의 방유제**

① 방유제의 용량

탱크가 하나인 때	탱크 용량의 110% 이상
2기 이상인 때	탱크 중 용량이 최대인 것의 용량의 110% 이상

② 방유제의 높이는 0.5m 이상 3m 이하, 두께 0.2m 이상, 지하매설 깊이 1m 이상
③ 방유제 내의 면적은 8만m^2 이하로 할 것
④ 방유제 내에 설치하는 옥외저장탱크의 수는 10 이하로 할 것
⑤ 방유제는 탱크의 옆판으로부터 거리를 유지할 것

지름이 15m 미만인 경우	탱크 높이의 3분의 1 이상
지름이 15m 이상인 경우	탱크 높이의 2분의 1 이상

※ 방유제의 용량은 탱크가 2기 이상이므로 탱크 중 용량이 최대인 것의 용량의 110% 이상

$$Q = 100{,}000\text{L} \times \frac{110}{100} = 110{,}000\text{L 이상}$$

해답 ④

28 내용적이 20000L인 옥내저장탱크에 대하여 저장 또는 취급의 허가를 받을 수 있는 최대용량은? (단, 원칙적인 경우에 한한다.)

① 18000L ② 19000L
③ 19400L ④ 20000L

해설 **탱크의 용량**

$$내용적-공간용적\left(\frac{5}{100} \sim \frac{10}{100}\right)$$

$$Q = 20,000\text{L} - \left(20,000\text{L} \times \frac{5}{100}\right) = 19,000\text{L}$$

해답 ②

29 다음 중 공기에서 산화되어 액 표면에 피막을 만드는 경향이 가장 큰 것은?

① 올리브유 ② 낙화생유
③ 야자유 ④ 동유

해설 공기 중 피막을 만드는 경향이 가장 큰 것은 요오드값이 가장 큰 건성유이다.

동식물유류 : 제4류 위험물
동물의 지육 또는 식물의 종자나 과육으로부터 추출한 것으로 1기압에서 인화점이 250℃ 미만인 것

요오드값에 따른 동식물유류의 분류

구 분	요오드값	종 류
건성유	130 이상	해바라기기름, 동유(오동기름), 정어리기름, 아마인유, 들기름
반건성유	100~130	채종유, 쌀겨기름, 참기름, 면실유, 옥수수기름, 청어기름, 콩기름
불건성유	100 이하	야자유, 팜유, 올리브유, 피마자기름, 낙화생기름, 돈지, 우지, 고래기름

해답 ④

30 제2류 위험물의 화재예방 및 진압대책으로 적합하지 않은 것은?

① 강산화제와의 혼합을 피한다.
② 적린과 유황은 물에 의한 냉각소화가 가능하다.
③ 금속분은 산과의 접촉을 피한다.
④ 인화성고체를 제외한 위험물제조소에는 "화기엄금" 주의사항 게시판을 설치한다.

해설 ③ 인화성 고체를 제외한 위험물제조소에는 "화기주의" 주의사항 게시판을 설치한다.

게시판의 설치기준
① 한 변의 길이가 0.3m 이상, 다른 한 변의 길이가 0.6m 이상인 직사각형으로 할 것
② 위험물의 유별 · 품명 및 저장최대수량 또는 취급최대수량, 지정수량의 배수 및 안전 관리자의 성명 또는 직명을 기재할 것
③ 게시판의 바탕은 백색으로, 문자는 흑색으로 할 것
④ 저장 또는 취급하는 위험물에 따라 주의사항 게시판을 설치할 것

위험물의 종류	주의사항 표시	게시판의 색
제1류(알칼리금속 과산화물) 제3류(금수성 물품)	물기엄금	청색바탕에 백색문자
제2류(인화성 고체 제외)	화기주의	적색바탕에 백색문자
제2류(인화성 고체) 제3류(자연발화성 물품) 제4류 제5류	화기엄금	

해답 ④

31 제5류 위험물에 관한 내용으로 틀린 것은?

① $C_2H_5ONO_2$: 상온에서 액체이다.
② $C_6H_2OH(NO_2)_3$: 공기 중 자연분해가 매우 잘 된다.
③ $C_6H_3(NO_2)_2CH_3$: 담황색의결정이다.
④ $C_3H_5(ONO_2)_3$: 혼산 중에 글리세린을 반응시켜 제조한다.

해설 ③ $C_6H_2(NO_2)_3OH$: 공기 중 자연분해가 어렵다.

피크린산 : 제5류 니트로화합물
[$C_6H_2(NO_2)_3OH$](TNP : Tri Nitro Phenol)
① 침상결정이며 냉수에는 약간 녹고 더운물, 알코올, 벤젠 등에 잘 녹는다.
② 쓴맛과 독성이 있다.
③ 피크린산 또는 트리니트로페놀(Tri Nitro phenol)의 약자로 TNP라고도 한다.
④ 단독으로 타격, 마찰에 비교적 둔감하다.
⑤ 연소 시 검은 연기를 내고 폭발성은 없다.

⑥ 휘발유, 알코올, 유황과 혼합된 것은 마찰, 충격에 폭발한다.
⑦ 화약, 불꽃놀이에 이용된다.

해답 ②

32 알루미늄분의 성질에 대한 설명 중 틀린 것은?

① 염산과 반응하여 수소를 발생한다.
② 끓는 물과 반응하면 수소화알루미늄이 생성된다.
③ 산화제와 혼합시키면 착화의 위험이 있다.
④ 은백색의 광택이 있고 물보다 무거운 금속이다.

해설 ② 끓는 물과 반응하면 수산화알루미늄과 수소가 발생한다.

알루미늄분(Al) : **제2류 위험물**
① 산화제와 혼합 시 가열, 충격, 마찰 등에 의하여 착화위험이 있다.
② 할로겐원소(F, Cl, Br, I)와 접촉 시 자연발화 위험이 있다.
③ 분진폭발 위험성이 있다.
④ 가열된 알루미늄은 수증기와 반응하여 수소를 발생시킨다.(주수소화금지)

$2Al + 6H_2O \rightarrow 2Al(OH)_3 + 3H_2\uparrow$

⑤ 알루미늄(Al)은 산과 반응하여 수소를 발생한다.

$2Al + 6HCl \rightarrow 2AlCl_3 + 3H_2\uparrow$

⑥ 주수소화는 엄금이며 마른모래 등으로 피복 소화한다.

해답 ②

33 위험물을 저장할 때 필요한 보호물질을 옳게 연결한 것은?

① 황린－석유 ② 금속칼륨－에탄올
③ 이황화탄소－물 ④ 금속나트륨－산소

해설 **보호액 속에 저장 위험물**
① **파라핀, 경유, 등유 속에 보관**
칼륨(K), 나트륨(Na)
② **물속에 보관**
이황화탄소(CS_2), 황린(P_4)

해답 ③

34 지정수량의 10배의 위험물을 운반할 경우 제5류 위험물과 혼재 가능한 위험물에 해당하는 것은?

① 제1류 위험물 ② 제2류 위험물
③ 제3류 위험물 ④ 제6류 위험물

해설 제5류 위험물과 혼재가 가능한 위험물
⇒ 제2류 위험물, 제4류 위험물

위험물의 운반에 따른 유별을 달리하는 위험물의 혼재기준(쉬운 암기방법)

혼재 가능	
↓1류 + 6류↑	2류 + 4류
↓2류 + 5류↑	5류 + 4류
↓3류 + 4류↑	

해답 ②

35 제5류 위험물 중 지정수량이 잘못된 것은?

① 유기과산화물 : 10kg
② 히드록실아민 : 100kg
③ 질산에스테르류 : 100kg
④ 니트로화합물 : 200kg

해설 ③ 질산에스테르류 : 10kg

제5류 위험물 및 지정수량

성질	품 명	지정수량	위험등급
자기 반응성물질	1. 유기과산화물 2. 질산에스테르류	10kg	Ⅰ
	3. 니트로화합물 4. 니트로소화합물 5. 아조화합물 6. 디아조화합물 7. 히드라진 유도체	200kg	Ⅱ
	8. 히드록실아민 9. 히드록실아민염류	100kg	

해답 ③

36 소화설비의 설치기준으로 옳은 것은?

① 제4류 위험물을 저장 또는 취급하는 소화난이도등급 Ⅰ인 옥외탱크저장소에는 대형수동식소화기 및 소형수동식소화기 등을 각각 1개 이상 설치할 것

② 소화난이도등급 Ⅱ인 옥내탱크저장소는 소형수동식소화기 등을 2개 이상 설치할 것
③ 소화난이도등급 Ⅲ인 지하탱크저장소는 능력단위의 수치가 2 이상인 소형수동식소화기 등을 2개 이상 설치할 것
④ 제조소등에 전기설비(전기배선, 조명기구 등은 제외한다)가 설치된 경우에는 당해 장소의 면적 $100m^2$마다 소형수동식소화기를 1개 이상 설치할 것

해설 **소화설비의 설치기준**(전기설비의 소화설비)
제조소 등에 전기설비(전기배선, 조명기구 등은 제외한다)가 설치된 경우에는 당해 장소의 면적 $100m^2$마다 소형수동식소화기를 1개 이상 설치할 것

해답 ④

37 가연성고체에 해당하는 물품으로서 위험등급 Ⅱ에 해당하는 것은?

① P_4S_3, P ② Mg, $(CH_3CHO)_4$
③ P_4, AlP ④ NaH, Zr

해설 **제2류 위험물의 지정수량**

성 질	품 명	지정수량	위험등급
가연성 고체	황화린, 적린, 유황	100kg	Ⅱ
	철분, 금속분, 마그네슘	500kg	Ⅲ
	인화성 고체	1,000kg	

해답 ①

38 종류(유별)가 다른 위험물을 동일한 옥내저장소의 동일한 실에 같이 저장하는 경우에 대한 설명으로 틀린 것은?

① 제1류 위험물과 황린은 동일한 옥내저장소에 저장할 수 있다.
② 제1류 위험물과 제6류 위험물은 동일한 옥내저장소에 저장할 수 있다.
③ 제1류 위험물 중 알칼리금속의 과산화물과 제5류 위험물은 동일한 옥내저장소에 저장할 수 있다.
④ 유별을 달리하는 위험물을 유별로 모아서 저장하는 한편 상호간에 1미터 이상의 간격을 두어야 한다.

해설 **위험물의 저장 기준**
옥내저장소 또는 옥외저장소에 있어서 다음의 각 목의 규정에 의한 위험물을 저장하는 경우로서 위험물을 유별로 정리하여 저장하는 한편, **서로 1m 이상의 간격**을 두는 경우에는 **동일한 저장소에 저장할 수 있다(중요기준)**.
① **제1류 위험물**(알칼리금속의 과산화물 또는 이를 함유한 것을 제외)과 **제5류 위험물**을 저장하는 경우
② **제1류 위험물**과 **제6류 위험물**을 저장하는 경우
③ **제1류 위험물**과 제3류 위험물 중 **자연발화성물질**(황린 또는 이를 함유한 것)을 저장하는 경우
④ 제2류 위험물 중 **인화성고체**와 **제4류 위험물**을 저장하는 경우
⑤ 제3류 위험물 중 **알킬알루미늄등**과 **제4류 위험물**(알킬알루미늄 또는 알킬리튬을 함유한 것)을 저장하는 경우
⑥ 제4류 위험물 중 **유기과산화물** 또는 이를 함유하는 것과 제5류 위험물 중 **유기과산화물** 또는 이를 함유한 것을 저장하는 경우

해답 ③

39 다음 중 인화점이 가장 높은 물질은?

① 이황화탄소 ② 디에틸에테르
③ 아세트알데히드 ④ 산화프로필렌

해설 **제4류 위험물의 인화점**

품 명	유별	인화점(℃)
① 이황화탄소	특수인화물	−30
② 디에틸에테르	특수인화물	−45
③ 아세트알데히드	특수인화물	−38
④ 산화프로필렌	특수인화물	−37

해답 ①

40 마그네슘분과 혼합했을 때 발화의 위험이 있기 때문에 접촉을 피해야 하는 것은?

① 건조사 ② 팽창질석
③ 팽창진주암 ④ 염소 가스

해설 **마그네슘**(Mg) : 제2류 위험물
① 이산화탄소와 작용하여 탄소를 생성한다.

$2Mg + 2CO_2 \rightarrow 2MgO + C\uparrow$
(산화마그네슘)

② 산과 작용하여 수소를 발생시킨다.

$Mg + 2HCl \rightarrow MgCl_2 + H_2\uparrow$
(염화마그네슘)(수소)

해답 ④

41 금속 나트륨을 페놀프탈레인 용액이 몇 방울 섞인 물속에 넣었다. 이 때 일어나는 현상을 잘못 설명한 것은?

① 물이 붉은 색으로 변한다.
② 물이 산성으로 변하게 된다.
③ 물과 반응하여 수소를 발생한다.
④ 물과 격렬하게 반응하면서 발열한다.

해설 ② 물이 알칼리성으로 변하게 된다.
([주] 페놀프탈레인용액은 지시약으로서 액성과 관계가 없다.)

금속나트륨 : 제3류 위험물(금수성)
① 물과 반응하여 수소기체 발생

$2Na + 2H_2O \rightarrow 2NaOH + H_2\uparrow$

② 파라핀, 경유, 등유 속에 저장

★★자주출제(필수정리)★★
㉠ 칼륨(K), 나트륨(Na)은 파라핀, 경유, 등유 속에 저장
㉡ $2K + 2H_2O \rightarrow 2KOH + H_2\uparrow$ (수소발생)
㉢ 황린(3류) 및 이황화탄소(4류)는 물속에 저장

해답 ②

42 제3류 위험물에 해당하는 것은?

① 염소화규소화합물
② 금속의 아지화합물
③ 질산구아니딘
④ 할로겐간화합물

해설 ① 염소화규소화합물 : 제3류 위험물
② 금속의 아지(아조)화합물 : 제5류 위험물
③ 질산구아니딘 : 제5류 위험물
④ 할로겐간화합물 : 제6류 위험물

해답 ①

43 위험물을 운반용기에 수납하여 적재할 때 차광성이 있는 피복으로 가려야 하는 위험물이 아닌 것은?

① 제1류 위험물　② 제2류 위험물
③ 제5류 위험물　④ 제6류 위험물

해설 **적재위험물의 성질에 따른 조치**
(1) 차광성이 있는 피복으로 가려야하는 위험물
① 제1류 위험물
② 제3류위험물 중 자연발화성물질
③ 제4류 위험물 중 특수인화물(지정수량50L)
④ 제5류 위험물
⑤ 제6류 위험물

(2) 방수성이 있는 피복으로 덮어야 하는 것
① 제1류 위험물 중 알칼리금속의 과산화물
② 제2류 위험물 중 철분 · 금속분 · 마그네슘 또는 이들 중 어느하나 이상을 함유한 것
③ 제3류 위험물 중 금수성 물질

해답 ②

44 위험물안전관리법에서 정하는 위험물이 아닌 것은? (단, 지정수량은 고려하지 않는다.)

① CCl_4　② BrF_3
③ BrF_5　④ IF_5

해설 ① CCl_4 : 사염화탄소로서 할로겐화합물 소화약제

CTC(Carbon Tetra Chloride, 사염화탄소)
① 할로겐화합물 소화약제
② 방사 시 포스겐의 맹독성가스 발생으로 현재는 사용 금지된 소화약제
③ 화학식은 CCl_4이다.

해답 ①

45 탄화칼슘의 성질에 대하여 옳게 설명한 것은?

① 공기 중에서 아르곤과 반응하여 불연성 기체를 발생한다.

② 공기 중에서 질소와 반응하여 유독한 기체를 낸다.
③ 물과 반응하면 탄소가 생성된다.
④ 물과 반응하여 아세틸렌가스가 생성된다.

해설 **탄화칼슘**(CaC_2) **: 제3류 위험물 중 칼슘탄화물**
① 물과 접촉 시 아세틸렌을 생성하고 열을 발생시킨다.

$$CaC_2 + 2H_2O \rightarrow Ca(OH)_2 + C_2H_2\uparrow$$
(수산화칼슘) (아세틸렌)

② 아세틸렌의 폭발범위는 2.5~81%로 대단히 넓어서 폭발위험성이 크다.
③ 장기 보관시 불활성기체(N_2 등)를 봉입하여 저장한다.
④ 별명은 카바이드, 탄화석회, 칼슘카바이드 등이다.
⑤ 고온(700℃)에서 질화되어 석회질소($CaCN_2$)가 생성된다.

$$CaC_2 + N_2 \rightarrow CaCN_2 + C$$

⑥ 물 및 포약제에 의한 소화는 절대 금하고 마른 모래 등으로 피복 소화한다.

참고 ★★ 자주출제(필수정리) ★★
① 칼륨(K), 나트륨(Na)은 파라핀, 경유, 등유 속에 저장
② $2K+2H_2O \rightarrow 2KOH+H_2\uparrow$ (수소발생)
③ 황린(3류) 및 이황화탄소(4류)는 물속에 저장

해답 ④

46 품명과 위험물의 연결이 틀린 것은?

① 제1석유류-아세톤
② 제2석유류-등유
③ 제3석유류- 경유
④ 제4석유류-기어유

해설 ③ 제2석유류-경유

해답 ③

47 제5류 위험물에 해당하지 않는 것은?

① 염산히드라진 ② 니트로글리세린
③ 니트로벤젠 ④ 니트로셀룰로오스

해설 ③ 니트로벤젠-제4류 위험물 중 제3석유류

제5류 위험물 및 지정수량

성질	품 명	지정수량	위험등급
자기반응성물질	1. 유기과산화물 2. 질산에스테르류	10kg	Ⅰ
	3. 니트로화합물 4. 니트로소화합물 5. 아조화합물 6. 디아조화합물 7. 히드라진 유도체	200kg	Ⅱ
	8. 히드록실아민 9. 히드록실아민염류	100kg	

해답 ③

48 NH_4ClO_4에 대한 설명 중 틀린 것은?

① 가연성물질과 혼합하면 위험하다.
② 폭약이나 성냥 원료로 쓰인다.
③ 에테르에 잘 녹으나 아세톤, 알코올에는 녹지 않는다.
④ 비중이 약 1.87이고 분해온도가 130℃정도이다.

해설 **과염소산암모늄**(NH_4ClO_4) **: 제1류 위험물(산화성 고체)**
① 물, 아세톤, 알코올에는 녹고 에테르에는 잘 녹지 않는다.
② 조해성이므로 밀폐용기에 저장
③ 130℃에서 분해가 시작되어 산소를 방출하고 300℃에서 분해가 급격히 진행된다.

130℃에서 분해
$$NH_4ClO_4 \rightarrow NH_4Cl + 2O_2\uparrow$$
300℃에서 분해
$$2NH_4ClO_4 \rightarrow N_2 + Cl_2 + 2O_2 + 4H_2O$$

④ 충격 및 분해온도 이상에서 폭발성이 있다.

해답 ③

49 질산에스테르류에 속하지 않는 것은?

① 니트로셀룰로오스
② 질산에틸
③ 니트로글리세린
④ 디니트로페놀

해설 (1) **질산에스테르류** : 제5류 위험물(자기반응성물질)
① 질산메틸 ② 질산에틸
③ 니트로글리세린 ④ 니트로셀룰로오스

(2) **니트로화합물** : 제5류 위험물(자기반응성물질)
① 피크린산[$C_6H_2(NO_2)_3OH$](TNP)
② 트리니트로톨루엔[$C_6H_2CH_3(NO_2)_3$]
③ 디니트로페놀[$C_6H_3OH(NO_2)_2$]

해답 ④

50 위험물 운송에 관한 규정으로 틀린 것은?

① 이동탱크저장소에 의하여 위험물을 운송하는 자는 당해 위험물을 취급할 수 있는 국가기술자격자 또는 안전교육을 받은 자이어야 한다.
② 안전관리자 · 탱크시험자 · 위험물운송자 등 위험물의 안전관리와 관련된 업무를 수행하는 자는 시 · 도지사가 실시하는 안전교육을 받아야 한다.
③ 운송책임자의 범위, 감독 또는 지원의 방법 등에 관한 구체적인 기준은 총리령으로 정한다.
④ 위험물운송자는 총리령이 정하는 기준을 준수하는 등 당해 위험물의 안전확보를 위해 세심한 주의를 기울여야 한다.

해설 ② 시 · 도지사 ⇒ 소방청장

위험물안전관리법 제28조(안전교육)
안전관리자 · 탱크시험자 · 위험물운반자 · 위험물운송자 등 위험물의 안전관리와 관련된 업무를 수행하는 자로서 대통령령이 정하는 자는 해당 업무에 관한 능력의 습득 또는 향상을 위하여 소방청장이 실시하는 교육을 받아야 한다.

해답 ②

51 휘발유에 대한 설명으로 틀린 것은?

① 위험등급은 Ⅰ등급이다.
② 증기는 공기보다 무거워 낮은 곳에 체류하기 쉽다.
③ 내장용기가 없는 외장플라스틱용기에 적재할 수 있는 최대용적은 20리터이다.
④ 이동탱크저장소로 운송하는 경우 위험물운송자는 위험물안전카드를 휴대하여야 한다.

해설 ① 휘발유는 제1석유류로서 위험등급 Ⅱ이다.

제4류 위험물 및 지정수량

위 험 물				지정수량(L)	위험등급
유별	성질	품명			
제4류	인화성 액체	1. 특수인화물		50	Ⅰ
		2. 제1 석유류	비수용성 액체	200	Ⅱ
			수용성 액체	400	
		3. 알코올류		400	
		4. 제2 석유류	비수용성 액체	1,000	Ⅲ
			수용성 액체	2,000	
		5. 제3 석유류	비수용성 액체	2,000	
			수용성 액체	4,000	
		6. 제4석유류		6,000	
		7. 동식물유류		10,000	

해답 ①

52 이황화탄소 기체는 수소 기체보다 20℃ 1기압에서 몇 배 더 무거운가?

① 11　　② 22
③ 32　　④ 38

해설 ① CS_2의 분자량 $=12+32\times2=76$
② H_2의 분자량 $=1\times2=2$
$X=\frac{76}{2}=38$배

해답 ④

53 질산암모늄의 위험성에 대한 설명에 해당하는 것은?

① 폭발기와 산화기가 결합되어 있어 100℃에서 분해 폭발한다.
② 인화성액체로 정전기에 주의하여야 한다.
③ 400℃에서 분해되기 시작하여 540℃에서 급격히 분해 폭발할 위험성이 있다.
④ 단독으로도 급격한 가열, 충격으로 분해하여 폭발의 위험이 있다.

해설 **질산암모늄**(NH_4NO_3)
① 단독으로 가열, 충격 시 분해 폭발할 수 있다.
② 화약원료로 쓰이며 유기물과 접촉 시 폭발우려가 있다.

해답 ④

54 탱크안전성능검사 내용의 구분에 해당하지 않는 것은?

① 기초 · 지반검사 ② 충수 · 수압검사
③ 용접부검사 ④ 배관검사

해설 **탱크안전성능검사의 대상이 되는 탱크 등**
(1) **기초 · 지반**검사 : 옥외탱크저장소의 액체위험물탱크 중 용량이 **100만L 이상**인 탱크
(2) **충수 · 수압**검사 : **액체**위험물을 저장 또는 취급하는 탱크.
(3) **용접부**검사 : (1)**의 규정에 의한 탱크**
(4) **암반탱크**검사 : 액체위험물을 저장 또는 취급하는 **암반내**의 공간을 이용한 탱크

해답 ④

55 금속나트륨의 일반적인 성질에 대한 설명 중 틀린 것은?

① 비중은 약 0.97이다.
② 화학적으로 활성이 크다.
③ 은백색의 가벼운 금속이다.
④ 알코올과 반응하여 질소를 발생한다.

해설 ④ 금속나트륨은 알코올과 반응하여 나트륨에틸라이트와 수소기체를 발생한다.

금속칼륨 및 금속나트륨 : 제3류 위험물(금수성)
① 물과 반응하여 수소기체 발생

$2Na + 2H_2O \rightarrow 2NaOH + H_2\uparrow$ (수소발생)
$2K + 2H_2O \rightarrow 2KOH + H_2\uparrow$ (수소발생)

② 파라핀, 경유, 등유 속에 저장

★★자주출제(필수정리)★★
㉠ 칼륨(K), 나트륨(Na)은 파라핀, 경유, 등유 속에 저장
㉡ 황린(3류) 및 이황화탄소(4류)는 물속에 저장

③ 알코올과 반응하여 에틸라이트 생성

$2Na + 2C_2H_5OH \rightarrow 2C_2H_5ONa + H_2\uparrow$
(나트륨) (에틸알코올) (나트륨에틸라이트) (수소)

해답 ④

56 제4류 위험물의 옥외저장탱크에 설치하는 밸브 없는 통기관은 직경이 얼마 이상인 것으로 설치해야 되는가? (단, 압력탱크는 제외한다.)

① 10mm ② 20mm
③ 30mm ④ 40mm

해설 **옥외탱크저장소의 밸브 없는 통기관 설치기준**
① 직경은 30mm 이상일 것
② 선단은 수평면보다 45도 이상 구부려 빗물 등의 침투를 막는 구조로 할 것
③ 가는 눈의 구리망 등으로 인화방지장치를 할 것

해답 ③

57 제6류 위험물의 위험성에 대한 설명으로 적합하지 않은 것은?

① 질산은 햇빛에 의해 분해되어 NO_2를 발생한다.
② 과염소산은 산화력이 강하여 유기물과 접촉시 연소 또는 폭발한다.
③ 질산은 물과 접촉하면 발열한다.
④ 과염소산은 물과 접촉하면 흡열한다.

해설 **과염소산**($HClO_4$) : 제6류 위험물(산화성 액체)
① 물과 접촉 시 심한 열을 발생한다.(발열반응)
② 종이, 나무 조각과 접촉 시 연소한다.
③ 공기 중 분해하여 강하게 연기를 발생한다.
④ 무색의 액체로 염소냄새가 난다.
⑤ 산화력 및 흡습성이 강하다.
⑥ 다량의 물로 분무(안개모양)주수소화
⑦ 불연성물질의 액체이다.

해답 ④

58 제조소등의 관계인은 위험물제조소등에 대하여 기술기준에 적합한지의 여부를 정기적으로 점검을 하여야 하는바, 법적 최소 점검주기에 해당하는 것은?

① 주1호 이상 ② 월1회 이상
③ 6개월1회 이상 ④ 연1회 이상

해설 **위험물제조소등에 대한 정기점검주기** : 연1회 이상

해답 ④

59 시클로헥산에 관한 설명으로 가장 거리가 먼 것은?

① 고리형 분자구조를 가진 방향족 탄화수소 화합물이다.
② 화학식은 C_6H_{12} 이다.
③ 비수용성 위험물이다.
④ 제4류 제1석유류에 속한다.

해설 ① 시클로헥산은 사슬모양의 포화탄화수소이다.

해답 ①

60 제5류 위험물의 화재예방 및 진압대책에 대한 설명 중 틀린 것은?

① 벤조일퍼옥사이드의 저장 시 저장용기에 희석제를 넣으면 폭발위험성을 낮출 수 있다.
② 건조 상태의 니트로셀룰로오스는 위험하므로 운반 시에는 물, 알코올 등으로 습윤시킨다.
③ 디니트로톨루엔은 폭발감도가 매우 민감하고 폭발력이 크므로 가열, 충격 등에 주의하여 조심스럽게 취급해야 한다.
④ 트리니트로톨루엔은 폭발시 다량의 가스가 발생하므로 공기호흡기 등의 보호 장구를 착용하고 소화한다.

해설 **디니트로톨루엔**(Dinitrotoluene) : 제5류 니트로화합물
① **화학식** : $C_7H_6N_2O_4$
② **성상** : 분자량 182.3, 황색의 결정,
③ 알코올, 에테르에 녹고 물에 녹지 않는다. 비중 1.52, 융점 70.5℃, 비점 300℃
④ **용도** : TDI(Toluenediisocyanate)의 원료, 폭약, 염료, 유기합성 원료
⑤ **원료** : 톨루엔, 질산, 황산
⑥ **제법** : 톨루엔에 혼산을 가하여 니트로화시키면 본제품이 얻어진다.

해답 ③

2022 CBT 시험 기출문제

2022년 CBT [제1회] 기출문제 복원
2022년 CBT [제2회] 기출문제 복원
2022년 CBT [제3회] 기출문제 복원
2022년 CBT [제4회] 기출문제 복원

국가기술자격 필기시험문제

2022 CBT 시험 기출문제 복원 [제 1 회]

자격종목	시험시간	문제수	형별	수험번호	성 명
위험물기능사	1시간	60	A		

본 문제는 CBT시험대비 기출문제 복원입니다.

01 니트로셀룰로오스의 자연발화는 일반적으로 무엇에 기인한 것인가?

① 산화열 ② 중합열
③ 흡착열 ④ 분해열

해설 자연발화의 형태

자연발화 형태	자연발화 물질
산화열	석탄, 건성유, 고무분말, 금속분, 기름걸레
분해열	셀룰로이드, 니트로셀룰로우스, 니트로글리세린
흡착열	활성탄, 목탄분말
미생물열	퇴비, 먼지

해답 ④

02 탄화알루미늄이 물과 반응하여 폭발의 위험이 있는 것은 어떤 가스가 발생하기 때문인가?

① 수소 ② 메탄
③ 아세틸렌 ④ 암모니아

해설 탄화알루미늄(Al_4C_3) : 제3류 위험물(금수성 물질)

① 물과 접촉시 메탄가스를 생성하고 발열반응을 한다.

$$Al_4C_3 + 12H_2O \rightarrow 4Al(OH)_3 + 3CH_4$$
(수산화알루미늄) (메탄)

② 황색 결정 또는 백색분말로 1400℃ 이상에서는 분해가 된다.

③ 물 및 포약제에 의한 소화는 절대 금하고 마른 모래 등으로 피복소화한다.

해답 ②

03 인화점 70℃ 이상의 제4류 위험물을 저장하는 암반탱크저장소에 설치하여야 하는 소화설비들로만 이루어진 것은? (단, 소화난이도등급 I 에 해당한다.)

① 물분무소화설비 또는 고정식 포소화설비
② 불활성가스소화설비 또는 물분무소화설비
③ 할로겐화합물소화설비 또는 불활성가스소화설비
④ 고정식 포소화설비 또는 할로겐화합물소화설비

해설 소화난이도등급 I 의 제조소등에 설치하여야 하는 소화설비

제조소등의 구분		소화설비
암반탱크 저장소	유황만을 저장 취급하는 것	물분무소화설비
	인화점 70℃ 이상의 제4류 위험물만을 저장 취급하는 것	물분부소화설비 또는 고정식 포소화설비
	그 밖의 것	고정식 포소화설비(포소화설비가 적응성이 없는 경우에는 분말소화설비)

해답 ①

04 위험물안전관리법령에 따른 옥외소화전설비의 설치기준에 대해 다음 ( )안에 알맞은 수치를 차례대로 나타낸 것은?

> 옥외소화전설비는 모든 옥외소화전(설치개수가 4개 이상인 경우는 4개의 옥외소화전)을 동시에 사용할 경우에 각 노즐선단의 방수압력이 ( )kPa 이상이고, 방수량이 1분당 ( )L 이상의 성능이 되도록 할 것

① 350, 260 ② 300, 260
③ 350, 450 ④ 300, 450

해설 위험물제조소등의 소화설비 설치기준

소화설비	수평거리	방사량	방사압력
옥내	25m 이하	260(L/min) 이상	350(kPa) 이상
	수원의 양 Q=N(소화전개수 : **최대 5개**) ×7.8m³(260L/min×30min)		
옥외	40m 이하	450(L/min) 이상	350(kPa) 이상
	수원의 양 Q=N(소화전개수 : 최대 4개) ×13.5m³(450L/min×30min)		
스프링클러	1.7m 이하	80(L/min) 이상	100(kPa) 이상
	수원의 양 Q=N(헤드수 : 최대 30개) ×2.4m³(80L/min×30min)		
물분무	–	20 (L/m² · min)	350(kPa) 이상
	수원의 양 Q=A(바닥면적m²)× 0.6m³(20L/m² · min×30min)		

해답 ③

05 위험물제조소에 설치하는 분말소화설비의 기준에서 분말소화약제의 가압용 가스로 사용할 수 있는 것은?

① 헬륨 또는 산소
② 네온 또는 염소
③ 아르곤 또는 산소
④ 질소 또는 이산화탄소

해설 ※ **분말 소화약제의 가압용 및 축압용 가스**
: 질소가스 또는 이산화탄소가스

가압용 또는 축압용 가스

구분	질소가스 사용 시	이산화탄소 사용 시
가압용 가스	40L(질소)/1kg(약제) 이상 (35℃, 1기압 기준)	20g(CO_2)/1kg(약제) +배관청소에 필요한 양
축압용 가스	10L(질소)/1kg(약제) 이상 (35℃, 1기압 기준)	20g(CO_2)/1kg(약제) +배관청소에 필요한 양

해답 ④

06 위험물별로 설치하는 소화설비 중 적응성이 없는 것과 연결된 것은?

① 제3류 위험물 중 금수성물질 이외의 것–할로겐화합물소화설비, 불활성가스소화설비
② 제4류 위험물–물분무소화설비, 불활성가스소화설비
③ 제5류 위험물–포소화설비, 스프링클러설비
④ 제6류 위험물–옥내소화전설비, 물분무소화설비

해설 **제3류위험물 중 금수성물질 이외의 것 적응소화설비**
① 옥내소화전설비 ② 옥외소화전설비
③ 스프링클러설비 ④ 물분무 소화설비
⑤ 포 소화설비

해답 ①

07 아세톤의 위험도를 구하면 얼마인가? (단, 아세톤의 연소범위는 2~13vol%이다.)

① 0.846 ② 1.23
③ 5.5 ④ 7.5

해설 **위험도 계산공식**

$$H=\frac{UFL-LFL}{LFL}$$

여기서, H : 위험도, UFL : 연소상한, LFL : 연소하한

위험도 $H=\frac{(13-2)}{2}=5.5$

해답 ③

08 주유취급소 중 건축물의 2층에 휴게음식점의 용도로 사용하는 것에 있어 해당 건축물의 2층으로부터 직접 주유취급소의 부지 밖으로 통하는 출입구와 해당 출입구로 통하는 통로 · 계단에 설치하여야 하는 것은?

① 비상경보설비 ② 유도등
③ 비상조명등 ④ 확성장치

해설 **피난설비**
① 주유취급소 중 건축물의 2층 이상의 부분을 점포 · 휴게음식점 또는 전시장의 용도로 사용하

는 것에 있어서는 당해 건축물의 2층 이상으로부터 직접 주유취급소의 부지 밖으로 통하는 출입구와 당해 출입구로 통하는 **통로 · 계단 및 출입구에 유도등을 설치**하여야 한다.

② 옥내주유취급소에 있어서는 당해 사무소 등의 출입구 및 피난구와 당해 피난구로 통하는 통로 · 계단 및 출입구에 유도등을 설치하여야 한다.

③ 유도등에는 비상전원을 설치하여야 한다.

해답 ②

09 제조소에서 취급하는 제4류 위험물의 최대수량의 합이 지정수량의 24만배 이상 48만배 미만인 사업소의 자체소방대에 두는 화학소방자동차수와 소방대원의 인원 기준으로 옳은 것은?

① 2대, 4인 ② 2대, 12인
③ 3대, 15인 ④ 3대, 24인

해설 **자체소방대에 두는 화학소방자동차 및 인원**

사업소의 구분	화학소방자동차	자체소방대원의 수
1. **제조소** 또는 **일반취급소**에서 취급하는 제4류 위험물의 최대수량의 합이 지정수량의 **3천배 이상 12만배 미만**인 사업소	1대	5인
2. 제조소 또는 일반취급소에서 취급하는 제4류 위험물의 최대수량의 합이 지정수량의 **12만배 이상 24만배 미만**인 사업소	2대	10인
3. 제조소 또는 일반취급소에서 취급하는 제4류 위험물의 최대수량의 합이 지정수량의 **24만배 이상 48만배 미만**인 사업소	3대	15인
4. 제조소 또는 일반취급소에서 취급하는 제4류 위험물의 최대수량의 합이 지정수량의 **48만배 이상**인 사업소	4대	20인
5. 옥외탱크저장소에 저장하는 제4류 위험물의 최대수량이 지정수량의 50만배 이상인 사업소	2대	10인

해답 ③

10 제6류 위험물을 저장하는 제조소등에 적응성이 없는 소화설비는?

① 옥외소화전설비
② 탄산수소염류 분말소화설비
③ 스프링클러설비
④ 포소화설비

해설 **제6류 위험물 적응소화설비**

① 옥내소화전설비 ② 옥외소화전설비
③ 스프링클러설비 ④ 물분무 소화설비
⑤ 포 소화설비 ⑥ 인산염류 등 소화설비

해답 ②

11 소화난이도등급 Ⅰ에 해당하는 위험물제조소등이 아닌 것은? (단, 원칙적인 경우에 한하며 다른 조건은 고려하지 않는다.)

① 모든 이송취급소
② 연면적 $600m^2$의 제조소
③ 지정수량의 150배인 옥내저장소
④ 액 표면적이 $40m^2$인 옥외탱크저장소

해설 **소화난이도 등급 Ⅰ**

제조소등의 구분	제조소등의 규모, 저장 또는 취급하는 위험물의 품명 및 최대수량 등
제조소 일반취급소	연면적 $1,000m^2$ 이상인 것
옥외탱크 저장소	액표면적이 $40m^2$ 이상인 것(제6류 위험물을 저장하는 것 및 고인화점위험물만을 100℃ 미만의 온도에서 저장하는 것은 제외)
암반탱크 저장소	액표면적이 $40m^2$ 이상인 것(제6류 위험물을 저장하는 것 및 고인화점위험물만을 100℃ 미만의 온도에서 저장하는 것은 제외)
이송취급소	모든 대상

해답 ②

12 위험물제조소등에 설치하는 불활성가스 소화설비의 소화약제 저장용기 설치장소로 적합하지 않은 곳은?

① 방호구역 외의 장소
② 온도가 40℃ 이하이고 온도변화가 적은 장소
③ 빗물이 침투할 우려가 적은 장소
④ 직사일광이 잘 들어오는 장소

해설 불활성가스소화설비의 저장용기 설치기준
① 방호구역 외의 장소에 설치할 것
② 온도가 40℃ 이하이고 온도 변화가 적은 장소에 설치할 것
③ 직사일광 및 빗물이 침투할 우려가 적은 장소에 설치할 것
④ 저장용기에는 안전장치를 설치할 것
⑤ 저장용기의 외면에 소화약제의 종류와 양, 제조년도 및 제조자를 표시할 것

불활성가스소화설비의 저장용기 충전기준
① 이산화탄소의 충전비 :
고압식=1.5~1.9, 저압식=1.1~1.4 이하
② IG-100, IG-55 또는 IG-541 :
32MPa 이하(21℃)

해답 ④

13 위험물제조소등에 설치해야하는 각 소화설비의 설치기준에 있어서 각 노즐 또는 헤드선단의 방사압력 기준이 나머지 셋과 다른 설비는?

① 옥내소화전설비 ② 옥외소화전설비
③ 스프링클러설비 ④ 물분무소화설비

해설 위험물제조소등의 소화설비 설치기준

소화설비	수평거리	방사량	방사압력
옥내	25m 이하	260(L/min) 이상	350(kPa) 이상
	수원의 양 Q=N(소화전개수 : **최대 5개**) ×7.8m³(260L/min×30min)		
옥외	40m 이하	450(L/min) 이상	350(kPa) 이상
	수원의 양 Q=N(소화전개수 : 최대 4개) ×13.5m³(450L/min×30min)		
스프링클러	1.7m 이하	80(L/min) 이상	100(kPa) 이상
	수원의 양 Q=N(헤드수 : 최대 30개) ×2.4m³(80L/min×30min)		
물분무	–	20 (L/m² · min)	350(kPa) 이상
	수원의 양 Q=A(바닥면적m²)× 0.6m³(20L/m² · min×30min)		

해답 ③

14 높이 15m, 지름 20m인 옥외저장탱크에 보유공지의 단축을 위해서 물분무설비로 방호조치를 하는 경우 수원의 양은 약 몇 L 이상으로 하여야 하는가?

① 46496 ② 58090
③ 70259 ④ 95880

해설 옥외저장탱크의 보유공지 단축을 위하여 물분무설비로 방호조치를 하는 경우 수원의 양
① 탱크의 표면에 방사하는 물의 양은 탱크의 높이 15m 이하마다 원주길이 1m에 대하여 분당 37L 이상으로 할 것
② 수원의 양은 규정에 의한 수량으로 20분 이상 방사할 수 있는 수량으로 할 것
③ 탱크의 높이가 15m를 초과하는 경우에는 15m 이하마다 분무헤드를 설치

수원의 양 산출공식

$$Q(\text{L}) = N \times 2\pi r \times \frac{37\text{L}}{1\text{m}(\text{원주길이}) \cdot \text{분}} \times 20\text{분}$$

여기서, N : $\dfrac{\text{탱크높이(m)}}{15\text{m}}$ (소수점 발생시 무조건 절상하여 정수로 한다)

$2\pi r$: 원주둘레길이(m)

(1) $N = \dfrac{15\text{m}}{15\text{m}} = 1$, $r = \dfrac{20\text{m}}{2} = 10\text{m}$

(2) $Q = N \times 2\pi r \times \dfrac{37\text{L}}{1\text{m}(\text{원주길이}) \cdot \text{분}} \times 20\text{분}$

$= 1 \times 2 \times \pi \times 10\text{m} \times \dfrac{37\text{L}}{1\text{m} \cdot \text{분}} \times 20\text{분}$

$= 46496\text{L}$

해답 ①

15 위험물의 품명 · 수량 또는 지정수량 배수의 변경신고에 대한 설명으로 옳은 것은?

① 허가청과 협의하여 설치한 군용위험물시설의 경우에도 적용된다.
② 변경신고는 변경한 날로부터 1일 이내에 완공검사합격확인증을 첨부하여 신고하여야 한다.
③ 위험물의 품명이나 수량의 변경을 위해 제조소등의 위치 · 구조 또는 설비를 변경하는 경우에 신고한다.

④ 위험물의 품명 · 수량 및 지정수량의 배수를 모두 변경할 때에는 신고를 할 수 없고 허가를 신청하여야 한다.

해설 **위험물안전관리법 제6조(위험물시설의 설치 및 변경 등)**
제조소등의 **위치 · 구조 또는 설비의 변경 없이** 당해 제조소등에서 저장하거나 취급하는 위험물의 **품명 · 수량 또는 지정수량의 배수를 변경**하고자 하는 자는 **변경하고자 하는 날의 1일 전까지** 행정안전부령이 정하는 바에 따라 **시 · 도지사에게 신고**하여야 한다.

위험물안전관리법 제7조(군용위험물시설의 설치 및 변경에 대한 특례)
군사목적 또는 군부대시설을 위한 제조소등을 설치하거나 그 위치 · 구조 또는 설비를 변경하고자 하는 군부대의 장은 대통령령이 정하는 바에 따라 미리 제조소등의 소재지를 관할하는 **시 · 도지사와 협의**하여야 한다.

해답 ①

16 과산화리튬의 화재현장에서 주수소화가 불가능한 이유는?

① 수소가 발생하기 때문에
② 산소가 발생하기 때문에
③ 이산화탄소가 발생하기 때문에
④ 일산화탄소가 발생하기 때문에

해설 **과산화리튬**(LiO_2) **: 제1류 위험물 중 무기과산화물**
상온에서 물과 격렬히 반응하여 산소(O_2)를 방출하고 폭발하기도 한다.

$2Li_2O_2 + 2H_2O \rightarrow 4LiOH + O_2\uparrow$

해답 ②

17 알루미늄 분말 화재 시 주수하여서는 안되는 가장 큰 이유는?

① 수소가 발생하여 연소가 확대되기 때문에
② 유독가스가 발생하여 연소가 확대되기 때문에
③ 산소의 발생으로 연소가 확대되기 때문에
④ 분말의 독성이 강하기 때문에

해설 **알루미늄분**(Al) **: 제2류 위험물**
① 은백색의 분말
② 산화제와 혼합 시 가열, 충격, 마찰 등에 의하여 착화위험이 있다.
③ 할로겐원소(F, Cl, Br, I)와 접촉 시 자연발화 위험이 있다.
④ 가열된 알루미늄은 수증기와 반응하여 수소를 발생시킨다.(주수소화금지)

$2Al + 6H_2O \rightarrow 2Al(OH)_3 + 3H_2\uparrow$

⑤ 알루미늄(Al)은 산과 반응하여 수소를 발생한다.

$2Al + 6HCl \rightarrow 2AlCl_3 + 3H_2\uparrow$

⑥ 주수소화는 엄금이며 마른모래 등으로 피복 소화한다.

해답 ①

18 위험물제조소등에 설치하는 옥외소화전설비의 기준에서 옥외소화전함은 옥외소화전으로부터 보행거리 몇 m 이하의 장소에 설치하여야 하는가?

① 1.5 ② 5
③ 7.5 ④ 10

해설 **옥외소화전함 설치개수**

옥외소화전 개수	옥외소화전함
10개 이하	소화전마다 5m 이내 장소에 1개 이상 설치
11개 이상 30개 이하	11개 소화전함을 분산설치
31개 이상	소화전 3개마다 1개 이상 설치

해답 ②

19 다음 중 질식소화 효과를 주로 이용하는 소화기는?

① 포소화기
② 강화액 소화기
③ 수(물)소화기
④ 할로겐화합물소화기

해설 **포소화기의 소화효과** : ① 질식효과 ② 냉각효과

해답 ①

20 전기화재의 급수와 표시색상을 옳게 나타낸 것은?

① C급－백색　　② D급－백색
③ C급－청색　　④ D급－청색

해설 **화재의 분류** ★★ 자주출제(필수암기) ★★

종 류	등급	색표시	주된 소화방법
일반화재	A급	백색	냉각소화
유류 및 가스화재	B급	황색	질식소화
전기화재	C급	청색	질식소화
금속화재	D급	－	피복소화
주방화재	K급	－	냉각 및 질식 소화

해답 ③

21 인화점이 상온 이상인 위험물은?

① 중유　　② 아세트알데히드
③ 아세톤　　④ 이황화탄소

해설 상온이란 25℃를 의미한다.

제4류 위험물의 인화점

품명	유별	인화점(℃)
① 중유	제3석유류	60~150
② 아세트알레히드	특수인화물	－38
③ 아세톤	제1석유류	－18
④ 이황화탄소	특수인화물	－30

해답 ①

22 알킬알루미늄의 저장 및 취급방법으로 옳은 것은?

① 용기는 완전 밀봉하고 CH_4, C_3H_8등을 봉입한다.
② C_6H_6등의 희석제를 넣어 준다.
③ 용기의 마개에 다수의 미세한 구멍을 뚫는다.
④ 통기구가 달린 용기를 사용하여 압력상승을 방지한다.

해설 **알킬알루미늄**[$(C_nH_{2n+1})\cdot Al$] **: 제3류 위험물(금수성 물질)**

① 알킬기(C_nH_{2n+1})에 알루미늄(Al)이 결합된 화합물이다.
② C_1~C_4는 자연발화의 위험성이 있다.
③ 물과 접촉 시 가연성 가스 발생하므로 주수소화는 절대 금지한다.
④ 트리메틸알루미늄
(TMA : Tri Methyl Aluminium)
$(CH_3)_3Al + 3H_2O \rightarrow Al(OH)_3 + 3CH_4\uparrow$ (메탄)
⑤ 트리에틸알루미늄
(TEA : Tri Eethyl Aluminium)
$(C_2H_5)_3Al + 3H_2O \rightarrow Al(OH)_3 + 3C_2H_6\uparrow$ (에탄)
⑥ 저장용기에 불활성기체(N_2)를 봉입한다.
⑦ 피부접촉 시 화상을 입히고 연소 시 흰 연기가 발생한다.
⑧ 소화 시 주수소화는 절대 금하고 팽창질석, 팽창진주암 등으로 피복소화한다.
⑨ 위험성을 낮추기 위하여 사용하는 희석제(벤젠(C_6H_6) 등)을 첨가한다.

해답 ②

23 위험물제조소의 연면적이 몇 m^2 이상이 되면 경보설비 중 자동화재탐지설비를 설치하여야 하는가?

① 400　　② 500
③ 600　　④ 800

해설 **경보설비를 설치하여야 하는 장소**

1. **자동화재탐지설비 설치대상**
   (1) 제조소 및 일반취급소
      ① **연면적 500m² 이상**
      ② 옥내에서 지정수량의 100배 이상을 취급하는 것
   (2) 옥내저장소 : 지정수량을 100배 이상을 저장 및 취급하는 것
   (3) 옥내탱크저장소로서 소화난이도등급 Ⅰ에 해당하는 것
   (4) 옥내주유취급소
2. **자동화재 탐지설비, 비상경보설비, 확성장치 또는 비상방송설비 중 1종 이상 설치**
   지정수량의 10배 이상을 저장 취급하는 제조소 등

해답 ②

24 제조소등에 있어서 위험물의 저장하는 기준으로 잘못된 것은?

① 황린은 제3류 위험물이므로 물기가 없는 건조한 장소에 저장하여야 한다.
② 덩어리상태의 유황은 위험물 용기에 수납하지 않고 옥내저장소에 저장할 수 있다.
③ 옥내저장소에서는 용기에 수납하여 저장하는 위험물의 온도가 55℃를 넘지 아니하도록 필요한 조치를 강구하여야 한다.
④ 이동저장탱크에는 저장 또는 취급하는 위험물의 유별 · 품명 · 최대수량 및 적재중량을 표시하고 잘 보일 수 있도록 관리하여야 한다.

해설 **황린(P_4) : 제3류 위험물(자연발화성물질)**
[별명 : 백린]
① 백색 또는 담황색의 고체이다.
② 공기 중 약 40~50℃에서 자연 발화한다.
③ 물에는 거의 녹지 않고 벤젠, 이황화탄소에 잘 녹는다.
④ 저장 시 자연 발화성이므로 **반드시 물속에 저장한다.**
⑤ 연소 시 오산화인(P_2O_5)의 흰 연기가 발생한다.

$P_4 + 5O_2 \rightarrow 2P_2O_5$(오산화인)

⑥ 피부 접촉 시 화상을 입는다.
⑦ 소화는 물분무, 마른모래 등으로 질식소화한다.

해답 ①

25 염소산나트륨의 저장 및 취급시 주의할 사항으로 틀린 것은?

① 철제용기에 저장은 피해야 한다.
② 열분해시 이산화탄소가 발생하므로 질식에 유의한다.
③ 조해성이 있으므로 방습에 유의한다.
④ 용기에 밀전(密栓)하여 보관한다.

해설 **염소산나트륨($NaClO_3$)의 열분해**

$2NaClO_3 \rightarrow NaCl + NaClO_4 + O_2\uparrow$
(염소산나트륨) (염화나트륨) (과염소산나트륨) (산소)

염소산나트륨($NaClO_3$) : 제1류 위험물 중 염소산염류
① 조해성이 크고, 알코올, 에테르, 물에 녹는다.
② 철제를 부식시키므로 철제용기 사용금지
③ 산과 반응하여 유독한 이산화염소(ClO_2)를 발생시키며 이산화염소는 폭발성이다.
④ 조해성이 있기 때문에 밀폐하여 저장한다.

조해성
공기 중에 노출되어 있는 고체가 수분을 흡수하여 녹는 현상

해답 ②

26 요오드(아이오딘)산 아연의 성질에 대한 설명으로 가장 거리가 먼 것은?

① 결정성 분말이다.
② 유기물과 혼합시 연소 위험이 있다.
③ 환원력이 강하다.
④ 제1류 위험물이다.

해설 **요오드산 아연($ZnIO_3$) : 제1류 위험물(산화성고체)**
① 결정성 분말이다.
② 유기물과 혼합시 연소위험이 있다.
③ 산화력이 강하다.

해답 ③

27 메틸알코올의 위험성에 대한 설명으로 틀린 것은?

① 겨울에는 인화의 위험이 여름보다 작다.
② 증기밀도는 가솔린보다 크다.
③ 독성이 있다.
④ 연소범위는 에틸알코올보다 넓다.

해설 **증기밀도**

$$\text{증기밀도} = \frac{\text{분자량}}{22.4L}$$

• 메틸알코올의 증기밀도 $= \frac{32}{22.4L} = 1.43g/L$

• 벤젠의 증기밀도 $= \frac{78}{22.4L} = 3.48g/L$

메틸알코올(CH_3OH)
① 무색, 투명한 술냄새가 나는 휘발성 액체
② 흡입 시 실명 또는 사망할 수 있다.
③ 물에는 무제한으로 녹는다.
④ 비중이 물보다 작다.

⑤ 연소범위 : 7.3 ~ 36%
⑥ 제4류 위험물 중 알코올류
⑦ 목정 또는 메탄올이라고도 한다.

해답 ②

28 위험물안전관리법령에서 규정하고 있는 사항으로 틀린 것은?

① 법정의 안전교육을 받아야 하는 사람은 안전관리자로 선임된 자, 탱크시험자의 기술인력으로 종사하는 자, 위험물운송자로 종사하는 자이다.
② 지정수량의 150배 이상의 위험물을 저장하는 옥내저장소는 관계인이 예방규정을 정하여야 하는 제조소등에 해당한다.
③ 정기검사의 대상이 되는 것은 액체위험물을 저장 또는 취급하는 10만리터 이상의 옥외탱크저장소, 암반탱크저장소, 이송취급소이다.
④ 법정의 안전관리자교육이수자와 소방공무원으로 근무한 경력이 3년 이상인 자는 제4류 위험물에 대한 위험물 취급 자격자가 될 수 있다.

해설 **정기검사의 대상인 제조소등**
액체위험물을 저장 또는 취급하는 **50만리터** 이상의 옥외탱크저장소

탱크안전성능검사의 대상이 되는 탱크
(1) **기초 · 지반**검사 : 옥외탱크저장소의 액체위험물탱크 중 용량이 **100만L 이상**인 탱크
(2) **충수 · 수압**검사 : **액체**위험물을 저장 또는 취급하는 탱크.
(3) **용접부**검사 : (1)의 **규정에 의한 탱크**
(4) **암반탱크**검사 : 액체위험물을 저장 또는 취급하는 **암반내**의 공간을 이용한 탱크

해답 ③

29 이송취급소의 교체밸브, 제어밸브 등의 설치기준으로 틀린 것은?

① 밸브는 원칙적으로 이송기지 또는 전용부지 내에 설치할 것
② 밸브는 그 개폐상태를 설치장소에서 쉽게 확인할 수 있도록 할 것
③ 밸브를 지하에 설치하는 경우에는 점검상자 안에 설치할 것
④ 밸브는 해당 밸브의 관리에 관계하는 자가 아니면 수동으로만 개폐할 수 있도록 할 것

해설 **이송취급소의 교체밸브 및 제어밸브 설치기준**
① 밸브는 원칙적으로 이송기지 또는 전용부지 내에 설치할 것
② 밸브는 그 개폐상태가 당해 밸브의 설치장소에서 쉽게 확인할 수 있도록 할 것
③ 밸브를 지하에 설치하는 경우에는 점검상자 안에 설치할 것
④ 밸브는 당해 밸브의 관리에 관계하는 자가 아니면 **수동으로 개폐할 수 없도록** 할 것

해답 ④

30 위험물안전관리법령에서 정한 물분무소화설비의 설치기준으로 적합하지 않은 것은?

① 고압의 전기설비가 있는 장소에는 해당 전기설비와 분무헤드 및 배관과 사이에 전기절연을 위하여 필요한 공간을 보유한다.
② 스트레이너 및 일제개방밸브는 제어밸브의 하류측 부근에 스트레이너, 일제개방밸브의 순으로 설치한다.
③ 물분무소화설비에 2 이상의 방사구역을 두는 경우에는 화재를 유효하게 소화할 수 있도록 인접하는 방사구역이 상호 중복되도록 한다.
④ 수원의 수위가 수평회전식펌프보다 낮은 위치에 있는 가압송수장치의 물올림장치는 타설비와 겸용하여 설치한다.

해설 **위험물안전관리에 관한 세부기준제132조(물분무소화설비의 기준)**
(1) 물분무소화설비에 2 이상의 방사구역을 두는 경우에는 화재를 유효하게 소화할 수 있도록 인접하는 방사구역이 상호 중복되도록 할 것
(2) 고압의 전기설비가 있는 장소에는 당해 전기설비와 분무헤드 및 배관과 사이에 전기절연을 위하여 필요한 공간을 보유할 것

(3) 물분무소화설비에는 각층 또는 방사구역마다 제어밸브, 스트레이너 및 일제개방밸브 또는 수동식개방밸브를 다음 각목에 정한 것에 의하여 설치할 것
① 제어밸브 및 일제개방밸브 또는 수동식개방밸브는 스프링클러설비의 기준의 예에 의할 것
② 스트레이너 및 일제개방밸브 또는 수동식개방밸브는 제어밸브의 하류측 부근에 스트레이너, 일제개방밸브 또는 수동식개방밸브의 순으로 설치할 것
(4) 기동장치는 스프링클러설비의 기준의 예에 의할 것
(5) 가압송수장치, 물올림장치, 비상전원, 조작회로의 배선 및 배관 등은 옥내소화전설비의 예에 준하여 설치할 것

해답 ④

31 위험물 운송책임자의 감독 또는 지원의 방법으로 운송의 감독 또는 지원을 위하여 마련한 별도의 사무실에 운송 책임자가 대기하면서 이행하는 사항에 해당하지 않는 것은?

① 운송 후에 운송경로를 파악하여 관할 경찰관서에 신고하는 것
② 이동탱크저장소의 운전자에 대하여 수시로 안전확보상황을 확인하는 것
③ 비상시의 응급처치에 관하여 조언을 하는 것
④ 위험물의 운송 중 안전확보에 관하여 필요한 정보를 제공하고 감독 또는 지원하는 것

해설 **운송의 감독 또는 지원을 위하여 마련한 별도의 사무실에 운송책임자가 대기하면서 다음의 사항을 이행하는 방법**
① 운송경로를 미리 파악하고 관할 소방관서 또는 관련 업체에 대한 연락체계를 갖추는 것
② 이동탱크저장소의 운전자에 대하여 수시로 안전확보 상황을 확인하는 것
③ 비상시의 응급처치에 관하여 조언을 하는 것
④ 그 밖에 위험물의 운송중 안전확보에 관하여 필요한 정보를 제공하고 감독 또는 지원하는 것

해답 ①

32 과염소산에 대한 설명으로 틀린 것은?

① 물과 접촉하면 발열한다.
② 불연성이지만 유독성이 있다.
③ 증기비중은 약 3.5이다.
④ 산화제이므로 쉽게 산화할 수 있다.

해설 • 산화제이므로 쉽게 환원될 수 있다.

과염소산($HClO_4$) **: 제6류 위험물(산화성 액체)**
① 불연성물질이며 물과 접촉 시 심한 열을 발생한다.(발열반응)
② 종이, 나무 조각과 접촉 시 연소한다.
③ 공기 중 분해하여 강하게 연기를 발생한다.
④ 무색의 액체로 염소냄새가 난다.
⑤ 산화력 및 흡습성이 강하다.
⑥ 다량의 물로 분무(안개모양)주수소화
⑦ 불연성물질의 액체이다.

해답 ④

33 제5류 위험물에 관한 내용으로 틀린 것은?

① $C_2H_5ONO_2$: 상온에서 액체이다.
② $C_6H_2OH(NO_2)_3$: 공기 중 자연분해가 매우 잘 된다.
③ $C_6H_3(NO_2)_2CH_3$: 담황색의 결정이다.
④ $C_3H_5(ONO_2)_3$: 혼산 중에 글리세린을 반응시켜 제조한다.

해설 **피크린산 = 피크르산**[$C_6H_2(NO_2)_3OH$](TNP : Tri Nitro Phenol) **: 제5류 니트로화합물**
① 융점은 약 122℃ 이고 비점은 약 255℃ 이다.
② 침상결정이며 냉수에는 약간 녹고 더운물, 알코올, 벤젠 등에 잘 녹는다.
③ 쓴맛과 독성이 있다
④ 피크르산 또는 트리니트로페놀(Tri Nitro phenol)의 약자로 TNP라고도 한다.
⑤ 단독으로 타격, 마찰에 비교적 둔감하다.
⑥ 연소 시 검은 연기를 내고 폭발성은 없다.
⑦ 휘발유, 알코올, 유황과 혼합된 것은 마찰, 충격에 폭발한다.
⑧ 화약, 불꽃놀이에 이용된다.

해답 ②

34 이황화탄소 저장시 물 속에 저장하는 이유로 가장 옳은 것은?

① 공기 중 수소와 접촉하여 산화되는 것을 방지하기 위하여
② 공기와 접촉시 환원하기 때문에
③ 가연성 증기를 발생을 억제하기 위해서
④ 불순물을 제거하기 위하여

해설 **이황화탄소(CS_2) : 제4류 위험물 중 특수인화물**
① 무색 투명한 액체이다.
② 증기비중(76/29 = 2.62)은 공기보다 무겁다.
③ 액체의 비중은 1.26이다.
④ 물에는 녹지 않고 알코올, 에테르, 벤젠 등 유기용제에 녹는다.
⑤ 햇빛에 방치하면 황색을 띤다.
⑥ 연소 시 아황산가스(SO_2) 및 CO_2를 생성한다.

$$CS_2 + 3O_2 \rightarrow CO_2 + 2SO_2$$
(이산화탄소)(이산화황 = 아황산)

⑦ 저장 시 저장탱크를 물속에 넣어 가연성증기의 발생을 억제한다.
⑧ 4류 위험물중 착화온도(100℃)가 가장 낮다.
⑨ 화재 시 다량의 포를 방사하여 질식 및 냉각 소화한다.

해답 ③

35 1종 판매취급소에 설치하는 위험물 배합실의 기준으로 틀린 것은?

① 바닥면적은 $6m^2$ 이상 $15m^2$ 이하일 것
② 내화구조 또는 불연재료로 된 벽으로 구획할 것
③ 출입구는 수시로 열 수 있는 자동폐쇄식의 갑종방화문으로 설치할 것
④ 출입구 문턱의 높이는 바닥면으로부터 0.2m 이상일 것

해설 **위험물의 배합실 설치 기준**
① 바닥면적은 $6m^2$ 이상 $15m^2$ 이하일 것
② 내화구조로 된 벽으로 구획
③ 바닥은 위험물이 침투하지 아니하는 구조로 하여 적당한 경사를 두고 집유설비를 할 것
④ 출입구에는 자동폐쇄식의 갑종방화문을 설치
⑤ **출입구 문턱의 높이는 바닥면으로부터 0.1m 이상**으로 할 것
⑥ 내부에 체류한 가연성의 증기 또는 가연성의 미분을 지붕위로 방출하는 설비를 할 것

해답 ④

36 과산화수소의 운반용기 외부에 표시하여야 하는 주의사항은?

① 화기주의 ② 충격주의
③ 물기엄금 ④ 가연물접촉주의

해설 **과산화수소(H_2O_2)** : 제6류 위험물

위험물 운반용기의 외부 표시 사항
① 위험물의 품명, 위험등급, 화학명 및 수용성(제4류 위험물의 수용성인 것에 한함)
② 위험물의 수량
③ 수납하는 위험물에 따른 주의사항

유별	성질에 따른 구분	표시사항
제1류	알칼리금속의 과산화물	화기 · 충격주의, 물기엄금 및 가연물접촉주의
	그 밖의 것	화기 · 충격주의 및 가연물접촉주의
제2류	철분 · 금속분 · 마그네슘	화기주의 및 물기엄금
	인화성 고체	화기엄금
	그 밖의 것	화기주의
제3류	자연발화성 물질	화기엄금 및 공기접촉엄금
	금수성 물질	물기엄금
제4류	인화성 액체	화기엄금
제5류	자기반응성 물질	화기엄금 및 충격주의
제6류	산화성 액체	가연물접촉주의

해답 ④

37 과산화벤조일 100kg을 저장하려 한다. 지정수량의 배수는 얼마인가?

① 5배 ② 7배
③ 10배 ④ 15배

해설
- 과산화벤조일-제5류 유기과산화물-10kg
- **지정수량의 배수** $= \dfrac{\text{저장수량}}{\text{지정수량}} = \dfrac{100kg}{10kg} = 10$배

제5류 위험물 및 지정수량

성질	품 명	지정수량	위험등급
자기 반응성물질	1. 유기과산화물 2. 질산에스테르류	10kg	Ⅰ
	3. 니트로화합물 4. 니트로소화합물 5. 아조화합물 6. 디아조화합물 7. 히드라진 유도체	200kg	Ⅱ
	8. 히드록실아민 9. 히드록실아민염류	100kg	

해답 ③

38 다음 중 제4류 위험물에 대한 설명으로 가장 옳은 것은?

① 물과 접촉하면 발열하는 것
② 자기 연소성 물질
③ 많은 산소를 함유하는 강산화제
④ 상온에서 액상인 가연성 액체

해설 제4류 위험물의 공통적 성질

① 대단히 인화되기 쉬운 **인화성액체**이다.
② 증기는 공기보다 무겁다.(증기비중=분자량/공기평균분자량(28.84))
③ 증기는 공기와 약간 혼합되어도 연소한다.
④ 일반적으로 액체비중은 물보다 가볍고 물에 잘 안 녹는다.
⑤ 착화온도가 낮은 것은 매우 위험하다.
⑥ 연소하한이 낮고 정전기에 폭발우려가 있다.

해답 ④

39 비중은 0.86이고 은백색의 무른 경금속으로 보라색 불꽃을 내면서 연소하는 제3류 위험물은?

① 칼슘 ② 나트륨
③ 칼륨 ④ 리튬

해설 칼륨(K) **: 제3류 위험물 중 금수성 물질**

① 가열시 보라색 불꽃을 내면서 연소한다.
② 물과 반응하여 수소 및 열을 발생한다.(금수성 물질)

$2K + 2H_2O \rightarrow 2KOH$(수산화칼륨) $+ H_2\uparrow$ (수소)

③ 보호액으로 파라핀, 경유, 등유를 사용한다.
④ 피부와 접촉 시 화상을 입는다.
⑤ 마른모래 등으로 질식 소화한다.
⑥ 화학적으로 활성이 대단히 크고 알코올과 반응하여 수소를 발생시킨다.

$2K + 2C_2H_5OH \rightarrow 2C_2H_5OK + H_2\uparrow$
(에틸알코올) (칼륨에틸레이트)

불꽃반응 시 색상

품 명	불꽃 색상
① 구리(Cu)	청록색
② 칼륨(K)	보라색
③ 나트륨(Na)	노란색
④ 리튬(Li)	적 색
⑤ 칼슘(Ca)	주홍색

해답 ③

40 1몰의 에틸알코올이 완전 연소하였을 때 생성되는 이산화탄소는 몇 몰인가?

① 1몰 ② 2몰
③ 3몰 ④ 4몰

해설 에틸알코올의 완전연소 반응식

$C_2H_5OH + 3O_2 \rightarrow 2CO_2 + 3H_2O$
1몰 ──────→ 2몰

※ CHO로 구성된 유기화합물은 완전연소 시 이산화탄소와 물이 생성된다.

해답 ②

41 제4류 위험물의 옥외저장탱크에 대기밸브부착통기관을 설치할 때 몇 kPa 이하의 압력차이로 작동하여야 하는가?

① 5kPa 이하 ② 10kPa 이하
③ 15kPa 이하 ④ 20kPa 이하

해설 옥외탱크저장소

(1) **밸브 없는 통기관 설치기준**
① 직경은 30mm 이상일 것
② 선단은 수평면보다 45도 이상 구부려 빗물 등의 침투를 막는 구조로 할 것
③ 가는 눈의 구리망 등으로 인화방지장치를 할 것
④ 가연성 증기를 회수하기위하여 밸브를 통기관에 설치하는 경우 당해 통기관의 밸브는 위

험물을 주입하는 경우를 제외하고는 항상 개방되어있는 구조로 하고 폐쇄시 10kPa 이하의 압력에서 개방되는 구조로 할 것

(2) **대기밸브부착 통기관**

① 저장할 위험물의 휘발성이 비교적 높은 경우 등에 사용

② 평상시 폐쇄된 상태이다.

③ 5kPa **이하**의 압력차에서 작동

해답 ①

42 건성유에 해당되지 않는 것은?

① 들기름 ② 동유

③ 아마인유 ④ 피마자유

해설 **동식물유류 : 제4류 위험물**

동물의 지육 또는 식물의 종자나 과육으로부터 추출한 것으로 1기압에서 인화점이 250℃ 미만인 것

① 돈지(돼지기름), 우지(소기름) 등이 있다.

② 요오드값이 130 이상인 건성유는 자연발화위험이 있다.

③ 인화점이 46℃인 개자유는 저장, 취급 시 특별히 주의한다.

요오드값에 따른 동식물유류의 분류

구 분	요오드값	종 류
건성유	130 이상	해바라기기름, 동유(오동기름), 정어리기름, 아마인유, 들기름
반건성유	100~130	채종유, 쌀겨기름, 참기름, 면실유, 옥수수기름, 청어기름, 콩기름
불건성유	100 이하	야자유, 팜유, 올리브유, 피마자기름, 낙화생기름, 돈지, 우지, 고래기름

해답 ④

43 규조토에 흡수시켜 다이너마이트를 제조할 때 사용되는 위험물은?

① 디니트로톨루엔 ② 질산에틸

③ 니트로글리세린 ④ 니트로셀룰로오스

해설 **니트로글리세린**[($C_3H_5(ONO_2)_3$] **: 제5류 위험물 중 질산에스테르류**

① 상온에서는 액체이지만 겨울철에는 동결한다.

② 비수용성이며 메탄올, 아세톤 등에 녹는다.

③ 가열, 마찰, 충격에 예민하여 대단히 위험하다.

④ 화재 시 폭굉 우려가 있다.

⑤ 산과 접촉 시 분해가 촉진되고 폭발우려가 있다.

니트로글리세린의 분해

$$4C_3H_5(ONO_2)_3 \rightarrow 12CO_2\uparrow + 6N_2\uparrow + O_2\uparrow + 10H_2O$$

⑥ 다이나마이트(규조토+니트로글리세린), 무연화약 제조에 이용된다.

해답 ③

44 제조소등에서 위험물을 유출시켜 사람의 신체 또는 재산에 대하여 위험을 발생시킨 자에 대한 벌칙기준으로 옳은 것은?

① 1년 이상 3년 이하의 징역

② 1년 이상 5년 이하의 징역

③ 1년 이상 7년 이하의 징역

④ 1년 이상 10년 이하의 징역

해설 **위험물안전관리법 제33조(벌칙)**

(1) 제조소등에서 위험물을 유출 · 방출 또는 확산시켜 사람의 생명 · 신체 또는 재산에 대하여 위험을 발생시킨 자는 **1년 이상 10년 이하의 징역**에 처한다.

(2) 제(1)항의 규정에 따른 죄를 범하여 사람을 상해(傷害)에 이르게 한 때에는 무기 또는 3년 이상의 징역에 처하며, 사망에 이르게 한 때에는 무기 또는 5년 이상의 징역에 처한다.

해답 ④

45 위험물안전관리법령상 제3류 위험물에 속하는 담황색의 고체로서 물속에 보관해야 하는 것은?

① 황린 ② 적린

③ 유황 ④ 니트로글리세린

해설 **보호액속에 저장 위험물**

위험물	보호액
칼륨(K), 나트륨(Na)	파라핀, 경유, 등유 속에 보관
이황화탄소(CS_2), 황린(P_4)	물속에 보관
니트로셀룰로오스(NC)	운반 시 물(20%) 또는 알코올(30%)을 첨가 습윤시킨다.
트리니트로톨루엔(TNT)	운반 시 물(10%)을 첨가 습윤시킨다.

해답 ①

46 오황화린과 칠황화린이 물과 반응했을 때 공통으로 나오는 물질은?

① 이산화황 ② 황화수소
③ 인화수소 ④ 삼산화황

해설 **황화린**(제2류 위험물) : **황과 인의 화합물**

① **삼황화린**(P_4S_3)
- 황색결정으로 물, 염산, 황산에 녹지 않으며 질산, 알칼리, 이황화탄소에 녹는다.
- 연소하면 오산화인과 이산화황이 생긴다.

$$P_4S_3 + O_2 \rightarrow 2P_2O_5 + 3SO_2\uparrow$$
(오산화인)(이산화황)

② **오황화린**(P_2S_5)
- 담황색 결정이고 조해성이 있다.
- 수분을 흡수하면 분해된다.
- 이황화탄소(CS_2)에 잘 녹는다.
- 물, 알칼리와 반응하여 인산과 황화수소를 발생한다.

$$P_2S_5 + 8H_2O \rightarrow 2H_3PO_4 + 5H_2S\uparrow$$
(인산) (황화수소)

③ **칠황화린**(P_4S_7)
- 담황색 결정이고 조해성이 있다.
- 수분을 흡수하면 분해된다.
- 이황화탄소(CS_2)에 약간 녹는다.
- 냉수에는 서서히 분해가 되고 더운물에는 급격히 분해된다.
- 물과 반응하여 **황화수소를 발생**한다.

해답 ②

47 위험물안전관리법령상 제5류 위험물의 위험등급에 대한 설명 중 틀린 것은?

① 유기과산화물과 질산에스테르류는 위험등급 Ⅰ에 해당한다.
② 지정수량 100kg인 히드록실아민과 히드록실아민염류는 위험등급 Ⅱ에 해당한다.
③ 지정수량 200kg에 해당되는 품명은 모두 위험등급 Ⅲ에 해당한다.
④ 지정수량 10kg인 품명만 위험등급 Ⅰ에 해당한다.

해설 위험물의 등급 분류

위험등급	해당 위험물
위험등급 Ⅰ	① 제1류 위험물 중 아염소산염류, 염소산염류, 과염소산염류, 무기과산화물, 그 밖에 지정수량이 50kg인 위험물 ② 제3류 위험물 중 칼륨, 나트륨, 알킬알루미늄, 알킬리튬, 황린, 그 밖에 지정수량이 10kg 또는 20kg인 위험물 ③ 제4류 위험물 중 특수인화물 ④ 제5류 위험물 중 유기과산화물, 질산에스테르류, 그 밖에 지정수량이 10kg인 위험물 ⑤ 제6류 위험물
위험등급 Ⅱ	① 제1류 위험물 중 브롬산염류, 질산염류, 요오드산염류, 그 밖에 지정수량이 300kg인 위험물 ② 제2류 위험물 중 황화린, 적린, 유황 그 밖에 지정수량이 100kg인 위험물 ③ 제3류 위험물 중 알칼리금속(칼륨, 나트륨 제외) 및 알칼리토금속, 유기금속화합물(알킬알루미늄 및 알킬리튬은 제외) 그 밖에 지정수량이 50kg인 위험물 ④ 제4류 위험물 중 제1석유류, 알코올류 ⑤ 제5류 위험물 중 위험등급 I 위험물 외의 것
위험등급 Ⅲ	위험등급 Ⅰ, Ⅱ 이외의 위험물

해답 ③

48 과산화벤조일의 일반적인 성질로 옳은 것은?

① 비중은 약 0.33이다.
② 무미, 무취의 고체이다.
③ 물에는 잘 녹지만 디에틸에테르에는 녹지 않는다.
④ 녹는점은 약 300℃이다.

해설 **과산화벤조일=벤조일퍼옥사이드**(BPO) [$(C_6H_5CO)_2O_2$] : **제5류(자기반응성 물질)**

① **무색무취의 백색분말** 또는 결정이다.
② **물에 녹지 않고** 알코올에 약간 녹는다.
③ 에테르 등 유기용제에 잘 녹는다.
④ 발화점이 약125℃이므로 저장온도를 40℃이하로 유지할 것
⑤ 저장용기에 희석제(프탈산디메틸(DMP), 프탈산디부틸(DBP))를 넣어 폭발 위험성을 낮춘다.
⑥ 직사광선을 피하고 냉암소에 보관한다.

해답 ②

49 다음은 위험물안전관리법령에 따른 이동탱크저장소에 대한 기준이다. ( )안에 알맞은 수치를 차례대로 나열한 것은?

이동저장탱크는 그 내부에 ( )L 이하마다 ( )mm 이상의 강철판 또는 이와 동등 이상의 강도 · 내열성 및 내식성이 있는 금속성의 것으로 칸막이를 설치하여야 한다.

① 2500, 3.2　② 2500, 4.8
③ 4000, 3.2　④ 4000, 4.8

해설 **이동저장탱크의 구조 기준**

① 탱크(맨홀 및 주입관의 뚜껑을 포함)는 두께 3.2mm 이상의 강철판

② 이동저장탱크의 수압시험 및 시험시간

압력탱크(최대상용압력 46.7kPa 이상 탱크) 외의 탱크	압력탱크
70kPa의 압력으로 10분간	최대상용압력의 1.5배의 압력으로 10분간

③ 이동저장탱크는 그 내부에 4,000L 이하마다 3.2mm 이상의 강철판 또는 이와 동등 이상의 강도 · 내열성 및 내식성이 있는 금속성의 것으로 칸막이를 설치

해답 ③

50 다음 중 위험물안전관리법령에서 정한 지정수량이 500kg인 것은?

① 황화린　② 금속분
③ 인화성고체　④ 유황

해설 **제2류 위험물의 지정수량**

성 질	품 명	지정수량	위험등급
가연성 고체	황화린, 적린, 유황	100kg	Ⅱ
	철분, 금속분, 마그네슘	500kg	Ⅲ
	인화성 고체	1,000kg	

해답 ②

51 알루미늄분의 위험성에 대한 설명 중 틀린 것은?

① 할로겐원소와 접촉시 자연발화의 위험성이 있다.

② 산과 반응하여 가연성가스인 수소를 발생한다.

③ 발화하면 다량의 열이 발생한다.

④ 뜨거운 물과 격렬히 반응하여 산화알루미늄을 발생한다.

해설 **알루미늄분(Al) : 제2류 위험물**

① 가열하면 강한 빛을 내면서 연소하여 산화알루미늄(Al_2O_3)이 된다.

② 산화제와 혼합 시 가열, 충격, 마찰 등에 의하여 착화위험이 있다.

③ 할로겐원소(F, Cl, Br, I)와 접촉 시 자연발화 위험이 있다.

④ 분진폭발 위험성이 있다.

⑤ 가열된 알루미늄은 수증기와 반응하여 수소를 발생시킨다.(주수소화금지)

$$2Al + 6H_2O \rightarrow 2Al(OH)_3 + 3H_2\uparrow$$

⑥ 알루미늄(Al)은 산과 반응하여 수소를 발생한다.

$$2Al + 6HCl \rightarrow 2AlCl_3 + 3H_2\uparrow$$

⑦ 주수소화는 엄금이며 마른모래 등으로 피복 소화한다.

해답 ④

52 고정 지붕 구조를 가진 높이 15m의 원통종형 옥외위험물 저장탱크안의 탱크 상부로부터 아래로 1m지점에 고정식 포 방출구가 설치되어 있다. 이 조건의 탱크를 신설하는 경우 최대 허가량은 얼마인가? (단, 탱크의 내부 단면적은 $100m^2$이고, 탱크 내부에는 별다른 구조물이 없으며, 공간용적 기준은 만족하는 것으로 가정한다.)

① $1400m^3$　② $1370m^3$
③ $1350m^3$　④ $1300m^3$

해설 **탱크의 내용적 및 공간용적**

(1) 탱크의 공간용적은 탱크의 내용적의 $\frac{5}{100}$ 이상 $\frac{10}{100}$ 이하의 용적으로 한다. 다만, 소화설비(소화약제 방출구를 탱크안의 윗부분에 설치하는 것에 한한다)를 설치하는 탱크의 공간용적은 당

해 소화설비의 소화약제방출구 아래의 0.3m 이상 1m 미만 사이의 면으로부터 윗부분의 용적으로 한다.

(2) 암반탱크에 있어서는 당해 탱크내에 용출하는 7일간의 지하수의 양에 상당하는 용적과 당해 탱크의 내용적의 $\frac{1}{100}$의 용적 중에서 보다 큰 용적을 공간용적으로 한다.

(3) 탱크 최대용적 계산
① 탱크의 용량=단면적×높이
② 높이 계산
㉠ 탱크상부로부터 아래로 1m지점에 고정식 포 방출구가 있음 : −1m
㉡ 탱크공간용적은 소화설비의 소화약제 방출구 아래의 0.3m 이상 1m 미만 사이이므로 최대용적을 계산하려면 0.3m 이상을 적용함 : −0.3m
㉢ 최대로 저장할 수 있는 높이 =15m−1m−0.3m=13.7m
③ 탱크최대용적
$Q = 100m^2 \times 13.7m = 1370m^3$

해답 ②

53 $NaClO_2$을 수납하는 운반용기의 외부에 표시하여야 할 주의사항으로 옳은 것은?

① "화기엄금" 및 "충격주의"
② "화기주의" 및 "물기엄금"
③ "화기 · 충격주의" 및 "가연물접촉주의"
④ "화기엄금" 및 "공기접촉엄금"

해설 **아염소산나트륨($NaClO_2$)−제1류 위험물 −아염소산염류**

위험물 운반용기의 외부 표시 사항
① 위험물의 품명, 위험등급, 화학명 및 수용성(제4류 위험물의 수용성인 것에 한함)
② 위험물의 수량
③ 수납하는 위험물에 따른 주의사항

유별	성질에 따른 구분	표시사항
제1류	알칼리금속의 과산화물	화기 · 충격주의, 물기엄금 및 가연물접촉주의
	그 밖의 것	화기 · 충격주의 및 가연물접촉주의
제2류	철분 · 금속분 · 마그네슘	화기주의 및 물기엄금
	인화성 고체	화기엄금
	그 밖의 것	화기주의
제3류	자연발화성 물질	화기엄금 및 공기접촉엄금
	금수성 물질	물기엄금
제4류	인화성 액체	화기엄금
제5류	자기반응성 물질	화기엄금 및 충격주의
제6류	산화성 액체	가연물접촉주의

해답 ③

54 과산화칼륨이 물 또는 이산화탄소와 반응할 경우 공통적으로 발생하는 물질은?

① 산소 ② 과산화수소
③ 수산화칼륨 ④ 수소

해설 **과산화칼륨(K_2O_2) : 제1류 위험물 중 무기과산화물**
① 무색 또는 오렌지색 분말상태
② 상온에서 물과 격렬히 반응하여 산소(O_2)를 방출하고 폭발하기도 한다.
$2K_2O_2 + 2H_2O \rightarrow 4KOH$(수산화칼륨) $+ O_2\uparrow$
③ 공기 중 이산화탄소(CO_2)와 반응하여 산소(O_2)를 방출한다.
$2K_2O_2 + 2CO_2 \rightarrow 2K_2CO_3$(탄산칼륨) $+ O_2\uparrow$
④ 산과 반응하여 과산화수소(H_2O_2)를 생성시킨다.
$K_2O_2 + 2CH_3COOH \rightarrow 2CH_3COOK + H_2O_2\uparrow$
(초산칼륨) (과산화수소)
⑤ 열분해시 산소(O_2)를 방출한다.
$2K_2O_2 \rightarrow 2K_2O$(산화칼륨) $+ O_2\uparrow$
⑥ 주수소화는 금물이고 마른모래(건조사) 등으로 소화한다.

해답 ①

55 제3류 위험물에 대한 설명으로 옳지 않은 것은?

① 황린은 공기 중에 노출되면 자연발화하므로 물속에 저장하여야 한다.
② 나트륨은 물보다 무거우며 파라핀, 경유,

등유 등의 보호액속에 저장하여야 한다.
③ 트리에틸알루미늄은 상온에서 액체상태로 존재한다.
④ 인화칼슘은 물과 반응하여 유독성의 포스핀을 발생한다.

해설 ② 나트륨은 **물보다 가벼우며** 파라핀, 경유, 등유 등의 보호액속에 저장한다.

금속나트륨 : 제3류 위험물(금수성)
① 은백색의 금속
② 연소 시 노란색불꽃을 발생한다.
③ 물과 반응하여 수소기체 발생

$2Na + 2H_2O \rightarrow 2NaOH + H_2\uparrow$

④ 보호액으로 파라핀, 경유, 등유를 사용한다.
⑤ 피부와 접촉 시 화상을 입는다.
⑥ 마른모래 등으로 질식 소화한다.
⑦ 화학적으로 활성이 대단히 크고 알코올과 반응하여 수소를 발생시킨다.

$2Na + 2C_2H_5OH \rightarrow 2C_2H_5ONa + H_2\uparrow$
(에틸알코올) (칼륨에틸라이드)

해답 ②

56 순수한 것은 무색, 투명한 기름상의 액체이고 공업용은 담황색인 위험물로 충격, 마찰에는 매우 예민하고 겨울철에는 동결할 우려가 있는 것은?

① 펜트리트 ② 트리니트로벤젠
③ 니트로글리세린 ④ 질산메틸

해설 **니트로글리세린**$[C_3H_5(ONO_2)_3]$
: 제5류 위험물 중 질산에스테르류
① 상온에서는 액체이지만 겨울철에는 동결한다.
② 비수용성이며 메탄올, 아세톤 등에 녹는다.
③ 가열, 마찰, 충격에 예민하여 대단히 위험하다.
④ 화재 시 폭굉 우려가 있다.
⑤ 산과 접촉 시 분해가 촉진되고 폭발우려가 있다.

니트로글리세린의 분해
$4C_3H_5(ONO_2)_3$
$\rightarrow 12CO_2\uparrow + 6N_2\uparrow + O_2\uparrow + 10H_2O$

⑥ 다이나마이트(규조토+니트로글리세린), 무연화약 제조에 이용된다.

해답 ③

57 위험물제조소에서 다음과 같이 위험물을 취급하고 있는 경우 각각의 지정수량 배수의 총합은 얼마인가?

• 브롬산나트륨 300kg
• 과산화나트륨 150kg
• 중크롬산나트륨 500kg

① 3.5 ② 4.0
③ 4.5 ④ 5.0

해설 **제1류 위험물 및 지정수량**

성질	품 명		지정수량	위험등급
산화성고체	아염소산염류, 염소산염류, 과염소산염류, 무기과산화물		50kg	Ⅰ
	브롬산염류, 질산염류, 요오드산염류		300kg	Ⅱ
	과망간산염류, 중크롬산염류		1000kg	Ⅲ
	행정안전부령이 정하는 것	① 과요오드산염류 ② 과요오드산 ③ 크롬, 납 또는 요오드의 산화물 ④ 아질산염류 ⑤ 염소화이소시아눌산 ⑥ 퍼옥소이황산염류 ⑦ 퍼옥소붕산염류	300kg	Ⅱ
		⑧ 차아염소산염류	50kg	Ⅰ

• 브롬산나트륨–제1류–브롬산염류–300kg
• 과산화나트륨–제1류–무기과산화물–50kg
• 중크롬산나트륨–제1류–중크롬산염류–1000kg

지정수량의 배수 $= \dfrac{\text{저장수량}}{\text{지정수량}}$

$= \dfrac{300}{300} + \dfrac{150}{50} + \dfrac{500}{1000}$

$= 4.5$배

해답 ③

58 위험물안전관리법령은 위험물의 유별에 따른 저장 · 취급상의 유의사항을 규정하고 있다. 이 규정에서 특히 과열, 충격, 마찰을 피하여할 류(類)에 속하는 위험물 품명을 옳게 나열한 것은?

① 히드록실아민, 금속의 아지화합물
② 금속의 산화물, 칼슘의 탄화물

③ 무기금속화합물, 인화성 고체
④ 무기과산화물, 금속의 산화물

해설 **과열, 충격, 마찰을 피하여야할 류-제5류 위험물**
① 히드록실아민-제5류, 금속의 아지화합물-제5류
② 금속의 산화물-제1류, 칼슘의 탄화물-제3류
③ 무기금속화합물-제1류, 인화성고체-제2류
④ 무기과산화물-제1류, 금속의 산화물-제1류

해답 ①

59 이황화탄소에 관한 설명으로 틀린 것은?

① 비교적 무거운 무색의 고체이다.
② 인화점이 0℃ 이하이다.
③ 약 100℃에서 발화할 수 있다.
④ 이황화탄소의 증기는 유독하다.

해설 ① 비교적 무거운 무색의 액체이다.

이황화탄소(CS_2) : 제4류 위험물 중 특수인화물
① 무색 투명한 액체이다.
② 증기비중(76/29=2.62)은 공기보다 무겁다.
③ 액체의 비중은 1.26이다.
④ 물에는 녹지 않고 알코올, 에테르, 벤젠 등 유기용제에 녹는다.
⑤ 햇빛에 방치하면 황색을 띤다.
⑥ 연소 시 아황산가스(SO_2) 및 CO_2를 생성한다.

$$CS_2 + 3O_2 \rightarrow CO_2 + 2SO_2$$
(이산화탄소)(이산화황=아황산)

⑦ 저장 시 저장탱크를 물속에 넣어 가연성증기의 발생을 억제한다.
⑧ 4류 위험물중 착화온도(100℃)가 가장 낮다.
⑨ 화재 시 다량의 포를 방사하여 질식 및 냉각 소화한다.

해답 ①

60 액체위험물을 운반용기에 수납할 때 내용적의 몇 % 이하의 수납율로 수납하여야 하는가?

① 95　② 96
③ 97　④ 98

해설 **위험물의 적재방법**
① **고체위험물**은 운반용기 내용적의 **95% 이하**의 수납율로 수납할 것
② **액체위험물**은 운반용기 내용적의 **98% 이하**의 수납율로 수납하되, 55℃의 온도에서 누설되지 아니하도록 충분한 공간용적을 유지하도록 할 것

제3류 위험물의 운반용기 수납기준
① 자연발화성물질에 있어서는 불활성 기체를 봉입하여 밀봉하는 등 공기와 접하지 아니하도록 할 것
② 자연발화성물질외의 물품에 있어서는 파라핀 · 경유 · 등유 등의 보호액으로 채워 밀봉하거나 불활성 기체를 봉입하여 밀봉하는 등 수분과 접하지 아니하도록 할 것
③ 자연발화성물질 중 알킬알루미늄 등은 운반용기의 내용적의 90% 이하의 수납율로 수납하되, 50℃의 온도에서 5% 이상의 공간용적을 유지하도록 할 것

해답 ④

국가기술자격 필기시험문제

2022 CBT 시험 기출문제 복원 [제 2 회]

자격종목	시험시간	문제수	형별	수험번호	성 명
위험물기능사	1시간	60	A		

본 문제는 CBT시험대비 기출문제 복원입니다.

01 화재 원인에 대한 설명으로 틀린 것은?

① 연소 대상물의 열전도율이 좋을수록 연소가 잘 된다.
② 온도가 높을수록 연소 위험이 높아진다.
③ 화학적 친화력이 클수록 연소가 잘 된다.
④ 산소와 접촉이 잘 될수록 연소가 잘 된다.

해설 **가연물의 조건(연소가 잘 이루어지는 조건)**
① 산소와 친화력이 클 것.
② 발열량이 클 것.
③ 표면적이 넓을 것.
④ **열전도도가 작을 것.**
⑤ 활성화 에너지가 적을 것.
⑥ 연쇄반응을 일으킬 것.
⑦ 활성이 강할 것.

해답 ①

02 다음 고온체의 색깔을 낮은 온도로부터 옳게 나열한 것은?

① 암적색 < 황적색 < 백적색 < 휘적색
② 휘적색 < 백적색 < 황적색 < 암적색
③ 휘적색 < 암적색 < 황적색 < 백적색
④ 암적색 < 휘적색 < 황적색 < 백적색

해설 **연소 시 색과 온도** ★★★

색	온도(℃)	색	온도(℃)
암적색	700	황적색	1100
적색	850	백적색	1300
황색	900	휘백색	1500
휘적색	950		

해답 ④

03 화재 시 이산화탄소를 사용하여 공기 중 산소의 농도를 21vol%에서 13vol%로 낮추려면 공기 중 이산화탄소의 농도는 약 몇 vol%가 되어야 하는가?

① 34.3 ② 38.1
③ 42.5 ④ 45.8

해설 **이산화탄소의 농도 산출 공식**

$$CO_2(\%) = \frac{21 - O_2(\%)}{21} \times 100$$

$O_2 = 13\%$일 때

$$\therefore CO_2(\%) = \frac{21-13}{21} \times 100 = 38.1\%$$

해답 ②

04 [보기]에서 소화기의 사용방법을 옳게 설명한 것을 모두 나열한 것은?

[보기]
㉠ 적응화재에만 사용할 것.
㉡ 불과 최대한 멀리 떨어져서 사용할 것.
㉢ 바람을 마주보고 풍하에서 풍상 방향으로 사용할 것.
㉣ 양옆으로 비로 쓸 듯이 골고루 사용할 것.

① ㉠, ㉡ ② ㉠, ㉢
③ ㉠, ㉣ ④ ㉠, ㉢, ㉣

해설 **소화기의 사용방법**
① 적응화재에만 사용할 것.
② 불과 최대한 가까이 가서 사용할 것.
③ 바람을 등지고 풍상에서 풍하의 방향으로 사용할 것.
④ 양옆으로 비로 쓸 듯이 골고루 사용할 것.

해답 ③

05 폭발 시 연소파의 전파속도 범위에 가장 가까운 것은?

① 0.1~10m/s
② 100~1,000m/s
③ 2,000~3,500m/s
④ 5,000~10,000m/s

해설 **폭굉과 폭연** ★★ 자주 출제 ★★
① **폭굉**(detonation : 디토네이션) : 연소의 전파속도가 음속보다 빠른 현상
② **폭연**(deflagration : 디플러그레이션) : 연소의 전파속도가 음속보다 느린 현상

폭굉파 : 1000~3500m/s　**연소파** : 0.03~10m/s

해답 ①

06 위험물제조소의 안전거리 기준으로 틀린 것은?

① 초·중등교육법 및 고등교육법에 의한 학교 – 20m 이상
② 의료법에 의한 병원급 의료기관 – 30m 이상
③ 문화재보호법 규정에 의한 지정문화재 – 50m 이상
④ 사용전압이 35,000V를 초과하는 특고압 가공전선 – 5m 이상

해설 **제조소의 안전거리**

구 분	안전거리
• 사용전압이 7,000V 초과 35,000V 이하	3m 이상
• 사용전압이 35,000V를 초과	5m 이상
• 주거용	10m 이상
• 고압가스, 액화석유가스, 도시가스	20m 이상
• **학교, 병원, 극장**	**30m 이상**
• 유형문화재, 지정문화재	50m 이상

해답 ①

07 위험물안전관리법령상 위험물제조소 등에서 전기설비가 있는 곳에 적응하는 소화설비는?

① 옥내소화전설비
② 스프링클러설비
③ 포소화설비
④ 할로겐화합물소화설비

해설 **전기화재(B급 화재) 적응 소화설비**
① 할로겐화합물소화설비
② 불활성가스소화설비
③ 청정소화약제소화설비
④ 분말소화설비

해답 ④

08 제5류 위험물의 화재 시 소화방법에 대한 설명으로 옳은 것은?

① 가연성 물질로서 연소속도가 빠르므로 질식소화가 효과적이다.
② 할로겐화합물 소화기가 적응성이 있다.
③ CO_2 및 분말소화기가 적응성이 있다.
④ 다량의 주수에 의한 냉각소화가 효과적이다.

해설 **제5류 위험물의 화재 시 소화방법**
① 다량의 물로 주수소화
② 자기반응성 물질로서 연소속도가 빠르고 산소를 방출하므로 질식소화는 효과가 없다.

해답 ④

09 Halon 1301 소화약제에 대한 설명으로 틀린 것은?

① 저장 용기에 액체상으로 충전한다.
② 화학식은 CF_3Br이다.
③ 비점이 낮아서 기화가 용이하다.
④ 공기보다 가볍다.

해설 **Halon 1301의 증기비중**

• 공기의 평균 분자량=29
• 증기비중$=\dfrac{M(\text{분자량})}{29(\text{공기평균분자량})}$

① 화학식은 CF_3Br
② 분자량 $M=12+19\times3+80=149$
③ 증기비중$=\dfrac{M(\text{분자량})}{29(\text{공기평균분자량})}=\dfrac{149}{29}=5.14$

해답 ④

10 스프링클러 설비의 장점이 아닌 것은?

① 화재의 초기 진압에 효율적이다.
② 사용약제를 쉽게 구할 수 있다.
③ 자동으로 화재를 감지하고 소화할 수 있다.
④ 다른 소화설비보다 구조가 간단하고 시설비가 적다.

해설 **스프링클러 설비의 장점**
① 화재의 초기 진압에 효율적이다.
② 사용약제를 쉽게 구할 수 있다.
③ 자동으로 화재를 감지하고 소화할 수 있다.

해답 ④

11 다음의 위험물 중에서 이동탱크저장소에 의하여 위험물을 운송할 때 운송책임자의 감독 · 지원을 받아야 하는 위험물은?

① 알킬리튬 ② 아세트알데히드
③ 금속의 수소화물 ④ 마그네슘

해설 **운송책임자의 감독 · 지원을 받아 운송하는 위험물**
① 알킬알루미늄
② 알킬리튬
③ 알킬알루미늄 또는 알킬리튬의 물질을 함유하는 위험물

해답 ①

12 산화제와 환원제를 연소의 4요소와 연관지어 연결한 것으로 옳은 것은?

① 산화제-산소공급원, 환원제-가연물
② 산화제-가연물, 환원제-산소공급원
③ 산화제-연쇄반응, 환원제-점화원
④ 산화제-점화원, 환원제-가연물

해설 **산화제** : 자신은 환원되기 쉽고 다른 물질을 산화시키는 성질이 강한 물질

산화제의 조건	해당 물질
• 산소를 내기 쉬운 물질 • 수소와 결합하기 쉬운 물질 • 전자를 얻기 쉬운 물질 • 발생기 산소(O)를 내기 쉬운 물질	오존(O_3), 과산화수소(H_2O_2), 염소(Cl_2), 브롬(Br_2), 질산(HNO_3), 황산(H_2SO_4), 과망간산칼륨($KMnO_4$), 중크롬산칼륨($K_2Cr_2O_7$)

환원제 : 자신은 산화되기 쉽고 다른 물질을 환원시키는 성질이 강한 물질

환원제가 될 수 있는 물질	해당 물질
• 수소를 내기 쉬운 물질 • 산소와 화합하기 쉬운 물질 • 전자를 잃기 쉬운 물질 • 발생기 수소(H)를 내기 쉬운 물질	황화수소(H_2S), 이산화황(SO_2), 수소(H_2), 일산화탄소(CO), 옥살산($C_2H_2O_4$)

해답 ①

13 포소화약제에 의한 소화방법으로 다음 중 가장 주된 소화효과는?

① 희석소화 ② 질식소화
③ 제거소화 ④ 자기소화

해설 **화학포소화약제의 주된 소화효과**
① 질식효과 ② 냉각효과

해답 ②

14 다음 중 증발연소를 하는 물질이 아닌 것은?

① 황 ② 석탄
③ 파라핀 ④ 나프탈렌

해설 **연소의 형태** ★★ 자주출제(필수암기)★★
① **표면연소**(surface reaction)
숯, 코크스, 목탄, 금속분
② **증발연소**(evaporating combustion)
파라핀(양초), 황, 나프탈렌, 왁스, 휘발유, 등유, 경유, 아세톤 등 제4류 위험물
③ **분해연소**(decomposing combustion)
석탄, 목재, 플라스틱, 종이, 합성수지, 중유
④ **자기연소**(내부연소)
질화면(니트로셀룰로오스), 셀룰로이드, 니트로글리세린 등 제5류 위험물
⑤ **확산연소**(diffusive burning)
아세틸렌, LPG, LNG 등 가연성 기체
⑥ **불꽃연소 + 표면연소**
목재, 종이, 셀룰로오스, 열경화성수지

해답 ②

15 위험물안전관리법령상 옥내주유취급소의 소화난이도 등급은?

① Ⅰ ② Ⅱ

③ Ⅲ　　　④ Ⅳ

해설 **주유취급소 소화난이도 등급**
① 옥내주유취급소 : 소화난이도 등급 Ⅱ
② 옥내주유취급소 외의 것 : 소화난이도 등급 Ⅲ

해답 ②

16 위험물안전관리법령의 소화설비 설치기준에 의하면 옥외소화전설비의 수원의 수량은 옥외소화전 설치개수(설치개수가 4 이상인 경우에는 4)에 몇 m^3을 곱한 양 이상이 되도록 하여야 하는가?

① $7.5m^3$　　② $13.5m^3$
③ $20.5m^3$　　④ $25.5m^3$

해설 **위험물제조소 등의 소화설비 설치기준**

소화설비	수평거리	방사량	방사압력
옥내	25m 이하	260(L/min) 이상	350(kPa) 이상
	수원의 양 Q=N(소화전개수 : **최대 5개**) ×$7.8m^3$(260L/min×30min)		
옥외	40m 이하	450(L/min) 이상	350(kPa) 이상
	수원의 양 Q=N(소화전개수 : 최대 4개) ×**$13.5m^3$**(450L/min×30min)		
스프링클러	1.7m 이하	80(L/min) 이상	100(kPa) 이상
	수원의 양 Q=N(헤드수 : 최대 30개) ×$2.4m^3$(80L/min×30min)		
물분무	–	20 ($L/m^2 \cdot min$)	350(kPa) 이상
	수원의 양 Q=A(바닥면적m^2)× $0.6m^3$($20L/m^2 \cdot min$×30min)		

해답 ②

17 1몰의 이황화탄소와 고온의 물이 반응하여 생성되는 독성 기체물질의 부피는 표준상태에서 얼마인가?

① 22.4L　　② 44.8L
③ 67.2L　　④ 134.4L

해설 **이황화탄소와 고온의 물(150℃) 반응식**

$$CS_2 + 2H_2O \rightarrow CO_2 + 2H_2S$$
$$1\times22.4L \rightarrow 2\times22.4L$$

해답 ②

18 알킬리튬에 대한 설명으로 틀린 것은?

① 제3류 위험물이고 지정수량은 10kg이다.
② 가연성의 액체이다.
③ 이산화탄소와는 격렬하게 반응한다.
④ 소화방법으로는 물로 주수는 불가하며 할로겐화합물 소화약제를 사용하여야 한다.

해설 **알킬리튬의 소화약제**
① 팽창질석 또는 팽창진주암
② 마른모래

해답 ④

19 국소방출방식의 불활성가스 소화설비의 분사헤드에서 방출되는 소화약제의 방사 기준은?

① 10초 이내에 균일하게 방사할 수 있을 것
② 15초 이내에 균일하게 방사할 수 있을 것
③ 30초 이내에 균일하게 방사할 수 있을 것
④ 60초 이내에 균일하게 방사할 수 있을 것

해설 **약제 방사시간**

소화설비	방사시간	
CO_2	전역방출방식	60초 이내
	국소방출방식	**30초 이내**
할론	30초 이내	
분말	30초 이내	

해답 ③

20 다음 위험물의 화재 시 주수소화가 가능한 것은?

① 철분　　② 마그네슘
③ 나트륨　　④ 황

해설 ① 철분-제2류-금수성
② 마그네슘-제2류-금수성
③ 나트륨-제3류-금수성
④ 황-제2류-가연성 고체

해답 ④

21 황화인에 대한 설명 중 옳지 않은 것은?

① 삼황화인은 황색 결정으로 공기 중 약 100℃에서 발화할 수 있다.
② 오황화인은 담황색 결정으로 조해성이 있다.
③ 오황화인은 물과 접촉하여 유독성 가스를 발생할 위험이 있다.
④ 삼황화인은 연소하여 황화수소 가스를 발생할 위험이 있다.

해설 **황화인**(제2류 위험물) : **황과 인의 화합물**

① **삼황화린**(P_4S_3)
- 황색결정으로 물, 염산, 황산에 녹지 않으며 질산, 알칼리, 이황화탄소에 녹는다.
- 연소하면 오산화인과 이산화황이 생긴다.

$P_4S_3 + O_2 \rightarrow 2P_2O_5 + 3SO_2 \uparrow$
(오산화인)(이산화황)

② **오황화린**(P_2S_5)
- 담황색 결정이고 조해성이 있다.
- 수분을 흡수하면 분해된다.
- 이황화탄소(CS_2)에 잘 녹는다.
- 물, 알칼리와 반응하여 인산과 황화수소를 발생한다.

$P_2S_5 + 8H_2O \rightarrow 2H_3PO_4 + 5H_2S \uparrow$
(인산) (황화수소)

③ **칠황화린**(P_4S_7)
- 담황색 결정이고 조해성이 있다.
- 수분을 흡수하면 분해된다.
- 이황화탄소(CS_2)에 약간 녹는다.
- 냉수에는 서서히 분해가 되고 더운물에는 급격히 분해된다.

해답 ④

22 위험물안전관리법령상 제조소 등의 정기점검 대상에 해당하지 않는 것은?

① 지정수량 15배의 제조소
② 지정수량 40배의 옥내탱크저장소
③ 지정수량 50배의 이동탱크저장소
④ 지정수량 20배의 지하탱크저장소

해설 **정기점검 대상 제조소 등**

① 지정수량의 10배 이상의 위험물을 취급하는 제조소
② 지정수량의 100배 이상의 위험물을 저장하는 옥외저장소
③ 지정수량의 150배 이상의 위험물을 저장하는 옥내저장소
④ 지정수량의 200배 이상의 위험물을 저장하는 옥외탱크저장소
⑤ 암반탱크저장소 ⑥ 이송취급소
⑦ 지정수량의 10배 이상의 위험물을 취급하는 일반취급소
⑧ 지하탱크저장소 ⑨ 이동탱크저장소
⑩ 위험물을 취급하는 탱크로서 지하에 매설된 탱크가 있는 제조소 · 주유취급소 또는 일반취급소

해답 ②

23 제조소 등의 소화설비 설치 시 소요단위 산정에 관한 내용으로 다음 ( ) 안에 알맞은 수치를 차례대로 나열한 것은?

> 제조소 또는 취급소의 건축물은 외벽이 내화구조인 것은 연면적 ( )m^2를 1소요단위로 하며, 외벽이 내화구조가 아닌 것은 연면적 ( )m^2를 1소요단위로 한다.

① 200, 100 ② 150, 100
③ 150, 50 ④ 100, 50

해설 **소요단위의 계산방법**

① **제조소 또는 취급소**의 건축물

외벽이 내화구조인 것	외벽이 내화구조가 아닌 것
연면적 **100m^2를 1소요단위**	연면적 **50m^2를 1소요단위**

② 저장소의 건축물

외벽이 내화구조인 것	외벽이 내화구조가 아닌 것
연면적 150m^2를 1소요단위	연면적 75m^2를 소요단위

③ 위험물은 **지정수량의 10배를 1소요단위**로 할 것

해답 ④

24 탄화칼슘의 취급방법에 대한 설명으로 옳지 않은 것은?

① 물, 습기와의 접촉을 피한다.

② 건조한 장소에 밀봉 밀전하여 보관한다.
③ 습기와 작용하여 다량의 메탄이 발생하므로 저장 중에 메탄가스의 발생 유무를 조사한다.
④ 저장용기에 질소가스 등 불활성 가스를 충전하여 저장한다.

해설 **탄화칼슘(CaC_2) : 제3류 위험물 중 칼슘탄화물**
① **물과 접촉 시 아세틸렌을 생성**하고 열을 발생시킨다.

$CaC_2 + 2H_2O \rightarrow Ca(OH)_2 + C_2H_2\uparrow$
(수산화칼슘) (아세틸렌)

② 아세틸렌의 폭발범위는 2.5~81%로 대단히 넓어서 폭발위험성이 크다.
③ 장기 보관시 불활성기체(N_2 등)를 봉입하여 저장한다.
④ 별명은 카바이드, 탄화석회, 칼슘카바이드 등이다.
⑤ 고온(700℃)에서 질화되어 석회질소($CaCN_2$)가 생성된다.

$CaC_2 + N_2 \rightarrow CaCN_2 + C$

⑥ 물 및 포약제에 의한 소화는 절대 금하고 마른 모래 등으로 피복 소화한다.

해답 ③

25 등유의 지정수량에 해당하는 것은?

① 100L ② 200L
③ 1,000L ④ 2,000L

해설 • 등유-제4류-제2석유류-비수용성-1,000L

제4류 위험물 및 지정수량

유별	성질	품명		지정수량(L)
제4류	인화성 액체	1. 특수인화물		50
		2. 제1석유류	비수용성 액체	200
			수용성 액체	400
		3. 알코올류		400
		4. 제2석유류	**비수용성 액체**	**1,000**
			수용성 액체	2,000
		5. 제3석유류	비수용성 액체	2,000
			수용성 액체	4,000
		6. 제4석유류		6,000
		7. 동식물유류		10,000

해답 ③

26 위험물저장소에 해당하지 않는 것은?

① 옥외저장소 ② 지하탱크저장소
③ 이동탱크저장소 ④ 판매저장소

해설 **위험물저장소**
① 옥외저장소 ② 옥내저장소
③ 옥외탱크저장소 ④ 암반탱크저장소
⑤ 지하탱크저장소 ⑥ 이동탱크저장소

해답 ④

27 벤젠 1몰을 충분한 산소가 공급되는 표준상태에서 완전연소시켰을 때 발생하는 이산화탄소의 양은 몇 L인가?

① 22.4 ② 134.4
③ 168.8 ④ 224.0

해설 **벤젠의 완전연소 반응식**

$2C_6H_6 + 15O_2 \rightarrow 12CO_2 + 6H_2O$
2몰 → 12×22.4L

① 2몰 → 12×22.4L
1몰 → x
② $x = \frac{1 \times 12 \times 22.4}{2} = 134.4L$

해답 ②

28 지정과산화물을 저장 또는 취급하는 위험물 옥내저장소의 저장창고 기준에 대한 설명으로 틀린 것은?

① 서까래의 간격은 30cm 이하로 할 것.
② 저장창고의 출입구에는 갑종 방화문을 설치할 것.
③ 저장창고의 외벽을 철근콘크리트조로 할 경우 두께를 10cm 이상으로 할 것.
④ 저장창고의 창은 바닥면으로부터 2m 이상의 높이에 둘 것.

해설 **지정과산화물을 저장 또는 취급하는 옥내저장소의 저장창고의 기준**
① 저장창고는 150m^2 이내마다 격벽으로 완전하게 구획할 것. 이 경우 당해 격벽은 두께 30cm 이상의 철근콘크리트조 또는 철골철근콘크리

트조로 하거나 두께 40cm 이상의 보강콘크리트블록조로 하고, 당해 저장창고의 양측의 외벽으로부터 1m 이상, 상부의 지붕으로부터 50cm 이상 돌출하게 하여야 한다.

② 저장창고의 **외벽은 두께 20cm 이상의 철근콘크리트조나 철골철근콘크리트조 또는 두께 30cm 이상의 보강콘크리트블록조**로 할 것.

③ 저장창고의 지붕은 다음 각 목의 1에 적합할 것.

㉠ 중도리 또는 서까래의 간격은 30cm 이하로 할 것.

㉡ 지붕의 아래쪽 면에는 한 변의 길이가 45cm 이하의 환강(丸鋼) · 경량형강(輕量型鋼) 등으로 된 강제(鋼製)의 격자를 설치할 것.

㉢ 지붕의 아래쪽 면에 철망을 쳐서 불연재료의 도리 · 보 또는 서까래에 단단히 결합할 것.

㉣ 두께 5cm 이상, 너비 30cm 이상의 목재로 만든 받침대를 설치할 것.

④ 저장창고의 출입구에는 갑종 방화문을 설치할 것.

⑤ 저장창고의 창은 바닥면으로부터 2m 이상의 높이에 두되, 하나의 벽면에 두는 창의 면적의 합계를 당해 벽면의 면적의 80분의 1 이내로 하고, 하나의 창의 면적을 $0.4m^2$ 이내로 할 것.

해답 ③

29 물과 접촉 시, 발열하면서 폭발 위험성이 증가하는 것은?

① 과산화칼륨 ② 과망간산나트륨
③ 요오드산칼륨 ④ 과염소산칼륨

해설 ① 과산화칼륨－제1류－무기과산화물－금수성
② 과망간산나트륨－제1류－과망간산염류
③ 요오드산칼륨－제1류－요오드산염류
④ 과염소산칼륨－제1류－과염소산염류

해답 ①

30 다음 중 벤젠 증기의 비중에 가장 가까운 값은?

① 0.7 ② 0.9
③ 2.7 ④ 3.9

해설
- 공기의 평균 분자량＝29
- 증기비중 $= \dfrac{M(\text{분자량})}{29(\text{공기평균분자량})}$

벤젠(C_6H_6)의 분자량 $= 12\times6+1\times6=78$

벤젠의 증기비중 $= \dfrac{78}{29} = 2.7$

해답 ③

31 다음 중 니트로글리세린을 다공질의 규조토에 흡수시켜 제조한 물질은?

① 흑색화약 ② 니트로셀룰로오스
③ 다이너마이트 ④ 면화약

해설 **니트로글리세린[$(C_3H_5(ONO_2)_3]$: 제5류 위험물 중 질산에스테르류**
① 상온에서는 액체이지만 겨울철에는 동결한다.
② 다이너마이트 제조 시 동결방지용으로 니트로글리콜을 첨가한다.
③ 비수용성이며 메탄올, 아세톤 등에 녹는다.
④ 가열, 마찰, 충격에 예민하여 대단히 위험하다.
⑤ 화재 시 폭굉 우려가 있다.
⑥ 산과 접촉 시 분해가 촉진되고 폭발 우려가 있다.

니트로글리세린의 분해
$4C_3H_5(ONO_2)_3 \rightarrow 12CO_2\uparrow + 6N_2\uparrow + O_2\uparrow + 10H_2O$

⑦ **다이너마이트(규조토＋니트로글리세린)**, 무연화약 제조에 이용된다.

해답 ③

32 아염소산염류의 운반용기 중 적응성이 있는 내장용기의 종류와 최대 용적이나 중량을 옳게 나타낸 것은?

① 금속제 용기 : 20L
② 종이 포대 : 55kg
③ 플라스틱 필름 포대 : 60kg
④ 유리 용기 : 10L

해설 **아염소산염류(고체위험물, 제1류 위험물, 위험등급 I)**
- 내장용기 : 유리 용기 또는 플라스틱 용기 사용

하는 경우 최대 용적 10L
• 외장용기 : 나무 상자 또는 플라스틱 상자 사용하는 경우 최대 중량 125kg

해답 ④

33 아세트알데히드의 저장 · 취급 시 주의사항으로 틀린 것은?

① 강산화제와의 접촉을 피한다.
② 취급설비에는 구리합금의 사용을 피한다.
③ 수용성이기 때문에 화재 시 물로 희석 소화가 가능하다.
④ 옥외저장탱크에 저장 시 조연성 가스를 주입한다.

해설 **아세트알데히드**(CH_3CHO) : **제4류 위험물 중 특수인화물**
① 휘발성이 강하고 과일 냄새가 있는 무색 액체
② 물, 에탄올에 잘 녹는다.
③ 연소범위는 약 4.1~57%이다.
④ 저장용기 사용 시 구리, 마그네슘, 은, 수은 및 합금용기는 사용 금지.(중합반응 때문)
⑤ 다량의 물로 주수소화한다.
⑥ 아세트알데히드 등을 취급하는 설비에는 연소성 혼합기체의 생성에 의한 폭발을 방지하기 위한 **불활성 기체 또는 수증기를 봉입**하는 장치를 갖출 것.

해답 ④

34 위험물 분류에서 제1석유류에 대한 설명으로 옳은 것은?

① 아세톤, 휘발유 그밖에 1기압에서 인화점이 섭씨 21도 미만인 것
② 등유, 경유 그 밖에 액체로서 인화점이 섭씨 21도 이상 70도 미만인 것
③ 중유, 도료류로서 인화점이 섭씨 70도 이상 200도 미만의 것
④ 기계유, 실린더유 그밖의 액체로서 인화점이 섭씨 200도 이상 250도 미만인 것

해설 **제4류 위험물**(인화성 액체)

구 분	지정품목	기타 조건(1atm에서)
특수인화물	이황화탄소 디에틸에테르	• 발화점이 100℃ 이하 • 인화점 −20℃ 이하이고 비점이 40℃ 이하
제1석유류	**아세톤 휘발유**	**• 인화점 21℃ 미만**
알코올류	C_1~C_3까지 포화 1가 알코올(변성알코올 포함) • 메틸알코올 • 에틸알코올 • 프로필알코올	
제2석유류	등유, 경유	• 인화점 21℃ 이상 70℃ 미만
제3석유류	중유 클레오소트유	• 인화점 70℃ 이상 200℃ 미만
제4석유류	기어유 실린더유	• 인화점 200℃ 이상 250℃ 미만
동식물유류	동물의 지육 등 또는 식물의 종자나 과육으로부터 추출한 것으로서 인화점이 250℃ 미만인 것	

해답 ①

35 제2류 위험물의 일반적인 성질에 대한 설명으로 가장 거리가 먼 것은?

① 가연성 고체 물질이다.
② 연소 시 연소열이 크고 연소속도가 빠르다.
③ 산소를 포함하여 조연성 가스의 공급이 없이 연소가 가능하다.
④ 비중이 1보다 크고 물에 녹지 않는다.

해설 **제2류 위험물의 공통적 성질**
① 낮은 온도에서 착화가 쉬운 가연성 고체이다.
② 냉암소에 저장하여야 한다.
③ 연소속도가 빠른 고체이다.
④ 연소 시 유독가스를 발생하는 것도 있다.
⑤ 금속분은 물 접촉 시 발열 및 수소기체 발생된다.
⑥ 비중이 1보다 크고 물에 녹지 않는다.

해답 ③

36 위험물안전관리법령상 동식물유류의 경우 1기압에서 인화점은 섭씨 몇 도 미만으로 규정하고 있는가?

① 150℃ ② 250℃
③ 450℃ ④ 600℃

해설 **제4류 위험물**(인화성 액체)

구 분	지정품목	기타 조건(1atm에서)
특수인화물	이황화탄소 디에틸에테르	• 발화점이 100℃ 이하 • 인화점 −20℃ 이하이고 비점이 40℃ 이하
제1석유류	아세톤 휘발유	• 인화점 21℃ 미만
알코올류	C_1~C_3까지 포화 1가 알코올(변성알코올 포함) • 메틸알코올 • 에틸알코올 • 프로필알코올	
제2석유류	등유, 경유	• 인화점 21℃ 이상 70℃ 미만
제3석유류	중유 클레오소트유	• 인화점 70℃ 이상 200℃ 미만
제4석유류	기어유 실린더유	• 인화점 200℃ 이상 250℃ 미만
동식물유류	**동물의 지육 등 또는 식물의 종자나 과육으로부터 추출한 것으로서 인화점이 250℃ 미만인 것**	

해답 ②

37 과염소산칼륨과 아염소산나트륨의 공통 성질이 아닌 것은?

① 지정수량이 50kg이다.
② 열분해 시 산소를 방출한다.
③ 강산화성 물질이며 가연성이다.
④ 상온에서 고체의 형태이다.

해설 ③ 강산화성 물질이며 불연성이다.

- 과염소산칼륨($KClO_4$)−제6류 위험물 −과염소산염류−불연성 물질
- 아염소산나트륨($NaClO_2$)−제6류 위험물 −아염소산염류−불연성 물질

해답 ③

38 제5류 위험물의 일반적 성질에 관한 설명으로 옳지 않은 것은?

① 화재 발생 시 소화가 곤란하므로 적은 양으로 나누어 저장한다.
② 운반용기 외부에 충격주의, 화기엄금의 주의사항을 표시한다.
③ 자기연소를 일으키며 연소속도가 대단히 빠르다.
④ 가연성 물질이므로 질식소화하는 것이 가장 좋다.

해설 **제5류 위험물의 일반적 성질**
① 자기연소(내부연소)성 물질이다.
② 연소속도가 대단히 빠르고 폭발적 연소한다.
③ 가열, 마찰, 충격에 의하여 폭발한다.
④ 물질 자체가 산소를 함유하고 있다.
⑤ 연소 시 소화가 어렵다.
⑥ **화재 초기에 다량의 물로 냉각소화하는 것이 가장 좋다.**

해답 ④

39 다음 중 자연발화의 위험성이 가장 큰 물질은?

① 아마인유 ② 야자유
③ 올리브유 ④ 피마자유

해설 • **요오드값이 클수록 자연발화의 위험이 크다.**

동식물유류
동물의 지육 또는 식물의 종자나 과육으로부터 추출한 것으로 1기압에서 인화점이 250℃ 미만인 것
① 돈지(돼지기름), 우지(소기름) 등이 있다.
② 요오드값이 130 이상인 건성유는 자연발화 위험이 있다.
③ 인화점이 46℃인 개자유는 저장, 취급 시 특별히 주의한다.

요오드값에 따른 동식물유류의 분류

구 분	요오드값	종 류
건성유	130 이상	해바라기기름, 동유(오동기름), 정어리기름, **아마인유**, 들기름
반건성유	100~130	채종유, 쌀겨기름, 참기름, 면실유, 옥수수기름, 청어기름, 콩기름
불건성유	100 이하	야자유, 팜유, 올리브유, 피마자기름, 낙화생기름, 돈지, 우지, 고래기름

해답 ①

40 운반을 위하여 위험물을 적재하는 경우에 차광성이 있는 피복으로 가려주어야 하는 것은?

① 특수인화물 ② 제1석유류
③ 알코올류 ④ 동식물유류

해설 **적재위험물의 성질에 따른 조치**

① **차광성**이 있는 피복으로 가려야 하는 위험물
- ㉠ 제1류 위험물
- ㉡ 제3류 위험물 중 자연발화성 물질
- ㉢ **제4류 위험물 중 특수인화물**
- ㉣ 제5류 위험물
- ㉤ 제6류 위험물

② 방수성이 있는 피복으로 덮어야 하는 것
- ㉠ 제1류 위험물 중 알칼리금속의 과산화물
- ㉡ 제2류 위험물 중 철분 · 금속분 · 마그네슘 또는 이들 중 어느 하나 이상을 함유한 것
- ㉢ 제3류 위험물 중 금수성 물질

해답 ①

41 위험물제조소 등에 옥내소화전설비를 설치할 때 옥내소화전이 가장 많이 설치된 층의 소화전의 개수가 4개일 때 확보하여야 할 수원의 수량은?

① $10.4m^3$ ② $20.8m^3$
③ $31.2m^3$ ④ $41.6m^3$

해설 **위험물제조소 등의 소화설비 설치기준**

소화설비	수평거리	방사량	방사압력
옥내	25m 이하	260(L/min) 이상	350(kPa) 이상
	수원의 양 Q=N(소화전개수 : **최대 5개**) $\times 7.8m^3$(260L/min × 30min)		
옥외	40m 이하	450(L/min) 이상	350(kPa) 이상
	수원의 양 Q=N(소화전개수 : 최대 4개) $\times 13.5m^3$(450L/min × 30min)		
스프링클러	1.7m 이하	80(L/min) 이상	100(kPa) 이상
	수원의 양 Q=N(헤드수 : 최대 30개) $\times 2.4m^3$(80L/min × 30min)		
물분무	–	20 ($L/m^2 \cdot min$)	350(kPa) 이상
	수원의 양 Q=A(바닥면적m^2)× $0.6m^3$($20L/m^2 \cdot min \times 30min$)		

옥내소화전의 수원의 양

Q=N(소화전 개수 : 최대 5개) $\times 7.8m^3$
$=4 \times 7.8m^3 = 31.2m^3$

해답 ③

42 황린의 저장 방법으로 옳은 것은?

① 물 속에 저장한다.
② 공기 중에 보관한다.
③ 벤젠 속에 저장한다.
④ 이황화탄소 속에 보관한다.

해설 **황린(P_4)[별명 : 백린] : 제3류 위험물(자연발화성 물질)**

① 백색 또는 담황색의 고체이다.
② 공기 중 약 40~50℃에서 자연발화한다.
③ 저장 시 자연발화성이므로 반드시 **물 속에 저장**한다.
④ 인화수소(PH_3)의 생성을 방지하기 위하여 물의 pH=9가 안전한 계이다.
⑤ 연소 시 오산화인(P_2O_5)의 흰 연기가 발생한다.

$P_4 + 5O_2 \rightarrow 2P_2O_5$(오산화인)

⑥ 강알칼리의 용액에서는 유독기체인 포스핀(PH_3)이 발생한다. 따라서 저장 시 물의 pH(수소이온농도)는 9를 넘어서는 안 된다.

$P_4 + 3NaOH + 3H_2O \rightarrow 3NaH_2PO_2 + PH_3 \uparrow$
(인화수소=포스핀)

⑦ 약 250℃로 가열(공기 차단) 시 적린이 된다.
⑧ 피부 접촉 시 화상을 입는다.
⑨ 소화는 물분무, 마른모래 등으로 질식소화한다.
⑩ 고압의 주수소화는 황린을 비산시켜 연소면이 확대될 우려가 있다.

해답 ①

43 위험물안전관리법령상 지정수량이 다른 하나는?

① 인화칼슘 ② 루비듐
③ 칼슘 ④ 차아염소산칼륨

해설 제3류 위험물 및 지정수량

성 질	품 명	지정수량	위험등급
자연발화성 및 금수성물질	1. 칼륨 2. 나트륨 3. 알킬알루미늄 4. 알킬리튬	10kg	Ⅰ
	5. 황린	20kg	
	6. 알칼리금속(칼륨 및 나트륨 제외) 및 알칼리토금속 7. 유기금속화합물(알킬알루미늄 및 알킬리튬 제외)	50kg	Ⅱ
	8. 금속의 수소화물 9. 금속의 인화물 10. 칼슘 또는 알루미늄의 탄화물	300kg	

해답 ①

44 과염소산나트륨에 대한 설명으로 옳지 않은 것은?

① 가열하면 분해하여 산소를 방출한다.
② 환원제이며 수용액은 강한 환원성이 있다.
③ 수용성이며 조해성이 있다.
④ 제1류 위험물이다.

해설 과염소산나트륨($NaClO_4$) : 제1류 위험물 중 과염소산염류
① 백색의 분말고체이며 분자량이 122, 녹는점은 482℃이다.
② 물, 알코올, 아세톤에 잘 녹고 에테르에는 녹지 않는다.
③ 유기물 등과 혼합 시 가열, 충격, 마찰에 의하여 폭발한다.
④ 400℃ 이상에서 분해되면서 산소를 방출한다.
⑤ 강산화제이다.

해답 ②

45 질산메틸의 성질에 대한 설명으로 틀린 것은?

① 비점은 약 66℃이다.
② 증기는 공기보다 가볍다.
③ 무색, 투명한 액체이다.
④ 자기반응성 물질이다.

해설 질산메틸(CH_3NO_3) : 제5류 위험물 중 질산에스테르류
① 무색, 투명한 액체
② 물보다 무거우며 알코올에 녹는다.
③ 비점(끓는점) : 66℃
④ 증기비중(기체의 비중)$=\frac{77}{29}=2.66$

해답 ②

46 옥외탱크저장소의 소화설비를 검토 및 적용할 때에 소화난이도 등급 Ⅰ에 해당되는지를 검토하는 탱크 높이의 측정 기준으로서 적합한 것은?

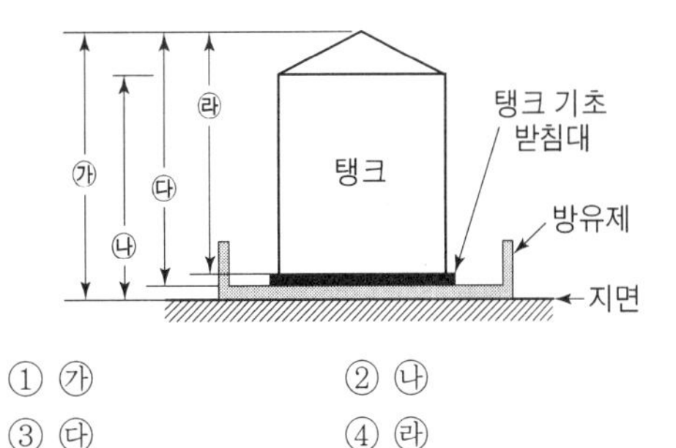

① ㉮ ② ㉯
③ ㉰ ④ ㉱

해설 소화난이도 등급 Ⅰ

제조소등의 구분	제조소등의 규모, 저장 또는 취급하는 위험물의 품명 및 최대수량 등
제조소 일반취급소	연면적 1,000m^2 이상인 것
옥외탱크 저장소	액표면적이 40m^2 이상인 것(제6류 위험물을 저장하는 것 및 고인화점위험물만을 100℃ 미만의 온도에서 저장하는 것은 제외)
암반탱크 저장소	액표면적이 40m^2 이상인 것(제6류 위험물을 저장하는 것 및 고인화점위험물만을 100℃ 미만의 온도에서 저장하는 것은 제외)
이송취급소	모든 대상

해답 ②

47 다음에서 설명하는 위험물에 해당하는 것은?

- 지정수량은 300kg이다.
- 산화성 액체 위험물이다.
- 가열하면 분해하여 유독성 가스를 발생한다.
- 증기 비중은 약 3.5이다.

① 브롬산칼륨　② 클로로벤젠
③ 질산　④ 과염소산

해설 **과염소산**($HClO_4$) **: 제6류 위험물(산화성 액체)**
① 불연성 물질이며 물과 접촉 시 심한 열을 발생한다.(발열반응)
② 종이, 나무 조각과 접촉 시 연소한다.
③ 공기 중 분해하여 강하게 연기를 발생한다.
④ 무색의 액체로 염소 냄새가 난다.
⑤ 산화력 및 흡습성이 강하다.
⑥ 다량의 물로 분무(안개 모양) 주수소화
⑦ 비중 1.768(22℃), 녹는점 −112℃, 끓는점 39℃(56mmHg)
⑧ 증기비중$=\frac{100.5}{29}=3.47$

해답 ④

48 금속나트륨에 대한 설명으로 옳지 않은 것은?

① 물과 격렬히 반응하여 발열하고 수소가스를 발생한다.
② 에틸알코올과 반응하여 나트륨에틸레이트와 수소가스를 발생한다.
③ 할로겐화합물 소화약제는 사용할 수 없다.
④ 은백색의 광택이 있는 중금속이다.

해설 **금속나트륨 : 제3류 위험물(금수성)**
① 은백색의 경금속
② 연소 시 노란색 불꽃을 발생한다.
③ 물과 반응하여 수소기체 발생

$2Na + 2H_2O \rightarrow 2NaOH + H_2\uparrow$

④ 보호액으로 파라핀, 경유, 등유를 사용한다.
⑤ 피부와 접촉 시 화상을 입는다.
⑥ 마른모래 등으로 질식소화한다.
⑦ 화학적으로 활성이 대단히 크고 알코올과 반응하여 수소를 발생시킨다.

$2Na + 2C_2H_5OH \rightarrow 2C_2H_5ONa + H_2\uparrow$
(나트륨) (에틸알코올) (나트륨에틸레이트) (수소)

해답 ④

49 옥내저장소의 저장창고에 150m^2 이내마다 일정 규격의 격벽을 설치하여 저장하여야 하는 위험물은?

① 제5류 위험물 중 지정과산화물
② 알킬알루미늄 등
③ 아세트알데히드 등
④ 히드록실아민 등

해설 **지정과산화물을 저장 또는 취급하는 옥내저장소의 저장창고의 기준**
① 저장창고는 150m^2 이내마다 격벽으로 완전하게 구획할 것. 이 경우 당해 격벽은 두께 30cm 이상의 철근콘크리트조 또는 철골철근콘크리트조로 하거나 두께 40cm 이상의 보강콘크리트블록조로 하고, 당해 저장창고의 양측의 외벽으로부터 1m 이상, 상부의 지붕으로부터 50cm 이상 돌출하게 하여야 한다.
② 저장창고의 외벽은 두께 20cm 이상의 철근콘크리트조나 철골철근콘크리트조 또는 두께 30cm 이상의 보강콘크리트블록조로 할 것.

해답 ①

50 염소산나트륨의 저장 및 취급 방법으로 옳지 않은 것은?

① 철제 용기에 저장한다.
② 습기가 없는 찬 장소에 보관한다.
③ 조해성이 크므로 용기는 밀전한다.
④ 가열, 충격, 마찰을 피하고 점화원의 접근을 금한다.

해설 **염소산나트륨**($NaClO_3$) **: 제1류 위험물 중 염소산염류**
① 조해성이 크고, 알코올, 에테르, 물에 녹는다.
② 철제를 부식시키므로 철제용기 사용금지
③ 산과 반응하여 유독한 이산화염소(ClO_2)를 발생시키며 이산화염소는 폭발성이다.
④ 조해성이 있기 때문에 밀폐하여 저장한다.

조해성
공기 중에 노출되어 있는 고체가 수분을 흡수하여 녹는 현상

해답 ①

51 위험물제조소 등의 허가에 관계된 설명으로 옳은 것은?

① 제조소 등을 변경하고자 하는 경우에는 언

제나 허가를 받아야 한다.

② 위험물의 품명을 변경하고자 하는 경우에는 언제나 허가를 받아야 한다.

③ 농예용으로 필요한 난방시설을 위한 지정수량 20배 이하의 저장소는 허가대상이 아니다.

④ 저장하는 위험물의 변경으로 지정수량의 배수가 달라지는 경우는 언제나 허가대상이 아니다.

해설 다음 각 호의 1에 해당하는 제조소 등의 경우에는 허가를 받지 아니하고 당해 제조소 등을 설치하거나 그 위치 · 구조 또는 설비를 변경할 수 있으며, 신고를 하지 아니하고 위험물의 품명 · 수량 또는 지정수량의 배수를 변경할 수 있다.

① 주택의 난방시설(공동주택의 중앙난방시설을 제외한다)을 위한 저장소 또는 취급소

② 농예용 · 축산용 또는 수산용으로 필요한 난방시설 또는 건조시설을 위한 **지정수량 20배 이하의 저장소**

해답 ③

52 황의 성질에 대한 설명 중 틀린 것은?

① 물에 녹지 않으나 이황화탄소에 녹는다.

② 공기 중에서 연소하여 아황산가스를 발생한다.

③ 전도성 물질이므로 정전기 발생에 유의하여야 한다.

④ 분진폭발의 위험성에 주의하여야 한다.

해설 **유황(S) : 제2류 위험물(가연성 고체)**

① 동소체로 사방황, 단사황, 고무상황이 있다.

② 황색의 고체 또는 분말상태이다.

③ 물에 녹지 않고 이황화탄소(CS_2)에는 잘 녹는다.

④ 공기 중에서 연소 시 푸른 불꽃을 내며 이산화황이 생성된다.

$S + O_2 \rightarrow SO_2$(이산화황=아황산)

⑤ 산화제와 접촉 시 위험하다.

⑥ 분진폭발의 위험성이 있고 목탄가루와 혼합 시 가열, 충격, 마찰에 의하여 폭발위험성이 있다.

⑦ 다량의 물로 주수소화 또는 질식소화한다.

해답 ③

53 다음 중 증기의 밀도가 가장 큰 것은?

① 디에틸에테르

② 벤젠

③ 가솔린(옥탄 100%)

④ 에틸알코올

해설 **증기밀도(g/L) 계산공식**

$$\text{증기밀도}(\rho) = \frac{PM}{RT}$$

여기서, P : 압력(atm : 기압)

M : 분자량

R : 기체상수(0.082atm · L/g-mol · K)

T : 절대온도(273+t℃)K

각 물질의 분자량 계산

① 디에틸에테르$-C_2H_5OC_2H_5$
$=12\times4+16+1\times10=74$

② 벤젠$-C_6H_6$
$=12\times6+1\times6=78$

③ 가솔린(옥탄 100%)$-C_8H_{18}$(옥탄)
$=12\times8+1\times18=114$

④ 에틸알코올$-C_2H_5OH$
$=12\times2+1\times6+16=46$

해답 ③

54 과산화수소의 위험성으로 옳지 않은 것은?

① 산화제로서 불연성 물질이지만 산소를 함유하고 있다.

② 이산화망간 촉매 하에서 분해가 촉진된다.

③ 분해를 막기 위해 히드라진을 안정제로 사용할 수 있다.

④ 고농도의 것은 피부에 닿으면 화상의 위험이 있다.

해설 **과산화수소(H_2O_2)의 일반적인 성질**

① 분해 시 산소(O_2)를 발생시킨다.

② **분해안정제로 인산(H_3PO_4) 또는 요산($C_5H_4N_4O_3$)을 첨가한다.**

③ 시판품은 일반적으로 30~40% 수용액이다.

④ 저장용기는 밀폐하지 말고 구멍이 있는 마개를 사용한다.

⑤ 강산화제이면서 환원제로도 사용한다.

⑥ 60% 이상의 고농도에서는 단독으로 폭발위험

이 있다.

⑦ 히드라진($NH_2 \cdot NH_2$)과 접촉 시 분해 작용으로 폭발위험이 있다.

$NH_2 \cdot NH_2 + 2H_2O_2 \rightarrow 4H_2O + N_2 \uparrow$

⑧ 3%용액은 옥시풀이라 하며 표백제 또는 살균제로 이용한다.

⑨ 무색인 요오드칼륨 녹말종이와 반응하여 청색으로 변화시킨다.

- 과산화수소는 36%(중량) 이상만 위험물에 해당된다.
- 과산화수소는 표백제 및 살균제로 이용된다.

⑩ 다량의 물로 주수소화한다.

해답 ③

55 위험물안전관리법령상 제조소 등에 대한 긴급 사용정지 명령 등을 할 수 있는 권한이 없는 자는?

① 시 · 도지사　② 소방본부장
③ 소방서장　④ 소방청장

해설 **제조소 등 설치허가의 취소와 사용정지 등**
시 · 도지사, 소방본부장, 소방서장은 허가를 취소하거나 6월 이내의 기간을 정하여 제조소 등의 전부 또는 일부의 사용정지를 명할 수 있다.

해답 ④

56 위험물제조소 등에서 위험물안전관리법상 안전거리 규제 대상이 아닌 것은?

① 제6류 위험물을 취급하는 제조소를 제외한 모든 제조소
② 주유취급소
③ 옥외저장소
④ 옥외탱크저장소

해설 **(1) 안전거리 규제 대상**
① 제조소(제6류 위험물을 취급하는 제조소를 제외)
② 일반취급소
③ 옥내저장소
④ 옥외탱크저장소
⑤ 옥외저장소

(2) 제조소의 안전거리

구 분	안전거리
사용전압이 7,000V 초과 35,000V 이하	3m 이상
사용전압이 35,000V를 초과	5m 이상
주거용	10m 이상
고압가스, 액화석유가스, 도시가스	20m 이상
학교, 병원, 극장	30m 이상
유형문화재, 지정문화재	50m 이상

해답 ②

57 위험물안전관리법에서 규정하고 있는 사항으로 옳지 않은 것은?

① 위험물저장소를 경매에 의해 시설의 전부를 인수한 경우에는 30일 이내에, 저장소의 용도를 폐지한 경우에는 14일 이내에 시 · 도지사에게 그 사실을 신고하여야 한다.
② 제조소 등의 위치 · 구조 및 설비기준을 위반하여 사용한 때에는 시 · 도지사는 허가취소, 전부 또는 일부의 사용정지를 명할 수 있다.
③ 경유 20,000L를 수산용 건조시설에 사용하는 경우에는 위험물법의 허가는 받지 아니하고 저장소를 설치할 수 있다.
④ 위치 · 구조 또는 설비의 변경 없이 저장소에서 저장하는 위험물 지정수량의 배수를 변경하고자 하는 경우에는 변경하고자 하는 날의 7일 전까지 시 · 도지사에게 신고하여야 한다.

해설 **위험물안전관리법 제12조(제조소 등 설치허가의 취소와 사용정지 등)**
시 · 도지사는 제조소 등의 관계인이 다음 각 호의 1에 해당하는 때에는 허가를 취소하거나 6월 이내의 기간을 정하여 제조소 등의 전부 또는 일부의 사용정지를 명할 수 있다.
① **변경허가를 받지 아니하고 제조소 등의 위치 · 구조 또는 설비를 변경한 때**
② 완공검사를 받지 아니하고 제조소 등을 사용한 때
③ 수리 · 개조 또는 이전의 명령을 위반한 때
④ 위험물안전관리자를 선임하지 아니한 때

⑤ 대리자를 지정하지 아니한 때
⑥ 정기점검을 하지 아니한 때
⑦ 정기검사를 받지 아니한 때
⑧ 저장 · 취급기준 준수명령을 위반한 때

해답 ②

58 제5류 위험물의 니트로화합물에 속하지 않는 것은?

① 니트로벤젠
② 테트릴
③ 트리니트로톨루엔
④ 피크린산

해설 ① 니트로벤젠-제4류-제3석유류
-상온에서 액체상태
② 테트릴-제5류-니트로화합물
-상온에서 결정상태
③ 트리니트로톨루엔-제5류-니트로화합물
-상온에서 결정상태
④ 피크린산-제5류-니트로화합물
-상온에서 결정상태

해답 ①

59 과산화나트륨 78g과 충분한 양의 물이 반응하여 생성되는 기체의 종류와 생성량을 옳게 나타낸 것은?

① 수소, 1g　　② 산소, 16g
③ 수소, 2g　　④ 산소, 32g

해설 **과산화나트륨(Na_2O_2) : 제1류 위험물 중 무기과산화물(금수성)**
상온에서 물과 격렬히 반응하여 산소(O_2)를 방출하고 폭발하기도 한다.
① Na_2O_2의 분자량$=23\times2+16\times2=78$
② Na_2O_2과 물의 반응식

$2Na_2O_2 + 2H_2O \rightarrow 4NaOH + O_2\uparrow$
$2\times78g$ ⟶ 산소 32g
$78g$ ⟶ x

$$x=\frac{78\times32}{2\times78}=16\,g$$

해답 ②

60 옥내탱크저장소 중 탱크전용실을 단층건물 외의 건축물에 설치하는 경우 탱크전용실을 건축물의 1층 또는 지하층에만 설치하여야 하는 위험물이 아닌 것은?

① 제2류 위험물 중 덩어리 유황
② 제3류 위험물 중 황린
③ 제4류 위험물 중 인화점이 38℃ 이상인 위험물
④ 제6류 위험물 중 질산

해설 **탱크전용실을 건축물의 1층 또는 지하층에 설치하여야 하는 경우**
① 제2류 위험물 중 황화인, 적린 및 덩어리 유황
② 제3류 위험물 중 황린
③ 제6류 위험물 중 질산

탱크전용실을 단층건물 외의 건축물에 설치하는 것
① 제2류 위험물 중 황화인, 적린 및 덩어리 유황
② 제3류 위험물 중 황린
③ 제6류 위험물 중 질산
④ 제4류 위험물 중 인화점이 38℃ 이상인 위험물만을 저장 또는 취급하는 것

해답 ③

국가기술자격 필기시험문제

2022 CBT 시험 기출문제 복원 [제 3 회]

자격종목	시험시간	문제수	형별	수험번호	성 명
위험물기능사	1시간	60	A		

본 문제는 CBT시험대비 기출문제 복원입니다.

01 금속은 덩어리 상태보다 분말 상태일 때 연소 위험성이 증가하기 때문에 금속분을 제2류 위험물로 분류하고 있다. 연소위험성이 증가하는 이유로 잘못된 것은?

① 비표면적이 증가하여 반응면적이 증대되기 때문에
② 비열이 증가하여 열의 축적이 용이하기 때문에
③ 복사열의 흡수율이 증가하여 열의 축적이 용이하기 때문에
④ 대전성이 증가하여 정전기가 발생되기 쉽기 때문에

해설 **금속이 덩어리 상태보다 분말 상태가 위험성이 증가하는 이유**
① 비표면적이 증가하여 반응면적이 증대되기 때문에
② 덩어리 상태보다 표면적(접촉면적)이 크기 때문에
③ 복사열의 흡수율이 증가하여 열의 축적이 용이하기 때문에
④ 대전성이 증가하여 정전기가 발생되기 쉽기 때문에

해답 ②

02 영하 20℃ 이하의 겨울철이나 한랭지에서 사용하기에 적합한 소화기는?

① 분무주수소화기 ② 봉상주수소화기
③ 물주수소화기 ④ 강화액소화기

해설 **강화액 소화기**
① 물의 빙점(어는점)이 낮은 단점을 강화시킨 탄산칼륨(K_2CO_3) 수용액
② 내부에 황산(H_2SO_4)이 있어 탄산칼륨과 화학반응에 의한 CO_2가 압력원이 된다.
$H_2SO_4 + K_2CO_3 \rightarrow K_2SO_4 + H_2O + CO_2\uparrow$
③ 무상인 경우 A, B, C 급 화재에 모두 적응한다.
④ 소화약제의 pH는 12이다.(알칼리성을 나타낸다.)
⑤ 어는점(빙점)이 약 −17℃~−30℃로 매우 낮아 추운 지방에서 사용
⑥ 강화액 소화약제는 알칼리성을 나타낸다.

해답 ④

03 다음 중 알칼리금속의 과산화물 저장 창고에 화재가 발생하였을 때 가장 적합한 소화약제는?

① 마른모래 ② 물
③ 이산화탄소 ④ 할론 1211

해설 **알칼리금속 과산화물(금수성)에 적응성이 있는 소화기**
① 탄산수소염류
② 마른 모래
③ 팽창질석 또는 팽창진주암

해답 ①

04 위험물안전관리법령상 제5류 위험물에 적응성이 있는 소화설비는?

① 포소화설비
② 불활성가스 소화설비
③ 할로겐화합물 소화설비
④ 탄산수소염류 소화설비

해설 **제5류 위험물의 소화**
① 자체적으로 산소를 함유한 물질이므로 질식소화는 효과가 없다.
② 화재 초기에 다량의 물로 주수소화하는 것이 가

장 효과적이다.

③ 포소화설비도 소화가 가능하다.

제5류 위험물의 일반적 성질

① 자기연소(내부연소)성 물질이다.
② 연소속도가 대단히 빠르고 폭발적 연소한다.
③ 가열, 마찰, 충격에 의하여 폭발한다.
④ 물질자체가 산소를 함유하고 있다.
⑤ 연소 시 소화가 어렵다.

해답 ①

05 화재 시 이산화탄소를 방출하여 산소의 농도를 13vol%로 낮추어 소화를 하려면 공기 중의 이산화탄소는 몇 vol%가 되어야 하는가?

① 28.1　　② 38.1
③ 42.86　　④ 48.36

해설 **이산화탄소의 농도 산출 공식**

$$CO_2(\%) = \frac{21 - O_2(\%)}{21} \times 100$$

① $O_2 = 13\%$일 때

② $CO_2(\%) = \dfrac{21-13}{21} \times 100 = 38.1\%$

해답 ②

06 소화전용 물통 3개를 포함한 수조 80L의 능력단위는?

① 0.3　　② 0.5
③ 1.0　　④ 1.5

해설 **간이소화용구의 능력단위**

소화설비	용량	능력단위
소화전용 물통	8L	0.3
수조(소화전용 물통 3개 포함)	**80L**	**1.5**
수조(소화전용 물통 6개 포함)	190L	2.5
마른 모래(삽 1개 포함)	50L	0.5
팽창질석 또는 팽창진주암(삽 1개 포함)	80L	0.5

해답 ④

07 탄화칼슘과 물이 반응하였을 때 발생하는 가연성 가스의 연소범위에 가장 가까운 것은?

① 2.1~9.5vol%　　② 2.5~81vol%
③ 4.1~74.2vol%　　④ 15.0~28vol%

해설 **탄화칼슘**(CaC_2) **: 제3류 위험물 중 칼슘탄화물**

① **물과 접촉 시** 수산화칼슘과 **아세틸렌**을 생성하고 열을 발생시킨다.

$CaC_2 + 2H_2O \rightarrow Ca(OH)_2 + C_2H_2\uparrow$
(수산화칼슘) (아세틸렌)

② **아세틸렌의 폭발범위는 2.5~81%로** 대단히 넓어서 폭발위험성이 크다.

③ 장기 보관시 불활성기체(N_2 등)를 봉입하여 저장한다.

④ 별명은 카바이드, 탄화석회, 칼슘카바이드 등이다.

⑤ 고온(700℃)에서 질화되어 석회질소($CaCN_2$)가 생성된다.

$CaC_2 + N_2 \rightarrow CaCN_2 + C$

⑥ 물 및 포약제에 의한 소화는 절대 금하고 마른 모래 등으로 피복 소화한다.

해답 ②

08 위험물제조소 등에 옥외소화전을 6개 설치할 경우 수원의 수량은 몇 m^3 이상이어야 하는가?

① $48m^3$ 이상　　② $54m^3$ 이상
③ $60m^3$ 이상　　④ $81m^3$ 이상

해설 **위험물제조소 등의 소화설비 설치기준**

소화설비	수평거리	방사량	방사압력
옥내	25m 이하	260(L/min) 이상	350(kPa) 이상
	수원의 양 Q=N(소화전개수 : **최대 5개**) ×7.8m³(260L/min×30min)		
옥외	40m 이하	450(L/min) 이상	350(kPa) 이상
	수원의 양 Q=N(소화전개수 : 최대 4개) ×13.5m³(450L/min×30min)		
스프링클러	1.7m 이하	80(L/min) 이상	100(kPa) 이상
	수원의 양 Q=N(헤드수 : 최대 30개) ×2.4m³(80L/min×30min)		
물분무	–	20 (L/m²·min)	350(kPa) 이상
	수원의 양 Q=A(바닥면적m²)× 0.6m³(20L/m²·min×30min)		

옥외소화전의 수원의 양

Q = N(소화전 개수 : **최대 4개**) × $13.5m^3$

= 4 × $13.5m^3$ = $54m^3$

해답 ②

09 위험물안전관리법령상 제조소 등의 관계인은 제조소 등의 화재예방과 재해발생 시의 비상조치에 필요한 사항을 서면으로 작성하여 허가청에 제출하여야 한다. 이는 무엇에 관한 설명인가?

① 예방규정 ② 소방계획서
③ 비상계획서 ④ 화재영향평가서

해설 **예방규정을 정하여야 하는 제조소 등**

① 지정수량의 10배 이상 제조소
② 지정수량의 100배 이상 옥외저장소
③ 지정수량의 150배 이상 옥내저장소
④ 지정수량의 200배 이상 옥외탱크저장소
⑤ 암반탱크저장소
⑥ 이송취급소
⑦ 지정수량의 10배 이상 일반취급소

해답 ①

10 위험물안전관리법령상 압력수조를 이용한 옥내소화전설비의 가압송수장치에서 압력수조의 최소 압력(MPa)은? (단, 소방용 호스의 마찰손실 수두압은 3MPa, 배관의 마찰손실 수두압은 1MPa, 낙차의 환산 수두압은 1.35MPa이다.)

① 5.35 ② 5.70
③ 6.00 ④ 6.35

해설 **옥내소화전 설비의 압력수조 압력**

$$P = P_1 + P_2 + P_3 + 0.35\,\text{MPa}$$

여기서, P : 필요한 압력(MPa)
P_1 : 소방용 호스의 마찰손실 수두압(MPa)
P_2 : 배관의 마찰손실 수두압(MPa)
P_3 : 낙차의 환산 수두압(MPa)

압력수조의 최소 압력

$P = 3 + 1 + 1.35 + 0.35 = 5.70$MPa

해답 ②

11 다음 중 화재 발생 시 물을 이용한 소화가 효과적인 물질은?

① 트리메틸알루미늄
② 황린
③ 나트륨
④ 인화칼슘

해설 ① 트리메틸알루미늄 – 제3류 – 금수성
– 물과 접촉 시 **메탄 기체** 발생
② 황린 – 제3류 – 자연발화성
– 물로 소화
③ 나트륨 – 제3류 – 금수성
– 물과 접촉 시 **수소 기체** 발생
④ 인화칼슘 – 제3류 – 금수성
– 물과 접촉 시 **포스핀 기체** 발생

해답 ②

12 위험물안전관리법령에 따른 대형소화기의 설치기준에서 방호대상물의 각 부분으로부터 하나의 대형소화기까지의 보행거리는 몇 m 이하가 되도록 설치하여야 하는가? (단, 옥내소화전설비, 옥외소화전설비, 스프링클러설비 또는 물분무등소화설비와 함께 설치하는 경우는 제외한다.)

① 10 ② 15
③ 20 ④ 30

해설 **소화기의 능력단위 및 보행거리**

구분	소형 소화기	대형 소화기
능력단위	1단위 이상 대형 소화기 능력단위 미만	① A급 10단위 이상 ② B급 20단위 이상
보행거리	20m 이내	**30m 이내**

해답 ④

13 위험물안전법령상 스프링클러 설비가 제4류 위험물에 대하여 적응성을 갖는 경우는?

① 연기가 충만할 우려가 없는 경우
② 방사밀도(살수밀도)가 일정 수치 이상인 경우
③ 지하층의 경우

④ 수용성 위험물인 경우

해설 **제4류 위험물 취급장소에 스프링클러 설비를 설치 시 확보하여야 하는 1분당 방사밀도**

살수기준면적 (m^2)	방사밀도 (L/m^2 · 분)	
	인화점 38℃ 미만	인화점 38℃ 이상
279 미만	16.3 이상	12.2 이상
279 이상 372 미만	15.5 이상	11.8 이상
372 이상 465 미만	13.9 이상	9.8 이상
465 이상	12.2 이상	8.1 이상

[비고] 살수기준면적은 내화구조의 벽 및 바닥으로 구획된 하나의 실의 바닥면적을 말한다. 다만, 하나의 실의 바닥면적이 $465m^2$ 이상인 경우의 살수기준면적은 $465m^2$로 한다.

해답 ②

14 위험물안전관리법령상 위험물의 품명이 다른 하나는?

① CH_3COOH　　② C_6H_5Cl
③ $C_6H_5CH_3$　　④ C_6H_5Br

해설 ① CH_3COOH–초산(아세트산)–제2석유류
② C_6H_5Cl–클로로벤젠–제2석유류
③ $C_6H_5CH_3$–톨루엔–제1석유류
④ C_6H_5Br–브로모벤젠–제2석유류

해답 ③

15 어떤 소화기에 "ABC"라고 표시되어 있다. 다음 중 사용할 수 없는 화재는?

① 금속화재　　② 유류화재
③ 전기화재　　④ 일반화재

해설 **화재의 분류** ★★ 자주출제(필수암기) ★★

종 류	등급	색표시	주된 소화방법
일반화재	A급	백색	냉각소화
유류 및 가스화재	B급	황색	질식소화
전기화재	C급	청색	질식소화
금속화재	D급	–	피복소화
주방화재	K급	–	냉각 및 질식 소화

해답 ①

16 위험물안전법령에서 정한 소화설비의 소요단위 산정방법에 대한 설명 중 옳은 것은?

① 위험물은 지정수량의 100배를 1소요단위로 함.
② 저장소용 건축물로 외벽이 내화구조인 것은 연면적 $100m^2$를 1소요단위로 함.
③ 제조소용 건축물로 외벽이 내화구조가 아닌 것은 연면적 $50m^2$를 1소요단위로 함.
④ 저장소용 건축물로 외벽이 내화구조가 아닌 것은 연면적 $25m^2$를 1소요단위로 함.

해설 **소요단위의 계산방법**

① **제조소** 또는 취급소의 건축물

외벽이 내화구조인 것	외벽이 내화구조가 아닌 것
연면적 $100m^2$를 1소요단위	**연면적 $50m^2$를 1소요단위**

② 저장소의 건축물

외벽이 내화구조인 것	외벽이 내화구조가 아닌 것
연면적 $150m^2$를 1소요단위	연면적 $75m^2$를 소요단위

③ 위험물은 지정수량의 10배를 1소요단위로 할 것

해답 ③

17 다음 중 기체연료가 완전연소하기에 유리한 이유로 가장 거리가 먼 것은?

① 활성화 에너지가 크다.
② 공기 중에서 확산되기 쉽다.
③ 산소를 충분히 공급받을 수 있다.
④ 분자의 운동이 활발하다.

해설 **기체연료가 완전연소에 유리한 이유**
① 공기 중에서 확산되기 쉽다.
② 산소를 충분히 공급받을 수 있다.
③ 분자의 운동이 활발하다.
④ 대부분 탄소와 수소로 구성되어 있다.

해답 ①

18 위험물의 소화방법으로 적합하지 않은 것은?

① 적린은 다량의 물로 소화한다.
② 황화인의 소규모 화재 시에는 모래로 질식소화한다.
③ 알루미늄분은 다량의 물로 소화한다.

④ 황의 소규모 화재 시에는 모래로 질식소화 한다.

해설 **알루미늄분(Al) : 제2류 위험물**

① 은백색의 분말

② 진한 질산에는 침식당하지 않으나 묽은 질산에는 잘 녹는다.

③ 산화제와 혼합 시 가열, 충격, 마찰 등에 의하여 착화 위험이 있다.

④ 할로겐원소(F, Cl, Br, I)와 접촉 시 자연발화 위험이 있다.

⑤ 분진폭발 위험성이 있다.

⑥ **가열된 알루미늄은 물과 반응하여 수소를 발생시킨다.(주수소화 금지)**

$2Al + 6H_2O \rightarrow 2Al(OH)_3 + 3H_2\uparrow$

⑦ 알루미늄(Al)은 산과 반응하여 수소를 발생한다.

$2Al + 6HCl \rightarrow 2AlCl_3 + 3H_2\uparrow$

⑧ 주수소화는 엄금이며 마른모래 등으로 피복 소화한다.

해답 ③

19 위험물안전관리법령에서 정한 위험물의 유별 성질을 잘못 나타낸 것은?

① 제1류 : 산화성

② 제4류 : 인화성

③ 제5류 : 자기반응성

④ 제6류 : 가연성

해설 **위험물의 분류 및 성질**

유별	성 질	상 태
제1류	산화성고체	고체
제2류	가연성고체	고체
제3류	자연발화성 및 금수성	고체 및 액체
제4류	인화성액체	액체
제5류	자기반응성	고체 및 액체
제6류	**산화성액체**	**액체**

해답 ④

20 주된 연소의 형태가 나머지 셋과 다른 하나는?

① 아연분 ② 양초

③ 코크스 ④ 목탄

해설 ① 아연분-표면연소 ② **양초-증발연소**

③ 코크스-표면연소 ④ 목탄-표면연소

연소의 형태 ★★ 자주출제(필수암기)★★

① **표면연소**(surface reaction)
숯, 코크스, 목탄, 금속분

② **증발연소**(evaporating combustion)
파라핀(양초), 황, 나프탈렌, 왁스, 휘발유, 등유, 경유, 아세톤 등 제4류 위험물

③ **분해연소**(decomposing combustion)
석탄, 목재, 플라스틱, 종이, 합성수지, 중유

④ **자기연소**(내부연소)
질화면(니트로셀룰로오스), 셀룰로이드, 니트로글리세린 등 제5류 위험물

⑤ **확산연소**(diffusive burning)
아세틸렌, LPG, LNG 등 가연성 기체

⑥ **불꽃연소+표면연소**
목재, 종이, 셀룰로오스, 열경화성수지

해답 ②

21 비스코스레이온 원료로서, 비중이 약 1.3, 인화점이 약 -30℃이고, 연소 시 유독한 아황산가스를 발생시키는 위험물은?

① 황린 ② 이황화탄소

③ 테레핀유 ④ 장뇌유

해설 **이황화탄소(CS_2) : 제4류 위험물 중 특수인화물**

① 무색 투명한 액체이다.

② 증기비중(76/29=2.62)은 공기보다 무겁다.

③ 물에는 녹지 않고 알코올, 에테르, 벤젠 등 유기용제에 녹는다.

④ 햇빛에 방치하면 황색을 띤다.

⑤ **연소 시 아황산가스**(SO_2) 및 **이산화탄소**(CO_2)**를 생성**한다.

$CS_2 + 3O_2 \rightarrow CO_2 + 2SO_2$
(이산화탄소)(이산화황=아황산)

⑥ **저장 시 저장탱크를 물 속에 넣어 가연성 증기의 발생을 억제**한다.

⑦ 4류 위험물 중 착화온도(100℃)가 가장 낮다.

⑧ 화재 시 다량의 포를 방사하여 질식 및 냉각 소화한다.

해답 ②

22 위험물안전관리법령상 위험물 운송 시 제1류 위험물과 혼재 가능한 위험물은? (단, 지정수량의 10배를 초과하는 경우이다.)

① 제2류 위험물 ② 제3류 위험물
③ 제5류 위험물 ④ 제6류 위험물

해설 **위험물의 운반에 따른 유별을 달리하는 위험물의 혼재기준**(쉬운 암기방법)

혼재 가능	
↓1류 + 6류↑	2류 + 4류
↓2류 + 5류↑	5류 + 4류
↓3류 + 4류↑	

해답 ④

23 위험물 옥외저장탱크 중 압력탱크에 저장하는 디에틸에테르 등의 저장온도는 몇 ℃ 이하이어야 하는가?

① 60 ② 40
③ 30 ④ 15

해설 **알킬알루미늄 등, 아세트알데히드 등 및 디에틸에테르 등의 저장기준**

① 이동저장탱크에 알킬알루미늄 등을 저장하는 경우에는 20kPa 이하의 압력으로 **불활성의 기체를 봉입**하여 둘 것.
② 옥외저장탱크 · 옥내저장탱크 또는 지하저장탱크 중 압력탱크 외의 탱크에 저장하는 디에틸에테르 등 또는 아세트알데히드 등의 온도는 산화프로필렌과 이를 함유한 것 또는 디에틸에테르 등에 있어서는 30℃ 이하로, 아세트알데히드 또는 이를 함유한 것에 있어서는 15℃ 이하로 각각 유지할 것.
③ **옥외저장탱크** · 옥내저장탱크 또는 지하저장탱크 중 **압력탱크에 저장**하는 아세트알데히드 등 또는 **디에틸에테르 등의 온도는 40℃ 이하**로 유지할 것.
④ 이동저장탱크에 저장하는 아세트알데히드 등 또는 디에틸에테르 등의 온도

구 분	유지 온도
보냉장치가 있는 이동저장탱크	비점 이하
보냉장치가 없는 이동저장탱크	**40℃ 이하**

해답 ②

24 주유취급소의 고정주유설비에서 펌프기기의 주유관 선단에서 최대 토출량으로 틀린 것은?

① 휘발유는 분당 50리터 이하
② 경유는 분당 180리터 이하
③ 등유는 분당 80리터 이하
④ 제1석유류(휘발유 제외)는 분당 100리터 이하

해설 **주유취급소의 고정주유설비 또는 고정급유설비**

① 펌프기기는 주유관 선단에서의 최대 토출량이 **제1석유류의 경우에는 분당 50L 이하, 경유의 경우에는 분당 180L 이하, 등유의 경우에는 분당 80L 이하**인 것으로 할 것. 다만, 이동저장탱크에 주입하기 위한 고정급유설비의 펌프기기는 최대 토출량이 분당 300L 이하인 것으로 할 수 있으며, 분당 토출량이 200L 이상인 것의 경우에는 주유설비에 관계된 모든 배관의 안지름을 40mm 이상으로 하여야 한다.
② 이동저장탱크의 상부를 통하여 주입하는 고정급유설비의 주유관에는 당해 탱크의 밑부분에 달하는 주입관을 설치하고, 그 토출량이 분당 80L를 초과하는 것은 이동저장탱크에 주입하는 용도로만 사용할 것.

해답 ④

25 에틸렌글리콜의 성질로 옳지 않은 것은?

① 갈색의 액체로 방향성이 있고, 쓴맛이 난다.
② 물, 알코올 등에 잘 녹는다.
③ 분자량은 약 62이고, 비중은 약 1.1이다.
④ 부동액의 원료로 사용된다.

해설 **에틸렌글리콜**[$C_2H_4(OH)_2$] : **제4류 3석유류**

① 물과 혼합하여 **부동액으로 이용**된다.
② 물, 알코올, 아세톤 등에 잘 녹는다.
③ **무색의 액체**이며 흡습성이 있고 **단맛**이 있는 무색 액체이다.
④ 독성이 있는 2가 알코올이다.

해답 ①

26 제2류 위험물의 종류에 해당되지 않는 것은?

① 마그네슘 ② 고형알코올

③ 칼슘　　　　④ 안티몬분

해설 ① 마그네슘-제2류-금속분
② 고형알코올-제2류-인화성 고체
③ 칼슘-제3류-금수성
④ 안티몬분-제2류-금속분

제2류 위험물의 지정수량

성 질	품 명	지정수량	위험등급
가연성 고체	황화린, 적린, 유황	100kg	Ⅱ
	철분, 금속분, 마그네슘	500kg	Ⅲ
	인화성 고체	1,000kg	

해답 ③

27 위험물저장소에서 다음과 같이 제3류 위험물을 저장하고 있는 경우 지정수량의 몇 배가 보관되어 있는가?

- 칼륨 : 20kg
- 황린 : 40kg
- 칼슘의 탄화물 : 300kg

① 4　　　　② 5
③ 6　　　　④ 7

해설 **제3류 위험물 및 지정수량**

성 질	품 명	지정수량	위험등급
자연발화성 및 금수성물질	1. 칼륨 2. 나트륨 3. 알킬알루미늄 4. 알킬리튬	10kg	Ⅰ
	5. 황린	20kg	
	6. 알칼리금속(칼륨 및 나트륨 제외) 및 알칼리토금속 7. 유기금속화합물(알킬알루미늄 및 알킬리튬 제외)	50kg	Ⅱ
	8. 금속의 수소화물 9. 금속의 인화물 10. 칼슘 또는 알루미늄의 탄화물	300kg	

지정수량의 배수

$$=\frac{\text{저장수량}}{\text{지정수량}}=\frac{20\text{kg}}{10\text{kg}}+\frac{40\text{kg}}{20\text{kg}}+\frac{300\text{kg}}{300\text{kg}}=5\text{배}$$

해답 ②

28 다음 중 제5류 위험물이 아닌 것은?

① 니트로글리세린　　② 니트로톨루엔
③ 니트로글리콜　　④ 트리니트로톨루엔

해설 ① 니트로글리세린-제5류-질산에스테르류
② 니트로톨루엔-제4류-3석유류-비수용성
③ 니트로글리콜-제5류-질산에스테르류
④ 트리니트로톨루엔-제5류-니트로화합물

니트로톨루엔(nitrotoluene)[$C_6H_4(CH_3)NO_2$]
: 제4류-제3석유류-비수용성
① o-, m-, p-의 세 이성질체가 있다.
② p-니트로톨루엔은 황색 결정이고, o-니트로톨루엔과 m-니트로톨루엔은 상온에서 액체이다.
③ 물에 녹지 않고 알코올 · 에테르 · 클로로포름에 녹는다.

니트로글리콜(nitroglycol)[$C_2H_4(ONO_2)_2$]
: 제5류-질산에스테르류
① 정식명칭은 이질산에틸렌글리콜(Ethylene glycol dinitrate: EGDN)이다.
② 분자량 152, 녹는점 -22.8℃, 비중 약 1.5이다.
③ 물에는 잘 녹지 않으나, 아세톤 · 에테르 · 메탄올 등의 유기용매에는 녹는다.

해답 ②

29 위험물을 저장할 때 필요한 보호물질을 옳게 연결한 것은?

① 황린 - 석유　　② 금속칼륨 - 에탄올
③ 이황화탄소 - 물　　④ 금속나트륨 - 산소

해설 **보호액 속에 저장 위험물**
① 파라핀, 경유, 등유 속에 보관
칼륨(K), 나트륨(Na)
② 물속에 보관
이황화탄소(CS_2), 황린(P_4)

해답 ③

30 다음 중 "인화점 50℃"의 의미를 가장 옳게 설명한 것은?

① 주변의 온도가 50℃ 이상이 되면 자발적으로 점화원 없이 발화한다.
② 액체의 온도가 50℃ 이상이 되면 가연성 증기를 발생하여 점화원에 의해 인화한다.
③ 액체를 50℃ 이상으로 가열하면 발화한다.
④ 주변의 온도가 50℃일 경우 액체가 발화한다.

해설 **인화점, 발화점, 연소점** ★
① 인화점(flash point)
: 점화원에 의하여 점화되는 최저온도
② 발화점(ignition point)(착화점)
: 점화원 없이 점화되는 최저온도
③ 연소점(fire point)
: 가연성 물질이 발화한 후 연속적으로 연소할 수 있는 최저온도

해답 ②

31 등유의 성질에 대한 설명 중 틀린 것은?

① 증기는 공기보다 가볍다.
② 인화점이 상온보다 높다.
③ 전기에 대해 불량도체이다.
④ 물보다 가볍다.

해설 **등유(Kerosine : 케로신) : 제4류 2석유류**
① 포화, 불포화 탄화수소의 혼합물이다.
② 물에 녹지 않고, 유기용제에 잘 녹는다.
③ 폭발범위는 1.1~6%,
발화점(착화점)은 254℃이다.
④ 물보다 가볍다.
⑤ 석유류 중 비점이 약 150~300℃의 유분이다.
⑥ **증기는 공기보다 무겁다.**

해답 ①

32 다음 위험물 중 지정수량이 가장 작은 것은?

① 니트로글리세린 ② 과산화수소
③ 트리니트로톨루엔 ④ 피크르산

해설 ① 니트로글리세린－제5류－질산에스테르류－10kg
② 과산화수소－제6류－300kg
③ 트리니트로톨루엔－제5류－니트로화합물－200kg
④ 피크르산－제5류－니트로화합물－200kg

제5류 위험물 및 지정수량

성질	품 명	지정수량	위험등급
자기반응성물질	1. 유기과산화물 2. 질산에스테르류	10kg	Ⅰ
	3. 니트로화합물 4. 니트로소화합물 5. 아조화합물 6. 디아조화합물 7. 히드라진 유도체	200kg	Ⅱ
	8. 히드록실아민 9. 히드록실아민염류	100kg	

제6류 위험물 및 지정수량

성질	품 명	판단기준	지정수량	위험등급
산화성액체	• 과염소산($HClO_4$)		300kg	Ⅰ
	• 과산화수소(H_2O_2)	농도 36중량% 이상		
	• 질산(HNO_3)	비중 1.49 이상		
	• 할로겐간화합물 ① 삼불화브롬(BrF_3) ② 오불화브롬(BrF_5) ③ 오불화요오드(IF_5)			

해답 ①

33 적린의 일반적인 성질에 대한 설명으로 틀린 것은?

① 비금속 원소이다.
② 암적색의 분말이다.
③ 승화온도가 약 260℃이다.
④ 이황화탄소에 녹지 않는다.

해설 **적린(P) : 제2류 위험물(가연성 고체)**
① 황린의 동소체이며 황린보다 안정하다.
② 공기 중에서 자연발화하지 않는다.
(발화점 : 260℃, 승화점 : 460℃)
③ 황린을 공기차단상태에서 260℃로 가열, 냉각 시 적린으로 변한다.
④ 성냥, 불꽃놀이 등에 이용된다.
⑤ 연소 시 오산화인(P_2O_5)이 생성된다.

$4P + 5O_2 \rightarrow 2P_2O_5$(오산화인)

⑥ 산화제와 혼합하면 착화한다.

해답 ③

34 이황화탄소 기체는 수소 기체보다 20℃ 1기압에서 몇 배 더 무거운가?

① 11 ② 22
③ 32 ④ 38

해설
- 공기의 평균 분자량=29
- 증기비중=$\frac{M(\text{분자량})}{29(\text{공기평균분자량})}$

① 이황화탄소(CS_2)의 분자량=12+32×2=76
② 수소(H_2)의 분자량=1×2=2
③ 증기비중은 분자량에 비례하므로
$\frac{CS_2}{H_2}=\frac{76}{2}=38$

해답 ④

35 다음 중 물과 반응하여 가연성 가스를 발생하지 않는 것은?

① 리튬 ② 나트륨
③ 유황 ④ 칼슘

해설 **K(칼륨), Na(나트륨), Li(리튬)+물 =수소기체 발생**

유황(S) : 제2류 위험물(가연성 고체)
① 동소체로 사방황, 단사황, 고무상황이 있다.
② 황색의 고체 또는 분말상태이다.
③ **물에 녹지 않고** 이황화탄소(CS_2)에는 잘 녹는다.
④ 공기 중에서 연소 시 푸른 불꽃을 내며 이산화황이 생성된다.
$S + O_2 \rightarrow SO_2$(이산화황=아황산)
⑤ 산화제와 접촉 시 위험하다.
⑥ 분진폭발의 위험성이 있고 목탄가루와 혼합 시 가열, 충격, 마찰에 의하여 폭발위험성이 있다.
⑦ 다량의 물로 주수소화 또는 질식소화한다.

해답 ③

36 벤젠에 대한 설명으로 옳은 것은?

① 휘발성이 강한 액체이다.
② 물에 매우 잘 녹는다.
③ 증기의 비중은 1.5이다.
④ 순수한 것의 융점은 30℃이다.

해설 **벤젠(benzene)(C_6H_6) : 제4류 위험물 중 제1석유류**
① **무색 투명하고 휘발성이 강한 액체이다.**
② 착화온도 : 562℃
(이황화탄소의 착화온도 100℃)
③ 벤젠증기는 마취성 및 독성이 강하다.
④ **비수용성**이며 알코올, 아세톤, 에테르에는 용해
⑤ 취급 시 정전기에 유의해야 한다.

해답 ①

37 위험물안전관리법에서 정의하는 "인화성 또는 발화성 등의 성질을 가지는 것으로서 대통령령이 정하는 물품"을 말하는 용어는 무엇인가?

① 위험물 ② 인화성 물질
③ 자연발화성 물질 ④ 가연물

해설 **위험물안전관리법 제2조 (정의) "위험물"**
인화성 또는 발화성 등의 성질을 가지는 것으로서 대통령령이 정하는 물품을 말한다.

해답 ①

38 다음 물질 중에서 위험물안전관리법상 위험물의 범위에 포함되는 것은?

① 농도가 40중량퍼센트인 과산화수소 350kg
② 비중이 1.40인 질산 350kg
③ 직경 2.5mm의 막대 모양인 마그네슘 500kg
④ 순도가 55중량퍼센트인 유황 50kg

해설 **위험물의 판단기준**
① **유황** : 순도가 60중량% 이상인 것을 말한다. 이 경우 순도 측정에 있어서 불순물은 활석 등 불연성 물질과 수분에 한한다.
② **철분** : 철의 분말로서 53μm의 표준체를 통과하는 것이 50중량% 미만인 것은 제외
③ **금속분** : 알칼리금속 · 알칼리토금속 · 철 및 마그네슘 외의 금속의 분말을 말하고, 구리분 · 니켈분 및 150μm의 체를 통과하는 것이 50중량% 미만인 것은 제외

④ **마그네슘**은 다음 각 목의 1에 해당하는 것은 제외한다.
㉠ 2mm의 체를 통과하지 아니하는 덩어리 상태의 것
㉡ 직경 2mm 이상의 막대 모양의 것
⑤ **인화성 고체** : 고형 알코올 그 밖에 1기압에서 인화점이 섭씨 40도 미만인 고체
⑥ **제6류 위험물의 판단기준**

종 류	기 준
과산화수소	농도 36중량% 이상
질산	비중 1.49 이상

해답 ①

39 질화면을 강면약과 약면약으로 구분하는 기준은?

① 물질의 경화도 ② 수산기의 수
③ 질산기의 수 ④ 탄소 함유량

해설 **질화도에 따른 분류**

구분	질화도(질소함유량)
강면약(강질화면)	12.5~13.5%
취 면	10.7~11.2%
약면약(약질화면)	11.2~12.3%

해답 ③

40 위험물 운반에 관한 사항 중 위험물안전관리법령에서 정한 내용과 틀린 것은?

① 운반용기에 수납하는 위험물이 디에틸에테르이라면 운반용기 중 최대용적이 1L 이하라 하더라도 규정에 품명, 주의사항 등 표시사항을 부착하여야 한다.
② 운반용기에 담아 적재하는 물품이 황린이라면 파라핀, 경유 등 보호액으로 채워 밀봉한다.
③ 운반용기에 담아 적재하는 물품이 알킬알루미늄이라면 운반용기의 내용적의 90% 이하의 수납률을 유지하여야 한다.
④ 기계에 의하여 하역하는 구조로 된 경질 플라스틱제 운반용기는 제조된 때로부터 5년 이내의 것이어야 한다.

해설 **제3류 위험물은 다음의 기준에 따라 운반용기에 수납할 것.**
① 자연발화성 물질에 있어서는 불활성 기체를 봉입하여 밀봉하는 등 공기와 접하지 아니하도록 할 것.
② **자연발화성 물질 외의 물품**에 있어서는 **파라핀 · 경유 · 등유 등의 보호액으로 채워 밀봉**하거나 **불활성 기체를 봉입하여 밀봉**하는 등 수분과 접하지 아니하도록 할 것.
③ 자연발화성 물질 중 **알킬알루미늄 등**은 운반용기의 **내용적의 90% 이하**의 수납률로 수납하되, **50℃의 온도에서 5% 이상의 공간용적**을 유지하도록 할 것.

해답 ②

41 다음 ( ) 안에 알맞은 수치를 차례대로 나열한 것은?

> "위험물 암반 탱크의 공간용적은 당해 탱크 내에 용출하는 ( )일 간의 지하수 양에 상당하는 용적과 당해 탱크 내용적의 100분의 ( )의 용적 중에서 보다 큰 용적을 공간용적으로 한다."

① 1, 1 ② 7, 1
③ 1, 5 ④ 7, 5

해설 **탱크의 공간용적**
① **일반적인 탱크의 공간용적**
일반적인 탱크의 공간용적은 탱크 내용적의 **5/100 이상 10/100 이하**로 한다.
② **소화설비를 설치한 탱크의 공간용적**
탱크의 내용적 중 당해 소화약제 방출구의 아래 **0.3m 이상 1m 미만 사이**의 면으로부터 윗부분의 용적으로 한다.
③ **암반탱크의 공간용적**
탱크 내에 용출하는 **7일간**의 지하수의 양에 상당하는 용적과 당해 탱크의 내용적의 **100분의 1의 용적** 중에서 보다 **큰 용적을 공간용적**으로 한다.

해답 ②

42 HNO_3에 대한 설명으로 틀린 것은?

① Al, Fe은 진한 질산에서 부동태를 생성해

녹지 않는다.

② 질산과 염산을 3 : 1 비율로 제조한 것을 왕수라고 한다.

③ 부식성이 강하고 흡습성이 있다.

④ 직사광선에서 분해하여 NO_2를 발생한다.

해설 ② 질산과 염산을 1 : 3 비율로 제조한 것을 왕수라고 한다.

질산(HNO_3) : 제6류 위험물(산화성 액체)

① 무색의 발연성 액체이다.

② 시판품은 일반적으로 68%이다.

③ 빛에 의하여 일부 분해되어 생긴 NO_2 때문에 황갈색 또는 적갈색으로 된다.

$4HNO_3 \rightarrow 2H_2O + 4NO_2\uparrow + O_2\uparrow$
(이산화질소) (산소)

④ 질산을 오산화인(P_2O_5)과 작용시키면 오산화질소(N_2O_5)가 된다.

⑤ 저장용기는 직사광선을 피하고 찬 곳에 저장한다.

⑥ 실험실에서는 갈색병에 넣어 햇빛에 차단시킨다.

⑦ 환원성 물질과 혼합하면 발화 또는 폭발한다.

크산토프로테인 반응(xanthoprotein reaction)

단백질에 진한질산을 가하면 노란색으로 변하고 알칼리를 작용시키면 오렌지색으로 변하며, 단백질 검출에 이용된다.

⑧ 다량의 질산화재에 소량의 주수소화는 위험하다.

⑨ 마른모래 및 CO_2로 소화한다.

⑩ 위급 시에는 다량의 물로 냉각 소화한다.

해답 ②

43 지정수량 20배 이상의 제1류 위험물을 저장하는 옥내저장소에서 내화구조로 하지 않아도 되는 것은? (단, 원칙적인 경우에 한한다.)

① 바닥 ② 보
③ 기둥 ④ 벽

해설 옥내저장소의 위치, 구조 및 설비의 기준

① 내화구조로 하여야 하는 부분
㉠ 벽 ㉡ 기둥 ㉢바닥

② 불연재료로 하여야 하는 부분
㉠ 보 ㉡서까래

해답 ②

44 위험물안전관리법령상 다음 ( ) 안에 알맞은 수치는?

"옥내저장소에서 위험물을 저장하는 경우 기계에 의하여 하역하는 구조로 된 용기만을 겹쳐 쌓는 경우에 있어서는 ( )미터 높이를 초과하여 용기를 겹쳐 쌓지 아니하여야 한다."

① 2 ② 4
③ 6 ④ 8

해설 옥내저장소에서 위험물을 저장하는 경우 높이 제한

① 기계에 의하여 하역하는 구조로 된 용기만을 겹쳐 쌓는 경우 : 6m

② **제4류 위험물 중 제3석유류**, 제4석유류 및 동식물유류를 수납하는 용기만을 겹쳐 쌓는 경우 : **4m**

③ 그 밖의 경우 : 3m

해답 ③

45 칼륨의 화재 시 사용 가능한 소화제는?

① 물 ② 마른 모래
③ 이산화탄소 ④ 사염화탄소

해설 금속칼륨 : 제3류 위험물(금수성)

① 경금속류에 속하며 보라색의 불꽃을 내며 연소한다.

② 피부와 접촉하면 화상의 위험이 있다.

③ 물과 반응하여 수소기체 발생

$2Na + 2H_2O \rightarrow 2NaOH + H_2\uparrow$ (수소발생)

④ 파라핀, 경유, 등유 속에 저장

★★자주출제(필수정리)★★

㉠ 칼륨(K), 나트륨(Na)은 파라핀, 경유, 등유 속에 저장

㉡ 황린(3류) 및 이황화탄소(4류)는 물속에 저장

⑤ 알코올과 반응하여 에틸레이트 생성

$2K + 2C_2H_5OH \rightarrow 2C_2H_5OK + H_2\uparrow$
(칼륨) (에틸알코올) (칼륨에틸레이트) (수소)

금수성 위험물질에 적응성이 있는 소화기

① 탄산수소염류

② 마른 모래

③ 팽창질석 또는 팽창진주암

해답 ②

46 위험물안전관리법령에 따른 제3류 위험물에 대한 화재예방 또는 소화의 대책으로 틀린 것은?

① 이산화탄소, 할로겐화합물, 분말소화약제를 사용하여 소화한다.
② 칼륨은 석유, 경유, 등유 등의 보호액 속에 저장한다.
③ 알킬알루미늄은 헥산, 톨루엔 등 탄화수소 용제를 희석제로 사용한다.
④ 알킬알루미늄, 알킬리튬을 저장하는 탱크에는 불활성 가스의 봉입장치를 설치한다.

해설 **금수성 위험물질에 적응성이 있는 소화기**
① 탄산수소염류
② 마른 모래
③ 팽창질석 또는 팽창진주암

제3류 위험물의 일반적인 성질
① 황린을 제외하고 물과 접촉 시 발열반응 및 가연성 가스를 발생한다.
② 대부분 금수성 및 불연성 물질(황린, 칼륨, 나트륨, 알킬알루미늄 제외)이다.
③ 대부분 무기물이며 고체상태이다.

해답 ①

47 위험물안전관리법령에 따라 위험물 운반을 위해 적재하는 경우 제4류 위험물과 혼재가 가능한 액화석유가스 또는 압축천연가스의 용기 내용적은 몇 L 미만인가?

① 120 ② 150
③ 180 ④ 200

해설 **위험물안전관리에 관한 세부기준 제149조(위험물과 혼재가 가능한 고압가스)**
① 내용적이 120L 미만의 용기에 충전한 불활성 가스
② 내용적이 120L 미만의 용기에 충전한 액화석유가스 또는 압축천연가스(제4류 위험물과 혼재하는 경우에 한한다)

해답 ①

48 위험물의 지정수량이 틀린 것은?

① 과산화칼륨 : 50kg
② 질산나트륨 : 50kg
③ 과망간산나트륨 : 1,000kg
④ 중크롬산암모늄 : 1,000kg

해설 **제1류 위험물 및 지정수량**

성질	품 명		지정수량	위험등급
산화성고체	아염소산염류, 염소산염류, 과염소산염류, 무기과산화물		50kg	Ⅰ
	브롬산염류, 질산염류, 요오드산염류		300kg	Ⅱ
	과망간산염류, 중크롬산염류		1000kg	Ⅲ
	행정안전부령이 정하는 것	① 과요오드산염류 ② 과요오드산 ③ 크롬, 납 또는 요오드의 산화물 ④ 아질산염류 ⑤ 염소화이소시아눌산 ⑥ 퍼옥소이황산염류 ⑦ 퍼옥소붕산염류	300kg	Ⅱ
		⑧ 차아염소산염류	50kg	Ⅰ

해답 ②

49 위험물을 유별로 정리하여 상호 1m 이상의 간격을 유지하는 경우에도 동일한 옥내저장소에 저장할 수 없는 것은?

① 제1류 위험물(알칼리금속의 과산화물 또는 이를 함유한 것을 제외한다)과 제5류 위험물
② 제1류 위험물과 제6류 위험물
③ 제1류 위험물과 제3류 위험물 중 황린
④ 인화성 고체를 제외한 제2류 위험물과 제4류 위험물

해설 **위험물을 유별로 정리하여 서로 1m 이상의 간격을 두는 경우 저장할 수 있는 경우**
① 제1류 위험물(알칼리금속의 과산화물 또는 이를 함유한 것을 제외)과 제5류 위험물을 저장하는 경우
② 제1류 위험물과 제6류 위험물을 저장하는 경우
③ 제1류 위험물과 제3류 위험물 중 자연발화성 물질(황린 또는 이를 함유한 것)을 저장하는 경우

④ 제2류 위험물 중 인화성 고체와 제4류 위험물을 저장하는 경우
⑤ 제3류 위험물 중 알킬알루미늄 등과 제4류 위험물(알킬알루미늄 또는 알킬리튬을 함유한 것)을 저장하는 경우
⑥ 제4류 위험물 중 유기과산화물 또는 이를 함유하는 것과 제5류 위험물 중 유기과산화물 또는 이를 함유한 것을 저장하는 경우

해답 ④

50 공기 중에서 산소와 반응하여 과산화물을 생성하는 물질은?

① 디에틸에테르 ② 이황화탄소
③ 에틸알코올 ④ 과산화나트륨

해설 **디에틸에테르**($C_2H_5OC_2H_5$) **: 제4류 위험물 중 특수인화물**
① 알코올에는 녹지만 물에는 녹지 않는다.
② **직사광선에 장시간 노출 시 과산화물 생성**

과산화물 생성 확인방법
디에틸에테르 + KI용액(10%) → 황색변화(1분 이내)

③ 용기에는 5% 이상 10% 이하의 안전공간 확보할 것.
④ 용기는 갈색병을 사용하며 냉암소에 보관
⑤ 용기는 밀폐하여 증기의 누출 방지
⑥ 연소범위 : 1.9~48%

해답 ①

51 제1류 위험물 중의 과산화칼륨을 다음과 같이 반응시켰을 때 공통적으로 발생되는 기체는?

ㄱ. 물과 반응을 시켰다.
ㄴ. 가열하였다.
ㄷ. 탄산가스와 반응시켰다.

① 수소 ② 이산화탄소
③ 산소 ④ 이산화황

해설 **과산화칼륨**(K_2O_2) **: 제1류 위험물 중 무기과산화물**
① 무색 또는 오렌지색 분말상태
② 상온에서 **물과 격렬히 반응하여 산소**(O_2)**를 방출**하고 폭발하기도 한다.

$2K_2O_2 + 2H_2O \rightarrow 4KOH$(수산화칼륨) $+ O_2 \uparrow$

③ 공기 중 **이산화탄소**(CO_2)**와 반응하여 산소**(O_2)**를 방출**한다.

$2K_2O_2 + 2CO_2 \rightarrow 2K_2CO_3$(탄산칼륨) $+ O_2 \uparrow$

④ 산과 반응하여 과산화수소(H_2O_2)를 생성시킨다.

$K_2O_2 + 2CH_3COOH \rightarrow 2CH_3COOK + H_2O_2 \uparrow$
(초산칼륨) (과산화수소)

⑤ **열분해시 산소**(O_2)**를 방출**한다.

$2K_2O_2 \rightarrow 2K_2O$(산화칼륨) $+ O_2 \uparrow$

⑥ 주수소화는 금물이고 마른모래(건조사) 등으로 소화한다.

해답 ③

52 위험물 이동저장탱크의 외부 도장 색상으로 적합하지 않은 것은?

① 제2류 – 적색 ② 제3류 – 청색
③ 제5류 – 황색 ④ 제6류 – 회색

해설 **위험물안전관리에 관한 세부기준 제109조 (이동저장탱크의 외부 도장)**

유별	도장의 색상	비 고
제1류	회 색	1. 탱크의 앞면과 뒷면을 제외한 면적의 40% 이내의 면적은 다른 유별의 색상 외의 색상으로 도장하는 것이 가능하다. 2. 제4류에 대해서는 도장의 색상 제한이 없으나 적색을 권장한다.
제2류	적 색	
제3류	청 색	
제5류	황 색	
제6류	청 색	

해답 ④

53 과망간산칼륨의 위험성에 대한 설명 중 틀린 것은?

① 진한 황산과 접촉하면 폭발적으로 반응한다.
② 알코올, 에테르, 글리세신 등 유기물과 접촉을 금한다.
③ 가열하면 약 60℃에서 분해하여 수소를 방출한다.
④ 목탄, 황과 접촉 시 충격에 의해 폭발할 위험성이 있다.

해설 **과망간산칼륨**($KMnO_4$) **: 제1류 위험물 중 과망간산염류**

① 흑자색의 주상결정으로 물에 녹아 진한 보라색을 띠고 강한 산화력과 살균력이 있다.
② 염산과 반응 시 염소(Cl_2)를 발생시킨다.
③ **240℃에서 산소를 방출한다.**

$2KMnO_4 \rightarrow K_2MnO_4 + MnO_2 + O_2\uparrow$
(망간산칼륨) (이산화망간) (산소)

④ 알코올, 에테르, 글리세린, 황산과 접촉 시 폭발 우려가 있다.
⑤ 주수소화 또는 마른모래로 피복소화한다.
⑥ 강알칼리와 반응하여 산소를 방출한다.

해답 ③

54 다음 중 제1류 위험물에 속하지 않는 것은?

① 질산구아니딘
② 과요오드산
③ 납 또는 요오드의 산화물
④ 염소화이소시아눌산

해설 **질산구아니딘 : 제5류 위험물**

질산(HNO_3)과 구아니딘[$C(NH)(NH_2)_2$]의 화합물

해답 ①

55 질산의 비중이 1.5일 때, 1소요단위는 몇 L인가?

① 150　② 200
③ 1500　④ 2000

해설 ① 질산의 지정수량 : 300kg
② 질산의 1소요단위 계산(지정수량의 10배)
1소요단위 = 지정수량 × 10 = 300kg × 10
= 3000kg
③ $V = \frac{3000}{1.5} = 2000\,L$

소요단위의 계산방법

① 제조소 또는 취급소의 건축물

외벽이 내화구조인 것	외벽이 내화구조가 아닌 것
연면적 $100m^2$를 1소요단위	연면적 $50m^2$를 1소요단위

② 저장소의 건축물

외벽이 내화구조인 것	외벽이 내화구조가 아닌 것
연면적 $150m^2$를 1소요단위	연면적 $75m^2$를 소요단위

③ 위험물은 지정수량의 10배를 1소요단위로 할 것.

해답 ④

56 질산메틸에 대한 설명 중 틀린 것은?

① 액체 형태이다.
② 물보다 무겁다.
③ 알코올에 녹는다.
④ 증기는 공기보다 가볍다.

해설 **질산메틸**(CH_3NO_3) **: 제5류 위험물 중 질산에스테르류**

① 무색, 투명한 액체
② 물보다 무거우며 알코올에 녹는다.
③ 비점(끓는점) : 68℃
④ 증기비중(기체의 비중) $= \frac{77}{29} = 2.66$

해답 ④

57 삼황화인의 연소 시 발생하는 가스에 해당하는 것은?

① 이산화황　② 황화수소
③ 산소　④ 인산

해설 **황화인**(제2류 위험물) **: 황과 인의 화합물**

① **삼황화린**(P_4S_3)
- 황색결정으로 물, 염산, 황산에 녹지 않으며 질산, 알칼리, 이황화탄소에 녹는다.
- **연소하면 오산화인과 이산화황**이 생긴다.

$P_4S_3 + O_2 \rightarrow 2P_2O_5 + 3SO_2\uparrow$
(오산화인)(이산화황)

② **오황화린**(P_2S_5)
- 담황색 결정이고 조해성이 있다.
- **수분을 흡수하면 분해**된다.
- 이황화탄소(CS_2)에 잘 녹는다.
- 물, 알칼리와 반응하여 인산과 황화수소를 발생한다.

$P_2S_5 + 8H_2O \rightarrow 2H_3PO_4 + 5H_2S\uparrow$
(인산) (황화수소)

③ **칠황화린**(P_4S_7)
- 담황색 결정이고 조해성이 있다.
- 수분을 흡수하면 분해된다.
- 이황화탄소(CS_2)에 약간 녹는다.
- 냉수에는 서서히 분해가 되고 더운물에는 급격히 분해된다.

해답 ①

58 다음 위험물 중 발화점이 가장 낮은 것은?

① 피크린산 ② TNT
③ 과산화벤조일 ④ 니트로셀룰로오스

해설 위험물의 발화점(착화점)

구 분	유별	발화점(℃)
① 피크린산	제5류 니트로화합물	300
② TNT	제5류 니트로화합물	300
③ 과산화벤조일	제5류 유기과산화물	125
④ 니트로셀룰로오스	제5류 질산에스테르류	160~170

과산화벤조일=벤조일퍼옥사이드(BPO)
[$(C_6H_5CO)_2O_2$]**-제5류-유기과산화물**
① 무색 무취의 백색분말 또는 결정이다.
② 물에 녹지 않고 알코올에 약간 녹는다.
③ 에테르 등 유기용제에 잘 녹는다.
④ **발화점이 약 125℃**이므로 **저장온도를 40℃ 이하**로 유지할 것.
⑤ 저장용기에 희석제[프탈산디메틸(DMP), 프탈산디부틸(DBP)]를 넣어 폭발 위험성을 낮춘다.
⑥ 직사광선을 피하고 냉암소에 보관한다.

해답 ③

59 건축물 외벽이 내화구조이며, 연면적 $300m^2$인 위험물 옥내저장소의 건축물에 대하여 소화설비의 소화능력 단위는 최소한 몇 단위 이상이 되어야 하는가?

① 1단위 ② 2단위
③ 3단위 ④ 4단위

해설 소요단위의 계산방법

① 제조소 또는 취급소의 건축물

외벽이 내화구조인 것	외벽이 내화구조가 아닌 것
연면적 $100m^2$를 1소요단위	연면적 $50m^2$를 1소요단위

② 저장소의 건축물

외벽이 내화구조인 것	외벽이 내화구조가 아닌 것
연면적 $150m^2$를 1소요단위	연면적 $75m^2$를 소요단위

③ 위험물은 지정수량의 10배를 1소요단위로 할 것

- **외벽이 내화구조인 위험물저장소의 건축물은 연면적 $150m^2$가 1소요단위**

$$\therefore \text{소요단위} = \frac{300m^2}{150m^2} = 2\text{단위}$$

해답 ②

60 위험물안전관리법령상 위험물의 운반에 관한 기준에 따르면 알코올류의 위험등급은 얼마인가?

① 위험등급 Ⅰ ② 위험등급 Ⅱ
③ 위험등급 Ⅲ ④ 위험등급 Ⅳ

해설 위험물의 등급 분류

위험등급	해당 위험물
위험등급 Ⅰ	① 제1류 위험물 중 아염소산염류, 염소산염류, 과염소산염류, 무기과산화물, 그 밖에 지정수량이 50kg인 위험물 ② 제3류 위험물 중 칼륨, 나트륨, 알킬알루미늄, 알킬리튬, 황린, 그 밖에 지정수량이 10kg 또는 20kg인 위험물 ③ 제4류 위험물 중 특수인화물 ④ 제5류 위험물 중 유기과산화물, 질산에스테르류, 그 밖에 지정수량이 10kg인 위험물 ⑤ 제6류 위험물
위험등급 Ⅱ	① 제1류 위험물 중 브롬산염류, 질산염류, 요오드산염류, 그 밖에 지정수량이 300kg인 위험물 ② 제2류 위험물 중 황화린, 적린, 유황 그 밖에 지정수량이 100kg인 위험물 ③ 제3류 위험물 중 알칼리금속(칼륨, 나트륨 제외) 및 알칼리토금속, 유기금속화합물(알킬알루미늄 및 알킬리튬은 제외) 그 밖에 지정수량이 50kg인 위험물 ④ **제4류 위험물 중 제1석유류, 알코올류** ⑤ 제5류 위험물 중 위험등급 Ⅰ 위험물 외의 것
위험등급 Ⅲ	위험등급 Ⅰ, Ⅱ 이외의 위험물

해답 ②

국가기술자격 필기시험문제

2022 CBT 시험 기출문제 복원 [제 4 회]

자격종목	시험시간	문제수	형별	수험번호	성 명
위험물기능사	1시간	60	A		

본 문제는 CBT시험대비 기출문제 복원입니다.

01 제조소 등의 소요단위 산정 시 위험물은 지정수량의 몇 배를 1소요단위로 하는가?

① 5배 ② 10배
③ 20배 ④ 50배

해설 **소요단위의 계산방법**

① 제조소 또는 취급소의 건축물

외벽이 내화구조인 것	외벽이 내화구조가 아닌 것
연면적 $100m^2$를 1소요단위	연면적 $50m^2$를 1소요단위

② 저장소의 건축물

외벽이 내화구조인 것	외벽이 내화구조가 아닌 것
연면적 $150m^2$를 1소요단위	연면적 $75m^2$를 소요단위

③ 위험물은 **지정수량의 10배**를 1소요단위로 할 것.

해답 ②

02 다음 중 알킬알루미늄의 소화방법으로 가장 적합한 것은?

① 팽창질석에 의한 소화
② 알코올포에 의한 소화
③ 주수에 의한 소화
④ 산·알칼리 소화약제에 의한 소화

해설 **알킬알루미늄**[(C_nH_{2n+1})·Al] **: 제3류 위험물(금수성 물질)**

① 알킬기(C_nH_{2n+1})에 알루미늄(Al)이 결합된 화합물이다.
② C_1~C_4는 자연발화의 위험성이 있다.
③ 물과 접촉 시 가연성 가스 발생하므로 주수소화는 절대 금지한다.
④ 트리메틸알루미늄
(TMA : Tri Methyl Aluminium)
$(CH_3)_3Al + 3H_2O \rightarrow Al(OH)_3 + 3CH_4\uparrow$ (메탄)
⑤ 트리에틸알루미늄
(TEA : Tri Eethyl Aluminium)
$(C_2H_5)_3Al + 3H_2O \rightarrow Al(OH)_3 + 3C_2H_6\uparrow$ (에탄)
⑥ 저장용기에 불활성기체(N_2)를 봉입한다.
⑦ 피부 접촉 시 화상을 입히고 연소 시 흰 연기가 발생한다.
⑧ 소화 시 주수소화는 절대 금하고 **팽창질석, 팽창진주암 등으로 피복소화한다.**

해답 ①

03 다음 물질 중 분진폭발의 위험이 가장 낮은 것은?

① 마그네슘가루 ② 아연가루
③ 밀가루 ④ 시멘트가루

해설 **분진폭발 없는 물질**

① 생석회(CaO)(시멘트의 주성분)
② 석회석(대리석) 분말
③ 시멘트
④ 수산화칼슘[소석회 : $Ca(OH)_2$]

분진폭발 위험성 물질

① 석탄분진 ② 섬유분진
③ 곡물분진(농수산물가루) ④ 종이분진
⑤ 목분(나무분진) ⑥ 배합제분진
⑦ 플라스틱분진 ⑧ 금속분말가루

해답 ④

04 위험물안전관리법령상 제5류 위험물의 화재 발생 시 적응성이 있는 소화설비는?

① 분말소화설비
② 물분무소화설비
③ 불활성가스 소화설비
④ 할로겐화합물 소화설비

해설 **자기반응성 물질**(제5류 위험물)**의 소화**

① 자체적으로 산소를 함유한 물질이므로 질식소화는 효과가 없다.
※ 이산화탄소 및 할로겐화합물 소화기는 적응성이 없다.

② 화재 초기에 **다량의 물로 주수소화**하는 것이 가장 효과적이다.

제5류 위험물의 일반적 성질

① 자기연소(내부연소)성 물질이다.
② 연소속도가 대단히 빠르고 폭발적 연소한다.
③ 가열, 마찰, 충격에 의하여 폭발한다.
④ 물질자체가 산소를 함유하고 있다.
⑤ 연소 시 소화가 어렵다.

해답 ②

05 다음 중 제4류 위험물의 화재에 적응성이 없는 소화기는?

① 포소화기 ② 봉상수 소화기
③ 인산염류 소화기 ④ 이산화탄소 소화기

해설 **인화성 액체**(제4류) **위험물 화재**(B급 화재)

① 비수용성인 석유류 화재에 **봉상주수**(옥내 및 옥외) 또는 적상주수(스프링클러)를 하면 **연소면이 확대**된다.
② 포 소화약제 또는 물분무가 적합하다.
③ 분말, 이산화탄소 또는 할로겐화합물 소화약제도 적응성이 있다.

금수성 위험물질에 적응성이 있는 소화기

① 탄산수소염류
② 마른 모래
③ 팽창질석 또는 팽창진주암

해답 ②

06 위험물안전관리법령상 자동화재탐지설비의 경계구역 하나의 면적은 몇 m^2 이하이어야 하는가? (단, 원칙적인 경우에 한한다.)

① 250 ② 300
③ 400 ④ 600

해설 **자동화재탐지설비의 설치기준**

① 하나의 경계구역이 2개 이상의 건축물에 미치지 않을 것.
② 하나의 경계구역이 2개 이상의 층에 미치지 않을 것.
③ 하나의 경계구역의 면적은 $600m^2$ 이하로 하고 한 변의 길이는 50m(광전식 분리형 감지기를 설치할 경우에는 100m) 이하로 할 것.
다만, 출입구에서 그 내부의 전체를 볼 수 있는 경우에 있어서는 그 면적을 $1,000m^2$ 이하로 할 수 있다.
④ 비상전원을 설치할 것.

해답 ④

07 플래시 오버(flash over)에 대한 설명으로 옳은 것은?

① 대부분 화재 초기(발화기)에 발생한다.
② 대부분 화재 종기(쇠퇴기)에 발생한다.
③ 내장재의 종류와 개구부의 크기에 영향을 받는다.
④ 산소의 공급이 주요 요인이 되어 발생한다.

해설 **플래시 오버(flash over) 현상** ★★★★

폭발적인 착화현상 및 급격한 화염의 확대현상

- 플래쉬 오버 발생시기 : **성장기**
- 주요 발생원인 : **열의 공급**

플래시 오버의 발생시각 ★★

① **개구율(개구부 크기) : 클수록 빠르다.**
② **내장재료 : 가연성일수록 빠르다.**
③ 화원의 크기 : 클수록 빠르다.
④ 열전도율 : 작을수록 빠르다.
⑤ 내장재료의 두께 : 얇을수록 빠르다.
⑥ 가연물의 표면적 : 넓을수록 빠르다.
⑦ 화재하중 : 클수록 빠르다.

해답 ③

08 충격이나 마찰에 민감하고 가수분해 반응을 일으키는 단점을 가지고 있어 이를 개선하여 다이너마이트를 발명하는 데 주 원료로 사용한 위험물은?

① 셀룰로이드 ② 니트로글리세린
③ 트리니트로톨루엔 ④ 트리니트로페놀

해설 **니트로글리세린[($C_3H_5(ONO_2)_3$)] : 제5류 위험물 중 질산에스테르류**

① 비중은 1.6으로서 물보다 무겁다.
② 상온에서는 액체이지만 겨울철에는 동결한다.
③ 비수용성이며 메탄올, 아세톤 등에 녹는다.
④ 가열, 마찰, **충격에 예민**하여 대단히 위험하다.
⑤ 화재 시 폭굉 우려가 있다.
⑥ 산과 접촉 시 분해가 촉진되고 폭발 우려가 있다.

니트로글리세린의 분해

$4C_3H_5(ONO_2)_3 \rightarrow 12CO_2\uparrow + 6N_2\uparrow + O_2\uparrow + 10H_2O$

⑦ **다이너마이트**(규조토+니트로글리세린), 무연화약 제조에 이용된다.

해답 ②

09 다음은 어떤 화합물의 구조식인가?

```
     Cl
     |
H ─ C ─ H
     |
     Br
```

① 할론 1301
② 할론 1201
③ 할론 1011
④ 할론 2402

해설 **할로겐화합물 소화약제의 명칭**

① 할론2402($C_2F_4Br_2$)
: FB(Di Bromo Tetrafluoro ethane)
② 할론1211(CF_2ClBr)
: BCF(Bromo chloro difluoro Methane)
③ 할론1301(CF_3Br)
: MTB(Bromo Trifluoro Methane)
④ **할론1011(CH_2ClBr)**
: CB(chloro Bromo Methane)
⑤ 브롬화메탄(CH_3Br)
: MB(Bromo Methane)

해답 ③

10 위험물안전관리법령상 제4류 위험물을 지정수량의 3천배 초과 4천배 이하로 저장하는 옥외탱크저장소의 보유공지는 얼마인가?

① 6m 이상
② 9m 이상
③ 12m 이상
④ 15m 이상

해설 **옥외탱크저장소의 보유공지**

저장 또는 취급하는 위험물의 최대수량	공지의 너비
지정수량의 500배 이하	3m 이상
지정수량의 500배 초과 1,000배 이하	5m 이상
지정수량의 1,000배 초과 2,000배 이하	9m 이상
지정수량의 2,000배 초과 3,000배 이하	12m 이상
지정수량의 3,000배 초과 4,000배 이하	**15m 이상**
지정수량의 4,000배 초과	당해 탱크의 수평단면의 최대지름(횡형인 경우는 긴 변)과 높이 중 큰 것과 같은 거리 이상(단, 30m 초과의 경우 30m 이상으로, 15m 미만의 경우 15m 이상으로 할 것)

해답 ④

11 연소의 연쇄반응을 차단 및 억제하여 소화하는 방법은?

① 냉각소화
② 부촉매소화
③ 질식소화
④ 제거소화

해설 **소화 원리**

① **냉각소화** : 가연성 물질을 발화점 이하로 온도를 냉각

물이 소화약제로 사용되는 이유
- 물의 기화열(539kcal/kg)이 크기 때문
- 물의 비열(1kcal/kg℃)이 크기 때문

② **질식소화** : 산소농도를 21%에서 15% 이하로 감소

질식소화 시 산소의 유지농도 : 10~15%

③ **억제소화(부촉매소화, 화학적 소화)** : 연쇄반응을 억제

- 부촉매 : 화학적 반응의 속도를 느리게 하는 것
- 부촉매 효과 : 할로겐화합물 소화약제 (할로겐족원소 : 불소(F), 염소(Cl), 브롬(Br), 요오드(I))

④ **제거소화** : 가연성물질을 제거시켜 소화

- 산불이 발생하면 화재의 진행방향을 앞질러 벌목
- 화학반응기의 화재 시 원료공급관의 밸브를 폐쇄
- 유전화재 시 폭약으로 폭풍을 일으켜 화염을 제거
- 촛불을 입김으로 불어 화염을 제거

⑤ **피복소화** : 가연물 주위를 공기와 차단
⑥ **희석소화** : 수용성인 인화성액체 화재 시 물을 방사하여 가연물의 연소농도를 희석

해답 ②

12 위험물안전관리법령상 위험등급 Ⅰ의 위험물로 옳은 것은?

① 무기과산화물 ② 황화인, 적린, 유황
③ 제1석유류 ④ 알코올류

해설 **위험물의 등급 분류**

위험등급	해당 위험물
위험등급 Ⅰ	① 제1류 위험물 중 아염소산염류, 염소산염류, 과염소산염류, 무기과산화물, 그 밖에 지정수량이 50kg인 위험물 ② 제3류 위험물 중 칼륨, 나트륨, 알킬알루미늄, 알킬리튬, 황린, 그 밖에 지정수량이 10kg 또는 20kg인 위험물 ③ 제4류 위험물 중 특수인화물 ④ 제5류 위험물 중 유기과산화물, 질산에스테르류, 그 밖에 지정수량이 10kg인 위험물 ⑤ 제6류 위험물
위험등급 Ⅱ	① 제1류 위험물 중 브롬산염류, 질산염류, 요오드산염류, 그 밖에 지정수량이 300kg인 위험물 ② 제2류 위험물 중 황화린, 적린, 유황 그 밖에 지정수량이 100kg인 위험물 ③ 제3류 위험물 중 알칼리금속(칼륨, 나트륨 제외) 및 알칼리토금속, 유기금속화합물(알킬알루미늄 및 알킬리튬은 제외) 그 밖에 지정수량이 50kg인 위험물 ④ 제4류 위험물 중 제1석유류, 알코올류 ⑤ 제5류 위험물 중 위험등급 Ⅰ 위험물 외의 것
위험등급 Ⅲ	위험등급 Ⅰ, Ⅱ 이외의 위험물

해답 ①

13 다음 중 분말 소화약제를 방출시키기 위해 주로 사용되는 가압용 가스는?

① 산소 ② 질소
③ 헬륨 ④ 아르곤

해설 ※ **분말 소화약제의 가압용 및 축압용 가스**
: 질소가스 또는 이산화탄소가스

가압용 또는 축압용 가스

구분	질소가스 사용 시	이산화탄소 사용 시
가압용 가스	40L(질소)/1kg(약제) 이상 (35℃, 1기압 기준)	20g(CO_2)/1kg(약제) +배관청소에 필요한 양
축압용 가스	10L(질소)/1kg(약제) 이상 (35℃, 1기압 기준)	20g(CO_2)/1kg(약제) +배관청소에 필요한 양

해답 ②

14 소화기 속에 압축되어 있는 이산화탄소 1.1kg을 표준상태에서 분사하였다. 이산화탄소의 부피는 몇 m^3가 되는가?

① 0.56 ② 5.6
③ 11.2 ④ 24.6

해설 ① 표준상태 : 0℃, 1atm 상태
② CO_2의 분자량 = 12 + 16 × 2 = 44
③ $V = \frac{WRT}{PM} = \frac{1.1 \times 0.082 \times (273+0)}{1 \times 44}$
$= 0.56\,m^3$

이상기체 상태방정식 ★★★★

$$PV = nRT = \frac{W}{M}RT$$

여기서, P : 압력(atm) V : 부피(m^3)
n : mol수(무게/분자량)
W : 무게(kg) M : 분자량
T : 절대온도(273 + t℃)
R : 기체상수(0.082atm · m^3/kmol · K)

해답 ①

15 위험물안전관리법령상 자동화재탐지설비를 설치하지 않고 비상경보설비로 대신할 수 있는 것은?

① 일반취급소로서 연면적 600m^2인 것
② 지정수량 20배를 저장하는 옥내저장소에서 처마높이가 8m인 단층건물
③ 단층건물 외에 건축물에 설치된 지정수량 15배의 옥내탱크저장소로서 소화난이도 등급 Ⅱ에 속하는 것
④ 지정수량 20배를 저장 취급하는 옥내주유취급소

해설 **자동화재탐지설비를 비상경보설비로 대신할 수 있는 경우**

단층건물 외에 건축물에 설치된 지정수량 15배의 옥내탱크저장소로서 소화난이도등급 Ⅱ에 속하는 것

해답 ③

16 양초, 고급알코올 등과 같은 연료의 가장 일반적인 연소 형태는?

① 분무연소　② 증발연소
③ 표면연소　④ 분해연소

해설 **연소의 형태** ★★ 자주출제(필수암기)★★

① **표면연소**(surface reaction)
숯, 코크스, 목탄, 금속분
② **증발연소**(evaporating combustion)
파라핀(양초), 황, 나프탈렌, 왁스, 휘발유, 등유, 경유, 아세톤 등 **제4류 위험물**
③ **분해연소**(decomposing combustion)
석탄, 목재, 플라스틱, 종이, 합성수지, 중유
④ **자기연소**(내부연소)
질화면(니트로셀룰로오스), 셀룰로이드, 니트로글리세린 등 제5류 위험물
⑤ **확산연소**(diffusive burning)
아세틸렌, LPG, LNG 등 가연성 기체
⑥ **불꽃연소 + 표면연소**
목재, 종이, 셀룰로오스, 열경화성수지

해답 ②

17 BCF(Bromochlorodifluoromethane) 소화약제의 화학식으로 옳은 것은?

① CCl_4　② CH_2ClBr
③ CF_3Br　④ CF_2ClBr

해설 **할로겐화합물 소화약제의 명칭**

① 할론2402($C_2F_4Br_2$)
: FB(Di Bromo Tetrafluoro ethane)
② **할론1211(CF_2ClBr)**
: BCF(Bromo chloro difluoro Methane)
③ 할론1301(CF_3Br)
: MTB(Bromo Trifluoro Methane)
④ 할론1011(CH_2ClBr)
: CB(chloro Bromo Methane)
⑤ 브롬화메탄(CH_3Br)
: MB(Bromo Methane)

해답 ④

18 제2류 위험물인 마그네슘에 대한 설명으로 옳지 않은 것은?

① 2mm체를 통과한 것만 위험물에 해당된다.
② 화재 시 이산화탄소 소화약제로 소화가 가능하다.
③ 가연성 고체로 산소와 반응하여 산화반응을 한다.
④ 주수소화를 하면 가연성의 수소가스가 발생한다.

해설 **마그네슘**(Mg) **: 제2류 위험물(금수성)**

① 물과 반응하여 수소기체 발생

$Mg + 2H_2O \rightarrow Mg(OH)_2 + H_2\uparrow$
(수산화마그네슘)(수소)

② 마그네슘과 CO_2의 반응식

$2Mg + CO_2 \rightarrow 2MgO + C$
$Mg + CO_2 \rightarrow MgO + CO$

(**마그네슘과 이산화탄소는 폭발적으로 반응**하기 때문에 위험)

해답 ②

19 다음은 위험물안전관리법령에 따른 판매취급소에 대한 정의이다. (　)에 알맞은 말은?

> 판매취급소라 함은 점포에서 위험물을 용기에 담아 판매하기 위하여 지정수량의 (㉠)배 이하의 위험물을 (㉡)하는 장소

① ㉠ 20 ㉡ 취급　② ㉠ 40 ㉡ 취급
③ ㉠ 20 ㉡ 저장　④ ㉠ 40 ㉡ 저장

해설 **판매취급소의 구분**

취급소의 구분	저장 또는 취급하는 위험물의 수량
제1종 판매취급소	지정수량의 20배 이하
제2종 판매취급소	지정수량의 40배 이하

위험물의 배합실 설치 기준

① 바닥면적은 $6m^2$ 이상 $15m^2$ 이하일 것

② 내화구조로 된 벽으로 구획
③ 바닥은 위험물이 침투하지 아니하는 구조로 하여 적당한 경사를 두고 집유설비를 할 것
④ 출입구에는 자동폐쇄식의 갑종 방화문을 설치
⑤ 출입구 문턱의 높이는 바닥면으로부터 0.1m 이상으로 할 것
⑥ 내부에 체류한 가연성의 증기 또는 가연성의 미분을 지붕 위로 방출하는 설비를 할 것

해답 ②

20 취급하는 제4류 위험물의 수량이 지정수량의 30만배인 일반취급소가 있는 사업장에 자체소방대를 설치함에 있어서 전체 화학소방차 중 포수용액을 방사하는 화학소방차는 몇 대 이상 두어야 하는가?

① 필수적인 것은 아니다.
② 1
③ 2
④ 3

해설 **자체소방대에 두는 화학소방자동차 및 인원**

사업소의 구분	화학소방자동차	자체소방대원의 수
1. **제조소** 또는 **일반취급소**에서 취급하는 제4류 위험물의 최대수량의 합이 지정수량의 **3천배 이상 12만배 미만**인 사업소	1대	5인
2. 제조소 또는 일반취급소에서 취급하는 제4류 위험물의 최대수량의 합이 지정수량의 **12만배 이상 24만배 미만**인 사업소	2대	10인
3. 제조소 또는 일반취급소에서 취급하는 제4류 위험물의 최대수량의 합이 지정수량의 **24만배 이상 48만배 미만**인 사업소	**3대**	15인
4. 제조소 또는 일반취급소에서 취급하는 제4류 위험물의 최대수량의 합이 지정수량의 **48만배 이상**인 사업소	4대	20인
5. 옥외탱크저장소에 저장하는 제4류 위험물의 최대수량이 지정수량의 50만배 이상인 사업소	2대	10인

해답 ④

21 다음 ( ) 안에 적합한 숫자를 차례대로 나열한 것은?

> 자연발화성 물질 중 알킬알루미늄 등은 운반용기의 내용적의 ( )% 이하의 수납률로 수납하되, 50℃의 온도에서 ( )% 이상의 공간용적을 유지하도록 할 것.

① 90, 5 ② 90, 10
③ 95, 5 ④ 95, 10

해설 **적재 방법**
① 고체위험물 : 내용적의 95% 이하의 수납률
② 액체위험물 : 내용적의 98% 이하의 수납률로 수납하되, 55도의 온도에서 누설되지 아니하도록 충분한 공간용적을 유지하도록 할 것
③ 제3류 위험물은 다음의 기준에 따라 운반용기에 수납할 것
㉠ 자연발화성 물질 : 불활성 기체를 봉입하여 밀봉하는 등 공기와 접하지 아니하도록 할 것
㉡ 자연발화성 물질 외의 물품 : 파라핀 · 경유 · 등유 등의 보호액으로 채워 밀봉하거나 불활성 기체를 봉입하여 밀봉하는 등 수분과 접하지 아니하도록 할 것
㉢ 자연발화성 물질 중 **알킬알루미늄** 등 : **내용적의 90% 이하**의 수납률로 수납하되, 50℃의 온도에서 **5% 이상의 공간용적**을 유지하도록 할 것

운반용기의 내용적에 대한 수납율
① 액체위험물 : 내용적의 98% 이하
② 고체위험물 : 내용적의 95% 이하

해답 ①

22 정전기로 인한 재해방지대책 중 틀린 것은?

① 접지를 한다.
② 실내를 건조하게 유지한다.
③ 공기 중의 상대습도를 70% 이상으로 유지한다.
④ 공기를 이온화한다.

해설 **정전기 방지대책**
① 접지와 본딩
② 공기를 이온화
③ 상대습도 70% 이상 유지

해답 ②

23 삼황화인의 연소 생성물을 옳게 나열한 것은?

① P_2O_5, SO_2 ② P_2O_5, H_2S
③ H_3PO_4, SO_2 ④ H_3PO_4, H_2S

해설 **황화인**(제2류 위험물) : **황과 인의 화합물**
① **삼황화린**(P_4S_3)
- 황색결정으로 물, 염산, 황산에 녹지 않으며 질산, 알칼리, 이황화탄소에 녹는다.
- 연소하면 오산화인과 이산화황이 생긴다.

$P_4S_3 + O_2 \rightarrow 2P_2O_5 + 3SO_2\uparrow$
(오산화인)(이산화황)

② **오황화린**(P_2S_5)
- 담황색 결정이고 조해성이 있다.
- **수분을 흡수하면 분해**된다.
- 이황화탄소(CS_2)에 잘 녹는다.
- 물, 알칼리와 반응하여 인산과 황화수소를 발생한다.

$P_2S_5 + 8H_2O \rightarrow 2H_3PO_4 + 5H_2S\uparrow$
(인산) (황화수소)

③ **칠황화린**(P_4S_7)
- 담황색 결정이고 조해성이 있다.
- 수분을 흡수하면 분해된다.
- 이황화탄소(CS_2)에 약간 녹는다.
- 냉수에는 서서히 분해가 되고 더운물에는 급격히 분해된다.

해답 ①

24 제5류 위험물 중 니트로화합물의 지정수량을 옳게 나타낸 것은?

① 10kg ② 100kg
③ 150kg ④ 200kg

해설 **제5류 위험물 및 지정수량**

성질	품 명	지정수량	위험등급
자기 반응성물질	1. 유기과산화물 2. 질산에스테르류	10kg	I
	3. 니트로화합물 4. 니트로소화합물 5. 아조화합물 6. 디아조화합물 7. 히드라진 유도체	200kg	II
	8. 히드록실아민 9. 히드록실아민염류	100kg	

해답 ④

25 제3류 위험물에 해당하는 것은?

① 유황 ② 적린
③ 황린 ④ 삼황화인

해설 ① 유황-제2류 ② 적린-제2류
③ 황린-제3류 ④ 삼황화인-제2류

제3류 위험물 및 지정수량

성 질	품 명	지정수량	위험등급
자연발화성 및 금수성물질	1. 칼륨 2. 나트륨 3. 알킬알루미늄 4. 알킬리튬	10kg	I
	5. 황린	20kg	
	6. 알칼리금속(칼륨 및 나트륨 제외) 및 알칼리토금속 7. 유기금속화합물(알킬알루미늄 및 알킬리튬 제외)	50kg	II
	8. 금속의 수소화물 9. 금속의 인화물 10. 칼슘 또는 알루미늄의 탄화물	300kg	

해답 ③

26 과염소산칼륨의 성질에 대한 설명 중 틀린 것은?

① 무색, 무취의 결정으로 물에 잘 녹는다.
② 화학식은 $KClO_4$이다.
③ 에탄올, 에테르에는 녹지 않는다.
④ 화약, 폭약, 섬광제 등에 쓰인다.

해설 **과염소산칼륨**($KClO_4$) : **제1류 위험물 중 과염소산염류**
① 무색 무취의 백색 사방정계 결정이다.
② **물에 녹기 어렵고** 알코올, 에테르에도 녹지 않는다.
③ 진한 황산과 접촉 시 폭발성이 있다.
④ 분자량 : 138, 비중 : 2.5, 융점 : 610℃
⑤ 유황, 탄소, 유기물 등과 혼합 시 가열, 충격, 마찰에 의하여 폭발한다.
⑥ 400℃에서 분해가 시작되어 600℃에서 완전 분해하여 산소를 발생한다.

$KClO_4 \rightarrow KCl(염화칼륨) + 2O_2\uparrow(산소)$

⑦ 산화제로서 로켓 연료 · 폭약 · 불꽃놀이용 등의 원재료로 사용된다.

해답 ①

27 0.99atm, 55℃에서 이산화탄소의 밀도는 약 몇 g/L인가?

① 0.62　② 1.62
③ 9.65　④ 12.65

해설 **밀도(g/L) 계산공식**

$$밀도(\rho)=\frac{PM}{RT}$$

여기서, P : 압력(atm : 기압)
M : 분자량
R : 기체상수(0.082atm · L/g-mol · K)
T : 절대온도(273 + t℃)K

① 이산화탄소(CO_2)의 분자량 = 12 + 16 × 2 = 44
② $P=0.99\,\text{atm}$, $T=273+55=328\,\text{K}$
③ $\rho(\text{g/L})=\frac{PM}{RT}=\frac{0.99\times 44}{0.082\times 328}=1.62\,\text{g/L}$

해답 ②

28 위험물안전관리법령에서 정한 제5류 위험물 이동저장탱크의 외부 도장 색상은?

① 황색　② 회색
③ 적색　④ 청색

해설 **위험물안전관리에 관한 세부기준 제109조(이동저장탱크의 외부 도장)**

유별	도장의 색상	비 고
제1류	회 색	1. 탱크의 앞면과 뒷면을 제외한 면적의 40% 이내의 면적은 다른 유별의 색상 외의 색상으로 도장하는 것이 가능하다. 2. 제4류에 대해서는 도장의 색상 제한이 없으나 적색을 권장한다.
제2류	적 색	
제3류	청 색	
제5류	황 색	
제6류	청 색	

해답 ①

29 제조소 등의 관계인이 예방규정을 정하여야 하는 제조소 등이 아닌 것은?

① 지정수량 100배의 위험물을 저장하는 옥외탱크저장소
② 지정수량 150배의 위험물을 저장하는 옥내저장소
③ 지정수량 10배의 위험물을 저장하는 제조소
④ 지정수량 5배의 위험물을 저장하는 이송취급소

해설 **자체소방대를 설치하여야 하는 사업소**
① 지정수량의 **3천배 이상**의 **제4류 위험물**을 취급하는 **제조소 또는 일반취급소**(단, 보일러로 위험물을 소비하는 일반취급소 등 일반취급소를 제외)
② 지정수량의 50만배 이상의 제4류 위험물을 저장하는 옥외탱크저장소

예방규정을 정하여야 하는 제조소 등
① 지정수량의 10배 이상 제조소
② 지정수량의 100배 이상 옥외저장소
③ 지정수량의 150배 이상 옥내저장소
④ **지정수량의 200배 이상 옥외탱크저장소**
⑤ 암반탱크저장소
⑥ 이송취급소
⑦ 지정수량의 10배 이상 일반취급소

해답 ①

30 위험물안전관리법령상 제5류 위험물의 공통된 취급방법으로 옳지 않은 것은?

① 용기의 파손 및 균열에 주의한다.
② 저장 시 과열, 충격, 마찰을 피한다.
③ 운반용기 외부에 주의사항으로 "화기주의" 및 "물기엄금"을 표기한다.
④ 불티, 불꽃, 고온체와의 접근을 피한다.

해설 **수납하는 위험물에 따른 주의사항**

유별	성질에 따른 구분	표시사항
제1류	**알칼리금속의 과산화물**	**화기 · 충격주의, 물기엄금 및 가연물접촉주의**
	그 밖의 것	화기 · 충격주의 및 가연물접촉주의
제2류	철분 · 금속분 · 마그네슘	화기주의 및 물기엄금
	인화성 고체	화기엄금
	그 밖의 것	화기주의

유별	성질에 따른 구분	표시사항
제3류	자연발화성 물질	화기엄금 및 공기접촉엄금
	금수성 물질	물기엄금
제4류	인화성 액체	화기엄금
제5류	**자기반응성 물질**	**화기엄금 및 충격주의**
제6류	산화성 액체	가연물접촉주의

해답 ③

31 다음 중 황 분말과 혼합했을 때 가열 또는 충격에 의해서 폭발할 위험이 가장 높은 것은?

① 질산암모늄 ② 물
③ 이산화탄소 ④ 마른 모래

해설 **질산암모늄**(NH_4NO_3) **: 제1류 위험물 중 질산염류**
① **단독으로 가열, 충격 시 분해 폭발할 수 있다.**
② **황분말과 혼합하여 화약원료**로 쓰이며 유기물과 접촉 시 폭발 우려가 있다.
③ 무색, 무취의 결정이다.
④ 조해성 및 흡습성이 매우 강하다.
⑤ 물에 용해 시 흡열반응을 나타낸다.
⑥ 급격한 가열충격에 따라 폭발의 위험이 있다.

$$2NH_4NO_3 \rightarrow 2N_2 + 4H_2O + O_2\uparrow$$

해답 ①

32 다음은 위험물안전관리법령에서 정한 내용이다. ( ) 안에 알맞은 용어는?

( )이라 함은 고형 알코올 그 밖에 1기압에서 인화점이 섭씨 40도 미만인 고체를 말한다.

① 가연성 고체 ② 산화성 고체
③ 인화성 고체 ④ 자기반응성 고체

해설 **위험물의 판단기준**
① **유황** : 순도가 60중량% 이상인 것을 말한다. 이 경우 순도 측정에 있어서 불순물은 활석 등 불연성 물질과 수분에 한한다.
② **철분** : 철의 분말로서 53μm의 표준체를 통과하는 것이 50중량% 미만인 것은 제외.
③ **금속분** : 알칼리금속 · 알칼리토금속 · 철 및 마그네슘 외의 금속의 분말을 말하고, 구리분 · 니켈분 및 150μm의 체를 통과하는 것이 50중량% 미만인 것은 제외.
④ **마그네슘**은 다음 각 목의 1에 해당하는 것은 제외한다.
㉠ 2mm의 체를 통과하지 아니하는 덩어리 상태의 것
㉡ 직경 2mm 이상의 막대 모양의 것
⑤ **인화성 고체 : 고형 알코올 그 밖에 1기압에서 인화점이 섭씨 40도 미만인 고체**
⑥ **제6류**

종 류	기 준
과산화수소	농도 36중량% 이상
질산	비중 1.49 이상

해답 ③

33 유별을 달리하는 위험물을 운반할 때 혼재할 수 있는 것은? (단, 지정수량의 1/10을 넘는 양을 운반하는 경우이다.)

① 제1류와 제3류 ② 제2류와 제4류
③ 제3류와 제5류 ④ 제4류와 제6류

해설 **위험물의 운반에 따른 유별을 달리하는 위험물의 혼재기준**(쉬운 암기방법)

혼재 가능	
↓1류 + 6류↑	2류 + 4류
↓2류 + 5류↑	5류 + 4류
↓3류 + 4류↑	

해답 ②

34 그림의 원통형 종으로 설치된 탱크에서 공간용적을 내용적의 10%라고 하면 탱크용량(허가용량)은 약 얼마인가?

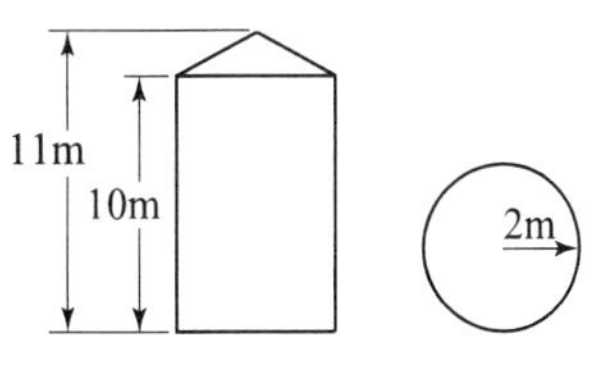

① 113.04 ② 124.34
③ 129.06 ④ 138.16

해설 **원통형 탱크(종으로 설치된 것)의 내용적**

$$V = \pi r^2 l$$

① $r = 2m$, $l = 10m$
② 탱크용량 = 내용적 − 공간용적

$= 100 - 10 = 90\% = 0.9$

③ $V = \pi r^2 l = \pi \times 2^2 \times 10 \times 0.9 = 113.09\,m^3$

해답 ①

35 제4류 위험물에 속하지 않는 것은?

① 아세톤 ② 실린더유
③ 트리니트로톨루엔 ④ 니트로벤젠

해설 ① 아세톤-제4류-1석유류
② 실린더유-제4류-4석유류
③ 트리니트로톨루엔-제5류-니트로화합물
④ 니트로벤젠-제4류-3석유류

트리니트로톨루엔[$C_6H_2CH_3(NO_2)_3$] **: 제5류 위험물 중 니트로화합물**
톨루엔($C_6H_5CH_3$)의 수소원자(H)를 니트로기($-NO_2$)로 치환한 것
① 물에는 녹지 않고 알코올, 아세톤, 벤젠에 녹는다.
② Tri Nitro Toluene의 약자로 TNT라고도 한다.
③ 담황색의 주상결정이며 햇빛에 다갈색으로 변색된다.
④ 강력한 폭약이며 급격한 타격에 폭발한다.
$2C_6H_2CH_3(NO_2)_3 \rightarrow 2C + 12CO + 3N_2\uparrow + 5H_2\uparrow$
⑤ 연소 시 연소속도가 너무 빠르므로 소화가 곤란하다.
⑥ 무기 및 다이너마이트, 질산폭약제 제조에 이용된다.

해답 ③

36 자기반응성 물질인 제5류 위험물에 해당하는 것은?

① $CH_3(C_6H_4)NO_2$ ② CH_3COCH_3
③ $C_6H_2(NO_2)_3OH$ ④ $C_6H_5NO_2$

해설 ① $CH_3(C_6H_4)NO_2$
-니트로톨루엔-제4류-3석유류
② CH_3COCH_3
-아세톤-제4류-1석유류
③ $C_6H_2(NO_2)_3OH$
-트리니트로페놀-제5류-니트로화합물
④ $C_6H_5NO_2$
-니트로벤젠-제4류-3석유류

피크린산[$C_6H_2(NO_2)_3OH$]
(TNP : Tri Nitro Phenol) : **제5류 니트로화합물**
① 침상결정이며 냉수에는 약간 녹고 더운물, **알코올**, 벤젠 등에 **잘 녹는다**.
② 쓴맛과 독성이 있다.
③ 피크린산 또는 트리니트로페놀(Tri Nitro Phenol)의 약자로 TNP라고도 한다.
④ 단독으로 타격, 마찰에 비교적 둔감하다.
⑤ 연소 시 검은 연기를 내고 폭발성은 없다.
⑥ 휘발유, 알코올, 유황과 혼합된 것은 마찰, 충격에 폭발한다.
⑦ 화약, 불꽃놀이에 이용된다.

해답 ③

37 경유 2000L, 글리세린 2000L를 같은 장소에 저장하려 한다. 지정수량의 배수의 합은 얼마인가?

① 2.5 ② 3.0
③ 3.5 ④ 4.0

해설 • 경유-제4류-2석유류-비수용성
• 글리세린-제4류-3석유류-수용성

제4류 위험물 및 지정수량

위험물				지정수량(L)
유별	성질	품명		
제4류	인화성 액체	1. 특수인화물		50
		2. 제1석유류	비수용성 액체	200
			수용성 액체	400
		3. 알코올류		400
		4. 제2석유류	**비수용성 액체**	**1,000**
			수용성 액체	2,000
		5. 제3석유류	비수용성 액체	2,000
			수용성 액체	**4,000**
		6. 제4석유류		6,000
		7. 동식물유류		10,000

∴ 지정수량의 배수

$$= \frac{저장수량}{지정수량} = \frac{2000}{1000} + \frac{2000}{4000} = 2.5배$$

해답 ①

38 제2석유류에 해당하는 물질로만 짝지어진 것은?

① 등유, 경유 ② 등유, 중유

③ 글리세린, 기계유 ④ 글리세린, 장뇌유

해설 ① 등유(제4류-2석유류), 경유(제4류-2석유류)
② 등유(제4류-2석유류), 중유(제4류-3석유류)
③ 글리세린(제4류-3석유류), 기계유(제4류-4석유류)
④ 글리세린(제4류-3석유류), 장뇌유(제4류-2석유류)

해답 ①

39 과망간산칼륨의 위험성에 대한 설명으로 틀린 것은?

① 황산과 격렬하게 반응한다.
② 유기물과 혼합 시 위험성이 증가한다.
③ 고온으로 가열하면 분해하여 산소와 수소를 방출한다.
④ 목탄, 황 등 환원성 물질과 격리하여 저장해야 한다.

해설 **과망간산칼륨**($KMnO_4$) **: 제1류 위험물 중 과망간산염류**
① 흑자색의 주상결정으로 물에 녹아 진한 보라색을 띠고 강한 산화력과 살균력이 있다.
② 염산과 반응 시 염소(Cl_2)를 발생시킨다.
③ **240℃에서 산소를 방출한다.**

$$2KMnO_4 \rightarrow K_2MnO_4 + MnO_2 + O_2 \uparrow$$
(망간산칼륨) (이산화망간) (산소)

④ 알코올, 에테르, 글리세린, 황산과 접촉 시 폭발 우려가 있다.
⑤ 주수소화 또는 마른모래로 피복소화한다.
⑥ 강알칼리와 반응하여 산소를 방출한다.

해답 ③

40 다음 중 지정수량이 나머지 셋과 다른 물질은?

① 황화인 ② 적린
③ 칼슘 ④ 유황

해설 **제2류 위험물의 지정수량**

성 질	품 명	지정수량	위험등급
가연성 고체	**황화린, 적린, 유황**	100kg	Ⅱ
	철분, 금속분, 마그네슘	500kg	Ⅲ
	인화성 고체	1,000kg	

제3류 위험물 및 지정수량

성 질	품 명	지정 수량	위험 등급
자연발화성 및 금수성물질	1. 칼륨 2. 니트륨 3. 알킬알루미늄 4. 알킬리튬	10kg	Ⅰ
	5. 황린	20kg	
	6. 알칼리금속(칼륨 및 나트륨 제외) 및 알칼리토금속 7. 유기금속화합물(알킬알루미늄 및 알킬리튬 제외)	50kg	Ⅱ
	8. 금속의 수소화물 9. 금속의 인화물 10. 칼슘 또는 알루미늄의 탄화물	300kg	

해답 ③

41 위험물의 품명이 질산염류에 속하지 않는 것은?

① 질산메틸 ② 질산칼륨
③ 질산나트륨 ④ 질산암모늄

해설 ① 질산메틸(CH_3NO_3)-제5류-질산에스테르류

질산염류(제1류 위험물)
① 질산칼륨(KNO_3)
② 질산나트륨($NaNO_3$)
③ 질산암모늄(NH_4NO_3)

제5류 위험물(자기반응성 물질)
① **질산에스테르류**
㉠ 질산메틸 ㉡ 질산에틸
㉢ 니트로글리세린 ㉣ 니트로셀룰로오스
② **니트로화합물**
㉠ 트리니트로페놀(피크린산) [$C_6H_2(NO_2)_3OH$](TNP)
㉡ 트리니트로톨루엔[$C_6H_2CH_3(NO_2)_3$]

해답 ①

42 위험물과 그 보호액 또는 안정제의 연결이 틀린 것은?

① 황린 - 물
② 인화석회 - 물
③ 금속칼륨 - 등유
④ 알킬알루미늄 - 헥산

해설 **인화칼슘**(Ca_3P_2)**[별명 : 인화석회] : 제3류 위험물(금수성 물질)**

① 적갈색의 괴상고체
② 물 및 약산과 격렬히 반응, 분해하여 인화수소(포스핀)(PH_3)을 생성한다.

• $Ca_3P_2 + 6H_2O \rightarrow 3Ca(OH)_2 + 2PH_3$
• $Ca_3P_2 + 6HCl \rightarrow 3CaCl_2 + 2PH_3$
(포스핀=인화수소)

③ 포스핀은 맹독성 가스이므로 취급 시 방독마스크를 착용한다.
④ 물 및 포약제의 의한 소화는 절대 금한다.
⑤ 마른모래 등으로 피복하여 자연 진화되도록 기다린다.

보호액 속에 저장 위험물

① 파라핀, 경유, 등유 속에 보관

칼륨(K), 나트륨(Na)

② 물속에 보관

이황화탄소(CS_2), 황린(P_4)

안정제 첨가 위험물

① 과산화수소-인산(H_3PO_4) 또는 요산($C_5H_4N_4O_3$)
② 알킬알루미늄-헥산

해답 ②

43 경유에 대한 설명으로 틀린 것은?

① 물에 녹지 않는다.
② 비중은 1 이하이다.
③ 발화점이 인화점보다 높다.
④ 인화점은 상온 이하이다.

해설 **경유 : 제4류 위험물 제2석유류**

① 물에 용해되지 않는 비수용성
② 액체비중(0.82~0.85)이 물보다 가볍다.
③ 주수소화하면 화재(연소)면이 확대되어 더 위험
④ 원유의 증류에서 나오는 혼합탄화수소
⑤ **인화점 : 50~70℃, 발화점 : 약 200℃,** 끓는점 : 200~350℃
⑥ C_{15}~C_{20}까지의 포화 · 불포화 탄화수소혼합물

해답 ④

44 위험물안전관리법령상 염소화이소시아눌산은 제 몇 류 위험물인가?

① 제1류　　② 제2류
③ 제5류　　④ 제6류

해설 **제1류 위험물 및 지정수량**

성질	품 명		지정수량	위험등급
산화성고체	아염소산염류, 염소산염류, 과염소산염류, 무기과산화물		50kg	Ⅰ
	브롬산염류, 질산염류, 요오드산염류		300kg	Ⅱ
	과망간산염류, 중크롬산염류		1000kg	Ⅲ
	행정안전부령이 정하는 것	① 과요오드산염류 ② 과요오드산 ③ 크롬, 납 또는 요오드의 산화물 ④ 아질산염류 ⑤ 염소화이소시아눌산 ⑥ 퍼옥소이황산염류 ⑦ 퍼옥소붕산염류	300kg	Ⅱ
		⑧ 차아염소산염류	50kg	Ⅰ

해답 ①

45 다음은 위험물안전관리법령상 이동탱크저장소에 설치하는 게시판의 설치기준에 관한 내용이다. ( ) 안에 해당하지 않는 것은?

> 이동저장탱크의 뒷면 중 보기 쉬운 곳에는 해당 탱크에 저장 또는 취급하는 위험물의 ( ) · ( ) · ( ) 및 적재중량을 게시한 게시판을 설치하여야 한다.

① 최대수량　　② 품명
③ 유별　　④ 관리자명

해설 **이동탱크저장소**

① 차량의 전면 및 후면의 보기 쉬운 곳에 흑색 바탕에 황색의 반사도료로 "위험물"이라고 표시한 표지를 설치
② **이동저장탱크의 뒷면** 중 보기 쉬운 곳에는
㉠ **위험물의 유별 · 품명 · 최대수량 및 적재중량을 게시한 게시판을 설치**
㉡ 표시문자의 크기는 가로 40mm, 세로 45mm 이상(여러 품명의 위험물을 혼재하는 경우에는 적재품명별 문자의 크기를 가로 20mm 이상, 세로 20mm 이상)

해답 ④

46 다음 중 인화점이 0℃보다 작은 것은 모두 몇 개인가?

$C_2H_5OC_2H_5$, CS_2, CH_3CHO

① 0개 ② 1개
③ 2개 ④ 3개

해설 인화점

구분	명칭	유별	인화점(℃)
$C_2H_5OC_2H_5$	디에틸에테르	제4류 특수인화물	−45
CS_2	이황화탄소		−30
CH_3CHO	아세트알데히드		−3.8

해답 ④

47 니트로셀룰로오스의 저장방법으로 올바른 것은?

① 물이나 알코올로 습윤시킨다.
② 에탄올과 에테르 혼액에 침윤시킨다.
③ 수은염을 만들어 저장한다.
④ 산에 용해시켜 저장한다.

해설 **니트로셀룰로오스**$[C_6H_7O_2(ONO_2)_3]_n$ **: 제5류 위험물**
셀룰로오스(섬유소)에 진한 질산과 진한 황산의 혼합액을 작용시켜서 만든 것이다.
① 비수용성이며 초산에틸, 초산아밀, 아세톤에 잘 녹는다.
② 130℃에서 분해가 시작되고, 180℃에서는 급격하게 연소한다.
③ 직사광선, 산 접촉 시 분해 및 자연 발화한다.
④ 건조상태에서는 폭발위험이 크나 **물이나 알코올 습윤 시 폭발위험성이 없어 저장 · 운반이 용이하다.**
⑤ 질산섬유소라고도 하며 화약에 이용 시 면약(면화약)이라 한다.
⑥ 셀룰로이드, 콜로디온에 이용 시 질화면이라 한다.
⑦ 질소함유율(질화도)이 높을수록 폭발성이 크다.
⑧ 저장, 운반 시 물(20%) 또는 알코올(30%)을 첨가 습윤시킨다.
⑨ 화재 시 다량의 물로 냉각소화한다.

해답 ①

48 위험물안전관리법령상 옥내소화전설비의 설치기준에서 옥내소화전은 제조소 등의 건축물의 층마다 해당 층의 각 부분에서 하나의 호스 접속구까지의 수평거리가 몇 m 이하가 되도록 설치하여야 하는가?

① 5 ② 10
③ 15 ④ 25

해설 위험물제조소 등의 소화설비 설치기준

소화설비	수평거리	방사량	방사압력
옥내	25m 이하	260(L/min) 이상	350(kPa) 이상
	수원의 양 Q=N(소화전개수 : **최대 5개**) $\times 7.8m^3$(260L/min×30min)		
옥외	40m 이하	450(L/min) 이상	350(kPa) 이상
	수원의 양 Q=N(소화전개수 : 최대 4개) $\times 13.5m^3$(450L/min×30min)		
스프링클러	1.7m 이하	80(L/min) 이상	100(kPa) 이상
	수원의 양 Q=N(헤드수 : 최대 30개) $\times 2.4m^3$(80L/min×30min)		
물분무	−	20 ($L/m^2 \cdot min$)	350(kPa) 이상
	수원의 양 Q=A(바닥면적m^2)× $0.6m^3$($20L/m^2 \cdot min \times 30min$)		

해답 ④

49 유기과산화물의 저장 또는 운반 시 주의사항으로서 옳은 것은?

① 일광이 드는 건조한 곳에 저장한다.
② 가능한 한 대용량으로 저장한다.
③ 알코올류 등 제4류 위험물과 혼재하여 운반할 수 있다.
④ 산화제이므로 다른 강산화제와 같이 저장해도 좋다.

해설 유기과산화물(제5류 위험물)의 저장 시 주의사항
① 일광이 들지 않는 건조한 장소에 저장한다.
② 자신은 가연성 물질이다.
③ 가능한 한 소분하여 저장한다.

④ 아민류, 금속분류, 기타 가연성 물질과 혼합하지 않는다.
⑤ 자기반응성(내부연소성) 물질이므로 산화제와 같이 저장하면 안 된다.

해답 ③

50 지하탱크저장소에 대한 설명으로 옳지 않은 것은?

① 탱크전용실 벽의 두께는 0.3m 이상이어야 한다.
② 지하저장탱크의 윗부분은 지면으로부터 0.6m 이상 아래에 있어야 한다.
③ 지하저장탱크와 탱크전용실 안쪽과의 간격은 0.1m 이상의 간격을 유지한다.
④ 지하저장탱크에는 두께 0.1m 이상의 철근콘크리트조로 된 뚜껑을 설치한다.

해설 **지하탱크저장소의 기준**
① 탱크전용실은 시설물 및 대지경계선으로부터 0.1m 이상 떨어진 곳에 설치
② **탱크전용실 벽** · 바닥 및 **뚜껑의 두께**는 0.3m **이상**일 것.
③ 지하저장탱크와 탱크전용실의 안쪽과의 사이는 **0.1m 이상**의 간격을 유지
④ 탱크의 주위에 입자지름 5mm 이하의 마른 자갈분을 채울 것.
⑤ 지하저장탱크의 윗부분은 지면으로부터 **0.6m 이상 아래**에 있을 것.
⑥ 지하저장탱크를 2 이상 인접해 설치하는 경우에는 그 상호간에 1m(당해 2 이상의 지하저장탱크의 용량의 합계가 **지정수량의 100배 이하인 때에는** 0.5m) 이상의 간격을 유지
⑦ 지하저장탱크의 재질은 두께 3.2mm 이상의 강철판으로 할 것.
⑧ 지하저장탱크의 수압시험 및 시험시간

압력탱크(최대상용압력 46.7kPa 이상 탱크) 외의 탱크	압력탱크
70kPa의 압력으로 10분간	최대상용압력의 1.5배의 압력으로 10분간

해답 ④

51 황린의 위험성에 대한 설명으로 틀린 것은?

① 공기 중에서 자연발화의 위험성이 있다.
② 연소 시 발생되는 증기는 유독하다.
③ 화학적 활성이 커서 CO_2, H_2O와 격렬히 반응한다.
④ 강알칼리 용액과 반응하여 독성 가스를 발생한다.

해설 **황린(P_4)[별명 : 백린] : 제3류 위험물(자연발화성 물질)**
① 백색 또는 담황색의 고체이다.
② 공기 중 약 **40~50℃에서 자연발화**한다.
③ 저장 시 자연발화성이므로 반드시 **물 속에 저장**한다.
④ 인화수소(PH_3)의 생성을 방지하기 위하여 물의 **pH=9가 안전한 계**이다.
⑤ 연소 시 오산화인(P_2O_5)의 흰 연기가 발생한다.

$P_4 + 5O_2 \rightarrow 2P_2O_5$(오산화인)

⑥ 강알칼리의 용액에서는 유독기체인 포스핀(PH_3)이 발생한다. 따라서 저장 시 물의 pH(수소이온농도)는 9를 넘어서는 안 된다.

$P_4 + 3NaOH + 3H_2O \rightarrow 3NaH_2PO_2 + PH_3\uparrow$
(인화수소=포스핀)

⑦ 약 250℃로 가열(공기 차단) 시 적린이 된다.
⑧ 피부 접촉 시 화상을 입는다.
⑨ 소화는 물분무, 마른모래 등으로 질식소화한다.
⑩ 고압의 주수소화는 황린을 비산시켜 연소면이 확대될 우려가 있다.

해답 ③

52 니트로셀룰로오스 5kg과 트리니트로페놀을 함께 저장하려고 한다. 이 때 지정수량 1배로 저장하려면 트리니트로페놀을 몇 kg 저장하여야 하는가?

① 5 ② 10
③ 50 ④ 100

해설
• 니트로셀룰로오스–제5류–질산에스테르류
• 트리니트로페놀–제5류–니트로화합물

제5류 위험물 및 지정수량

성질	품 명	지정수량	위험등급
자기 반응성물질	1. 유기과산화물 2. 질산에스테르류	10kg	Ⅰ
	3. 니트로화합물 4. 니트로소화합물 5. 아조화합물 6. 디아조화합물 7. 히드라진 유도체	200kg	Ⅱ
	8. 히드록실아민 9. 히드록실아민염류	100kg	

① 지정수량의 배수$=\dfrac{저장수량}{지정수량}$

$=\dfrac{5\,kg}{10\,kg}+\dfrac{X\,kg}{200\,kg}$

$=1$배

② $\dfrac{X\,kg}{200\,kg}=1-0.5$

③ $X=(1-0.5)\times 200=100\,kg$

해답 ④

53 다음 중 위험물안전관리법령에서 정한 제3류 위험물 금수성 물질의 소화설비로 적응성이 있는 것은?

① 불활성가스 소화설비
② 할로겐화합물 소화설비
③ 인산염류 등 분말소화설비
④ 탄산수소염류 등 분말소화설비

해설 **금수성 위험물질에 적응성이 있는 소화기**
① 탄산수소염류
② 마른 모래
③ 팽창질석 또는 팽창진주암

해답 ④

54 다음 설명 중 제2석유류에 해당하는 것은? (단, 1기압 상태이다.)

① 착화점이 21℃ 미만인 것
② 착화점이 30℃ 이상 50℃ 미만인 것
③ 인화점이 21℃ 이상 70℃ 미만인 것
④ 인화점이 21℃ 이상 90℃ 미만인 것

해설 **제4류 위험물**(인화성 액체)

구 분	지정품목	기타 조건(1atm에서)
특수인화물	이황화탄소 디에틸에테르	• 발화점이 100℃ 이하 • 인화점 −20℃ 이하이고 비점이 40℃ 이하
제1석유류	아세톤 휘발유	• 인화점 21℃ 미만
알코올류	C_1~C_3까지 포화 1가 알코올(변성알코올 포함) • 메틸알코올 • 에틸알코올 • 프로필알코올	
제2석유류	등유, 경유	• 인화점 21℃ 이상 70℃ 미만
제3석유류	중유 클레오소트유	• 인화점 70℃ 이상 200℃ 미만
제4석유류	기어유 실린더유	• 인화점 200℃ 이상 250℃ 미만
동식물유류	동물의 지육 등 또는 식물의 종자나 과육으로부터 추출한 것으로서 인화점이 250℃ 미만인 것	

해답 ③

55 질산암모늄의 일반적 성질에 대한 설명 중 옳은 것은?

① 불안정한 물질이고 물에 녹을 때는 흡열반응을 나타낸다.
② 물에 대한 용해도 값이 매우 작아 물에 거의 불용이다.
③ 가열 시 분해하여 수소를 발생한다.
④ 과일향의 냄새가 나는 적갈색 비결정체이다.

해설 **질산암모늄**(NH_4NO_3) **: 제1류 위험물 중 질산염류**
① 단독으로 가열, 충격 시 분해 폭발할 수 있다.
② 화약원료로 쓰이며 유기물과 접촉 시 폭발우려가 있다.
③ 무색, 무취의 결정이다.
④ 조해성 및 흡습성이 매우 강하다.
⑤ **물에 용해 시 흡열반응**을 나타낸다.
⑥ 급격한 가열충격에 따라 폭발의 위험이 있다.

$2NH_4NO_3 \rightarrow 2N_2 + 4H_2O + O_2\uparrow$

해답 ①

56 아염소산염류 500kg과 질산염류 3,000kg을 함께 저장하는 경우 위험물의 소요단위는 얼마인가?

① 2　　② 4
③ 6　　④ 8

해설 **제1류 위험물 및 지정수량**

성질	품명		지정수량	위험등급
산화성고체	아염소산염류, 염소산염류, 과염소산염류, 무기과산화물		50kg	Ⅰ
	브롬산염류, 질산염류, 요오드산염류		300kg	Ⅱ
	과망간산염류, 중크롬산염류		1000kg	Ⅲ
	행정안전부령이 정하는 것	① 과요오드산염류 ② 과요오드산 ③ 크롬, 납 또는 요오드의 산화물 ④ 아질산염류 ⑤ 염소화이소시아눌산 ⑥ 퍼옥소이황산염류 ⑦ 퍼옥소붕산염류	300kg	Ⅱ
		⑧ 차아염소산염류	50kg	Ⅰ

- 위험물은 지정수량의 10배를 1소요단위로 할 것.

∴ **지정수량**$= \dfrac{\text{저장수량}}{\text{지정수량}} = \dfrac{500}{50} + \dfrac{3000}{300} = 20$배

∴ **소요단위**$= \dfrac{\text{지정수량의 배수}}{10} = \dfrac{20}{10} = 2$단위

해답 ①

57 유황에 대한 설명으로 옳지 않은 것은?

① 연소 시 황색 불꽃을 보이며 유독한 이황화탄소를 발생한다.
② 미세한 분말상태에서 부유하면 분진폭발의 위험이 있다.
③ 마찰에 의해 정전기가 발생할 우려가 있다.
④ 고온에서 용융된 유황은 수소와 반응한다.

해설 **유황**(S) : **제2류 위험물(가연성 고체)**
① 동소체로 사방황, 단사황, 고무상황이 있다.
② 황색의 고체 또는 분말상태이다.
③ 물에 녹지 않고 이황화탄소(CS_2)에는 잘 녹는다.
④ 공기 중에서 **연소 시 푸른 불꽃**을 내며 이산화황이 생성된다.

$S + O_2 \rightarrow SO_2$(이산화황=아황산)

⑤ 산화제와 접촉 시 위험하다.
⑥ **분진폭발의 위험성**이 있고 목탄가루와 혼합 시 가열, 충격, 마찰에 의하여 폭발위험성이 있다.
⑦ 다량의 물로 주수소화 또는 질식소화한다.

해답 ①

58 위험물의 저장 및 취급방법에 대한 설명으로 틀린 것은?

① 적린은 화기와 멀리하고 가열, 충격이 가해지지 않도록 한다.
② 이황화탄소는 발화점이 낮으므로 물 속에 저장한다.
③ 마그네슘은 산화제와 혼합되지 않도록 취급한다.
④ 알루미늄분은 분진폭발의 위험이 있으므로 분무 주수하여 저장한다.

해설 **알루미늄분**(Al)
① 제2류 위험물(가연성 고체)
② 공기 중에서 산화피막을 형성하여 내부 보호
③ 산, 알칼리와 반응하여 수소기체 발생
④ **물과 반응하여 수소기체 발생**

$2Al + 6H_2O \rightarrow 2Al(OH)_3 + 3H_2\uparrow$

해답 ④

59 과산화벤조일(벤조일퍼옥사이드)에 대한 설명 중 틀린 것은?

① 환원성 물질과 격리하여 저장한다.
② 물에 녹지 않으나 유기용매에 녹는다.
③ 희석제로 묽은 질산을 사용한다.
④ 결정성의 분말형태이다.

해설 **과산화벤조일=벤조일퍼옥사이드(BPO)**
[$(C_6H_5CO)_2O_2$] : **제5류 위험물-유기과산화물**
① 무색 무취의 백색분말 또는 결정이다.
② 물에 녹지 않고 알코올에 약간 녹는다.
③ 에테르 등 유기용제에 잘 녹는다.
④ 발화점이 약 125℃이므로 저장온도를 40℃ 이하로 유지할 것.
⑤ 저장용기에 **희석제[프탈산디메틸(DMP), 프탈산디부틸(DBP)]**를 넣어 폭발 위험성을 낮춘다.
⑥ 직사광선을 피하고 냉암소에 보관한다.

해답 ③

60 위험물안전관리법령에 따른 위험물의 운송에 관한 설명 중 틀린 것은?

① 알킬리튬과 알킬알루미늄 또는 이 중 어느 하나 이상을 함유한 것은 운송책임자의 감독 · 지원을 받아야 한다.
② 이동탱크저장소에 의하여 위험물을 운송할 때의 운송책임자에는 법정의 교육을 이수하고 관련 업무에 2년 이상 경력이 있는 자도 포함된다.
③ 서울에서 부산까지 금속의 인화물 300kg을 1명의 운전자가 휴식 없이 운송해도 규정위반이 아니다.
④ 운송책임자의 감독 또는 지원 방법에는 동승하는 방법과 별도의 사무실에서 대기하면서 규정된 사항을 이행하는 방법이 있다.

해설 **운송책임자의 감독 · 지원을 받아 운송하는 위험물**
① 알킬알루미늄
② 알킬리튬
③ 알킬알루미늄 또는 알킬리튬의 물질을 함유하는 위험물

위험물의 운송 시에 준수하여야 하는 기준
① 위험물운송자는 운송의 개시 전에 이동저장탱크의 배출밸브 등의 밸브와 폐쇄장치, 맨홀 및 주입구의 뚜껑, 소화기 등의 점검을 충분히 실시할 것.
② 위험물운송자는 장거리(고속국도에 있어서는 340km 이상, 그 밖의 도로에 있어서는 200km 이상)에 걸치는 운송을 하는 때에는 2명 이상의 운전자로 할 것. **다만, 다음에 해당하는 경우에는 그러하지 아니하다.**
㉠ 규정에 의하여 운송책임자를 동승시킨 경우
㉡ 운송하는 위험물이 제2류 위험물 · **제3류 위험물(칼슘 또는 알루미늄의 탄화물과 이것만을 함유한 것)** 또는 제4류 위험물(특수인화물을 제외한다)인 경우
㉢ 운송 도중에 2시간 이내마다 20분 이상씩 휴식하는 경우

해답 ③

[저자소개]

정진홍 교수 /소방시설관리사/위험물기능장

- 학교안전공제회 소방시설관리센터 근무(현)
- 소방학교 외래교수(현)
- (주)주경야독 소방 및 위험물분야 전임교수(전)
- (주)OCI DAS(동양화학계열사) 인천공장 환경안전팀 23년 근무(전)
- 세진북스 소방 및 위험물 분야 저자
  소방시설관리사/소방설비기사/위험물산업기사/위험물기능사/소방관계법규/국가화재안전기준

단기완성 위험물기능사 필기

초판2쇄 발행 2010년 4월 25일
개정2판 발행 2010년 12월 10일
개정3판 발행 2011년 4월 1일
개정4판 발행 2012년 1월 5일
개정5판 발행 2013년 1월 15일
개정6판 발행 2014년 1월 15일
개정7판 발행 2015년 1월 5일
개정8판 발행 2016년 1월 15일
개정9판 발행 2017년 1월 5일
개정10판 발행 2018년 1월 10일
개정11판 발행 2019년 1월 10일
개정12판 발행 2020년 1월 5일
개정13판 발행 2021년 1월 10일
개정14판 발행 2022년 1월 10일
개정15판 발행 2023년 1월 5일

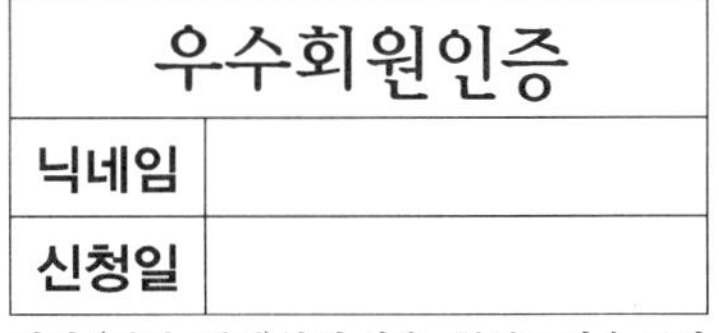

우수회원인증	
닉네임	
신청일	

필히 (**파랑, 빨강**)볼펜 사용, **화이트** 사용 금지

지은이 ▪ 정진홍
펴낸이 ▪ 홍세진
펴낸곳 ▪ 세진북스

주소 ▪ (우)10207 경기도 고양시 일산서구 산율길 56(구산동 145-1)
전화 ▪ 031-924-3092
팩스 ▪ 031-924-3093
홈페이지 ▪ http://www.sejinbooks.kr

출판등록 ▪ 제 315-2008-042호(2008.12.9)
ISBN ▪ 979-11-5745-546-1 13530

값 ▪ **25,000**원

세진북스에는 당신과 나
그리고 우리의 미래가 있습니다.